中国水力发电工程学会电网调峰与抽水蓄能专业委员会 组编

抽水蓄能电站工程建设文集 2020

CHOUSHUI XUNENG DIANZHAN GONGCHENG JIANSHE WENJI 2020

· 北京 ·

图书在版编目（CIP）数据

抽水蓄能电站工程建设文集. 2020 / 中国水力发电工程学会电网调峰与抽水蓄能专业委员会组编. -- 北京 : 中国水利水电出版社, 2020.11
ISBN 978-7-5170-8997-1

Ⅰ. ①抽… Ⅱ. ①中… Ⅲ. ①抽水蓄能水电站一水利工程一文集 Ⅳ. ①TV743-53

中国版本图书馆CIP数据核字(2020)第206353号

书名	**抽水蓄能电站工程建设文集 2020** CHOUSHUI XUNENG DIANZHAN GONGCHENG JIANSHE WENJI 2020
作者	中国水力发电工程学会电网调峰与抽水蓄能专业委员会 组编
出版发行	中国水利水电出版社 （北京市海淀区玉渊潭南路 1 号 D 座 100038） 网址：www. waterpub. com. cn E-mail：sales@waterpub. com. cn 电话：(010) 68367658（营销中心）
经售	北京科水图书销售中心（零售） 电话：(010) 88383994、63202643、68545874 全国各地新华书店和相关出版物销售网点
排版	中国水利水电出版社微机排版中心
印刷	清淞永业（天津）印刷有限公司
规格	210mm×297mm 16 开本 38.75 印张 1228 千字
版次	2020 年 11 月第 1 版 2020 年 11 月第 1 次印刷
印数	0001—1000 册
定价	**260.00** 元

序

党的十八大以来，我国持续贯彻“四个革命，一个合作”能源安全战略，践行“绿水青山就是金山银山”的理念，大力推进能源生产和消费革命，推动中国能源向清洁化、低碳化、智能化、高质量发展。经过多年的不懈努力，我国电力工业发展取得显著的成绩，全国发电总装机容量突破20亿kW（截至2019年，发电装机容量201066万kW），实现了可再生能源跨越式增长。截至2019年，常规水电装机3.26亿kW；风电装机2.1亿kW；太阳能发电装机2.05亿kW，加上核电、生物质发电等，我国清洁能源装机占比接近40%。可再生电源的发展成就，为改变我国电源长期以来以煤电为主的格局做出了巨大的贡献，我国拥有先进的基建能力、相对充盈的资本和潜在的巨大市场，可再生能源仍将继续快速发展。但是，受可再生资源禀赋的限制，大水电、风电、太阳能资源主要分布在西部，而用电负荷主要在东中部，因此我国西电东送的电力格局没有显著改变，必须建设大规模的特高压电网才能得以实现。同时给特高压电网建设带来挑战，特别是风电和太阳能发电的特性给电网的安全稳定运行带来巨大压力，无论是特高压输电线路的送端还是落端，都需要配置相当规模的调节电源才能解决这些矛盾和困难。为此，适度快速有序发展调峰、填谷、储能兼顾调频、调相和事故备用电源是十分必要和迫切的。

抽水蓄能电站作为电力系统的稳定器、调节器、平衡器和储能器，高效保障了电力系统的安全、稳定、经济运行，抽水蓄能电站所具有的调峰、填谷、储能、调频、调相、事故备用和黑启动等多种强大功能，是目前公认的规模大、经济高效和绿色环保的调节电源，特别是其对电网的高效调节能力，可显著提高核电、风电、太阳能等清洁能源利用率。电力系统中建设适量的抽水蓄能电站对保障电力系统安全稳定经济运行作用巨大，已经成为现代智能电网发展不可或缺的组成部分。国家电网公司新的战略中已将抽水蓄能电站列入主导产业发展，而且正在全力打造安全可靠、绿色智能、互联互通、共享互济的现代化电网，加快建设具有中国特色国际领先的能源互联网企业，服务经济社会发展，为构建新发展格局提供持续动能。在促进能源转型中，多措并举促进清洁能源发展，确保水电、风电、太阳能发电利用率达到95%以上，这无疑会更进一步促进抽水蓄能的快速发展。

近十年来，我国抽水蓄能发展与可再生能源一样也实现了跨越式发展，截至2019年，已运行、在建抽水蓄能电站装机容量超过8000万kW，在缓解电网调峰矛盾、保障电力系统安全稳定运行、优化电源结构、提高电网消纳清洁能源的能力、提高利用率、促进国民经济和社会可持续高质量发展等方面发挥了重要作用。随着抽水蓄能电站数量和规模的不断增加，建设、运营体系、标准不断得到完善并取得丰富的管理经验，电价政策、机制初步得到落实，为抽水蓄能的发展打下了较好的基础，发展环境也趋向良好。但我国电力市场改革尚处于初级阶段，重视储能定位及各环节布局、强化产业扶持、推进市场建设、提升技术水平、完善标准体系、促进行业高质量发展等多方面还需要进一步深入研究。特别是2020—2030年的抽水蓄能电站选点规划的编制将直接影响抽水蓄能的发展，上一轮抽水蓄能电站选点规划中的大部分站点已实现了核准并开工建设，少部分站点正在开展可行性研究工作，可以说上一轮规划目标基本得以实现。然而，“十四五”“十五五”期间的站点尚没有全面启动，将对抽水蓄能今后站址的合理布局、开发时序、市场稳定有序和前期工作开展都将产生影响。事实上，已出现个别省区自行规划抽水蓄能站点的情况，把抽水蓄能电站作为一般性基本建设项目来拉动地区经济发展，这将偏离抽水蓄能统一布局、有序适度发展的方向，如不加以管控，将再次形成抽水蓄能建设市场无序的不利局面。建议国家行政主管部门高度重视并尽快完成新一轮全国抽水蓄能电站选点规划，使抽水蓄能电站的建设和运营更加健康有序。

中国水力发电工程学会电网调峰与抽水蓄能专业委员会，是我国抽水蓄能电站建设方面的全国性学术组织，也是学术交流和相关政策研讨的平台，专委会将秉承使命，在引领行业发展、引导抽水蓄能市场规范健康有序，促进技术进步、交流与合作，推动抽水蓄能高质量发展等方面发挥更大的作用。抽水蓄能年会即将召开，《抽水蓄能电站工程建设文集2020》也将随之出版，对提高抽水蓄能电站建设运营水平和推动技术进步，都将发挥积极作用。

让我们共同祝愿抽水蓄能事业的明天更美好，为建设社会主义现代化强国做出更大的贡献。

电网调峰与抽水蓄能专业委员会

编者的话

本书由中国水利发电工程学会电网调峰与抽水蓄能专业委员会（以下简称专委会）组稿，是专委会出版的第25部抽水蓄能学术年会文集，共收录论文125篇，约130万字。

本文集包括抽水蓄能发展规划与建设管理、抽水蓄能电站工程设计、抽水蓄能电站机组装备试验与制造、抽水蓄能电站工程施工实践、抽水蓄能电站运行及维护等五个专题。内容涵盖了我国抽水蓄能电站建设和管理领域各个专业的研究探索与经验总结，内容广泛，资料翔实，希望对从事抽水蓄能工程规划、设计、科研、施工和运行管理人员具有指导和借鉴意义。

本次征文共收到文章近255篇，限于篇幅，同时为使内容精炼，在编辑过程中，对一些相同作者、相似内容以及介绍相同工程的文章做了适当合并和删减，特在此向读者说明。

今年我们仍推选出10篇优秀论文，并将在学术交流年会上对作者进行表彰。秘书处对各委员单位及个人支持论文集征稿工作，积极组稿、投稿表示感谢！

中国水力发电工程学会
电网调峰与抽水蓄能专业委员会 秘书处

2020年10月北京

目录

机组装备试验与制造

施　工　实　践

运 行 及 维 护

注：* 为电网调峰与抽水蓄能专业委员会 2020 年学术交流年会优秀论文。

发展规划与建设管理

基于系统分析的多源互补系统中抽水蓄能电站定位识别

刘殿海[1] 王 珏[1] 徐 鹏[2]

（1. 国网新源控股有限公司技术中心，北京市 100161；

2. 南京水利科学研究院，江苏省南京市 210029）

【摘 要】 绿色可持续发展趋势中，多种清洁能源将在整个能源结构中占据越来越大的比例，不同能源形式生产通过电力网络产生联系，在它们相互影响的过程中形成一个动态系统。本文以多源互补系统的结构为研究对象，通过因果关系图方法尝试讨论包含在多种能源构成的电力生产中，抽水蓄能电站在系统起到的作用与角色。通过分析认为，抽水蓄能电站以生产侧和消费侧两种典型模式存在于电力系统中，它是减少清洁能源的弃光、弃风问题和提高电网电量消纳能力的有效途径。

【关键词】 清洁 多源互补 因果回路图 抽水蓄能电站 驱动力

1 当前能源现状与发展趋势

可持续绿色发展是世界发展的主题，新型清洁能源正在改变当前世界的能源结构。传统的化石能源，如石油、煤炭，一方面是蕴藏总量逐渐枯竭；另一方面对于生态环境造成巨大的破坏，已经不再适应当前社会的需求。随着技术水平的提高，水能、太阳能、风能、潮汐能和生物质能在整个能源结构中占据越来越大的份额，围绕着水能、核能、风能、光能等清洁能源和传统火电形成的多种能源互补结构形式将是能源生产发展的趋势。

由于幅员辽阔，地形形态多样，中国清洁能源生产有着自己的特点，从区域角度，新型能源分布不均匀，西南水电资源丰富，四川、云南、西藏和贵州蕴藏水能占中国总水能蕴藏70%以上，内蒙古、甘肃、新疆等西北地区则风、光能源蕴藏丰富。而从能源消耗区域分析，中国东部地区产业密集，耗能巨大，而西北、西南相对耗能较小，这与清洁能源分布形成空间上的不匹配。从时间上来看，新型清洁能源的生产在年度上存在着不均匀性，呈巨大的波动特征，而能源消费常年处于稳定态势，往往和能源的供给存在冲突。并且随着社会与经济水平不断提升，多种清洁能源在电网中的占比越来越大，对能源供应的难度也将不断提升，上述地区不平衡，时间不均匀的特点将更为尖锐。结合中国能源现状特点，总结当前主要的能源矛盾为：①在绿色可持续发展的政策引领下，能源总量的需求上升和能源生产结构在向环境亲和结构调整的矛盾；②多种清洁能源生产特征所带来的在能源供应中时空上的不适配性矛盾。

2 研究现状多源储能设施在新型能源结构中的作用

2.1 多源互补的概念与内涵

大量新型清洁能源开发利用将带来能源结构的变化和挑战。多源互补的讨论成为研究前沿之一。目前已有大量学者投入在该领域的研究中，章凯在文中给出多能互补的概念：指按照不同资源条件和用能对象，采取多种能源互相补充，以缓解能源供需矛盾，合理保护利用自然资源，同时获得良好的环境效益的用能方式[1]。结合近年来的研究成果，进一步明确该概念内涵：通过技术进步和管理提升，将多种形式的清洁能源纳入到能源供应系统中，以统筹协调的方式增强能源系统的容量和安全性，从而缓解当前能源供需和环境效益矛盾，支撑经济社会的绿色可持续发展。

当前多源互补的研究方向主要有：

（1）风光电等清洁能源的生产效率提升与保障技术。艾斌等[2]研究提出利用CAD进行风光互补发电系统优化设计的方法；茆美琴等[3]提出了风光发电系统变结构仿真模型；彭军等[4]调研了内蒙古自治区锡林郭勒盟苏尼特右旗牧区户用型可再生能源发电系统使用情况，并提出了相关建议；孙可等[5]研究了微型燃气轮机系统在分布式发电中的应用。

（2）清洁能源互补优化调度关键技术与方法。钟迪等[6]以多能互补能源综合利用中的关键技术研究现状和发展趋势进行了研究；陈铮等[7]从多能互补集成优化发展和前景等方面进行了研究；王社亮等[8]研究西北地区多能互补，建立了相对系统、完善的多能互补理论体系与研究方法；谭忠富等[9]阐述了多能互补系统在我国能源变革中的地位，指出了适应能源系统形态演变规律的多能互补发展的关键技术。

（3）智能微网设计技术。中国科学院的路甬祥[10]讨论了分布式可再生能源和智能微网在能源结构调整和转变中的意义、作用和发展潜力。

2.2 储能设施在新型能源结构中的作用

采用大规模储能技术是解决电网调度问题、保证电网稳定的有效手段，在提升电力系统灵活性方面日益显示出重要作用。国内外对于储能方式的研究主要集中在电化学储能和抽水蓄能两个方面。铅酸蓄电池是目前比较成熟的电化学储能技术，具有价格低廉、安全性相对可靠的优点，但有循环寿命短、深度放电造成可用容量下降和运行维护费用高等缺点。抽水蓄能电站是世界目前使用最多的储能设施，通过水泵将低水位的水体抽蓄至高水位，以水能的形式将能量暂时储存下来，当能源需求增加时，可将储存的水能转化为电能以满足需求。抽水蓄能电站建成后主要承担电力系统调峰、填谷、调频、调相和紧急事故备用任务，并具备黑启动能力。在与水电、风、光等可再生能源的互补中，蓄能电站可实现与火电、风电、太阳能发电的联合协调运行，减少机组调停，消纳富余风电、太阳能发电量，有效缓解区域性弃水电和弃风、弃光问题。基于其特点，在新型的多能互补能源结构中，作为多种不同能源生产中的波动调节和缓冲部分，抽水蓄能电站将发挥更大的作用。

3 基于因果关系图方法的多源互补系统分析

3.1 系统分析与因果回路图

因果回路图（CLD）是系统分析的主要手段，相比于其他的系统分析方法，可以直观地探索和表示所分析的学科领域或系统中的关键变量之间的互连。换言之，CLD是一个集成的地图，因为其代表不同的系统尺寸的动态相互作用。通过对给定系统的主要变量的定义与分析，探讨了各种关键要素之间的循环关系（或反馈）。通过映射关键变量之间的因果关系，强调要解决的问题的驱动因素和影响，在设计最后解决方案的系统决策过程CLD可以提供高效、有力的支持。CLD的创建在整个系统决策过程中有着多种优势。

然而，CLD有两个相互关联的局限性。首先，所有CLD都是对正在考虑的实际情况的简化。因此，所有的CLD都只是对实际情况的部分表示。对于考虑的任何特定情况，存在多个可能的CLD表示；其次，问题情境中的不同参与者可能持有非常不同的价值观和世界观，因此认为系统中不同节点的交互和反馈机制很重要。

CLD表达包括节点和箭头（称为因果链接），后者将节点与每个链接上的符号（或＋或）链接在一起，指示正或负的因果关系。其中节点代表相应变量指标，由A指向B的箭线表示A影响B，“＋”表示A对B的影响是正向的，即因为A的增大B也相应增大或因为A的减少B也相应减少，“－”表示A对B的影响是反向的，即因为A的增大B相应减小或因为A的减少B相应增大。因果回路图表达方式如图1所示。

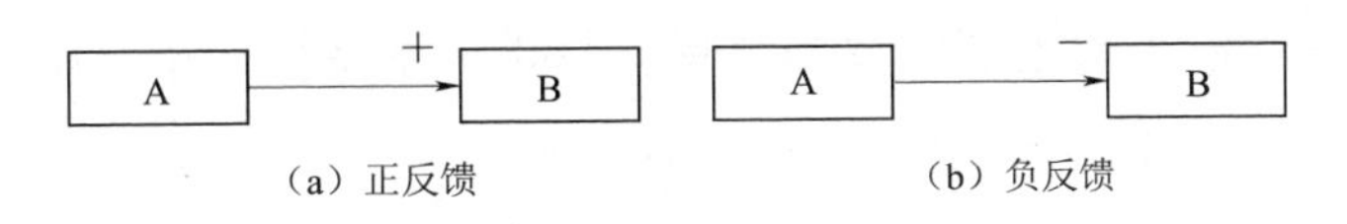

（a）正反馈　（b）负反馈

图1　因果回路图表达方式

3.2 多源互补因果回路图构建

本文从现有文献成果出发，先构建风（光）电、水电、火电和电网子结构，确定了各个子结构的基本因素和关系，逐步增加因果链接的细节，然后将子结构耦合在一起，最终得到完整复杂的多源互补模型。

3.2.1 水力发电子结构分析

水电的问题在于弃水与效益的联系，当径流流量充沛时，水电站电力生产能力得到提升，因此径流流量与水力发电量为正向反馈，用于发电流量增加将导致弃水减少，它们之间为负反馈关系，而弃水量与径流来水量相关且与电站效益为负反馈关系，最后考虑效益与发电量的关系，随着效益的增加，水力发电驱动力增强，同样当效益降低时，水电发电的驱动力不足，它们之间是正反馈关系。根据上述论述，水电变量表见表1，变量关系及水电子结构因果回路图如图2、图3所示。

表1 水电变量表

编号	变量名称	单位	定义
W1	径流条件	m^3/s	天然径流来流量
W2	水力发电量	kW·h	在上网电量和径流条件的约束下水力发电量
W3	弃水	m^3/s	未参与发电的径流流量
W4	水电效益	万元	由发电量带来的经济效益
W5	上网电量	kW·h	由电网调度允许的上网电量

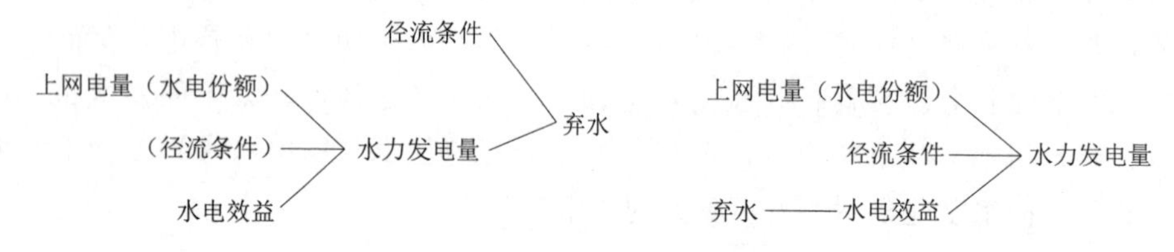

图2 变量关系

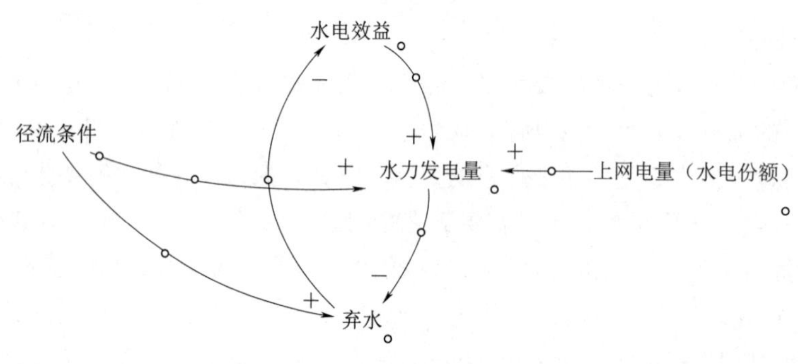

图3 水电子结构因果回路图

3.2.2 风（光）发电子结构分析

风力发电发展迅速，然而由于风电的不稳定性，大规模风电并网会对电网安全和经济运行造成负面影响。研究人员聚焦于储能系统与风电联合运行[11]，风电场与抽水蓄能电站联合运营工程已经在实际中得到广泛的应用，如西班牙、德国、丹麦、美国等风能利用发达的国家对于风蓄联合系统的研究较为成熟[12]。可以确定风（光）发电电的问题在于风、光条件不稳定，由此导致发电出力波动较大，会对电网安全造成影响，无法直接用于上网，所以需要对其发电进行调节，另外由于区域和季节原因，在风光电能最大出力状态时段与社会电力需求并不匹配，导致弃风、弃光的发生。风（光）电变量表见表2，风（光）发电变量关系及子结构因果回路图如图4、图5所示。

表2 风（光）电变量表

编号	变量名称	单位	定义
FG1	风（光）条件	kW·h	天然来风或光照总能量
FG2	风（光）发电量	kW·h	在上网电量和径流条件的约束下水力发电量

续表

编号	变量名称	单位	定　　义
FG3	弃风（光）	kW·h	未参与发电的风、光能量
FG4	抽水蓄能发电量	万元	抽水蓄能电站存储的风（光）发电量
FG5	联合效益	kW·h	风（光）即时发电和抽水蓄能电站带来的经济效益总和
FG6	上网电量	kW·h	由电网调度允许的上网电量

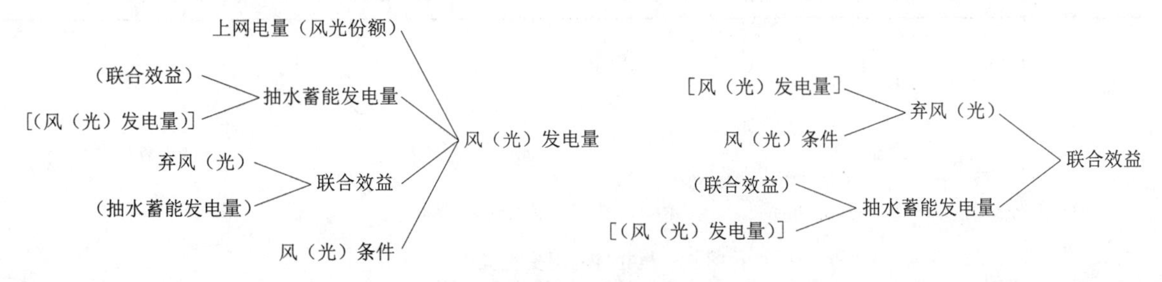

图 4　风（光）发电变量关系

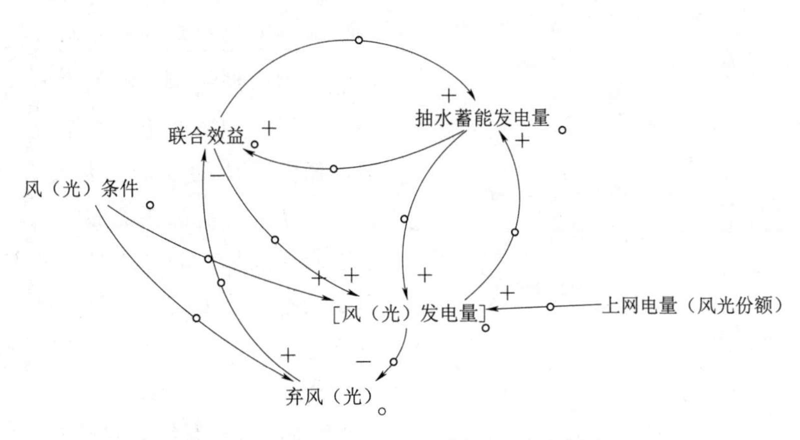

图 5　风（光）发电子结构因果回路图

3.2.3　火电与电网消纳子结构分析

火电是中国的重要能源部分，在能源局“十三五”规划中，出于低碳要求，火电占比将下降至 58%，火电的效益在于其发电量，但是对于生态环境影响巨大，通过火电和抽水蓄能电站的联合运行，一方面增加了用电地区的电能消纳，并且提高了地区电网的调峰能力；另一方面减轻了火电对生态环境的损害。抽水蓄能电站主要起到保证电力系统安全稳定运行，提高供电质量，配合火电机组运行，实现电力系统节能减排。抽水蓄能可以减少火电机组参与调峰启停次数，提高火电机组的负荷水平，提高火电机组负荷率并确保其在高效区运行，降低电力系统的燃料消耗[13]。抽水蓄能电站从电量使用角度，提高消纳电网输送电量的能力解决当前清洁能源开发送出困难的实际问题。火电与电网变量表见表 3，火电与电网变量关系及子结构因果回路图如图 6、图 7 所示。

表 3　　火电与电网变量表

编号	变量名称	单位	定　　义
D1	火电发电量	kW·h	火电发电量
D2	抽水蓄存电量	kW·h	抽水蓄能电站存储的电网输电量
D3	电网输电量	kW·h	通过电网传送的多种能源总上网电量
D4	电网空闲容量	kW·h	电网还可容纳的输电量
D5	实际用电量	kW·h	用于消费的输电量
D6	电网总负荷	kW·h	电网设计总承载能力

续表

编号	变量名称	单位	定　　义
D7	火电效益	万元	火电经济效益
D8	生态效益	万元	发电造成的生态效益
D9	用电需求	kW·h	生产生活需要电量
D10	用电矛盾	kW·h	实际用电量和用电需求的差值
D11	上网电量	kW·h	由电网调度允许的上网电量

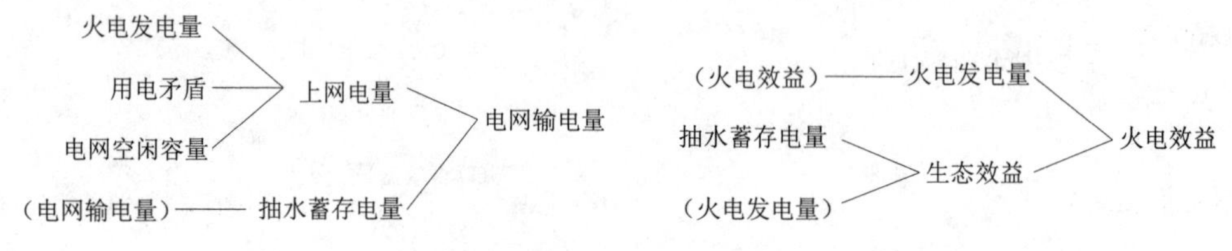

图 6　火电与电网变量关系

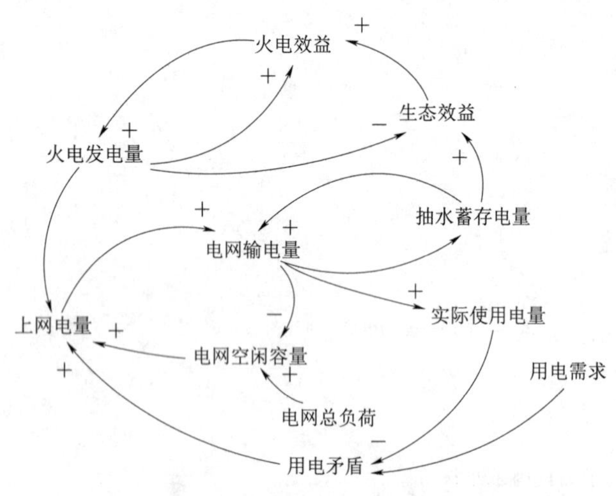

图 7　火电与电网子结构因果回路图

3.2.4　多源互补系统总结构

通过上述各子结构的观察，可以发现在多源互补能源结构形式中，电网将不同形式能源联系在了一起，形成能源系统。在系统中，各个节点相互影响，任何变量的改变都将传递到整个系统网络中去。当注重于清洁能源的发展，仅仅孤立的提升清洁能源相关指标的努力是不够的，只有在其所在的因果关系链路上的所有指标都处于适配状态，才能真正达到目的。多源互补能源系统因果回路图如图8所示。

3.3　多源互补系统网络分析

中国“十二五”规划纲要明确提出“依托信息、控制和储能等先进技术，推进智能电网建设，构建安全、稳定、经济、清洁的现代能源体系”。发展储能装置，构建智能电网，增强电网对能源资源的优化配置能力，解决风电等清洁能源快速发展带来的问题，已成为中国电力与能源发展的重要内容。

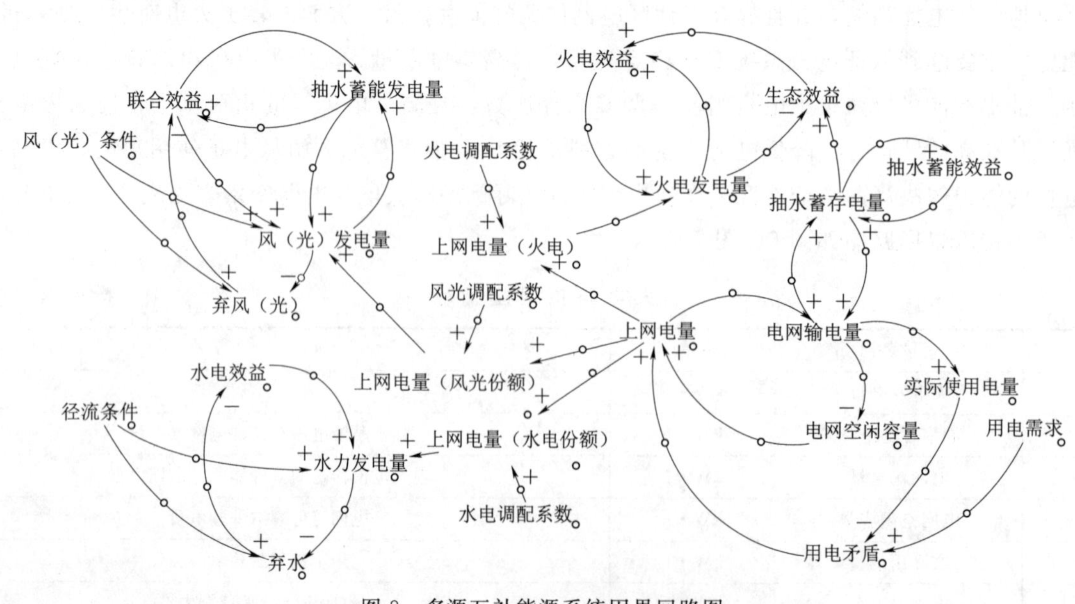

图 8　多源互补能源系统因果回路图

3.3.1 抽水蓄能电站的运行模式

在多源互补系统因果回路图中，抽水蓄能电站在电网中的运营可以分为两种典型模式。

（1）基于能源生产侧的多能互补模式。在这种模式中，抽水蓄能电站主要位于清洁能源的生产地区。通过风电、光电和水电协同生产，利用好不同形式能源的高产时段，最大化降低对环境的不利影响。抽水蓄能电站主要解决了清洁能源上网的安全性与稳定性，可以提高波动频率快、幅度大、持续时间不稳定的清洁能源生产能力。通过抽水蓄能电站的储存和调节，减少了弃风、弃光损耗，一方面增加了能源供应，另一方面提高了能源生产的经济效益。

（2）基于能源消费侧的多能互补模式。在这种模式中，抽水蓄能电站位于电力消费区域，主要通过能源存储能力作为临时存储节点。不稳定风、光能源通过电网输送至电力消费区域，通过存储设施作为临时缓冲将其用于调峰填谷，更为有效的是，抽水蓄能电站可以将清洁能源在时间上分布不匹配可以通过存储手段进行时间上的再分配，从电量消费方式，提高消纳电网输送电量的能力，解决当前清洁能源开发送出困难的实际问题，在因果关系图中可以观察到抽水蓄能电站是一种极其有效的方式。此外在火电和抽水水蓄能发电的协同运行中，抽水蓄能电站主要起到保证电力系统安全稳定运行，提高供电质量，配合火电机组运行，实现电力系统节能减排的作用。抽水蓄能可以减少火电机组参与调峰启停次数，提高火电机组的负荷水平，提高火电机组负荷率并确保其在高效区运行，降低电力系统的燃料消耗。

3.3.2 能源生产的限制因素分析

从因果分析图构建的能源模型可以清楚看到，上网电量是制约各种能源发电量的重要因素，提高上网电量的总量和优化上网电量来源的分配是提高能源生产的两种重要途径。

在第一种途径中，上网电量、电网输电量和电网剩余负荷量构成一个负反馈环，在电能消费的制约下形成了一个动态平衡，电网本身只是一个硬件设施，只有提高电能消费才能从根本上提高上网电量，当前电能消费主要是生活、生产耗能的需求，当在产业结构耗能之外，增加抽水蓄能电站后，有效地提升了单位时间内的电能消耗，并且对于上网电量处于低谷时，起到了有效的补充。而目前中国抽水蓄能电站功率仅占全国电力功率的1.5%，还存在很大的发展潜力。在第二种途径中，当前主要通过基于多目标决策的优化调度方法来解决。

3.3.3 抽水蓄能电站发展的驱动力分析

在能源模型中风（光）电力与抽水蓄能在生产侧模式中存在共同效益，水电与抽水蓄能在系统层面存在着间接传递效益。因此减少弃水、弃风和弃光，一方面需要在上网电量优化调度分配入手，另一方面兴建抽水蓄能电站进行调节也是一种有效的途径。但是抽水蓄能电站目前效益回报低，降低了该类工程上马的积极性。在风、光、水等清洁能源的产量提升，可以通过效益补偿的形式将水电和抽水蓄能电站、风光电和抽水蓄能电站协同运营，这将是相互促进的过程。通过抽水蓄能电站调节，弃水、弃风和弃光减少所产生的经济效益，通过经济补偿的方式回报到抽蓄电站，可以有效地提升抽蓄电站的发展动力。

而在消费侧模式中，火电和抽水蓄能发电存在互斥效益，火电发电量的增加，将挤占抽水蓄能电站的发电空间，同时由于抽水蓄能电站运营成本高于火电运营成本[14]，消费侧模式中抽水蓄能电站发展驱动力不强。在能源局“十三五”规划中，出于低碳要求，火电占比将下降至58%，目前火电仍是我国的重要能源部分。但是火电的效益在于其发电量，而对于生态环境不利影响巨大，在生态效益上，抽水蓄能电站可以作为火电占比下降的能源补充，通过火电和抽水蓄能电站的联合运行，一方面增加了用电地区的电能消纳，并且提高了地区电网的调峰能力；另一方面减轻了火电对生态环境的损害。在中国发展的趋势中，火电比例下降将导致当地电量供给不足，在提高清洁能源生产和电网输送能力同时，抽水蓄能电站通过对清洁能源的储存供应作为补充是必要的。在整个过程中除了市场运营，也需要通过政策引导提升抽水蓄能电站的发展动力，以达到可持续绿色发展的能源结构调整目的。

4 结论与展望

随着生态环保和应对气候变化压力增加，中国资源约束趋紧，环境污染严重，人民群众对清新空气、澈水质洁环境等生态产品的需求迫切。中国将保护环境确定为基本国策，推进生态文明建设，煤炭发展的生态环境约束日益强化，必须走安全绿色开发与清洁高效利用的道路。

在可持续绿色发展中，清洁能源的占比将提高，但是由于清洁能源存在着自身的限制，并且和能源需求存在冲突，如何安全高效的将清洁能源生产，本文通过系统分析的方法对于多源互补的能源结构进行分析，结论如下：

（1）以系统的角度看待能源，可以更为清晰理解不同能源之间的联系，进而更深刻的理解基于清洁能源的多源互补能源系统发展的关键所在。

（2）抽水蓄能是当前技术最成熟、最经济的大规模电能储存手段，本文按其运行特征分为生产侧和消费侧两种典型模式，抽水蓄能电站作为调峰电源和储能手段，在促进风电等新能源发展、提高电力系统安全稳定运行、电力节能减排方面，可最大限度地满足智能电网要求，是我国智能电网建设的重要组成部分。

（3）在风电、光电、水电和抽水蓄能发电之间存在共同效益，是相互促进的，在发展中可以通过效益补偿的方式提高抽水蓄能发展动力。在消费侧，火电与抽水蓄能发电存在互斥效益，为了提升抽水蓄能发展动力，需要通过政策引导等手段。

（4）本文以因果回路图的形式对多源互补能源系统和抽水蓄能电站发展进行了宏观分析，为政策制定和决策提供参考，为了更好研究其相互关系，可在下一阶段在目前研究较为成熟的领域中，把相应的量化数学模型添加到系统模型中，结合优化调度和综合评价方法对多源互补能源系统进行进一步的探索。

参考文献

[1]　章凯，陈博．“多能互补”技术发展与应用［J］．科技和产业，2018，18（11）：92-99．

[2]　艾斌，杨洪兴，沈辉，等．风光互补发电系统的优化设计（I）CAD设计方法［J］．太阳能学报，2003（4）：540-547．

[3]　茆美琴，余世杰，苏建徽，等．风/光复合发电系统变结构仿真建模研究［J］．系统仿真学报，2003（3）：361-364．

[4]　彭军，李丹，王清成，等．户用型可再生能源发电系统在苏尼特右旗应用的调查分析［J］．农业工程学报，2008（9）：193-198．

[5]　孙可，韩祯祥，曹一家．微型燃气轮机系统在分布式发电中的应用研究［J］．机电工程，2005（8）：55-60．

[6]　钟迪，李启明，周贤，等．多能互补能源综合利用关键技术研究现状及发展趋势［J］．热力发电，2018，47（2）：1-5，55．

[7]　陈铮，陈敏曦．多能互补集成优化发展和前景［J］．中国电力企业管理，2017（28）：16-18．

[8]　王社亮，冯黎，张娉，等．多能互补促进新能源发展［J］．西北水电，2014（6）：78-82．

[9]　谭忠富，谭清坤，赵蕊．多能互补系统关键技术综述［J］．分布式能源，2017，2（5）：1-10．

[10]　路甬祥．大力发展分布式可再生能源应用和智能微网［J］．中国科学院院刊，2016，31（2）：157-164，152，265．

[11]　黄德琥，陈继军，张岚．大规模风电并网对电力系统的影响［J］．广东电力，2010，23（7）：27-30．

[12]　王毛毛，余瑾，张且，等．考虑输出波动和收益的风蓄联合日前优化运行［J］．电力学报，2018，33（6）：511-516，522．

[13]　刘殿海，谢枫．可持续发展的边际供能成本及能源的竞争力分析［J］．中国电力，2008（9）：6-10．

[14]　卢涛，彭子康．基于抽水蓄能电站经济效益与原理特点简介［J］．科技风，2018（33）：116．

抽水蓄能通用造价研究及思考

张菊梅　吴　强　息丽琳　马　赫

（国网新源控股有限公司，北京市　100761）

【摘　要】为应对抽水蓄能建设高峰期面临的困难，结合现有的通用设计成果，首次提出了抽水蓄能通用造价管理理念。运用模块化思想，选取典型方案、基于现有的造价依据，编制出了包含典型工程造价、工程造价指标、不同阶段单价，综合考虑各电站差异性提出的调整办法等内容的通用造价。并以通风建安全洞为例，展示了通用造价体系包含的主要内容，提出了应用的注意事项和下一步研究方向。

【关键词】模块化思想　典型方案　通用造价　造价指标

1　引言

作为专业的抽水蓄能电站建设和运行管理公司，国网新源公司“十三五”末在建项目达到30个，装机容量达到4283万kW。“十四五”将持续处于项目开工、征地移民、土建施工、安装调试、投产发电高峰叠加期，建设任务重，管理跨度大、链条长，对基建工程管理提出了严峻的挑战，尤其是工程造价人员的管控能力、协调能力和专业技术难以满足大规模建设发展的要求，给基建管理工作带来一定的风险。提出编制抽水蓄能通用造价，建立工程造价标准化体系，将给抽水蓄能大发展提供基本保障，有效缓解造价人员质量与工程建设快速发展不匹配的矛盾。

2　现状

（1）缺乏对已有造价成果合理利用。现行抽水蓄能造价文件主要包括投资估算、设计概算、招标控制价、合同价、标段结算、工程决算等。通常以相应的编制规定和取费标准、概预算定额、地方造价信息、地方定额管理文件等为依据编制。工程基建期相关的招标控制价、合同价、标段结算价与标段界面划分、工程设计、地理条件、地方物价水平等众多因素相关，造价文件采用一标一编的方式。这种方式能更准确地反映标段造价，但是缺乏对已形成的抽水蓄能造价成果进行合理利用。另外，作为工程计价基础的工程量清单在相同标段不同项目中存在较大差异，造价工作标准化管理受限。

（2）通用造价研究基础已具备。工程造价从编制形式上来讲主要由两个因素决定：一是工程量；二是综合单价。工程量的表现形式为工程量清单，包含两个要素：一是清单列项；二是具体工程量。根据现有的抽水蓄能通用设计研究成果，可以规范工程量清单列项，形成通用工程量清单，具体工程量受工程建设自然条件影响。综合单价从计价过程来看，主要受区域价格水平影响，表现为计价规则相同，价格水平有异。

鉴于抽水蓄能快速发展的形势和工程造价管理面临的客观困难，结合已出版的地下厂房、开关站、进出水口、工艺设计、细部设计等通用设计编制成果，构建一套既克服差异性，又提炼共同点，以实现快速评价工程技术经济水平，加快设计、评审进度，提高工程造价管理效率的通用造价既是现实需要，也有技术基础，更具现实意义。

3　通用造价构建原则

抽水蓄能通用造价编制要严格执行现行的水电行业概估算编制规定、取费标准和定额。在有效规避差异性和提高成果适用性的目标指引下，总体编制原则为：方案典型，造价合理，全面清晰，编制科学，简捷灵活，应用广泛。

（1）方案典型，结合实际。以抽水蓄能电站通用设计和典型电站为基础，通过对近年开工建设项目的统计、筛选、分析，结合影响工程造价的主要技术条件，科学合理选择典型方案。

（2）标准统一，造价合理。统一抽水蓄能电站通用造价的编制原则、依据和编制深度，综合考虑各地区工程建设实际情况，体现近年抽水蓄能电站造价的真实水平。

（3）模块全面，边界清晰。应用模块化设计思想，明确模块划分的边界条件，通过编制典型方案造价、基本模块造价和工程单价，来构建抽水蓄能电站通用造价体系，最大限度满足抽水蓄能电站设计方案需要，增强通用造价的适应性和灵活性。

（4）使用灵活，简捷适用。抽水蓄能电站通用造价包括典型方案、基本模块和调整方法。通过分册间和分册内部的灵活组合，计算出与各类实际工程相对应的工程造价，同时为分析其他工程的造价合理性提供依据。

（6）阶段全面，应用广泛。抽水蓄能电站通用造价编制以设计概算为桥梁，通过不同阶段的造价调整办法，将规划选点投资匡算、预可行性研究投资估算、招标阶段控制价和建议合同价格联系在一起，便于不同阶段的造价管理控制。

4 通用造价框架设计

4.1 体系构成

根据工程施工特点和现行工程建设中标段划分实际对通用造价编制对象进行细分和识别。总体上可以分为主体土建及安装工程、机电设备（金属设备）采购工程、建设期服务工程。机电设备采购和建设期服务工程与市场价格相关性较高，由市场水平决定。不在通用造价中涉及。主体土建及安装工程根据工程建设实际可以分为筹建期工程、上下水库工程、地下厂房工程、输水系统工程和机电安装工程五个部分。

筹建期工程包括交通洞、通风洞和上下库连接路工程；上下水库工程包括挡水工程、防渗工程、泄洪工程和拦砂工程；输水系统包括进出水口、引尾水隧洞和闸门井以及压力管道等部分；地下厂房工程包括主副厂房洞、主变洞、母线洞、出线洞、开关站等；机电设备安装包括发电设备、升压变电设备和其他设备。

上述内容基本涵盖了抽水蓄能电站主体土建部分的工程内容，也是工程建设管理的重点内容。

4.2 主要内容

抽水蓄能通用造价通过典型方案、基本模块和工程单价三个层次实现对项目的造价管理应用，以典型方案造价、基本模块造价和工程单价为基础，调整组合出适用于不同工程的造价。因此在通用造价各部分中都要包括上述三部分内容，并且给出工程单价的主要影响因素和调整办法。

（1）典型方案。主体土建工程分成的五部分中，每部分都选取若干典型方案，通过对各部分典型方案的选取、调整和组合，可以构成目标电站建安工程造价。

（2）基本模块。每个典型方案都由二级项目组成，称为基本模块。目标电站可根据自己与典型方案的不同来选取适合的模块，或者对基本模块进行适当替换、调整，来构成目标方案的造价。

（3）工程单价。根据典型性的施工组织设计方案，选定科学的计算边界条件；科学分析选定计算定额和取费标准；因为材料费占投资比重较大，材料价格的选取和调差方法对整个投资的水平具有较关键的影响，通过认真调研典型方案所在地主材价格并复核次要材料价格，做到严谨客观、真实可信。

（4）调整办法。影响典型方案与实际方案造价差异的主要因素包括项目构成差异、项目地区差异、设计尺寸差异和施工组织设计差异等，根据各部分工程特点，梳理影响造价差异的主要因素，并测算出调整办法以支撑通用造价的实际应用。

4.3 编制依据

依据现行水电工程计价依据，包括《水电工程设计概算编制规定》（2013年版）及《水电工程费用构成及概（估）算费用标准》（2013年版）等在内的七部文件和国家部委颁发的新的规章制度如增值税改革相关文件，以及典型方案所在地固定年份的价格水平、典型电站的可研、招标、合同和结算资料、典型的施工方案和施工方法等。

5 通用造价成果形式

5.1 典型方案通用造价

选取典型方案，结合通用设计成果得出的工程量与编制依据确定的工程单价结合，编制出典型方案的通用造价。以筹建期工程中的通风安全洞为例，展示见表1。

表1 典型方案通用造价标示例

编号	工程或费用名称	单位	数量	单价/元	合计/万元
	方案1工程				…
1	通风安全洞工程				3388.31
	土方开挖	m^3	4200	16.86	7.08
	石方明挖	m^3	16600	42.36	70.32
	石方洞挖	m^3	129400	117.6	1521.74
	喷混凝土	m^3	4555	977.78	445.38
	钢筋	t	458	6429.15	294.46
	…				

5.2 单位造价指标

单位造价指标作为综合数值，可以有效地消除装机、尺寸等差异影响，增强抽水蓄能电站通用造价使用的灵活性、组合性和扩展性，可快速地组合出不同方案的造价。以筹建期工程通风安全洞为例，展示见表2。

表2 单位造价指标汇总

编号	项目名称	单位	通风洞工程				
			方案一	方案二	方案三	方案四	方案五
…	…	…	…	…	…	…	…
2	造价指标						
2.1	按开挖体积计算	元/m^3	300	299	314	501	372
2.2	按隧洞长度计算	万元/m	1.77	3.12	2.00	2.93	2.10

注 选用造价指标计算出的投资为初始投资，还需根据实际情况进行岩石级别、海拔高程、价格水平等不同参数的调整。

5.3 工程单价汇总

工程单价属于造价管理控制的基本层次和单位，与详细的工程量配合使用，可以解决工程造价具体问题，其灵活性和组合性不受限制，应用广泛，能够因地制宜、具体问题具体分析，提高造价预测和控制的准确性和精度，是工程造价测算和单位造价指标提炼的基础。

通用造价设计时为了满足多个阶段造价管理需要，编制了不同水平的工程单价，构成单价区间。主要包括概算水平、预算水平和投标报价水平三阶段。见表3。

表3 不同阶段工程单价表 单位：元

编号	项目名称	单位	概算水平	预算		投标		施工方法
				水平一	水平二	报价一	报价二	
	土方工程							
1	土方明挖-交通洞－2.6km	m^3	16.86	16.37	15.84	14.27	12.56	…
2	土方明挖-通风洞－2.0km	m^3	15.60	15.15	14.66	13.21	11.62	…

续表

编号	项目名称	单位	概算水平	预算		投标		施工方法
				水平一	水平二	报价一	报价二	
	石方工程							…
3	石方明挖-交通洞－2.6km	m^3	42.36	41.40	40.10	36.98	35.7	…
4	石方明挖-通风洞－2.0km	m^3	40.57	39.66	38.42	35.46	34.19	…
…	…		…	…	…	…	…	…

5.4 通用造价成果调整方法

为了使通用造价成果能够在工程实际建设中得到更广泛的应用，设计了一套现有成果调整使用方法，通过识别工程部位影响造价的主要因素，并在每个分册中给出具体的、有针对性的调整方法。以筹建期分册的通风安全洞为例，影响典型方案与实际方案造价差异的主要因素包括建筑物尺寸变化、岩石级别差异、价格水平不同、项目地区差异和项目所处海拔等，调整方法简要介绍如下：

（1）建筑物尺寸变化。实际方案与通用造价典型方案建筑物尺寸、面积变化有关，比如洞室断面面积差异，可通过实际方案二级项目的特征尺寸和通用造价典型方案对应项目单位造价指标计算投资，替换典型方案相应造价。

（2）岩石级别差异。典型方案通用造价石方洞挖、锚杆和灌浆钻孔岩石级别按Ⅺ～Ⅻ考虑，为了便于对岩石级别Ⅸ～Ⅹ和ⅩⅢ～ⅩⅣ的调整，通过计算岩石级别Ⅸ～Ⅹ和ⅩⅢ～ⅩⅣ方案的投资，分别与典型方案通用造价做比值，作为不同岩石级别的调整系数。

（3）价格水平不同。实际方案与通用造价典型方案价格水平不同时，价格水平采用指数法进行调整。价格指数采用水电总院可再生能源定额站发布的价格指数，或者通过权重法计算。

（4）项目地区差异。典型方案通用造价取费按中南、华东的一般地区考虑，在此基础上根据2013版取费标准中其他直接费规定，分别计算出西南、华北、西北、东北、西藏等地区的方案造价，以上述地区的方案造价与通用造价的比值作为不同地区的调整系数。

（5）项目所处海拔。典型方案通用造价按高程2000m以下的一般地区考虑，在此基础上根据定额高海拔地区调整系数分析计算2000～4000m各高程区间的方案造价，以各高程区间的方案造价与2000m以下方案造价的比值作为不同海拔高程调整系数，高海拔调整系数分档同《水电建筑工程概算定额》（2007年版）。

6 应用注意事项

抽水蓄能电站通用造价在推广应用中应与通用设计相协调，从工程实际出发，充分考虑抽水蓄能电站技术进步、国家政策和项目自身特点等影响工程造价的各类因素，有效控制工程造价。

（1）处理好与通用设计的关系。通用造价在通用设计的基础上，按照工程造价管理要求，合理调整完善了典型方案种类，补充了部分基本模块，进一步明确了所有方案的编制依据。在应用中可根据两者的特点，相互补充利用。

（2）因地制宜，加强对影响工程造价各类费用的控制。通用造价按照水电行业现行概（估）算编制规定计算了每个典型方案及基本模块的具体造价，对于计价依据明确的费用，在实际工程设计、评审、管理中须严格把关；对于与通用造价差异较大、计价依据未明确的费用，应进行合理的比较、分析、控制。对于基本模块的选用，要根据项目特点选择，并根据通用造价调整办法对与基本模块差异的部分进行分析调整。

（3）尊重客观实际，合理选择调整方式。对于招标文件或合同文件中明确规定了合同单价或变更单价调整办法的项目，宜根据工程实际条件，具体问题具体分析，编制相应工程单价，不宜简单机械地选用典型工程单价。

7 展望

研究成果应用以后，在数据充分积累的基础上，可以建立抽水蓄能电站大数据信息系统，并随着通用设计、通用设备、施工技术的革新及价格水平的变化，同步更新造价信息，推进抽水蓄能造价管理信息化。

参考文献

[1] 水电水利规划设计总院. 可再生能源定额站［M］. 北京：中国水利水电出版社，2010.

[2] 水电水利规划设计总院可再生能够源定额站. 水电工程费用构成及概（估）算费用标准［M］. 北京：中国电力出版社，2013.

抽水蓄能工程建设环境监理、水保监理管理模式分析

马萧萧　韩小鸣　渠守尚　茹松楠　葛军强　胡清娟　魏春雷
（国网新源控股有限公司，北京市　100761）

【摘　要】抽水蓄能电站工程建设环境监理、水保监理与施工监理在管理目的、工作内容等方面不尽相同，从政策要求、管理现状等方面分析环境监理、水保监理的设置模式，归纳分析不同模式的优缺点，为项目单位环境监理、水保监理管理提供工作思路。

【关键词】抽水蓄能工程建设　环境监理　水保监理

1　引言

为践行环境保护、水土保持“三同时”制度，加强建设项目施工阶段的环境管理，控制施工阶段的环境扰动，近年来，在建抽水蓄能项目都设置了环境监理、水保监理。随着政府环水保管理思路的不断变化、相关政策的变迁更迭，以及实践中在建项目环境监理、水保监理与施工监理的界面交叉等问题，环境监理、水保监理的招标模式仍存有争议。根据在建抽水蓄能项目环境监理、水保监理实践中发现的问题，分析环境监理、水保监理管理模式，为后续项目环境监理、水保监理工作的开展提供参考建议。

2　环境监理、水保监理相关法律法规历史沿革

2002 年 10 月国家环境保护总局联合 6 部委发布了《关于在重点建设项目中开展工程环境监理试点的通知》（环发〔2002〕第 141 号），决定在四川岷江紫坪铺水利枢纽工程等国家十三个重点建设项目中开展工程环境监理试点。此后，水利行业也对大型水利水电项目施工提出了环境监理要求。

环保部在 2010 年和 2012 年将辽宁、江苏两省作为开展建设项目施工期环境监理工作的试点省份。2012 年环保部下发《关于进一步推进建设项目环境监理试点工作的通知》（环办〔2012〕5 号），在辽宁、江苏两省建设项目环境监理试点工作的基础上，将河北省、山西省、内蒙古自治区、浙江省、安徽省、河南省、湖南省、陕西省、青海省、四川省、重庆市列为第二批建设项目环境监理试点省。后续山西、山东、辽宁、青海、江苏、安徽、重庆等超过 23 个省（自治区、直辖市）开展了建设项目环境监理工作。试点省市提出：“建设单位申请项目竣工环保验收未报送环境监理总结报告的，不予受理竣工环保验收申请。”

2016 年 4 月，环保部发布了《关于废止〈关于进一步推进建设项目环境监理试点工作的通知〉的通知》（环办环评〔2016〕32 号），决定废止环办〔2012〕5 号。

环境保护部在 2017 年修订《建设项目环境保护管理条例》过程中，曾提出增设环境监理相关内容，但国务院法制部门认为，设立环境监理的法律依据不足，且不符合当前国家行政审批制度改革的大方向，最终经反复研究论证，删除了环境监理有关内容。

《水利部关于进一步深化“放管服”改革全面加强水土保持监管的意见》（水保〔2019〕160 号）要求：凡主体工程开展监理工作的项目，应当按照水土保持监理标准和规范开展水土保持工程施工监理。其中，征占地面积在 20hm^2 以上或者挖填土石方总量在 20 万 m^3 以上的项目，应当配备具有水土保持专业监理资格的工程师；征占地面积在 200hm^2 以上或者挖填土石方总量在 200 万 m^3 以上的项目，应当由具有水土保持工程施工监理专业资质的单位承当监理任务。

3 环境监理、水保监理与施工监理的异同

3.1 资质方面

根据国家行政审批制度改革要求：减少不必要的行政审批中介服务事项，无法定依据的一律取消，各级环保、水保行政主管部门不再对环境监理、水保监理的资质提出特殊要求。在资质方面，环境监理、水保监理与施工监理目前并无行政要求方面的区别。

3.2 管理内容方面

在抽水蓄能建设中，环境监理、水保监理与施工监理的管理范围中有不少交叉的地方，例如：料场、渣场管理，水保监理与施工监理都有监督职责；施工废水处理、路面硬化等，不只环境监理监督，施工监理也需关注；危险废物管理涉及安全问题，环境监理、施工监理也都需要监督到位。

但施工监理、环境监理、水保监理的任务和目的不同。施工监理的主要任务是从组织、技术、合同和经济的角度采取措施，对质量、进度、费用实施监理，协助建设单位按计划完成工程建设。环境监理、水保监理的任务是确保建设项目环评及其批复文件、水保及其批复文件的要求得到全面落实，为竣工环保、水保验收提供过程资料和技术依据，避免参建单位于施工过程中因违反环保、水保法规而被行政主管部门处罚。具体包括：核实设计文件与环评、水保及其批复文件的相符性；依据环评水保及其批复文件，督查项目施工过程中各项环保、水保措施的落实情况；组织建设期环保、水保宣传和培训，指导施工单位落实好施工期各项环保、水保措施，确保环保、水保“三同时”的有效执行，以驻场、旁站或巡查方式实行监理；协助建设单位配合好环保、水保部门的“三同时”监督检查、建设项目环水保验收工作等内容。

4 环境监理、水保监理管理模式类型

根据环境监理、水保监理与施工监理单位的关系，可分为以下三种管理模式。

4.1 独立式环境监理、水保监理模式

建设单位将环境监理工作、水保监理工作和项目施工监理工作分别委托给环境监理单位、水保监理单位和施工监理单位。在这种模式下，环境监理单位、水保监理单位与施工监理单位相互独立。建设单位需要分别付施工监理费用和环境监理费用、水保监理费用。丰宁抽水蓄能电站等项目采用此种模式。

4.2 包含式环境监理、水保监理模式

建设单位将项目的施工监理、环境监理和水保监理共同委托给施工监理单位，早期建设的抽水蓄能项目普遍采用此种方式。

4.3 独立式环境监理、包含式水保监理模式

建设单位将项目的施工监理、水保监理共同委托给施工监理单位，环境监理单独招标。在环境监理试点期间，由于部分省市对环境监理有资质要求，一些项目采用此种方式，如蟠龙抽水蓄能电站、厦门抽水蓄能电站。

另外还有施工监理单位和环境监理单位以联合体的名义与建设单位签订合同，在环保中心内构建建设项目环境保障体系，保障整个建设项目的工程和环境质量。此种模式，参与单位众多，各单位之间关系复杂，不利于管理。四川雅砻江锦屏一级水电站和官地水电站采用此种环境监理模式，但抽水蓄能电站应用较少。

5 新源在建项目环境监理、水保监理管理模式分析

对新源公司在建项目环境监理、水保监理招标模式进行分析，在建项目中，17 个项目单独招标了环境监理，10 个项目单独招标了水保监理，8 个项目的环境监理、水保监理包含在施工监理中。所有项目都单独招标了环境监测、水保监测。

对施工期 2 年以上的项目进行了问卷调研。发现存在以下问题。

5.1 未单独招标环境监理、水保监理的项目单位存在的问题

施工监理标的中标单位一般为八大院，八大院中熟悉相关法律和相应工作经验的专业环水保管理人员较为紧缺，在设立组织机构时，将环水保工作放入安全部中，并不设置专职的环水保监理人员，一人多职，安全为主，环水保为辅，环水保工作重视程度与细致程度有待提高。

5.2 单独招标环境监理、水保监理的项目单位存在的问题

（1）参与单位众多，环境监理、水保监理管理内容与施工监理的工作任务多有交叉，容易导致工作责任不清晰、互相推诿的情况。

（2）抽水蓄能电站工程建设期长，地理位置偏僻，单独招标环境监理或水保监理，需要单独配置车辆、司机、生活设施等，费用较高。

（3）环境监理、水保监理难以对施工单位形成有效约束，无施工方案审批权限，沟通仍主要依靠项目单位协调，不能减轻项目单位工作负担。

（4）环境监理行业专业公司和专业人员整体短缺，且行政部门停止环境监理试点后，环境监理业务都在转型中，既懂环境政策、又熟悉水电工程，有水电工程环保管理经验的工程公司和人员非常稀缺。

（5）新源一些在建项目单独招标的环境监理、水保监理仍由其他项目的施工监理担任，难以体现加强环境监理、水保监理专业管控、引进专业力量的意图，也可能存在审计风险。

6 建议

（1）结合项目规模大小考虑是否单独设置环境监理或水保监理。工程量较大、投资额较高、社会影响较大、环境敏感因素较多的项目，单独设置环境监理、水保监理更符合当下环水保形势要求。抽水蓄能建设工程可探索尝试“环保管家”等最新的环保管理方式，保证水电建设工程环境管理的专业性。

（2）环水保敏感因素较少的项目，环境监理、水保监理可合并入施工监理中，在当前政策下并无资质要求的法律风险，但施工监理招标时必须明确要求，施工监理要有分管环水保工作的总监（副总监），有专职的环保管理人员和水保管理人员，对施工设计中的环水保内容进行审查，能约束施工单位满足环水保方案和批复要求，符合环水保政策要求。

（3）环境监理和水保监理可以单独拿出来合并设置，并注意环水保监理单位与施工监理单位工作范围的职责划分，确保界面清晰。

7 结语

越来越多的抽水蓄能项目在建设过程中单独设立环境监理、水保监理，但受专业监理行业从业人员少、力量偏弱等原因，施工过程中发现存在监督管理效果不及预期等问题。从政策要求、管理现状等方面分析环境监理、水保监理的设置模式，归纳分析不同模式的优缺点，希望为后续水电工程建设环境监理、水保监理的管理提供工作思路，也希望环境监理、水保监理相关单位及时改进存在的问题，更好的发挥监理效能。

关于抽水蓄能项目经济评价方法的思考

冯海超[1] 张 毅[2] 宋自飞[3] 樊志伟[4] 陈同法[4]

（1. 华东天荒坪抽水蓄能有限责任公司，浙江省安吉县 313302；

2. 国网新源控股有限公司北京十三陵电厂，北京市 102200；

3. 广东省水利电力勘测设计研究院，广东省广州市 510635；

4. 国网新源控股有限公司，北京市 100761）

【摘 要】 经济评价是抽水蓄能项目投资决策的重要依据。近年来，我国电力系统发展升级以及抽水蓄能自身快速发展，抽水蓄能项目经济评价的技术基础即“效益”发生了较为显著的变化。本文基于对抽水蓄能本质功能的分析，对改进抽水蓄能项目经济评价方法提出建议。

【关键词】 能源 抽水蓄能 项目 经济 评价

1 引言

经济评价是抽水蓄能项目投资决策的重要依据。近年来，我国电力系统快速发展以及抽水蓄能自身技术条件显著变化，抽水蓄能项目经济评价的技术基础，以及相应的“效益”发生了较为显著的变化，加之抽水蓄能电站电价机制不明确，基于传统方法的抽水蓄能项目经济评价工作遇到了较大的困难，一定程度上影响了其投资决策支撑功能的发挥。

2 我国抽水蓄能项目经济评价工作的主要问题

当前，抽水蓄能项目经济评价工作的主要问题是基于“节煤”理论对抽水蓄能电站作价值判断，与当前电力系统和抽水蓄能电站的技术基础不尽相符，致使评价结论的可靠性受到影响[1]。具体来讲，主要体现在以下四个方面：

（1）对抽水蓄能低谷调峰的技术特征描述不准确。传统算法以节省常规火电机组煤耗而不是避免弃风或避免常规火电机组调停/重启来计算抽水蓄能的低谷调峰价值，与抽水蓄能机组低谷调峰的技术实质脱节。

（2）对抽水蓄能容量价值的评价没有充分考虑其生效条件。通常情况，无论抽水蓄能电站所在电力系统既有装机容量与负荷需求的供求关系如何，凡是开展抽水蓄能项目经济评价即计取容量价值，这种做法容易导致经济评价结论虚高。

（3）缺失对抽水蓄能机组紧急事故备用功能的认定和估值。抽水蓄能机组紧急事故备用功能，特别是抽水工况下紧急切泵所提供的紧急事故应对功能是抽水蓄能的一项重要功能。现行评价方法没有计取这一功能价值，易导致评价价值偏低。

（4）没有妥善处理抽水蓄能不同功能间的效益叠加关系。现行评价方法没有全面考虑有关功能并分别计取价值，易导致评估的价值不充分。

3 抽水蓄能项目经济评价的技术基础

抽水蓄能电站的本质功能是开展抽水蓄能项目经济评价的技术基础。低谷调峰（填谷）和紧急事故备用是抽水蓄能机组的两项本质功能，另外还可以有条件的考虑调峰功能。至于其他一些功能，诸如调频、调相、黑启动等，在开展经济评价过程中，即使忽略不计，也不会影响评价的基本结论[2]。

3.1 调峰

电力系统为了维护正常运行，需要必要的发电装机容量，保证系统高峰期间的负荷及备用需求。抽水蓄能电站可以承担系统负荷高峰期间的发电任务，称为调峰。

抽水蓄能的调峰价值取决于系统高峰负荷的供求关系。一般来讲，在电力负荷供需基本平衡，发电容量适度超前的情况下，电站有调峰容量价值；如果该系统既有电力装机供大于求，则拟新建电源的调峰容量价值“打折扣”。

日本2011年大地震后，负荷高峰时段电源容量不足，其抽水蓄能电站即发挥了调峰功能。

3.2 低谷调峰（填谷）

有功平衡是电力系统正常运行所必须遵循的规律。因为电能的生产、输送、分配和使用是同时进行的，所以从整体上讲，发电有功必须随用电负荷的变化及时调整。不同的用电设备呈现不同的负荷特性，但是总体上呈现较为稳定的规律。根据分析周期的不同，用电负荷分别呈现典型的日内、周内和年内负荷变化规律。就对电源的需求而言，电力系统在峰、谷时刻分别呈现完全不同的需求特性。其中，系统低谷时段的核心需求是发电设备尽量降低发电出力水平即低谷调峰能力。

不同类型机组的低谷调峰性能有较大差异。其中，在当前技术条件下，燃煤火电机组约有50%的调峰能力，是我国大部分地区的主力调峰电源资源。风电机组的出力受风源制约，一般系统用电高峰期间出力较小，系统用电低谷期间出力较大，呈现典型的“反调峰”特点，必须有相应的其他电源配合运行，以解决其出力与用电需求在时间上不匹配的矛盾。

电力系统的负荷波动分为年度增长、月度波动、周内波动和日内波动几种情况。其中又以日内波动最为关键。因为系统中有大量的不能参与正常调峰的电源类型，如核电、风电、以热定电的供热机组等，当前我国大部分区域的电力系统面临严重的低谷调峰困难，其间需要调停风电机组乃至常规火电机组。

针对电力系统的低谷调峰需求，弃风、调停常规火电机组、建设运行抽水蓄能等不同电源方案的技术效果相当。当前技术条件下，为了满足相同的调峰需求（设为a），要么弃风a，要么停火电$2a$，要么停燃气机组$2a$，要么运行抽水蓄能机组$0.67a$。抽水蓄能电站在调峰填谷中的作用，表现为避免常规火电机组停机/重启调峰[3]。也就是抽水蓄能电站的低谷调峰功能取决于系统其他电源的技术经济特性。

对抽水蓄能电站而言，低谷调峰又称填谷。

2017年冬、春季节我国华北地区大部分抽水蓄能电站即发挥此功能。

3.3 紧急事故备用

电力系统需要一定规模具有快速响应能力、承担紧急事故备用任务的发电设备。抽水蓄能电站可以承担电力系统的紧急事故备用任务。抽水蓄能电站发挥紧急事故应对功能的方式有两种：一是从停机状态紧急启动发电（为表述方便，标记为“紧急事故备用”）；二是在抽水工况紧急切泵，改为停机或发电（标记为“紧急事故备用”）。

抽水蓄能电站的紧急事故备用价值，取决和依附于电网的安全需求。

传统意义上，抽水蓄能机组承担紧急事故备用功能一般指紧急事故备用。

2016年，我国华东电网的抽水蓄能电站设置“频率紧急协调控制系统”，即发挥紧急事故备用。

3.4 抽水蓄能电站不同功能间的兼容

开发抽水蓄能电站，应当以某项本质功能为基础，确定抽水蓄能电站基本功能，进而分析其技术必要性并确定主要技术方案。在确定了基本功能以后，可以根据电力市场的实际情况，有条件的发挥其他方面的功能，充分发挥抽水蓄能电站的综合效用。

3.4.1 *以调峰为基本功能的功能兼容*

为了保证调峰基本功能，抽水蓄能电站可以在任意方便的时刻（不一定是负荷低谷期间）抽水，为下一轮发电调峰作准备。这种情况下，抽水只是为了下一轮发电调峰作准备，不发挥低谷调峰功能。

如果进一步优化，可以得到以调峰为基本功能的抽水蓄能电站功能兼容运行方式。

（1）调峰＋填谷。抽水蓄能电站以调峰为导向，根据系统的需要设置抽水时段，发挥部分低谷调峰功能。即“调峰＋填谷”，也就是传统意义上的“调峰填谷”。

（2）调峰＋填谷＋紧急事故备用。抽水蓄能机组以调峰为导向，根据系统需要以抽水方式承担系统的填谷功能，同时作为抽水切泵方式的备用工况，承担紧急事故备用功能。

需要说明的是，因为对同一台机组而言，调峰与紧急事故备用不可兼得，所以“调峰＋填谷＋紧急事故备用”是不存在的。

3.4.2 以填谷为基本功能的功能兼容

为保证填谷基本功能，理论上，抽水蓄能电站可以在任意方便的时刻发电腾空上库库容，为下一轮填谷作准备。这种情况下，发电只是为下一轮抽水腾空上库库容，不发挥调峰功能。

如果进一步优化，可以得到以填谷为基本功能的抽水蓄能电站的功能兼容运行方式。

（1）填谷＋调峰。抽水蓄能电站以填谷为导向，并根据系统需要安排发电时段，发挥部分调峰功能。

（2）填谷＋紧急事故备用＋调峰。抽水蓄能机组以抽水方式承担系统的填谷任务，同时作为抽水切泵方式的备用，承担紧急事故备用任务。在完成抽水任务的前提下，根据系统需要寻求合理的发电机会，承担系统调峰任务。

（3）填谷＋紧急事故备用＋紧急事故备用。抽水蓄能机组以抽水方式承担系统的填谷任务，同时作为抽水切泵方式的备用；停止抽水期间，具备以停机转发电方式承担系统紧急事故备用功能的能力，至于上库库容何时腾空，不作为约束条件。

3.4.3 以紧急事故备用为基本功能的功能兼容

紧急事故备用分为几种情况。

（1）全天候抽水（紧急事故备用）。一般情况下，这种做法是不必要的。确有必要时，为了避免上库被抽满，可采用如下方式进行变通：一是同抽同发，即某输水管道上的机组抽水，另一管道上的机组发电，对同一座电站而言抽/发同时进行，以维持上库库容不被抽满；二是发挥区域抽水蓄能电站群的作用，多座电站根据电网的统一调度协同运行。

（2）全天候停机备用（紧急事故备用）。这是传统意义的承担紧急事故备用功能的抽水蓄能电站的运行方式。优点是避免了抽/发转换损耗，不足是抽水蓄能电站的紧急事故备用功能发挥不充分。

（3）部分时段抽水（紧急事故备用）。该情况可以分为两种情形：一是以抽水作为基本运行方式（紧急事故备用），兼容低谷填峰功能，高峰期间以停机备用为主（紧急事故备用），辅以以腾空上库库容为目的的发电运行。即紧急事故备用＋填谷＋紧急事故备用＋以腾空库容为目的的发电运行；二是以抽水作为基本运行方式（紧急事故备用），兼容低谷填峰功能，高峰期间以调峰为主，即紧急事故备用＋填谷＋调峰。

4 抽水蓄能电站的效益和费用

4.1 调峰

4.1.1 调峰效益

根据所在电力系统电力发展规划确定的负荷水平、负荷特性及电源结构，在同等程度满足电力系统电力、电量和调峰需求的基础上，可以以常规火电站的费用作为抽水蓄能方案的效益。也就是说，抽水蓄能电站的调峰功能亦即容量效益，可以用相应常规火电方案的容量投资费用来表示。常规火电站的容量投资主要包括固定成本、投资利润和税金三部分。

以 120 万 kW 的抽水蓄能电站为例。与之相应的火电站的容量约为 127 万 kW。设火电站的静态总投资为 52 亿元（以单位千瓦静态投资为 4100 元计），则其固定成本（含折旧费、摊销费、固定修理费、保险费、职工工资及福利费等）约为 4.5 亿元/年；火电站的投资利润（按全部投资收益率 8%计）约为 4.5 亿元/年；税金（增值税除外）约 0.2 亿元/年。火电站的固定成本、投资利润和税金三项合计 9.2 亿元。

即 120 万 kW 的抽水蓄能电站的容量价值约为 9.2 亿元/年。

目前，我国部分地区电力装机供大于求，而且幅度很大，这种情况下，新增发电装机（包括抽水蓄能机组）的边际容量价值接近于0。也就是说，综合考虑抽水蓄能电站所在地区电源与用电负荷的供需关系，120万kW的抽水蓄能电站的容量价值的取值范围为0～9.2亿元。

4.1.2 调峰费用

（1）容量费用。抽水蓄能电站的容量费用包括折旧费、摊销费、年运行费用和利息支出。其中折旧费、摊销费是电站造价的直接反映，与电站造价水平密切相关。以静态投资5000元/kW为例，电站容量费用约为6亿元/年。

（2）抽/发转换损耗。抽发转换损耗是抽水蓄能电站的一项重要经营成本，不同电站应根据调峰运行情况及电价政策以货币方式具体分析计算确定[1]。

4.1.3 风险分析

因为承担调峰功能的抽水蓄能电站以承担相当功能的常规火电站的费用作为其效益，抽水蓄能电站容量价值体现为承担相当功能的常规火电站的费用，所以科技进步、可替代的常规火电站的费用降低，或者系统整体上发电容量供大于求，都会降低调峰功能型抽水蓄能电站的建设必要性和经济价值，是抽水蓄能电站的重要“投资风险”。

4.2 低谷调峰

4.2.1 低谷调峰效益

抽水蓄能电站在低谷调峰中的作用表现为避免弃风或避免常规火电机组停机/重启调峰。因此，避免弃风以及避免停机/重启常规火电机组的效益，即是抽水蓄能机组的低谷调峰功能效益。

（1）避免弃风。弃风的代价是放弃发电的电费损失，主要与电价、弃风小时数以及弃风事件的年度发生概率有关。也就是说，就避免弃风而言，抽水蓄能电站的效益取决于风电与系统峰谷特性共同作用下的弃风概率。这种概率因地区、历史时段而异，需要具体问题具体分析[3]。

（2）避免调停常规火电机组。常规火电机组的调停/重启成本大约为100万元/100万kW（因机组类型、启动方式而略有差异），因“次”发生，与每年的调停/重启总次数有关。也就是说，研究承担低谷调峰功能的抽水蓄能电站的经济效益，需要具体分析电站所在区域系统峰谷特性以及由其衍生的常规火电调停情况[3]。

4.2.2 低谷调峰费用

（1）容量费用。与承担调峰功能的抽水蓄能电站相同，承担低谷调峰功能抽水蓄能电站的容量费用也包括折旧费、摊销费、年运行费用和利息支出。

（2）抽/发转换损耗。为了发挥低谷调峰作用，抽水蓄能需要进行抽/发转换。抽水蓄能电站转换损耗情况，应根据抽水运行情况及电价政策以货币方式具体分析计算确定[1]。

4.2.3 风险分析

与承担调峰功能的抽水蓄能电站类似，承担低谷调峰型抽水蓄能电站的建设必要性和经济性也受技术进步的影响。构成抽水蓄能电站“投资风险”的技术进步主要来源于以下几个方面：一是风电造价降低、弃风成本降低；二是火电机组运行灵活性提升；三是电网联网规模扩大，系统峰谷差被削弱等。

4.3 紧急事故备用

4.3.1 紧急事故备用效益和费用

抽水蓄能电站紧急事故备用功能是电力系统安全运行的重要保障。承担紧急事故备用功能的抽水蓄能电站的建设必要性以及合理建设规模取决于电力系统的需求。

当前技术条件下，尚没有其他技术方案可替代抽水蓄能电站的紧急事故备用功能，特别是抽水工况下紧急切泵所能提供的紧急事故备用功能。这种情况下，抽水蓄能电站的建设必要性和经济评价，应纳入电力系统建设方案一并考虑和计算。

如果随着技术进步，出现抽水蓄能机组紧急事故备用功能的替代方案，则承担该功能的抽水蓄能电站的效益以可替代方案的费用为效益进行计算。具体计算方法，参见上述“调峰”情况。

承担紧急事故应对功能的抽水蓄能的经济效益，除了提供紧急应对作用外，还可以减少或替代常规火电机组的旋转备用，节省燃料费用[1]。

4.3.2 风险分析

电网建设方案优化，特别地，由“强直弱交”向“强直强交”转变，是承担紧急事故用型抽水蓄能电站的主要“投资风险”。

4.4 不同功能的兼容

抽水蓄能电站不同功能间的兼容情况见表 1。

表 1　抽水蓄能电站不同功能兼容表

<table>
<tr><th>基本功能</th><th>主要功能兼容</th><th>效　益</th><th>费　用</th></tr>
<tr><td rowspan="2">调峰</td><td>调峰＋填谷</td><td>调峰＋a 填谷</td><td>容量费用＋以调峰为导向的抽/发损耗（收益）</td></tr>
<tr><td>调峰＋填谷＋紧急事故备用</td><td>调峰＋b 填谷＋c 紧急事故备用</td><td>容量费用＋以调峰为导向的抽/发损耗（收益）</td></tr>
<tr><td rowspan="3">填谷</td><td>填谷＋调峰</td><td>填谷＋d 调峰</td><td>容量费用＋以填谷为导向的抽/发损耗（收益）</td></tr>
<tr><td>填谷＋紧急事故备用＋调峰</td><td>填谷＋e 紧急事故备用＋f 调峰</td><td>容量费用＋以填谷为导向的抽/发损耗（收益）</td></tr>
<tr><td>填谷＋紧急事故备用＋紧急事故备用</td><td>填谷＋g 紧急事故备用＋h 紧急事故备用</td><td>容量费用＋以填谷为导向的抽/发损耗（收益）</td></tr>
<tr><td rowspan="2">紧急事故备用</td><td>紧急事故备用＋填谷＋紧急事故备用</td><td>紧急事故备用＋i 填谷＋j 紧急事故备用</td><td>容量费用＋以紧急事故备用（抽水）为导向的抽/发损耗（收益）</td></tr>
<tr><td>紧急事故备用＋填谷＋调峰</td><td>紧急事故备用＋k 填谷＋l 调峰</td><td>容量费用＋以紧急事故备用（抽水）为导向的抽/发损耗（收益）</td></tr>
</table>

注　a～l 为参考系数，根据兼容功能与基本功能的关联程度，取值在 0～1 之间。

5 小结

(1) 明确抽水蓄能的基本功能是开展抽水蓄能经济评价的基础性工作。抽水蓄能电站的功能随着其服务对象——电力系统的发展而变化，需要具体问题具体分析。

(2) 抽水蓄能电站容量价值的评价，应充分考虑项目所在系统电力负荷的供需关系；抽水蓄能电站低谷调峰价值，应充分考虑电力系统技术进步新成果对抽水蓄能功能发挥的影响；在以往的工作实践中，未将抽水蓄能电站的紧急事故备用功能作为项目的立项和经济评价指标，与抽水蓄能的发展实际不够吻合，应予以调整。

(3) 现行的抽水蓄能经济评价计算方法已经影响到评价的基本结论，影响了其引导投资、控制规模、支撑决策等作用的发挥，应尽快开展调整工作。

(4) 经济评价结论与抽水蓄能电站造价水平和建设、运行的技术方案（如装机容量、日满发利用小时数等）有密切关系。强调经济评价的重要性，有利于不断优化抽水蓄能的建设技术经济方案，指导确定更加科学合理的运行方式。

(5) 电力系统技术进步是抽水蓄能电站的重要“投资风险”。抽水蓄能投资企业宜充分利用经济评价的结论，提升对电力工业技术进步成果的关注程度，强化项目投资风险分析。

参考文献

[1] 陈同法，张毅. 抽水蓄能电站节煤效应研究 [J]. 水电与抽水蓄能，2017，3 (2)：69-75.

[2] 陈同法，张毅. 抽水蓄能电站本质功能分析 [J]. 水电与抽水蓄能，2017，3 (2)：76-80.

[3] 陈同法，张毅，王德敏. 弃风、调停火电还是开发抽水蓄能？——抽水蓄能电站低谷调峰性能研究 [J]. 水电与抽水蓄能，2017，3 (3)：50-54.

抽水蓄能电站在电力系统和电力市场中的功能定位研究

宋自飞
(广东省水利电力勘测设计研究院，广东省广州市 510635)

【摘　要】 我国抽水蓄能电站经过50年发展，成为电力系统安全保障和储能调节的坚强支撑。为了从更高层次满足人民美好生活日益增长对电力消费的需要，解决新时代电力发展不平衡不充分的问题，结合电力体制改革的深入发展，进一步研究抽水蓄能在电力系统和电力市场中的功能定位，推动抽水蓄能发展理论深化提升，迫在眉睫。在当前能源消费增长减速换挡、结构优化步伐加快、发展动力开始转换的能源发展新常态下，围绕能源供给侧结构性改革工作主线，国家能源局将加快抽水蓄能建设作为推进能源结构调整和补强能源系统短板的重要内容，坚持五大发展理念，围绕质量第一、效益优先原则，强化治理机制，优化支撑平台，提升社会责任，确保安全健康发展。

【关键词】 抽水蓄能　电力系统　电力市场　功能

1　当前电力系统中的抽水蓄能电站功能定位

当前阶段，抽水蓄能在电力系统中以保电网安全稳定为主要功能，同时发挥调峰填谷、提供消纳新能源储能等综合功能。

(1) 保障电力系统安全稳定运行，提高供电可靠性和供电质量，这是目前抽水蓄能首要功能，是为电网提供的“战略性”安保服务。目前，我国电力系统已进入大电网运行时代，系统内电源结构持续调整优化，给电网安全运行带来挑战。抽水蓄能利用双向调节技术优势，平抑系统峰谷波动，提高电网运行稳定性，降低风险。同时，抽水蓄能机组启停灵活、响应迅速，通过快速跟踪适应系统负荷急剧变化、电压和频率调节需要，并能提供紧急事故备用、黑启动等动态服务功能，提高系统抵御事故冲击的能力。

(2) 改善燃煤（供热）机组和核电机组运行状况，提升系统安全、环保和经济运行水平。随着电源结构逐步优化，系统供需总体平衡有余，燃煤机组运行负荷普遍下降、备用时间长，对燃煤机组金属部件和设备损害较大。合理安排抽水蓄能机组调峰填谷，可以减少燃煤机组调峰幅度和启停次数，提高燃煤机组负荷率，降低燃料消耗和污染排放，提高设备运行寿命。核电机组调峰幅度受技术和安全制约，而且由于单机容量大，配合抽水蓄能机组运行，可以有效防范机组本身和电网安全的冲击。

(3) 适应新能源持续快速发展，提高系统应对大规模新能源并网安全保障和电能消纳能力。近年来，我国新能源快速发展，风电、光伏已成为我国新增电源装机重要来源。风电、光伏电源随机性和间歇性特点突出，稳定性较差，大规模并入电网对系统实时平衡、电网安全稳定带来巨大压力。同时，我国新能源资源与电力需求在地理分布上存在巨大差异，电源一般都远离负荷中心，必须远距离大容量输送，新能源发电集中开发和集中并网后，系统调峰调频压力巨大，系统转动惯量弱化，加剧电网安全隐患。抽水蓄能电站可以与新能源互补，既可以平滑新能源发电出力，又可以平衡新能源发电量的不均衡性、减少新能源对电网的冲击，同时，抽水蓄能电站的调峰填谷特性，还能很好地发挥储能作用，提升电力系统接纳新能源能力。

(4) 促进电网安全清洁协调和智能发展，保障特高压输电送受端电网安全。建设以特高压为骨干网架、各级电网协调发展的坚强智能电网，推动电力系统向“广泛互联、智能互动、灵活柔性、安全可控、开放共享”新一代电力系统升级，是未来电力系统必然。利用大型抽水蓄能电站的有功功率、无功功率双向、平稳、快捷的调节特性，承担特高压电网的无功平衡和改善无功调节特性，对电力系统可起到非常重要的无功/电压动态支撑作用，有效防范电网发生故障的风险，防止事故扩大和系统崩溃。

2 电力市场中的抽水蓄能电站功能定位研究

2.1 当前我国抽水蓄能电站建设运营模式基本情况

当前我国抽水蓄能电站的建设和运营主体主要还是以电网公司为主导。近几年来国家鼓励社会资金和其他多种渠道参与抽水蓄能电站的投资建设。

关于抽水蓄能电站的效益，主要分为电量效益和容量效益两个部分。抽水蓄能电站的电量效益由发电和抽水的电量和电价形成。即电量效益＝发电电量×发电电价－抽水电量×抽水电价。容量电价主要体现抽水蓄能电站提供备用、调频、调相和黑启动等辅助服务价值，按照弥补抽水蓄能电站固定成本及准许收益的原则核定。

2.2 电力市场中抽水蓄能电站功能定位研究的意义

对抽水蓄能的认识由“定性”向“定量”提升，是抽水蓄能发展和管理提升的内在要求。与其他电源形式相比，抽水蓄能电站功能更多，运行方式更复杂，致使长期以来我们对其功能价值的研究以定性分析为主，定量分析相对缺失。抽水蓄能电站开发建设周期长，投资大，要求抽水蓄能企业高度重视抽水蓄能的投资决策风险，对其功能、价值和市场前景进行“定量”分析，提升决策水平，降低决策风险。

2.3 电力市场中抽水蓄能电站功能定位研究的主要问题

(1) 关于抽水蓄能电站的运行方式。在竞争的电力市场中，电能和辅助服务的价值通过相应的电价得以体现。而在完全开放的电力市场中，电价一般通过市场的竞标或者双向合同的谈判确定。由于抽水蓄能电站具备良好的调峰填谷特性以及提供多种辅助服务的特性，在竞争性的电力市场环境下，抽水蓄能电站可以发挥比较大的作用，因此其运行方式也会比较特殊和复杂。

在电力市场条件下，电力调度机构和电站运行管理单位应加强对已建抽水蓄能电站运行情况和利用状况的分析，结合区域电力系统实际，研究抽水蓄能电站在电力市场中承担的调峰、填谷、调频、调相、备用等任务，以及与新能源电站联合优化运行方案，科学合理确定抽水蓄能电站经济运行方式，促进抽水蓄能电站作用的有效发挥。电网企业应该根据电力市场化改革的发展情况，不断调整完善电价机制，制定电力系统辅助服务政策，最终形成以市场起决定性作用的抽水蓄能电站运营机制。

(2) 科学审视抽水蓄能电站的节煤效益。系统的电源结构对于抽水蓄能的节煤效益有重大影响。我国幅员辽阔，不同地区的电网结构差别很大。抽水蓄能机组的节煤效益，与电网中常规火电机组的类型和系统综合负荷率有一定关系，但关系不大。在不计电站建设、运营成本的情况下，当承担紧急事故备用功能、基本不发生抽/发电量时，抽水蓄能电站的节煤效益达到最大值。当承担调峰填谷功能时，抽水蓄能电站的节煤效益随着抽/发电量增加而降低。抽水蓄能机组的节煤效应，不足以支撑其投资和运营成本的回收。开展抽水蓄能电站建设技术必要性和经济可行性评价和投资决策，需要进一步综合考虑其他因素，或者寻找别的指标。

(3) 定量分析电力系统调频原理、调频需求，科学评价抽水蓄能电站调频服务能力。常规意义上的调频，主要指一次调频、二次调频。对于电力系统的售电价而言，一次调频和二次调频所占比重都是微乎其微的。过度夸大抽水蓄能的调频功能，一般都是对调频与紧急事故备用（应对）功能的混淆。对频率控制进行深入分析，厘清抽水蓄能机组在不同类型调频事件中的功能特点，是认识抽水蓄能对电力系统功能的有效切入点，对于准确把握抽水蓄能的功能全貌有重要意义。

(4) 科学分析抽水蓄能低谷调峰基本原理，定量分析抽水蓄能低谷调峰技术和经济价值。就调峰问题而言，高峰、低谷2个典型时间点的发电调整能力，是电力系统容量平衡的关键。针对电力系统的低谷调峰需求，弃风、调停常规火电机组、建设运行抽水蓄能等不同电源方案的技术价值相当。如果要作出科学的投资决策，需要进一步比较不同电源方案的经济指标。

以调峰填谷功能为主的抽水蓄能电站的能量指标（电站装机容量和机组利用小时数）确定原则，应以抽水需求为导向，而不是传统的发电需求。

抽水蓄能电站在调峰填谷中的作用，表现为避免常规火电机组停机/重启调峰，而不是传统意义上的降低常规火电机组低谷时段发电煤耗。

调峰填谷型抽水蓄能的价值，与常规火电机组技术进步，特别是低谷调峰能力的改善和停机重启技术方案和经济性的变化息息相关。

3 建议

在传统的电力系统和当前的不完全的电力市场环境条件下，电价并不能完全反映出抽水蓄能电站的功能和价值。在未来的市场环境下，电力系统中抽水蓄能的功能大致分为两类。一是为系统提供普通服务。这类服务技术上有替代方案，需要通过经济性比较，作出投资决策；二是为系统提供战略性服务。这类服务在技术上没有替代方案，不容易通过经济可行性进行分析。这类服务需要系统的需求方（电网）就服务的必要性和合理规模提出建议，经国家有关方面确认后，纳入电网容许成本，确定投资收益机制。

通过以上分析，一是对传统的抽水蓄能电站功能定位理论进行系统全面的总结，为进一步的分析研究奠定数据基础；二是建立抽水蓄能电站的功能特性与电力系统需求的具体技术、经济指标关系；三是以功能定位为基础，形成全面系统的抽水蓄能发展理论体系、技术标准体系，投资决策指标体系，运营监管指标体系，系统解决项目开发建设的技术必要性、经济可行性、政策支撑等核心问题。

抽水蓄能电站工程合同全过程管理浅析

安周鹏　廖文亮　胡　诚　胡益珲　许倩倩

（浙江缙云抽水蓄能有限公司，浙江省缙云县　321400）

【摘　要】 抽水蓄能电站工程建设周期长，投资大，其建设过程包括预可研、可研、招标采购、施工建设和运营管理等，实现工程建设的顺利推进和企业的精益化管理的方式则是通过签订合同，因此合同管理在工程建设过程中极其重要。合同的全过程管理包括项目采购、合同签订、合同备案、合同履约、变更及解除等管理环节，无死角管控合同执行过程中的各个环节，夯实工程建设和企业管理基础，预筑化解风险的堤坝，本文详细介绍了抽水蓄能电站建设中合同全过程管理工作及相关风险点，并提出了解决对策，有效化解风险，保证工程建设的顺利推进。

【关键词】 抽水蓄能电站工程　合同全过程管理　履约管理　风险控制

抽水蓄能电站工程建设周期长，投资大，其建设过程包括预可研、可研、招标采购、建设和运营管理等。如何实现工程建设的顺利推进和企业的精益化管理，其实现的方式则是通过签订合同，抽水蓄能电站建设过程中合同类型主要包括工程建设类、勘察设计类、咨询服务类、物资类和技术服务类等。合同的全过程管理包括项目采购、合同签订、合同履约、合同变更及解除等管理环节。本文详细介绍了合同全过程管理工作及相关风险点，并提出了对策，有效化解经营风险，保证工程建设的顺利推进，实现企业精益化管理。

1　招标采购管理

在抽水蓄能电站工程建设过程中，项目的招标采购管理极其重要，这是合同管理的前提，项目采购管理包括项目立项、招标采购文件编制、供应商资格审查、评标管理等环节。

1.1　项目立项

项目立项是项目开展的基础性工作，它从资金、人力资源等方面对项目提供支持。公司各部门根据当年年度综合计划、财务预算、生产经营计划等分析预测次年全年项目需求计划，发起项目立项申请，描述项目的需求情况、可行性、合理性和必要性等。计划合同部组织相关审查会，对项目立项依据，项目概况，工期/供货期，对应概算、资金来源，采购方式等进行审查，确保项目实施合法合规，有据可依，做到无立项不采购。例如，对于工程建设类合同，根据建设规模、地质条件等，进行必要的市场调研，确定预算额度、采购方式及技术要求，再根据需求时间确定工期，同时明确支付方式、争议解决及考核。

1.2　招标采购文件编制

招标采购文件编制是合同管理的根源，招标采购文件编写的质量直接关系到合同能否顺利执行。根据项目立项时确定的采购方式编制招标采购文件，要严控招标采购文件的编制质量，招标采购文件及合同文本严格按照范本编制。一是技术文件的编写，技术文件包含通用部分和专用部分，一般技术通用部分不做修改，需明确的事项在专用部分描述，要明确项目的服务（承包）范围、技术参数要求、采购数量、服务要求等；二是合同条款要认真仔细推敲，防止出现歧义的内容，用词准确，主题明确。合同文件要明确服务期/供货期、支付方式、考核及争议解决方案等；三是工程量（报价）清单梳理，工程量（报价）清单要考虑的细致、全面，尽量不要漏项缺项，在建安项目中，工程量清单项目多，漏项缺项的情况时有发生，例如房建项目的基础开挖，招标时预见到可能存在地基承载力不够，就要在工程量清单中预留换填量，否则会给合同执行带来不便；为了避免恶性竞争，对采购项目要编制最高限价。招标采购文件应根据项目的特点及实际需求编制，并组织招标采购文件和合同文本的内部集中审查会议，落实分级审核制度。

1.3 供应商资格审查

要加强潜在供应商的选择，加强供应商资格审查。供应商资质业绩核实是对供应商的资质、业绩等信息进行审查核实的活动，经核实确认的供应商信息作为招标采购工作的重要参考依据。杜绝黑名单企业、失信和履约能力不强用户进入企业。

1.4 评标管理

供应商根据一定的期限递交投标文件后，进行开标和评标管理。开标应在一定的时间和封闭空间进行，并且有监督和法务人员在场，全程有固定或移动的视频监控；评标工作应在专门的评标场所开展，没有专门评标场所的，应选择可封闭式管理的适合评标的酒店进行，评标现场应满足评标封闭隔离要求，技术和商务评标区域应隔离开。通信和网络设备在评标期间应全部关闭，评标现场应设置必要的安检设施，具备充足的会议室和客房，工作区域应做到视频监控全覆盖；评标专家、法务人员、监督人员应在规定时间到达评标现场，明确各职责分工，签订《廉洁保密承诺书》。评标专家不得私下接触投标人，不得收受投标人给予的财物或者其他好处，评标专家要按照招投标法正确的履行评标工作，按照招标文件规定的评标标准和方法，客观、公正地对投标文件提出评审意见。

2 合同签订管理

编制好招标采购文件，经过发标、开标和评标环节后，根据发出的中标通知书在30日之内签订合同。

2.1 合同起草与谈判

发出中标通知书后，由合同承办部门负责起草合同和组织合同谈判，合同内容要严格参照招投标文件或相关会议结果准确拟定；在合同谈判之前，合同承办部门要认真审读招投标文件，进一步发现招标文件的缺项漏项和招标文件中的不合理现象，并组织工程、计划、监察和财务等相关部门召开内部会议，根据招标采购项目讨论相关事宜，并且草拟一份谈判会议纪要以供正式谈判时根据草拟的会议纪要合同双方进行谈判。合同谈判一般分为商务谈判和技术谈判，并且只有在技术条款谈妥之后，再进行商务条款的谈判。合同谈判时乙方的法人或授权委托人、项目经理必须要到场，且对相关人员进行身份证核验。

对于抽水蓄能电站工程而言，由于工程建设周期长，地质条件复杂，以及恶劣天气等的影响，合同起草时，一定要制定公平合理违约条款，不可随意加大对工程承包方的违约处罚，否则法院首先根据公平原则对违反《中华人民共和国民法通则》基本准则的违约条款进行调整，或在合同中无建设方违约责任条款时视同于具有承包方相同的违约条款[1]。因此一旦建设方违约，极有可能出现“搬起石头砸自己的脚”的情况，从而要承担更多的责任。

2.2 合同审核

合同谈判结束后，根据谈判会议纪要，合同承办人确定正式的合同文本，提供签约依据资料等，发起合同的线上或线下审核会签，并跟踪合同审核流程。合同经承办部门负责人审核后，根据合同事项并行送相关专业部门审核；专业审核完成后，由法律审核部门进行法律审核；法律审核完成后，由本单位相关领导进行审核，最后经法律专责给合同编号并行送承办人完成合同审核会签流转。

合同采用政府部门制定的文本、国家电网公司统一合同文本或新源公司合同参考文本的，审核部门审核期限为2个工作日；采用其他合同文本的，审核期限为3个工作日。遇特殊情况需延长审核期限的，审核部门应向承办部门说明理由。合同被回退修改的，合同承办人落实审核意见、重新提交审核的期限原则上为2个工作日。

2.3 合同签订

合同承办部门负责办理合同装订、送签和用印，并确保签订文本和审核文本一致。合同经双方法定代表人签字后生效，且签字必须为手签，法定代表人不能亲自签订的，应由被授权人签署，并提供相应的授权委托书。

3 合同履行与变更

3.1 合同履行

合同承办部门组织合同的全面履行，并督促其他合同当事人全面履行合同。合同履行过程中相关结算资料也有合同承办部门负责收集，包括：工程项目验收报告（验收单）、入库单、设计变更（合同变更）签证、工程项目结算书、工程项目结算审批表、合同对方开具的增值税专用发票等，并提交相关部门和人员进行审核。合同最终结算时，应提供完整的结算依据，按照财务相关规定执行。

3.2 合同变更

已生效的合同发生变更、转让、解除事宜时，原合同承办部门应与合同对方协商并达成一致。变更、转让、解除事项须经合同承办部门、相关业务部门审核，并经本单位相关领导审批。合同变更、转让、解除原则上须签订书面协议，并由原合同承办部门承办。合同变更有的是根据国家政策法规的需要，对工程项目，更多是工程建设的需要。

4 合同归档

原则上应由合同承办部门负责合同文本等相关资料的收集、整理，并按档案管理要求及时归档，合同归口管理部门对合同承办部门的合同归档工作进行督促，并向档案管理部门提供咨询。然而在实际合同归档执行中发现，由于档案管理人员较少且对合同应归档的资料不一定熟悉，由各个合同承办部门归档合同资料使得归档的资料参差不全，工作效率不高，因此合同承办部门将合同文本等相关归档资料收集齐后统一交合同归口管理部门进行审核并归档，保证了合同归档材料的完整性和工作效率的提高。

5 合同全过程管理中风险控制措施

在抽水蓄能电站建设过程中，为了保证工程建设的顺利推进和企业的精益化管理，必须要做好合同的全过程管理，可以有效化解企业经营风险、降低企业运营成本。但是合同管理过程中也存在很多风险点，比如制度不健全，履约管理力度不够，合同变更不严格等，如何控制和消除这些风险点对于完善合同全过程管理工作极为重要。

5.1 建立健全合同全过程管理机制

做好合同的全过程管理，要构建完善的合同全过程管理机构和制度，夯实管理基础，提高抵御风险的能力。明确各个部门在合同管理中的职责和其所负责管理的合同类型，包括从项目采购，到合同签订，最后合同履行等全过程，明确要求各合同承办部门要有专门的合同承办负责人，负责从招标采购文件编写、合同起草、审核、会签到生效履约的全过程管理。设置专职或对合同相关法律清晰的兼职人员从事合同管理工作，并加强对合同管理人员的培训，定期对企业员工进行合同管理制度的宣贯和法律知识普及[2]。

5.2 加大合同履约管理力度

在合同管理过程中，相关合同承办部门的负责人应加大合同履行过程的实时跟踪管控力度，保障合同的有效履行[3]。一是严格合同标的验收，在订立合同时要制定合理的标准，标准需明确、可量化，在合同履行过程中或者履行完毕后，由合同承办部门及时组织有关部门，按合同规定的标准进行验收，并且在验收过程中，合同承办部门应按规定收集与合同有关的全部技术资料，对技术资料移交不全的，按合同规定进行考核或追究其责任[4]。例如，对物资采购合同，一次性到场或者分批次到场的货物，要及时开箱验收，确认货物品牌、性能参数、数量及合格证等是否符合要求，对不符合要求的货物在其验收单上拒绝签字，保留相关证据资料，按合同约定要求供应商重新发货，造成经济损失的由采购管理部门和合同承办部门负责追究合同对方责任。二是严谨合同价款结算，由合同承办部门负责审核合同价款结算资料，结算资料必须符合计划合同部对于结算审查的要求和财务部有关支付的要求，对于手续不全，计算有误、与合同条款不符的，不予支付。例如，工程建设类合同，根据合同约定的支付条件和付款周期，及时支付预付款和进度款，由承办部门负责人按计合部和财务部规定，收集资料和办理结算手续，结算资料包括工程款支付审批表、进度款支付证书、进度结算报表、工程量签证表、工程量计算书、相应的增值税专用发票等。三是加强合同的履约考核，合同的履约考核是为了增强合同对方的合同履约意识，强化诚信激励和失信惩戒机制，进一步防范风险。服务类合同从服务质量、服务进度等方面考核，工程类合同从进度控制、质量控制和安全控制等方面进行考核，督促施工单位或者服务商按合同要求推进工程建设或者供货、提供服务等。

5.3 严格执行合同变更程序

抽水蓄能电站工程在施工过程中，合同变更是经常发生的一种现象，一是合同内变更项目，由于地质、水文等现场实际条件相对合同条件发生变化，导致施工合同内项目施工条件或施工方案（工艺或工序）发生了改变，引起合同组价相应变更的项目，或按合同专用条款约定采取的单价调整等；二是合同新增项目，为了满足工程施工的连续性、关联性或现场需要，增加的施工合同承包或服务合同范围之外的施工项目或工作内容。抽水蓄能电站工程项目建设周期长，需要变更的项目多、工程量大，极易影响工程项目的造价，因此合同管理部门要充分关注工程项目实施过程中出现的情况，和工程管理部门做好相应的沟通工作，为合同变更做好准备工作。

控制好工程合同变更是控制好投资的关键之一，要严格执行合同变更程序，及时跟踪合同变更情况，做好现场确认工作，积极做好审核，保证后续工程结算不出现问题[5]。例如，若对合同变更不及时进行核算，会使部分隐蔽工程的工程量不能被有效核实，导致合同结算时双方争议较大。合同变更为索赔和反索赔提供了重要的参考，因此，为了维护自身利益，合同变更必须严格、及时、准确。

5.4 加强招标设计及技术管理一

为了减少合同变更、索赔事项，要从设计和技术端进行把控。对于抽水蓄能电站工程，在招标设计阶段一定要加强设计深度，地质条件把握到位，施工技术要求全面且到位，工程量清单考虑周到，不漏项缺项，工程部和计合部要加强沟通交流，尤其是技术方案、施工组织措施审查等[6]。

5.5 做好合同审计工作

合同审计工作立足于经营管理中的重点环节、关键流程，充分发挥审计的免疫保健作用，定期对项目立项、招标采购、合同签署、审批及履约情况进行客观公正的评价，通过分析合同管理各个环节可能出现的问题，了解企业合同管理规范情况及存在的风险状况[2]。合同审计能防范化解经营风险，降低企业合同履约纠纷。

6 结语

抽水蓄能电站工程建设周期长、投资多、工程量大，变更多，必须要做好合同全过程管理，以合同管理为抓手，夯实管理基础，预筑化解风险的堤坝，做好进度、质量和安全管控，保障工程建设的顺利推进，消除经营风险，维护好企业的合法权益。

参考文献

[1] 匙静. 建设单位如何降低建筑工程合同管理中的风险 [J]. 智库时代，2019 (11)：54，56.
[2] 梁斌. 分析企业如何做好合同管理工作 [J/OL]. 品牌研究，2018 (S2)：94-95.
[3] 尚军莉. 企业合同管理中的风险控制对策研究 [J]. 现代国企研究，2018 (22)：9.
[4] 钟国炼. 关于合同管理的几点思考 [J]. 中国管理信息化，2018，24 (21)：109-110.
[5] 唐荣秀. 采办及合同管理对工程结算及工程造价的影响 [J]. 居舍，2019 (12)：14.
[6] 张菊梅，吴强，息丽琳. 抽水蓄能电站建设期合同执行浅析 [C] //抽水蓄能电站工程建设文集，2018，45-49.

抽水蓄能电站建设征地移民安置实施中的典型问题及处理措施

渠守尚　马萧萧　韩小鸣

（国网新源控股有限公司，北京市　100761）

【摘　要】抽水蓄能电站建设规划期长，易出现实施过程中因政策调整超概、设计深度不足难以实施、数据库重叠多头缴纳费用、延迟验收等问题，本文从工程建设的角度对易出现的问题进行了归纳分析，并提出了针对措施。

【关键词】抽水蓄能建设　移民安置　数据库　移民安置验收

建设征地与移民安置是抽水蓄能项目建设最重要的专项工作之一，关系项目建设能否顺利实施及移民的切身利益。近几年，抽水蓄能电站建设征地移民安置工作受政策调整、设计深度不足、协调管理难等多重因素影响，出现费用与可研概算相比支出增加、制约工程建设工期等问题。现对在建项目中易出现的问题进行总结、分析，并提出针对措施。

1　政策调整导致税费、补偿费用增加

1.1　国家耕地占用税调增政策变化导致税费超概

某抽水蓄能电站项目2006年完成了移民规划报告的审查与批复，2010年10月完成建设用地报批。在规划报告中耕地占用税执行2006年的政策，平均8元/m^2，耕地占用税共计为4125万元。2007年12月，《中华人民共和国耕地占用税暂行条例》（国务院511号令）签发，地方政府将耕地占用税调整至22.5元/m^2，导致需缴纳的耕地占用税超出概算。

（1）问题分析：抽蓄电站建设周期长、费用高，涉及因素多，协调难度大，移民征地从规划、设计到组卷报批需要较长的时间，随着社会经济快速发展与政策调整变动会出现“计划赶不上变化”的问题。

（2）应对措施：税费缴纳标准以项目建设用地批准时间为准。在项目征地移民办理实施过程中，建设单位应及早一次性办理完成全部用地的征用、拆迁、移交手续，避免因实施过程中政策调整导致后续办理的征地执行标准与前期办理的不同。

（3）实施措施：编制征地移民规划报告期间与政府林业和土地部门合作，提高数据的准确性，项目核准后尽快办理报批，按照一次报批、分批征用的原则实施。

1.2　移民安置规划报告审批后，项目征地补偿政策发生变化

某抽水蓄能电站项目2017年完成移民安置规划报告审查与批复，同年底核准开工。实施阶段，项目所在省人民政府于2018年发布了《关于调整省征地补偿标准的通知》，征地补偿标准大幅调增，导致移民征地补偿费超概算5700万元。

（1）问题分析：按照《国务院关于修改〈大中型水利水电工程建设征地补偿和移民安置条例〉的决定》（国务院679号令）要求，原则上该项目应执行经批准的移民安置规划报告中计列的土地补偿单价，确需调整的，应经原审批机构审批。

（2）应对措施：项目核准开工后，建设单位应及时将征地相关的补偿费用支付给地方人民政府，同时应督促地方人民政府，在土地报批资料上报省级自然资源部门前将土地补偿补助费支付到位。如新的政策出台早于土地批复，经协商，需通过经原审批机构审批后，项目可按照新的标准调整补偿单价。如新的政策调整在土地批复后出台，土地补偿单价不能再做调整。

2 设计深度不足导致相关费用增加

2.1 施工道路用地公示面积不符合实际

某抽水蓄能电站项目修建进场公路、上下库连接公路共计 23km，三级公路标准，其中进场公路 11km，规划阶段拟用地面积为 575 亩，上下连接公路 12km，拟用地面积为 704 亩。施工图阶段进场公路实际用地 468 亩，上下连接公路 362 亩。相关道路最终实际用地比公路路线定线阶段少 449 亩，可实际减少征地费用 543.7 万元（按 2010 年价格计算），因最初的公路用地面积为公示面积，实施阶段仍只能按照公示面积支付土地的补偿费用。

（1）问题分析：抽水蓄能电站可研勘察设计阶段初期，进场公路、上下连接公路定线时一般按照 50～70m 的路宽控制，且该用地面积基本为建设征地移民安置实物指标调查面积，也是公示面积，是项目实际征地支付征地费用的依据，存在公示面积比实际用地面积过大的问题。至公路初步设计阶段，三级及以下公路用地范围为公路路堤两侧排水沟外缘（无排水沟时为路堤或护坡道坡脚）以外，或路堑坡顶截水沟外边缘（无截水沟为坡顶）以外不小于 1m 范围内的土地。路线中线敷设位置要求中桩间距不应大于 25m（重丘、山岭），在各特殊地点应设加桩，位置和数量必须满足路线、构造物、沿线设施等专业勘测调查的需要。经设计不断深入，此阶段的面积基本为实际征地面积，比初期用地面积减少 40%左右，该阶段时，通常项目可研工作面临收口。由此可见，上述情况多支付 500 多万元，是由于公路初步设计完成进度滞后于实物指标调查进度的原因导致。

（2）应对措施：在项目可行性研究阶段应提高勘察与设计精度，精确公路用地面积，避免公示面积远大于公路实际征地面积，节约相关征地费用及税费。

（3）实施措施：开展对工程建设征地和移民安置规划报告编制质量考核，支付勘测设计费用与考核结果挂钩。

2.2 规划报告林地属性不准确

某抽水蓄能电站项目使用林地 7700 余亩（其中永久 6700 亩、临时 1000 亩），在移民规划阶段，森林植被恢复费概算为 3080 万元，而按照《项目使用林地可行性报告》森林植被恢复费的估算费用为 4722.69 万元，比概算超出 1642.69 万元。

（1）问题分析：在移民实物指标调查阶段，因缺少林业规划设计院《项目使用林地可行性报告》调查数据，工程设计院将项目使用的 7700 余亩林地按照经济林、用材林、灌木林进行分类，概算按经济林、用材林 6 元/m^2 的单价计列森林植被恢复费共计 3080 万元。实施阶段，经林业规划设计院现场查验调查发现，原 7700 余亩经济林、用材林、灌木林中有 6160 亩为国家重点防护林和特种用途林。按照《森林植被恢复费征收使用管理暂行办法》其森林植被恢复费的单价为 10 元/m^2，其实际森林植被恢复费共计 4722 万元，超出概算 1642 万元。由此可见，上述案例森林植被恢复费超概 1642 万元，是因缺少林业规划设计院编制《项目使用林地可行性报告》调查数据所导致。

（2）应对措施：建设单位在项目可行性研究勘测设计阶段，应委托编制《项目使用林地可行性报告》，《项目使用林地可行性报告》进度与《移民规划大纲》进度同步，设计院编制森林植被恢复费概算时可使用《项目使用林地可行性报告》的成果。

3 合理使用国家数据库和国家法规

3.1 林业、国土数据库面积重叠

某抽水蓄能电站项目，在移民调查阶段已确定项目永久征收林地、草地面积。在实施阶段，因自然资源局管理部门二次调查数据库与林业管理部门二次调查数据库存在差异，部分林地与草地重叠，建设单位只能分别按照国土、林业两家单位的地类和面积分别缴纳征地补偿费，导致部分地块不合理的重复交纳，增加了项目费用成本。

（1）问题分析：由于政府不同部门之间数据库的差异，林地和草地部分面积交叉重叠，导致建设单

位的某块征地重复缴纳土地补助费、林地补偿费、森林植被恢复费。

（2）应对措施：在项目可研阶段应要求当地林业、国土部门分别确认相关地类、面积。如有土地性质交叉重叠的地块，坚持实事求是的原则，应在可研阶段由政府进行协调确认，可按照“就高不就低”的原则进行补偿。因林业规划设计院根据林业系统的二次调查数据库，对相关用地进行面积、林种、地类查验，确定森林植被恢复费的金额。因此项目用地在办理使用林地审核同意书前，应按照《项目使用林地可行性报告》估算的用地面积及森林植被恢复费的金额，向省级财政部门缴纳森林植被恢复费。

3.2 耕地开垦费不合规

某抽水蓄能电站项目在移民规划阶段，按照《中华人民共和国土地管理法》的要求编制了耕地开垦费概算，共计1819万元。项目实施阶段，该项目占用耕地所需的占补平衡指标，被要求通过省补充耕地交易平台挂牌交易，以在省域范围内进行调剂方式取得耕地占补平衡指标，其交易价格远高于缴纳开垦费的标准。

（1）问题分析：按照《中华人民共和国土地管理法》的规定，项目工程建设占用耕地时，项目单位应按照“占多少、垦多少”的原则，负责开垦与所占耕地数量质量相当的耕地；没条件的，应按照省自治区、直辖市的规定缴纳耕地开垦费。因此，该项目应执行的标准应为《省耕地地征收管理办法》缴纳耕地开垦费，而不应执行《省补充耕地指标交易管理暂行办法》通过竞价，在省补充耕地交易平台进行挂牌交易的方式取得易地补充耕地指标，明显存在政策执行偏差，而导致多支付缴纳耕地开垦费。

（2）应对措施：坚持项目耕地开垦费遵循《省耕地征收管理办法》缴费原则，不建议以交易平台进行挂牌竞价交易的方式取得补充耕地指标，否则，有悖于《中华人民共和国土地管理法》相关规定。在《项目移民安置规划报告》审查前，抽水蓄能电站项目建设单位在遵守省耕地征收管理缴费原则的条件下，与地方人民政府完成关于项目占用耕地占补平衡的商洽，约定缴费标准应严格执行《省耕地征收管理办法》的标准，同时完成委托耕地占补平衡的协议，落实耕地占补平衡指标、明确相关单价，相关协议应作为《项目移民安置规划报告》的附件。

4 移民安置竣工验收不及时

某电站已于2009年2月全部机组投产运行，至今尚未完成建设征地移民安置竣工验收。2004年签订的《电站移民安置任务及补偿投资包干协议书》，移民安置包干费用1.5亿元。由于没有及时验收，电站移民安置补偿投资费用由2004年签订的包干协议金额1.5亿元，调增到3.3亿元，增加了1.8亿元，仍不能尽快完成验收。

（1）存在的主要问题：一是电站移民拆迁安置工作自2002年开始，在实施工程中出现部分群众长期抵制，造成工作严重滞后，由于相关法规、政策变化，加之物价上涨、地上附着物指标增加等因素，致使征地移民费用增加；二是政府多次提出移民费用不足，要求追加移民费用。目前，多次追加资金已全部支付，验收工作进展仍然缓慢。

（2）应对措施：在移民安置的过程中应充分发挥移民综合监理的作用，督促好地方人民政府按照分年度工作计划完成相关移民安置工作。在移民综合监理过程中及时掌握移民安置进度滞后的信息。遇有问题，建设单位应及时与地方人民政府进行沟通，在过程中解决问题，而不能将问题搁置，导致移民工作停滞不前。拖延时间越长越不利于移民征地工作的开展和验收。

（3）实施措施：在与政府签订工程建设征地与移民安置协议时要明确关键的时间节点，如移民搬迁时间、土地划拨时间、阶段验收时间、临时用地返还时间、档案验收时间、自验收时间等。实施过程中的变更及时处理并到移民机构备案。

5 结语

抽水蓄能电站建设单位在建设征地移民安置工作应重点关注以下问题：

（1）可研阶段对用地范围的勘测设计要尽可能的精细、准确，工程布置设计方案应精细，避免工程实施中超征地红线范围用地，避免公示信息与实施阶段不符而产生矛盾。

（2）可研阶段应针对地类性质与国土、林业等管理部门进行深入细致地核对，避免实施阶段才发现同一块土地兼具2种用地属性而重复交纳费用。

（3）实施阶段，征地移民工作要力求“快、清、全”。“快”就是进度要快，土地报批材料要提前准备，核准后尽早组卷上报，并全程跟踪审批工作进展。“清”就是移民搬迁和地面附着物清理要清清爽爽，不留尾巴，解决争议。“全”就是一次性全面办理，分批分阶段实施容易产生问题，影响工程进展。

参考文献

[1] NB/T 35070—2015 水电工程建设征地移民安置规划报告编制规程［S].

[2] NB/T 35013—2013 水电工程建设征地移民安置验收规程［S].

[3] NB/T 35070—2015 水电工程建设征地移民安置规划报告编制规程［S].

[4] 渠守尚. 抽水蓄能电站建设征地移民安置实施与管理［C］//抽水蓄能电站建设文集，2015.

抽水蓄能电站主体土建标工程量清单咨询内容研究

李泽峰　王　岩　赵晨晨　刘芳欣　刘昱霖
（国网新源控股有限公司技术中心，北京市　100161）

【摘　要】通过对多个抽水蓄能电站工程的主体土建标招标文件进行咨询，结合施工招标文件的特点，依据国家的相关法律、法规及行业和建设单位的有关规定，就招标文件工程量清单咨询的主要内容做出归纳，详细阐述了抽水蓄能电站工程主体土建标施工招标文件工程量清单的主要咨询内容。

【关键词】抽水蓄能电站　土建标　招标文件　工程量清单　咨询

1　引言

招标文件是招标工程建设的大纲，是建设单位实施工程建设的工作依据，是投标单位获取参加投标所需信息的有效途径。通常由招标公告或投标邀请书、投标人须知、评标办法、投标文件格式、通用合同条款、专用合同条款、工程量清单、招标图纸和合同条款等内容组成[1-2]。其中工程量清单是编制招标控制价的基础，招标控制价的编制有利于项目投资控制，提高了招投标活动透明度、规范了建筑行业市场秩序，有效避免了投标人通过串标哄抬标价，能够在合理范围内控制项目招投标和变更索赔风险，为项目执行及管理提供有力保障[3]。因此，招标人以及招投标的业务主管部门有必要对工程量清单进行咨询研究，确保工程量清单的合理性和完整性，为提高招标控制价编制的准确性提供有利条件。

2　工程量清单咨询的主要依据

抽水蓄能电站属于水电水利工程，施工建设以土建工程标段为主，其工程量清单咨询的依据主要有：国家以及省、自治区、直辖市颁发的有关法律、法规、行政规范性文件；《建设工程工程量清单计价规范》(GB 50500—2013)；《水电工程工程量清单计价规范》(国能新能〔2010〕214 号)；《公路工程标准施工招标文件　第八章——工程量清单计量规则》（交通运输部 2018 年版）；《水电工程设计概算编制规定》(国能新能〔2014〕359 号)；《水电工程费用构成及概（估）算费用标准》（国能新能〔2014〕359 号)；《水电建筑工程预算定额》（2004 年版）和《水电工程施工机械台时费定额》（水电规造价〔2004〕0028 号)；《水电设备安装工程预算定额》（中电联技经〔2003〕87 号)；《公路工程基本建设项目概算预算编制办法》(JTG 3830—2018)；《公路工程预算定额》(JTG/T 3832—2018)；《公路工程机械台班费用定额》(JTG/T 3833—2018)；招标文件技术条款；其他相关资料。

3　咨询研究主要内容和咨询案例

3.1　工程量清单相关的招标文件技术条款咨询研究

3.1.1　咨询关注点

（1）依据国家的相关法律、法规及行业和建设单位的有关规定进行咨询。

（2）除国家的相关法律、法规及行业和建设单位的有关规定要求外，原则上不应在“一般项目”和“施工辅助工程”中单独计列的项目，应建议删除列项。

（3）若被咨询单位对原则上不单独列项的工作内容有特殊要求，应对相应技术条款中的“工作范围”“工作内容”和“计量和支付”部分进行重点研究，确保技术条款与工程量清单相互匹配，避免存在因“工作范围”界定不清、“工作内容”描述模糊和“计量和支付”无明确规定等问题导致出现影响报价的情况。

（4）从整个定额计价体系的角度出发，对招标文件中出项费用划分模糊、重复和不便于计量计价的相关描述，提出修改建议，确保工程施工相关费用不重不漏。

3.1.2 咨询案例

（1）某电站主体土建工程技术条款“承包人施工用电的建设费用应按工程量清单所列项目总价支付。总价中应包括从发包人指定的施工电源接口输出端至所有施工区和生活区的输电线路、配电所及其全部配电装置和功率补偿装置（包括事故备用电源）的设计和施工，设备和装置的摊销、安装、调试、运行维护及完工拆除等费用”。

咨询关注点：参照《水电工程设计概算编制规定》（国能新能〔2014〕359号），施工用电价格由基本电价、电能损耗摊销费和供电设施维护摊销费组成。即施工用电价格已包含供电设施维护摊销费，按照上述招标文件技术条款承包人施工用电的建设费用包含配电装置的运行维护费用，则存在重复计量供电设施维护费用问题，故建议修改该条款，删除“运行维护”，以避免重复计算费用。

（2）某电站主体土建工程技术条款“承包人其他施工供水工程的建设按工程量清单所列‘其他施工供水工程’项目总价支付。总价中包括承包人从发包人指定的取水位置或承包人自行选择的水源点提（引）水、储水和供水设施的设计、采购、施工、安装、运行维护及拆除等费用”。

咨询关注点：参照《水电工程设计概算编制规定》（国能新能〔2014〕359号），施工用水价格由基本水价、供水损耗摊销费和供水设施维护摊销费组成。即施工用水价格已包含供水设施维护摊销费，按照上述招标文件技术条款承包人施工用水的建设费用包含供水设施的运行维护费用，则存在重复计量供水设施维护费问题，故建议删除“运行维护”，以避免重复计算费用。

（3）某电站主体土建工程石方明挖技术文件计量条款“经监理人确认的不可预见的地质原因引起的石方超挖和规范允许的超挖，包括由此增加的支护和回填量，均应按监理人签认的工程量，并按工程量清单中相应项目的单价进行支付”。

咨询关注点：根据招标文件计量条款，与工程量清单进行对比，若工程量清单中石方超挖未单独计量，而是含在石方开挖单价中，则建议修改计量条款或工程量清单，使两者描述内容保持一致。

（4）某电站主体土建工程技术条款“删除本项第1）项全文，修改为：按施工图纸所示和（或）监理人指示，或经监理人批准安放的钢支撑，以吨（t）为单位计量，并按《工程量清单》中所列项目单价支付。单价中包括钢支撑材料采购（除钢筋外），钢支撑制作、安装和拆除（需要时）等费用”。

咨询关注点：技术条款中未明确连接钢筋、连接钢板等附件的费用，考虑到连接钢筋、连接钢板等附件费用的计列问题，建议明确钢支撑的连接钢筋、链接钢板等附件是否包含在钢支撑的综合单价中，以便工程量清单合理组价，降低索赔风险。

（5）某电站主体土建工程技术条款“沥青混凝土拌和站（厂）的建设、运行和维护费用包含在《工程量清单》所列的沥青混凝土生产系统总价支付项目中，不另行支付”。

咨询关注点：从水电定额计价体系的角度出发，混凝土拌和站（厂）的运行维护费用属于混凝土拌制费，计列在各混凝土综合单价中，不并入混凝土拌和站（厂）的建设拆除总价费用中，故建议复核删除。

3.2 招标文件工程量清单咨询研究

3.2.1 咨询关注点

（1）依据国家的相关法律、法规及行业和建设单位的有关规定进行咨询，避免出现缺项漏项、重复出项的情况（如综合单价中已含有的，不应再出项）。

（2）工程量清单在符合工程量清单计价规范的基础上，与技术条款相应内容应保持一致（如甲供、乙供应备注无误）。

（3）从编制限价的角度出发，以便于计量组价为依据，审查工程量清单格式，确保工程量清单清晰明了，没有歧义（如对大模板使用部位进行正确说明或备注）。

（4）通过招标文件技术条款和图纸的相关描述进行计算，判断工程量的准确性。

3.2.2 咨询案例

（1）某电站主体土建工程量清单 15-10-5-3 喷素混凝土，项目特征描述混凝土喷射厚度为 100cm，具体信息见表 1。

表 1　喷素混凝土

编号	编码	项目名称	项目特征	单位	工程量
15-10-5-3	SD0407001153	喷素混凝土	1. 混凝土强度等级：C25； 2. 混凝土喷射厚度：100cm； 3. 有挂网：直径 8mm@200×200； 4. 部位：空调机房、透平油库	m^3	220

咨询关注点：根据《岩土锚杆与喷射混凝土支护工程技术规范》（GB 50086—2015）6.3.10 钢筋网喷射混凝土层厚度不宜大于 50mm，该喷素混凝土喷射厚度 100cm，已远超常规混凝土喷射厚度，故建议复核喷射厚度单位是否有误，以免影响综合单价的编制。

（2）某电站主体土建工程量清单 19-15-1-2 主变运输洞衬砌混凝土，具体信息见表 2。

表 2　主变运输洞衬砌混凝土

编号	编码	项目名称	项目特征	单位	工程量
19-15-1-2	SD0701007191	衬砌混凝土	1. 类型：顶拱、边墙衬砌； 2. 部位：主变运输洞； 3. 厚度：0.6m； 4. 强度等级：C30； 5. 抗冻、抗渗、抗冲耐磨要求：F50W8； 6. 级配：二级配； 7. 拌和料要求：拌和温度、气温和原材料温度；拌和物的均匀性、拌和时间等按相关要求执行	m^3	570.00

咨询关注点：项目特征描述中衬砌厚度为 0.6m，与招标图纸中衬砌厚度 0.5m 不一致，建议复核该衬砌厚度，确保同一内容在招标文件中的描述保持一致，避免歧义。

（3）某电站主体土建工程量清单 5-15-60 不锈钢膨胀螺栓，具体信息见表 3。

表 3　不锈钢膨胀螺栓

编号	编码	项目名称	项目特征	单位	工程量
5-15-60		不锈钢膨胀螺栓	M10×100	个	21808

咨询关注点：建议复核是否为消耗性材料，根据水电定额造价体系，消耗性材料属于基础价格，已含在相应项目的综合单价中，不应再单独计列，以免重复计费。

（4）某电站主体土建工程量清单 4-2-15-3 钢筋，单位为 m^3，具体信息见表 4。

表 4　钢筋

编号	编码	项目名称	项目特征	单位	工程量
4-2-15-3		钢筋	1. 种类：HPB300、HRB400； 2. 规格：A8/A10/A12/A16/C14/C16/C20/C22/C25/C28/C32	m^3	0.47

咨询关注点：参照《水电工程工程量清单计价规范》（国能新能〔2010〕214 号），钢筋计量单位为“t”，该工程量清单钢筋计量单位为“m^3”，与规范矛盾，建议复核，按规范执行。

（5）某电站主体土建工程量清单 38-7-1-1 挖一般土方工程量为 2003734.20m^3，具体信息见表 5。

咨询关注点：工程量过大，可行性研究报告设计概算中该部位对应的挖一般土方工程量为 140087.99m^3，上浮比例为 1330%，故建议复核此项工程量是否准确，是否该部位的设计方案较可研概算存在较大变化。

表5 挖一般土方

编号	编码	项目名称	项目特征	单位	工程量
38-7-1-1	SD0101002381	挖一般土方	1. 土壤类别：覆盖层、全风化； 2. 挖土厚度：0～17.0m； 3. 平均运距：2.5km	m^3	2003734.20

（6）某电站主体土建工程量12-4-10-9普通砂浆锚杆，计量单位为根，工程量不为整数，具体信息见表6。

表6 普通砂浆锚杆

编号	编码	项目名称	项目特征	单位	工程量
12-4-10-9		普通砂浆锚杆（C25，L=4.5m）	1. 杆体材质：HRB400； 2. 注浆型式：先注浆后插锚杆； 3. 水泥砂浆：M30； 4. 外露长度：0.1～0.4m； 5. 杆体直径：C25； 6. 入岩长度：4.1～4.4m； 7. 部位：岩壁及顶拱	根	1508.85

咨询关注点：参照《水电工程工程量清单计价规范》（国能新能〔2010〕214号），普通砂浆锚杆计量单位为"根"，工程量是整数，故建议复核该工程量是否准确。

（7）某电站主体土建招标图纸8号路涵洞中心桩号K0+404的涵洞长度为13m，K0+670的涵洞长度为11m。

咨询关注点：两涵洞长度不同，但其基础的C30混凝土、钢筋以及其他工程的挖方、台背回填等工程量均相同，与招标图纸描述内容矛盾，故建议复核两涵洞的工程量是否正确。

4 结语

抽水蓄能电站主体土建标工程量清单咨询关注点，主要是在符合相关法律、法规和行业标准的基础上，参照水电定额计价体系将工程施工中各有关费用计列清楚，同时从便于管理和施工的角度出发进行合理调整。

近年来，抽水蓄能电站工程建设正处于施工高峰期，对招标文件的咨询原则和内容进行总结分析，可以提高招标文件的咨询质量，有助于施工招投标工作的顺利开展，进而助力工程施工提质增效，为抽水蓄能电站工程不断增大的建设力度提供基础支撑。

参考文献

[1] 曹云. 浅谈水利工程施工招标文件审查的基本原则和要点[J]. 江苏水利，2016（8）：16-19.

[2] 丁肇彬. 论施工招标文件的审查[J]. 山西建筑，2009，35（27）：255-256.

[3] 李泽峰，马赫，乔天霞. 抽水蓄能电站工程招标控制价编制方法研究[J]. 水利水电工程造价，2018（1）：30-32.

抽水蓄能电站工程数字化管控平台研究

高　强[1]　聂海诚[1]　任威旭[2]
（1. 中国电建集团北京勘测设计研究院有限公司，北京市　100024；
2. 深圳市广汇源环境水务有限公司，广东省深圳市　518001）

【摘　要】数字工程技术的发展促进了电站工程的整体优化升级，但针对大型抽水蓄能电站工程的数字化、智能化的全面工程管控平台体系尚未形成。为此，首先定义了抽水蓄能电站数字化管控平台的涵义，从系统性、可靠性、易用性、规范性、开放性和可扩展性6个方面归纳了工程数字管控平台的体系特点。通过观察BIM技术进行实际管理的案例，得出客观量化的结果，为项目后续建设提供改进方向，从而实现数字管控提升项目管理水平的目的。

【关键词】数字化　工程管控平台　BIM　抽水蓄能电站

1　引言

伴随科技的迅速发展，技术的优化进程加快，传统的水电站项目管理凸显出许多的问题。信息传递阻力大、整体化程度较低、技术标准差异大、全网协调能力不足、智能决策能力有限等问题，难以在项目设计、施工、竣工管理环节发挥出支撑作用[1]。基于数字化技术为基础的工程管控平台已在多个抽蓄电站项目中试点应用，如丰满、沂蒙抽蓄电站数字化建设已有成效，数字化管控平台具有信息数字化、通信网络平台化、信息集成标准化、运维管理一体化、经济成本较优化、资源利用最大化、业务交流互动化、决策反馈智能化等特点[2]，是实现智能抽蓄电站的重要技术手段。

2　数字化管控平台的定义及特征

2.1　数字化管控平台的定义

对于数字化管控平台，尚未有明确的定义，但是工程数字化是工程建设发展的必然趋势，通过建设数字化电站，形成集数字化移交、运行模拟、检修模拟、全景展示、状态展示等功能为一体的数字化管理平台，实现电站建设和生产过程的指导和监控，提高电站生产及管理的自动化水平，提高设备的安全运行水平，提高整体经济效益[3]。

2.2　数字化管控平台建设原则

数字化管控平台的建设应具有可靠性、技术先进性、功能适应性等特点，根据上述特点研究数字管控平台建设的总体框架，平台应遵循如下基本原则：

（1）数字化电站的管理平台应具备简洁易用的操作交互界面；

（2）数字化电站的管控系统的界面应划分清晰，接口明确；

（3）数字化电站应具有较好的兼容性，为各信息系统提供基础数据和功能服务，在保证物理安全、网络安全和数据安全的前提下，能够从电站的已有系统中采集、浏览、存储生产、运行及监控数据，并通过状态展示功能实现数据的实时有效展示；

（4）数字化电站应具有技术先进性，以适应今后大数据、云计算、物联网、智能化、移动端以及增强现实等技术功能的拓展，应符合我国现行的国家标准、行业标准的有关规定。

2.3　数字化管控平台的特征

（1）系统性。数字化管控平台的体系框架设计应从工程项目整体角度进行规划，在设计、施工、运维管理的不同阶段，应做到统一设计，逐项优化，并制定统一的数据、应用、通信标准，形成闭环衔接，防止半途而废或功能参差不齐的情况出现，最终难以达到统一要求。

（2）可靠性。数字化管控平台应采取有效的技术手段，并配套相关管理措施，保障平台应用服务的可靠性，保证平台系统性能持续稳定，最大限度避免人为干扰[4]，出现故障能够智能统计上报，实现服务转移，使平台能够自我保护。

（3）易用性。平台应采用清晰、简洁、友好的中文人机交互界面与业务流转设计，平台业务操作简便、灵活、易学易用[5]。

（4）规范性。数字化管控平台的建设应基于标准先行原则，平台建设应遵循系统工程与软件工程的基本原理与方法，平台各层级采用的基础协议、编码数据、传输协议、数据格式等应符合国家标准、行业标准及相关技术规范。

（5）开放性。数字化管控平台的建设应遵循开放性原则，平台的软硬件设施均应采用业界成熟的配套系统，包括基础设计建设及硬件设施、主流数据库软件、配套应用软件与工具均有良好的支持能力，各系统采用标准数据接口，具备广泛的信息交互和共享能力，友好的用户二次开发环境与资源基础。

（6）可扩展性。充分考虑到业务扩展需求，系统扩展能力及接口、应用软件的模块化程度要高。模块化能够有效提高系统的可维护性，便于升级改造。

3 数字化管控平台体系

工程数字化管控平台宜采用多服务器作为核心，目前云端服务器速度快、价格可控的优点已使得他成为搭设技术的常备力量。云端工作模式方便快捷，工程建设各参与方实施一套数据接入，数据的实时性及准确性有了保障，数据处理由云端完成并进行推送，提高服务响应效率，工作模式变得轻量化，将各种最新智能化技术纳入管理从而成为可能。此外，移动定位、二维码等方式，也将管理变得简单。

图1　数字管控平台架构示意图

工程数字化管控平台架构分为功能架构和数据架构，功能架构包括应用服务层、业务应用层、用户服务层，数据架构包括基础设施层、数据资源层。平台具体架构如图1所示。

3.1 功能架构

（1）应用服务层。应用服务层由平台系统管理、运维监管及用户认证系统组成，实现整个工程管控平台系统的管理及运维等相关功能。其中系统管理实现人员权限、角色分配、组织机构运行、组织机构配置及应用设置等功能；运维监管实现运维状态监测、应用状态监控、时间进度明细、系统服务器监控、资源调配、日志查询等功能；用户认证系统实现工程管控平台以及外部系统的统一认证授权；用户进程在获取系统内部的统一认证后，即时获得系统内部同等权限的其他应用服务的访问及使用权限。

（2）业务应用层。业务应用层由项目信息管理、智慧工地、数字施工、数字档案、数字移民、数字签章、数字验收、移动应用等核心业务组成。项目信息管理主要对项目全生命周期的各个阶段产生的信息和数据进行收集和管理；智慧工地主要将人工智能、传感技术、虚拟现实等融入到系统中进行交互式的管理应用，包括移动互联及综合定位、视频监控、人员定位监控、传感器数据汇总分析等；数字施工是基础数字化手段对工程进行数字化管理；数字档案是将工程数据及相关资料数字化，与相应的BIM三维模型关联，形成数字化成果，完成数字化交付，形成数字化档案归档；数字移民实现对移民从前期可研、征地移民手续、移民安置实施至移民验收及其他工作信息收集管理；施工数字管控实现对工程施工过程中关键的安全、质量、进度、投资、生态环保、物资等方面进行数字化管理[6]；数字签章是通过数字化手段快速实现电子签章，保证安全性和真实性；数字验收是将验收成果数字化，通过BIM模型与工程实体进行绑定，实现实物对比；移动应用实现移动端流程审批、现场数据采集、数据展示等功能；工程验收管理实现验收流程的数字化闭环管控。

(3) 用户服务层。用户服务层包括大屏应用、AR和VR服务，以及门户。大屏应用主要是将设备的各类数据形成完整的决策分析指标模型库，再通过追溯数据来源，对数据进行分析和汇总，最终在大屏机客户端进行展示；AR和VR服务主要将工程全貌及分项工程的模型和数据进行可视化，方便进行定位及查看，并能够提供虚拟座舱服务；门户分为项目级门户及公司级门户，项目级门户主要针对项目管理，汇集工程项目的各类应用服务，以不同角色、不同权限进入系统，使用数字化服务，公司级门户主要针对项目整体管控数据，提供项目整体数据分析、数据可视化，以及呈现项目整体状态和实施阶段等，从宏观的角度辅助以便于提供决策意见。

3.2 数据架构

(1) 基础设施层。基础设施层主要是大规模的硬件基础设施，同时通过网络连接服务器及存储设备。基础设施层通过高速网络及无线网络的覆盖和连接，形成高密度的多类型连接，满足项目大数据、大流量的要求，同时具有可靠性高、延迟性低、组网方式灵活、扩展性强的特点。

(2) 数据资源层。数据交换层由工程管控平台数据采集及数据回写的相关系统接口组成，利用ETL（数据仓库）技术实现数据的抽取、转换、清洗，为应用服务层、业务应用层、用户服务层提供数据支撑。其中工程管控平台需要从水情系统中采集电站水位、流量、气象等数据，从大坝安全系统中采集安全监测数据，从OA系统中采集用户及组织数据，从监控监测相关系统中采集视频监控、人员监控及各类传感数据。根据合同数据及工程量等数据为决策系统提供数据支持，实现数据的交互。

4 数字化管控平台关键技术

4.1 工程管控平台化

数字化管控平台是以BIM技术为基础，结合了GIS技术、大数据研究、云计算开发、物联网连接、移动端加入等多种信息数字化技术手段。平台通过对信息的采集分析和存储，实现了数据挖掘和智能决策的作用，为工程项目的管理工作提供基础支持，支持项目设计、施工、设备安装、调试、交付的全生命周期数字化管控。

4.2 数据管理统一化

数据管理及存储统一放置在工程数据中心，工程数据中心归口为数据存储交互层，工程数据中心的建设是基于BIM技术，通过信息数据采集，整合工程业务数据和工程物联数据，实现工程数据的纳管与数据应用。

工程数据中心分为基础建设和数据服务两方面。基础建设主要是架设服务器，建立合理、高效、灵活、安全的数据中心支撑体系，为各项应用提供支持。数据服务方面主要是对数据进行存储和共享，保证数据版本的统一，且具有控制存储版本等功能。

4.3 平台建设标准化

标准化建设是提升平台建设能力的基础，只有形成统一标准、固化流程，才能确保数据准确采集应用，提高电站运行能力[7]。平台应用标准必须符合国内相关的BIM及数字化标准，在国内外及行业内相关标准体系框架下，结合工程的实际特点和各阶段应用需求，编制数字化建设标准。

4.4 项目管理数字化

项目建设不同阶段，管控平台具有相应的业务范围覆盖，涵盖了抽蓄电站工程建设过程中的土方开挖、填筑工程、支护工程、砌体工程、混凝土工程等全部施工内容，对机电设备进行全生命周期管理。

项目建设前期阶段基于平台信息及三维模型对参建各方开工前相关资质、技术方案、计划等开工报审资料的准备、审查、备案进行管理。

大坝施工建设阶段：基于BIM进行分仓管理，确保大坝在各施工阶段的材料检验、压实检测、强度检测、渗水检测等都在可管控范围。通过与专项数据采集设备集成，实时管控大坝施工全过程。

导流洞施工建设阶段：基于BIM的数字化导流洞工程，通过将饮水系统和尾水系统数字化、三维化，结合管理行为标准化，提供对施工中隧洞开挖支护、衬砌混凝土浇筑等施工业务从设计、建造、验收评定进行全方位的管控。

厂房施工建设阶段：通过BIM三维模型对施工原材料进行管理，对工程建设过程进行策划、执行，对现场照片、年度质量的策划执行、质量缺陷处理、工程安全、工程技术、信息综合等进行管理。

设备建造阶段：基于BIM中心依据图纸建立精细化机电设备模型，针对每一个设备建立设备信息台账，包括设备信息、制造信息、设计图纸、建造资料、安装说明书、指导手册等。

设备安装、调试阶段：系统建立可视化决策平台，通过可视化决策平台实现决策层对机电设备安装工程实时监控、调度，实时调阅已完安装工程的过程质量、进度管理记录，并能预演及模拟设备安装过程，基于BIM技术直观的管理现场安装。现场人员采用终端设备一键采集现场签字资料，系统按照施工部位和具体设备自动归集安装过程资料，实现设备安装过程与资料形成过程实时同步。

4.5 现场施工可视化

（1）视频监控集成。与现场视频监控系统集成，通过网络传输技术，可以将现场施工过程中的关于进度、质量、安全等方面的视频图像数据直观地显示在三维模型上。管理者在系统三维场景中点击相应的摄像头，系统能够显示三维的视频监控内容。通过视频监控系统采集的现场施工图像数据，作为重要的施工数据保留存档。

（2）碾压数据采集集成。碾压混凝土工艺筑坝，质量控制的重要环节是混凝土的碾压过程。通过在碾压设备上安装监测装置，对碾压机械进行实时自动监控，监测碾压机械的状态，当碾压机械运行速度、振动状态、碾压遍数和压实厚度等不达标时，系统自动给车辆司机、现场监理和施工人员发送报警信息[8]。

（3）混凝土温控监测集成。混凝土大坝施工时，在夏季高温季节和次高温季节、不同季节严格检测大坝温度，确保大坝质量符合设计要求。通过采集混凝土出机口温度、混凝土入仓前温度、混凝土运输过程温度、混凝土浇筑后的仓面温度与相关设计要求对比，及时发现温度异常。当采集到的过程温度数据与设计标准值不相符时，立即发送报警信息，给现场施工人员、监理人员、建设单位的相关负责人提醒以便于立即采取处理措施，确保大坝浇筑质量。

（4）运料车辆实时监控集成。运输车辆监控平台通过运输车载设备实现车辆准确定位，高质量语音对讲及传输实时信息功能。调度人员在生产调度时可直接在地图上对运输车辆进行派遣、作业调度。根据运输作业线路，生成一套直观的及时语音调度、精确的GPS定位的生产调度系统，通过平台应用实现建设单位的生产调度，清楚地了解每辆车的状况，每个任务单的执行情况，轻松自如地控制生产，调配车辆，改变传统紧张、盲目的人工调度为轻松、科学的调度管理[9]。

5 结语

随着住房和城乡建设部2016年发布的《2016—2020年建筑业信息化发展纲要》及相关指导性文件的出台，CIM、BIM、大数据、物联网等智能化、数字化技术在水利水电行业应用前景非常广阔。

抽蓄电站工程数字化建设经历了从设计、施工到运维管理各阶段的应用，积累了很多经验，也取得了一定的成效，但也存在影响深度应用和高层次建设的共性问题[10-12]。在平台运行的通用性及兼容性方面，直接基于商用平台开展的数字化管控平台设计存在通用性较差的问题，从长期使用角度看，数字化平台的规范性和通用性应趋于统一，共同发展，这需要行业内的共同优化和改善，在统筹兼顾的基础上不断努力，共同推进水利水电数字化、信息化快速健康发展。

参考文献

[1] 华涛，芮钧，刘观标，等. 流域智能集控体系架构设计与应用 [J]. 水电与抽水蓄能，2017，3 (3)：35-41.
[2] 冯慧阳. 智能水电厂一体化管控技术的研究 [D]. 南京：东南大学，2015.

[3] 尤祥锐，李斌. 智能水电厂自动化总体构想 [J]. 工程技术（引文版），2016（6）：00293-00293.
[4] 樊启祥，汪志林，林鹏，等. 大型水电工程智能安全管控体系研究 [J]. 水力发电，2019，45（3）：68-72，109.
[5] GA/T 669.1—2008 城市监控报警联网系统 技术标准 第1部分：通用技术要求 [S].
[6] 李欣然，崔光强，王元飞. 广州市白云区城中村污水及供水工程对外协调管理 [J]. 云南水力发电，2018，34（S2）：92-94.
[7] 涂扬举，何仲辉. 大型流域水电公司基于自主创新的智慧企业管理模式探索与实践 [C] // 中国企业改革发展优秀成果2018（第二届）下卷，2018.
[8] 孟继慧，牟弈欣，胡炜. 丰满水电站重建工程碾压混凝土坝施工质量实时监控系统应用与分析 [J]. 水利水电技术，2016，47（6）：103-106，110.
[9] 刘志忠，彭霞锋. 基于BIM技术的数字化施工管理平台研究 [J]. 建材与装饰，2018，(33)：295.
[10] 孙璐，葛敏莉，李易峰，等. 土木工程信息化发展综述 [J]. 东南大学学报（自然科学版），2013，43（2）：436-444.
[11] 王广斌，张雷，谭丹，等. 我国建筑信息模型应用及政府政策研究 [J]. 中国科技论坛，2012（8）：38-43.
[12] 王明明，姚勇，陈代果. 我国水利工程中BIM应用现状及障碍研究 [J]. 绿色建筑，2017，9（1）：22-25.

丰宁抽水蓄能电站分包管理创新机制的探索和实践

李　嘉[1]　徐宏伟[1]　王　水[1]　魏　翔[2]

（1. 河北丰宁抽水蓄能有限公司，河北省承德市　068350；

2. 浙江华东工程咨询有限公司，浙江省杭州市　310000）

【摘　要】工程分包作为我国工程建设项目组织施工的一种合法而有效的承包形式，广泛应用于抽水蓄能电站建设，与工程建设安全、质量、进度、造价的有效管控息息相关。

本文结合河北丰宁抽水蓄能电站分包管理实践经验，探究如何在水电工程建设过程中抓好分包管理，旨在提升工程分包管理能力，防范施工分包安全事件，推动水电工程建设持续安全健康发展。

【关键词】水电工程　丰宁抽水蓄能电站　分包管理

1　引言

《水电发展“十三五”规划》提出，2020 年我国水电总装机容量达到 3.8 亿 kW，年发电量 1.25 万亿 kW·h，折合标煤约 3.75 亿 t，在非化石能源消费中，比重保持在 50％以上。作为维持国家经济命脉的重要清洁能源，水电开发具有建设周期长、施工专业性强、受地质和自然条件影响大等特点，承揽的施工方需为具备资质、业绩双优的水电施工企业。

在计划经济向市场经济转型的过程中，国内水电施工单位开始告别“自营制”走上“竞争制”，水电建设确定了业主负责制度、建设监理制度和招投标制度建设管理框架。为了适应市场竞争，国内水电施工单位充分利用市场化和社会化资源减轻生产成本，开展了从劳动密集型企业向技术型、管理型企业的转型[1]，工程分包应运而生。由于市场经济体制不健全、水电建筑行业管理方式相对粗放，受利益驱动、施工能力制约等影响，部分建设项目分包管理问题易发多发，被认为是工程质量低劣、安全事故频发、债务关系混乱的重要诱因，全面、科学的做好工程分包管理将对水电行业安全、稳定发展产生重要影响。

2　水电工程施工分包概述

施工分包指施工承包商（指与项目法人签订施工承包合同的具有总承包资质或专业承包资质的施工单位）将其所承包工程中的专业工程或劳务作业发包给其他具有相应资质等级或作业条件的施工企业完成的活动，施工分包分为专业分包和劳务分包。专业分包指基建工程建设过程中，施工承包商将其承包工程中的非主体专业工程发包给具有相应资质等级的专业分包商完成的活动。专业分包的内容是单位工程或分部分项工程，计取的是工程价款，表现为包工包料。劳务分包指基建工程建设过程中，施工承包商或专业分包商将其承包工程中的劳务作业发包给具有相应劳务作业条件及持有相应营业执照的劳务分包商完成的活动，劳务分包的内容是工程中的劳务，计取的只是人工费，表现为包工不包料，俗称“包清工”。

3　水电工程分包管理存在的问题

3.1　工程分包前期策划不充分

总承包商为追求工期和利润，缺少系统的分包策划方案和分年度计划，盲目发包、任意肢解发包，出现分包单元划分不合理、分包模式不符合合同约定、分包商进场时间及施工方案不满足工程实际需求等问题，影响分包项目正常顺利实施。

3.2 分包商队伍选择不规范

总承包商一般通过建立合格分包商资源库，利用统一平台集中采购确定分包商。如遇应急抢险等临时性项目、新冠肺炎疫情期间当地施工资源组织较快等特殊情况，项目部可向集团公司请示后指定分包商。无论采用竞标选择分包商或指定分包商，总承包商往往会选择竞价较低或合作次数较多的分包商，对分包商的资质业绩、社会信誉、经济实力审核不严格，授权委托人、现场管理人员资料真实性的核验不充分，分包商将利用这些管理漏洞进行资质挂靠或违法转包。

3.3 分包合同合规管理不完善

存在分包合同条款不规范、不严谨现象，表现在分包合同的安全、质量、技术、进度及安全管理协议等相关条款和附件不符合施工承包合同要求，劳务分包合同包含专业分包内容，分包合同及安全管理协议不满足总承包商与建设单位主合同的相关要求。存在分包商进场后再签订合同、开工后随意补充合同内容的现象，甚至制定两份分包合同以规避法律风险，一份用于对外公示，另一份用于分包双方的利益分配和纠纷处理[2]，成为分包合同管理的一大漏洞。

3.4 分包队伍基础管理不到位

分包商施工过程管理是分包管理的重中之重，但总承包商无专职分包管理人员，不能及时掌握每个分包队伍有多少人员、各工种人员和持证状况、内部结构与管理关系及其动态变化情况，不能及时发现分包商层层分包等状况，分包动态信息掌握不全面。对于分包施工中的技术措施编制与审查、安全培训与技术交底、作业过程监护、工序质量检验等，总承包商不同程度地存在以包代管、包而不管的现象，分包队伍完全按自身施工经验进行施工，以至于分包合同要求与现场实施存在“二张皮”现象，导致分包工程进度滞后、质量不达标、安全存在隐患。

3.5 农民工工资支付不规范

我国农民工群体数量庞大、流动性大，普遍文化程度不高，法律意识不强。部分总承包商缺乏社会担当和事前监督的大局意识，对农民工工资支付停留在确保“不出事”层面[3]。农民工劳动合同签订率普遍偏低，工资标准及发放时间约定不明确，农民工实际每月预支基本生活费，“包工头”口头承诺年底或退场前一次性结清工资，农民工按时足额获得工资的合法权益无法得到有效保障。

4 河北丰宁抽水蓄能电站分包管理实践

河北丰宁抽水蓄能电站（以下简称丰宁电站）位于河北省承德市丰宁满族自治县境内，距北京市区直线距离180km。电站由上水库，一期、二期输水系统，一期、二期地下厂房，地面开关站及下水库等建筑物组成。上水库为钢筋混凝土面板堆石坝，最大坝高为120.3m，上水库总库容约4814万m^3，下水库总库容约5961万m^3，共安装12台单机容量为300MW的混流可逆式水轮发电机组，总装机容量为3600MW。工程属大（1）型Ⅰ等工程，主要永久建筑物按1级建筑物设计，次要永久建筑物按3级建筑物设计。

丰宁电站一期、二期工程同期建设，主体工程共有施工标段6个，涉及劳务分包单位累计88家，高峰期现场农民工人数3163人/月，具有建设周期长、参建队伍多、人员构成复杂、质量安全任务重、分包管理难度大的显著特点。经过不断的探索、实践，丰宁电站得出一系列分包管理实践经验，以下进行具体论述。

4.1 完善分包管理制度体系

为规范丰宁电站工程分包管理行为，丰宁电站以上级单位分包管理制度为基础，结合电站分包管理实际情况，研究制定分包管理执行手册。执行手册明确了参建各方组织机构的职能划分，明确工程建设分包审批管理、进场管理、过程管理及分包商考核与评价管理办法，对施工总承包商、监理单位、建设单位的各环节分包管理工作进行具体规定，为参建各方对分包商事前准入管理、事中组织管理、事后退场管理以及考核管理提供了切实可行、易于操作的制度依据。

4.2 严格分包"准入"管控

分包计划审查作为分包管理"准入"制度的第一道门槛，重点把控是否对施工部位肢解分包、分包性质是否违法。分包资质审查作为分包管理"准入"制度的第二道门槛，确保进场的分包商符合国家法律规定，施工资质达标、社会信誉好、专业实力强、管理经验丰富、资金雄厚。另外在严格分包"准入"管理过程中对存在的漏洞及时纠偏，例如丰宁电站分包资质审核过程中，通过对实践中出现的问题归纳总结，新增了分包商信用证明、授权委托人社保证明等审核条件，不断提高并完善分包"准入"门槛，使分包商优中选优，提高工程建设管控能力。

4.3 推行劳务分包合同范本

分包合同是规范总承包商与分包商双方责任、权利和义务的重要法律文件，是开展工程分包管理的基础和依据。1997 年颁布的《中华人民共和国建筑法》中已明确工程分包的适用条件及违法分包的法律责任，水电工程一直沿用至今。水电工程建设项目劳务分包比例较大，实际工程分包中总承包商对专业分包和劳务分包的界限划分有意模糊化处理，导致劳务分包中存在专业分包的影子，存在违法分包的嫌疑，进而对分包合同的合法性产生影响。丰宁电站通过梳理各标段现行劳务分包合同并进一步提炼、借鉴、规范，制定并在电站范围内全面推行《劳务分包合同推荐范本》，有效规范劳务分包管理行为，确保劳务分包合同中的权力义务、结算方式、争议解决等关键条款的合法性、公平性，保护劳务分包合同双方的合法权益。

4.4 创新分包检查方式

为全面掌握工程分包实际情况，丰宁电站固化由建设单位、监理单位组成的分包检查组，对总承包商分包管理情况进行常态化检查。分包检查主要采取与劳务人员现场沟通、检查对下结算台账、检查财务支付手续等方式，全面掌握总承包商一些未经批准的分包行为，避免出现层层分包、资质挂靠等违法违规问题。特别关注重大节日、秋收、开学等关键节点前的农民工工资发放情况，做到事前介入、防患未然。通过开展常态化、多形式的分包检查，做好分包合同履约动态管理，有效督促总承包商落实工程分包和农民工工资支付主体责任。

4.5 探索实施分包管理"四制"

4.5.1 农民工信息"实名制"及工资"分账制"

解决拖欠农民工工资问题，事关广大农民工切身利益，事关社会公平正义和社会和谐稳定，国家把解决好农民工问题作为改善民生的重要任务。为推进农民工工资发放管理工作，丰宁电站自 2018 年开始大力推行农民工信息"实名制"及工资"分账制"。

为实现农民工信息"实名制"，丰宁电站充分利用"基建职能管控系统"平台，在新进农民工完成安全教育培训后，总承包商安排专职分包管理人员将考试通过的农民工身份信息、培训考核结果、技能证书、劳务用工合同等信息录入系统，建立覆盖丰宁项目的劳务用工信息平台。同时探索采用信息化手段建立全员"二维码"及"定位查询"等功能，以期建立覆盖整个系统、整个行业的劳务用工信息平台。

为保障农民工工资支付，丰宁电站大力推行农民工工资"分账制"，具体包括建立专用账户、签订工资监管协议、规范用工合同、采用农民工工资卡发放等内容，基本取代水电工程常用的分包商现金发放民工工资的模式，杜绝工资发放"以包代管"，有效保护农民工合法权益，降低工程现场劳资纠纷风险。

4.5.2 工程款资金监管机制

为保证施工合同工程款足额用于工程建设，不发生挪用、抽转资金的现象，监督保障农民工、分包商等相关方的权益，丰宁电站对总承包商工程款支出强制采取事前审查、事后监督的资金监管机制。总承包商在丰宁电站指定银行开设农民工工资专用账户并按时上报月度资金计划，电站职能部门分工审核分包工程款、农民工工资等支付计划，确保资金支出优先保证农民工工资，未经审批备案的劳务分包、未经审批的专业分包不得发生资金支付，审核上期审批计划的资金流向及付款凭证，必要时查询总承包商账户余额情况，确保工程款支出监管实现"专款专用、全面受控、重点保障、违约必罚"。

4.5.3 失信联合惩戒机制

为保障丰宁电站工程分包工作平稳、有序开展，丰宁电站结合“依法治企”管理要求，通过采取事前、事中、事后三方面控制，建立分包商失信联合惩戒机制，提高分包准入门槛。

事前通过“信用中国”“国家企业信用信息公示系统”等网站审查分包商信用，严格分包商“黑名单”“重点关注名单”、安全生产许可证、有无虚假业绩等信用状况的审查，对被列入“黑名单”“重点关注名单”的分包商实行“一票否决”，杜绝此类失信企业进入工程现场。

事中对已进入施工现场的分包商定期开展分包商信用评价，对未在国家规定的整改期间退出“黑名单”“重点关注名单”的分包商清退出场，对不执行分包管理制度、拖欠农民工工资、引发群体性讨薪事件的分包商列入“分包商负面清单”，同时总承包商承担连带影响责任。

事后管控指分包商履约评价机制，每半年对施工分包商管理和履约情况进行考核评价。通过量化考核的方式，从综合管理、安全文明施工管理、工程质量管理、工程进度管理四个方面，及时、客观、公平、公正地对分包商进行考核、综合评分，建立各包商的履约评价管理台账，对评分不合格的分包商立即清退出场，并通报各参建单位，逐步建立“守信激励、失信惩戒”的分包管理信用环境。

4.6 全面落实《保障农民工工资支付条例》

2020年5月1日起，《保障农民工工资支付条例》（国令第724号）（以下简称《条例》）正式施行，明确工程建设领域拖欠农民工工资行为将承担法律责任。由于丰宁电站大力推行分包管理“四制”，其中的部分管理要求与《条例》规定有异曲同工之处，电站在开展《条例》落实工作时得心应手。

为进一步落实《条例》规定，丰宁电站建立保障农民工工资支付协调机制和工资拖欠预防机制，同步变更施工合同农民工工资保证金扣留及存储方式，协调总承包商开设农民工工资专用账户，制定劳务用工合同范本，完善农民工工资支付申请审批手续，监督总承包商设置劳资专管员及维权告示信息牌，进一步完善总承包商分包管理体系，深化分包管理“四制”管控，健全完善治欠保支长效机制。

5 结语

丰宁电站以分包管理“四制”为创新举措，以落实《条例》为抓手，抓实抓细抓落地，解决了两期工程同期建设的分包管理难题。丰宁电站通过实践总结形成的分包管理“四制”是切实可行的分包管理机制，压实总承包单位分包管理主体责任是行之有效的分包管理手段，能够有效预防违法分包、农民工工资纠纷等法律案件的发生，保障农民工按时足额获得工资，有效提升工程建设管理水平。

随着国家关于分包管理的法律法规体系日趋完善，政府部门、行业、参建各方的分包管理责任更加明确。经过不断的探索实践，丰宁电站已建立了相对完善的分包单位自觉、总承包单位负责、监理单位监督、建设单位监管的分包管理体系，并多措并举的创新机制强化落实了参建各方的分包管理责任。面对农民工流动性大等实际困难，分包商在产业化、诚信建设、落实法治责任等常态化合规管理依然任重而道远。这些将是下一步需要努力探索和提升的方向。

参考文献

[1] 姬宏科. 加强水电工程施工项目分包管理的思考 [J]. 水利水电工程造价，2007 (3)：35-37.
[2] 孙小桐. 我国建筑工程分包合同法律问题的研究 [J]. 经济师，2020 (3)：68-70.
[3] 柯绮华. 施企农民工工资支付的困境 [J]. 施工企业管理，2020 (5)：51-53.

基于MIS系统平台的抽水蓄能主机设备结算管理模式优化探索

李雪莹　徐宏伟　陈玉荣　王　水

（河北丰宁抽水蓄能有限公司，河北省承德市　068350）

【摘　要】 抽水蓄能行业正处于蓬勃发展期，在其工程造价控制过程中，主机设备投资所占比重达22%～27%，精准掌握主机设备合同的结算执行情况在工程建设成本控制中就显得尤为重要。本文从丰宁抽水蓄能电站主机设备结算管理工作实际出发，通过对主机设备原有的线下结算管理模式应用研究，抽水蓄能主机设备结算管理模式优化的必要性与可行性进行了充分论证，提出了依托于基建信息管理系统（即MIS系统）线上结算模式的优化方案，并对该方案的实施效果与优势进行分析评价，对其推广应用提出展望。

【关键词】 基建信息管理MIS系统　主机设备结算　管理模式优化

1　引言

1.1　我国抽水蓄能发展现状

20世纪80年代，随着广东、华东、华北等地区一批大型抽水蓄能的建设，我国抽水蓄能发展迎来蓬勃发展。截至2017年，我国抽水蓄能电站装机容量跃居世界第一，国内已建和在建抽水蓄能电站主要分布在华南、华中、华北、华东等以火电为主的地区，配合解决电网调峰运行问题。

近年来，我国抽水蓄能市场规模不断扩大，建设步伐呈现加快趋势，我国已先后建成潘家口、十三陵、天荒坪等一批大型抽水蓄能电站。随着“绿水青山就是金山银山”“推动绿色发展”等顶层设计理念的提出，抽水蓄能作为新兴清洁能源行业，已快速发展为我国新能源产业的重要组成部分。2019年河北抚宁、吉林蛟河、浙江衢江、山东潍坊、新疆哈密5个抽水蓄能电站同时开工，截至2020年5月，我国抽水蓄能电站装机规模已达7664万kW（其中已投运的电站32座，装机规模为3059万kW，在建电站34座，装机规模为4605万kW），总体占电源总装机的1.6%，但距离《电力发展“十三五”规划》提出的目标规模仍有较大差距，由此推断，2020—2030年势必将成为抽水蓄能行业发展的“蓬勃鼎盛期”。

1.2　丰宁电站主机设备管理概况

丰宁抽水蓄能电站作为目前世界在建装机容量最大的抽水蓄能电站，一期、二期工程同期建设条件下，具有建设工期长、地质条件复杂、技术难度高、主机设备台数多、投资规模大等特点。电站总装机容量360万kW，共安装12台单机容量30万kW的可逆式水泵水轮机和发电电动机组，其中10台为定速机组，2台为变速机组，变速机组在国内抽水蓄能电站应用尚属首例。电站建设过程中，河北丰宁抽水蓄能有限公司先后与哈尔滨电机厂有限责任公司、东方电气集团东方电机有限公司、安德里茨（中国）有限公司签订了一期主机及其附属设备采购、二期定速机组及其附属设备采购、二期变速机组及其附属设备采购三个合同，合同额共计28.37亿元，包括主设备、辅助设备、备品备件、专用工器具等设备共计2400余项，安装、调试督导费、性能验收试验费、买方参加设计联络会、目睹验证试验、工厂培训、工厂检验和验收、备用金等费用共计700余项，供货期平均为4～5年，主机设备合同管理工作异常复杂，已成为电站建设管理中的重中之重。

2 主机设备结算管理模式优化的必要性与可行性

2.1 线下主机设备结算管理模式

2.1.1 线下主机设备结算管理模式基本流程

目前丰宁抽水蓄能电站的三个主机设备购置合同正处在履约的不同阶段，合同费用按照预付款、备料款、到货款、投运款、质保金及其他保证金或考核金分阶段支付。电站主机设备结算流程一般由供货商提出付款申请并提供所结算款项需要的完整资料，买方计划合同部根据供货商提出付款申请及提供的完整资料，买方物资部、机电部出具的支付审核意见、验收资料及入库凭证等，出具部门审核意见与支付审批表，完成公司内部审核、审批流程后，由专人建立结算台账并就所结算的合同清单项目金额与相应的概算项目进行对应归集。

2.1.2 线下主机设备结算管理模式的弊端

随着数字化、信息化技术应用，上述传统的线下主机设备结算管理模式已经无法满足公司信息化企业精细化管理的要求。一是提质增效面临新挑战，受主机设备合同结算特点影响，每期结算不仅涉及多环节基础资料准备，同步涉及多个专业部门审核，结算流程冗杂且时间较长，工作衔接配合难度大，资料完整性差，概算对应工作任务重等问题尤为凸显，合同款清算工作难以顺利、高效开展。二是数据准确性缺乏保障，线下结算管理模式下全流程结算工作受人为因素影响较大，主机设备合同投资完成情况统计工作任务重，不具备系统性的统计、取数、计算、分析等功能，且受人员变动频繁因素影响，工作连续性差，结算数据的准确性、完整性难以保证，设备单项执行概算动态管理难度大。三是档案资料保存难度大，根据抽水蓄能工程建设实际需求，主机设备合同执行周期较长，合同结算资料繁多，资料整理、归档、保管难度大，给档案管理工作带来潜在风险。

2.2 主机设备结算管理模式优化的必要性

对抽水蓄能工程建设管理而言，工程造价指标是评价项目经济合理性的关键依据，而抽水蓄能工程主机设备投资作为电站工程造价管理中的“重头戏”，其投资占比一般高达22%～27%，丰宁电站一期、二期主机设备投资占比为26%。由此可以看出，主机设备的投资管控在工程建设全过程造价管理中就显得尤为重要，特别是在施工过程中对主机设备以工程结算形式进行的造价管控，不仅是检查、评价和考核项目合同执行情况的重要指标，更是直接关系到项目竣工决算阶段造价控制的重要一环。

丰宁抽水蓄能电站建设管理过程中，工程主机设备供货商多、结算项目多、合同额度高、供货期长等特殊性，为电站主机设备合同结算管理带来了巨大的困难与挑战。为适应抽水蓄能行业的高速发展，更为简便快捷、准确规范、合法合规的开展主机设备结算，更好地助力工程自动竣工决算，开辟具有行业特色的造价管控模式，建立信息化结算管理手段对于丰宁电站而言已是刻不容缓。

2.3 主机设备结算管理模式优化的可行性

丰宁抽水蓄能电站已于2013年成功搭建基建信息管理系统（MIS系统）平台，并不断优化完善功能配置，形成了一套规范成熟的合同结算线上审批流程，并于建安工程合同结算管理工作中广泛应用7年之久。MIS系统具有合同管理、概算管理等一级功能模块，合同信息维护、计量支付、进度管理、变更索赔管理、概算信息维护、投资统计、概算动态管理等二级模块，可以实现合同清单导入、变更索赔项目录入、进度结算编审管理，同步实现关联概算架构、投资数据取数统计、概算回归等功能。

从应用情况来看，MIS系统在建安工程合同结算工作中发挥了高效、便捷、精准、可追溯等优势，而主机设备合同在结算形式、结算流程、概算归集等方面与建安工程合同结算也存在较高的相似度，因此，将MIS系统应用于主机设备结算管理模式这一优化之举是可行的。

3 线上主机设备结算管理模式的实施

丰宁抽水蓄能电站于2018年4月开展主机设备结算管理模式优化探索，关键在于有效借鉴建安工程合同线上结算流程，依托MIS系统“合同管理-计量支付”模块，设置了一套具有主机设备特殊性的结算编审流程，将主机设备合同清单按照系统规则进行编号、排列等，然后导入到系统中，并按照合同约定配置相应的扣留款项，同时建立合同清单与概算项的关联。在合同款结算由买方机电部经办人发起，按照合同约定结算支付条件，在合同清单项中据实填报结算比例或设备实际到货数量，经机电部负责人、机电部分管领导审核后提交买方计划合同部，计划合同部经办人对结算工程量、金额、扣留款项进行复核后，系统可自动取数形成本期结算及净支付金额，经计划合同部负责人、计划合同部分管领导审批后结束线上审核流程，机电部经办人即可导出打印结算支付报表，并交由计划合同部办理后续结算支付流程，见图 1。

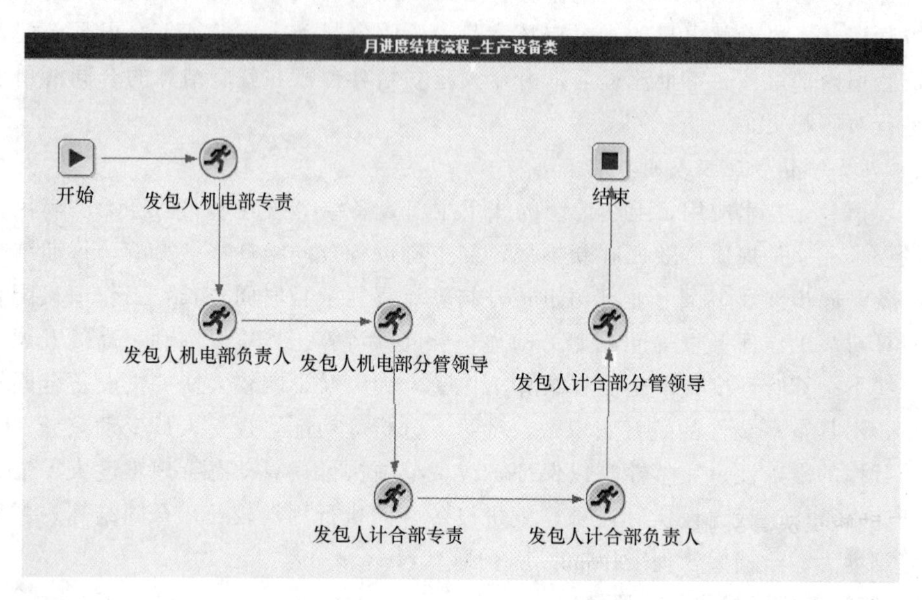

图 1 主机设备线上结算审核流程示意图

MIS 系统这一线上结算管理模式的探索应用，不仅提高了结算流程的时效，保证了数据自动取数的准确性，更体现了数据实时查询、共享的重要性，实现了合同结算与投资统计的同步无缝衔接，提质增效成效显著。

4 线上主机设备结算管理模式实施效果检验

截至 2020 年 5 月，线上主机设备结算管理模式在丰宁电站已顺利应用 13 个月，应用效果凸显，提升了主机设备结算办理效率、保障了结算数据的准确性，达到了主机设备结算模式优化、管控精益化的效果，主要体现在以下几方面。

4.1 信息集成化

利用 MIS 系统开展主机设备结算管控模式，可以有效应对数据量大、结算周期长等特性，结算情况得以系统性归集，数据准确、完整、清晰，便于管控。

一是原有的线下结算管理流程基本是以到货验收单为结算签证，实际验收时多为整体验收，存在结算设备与合同清单项目无法一一对应的情况，MIS 系统线上结算要求结算重心前移，即在验收签证环节需将到货设备分别对应合同清单项目，切实实现了“验收一项结算一项”目标，一定程度上提高了批次设备结算的及时性与准确性。二是各专业人员可利用 MIS 系统进行数据快捷查询、不同纬度的搜索与统计等，满足实时获取数据、合同执行或概算执行情况统计分析需求，极大提高了工作效率。此外，主机设备合同执行过程中发生的变更，可通过“变更管理”模块实现数据管理，合同执行人员不仅可以准确区分合同内项目和变更项目的范围及结算情况，更能对主机设备情况有一个“化零为整”的全面掌握。

4.2 数据精准化

MIS 系统人机交互界面友好，界面简洁，操作简单，该系统引入主机设备结算流程，有助于各环节合同管理人员快速便捷完成主机设备合同结算，提高了合同结算智能化管控水平；基础资料作为附件及时以电子文档形式进行上传，这一要求可在极大程度上保证各环节各专业人员获得原始数据资料，避免需求信息在各阶段依次传递时出现的信息丢失或失真，从而导致结算资料偏差，见图 2。线上主机设备结算流程可有效提高工作效率、减少人为因素影响，保证结算数据的准确性，符合国网公司“三型两网”建设要求，有效推进数字化智能型抽水蓄能电站建设，同时也匹配现代企业数字化档案的管理要求，助力档案管理水平有效提升。

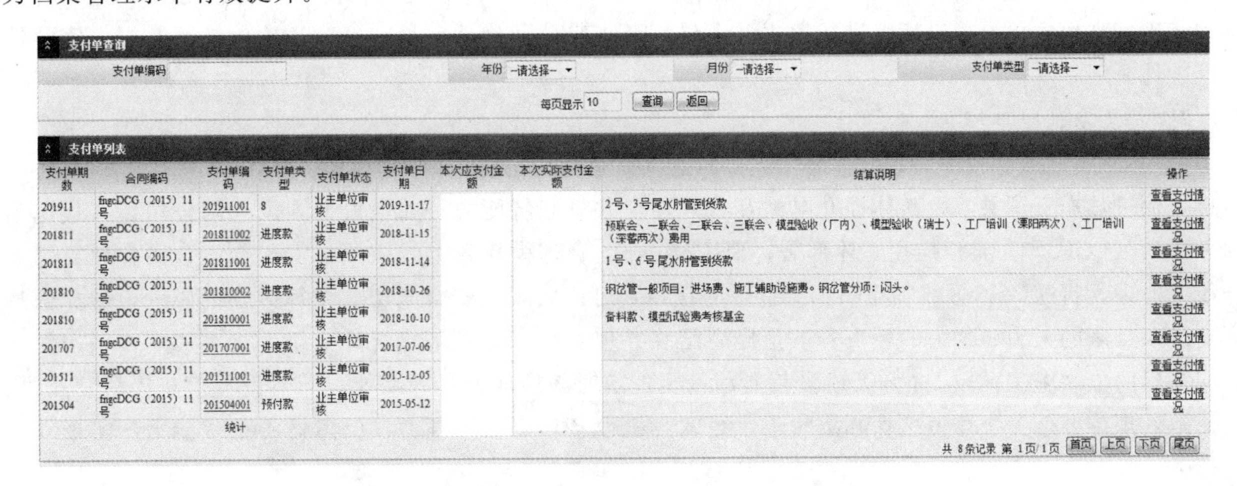

支付单查询

支付单编码　年份 --请选择--　月份 --请选择--　支付单类型 --请选择--

每页显示 10　查询　返回

支付单列表

支付单期数	合同编码	支付单编码	支付单类型	支付单状态	支付单日期	本次应支付金额	本次实际支付金额	结算说明	操作
201911	fngcDCG（2015）11号	201911001	8	业主单位审核	2019-11-17			2号、3号尾水肘管到货款	查看支付情况
201811	fngcDCG（2015）11号	201811002	进度款	业主单位审核	2018-11-15			预联会、一联会、二联会、三联会、模型验收（厂内）、模型验收（瑞士）、工厂培训（溧阳两次）、工厂培训（深蓄两次）费用	查看支付情况
201811	fngcDCG（2015）11号	201811001	进度款	业主单位审核	2018-11-14			1号、6号尾水肘管到货款	查看支付情况
201810	fngcDCG（2015）11号	201810002	进度款	业主单位审核	2018-10-26			钢岔管一般项目：进场费、施工辅助设施费。钢岔管分项：闷头。	查看支付情况
201810	fngcDCG（2015）11号	201810001	进度款	业主单位审核	2018-10-10			备料款、模型试验费考核基金	查看支付情况
201707	fngcDCG（2015）11号	201707001	进度款	业主单位审核	2017-07-06				查看支付情况
201511	fngcDCG（2015）11号	201511001	进度款	业主单位审核	2015-12-05				查看支付情况
201504	fngcDCG（2015）11号	201504001	预付款	业主单位审核	2015-05-12				查看支付情况
		统计							

共 8条记录 第 1页/1页　首页　上页　下页　尾页

图 2　主机设备线上结算数据查询、统计示意图

4.3　助推工程自动竣工决算实施

国家电网公司于 2013 年启动工程自动竣工决算研究，提出自动竣工决算技术路线，并在部分省网工程中开展了试点，2016 年丰宁抽水蓄能电站成为抽水蓄能项目首批试点工程之一。自动竣工决算是指通过系统软件自动生成电站竣工决算报表，主要设计思路为：在管理系统中建立竣工决算模块，设置取数、查询、输出等功能；将竣工决算财务报表预置在竣工模块中，建立竣工决算表间关系；建立竣工决算模块与财务管理模块、采购管理模块及其他相关模块的关系，实现相关信息向竣工决算报表的输送；建立竣工决算数据逆向查询功能和核对功能，保证竣工决算数据的准确性。

依托 MIS 系统进行主机设备结算，在合同执行阶段即保证了合同清单、合同结算数据和概算归集的电子化数据，通过信息集成、数据精准定位取数的突出优势，实现工程自动竣工决算所需的取数、查询（或逆向查询）、核对等功能，有助于工程自动竣工决算下资产形成的全过程在线查询与追溯的可靠性，为后续实现工程自动竣工决算夯实了基础。

5　结论及展望

5.1　总结提炼

由于丰宁抽水蓄能电站主机设备到货量与到货频率还未达到峰值，线上主机设备结算管理模式的应用目前频次相对较低，但该模式所带来的优势已经充分显现，随着工程逐步进入基建安装高峰期，主机设备到货结算工作量将逐渐增多，线上主机设备结算管理模式在合同执行及后期工程自动竣工决算实施中的作用将得到进一步显现，成为推动工程自动竣工决算工作实施的有力浪潮。

从当前实施结果来看，丰宁公司对主机设备结算管理模式的探索与优化是一次具有重要意义的尝试，规范化、痕迹化的结算管理流程对于企业提升自身经营管理水平起到了积极的作用。下一步，为更好地推进线上主机设备结算管理模式的有效实施，丰宁公司将根据应用情况对该模式不断进行系统、科学、效用最大化的改进，通过技术手段提升 MIS 系统的实用性、可靠性、保密性和安全性，同时完善主机设备结算体制机制，配合制定设备结算相关管理手册，更为详尽的规范线上结算各报批环节的工作内容、工作时限、工作权利与责任等，保证线上主机设备结算管理模式的实施效果得以最优展现。

5.2 进一步优化方向

5.2.1 打破流程参与方限制

目前MIS系统在主机设备结算中的应用仅限于丰宁公司内部，数据填报、审核工作仅由丰宁公司独立完成，结算流程从合同参与方角度来看并未实现真正意义上的闭环管理，供货商并未实际参与其中，为提高结算数据的原始性和准确性，需对结算流程配置进行完善，应开放基建管理系统主机设备结算权限，借助丰宁公司搭建的LTE无线专网系统，将结算流程前端延伸至供货商驻场代表，达到原始结算数据和基础资料由主机设备供货商进行填报并上传，经丰宁公司确认审批，进一步确保结算数据的完整性与准确性。

5.2.2 扩展系统接口

一是加强各系统间技术融合，配合打通决算模块和各业务板块间的通道，实现MIS系统与ERP系统对接，促进数据资源共享，整体提升电站互联互通、共享互济能力；二是根据国家电网公司新一代电子商务平台（ECP2.0）推广应用总体部署，ECP2.0合同管理模块将上线应用，实现物资合同款项支付业务线上办理，打通MIS系统与ECP2.0系统的接口，可以实现物资合同历史结算数据的导入，避免信息重复录入带来的人力、物力的耗费；三是提高结算办理效率，开发基建管控系统手机客户端，利用无线专网搭建的电站施工区域100%无线覆盖便利，实现随时随地业务接入功能，同时设置信息提醒，及时、便捷地处理待办任务，缩短结算办结时限，缓解主机设备厂家资金压力，保障设备供货能力，实现双赢目标。

5.2.3 在系统内广泛推广

丰宁抽水蓄能电站以MIS系统为依托的主机设备结算管理模式的探索与应用，在实施过程中对存在的问题进行了优化完善，管理流程已趋于成熟规范，逐渐形成了一套便捷、完整、高效的结算管理模式，从实践效果来看，线上主机设备结算管理流程顺应信息化时代的发展趋势，紧贴“智能型电站、智慧型企业”的提升方向，提高了主机设备结算效率、提升了数据的完整性和准确性，为自动竣工决算工作的顺利实施奠定了基础，对行业内其他抽水蓄能电站或常规水电站具有一定的借鉴意义，值得在行业内进行广泛推广应用，同时可进一步研究应用于金属结构等其他设备结算管理当中。

参考文献

[1] 李海廷，齐琳，李红岩. ERP管理系统环境下基本建设工程自动竣工决算的实现路径探讨［J］. 大经济师，2019（8）：87-88，90.

[2] 2019年全球抽水蓄能行业市场分析：中国装机规模占比超9成 未来装机规模将达239GW［R］. 水电（抽水蓄能）科技情报（2019年第4期），2019.

[3] 中国电力企业联合会行业发展与环境资源部. 全国电力工业统计快报（2019年）［R］，2020.

[4] 国家电网有限公司. 图说抽水蓄能［M］. 北京：中国电力出版社，2020.

浅析抽水蓄能电站主要材料供应方式变化的处理方式

孙铭泽[1]　王金杰[2]　温家华[3]　刘泓志[1]

（1. 山东文登抽水蓄能有限公司，山东省威海市　264200；

2. 国网新源控股有限公司检修分公司，北京市　100000；

3. 国网新源控股有限公司技术中心，北京市　100000）

【摘　要】 抽水蓄能电站建设过程中，主要材料供应方式变化是常有情况，由此带来的费用变化问题成为承发包人双方争议的焦点。本文着眼于承发包人的双重立场，通过查阅法律法规、行业规定及相关文献，进行定量与定性分析，从理论和实践两个层面给出了合适的处理思路和方法。本文打破了常规上公认的价差只予补偿税金的惯例，站在新的角度给出了新的处理方式：主要材料供应方式变化导致的费用变化可从追加工程预付款、材料供应质量引起的其他相关材料用量变化、主要材料采购隐性费用，以及建设行政主管部门对材料价格变化的相应政策等四个方面进行考虑，并引入工程案例加以计算、验证。

【关键词】 抽水蓄能电站　主要材料　供应方式变化　公允　处理方式

1　引言

抽水蓄能电站建设过程中，需要消耗大量的材料，据统计，在整个抽水蓄能电站建安工程费中，材料费占比可达到50%～60%[1]，其中混凝土和砂石料占比尤甚，多数抽水蓄能电站进行分标设计时，都会单独建设砂石骨料加工系统和混凝土生产系统，对砂石骨料和混凝土采取甲供方式以期控制质量。但相较其他的常规水利水电工程，抽水蓄能电站移民量小、可利用的用地面积也相对较少，加之征地移民复杂的工作特性，建设过程中极有可能出现个别移民群众拒迁、拖延搬迁的情况，导致原规划的砂石骨料、混凝土生产系统无法建设。发包人为保证电站能够按期投产，此时已签订合同中约定甲供的材料，不得已改为承包人自行采购或生产，此时承包人想要借材料自行采购的机会“大做文章”，而发包人迫于国家审计的压力，需在保证电站按期投产的情况下尽量节约工程投资。本文就上述现象，站在公允的角度，对承发包双方的博弈提出了相对合适的处理方式。

2　案例简介

国内某抽水蓄能电站水道系统（输水系统和尾水系统）因征地移民原因，发包人的砂石骨料加工系统无法建设，为保证项目整体进度，需其他已开工标段的承包人自行从外部采购骨料后生产混凝土。根据合同签订情况测算，骨料供应价格约40元/t，水道系统混凝土中骨料价格约占半成品混凝土价格的40%。外购骨料的价格本就远高于自行加工生产骨料的价格，加之政策影响，工程所在地骨料信息价涨至85元/t，工程周边骨料生产商给出的实际销售价格甚至涨至100元/t以上，与发包人生产供应的骨料价格差别巨大。

3　承包人诉求及监理人意见

承包人根据上述事件向发包人提出索赔：一是要求发包人按照实际采购价格承担承包人自行采购的费用，并按乙供材料调增相应采购保管费费率，理由是发包人未能按合同约定提供骨料，属于发包人责任，风险应完全由发包人承担；二是要求发包人调整使用骨料项目的单价取费，即高出甲供骨料价格的那部分价格参与取费并计取税金，理由是原甲供骨料改为乙供骨料，承包人需投入人员及其他管理资源进行骨料采购、存储，且采购骨料需承包人垫付大量资金，给承包人造成了不小的资金压力。

监理人对承包人的索赔报告进行审核后，认为承包人提出的第一点要求相对合理并予以同意，同意承包人提出的第二点要求中骨料计取合同税金，但计取间接费和利润不予认可，理由是依据现行工程量清单计价规范，承包人在投标阶段已通过给定的甲供材单价计取了相应的间接费和利润，满足承包人开展工作需要，后续材料价格变化对承包人管理成本不造成影响，参照水利水电工程行业惯例，此种情况下不支持承包商针对材料费上涨进行管理费利润的索赔，材料调差只计取税金。

4 案例分析

根据承包人和监理人的索赔意见，笔者认为应该先从以下几个角度进行合理性分析，而后再讨论索赔费用是否合理。

4.1 从情势变更的角度分析[2]

情势变更的构成要件主要有：①须发生变更；②变更须在法律行为成立之后，债务关系消灭之前发生；③变更未被当事人所预料，且具有当事人不能预料的性质；④如发生该变更合同仍可继续履行，但将显失公平。上述案例中，在签订施工合同后，骨料供应由甲供骨料变更为乙供骨料，完全适用上述①～③条要件，主要争议集中在第④条，继续履行合同是否显失公平。

根据《关于加强工程建设材料价格风险控制有关问题的通知》（威住建通字〔2018〕23号），“材料价差只参与计算有关规费和税金，不再计取其他费用”，这个通知出台的背景为“三去一降”和“环保督查”，也是2017—2018年建材价格大幅上涨的关键时点，因此“材料价差只计取规费和税金”的规定是在保护投资方（即发包人）不因涨价承担额外费用，承包人也不因涨价享有额外收益。这样看来，监理人不支持计取间接费和利润而只支持税金取费的做法是符合政策要求的，是相对公平的，详见表1。

表1 供应方式改变前后取费变化对比表

签订合同阶段（甲供骨料）						
水道系统造价/万元	混凝土工程造价/万元	甲供骨料总价/万元	混凝土工程取费费率/%（不含税）	甲供骨料取费后不含税造价/万元	骨料取费总额/万元	骨料计取合同税额/万元
32000	12000	4800	27	6096	1296	0
甲供骨料改为乙方自采骨料后（承包人申报）						
水道系统造价/万元	混凝土工程造价/万元	骨料预计总价/万元	混凝土工程取费费率/%（不含税）	甲供骨料取费后不含税造价/万元	骨料取费总额/万元	骨料计取合同税额/万元
—	—	10000	27	12700	2700	468
甲供骨料改为乙方自采骨料后（监理人审核）						
水道系统造价/万元	混凝土工程造价/万元	骨料预计总价/万元	混凝土工程取费费率/%（不含税）	甲供骨料取费后不含税造价/万元	骨料取费总额/万元	骨料计取合同税额/万元
—	—	10000	27	6096	1296	900

4.2 从价差调整性质上分析

GB 50500—2013《建设工程工程量清单计价规范》中对物价变化给出了两种调整方法：一是采用价格指数调整方法，本案例显然不适用；二是采用造价信息调整方法，本案例根据计算可得，签订合同阶段，承包商在水道系统的混凝土工程中总垫资额为

$$12000-4800=7200(万元)$$

变更为外购骨料后，承包人总垫资额为

$$12000-4800+10000=17200(万元)$$

单就水道系统混凝土工程一项垫资额涨幅就达到了239%，绝对增加额10000万元。因此，甲供骨料改为承包人外购材料产生的价差，不属于GB 50500—2013《建设工程工程量清单计价规范》提到的物价变化范畴。此时若仅采用“价差+合同税金”的方式进行价差调整，已然成为无情压榨承包人的工具。

4.3 从骨料质量上进行分析

发包人提供的骨料从含泥量、云母含量、硫化物含量、吸水率等参数进行了严格把关，质量毋庸置

疑，承包人在投标报价时根据该参数进行经验配合比分析给出了相对合理的混凝土报价。而改为外购骨料后，骨料质量难以控制，各项参数参差不齐，承包人承担了外购骨料带来的质量不确定性风险，导致水泥、粉煤灰等胶凝材料用量增加，从而增加承包人的施工成本风险。

5 处理建议

针对上述情况，发包人可从如下四个方面进行考虑：

（1）为保证承包人充足的资金流，双方协商提高工程预付款比例或直接追加工程预付款。针对该混凝土工程，采用直接追加工程预付款的方法操作比较简单。承包人增加了10000万元垫资费用，则按照合同约定的10%工程预付款比例，对承包人追加1000万元工程预付款，提高承包人资金周转能力，尽早采买骨料进行生产。

（2）对承包人胶凝材料使用量的变化进行补偿或直接对混凝土价格进行补偿。因骨料质量不确定性风险是由发包人原因导致的，应由发包人承担。此部分补偿可按照外采骨料配置的混凝土实际配合比计算出混凝土半成品（不含骨料）价格，与投标报价时考虑的混凝土半成品（不含骨料）价格进行对比，并计算价差。如为正差，则补偿正差及合同税金；如为负差，按照责任划分的原则，负差部分由承包人受益。

（3）对承包人采买乙供材料期间发生的隐性费用[3]进行补偿。作为有经验的管理规范的承包人，无论是工程分包还是材料采购，达到《中华人民共和国招标投标法》及其实施条例的金额要求，或承包人自身的管理要求，均应开展招标工作。作为10000万元的骨料采购，毫无疑问应采用招标方式，根据《国家发展改革委关于降低部分建设项目收费标准 规范收费行为等有关问题的通知》（发改价格〔2011〕534号）要求，招标代理服务费（不含招标文件编制费）采用差额定率累进计算方法，另外招标文件编制费可按下表收费标准的30%计取，费率标准见表2。

表2 招标代理服务费计算标准表

中标金额/万元	货物费率/%	服务费率/%	招标费率/%
100	1.5	1.5	1
100～500	1.1	0.8	0.7
500～1000	0.8	0.45	0.55
1000～5000	0.5	0.25	0.35
5000～10000	0.25	0.1	0.2
10000～50000	0.05	0.05	0.05
50000～100000	0.035	0.035	0.035
100000～500000	0.008	0.008	0.008
500000～1000000	0.006	0.006	0.006
1000000以上	0.004	0.004	0.004

根据表2计算得出总额10000万元的骨料采购，招标代理服务费（不含招标文件编制费）共计42.4万元，招标文件编制费为12.72万元，共计55.12万元。

（4）考虑规费计取事宜。在住房和城乡建设局的通知文件中，明确指出可以补偿规费。规费作为国家规定的按固定费率计取的不可竞争性费用[4]，应按照《水电工程费用构成及概（估）算费用标准》（2013年版）中明示的规费费率进行补偿，且不得按照投标时间接费下浮系数进行下浮。

根据上述4项建议，承包人除可获得自购材料价格补偿外，还可以合规合法的取得额外的55.12万元招标费用补偿和部分规费补偿。且可增加1000万元工程预付款，至于骨料质量带来的风险，承包人需根据实际配合比进行详细计算后获得调差补偿。需要注意的两点：一是甲供骨料改为乙供骨料，补偿的税金应包含原甲供部分的骨料价格计取的税金，而不是单纯地采用骨料价差×合同税率进行补偿；二是各地建设行政主管部门出于不同的考虑，出台的政策也不尽相同，在应用政策时，一定要符合当地的实际情况，切不可张冠李戴。

6 结语

建设工程合同是建立在公平公正的基础上的。承包人不应单纯的以盈利为目的，发包人更不应该单纯地将节约投资作为最终目标。当风险发生时，承发包双方应当及时分析风险责任[5]，承包人应站在发包人的立场，尽量考虑降低发包人的追加投资；发包人应站在承包人的立场，考虑如何能够调动承包人积极性，弥补承包人的损失并进行合理补偿。总之，承发包双方应以以推动工程进展、完成工程验收、顺利达标投产作为共同目标。

参考文献

[1] 武先伟，鲍婷，鲁欣．“营改增”后建筑工程“甲供材”计税方式探讨［J］．建筑经济，2019（6）：86-88.
[2] 顾东林．运用情势变更原则解决建材价格异常波动争议［J］．建筑经济，2009（8）：59-61.
[3] 张菊梅，息丽琳．抽水蓄能电站建设期承包人违约的合同解除问题探析［C］//抽水蓄能电站工程建设文集2019，2019.
[4] 付建华．关于“非竞争性费用”评标工作的思考［J］．工程造价管理，2019（4）：66-70.
[5] 刘殿海，王涛，张建龙．水电工程各阶段工程造价管理要点探讨［C］//抽水蓄能电站工程建设文集2019，2019.

利用废弃矿井建设抽水蓄能电站的效益探讨

曹 飞 王婷婷 唐修波
（中国电建集团北京勘测设计研究院有限公司，北京市 100024）

【摘 要】 利用废弃矿井建设抽水蓄能电站技术不仅是废弃矿井资源再利用途径的有益探索，也是抽水蓄能开发型式的创新。根据利用某煤矿废弃矿井建设抽水蓄能电站的初步工程布置方案及投资匡算成果，分析利用废弃矿井建设抽水蓄能电站的成本效益，与其他储能方式进行对比，并且分析了其在经济社会环境方面的综合效益。旨在为废弃矿井抽水蓄能应用前景及价值提供前瞻性的探讨。

【关键词】 废弃矿井 抽水蓄能 效益

1 引言

电网对调峰电源、储能电源的需求在增加。抽水蓄能电站是目前公认的技术最成熟最经济的调峰储能电源，能很好地适应电力系统负荷变化，改善火电、核电机组运行条件，而且可为电网提供更多的调峰填谷容量和调频、调相、紧急事故备用电源，提高供电可靠性和经济效益。欧美、日本等一些发达国家抽水蓄能装机容量在各自电力系统中的占比接近10%，[1]截至2019年年底，我国电网抽水蓄能电站装机容量占总装机容量的比例仅为1.7%左右。与发达国家相比，我国抽水蓄能仍有很大的发展空间。近年来，我国加大了抽水蓄能电站的建设力度。然而，随着前几轮大规模抽水蓄能选点以及推荐站点的开工建设，开发条件优良的抽水蓄能站点越来越少。随着环境保护、生态红线、水源保护等问题被提到了很高的高度，部分地区常规抽水蓄能站点选址困难，存在储备抽水蓄能站点不足的问题。

与此同时，我国是世界采矿大国，特别是在煤炭产量和煤矿数量上，均居世界首位。其中，2019年原煤产量37.5亿t，占世界煤炭总产量约45%；2014—2018年全国共计关停矿井6500余座。随着煤炭资源的枯竭以及我国能源结构调整等因素影响，大量矿井报废关闭或进入报废过渡阶段。煤矿报废后留下的矿洞一般均具有空间大、深度不一、水源充足等特点，这些条件与抽水蓄能电站的工程布置要求有一定的契合度。

本文根据利用京西某煤矿废弃矿井建设抽水蓄能电站的初步工程布置方案及投资测算成果，对其综合效益进行分析，以求从效益角度窥探利用废弃矿井建设抽水蓄能电站的价值和应用前景。

2 某煤矿概况

京西某煤矿井田走向长约9km，倾向宽2～4km，面积25.5km^2，深部到－100m水平。截至2017年年底保有资源/储量为21373.7万t，其中可采储量为4461.1万t。矿井开采的是侏罗系煤层，主要可采煤层有10层，可采煤层均为中低灰分、高熔点、低硫、高碳和高发热量的优质无烟煤。

矿井开拓方式是平洞、暗斜井、底板集中运输巷、采区石门开拓煤层群。共开拓8个水平，＋1150m、＋1030m、＋920m、＋800m为报废水平，＋680m、＋550m为回风水平，＋400m、＋240m为生产水平。

矿井通风方式为中央并列和对角式相结合的混合式通风方式，主要通风机工作方法为抽出式，回风井2个、入风井5个。

2016年度瓦斯鉴定：矿井瓦斯相对涌出量CH_4为1.41m^3/t，CO_2为3.76m^3/t；矿井瓦斯绝对涌出量CH_4为2.05m^3/min，CO_2为5.46m^3/min。根据煤矿瓦斯等级和二氧化碳涌出量鉴定结果，确定某煤矿为低瓦斯矿井。煤矿煤层经鉴定为Ⅲ类不易自燃，煤尘不爆炸性。

煤矿属侏罗系窑坡组煤系地层，主要采煤方法为综合机械化采煤法，机械化回采产量占矿井总产量的 100%。2018 年年底某煤矿已经彻底关停退出生产。

3 利用某废弃矿井建设抽水蓄能电站的工程布置

3.1 可利用地下空间

煤矿矿井地下空间包含两部分：一部分为采空区；另一部分是矿井的开拓和准备巷道。

矿井开拓巷道包括井底车场、石门、运输大巷和回风大巷等；准备巷道包括上、下山和一些联络巷道。准备巷道的支护情况较好，使用寿命长，若做好相应的喷射混凝土、打锚杆甚至加衬砌等改良措施，就能作为抽水蓄能电站的储水库。采空区覆岩含有采动造成的裂隙带，具有较强的导流能力，密闭性和稳定性差，一般不适合作为储水库，应该与储水库隔离[2]。

某煤矿形成了＋240m、＋400m、＋550m、＋680m、＋800m、＋920m、＋1050m、＋1150m 共八个水平平洞。其中＋550m 及以上各水平平洞均有洞口通地表，而＋240m、＋400m 水平位于地表以下无水平洞口与地表相通。＋1050m、＋1150m 水平报废时间较长，可能与小煤窑联通，内部情况不明朗。从平洞条件、施工交通便利程度方面分析，＋550m、＋680m、＋800m、＋920m 四个水平平洞是建设抽水蓄能电站可能被利用的空间。＋920m 水平平洞分为东西两部分，其中中耳地以西部分已经封闭废弃，内部情况不明朗、可能存在与小煤窑联通的问题，而中耳地以东部分平洞可以利用。

平洞分为单道巷与双道巷两种类型，断面均为城门洞型，单道巷净断面面积为 8.38m^2，双道巷净断面面积为 13.45m^2。某煤矿的各层平洞由底板巷和石门构成，其中石门全部是双道巷，底板巷大部分为单道巷部分为双道巷。某煤矿各水平平洞容积见表 1。

表 1 某煤矿各水平平洞容积

平洞水平	底板巷		石门		总容积/m^3
	长度/m	容积/m^3	长度/m	容积/m^3	
＋920m	2420	20280	11898	160028	180308
＋800m	13555	113591	28834	387817	501408
＋680m	15378	128868	21651	291206	420074
＋550m	17583	147346	19146	257514	404859

3.2 水利与动能设计

在某煤矿的＋550m、＋680m、＋800m、＋920m 四个水平平洞中选择抽水蓄能电站的上、下水库。根据平洞的容积，结合抽水蓄能电站的布置要求、水头条件、抽水蓄能机组的运行条件，选择将＋550m 水平平洞改造为抽水蓄能电站的下水库。电站上水库在＋920m、＋800m、＋680m 三个水平中选择。当选择 680m 平洞建设上水库时，电站利用水头仅为 130m，远低于抽水蓄能电站一般的正常水平。上水库主要在＋920m 与＋800m 水平平洞之间进行选择。

根据平洞容积以及可被用作抽水蓄能电站调节库容的大小，并考虑可逆式水泵水轮机研发制造难度等因素，初拟装机容量为 50MW，连续满发小时数为 6h，电站具备日调节能力。

选择＋800m 平洞作上水库、＋550m 平洞作下水库时，上、下水库均需要扩挖一定量的库容，并且在该方案的水头与装机条件下，最大扬程与最小水头（$H_{p\max}/H_{t\min}$）比值达到 1.364，机组参数水平较高，研发及制造难度均较大。

选择＋920m 平洞作上水库、＋550m 平洞作下水库时，上水库需扩挖 17.6 万 m^3 库容。电站水头、装机容量、机组制造各方面均较为合适。各水平平洞具有 5‰的底坡，以充分利用平洞空间作为抽水蓄能电站的调节库容为前提，确定上、下水库工作水深分别为 20m、25m。某煤矿抽水蓄能电站动能设计方案见表 2。

表 2　某煤矿抽水蓄能电站动能设计方案

项　　目		指标
上水库	利用平洞	+920m 水平
	工作水深/m	20
	所需调节库容/万 m^3	35.7
	开挖库容/万 m^3	17.7
下水库	利用平洞	+550m 水平
	工作水深/m	25
	所需调节库容/万 m^3	35.7
	开挖库容/万 m^3	0
电站	装机容量/MW	50
	额定水头/m	348
	发电流量/(m^3/s)	16.5
	最大扬程/最小水头（$H_{p\max}/H_{t\min}$）	1.188

某煤矿矿井内有一定量的岩石裂隙水涌出。+800m 涌水量为 892.8m^3/d，+680m 涌水量为 47.5m^3/d，+550m 涌水量为 816.5m^3/d。采用矿井涌水作为抽水蓄能电站的初期蓄水及运行期补水水源，需同时做好电站蓄补水与排水措施。

3.3　工程布置

利用+920m 平洞作上水库，在现有 920m 西一石门两侧进行开挖，为便于施工，开挖断面采用原有双巷道断面型式，共开挖 5 条，每条实际长度为 700m，新开挖巷道均采用 5‰的底坡，实际开挖库容为 18.9 万 m^3，满足上水库库容要求。下水库利用+550m 平洞，不需扩挖库容。初步判断巷道围岩岩体较完整，裂隙中等发育，围岩以Ⅲ类为主，断层带或裂隙密集带发育部位为Ⅳ～Ⅴ类。巷道作为抽水蓄能电站水库，在电站运行期，水位频繁升降，对洞室的稳定极为不利，对巷道进行喷锚支护处理，对Ⅳ～Ⅴ类围岩增加固结灌浆处理。

+920m 与+550m 平洞之间现有溜煤斜坡、箕斗斜坡两条联系通道，通道进出口基本位于平洞的最低高程区域。对利用现有通道改造和新开挖水道系统两种方案进行比选，新建水道系统投资更省，因此选择新开挖水道系统方案。

地下厂房由主机间、安装间和副厂房组成，呈“一”字形布置。厂房对外通道主要是进厂交通洞和通风兼出线洞。根据机组尺寸、机电设备布置、运输、检修及水工结构等要求，确定厂房开挖尺寸为 53m×18.6m×37m（长×宽×高），安装间长为 17m，副厂房长为 11m。

利用某废弃矿井建设抽水蓄能电站工程布置示意如图 1 所示。

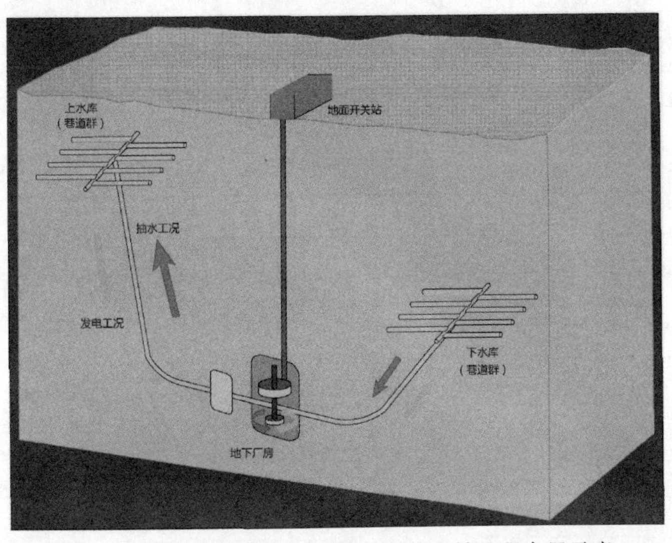

图 1　利用某废弃矿井建设抽水蓄能电站工程布置示意

4 某废弃矿井抽水蓄能电站的效益分析

4.1 与常规抽水蓄能电站投资水平的对比

根据国家现行水电工程投资匡算编制规定，结合工程具体情况，按 2018 年第二季度价格水平编制工程投资匡算。利用京西某煤矿建设抽水蓄能电站工程的静态总投资为 89796 万元，单位千瓦投资为 17959 元。与目前常规抽水蓄能电站 5000～6000 元/kW 的投资水平相比，利用某煤矿废弃矿井建设抽水蓄能电站工程的投资较高。一方面，某煤矿＋920m、＋550m 平洞巷道虽然岩体完整，裂隙中等发育，围岩较稳，但将巷道改造为抽水蓄能电站储水库后，在电站运行期面临着水位频繁升降的影响，对洞室的稳定极为不利，必须对巷道进行喷锚支护加固处理。对于Ⅳ～Ⅴ类围岩还需增加固结灌浆措施。从分项工程量及投资来看，用于巷道加固支护的投资占比较高。另一方面，本电站装机容量仅 50MW，装机规模低导致了单位千瓦投资偏高。如果对利用某煤矿废弃矿井建设抽水蓄能电站的工程布置方案进行深入优化，也存在着投资降低的可能。仅从电站的建设成本方面来说，利用某煤矿废弃矿井建设抽水蓄能电站与常规抽水蓄能电站相比的确没有优势。

4.2 与其他储能技术的经济性对比

储能技术把发电与用电从时间和空间上分隔开来，打破了电力系统运行所必须遵循的发电、输电、配电、用电同时完成的概念，发出的电力不再需要即时传输，用电和发电也不再需要实时平衡，这促进电网的结构形态、规划设计、调度管理、运行控制以及使用方式等发生根本性变革[3-6]。储能技术的应用贯穿于电力系统发电、输电、配电、用电的各个环节，电力系统的发展不断推动储能技术的应用与进步。

储能技术能否在电力系统中推广应用，取决于其是否能达到一定的储能规模等级、是否具有适合工程化应用的设备形态，以及是否具有较高的安全可靠性和技术经济性。本文将利用某废弃矿井建设抽水蓄能电站的技术经济指标与其他多种储能型式进行对比，见表 3。

表 3　各种储能类别关键技术参数对比

储能类别	自放电率/(%/月)	循环次数/次	寿命/年	转换效率/%	能量密度/(W·h/kg)	能量成本[元/(kW·h)]
压缩空气储能	—	—	40～50	65～70	—	2500～5000
飞轮储能	—	20000	—	90	50～100	3000
传统铅蓄电池	1	200～800	10	70～85	50	500～1000
铅炭电池	1	2000～3000	10	70～85	50	800～1200
锂离子电池	1.5～2	5000～7000	10	90～95	70～250	1500～1800
全钒液流电池	低	＞10000	15	75～85	100	3500～3900
锌溴液流电池	10	5000	—	75～80	100	2500～3000
钠硫电池	低	3000	10	80～90	150	2000
超导磁储能	10～15	—	15～25	95	1～10	3000～4000
超级电容器储能	20～40	＞10000	—	95	30	2500～3000
某废弃矿井建设抽水蓄能电站	—	—	＞50	75	—	2993

压缩空气储能、飞轮储能、锂离子电池、全钒液流电池、超导磁储能、超级电容器储能等目前正处在技术发展阶段，尚不具备大规模商业应用的条件。传统铅蓄电池、铅炭电池循环次数低，寿命短。锌溴液流电池、钠硫电池能量密度高，但循环次数底，寿命短。从能量成本来看，在当前技术水平下典型案例京西某煤矿抽水蓄能电站与其他储能形式基本属于同一水平。废弃矿洞抽水蓄能利用了废弃的矿洞空间，其设计、施工技术并无瓶颈。废弃矿洞抽水蓄能属于可再生能源，具有技术成熟可靠、建设规模大、寿命超过 50 年等特点，考虑其他储能形式重复建设以达到相同的使用年限，废弃矿洞抽水蓄能经济指标明显具有优势。

4.3 综合效益分析

根据利用京西某废弃矿井建设抽水蓄能电站的初步工程布置及投资匡算成果，其建设成本确实比常规抽水蓄能电站贵。但常规抽水蓄能电站要新增占用较多土地，而且会受到自然地形条件、水源条件、环境保护问题的制约。利用废弃矿井建设抽水蓄能电站则可能让电站更靠近负荷中心、新能源基地。此外，利用废弃矿井建设抽水蓄能电站还会带来多方面的综合效益。

伴随着采矿活动的结束，原来采矿形成的大量的矿井（洞）被封闭或遗弃、很多采矿设备设施也被遗弃，造成了土地闲置及各种资源的浪费，不但得不到回收利用，甚至还会带来环境污染等新生问题。大量的原有矿业工人也面临着失业或者另谋职业的窘境。实际上废弃矿井可以有许多不同的用途，面对这一课题，国内外开展过大量的有益的探索。如利用废弃矿井储存液体燃料、农副产品、武器，堆存有毒的或放射性废料，改造成博物馆、研究中心、档案馆，进行旅游开发、坑塘养殖、矿坑（场）土地复垦再利用等。这样因“资源再利用”创造了新的经济效益，而使矿坑（场）这一原本废弃的资源地重获价值。随着社会经济的发展，废弃矿井的再利用，无论从环境保护的角度，还是资源综合利用角度都是十分有益和必要的[7]。当前我国电网具有巨大的抽水蓄能电站建设空间，利用废弃矿井建设抽水蓄能电站拓展了抽水蓄能站点资源型式，同时增加了废弃矿井资源再生利用的形式，两者具有很高的契合度。

利用废弃矿洞建设抽水蓄能电站避免或降低了常规抽水蓄能电站征地移民的突出问题，而且还可利用矿洞涌水作为水源，减少水源的蒸发损失，节约了水资源。电站建设期和运行期能提供数量可观的工作岗位，部分原来因矿井退出生产而失业的工人经过培训可以转而成为新的水电从业人员。矿井周围因矿业生产而形成的集镇可能因矿井废弃而衰落，但建设抽水蓄能电站对即将废弃的矿井加以利用，就可能让这些集镇得到保留并获得新的发展，既维护了社会稳定，又促进了地方经济的持续繁荣。

从生态环境方面来看，利用废矿洞可促进矿区自然生态环境的恢复，带动周边相关产业发展，实现变废为宝和资源、环境、经济综合效益最大化的目标，是构建资源节约型社会和环境友好型社会的一种新探索。

采矿开发过程，给人类生存的环境带来了或多或少的污染与破坏；采矿结束后，矿坑的再利用就更应以环保为前提，这是不可动摇的刚性条件。“资源的再利用”和“环保型经济”已是当前经济发展的必须选择。利用废弃矿井建设抽水蓄能电站将矿井的“黑”变为水电的“绿”，是一种新型的废弃矿井资源利用途径，也真正符合“绿色”发展的观念。

因此，利用废弃矿井改建抽水蓄能电站对于废弃矿井的再利用具有很大的生态和经济意义，既可以作为一种恢复矿区生态的有效方法，也是一种绿色的废弃矿洞再利用方式、经济的抽水蓄能电站建设方案。

5 结语

根据利用京西某煤矿废弃矿井建设抽水蓄能电站的初步工程布置方案和投资匡算成果，其装机规模较小，建设成本比常规抽水蓄能电站贵。将废弃矿井抽水蓄能与其他的储能技术进行对比，在储能成本方面基本在相同水平，但在技术成熟度以及使用寿命方面废弃矿井抽水蓄能更具优势。利用废弃矿井建设抽水蓄能电站更重要的是其综合效益，它提供了一种新的废弃矿井资源再利用途径，有助于废弃矿井生态环境治理，促进采矿业工人转型就业，延续矿山周围集镇可持续发展，维护社会稳定。建立在我国电网对抽水蓄能容量的巨大需求空间、矿业大国废弃矿井资源再利用的驱使下，利用废弃矿井建设抽水蓄能电站具有良好的应用前景。

参考文献

[1] BP中国.2018年BP世界能源统计年鉴 [R]. 北京：BP中国，2018.

[2] 谢和平，侯正猛，高峰，等.煤矿井下抽水蓄能发电新技术：原理、现状及展望 [J]. 煤炭学报，2015，40（5）：965-972.

[3] 国家电网公司“电网新技术前景研究”项目咨询组，王松岑，来小康，等．大规模储能技术在电力系统中的应用前景分析 [J]. 电力系统自动化，2013，37 (1)：3-8，30.
[4] 陈伟，石晶，任丽，等．微网中的多元复合储能技术 [J]. 电力系统自动化，2010，34 (1)：112-115.
[5] 余耀，孙华，许俊斌，等．压缩空气储能技术综述 [J]. 装备机械，2013 (1)：68-74.
[6] 戴少涛，王邦柱，马韬．超导磁储能系统发展现状与展望 [J]. 电力建设，2016，37 (8)：18-23.
[7] 郑敏，赵军伟．废弃矿坑综合利用新途径 [J]. 矿产保护与利用，2003 (3)：49-53.

响水涧电站企地关系建设管理实践

汪业林
（安徽响水涧抽水蓄能有限公司，安徽省芜湖市 241083）

【摘 要】 抽水蓄能电站在建设、运营管理活动中，基于对社会、环境、未来负责，应积极构建良好的企地关系，尽可能降低工程建设带来的负面影响，履行好工程社会责任，提升工程社会价值。工程社会责任的核心是以人为本、企地合一、创造价值，最终实现企业与周边的和谐共存、企业与社会的和谐发展。本文介绍了响水涧电站企地关系建设管理主要做法、成效，并浅谈对企地关系建设的认识。

【关键词】 和谐社会 企地关系 管理

1 响水涧电站工程概况

响水涧抽水蓄能电站位于安徽省芜湖市三山区峨桥镇境内，承担电力系统调峰、填谷、调频、调相、紧急事故备用等任务。工程枢纽主要由上水库、下水库、输水系统、地下厂房和地面开关站组成。电站属大（2）型Ⅱ等工程，主要建筑物按2级建筑物设计。电站装机容量1000MW（4×250MW），工程决算投资34.54亿元。响水涧主体工程于2007年12月开工，2011年6月和7月上、下水库分别进行蓄水，2011年12月首台机组投产运行，2012年11月四台机组全部投产运行。截至2019年年底，累计向电网输送调峰电量88.64亿kW·h。

2 抽水蓄能企地关系建设的重要性

2.1 贯彻新发展理念的需要

党的十九大报告指出："我们要激发全社会创造力和发展活力，努力实现更高质量、更有效率、更加公平、更可持续的发展。"处理好企业与地方关系是企业优化高效、可持续发展的基础，企业作为社会的重要组成部分，其生存和发展的土壤在地方。企业发展需要地方人民政府政策、人文等多方面的支持。企业通过承担社会责任，与地方社会保持"和睦共处、互帮互助、共同发展"的新型关系，与社会各阶层融洽相处，始终把安全生产、维护一方平安摆在突出的位置，发挥专业人才集中的优势，为地方发展献计献智，构建生动和谐的企地关系。这些正是贯彻新发展理念的内在要求。

2.2 抽水蓄能事业长远发展的需要

抽水蓄能电站具有调峰、填谷、调频、调相、事故备用和黑启动功能，同时也是最成熟、最经济、最清洁的大规模电能储能装置。抽水蓄能电站的发展对促进清洁能源和可再生能源的发展具有重要的作用。应尽快建设一批抽水蓄能电站，以满足经济快速发展和电力系统安全稳定经济运行的需要。然而，仍有超过半数的公众对抽水蓄能认识模糊，简单认为抽水电量大于发出电量，不划算。因此，提升公众对抽水蓄能认知度和接受度的形势十分迫切。公众认知度和接受度的提升，电站所在地各级政府做起来最方便，效果最好，应积极沟通、协商政府为所在地电站出谋划策，挖掘宣传亮点，让社会和公众了解和认识抽水蓄能。可以说良好的企地关系是抽水蓄能发展的外部动力，没有良好企地关系支撑，电站建设管理活动可能就是低水平的重复。

2.3 营造稳定的安全生产运营环境需要

抽水蓄能电站建设和运营过程中的发展规划、政策执行、征地移民、环境保护、安全生产、防汛管理、财政税收、文明创建、治安综治等诸多方面需要依靠地方政府才能完成，或者说办得完美，甚至连办好员工健康食堂也需要政府的支持。在电站不同的发展阶段，企地存在各自不同的利益侧重和要求。

如何应对双方发展过程中的各种挑战和困难；如何构建和谐稳定的企地融合发展新格局；如何在各取所需上灵活掌握，对电站和地方政府来讲都是一项重要的课题。在构建和谐企地关系方面，应通过研究探索有效的解决途径，推动企地深度融合、共同发展。

3 响水涧电站企地关系建设主要做法和成效

3.1 多渠道多角度宣传响水涧工程，展现企业良好形象

响水涧公司自国家发改委核准通过之日起，在省级和市级电视台、报纸、网络媒体多角度宣传工程建设的社会价值、经济价值、对拉动地方经济的作用。工程建设不同阶段邀请电视台现场报道，展现文明施工、环境保护的场景。邀请芜湖市、三山区两级人大代表到工地视察，邀请镇、村村民代表到工程建设现场座谈，提供近距离、富体验、有感知的认识，征求村民对工程建设管理的意见和建议。大力宣传抽水蓄能电站为国家、为电网、为地方所作的贡献，广泛宣传抽水蓄能电站承担政治责任、经济责任、社会责任，拉升了抽水蓄能在社会和公众中的认知度、认可度，树立起抽水蓄能电站负责任的企业形象，赢得了地方政府和周边群众的关心和支持。

3.2 多沟通多交流，建设和谐企地关系

建设和谐的企地关系，需要电站和政府双方的努力与配合。响水涧电站积极构建与政府的和谐发展关系，寻求有效的平衡点和切入点：①利用特殊的地缘关系，支持政府发展旅游事业，响水涧油菜花季，日最大游客量接近万人，中央电视台对其报道；②实现利益最大化已不再是电站唯一的考量标准，地方人民政府为了美化移民新村，需要实施响水涧电站进场道路黑色化，电站积极争取上级主管部门支持，2018年完成道路黑色化；③自响水涧公司成立以来，每年春节前全员捐款，慰问移民孤寡老人；公司团委儿童节到移民小学送图书和文具、重阳节到附近敬老院做公益；秋季开学，为移民小学留守儿童做帮扶，开展志愿服务等，做有情感、懂感恩的抽水蓄能人。

3.3 共同繁荣、共同发展，让周边群众得实惠

群众在抽水蓄能电站发展中得到更多实惠，是衡量地方人民政府和所在电站和谐社会关系建设的标尺。响水涧电站每年向周边群众提供物业服务、辅助服务等就业岗位150个左右，提供短期服务岗位50个左右；政府依托响水涧电站的旅游业，每年拉动周边住宿、餐饮、土特产商店、环境卫生等就业岗位在500个以上；由于电站建设带来响水涧周边环境的美化和顺畅，多个投资商瞄准这块宝地，1个超亿元的养老中心项目正在洽谈之中。电站与地方人民政府心往一处想，劲往一处使，同心、同向、同努力，让周边群众在社会发展中得到更多的实惠，移民997人生活均达小康水平。响水涧村由十多年前的普通村变成了远近闻名的富裕村。

3.4 打造高效联动机制，构建快速反应通道

社会稳定、安全生产是企地双方共同关注的重要工作。几年前，响水涧电站所在地发生集中强降雨，24h降雨超78mm，电站附近的峨溪河大堤出现险情，千户居民和万亩农田有被淹没的危险。地方人民政府请求抽调人员支援，电站紧急召集50余人上堤防汛，与地方一道奋战一天一夜，保住大堤；同时，因暴雨冲刷，响水涧上水库北副坝下游冲沟的泥石往沟底东形村移动，威胁居民安全。政府和电站启动联动机制，联系施工单位进行疏导，首先做应急处理。雨情结束后，电站报经上级同意，通过立项招标，彻底清理了冲沟的泥石4000余m^3。通过信息互通、快速反应紧急通道，企地共同应对和化解突发问题，响水涧电站获得市县政府表彰，以及周边群众好评。

3.5 响水涧电站积极参政议政，为改善民生献计献策

响水涧公司现有芜湖市人大代表1人、芜湖市三山区人大代表1人，代表积极参政议政、建言献策，在区域经济发展、经济改革、水利工程治理、环境保护、道路美化亮化、移民村基础设施建设，每年都有议案或建议，助力改善民生，保护环境、促进农民增收。例如：开展响水涧电站二期相关工作；响水涧下水库外侧的泊口河迎水面硬化改造；泊口河两岸住户适当迁移减少污染；峨桥镇智慧农业片区灌溉设施建设；峨桥高速出口至电站五公里道路两侧环境整治；响水涧移民村设置社会工作者岗位；响水涧

电站开通公交车等建议获得了政府很好的响应，既树立企业公众形象，又解决了电站自身问题。

4 对抽水蓄能企地关系建设管理的认识

4.1 建设好、管理好抽水蓄能电站是企地关系之本

①建设优质工程。在抽水蓄能电站建设过程中，狠抓工程安全、质量、进度、投资等方面的控制，争取最大的征地移民政策，如期实现工程建设目标，使社会满意、政府受益、群众信任；②安全生产。电力安全生产是社会公共安全重要组成部分，关系人民生活和社会稳定，是维护地方稳定的本质要求。电站投运后，争取地方政府安全监管的支持，健全安全技术和安全管理体系，落实安全管理责任，消除安全隐患，弘扬安全文化，实现本质安全，让社会放心、政府放心、群众安心。

4.2 沟通创造价值

地方人民政府是公共权力的执掌者和公共利益的代表。正如美国经济学家米尔顿·弗里德曼所指出的“政府的必要性：它是竞赛规则的制定者，又是解释和强制执行这些被决定的规则的裁判者。”因此，抽水蓄能电站应与地方人民政府间建立多层次的利益表达机制和沟通机制，建立相应层级的工作联络和座谈制度，在电站发展规划、设施建设、环境保护上沟通协商，同时要善于倾听群众呼声，从而达到增进相互了解和信任，实现企地关系的良性互动。

4.3 维护自然环境健康

人民群众越来越关注工程活动对自然环境的影响，重新认识人与自然的关系。我国宪法规定：“国家保障自然资源的合理利用，保护珍贵的动物和植物。禁止任何组织或者个人用任何手段侵占或者破坏自然资源。”抽水蓄能工程必须把尊重自然，遵循自然规律，合理利用资源，保护生物多样性，维护生态平衡放在突出的位置，工程建设中的环境保护投资不能省。合理利用和保护自然资源，把抽水蓄能电站建设维护自然环境健康的工程，是未来企地关系建设管理的基础。

5 结语

抽水蓄能电站管理过程是一个创新的过程，工程管理活动是一个由实践到认识、由认识指导实践、进而到再实践再认识的辩证过程。十多年来，响水涧电站企地关系建设管理在实践中不断获得深化，为国网新源公司系统内兄弟电站企地关系建设树立了榜样。随着理论研究的深入和工程实践的发展，工程管理理念正逐渐从纯粹的工程思维，发展到哲学思维、伦理思维，进而形成工程科学。企地关系建设、企业社会责任都是工程科学的重要内容。抽水蓄能电站管理者已逐步使用辩证观、发展观、系统观来协调工程管理实践过程，实现工程活动的可持续发展。

当前，抽水蓄能电站企地关系建设要以习近平新时代中国特色社会主义思想为指导，牢固树立以可持续发展为最终目标的新型工程管理理念，充分体现工程的系统观、生态观、价值观、社会观、文化观，实现“建设一座电站、拉动一方经济、美化一方环境、造福一方百姓、共建一份和谐”的抽水蓄能发展理念。

参考文献

[1] 白骁. 新形势下和谐企地关系建设探讨 [J]. 中国石油和化工标准与质量，2019，39 (10)：66-67.

蟠龙抽水蓄能电站工程自动竣工决算系统的应用

汪万成

（重庆蟠龙抽水蓄能电站有限公司，重庆市　401452）

【摘　要】抽水蓄能基建项目工程自动竣工决算系统的推广应用，促使基建管理流程、基建工程各环节管理职责更加清晰，基建管理标准与行为规范进一步优化，有助于加强工程建设全过程的资金管理和成本管控，实现资产价值的实时归集。本文结合自动竣工决算系统在重庆蟠龙电站工程项目的应用，提出持续做好自动竣工决算系统应用的对策建议。

【关键词】抽水蓄能工程　自动竣工决算

1　抽水蓄能基建项目工程自动竣工决算系统实施背景

1.1　抽水蓄能事业发展的需要

因经济社会发展需要，保障大电网安全和促进新能源快速发展，对于落实“四个革命、一个合作”能源安全新战略，加快构建清洁低碳、安全高效能源体系至关重要。国家能源局研究表明，抽水蓄能作为促进清洁能源消纳的主要手段之一，预计到2035年将有1.2亿kW的建设需求。未来抽水蓄能电站工程建设规模只会扩大不会缩减，并且对工程投资管控的要求也越来越高。

1.2　改进工程建设管理，全面提升工程建设水平的需要

通过十多年发展，新源公司在抽水蓄能电站建设管理上取得了长足的进步，但在电站工程管理效率方面仍有较大的提升空间。例如，经过数十个抽水蓄能工程项目的不断积累和完善，竣工决算管理体系和编报质量有了一定提升，但其管理水平和编报效率与实时、高效的管理要求相比，仍存在一定差距。表现在：①大量的数据和资料需要人工事后收集、整理和加工，难以适应创新管理的需要；②工程成本的结转、分摊和资产价值认定主要依赖于从业人员的专业经验和主观判断，造成不同项目间的竣工决算编报质量参差不齐；③竣工决算编制所需的资料和数据来源于工程整个建设期，且涉及多个部门、多项环节，而工程的基建过程时间跨度长，大量的数据需要再搜集、再加工、再核对，造成竣工决算不及时，个别工程久拖不决。抽水蓄能电站工程自动竣工决算系统就能较好解决这些问题。

2　蟠龙抽水蓄能电站工程自动竣工决算的主要做法

重庆蟠龙抽水蓄能电站有限公司（以下简称蟠龙公司）以加强电站工程建设、确保工程安全、提升工程质量、控制工程投资为出发点，将工程自动竣工决算融入工程建设管理全过程。

2.1　明确工程自动竣工决算的工作思路

依据工程自动竣工决算总体设计思路，借助信息技术手段，以业务操作的统一性、规范性为基础，固化基建期各环节的工作标准与业务规范、“三码”（物料编码、设备编码、资产编码）对应规则、费用分摊规则和工程竣工决算报表取数逻辑，实现工程竣工决算报表自动取数、一键生成，同时具备在线查询及追溯功能。聘请具有竣工决算经验的中审华会计师事务所作为保障机构，全程参与工程自动竣工决算工作。保障机构提供业务咨询、现场检查、配合完善系统功能等支持，及时发现、解决操作过程中出现的专业性问题，最终目标是：一键生成竣工决算报表。

2.2　积极组织实施工程自动竣工决算

2017年，蟠龙公司积极开展工程自动竣工决算功能试点工作，经过两年多的项目实施，运用财务集约化管理成果，采用现代信息技术手段，通过统一标准、业务与财务协同、信息融合，基本建立了基于

ERP全过程管控的工程自动竣工决算信息化平台，建立起自动工程竣工决算系统。

蟠龙公司积极组织开展本单位WBS标志位的设置，确定WBS架构；启动历史数据梳理工作，核对合同支付台账、档案归档台账、合同管理台账与ERP合同台账，确保合同总量、结算金额、支付金额、往来账余额及履约情况一致性。完成了财务账面投资与计划口径投资完成额核对工作，做到财务账面投资与计划口径投资匹配。

在工程自动竣工决算试点上线一年多时间内，蟠龙公司账务月结后，新源公司ERP项目组抽取项目架构、WBS标志位、项目概算以及采购订单等数据信息，分析是否符合工程自动竣工决算业务操作规范，并将分析结果提交新源公司财务部。保障机构根据工作清单定期检查具体实施情况，配合处理疑难问题，并定期提交报告至新源公司财务部。

2.3 收集与分析数据信息

由计划部门根据设计部门编制的概算数据，在ERP中导入蟠龙电站项目明细概算数据。

蟠龙电站工程2015年开工建设，历史数据需要补录整合。检查历史数据整理情况，以及数据转换的准确性。具体包括检查历史数据转换的方式和数据是否准确，前期费与概算以及WBS的对应关系，进项税额按WBS进行区分是否准确，由中审华会计师事务所进行符合性审核并对转换结果提出优化调整意见。

对于新签订合同的业务，在立项阶段财务部会同经办部门与合同管理部门提前确定业务性质，规划好涉及的成本分类及其WBS编码，必要时将申请新的“三码”或新增对应位置的WBS。及时检查采购流程的规范性和入账价值、价值分摊的准确性，保证信息搜集的唯一性和可靠性。对于集中入账又短期内无法摊销的费用，单独设立过渡WBS编码，并建立台账逐笔登记，待时机成熟再分摊核销，确保单项WBS编码入账完毕后及时分摊清零。

2.4 分级开展人员业务能力培训

为适应蟠龙电站项目自动竣工决算全新模式的转变，蟠龙公司针对不同层级员工开展全方位培训。①对普通员工，要求其了解自动竣工决算运行模式，具备基本提供相关数据能力；②对工程建设一线员工，要求其掌握自动竣工决算需求数据的收集、处置和反馈，主要开展针对性、改进性培训；③对核心操作人员，要求熟练掌握自动竣工决算系统的操作流程、WBS架构及其更新方法、报表数据分析方法等；④定期召开自动竣工决算执行情况交流会，分析查找问题，通过实际案例和面对面交流，提升业务经办人员的的操作技能和管理水平。

3 蟠龙抽水蓄能工程项目自动竣工决算实施后的效果

工程自动竣工决算系统的实施，使得财务与工程建设全面融合的全价值链条管控平台初步形成，实现了工程设施、设备、物资、资产管理联动和统一，固化了工程建设业务流程，全面提升了竣工决算编制的效率和效果。

3.1 以结果为导向，过程管控能力显著增强

截至2019年年底，蟠龙公司组织工程施工管理、计划物资管理、进度结算管理、财务管理四个部门，梳理完成了“三码”对应关系并在信息系统中固化，定义资产类“标志位”，如建筑工程、建筑费用、设备、设备安装费以及其他费用等共计21个，主副类标志位6个，对应类标志位9个。进一步明确“接受分摊项”和“被分摊项”之间的对应关系，将两者的WBS架构后7位编码统一绑定为“被分摊项”的后7位。在工程项目基建期就以竣工决算编制的工作要求为导向，在编制过程中对各项要素追本溯源，数据收集趋于标准化，并分解到日常财务核算以及工程管理的各环节中完成，持续规范物资出入库、设施设备的验收、资产的盘点等重点工作，保障资产形成源头的“账、卡、物”一致，大大增强了竣工决算编制数据收集的准确性和统一性，为一键生成竣工决算报表打下坚实基础。

3.2 固化取数逻辑，项目转资效率显著提升

在蟠龙电站工程建设中，充分发挥工程自动竣工决算以“资产为核心”定义标志位的方法，优化了

计算机识别取数的问题，从根本上解决了资产数量、价值的不同步或者口径偏差问题；实现工程成本计划、发生、归集、分摊的全过程价值链条管理，提升资产信息的完整性和准确性；实现固定资产价值、固定资产卡片、设备台账、工程物资采购价值之间的相互追溯；实现新设备、新材料与设备分类、资产分类的动态更新、联动。只要财务核算系统能够及时更新投资完成情况，自动竣工决算系统可以在任何时间即时生成暂估转资明细，理论上自动竣工决算编制时间可以忽略；大大降低了竣工决算编制时人工核对形成资产的数量、价值与建安合同、设备采购合同中的数量、价值的工作量。同时，费用的自动化分摊，也降低了人为调整费用分摊口径和分摊基数的风险，提高了分摊的工作效率和准确性。

3.3 明确职责分工，风险控制机制更加健全

工程自动竣工决算系统的实施，使得计划部门可以实时掌握ERP系统中年度投资计划完成情况、工程实际成本、采购承诺占用概算比例以及概算剩余空间等信息，结合业务部门施工进度及资金需求，保障财务部门可以合理安排投资预算及融资计划。据此，工程管控对象根据单位工程标准架构逐层细化，改变单纯管理考核指标的简单做法，初步实现了“指标、费用、资产”的精益管控。各部门职责分工得以明确，业务部门主动参与分析，确保数据真实、准确，从业务源头防范风险，避免了竣工时突击整改的现象，防止不规范操作。

4 进一步做好抽水蓄能电站工程项目自动竣工决算对策建议

4.1 建立考核机制

新源公司应将自动竣工决算系统的应用情况纳入对基层单位的考核范围，设置竣工验收、暂估转资、工程结算、竣工决算完成率和及时性等指标；对工程项目内部，实行不同的考核要求，考核评价工作纳入相应层级的考核评价指标体系。考核的目的是落实责任，抓实工作，逐步形成相互监督、相互制约的工作机制，保证工程建设的安全、质量，保障竣工决算的效率、效果，降低财务风险。

4.2 修订配套业务流程和业务规范

自动竣工决算系统推广应用后，诸如项目规划立项、招标管理、采购管理、合同管理、工程造价管理、资金管理、结算管理、信息化管理、组织机构设置，以及安全、质量、成本、进度控制、过程评价等工程建设业务流程和业务规范需要作修改补充完善。

4.3 构建融合性专业化自动竣工决算小组

根据工程自动竣工决算的需要，建立若干个融合性专业化自动竣工决算小组，小组是一个特定工作性组织，为了完成某项工作而融合在一个平台上的专业人员。例如：土建工程专业小组，由计划部门、工程部门、财务部门相匹配的专业人员组成，专门负责收集、核实、报送土建工程方面自动竣工结算信息数据。类似的还有机电设备小组、物资小组、后期房建小组等。从而让一般性数据的收集与核实问题，可以封闭在小组内部处理，消除大量部门协调所带来的时间延迟与交流成本，实现问题实时处理，有效提高工程自动竣工结算的整体效率和质量。

4.4 建立集成化的工程管理信息系统

利用自动竣工决算系统推广应用的契机，建立抽水蓄能工程项目集成化的工程管理信息系统。通过建立集成化的工程管理信息系统，实现工程管理信息系统与各专业管理子系统的协同，例如：对钢筋混凝土结构施工管理信息系统、计价软件、投标报价软件、工程量计算软件、结算软件、施工详图绘制软件等的整合。减少决策过程中的不确定性、主观性，增强决策的合理性、科学性及快速反应能力，提高整个工程项目的综合效益。

4.5 适时启动编制抽水蓄能工程项目自动竣工决算系统国家标准

近年来新源公司为打造自动竣工决算作出了大量卓有成效工作，并在所属十余座抽水蓄能电站工程项目中积极推广应用。抽水蓄能电站工程项目自动竣工决算系统国家标准应当是一个专业的、动态的标准体系。研究制定并全面推行抽水蓄能电站工程项目自动竣工决算系统国家标准，有助于抽水蓄能行业实现技术、管理和模式兼容互通，消除企业间的壁垒，避免资源浪费，有助于在更高标准和层面推动优

化市场竞争，激发业主单位不断创新技术和管理模式，提升行业整体水平和效益。

5 结语

抽水蓄能工程项目自动竣工决算系统的建立是信息技术在工程实施中的微观管理，其核心是对投资的控制，折射工程安全、质量、工期，是工程建设管理技术的新分支。自动竣工决算系统的应用，是促进项目管理现代化、科学化的主要体现。目前，针对抽水蓄能工程项目自动竣工决算的重点研究方向主要包括：从工程一体化协作角度研究各部门之间协调和整合的方式、手段、途径；从信息化角度通过ERP系统地研发与应用，促进项目参建单位信息共享，提高工程建设与管理的效率；从学习与创新角度通过加强项目技术信息与数据信息融合，形成技术管理与创新的平台，促进自动竣工决算系统的完善，以解决工程实践中业财融合的重点难点问题。

抽水蓄能工程项目自动竣工决算是工程管理重要的方法与手段。自动竣工决算来自于工程建设实践，创造性地运用建筑学、管理学、经济学和信息技术的一般原理和方法，集成了物资采购、项目建设、项目转资、设备运行、设备检修的业务操作和财务账面价值信息，建立起业务与财务全面融合的工程全链条管控平台，实现了物资、设备、资产、价值管理联动和统一。自动竣工决算突破了工程管理、物资管理、设备管理、资产管理的跨专业管理壁垒，积极有效推进了工程建设全过程的信息化水平，提升了全员信息化意识和运用信息技术的能力。

参考文献

[1] 石金平．电力工程项目自动竣工决算管理研究 [J]. 中国科技纵横，2016 (10)：151-152.

蟠龙抽水蓄能电站工程标段结算关键点控制实践

蒋岸林 邓 洋

（重庆蟠龙抽水蓄能电站有限公司，重庆市 401452）

【摘 要】 抽水蓄能电站工程建设周期长，耗用资金数额大，标段划分多，工程建设存在诸多不确定因素，投资效果易受到内外部环境的影响，因此，工程投资管理需要专业化、标准化、信息化。标段工程结算审核与结算是工程管理全过程的重要环节，是控制工程投资重要手段，是编制竣工决算的依据。本文阐述了抽水蓄能电站工程标段结算的重要性，介绍了蟠龙电站工程标段结算关键点控制方法，提出了进一步做好抽水蓄能电站工程结算的对策措施。

【关键词】 抽水蓄能工程 结算 控制

1 重庆蟠龙抽水蓄能电站工程建设概况

重庆蟠龙抽水蓄能电站（以下简称电站）位于重庆市綦江区中峰镇境内，距重庆市直线距离约80km，距綦江区约50km。电站总装机规模为1200MW（4×300MW），工程属Ⅰ等大（1）型工程。电站建成后接入重庆市主网，主要承担电网调峰、填谷、调频、调相和事故紧急备用等任务。工程枢纽建筑物主要由上水库、下水库、溢洪道、输水系统，地下厂房及开关站等组成。电站额定水头428m，设计年发电量20.04亿kW·h。工程总投资715350万元，总工期为78个月。电站辅助工程项目分15个标段，主体土建工程项目分2个标段，机组及其附属设备制造1个标段。电站工程由中南勘测设计研究院设计，浙江华东工程咨询有限公司为工程建设监理。中国水利水电第一工程局有限公司，中国葛洲坝集团股份有限公司，东方电气集团东方电机有限公司为主要参与建设单位。

2 抽水蓄能电站工程标段结算控制的重要性

2.1 有利于实现工程建设目标

由于抽水蓄能电站工程施工量大，标段划分细，工期长，必须采用配套的施工设备，高度的机械化施工，以及采用现代施工技术和科学的施工管理。项目建设由招投标确定施工单位，有的工程还存在分包，这就造成项目建设多组织、多系统的结构，各参与方存在管理差异、利益冲突。因此，通过抓住标段结算这一核心流程，督促参建单位资源的及时有序到位，保证标段工程资源的协调均衡，促进其人员、信息、物资、设备等资源合理优化配置，确保实现各标段目标，以利于实现整个工程建设目标。

2.2 有利于强化工程风险管理

风险管理就是以可能造成的损失结果为对象，进而有效降低损失。对于抽水蓄能电站工程建设来说，风险管理处置的底线是：工程建设投资在概算控制数内、安全保障效益最大、工程质量效果最优。如何实现？控制标段结算就是抓手之一。严格标段结算是工程管理者风险意识和风险理念的体现，标段管理始终瞄准的是工程安全、质量和投资状况，其实质是围绕着规避与降低标段建设风险的一种动态管理体系，通过标段结算过程来分析风险和处置风险，当内外部环境有变化时，随即做好相应的预案，其目的是及时有效化解风险。抓住标段结算这一动态过程不放松，工程建设风险就可控、在控、能控。

2.3 有利于工程关键环节控制

标段结算能够真实反映标段工程适时状况，每个标段都含有工程项目的节点，通过标段资金结算量的分析，容易判断标段工程实际进展情况，是否属于正常状况。若偏离施工合同约定的方案与路径、延迟施工关键节点工期，可及时提出进度调整方案，对标段工程进度计划再优化，业主会同监理再审核参建单位人员、机械设备、施工材料、施工方法和措施，以及环境因素，使之更贴近标段工程建设的实际。实践证明：标段工程各要素均满足要求，整个项目建设进展才能符合预期。所以说，标段结算是工程关键环节控制最有效的方法和手段。

3 重庆蟠龙电站工程标段结算关键点控制思路与方法

标段结算是一个动态的过程，标段施工量随时间变化，结算数据随之变化，数据与工程量的匹配性，需要结算人员经常深入现场。重庆蟠龙电站工程标段结算关键点控制做法。

3.1 标段结算基础是施工合同

蟠龙抽水蓄能电站施工合同，使用国家电网规定的合同示范文本、格式，保证内容真实、完整、合法、有效，特别对涉及工程款支付、工程款结算和工程款结清的方式、时间、数额等条款均应在合同中约定清楚。工程建设初期有过结算不顺畅现象。此后，公司加大合同谈判力度，规范谈判模式，例如：哪些人必须要参加谈判，谈判前谈判人要有两天时间准备，每个人都要带着问题发言等，提出明确要求。重视用法律手段来保护工程建设和管理，维护业主的权益。谈判出效益，在后来的合同履行中，协商、沟通、协调成主旋律，无结算违约行为发生。

3.2 严格控制价差调整

招投标文件中报价清单内的单价是标段结算价格依据。例如，蟠龙抽水蓄能工程：①上、下水库开挖和坝体填筑，实际完成的清单项目与投标文件中的清单项目描述一致，采用“固定单价、工程量按实”结算法，施工单位石方量大于土方量的申请不予采纳；②上、下库连接道路隧道以上局部路段实际完成清单项目特征与招投标文件中不一致，但只是简单性石方增加、土方减少、增加锚杆喷护，结算单价参照原单价作少量修正；③对设计变更较多的标段，标段项目特征与招投标文件对比有较大的差别，此时不能参照原投标单价，需要重新套定额。对这部分清单项进行综合单价重组价，材料按施工期间的信息价来确定，取费按中值并考虑让利系数来确定。例如：蟠龙工程上下库连接道路 Q2 标合同清单中，无黏结端头预应力锚索：$L=25\text{m}$，1000kN 预应力，俯角 30°，因投标人投标时不平衡报价，导致单价组成不合理，在施工合同执行过程中，发生相关变更，结算价格参照承包人原合同报价水平，结算价低于成本价，协商多次，延缓了结算时间。

蟠龙抽水蓄能工程项目复杂，在施工过程中受地质、地形、社会环境、工程技术等因素的制约，设计变更较多，累计发生 386 份，其中报经新源公司批准 2 份，这些设计变更对标段工程结算产生一定影响，结算审核工作量增加。

3.3 审核工程量

核实工程量是标段结算审核的关键。有的施工单位简化工程量计算方法，不按图纸、资料及工程量计算规则计算工程量，高估冒算，化整为零，考虑自己自身利益多。审核结算时可以根据施工单位编制的结算清单工程量，对照施工图纸逐项进行计算，也可以依据图纸重新编制工程量计算表进行审核。并按国家统一规定的计算规则精算工程量，将计算结果与原投标预算进行比较，寻找差距，摸清问题。例如：蟠龙电站工程 Q1 标在完工核算工程量中，计算三角塘一桥桥台混凝土时，因桥台形状非常见规则状，施工单位欲以简化图形计算计量，可多计 400 余 m^3，业主坚持工程实体与图纸一致的情况下按图纸计算工程量。

3.4 审核隐蔽工程签证

隐蔽工程结算是结算审核难点部分。审核隐蔽工程及变更签证，主要审核签证手续是否齐全，工作内容、项目、数量、单位、计算过程、日期等要素是否明确，只有金额，没有工作内容和数量，或只有项目总量没有计算过程，手续不完备的签证，不能作为工程结算的依据。所有隐蔽工程需进行验收，并有业主代表、监理工程师、审核人员签证、原始记录数据和照片、录像等，否则事过境迁，容易产生争议。因此，功夫要用在跟踪介入，问题解决于过程中。例如：蟠龙工程 Q1 标洪冲湾渣场拱涵基础换填中，施工单位计量时，将隐蔽工程经四方联合现场验收中不同意换填意见的部分均按换填计量，结算审查指出并修改，核减2000余m^3。

3.5 正确处理业主与监理、设计、施工单位之间关系

结算过程中难免要补充结算资料，可能是补图纸，也有的是试验质检资料，还有的是补签字。特别是电站工程刚启动时候，业主、监理、设计、施工单位之间还需要磨合，“三通一平”工期安排紧，有些内容可能考虑得不周全，有时甚至出现一些意想不到的情况，加上结算工作主要是在标段工程快结束时，还有人员的变动，经常出现各种问题。所以结算工作需要在监理、设计、施工单位之间的密切配合下，各负其责，认真细致做结算。蟠龙电站工程最早的进场道路标段，结算时签证资料缺少签字，而签字人已变动，造成结算时间拖延。此后的蟠龙电站标段工程开工时，结算人员在监理的配合下，每个标段都给出结算所需的资料清单。只有把功夫用在平时，问题解决于当初，才能使结算工作符合工程建设管理要求。

4 抽水蓄能电站工程建设标段结算控制对策建议

4.1 标段结算控制节点必须前移

从工程造价全过程控制来看，工程设计是节约工程建设成本潜在量首要环节，工程结算是项目单位控制工程造价的关键环节。工程设计阶段设计单位应对地质状况进行深入细致的勘探，减少因设计不到位而导致的土石方开挖量、打桩混凝土量在施工阶段的大量增加，应堵住施工单位为了低价中标，投标时故意将可能有较大变更的项目量少算、报高价，等待着进场施工后的较大变更，获得丰厚利润，导致投资增加。另有设计量偏大，实际施工量减少，施工单位隐瞒不报，加上现场监管不力，结算时就会多算造价。建议新源公司对抽水蓄能电站工程设计单位设立限额，当设计变更达到某个控制值时，设计单位应该承担相应责任。

4.2 不断提升结算人员的综合素质

项目预结算人员负责日常结算资料收集、查验、整理、保管，一般情况下不得随意更换或调整，以免造成结算资料的不必要遗失，或因对项目情况的不了解而造成不必要的损失。提高结算人员素质的途径：①结算人员必须深入施工现场，向一线师傅们学习，了解各施工阶段的情况和施工工艺方法，核查影响施工的其他因素，准确计算工程造价；②建立完善的标段结算保证体系，加大对结算过程的控制力度，明确责任和义务，设置合适的奖惩制度，激励从业人员；③当前，应在深化应用自动竣工决算系统上下功夫，结算人员必须掌握项目建设、项目验收、工程结算、工程决算的业务流程与管控要求，确保各类信息完整、准确，并及时传递、存储，以实现工程自动竣工决算。

4.3 利用横向比较法提高结算效率

国网新源公司已建和在建抽水蓄能电站工程较多，机组容量相同，水头相近的工程有之，相同的单项工程（如地下厂房）结构和标准都一样，其工程造价、结算方式应该基本相似。因此，在审核分析类似标段工程预结算资料的基础时，应找出同类工程造价及工料消耗的规律性，整理出地质结构不同、工艺不同、地区不同的工程造价指标、工料消耗指标，对其中的施工内容、工料构成作深入细致地分析，提升结算效率。横向比较审核法就是根据这些不同指标，对审核对象进行分析对比，若存在正偏差，找出差异较大原因，对不符合政策和施工要求的增项费用，予以扣减。

4.4 加大对签证单的审核力度

对签证单的审核，负责结算人员要做到收集资料与实际查看相结合。首先，收集审核所需要的各种文件、合同、数据、变更签证等资料，保证过程结算的有效实施；其次，结算人员深入现场了解情况，跟踪察看，必要时进行实际丈量，核实工程量，保证结算量的真实性、匹配性、完整性，确保工程结算质量。

4.5 推行标段随机重点审核结算法

随机重点审核结算法就是抓住标段工程某一项或两项施工单元进行审核的方法，事先不指定审核项目，现场随机抽签确定。这个重点一般是工程量大而且费用比较高、带有一定隐蔽性的工程。例如：蟠

龙电站“上水库和引水系统土建及金属结构安装工程”标段，上水库主坝坝基清理量、引水系统混凝土衬砌量，都可以作为重点审核的对象。标段中未被抽取的其他项则按常规流程进行审核。随机重点审核结算法的优点是重点突出、审核针对性强、时间短、特显“以点观面”的效果。

4.6 执行标准化的结算审批机制

新源公司在建抽水蓄能电站工程推行自动竣工决算系统的应用，对工程造价的概算、预算、合同价、过程结算价、竣工决算实行一体化、信息化管理。为保证抽水蓄能电站工程项目自动竣工决算的效果，执行好标准化的标段过程结算，需要不断完善标准化结算审批机制，尽可能地省略掉一些较为复杂的结算审批流程，将标段工程过程结算审批操作时间缩短，实现标段工程项目工期控制目标。

5 结语

抽水蓄能电站建设是一个开放的复杂的系统工程，对安全管理、质量管理、环境管理、经济管理的要求越来越高，工程项目主管部门也越来越重视。如何提高工程标段结算管理水平，对做好工程造价管理，实现项目自动竣工决算至关重要。正因如此，不断提升标段工程结算管理水平，就是夯实自动竣工决算的基础，是工程建设管理核心内容之一。标段工程结算是一门专业性、知识性、法律性很强的工作，结算人员需要尽可能多地了解工程设计、材料设备采购、施工方法与投资控制方面的知识。标段结算牵一发而动全身，需要结算人员细致专心去做工作，以细节管理的“小善”获得工程管理的“大美”。

参考文献

[1] 林慧丽．建设工程结算审核的重点分析［J］．河南建材，2016（3）：36－37.

[2] 汪万成．浅谈蟠龙抽水蓄能电站工程投资风险控制［C］//抽水蓄能电站工程建设文集2019．北京：中国电力出版社，2019：75－78.

BIM在工程变更管理过程中的应用研究

鲍利佳　种　飞
（浙江缙云抽水蓄能有限公司，浙江省丽水市　321400）

【摘　要】本文首先分析了工程变更产生的原因及变更管理现存的主要问题，针对现存的问题提出引入BIM技术来加强工程变更管理。BIM技术应用可以提高管理效率、实现管理精细化和数据集成化，保证信息传递的可靠性，从而减少尽量避免不必要的变更，达到工程变更预先控制的目的。

【关键词】BIM　工程变更　技术优势

工程变更管理是项目管理中的一项重要内容，工程变更直接影响工程进度和工程造价，因此，在项目管理过程中应注重工程变更管理。目前，工程变更管理存在不重视设计阶段的预先控制、信息管理手段落后、缺乏系统的软件支持等问题，BIM技术的应用可有效解决此类问题，从而减少不必要的变更，保证施工工期，节约项目成本。

1　BIM简介

BIM是建筑信息模型的简称，是指在建筑设施的全寿命周期创建和管理建筑信息的过程，具有数字化、可视化、定量化、全面化等特征。通过对项目参数模型信息的收集、管理、更新和存储，为建设项目生命周期的不同参与方、不同阶段及时提供准确、足够的信息，BIM技术的应用可以实现信息的交流和共享，从而提升设计质量、提高设计效率、减少工程变更。

2　工程变更管理

工程变更一般是指在工程施工过程中，对施工的程序、工作的内容、数量、质量要求及标准等作出的变更。

2.1　工程变更原因分析

（1）建设单位原因。建设单位对项目需求发生改变，增加或减少合同的内容、提高或降低质量标准、改变使用功能，有时因为签订的合同考虑不周全，合同对工作内容界定不清晰，导致变更；以及由于建设单位内部组织管理制度混乱，对工程变更的组织分工不明确，引发不必要的工程变更。

（2）设计单位原因。①设计方案不合理，未能实现功能与造价的最佳匹配，导致在施工阶段出现设计变更。②各专业沟通不畅，信息传递出现壁垒，导致各专业基础数据不一致，从而影响现场施工。③设计错误和遗漏。一是设计人员缺乏经验或责任心不强，造成设计前后矛盾，细部设计不合理等问题；二是对工作不深入、不仔细，对国家的设计规范、规定和技术标准了解不深，设计出来的图纸不妥；三是对图纸审核不严，草率出图。④沟通协调不到位。设计单位理解与建设单位要求有差距，未能完全按照建设单位意图进行设计，导致设计变更。⑤图纸会审不到位。图纸会审流于形式，对容易出现的问题不重视，从而导致后期施工出现变更。

（3）施工单位原因。①施工工艺或方案的改变。在实际施工过程中，施工单位通过改变施工工艺而增加费用以变更的形式获得补偿。②施工图纸复杂，对图纸理解不深入，技术交底不到位，施工组织设计不合理，导致一些不合理的变更增加。③沟通协调不畅。不同专业管理人员沟通不及时，承包商与分包单位之间的工作衔接不畅，对分包单位管理不到位产生变更。④施工单位提出合理化建议。如为了加快工程进度、提高工程质量、优化施工图纸提出的变更。

2.2 工程变更存在问题

工程变更是导致项目投资失控和工期延误的主要原因，项目实施过程中的结算争议、费用索赔等也大都起因于工程变更，工程变更对施工有着很大的影响。目前，工程变更管理主要存在以下问题。

（1）不重视预先控制。项目管理人员不重视设计阶段的预先控制，将工程变更管理重点放在施工阶段，而变更主要来源于设计阶段，因此设计阶段是变更控制的源头，设计质量的好坏对工程投资起着决定的作用。因此，设计阶段是控制变更的重要环节，应尽量把变更控制在设计阶段，尽可能消除各专业之信息壁垒，设计出最优施工方案，以减少施工阶段不必要的变更。

（2）信息化技术落后。目前，工程变更管理信息化技术落后，变更管理缺乏系统软件的支持。变更信息主要采取纸质文件，信息传递时间长，工作效率低，容易造成工程变更管理混乱。尤其是变更工程量统计费时，变更价款确定难度较大，不利于工程变更方案的对比决策。

（3）组织协调难度大。工程项目需要参建各方共同完成，各参建单位间沟通不畅，尤其是设计单位与建设单位沟通、设计单位与施工单位沟通以及不同专业管理人员沟通不通畅、不及时，都会导致工程变更的发生，同时，各参建方内部组织协调不畅也会不利于项目目标的实现。

3 BIM 技术应用工程变更管理

BIM 技术应用于工程变更管理中，可有效解决上述工程变更管理现存问题，主要通过 BIM 技术以下功能的综合应用，实现对工程变更进行有效管理和动态控制。

3.1 可视化

BIM 软件在设计布管的时候，可任意调到各种视图、各种角度查看构件位置，实现水暖电系统图表达精准化、大样图表达形象化，专业冲突一览无余，提高设计深度，同时可实现三维校审，减少设计“错、碰、漏、缺”等现象。

3.2 参数化

BIM 中建筑基本单元是参数化构件，构件参数化可为设计提供开放式的图形系统，细化设计用途，构件参数化便于变更管理。BIM 模型信息存储在系统内，任何变更都可及时更新到整个模型中，实现关联内容的更新，无需用户干预，信息更新快，便于设计修改。

3.3 协同化

BIM 技术可以通过中心文件来实现项目共享，在中心文件上可随时查看其他专业的模型更新或修改信息，并通过计算机的操作来实现协同共享，无需通过中间过程的传递，BIM 的协同设计可以解决各专业之间配合不当的问题。

3.4 动态化

施工信息动态跟踪是在 3D 实体模型的基础上增加了资源的使用情况，建立基于 BIM 的 4D 模型，可实现施工资源的动态管理和跟踪，及时发现和解决施工资源与成本的矛盾与冲突，帮助管理者实时掌握工程量的计划完工和实际完工情况，减少工程变更的发生。

4 BIM 技术在变更管理中的技术优势

4.1 提高管理效率

建设项目的复杂性和动态性，施工过程变化大，导致设计变更多。变更设计需要很多现场信息，信息反馈容易产生滞后，传统的变更管理手段很难突破这一点，BIM 技术的应用在这方面有突破性的进展。一旦出现设计变更，建模人员做出修改后，其他所有人员拿到的模型数据也会随时更新，信息的及时性得到很好的体现，加快了工期推进，降低了资源消耗，提高了管理效率。

4.2 实现管理精细化

首先对 BIM 模型进行创建，通过碰撞检测分析出哪些地方还要完善。确定模型的最终方案，再重新对新增的项目精确算量，利用定额和单价算出预算，这些基础数据的算出，指导采购计划部对现有和新增材料的管理，对确定最终的决算与结算提供可靠的依据。在整个变更流程中，BIM 的可视化、碰撞检测、数据准确透明在这些过程中都能完美的运用到，带来了一个崭新的管理平台，相较于传统的管理平台，BIM 技术对于精细化管理能力的提升完全能够实现。

4.3　实现数据集成化

传统的变更通过 2D 图纸来体现，人工的调整和重新核算很耗时间，如合同价款的调整、成本的调整、材料用量的调整，数据之间的传递也是靠纸质文档来录入，数据整合比较慢，采用 BIM 技术建模人员将工程变更信息修改后，各专业数据也及时更新，且能够将工程变更量化，通过上传信息交流平台，对工程数据进行集成，实现多方案对比，为变更决策提供有力支撑。

5　结语

工程变更的控制和管理是一项复杂而具有挑战性的工作，对工程变更的研究需要不断地将理论知识与工程实践互通融合。随着 BIM 技术的发展，工程变更的控制和管理越来越趋向自动化和智能化，应用 BIM 技术进行各种模拟分析和虚拟仿真，可使建设单位决策更加直观和全面，建筑设计更加合理与完美，从而达到有效减少可以避免的变更和预先控制的目的。

参考文献

[1]　刘素琴. BIM 技术在工程变更管理中设计阶段的应用研究 [D]. 南昌：南昌大学，2014.
[2]　牛博生. BIM 技术在工程项目进度管理中的应用研究 [D]. 重庆：重庆大学，2012.
[3]　郭秀芸. 浅谈工程变更管理 [J]. 建筑监督检测与造价，2008 (8)：23-25.
[4]　刘健一. 工程变更管理 [D]. 北京：北京交通大学，2007.

设　计

丰宁抽水蓄能电站枢纽布置及关键技术

王建华

（中国电建集团北京勘测设计研究院有限公司，北京市　100024）

【摘　要】丰宁抽水蓄能电站规划装机3600MW，具有周调节性能，分两期建设。上水库库容大，防渗型式采用局部帷幕防渗；下水库因泥沙淤积严重，在库尾设置拦排沙工程措施，有效解决了蓄能电站的泥沙问题；下水库利用已建的丰宁水电站水库，拦河坝采用贴坡培厚加高方式以满足下水库水位抬高的要求。下水库位于滦河主河道，涉及防洪、排沙、蓄能电站运行、补水等，使得丰宁抽水蓄能电站同时需满足多种运行要求。一二期工程厂房主变洞合并布置，具备了同期建设的条件；首次在二期工程采用变速机组。

【关键词】丰宁　抽水蓄能电站　枢纽布置　关键技术问题

1　引言

丰宁抽水蓄能电站位于河北省丰宁满族自治县境内，距北京市区的直线距离180km，距承德市的直线距离150km。电站规划装机规模3600MW，分两期建设，每期装机1800MW，具有周调节性能。

丰宁抽水蓄能电站的供电范围为京津唐电网。电站建成后，将和十三陵等先期建设的抽水蓄能电站及其他调峰电源共同解决京津唐电网调峰能力不足等问题（也包括调节风电负荷）。同时，根据电网需求，电站还可承担系统调频、调相、负荷备用和紧急事故备用等任务，维护电网安全、稳定运行。同时丰宁抽水蓄能电站可利用比较大的发电调节库容与备用库容，根据电网需求和风电出力过程，实时储能，平抑风电出力过程。

2006年4月，中国水电顾问集团北京勘测设计研究院开始开展河北丰宁抽水蓄能电站可行性研究工作；2009年8月，国家电网公司发展策划部在河北省承德市丰宁县主持召开了河北丰宁抽水蓄能电站项目前期工作现场协调会，会议同意“设计单位推荐意见，电站规划容量360万kW，分两期建设，本期按照装机180万kW、周调节方案建设，水库工程一次建成”。2010年6月，北京勘测设计研究院全面完成了可行性研究阶段的勘测设计科研工作，提出了《河北丰宁抽水蓄能电站可行性研究报告》，同年10月，通过了水电水利规划设计总院会同河北省发展和改革委员会组织的审查。2012年8月，国家发改委核准通过该项目，2013年5月一期工程开工建设。2014年11月二期工程可行性研究报告通过了水电水利规划设计总院会同河北省发展和改革委员会组织的审查，2015年2月通过了河北省发改委的核准，2015年9月二期工程开工建设。目前上下水库大坝均已施工完成，地下厂房开挖完成，机电安装工作已经开始。

2　工程等别及建筑物级别

丰宁抽水蓄能电站装机容量3600MW，工程为一等工程，大（1）型规模。永久性主要建筑物为1级建筑物，永久性次要水工建筑物为3级建筑物，临时性建筑物为4级建筑物。上水库、蓄能专用下水库、拦沙库的挡水、泄水建筑物设计洪水标准为200年一遇洪水设计，校核洪水标准为2000年一遇洪水校核，下水库泄洪消能防冲建筑物按100年一遇洪水设计。电站厂房洪水设计标准按200年一遇洪水设计、1000年一遇洪水校核。

3　主要工程地质条件

上水库地形封闭条件良好，大部分库岸不存在向邻谷渗漏的问题，仅在Ⅰ号、Ⅱ号沟分水岭垭口及水道系统隧洞穿过的库区分水岭部位地下水位低于正常蓄水位，需进行防渗处理；库内、外自然边坡较缓，稳定性较好；堆石坝以强风化岩体作为坝基，趾板地基利用弱风化岩体，工程地质条件较好，但存在坝基和绕坝渗漏问题。

下水库利用2001年竣工的原丰宁水电站水库改建而成，正常蓄水位提高10m后工程地质条件基本不变，不存在渗漏、浸没问题，库岸稳定，仅局部土质岸坡存在塌岸。拦河坝加高右坝肩存在绕坝渗漏，需用防渗帷幕处理。下水库拦沙坝河床表层粉土质砂存在液化、震陷的可能。泄洪排沙洞围岩以Ⅱ类、Ⅲ类为主，局部受断层影响为Ⅳ类。因丰宁水电站库区泥沙淤积严重，在距拦河坝3.1km处布置拦沙坝，将下水库分为拦沙库和蓄能专用库，两库之间设置溢洪道，连通拦沙库的蓄能库。

厂道系统出露的基岩主要为三叠系干沟门单元中粗粒花岗岩和侏罗系张家口组第一段灰窑子沟单元的流纹岩、凝灰熔岩、熔凝灰岩、凝灰岩等，二者呈角度不整合接触。灰窑子单元主要分布在引水隧洞，其余建筑物岩性基本为花岗岩。输水系统围岩以$Ⅲ_b$类为主，部分为$Ⅲ_c$类，穿越断层、裂隙密集带部位围岩为Ⅳ类。地下厂房轴线方向为SN，埋深为245～315m，岩性为微风化中粗粒花岗岩，围岩类别主要为Ⅲ类，断层出露部位为Ⅳ类。最大水平主应力的方向位于NE72°～NE76°，量值12～18MPa，属中等地应力；地下水主要为基岩裂隙水，地下水埋深24～118m，高程1051.0～1492.0m。岩体主要为弱透水，部分为微透水。

4 枢纽布置

4.1 上水库

上水库位于永利村上游滦河左岸灰窑子沟顶部，系一天然大库盆，在三条支沟交汇处筑坝而成。上水库四周地形具有良好的封闭性，成库条件十分优越。上水库按最终规模在一期一次建成。坝址以上控制流域面积4.4km^2，正常蓄水位（1505.0m）以下库容达4814万m^3，其中调节库容4061万m^3。

上水库正常蓄水位1505.0m，死水位1460.0m，大坝最大坝高120.3m，坝顶高程1510.3m，轴线长度556m，采用钢筋混凝土面板堆石坝坝型，上、下游边坡均采用1∶1.4，坝体填筑材料选用库内大坝左岸坝肩上水库进/出水口部位开挖的新鲜石料。料场储量丰富，可满足工程要求。根据地质勘探和资料分析，上水库渗漏封闭条件较好，不存在大面积的整体渗漏问题，因此库区不做全面防渗处理，仅在断层及破碎带穿越分水岭而可能形成渗漏通道处进行帷幕灌浆处理，需防渗的库岸总长度（含坝肩）为2708m。

环库道路分为两段，自1号道路桩号K1 10＋660m至左坝肩上坝道路长2656m，路面宽6.5m，右坝肩至Ⅰ号沟垭口按便道设计，长7149m，路面宽度3.5m。

4.2 输水系统

输水系统位于上下库之间的山体内，一期、二期输水系统线路近平行，沿榆树沟右侧和鞭子沟、拐子沟沟首的山脊布置。由引水系统和尾水系统两部分组成，引水、尾水系统均采用一洞两机的布置形式，共有6套独立的输水系统。引水系统建筑物包括上水库进/出水口、引水事故闸门井、引水隧洞、引水调压室、高压管道（包括主管、岔管和支管）。尾水系统建筑物包括尾水支管、尾水事故闸门室、尾水混凝土岔管、尾水调压室、尾水隧洞、尾水检修闸门井和下水库进/出水口等。一期输水系统平均长度3232m，其中引水系统长2182m，尾水系统长1050m。二期输水系统平均长度3456m。引水系统长2323m，尾水系统长1133m。

上、下水库进/出水口均为岸边侧式。一期、二期上水库进出水口并列布置，中间设有一宽度30m的岩墙，引水明渠与两期进出水口连通。上水库6个进/出水口体型相同，并列布置，进/出水口沿发电水流方向依次为：防涡梁段、调整段、扩散段，全长为64m。进出水口均设有拦污栅和拦污栅检修平台。引水事故闸门井位于进/出水口后山体内，闸门井平台高程为1513.0m，闸门井平台与1号道路相连。

6条引水隧洞近平行布置，洞线走向NE56°，洞径7m，采用钢筋混凝土衬砌。引水调压室位于引水隧洞末端，一期引水调压室平台高程为1520.0m，1～3号引水调压室中心位于同一直线上。受地形条件限制，二期引水调压室平台位于一期引水调压室下游约150m，4～6号引水调压室错落布置，二期平台高程为 1505.0m。引水调压室采用带上室的阻抗式结构形式，上室为圆筒形结构内径 18m，高 9m；竖井内径 10m，高 110.5m，采用钢筋混凝土衬砌，衬砌厚 0.8m。调压室底部阻抗孔直径为 4m。

高压管道由高压主管、岔管和高压支管组成，6 条高压主管近平行布置，立面上采用双斜井布置，分为上平段、上斜段、中平段、下斜段和下平段，斜井角度为 53°。岔管采用对称“Y”型的内加强月牙肋钢岔管，分岔角为 74°。一期主管直径自上而下分别为 5.8m、5.3m 和 4.8m，二期主管直径自上而下分别为 6m、5.3m 和 4.8m，高压支管管径为 3.4m。高压管道采用钢板衬砌。12 条尾水支管平行布置，与厂房纵轴线斜交，交角为 69°。直径 4.3m，采用钢板衬砌。

一期、二期尾水事故闸门室位于主变室下游 50m 处，闸室轴线与厂房轴线平行。尾闸洞由安装场、闸室段、集水井段、副厂房段组成，附属洞室包括尾闸运输洞、尾闸排风洞、尾闸交通洞等。1 号集水井位于一期尾闸室右侧，2 号集水井位于二期尾闸室左侧。井身高 40m，断面尺寸为 7m×11m（宽×长），均与下层排水廊道连接。尾闸室为城门洞型结构，底板高程 982.5m，闸室净尺寸为宽 150.5m×13m×17.5m（长×宽×高），采用锚喷支护，喷混凝土厚 10cm。尾水事故闸室底部通过 12 个竖井与每个尾水支管相连。

6 个尾水岔管均为“卜”字形钢筋混凝土岔管，分岔角采用 60°，主管直径 7m，主管直径 4.6m，衬砌厚度 1m。

尾水调压室位于尾水岔管中心下游 20m 处，尾水调压室为带上室的阻抗式结构形式。底部阻抗孔直径 4.3m。上室为城门洞型，单个上室净尺寸为 50m×10.8m×10.7m（长×宽×高），两上室之间由 2m 厚隔墙相隔，3 个上室相连总长为 155.6m，衬砌厚度为 0.8m。竖井内径 10m，高 70m，采用钢筋混凝土衬砌，衬砌厚 0.8m。连接管及阻抗孔直径均为 4.3m，钢筋混凝土衬砌。尾调通气洞采用城门洞型，连接至一期尾调通气洞。

尾水隧洞采用一洞两机的布置方式，共 6 条尾水隧洞，直径 7m，采用钢筋混凝土衬砌，衬砌厚 0.6m。一期尾水隧洞采用一坡到底方式，二期尾水隧洞为避免与一期工程交通洞干扰，立面上采用平段加斜井布置方式，斜井倾角 53°。

一期下水库进/出水口位于下水库的左岸，距下水库拦河坝约 2.5km。二期位于一期进出水口下游侧，间距约 300m。下水库进/出水口为岸边侧式，6 个进/出水口体型相同，沿抽水水流方向依次为：防涡梁段、调整段、扩散段，全长为 64m。进/出水口底板高程为 1026.0m。为保证进/出水口水流顺畅，进/出水口末端设尾水明渠连接下水库，考虑下水库进/出水口清污及拦污栅检修，拦污栅上方布置拦污栅平台，平台高程 1047.0m，采用钢筋混凝土框架结构。

尾水检修闸门井位于尾水隧洞末端，包括竖井段、井座段和渐变段。闸门井平台高程为 1069.0m，尾水检修闸门井平台与下水库 2 号道路相连。

4.3 地下厂房及开关站

厂区建筑物主要由地下厂房、主变洞、母线洞、交通电缆洞、通风洞、排风系统建筑物、出线系统建筑物、排水廊道及其他附属洞室等组成。

丰宁地下厂房由主机间、安装场和 1 号、2 号主副厂房组成，呈“一”字形布置，两期工程主厂房洞总开挖尺寸为 414.0m×25.0m×55.5m（长×宽×高，下同），安装场布置在主厂房洞中部，长 75m，1 号主副厂房布置在主厂房右侧，长 20m，2 号主副厂房布置在主厂房左侧，长 20m。一期、二期工程主机间内共安装 12 台 300MW 立轴单级混流可逆式水泵水轮机组，一期机组安装高程为 967.0m，二期机组安装高程为 966.5m。主厂房顶拱开挖高程为 1008.5m，一期底板开挖高程为 954.0m，二期底板开挖高程为 953.5m。主机间分五层布置，分别是发电机层、母线层、水轮机层、蜗壳层和尾水管层。主厂房采用锚喷支护型式和岩壁吊车梁结构。

主变洞平行布置在主厂房下游侧，与厂房平行布置，两洞室净间距为 40m。两期工程洞室总开挖尺寸为 458.5m×21.0m×22.5m。母线洞与主厂房、主变洞正交连通，一机一洞，断面为城门洞型，净尺寸为 8.5m×9.5m，布置母线、发电机断路器、换相隔离开关等设备。1 号、2 号主副厂房和主变洞间各布置 1 条交通电缆洞，净尺寸为 2.5m×6.0m（宽×高）。

主变洞下游侧布置有排风下平洞，接排风竖井，排风竖井内径 12.0m，高约 192.0m，通往地面排风机房。排风机房位于开关站端部，平台高程 1194.0m，尺寸 60m×20m（长×宽）。

地下厂房、主变洞和尾闸洞周边设有三层排水廊道，断面净尺寸为 4m×3m（4m×4m）。上层排水廊道设在地下厂房顶拱拱脚高程，与地下厂房通风洞、通风机房连通；中层排水廊道设在厂房发电机层高程，与进厂交通洞连通；下层排水廊道设在主机间尾水管层，与尾闸洞集水井等连通。

地下厂房交通洞是通往地下洞室群的主要通道，全长 1445.088m，断面尺寸为 7.5m×8.0m（宽×高），最大坡度 7.5%，从厂房中部进入安装间。1 号通风洞全长 1146.2m，断面尺寸为 7.5m×8.0m（宽×高），最大坡度 7.8%。2 号通风洞全长 1840.0m，断面尺寸为 7.5m×8.0m（宽×高），最大坡度 7.8%。

电站采用户内 GIS 高压配电装置型式。地面开关站位地面高程 1194.0m，平面尺寸为 150m×60m（长×宽）。地面开关站内布置有 GIS 开关楼、出线场等建筑物。

4.4　下水库

丰宁抽水蓄能电站利用滦河干流上已建成的丰宁水电站水库作为下水库。由于泥沙淤积严重，为使抽水蓄能电站正常运行，下水库需设置拦排沙设施。通过在原丰宁下水库库尾设置拦沙坝，将原丰宁水库分成拦沙库和蓄能专用下水库两部分。

拦沙库建筑物包括拦沙坝、泄洪排沙洞以及拦沙库溢洪道。拦沙库正常蓄水位为 1061.0m。拦沙坝坝型采用复合土工膜防渗心墙堆石坝，坝顶高程为 1066.0m，轴线长度 558m，坝基坐落在冲积洪积砂卵砾石层上，采用混凝土防渗墙防渗。泄洪排沙洞布置在右岸山体内，采用短有压进口型式，洞长 1966m，底坡为 1.24%。拦沙库溢洪道布置在拦沙坝左岸下游山梁处，连通拦沙库和抽水蓄能电站专用库，堰型为宽顶堰，设置七孔，其中三孔堰顶高程 1061.0m，每孔宽 14m，为无闸门控制自由溢流，另外四孔为满足下水库补水及初期蓄水的要求，堰顶高程采用 1058.0m，每孔设置一道闸门，闸门尺寸为 7.5m×5m（宽×高），当需要补水时，开启闸门，补水自流至抽水蓄能电站下水库。溢洪道和泄洪排沙洞联合运行可下泄 2000 年一遇洪水。

为增强排沙效果，在拦沙坝上游左岸山梁处设置一底宽约 30m 的导沙明渠，渠底高程与上游河床齐平，上游来水可通过明渠直接流至泄洪排沙洞进口，排沙效果更好。

蓄能专用下水库由拦河坝和拦沙坝围筑形成，拦河坝由已建丰宁水电站拦河坝加高改造而成，蓄能专用水库正常蓄水位为 1061.0m，死水位 1042.0m。现有丰宁水库大坝坝顶高程为 1054.5m，坝高不能满足要求，需要改建加高，相应现有的泄水建筑物等也需要进行改造。

改建后的下水库拦河大坝为混合坝型：即左岸钢筋混凝土面板堆石坝、右岸混凝土重力坝。坝轴线长度 377.7m，其中混凝土坝段长 116.4m，最大坝高 28.0m，堆石坝坝段长 261.3m，最大坝高 51.3m。

溢流坝段采用开敞式溢流堰，溢流堰顶高程 1061.0m，设溢流孔两个，每孔宽 12.5m。

泄洪放空洞洞身不需要改建，改造原进水塔，闸门井为新建的竖井式，拆除原有检修闸门、工作闸门和启闭机，重新设置一套检修闸门、工作闸门和启闭设备。

4.5　机电设备

本工程总装机规模为 3600MW，一期、二期装机规模都为 1800MW。一期工程设置 6 台单机容量 300MW 的立轴单级混流可逆式定速水泵水轮机-发电电动机组；二期工程设置 4 台单机容量 300MW 的立轴单级混流可逆式定速水泵水轮机-发电电动机组及 2 台单机容量 300MW 的立轴单级混流可逆式变速水泵水轮机-发电电动机组。

根据《张北可再生能源柔性直流电网示范工程》可行性研究工作的最新成果，确定丰宁抽水蓄能电站 12 台机每 2 组发电电动机-主变压器组均采用一机一变高压侧联合单元接线，500kV 侧采用 6 进 4 出一倍半双分段接线，两段母线经断路器联络，分别以两回 500kV 架空出线接入丰宁换流站一、二段母线。

5 关键技术问题

5.1 电站的周调节性能

随着我国经济的快速发展以及用电结构的调整，未来京津唐电网负荷将迅速增加，峰谷差逐渐增大，电网调峰运行较为困难，迫切需要兴建一批经济有效的调峰电源。此外，京津唐电力负荷出现周内明显变化，周六、周日的最大负荷明显低于周一至周五，周内用电不均衡问题较为突出。抽水蓄能电站是优良的调峰电源，可以在电网用电高峰发电调峰，在负荷低谷抽水填谷，起到双倍调峰作用，与电网中调峰性能相对较差的发电机组配套运行，具有良好的经济效益。

丰宁抽水蓄能电站地理位置优越，上下水库地形条件好，具有较大的调节库容，同时京津唐电网用电负荷具有明显的周内不均衡性，为满足京津唐电网调峰需求，解决电网周负荷不均衡问题，结合丰宁抽水蓄能电站自身条件和京津唐电网的负荷特性，通过模拟运行京津唐电网在不同调节性能的抽水蓄能电站参与下的运行过程，分析整个电力系统的经济效益，说明周调节性能抽水蓄能电站建设的必要性和经济性。经多方案的比较分析，不论抽水蓄能电站调节性能如何，2020 年其在京津唐电网内的发电位置和抽水位置均优于边际位置，即蓄能电站削峰填谷的作用显著，且在周一至周五发电 3～12h，说明京津唐电网对抽水蓄能电站的需求空间较大。随抽水蓄能电站调节性能的增强，电站周一至周五满发利用小时数和周末抽水小时数均有所增加，削峰填谷的作用越突出。丰宁抽水蓄能电站发电利用小时为 10.8h，调节性能越优，电力系统的经济效益越显著，并可通过改善火电机组运行条件，降低系统煤耗，减少污染物排放，环境效益愈加突出。

5.2 下水库的泥沙淤积问题

丰宁水库上游约 80km 处建有西山湾水库，西山湾水库库尾建有大河口水库，西山湾水库为多年调节水库，水库总库容 1 亿 m^3，2000 年 8 月竣工。西山湾水库的建成改变了下游径流的天然状态，使西丰区间生态更加脆弱，水土流失更加严重，根据丰宁水库实测水库库区泥沙淤积断面估计，丰宁水库自 2000 年 11 月 18 日下闸蓄水至 2008 年 11 月期间，水库总淤积量为 1366 万 m^3，多年平均入库沙量为 171 万 m^3，其中死水位 1040.0m 以下 8 年淤积总量为 765 万 m^3，死库容损失 28.4%，总库容损失率为 24.3%，调节库容损失 20.4%，通过丰宁水电站水库 1996—2008 年间 6 次库区泥沙淤积断面测量成果分析计算，水库多年平均入库沙量为 171 万 m^3。其中悬移质入库沙量为 166 万 m^3。且泥沙集中在汛期，丰宁坝址多年平均悬移质含沙量为 9.43kg/m^3，无法满足蓄能机组过机泥沙要求。丰宁水库泥沙淤积是十分严重的。为使抽水蓄能电站正常运行，下水库建设拦排沙设施是十分必要的。

根据丰宁下水库的地形条件和蓄能电站运行对库容的要求，为解决下水库的泥沙问题，通过在原丰宁下水库库尾设置拦沙坝及泄洪排沙设施，将原丰宁水电站水库分成拦沙库和蓄能专用下水库两部分。为验证和优化拦排沙设施的拦排沙效果，可行性研究阶段委托武汉大学和中国水科院进行了泥沙淤积数学模型计算和物理模型试验，并进行了对比分析，从计算结果和试验成果可以看出：下水库拦排沙系统的建成后，拦沙库泄洪排沙洞汛期敞泄，非汛期蓄水运行，能够有效地解决丰宁抽水蓄能电站正常运行的要求。工程初期蓄水开始至投运后，将根据实测资料，进一步分析验证丰宁拦排沙设施的效果。

5.3 上水库局部防渗方案研究

丰宁上水库地形条件优越，上水库位于灰窑子沟，地形条件为三面环山的天然洼地，在三条支沟交汇处筑坝形成上水库库盆，建坝和成库条件优良。丰宁上水库无论从地形地貌、地层岩性和水文地质条件上分析，都不具备整体渗漏的条件，上水库地下水分水岭与地表分水岭位置基本一致，上水库地下水分水岭水位均高于死水位，库底永久渗漏可能性不大。主要分布在Ⅰ号、Ⅱ号沟脑及水道系统通过库分水岭部位，需进行防渗处理。上水库四周多数地段封闭条件较好，低于正常蓄水位的长度为 2236m，渗漏段总长度约占库周总长度 25.2%，不需做全库防渗处理，故上水库可采用局部防渗方案，其中坝基、左右坝肩及Ⅰ号、Ⅱ号沟脑及水道系统通过库分水岭部位是主要的渗漏部位，需进行重点防渗处理。

上水库防渗处理措施：址区坝基和两岸坝肩山体宜采用灌浆帷幕防渗，库岸区中的地下水位较低部位可采用灌浆帷幕防渗进行处理，上水库防渗处理标准，防渗底线采用 3Lu 标准进行控制。防渗设计时，出于安全考虑，当基岩透水率 3Lu 线高于地下水位线时，按地下水位线进行控制。通过对上水库进行三维渗流场分析及实测渗漏成果，分析评价上水库采用局部防渗方案防渗处理效果。

5.4　丰宁抽水蓄能电站的运行方式

丰宁抽水蓄能电站为周调节抽水蓄能电站，电站建成后将在京津唐电网中主要承担调峰、填谷、调频、调相和紧急事故备用等功能。同时因下水库位于滦河主河道，下水库还要承担防洪任务；由于泥沙问题尚需研究排沙运行方式，且地处严寒地区，存在冬季运行防结冰问题等，因此丰宁抽水蓄能电站的运行方式是很复杂的。

（1）典型周运行模式：丰宁抽水蓄能电站周一至周五以发电为主，每天发电工况运行 4～12h，其中每天满发运行时间为 2～6h，运行历时和满发运行最长日发生在最大负荷日，日平均满发利用小时数约 5.2h；抽水工况运行历时 1～7h，其中周一凌晨抽水历时 7h，周二至周五凌晨平均抽水小时数 2.17h。周六至周日集中抽水，平均每天抽水工况运行 6～8h。

（2）防洪调度运行方式：上水库洪水完全续存在库内，从安全角度考虑，上水库水位超过正常蓄水位 1505m 后，停止运行；下水库防洪调度运行在兼顾蓄能电站运行的同时，为确保下游地区防洪安全，大坝下泄流量不能超过坝址天然洪峰流量。同时，遵循承德市防汛抗旱指挥部《关于对丰宁水电站汛限水位的批复》（承市汛办〔2005〕27 号），汛期运行时遵循“电调”服从“水调”的原则。当洪水超过 200 年一遇设计洪水标准时，或者无论任何情况下下水库水位超过 1061m 时，电站应立即停机。

（3）泥沙调度运行方式：丰宁抽水蓄能电站泥沙调度采用“蓄清排浑”的运行方式：汛期（6—9 月），拦沙库运行方式为敞泄，以排沙和防洪为要任；补水期（4 月），考虑到滦河干流 4 月为桃汛期，甚至可能出现年最大洪水，存在大水大沙、水质混浊等问题。从保证蓄能电站下水库发电库容、满足水轮机对泥沙含量要求等方面考虑，4 月发生洪水时，暂停补水，以排沙为主，保证 30 年一遇以下洪水不入库，待洪水过后再根据实际情况补水。

（4）防冰冻调度运行方式：每日至少保证电站有一台机组进行抽水、发电循环运行，并尽可能配合电网调峰需求，周一至周五在夜间抽水 2～3h，次日早高峰或晚高峰发电运行 4～5h；周末在夜间夜间抽水 6～8h，次日早高峰或晚高峰发电运行 1～2h，通过水流往复运动的特点使水位交替性的深水消落和急剧上充，利用水流造成紊动和不同水温的水交换来解决冰冻问题，以确保冬季电站正常运行和防渗面板的安全。

（5）生态流量泄放运行方式：当拦沙库开始蓄水至 1053m 期间，泄洪排沙洞闸门逐步关闭，保证最小下泄流量 $0.78m^3/s$，同时打开生态流量泄放管向下游放水。由于生态流量泄放管进口位于泄洪排沙洞内，可以保证生态流量泄放管进口不会被淤积，保持“门前清”。在生态流量泄放管检修期间或不能正常泄放生态流量的情况，可以打开蓄能专用库生态流量泄放闸，根据生态流量泄放闸下泄流量曲线，控制向下游泄放不小于 $0.78m^3/s$ 的生态流量。

5.5　复杂地质条件下地下厂房变形机理及永久运行安全稳定分析研究

丰宁抽水蓄能电站地下厂房开挖尺寸为 414m×25m×54.5m，主变洞开挖尺寸为 450.5m×21m×22.5m，两洞室平行布置，净间距为 40m。厂房围岩为中粗粒花岗岩，岩体裂隙较发育，局部蚀变严重，岩体以Ⅲ类为主，局部Ⅳ类；最大水平主应力为 12～18MPa，方向为 NE68°～NE83°与厂房轴向大角度相交。地下厂房及主变室支护采用锚喷支护＋系统锚索。目前厂房开挖已经结束，根据监测资料，厂房及主变局部变形量较大，最大值为 102mm。开挖过程中，顶拱及部分边墙锚索超出设计张拉值，岩锚梁部分受拉锚杆测值超设计值，岩锚梁随厂房开挖出现了下沉变形。从目前的监测资料分析，多点位移计、锚杆应力计、锚索测力计已趋于收敛和稳定，但局部变形收敛较为缓慢。鉴于丰宁地下厂房特殊的地质条件和变形情况，针对丰宁抽水蓄能水电站主厂房和主变洞开挖过程的变形及衬砌开裂问题，拟对丰宁地下厂房开展系统、全面的研究，即地质赋存环境、关键块体稳定、开挖变形与应力扰动机制及加固效果，以期从岩体分级、地质结构、节理裂隙、断层等地质环境因素、地应力分布规律及其与厂房轴线方向的空间关系等方面研究主厂房洞、主变洞和母线洞开挖对围岩变形规律的影响，研究围岩、衬砌等支护结构的受力特征，揭示地下洞室群围岩破坏规律，进而为保障工程永久安全提出合理的建议。

5.6 变速机组应用研究

随着核电等基荷电源和风电、光伏等间歇性可再生能源在电网中比重越来越大，燃煤火电深度调峰带来的经济、环保问题也越来越突出，电网安全稳定运行（尤其是夜间频率控制）变得更为困难，新能源并网以及并网后弃风弃光问题也日益突出。抽水蓄能电站在调峰填谷、保障电网稳定运行方面作用突出，但传统的定速蓄能机组在水泵工况只能满负荷抽水，不能根据系统需要进行功率调节，因此无法满足电网快速、准确进行电网频率调节的要求。而变速机组与定速机组相比，最大的区别在于机组能在额定同步转速附近的一定范围内无级变速运行，实现抽水入力可调，无论是提高电网安全稳定运行水平还是提高资源利用率，均具有现实意义。变速蓄能机组除了具备定速蓄能机组的功能外，还具有以下优势：①提供频率自动控制容量；②实现有功功率的高速调节；③较强的进相运行能力；④提高机组运行的稳定性；⑤变速机组可以使用变频交流励磁装置代替 SFC 进行水泵工况启动；⑥适应更宽水头范围提高运行效率。

为提高电能质量而建设的大容量可连续变速的机组及其配套的变频设备在中国电网中还没有引进技术建设的工程实例；中国两大主机制造厂东电和哈电目前也还都处于关键技术（包括变速机组的电磁设计、发电电动机转子的绝缘和结构及稳定性、通风系统设计、三相大电流集电环系统的设计等）的研发阶段；目前欠缺的还有交流励磁系统的设计和制造技术以及针对变速蓄能机组的控制、保护技术等；同时与变速发电电动机配套的水泵水轮机技术及其性能的优化也还有待于结合具体工程进行更深入的对比、研究和水力设计的开发；此外，关于变速蓄能机组的规划选点方法和规范、工程技术经济分析方法等也缺少相应的经验和技术标准。

与国际上先进的国家相比，大容量连续调速的变速机组在中国电网中的应用和管理以及设备技术自主研发和制造方面还存在一定的差距，相应的科研工作应加紧开展。

6 结语

随着国民经济的快速发展，对提供优质电网的需求日益显著，大容量变速机组的应用日益迫切。作为一种先进的、优秀的电网稳定运行的调节手段，变速蓄能机组也是常规定速蓄能机组发展到一定规模后的有益的补充，将会大幅提高电网安全稳定水平和调节能力，改善电网运行条件，提高系统运行的经济性。2016 年 5 月，北京院编制完成了《河北丰宁抽水蓄能电站二期工程变速机组应用可行性研究报告》，并于 2016 年 5 月 27 日通过了水电水利规划设计总院的审查。根据审查意见，丰宁抽水蓄能电站二期工程选用两台变速机组，分别是 11 号、12 号机组。结合丰宁工程，有必要对大容量变速机组在中国的研发、制造、建设、运行和管理中的一系列技术问题进行深入研究，以填补国内变频交流励磁变速蓄能机组技术的空白。

抽水蓄能电站压力钢管与围岩缝隙对压力钢管受力及围岩分担率的影响分析

王　伟[1]　马龙彪[2]　马信武[2]　李沁书[1]　赵　强[1]
（1. 国网新源控股有限公司技术中心，北京市　100161；
2. 吉林敦化抽水蓄能有限责任公司，吉林省敦化市　133700）

【摘　要】 抽水蓄能电站水头高，流量大，输水系统高压管道的 HD 值高，多采用钢板衬砌。结合已建抽蓄电站引水压力管道的监测资料，通过数值计算，对不同缝隙值的敏感性进行研究分析。结果表明，内水压力作用下，缝隙值对钢衬的变形和应力影响十分显著，其大小显著影响着内水压力传递，影响围岩与钢衬联合承载。在工程实践中，通过提高钢管外围回填混凝土质量、采用微膨胀混凝土、提高回填和接触灌浆的质量、控制钢管安装时温度等，减少钢管与回填混凝土和回填混凝土与围岩间的累积缝隙，确保钢板衬砌受力安全。

【关键词】 抽水蓄能电站　高压管道　缝隙值　围岩分担率

1　引言

抽水蓄能电站压力钢管是一个地下埋管结构，一般认为压力钢管的功能主要是承担内水压力和防渗，而回填混凝土衬砌是将径向压力传递给围岩，由压力钢管和围岩共同承担内水压力[1-4]。由于混凝土和灌浆浆液收缩、钢管和围岩冷缩等诸多因素影响，钢衬和混凝土衬砌之间存在缝隙[5-8]、混凝土衬砌和围岩之间存在缝隙，甚至由于施工质量等原因，局部可能空洞脱空，造成钢衬局部变形过大和应力集中等现象，缝隙值的大小关系钢板衬砌的安全，影响围岩分担率。

本文选取顶拱和底拱回填混凝土施工质量难以保证且内水压力大的输水系统下平段，通过改变不同的缝隙值，利用有限元数值计算方法，研究不同内水压力作用下的下平段压力钢管应力、位移及对应的围岩分担率。

2　计算方法及模型

2.1　计算方法

某抽水蓄能电站管道属于地下埋管结构，由钢衬、混凝土衬砌和围岩组成，钢衬和混凝土衬砌之间存在缝隙 δ_{21}、混凝土衬砌和围岩之间存在缝隙 δ_{22}。充水初期，钢衬独立承载内水压力，随着内水压力的增加，钢衬产生径向位移，当钢衬与混凝土衬砌之间的缝隙 δ_{21} 闭合后，钢衬和混凝土衬砌共同作用，同时发生径向变形。当混凝土衬砌与围岩之间的缝隙 δ_{22} 闭合后，钢衬与围岩共同联合承载。一般认为 δ_{22} 将要闭合时混凝土衬砌已开裂，而混凝土衬砌开裂后不再承担内水压力，只传递径向压力，那么此时钢衬单独承受内水压力。若钢衬发生径向变形（$\delta_{21}+\delta_{22}$）时，钢衬单独承担的内水压力为 p_1，钢衬的环向应力为 $\sigma_{\theta 1}$，而总的内水压力为 p，则（$p-p_1$）为钢衬与围岩共同联合承载的内水压力。

根据弹性力学相关原理可得：

$$p_1=\frac{(\delta_{21}+\delta_{22})E_{s2}t}{r^2}$$

$$E_{s2}=\frac{E_s}{1-\nu_s^2}$$

$$\sigma_{\theta 1}=\frac{(\delta_{21}+\delta_{22})E_{s2}}{r}$$

式中　p_1——累计缝隙恰好闭合时内水压力值；

$\sigma_{\theta 1}$——累计缝隙恰好闭合时钢管应力值；

$(\delta_{21}+\delta_{22})$——钢管与围岩间累计缝隙值；

E_{s2}——平面应变问题的钢材弹性模量；

E_s——钢材弹性模量；

ν_s——钢材泊松比；

r——钢管内半径。

在此基础上再进行钢衬与围岩共同联合承载的有限元分析，建立有限元模型，此时无须考虑各层之间初始缝隙，而作用在钢衬内表面的内水压力为（$p-p_1$），可方便地计算出联合承载时钢衬的应力 $\sigma_{\theta 2}$。钢衬总的应力为两步计算出的钢衬应力之和，即

$$\sigma_\theta=\sigma_{\theta 1}+\sigma_{\theta 2}$$

围岩承担内水压力的百分比 λ，通过下式计算：

$$\lambda=\left(1-\frac{\sigma_\theta}{\sigma_0}\right)\times 100\%$$

$$\sigma_0=\frac{pr}{t}$$

式中　σ_0——明管钢衬最大环向拉应力；

σ_θ——地下埋管钢衬最大环向拉应力；

p——内水压力；

r——钢衬内半径；

t——管壁厚度。

2.2　有限元计算基本假定

（1）假定回填混凝土是围岩的一部分，均按各向同性、线弹性考虑。

（2）假定在洞室开挖后，地应力完全释放，不考虑岩石压力。

2.3　材料参数

（1）压力钢管材料参数。根据 NB/T 35056—2015《水电站压力钢管设计规范》，Q690CF 级钢材的力学性能为：弹性模量 206GPa；泊松比 0.3；容重 78.5kN/m^3；线膨胀系数 1.2×10^{-5}/℃，见表 1。

表 1　　钢材的强度标准值与设计值

厚度/mm	屈服强度/MPa	抗拉强度/MPa	抗拉强度标准值/MPa	抗拉强度设计值/MPa
≤50	690	770	540	485
50～100	670	770	540	485

钢管结构抗力限值 σ_R 按下式计算屈服强度：

$$\sigma_R=\frac{1}{\gamma_0\psi\gamma_d}f=\frac{1}{1.1\times1.0\times1.25}\times485=352.7\text{MPa}$$

式中　σ_R——钢管结构构件的抗力限值；

f——钢材强度设计值；

γ_0——结构重要性系数；

ψ——设计状况系数；

γ_d——结构系数。

（2）Ⅱ～Ⅲ类围岩材料参数：弹性模量 15.0GPa；泊松比 0.25。

2.4　计算模型

根据某抽水蓄能电站的设计资料，其引水系统压力管道下平段具有如下特点：

（1）埋深约 399m，内直径为 3.8m，开挖断面为 5.2m 的马蹄形。

（2）钢衬采用 Q690CF 钢板，$t=44\sim64\mathrm{mm}$。

由于地表起伏对计算结果甚微，故在下平段处取一个 50m×50m×5m 长方体作为研究对象，对应 z 轴方向长 5m，即为钢衬轴线方向。有限元模型网格划分是计算的前提和关键工作。在计算机容量和计算时间允许的范围内，取尽可能精细的有限元网格。在网格划分时，根据构件的特征，分别选用 3D 实体单元和壳单元，分别模拟围岩、混凝土衬砌和钢衬。同时，还根据结构受力的特征，对网格的疏密程度加以控制，如在可能应力集中的部位和主要关心的构件上，尽可能细化单元，以提高计算精度；而在应力分布比较平缓或受力较小的大体积部位，适当采用较粗的网格，以降低计算工作量。共划分 21504 个单元，23296 个节点，整体有限元模型网格剖分图、斜切图如图 1 所示。

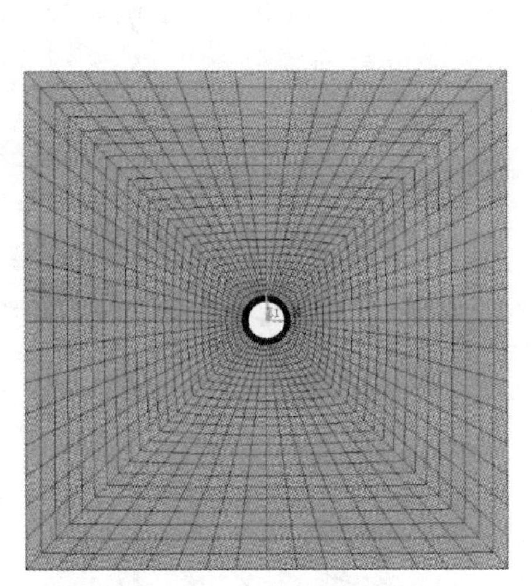

（a）整体有限元模型网格剖分图

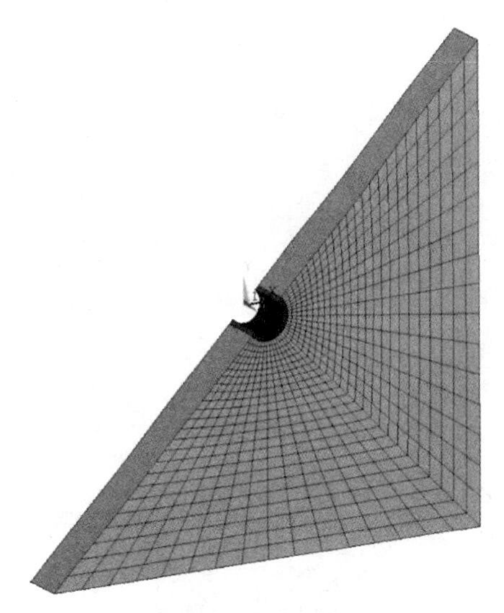

（b）整体有限元模型斜切图

图 1　三维有限元模型

3　计算结果及分析

该抽水蓄能电站压力钢管下平段计算段设计方案为缝隙值 0.76mm（即 $4\times10^{-4}r$）、钢衬壁厚 44mm、Ⅱ～Ⅲ类围岩、设计内水压力 11.48MPa。通过对已建工程的统计，地下埋管围岩累积缝隙 δ_2 与半径 r 之比一般不超过 4×10^{-4}，通常设计取值范围一般在 $3.5\times10^{-4}\sim4.3\times10^{-4}$，但由于施工质量等原因，局部可能空洞脱空，通过改变缝隙值 δ 的大小，分析其对钢衬变形和应力的影响程度，缝隙值 δ 依次取 0mm、0.38mm、0.76mm、1.14mm 和 1.52mm，5 个方案。围岩为Ⅱ～Ⅲ类，钢衬壁厚 44mm；内水压力 p 为 1.04MPa、3.64MPa、5.45MPa、7.86MPa 和 11.48MPa。根据缝隙值和内水压力组合，共有 25 个计算模型。

3.1　位移和变形特征

各方案钢衬径向位移与内水压力的关系曲线如图 2 所示。可以看出：

（1）内水压力在 1.04MPa 时，缝隙值 δ 为 0.38mm、0.76mm、1.14mm 和 1.52mm 4 个方案对应的钢衬径向位移均为 0.38mm，这主要是因为内水压力较小，钢衬的径向位移不足于“填补”已有缝隙，此时钢衬单独承载，围岩不受力，钢衬的受力状态类似明管。

内水压力在 3.64MPa 时，产生的径向位移可以“填补”1.33mm 的缝隙，缝隙值为 0.38mm、0.76mm、1.14mm 三个方案的缝隙闭合，随着内水压力增大，钢衬先自由变形，再和混凝土衬砌和围岩贴合，“钢衬-垫层-围岩”共同承担内水压力；内水压力在 5.45MPa 时，缝隙值为 1.52mm 方案的缝隙也达到闭合。

（2）设计内水压力（11.48MPa）作用下，缝隙值为零方案下，“钢衬-混凝土衬砌-围岩”紧密接触，

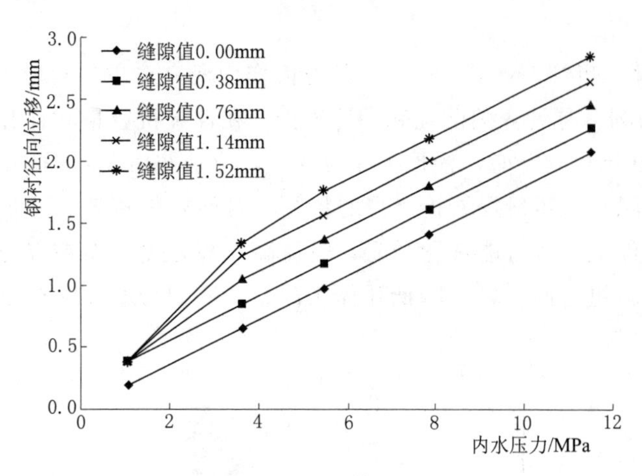

图2 不同缝隙值钢衬径向位移与内水压力关系曲线

一开始就联合承载，对应的径向位移明显较小，钢衬最大径向位移为2.06mm；缝隙值为1.52mm方案钢衬最大径向位移为2.84mm，较缝隙值为零方案增大37.86%。

(3) 缝隙的宽度明显影响钢衬的位移和变形。缝隙的存在，在较大程度上削弱了围岩对内水压力的分担能力，这相应的加大了钢衬的位移。

3.2 应力特征

各方案钢衬环向应力与内水压力的关系如图3所示，围岩分担率与内水压力的关系曲线如图4所示。

可以看出：

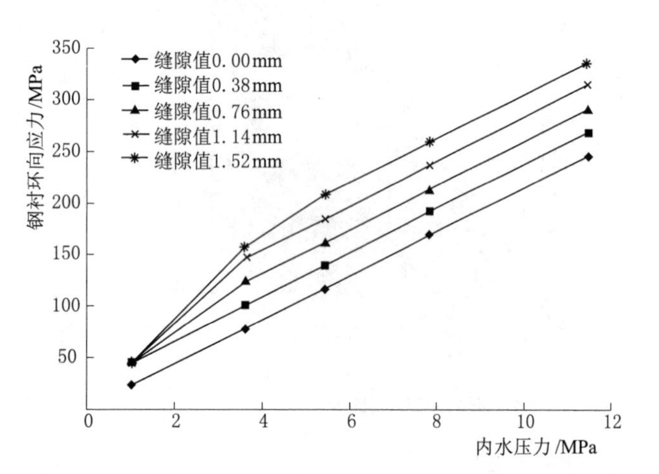

图3 不同缝隙值钢衬环向应力与内水压力关系曲线

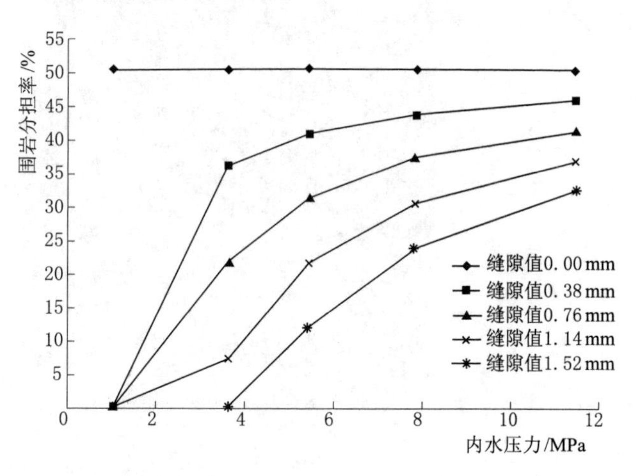

图4 不同缝隙值围岩分担率与内水压力关系曲线

(1) 有缝隙方案钢衬环向应力均大于缝隙值为零方案；有缝隙方案缝隙未闭合前，如1.04MPa内水压力作用下，钢衬环向应力相同，缝隙闭合后，缝隙值越大，钢衬环向应力越大。

(2) 设计内水压力（11.48MPa）作用下，缝隙值为零方案钢衬最大环向应力为245MPa，缝隙为1.52mm方案钢衬最大环向应力为335.20MPa，较缝隙为零方案增大36.82%；各方案钢衬环向应力均小于钢管的应力限值。

(3) 有缝隙方案围岩分担率随内水压力的增大而增大，但均小于缝隙值为零方案。相同内水压力下，缝隙值增大，围岩分担率随之减小。设计内水压力（11.48MPa）作用下，缝隙值为零方案围岩分担率值为50.58%，缝隙值为1.52mm方案围岩分担率为32.38%。

(4) 缝隙大小显著影响着钢衬环向应力σ_θ和围岩分担率λ。

4 结语

(1) 钢衬和围岩联合承受内水压力时，钢衬和混凝土衬砌、混凝土衬砌和围岩之间的缝隙对钢衬的变形和应力影响明显。设计内水压力作用下，当不存在缝隙、钢衬44mm、围岩Ⅱ～Ⅲ类时，钢衬最大环向应力为245MPa，围岩分担率最大可达50.58%；当存在1.52mm的缝隙，其他均相同时，钢衬最大环向应力为335.20MPa，围岩分担率最大为32.38%。

(2) 在工程实践中，满足覆盖围岩厚度和地质条件较好的情况下，采用控制爆破提高围岩开挖后完整度、进行固结灌浆处理，提高钢管外围回填混凝土质量、采用微膨胀混凝土、提高回填、接触灌浆的质量、控制钢管安装时温度等，减少钢管与回填混凝土和回填混凝土与围岩间的累积缝隙，使内水压力能更好地向围岩传递，这样有利于减小钢衬环向应力及提高围岩分担率。

参考文献

[1] 王志国，陈永兴. 西龙池抽水蓄能电站埋藏式月牙肋岔管考虑围岩分担内水压力设计 [J]. 水力发电学报，2006 (6)：61-66.

[2] 侯建国，李春霞，等. 水电站地下埋管围岩内压分担率的统计特征研究 [J]. 岩石力学与工程学报，2003 (8)：1334-1338.

[3] 王志国. 水电站埋藏式内加强月牙肋岔管技术研究与实践 [M]. 北京：中国水利水电出版社，2011.

[4] 苏凯，李聪安，伍鹤皋，等. 水电站月牙肋钢岔管研究进展综述 [J]. 水利学报，2017，48 (8)：968-976.

[5] NB/T 35056—2015 水电站压力钢管设计规范 [S]. 北京：中国电力出版社，2016.

[6] 伍鹤皋，石长征，苏凯. 埋藏式月牙肋岔管结构特性研究 [J]. 水利学报，2008，039 (4)：460-465.

[7] 苏凯，周亚峰，程宵. 水工隧洞检修期衬砌与围岩联合承载作用机理 [J]. 武汉大学学报：工学版，2012，45 (6)：301-304.

[8] 罗全胜，徐昕昀，张程，等. 基于间隙变化的月牙肋钢岔管联合承载能力研究 [J]. 水力发电，2019，45 (2)：70-73.

抽水蓄能电站厂房系统安全监测设计综述

崔海波　刘宝昕　耿贵彪
（中国电建集团北京勘测设计研究院有限公司，北京市　100024）

【摘　要】鉴于抽水蓄能电站地下厂房系统监测设计无专门的设计规范，本文结合相关的设计规范和设计手册，借鉴总结十余座抽水蓄能电站地下厂房的监测设计工程实践，提出厂房系统安全监测设计的目的、原则，以及围岩、支护结构、岩壁吊车梁等部位的监测设计方法，为抽水蓄能电站厂房安全监测设计提供参考。

【关键词】抽水蓄能电站　厂房　监测　概述

1　引言

“十三五”时期，以“开工建设6000万kW，至2020年年末总装机达4000万kW”为目标，抽水蓄能电站（以下简称抽蓄电站）建设按下了“快进键”，全国在建抽蓄电站40余座，装机规模多在百万千瓦以上，丰宁抽蓄甚至达到360万kW，创造世界之最。大型抽蓄电站多选择地下厂房型式，布置于山体内，厂房规模大、系统复杂。而针对抽蓄电站的厂房系统的监测设计工作，尚无专门的设计规范可以遵循，多参照已建抽蓄电站的安全监测设计经验，开展安全监测设计工作。基于此，本文在研究分析相关的设计规范和设计手册[1]的基础上，结合多个抽蓄电站的工程实践，总结提出了抽蓄电站地下厂房系统的监测设计方法。

2　地下厂房系统、监测设计目的、依据及原则

2.1　地下厂房系统及特点

地下厂房系统一般包括主厂房、副厂房、安装间、主变洞、母线洞、交通洞、通风洞、排水廊道、排风竖井、出线平洞、出线竖井、开关站等建筑物组成。多个洞室汇集在一起，岩石挖空率高，主要洞室跨度大，边墙高，且上、下重叠，互相贯通，结构极为复杂，地下厂房系统稳定性取决于围岩本身的物理力学特性及自稳能力和支护后的综合特性。

由于围岩存在节理裂隙、地应力和地下水，经开挖扰动后，围岩应力场重分布、地下水系发生变化，围岩的自稳能力降低，因此需通过安全监测获取地下厂房性状变化的实际信息。

2.2　监测目的

厂房系统监测目的主要包括以下几个方面：一是掌握厂房系统的运行状况，为各种工况下的厂房系统工程性态评价，以及在施工期、初蓄期和运行期对工程安全的连续评估提供所需的监测数据资料，及时掌握和提供工程物理量定量的变化信息和厂房系统及地质体的工作状态。二是验证厂房系统设计，了解设计的合理程度，为优化洞室支护结构形式、调整支护参数及改进施工工艺和设计方案提供依据。在施工期随施工过程所取得监测资料，有助于工程设计的验证与调整，通过工程原型实测数据与理论计算及试验预计的工程特性指标的对比分析，便于掌握工程设计的合理程度及进行设计修改，同时提供反分析、敏感性分析所需的重要依据。三是改进分析技术，使各种设计参数的选择更趋于经济、合理。四是指导施工及改进施工技术，对可能危及工程安全的初期或发展过程中的险情及未来性态作出预测、预报，从而保证及时采取相应的工程安全措施。

2.3　监测设计依据

准确地说，目前没有专门的厂房监测设计规范。地下厂房监测设计依据是相关的设计规范，包括《水电站厂房设计规范》《水电站地下厂房设计规范》《地下厂房岩壁吊车梁设计规范》《抽水蓄能电站设

计规范》《水利水电工程安全监测设计规范》等，但上述规范核心并不在厂房监测设计，仅仅对相关内容简单提及，作了宽泛的、定性的、原则性的描述。实际上，目前厂房监测设计主要是根据已建工程经验，结合工程地质情况，以及厂房系统围岩稳定分析、渗流场计算分析等计算结果，进行监测项目选择和监测仪器布置。

2.4 监测设计原则

厂房安全监测设计断面选择和仪器布置宜少而精，达到监测目的即可。监测设计原则主要包括以下几个方面：

（1）应统筹考虑施工期、初蓄期和运行期的厂房系统的监测设计，建立全阶段数据传递关系，确保监测资料连续性和完整性。

（2）紧密结合工程的特点和关键性技术问题，有针对性地选择监测项目和工程部位，并与施工程序密切结合进行监测设计，通过代表性监测及辅助监测设施，能够系统全面、及时地监控工程的工作状况。

（3）监测断面（包括厂房纵监测断面、横监测断面、主监测断面以及辅助监测断面）和监测项目的选择应重点突出、兼顾全面，能够相互补充、校验，并结合相关规范规定，参照已建工程实践经验，根据工程建筑物级别、重要性、设计计算、模型试验成果等方面的要求确定。

（4）监测仪器的布置，根据工程特点，选择代表性断面或部位进行重点监测，相关项目统筹安排，配合设置，对于地质条件和结构薄弱环节，采用多种手段和方式，以便相互补充，互相校核和验证，使监测仪器的布置达到在整体上监控工程的实际运行状况的目的。

（5）仪器设施的选择，密切结合工程的具体条件，根据建筑物结构设计与分析计算成果，首先是满足工程安全监测目的的要求，在实用、可靠、耐久、经济的前提下，尽可能减少设置仪器测量方式的种类，以利于永久监测和自动化监测系统的实施和管理。

（6）除部分必须由人工测量实现监测的项目外，对于其他监测项目，其监测仪器设备的选型和布置，均要有利于监测自动化系统的建立。

3 监测设计方法

地下厂房系统重点监测部位包括是厂房围岩、支护结构、岩壁吊车梁、洞室交叉口及敏感区，监测项目包括变形监测、渗流监测、应力应变、温度监测、振动监测等。本文重点对地下厂房系统中两大主要洞室的围岩、支护结构、岩壁吊车梁等部位的变形、渗流、应力应变进行简要的理论分析和监测设计思路的系统阐述，其他附属洞室可借鉴参考进行监测设计。

选择某抽蓄电站地下厂房为例，装机规模为120万kW（30万kW×4台），地下厂房由主机间、安装场和主厂房组成，呈“一”字形布置，如图1所示。总开挖尺寸为163.5m×24.5m×54.5m（长×宽×高，下同），主变洞平行布置在主厂房下游侧，总开挖尺寸为151.4m×21.0m×22.0m。环绕主厂房、主变洞设有上、中、下三层排水廊道。该抽蓄电站的装机规模、厂房洞室布置形式较为常见，有一定代表性，以此为例进一步阐释厂房系统监测设计。

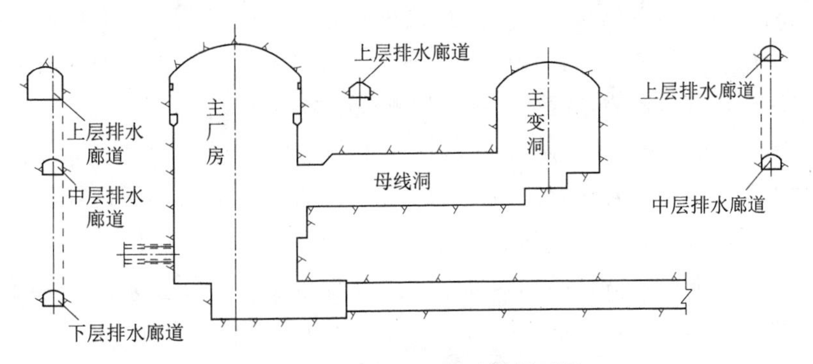

图1　地下厂房洞室典型横断面图

3.1 围岩监测

3.1.1 变形监测

围岩变形监测是厂房系统监测的重中之重，包括围岩收敛变形、围岩内部变形、围岩松弛区范围和深度等，以及围岩与支护结构和岩壁吊车梁等结构间的缝隙开合度等。根据地下洞室规模、支护结构特点及地质条件，选择高边墙、贯穿高边墙的洞室及其洞口段、相邻洞室间的薄体岩壁、围岩结构面不利组合部位、岩壁吊车梁岩台区等部位布置仪器。可利用早期开挖的附属洞室，提前布置主体洞室的监测仪器，监测主洞室围岩开挖爆破过程中岩体变化全过程。

地下厂房变形通常采用内空收敛测点、多点位移计、锚杆应力计组合方式进行监测，较少的抽蓄电站也会采用其他监测仪器。例如惠州抽水蓄能电站利用厂房顶部探洞及尾调通风洞向厂房布置滑动测微计和钻孔测斜仪，分别监测洞室顶拱围岩岩体轴向变形和边墙稳定情况[2]。但根据深圳抽蓄电站安装滑动测微计经验，滑动测微计安装精度要求高，工序繁多，采用宜慎重[3]。

多点位移计用于观测岩体内部测点间沿钻孔轴向的相对位移，是最为常用的洞室变形监测仪器。根据典型断面的选择，布置于拱顶、拱座、边墙岩壁吊车梁附近，以及母线洞等挖空率较高部位的上方岩体。如具备条件，多点位移计宜采用预埋的方式，在主洞室开挖前埋设，确不具备条件，可随厂房洞室开挖进行埋设。多点位移计测点数量应根据围岩变形梯度、岩体结构和断层部位等确定，一般四个以上测点为宜，如图 2 所示。其中，最深测点距洞壁大于 1 倍以上洞跨，或超出计算的开挖卸荷影响范围，可视为不动点，其他测点向洞壁方向由疏到密布置，具体点位根据钻孔地质描述进行调整。

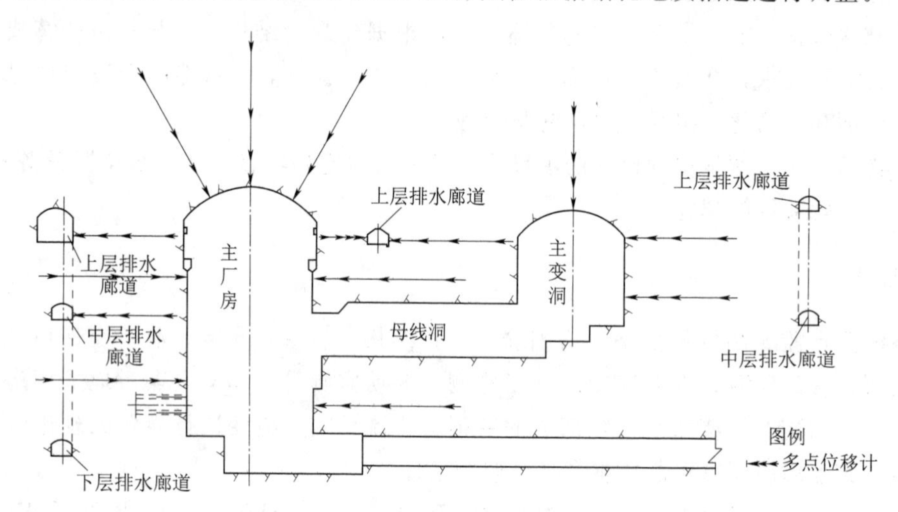

图 2 多点位移计典型监测布置图

内控收敛监测是利用收敛计或全站仪等测量洞室围岩表面两点（埋设的内控收敛测点）连线方向的相对位移，即收敛值，监测拱顶下沉、边墙间距离变化等变形情况，主要观测洞室围岩支护前的初期变形。收敛测点装置根据典型断面的选择，布置在多点位移计附近，如图 3 所示，既监测围岩内空收敛变形情况，又可利用其监测成果对多点位移计变形进行校核与修正。也存在个别工程取消厂房及主变室的净空收敛监测，而补充增加多点位移计和锚杆应力计进行变形监测。例如荒沟抽水蓄能电站，因厂房及主变室大跨度、高边墙结构，收敛监测难度大，施工期测桩已损坏且保护困难，而取消了收敛变形监测[4]。

3.1.2 应力监测

围岩应力的监测主要是观测围岩初始应力变化和二次应力的形成与变化过程，用测得的应力信息反馈分析初始应力场。主要通过埋入围岩内部的应力计或应变计观测。监测仪器一般布置在地质条件较为复杂、围岩应力相对集中的部位，沿径向和切向布置，埋设时多采用钻孔方式。选择在厂房围岩布置应力计以分析应力场的抽蓄电站不多，多是通过锚杆应力计来进行围岩应力场分析。

3.1.3 渗流监测

地下水监测也是重要监测项目。由于山体地下水、引水系统渗漏水、库区渗水等原因，地下厂房围

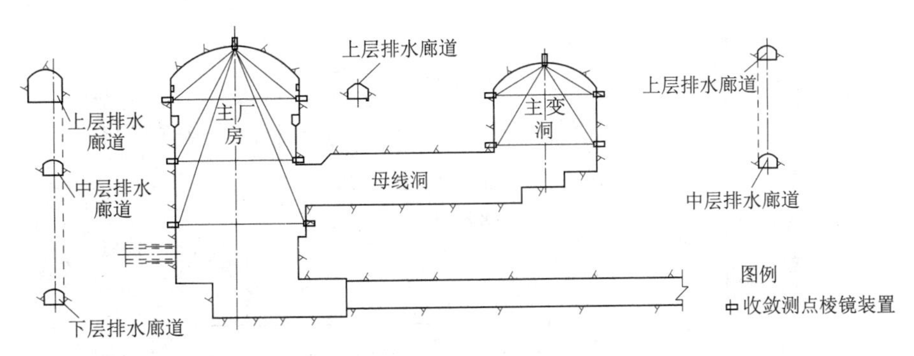

图3　收敛计典型监测布置图

岩会产生渗水。为快速有效排除围岩渗水，通常环绕主副厂房、主变室等主要洞室设置有三层排水廊道和排水孔组成的空间立体排水网，必要时，采用防渗帷幕、厂外排水系统和厂内排水系统相结合的防渗排水方案，或专门研究处理。为了监测防渗排水效果，需要对洞室围岩渗透压力和渗流量进行监测，通常采用渗压计、测压管、量水堰组合的方式予以实现。通常钻孔埋设渗压计监测围岩渗透压力；利用排水廊道布设测压管监测帷幕防渗及排水廊道的排水效果；在排水廊道和集水井内布设量水堰监测厂房系统渗流量。

根据典型断面的选择，结合多点位移计、锚杆应力计的布置，渗压计常布置于主厂房顶拱、上下游边墙吊车梁、上游边墙中下部，主变室顶拱、下游边墙。比较典型的布置方式如图4所示，一个典型横断面布置6支渗压计，布置方式较为精简高效，丰宁抽蓄、文登抽蓄等采用此种布置方式[5]。但不同的设计单位有着各自的设计理念和习惯，布置方式也不一。桓仁抽蓄在主厂房下游边墙和主变室上游边墙未设置渗压计，一个横断面布置9支渗压计[6]；天荒坪抽蓄则采取主厂房和主变室皆对称布置渗压计形式，一个横断面布置多达15支渗压计。

测压管通过排水廊道平行厂房边墙向下钻孔埋设，如图4所示，埋设深度结合厂房渗流计算确定，目前，采用此种方式监测渗流的抽蓄工程不多，取而代之的是在主厂房上游边墙和主变洞下游边墙多布置渗压计。因为相比较，钻孔埋设渗压计的方式施工简单、方便，且能达到相同目的。

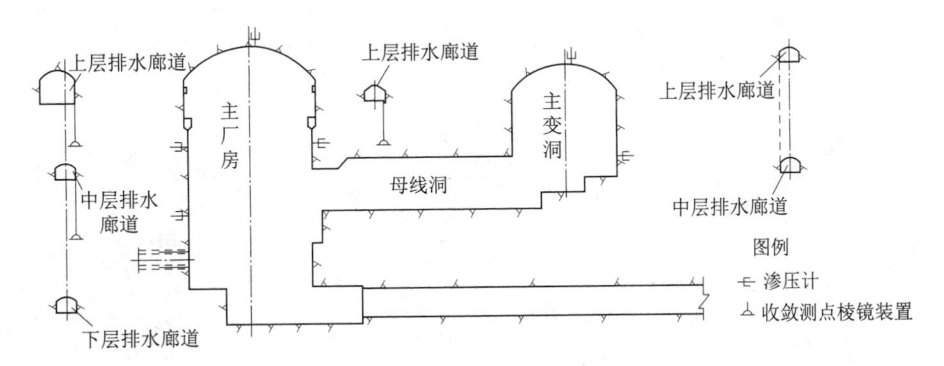

图4　渗压计典型监测布置图

3.2　支护结构监测

地下厂房支护型式和参数通常参照规范、工程地质条件和类似工程的建设经验来选择，并通过三维有限元计算进行验证。支护结构形式常以锚喷支护为主，对小断层和裂隙面采用预应力锚杆进行缝合加固，大断层和节理密集带采用预应力锚索加固。因此，支护结构的监测主要是锚杆应力和锚索测力计；当洞室顶拱设置钢筋混凝土衬砌结构且必要时，进行钢筋应力和混凝土应变监测。

锚杆应力计用于测量围岩支护锚杆的轴向应力，锚杆应力计的布置原则与多点位移计布置原则相同，根据监测锚杆长度选择应力计的布置数量，一般4m以下锚杆布置1支锚杆应力计，4～8m锚杆布置2支锚杆应力计，8m以上锚杆布置3～4支锚杆应力计。锚杆应力计典型监测布置如图5所示。

锚索测力计用于监测锚索对岩体或支柱与地下厂房中的支架以及大型预应力钢筋混凝土结构的荷载，

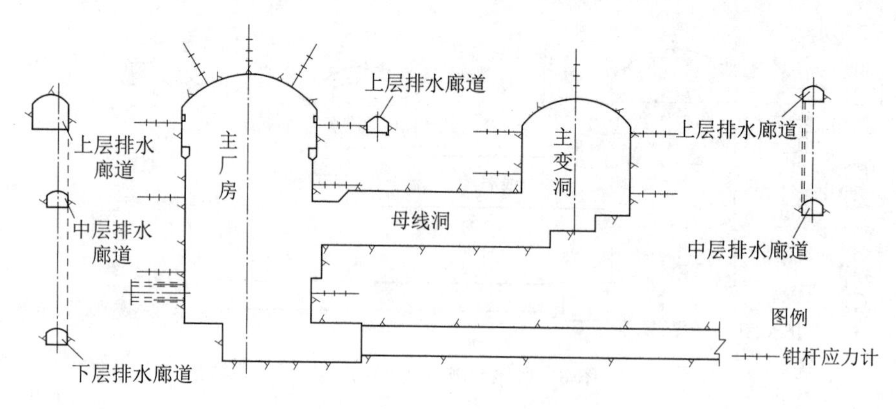

图 5 锚杆应力计典型监测布置图

简言之监测锚索锚固力及锁定后可能的荷载损失率。布置于有支护锚索的洞室，宜布置于围岩内部变形和支护锚杆应力监测点附近，布置数量一般为工作锚索的 5%～10%，在关键部位或锚索数量较少的情况下，监测比例可适当放大。

3.3 岩壁吊车梁监测

岩壁吊车梁的结构特点是将吊车轮压荷载经悬吊锚杆和梁底岩台传递给洞壁围岩，监测典型断面布置于厂房安装间与交通洞交叉段、厂房围岩受断层切割处等部位，监测项目选择包括悬吊锚杆应力、梁体与围岩的接缝开合变形、梁体结构的应力应变、壁座的压应力、梁体变形等。岩壁吊车梁典型监测布置如图 6 所示。

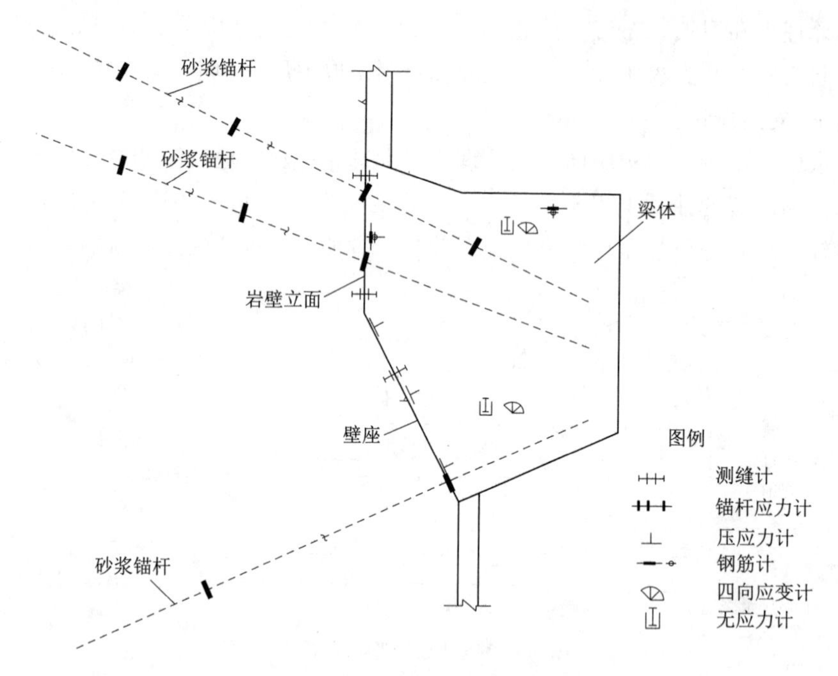

图 6 岩壁吊车梁典型监测布置图

锚杆应力计监测锚杆受力情况。岩壁吊车梁通常设置 2 排上倾的受拉锚杆，1 排下倾的受压锚杆，3 排锚杆都需进行应力监测。根据受拉锚杆长度沿深度方向每根设置 3～4 支锚杆应力计，其中最上排锚杆中 1 支锚杆应力计常布置于梁体内，了解锚杆在梁体内受力情况；而下倾受压锚杆，常沿深度方向在锚入岩石部分每根设置 2 支锚杆应力计。图示为常规布置方式，不同的锚固形式也采用不同的监测布置方式。如溧阳抽蓄电站，由于厂房地质条件较差，在岩壁吊车梁受拉锚杆和受压锚杆间过渡区增加了一排水平向锚杆，监测布置时在水平向锚杆也布置了 1 支锚杆应力计[7]。

压应力计监测壁座受压应力情况。根据梁体结构应力计算成果布置在受力最敏感部位，通常在壁座表面布置 2～3 支压应力计。

单向测缝计监测梁体与岩壁之间的接缝开合度。根据岩壁吊车梁规模，常在梁体与岩壁立面接合部位的上部和下部分别设置 1 支测缝计，在梁体与壁座中上部垂直岩壁设置 1 支测缝计。

钢筋计、应变计组及无应力计监测梁体结构应力应变情况。钢筋计监测梁体钢筋应力，应变计组和无应力计监测梁体混凝土应力应变。钢筋计常布置于梁顶轨道附近的纵向筋和环向筋，以及梁体岩壁侧纵向筋和环向筋上；应变计组和无应力计根据吊车梁规模而定，一般不设置，如设置，常布置在梁体中部和牛腿区域，如溧阳抽蓄电站在吊车梁中部布置了四向应变计组和无应力计。

4 结语

笔者对抽蓄电站厂房监测设计工作进行系统性思考，借鉴十余座抽蓄电站厂房监测设计工程实践，深入分析，总结提出了厂房系统监测设计方法，为类似工程安全监测设计提供参考。此外，关于厂房监测设计，有以下几点建议或想法：①在开展厂房监测设计工作时，各设计院在监测部位和典型断面选择上基本一致，但在仪器的种类及数量和位置的选择上有一定的差异性，主要原因在于各自的设计理念或习惯不同，应对已建电站和在建电站加以总结，制定专门的厂房监测设计规范，以指导和规范厂房监测设计工作；②监测仪器选择和布置应做到少而精，突出重点，相互验证，不应求全、求多、求新；③应加强施工期监测数据采集和资料分析，切实发挥优化设计和指导施工的作用。

参考文献

[1] 张秀丽，杨泽艳. 水工设计手册：第 11 卷 水工安全监测 [M]. 2 版. 北京：中国水利水电出版社，2013.
[2] 王盛，王怀良. 浅谈惠州抽水蓄能电站地下建筑物安全监测设计 [J]. 水利规划与设计，2004：25-29.
[3] 张彬，高平. 深圳抽水蓄能电站安全监测设计和施工中若干问题的探讨 [J]. 红河水，2019，38 (6)：5-8.
[4] 彭立斌，任建钦，徐岩. 荒沟抽水蓄能电站招标阶段安全监测设计优化 [J]. 水利科技与经济，2012，18 (10)：98-99，110.
[5] 支旭，吕风英，刘占海. 丰宁抽水蓄能电站（一期）地下厂房开挖期阶段性安全监测分析 [J]. 陕西水利，2019 (12)：169-172，176.
[6] 张殳，朱海龙. 辽宁省桓仁抽水蓄能电站安全监测设计 [J]. 东北水利水电，2011，29 (3)：11-14.
[7] 杨弘，夏锋，聂辉，等. 溧阳抽水蓄能电站地下厂房岩壁吊车梁监测设计与施工期监测资料分析 [J]. 大坝与安全，2014 (5)：35-44.

抽水蓄能电站500kV智能开关站的组网研究

徐展鹏　羊　鸣

（中国电建华东勘测设计研究院有限公司，浙江省杭州市　311122）

【摘　要】建设智能型抽水蓄能电站是未来的发展方向，结合IEC 61850标准体系，本文研究了抽蓄电站中500kV智能开关站监控保护系统的MMS \ GOOSE网络结构和组网方案，分析了组网设备的设计和配置，介绍了VLAN、GMRP组播及通信冗余等网络技术。

【关键词】智能型抽水蓄能电站　智能开关站　组网方案　网络技术

1　引言

随着可再生能源的迅猛发展，在电网中占比的不断提高，目前电网面临着大功率远距离输电、微电网发展迅猛、新能源接入爆发式增长的新情况，作为电网中承担主要调峰、调频，以及事故备用任务的抽水蓄能电站，面对新时代电网发展形势，对抽水蓄能机组的响应速度、功率调节、运行方式、安全等级等要求不断提高，必须不断提升机组的智能化建设和运维水平。

随着大数据、云计算、物联网以及人工智能等新技术的发展，在国家推出"新基建"的战略下，建设数字化、信息化、智能化的电站已成为新趋势。开关站作为抽水蓄能电站与电网的连接，是接受电网控制调度的枢纽部位，同时鉴于智能化变电站在电网中的成熟运用，将抽水蓄能电站开关站首先进行智能化设计和建造，具有必要性，并且因为技术较为成熟可靠，也具有可行性。

本文以采用四角形接线的智能开关站为例，对其总体设备配置进行了介绍，对站控层、间隔层和过程层设备的组网方式进行了探讨，并针对常用的网络技术进行了研究。

2　智能开关站总体方案介绍

智能开关站是智能抽水蓄能电站的重要组成部分，配置智能终端、智能测控装置以及智能保护装置，实现对500kV开关站设备的监测，控制以及保护功能。抽水蓄能开关站计算机监控系统应符合IEC 61850，在功能逻辑上由站控层、间隔层、过程层三层网络结构组成。

站控层由监控主机（兼操作员工作站、工程师工作站）、数据通信网关机、综合应用服务器、数据服务器及网络打印机等设备构成，提供站内运行的人机联系界面，实现管理控制间隔层、过程层设备等功能，形成全站监控、管理中心。

间隔层由保护、测控、计量、录波、网络记录分析、相量测量等若干个二次子系统组成，在站控层及网络失效的情况下，仍能独立完成间隔层设备的就地监控功能。

过程层由智能终端等构成，完成与一次设备相关的功能，包括实时运行电气量的采集、设备运行状态的监测、控制命令的执行等。过程层网络与站控层、间隔层网络完全独立。

3　系统组网方式

抽水蓄能电站开关站计算机监控系统采用以太网组网，以太网有总线型、星型和环型三种基本拓扑结构网，其中：总线型结构有较好的扩展性，安装成本低，网络结构简单，但是传输速度较慢，因为要经过若干交换机而产生延时，若中间有台交换机故障，则导致之后的线路瘫痪，因此其运行的稳定性和可靠性最低；环型网络具有较好的冗余性，当网络中一台交换机损坏时，不影响整个网络的工作，因此有较高的可靠性，并且其使用的交换机数量也较少，但是扩展性较差，其网络结构也较复杂，网络中对报文的延时时间不确定，并且有遇到网络风暴的危险，对交换机的要求较高，综合来看，环型网络设备投入和安装成本最高，同时运行方面的可靠性和稳定性较高；相对以上两种结构而言，星型网络结构总体优点比较突出，其网络结构简单，便于维护，报文经过的交换机数目相同，因此其延时时间固定，并且不用担心网络风暴的威胁，兼顾有较好的扩展性和高可靠性的特点[1]，设备投入和安装运行成本也适宜。鉴于此，星型网络结构是较好的选择，也是目前智能变电站网络应用最多的网络结构。

典型的星型网络结构有共享星型双网和独立星型单网两种。共享星型双网是装置同时接入A网和B网，装置共用双套网络。独立星型单网是二套装置分别接入A网和B网中，一套装置只能与一个网络连接，两个网络彼此独立。鉴于抽水蓄能电站500kV开关站的重要地位以及设备分布情况，站控层网络宜采用共享星型双网，过程层网络宜采用独立星型单网方式。

4　系统设计和网络配置

以采用两进两出四角形接线的抽水蓄能电站为例，开关站设置了4个断路器间隔，2个线路间隔，2个主变联合单元开关站侧间隔。每个断路器间隔设置2台智能终端，每个智能终端接入过程层GOOSE网的AB网。智能测控装置按开关站间隔配置，4个断路器间隔，2个线路间隔，2个主变联合单元开关站侧间隔，每个间隔各配置一套智能测控装置，另外开关站公用设备也配置一套智能测控装置，共9套。继电保护系统主要包括2套500kV线路保护，2套500kV短线保护，4套500kV断路器保护，每套保护（包括断路器保护）均采用双重化配置。智能测控、智能保护等设备采用GOOSE网对开关进行分、合闸操作并采集相应信号，开关站监控系统通过MMS网对开关和保护进行信息采集和操作控制。另配置1套智能网络记录分析装置，主要包括采集单元，记录单元和分析单元，同时采集GOOSE网和MMS网上传的信息，对网络报文进行有效的监视、记录和诊断。

传统的抽水蓄能电站开关站一般不设单独的监控系统。若采用智能开关站，则可设置一套单独的开关站监控系统，包括了站控层、间隔层和过程层三个部分。在这样的情况下，电站监控系统和开关站监控系统的职责分配和交互方式值得探讨，本文对此进行了如下设想。

可将开关站监控系统划定为涉网区域，而电站监控系统则划定为非涉网区域。作为涉网区域，开关站监控系统直接对电站接入电网一、二次设备进行实时监控，使用调度数据网，与其他厂站和调控中心紧密关联。开关站可以作为电站与电网之间的信息枢纽，接收电网的调度指令下发给电站监控系统，并接受电站的状态信息上传给电网调度。因此与调度相关的工作站、系统软件以及通信设备等可部署于开关站监控系统中，开关站与电站的监控系统之间可以采用网络通信加专用安全防护设备的方式进行连接。

4.1　站控层网络配置

站控层设备通过网络与站控层其他设备通信，与间隔层设备通信，传输MMS报文和GOOSE报文。站控层网络采用双重化星形以太网络。

（1）站控层交换机采用100Mbps电（光）口，站控层交换机与间隔层交换机之间的级联端口宜采用光口，当站控层交换机与间隔层交换机布置位置较近时，可采用电口。

（2）站控层设备通过两个独立的以太网控制器接入双重化站控层网络。

4.2　间隔层网络配置

间隔层设备通过网络与本间隔其他设备通信、与其他间隔层设备通信、与站控层设备通信，可传输MMS报文和GOOSE报文。间隔层网络宜采用双重化星形以太网络，间隔层设备通过两个独立的以太网控制器接入双重化的站控层网络。

（1）间隔层交换机宜采用100MB/s电（光）口，间隔层交换机之间的级联端口宜采用100MB/s端口，间隔层交换机与站控层交换机之间的级联端口宜采用光口，当间隔层交换机与站控层交换机布置位置较近时，可采用电口。

（2）间隔层交换机按设备室配置。

4.3 过程层网络配置

过程层网络完成间隔层与过程层设备、间隔层设备之间以及过程层设备之间的数据通信，可传输GOOSE报文和SV报文。根据国家电网设备〔2018〕979号《国家电网有限公司十八项电网重大反事故措施（修订版）》的要求“330kV及以上和涉及系统稳定的220kV新建、扩建或改造的智能变电站采用常规互感器时，应通过二次电缆直接接入保护装置。”故在采用常规互感器的抽水蓄能电站500kV开关站过程层网络中不设SV网络。

（1）500kV电压等级应配置GOOSE网络，网络采用星形双网结构。

（2）双重化配置的保护装置应分别接入GOOSE网络，单套配置的测控装置宜通过独立的数据接口控制器接入双重化网络。

（3）过程层交换机与智能设备之间的连接及交换机的级联端口均宜采用100MB/s光口，级联端口可根据情况采用1000MB/s光口。

5 系统组网技术

相比于传统开关站利用电缆电线传递电信号来进行信息交互的方式，智能开关站主要采用了通信协议、交换机及光纤或网线等网络设备和技术来进行信息的建模和交互，将信息的形式变成了网络通信中的字节流。网络技术的应用成为了智能开关站的核心内容，电力通信系统中常用的有VLAN、GMRP和通信冗余等技术。

5.1 交换机VLAN划分

虚拟局域网VLAN（Virtual Local Area Networ）[2]是对OSI参考模型的第二层链路层进行逻辑划分，在同一个VLAN区域内的报文可以相互传输，不同VLAN内的报文不能通过同层来传输，只有通过第三层网络层的路由器来实现传输。通过将局域网内的设备逻辑地划分成不同网段，从而实现组建虚拟工作组的技术，达到减少碰撞和广播风暴、增强网络安全性以及优化网络性能和管理。

VLAN可以把变电站内的设备逻辑划分为不同的区域段，这样的划分不受设备物理安装位置的限制，因此同一个VLAN可以跨越几个交换机之间，在原始的网络中划分VLAN之后，减小了广播域，可以使网络风暴只限制在一个VLAN的范围内，VLAN划分的方法提高了报文过滤与转发的性能。

VLAN的划分主要有3种方法：

（1）基于交换设备端口的VLAN划分：把一个或多个交换机上的几个端口划入到一个VLAN，这是最有效也是最简单的划分方法。该方法只要求网络管理员对交换机端口进行分配，不用考虑该交换机端口所连接的智能设备。

（2）基于MAC地址的VLAN划分：MAC地址是指网卡的标识符且是唯一且固化在网卡上的。网络管理员按照需要把一些设备的MAC地址划分为一个VLAN。

（3）基于路由的VLAN划分：该方法需要特定的网络设备路由器和路由交换机（即三层交换机），路由协议工作在网络层，该方式允许一个VLAN跨越多个交换机或一个端口位于多个VLAN下。

开关站内智能设备一般不存在位置移动变更的问题，根据IEC 61850标准，GOOSE报文直接映射到链路层，没有3层报文封装结构，因此采用基于端口划分VLAN是比较合适的方式，根据实际需求，一个端口可按要求划分在不同VLAN中。因此基于端口的VLAN划分模式是最简单有效的方法，基于端口的VLAN划分模式是从逻辑上把交换机按照端口划分成不同的虚拟局域网络，使其在所需的局域网络中流通。因为只有一个电压等级，不需要先按电压等级来进行分组，可以直接按照间隔进行分组，根据接收信息的需要，某些端口可以设置为属于多个VLAN，使得某些装置可以接收多个VLAN信息。

5.2 通信组播技术（GMRP）

为了有效满足开关站通信的实时性要求，IEC 61850协议中电力系统通信采用基于发布/订阅

(Publish/Subscribe，P/S）通信模式，可以在各通信节点之间形成点对多点的直接通信。目前，以太网中有3种网络传输方式能用于实现P/S通信模型：单播、广播和组播。单播即点对点通信；广播即使用广播地址向广播域内的所有成员广播数据；组播即一个组播源使用组播地址向加入该组的所有成员发送数据。因为过程层网络上传输的大部分数据都是组播，而组播不加过滤的话，交换机会把它和广播一样处理，因此，这就需要我们对组播进行有效的管理和过滤，以减少网络负载，提高网络的效率，降低网络上的延时等。因为智能开关站中GOOSE报文没有第3层网络层，因此只适合第2层组播技术。而GMRP是纯第2层组播协议，可扩展性好，转发速度快，可靠性高，支持的组数量多，适用于电力系统通信。

GMRP，即基于组播注册协议（GARP Multicast Registration Protocol，GMRP)，是基于GARP的多播注册协议，主要用于交换机维护中的多播注册信息[3]。所有支持GMRP特性的交换机都能接受来自其他交换机中的动态组播注册信息，来动态的更新本机的组播注册信息。同时也能够将本机的在组播注册信息向其他交换机传播，以使同一子网内所有支持GMRP特性的设备的组播信息达成一致。该信息交换机制保障了同一交换网络中所有支持GMRP的设备维护一致性。GMRP不需要对交换机进行复杂配置，仅要求交换机具备支持GMRP功能，有利于系统扩建、改建，能够显著降低运行维护的难度。

当一台装置想加入某个多播组时，首先发出GMRP加入报文，交换机将接到的GMRP加入报文的端口加入该多播组，并在VLAN中广播该GMRP加入报文，VLAN中的多播源就知道了多播成员的存在。当组播源向组播组发送组播报文时，交换机只把该报文从先前加入到该组播组的端口转发出去，从而实现VLAN内的二次组播。此外，交换机会周期性发送GMRP查询，如果装置想留在组播组中，就会响应GMRP查询，在这种情况下交换机不进行任何操作，如果装置不想留在组播组中，既可以发送一个释放消息也可以不响应GMRP查询，一旦交换机收到装置的释放消息或者计时器设定期间没有收到响应消息，便从组播组中删除该装置。

5.3　通信冗余技术

为了提高智能开关站的可靠性，增强通信网络的容错性，需要采用冗余措施，例如增加传输链路或增加网络设备来提高网络的冗余程度。通信冗余技术有热备用和双网独立等方式。

网络热备用方式，需要将智能设备的两个节点设置成同一个IP地址或MAC地址，设备的节点1端口连接到交换机A上，其设定为接收数据，作为主要传输数据的设备，设备的节点2端口连接到交换机B上，其接收数据的使能端设定为不接收数据，作为备用端口。交换机B的端口作为交换机A端口的热备用，当检测到主接收设备的链路出现问题的时候，立刻改变备用链路的使能状态，使其能够发送接收数据，排除主链路故障后作为备用且不再作切换。

双网独立方式，因为采用独立的两个网络，智能设备的两个节点可具有不同的IP地址或MAC地址，任意1个通信链路故障时都不影响设备发送数据，从而实现故障对链路零影响，所以可靠性和稳定性很高。不过由于2个通信链路中报文的发送与被接收解码不停地重复，明显加重了网络和节点的负担。同时接收方必须能够识别重复的报文以避免对同一报文反复响应。

智能开关站站内通信设备较多，网络中传输数据量也较大，采用主备双端口方式一般也可以满足可靠性要求，所以常采用网络热备用方式。

6　结语

抽水蓄能电站智能开关站组网方案的选择，对于电站运行的安全性，可控性以及稳定性有重要影响。智能开关站的使用是工业互联网的一种体现，其以IEC 61850协议为核心，将多种网络技术集成应用，使网络化和信息化成为其核心特征。今后随着网络技术的发展以及抽水蓄能智能开关站建设的推进，将继续跟踪其技术进步和实际应用情况，不断完善智能开关站组网技术的研究工作。

参考文献

[1] 梁国坚，段新辉，高新华．数字化变电站过程层组网方案 [J]. 电力自动化设备，2011，31 (2)：94 - 98.
[2] 李鹏，李洪凯，朴在林，等．基于 IEC 61850 标准的智能变电站过程层组网技术研究 [J]. 东北电力技术，2016，37 (3)：52 - 55.
[3] 李晶，段斌，周江龙，等．基于 GMRP 的变电站发布/订阅通信模型设计 [J]. 电网技术，2008 (16)：16 - 21.

抽水蓄能电站地下厂房排水系统设计方案选择及研究

汪德楼[1]　和　扁[1]　陈顺义[1]　过美超[2]
（1. 中国电建集团华东勘测设计研究院有限公司，浙江省杭州市　311122；
2. 浙江新境生态环保科技有限公司，浙江省杭州市　311100）

【摘　要】抽水蓄能电站地下厂房排水系统是电站安全稳定运行的重要环节。地下厂房排水系统的设计方案主要有利用水泵将厂房渗漏水及机组检修排水抽排至厂房区域以外和开挖排水廊道将厂房渗漏水及机组检修排水引入排水廊道后自流排至厂区外较低高程处两种方案。本文从电站安全稳定运行及经济投资等方面对地下厂房排水系统方案进行比较，为类似电站排水系统的设计提供参考。

【关键词】抽水蓄能电站　渗漏排水　机组检修排水　自流排水洞

1　引言

抽水蓄能电站一般水头/扬程较常规水电站要高，加之可逆式机组水泵工况的空化系数一般比较大，在选定机组安装高程时，需留有足够的淹没深度，确保水泵水轮机在运行中不发生空化，因此抽蓄机组的埋深较常规机组要大，国内外抽蓄电站大多为地下厂房。为确保抽水蓄能的电站安全稳定运行，防止发生水淹厂房事故，地下厂房排水系统的设计方案尤为关键和重要。

2　排水系统简介

地下厂房排水系统由两部分组成：一为机组检修排水系统；二为厂房渗漏排水系统。根据规范要求[1]，从电站安全运行出发，两个系统应分开设置。

机组检修排水系统排水主要有球阀后压力钢管、蜗壳、尾水管、尾水闸门前尾水洞内积水及下游尾水闸门、球阀漏水。在上游输水系统和下游输水系统检修时，也可以用来排除输水系统内的积水及上下游闸门的漏水。

厂房渗漏水主要包括地下厂房围岩渗水和输水系统渗水，机组顶盖排水，部分公共机电设备冷却排水，SFC 功率柜及变压器冷却排水，水泵和管路漏水以及其他一些辅助设备的漏水、排水等。

3　排水系统设计及方案选择

地下厂房排水的方案主要有两大类：一为自流排水洞排水方案；二为采用排水泵强迫排水的方案。两种排水方式各有优缺点，电站设计阶段需要结合电站地形条件、业主要求等从电站安全稳定运行及经济投资等方面对排水方式进行详细比选后确定最合适的排水方案。

排水方式的选择与电站的地形条件有关，若电站地形条件许可，可在低于电站尾水管底部高程的位置设置自流排水洞，机组需要检修时，球阀后压力钢管、蜗壳、尾水管、尾水闸门前尾水洞内积水及下游尾水闸门、球阀漏水等均可通过设置在厂房内部的检修放空管将积水放空至自流排水洞后自流排出厂外。该种排水方式安全可靠，是防止电站发生水淹厂房事故的重要措施之一[2]，有条件时宜优先考虑。国内已在建工程，如天荒坪抽水蓄能电站、宝泉抽水蓄能电站、长龙山抽水蓄能电站、金寨抽水蓄能电站、广蓄二期抽水蓄能电站、惠州抽水蓄能电站等均采用该种排水方式。

部分抽水蓄能电站周边无低于尾水管底板高程的自动排水洞出口，无法采用自流排水洞方案，就必须采用利用排水泵强迫排水的方案了。水泵强迫排水方案排水出口可选择方案有：①尾水调压井；②尾水事故闸门后的尾水支管；③地下洞室的排水廊道（一般为顶层排水廊道，然后自流至厂外）；④下游水库[3]。

4 工程实例

福建某抽蓄电站为日调节的纯抽水蓄能电站，电站毛水头/扬程范围为 392～454m，电站吸出高度 −72m，电站机组为单级可逆式混流水泵水轮机。

根据厂区枢纽布置，结合厂区地形、地质条件，初拟两个排水系统布置方案进行比选。方案一采取自流和抽排相结合的方式；方案二采取全自流排水的方式。

4.1 排水方案介绍

（1）排水系统布置方案一。方案一设置排水管道竖井及地下厂房排水洞，厂内渗漏水排出采取自流和抽排相结合的方式：上层排水廊道渗漏水经地下厂房排水洞直接自流排出厂外；中层、下层排水廊道渗漏水集中汇至集水井，采用抽排的方式经排水管道廊道、排水管道竖井、地下厂房排水洞排出厂外；机组检修排水采用抽排的方式经 1 号机尾水洞、尾闸室、排水管道廊道、排水管道竖井、地下厂房排水洞排出厂外。

（2）排水系统布置方案二。方案二设置自流排水洞，自流排水洞厂房端与下层排水廊道相接，出口位于厂外，排水洞全长 4300m，厂内渗漏水集中至下层排水廊道再经自流排水洞排出厂外。

4.2 方案比选

（1）土建布置。方案一排水管道竖井工程量较小，在较高高程位置开挖地下厂房排水洞。方案二需要从厂房底部开挖长度为 4300m 的自流排水洞及 500m 长施工支洞、出口 0.6km 长施工道路，工程量较大。从土建角度分析，方案一较优。

（2）机电布置。方案一机组检修排水系统水泵布置在检修排水泵房内，渗漏排水系统水泵布置在尾闸室排水泵房内，检修排水总管和渗漏排水总管在进入排水管井前联通，互为备用；方案二机组检修排水和厂房渗漏排水直接通过排水廊道排出厂外，不需设置排水泵。从机电角度分析，方案二除少量管路外，无机电设备投资，相对较优。

（3）设备运行维护。方案一机组渗漏排水泵每天需要间断启停，机电设备需要定期检修维护，集水井底部容易堆积泥沙等，需要不定时清理。方案二无水泵、配套电机及控制设备，基本上不用检修维护。若电站发生水淹厂房事故，自流排水洞方案无水泵、电机等设备损坏的可能性，且自流排水洞方案排水流量大于水泵抽排方案，若发生水淹厂房事故，能迅速排空厂房内积水。从电站的运行维护及安全性等方面来看，方案二较优。

（4）可比投资。两方案可比投资见表 1。从表中可以看出，方案一工程一次性投资为 2138.8 万元；方案二工程一次性投资为 3198.7 万元。从投资角度分析，方案一较优。

表 1 **两方案可比投资比较表** 单位：万元

编号	项目名称	方案一	方案二
1	建筑工程	1734.1	3078.3
1.1	尾闸洞加长、集水井	638.5	—
1.2	排水管道廊道及竖井	20	—
1.3	排水洞	1075.6	3078.3
2	机电设备及安装工程	404.7	60.1
2.1	排水管路（管件）	213.6	35.1
2.2	水泵	106.4	—
2.3	阀门	84.7	25.0
3	一次性投资合计	2138.8	3198.7

（5）耗能分析。方案二不需设置排水泵，能耗为 0。方案一在电站设计寿命周期内耗能 9945 万 kW·h（见表 2），运行能耗费约为 7458.8 万元，方案二较优。

表 2　方案一耗能表

水泵名称	渗漏排水泵	检修排水大泵	检修排水小泵
水泵参数	$Q=550m^3/h$；$H=68m$	$Q=357m^3/h$；$H=47m$	$Q=80m^3/h$；$H=50m$
电机功率/kW	150	90	22
年运行时间/h	4380	12	720
运行方式	3主2备	2主	1主1备
年耗能/(万 kW·h)	197.10	0.22	1.58
年耗能/(万 kW·h)	198.90		
上网电价/[元/(kW·h)]	0.75		
设备寿命/a	50		
运行耗能费用/万元	7458.8		

4.3 比选结论

从以上分析可知，两个方案技术上均为可行方案，方案一虽然工程一次性投资较省，但是机电设备运行维护量大，且电站运行寿命内能耗较大；方案二工程一次性投资相对较大，但无排水设备能耗损失，而且自流排水方式相对安全可靠。

考虑方案一在设备运行寿命周期内的运行能耗费用远大于工程一次性投资，并考虑到自流排水方式相对可靠安全。因此推荐方案二为排水系统布置的选定方案。排水方案的选定需考虑建设单位的意见，若建设单位一次性投资资金压力较大，也可选择方案一。

5 结语

排水系统的设计事关水电站的安全稳定运行，是降低电站水淹厂房风险重要手段之一，在电站设计过程应引起足够的重视，抽水蓄能电站地下厂房埋深较大，地下厂房排水系统的可靠运行尤为重要。在地形条件允许的条件下宜优先选用自流排水设计方案。

若地形条件不允许，排水泵设计流量需按规范要求留有足够备用容量，并选用设计成熟、结构安全的排水设备及阀门。

参考文献

[1] NB/T 10072—2018 抽水蓄能电站设计规范 [S].

[2] 陈源，胡清娟，蒋明东，等. 大型抽水蓄能电站防水淹厂房事故演算与风险分析 [J]. 水力发电，2019，45 (4)：84-87.

[3] 谢永兰. 抽水蓄能电站排水系统设计分析 [J]. 西北水电，2016 (5)：73-75.

丰宁抽水蓄能电站输水系统布置设计

何 敏 刘 蕊 钱玉英

（中国电建集团北京勘测设计研究院有限公司，北京市 100024）

【摘 要】 丰宁抽水蓄能电站总装机容量3600MW，分两期开发，一期、二期工程装机容量分别为1800MW，是目前世界上已建、在建工程中装机容量最大的抽水蓄能电站。电站由上水库、输水系统、地下厂房系统、蓄能专用下水库及拦沙库等建筑物组成。本文主要介绍丰宁抽水蓄能电站一期、二期工程输水系统各建筑物的布置形式。

【关键词】 丰宁抽水蓄能电站 输水系统 布置

1 引言

丰宁抽水蓄能电站位于河北省承德市丰宁满族自治县境内，距北京市区的直线距离180km，距承德市的直线距离150km。电站总装机容量3600MW，分两期开发，电站建成后以500kV一级电压、四回出线接入系统，在京津及冀北电网中承担调峰、填谷、调频、调相、负荷备用、紧急事故备用等任务；同时根据系统需要配合风电运行、适时储能。电站枢纽建筑物包括上水库、输水系统、地下厂房系统、蓄能专用下水库及拦沙库等，工程等别为Ⅰ等，工程规模为大（1）型。电站采用中部开发方式，地下厂房内布置10台单机容量300MW的定速机组和2台单机容量300MW的变速机组，共设有6套独立的输水系统。一期、二期工程输水系统水平长约3042m、3228m，距高比7.2、7.6，额定水头425m。

2 输水系统地质条件

输水系统位于滦河左岸上、下水库之间的山体内，布置于鞭子沟、拐子沟沟首与榆树沟之间的山脊，二期工程输水系统（4号、5号、6号）位于一期工程输水系统（1号、2号、3号）南侧。地势上总体呈斜坡状，西南低，东北高，沿线穿越榆树沟、拐子沟、鞭子沟三条较大冲沟的沟脑部位。以引水调压室附近发育的不整合界面（F6断层）为界，上游岩性为微风化熔凝灰岩、凝灰熔岩、凝灰岩，下游为中粗粒花岗岩，其中二期引水隧洞穿越榆树沟沟脑部位，上覆岩体厚度74～194m。整个输水系统围岩以Ⅲ类为主，局部断层及影响区域为Ⅳ～Ⅴ类。

3 输水系统布置

输水系统由引水系统和尾水系统两部分组成，均采用一洞两机布置方式。引水系统建筑物包括上水库进/出水口、引水事故闸门井、引水隧洞、引水调压室、高压管道（包括主管、岔管和支管）。尾水系统建筑物包括尾水支管、尾闸洞、尾水混凝土岔管、尾水调压室、尾水隧洞、尾水检修闸门井和下水库进/出水口等。一期工程输水系统总长3232m，引水系统长2182m，尾水系统长1050m；二期工程输水系统总长3456m，引水系统长2323m，尾水系统长1133m。

4 输水系统建筑物主要设计特点

4.1 上、下水库进/出水口体型及设计优化

4.1.1 上水库进/出水口

一期、二期工程上水库进/出水口并列布置于上水库筑坝料料场开挖平台处，间距30m，采用侧式进/出水口。一期工程3个进/出水口中心线间距均为27.22m，中心线方位角NE56°，进/出水口底板高程1444m，二期进/出水口布置与之相同。为保证进/出水口水流顺畅，设明渠与上水库库底相连，明渠段沿

发电水流方向依次为：引渠段、反坡段、连接段。引渠段底高程 1457.00m，连接段高程 1442.00m，长 10m，反坡段坡比 1：8，长 120m，一期、二期进/出水口共用明渠。

经水工模型试验验证，上水库进/出水口原方案拦污栅部位及明渠出现旋涡和环流现象（见图 4），经分析原因后对进/出水口进行了优化设计：①将防涡梁与拦污栅槽中心线间距由 1.90m 减小至 1.05m，如图 1 所示；②将明渠出口段扩宽，由 242m 调整为 310m，如图 2 所示；③明渠末端设置跌坎，1457.00m 平台宽 5m，坎后高程 1454.00m，如图 3 所示。经过设计优化后，进/出水口及明渠段无漩涡及环流（见图 5），水力学条件较好，满足各工况运行要求。

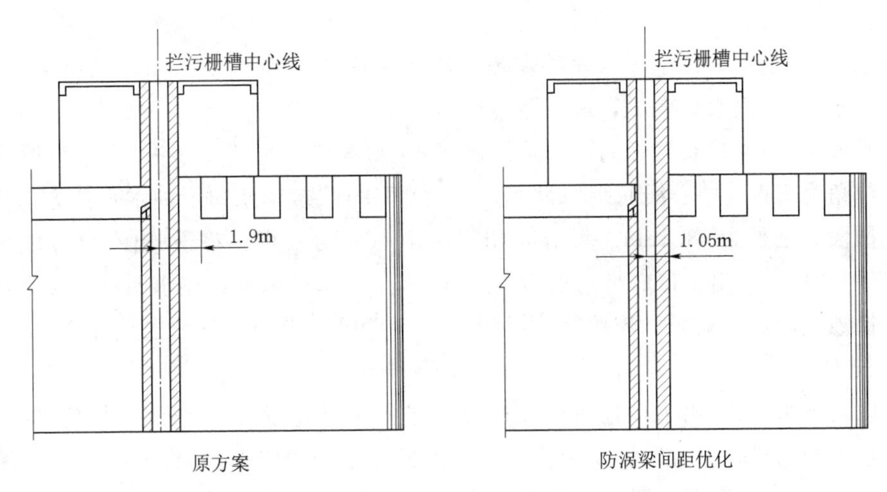

图 1　防涡梁与拦污栅槽中心线间距调整

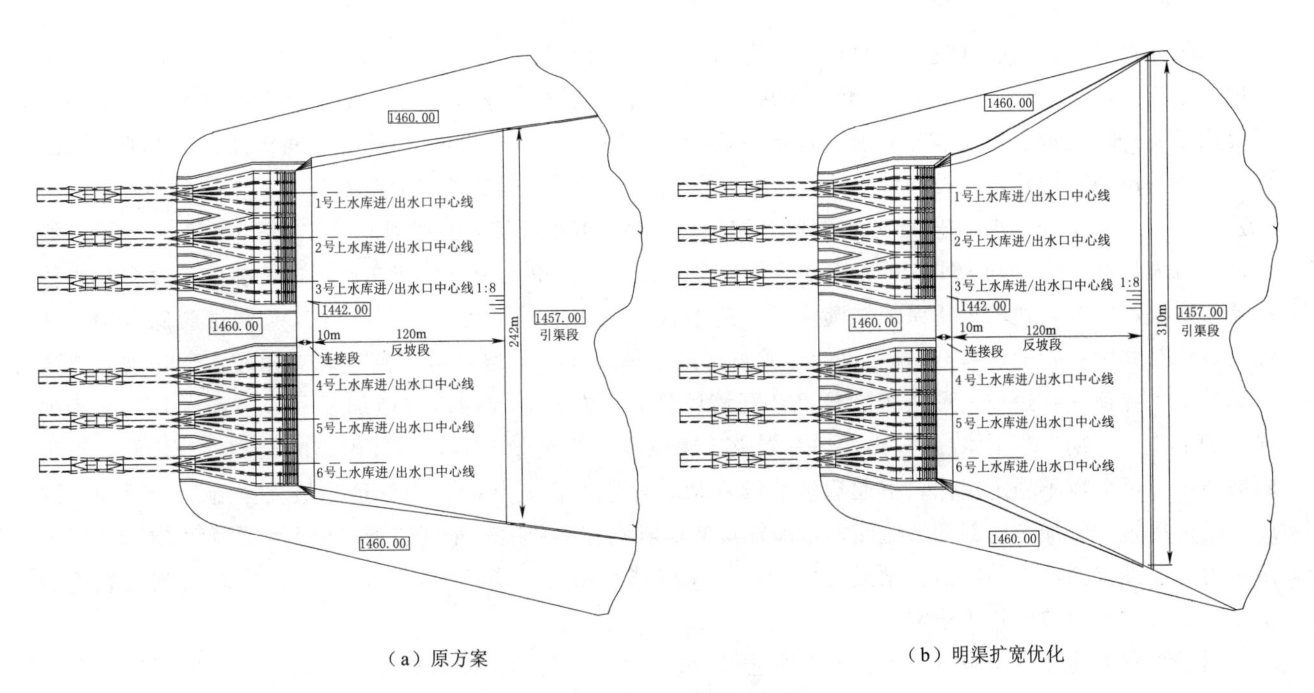

图 2　进/出口明渠宽度调整

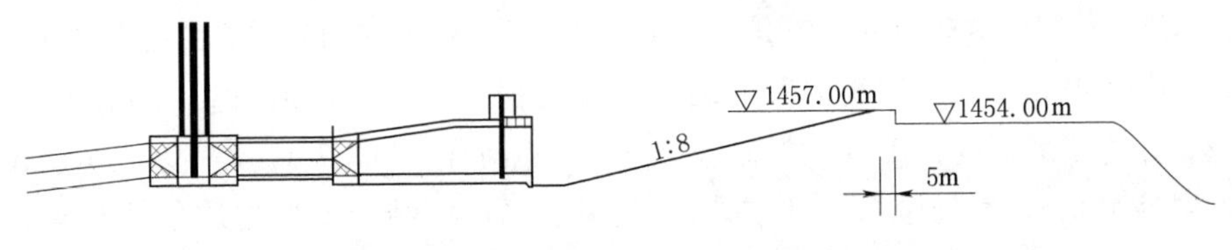

图 3　1457.00m 高程岩坎优化纵剖面

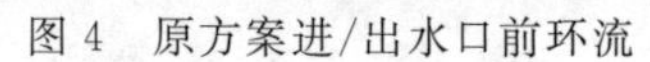

图4　原方案进/出水口前环流

图5　优化方案后进/出水口前过流

4.1.2　下水库进/出水口

一期工程下水库进/出水口位于下水库的左岸，距下水库拦河坝约2.5km，二期工程下水库进/出水口位于一期工程下水库进/出水口南侧，最短距离约为300m。

两期工程下水库进/出水口布置相同，均采用侧式进/出水口。每期3个进/出水口体型相同，并列布置，其中心线方位角为EW，中心线间距均为27.22m。下水库进/出水口沿抽水水流方向依次为：防涡梁段、调整段、扩散段，全长为63.15m。每个进/出水口设3个分流墩，将进/出水口分成4孔，孔口尺寸为5m×10m（宽×高），进/出水口底板高程为1026m。进/出水口末端设尾水明渠连接下水库，沿抽水水流方向依次为：拦沙坎段、反坡段、连接段。拦沙坎坎顶高程1040m，反坡段坡比1∶4，长56m，连接段高程1024m，长10m。

施工详图阶段对下水库进/出水口拦污栅提栅方式进行了优化设计，考虑下水库有蓄能专用下水库，污物来源少，将永久的门机提栅方案调整为临时设备提栅方案，相应将进/出水口上方拦污栅检修平台高程由1069m降至1047m，并取消了两端交通桥布置，节省了工程投资，亦有利于现场施工进度安排。

4.1.3　进/出水口边坡

上水库进出水口洞脸开挖边坡总体方位为NW325°，开挖坡比为1∶0.75，每20m设一级马道，最大边坡高度为136m。基岩主要为弱风化、微风化凝灰熔岩，岩石完整性好，主要为次块状结构，边坡采用系统锚喷支护。边坡开挖过程中，在1543m高程出露断层f2001～f2004，断层之间出露闪长岩脉δ202，可形成大的不稳定块体，经复核计算后，该断层区域增加了网格梁、预应力锚索等加强支护措施。

一期、二期工程下水库进/出水口洞脸开挖边坡总体方位为EW，开挖坡比为1∶0.5，每20m设一级马道，最大边坡高度分别为133m、125m。基岩主要为干沟门单元中粗粒花岗岩，边坡裂隙较发育，岩体主要为次块状结构，边坡采用系统锚喷支护。边坡开挖过程中，边坡出露NE和NW两组裂隙（中、陡倾角，均为共轭剪切节理），组合后可能形成不稳定块体，NW组裂隙与左侧边坡夹角较小，边坡沿NW组裂隙产生卸荷，在边坡上形成张裂缝，经复核计算后，左、右两侧边坡增加了厚板、预应力锚索等加强支护措施。一期工程下水库进/出水口左侧边坡圆弧段开挖至1030m，边坡出露断层f1和f10，与NW向裂隙组合可形成不稳定块体，引起边坡持续变形，处于不稳定状态，为保证边坡安全施工，现场采取以下处理措施：①加密内部变形监测，增加外观变形监测和平台裂缝宽度监测，监测频次为4次/d；②采用重力式混凝土挡墙＋预应力锚索进行固脚，在完成挡墙第一层浇筑后，边坡监测、表观监测及裂缝数据已趋于收敛，边坡已趋于稳定。

通过采取上述加固措施后，上、下水库进/出水口边坡已全部开挖支护完成，边坡监测数据均已趋于收敛，边坡围岩处于稳定状态。

4.2　引水调压室布置调整

一期、二期工程引水调压室分别位于各引水隧洞末端，采用带上室的阻抗式结构形式。一期工程引水调压室上室为圆形，内径18m，采用钢筋混凝土衬砌，底板高程1504.0m，顶板高程1520.5m，调压室平台高程1520.2m；竖井为圆形，内径10m，衬砌厚0.8m，底高程1399.9m，高104.1m；底部隧洞中心线高程1395.6m，洞径7.0m，衬砌厚0.8m。二期工程引水调压室结合地形地质条件布置为地面上室式调压室，4号、5号上室底板高程1500.0m，顶板高程1520.0m，调压室平台高程1504.7m，出露地面高度15.3m；6号上室底板高程1487.0m，顶板高程1520.0m，高程1504.7m处设交通平台与4号、5号调压室平台相连，方便运行管理，上室总高度 33m，内径 18m，采用钢筋混凝衬砌；竖井为圆形，内径 10m，衬砌厚 0.8m，底高程 1398.8m，高 101.2～88.2m；底部隧洞中心线高程 1395m，洞径 6m，衬砌厚 0.8m；上室外壁设保温层，内壁设防渗层，以解决严寒地区明上室抗冰冻和渗漏问题，确保结构安全稳定运行。一期、二期工程引水调压室顶部均设置钢结构盖板，替代以往钢筋混凝土板梁结构，便于施工，有利于工程安全。

随着一期引水调压室底部隧洞开挖，揭示出断层 F6（不整合界面）出露范围：1 号引水隧洞桩号 S1 1+102.5～S1 1+107.5m、2 号引水隧洞桩号 S2 1+084～S2 1+089m、3 号引水隧洞桩号 S3 1+051～S3 1+056m 出露，断层产状：NW280°～NW300，NE∠50°～62°，断层 F6 与 1 号、2 号和 3 号引水调压室下部竖井段及底部隧洞段相交，对调压室竖井施工影响较大，且不利于结构安全稳定。为避免断层 F6 对引水调压室竖井的不利影响，将 1 号、2 号、3 号引水调压室分别向上游移动 36m、28.5m 和 21m，如图 6 所示，保证了后期竖井的顺利开挖。

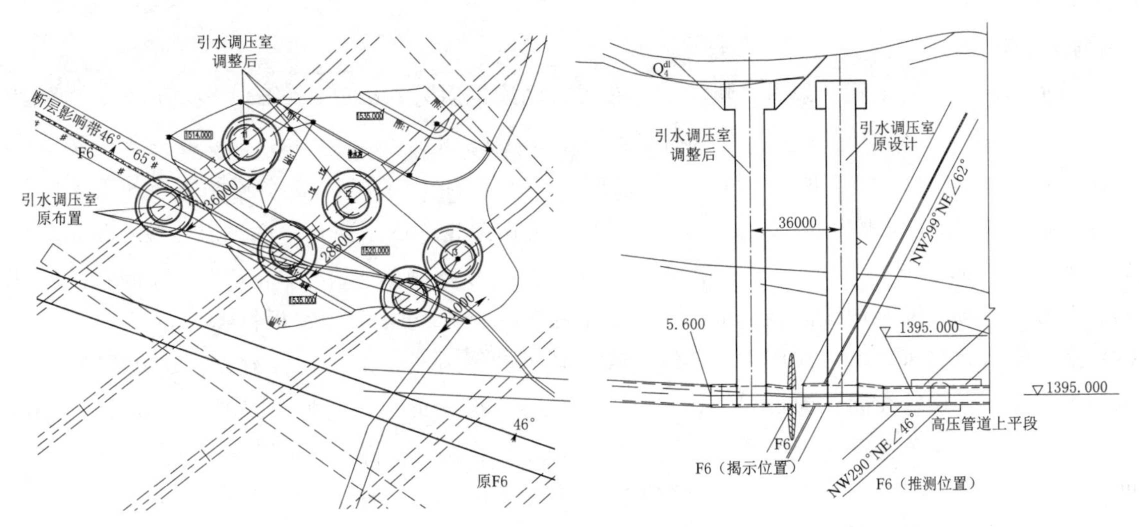

图 6　引水调压室位置调整前后平、剖图

4.3　尾水调压室及尾调通气洞设计

尾水调压室位于尾水岔管下游 20m 处，为带上室的阻抗式结构形式，一期、二期工程两个尾水调压室布置相同，间距约 86m。尾水调压室由上室、竖井、连接管及尾调通气洞组成。为降低上室涌浪高度，上室采用长廊式结构，为城门洞型，单个上室净尺寸为 50m×10.8m×10.7m（长×宽×高），两上室之间由 2m 厚隔墙相隔，3 个上室相连总长为 155.6m，衬砌厚度为 0.8m；竖井为圆形，内径 10m，高 70m，采用钢筋混凝土衬砌，衬砌厚 0.8m。连接管管径 4.3m，高 29.2m，采用钢筋混凝土衬砌，衬砌厚 0.6m。

尾调通气洞作为尾水调压室上室施工通道兼后期交通、排风通道，以往通常设计为上室端部布置，本工程为避免三个竖井施工干扰，通气洞采用从上室下游侧布置（见图 7），保证了竖井的开挖及混凝土衬砌施工，有利于施工进度安排。另外，二期尾调通气洞利用已开挖的一期尾调通气洞，加快了二期尾水调压室的施工进度。

4.4　尾闸洞布置

尾闸洞位于主变洞下 49.8m 处，一期、二期工程两个尾闸洞采用对称布置，间距约 82m。尾闸洞由安装场、闸室段、集水井段、副厂房段组成，附属洞室包括尾闸运输洞、尾闸排风洞、尾闸交通洞等。上室为城门洞型结构，底板高程 975m，宽 10.9m，高 21m，长 175.1m；左端（二期右端）安装场底板高程为 982.5m，宽 10.9m，高 13.5m，长 15m。6 个闸门竖井高 6.9m，断面尺寸为 5m×8m（宽×长），闸门孔口尺寸为 3.6m×4.6m（宽×高），每个竖井与尾水支管相连。集水井位于闸室段右侧（二期左侧），井身高 40m，断面尺寸为 7m×11m（宽×长），与下层排水廊道连接。副厂房长 20.1m，宽 10.9m，

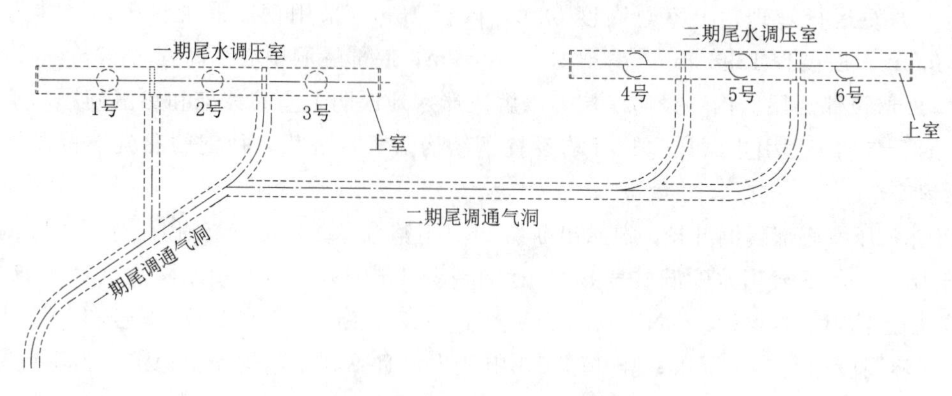

图7　尾调通气洞平面布置图

高14.5m，共三层。

4.5　隧洞段布置

（1）引水隧洞。一期工程3条引水隧洞平行布置，洞线走向为NE56°～NE48°～NE53°，洞轴线间距为27.22m、40.334m、38.334m。引水隧洞洞径7m，1号隧洞长955.670m，2号隧洞长937.296m，3号隧洞长918.927m，采用钢筋混凝土衬砌，衬砌厚0.6m。二期工程3条引水隧洞平行布置，洞线走向NE56°～NE50°，洞轴线间距为27.22m、36.0m，引水隧洞穿越岩性不整合界面，以岩性不整合界面上游40m处为界，上游洞段洞径7m，4号隧洞长793.708m，5号隧洞长754.787m，6号隧洞长769.876m，采用钢筋混凝土衬砌；下游洞段洞径6m，4～6号隧洞长均为300m，采用钢板衬砌。

（2）高压管道。高压管道由高压主管、钢岔管和高压支管组成，采用钢板衬砌。1～3号高压主管平面上走向为NE53°，洞轴线间距为38.334m；4～6号高压主管平面上走向为NE50°～NE53°，洞轴线间距为36m、38.334m。高压主管立面上采用双斜井布置，由上平段、上斜井、中平段、下斜井和下平段，斜井角度为53°，上平段中心高程1395m，中平段中心高程1210m，下平段中心高程967m、966.5m。高压主管管径为：从上平段至中平段5.8m（二期6m），下斜井管径5.3m，下平段管径4.8m。高压主管长度分别为：1号主管长958.888m，2号主管长1004.624m，3号主管长1050.358m，4号主管长912.492m，5号主管长977.698m，6号主管长991.029m。钢岔管采用对称“Y”型的内加强月牙肋钢岔管，主管管径为4.8m，支管管径为3.4m，最大公切球直径为5.52m，分岔角为74°。高压支管管径为3.4m，1号、3号、5号支管长度均为51.559m，2号、4号、6号支管长度均为67.058m。钢衬外围回填混凝土厚度0.6m。

（3）尾水隧洞。一期工程3条尾水隧洞平行布置，洞线走向为N69°～EW，洞轴线间距为44.812m、27.22m。尾水隧洞洞径为7m，1号隧洞长779.052m，2号隧洞长775.215m，3号隧洞长771.379m，采用钢筋混凝土衬砌，衬砌厚0.6m。二期工程3条尾水隧洞平行布置，洞线走向NE63°～EW，洞轴线间距为42.768m、27.22m。为避免与一期工程进厂交通洞干扰，立面上采用平段加斜井布置方式，斜井倾角53°。上平段中心线高程为1029.5m，下平段中心线高程为965.5m。4号尾水隧洞长835.589m，5号尾水隧洞长830.618m，6号尾水隧洞长825.804m。尾水隧洞洞径为7m，采用钢筋混凝土衬砌，衬砌厚0.6m。

5　结语

（1）丰宁抽水蓄能电站装机容量3600MW，分两期开发，是目前世界上已建在建工程中装机规模最大的抽水蓄能电站。

（2）电站装设2台变速机组，这一技术在国内外均处于领先水平，结合变速机组的运行要求，进行了输水系统建筑物布置优化。

（3）在地形高度不够的情况下，二期引水调压室采用地面上室式结构，并设置了保温层和防渗层，解决了严寒地区明上室抗冰冻和渗漏问题，为电站安全运行提供了保障。

（4）上、下水库进/出水口边坡高136m、133m，地质条件相对较差，断层裂隙发育对边坡稳定极为不利，通过采取加强支护措施，有效地解决了边坡稳定问题，保证了施工进度，为电站安全投运创造了条件。

（5）结合一期、二期工程同期建设，对上水库进/出水口、拦污栅排架、尾调通气洞等布置进行了合理优化，输水系统建筑物布置更加紧凑，便于后期运行管理，同时也加快了工程施工进度和节省了工程投资。

参考文献

[1] 邱彬如，刘连希．抽水蓄能电站工程技术 [M]．北京：中国电力出版社，2008.
[2] 杨兆文，刘素琴．天荒坪抽水蓄能电站输水系统设计 [J]．水力发电，1998 (8)：3-5.

琼中抽水蓄能电站电缆三维敷设简析

陈冶修 叶笑莉 唐 波

（中国电建集团中南勘测设计研究院有限公司，湖南省长沙市 410014）

【摘 要】 随着三维设计工具的不断优化，大型抽水蓄能电站中电缆敷设三维可视化设计逐渐取代了传统的二维设计。琼中抽水蓄能电站的电缆敷设设计中采用了三维可视化敷设的方式，实现了电缆敷设通道规划、路径设计、可视化输出。本文对琼中抽水蓄能电站的电缆三维敷设设计流程及输出成果进行了详细的阐述，为类似工程提借鉴。

【关键词】 琼中抽水蓄能电站 三维设计 电缆敷设

1 引言

抽水蓄能电站的电缆敷设设计是一项系统性的工作，具有设计工作量大、设计周期长、设计程度复杂的特点，且在实际敷设时很大程度上依赖于施工单位的经验与工艺水平，因此在具体工程中进行电缆敷设路径的设计非常困难。传统的电缆敷设设计主要依靠二维平面图纸，在电缆清册中说明每根电缆的型号、长度及起点终点，电缆的最终敷设状况过多地依赖于施工单位的施工水平，无法确保达到电缆规划合理、分配均匀、排列整齐的效果，导致桥架利用率参差不齐、走向规划不合理、电缆成本增高、局部发热量大等问题，既造成了电缆与桥架的浪费，也为运行埋下了极大隐患。

随着国内水电行业的日益发展，以及设计思路和设计工具的不断优化，工程建设中对电站的精细化设计提出了更高的要求，电缆敷设作为水电站电气设计的重要细化工作，受到了高度的重视。目前，传统的二维设计已无法满足电站精细化设计要求，电缆敷设设计方式也由以往的基于关键点控制的人工逐根规划方式逐渐向三维软件平台全站统一敷设的方向过渡，而三维协同技术应用的不断深化使得电缆三维可视化自动敷设成为可能。三维电缆敷设设计是基于三维协同设计软件平台的全厂电缆进行自动统一规划，既能够智能合理地为每根电缆自动分配电缆通道资源，也能够直观的根据全厂设备、桥架、电缆竖井、电缆沟等的布置情况手动优化部分电缆走向，做到自动化电缆敷设与手动优化电缆路径相结合，是现阶段优化传统电缆敷设设计工作的重要手段。

琼中抽水蓄能电站针对电站地下厂房区域电缆进行了三维可视化敷设设计，采用Bentley软件公司的Bentley Raceway and Cable Management（BRCM）三维电缆敷设软件，结合三维协同设计平台Project wise完成的电缆桥架设计及设备三维布置成果，对电站地下厂房所有电缆进行了全局的三维自动敷设，经过少量手动优化后生成了可视化的电缆路径清册，极大提升了设计效率和施工精度，并结合管线可视化查询系统指导施工，实现了电站地下厂房区域电缆的全面精细化敷设。

2 设计原理

2.1 电缆敷设软件BRCM

BRCM软件是Bentley软件公司的水电站三维设计软件系列中的电缆敷设设计软件，主要用于协助电气专业完成电缆桥架布置和电缆三维敷设[1]。BRCM软件能够与Substation、Microstation等电站三维设计软件进行联动，以实现各专业间直接的三维协同设计。

BRCM软件的功能模块包括电缆桥架设计、电气埋管设计、电缆沟设计、电缆敷设等，能实现三维可视化环境下的电缆通道设计、通道参数定义、电缆清册和设备模型导入、电缆自动敷设及路径优化、工程量清单和电缆路径清册生成等工作。软件生成的电缆路径指导实际施工，因此工程量误差较小，有利于工程的精细化管理。

2.2　设计流程

电缆三维可视化自动敷设的主要流程为：

（1）读取三维模型，与厂房、机电三维模型进行联动，确认各用电设备的位置信息和电缆接入点信息；导入电缆清册，设定电缆的电压等级、截面积，并与设备模型所设定的接入电缆参数进行匹配。

（2）电缆桥架三维模型设计，绘制电站的桥架、电缆沟、电缆埋管等电缆通道三维模型，按照电缆类型和电压等级对电缆通道模型进行定义，并检查其与水机、通风管路边界条件，确保模型不发生冲突。

（3）设定约束条件和优化目标。约束条件：电压等级约束条件，按照设备和电缆电压等级对电缆通道的电压等级进行设定，确保电缆敷设时不同电压等级的电缆路径满足规范要求；按容积率对电缆桥架进行约束，确保电缆桥通过的电缆数量合理；按设备位置设定约束条件，定义所有电缆的起点、终点位置。优化目标：电缆最优敷设路径按照路径最短、错层最少、转弯最少为目标进行敷设。

（4）电缆自动敷设与手动优化，自动敷设可进行数轮，对于路径唯一或已为最优路径的电缆敷设结果可进行三维路径检查，确认无误后可进行路径固化，对于敷设路径不唯一的部分可再次进行电缆自动敷设以优化路径，个别路径可手动进行调整，通过自动与手动敷设相结合的方式，最终确定优化的路径。

（5）工程量清单和电缆路径清册输出，自动统计电缆长度工程量，可计及埋管、桥架非连接位置工程量，并生成电缆路径清册，清册含电缆起点、终点设备位置、桥架编号，并可加入三维轴侧视图，确保施工的便利性。

3　琼中抽水蓄能电站的电缆三维敷设应用

3.1　导入三维模型

导入琼中抽水蓄能电站主副厂房、母线洞、主变洞等位置的土建模型和机电设备基础模型，确定各设备位置，同时导入电缆清册，与设备模型进行匹配。地下厂房及设备模型如图1、图2所示。

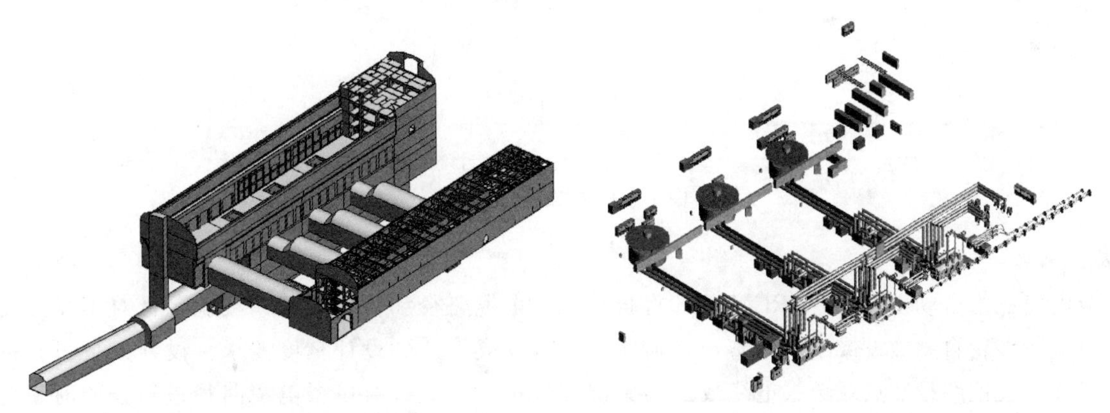

图1　地下厂房三维模型　　　　图2　电气设备三维模型

3.2　电缆桥架三维模型设计

在BRCM中绘制电缆桥架、电气埋管、电缆沟等电缆通道的三维模型，并进行模型碰撞检查。BRCM自带了托盘式、槽式、梯架式3种桥架类型，并能实现桥架长度统计。不同电压等级的桥架分不同颜色进行显示，10kV及以上电压等级电缆通道显示为红色，0.4kV动力电缆通道显示为蓝色，控制与信号电缆通道显示为绿色，以便在完成设计后进行电压等级复核。图3为地下厂房电缆桥架三维模型。

3.3　电缆敷设

完成模型读取、三维电缆通道设计、参数和边界条件设定后，进行电缆三维自动敷设。自动敷设不受导入的电缆清册顺序限制，可灵活进行调整。自动敷设后可显示每根电缆的敷设路径编号、电缆长度、起点与终点设备信息等。单根电缆敷设信息如图4所示。

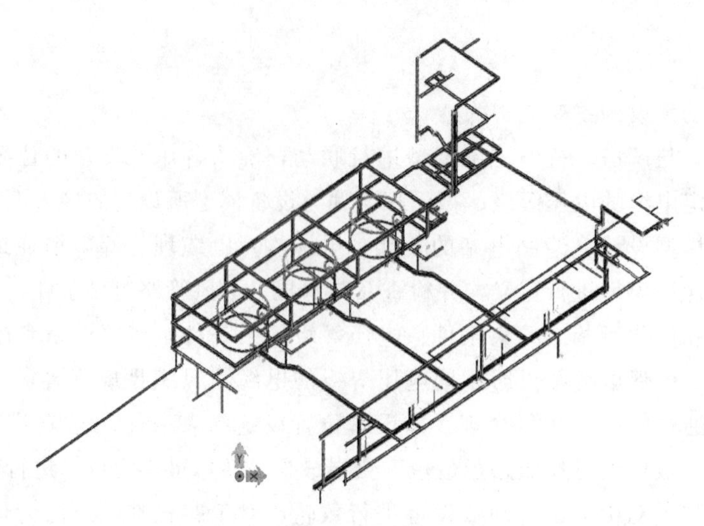

图 3 地下厂房电缆桥架三维模型

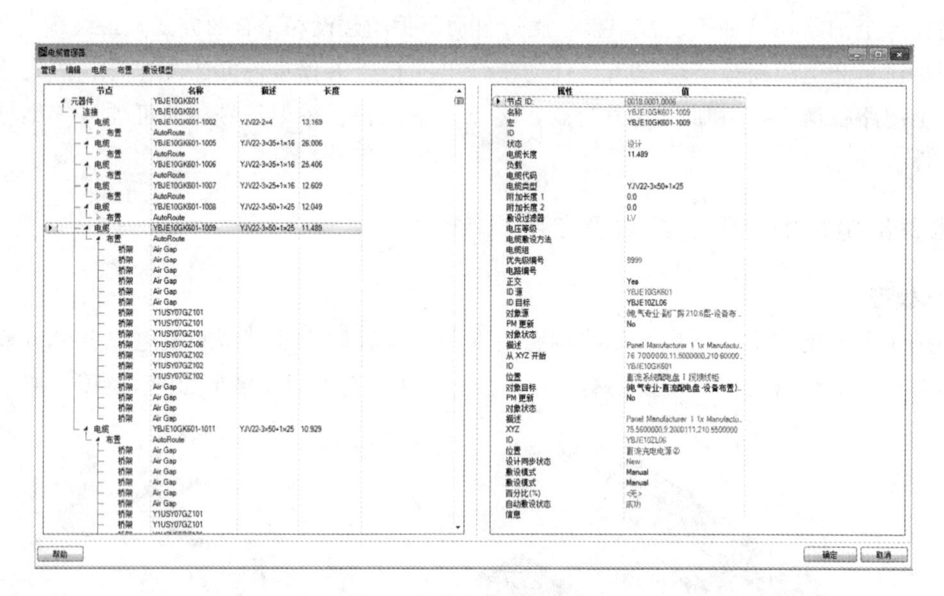

图 4 单根电缆敷设信息

3.4 成果校验

完成电缆三维自动敷设后，BRCM 软件将自动进行电缆路径和桥架容积率校验，针对不满足要求的电缆，可进行多轮自动敷设或手动调整，以确保电缆敷设成果达到设计精度要求。设计人员可根据电缆长度、尺寸、关键路径节点对单根电缆或桥架关键部位进行校验。对单根电缆路径进行校验时，可选中电缆进行敷设路径可视化高亮显示，与桥架敷设编码对照进行校验。进行桥架容积率校验时，可显示全厂所有电缆通道容积率。图 5 为电缆通道容积率可视化示意图。

3.5 成果输出

BRCM 软件提供了多种电缆敷设成果形式，琼中抽水蓄能电站的电缆敷设成果采用了纸质清册与数字成果相结合的移交形式。软件自动生成电缆敷设清册，针对每一根电缆生成对应的敷设信息，包含电缆连接的设备名称及编号、电缆型号、电缆长度、所经过的桥架编号和可视化敷设路径等信息，同时软件也能够生成任意关键桥架的剖面，并显示所通过的电缆信息；除此之外，配套开发了琼中抽水蓄能电站管线可视化查询系统，实现了电缆三维敷设成果数字化移交，配合 iPad 等移动设备可随时查看各电缆敷设路径信息，能够更加准确的指导现场施工，也为后期电缆管理维护提供了便利。电缆敷设清册如图 6 所示。

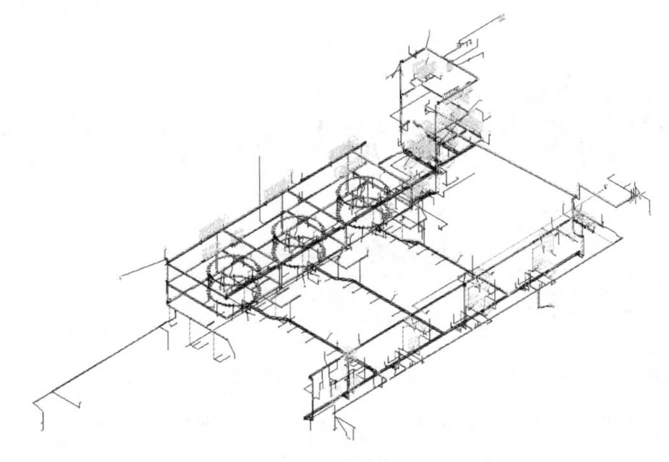

图 5　电缆通道容积率可视化示意图

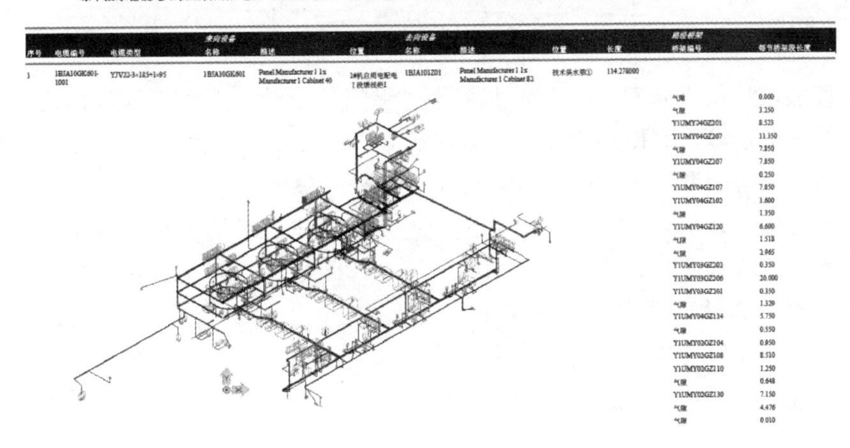

琼中抽水蓄能电站机组自用配电盘 公用配电盘、消防配电盘、空压机配电盘及主变洞配电盘动力电缆路径走向表　06 June, 2017 11:01

序号	电缆编号	电缆类型	来向设备 名称	来向设备 描述	来向设备 位置	去向设备 名称	去向设备 描述	去向设备 位置	长度	路径桥架 桥架编号	路径桥架 每节桥架段长度
1	1BJA10GK601-1001	YJV22-3×185+1×95	1BJA10GK601	Panel Manufacturer 1 1x Manufacturer 1 Cabinet 40	1#机自用电配电I段馈线柜1	1BJA101Z01	Panel Manufacturer 1 1x Manufacturer 1 Cabinet 82	技术供水泵①	114.278000		
										气隙	0.000
										气隙	3.250
										YIUMY04GZ201	8.523
										YIUMY04GZ207	11.350
										气隙	7.850
										YIUMY04GZ207	7.850
										气隙	0.250
										YIUMY04GZ107	7.850
										YIUMY04GZ102	1.600
										气隙	1.350
										YIUMY04GZ120	6.600
										气隙	1.518
										气隙	2.965
										YIUMY03GZ203	0.350
										YIUMY03GZ206	20.000
										YIUMY03GZ201	0.350
										气隙	1.329
										YIUMY04GZ114	5.750
										气隙	0.550
										YIUMY02GZ104	0.950
										YIUMY02GZ108	8.510
										YIUMY02GZ110	1.250
										气隙	0.648
										YIUMY02GZ130	7.150
										气隙	4.476
										气隙	0.010

图 6　电缆路径清册

3.6　成果分析

琼中抽水蓄能电站地下厂房所有动力、控制电缆均成功通过电缆三维敷设软件完成自动路径设计和优化，共计动力电缆449根，控制电缆3521根。与二维电缆敷设相比，电缆敷设三维设计周期缩短至60个工作日内，极大提升了设计效率；同时三维敷设成果更加直观，便于施工单位进行敷设规划和工艺管控，实际施工效果如图7所示。

图 7　电缆敷设施工效果

4　结语

通过电缆三维可视化设计的应用，实现了琼中的电缆通道三维建模和电缆路径优化设计，并完成了敷设成果的实体和数字化移交。电缆三维可视化敷设在琼中抽水蓄能电站的应用验证了三维设计方法的可靠性与便利性，充分体现了三维设计手段与协同设计理念相结合的优势，电缆三维敷设不但能解决电缆路径规划的问题，大大提升电缆路径设计效率，减少人员投入，还能为工程建设控制电缆、桥架的用量，节约工程成本。

参考文献

[1]　辛杨，陈冶修，吴胜，等. 厂用电系统三维设计软件的工程实际应用［J］. 水电电气，2017（2）：44－52.

丰宁抽水蓄能电站入库径流分析计算

梁春玲 刘书宝
（中国电建集团北京勘测设计研究院有限公司，北京市 100024）

【摘 要】 河北丰宁抽水蓄能电站位于海河流域滦河水系滦河干流的中游，由于流域内人类活动的影响，使流域内的河川径流的天然情势发生改变，因此需对实测径流系列进行还原计算。经还原计算后，径流系列代表性较好，可以作为电站坝址径流分析的依据。经验证分析，电站坝址径流设计成果是基本合理的。

【关键词】 径流分析 实测径流 天然径流 代表性

1 项目概况

河北丰宁抽水蓄能电站位于海河流域滦河水系滦河干流的中游，下水库坝址以上流域西南毗邻潮白河流域，以燕山山脉为分水岭，北接内蒙古高原内陆河区，东为小滦河流域，流域面积为 10202km²，上水库位于滦河左岸灰窑子沟脑部，坝址以上控制流域面积为 4.4km²。

河北丰宁抽水蓄能电站装机规模 3600MW，分两期建设，一、二期工程装机均是 1800MW，电站枢纽建筑物主要由上水库、输水系统、地下厂房系统和下水库组成。一期工程主要由上水库、蓄能专用下水库、拦沙库、水道系统和地下厂房及其附属洞室组成。一、二期工程共用上水库、下水库、开关站、中控楼和交通洞，且这些建筑物均在一期工程中建成。二期工程的主要建筑物为二期水道系统和地下厂房系统。一、二期水道系统和地下厂房系统布置基本相同。

2 水文站网分布

滦河发源于河北省丰宁满族自治县大滩镇孤石村东南部小梁山南坡，始称闪电河，向北经河北省沽源县流入内蒙古自治区的正蓝旗，于正蓝旗敦达浩特附近转向东，流入多伦县，在多伦县大河口附近接纳吐力根河后改称滦河。继而南行复回丰宁县境内，至永利村附近折向东流，至隆化县郭家屯以上约 2km 处小滦河汇入，以后向南偏东方向辗转流经隆化、滦平、承德、兴隆、宽城、迁西、迁安、卢龙、滦县、滦南、昌黎、乐亭等县（市）境，最后注入渤海，全长 887km，流域面积 44945km²。

丰宁抽水蓄能电站下水库坝址上、下游先后设立了外沟门、郭家屯、头道河子水文站。外沟门水文站位于坝址上游 26km；丰宁专用水文站位于丰宁水库库尾，距离丰宁坝址约 9km；郭家屯水文站和头道河子水文站分别位于坝址下游 84km 和 92km 处。支流小滦河位于丰宁坝址—郭家屯区间，设有沟台子水文站，各站基本资料情况见表 1。

表 1 滦河中上游水文测站基本资料情况表

河名	水文站名	集水面积/km²	流量资料年份
小滦河	沟台子	1890	1958—2007
滦河	外沟门	8930	1956—1977
滦河	西山湾水库	8400	2002—2007
滦河	丰宁专用水文站	10202	2007—2012
滦河	丰宁水库	10202	2002—2007
滦河	郭家屯	13000	1954—1956，1987—2007
滦河	头道河子	13040	1977—1987

3　流域径流特性

河北丰宁抽水蓄能电站下水库坝址以上流域径流以雨水和冰雪融水补给为主，每年出现两个丰水期。第一个丰水期为4月，来水以冰雪融水为主；第二个丰水期为6—10月，主要来源于降雨。由于坝址以上流域大部分属坝上草原区，地势平坦，对径流的调蓄作用较大，使得径流的年际变化不大。

根据还原后的丰宁坝址天然径流系列，多年平均流量为7.60m^3/s，多年最大流量为59.3m^3/s（1959年8月），多年最小流量为0.341m^3/s（2007年1月）；最大年平均流量为18.6m^3/s（1959—1960年），最小年平均流量为4.68m^3/s（1989—1990年），最大年平均流量为最小年平均流量的4倍。径流年内分配以4月来水最丰，占全年的16.3%，7月、8月次之，主汛期8月占全年的15.0%，汛期6—10月占全年的58.0%，11月至次年5月占全年的42.0%。

4　径流分析计算

4.1　实测径流系列计算

丰宁坝址的实测径流系列按照如下方法计算：1956年6月至1977年5月采用外沟门水文站径流资料按照面积比的一次方推求；1977年6月至1999年12月采用郭家屯水文站径流扣除沟台子水文站径流后，按照面积比的一次方推求；2000年1月至2007年5月利用插补的外沟门、郭家屯水文站资料计算丰宁实测径流资料；丰宁专用水文站2007年6月开始进行流量测验，到2012年共计有6年实测径流系列。因此丰宁坝址有1956年6月至2012年5月共计56年的实测径流资料，多年平均实测月流量成果见表2。

表2　丰宁坝址多年平均实测流量成果表　单位：m^3/s

项目	6月	7月	8月	9月	10月	11月	12月	1月	2月	3月	4月	5月	年值
1956—2012年平均	7.83	10.9	13.0	9.15	7.71	4.65	2.06	1.32	1.48	4.52	17.1	7.58	7.04

4.2　天然径流还原计算

4.2.1　天然径流还原计算

由于流域内人类活动的影响，使流域内的河川径流的天然情势发生改变，因此需对实测径流系列进行还原计算。

通过对流域内用水资料的搜集和整理分析，径流还原主要有以下四项：①生活耗水量；②农业灌溉耗水量；③工业用水量；④水库的蒸发增损量。

电站坝址以上涉及两省（自治区）七县（旗），各县（旗）所占面积见表3。以丰宁县、沽源县、正蓝旗和多伦县面积为大，占坝址控制面积的88.2%，因其他三县（旗）无调查资料，故还原计算以此四县（旗）为主。

表3　坝址以上流域内各县（旗）所占面积成果表　单位：km^2

县（旗）	丰宁县	沽源县	多伦县	正蓝旗	围场县	克旗	太仆寺旗
面积	2539	1010	3626	1827	480	414	306

经计算，丰宁水库多年平均还原水量为0.56m^3/s，还原后丰宁坝址多年平均天然径流成果见表4。

表4　丰宁坝址多年平均天然流量成果表　单位：m^3/s

项目	6月	7月	8月	9月	10月	11月	12月	1月	2月	3月	4月	5月	年平均
1956—2012年平均	8.56	12.5	13.44	9.75	8.05	4.98	2.37	1.64	1.80	4.86	14.65	8.18	7.60

4.2.2　天然径流代表性分析

丰宁坝址年平均流量过程线如图1所示。由图1可见，丰宁坝址56年径流丰枯交替变化。

丰宁坝址年径流差积曲线如图2所示，从大的趋势看丰宁坝址径流有1956—1971年为丰水段，1972—2012年枯水段，但1972—2012年还是有丰枯变化。

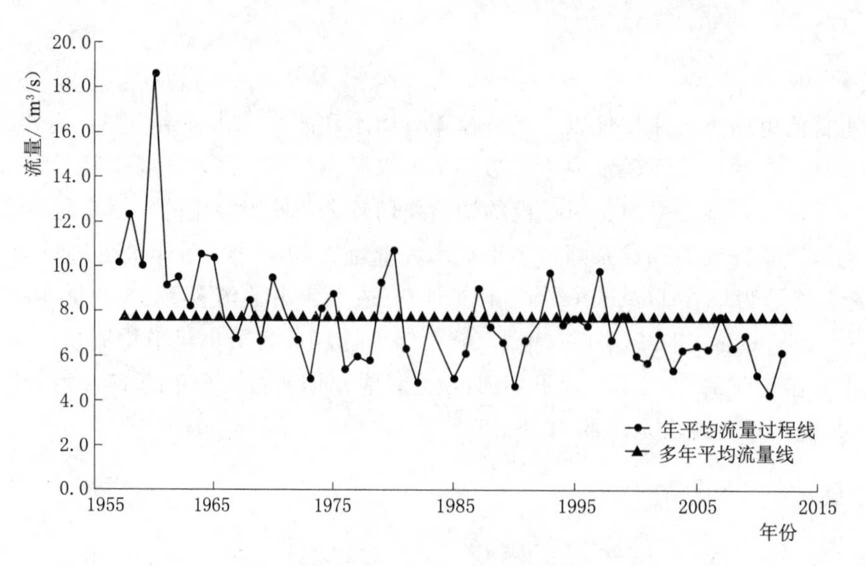

图1 丰宁坝址年平均流量过程线图

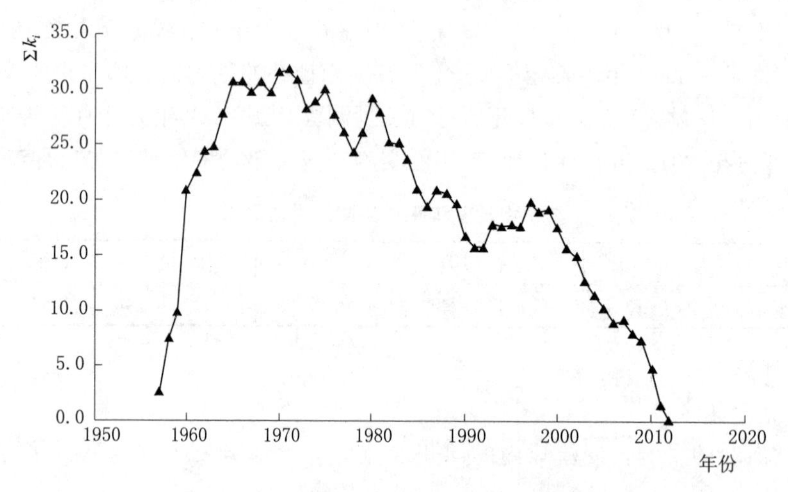

图2 丰宁坝址年平均流量差积曲线图

丰宁坝址年径流累积评价曲线如图3所示，丰宁坝址径流经过56年丰枯变化后，趋于稳定。

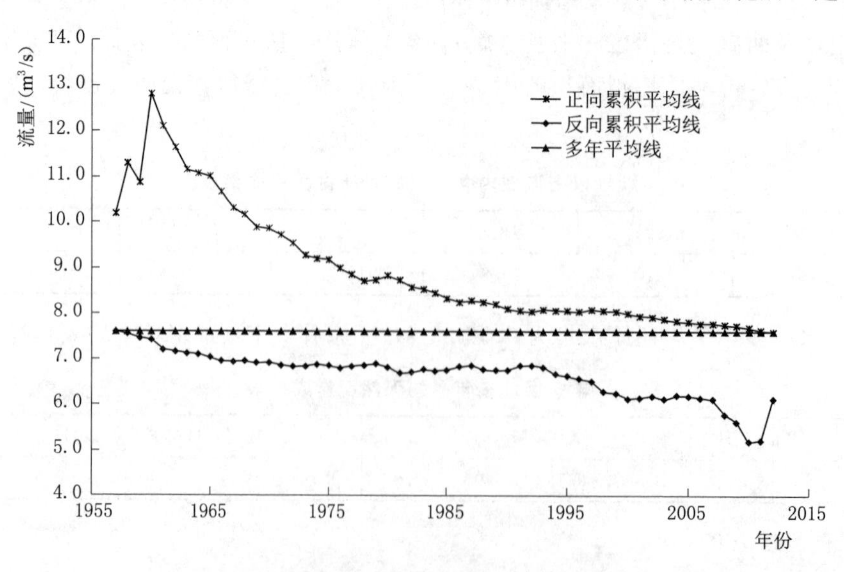

图3 丰宁坝址径流系列累积平均曲线图

综上所述，丰宁坝址年径流系列长达56年，有一定的丰枯周期变化，经过丰枯周期变化，多年平均流量均值趋于稳定，因此丰宁坝址年径流系列具有一定的代表性。

4.3　下水库径流分析计算

4.3.1　设计年径流

将丰宁坝址1956—2012年天然径流系列进行频率计算，经验频率采用数学期望公式计算，频率曲线采用P-Ⅲ，根据频率曲线与经验点据配合情况确定年径流参数，设计年径流成果见表5，多年平均流量频率曲线如图4所示。

表5　　**丰宁坝址设计年径流成果表**　　单位：m^3/s

均值	C_v	C_s/C_v	不同频率设计值						
			5%	10%	25%	50%	75%	90%	95%
7.60	0.31	4	12.1	10.8	8.92	7.13	5.87	5.06	4.71

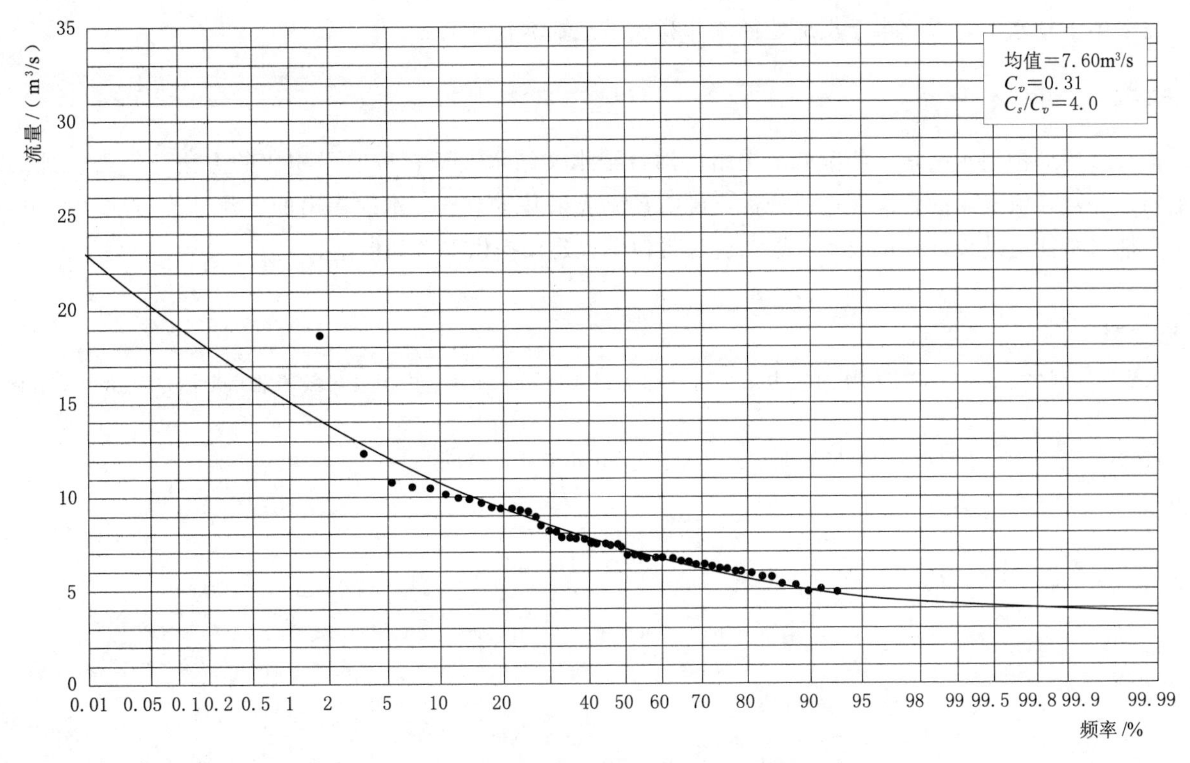

图4　丰宁坝址多年平均流量频率曲线图

4.3.2　径流年内分配

根据丰宁抽水蓄能电站下水库坝址和西丰区间不同设计保证率和资料条件，按年径流量接近设计频率的径流量，从天然径流系列中选出75%和95%的典型年，按设计代表年同设计典型年年径流量的同一比值放大或缩小，确定设计代表年天然来水量的年内分配，成果见表6。

表6　　**丰宁坝址设计年径流年内分配成果表**　　单位：m^3/s

设计频率	1月	2月	3月	4月	5月	6月	7月	8月	9月	10月	11月	12月	年值
75%	1.24	0.975	7.21	12.1	5.34	9.45	7.14	6.08	6.58	6.8	5.49	1.56	5.87
95%	0.528	0.651	1.66	13.6	6.55	7.3	8.06	4.76	4.44	4.65	3.14	1.13	4.71

4.4　上水库径流分析计算

根据《海滦河流域地表水资源》查得上水库坝址以上流域多年平均年径流深为50.0mm。上水库坝址以上控制流域面积为4.4km^2，由此求得上水库多年平均径流量为22.0万m^3。

5 径流成果的合理性分析

河北丰宁抽水蓄能电站预可行性研究阶段采用外沟门水文站、郭家屯水文站、沟台子水文站水文资料按照面积比的方法计算得坝址的径流系列，外沟门水文站与丰宁坝址集水面积相差12.5%，郭家屯、沟台子水文站与丰宁坝址集水面积相差8.9%，下垫面条件与丰宁坝址以上流域相似，且区间降水量与设计依据站基本一致，因此采用面积比的方法推求丰宁坝址径流成果是合理的。

河北丰宁抽水蓄能电站可行性研究阶段对预可行性研究阶段径流资料系列进行了延长，由于1999年后，西山湾、丰宁水库相继建成，改变了郭家屯水文站径流的天然状态，因此本阶段利用两种方法进行了资料系列的插补延长，考虑到丰宁水库还原计算成果误差较大，沟台子与外沟门、郭家屯水文站年平均流量相关关系较好，计算的丰宁坝址径流成果可靠性较高，因此本阶段延长的资料系列成果是合理的。

经过资料系列的延长后，丰宁坝址径流资料系列长达56年，符合规范的要求，56年径流资料系列包括了完整的丰枯水段，因此丰宁坝址处径流计算成果是基本合理的。

6 结论

本文采用外沟门水文站、郭家屯水文站、沟台子水文站水文资料按照面积比的方法计算得坝址的径流系列，并对径流成果的合理性进行分析，说明径流成果基本合理。本次提出的径流计算方法切实可行，为丰宁抽水蓄能电站设计提供技术依据，也为类似工程建设提供参考和借鉴。

参考文献

[1] 梁春玲，刘书宝. 河北丰宁抽水蓄能电站可行性研究报告［R］. 北京：中国电建集团北京勘测设计研究院有限公司，2014.

[2] 叶守泽，詹道江. 工程水文学［M］. 北京：中国水利水电出版社，2000.

无线无源充电式测温系统在张河湾电站的应用研究

朱传宗　张　甜　黄　嘉　张一波　赵　钰
（河北张河湾蓄能发电有限责任公司，河北省石家庄市　050300）

【摘　要】本文主要通过对无线无源充电式测温系统在张河湾电站的应用研究，开发基于超高频 RFID 无线无源充电技术，应用于高压开关设备温度监测的测温系统，实现高压高开设备的免维护测温，提高电网运行可靠性。

【关键词】RFID　无线无源　开关柜　温度　监测

1　引言

1.1　应用需求分析

近年来，发电厂、变电站的高压开关柜、母线接头、室外刀闸开关等重要的设备，在长期运行过程中，开关的触点和母线连接等部位因老化或接触电阻过大而发热，因为这些发热部位的温度难以监测，导致事故发生。

在抽水蓄能电站中，开关柜相对封闭，无法实时监测到设备的温度变化，并且已经出现多起因发热引发短路和停运的事故，严重影响安全生产。传统的人工测温方式耗费大量的人力，并且封闭式开关柜无法进行测温；有线温度监测系统工程量大、布线困难、成本较高；两种测温方式都不能满足现场的需求。

1.2　研究现状

RFID 直接继承了雷达的概念，并由此发展出一种生机勃勃的 AIDC 新技术——RFID。在 20 世纪，无线电技术的理论与应用研究是科学技术发展最重要的成就之一，其应用领域将无可限量。以下是 RFID 发展的历程，RFID 的发展可按 10 年期划分如下：1948 年，美国科学家哈里·斯托克曼发表的《利用反射功率的通信》一文奠定了射频识别技术的理论基础；1940—1950 年，雷达的改进和应用催生了射频识别技术，1948 年奠定了射频识别技术的理论基础；1950—1960 年，早期射频识别技术的探索，主要处于实验室实验研究阶段；1960—1970 年，射频识别技术的理论得到了发展，开始了一些应用尝试；1970—1980 年，射频识别技术与产品研发进入大发展时期，各种射频识别技术测试得到加速发展，出现了一些最早的射频识别应用；1980—1990 年，射频识别技术及产品进入商业应用阶段，各种形式的应用开始出现；1990—2000 年，射频识别技术标准化问题日益得到重视，射频识别产品得到广泛采用，射频识别产品逐渐成为人们生活中的一部分；2000 年至今，标准化问题日趋为人们所重视，射频识别产品种类更加丰富，有源电子标签、无源电子标签及无源电子标签均得到发展，电子标签成本不断降低，规模应用行业扩大。

中国科学院周胜华和吴南健论述“一种新型的低功耗温度传感器适于 UHF RFID 标签芯片”，指出被动式 RFID 标签芯片对功耗太敏感，很难在不缩短标签操作距离的前提下将传感器与模数转换器常规方式嵌入，即使驱动模数转换的功耗为几个微瓦，也会大大缩短操作距离。他们的方法使功耗降到 0.9μW，校正后的精确度为＋1℃。

天津大学的王倩等提出的无源 CMOS 温度传感器，适用温度范围－50～50℃，功耗 789nW，分辨率较高。在商业应用方面，加拿大的 GAO RFID Inc 制造的有源温度传感器标签（型号：127003L）以 2.45GHz 频率操作，提供物品温度的实时收集监控；并且这些标签允许设置边界温度以便温度被超过时发出警报。该标签可以设置成每隔一定时间间隔发送或者进入休眠状态，测量距离最远可达 50m，每秒可读 100 个标签，功耗小于 7μA，3V，电池寿命 2 年，测量温度可以为－80～120℃，缺点是并不是无源的温度标签。

1.3 研究目的和意义

抽水蓄能电站开关柜作为温度监测重点对象，开发基于超高频 RFID 无线无源充电技术，可应用于高压开关设备温度监测的测温系统，实现高压设备的免维护测温，提高电网运行可靠性。以 RFID 器件作为传感器，传感器安装在被测点上，无需连线即可将被测点的温度信息传送出去。而传感器本身无需电源供电、也无需从电力装备上取电，因而具有突出的安全性、可靠性和可维护性。该技术属于高电压设备安全智能监测方面的一项颠覆性技术，是智能电网高压设备实时温度预警技术的突破，具有重大的研究价值及工程应用前景。

2 应用于张河湾抽水蓄能电站的无线无源充电式测温系统

2.1 系统架构

无源电子标签依靠天线接收阅读器发射的能量。当标签处在阅读器的电磁场范围内时，通过电磁场空间耦合，标签从电磁场中获得能量，再用整流的方法将射频能量转变为直流电源，通过大电容对直流电源进行储能，在电压累计达到启动电压时，激活测温系统电路，发射测温数据。温度传感器及模数转换器完成温度的传感及量化。RFID 返回数据的方式是通过控制天线接口的阻抗，由阻抗变化改变天线的反射系数，从而对载波信号完成调制。集成温度传感器的 RFID 电子标签。主要由射频前端接收电路、数字逻辑控制部分、温度传感及量化、存储器四部分组成。

在变电站内，由于受 RFID 功耗的限制，RFID 的无线传输距离较短。无线基站采取覆盖式安装，确保安装在变电站内各个角落内的测量点的信号都能被覆盖读取到，保证数据源的完整性。无线基站与 RFID 传感器的关系是多对多关系，即 RFID 标签采取的是广播发送，可由多个无线基站同时进行接收。无线基站不对数据进行过滤，只负责收集数据。数据集中器通过网络（UDP）或者 RS485 逐个轮询无线基站，将其读取到的数据统一汇总到数据集中器内，然后数据集中器对采集到的数据进行解析、过滤、分类、汇总、处理后上传到前置机服务器。

结合平台的设计思想和分层设计技巧，将系统的基础服务功能、数据采集功能和应用的业务逻辑功能分开设计与实现。系统的设计共分为七层，分别是展现层、应用层、业务支撑、存储层、数据支撑、数据采集、数据源，分别实现不同的功能。

2.2 电路及天线设计

2.2.1 RFID 传感芯片

（1）利用超高频无线电波能量收集（Energy Harvesting）技术，收集 840～960MHz 的 RF 电磁波能量作为芯片电源。

（2）芯片内置 512 比特可擦写非易失性数据储存单元供存储用户信息等数据。

（3）射频芯片通信接口支持 EPC Global C1G2 v1.2 通信接口，通信方式全数字模式，命令交互带 ID、CRC。

（4）内置 12 位数模转换电路，数字温度，免受干扰。

2.2.2 天线设计

天线尺寸：天线尺寸为 30mm×30mm×3mm。

天线的反射系数：天线的反射系数 $\Gamma_m=\dfrac{Z_{ic}-Z_a}{Z_{ic}+Z_a}$。芯片阻抗 $Z_{ic}=40-j\times200$；Z_a 为天线阻抗（见图 1），同样为复数；则天线的反射系数（dB 形式）$S_{11}\_RFID=20\lg|\Gamma_m|$，该公式计算结果如图 2 所示。

因此传输系数 $\tau=1-|\Gamma_m|^2$ 计算结果如图 3 所示。

天线的增益：增益 3D 仿真结果见图 4。

增益的 2D 仿真结果：图 5 中，实线代表沿着坐标平面 XOZ 切分的二维结果，该虚线代表沿着坐标平面 YOZ 切分的二维结果。

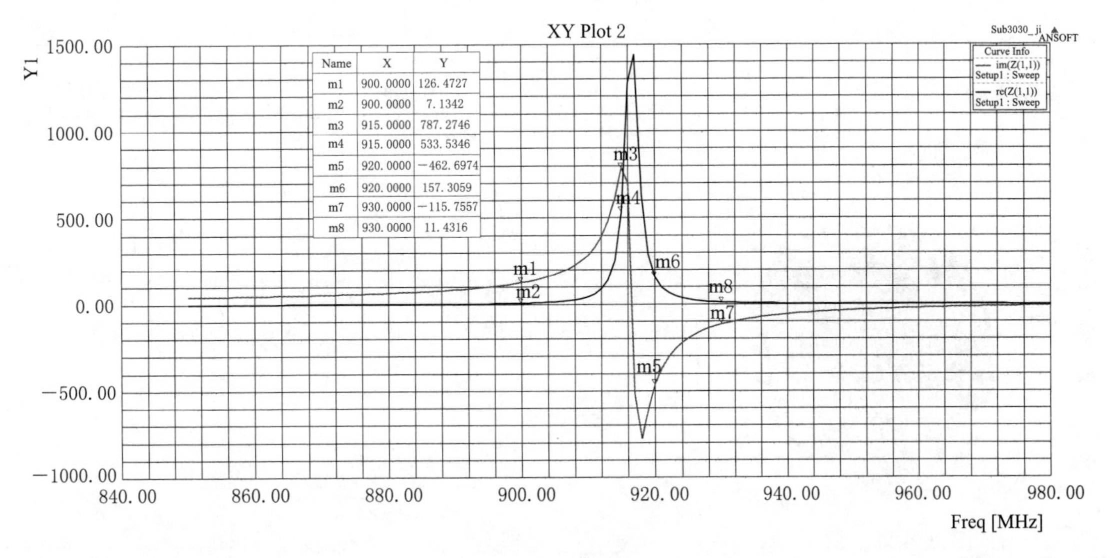

图 1　天线阻抗

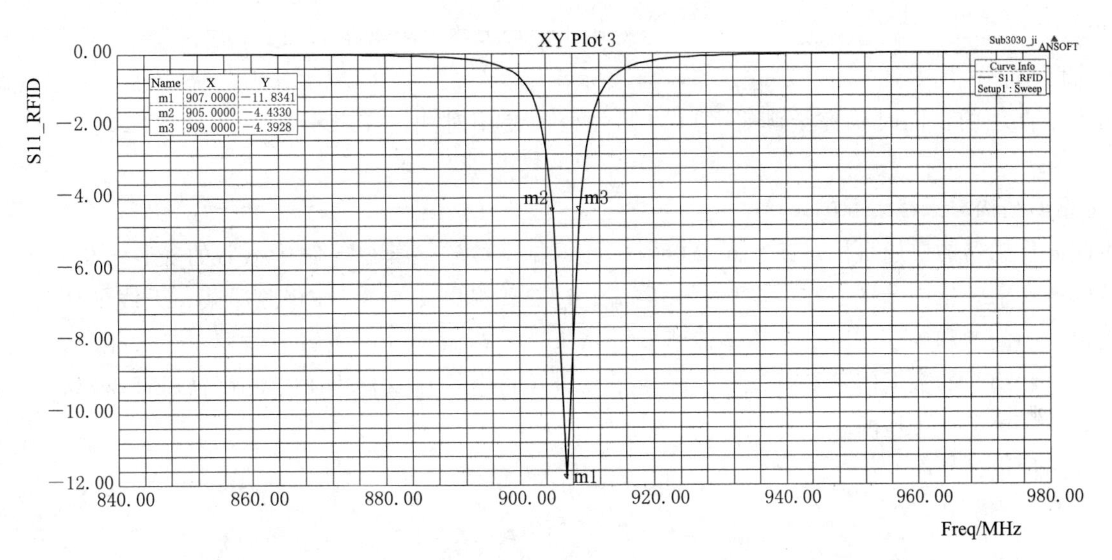

图 2　天线反射系数

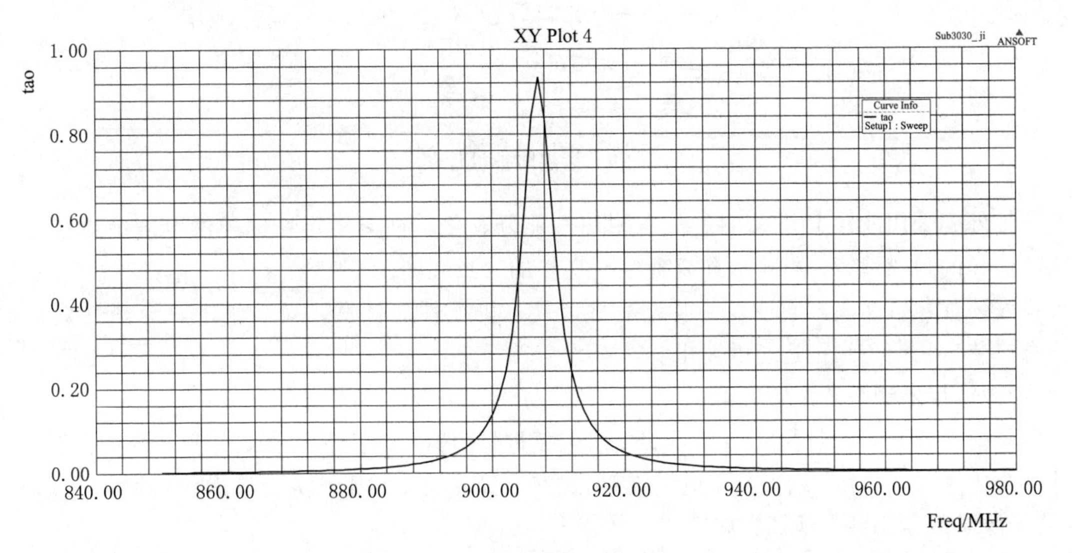

图 3　天线传输系数

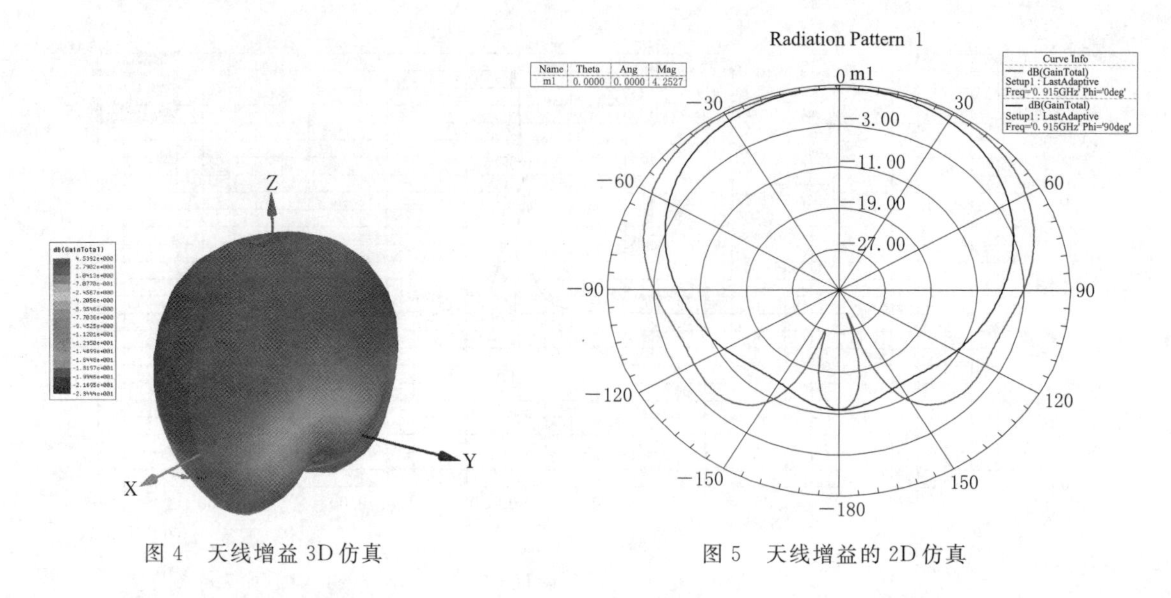

图 4 天线增益 3D 仿真　　图 5 天线增益的 2D 仿真

总体上可认为天线的三维最大增益为－4.3dB，该值可为 G_r 代入标签理论最大传输识别距离 R_{tag}，900～930MHz 最大测温距离可达 7.7m，该型标签实测最大测温距离在 4.5m 左右。考虑到陶瓷基材介电常数在实际加工过程中会产生一定的误差，导致标签与芯片之间的匹配程度无法完全达到理想状态，该实测结果是合理的，同时也完全满足了电力开关柜内使用对测温距离的需求（绝大多数应用都在 1m 以内）。

2.3 传感器结构与天线装配的设计

本测温传感器的应用目标位高压开关柜内部的母排螺栓连接部位，对传感器的安装结构和天线的布局有特殊的要求。柜内母排存在高电压、大电流、过热、强电磁干扰、RF 源屏蔽、天线最佳装配方向、长期免维护的问题和要求，所以在整体传感器的结果上，要做到尽可能的小体积，最大化的天线信号能量接收率，和超强的数据信号发射率等。因用于高电压设备，传感器中不能使用铁磁性材料，并且弱电电路需要高压等电位接地的。

标签防护设计见图 6。

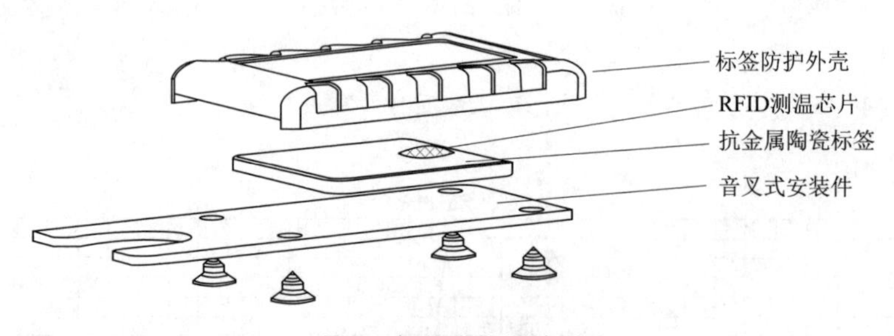

图 6 标签防护设计图

标签防护外壳采用改性 PPS 塑料，具有耐热性能好、化学性能稳定、优异的电气绝缘性能、优异的力学性能、优异的阻燃性能、抗金属陶瓷标签、良好的导热性能。

音叉式安装件：音叉式安装件以黄铜为基材，具有机械性能优良，安装平滑，导热性好，耐腐蚀等优点。符合安装后长期免维护运行的要求。

2.4 无线无源温度监测系统配置方案

每个开关柜配置：6 个传感器、2 个天线、1 个读取器，其中 3 个传感器、1 个天线安装于开关柜母排室，另外 3 个传感器、1 个天线安装于电缆进/出线室，读取器安装于开关柜二次设备室。

2.5 无线无源温度监测系统现场实施

（1）传感器安装。开关柜电线进/出线接头 3 相、母排连接处 3 相，每个开关柜配置 6 个传感器，传感器通过开关柜现有螺栓进行固定安装：通过松动测温点位置螺栓，将 U 型口嵌入，扭紧螺栓即可，见

图 7。

(2) 读取天线安装。母排连接处的周围空间比较宽敞，天线与传感器放置在同一个腔室内，距离传感器 30～60cm 的位置较佳。单体调试过程中可能会根据信号质量进行位置微调，以保证检测到的传感信号功率在合理范围。读取天线通过自身携带的强磁力磁铁进行吸附侧壁安装。

(3) 读取器安装。读取器安装于在开关柜二次设备室侧壁，通过螺丝搭配导轨固定，电源取自厂房 UPS，其通信采用开关柜与开关柜之间走线通道进行“手牵手”RS485 连线。

图 7　开关柜母排连接处传感器安装

(4) 光纤收发器安装。现地采集单元与中控楼上位机通信通道采用现有的厂内通信备用光纤通道，光纤收发器安装于地下厂房、中控楼厂内通信光纤配线柜，可通过螺丝搭配导轨进行固定，其电源取自机房 UPS。

(5) 监测系统上位机安装。上位机安装于中控室操作台，监控软件可实现系统温度监控以及参数设定、声光报警等功能。

2.6　无线无源充电式测温系统实施效果

(1) 该项技术现应用于张河湾电站 10kV 开关柜测温，可实时监测柜内电气连接处温度，测量精度高，测量精度±1℃，解决了手持式红外测温偏差大，运行中高压设备内部无法测温，耗费人力资源的弊端，同时传感器无源设计，不需要更换电池，大大降低了班组专业巡检和日常维护的工作量。

(2) 上位机测温监控软件可进行温度采集和显示，实时显示各开关柜各测点温度，支持历史数据查询，生成报表，为事故分析处理提供数据支持。图 8 为上位机监测平台画面。

图 8　上位机监测平台画面

(3) 开关柜在长期运行过程中，开关触点和母线连接等部位都有可能因为老化或接触电阻过大而产生过热现象，最终可能导致重大安全事故。该系统实现显示温度变化趋势斜率报警和温度越限声光报警功能，在监测软件上设置温度高定值，提前预警，及时发现隐患。

3　结语

本次应用研究的测温装置为无线无源充电式，可以实现对电站的设备的运行温度进行实时监测、管理以及应用到变压器、隔离开关等设备，降低了人工测温的成本。及时地了解开关柜设备的运行温度，阻止当设备温度超限时引起的设备故障、停电故障以及更严重的火灾等情况，极大地保护了变电站内开关柜设备的安全，提高供电质量，保障电网的运行安全。

参考文献

[1] 孙利民，李建中，等. 无线传感器网络 [M]. 北京：清华大学出版社，2005.
[2] 虞坚阳，杨正平，蒋春亚，等. 基于 RFID 的一次设备无源测温系统的设计与实现 [J]. 华中师范大学学报（自科版），2015 (49)：537.
[3] 陈前，张国刚，刘竞存，等. 基于温差发电供能的无源无线测温系统的设计 [J]. 电测与仪表，2017 (17)：64-69.
[4] 刘剑平，关惠元，郭晨雨，等. 基于 SAW 传感器的无线无源测温系统设计研究 [J]. 机电信息，2016 (9)：38-41.

抽水蓄能电站地下通风洞内气流参数变化及节能潜力研究

刘　存

（中国电建集团北京勘测设计研究院有限公司，北京市　100024）

【摘　要】以山东某抽水蓄能电站通风洞为研究对象，综合利用计算流体力学手段和工程设计经验模型来研究地道通风的流动换热的特征，得到夏季及冬季工况下通风洞中新风温度、湿度变化。结果表明：室外空气流过地道时夏季将会被冷却、冬季将会被加热，温度变化在3～7℃范围内。送风通道在夏季和冬季与室外进风的动态换热效果与地道的长度、入口空气温度和风速有关系。本文分析了理想情况下地下厂房通风空调系统利用通风温度变化的节能潜力。研究结果对地下水电站通风系统设计和运行具有重要的参考价值。

【关键词】水电站　通风洞　数值模拟　节能　气流

1　引言

地下空间一般蓄热性能良好，外界空气在冬季被加热，夏季被冷却。在不同季节，利用外界引入的新风在通风道中的温度变化规律来实现节能已经在多种场所得到应用。其中夏季利用地道风冷却降温技术是让空气进入地埋管与管壁周围的土壤进行热交换在浅埋空间得到了广泛的应用。

地下抽水蓄能电站多数属于深埋空间（埋深大于30m），由于工程技术和地理环境的要求，厂房由主厂房、母线洞、主变洞等地下洞室通过交通洞、出线道、进风洞、排风洞等各种地下通道与地面大气环境构成复杂的通风网络。通风道距离长、而且进出口埋深相差大，温度变化明显。因此，地下水电站具有较好的利用地道通风的节能优势，设计地下水电站厂房通风空调系统时应予充分考虑[1]。

目前，关于地下水电站利用地道对新风气流进行夏季冷却、冬季升温作用的节能研究开展不多。虽然已有相关研究对地道风进行过现场测试，但由于深层地温变化，有限的数据难以充分反映运行稳定期的节能效果[2]。而设计单位多是依据手册提供的经验公式进行估算。而由于进出口设置、埋深因素等原因，已有的浅埋地下空间的地道风节能分析方法难以直接运用到深埋地下空间通风道的节能分析[3]。因此，基于上述地道风研究成果存在的局限性，考虑运用计算流体力学手段开展深埋地下空间地道风的气流特征研究，研究中充分考虑壁面的热量和湿度交换[4]。研究结果需要准确进行综合分析以保证结果的准确性。

本文以山东某抽水蓄能电站通风洞为研究对象，根据工程设计参数结合经验公式以及计算流体力学手段分析该深埋空间地道风的冬季、夏季温度、湿度变化，探讨通风空调系统利用地道风的节能潜力。

2　计算模型建立

2.1　物理模型

以山东某抽水蓄能电站为研究对象，主厂房、主变洞及副厂房通风系统的送风由室外新风经通风洞引入，进风量约$40\times10^4 m^3/h$。通风洞的尺寸为1270m×7.5m×6.5m（长×宽×高），上部弧形空间的半径为3.8m。通风洞的几何模型如图1所示。

2.2　数学模型的建立

本次模拟涉及质量守恒、动量守恒、能量守恒、组分守恒等相关方程，所建立的基本控制方程的通用形式如下：

$$\frac{\partial(\rho\Phi)}{\partial t}+div(\rho U\Phi)=div(\Gamma grad\Phi)+S \tag{1}$$

式中　ρ——气流密度；

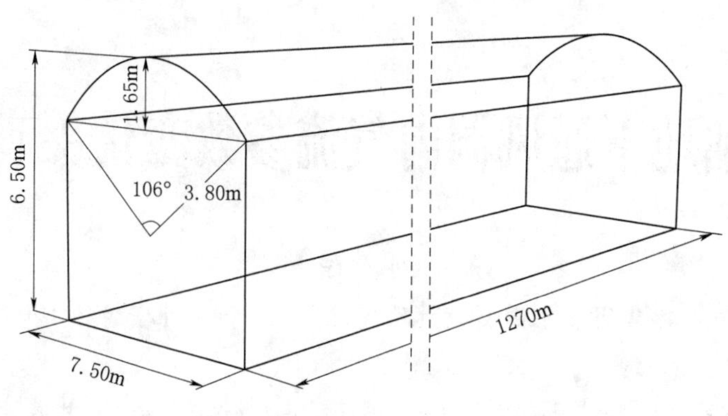

图 1 通风洞的几何模型示意图

t——时间；

U——速度矢量；

Φ——变量，Φ 为 1 时表示质量守恒方程，Φ 为 u、v、w 分别表示 x、y、z 方向动量守恒方程，Φ 为温度 T 时表示能量守恒方程，Φ 为组分浓度 C_s 时代表气体组分守恒方程。

不同参数对应的控制项及源项表达式见文献 [5-6]。

由于所研究的通风道是狭长空间，采用在标准 $k-\varepsilon$ 模型基础上发展的 RNG $k-\varepsilon$ 模型是来计算通风道内的流动换热。该模型根据重正化群理论推导而来，在计算狭长空间壁面贴附流动和换热具有一定的优势。

2.3 计算区域网格划分及边界条件确定

由于计算区域为狭长不规则空间，为了简化计算，采用式（2）给出的等效水力直径方法对通风弧形道断面进行简化，简化后的矩形断面等效高度为 7.5 m，宽度是为 6.4m。

$$d=\frac{4A}{P} \tag{2}$$

式中 A——隧道截面积；

P——隧道通风湿周长度。

简化后的区域的网格划分原则：即 y、z 方向上网格尺寸是 0.5m；x 方向上距离出入口附近区域网格加密。整个区域计算划分网格数量约 24.7 万。

边界条件设置：通风洞根据进口按设计的 $40\times10^4\,m^3/h$ 风量和等效送风口 7.5m×6.4m 横截面积计算得到的进口速度 2.3m/s。送风温度与外界设计气象参数一致。通风到出口连接送风机房，赋值压力出口边界条件。

文献 [1] 对水电站的实际测试和相关研究表明，洞壁温度设置成周围土壤温度（水电站多为深埋建筑，土壤温度近于稳定）约为 14℃。根据气流速度、等效水力直径、壁面结构等参数，计算出水电站洞壁传热系数为 2.27 $W/(m^2\cdot ℃)$。

2.4 研究工况

研究分为两个工况：夏季工况和冬季工况。根据相关设计资料，该水电站室外空气计算参数包括：夏季通风室外计算温度 30.9℃，夏季通风室外计算相对湿度 80%；冬季通风室外温度−4.1℃，冬季通风室外相对湿度 60%。

3 地道风送风参数的经验模型分析

根据对大量工程经验的总结，国内关于水电站送风参数设计已形成一套较为成熟的简化经验模型。该模型结合室外气象参数以及水电站工作状态来计算引风道末端空气参数。依据经验模型计算数据可有效验证本研究中数值模拟结果的准确性。

根据所在地的气象条件，该工程的设计空气参数为：年平均气温 13.7℃；最热月月平均温度 26.2℃；

夏季通风室外计算温度 30.9℃；冬季通风室外计算温度 11.9℃；最冷月月平均温度－0.82℃。

根据室外气象参数可计算得到洞外空气温度的年、日波幅值：$\theta_{wy}=12.5$℃，$\theta_{wr}=4.7$℃。

根据计算结果并查阅水电站设计手册，得到温度波幅系数及相关准则数[7]：$E_y=1.5\times10^{-4}$，$B_i=30.18$，$F_0=1.76$，$f(B_i,F_0)=0.974$。

按两班制情况时引风道末端空气各参数：$\mu=2/3$，$\Delta\theta=0.413\theta_{wr}=0.413\times4.7=1.94$℃，$f_1=0.32$，$f_2=0.59$。

根据以上参数可按式（3）、式（4）计算得到

年波幅变化值：

$$\theta_{yl}=(\theta_{wy}+\Delta\theta)\mathrm{e}^{-\frac{Eyl}{\mu}}=10.85℃ \tag{3}$$

年平均温度变化值：

$$t_{yl}=t_{dy}+(t_{wy}-t_{dy})\mathrm{e}^{-\frac{EyBi[1-f(F_0,B_i)]l}{Ay\mu}}=13.91℃ \tag{4}$$

根据式（5）、式（6），可得到通风洞末端参数如下：

夏季日平均温度值：

$$t_{xl}=t_{yl}+\theta_{yl}=24.76℃ \tag{5}$$

冬季日平均温度值：

$$t_{dl}=t_{yl}-\theta_{yl}=3.06℃ \tag{6}$$

4　计算结果与分析

研究主要考察通风洞沿长度方向的温湿度变化梯度，截取距通风洞进风 100m、300m、600m、1270m 断面温度、相对湿度模拟结果分布。

4.1　通风洞夏季工况数值模拟结果

图 2 给出了夏季室新风 30.9℃下通风洞沿长度方向温湿度模拟结果。选取了沿通风洞长度方向不同位置断面温湿度平均值作为结果参数分析，通风洞进口坐标 x 为 0，出口坐标 x 为 1270m。图 3 给出 x 分别为 100m、300m、600m、1270m 的断面参数模拟结果。根据通风洞的夏季工况模拟可得，可得到外界新风经过通风洞 100m 后的新风温度降为 29.6℃，温降幅度为 1.3℃。相对湿度为 83%；经过通风洞 300m 后的新风温度降为 28.4℃，温降幅度为 2.5℃。相对湿度为 88.8%；经过通风洞 600m 后的新风温度降为 26.9℃，温降幅度为 4℃，相对湿度为 90%；经过通风洞后的新风温度降为 23.7℃，实现温降幅度为 7.2℃，相对湿度为 95%。由此可得，在夏季室外风经过通风洞可以得到一定程度的降温处理，随着距离进风口长度的增加，相对湿度变得越来越大，必要的时候要考虑除湿工艺。

为了更加直观的观察外界风经通风洞后沿长度方向的温度梯度变化，特将上述模拟结果进行整理，

(a) 温度

(b) 相对湿度

图 2　夏季通风洞沿长度方向温、湿度模拟结果

图 4 给出了夏季送风 30.9℃下通风洞断面平均温湿度随长度的变化曲线。图 5 给出了夏季室外温度在 25℃、30.9℃、35℃三种室外温度送风条件下沿通风洞长度方向上温度的变化曲线，可以看到，在不同的送风温度下，通风洞进出口的温度降相差不大，在壁面对流换热边界条件下，夏季工况降温范围基本上维持在 5～8℃。

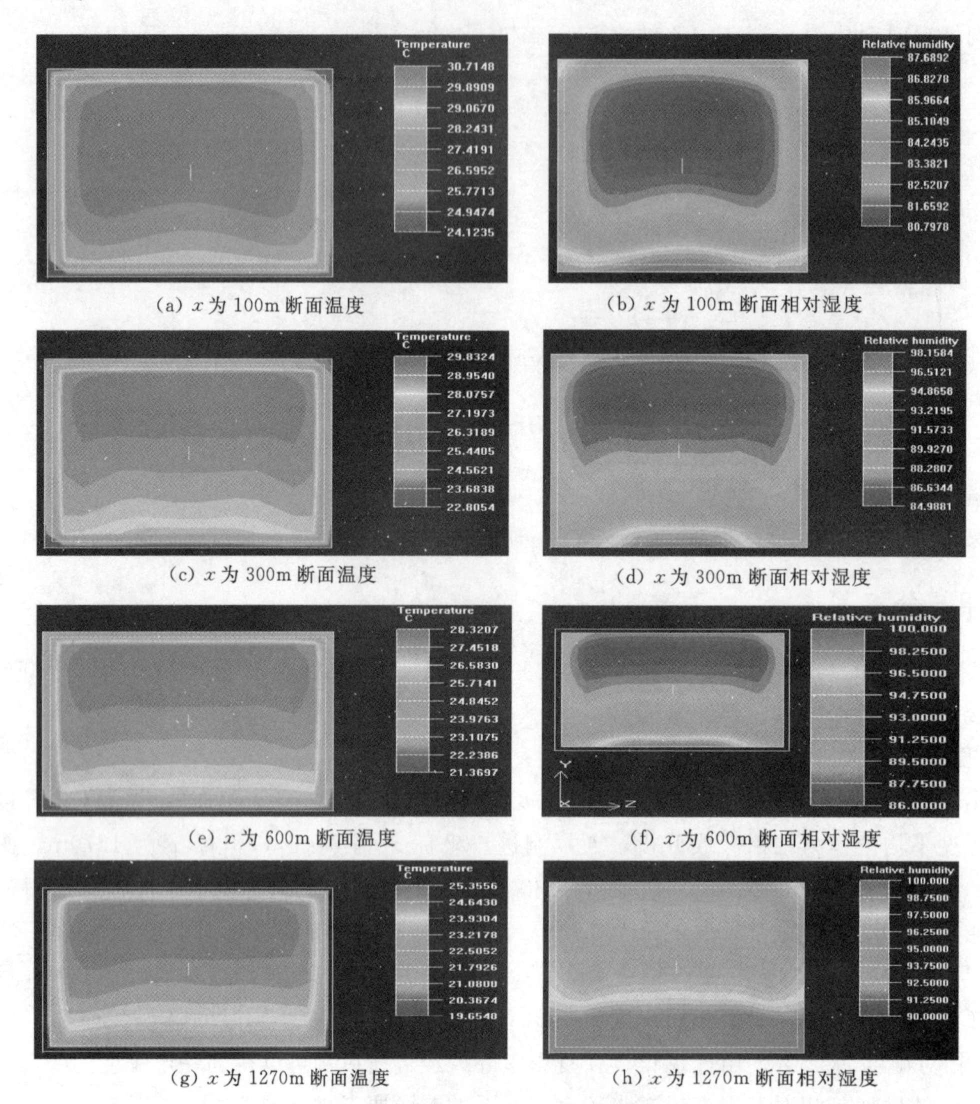

(a) x 为 100m 断面温度　　(b) x 为 100m 断面相对湿度

(c) x 为 300m 断面温度　　(d) x 为 300m 断面相对湿度

(e) x 为 600m 断面温度　　(f) x 为 600m 断面相对湿度

(g) x 为 1270m 断面温度　　(h) x 为 1270m 断面相对湿度

图 3　夏季通风洞不同断面温湿度模拟结果

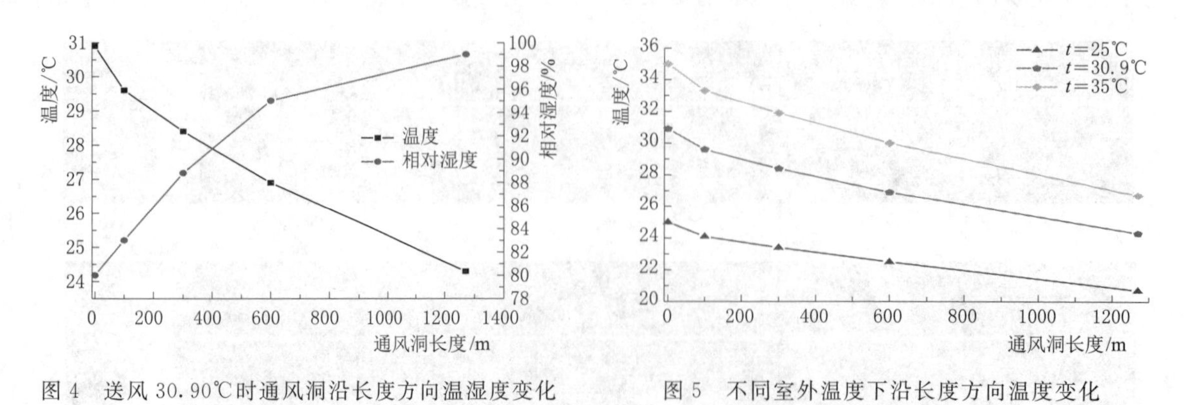

图 4　送风 30.90℃时通风洞沿长度方向温湿度变化　　图 5　不同室外温度下沿长度方向温度变化

4.2　通风洞冬季工况模拟结果及分析

冬季室外风－4.1℃下通风洞沿长度方向温湿度模拟结果如图 6 所示。

图 7 给出了冬季送风－4.1℃下通风洞断面平均温湿度随长度的变化曲线，相对湿度约为 37.8%。根

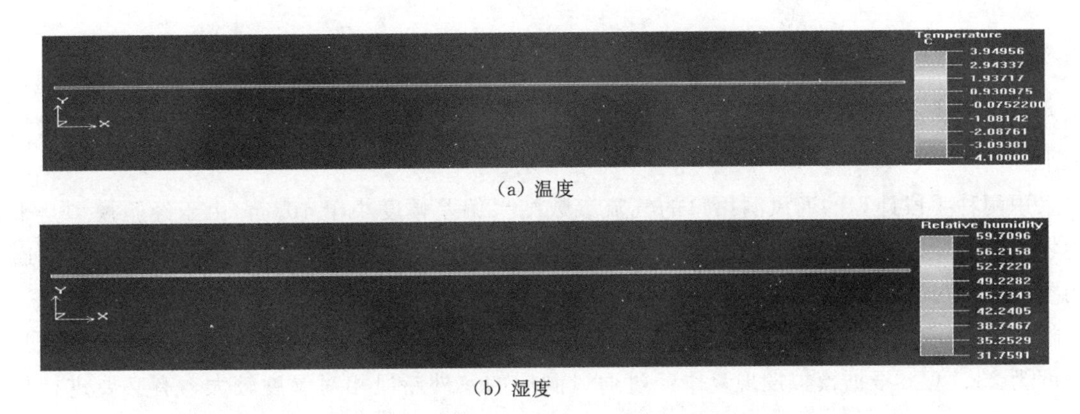

(a) 温度

(b) 湿度

图 6　冬季通风洞沿长度方向温湿度模拟结果

据通风洞冬季工况模拟得出的结果可以看出外界新风经过通风洞 100m 后的新风温度降为－2.77℃，温升幅度为 1.33℃，相对湿度为 56.9%；经过通风洞 300m 后的新风温度降为－1.65℃，温升幅度为 2.45℃，相对湿度为 52.3%；经过通风洞 600m 后的新风温度降为－0.14℃，温升幅度为 3.95℃，相对湿度为 46.6%；经过通风洞后出口的室外新风温度为 2.8℃，与室外新风相比温升 6.7℃，相对湿度约为 37.8%。根据模拟结果可以看出通风洞冬季温升梯度与夏季温降幅度接近，出口温度在 2.8℃左右。

图 8 为冬季室外在－8℃、－4.1℃、0℃三种室外温度送风条件下沿通风洞长度方向上温度的变化曲线，可以看到，在不同的送风温度下，通风洞进出口的温升相差不大，升温范围维持 5～8℃范围内。

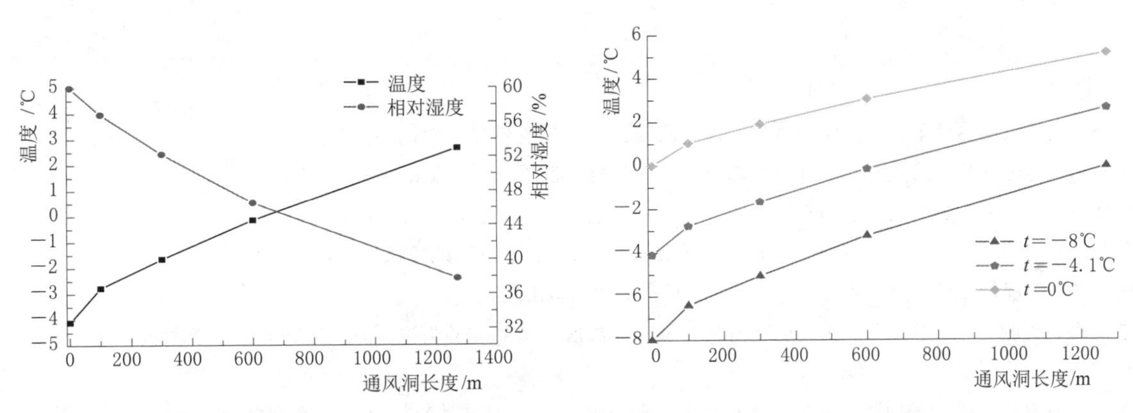

图 7　送风－4.1℃时通风洞沿长度方向的温湿度变化　　图 8　冬季不同室外送风温度下沿通风洞气流温度变化

4.3　通风洞气流参数数值模拟和经验模型结果对比

根据水电站机电设计手册——采暖通风与空调“地下通道（风道）气流参数的确定”章节的提供的经验模型[8]，计算出该抽水蓄能电站通风洞计算结果，并与数值模拟实验过程及结果进行对比，从而判断数值模拟方法的可行性和计算结果的准确性。

表 1 给出了两种方法的所得到的结果，可以看出：两种方法得到末端出口温度基本接近，进一步表明了数值模拟方法有效性。产生差别的原因可能经验公式考虑了两班倒因素，而数值模拟无法考虑这一因素。

根据设计方案，夏季送往发电机层送风温度 20℃，冬季发电机层送风温度 15℃。以外界环境送风温度和发电机层送风温差为基准，根据通风洞末端的气流变化的数值模拟结果，可以算出通风洞温度变化所引起的理想情况的夏季、冬季的通风空调系统的节能潜力分别为 23.0%和 50.4%。

表 1　通风洞模拟和经验公式计算结果对比

工况	新风温度/℃	通风洞末端气流温度经验公式计算结果/℃	数值模拟计算通风洞末端气流温度/℃	两者方法的结果偏差/℃	理想节能潜力/%
夏季	30.9	24.76	23.78	0.98	23.0
冬季	－4.1	3.06	2.89	0.17	50.4

5 结语

采用数值模拟技术和水电站手册经验模型两种方法分析了通风洞内的引风气流的参数变化规律，得到结论如下：

(1) 采用两种手段计算的通风洞出口的气流参数结果偏差幅度小于10%，由于经验模型是来自长期的工程现场实践经验总结，具有较强的可靠性。从另一个侧面也证明了利用数值模拟手段研究通风洞引风气流的参数变化可行性，而且数值模拟手段能够得到沿程的参数变化规律。

(2) 根据数值模拟结果，夏季室外30.9℃的新风经过通风洞后温降7.2℃，即机组处理前送风主厂房的送风温度为23.7℃。根据模拟发现夏季经过通风洞后的室外新风相对湿度较大，有必要进行相应的除湿处理。通过夏季25℃、30.9℃、35℃三种室外温度送风条件下沿通风洞长度方向上温度的变化分析，夏季降温范围基本上维持在5～8℃。室外温度越高，降温幅度越大。理想情况下夏季通风空调系统利用通风洞温降的节能潜力为23.0%。

(3) 根据通风洞的冬季工况模拟结果，冬季按通风室外计算温度−4.1℃，相对湿度60%，可得到机组处理前经过通风洞后的室外新风温度为2.8℃，与室外新风相比温升6.9℃，同时冬季通过通风洞后的室外新风相对湿度约为33.6%。研究冬季室外在−8℃、−4.1℃、0℃三种室外温度送风条件下沿通风洞长度方向上温度的变化，可以发现在不同的送风温度下，通风洞进出口的温升相差不大，升温范围维持5～8℃范围内。外部环境温度越低，升温幅度越大。理想情况下冬季通风空调系统利用通风洞温升的节能潜力为50.4%。

参考文献

[1] 陈强. 地道风换热效果及节能潜力预测 [D]. 西安：西安建筑科技大学，2015.

[2] 王克涛. 地道形状与通风时间对地道风降温的影响研究 [D]. 长沙：湖南大学，2011.

[3] 何潇楠. 地道风换热性能影响因素研究 [D]. 重庆：重庆交通大学，2016.

[4] 张静红，谭洪卫，王亮. 地道风系统的研究现状及进展 [J]. 建筑热能通风空调，2013，32 (1)：44-48，99.

[5] 陶文铨. 数值传热学（第二版）[M]. 西安：西安交通大学出版社，2002.

[6] 李俊梅，许鹏，李炎锋，等. 大坡度隧道临界风速的数值模拟和实验研究 [J]. 北京工业大学学报，2017，43 (11)：1706-1712.

[7] 水电站机电设计手册编写组. 水电站机电设计手册-采暖通风与空调 [M]. 北京：水利电力出版社，1987.

丰宁抽水蓄能电站月牙肋岔管原型水压试验设计与研究

刘 蕊 余 健

（中国电建集团北京勘测设计研究院有限公司，北京市 100024）

【摘 要】本文通过引水系统钢岔管水压试验工况设计、原型水压试验、水压试验分析总结等方面，研究分析试验过程中应力分布和变形规律，验证了钢岔管焊缝接头承受极端荷载的能力。通过三维有限元分析计算，印证了钢岔管设计方案的合理性和施工工艺的可靠性，水压试验有效消除了钢岔管的尖端应力及施工附加变形，其成果对工程应用及国内外同类型电站钢岔管的水压试验有指导和借鉴意义。

【关键词】抽水蓄能电站 钢岔管 水压试验设计 原型水压试验 技术研究

1 工程概况

丰宁抽水蓄能电站位于河北省丰宁满族自治县境内，规划装机容量3600MW，采用分两期开发方式，一期装机容量1800MW，装设6台单机容量为300MW的立轴、单级、混流可逆式水泵轮机组。丰宁电站主要由上水库、水道系统、地下厂房系统、蓄能专用下水库及拦沙库等建筑物组成。丰宁电站一期、二期引水隧洞工程由6条高压钢管道组成，六条高压主管平行布置，设有上平段、上斜段、中平段、下斜段和下平段，斜井角度为53°。电站采用“一管两机”方式布置，由高压主管、岔管和高压支管组成，下平洞钢管与钢岔管连接后由钢岔管将主管水流分流进入机组[1]。钢岔管布置在高压主管下平段，中心线高程967m，采用对称“Y”型内加强月牙肋结构。

2 水压试验工况设计

丰宁抽水蓄能电站钢岔管采用对称“Y”型内加强月牙肋结构，分岔角74°，主管直径4.8m，管内设计流速为8.92m/s，支管直径3.4m，管内设计流速为8.89m/s，最大公切球直径5.52m，为主管管径的1.15倍，采用HD780CF高强钢制造，管壳厚度66/70mm，月牙肋板厚126mm，HD值为3586m^2。

（1）水压试验目的及内容：①为了验证设计及明确钢板和焊接接头的可靠性和安全性，以及消除某种程度的残余应力，试验单位应按设计规定的岔管设计内压进行岔管水压试验；②水压试验时应进行的监测项目包括内水压力、水温、变形、管壳及肋板的应力应变、不同压力下的进水量测试等；③采用无损方法量测水压试验前后焊缝及热影响区的焊接残余应力。

（2）最大内水压力值的计算。根据规范要求，钢岔管各点的计算应力应满足下式：

$$\sigma=\sqrt{\sigma_\theta^2+\sigma_x^2+\sigma_r^2-\sigma_\theta\sigma_x-\sigma_\theta\sigma_r-\sigma_x\sigma_r+3(\tau_{\theta x}^2+\tau_{\theta r}^2+\tau_{xr}^2)}\leqslant\sigma_R$$

式中 σ——钢岔管结构构件的作用效应计算值；

σ_R——钢岔管结构构件的抗力极限；

σ_θ——环向正应力，以拉为正；

σ_x——轴向正应力，以拉为正；

σ_r——径向正应力，以拉为正；

$\tau_{\theta x}$、$\tau_{\theta r}$、τ_{rx}——剪应力。

以上单位均为N/mm^2[2]。

依据水道系统和机组水力过渡过程计算，考虑计算误差和压力脉动等因素，岔管承受最大静水头为538m，考虑水锤压力沿压力管道（调压井至压力钢管末端）呈线性布置，并计入荷载分项系数，通过三维有限元计算得到满足明岔管水压试验抗力限值的最大内水压力为 7.47MPa。

（3）水压试验压力值的确定。钢岔管水压试验工况下的计算结果表明，由于该岔管体型是在联合承载条件下计算得到的，当采用设计内水压力作为水压试验的压力时，部分整体膜应力特征点的应力超过了抗力限值。考虑围岩分担内水压力时，水压试验内水压力通过试算，最终计算采用的水压试验工况压力为 6.9MPa（0.924 倍设计压力）。按照水压试验压力 6.9MPa 进行三维有限元计算，钢岔管整体和月牙肋最大主应力分布如图 1 和图 2 所示，管壁的最大应力值为 346.217MPa，月牙肋的最大应力值为 204.414MPa。水压试验工况三维有限元计算时考虑岔管本体、闷头及水体的重量，但不考虑岔管腐蚀余量。

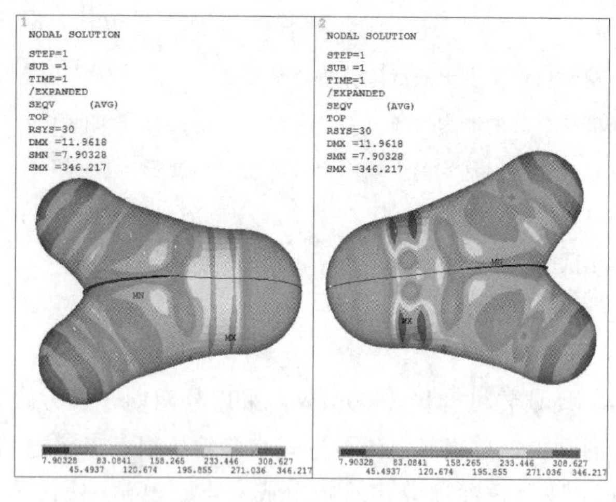

图 1 钢岔管整体最大主应力分布图

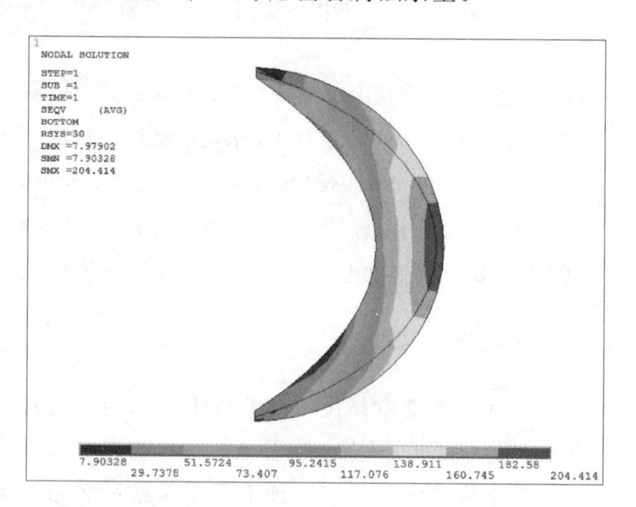

图 2 钢岔管月牙肋最大主应力分布图

（4）水压试验测点布置。根据钢岔管三维有限元计算结果，选取水压试验关键监测点在岔管顶部、腰线转折角、肋板内缘、肋旁管壁、主支锥相贯线及其高应力区、岔管整体膜应力区等点位布置，全面监控了水压试验过程，达到了试验目的。

（5）水压试验技术参数。通过钢岔管三维有限元计算，给出了满足明管水压试验应力控制标准和最大水压试验压力值，提出了两阶段三个升降循环的试验方案，明确了水压试验的压力极差、升压速率、稳压时间等试验技术参数，见表 1。

表 1 钢岔管水压试验技术参数表

试验工况	最高压力/MPa	升压过程			降压过程			升降压循环次数/次
		压力级差/MPa	升压速率/(MPa/min)	稳压时间/min	压力级差/MPa	升压速率/(MPa/min)	稳压时间/min	
预水压试验	4.0	2.0	0.05	30	2.0	0.05	30	1
正式水压试验	6.9	0.5～1.0	0.05	20～60	0.5～2.0	0.05	20～60	2

3 钢岔管原型水压试验

3.1 水压试验准备阶段

丰宁电站钢岔管焊接残余应力测试采用无损压痕法，在水压试验前最后一个闷头未焊接时进行测试，应力测试设备采用 KJS－1 型应力测试系统及 BA120－1BA（11）－ZKY 型应变计。由于钢岔管内壁工作应力测试需在有水状态下进行，应准备防水应变片，并设计制作专用的应变片导线过管壁装置。应力测试控制点的测试应力分解为环向和水流方向两个应力分量。本次钢岔管水压试验应力测试采用电测法，测试仪器采用 DH3815N 型应变测试系统和 DH3819 型无线应变测试系统，采用进口 WFCA－6－11－5LT 型应变片。为保证测试结果的准确性，被测构件的原始状态必须保证，即在钢岔管不受水压力的情况下完成应变片连接、仪器调试调零等准备工作，然后逐步让岔管承受水压力，记录岔管不同部位在不同压力等级下所产生的应变。水压试验中环境温度不低于 10℃，水温不低于 5℃，且岔管内水温与管壳温度相近时方能升压[3]。

3.2 水压试验测试过程

根据月牙型内加强肋岔管的受力特征，岔管应力测量的重点部位为钝角区、肋旁管壳区和月牙肋板处，主管标准圆断面和支管标准圆断面亦应布置部分测点。管壳测点在内外壁对应布置，以考察薄膜应力和局部弯曲应力[4]。月牙肋板上测点管内布置在靠近内缘，管外布在月牙肋板外缘。水压试验过程分为预压试验和明管水压试验两个阶段，试验过程中重点检查和监测水温与岔管外壳温差、焊缝外观渗漏、岔管异常声响、岔管外形异常变形等指标，若监测的工作应力值接近钢板试验应力允许值，应立即停止充水加压试验，并进行现场分析研究，论证试验能否继续进行。钢岔管水压试验曲线如图3所示。

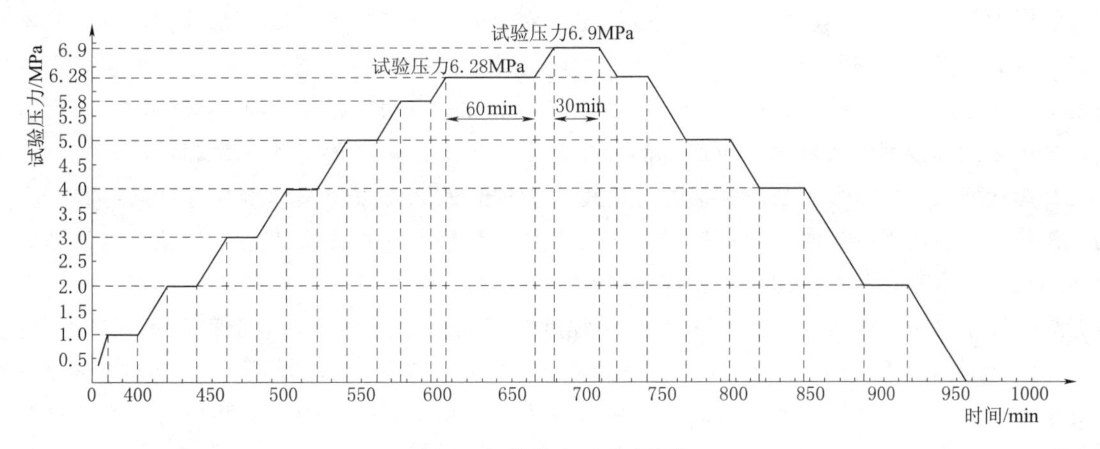

图3　钢岔管水压试验曲线

3.3 水压试验测试结果分析

（1）焊接残余应力测试结果分析。从测试数据看，通过水压试验，岔管的焊接残余应力有下降的趋势，部分测点下降明显。水压试验前岔管内壁焊接残余应力最大值为667MPa，水压试验后该测点应力值为503MPa，下降24.5%；水压试验前岔管外壁焊接残余应力最大值为658MPa，水压试验后该测点应力值为605MPa，下降8.3%。通过同一测点水压试验前、后残余应力值的对比分析，更加充分验证水压试验对焊接残余应力的峰值起到有效的消减作用，为钢岔管的使用寿命及稳定运行提供了安全保障。

（2）水压试验结构应力测试结果分析。从水压试验应力测试结果分析，各测点的应力值和试验压力值呈良好的线性关系，说明水压试验6.9MPa压力循环下，各测点处于线弹性状态。对岔管设计控制点应力进行线性分析，可知各控制点内外壁应力值线性度良好，说明钢岔管水压试验过程是材料完全弹性变形的过程，也说明测试系统的稳定可靠。试验水压等级6.9MPa下整体膜应力设计计算最大应力302MPa，实际测量最大值为237.9MPa。其他测点的最大应力值为334.2MPa，小于许用应力440MPa，安全裕度较大。

（3）水压试验变形监测结果分析。水压试验过程中，在各个压力等级下，测试部位的位移与压力等级成良好的线性关系，在最大压力等级6.9MPa时，岔管的单侧最大位移量－4.97mm（膨胀），且位移与压力呈良好的线性关系，说明整个水压试验过程，岔管处于弹性变形状态。

（4）体积变形测试结果分析。水压试验过程中，在各个压力等级下，进水量与压力等级成良好的线形关系。

4 水压试验分析总结

丰宁电站高强钢岔管水压试验及过程测试所取得的技术成果具有创新因素和推广价值，后续在完善施工工序落实和质量管理的基础上，进一步分析论证和研究高强钢岔管水压试验过程中的客观现象和试验数据，将试验工作的成果进行推广，为水电工程建设的发展和科技创新提供理论基础和工程实践。

（1）高水头、大体型钢岔管应选择具有较好力学性能和延伸率指标高的材料。高水头、大体型钢岔管采用高强钢材料，必须要注意厚板卷制、组对焊接、岔管结构的特点，除了力学性能和化学成分指标外，良好地延伸率是非常关键的技术指标，这是水电工程用高强钢与其他行业的不同点。钢岔管管壁在厚径比数据上往往超出允许冷卷的范围，局部即有膜应力与弯曲应力叠加，同时还存在着较高水平的焊接残余应力、厚板卷制冷加工残余应力、安装应力以及应力集中的结构构造，例如本岔管的主锥顶部。当水压试验加载时，受上述因素影响，测试的局部表面应力发展得比较快，而且提前进入弹塑区。

（2）高强钢岔管的结构设计和计算分析中应当重视残余应力的影响。焊接残余应力是结构件焊接施工不可避免的，厚板冷加工卷制同样存在残余应力。常规材料（普通碳素钢）结构由于受强度级别和结构刚度的限制、结构件的板厚和承载有较大裕度，通常不考虑焊缝接头焊接残余应力和母材冷加工形成残余应力的影响。即使存在相应的要求，大多从控制变形的角度考虑的。高强钢结构，由于其本身所要求的承载能力高，尤其在钢岔管结构上，受膜应力理论计算的假定，在制作过程中，尽量减少因施工所产生的附加弯曲应力；在承载过程中，尽量采取避免工作弯曲应力的结构设计。降低构件表面弯曲应力的初衷，是考虑到高强钢焊接过程中所产生的焊接残余应力[5]。一方面优化施工和设计；另一方面不恶化、不提升焊接残余应力水平，是高强钢岔管结构最为理想的状态。但实际上会存在局部膜应力与弯曲应力的工作状态，再附加较高水平的焊接残余应力，并且结构上还存在应力集中现象，这样结构的表面应力会达到较高的水平。而在结构设计和计算分析中，不考虑焊接残余应力影响的存在，这是因为事先不能掌握焊接残余应力、冷加工残余应力的影响程度和确切位置。通过水电工程实际测试的数据表明，600～790MPa 高强钢岔管局部的焊接残余应力最高可达到甚至超过材料的屈服极限。如果未采取钝化残余应力的措施，进行水压试验，就应当对焊接残余应力、冷加工残余应力、安装应力对水压试验应力测试数据的影响，要有足够的认识，有时这种影响是非常显著的。

（3）高水头、大体型高强钢岔管的水压试验对钝化结构焊接和冷加工残余应力、安装应力的作用明显。高强钢岔管的水压试验工艺参数和试验流程组织的合理，可以有效地钝化结构焊接和冷加工残余应力、安装应力，相反，不合理的试验方法，也会产生恶化结构承载能力的结果。

（4）利用水压试验的加载、卸载过程，可以强化、提高局部结构的承载能力。如果存在较高水平的焊接残余应力，局部构造又受结构设计的限制，不可能再进一步进行结构优化，这个部位的应力水平就会比较高，对运行会产生不利影响。如果没有其他手段，可以利用水压试验的条件，确定合理的参数，分步骤地反复加载、卸载，可以达到强化局部结构，提高材料屈服极限大的目的[6]。采取这种做法，首先应保证材料具备良好的延伸率指标，其次，无损检测评定的焊缝质量必须保证满足规范要求，且焊接施工严格按评定合格的工艺参数执行，返修次数、热输入值等都应有详细地记录，丰宁电站 1 号、2 号、3 号钢岔管的局部最高应力-应变曲线仍处于弹性变形的线性区间。

（5）高强钢岔管的工程设计、结构分析计算、工艺评定和施工组织设计、施工过程质量监督控制、水压试验及检验测试、监控等各环节组成了一个系统工程，在任何环节出现的问题应采取综合分析和论证的科学方法。丰宁电站 790MPa 高强钢岔管水压试验的全过程，是一个对测试方案、测试手段持续改进、不断完善，直到最后成功的结果，反映了理论和实践相结合的过程中。对待出现的问题，需要从提高认识、统一思想的角度入手，将客观事物、生产试验过程视作为技术创新过程的系统工程，不做偏离客观规律、片面的结论，将解决问题取得的答案作为成功的目标，这就是从事水电工程建设事业中应有的实事求是的科学态度。

5 结语

（1）通过丰宁电站钢岔管三维有限元分析计算，得出了水压试验工况的最大试验压力，为原型水压试验的结构应力测试点位布置提供了理论依据，说明了将计算结果用于指导实际工程的可靠性和实用性。且理论计算结果表明岔管各主要控制点的应力，基本在明岔管水压试验工况抗力限值范围内，且与岔管原型水压试验结构应力测试成果规律相符，水压试验验证了岔管设计的合理性、明确了钢板和焊接接头的可靠性。

（2）丰宁电站钢岔管为高水头、大体型，岔管焊缝质量主要通过无损检测和力学性能两方面共同评定，焊缝无损检测可以通过UT、MT、RT、TOFD等方法来完成，但力学性能的检测难以实现，且无法重复和再现测试。因此通过丰宁电站钢岔管焊接残余应力对比试验、水压试验结构应力测试、水压试验变形监测及体积变化测量等检测手段，验证了钢岔管焊缝接头承受极端荷载的能力，也印证了丰宁电站钢岔管的设计、选材、制造及水压试验的技术参数选择是科学合理的，钢岔管整体质量满足丰宁电站运行要求。同时，丰宁电站钢岔管水压试验的成功，也为国内未来高水头、大HD值高压钢岔管的水压试验提供了工程实例和技术经验。

（3）水压试验成果表明，整个水压试验过程中，钢岔管处于弹性变形状态，岔管本体未发生渗漏和焊缝开裂，岔管的监控点位移变形较小，通过水压试验前后焊接残余应力测试数据的对比分析，验证了水压试验对焊接残余应力的峰值起到较好的消减作用，有效消除钢岔管的尖端应力及施工附加变形，钝化结构焊接和冷加工残余应力、安装应力，为钢岔管的长期稳定运行提供了安全保障。

参考文献

[1] 陈尚林，喻冉．抽水蓄能电站钢岔管水压试验技术［J］．水电与抽水蓄能，2019，5（6）：128-132.

[2] 余健，刘蕊．呼和浩特抽水蓄能电站钢岔管水压试验测试与研究［J］．水电与抽水蓄能，2019，5（4）：97-100，112.

[3] 姚敏杰，高雅芬．洪屏抽水蓄能电站内加强月牙肋钢岔管原型水压试验研究［J］．水力发电，2016，42（6）：92-94.

[4] 余健，刘蕊．呼和浩特抽水蓄能电站高强钢岔管残余应力测试与研究［J］．水电与抽水蓄能，2017，3（2）：108-111.

[5] 倪海梅，章存建，高从闯，等．溧阳抽水蓄能电站引水钢岔管水压试验分析与研究［C］//抽水蓄能电站工程建设文集2015．北京：中国电力出版社，2015：323-326.

[6] 陈忠伟，杨联东．大型800MPa级钢岔管洞内水压试验研究［J］．人民黄河，2017，39（3）：115-118.

丰宁抽水蓄能电站地下厂房洞室群施工期围岩稳定监测成果分析与评价

夏天倚　张晨亮　葛　鹏
（中国电建集团北京勘测设计研究院有限公司，北京市　100024）

【摘　要】丰宁抽水蓄能电站地下厂房洞室群规模大、地质条件复杂。通过对地下厂房洞室群监测资料的整理分析，总结厂房围岩位移变形、应力特征及分布规律，对洞室围岩稳定状态进行评价，为及时调整支护参数提供支撑。结合围岩稳定计算成果和围岩地质条件，对围岩变形机理进行了初步分析。监测成果表明厂房洞室围岩部分区域变形量较大，其位移变形及应力主要集中在边墙部位；变形以中、浅层变形为主，局部为深部变形；实测变形与围岩稳定计算成果基本一致；变形及应力变化与厂房下部施工及围岩地质条件联系紧密。

【关键词】丰宁抽水蓄能电站　地下厂房　围岩稳定分析评价　安全监测

1 引言

针对开挖阶段的围岩变形和支护结构应力的监测分析与评价，是大型地下厂房洞室群稳定性安全评价的重要手段。在施工过程中及时埋设监测仪器、及时分析监测数据，为指导围岩变形控制和保持围岩稳定提供了基本的科学根据[1]。

丰宁抽水蓄能电站是在建的世界上最大的抽水蓄能电站，地下厂房最大开挖尺寸为 414.0m×25.0m×54.5m，分为一、二期工程同期建设，地下厂房工程地质条件复杂，围岩裂隙发育，局部沿裂隙蚀变、最大主应力方向与厂房轴线大角度相交，自 2017 年第Ⅲ层开挖后，出现了围岩变形较大、锚索锚固力增大等问题，对施工过程中围岩变形控制提出了极高要求，针对监测资料的系统分析、评价，并与前期稳定计算相对比，对结构设计方案和施工方案的制订具有重大意义。

2 工程概况

丰宁抽水蓄能电站位于河北省承德市丰宁满族自治县境内。总装机容量 3600MW，电站分两期开发。枢纽建筑物主要由上水库、下水库、一、二期工程水道系统和发电厂房及开关站组成。

地下厂房由 1 号主副厂房、1～6 号主机间、安装场、7～12 号主机间、2 号主副厂房组成，呈“一”字形布置，洞室总长度为 414.0m。安装场布置在 6 号机组段及 7 号机组段中间。1～6 号主机间及 7～12 号主机间开挖尺寸均为 149.5m×25.0m×54.5m（长×宽×高，下同），安装场开挖尺寸为 75.0m×25.0m×26.0m，1 号及 2 号主副厂房开挖尺寸均为 20.0m×25.0m×38.0m。主厂房采用锚喷支护型式和岩壁吊车梁结构。

主变洞平行布置在主厂房下游侧，与主厂房净距离为 40m。主变洞开挖尺寸为 450.5m×21.0m×22.5m。

3 围岩地质条件

地下厂房系统位于滦河左岸，地形上总体表现为“两梁夹一沟”，其东侧与走向为 NE30°山梁近垂直相交。厂区围岩以Ⅲ类为主，局部Ⅳ类。地下厂房存在以下不利地质条件：

（1）围岩裂隙发育、裂隙蚀变分布较普遍，厂房岩体内不同向裂隙切割，可形成不稳定块体。

（2）厂房围岩存在蚀变现象，主要表现为岩体强度降低。断层及节理裂隙密集发育地段岩体蚀变，结构面存在绿帘石—绿泥石化蚀变作用，上述面状和带状蚀变弱化了岩体强度。

（3）地下厂房区实测最大水平主应力12～18MPa，方向NE68°～83°，与厂房轴线近于垂直，对高边墙稳定不利。

4　监测布置

工程主厂房洞及主变洞主要设置了7个主监测断面和8个辅助监测断面，断面内主要布置了多点位移计、锚杆应力计、锚索测力计、单向测缝计、钢筋应力计，监测断面布置情况见表1。

表1　丰宁地下厂房监测断面布置表

监测断面名称	桩号	断面位置	监测断面名称	桩号	断面位置
a-a剖面 辅助监测断面	厂右0+026.000m	1号主副厂房	e-e剖面 辅助监测断面	厂左0+222.000m	7号机组中心线
Ⅰ-Ⅰ断面 主监测断面	厂左（右） 0+000.000m	1号机组中心线	Ⅴ-Ⅴ断面 主监测断面	厂左0+246.000m	8号机组中心线
b-b剖面 辅助监测断面	厂左0+024.000m	2号机组中心线	f-f剖面 辅助监测断面	厂左0+270.000m	9号机组中心线
Ⅱ-Ⅱ断面 主监测断面	厂左0+048.000m	3号机组中心线	Ⅵ-Ⅵ断面 主监测断面	厂左0+294.000m	10号机组中心线
c-c剖面 辅助监测断面	厂左0+072.000m	4号机组中心线	g-g剖面 辅助监测断面	厂左0+318.000m	11号机组中心线
Ⅲ-Ⅲ断面 主监测断面	厂左0+096.000m	5号机组中心线	Ⅶ-Ⅶ断面 主监测断面	厂左0+342.000m	12号机组中心线
d-d剖面 辅助监测断面	厂左0+120.000m	6号机组中心线	h-h剖面 辅助监测断面	厂左0+368.000m	2号主副厂房
Ⅳ-Ⅳ断面 主监测断面	厂左0+156.000m	安装场			

5　监测分析评价程序及方法

监测分析评价主要按以下步骤进行：

（1）原始数据整理。整理对象为监测仪器原始数据库，针对不同监测仪器，对原始数据进行解算和全面处理，获得符合工程要求的监测数据。

（2）数据可靠性分析。根据监测仪器原理，对监测数据进行可靠性分析。筛选不符常理的异常点（仪器）、数据奇点等不具参考性的数据，并提请建设单位注意，必要时进行监测仪器的检修及补装。

（3）以结构部位为核心的数据分析。监测设计中，通常在同一结构部位布置不同监测仪器，以达到不同仪器互相印证、互相检验的目的。因此，在监测数据分析和评价中也以结构部位为核心，对同一部位的不同仪器同时分析解读，以达到对结构安全综合评判的目的。

（4）围岩稳定计算对比分析。将实测围岩变形、应力应变等情况与计算成果对比，验证前期设计、计算成果，并实现对结构计算参数的动态反馈调整。

（5）结合地质条件的围岩变形机理分析。将实测围岩变形、应力应变等情况与地质素描成果进行对比分析，对围岩未定机理进行初步分析。

6　监测资料分析评价

6.1　以结构部位为核心的数据分析

6.1.1　*以监测断面（机组中心线断面）为研究对象*

截至2019年3月，丰宁地下厂房以完成第Ⅴ层开挖并取得监测数据。针对典型监测断面（Ⅲ-Ⅲ监测断面），对断面内按照部位（拱顶，上、下游拱脚，上、下游边墙）及高程进行数据分析对比并绘制围岩变形、锚索锚固力分布图。统计数据见表2。

表 2　**主厂房Ⅲ-Ⅲ断面当前变形及对应锚索锚固力、锚杆应力测值表**

桩号	位置	多点位移计测值				对应锚索测力计测值							锚杆应力计						
		仪器编号	高程/m	临空面(0m或预埋最深点)/m	备注	仪器编号	高程	安装时间/(年-月-日)	设计吨位/kN	锁定吨位/kN	相对锁定吨位变化率/%	相对设计吨位变化率/%	仪器编号	距离孔口/m	高程/m	安装时间/(年-月-日)	当前温度/℃	应力值/MPa	备注
主厂房Ⅲ-Ⅲ(厂左0+096.00m)	拱顶	M(cf)3-1	1008.5	−0.21		Dpcfll(L=25m，P=100t)	1008.5	2016-10-16	1000	961.33	12.01	7.68	Rm3-1-1	2	1009	2016-04-12	11.1	65.23	
													Rm3-1-2	4			12.4	207.19	
													Rm3-1-3	6			10.1	−75.35	
	上游拱脚	M(cf)3-2	1006.2	−0.19		Dpcf10(L=25m，P=100t)	1004.3	2016-09-29	1000	872.67	3.77	−9.45	Rm3-2-1	2	1006	2016-06-02	12.2	45.26	
													Rm3-2-2	4			11.6	57.46	
													Rm3-2-3	6			12.5	14.56	
	下游拱脚	M(cf)3-3	1006.2	8.32		Dpcf12(L=25m，P=100t)	1004.3	2016-10-15	1000	704.11	9.95	−22.58	Rm3-3-1	2	1006	2016-06-30	12.5	31.77	
													Rm3-3-2	4			11.8	527.95	已超量程
													Rm3-3-3	6			12.9	10.51	
	上游边墙	M3-4	999.0	2.74	预埋								Rm3-4-1	2	998	2017-05-10	11.1	143.07	接近量程
													Rm3-4-2	4			12.2	−1.61	
													Rm3-4-3	6			12.5	−0.46	
		M(cf)3-5	991.0	40.16		Dpcf1-4(L=25m，P=100t)	990.0	2017-12-14	1000	818.67	31.55	7.70	Rm3-5-1	2	990	2017-12-06	10.7	95.28	
													Rm3-5-2	4			11.7	1.41	
													Rm3-5-3	6			12.3	0.48	
		M(cf)3-6	982.5	25.65	预埋								Rm3-6-1	2	979	2018-08-21	9.3	41.02	
													Rm3-6-2	4			10.6	92.7	
													Rm3-6-3	6			11.7	90.64	
	下游边墙	M3-8	1000.8	21.32	预埋	Dpcf1-14(对穿，L=18.85m)	997.5	2017-05-24	1000	835.94	41.65	18.41	Rm3-8-1	2	999	2017-05-10	11.2	97.51	
													Rm3-8-2	4			10.2	244.67	
													Rm3-8-3	6			12.2	155.55	
		M(cf)3-9	991.0	86.24									Rm3-9-1	2	990	2017-12-06	10.2	−1.46	
		M(cfbz)3-9	986.0	23.12									Rm3-9-2	4			11.5	94.60	
													Rm3-9-3	6			12.6	−2.91	

在表2中，将相近部位的监测仪器（多点位移计、锚索测力计、锚杆应力计）结合进行分析，将实测值较大的测点用粗体显示。将多点位移计及锚索测力计测值显示在剖面图上，阴影部分高度为该测点位移值大小，锚索测力计测值采用文字描述其测值及与锁定吨位和设计吨位的对比。主场房Ⅲ-Ⅲ监测断面围岩变形及应力主要呈现以下特征：

（1）Ⅲ-Ⅲ断面总体变形及锚索锚固力情况：主变洞变形＞主厂房变形；主厂房锚索锚固力＞主变洞锚索锚固力；主厂房下游边墙与主变洞上游边墙变形＞主厂房上游边墙及主变洞下游边墙变形＞两洞室顶拱，上、下游岩壁吊车梁下部（高程991.00m）变形＞母线洞顶高程（高程986.00m）变形＞吊顶支座梁（高程999.00m）变形。

（2）由表2可见，围岩变形及锚索锚固力较大值均出现在厂房下游边墙，主厂房洞及主变洞高程991.00m处为变形最大部位。主厂房下游边墙高程991.00m孔口位移86.24mm，对应锚索测力计Dpcf1-14（对穿，$L=18$m，$P=100$t），当前测值1184.12kN，较锁定吨位增大41.65%，较设计吨位增大18.41%。相应过程线见图1～图3。

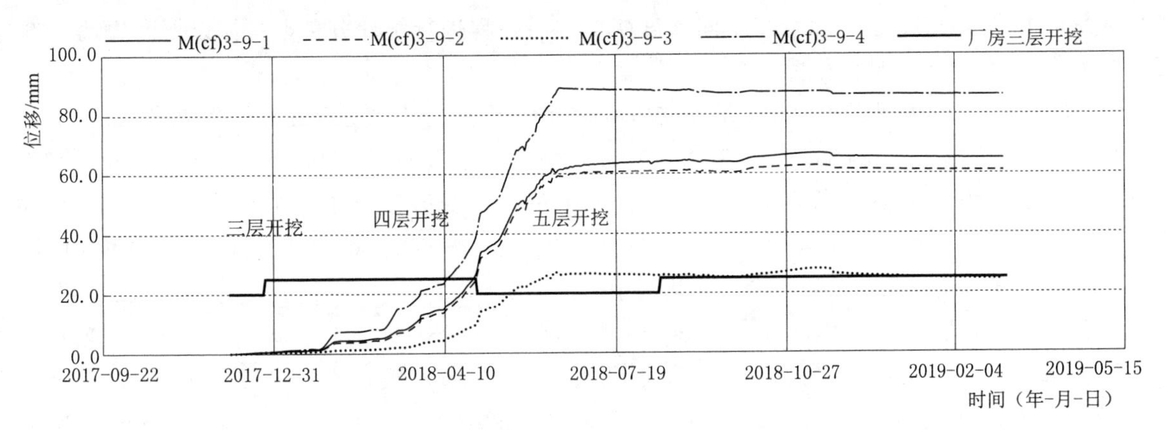

图1 厂房厂左0+096.00m下游边墙，高程991m多点位移计M(cf) 3-9位移过程线

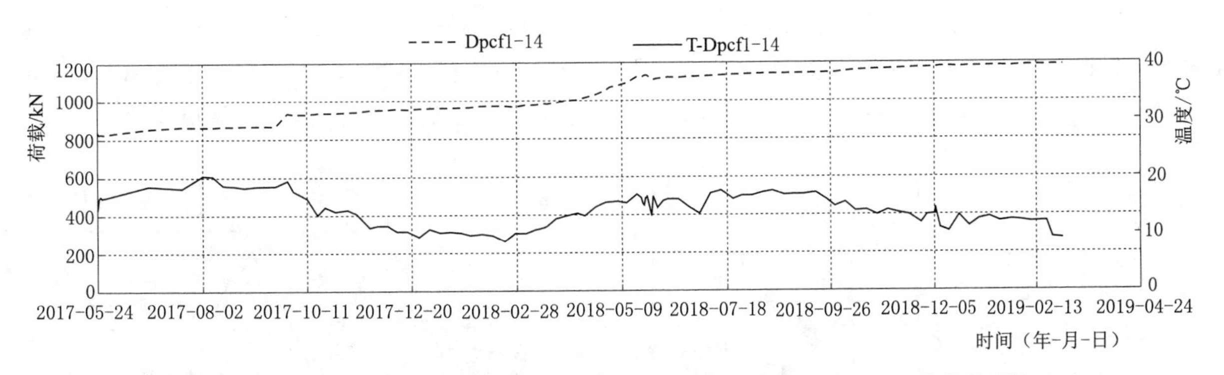

图2 厂左0+096.00m下游边墙，高程997.5m锚索测力计Dpcf1-14荷载过程线

（3）针对主厂房下游边墙高程990.00m，由图1～图3可见：

1）位移主要发生在距离孔口0～2m［孔口～M(cf)3-9-1］、5～10m[M(cf)3-9-2～M(cf)3-9-3]之间。

2）自2018年2月开始，位移突变（增大），最近位移突变发生在五层开挖初期（2018-04—2018-06）前后，增长速率约为1.1mm/d，目前呈收敛趋势（图2）。

3）多点位移计对应锚索锚固力（Dpcf1-14）目前较设计吨位增大18.41%，自2018年2月开始，锚索锚固力开始增大，其增量与增长趋势与位移量呈现良好相关性（图3）。

4）对应锚杆应力计R(cf)2-9自2018年2月开始应力显著增大，应力集中在距孔口6m［R(cf)2-9-3］位置，2018年8月前增量与增长趋势与位移量呈现良好相关性（图4），2018年8月后应力发生突变（减小），建议对其进行检测。

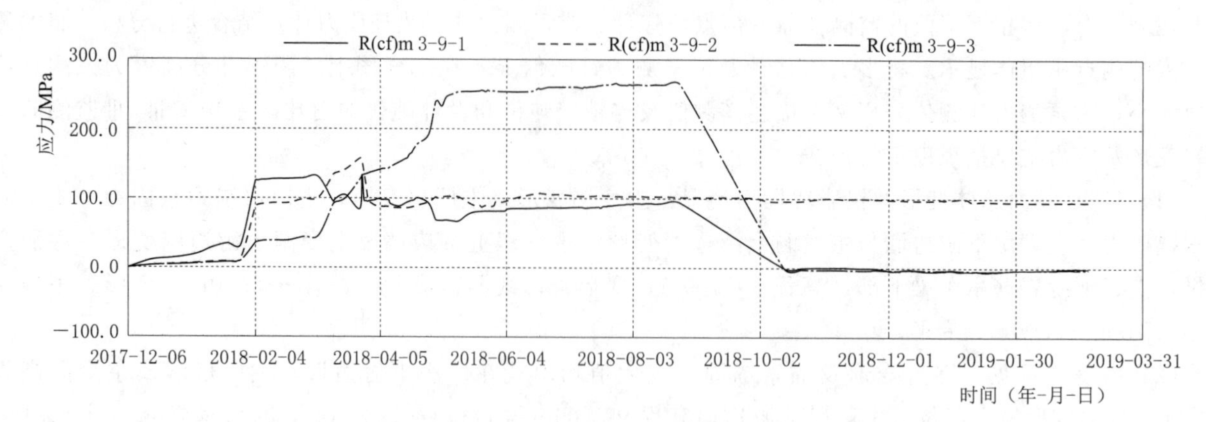

图 3　厂房厂左 0+096.000m 下游边墙，高程 990m 锚杆应力计应力过程线

6.1.2　同高程的围岩变形分布情况分析

为研究厂房整体变形情况，将厂房不同深度变形按照高程进行统计分析，具体以下游边墙为例进行分析，如图 4、图 5 所示，具体分析如下：

（1）主厂房下游边墙高程 999.00m（吊顶支座梁附近）：该高程孔口变形最大值为 76.52mm（厂左 0+270.000m），变形区域为距孔口 0～2m 和 5～10m 区域；另有两断面（厂左 0+048.000m、厂左 0+318.000m）变形超 70mm，其余断面变形平均值为 18.56mm；变形集中在厂左 0+246.000m～厂左 0+342.000m 和厂左 0+000.000m～厂左 0+072.000m；除厂左 0+000.000m～厂左 0+072.000m 区域和厂左 0+318.000m 断面为深层变形，其余断面均为中、浅层变形。

（2）主厂房下游边墙高程 991.00m：孔口变形最大值为 86.23mm（厂左 0+096.00m），变形区域为距孔口 0～2m 和 5～10m 区域；其余断面平均变形值为 35.25mm；变形集中在厂左 0+096.00m 断面和厂左 0+294.000m 断面；除厂左 0+048.000m、厂左 0+096.000m 和厂左 0+294.000m 断面为深层变形，其余断面均为中、浅层变形。

（3）厂房下游边墙变形最大值为 86.23mm（厂左 0+096.000m）；除厂左 0+096.000m 断面，其余断面均为高程 999.00m 孔口变形>高程 990.00m 孔口变形，且变形区域均集中在厂左 0+096.000m 断面附近和厂左 0+246.000m～厂左 0+342.000m；变形主要为中浅层变形为主，局部为深层变形。

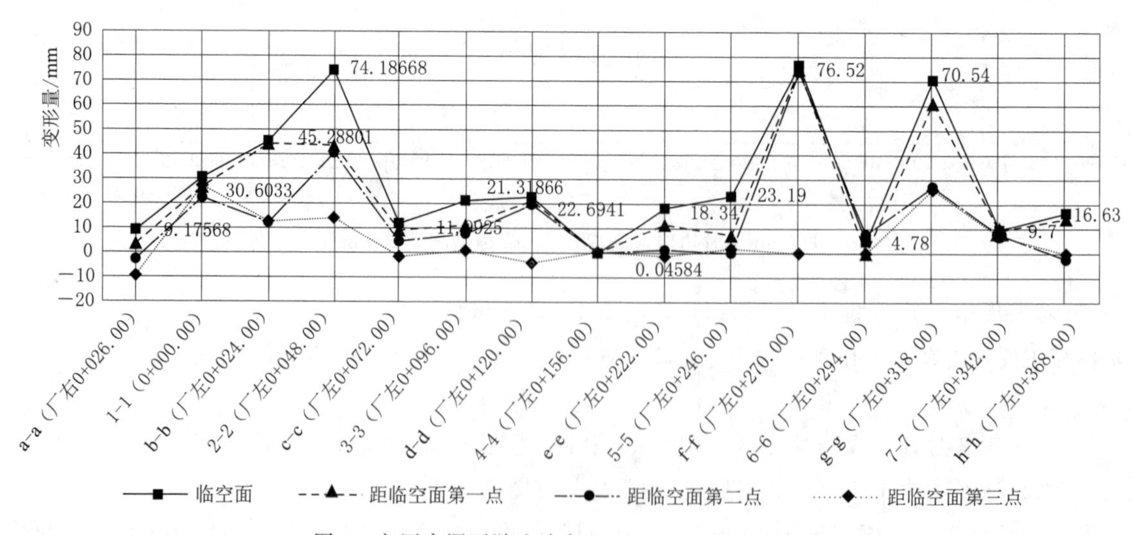

图 4　主厂房洞下游边墙高程 999.00m 位移分布图

6.2　围岩稳定计算对比分析评价

为实现对结构计算参数的动态反馈调整，验证计算成果，将当前实测数据与三维稳定计算成果进行对比分析。以厂左 0+246.000m 桩号监测断面（Ⅴ-Ⅴ监测断面）为研究对象，对比成果见表 3，成果对

比图如图 6 所示。

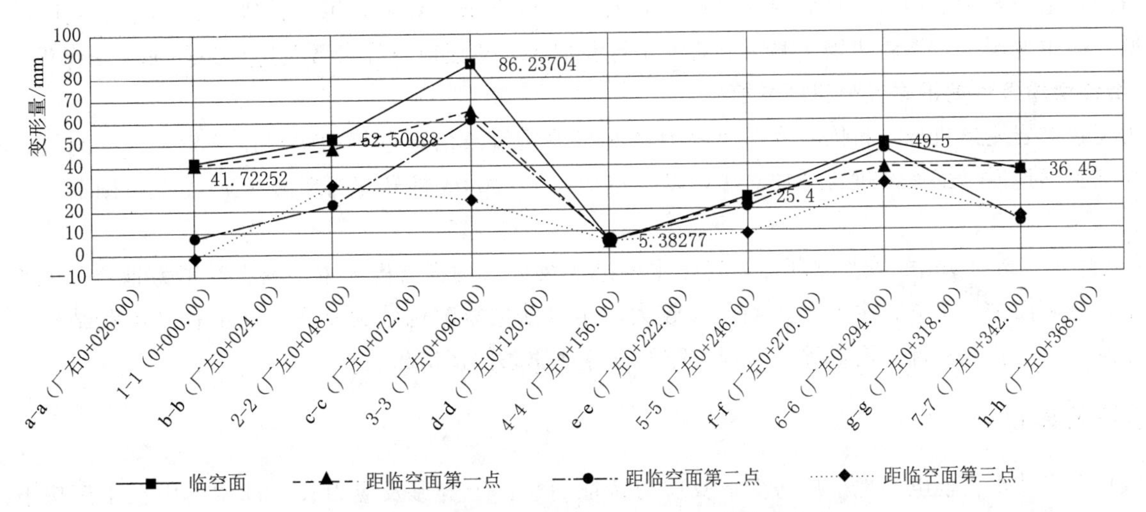

图 5　主厂房洞下游边墙高程 991.00m 位移分布图

表 3　　V-V 断面当前位移与围岩稳定计算成果对比表

位置		多点位移计实测值			围岩稳定分析计算结果（加支护后）	
桩号	位置	仪器编号	高程/m	临空面（0m 或预埋最深点）	计算点	合位移
主厂房 V-V（厂左 0+246.00m）	拱顶	M(cf) 5-1	1008.5	33.33	zc0	32.57
	上游拱脚	M(cf) 5-2	1006.2	2.68	zc1	37.85
	下游拱脚	M(cf) 5-3	1006.2	−0.02	zc7	34.05
	上游边墙	M(cf) 5-4	999.0	53.78	zc2	66.06
		M(cf) 5-6	989.0	42.93	zc3	61.76
		M(cf) 5-8	979.0	18.01	zc4	26.61
	下游边墙	M(cf) 5-5	999.0	23.19	zc8	37.15
		M(cf) 5-7	989.0	25.40	zc12	49.28
主变洞 V-V（厂左 0+246.00m）	拱顶	M(zb) 5-1	1004.0	−0.13	zb0	46.01
	上游边墙	M(zb) 5-3	997.0	73.65	zb1	47.66
		M(zb) 5-3 (*)	995.0	0.78	zb2	55.9
		M(zb) 5-4	991.0	63.44	zb3	61.85
	下游边墙	M(zb) 5-2	997.0	70.46	zb4	37.36
		M(zb) 5-5	988.0	13.23	zb5	38.06

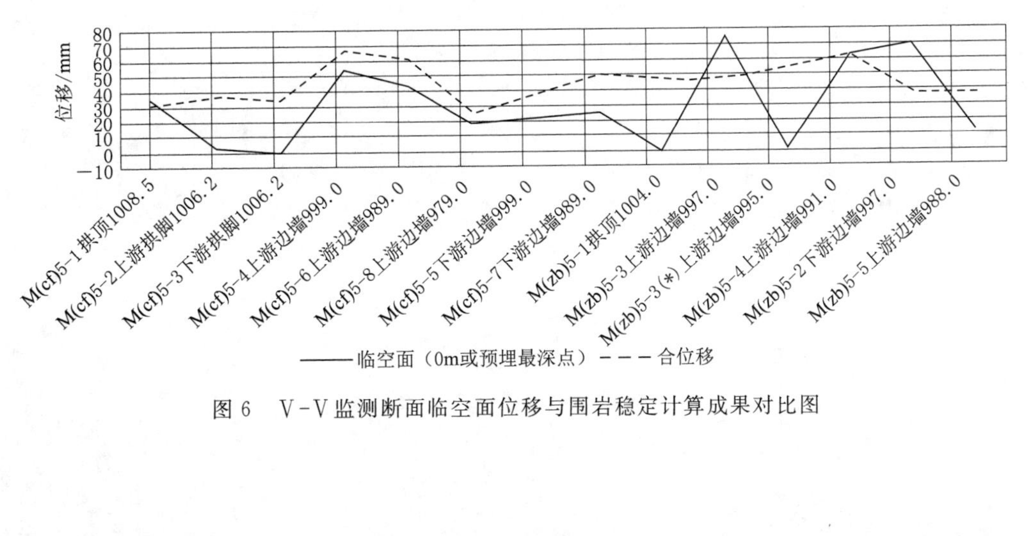

图 6　V-V 监测断面临空面位移与围岩稳定计算成果对比图

由表3与图6可见：实测值显示该断面内主厂房上游边墙变相大于下游边墙，与计算成果相互印证；实测值变形量级及量值均与计算成果相互印证，且实测值小于计算值，可见计算有效模拟了主厂房洞围岩情况。而主变洞上、下游边墙实测变形略大于计算成果，建议对计算参数及边界条件进一步优化。

6.3 结合地质条件的围岩变形机理分析

为了解围岩变形机理，将围岩变形及应力情况与地质编录信息进行初步对比分析，将监测仪器实测数据与该断面地质横剖面图进行叠加对比，以厂左0+246.000m桩号监测断面（Ⅴ-Ⅴ监测断面）为研究对象。

厂左0+246.000m桩号监测断面，岩体主要以次块状、块状结构为主，围岩类别为Ⅲ类。由监测成果可见，该断面主厂房洞、主变洞边墙位移较大，相应部位裂隙也较为发育，局部存在不利结构面，围岩变形及应力变化与局部岩石破碎、节理裂隙发育等地质条件密切相关。

7 结论及建议

（1）丰宁抽水蓄能电站地下厂房变形及应力特征明显：①变形及应力较大部位集中在主厂房下游边墙与主变洞上游边墙部位，边墙变形大于顶拱变形，顶拱尚未出现“回弹特性”；②主厂房变形以在发生距临空面0～10m范围内为主，局部为深部变形，主变洞变形在各深度均匀分布；③主厂房、主变洞变形、应力变化受厂房下层开挖影响较大，主要表现在五层开挖初期（2018年4—6月）前后主厂房和主变室变形、应力均有突变增加，2019年1月前后主厂房上游边墙下部变形发生突变，推测与2019年第六层上游侧拉槽施工有关。

（2）锚索锚固力实测值与相近部位变形实测值呈现良好相关性，两者实现了互相印证。

（3）围岩稳定计算在主厂房与厂房围岩变形情况基本一致，总体较实测值偏大；在主变室围岩稳定计算变形量小于实测值，宜对计算参数及边界条件进行动态调整。

（4）变形与应力情况与地质构造、岩体强度关系密切，局部围岩变形变化较大部位存在蚀变带、节理裂隙密集发育、缓倾角等不利结构面。f350、f376等断层及多绿泥石化、高岭土化蚀变对围岩稳定影响显著。

（5）地下厂房洞室群规模大、地质条件复杂。目前围岩总体变形局部较大。建议在后续开挖过程中结合监测成果及时动态调整、优化计算参数和支护参数。

参考文献

[1] 麦锦锋，李端有，黄祥，等. 乌东德水电站右岸地下厂房施工期围岩稳定分析 [J]. 长江科学院院报，2016，33（5）：42-47.

丰宁抽水蓄能电站下水库拦排沙系统布置设计

王嘉淳　赵旭润　吴吉才

（中国电建集团北京勘测设计研究院有限公司，北京市　100024）

【摘　要】丰宁抽水蓄能电站下水库地势平缓，河流泥沙含量高，淤积情况十分严重。为保证丰宁抽水蓄能电站下水库库容需求，并满足下水库进/出水口过机泥沙的要求，下水库需要设置拦排沙系统。本文主要介绍下水库设拦排沙系统的必要性，以及拦排沙系统的枢纽布置和主要建筑物设计。通过泥沙淤积数值计算及物理模型试验的验证，表明拦排沙系统布置合理，可以基本解决丰宁下水库严重的泥沙淤积问题。

【关键词】抽水蓄能电站　下水库　拦排沙系统

1　工程概况

丰宁抽水蓄能电站地处河北省承德市丰宁满族自治县境内，电站按周调节设计，装机容量为3600MW，电站建成后主要承担京津唐电网调峰、调频、调相及紧急事故备用等任务。

丰宁抽水蓄能电站利用滦河干流上已建成的丰宁水电站水库作为下水库。但是，由于近年来上游地区过度放牧和砍伐，植被破坏严重，加之西山湾水库建成后，改变了下游河道天然情况下的水沙关系，使得丰宁水电站水库泥沙淤积严重，到2006年，水库死库容损失20.2%，总库容损失19%，调节库容损失18%。

因此，丰宁抽水蓄能电站下水库拦排沙系统布置设计成为本工程设计的关键技术问题。

2　拦排沙系统设置必要性

丰宁水电站水库改建为抽水蓄能电站下水库以后，如果维持原有的水库运行方式，经计算分析30年后，水库剩余调节库容为原调节库容的19.3%，40年后，水库调节库容将损失殆尽，且无论采用何种运行方式，由于泥沙淤积，下水库剩余调节库容都不能满足抽水蓄能电站运行50年所需的调节库容。根据丰宁水电站水库自2000年11月18日下闸蓄水至2006年10月库区泥沙淤积断面测量成果分析，水库多年平均入库沙量为171万m^3，其中悬移质入库沙量为166万m^3，推移质入库沙量为5万m^3，多年平均悬移质含沙量为9.43kg/m^3。丰宁专用水文站全年的沙量主要集中在西丰区间的洪水期，泥沙变化过程与流量变化过程完全一致，大水大沙，小水小沙。

鉴于目前计算成果，丰宁水库泥沙淤积严重，无法满足蓄能机组过机泥沙要求，为使抽水蓄能电站正常运行，下水库建设拦排沙设施是十分必要的。通过在原丰宁水电站水库库尾设置拦沙坝，将原丰宁水电站水库分成拦沙库和蓄能库两部分。

3　拦排沙系统布置设计

3.1　地形地质条件

拦沙坝坝址处河谷呈宽缓的“U”形，谷底高程为1035～1041m。河床表层为淤泥质土，厚度为4～8m，下伏砂卵砾石层厚21～24m，下伏基岩为灰窑子沟单元细粒花岗岩，两岸弱风化深度为45～70m，河床部位为45～60m。

河床表层淤泥质土主要以粉砂、粉粒为主，含有少量黏粒和胶粒；淤泥质土力学性质较差，土质不均匀，且存在液化问题，地基承载力为80kPa，作为拦沙坝坝基不能满足要求，需进行基础处理。

3.2 拦排沙系统枢纽布置

拦排沙系统建筑物包括拦沙坝、泄洪排沙洞、拦沙库溢洪道以及导沙明渠。拦沙库正常蓄水位为1061.0m。拦沙坝坝型采用复合土工膜心墙堆石坝，坝顶高程为1066.0m，轴线长550m，坝基坐落在淤泥层并进行振冲碎石桩处理，基础防渗采用混凝土防渗墙防渗。泄洪排沙洞布置在右岸山体内，采用短有压进口型式，全长2566.8m。拦沙库溢洪道布置在拦沙坝左岸下游山梁处，连通拦沙库和蓄能库，堰型为宽顶堰，设置七孔，其中三孔为自流溢流堰、四孔有闸门控制。当洪水标准不超过30年一遇，通过泄洪排沙洞泄放和拦沙库调蓄，洪水不进入蓄能库。拦沙库溢洪道和泄洪排沙洞联合运行可下泄2000年一遇洪水。为增加排沙效果，在拦沙坝上游左岸山梁处设置一宽30m的导沙明渠，上游来水可通过明渠直接流至泄洪排沙洞进口，有效地减缓反“S”湾河段的淤积，提高了排沙效率。

3.3 拦沙库补水调度设计

在抽水蓄能电站实际运用过程中，由于蓄能库蒸发、渗漏等因素的影响造成水量损耗，需要定期对蓄能库进行补水，蓄能库运行前期补水含沙量很小，泥沙淤积也非常少，但随着运行年限的推移，拦沙库溢洪道补水口前沿不断淤高，如果在汛期补水，进入蓄能库的含沙量势必有所增大，同时部分泥沙将会淤积在蓄能库，当进/出水口前沿泥沙淤积平均高程接近拦沙坎顶高程时，电站取水含沙量会明显增加，因此拦沙库采用6—9月敞泄、其他月份蓄水这种蓄清排浑的运行方式，即在来水来沙量相对较大的汛期，泄洪排沙洞处于敞泄状态，在流量和含沙量相对较小的非汛期拦沙库处于蓄水状态。这样有利于避免补水进沙对电站取水安全的影响。

拦沙库总库容为1601万m^3，在运行至30～40年间库区基本达到冲淤平衡状态，50年累积淤积量约为796.06万t，年际间平均排沙比达99%，但仍可保留约69.6%的有效库容，满足拦沙库的正常补水需求。

3.4 拦沙坝设计

拦沙坝坝型为复合土工膜心墙堆石坝，最大坝高为23.5m，坝顶长度550m，坝顶宽度8.0m，上、下游坡比为1∶2.2。坝基坐落在淤泥层并进行振冲碎石桩处理，振冲桩的布置范围为上、下游坡脚以外各20m，经振冲处理后，复合地基承载力特征值大于250kPa，满足要求。拦沙坝筑坝材料分区从上游到下游分为：上游大块石护坡、上游堆石区、上游过渡层、上游细沙层、复合土工膜（防渗墙）、下游细沙层、下游过渡层、下游堆石区、下游大块石护坡。

土工膜布置在混凝土防渗墙上部，沿坝轴线在铅直方向呈“之”字形铺设，“之”字形的每一折高度为0.5m，坡度采用1∶2。土工膜上、下游侧共设厚2.5m的细沙保护层。细沙层外侧设置顶宽为2.04m，坡度为1∶0.15的碎石过渡层，过渡层底部高程为1044.5m。振冲桩桩基高程为1042.5m，在振冲桩桩基与堆石区间设置反滤层，反滤层厚2.0m。土工膜通过基础防渗墙盖帽混凝土上预埋螺栓用槽钢进行锚固，使土工膜与基础防渗墙连成一道整体防渗结构，土工膜与电缆沟基础混凝土也使用角钢加螺栓进行锚固，防止坝顶与复合土工膜之间形成渗水通道。

拦沙坝基础淤泥层下有一层厚21～24m的河床砂卵砾石层，其渗透系数一般$5.8\times10^{-2}\sim9.3\times10^{-2}$cm/s之间，属于强透水，存在渗漏问题，故采用混凝土防渗墙进行防渗处理，墙厚80cm，深入基岩1m。防渗墙顶深入坝体内部，其顶部高程为1042.5m。

3.5 泄洪排沙洞设计

拦沙库泄洪排沙洞兼有放空拦沙库及泄洪排沙功能，利用河道右岸凸曲段，洞线裁弯取直布置在山体内。泄洪排沙洞进口位于拦沙坝右坝头上游约250m处，出口位于电站业主营地下游侧，全长2566.8m，采用有压短管后接无压洞方式布置，由引渠段、有压短管控制段、无压隧洞段、出口涵洞段、出口扩散渐变段、消力池段及出水明渠段组成。

进口采用岸边塔式布置，长20m，底板高程为1045m，设置工作闸门和事故检修闸门各一道，孔口尺寸分别为4m×4.5m和4m×6m；无压隧洞段采用城门洞型布置，长1975m，底坡为1.24%，断面尺寸5m×6.5m，全断面采用钢筋混凝土衬砌；出口涵洞段长314.11m，受业主营地地面高程控制，底坡由无压洞段的1.24%，设置19.24%的陡降段，后接涵洞段底坡为1.1%，出口段涵洞地基大部分坐落于砂砾石河床覆盖层上，断面采用城门洞形，尺寸5m×6.5m（前部）和6m×6.526m（后部），中间设置渐变段过渡；出口设置扭面由矩形过渡为消力池的梯形断面；池力池段长41.2m，两侧边坡坡比为由竖直过渡到1∶1.8，顶高程为1019m，采用厚80cm的钢筋混凝土板衬护；出水渠长约196.42m，底坡为0.3%，底宽7m，两侧边坡坡比为1∶1.8，顶高程为1019m。

3.6 拦沙库溢洪道设计

拦沙库溢洪道位于拦沙坝左坝头下游山梁垭口处，与泄洪排沙洞联合运行，宣泄超过30年一遇洪水，同时兼作蓄能库的补水设施。布置3孔自由溢流表孔和4孔有闸门控制表孔，其中自由溢流表孔堰顶高程1061.0m，采用宽顶堰型，控制段长24.5m，单孔宽14m；有闸门控制表孔堰顶高程1058.0m，控制段长15m，单孔宽7.5m，因双向挡水需要，每孔均布置有一道工作闸门门槽和一道检修闸门门槽，四孔工作闸门采用一门一机布置，四孔检修闸门共设一扇闸门，闸门尺寸为7.5m×4.27m。自由溢流表孔段出口消能采用跌流消能方式，有闸门控制表孔段采用底流消能方式，出口下游采用石笼护底护坡。根据交通要求，溢流段顶部设置交通桥，桥面宽6.0m。

4 拦排沙系统效果评价

可研阶段分别委托武汉大学和中国水科院进行了泥沙淤积数学模型计算和物理模型试验，并进行了对比分析，在施工详图阶段委托华北水利水电大学进行了水工模型试验。从计算结果和试验成果可以看出：

（1）丰宁抽水蓄能电站下水库泥沙淤积是十分严重的，泥沙淤积呈三角洲淤积形态往坝前推进。根据计算和试验成果，丰宁水库如果按照现状运行方式运行，按现状条件运行至2015年，剩余有效库容即不能能满足电站正常运行期所需要的有效库容。且如果不修建拦排沙系统，过机泥沙的含沙量较大，电站的正常运行受到了严重限制。因此下水库建设拦排沙系统是非常必要的，而且越早建，对将来电站的运行越有利。

（2）下水库拦排沙系统建成后，泄洪排沙洞汛期敞泄，非汛期蓄水运行，能够有效地解决丰宁抽水蓄能电站正常运行的要求。拦排沙系统建成后，在运行至30年左右时，拦沙库基本达到冲淤平衡状态；在运行至50年末时，拦沙库库容损失约为30.4%，剩余库容约为921万m^3，仍能维持一定的蓄水补水功能，专用下水库剩余库容能够满足电站所需要的有效库容的要求。因此拦排沙系统布置合理，能够解决电站蓄能库较为严重的泥沙淤积问题。

（3）拦沙库溢洪道和泄洪排沙洞的泄流能力在各工况下均能满足宣泄洪水的要求，泄洪流态稳定，消能效果良好。

一种岩基土石坝下放空埋管设计方案在芝瑞抽水蓄能的应用

任　苇　刘红学
（中国水利水电建设工程咨询西北有限公司，陕西省西安市　710100）

【摘　要】本文结合芝瑞抽水蓄能电站下水库放空建筑物设计，通过方案比选，创新提出一种岩基土石坝下放空埋管设计方案，该方案包括喇叭形进口、心墙前基岩埋管、心墙底部段、心墙后基岩埋管段、末端检修阀门及锥形消能阀。与原设计右岸放空洞方案相比，具有水力条件好、工程布置简单合理、安全风险小、工程造价节约等优势，在上述研究基础上，进一步提炼完成了“一种岩基土石坝下放空埋管设计方案”专利，值得在抽水蓄能和水电站工程土石坝设计中推广应用。

【关键词】放空埋管　抽水蓄能　锥形消能阀

1　背景技术

芝瑞抽水蓄能电站位于内蒙古自治区赤峰市克什克腾旗芝瑞镇，总装机容量为1200MW，额定发电水头443m。开发任务为承担系统调峰、填谷、调频、调相、负荷备用和紧急事故备用等。工程等别为Ⅰ等，规模属大（1）型。枢纽工程由上水库、输水系统、地下厂房系统和下水库等建筑物组成。

为确保下水库运行后各建筑物具备检修及补强条件，并能及时泄放库内1000年一遇24h最大暴雨洪量，以及电站发生紧急情况时（包括但不限于地震、次生灾害及其他不可预见因素）能够及时泄放上下库的存水，可行性研究阶段在下水库拦河坝右岸设置放空洞，放空洞采用短有压后接无压洞型式，由引渠段、闸门井段、无压洞身段、出口明渠段、泄槽扩散段、消力池段、明渠段组成，见表1。

表1　　右岸放空洞工程特性表

分　段	长度/m	工程布置
进口引渠段	95.0	底宽5.0m，坡比1∶1.5，混凝土板衬砌
闸门井段	9.0	有压短管塔式进口，内设事故闸门孔口尺寸1.8m×2.0m（宽×高），工作闸门孔口尺寸为1.8m×1.6m（宽×高）
无压隧洞段	151.11	城门洞形，孔口尺寸1.8m×3.0m（宽×高），直墙高2.48m，钢筋混凝土衬砌，厚500mm
泄槽扩散段、消力池段	40	矩形泄槽宽度由1.8m扩散至5.0m，底流消能采用矩形过水断面，池深2.5m，池长28m
明渠段	354.89	底宽5.0m，坡比1∶1.5，混凝土板衬砌

2　岩基土石坝下放空埋管设计方案的提出

采用上述芝瑞抽水蓄能电站放空洞设计布置方案，除了隧洞建设需要的三材耗费高、投资高外，仅主体洞室施工就包括进口支护锁口、隧洞开挖、一次支护、二次钢筋混凝土衬砌、回填固结灌浆等诸多工序，还要开展进水塔及闸室及金属结构安装、下游消能工等工作，特别是隧洞通过不良地质段时，往往存在变形塌方等安全风险；开挖进口明渠段进一步加大了投资及安全风险。

基于上述问题，笔者对坝下埋管替代方案进行了可行性分析。一般而言，土石坝坝下埋管要求较高，需要特别重视埋管与周边土石材料结合问题，特别是穿越防渗体段时，如何保证防渗体完整性，处理不当时，容易产生沿管道外侧的管涌破坏。因此，按照DL/T 5395—2007《碾压式土石坝设计规范》[1]，中高坝不应采用布置在软基上的坝下埋管形式，也就要求坝下埋管具有布置在基岩上的条件，芝瑞抽水蓄能电站坝址区地质勘察显示，左岸地形较缓，覆盖层厚度为10～20m，右岸陡立，覆盖层厚度不到5m，河床覆盖层厚度也在20m左右，基岩埋深均较浅，且放空水头不到20m左右，水头较低，具有布置坝下埋管的良好条件。

3　方案布置及其与原方案的比较

3.1　方案布置

在上述思路基础上，笔者提出了一种岩基土石坝下放空埋管设计方案，开展了初步工程初步布置及方案比选，并进一步与原隧洞方案进行了比较。芝瑞抽水蓄能电站下水库下游河道弯向左岸，左岸布置坝下埋管具有线路顺直、埋管长度短的特点，但覆盖层较厚，存在软基埋设坝下埋管的风险，初步考虑的布置方案为右岸方案：放水管进口高程为1106.00m，位于坝0＋030附近，上游侧开挖喇叭形进口与河道地形平接，开挖高程为1105.00m，于放0＋105.50桩号穿越防渗墙底，此后向左岸成29°夹角布置，与放0＋283.73管道后基础为覆盖层，在该位置处设置伸缩节，布置检修蝶阀，末端放0＋388处布置锥形阀消能后进入河道。

本设计方案采用的锥形消能阀技术最早由美国的亨利普安在1926年发明，至今已有近百年的运行历史，该技术采用水流和空气大面积的摩擦生产雾化（也叫“雨伞效应”）进行消能，出口水流不直接冲刷地面，而且布置紧凑、占地很小、操作灵活、维修简单、运行方便可靠、综合成本低[2]，因此在水利水电、抽水蓄能工程下泄生态流量、消能和泄流中应用越来越广泛。印度尼西亚ASAHAN水电站的采用锥形消能阀进行泄流，水头162.5m，下泄流量达到62m^3/s，伊朗Kowsar、Zenouz - Dam、Raees Ali Delvori Dam三个工程用锥形消能阀进行大坝底孔泄流，德国的German Water和Lingen工程采用锥形消能阀进行生态流量排放，英国的Scott Water Reservoir工程采用锥形消能阀进行泄流[3]；我国宜兴抽水蓄能电站用锥形消能阀进行下水库的放空、泄洪、导流，甘肃的崆峒水库将输水洞平板闸门改建为锥形消能阀进行输水等。我国设计的马来西亚巴贡水电站在导流洞里设置生态放水孔，工作水头达到182m，锥阀直径1.92km，出口消能率达到95%以上[4]。

初步考虑，本工程放空埋管进口设置喇叭形进口，进口高程接近水库库底，同时应结合泥沙淤泥情况综合论证，高程初定为1110.00m，放空洞为有压管流，放空时，下游河道水位低于1104m，为自由出流，根据《水力计算手册》中有压长管的流量计算公式分析，采用1根直径800mm铸铁管方案。下游心墙前基岩埋管底部开挖高程开挖至强风化中部，本工程基槽开挖尺寸按照埋管外周混凝土包裹厚度不小于50cm确定，外周混凝土顶部回填至坝基开挖线。过心墙底部段管周回填混凝土应与上部心墙基座混凝土浇筑为整体，应在底部帷幕灌浆完成后实施，确保防渗封闭性。心墙后基岩埋管段形式要求与心墙前基岩埋管段一致。末端连接下游出口检修阀门及锥形消能阀。

3.2　与原右岸方案的比较

本文初步从水力条件、工程布置、施工条件、工程造价等方面对推荐的左岸放空埋管设计方案与原右岸隧洞方案进行比较，详见表2。

表2　　左岸放空埋管设计方案与原右岸隧洞方案比较表

比选内容	放空埋管方案	原右岸隧洞方案
水力条件	进水口位于水库内，进水效果好，但检修条件差，管道有压流及出口锥阀布置灵活，消能充分	进水口位于岸边，进水条件相对略差，检修条件好，隧洞无压流转弯段流态相对差，出口底流消能工与河道有一定夹角，略为不利
工程布置	埋管布置线路顺直，长度，有压埋管置于坝下基岩上，结构安全可靠。采用末端检修阀、锥形阀替代闸门和消能工	洞室包括进口明渠、进水塔、隧洞段及出口消能工，长度，洞室断面大，布置及结构相对复杂。进水塔内设置检修闸门和工作闸门

续表

比选内容	放空埋管方案	原右岸隧洞方案
施工条件	施工安全方面无重大风险，与坝基开挖统一进行，埋管对坝体施工有一定不利影响，但影响就较小。施工难度小	施工中存在洞室开挖等安全风险，进度方面可平行施工，施工工序包括开挖支护、混凝土浇筑、回填灌浆、固结灌浆等，施工难度较大，单体施工工期较长
工程造价	估算投资1400万元，相对较小	估算投资2400万元，相对较大

从表2中可以看出，放空埋管方案相比原隧洞方案，水力条件好，工程布置更为简单合理，避免了隧洞方案的施工风险，工程造价可节约大约1000万元，可作为推荐方案。

4 结语

本文提出的芝瑞抽水蓄能电站放空洞设计布置方案，经过方案比较，认为无论从工程布置、施工安全、工程造价方面，较原隧洞设计方案均具有较大优势。同时本方案采用有压埋管技术，平面布置可随意转弯，以便有效适应地形地质变化，有利于降低造价，避免了传统软基坝下埋管带来的管涌风险，采用下游锥形消能阀技术，简化了消能工，更加有效地解决了消能问题。笔者在上述研究基础上，进一步提炼完成了“一种岩基土石坝下放空埋管设计方案”专利，专利号ZL201911249956.4，该专利技术中，除岩基设计方案外，对于下游位于覆盖层上的埋管所要求的镇墩设计提出了要求，适用范围更为广泛，值得在抽水蓄能和水电站工程土石坝设计中推广应用。

参考文献

[1] DL/T 5395—2007 碾压式土石坝设计规范 [S].

[2] 韩志远. 锥型消能阀在无压隧洞内消能的应用 [J]. 水利规划与设计，2015 (5)：90-91，97-104.

[3] 约翰逊. 锥形固定阀消能 [J]. 水利水电快报，2001 (24)：7-8.

[4] 卞全. 锥形阀及消能室在巴贡水电站放水孔的泄洪消能运用 [J]. 水利水电工程设计，2012，31 (3)：12-14.

抚宁抽水蓄能电站上水库安全监测设计

王培杰　任　伟

（河北抚宁抽水蓄能有限公司，河北省秦皇岛市　066000）

【摘　要】抚宁抽水蓄能电站上水库大坝为钢筋混凝土面板堆石坝，坝基为强—弱风化岩体，强风化岩体为Ⅳ类，弱风化岩体为Ⅲ类，库底不存在渗漏问题，库周分水岭2号垭口可能存在库水外渗，其余部位不存在库水渗漏问题。为保证上水库安全稳定运行，及时掌握其工作性态，为施工期和运行期对工程安全的连续评估提供所需的监测数据资料，上水库建立了安全监测系统，包括环境量监测、变形监测、渗漏监测、应力应变及温度监测等。

【关键词】抽水蓄能　上水库　安全监测

河北抚宁抽水蓄能电站位于河北省秦皇岛市抚宁区，枢纽建筑物包括上水库、下水库、输水系统、地下厂房等，工程等别为Ⅰ等，规模属大（1）型。上水库大坝为钢筋混凝土面板堆石坝，坝顶高程676.0m，最大坝高109m，坝顶宽10m，轴线长度430m，正常蓄水位672.0m，死水位639.0m，总库容809万m^3。

为掌握工程运行状况，对各种工况下的工程性态评价，掌握上水库运行规律，验证设计的合理程度，指导施工及改进施工技术，对电站上水库大坝、库岸等重要部位进行了安全监测。

1　上水库监测设施布置

抚宁抽水蓄能电站上水库安全监测监测项目主要有：①环境量监测：包括库水位、库水温、气温和降雨量等监测；②变形监测：包括表面变形监测、坝体内部变形监测、面板接缝变形监测、脱空变形监测、界面位移监测、钢筋混凝土面板挠曲变形监测和库区边坡内部位移监测等；③渗流监测：包括坝体和坝基渗流监测、绕坝渗流监测、库岸边坡渗流监测和渗流量监测等；④应力应变和温度监测：包括面板混凝土应力应变、温度监测、面板钢筋应力监测、库区边坡锚杆应力监测和库区边坡锚索锚固力监测等；⑤地震强震监测：包括大坝和进出水口强震动监测。

1.1　环境量监测

环境量监测包括库水位、库水温、气温和降雨量等监测。①库水位监测：在钢筋混凝土面板表面、上库进出水口边坡沿库周顺坡向设置涂漆水尺，共设置2个水尺，尺底高程置于死水位之下0.5m，尺顶高程置于正常蓄水位之上0.5m，监测库水位变化情况。上水库水尺均为非标准刻度，需按相应坡度进行高程标定。在上水库设置1支电测水位计，自动监控库水位变化；②库水温监测：面板内设置的温度计可兼测库水温。运行期必要时可采用电测温度计监测不同区域和水深的库水温度；③气温监测：在库顶适当位置布置1套百叶箱，监测上水库库区大气温度和湿度；④降雨量监测：利用自动雨量计筒监测上水库降雨量。

1.2　变形监测控制网

变形监测控制网由平面监测控制网和精密水准监测控制网组成。

（1）平面监测控制网：采用1980年西安坐标系下的独立坐标系，投影面高程为680.0m。上水库表面变形测点主要分布在坝体下游侧、库岸边坡和库岸周边，在上库边坡周边离库盆较远处山体，布置3个监测基准点，在主坝下游侧山体布置2个监测基准点，以上5点组成上水库监测基准网。选取离主坝较远且后部山体厚实的TN1、TN2两点作为整网的起算基点。同时在库盆周边选取6个工作基点TB1～TB6，和TN1、TN3、TN4组成工作基点网。上水库平面监测基准网点位见图1，上水库平面监测工作基点网点位见图 2。

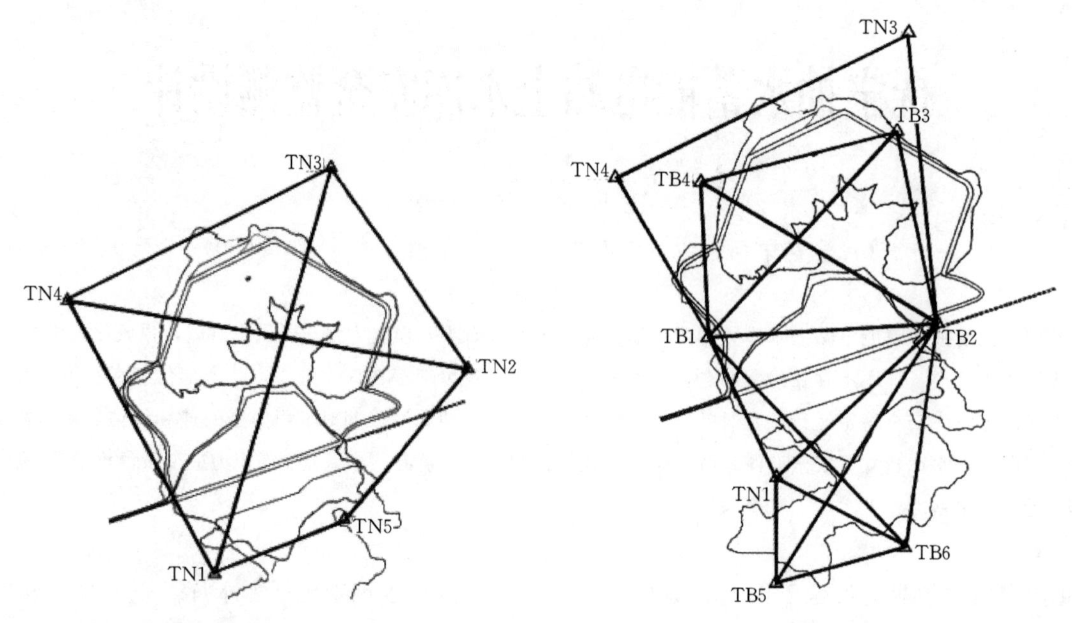

图 1 上水库平面监测基准网点位图　　图 2 上水库平面监测工作基点网点位图

（2）精密水准监测控制网：根据地形、地质条件及规划交通情况在公路路侧适当位置设置一组水准基点（SBM1、SBM2、SBM3），水准基点之间，定期用单一水准路线联测，作为水准基点间的检核。上水库水准路线基本沿环库公路布置成闭合环线，在 TN1、TB2、TB3、TB4、TN4、TB1 六个平面监网点底部埋设水准点，编号为 SM1～SM6。上水库水准监测控制网点位见图 3。

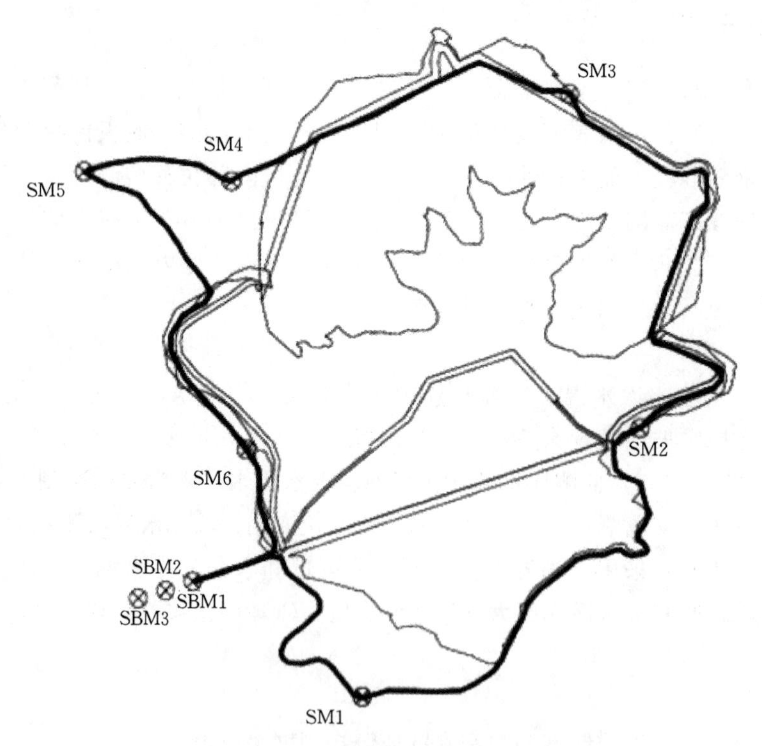

图 3 上水库水准监测控制网点位图

1.3 变形监测

（1）表面变形：上水库下游坝坡平行坝轴线方向布置 7 条测线，共 24 个表面变形测点。观测房顶布置 2 个表面变形测点。库岸边坡共布置 26 个表面变形测点。

（2）坝体内部变形：上水库大坝采用引张线水平位移计、水管式沉降仪共同构成水平垂直位移测点，共布置 2 套 9 个测点。大坝主、辅监测断面共布置 4 个沉降测斜管。沿库周在库顶下游侧靠近库顶位置及进出水口边坡共布置 8 个垂直测斜管。

（3）面板接缝变形：为监测不同部位面板周边缝的开合度、垂直面板方向的相对沉降和沿缝向的剪切变形，在趾板不同高程共布置三向测缝计 9 套。为监测面板垂直缝的变形情况，在面板垂直缝沿坡向不同高程共布置单向测缝计 32 支。

（4）面板脱空变形：为监测防渗面板在不同工况下的脱空情况，在面板与垫层之间设置脱空计 6 套。

（5）界面位移：在两坝肩边坡大坝与基岩间顺坡向（坝轴线方向），按不同高程共设置 6 支土体位移计。在垂直坝轴线方向在坝基与堆石体间布置 3 支土体位移计。

（6）混凝土面板挠曲变形：在上水库大坝主监测断面，沿混凝土面板基础顺坡向布置 1 套阵列式位移计，进行面板法线方向的挠曲变形监测。

1.4　库岸边坡监测

库区工程边坡主要有东北库岸、东南库岸、西北库岸三段开挖边坡。在东北库岸边坡设置 2 个监测断面，东南库岸边坡设置 2 个监测断面，西北库岸边坡设置 3 个监测断面，共布置多点位移计 27 套，锚杆应力计 27 支，锚索测力计 20 套。

1.5　渗流监测

（1）坝体和坝基渗流：在主、辅监测断面下游坝坡靠近坝顶位置、下游堆石体结合马道共设置 4 个测压管。在坝主、辅监测断面沿上、下游方向设置 14 支孔隙水压力计。在周边缝设置三向测缝计位置，与其相对应的面板下部坝基内共设置孔隙水压力计 9 支。根据地质情况，沿断层布置 2 支孔隙水压力计，沿坝基冲沟布置 3 支孔隙水压力计。

（2）面板渗流：在主监测断面面板后，沿碎石垫层基础在不同高程设置 2 支孔隙水压力计。

（3）绕坝渗流：在主坝左、右岸分别设置 10 个测压管，监测绕坝渗流状况。

（4）库岸边坡渗流：沿库周并结合边坡垂直测斜管共设置 8 个测压管，整体监测库岸边坡的渗流情况。

（5）坝后渣场渗流：沿渣场上、下游方向在渣场基础设置 5 支孔隙水压力计，监测渣场渗流情况。

（6）封堵体渗流：在封堵体预留孔隙水压力计 8 支，监测封堵体渗流情况。

（7）渗流量：上水库坝后渣场坝脚设置量水堰 1 个、量水堰计 1 支，观测库区渗流汇集流量的大小。在封堵体设置量水堰 1 个、量水堰计 1 支，观测封堵体渗流汇集流量大小。

1.6　应力应变、温度监测

（1）混凝土面板应力应变：在拦河坝主监测断面混凝土面板内，设置三向应变计 1 组，沿不同高程设置二向应变计 4 组，配套无应力计 2 支，对混凝土面板的应变进行监测。在不同高程的面板钢筋上，选择四个断面共安装钢筋应力计 16 支，监测相应面板钢筋应力的大小及分布规律。

（2）混凝土面板温度：最大坝高附近断面，在面板内沿不同高程布置 15 支温度计，进行混凝土面板温度监测，同时兼测库水温。堵体布置 6 支温度计，监测封堵体内温度。

1.7　地震强震监测

在上水库设置 5 个地震测点，配置 1 套工程数字地震仪和 5 个三分量拾震器。具体在大坝主监测断面的坝顶下游侧、下游坝坡马道共设置 2 个三分量测点，在上水库进/出水口的库顶公路下游侧设置 1 个三分量测点，在左坝肩设置 1 个三分量测点，另外在大坝下游侧自由场地设置 1 个三分量测点。拾震器采用八芯屏蔽电缆，穿镀锌钢管沿坝坡面及库顶公路引至上水库监测室，接入地震接收记录仪。

2　监测自动化系统设计

随着水电工程智能化技术的快速发展，水工建筑物自动化监测系统以其实时、高效等特点，在水电站建设中得到了广泛的应用和推广，能够方便管理者随时随地对监测数据进行管理，及时掌握水工建筑物运行性态。

2.1 自动化系统设计方案

本工程采用分布式自动化监测系统、二级管理方案，将自动化监测系统划分为上水库、下水库和地下厂房三个监测子系统（输水系统就近划归三个子系统），对应建立三个监测管理站，实现各子系统内监测仪器的数据采集及管理；三个子系统再组成上一级管理网络，并建立监测管理中心站，对整个监测自动化系统进行数据采集和控制，完成工程监测数据的管理及日常工程安全管理等工作。

在上水库、下水库和地下厂房预留监测室，安置采集计算机等设备，建立监测管理站，作为现场通信网络的中枢，管理相应监测子系统的监测数据采集及传输。监测管理中心站设置在下水库，各监测管理站与监测管理中心站之间采用通信光缆以星形方式连接，采用RS-485或其他通信方式。整个系统采用开放式自动化系统规约，可方便扩充，传感器输出标准信号。

2.2 监测站设置

上水库监测站主要设置在与监测断面对应的库顶位置，共布置7个，需要数据采集装置12台（每台32通道），具有人工采用便携式计算机或读数仪实施现场测量的接口，纳入安全监测自动化系统传感器数量共计约310支。

3 结语

抚宁抽水蓄能电站上水库安全监测设计以国家相关法律法规以及规程规范为依据，紧密结合工程的特点和关键性技术问题，有针对性地选择监测项目和工程部位，通过代表性监测及辅助监测设施，能够系统全面、及时地监控工程的工作状况。选择代表性断面或部位进行重点监测，相关项目统筹安排，配合设置，对于地质条件和结构薄弱环节，采用多种手段和方式，以便相互补充，互相校核和验证，使监测仪器的布置达到在整体上监控工程的实际运行状况的目的。采用自动化监测为主，辅以人工观测的监测方式，确保了监测系统的实用性、可靠性及便利性，同时保证了监测资料的完整性、准确性。

参考文献

[1] 刘枫．蒲石河抽水蓄能电站工程上水库安全监测设计［J］．黑龙江大学工程学报，2018，9（2）：92-96.

[2] 邬昱昆，谢新宇，李跃鹏，赵元忆．溧阳抽水蓄能电站上水库安全监测设计［J］．江西建材，2017（6）：122，126.

[3] 袁锦虎，邱正刚，邓虹．惠州蓄能电站安全监测自动化设计方案［J］．水电自动化与大坝监测，2010，34（4）：34-37.

[4] 刘浩，郑晓红．洪屏抽水蓄能电站上水库大坝安全监测设计及蓄水初期监测成果分析［J］．大坝与安全，2017（5）：26-34.

尚义抽水蓄能电站上水库混凝土面板堆石坝设计与三维有限元分析

李　阳

（中国电建集团北京勘测设计研究院有限公司，北京市　100024）

【摘　要】尚义抽水蓄能电站上水库采用局部防渗形式、坝型采用钢筋混凝土面板堆石坝，最大坝高115m。对上水库大坝及坝后压坡体建立三维有限元模型，采用Duncan E-B非线性本构模型对堆石坝及坝后压坡体进行了三维有限元静、动力分析，分析内容主要包括堆石体和面板的应力、变形、加速度等数值大小和规律。结果表明在静力条件下坝体的应力和变形基本上处于合理的范围之中，地震作用下坝体加速度分布、动位移及面板动应力的数值和规律与国内外同类型工程较为相似。总体而言，该面板堆石坝的体型、分区和防渗面板设计是合理可行的。

【关键词】抽水蓄能电站　面板堆石坝　大坝设计　有限元分析

1　工程概况

尚义抽水蓄能电站位于河北省张家口市尚义县境内，电站装机容量1400MW，工程建成后将在京津及冀北电网中承担调峰、填谷、调频、调相及紧急事故备用等任务。工程属Ⅰ等大（1）型工程，枢纽工程主要由上水库、下水库、输水系统、地下厂房和地面开关站等建筑物组成。上水库采用局部防渗方案，大坝采用钢筋混凝土面板堆石坝，下水库由拦沙坝、拦河坝和泄洪排沙洞组成。上、下水库挡水及泄水建筑物、输水发电系统等主要建筑物按1级建筑物设计，次要建筑物按3级建筑物设计。上、下水库挡水及泄水建筑物、输水发电系统按200年一遇洪水设计、1000年一遇洪水校核。壅水建筑物抗震设防类别为甲类，抗震设计标准采用基准期100年超越概率2%，相应的基岩水平地震动峰值加速度272gal。

上水库位于大道回沟的沟源部位，库区北、东、西三面环山，总体地势西北高、东南低，大坝修筑于库区的东南侧，拦沟成库。库区基岩类型为区域变质岩，主要有谷咀子岩组麻粒岩、中太古代麻粒岩及中元古代变质辉绿岩脉。上水库区右岸植被较茂密，左岸多基岩裸露，第四系覆盖层分布较广泛，冲沟沟底为坡洪积碎石土，山坡为残坡积碎石土。上水库区地形较陡，多基岩裸露，地表覆盖松散堆积物厚度较小，主要物理地质现象是岩体风化、卸荷，局部陡坎见岩体崩塌、错落。全风化带厚度一般为3～10m，强风化带厚度一般为5～15m，弱风化带厚度5～20m。上水库区岩体以弱卸荷为主，水平卸荷深度20～30m，局部陡壁发育强卸荷水平深度10～15m。

上水库大坝采用钢筋混凝土面板堆石坝，利用库盆开挖石料填筑坝体。上水库正常蓄水位为1392.00m，设计洪水位为1392.22m、校核洪水位为1392.32m，死水位1362.00m。本文重点对上水库面板堆石坝的设计及三维有限元计算进行重点介绍。

2　上水库混凝土面板堆石坝设计

上水库挡水建筑物为钢筋混凝土面板堆石坝，坝顶高程1396.0m，坝轴线处最大坝高115m，坝顶长624.0m。坝顶宽10m，坝顶上游设置L形混凝土防浪墙，墙底高程1396.0，墙高1.2m，下游侧设置混凝土挡墙，顶宽30cm，高70cm，顶部设1m高护栏。坝顶混凝土路面宽8.8m，为便于排水，路面略向下游倾斜，坡度为1%。

上水库堆石坝上游坡比1∶1.4，下游坡比1∶1.5。下游坝坡在高程1366m、1336m、1306m、1276m

高程处设置马道，马道宽2m。坝体下游坝坡设厚0.5m干砌石护坡，下游坝坡周边设排水沟，将坡面水引入下游主沟。坝体总填筑量446万m^3，趾板宽度按允许水力梯度10～20控制，根据水头大小分为8m、6m和4m等3种宽度，相应趾板厚度为0.7m、0.6m和0.5m，趾板置于弱风化基岩上。混凝土面板采用变厚面板，按$t=0.4+0.003H$设计，顶部厚度为0.40m，底部最大厚度为0.75m。面板之间设置垂直缝。左右岸坡部位采用拉性缝，面板分缝间距为8m，共34条拉性缝；中间河床部位采用压性缝，面板分缝间距为12m，共28条压性缝。

为充分利用工程开挖料，上水库填筑料全部来自上水库库盆开挖料。岩性主要为麻粒岩，根据岩石室内试验成果，其饱和抗压强度等力学指标可满足规范要求。坝体填筑分区自上游向下游依次为石渣盖重区（1B）、上游防渗铺盖（1A）、垫层料区（2A）、过渡料区（3A）、主堆石区（3B）、下游堆石区（3C）、干砌石护坡（P）。石渣盖重区和上游防渗铺盖区顶高程1358m，宽度分别为4m和3m，上游坡分别为1∶2.5和1∶1.6，垫层料及过渡层水平宽度均为3m。主次堆石分界线从坝顶公路路中心处向下游以1∶0.3坡度剖分，分区线上游侧及坝基建基面至1290m高程以下均为上游堆石区，分区线下游侧高程1290m以上为下游堆石区，同时高程1290m以下范围的上游堆石区也作为坝体的水平排水区。上水库部分弃渣用于坝后压坡，坝后压坡顶高程1366.0m，堆渣下游坡度为1∶2.5，坡脚布置混凝土挡渣墙，挡墙高度8.0m。

上水库面板坝的趾板基础开挖至弱风化基岩中上部，坝基其他部位清除表面覆盖层和全风化2～3m后进行适当削坡整平和碾压作为坝基，对于坝基断层发育地质条件较差部位采用混凝土置换处理方式。坝基沿趾板进行固结灌浆以提高其完整性，固结灌浆的孔、排距均为2m，孔深5m，岩脉和断层穿过地带以及其他局部较为破碎的区域，孔深8m，孔、排距均为1.5m，梅花形布置。

坝基及两岸的帷幕深度按伸入3Lu线5m控制，同时河床部位趾板帷幕灌浆深度按1/2坝高控制，两岸坝肩趾板帷幕防渗标准根据地下水位作为防渗下限控制。防渗帷幕设2排，第二排按设计深度的1/2控制，孔距2m。

3 三维有限元静力分析

3.1 静力计算方法及模型

计算中堆石体本构模型采用Duncan E-B模型。有限元模型中单元类型为8节点六面体等参单元，节点总数7.4万，单元数24万。整体三维有限元网格如图1所示。

图1 上水库面板堆石坝整体三维有限元网格图

上水库大坝堆石体的静力计算采用参数见表1。

3.2 静力计算工况及加载过程

计算主要针对正常蓄水位、死水位和竣工期三种工况，荷载施加采用逐级施加的方式。具体分层坝体填筑分别为第一层从高程1256m填筑至高程1270m，第二层填筑至高程1290m，第三层填筑至高程1300m，第四层填筑至高程1330m，第五层填筑至高程1358m，第六层填筑至高程1390m，第七层填筑至高程1396m，第八层填筑至高程1397.5m。接着填筑坝后堆渣。最后一次性浇筑面板及压重。

表 1 上水库大坝堆石体的静力计算参数表

坝体分区	级配特性	ρ /(g/cm^3)	φ /(°)	$\Delta\varphi$ /(°)	K	n	R_f	K_b	m
垫层区料	平均线	2	45.2	4.5	1368	0.38	0.816	600	0.238
过渡区料	平均线	2.28	46.5	7.1	1338	0.394	0.884	786.7	0.089
主堆石区料	平均线	2.25	45.7	6.6	1099.3	0.313	0.865	328	0.258
下游堆石区料	平均线	2.22	44.9	5.2	980	0.256	0.895	256	0.145
压坡体	平均线	1.80	40.6	5.4	260	0.46	0.65	130	0.55

3.3 静力计算结果

三维有限元静力计算结果见表 2。

表 2 上水库堆石坝三维有限元静力计算主要结果表

汇总项目			竣工期	死水位	正常蓄水位
坝体	顺河向变形/cm	指向上游	8.3	4.4	1.5
		指向下游	10.9	11.2	14.2
	沉降/cm		39.36	39.9	40.4
	沉降占坝高比值/%		0.342	0.347	0.351
	大主应力/MPa		2.01	2.03	2.09
	小主应力/MPa		0.65	0.66	0.67
面板	挠度/cm		0.49	8.4	18.5
	轴向变形/cm	指向左岸	0.06	1.3	2.4
		指向右岸	0.07	0.97	1.8
	轴向应力/MPa	压	0.1	4.1	8.1
		拉	0.1	0.53	0.88
	顺坡向应力/MPa	压	0.17	3.85	7.12
		拉	0.03	0.44	0.79
周边缝	沉陷/mm		1	3.5	5.11
	错动/mm		1.1	3.6	5.49
	张开/mm		1.5	5.9	6.6
垂直缝	张开/mm		0.1	2	3.2

其中正常蓄水位工况下的大坝位移、沉降和应力水平等值线分布如图 2 所示，混凝土面板的变形和挠度等值线分布如图 3 所示。

计算结果显示：

(1) 竣工、死水位和正常蓄水位运行时坝体最大沉降分别为 39.36cm、39.9cm 和 40.4cm。坝体最大沉降量值约占坝高的 0.35%。正常蓄水位运行时，指向上游位移最大值仅为 1.5cm，指向下游位移最大值为 14.2cm。堆石体内部主应力等值线与坝坡基本平行，且从坝顶向坝基呈现逐渐加大的趋势。正常蓄水位工况下，堆石体第一主应力最大值−0.674MPa，极值位于坝底区域，坝轴线往上游 20m 附近；第三主应力最大值不超过−2.089MPa，极值位于坝体底部部位，坝轴线往下游 20m 附近。坝体位移和应力的分布规律和量值符合同类面板坝坝体变形经验。

(2) 库水压力作用下面板发生一定挠曲变形，死水位和正常蓄水位时面板挠度最大值分别为 8.4cm、18.5cm。面板轴向变形主要表现为两岸向沟谷中央的挤压变形，死水位时指向右岸位移最大值 0.97cm，指向左岸位移最大值 1.3cm，正常蓄水位时指向右岸位移最大值 1.8cm，指向左岸位移最大值 2.4cm。

总体讲，静力条件下，上水库混凝土面板坝的稳定和应力变形特性较好，大坝断面、坝体分区和防渗面板等设计合理，该面板坝方案成立，技术可行。

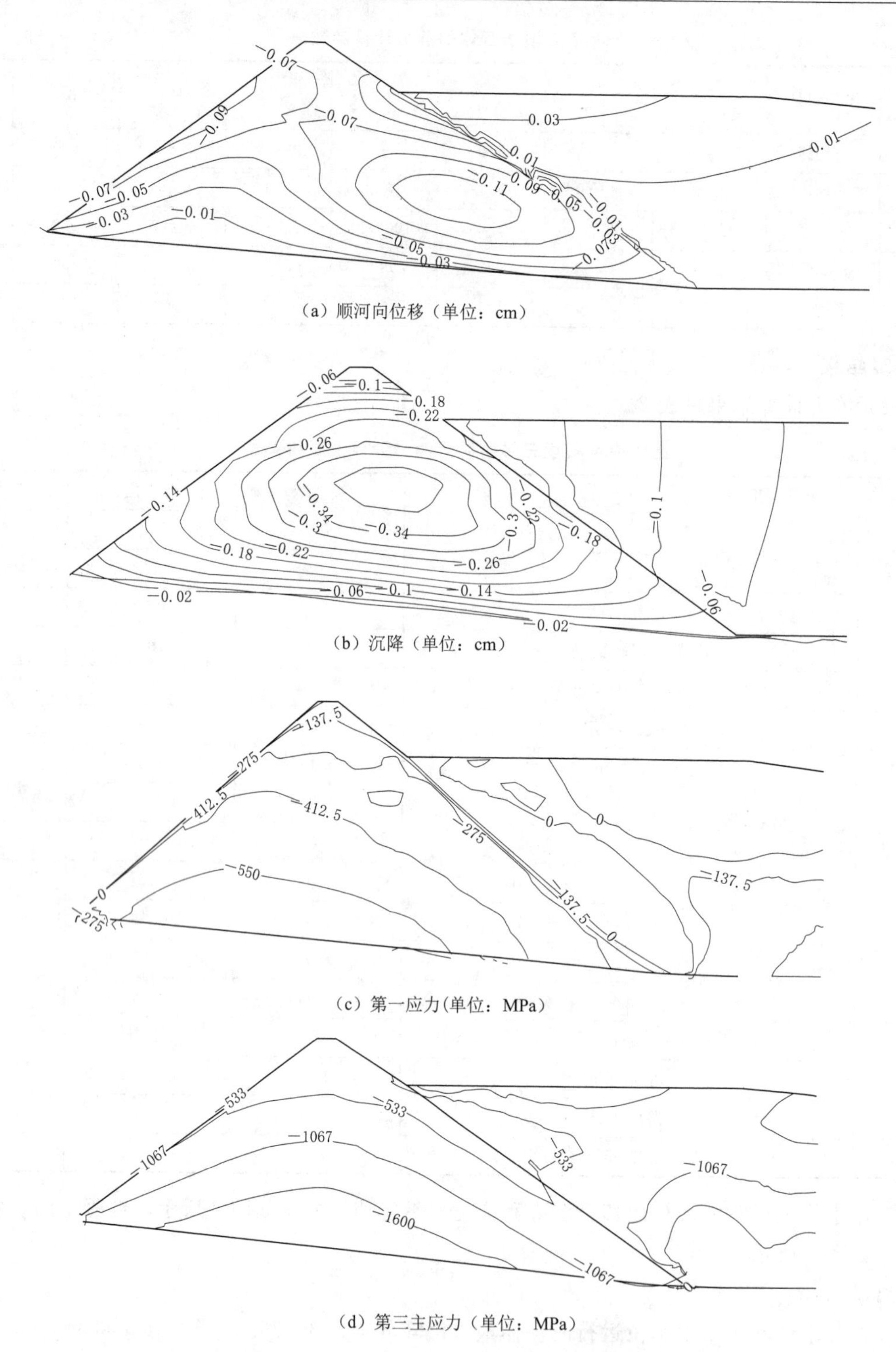

（a）顺河向位移（单位：cm）

（b）沉降（单位：cm）

（c）第一应力(单位：MPa)

（d）第三主应力（单位：MPa）

图 2　正常蓄水位工况下大坝位移、沉降和应力水平等值线分布图

4　三维有限元动力分析

4.1　动力计算方法

大坝采用基准期 100 年超越概率 2%的动参数进行设计，基准期 100 年超越概率 1%的动参数进行校核，水平向地震基岩峰值加速度分别为 272gal 和 340gal，加速度时程曲线如图 4 所示。地震输入采用轴向、顺河向和垂直向三向输入。竖向地震动输入峰值加速度取水平向的 2/3。

4.2　动力计算参数

大坝上、下游堆石料参数由振动大三轴试验获得，大坝有限元动力计算参数见表 3、表 4。

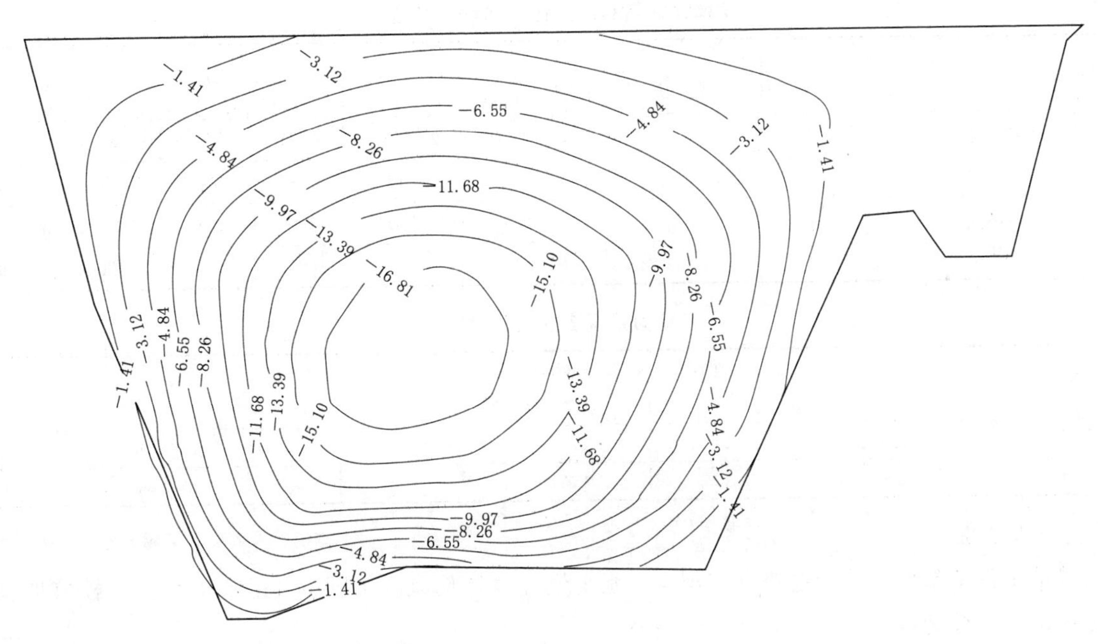

（a）面板挠度等值线图（单位：cm）

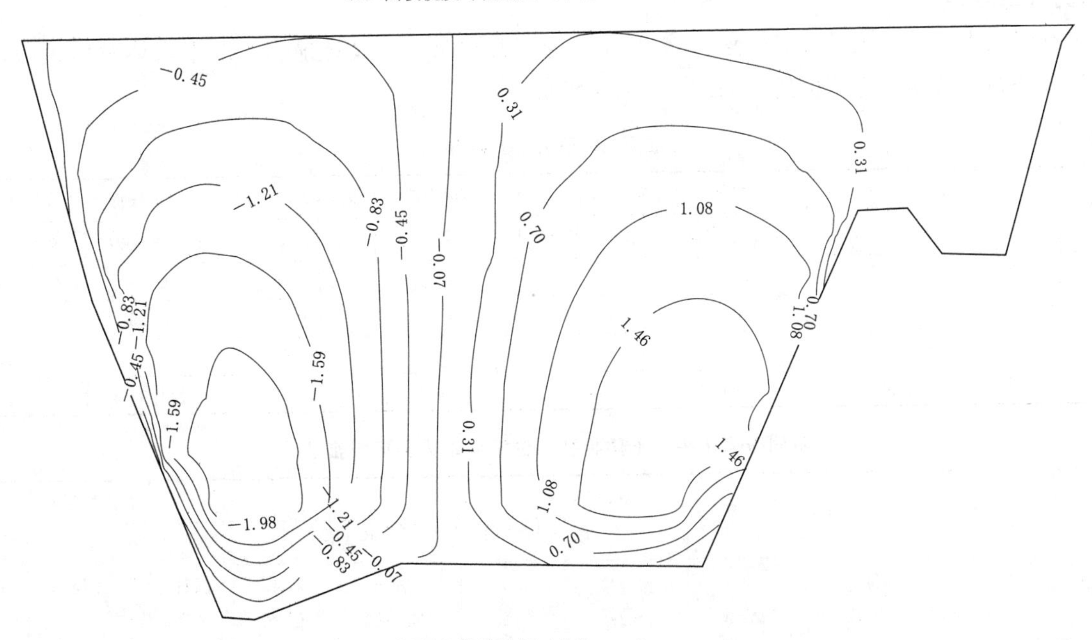

（b）面板轴向等值线图（单位：cm）

图3　正常蓄水位工况下混凝土面板挠度等值线分布图

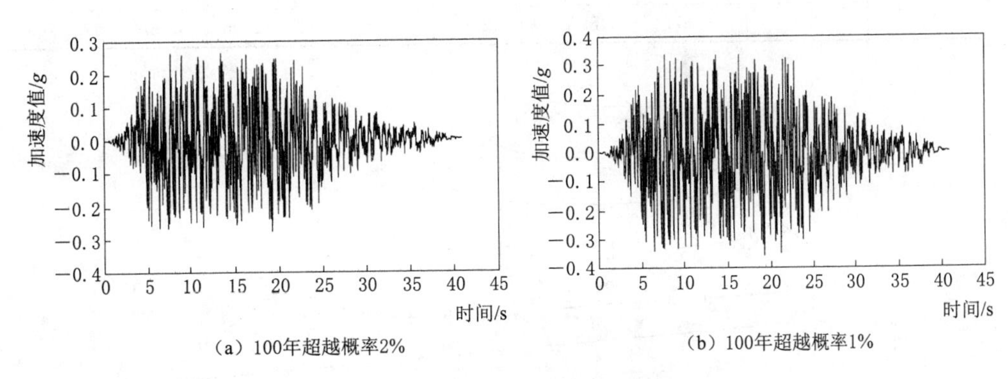

（a）100年超越概率2%　　（b）100年超越概率1%

图4　地震基岩加速度时程曲线

表 3 动弹性模量和阻尼比（沈珠江模型）

坝体分区	岩性	孔隙率/%	干密度/(g/cm³)	K_c	k_2'	n	k_2	k_1'	k_1	λ
上游堆石区	弱风化麻粒岩	21	2.25	1.5	5135	0.375	1931	29.7	22.3	0.21
				2.0	5445	0.361	2047	33.2	25.0	0.20
下游堆石区	弱风化麻粒岩	22	2.22	1.5	4750	0.381	1786	28.2	21.2	0.22
				2.0	5039	0.366	1894	32.3	24.3	0.21

表 4 动力残余变形模型参数

坝体分区	岩性	孔隙率/%	干密度/(g/cm³)	c_1/%	c_2/%	c_4/%	c_5/%
上游堆石区	弱风化麻粒岩	21	2.25	0.69	0.62	6.89	0.84
下游堆石区	弱风化麻粒岩	22	2.22	0.75	0.65	7.18	0.88

4.3 动力计算工况

工况 1：正常蓄水位＋设计地震；工况 2：死水位＋设计地震；工况 3：正常蓄水位＋校核地震；工况 4：死水位＋校核地震。

4.4 动力计算结果

各工况下动力计算结果见表 5、表 6，典型工况即正常蓄水位＋设计地震工况下坝体及面板的加速度响应、位移分布及残余变形等值线图如图 5～图 8 所示。

表 5 堆石体动应力结果

工况		坝顶应力最值/MPa		坝中应力最值/MPa		坝底应力最值/MPa	
		第一主应力	第三主应力	第一主应力	第三主应力	第一主应力	第三主应力
$P_{100}=2\%$	正常蓄水位	0.044	−0.11	−0.21	−0.74	−0.89	−2.4
	死水位	0.065	−0.12	−0.14	−0.68	−0.85	−2.2
$P_{100}=1\%$	正常蓄水位	−0.25	−0.11	−0.2	−0.78	−0.94	−2.5
	死水位	0.059	−0.12	−0.15	−0.7	−0.8	−2.3

表 6 不同概率水平、不同特征水位坝体动力反应特征值

工况＼方向		反应加速度						永久变形/cm		
		轴向		顺河向		竖直向		坝轴向	顺河向	垂直向
		加速度/(m/s²)	放大倍数	加速度/(m/s²)	放大倍数	加速度/(m/s²)	放大倍数			
$P_{100}=2\%$	正常蓄水位	6.1	2.24	7.43	2.62	4.95	2.72	4.58	13.11	−24.5
	死水位	6.14	2.26	7.36	2.71	4.76	2.62	4.14	12.25	−21.6
$P_{100}=1\%$	正常蓄水位	8.5	2.5	8.6	2.52	6.2	2.73	6.12	20.6	−33.1
	死水位	8.6	2.53	8.9	2.62	6.7	2.96	6.03	20.5	−32.6

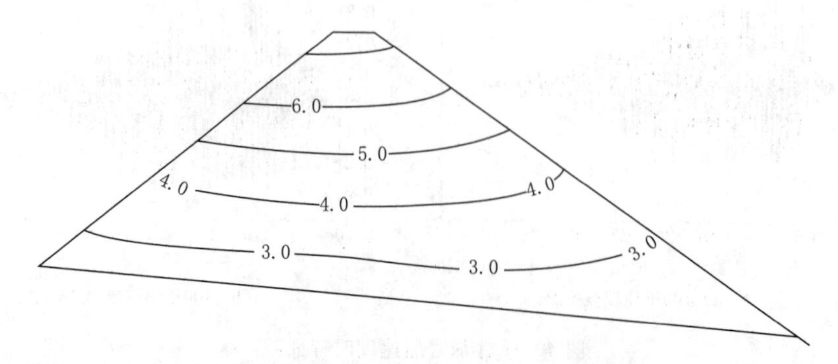

图 5 正常蓄水位＋设计地震坝体顺河向加速度峰值分布图（最大值：7.43m/s²，单位：m/s²）

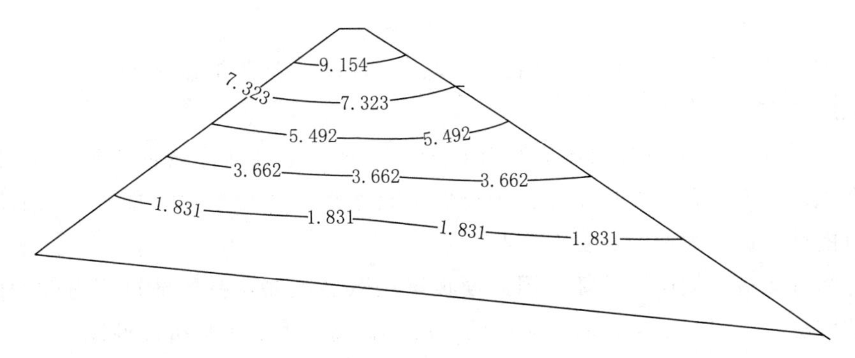

图 6　正常蓄水位+设计地震坝体顺河向位移等值线分布图（单位：cm）

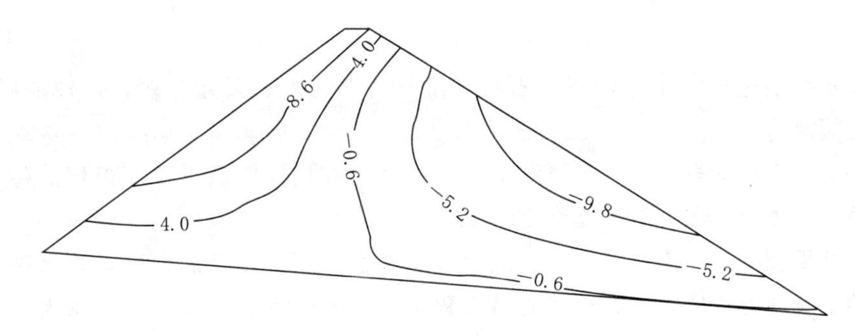

图 7　正常蓄水位+设计地震顺河向永久变形极值等值线（单位：cm）

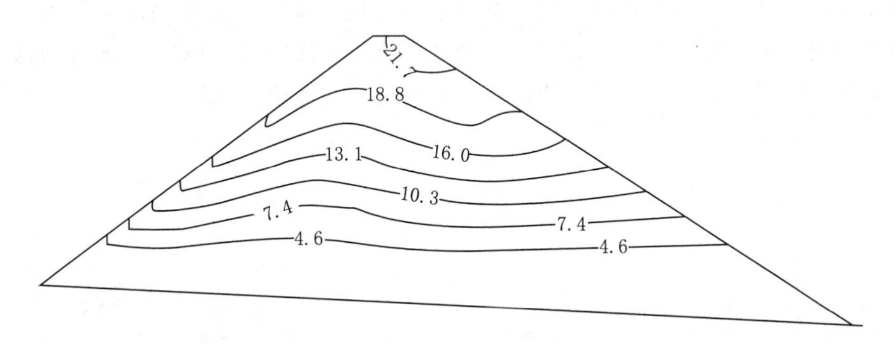

图 8　正常水位+设计地震竖向永久变形极值等值线（单位：cm）

通过对大坝进行三维有限元动力分析得到：

（1）各种工况下坝体的绝对加速度最大反应位于坝顶附近的主堆石区。其中，顺河向最大值为 8.9m/s^2，放大倍数为 2.6；竖直方向为 6.7m/s^2，放大倍数为 2.96；坝轴线方向为 8.6m/s^2，放大倍数为 2.53。

（2）坝体动应力变化均在合理的范围内。坝体最大动压应力为 2.5MPa，最大动拉应力为 0.065MPa；面板最大动压应力为 2.4MPa，最大动拉应力为 0.54MPa。

（3）在设计地震作用下，混凝土面板坝沉陷 24.5cm，震陷率小于 0.22%，低于 1%，符合变形控制要求。校核地震工况，各动力特征值有所增大，坝体沉陷值为 33.1cm，震陷率为 0.28%，符合变形控制要求。综上可见，本工程上水库面板坝是满足抗震安全要求的。

5　大坝抗震设计

上水库大坝设计烈度为Ⅷ度，抗震设防类别为甲类，采用动力时程分析法对大坝进行动力计算分析，结合计算结果，并参考同类工程经验对上水库大坝采取了如下抗震措施：

（1）坝顶超高考虑了地震附加沉陷和水库涌浪高度，地震附加沉陷取坝高的 1%，为 1.15m；有限元动力计算坝体竖向最大沉陷为 28.7cm，约占坝高的 0.25%，计算表明坝顶高程满足抗震设计要求，且有较大富裕。

（2）地震时坝顶的“鞭梢”效应明显，因此在坝顶上游设L型防浪墙，下游设低L型挡墙，并将两者结合，提高坝顶结构抗震安全性。

（3）结合大坝布置和坝料来源对坝体进行合理分区，坝体填料从上游向下游，坝料渗透系数递增，变形模量递减，在坝体底部设置堆石排水带，可以保证蓄水后坝体变形尽可能小，从而减小面板和止水系统遭到破坏的可能性，提高大坝的抗震安全性。

（4）地震时，沥青面板可能遭受破坏，因此面板采用双层配筋，在局部拉应力较大的区域在表层采用加大钢筋直径的方法，以限制地震时面板裂缝的扩展，提高防渗面板的抗震性能。

（5）下游坝坡采用干砌块石防护，并在坝脚处设置弃渣压重体，增强下游坝坡的抗震性能。

6 结语

通过对尚义抽水蓄能电站上水库面板堆石坝三维静力、动力有限元分析，合理地揭示了坝体应力、变形的分布和变化规律。

（1）静力条件下，大坝堆石体最大沉降和水平位移发生在最大断面上，面板坝的稳定和应力变形特性较好，大坝断面、坝体分区和防渗面板等设计合理。

（2）动力计算结果表明，坝体加速度反应最大值出现在坝顶，震后最大沉降和水平反向变形均发生在最大断面，总的来看动力条件下，面板坝的稳定和应力变形较静力条件下有所增大，对地震安全性影响不大。

（3）尚义抽水蓄能电站上水库面板堆石坝计算结果与国内外类似工程实测成果接近，结果合理可信，设计采用的坝体断面设计方案和填筑施工方案是合理可行的。建议工程建设期与运行期做好大坝的监测工作，并对观测资料进行反馈验算，以对设计进行必要的验证与评价。

某抽水蓄能电站上水库大坝防冰冻试验研究

牛　鹏[1]　孙　石[2]

（1. 中国电建集团西北勘测设计研究院有限公司，陕西省西安市　710065；
2. 长春工程学院，吉林省长春市　130012）

【摘　要】针对寒冷地区水库结冰作用大坝的问题，研究设计了一种基于传质传热方法的大坝防冰冻自动控制装置。利用泵使水流扰动，将水下热量带到水面，使无冰压力作用于大坝，确保大坝安全。自动控制系统可实现试验装置在无人环境下的自动调节。

【关键词】大坝防冻　传质传热　自动控制

1　工程概述

某抽水蓄能电站上水库为沥青混凝土面板坝，上水库多年平均气温为4.7℃，年极端最高气温为36.2℃，极端最低气温－34.6℃。上水库平均风速为3.9m/s，最大风速为27m/s。在冬季，上水库在电站发电及蓄能作业运行不够频繁时，会发生库区封冻的情况。冰推力与冰拔力对沥青坝面存在破坏隐患，从而对抽水蓄能电站的运行及安全产生较大影响。为此，寒冷地区抽水蓄能电站上水库冬季库区封冻问题急需研究解决。

本试验主要研究采用水流扰动装置解决抽水蓄能电站上水库冬季冻害问题的可行性，保证上水库冬季运行时在靠近沥青混凝土面板0.5～2m的水面不结冰，避免因冰冻对上水库沥青面板及抽水蓄能电站运行造成不利影响；研究确定水流扰动设备在寒冷地区抽水蓄能电站上水库在冬季防冻运行过程中的各项控制要素。

2　主要设备设计

2.1　设计总体构思

本装置依据热能动力工程中的传质传热机理，利用上水库库内水中储存的大量热能，在大坝附近水面制造一片不冻区域，从而解决抽水蓄能电站上水库大坝的冻害问题。装置结构侧视图和示意图如图1和图2所示。

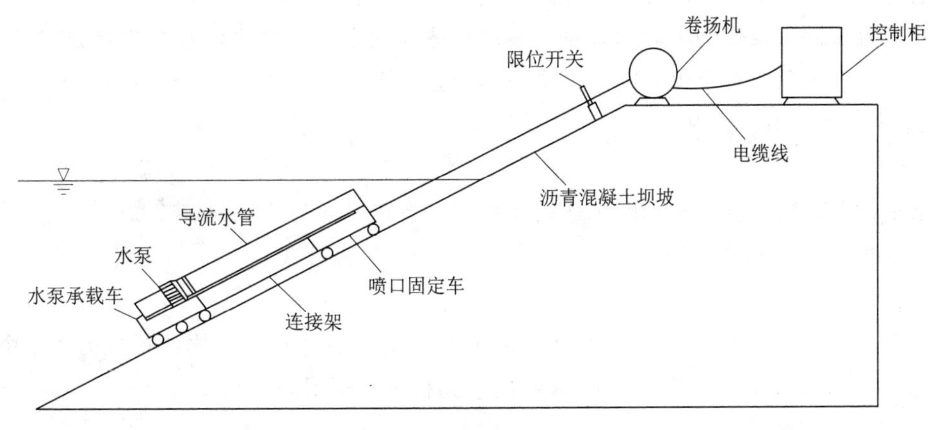

图1　装置结构侧视图

如图2所示，通过水泵抽取上水库水面下较深层的温水，通过导流水管把温水送至坝面与水面接触

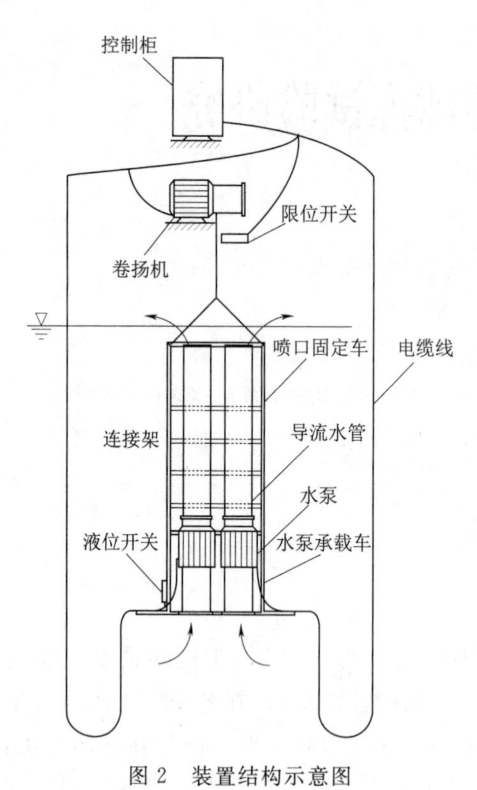

图 2 装置结构示意图

处，在动能和势能的驱动下将水流向两侧传输。水流沿坝面向两侧传输过程中释放热能，以补充水面的散热从而阻止大坝附近水面结冰。由于水位是随时变化的，因此要能够实现水泵的自动升降。为此还需设置承载水泵的滑车和收放滑车的卷扬机。卷扬机的升降通过自动控制系统控制来实现。通过可编程控制器实现对水泵启停的控制，保护水泵不因无水工作而造成损坏。为确保卷扬机避免发生绞盘收紧咬死问题，为此卷扬机设置了限位开关。控制柜处于室外，为确保可编程控制器在低温状态下能够正常工作，控制柜设置了保温加热装置。

2.2 主要设备设计与选型

2.2.1 水流推进设备选型

试验装置的核心部分是水流推进设备。其功能是抽取库区内蕴藏大量热能的水，将其输送至大坝附近水面。为此需计算所需理论流量和扬程。

依据对流换热公式，可求得单位时间单位面积的散热量。

$$q=\alpha(t_w-t_a)$$

式中 α——空气与水面的自然对流换热系数，取 25W/m^2；

t_w——水面温度，取 1℃；

t_a——空气温度，取－35℃。

根据传质传热公式即可求出单位时间单位面积自水下输送至水面所需的流量。

$$Q_T=\rho q_v c(t_w-t_i)$$

式中 Q_T——传质换热量；

ρ——水的密度，取 1000kg/m^3；

q_v——水的体积流量；

c——水的比热容，取 4.2kJ/(kg·K)；

t_w——水面下的输水温度，取 4℃；

t_i——结冰温度，取 0℃。

水泵扬程计算：由于几乎没有提水高度及压出高度，所以水泵的扬程达到 1.5 m 左右即可，不宜选择过大。针对这种大流量、低扬程的需要，应选择轴流泵。一般扬程在 1～4m。

本试验采用轴流式潜水泵作为传质动力设备。试验选择两个单元共 4 台水泵进行试验段的科研试验。单元一与单元二各两台水泵，每个单元的一台泵的功率为 4kW，流量 $200\text{m}^3/\text{h}$，扬程 4m，另一台水泵功率为 2.2kW，流量 $100\text{m}^3/\text{h}$，扬程 4.5m。

2.2.2 滑车设计

滑车由水泵承载车、喷口固定车和两车连接架构成。滑车尺寸为 700mm×700mm，连接架 700mm×2600mm。整体尺寸为 700mm×3700mm。

2.2.3 卷扬机选型

滑车在斜面上的下滑力约为 800N，滑车在坝面上的运动范围为 60m。故选择拉力 1000N，钢丝绳长 100m，行走速度 7～14m/min，电机功率 1.5kW 的卷扬机来牵引滑车运行。

2.2.4 自动控制系统的设计

自动控制系统由数字液位传感器、可编程控制器、开关、保温去湿加热器等器件组成。

通电开机，可编程控制器根据液位传感器实时传输的数据控制卷扬机的正反转动作，直至将水泵送到液面下设定深度。此时，可编程控制器命令水泵启动。当水位变化时，可编程控制器命令卷扬机转动，使水泵始终处于水下 2m 的位置。在设备运行过程中，当传感器通信发生故障时，可编程控制器命令滑车上行，直至滑车触到限位开关停止上行，当水泵离开水面后，可编程控制器根据液位传感器实时传输的数据命令水泵停止工作。

3　试验运行结果

3.1　滑车运行稳定性测试

分别启动滑车手动上行下行按钮，观察滑车上下行走的稳定性。当滑车行走速度为 14m/ min，滑车上下行走较为稳定，完全可以跟踪水位的变化速度。滑车在上行转下行（或下行转上行）进行换向动作时，因万向轮会有换向摆动，滑车相应摆动，摆动幅度在 20cm 以内。正常行走过程中摆动幅度在 10cm 以内。该摆动对设备运行的安全性没有影响。

本次试验针对沥青坝面进行的，为此滑车的车轮采用了多轮（10 个）和宽轮（5cm 宽）方式，轮体为非金属的尼龙材质。尽量减小车轮对坝面的作用压力。通过仔细观察试验区碾压痕迹，未发现有任何凹陷痕迹。

滑车承载约 110kg 的重量，同时还受水浪拍打和风力影响，卷扬机每次启动会产生一个加速，滑车在开始运行或停止运行时存在惯性力，对滑车力学稳定性有一定的考验。试验表明，滑车力学稳定性基本满足需要。

3.2　自控功能测试

通过可编程控制器对水泵及卷扬机的启停进行自动控制。设备通电后，滑车自动下行，到达设定水位深度后自动启动水泵。反复多次测试，性能稳定。

滑车能够及时跟踪水位变化，随水位上升而上升，随水位下降而下降。为避免水位反复波动造成的卷扬机频繁动作，设置可编程控制器在水位上升或下降 20cm 时再对卷扬机发出调节指令。测试过程中，浪高在 20cm 以内时，滑车没有频繁升降的动作。

设备在无水空转和淹没过深导致水泵密封失效时，会对水泵会造成损坏。为保护水泵，在控制系统中设置了保护程序。在水位严重偏离设定水位时，启动卷扬机滑车上行，直到触发限位开关滑车停车。

3.3　装置工作液位深度及水流扰动效果测试

该项试验是本次试验项目的重要环节，测试设备的最大扰流区域。通过手动控制滑车在不同深度运行，观测水的出流状态及扰流区域变化。观测中发现，淹没过深，水泵输送的水流在水下会产生漩涡，消耗了水泵输送水流的大量动能，水面扰动范围较小。淹没过浅，水泵输送的水流先沿坝面上涌，然后大部分水流顺坝面下滑回流到库区，水平方向扰动范围较小。通过反复观察，设备喷口的最佳潜水深度为水面下 65cm。

一个单元单泵（4kW）运行时，双侧扰动长度约 70m；一个单元单泵（2.2kW）运行时，双侧扰动长度约 60m；一个单元双泵运行时，双侧扰动长度约 100m，宽度 2～4m；二个单元四泵运行时，合计扰动长度约 140m。两个单元间距为 40m，两个单元之间相邻的两台水泵输送的两股水流产生射流对冲，在对冲区域形成较大漩涡区。漩涡区的宽度为 4～8m。

4　试验结论与展望

（1）水流扰动设备在上水库水位变化时能自动跟随水位变化，并且无频繁启动问题。牵引装置的升降速度适合运行要求。

（2）试验中选择的低扬程大流量轴流泵满足防冻要求。扬程 1～4m，流量 200～400m^3/h 适合运行需求。

（3）滑车潜水过深，滑车上的水泵潜水超过 5m 时，容易损坏水泵密封；过浅，滑车上的水泵潜水小于 1m 时，水泵输送至水面的水温偏低，融冰效果不佳。经反复试验测试，水泵的工作深度在水面下约

2m 为宜。

（4）导水管出口在水面下 65cm 分流效果最佳。

（5）一个单元单泵（4kW）运行，扰动范围可达 70m，双泵扰动长度约 100m，宽度 2～4m。

（6）试验表明，试验装置能够消除冰冻对面板及电站运行造成的不利影响。

根据传质传热原理采用水流扰动方法解决大坝冻害防治问题具有技术可行性和经济适用性。试验研究成果为解决抽水蓄能电站库区面板冻害问题找到了新方法，提供了新技术，对解决在寒冷地区兴建的抽水蓄能电站遇到的类似面板冻害问题具有十分重要的指导意义。本试验装置同时也解决了寒冷地区大坝防冻装置无法实现自动调节的难题。

参考文献

[1] 孙石，宋兆丽. 水库闸门防冻方法热经济性比较 [J]. 长春工程学院学报（自然科学版），2007（1）：18-20.
[2] 孙石，毕庆生. 闸门防冻水泵换型研究 [J]. 中国农村水利水电，2004（11）：84-85.
[3] 李建义. 小干沟大坝溢洪道闸门冬季防冻措施 [J]. 大坝与安全，2003（4）：15-18.
[4] 张雷，侯纪坤，王环东，罗兴锜. 水库闸门防冻方法研究 [J]. 可再生能源，2011（3）：150-152.
[5] 王环东. 冬季弧形闸门自动破冰装置研究 [J]. 大坝与安全，2011（2）：12-13.

隧洞岔洞口应力变形分析研究

杨　阳[1]　谢国强[2]　李智机[1]

(1. 中国电建集团中南勘测设计研究院有限公司，湖南省长沙市　410014；
2. 河南新华五岳抽水蓄能发电有限公司，河南省信阳市　465450)

【摘　要】 利用ANSYS有限元软件，建立隧洞岔洞口三维有限元模型，研究隧洞开挖后，地应力释放率、围岩地质条件对岔洞口岩体的变形以及衬砌应力的影响，并对岔洞口衬砌应力分布规律进行研究。结果表明，岔洞口拉应力最大区分布在岔洞口锐角渐变段的拱脚部位；地应力释放率、围岩地质条件对岔洞口应力变形影响明显，岩体顶拱的变形随着地应力释放率的增大而增大，衬砌最大拉应力随着地应力释放率的增大而迅速减小；岩体顶拱的变形和衬砌最大拉应力均随着围岩强度的减小而增大。

【关键词】 隧洞　有限元　岔洞口　地应力　应力变形

1　引言

隧洞是抽水蓄能电站的重要结构，根据功能的不同分为进厂交通洞、通风兼安全洞、施工洞、引水洞等，隧洞开挖过程中受围岩材料、地应力及施工扰动等因素的影响，失事后果严重，故针对隧洞结构，部分学者已经做出了一些研究，洪振国等[1]选取围岩强度低、变形量大的不良地质段为代表断面进行计算分析，建立了FLAC3D模型，研究隧洞开挖支护围岩的变应力变形情况；白琦等[2]建立了某引水隧洞工程的三维有限元模型，研究了随开挖荷载释放率增大和掌子面推进时围岩的变形规律，并基于开挖荷载释放率与位移释放率之间的关系及位移释放率与监测断面至掌子面距离之间的关系；周栋等[3]通过理论公式和数值模拟方法进行了高应力区大尺度隧洞开挖损伤区范围预测研究。对于隧洞岔洞口的研究目前很少，隧洞岔洞口结构复杂，跨度相对较大，传力不明确，故本文通过ANSYS软件建立岔洞口模型，模拟施工过程，进行有限元计算，详细分析了隧洞岔洞口的应力分布与变形规律，为隧洞的设计施工提供依据。

2　计算模型及计算条件

2.1　计算模型

以抽水蓄能电站进厂交通洞岔洞口作为研究对象，基于有限元软件ANSYS建立三维模型，计算范围取矩形区域，模型边界：自隧洞两侧边墙至竖向约束边界约为50m，隧洞底板至模型底面边界50m。模型顶部模拟上覆岩体自重至地表，模型四个铅直边界采用水平约束，底面采用全约束。结构单元主要采用八节点六面体实体单元，部分通过四面体实体单元进行过渡，混凝土和地基岩体单元类型采用solid45单元，岔洞口有限元模型如图1和图2所示。

2.2　材料划分及力学参数

计算模型主要模拟衬砌、喷混凝土、围岩体，衬砌、喷混凝土材料力学参数取值参考DL/T 5057—2009《水工混凝土结构设计规范》，模型各部分材料力学参数取值见表1。

2.3　计算坐标系

计算模型应用的坐标系为：进厂交通洞轴线方向为X轴方向，向厂房为正；沿高度方向为Y轴方向，向上为正；垂直进厂交通洞轴线为Z轴方向，面向厂房，向右侧为正。

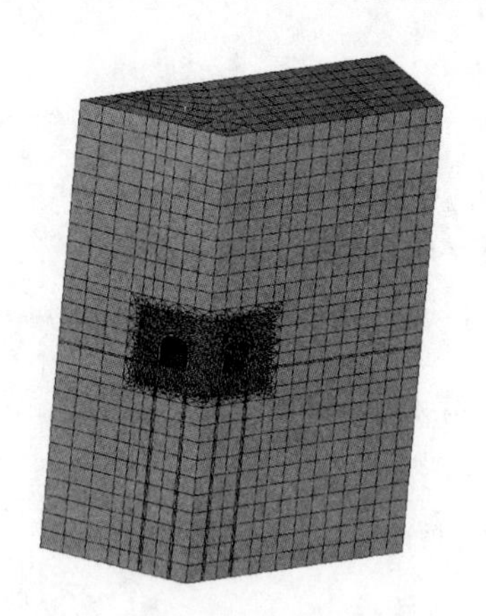

图1 岔洞口整体有限元模型

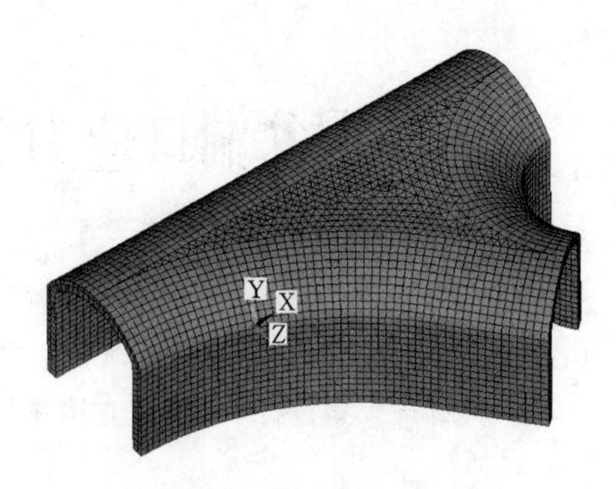

图2 岔洞口衬砌结构有限元模型

表1 **材料力学参数表**

材料名称	弹性模量/MPa	泊松比	容重/(kN/m³)
衬砌混凝土（C30混凝土）	30000	0.167	25
喷混凝土（C25混凝土）	28000	0.167	24
Ⅱ类围岩体（花岗岩）	50000	0.22	26.4
Ⅳ类围岩体（粉砂岩）	6000	0.24	25
Ⅴ类围岩体（泥岩）	2000	0.30	23

2.4 计算方案

在洞室开挖后，岩体会产生地应力释放，由于实际开挖是分步逐次开挖的，地应力释放具有一个过程，即地应力释放具有空间效应。地应力释放程度的不同，对衬砌结构受力影响很大，为模拟地应力释放的空间效应，使用单因子变量法，在围岩为粉砂岩情况下，采用施加节点虚拟支撑力方法模拟地应力释放的过程，分地应力释放80%、释放90%、释放95%、释放100%共四种情况分别进行岔洞口应力变形分析。

岔洞口的开挖支护会碰到各种围岩地质条件，围岩条件的不同对岔洞口的应力变形有较大的影响，使用单因子变量法，在地应力释放为95%的条件下，对花岗岩、粉砂岩、泥岩三类岩体特性下岔洞口的开挖支护分别进行计算分析。

3 计算结果及分析

3.1 隧洞开挖后应力分布

隧洞开挖改变了岩体的初始应力状态，使岩体中的应力状态重新分布。从计算结果可知，隧洞开挖后，在毛洞底板和顶拱均产生拉应力，因隧洞岔洞开挖跨度较大，开挖后底板产生较大水平向拉应力，X向最大拉应力为2.5MPa，Z向最大拉应力为3.26MPa，结合实际工程情况，岔洞开挖易出现底板开裂；因拱效应存在，顶拱拉应力很小，最大拉应力小于岩体抗拉强度，不会造成岩体的开裂。毛洞整体压应力均较小。

故隧洞岔洞开挖会造成毛洞底板开裂，但不会造成洞室的稳定破坏。

3.2 地应力释放率对岔洞口开挖支护的影响分析

3.2.1 *支护后岩体变形*

隧洞衬砌支护后，在地应力释放80%、释放90%、释放95%、释放100%四种情况下，岩体最大变形量如图3所示。从图3中可以看出，因地应力影响，顶拱变形明显大于侧墙变形，顶拱变形主要在竖直方向，侧墙变形主要在水平方向，符合隧洞开挖支护后正常变化规律。从图3中还可以得出，随着地应力释放率的增大，顶拱变形逐渐增大，而侧墙变形变化不大。隧洞变形过大会影响隧洞的正常使用以及导致洞室的失稳破坏，故在洞室开挖后应选择合适的支护时间，确保洞室的稳定。

3.2.2　支护后衬砌应力

如图 2 所示，隧洞岔洞口有锐角渐变段和钝角渐变段，从整个衬砌结构应力分布可以看出，锐角渐变段拱角处拉应力值较大，拉应力区域也比较大，而钝角渐变段拉应力区域相对较小，应合理加强锐角渐变段的设计。

在地应力释放 80%、释放 90%、释放 95%、释放 100%四种情况下，进行混凝土衬砌时，衬砌最大拉应力如图 4 所示，最大拉应力如图 5 所示。从图 4 中可以看出，随着地应力释放率的增大，衬砌 X、Y、Z 向最大拉应力明显减小，从图 5 中可以看出，随着地应力释放率的增大，衬砌 X、Y、Z 向最大压应力也明显减小，可见地应力对衬砌结构影响非常大，地应力完全释放后再进行衬砌支护，衬砌最大拉、压应力基本接近 0。在地应力释放 80%时进行衬砌支护，衬砌 X、Y、Z 向最大拉应力分别为 14.95MPa、15.08MPa、17.5MPa，在地应力释放 90%时进行衬砌支护，衬砌 X、Y、Z 向最大拉应力分别为 7.4MPa、7.34MPa、8.45MPa，从最大拉应力值中可以看出，地应力释放 80%和 90%时，衬砌结构会产生破坏。

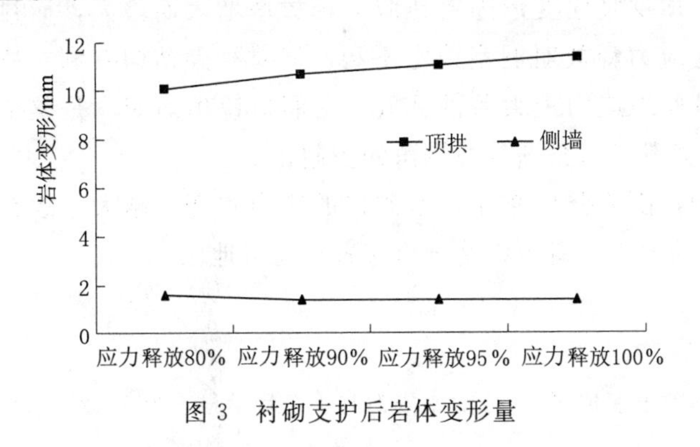

图 3　衬砌支护后岩体变形量

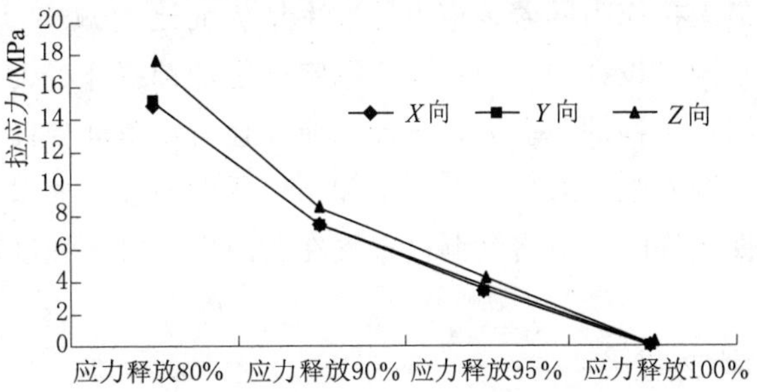

图 4　衬砌支护后衬砌最大拉应力值

隧洞岔洞衬砌支护应选择合适的时机，不宜过早，在保证隧洞稳定的前提下尽可能推后支护时间，最大限度释放地应力。

3.3　围岩类别对岔洞口开挖支护的影响

3.3.1　支护后岩体变形

隧洞衬砌支护后，在花岗岩、粉砂岩、泥岩三种情况下，岩体最大变形量如图 6 所示。从图中同样可以看出，顶拱竖向变形量大于侧墙水平向变形量，且地质条件越差，差异越明显。从图 6 中还可以得出，随着岩体强度的减小，顶拱和侧墙变形均逐渐增大，且顶拱变形幅度远大于侧墙变形。泥岩岔洞口顶拱变形量达到 36.6mm，变形过大，不适宜布置隧洞岔洞口。

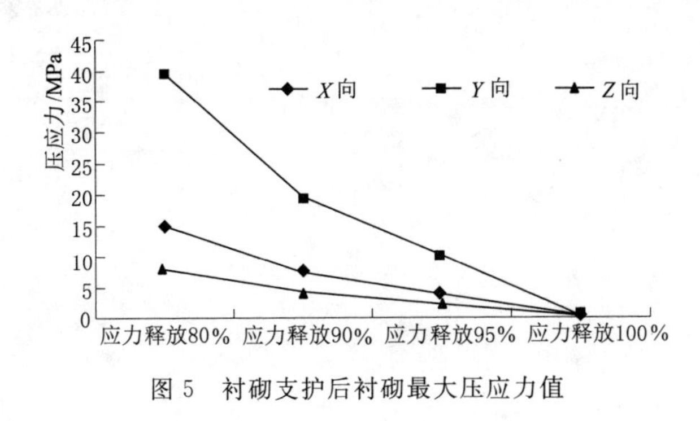

图 5　衬砌支护后衬砌最大压应力值

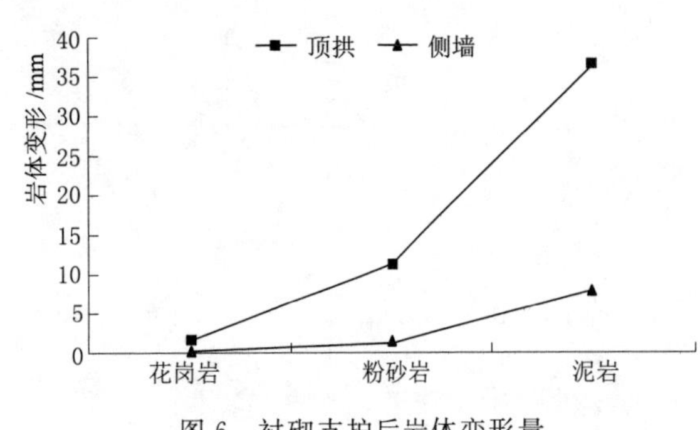

图 6　衬砌支护后岩体变形量

3.3.2　支护后衬砌应力

隧洞衬砌支护后，在花岗岩、粉砂岩、泥岩三种情况下，衬砌最大拉应力如图 7 所示，最大压应力如图 8 所示。从图 7 中可以看出，同等条件下，围岩强度越小，衬砌 X、Y、Z 向最大拉应力越大，且 X 向、Z 向拉应力增幅明显；从图 8 中可以看出，围岩强度越小，衬砌 X、Y、Z 向最大压应力也越大，且 X 向、Z 向压应力增幅明显。泥岩岔洞口最大拉应力值达到 24MPa，拉应力过大，不适宜开挖岔洞口。

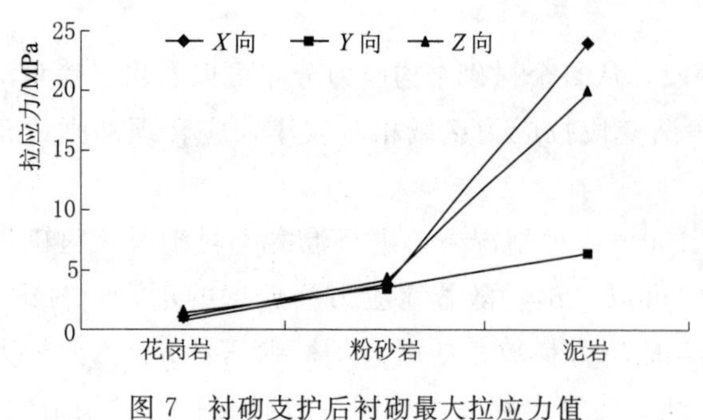

图7 衬砌支护后衬砌最大拉应力值

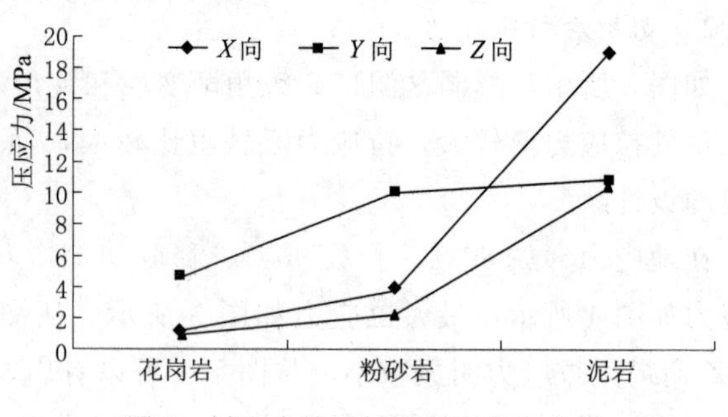

图8 衬砌支护后衬砌最大压应力值

4 结语

成拱效应保证了隧洞岔洞口的早期稳定，隧洞岔洞口断面宜拱形布置。

地应力释放率对岔洞口的应力变形影响均较大，顶拱竖向变形随着地应力释放率增大而增大，而衬砌最大拉应力随着地应力释放率增大而迅速减小，地应力释放对洞室稳定不利，但对衬砌结构有利，故在岔洞口设计中，应在保证洞室稳定的前提下，尽量使地应力最大条件释放。岔洞口锐角渐变段是整个岔洞口结构的薄弱处，设计时应加强对锐角渐变段，尤其是锐角渐变段拱角的控制。

围岩强度对岔洞的稳定和结构受力有重要的影响，围岩强度越小，岔洞口的应力和变形越大，故在条件允许时，应将岔洞口布置在花岗岩等岩体强度高的地方，避免将岔洞口布置在泥岩地区。

参考文献

[1] 洪振国，李建伟. 不良地质引水隧洞开挖支护应力变形数值模拟研究［J］. 水资源与水工程学报，2017，28（4）：205-209.

[2] 白琦，肖明. 隧洞开挖过程中锚固支护施加时与掌子面距离的确定［J］. 水力发电，2017，43（6）：65-69.

[3] 周栋，赵志宏，赵佳鹏. 高应力区大尺度隧洞开挖损伤区范围预测研究［J］. 岩土工程学报，2016，38（S2）：67-72.

[4] 江见鲸，陆新征，叶列平. 混凝土结构有限元分析［M］. 北京：清华大学出版社，2005.

[5] 范勇，卢文波，严鹏，等. 地下洞室开挖过程围岩应变能调整力学机制［J］. 岩土力学，2013，34（12）：3580-3584，3586.

某抽水蓄能电站Y型侧槽溢洪道水力设计研究

王　珏　葛禹霖　王震洲　李沁书
(国网新源控股有限公司技术中心，北京市　100161)

【摘　要】溢洪道是水利水电工程中常见的泄水建筑物，按照其布置方向与水流方向关系可分为正槽、侧槽两种形式，侧槽溢洪道由于其独特的布置型式，对地形地势、洪水泄量方面有着诸多限制。本文结合某抽水蓄能电站中采用的典型Y型侧槽溢洪道，对其工程布置及水力学计算等进行了说明，并总结提出了采用此类溢洪道时的相关情况和技术要求，可为类似工程参考、借鉴。

【关键词】侧槽溢洪道　水面线　超高　边墙

1　引言

侧槽溢洪道是一种傍山开挖的泄水建筑物，较之一般开敞式溢洪道，其溢流堰的布置是在空间里旋转了90°方向，故而大致沿等高线布置；过堰水流溢入大致平行的侧槽内，再经泄水道泄向下游[1]。侧槽溢洪道适合于狭窄河谷、高陡边坡的水利水电枢纽，对土石坝等非溢流坝型而无适当地形修建河岸式正堰溢洪道的场合尤为适用。侧槽及泄水道的断面较为窄深，从而可减少开挖方量[2]。且由于溢流前缘的长度比泄水道和侧槽的宽度大得多，所以堰顶水头和闸门高度可大为减小，常易取得良好的经济效果，因此，在工程中有着广泛的应用[1]。

某抽水蓄能电站位于我国华东地区北部，其下水库坝址上游约1.8km处存在一座已建水库，其洪水标准与新建蓄能电站不匹配。为避免该已建水库溃坝对新建的抽水蓄能电站下水库、电网调度及工农业供水等造成不利影响，故在该水库右岸垭口采用了Y型侧槽溢洪道型式，使已建水库与新建抽水蓄能电站下水库洪水标准相同。

2　概述

2.1　工程概况

电站枢纽工程由上水库、输水系统、下水库、地下厂房系统及开关站等部分组成。枢纽工程为Ⅰ等工程，主要建筑物为1级建筑物，在下水库泄水建筑物中，洪水标准分别采用200年一遇、1000年一遇洪峰流量作为设计、校核的洪水标准。

为满足洪水泄放的要求，综合地形地质条件、枢纽布置格局，拟在水库南侧、大坝右侧的一垭口部位布置溢洪道。该部位岩性以二长花岗岩为主，覆盖层厚度一般小于2m，岩体裸露，两岸基岩完整性较好，垭口地面高程165m左右，地形平面接近为V形，具备布置Y型侧槽溢洪道的条件。

经对比分析，采用无闸门控制侧槽溢洪道方案，可有效利用现有地形，减少开挖等工程量，不存在金属结构和供电系统的设计、安装、调试、运行和维护等问题，有利于降低工程投资、运维成本，且对环境友好。

2.2　洪水标准

该处地形位于大坝右岸垭口，洪水标准等同于下水库泄水建筑物，其正常运用洪水200年一遇洪峰流量430m^3/s，非常运用洪水1000年一遇洪峰流量555m^3/s。溢洪道为Y型无闸门挡水侧槽溢洪道，堰顶高程161.5m，堰宽95m，汛期洪水全部由溢洪道泄入下水库内。

2.3　Y型侧槽布置方案

经初步设计后，Y型侧槽溢洪道平面布置图和纵剖面图如图1、图2所示。

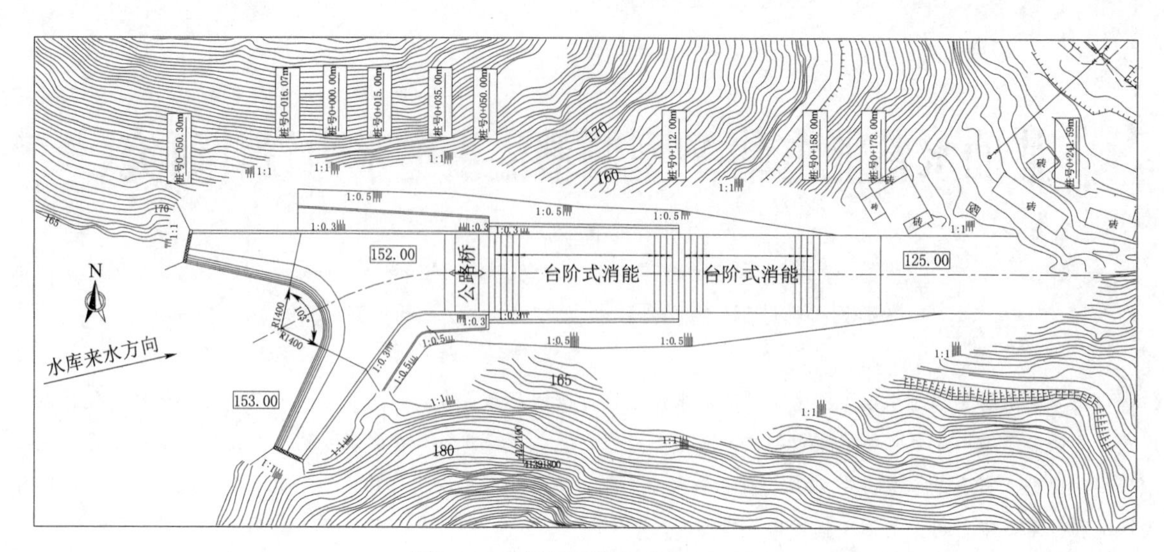

图 1　Y 型侧槽溢洪道平面布置图

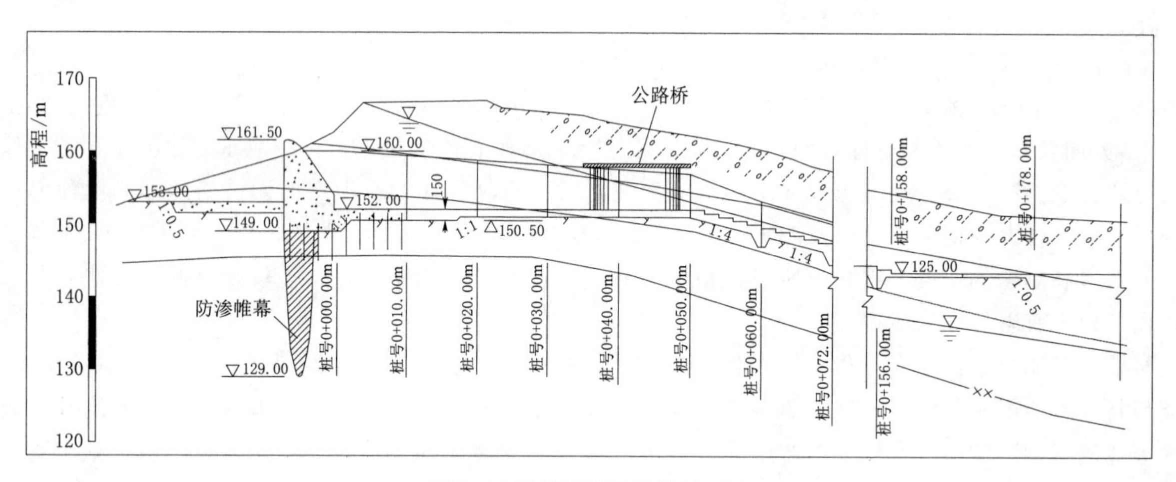

图 2　Y 型侧槽溢洪道纵剖面图

针对本 Y 型侧槽溢洪道，分溢流堰段、汇流控制段、泄槽段三部分，侧槽溢洪道道控制段示意图如图 3 所示。

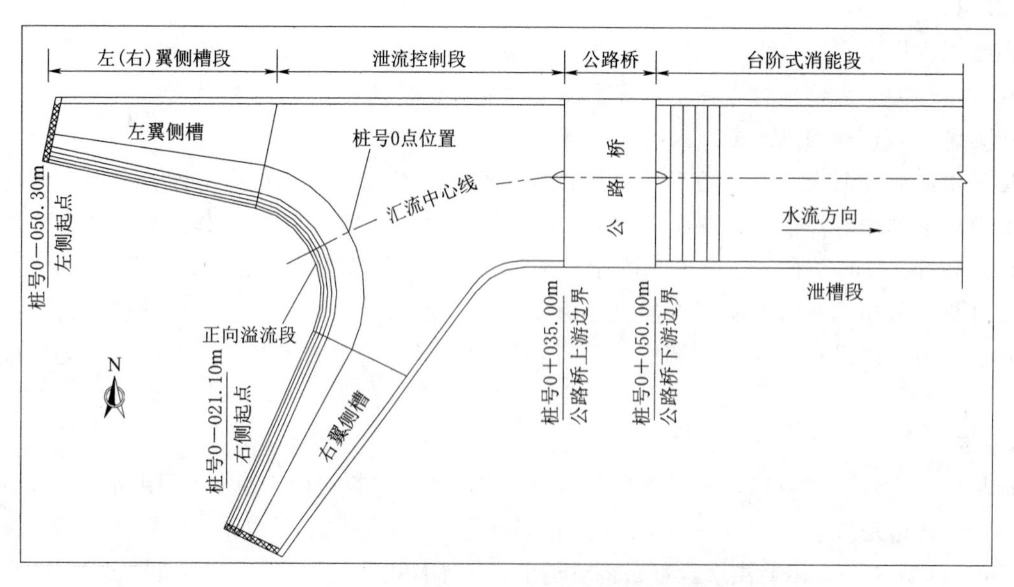

图 3　Y 型侧槽溢洪道控制段示意图

（1）溢流堰段。溢流堰段总长度 95.0m，堰顶高程 161.50m，也可分为左翼、右翼、正向溢流段 3 段：

左翼侧槽：长度为 35.0m，侧槽首端桩号：左翼侧槽 0＋000.00m，槽底高程 157.50m，底宽 b_0＝5.0m；侧槽末端桩号：左翼侧槽 0＋035.00m，槽底高程 154.00m，槽末底宽 b_L＝10.0m；

右翼侧槽：布置同左翼侧槽；

正向溢流段：长度为 25.0m，堰顶高程 161.50m，WES 堰面曲线方程：$y=x$ ^ 1.850/(2.000×Hd ^ 0.850)，经溢流堰面至高程 153.00m。

（2）汇流控制段。汇流段收集左、右两翼侧堰来水以及溢流堰 25m 宽的正向过堰流洪水，两侧侧向泄槽末端均接高 2.0m 的垂直跌坎，与中间汇流泄槽相接，然后下泄水量沿 Y 型溢洪道的下游方向泄洪。为保证平段内水流流态均为缓流、对汇流段水流进行控制，汇流段向下挖深 2.0～152.00m，汇流段底坡 $i=0$，高程 152.00m，总长 50.0m。

（3）泄槽段。洪水经由汇流控制段后开始进入泄槽段，泄槽段底宽 25m，坡度 1：4，采用台阶式消能设施，泄槽段水平长度 108.00m。

3　计算原则与假定

3.1　基本原则

（1）布置原则：沿右侧垭口位置、左右两侧"近对称入流"，洪水流量通过左右两侧溢流堰（Y 型侧堰溢洪道）、中间汇流段汇合，再通过邻接一水平段（$i=0$），至泄槽段泄流。因此，在以下原则、设定前提下，进行侧槽水面设计、体形设计。

（2）桩号编制：Y 型溢洪道两侧侧堰，分为左翼侧槽段、右翼侧槽段，以单翼侧槽起始处记为"左/右翼侧槽 0＋000.00m"处；溢洪道轴线方向上，以正向侧堰结束点、汇流段起始点作为桩号 0＋000.00m 处，其后按照水流下泄方向进行编号，如泄槽起始点桩号为 0＋050.00m。

（3）为使水流顺畅，汇流控制端起始处的水位与两翼侧槽的槽末水位应相一致。

（4）计算侧槽水面线时，可以把 Y 型侧槽的其中一翼侧槽作为标准型侧槽计算（如桩号范围取为左翼侧槽 0＋000.00m～0＋035.00m 内），近似参照体形为 35m 长度的标准型侧槽溢洪道，进而可以计算得出本侧槽溢洪道中翼槽的临界水深、槽末水深、水面线等相关参数。

（5）计算过程，分为侧槽内水面线计算、汇流控制段水面线计算、泄槽段水面线计算等 3 部分，各部分单独计算。

3.2　泄流能力复核

根据地形地质条件对 Y 型侧槽溢洪道进行布置，左、右翼侧槽堰长均为 35m，中间正向汇流控制段堰长 25m，按照侧堰长计算得出各侧槽的泄量。

经计算，当堰上水头为 1.28m 时，下泄流量达到 431m^3/s，当堰上水头为 1.52m 时，下泄流量达到 560m^3/s，满足正常运用洪水 200 年一遇洪峰流量 430m^3/s，非常运用洪水 1000 年一遇洪峰流量 555m^3/s 时的泄流能力要求。

3.3　计算理论和方法的选择

3.3.1　临界水深

根据 DL/T 5166—2002《溢洪道设计规规范》中公式（A.11）计算临界水深 h_k：

$$h_k=\sqrt[3]{\frac{\alpha q^2}{g}}$$

式中　α——动能修正系数，可近似地取为 1；

q——泄槽的单宽流量，$m^3/(s \cdot m)$；

g——重力加速度，m/s^2。

3.3.2 临界坡度

根据 DL/T 5166—2002《溢洪道设计规范》中公式（A.10）计算 i_k，公式为：

$$i_k=\frac{q^2}{h_k^2C_k^2R_k}$$

式中 q——泄槽的单宽流量，$m^3/(s \cdot m)$；

h_k——临界水深；

C_k——谢才系数，$C_k=\frac{1}{n}R_k^{\frac{1}{6}}$；

R_k——相应临界水深时的水力半径，m；

n——糙率，按 DL/T 5166—2002《溢洪道设计规范》中表 A.5 查取。

3.3.3 侧槽内水面线计算公式

根据《水力计算手册》（武汉水利电力学院水力学教研室编，水利出版社，1980 版）中公式（3-4-27）[3]，可以推求侧槽内水面线。

$$\Delta z=\frac{Q_1(v_1+v_2)}{g(Q_1+Q_2)}\left[(v_1-v_2)+\frac{v_2}{Q_1}(Q_2-Q_1)\right]+\overline{J}\Delta s$$

式中 Δs——计算流段长；

Δz——计算流段 Δs 的两端断面的水位差；

$\overline{J}$——就算流段内平均水力坡降，$\overline{J}\approx\frac{\overline{v}^2n^2}{\overline{R}^{\frac{4}{3}}}$，$\overline{v}=\frac{v_1+v_2}{2}$，$\overline{R}=\frac{R_1+R_2}{2}$；

n——糙率，按 DL/T 5166—2002《溢洪道设计规范》中表 A.5 查取；

v_1、v_2、R_1、R_2——计算流段上、下游断面平均流速和水力半径；

Q_1、Q_2——计算流段内上、下游断面所通过的流量，$Q_2=Q_1+q\Delta s$；

q——侧堰单宽流量。

4 水力设计

通过对本工程 Y 型侧槽溢洪道的水力进行计算，可以得出顺水流向水力衔接全过程，得出从上到下沿程水面线，为相关挡墙、侧墙防护高度提供依据。其中，在溢流堰段计算时，以左翼侧槽段作为计算代表，右翼侧槽同左翼侧槽。

4.1 左翼侧槽临界水深计算

对于 Y 型侧槽，取左、右两侧侧堰泄流能力相同。在一侧侧槽范围内，按照侧堰长计算得出各侧槽的泄量，左、右翼侧槽堰长均为 35m，汇流控制段底宽 25m，中间正向溢流堰长 25m，对于本工程 0.1% 洪峰流量 $Q=555m^3/s$，按照流量均分，则有 $Q_{左}=Q_{右}=205m^3/s$，$Q_{中}=145m^3/s$，按照临界水深计算公式，代入上述流量、堰长等数据，可以得出临界水深 3.69m。

4.2 左翼侧槽槽末水深计算

根据《水力计算手册》（武汉水利电力学院水力学教研室编，水利出版社，1980 版）中公式（3-4-29）[3]

$$h_L=nh_k$$

对于本布置方案，槽首底宽 b_0/槽末底宽 $b_L\approx1/2$，查《水力计算手册》中表 3-4-1，当 $b_0/b_L=1/2$ 时，可得 $n=1.25\sim1.35$，本计算中，取上限值 $n=1.35$，则可以得出槽末水深为：

$$h_L=nh_k=1.35\times3.69=4.9815\approx5.00m$$

4.3 左翼槽内水面线计算

以左侧将侧槽分段，按桩号取 0+000.00m、0+005.00m 顺序，来划分计算断面。从侧槽末计算断面开始，逐段往上游推算，按照本文所述公式：

$$\Delta z=\frac{Q_1(v_1+v_2)}{g(Q_1+Q_2)}\left[(v_1-v_2)+\frac{v_2}{Q1}(Q_2-Q_1)\right]+\overline{J}\Delta s$$

计算得到的水面线如图 4 所示。

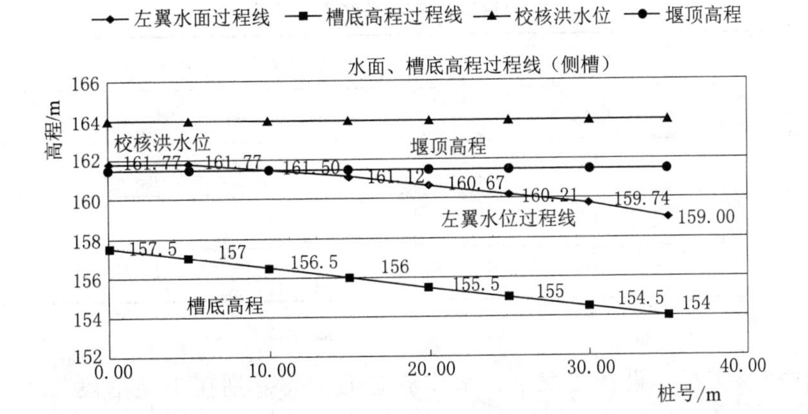

图 4　Y 型侧槽溢洪道单翼侧槽内水面线（左翼）

4.4　汇流控制段内水面线

汇流段总长 50.0m，桩号 0＋000.00m～0＋035.00m 为汇流段，平段桩号 0＋035.00m～0＋050.00m 之间为平段，$i=0$。侧槽本身具有集流和变向双重作用，属于过渡段型式，因此，在侧槽和陡槽之间设置调整段和控制断面是必要的[4]。根据本文中布置原则，汇流控制端起始处的水位与两翼侧槽的槽末水位相一致，汇流控制段底高程 152.00m，与侧槽末端高程 154.00m 相比下降 2m。可以得出汇流段初始断面水深 h 为侧槽末端水深 h_L，加上 2m 的汇流控制段挖深，则汇流段初始水深为 7m。

在侧槽溢洪道的布置中，通常用平段末端水深为临界水深来控制流态，根据本文前述计算可知，汇流控制段临界水深同样为 3.69m。由以上计算，得出平段内水面线可近似取为 7m 渐变为 3.69m。槽底高程为 152.00m，可以得出水面线高程为 159.00～155.69m，如图 5 所示。

4.5　泄槽段内水面线计算

泄槽起始断面水深，为保持水流衔接，斜槽起始断面水深为 3.69m。

泄槽底坡坡度 1∶4，底板宽度 25.0m，水平长度 108m，泄槽末端高程 125.00m。根据本文中分段求和法、代入各计算数据，计算结果如图 6 所示。

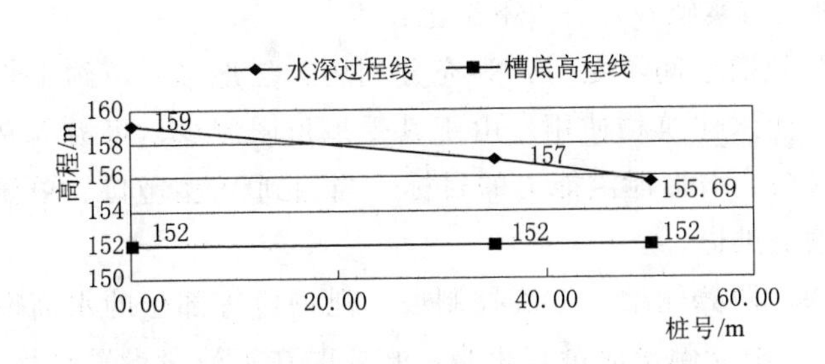

图 5　Y 型侧槽溢洪道平段及泄槽首端水面线

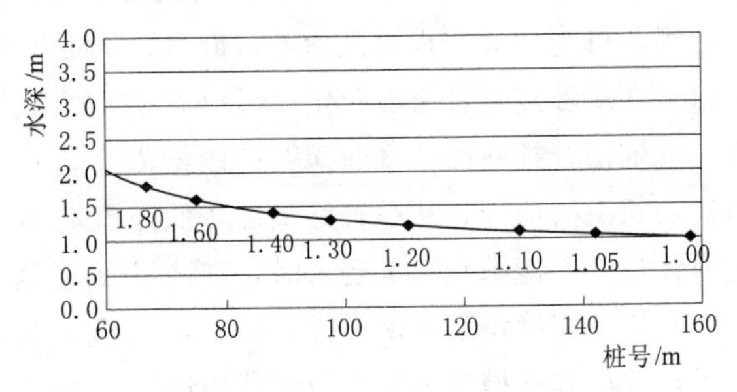

图 6　泄槽起始断面以下水面线

4.6　水力学模型试验情况

为验证 Y 型侧槽溢洪道布置的可行性和合理性，对其进行了单体水工模型试验。单体水工模型试验几何比尺为 1∶50。试验主要内容包括：泄流能力、水流流态、压强分布、水流流速等。经试验表明，在不同工况、上游水库不同库水位时，Y 型侧槽溢洪道的泄流能力均能满足设计和运行的要求，模型各部位测点均为正压分布，压强值在允许范围之内。水流经侧槽下泄、汇流后，水面平稳并与下水库水面平顺衔接。

4.6.1 泄流能力

试验表明，针对于水库不同库水位时，溢洪道的泄流能力均能满足设计和运行的要求。侧槽溢洪道的泄流能力见表1。

表1 **Y型侧槽溢洪道泄流能力汇总表**

标　　准	库水位/m	下泄流量试验值/(m^3/s)	判定结果
校核洪水（P=0.1%）	167.80	687.4	满足要求
设计洪水（P=0.5%）	167.23	466.1	满足要求
其他	166.50	183.4	满足要求
	166.00	61.5	满足要求

4.6.2 水流流态

经试验观测，在校核工况、设计工况下，水流流态的主要差别在于陡槽段与下水库水位衔接部位不同。

两种工况下，溢洪道下泄校核洪水，侧槽内均形成横向旋滚，在重力作用下，以螺旋流形式沿侧槽下泄，正中弧堰堰面水流流态稳定，下泄水流平顺泄入渐变段内。陡槽段水流流态较好，水面比较平顺，陡槽段下泄水流受下游水位的顶托，陡槽水流与下游水面碰撞相交，有旋滚和涌浪产生，陡槽末端段和护坦上水面平稳并与下水库水面平顺衔接。

4.6.3 压强分布

在校核工况下，试验分别对左、右侧槽堰面、侧槽底板、正堰堰面、渐变段底板、陡槽底板、护坦底板上的压强进行了测试。部位各测点均为正压分布，压强值在允许范围之内。

4.6.4 水流流速

在校核工况下，试验分别观测左、右侧堰堰面、正堰堰面、侧槽中线、渐变段、陡槽段、护坦和开挖明渠上的流速分布。观测结果表明，正堰堰顶断面平均流速 $V=4.39$m/s，堰面最大底流速 $V=9.46$m/s。渐变段末端断面（桩号 0+058.514m）桥墩左侧，断面平均流速为 $V=7.76$m/s，底流速 $V=9.40$m/s。

溢洪道下泄水流与下水库不同库水位衔接时，未衔接陡槽段流速分布基本相同。

5 结语

通过对该抽水蓄能电站Y型侧槽溢洪道布置、水力设计、水面线计算以及相关模型试验成果的研究、分析过程，可为相关工程提供参考与借鉴。从工程研究与实施看，有以下结论：

(1) 在岸坡陡峭且岩石稳定、溢洪道“正槽式”开挖空间不足时，为充分利用天然地形、节约工程投资，可依山开挖断面“窄而深”的侧槽溢洪道作为泄水建筑物使用。由于其受地形限制少、可沿等高线布置较长溢流前锋，从而较好实现降低溢流堰顶水头、增加泄洪能力的目标。当遇到V型垭口、单侧溢流前锋长度不能满足泄量要求时，宜选择Y型侧槽溢洪道。

(2) Y型侧槽溢洪道水力计算时，应着重溢流堰、两翼侧槽、汇流控制段、泄槽段等部位的水面衔接关系，这也是侧槽溢洪道水力设计的难点、关键点。两翼侧槽流量宜相当，必要时在汇流段设置跌坎、消力坎等，以使汇流后水流流态较好。

(3) 对于抽水蓄能电站，多有装机容量大、单体建筑物规模不大、技术经济优化需求强等特点，同时为了尽可能地减小运维压力，当进行类似建筑物设计时，宜优先倾向考虑选择无闸门控制的侧槽溢洪道方式。

(4) 侧槽溢洪道是流量沿程不断增加的变量流，水流受侧槽边墙约束转变流向，水流侧槽内旋转掺混、终呈螺旋流状态下泄，水力过程十分复杂。在具体的工程实践中，建议在相关计算后结合水力学模型试验情况对侧槽体形进行优化、调整，最终确定推荐方案。

参考文献

[1] 韩立. 侧槽溢洪道的水力计算和设计 [J]. 陕西水利科技，1973 (2)：6 - 16.

[2] 王希梅，董显伦. 无闸门控制的小型水库侧槽式溢洪道水力设计 [J]. 中国水运（下半月），2015，15 (5)：161 - 163.

[3] 武汉水利电力学院水力学教研室. 水力计算手册 [M]. 北京：水利出版社，1980：178 - 190.

[4] 舒以安，王仕筠. 侧槽式溢洪道的水力计算方法——两点法 [J]. 水利科技，1979 (1)：1 - 27.

丰宁抽水蓄能电站水土保持后续设计深化探讨

韩　悦

（中国电建集团北京勘测设计研究院有限公司，北京市　100024）

【摘　要】依据已审批的水土保持方案内容，结合新形势下水土保持要求进行后续深化设计，通过分析容易被忽视的表层土利用和植物恢复等方面问题，进行深化探讨。

【关键词】丰宁抽水蓄能电站　表土利用　土壤改良　植物恢复

河北丰宁抽水蓄能电站位于河北省丰宁满族自治县境内，工程区距丰宁县公路里程约 62km，距承德市直线距离 150km，距北京市直线距离 180km。电站由上水库，一期、二期输水系统，一期、二期地下厂房，地面开关站及下水库等建筑物组成。两期工程地下厂房合并布置，共安装 12 台单机容量为 300MW 的混流可逆式水轮发电机组，总装机容量为 3600MW。上水库为钢筋混凝土面板堆石坝，最大坝高为 120.3m，上水库总库容约 4814 万 m^3；下水库总库容约 5961 万 m^3。工程属大（1）型Ⅰ等工程，主要永久建筑物按 1 级建筑物设计，次要永久建筑物按 3 级建筑物设计。

1　项目区环境概况

项目区属冀北山地地貌，主要河流为滦河，属海河水系。项目区属中温带半湿润半干旱大陆性季风气候，多年平均气温 7.1℃，≥10℃积温为 2200～3500℃，无霜期 101～138 天，多年平均降水量为 422.1mm，降水的年内分配不均，6—9 月降水占全年的 70％以上。多年平均风速 2.1m/s，历年最大风速 19.1m/s，主风向以 W 风为主。土壤类型以棕壤为主，兼有褐土，最大冻土深度大于 150cm。植被类型主要为针阔混交林、灌木和草本植被带。项目区植被状况良好，林草覆盖率约为 77.4％。项目区属于以水力侵蚀为主的北方土石山区，容许土壤流失量 $200t/(km^2 \cdot a)$。工程区属于燕山国家级水土流失重点预防区。其水土保持任务是以保护现有植被和水土保持设施，防止乱砍滥伐为主，同时做好局部水土流失严重区的治理工作；平均土壤侵蚀强度 $2238t/(km^2 \cdot a)$，水土流失程度以轻度和中度为主。

2　水土保持方案后续设计需重点关注问题

生产建设项目在建设和运行中，除开挖、填筑、堆置、弃土（石、渣）等活动致使水土资源破坏外，还因施工人员的生产生活活动、机械运输和碾压等施工运行方式，导致地表扰动和再塑过程复杂化，如土壤结构变化，植物生长条件遭到破坏等，因此导致水土流失的形式变得多样。

生产建设项目水土保持措施设计上较多注意在挖、填、平、挡以及排水和临时防护上，对于表土的合理利用、植物恢复方面易被忽视，因此针对上述问题，结合丰宁抽水蓄能电站的实际情况，在后续设计中重点对表土剥离及利用和重点区域的植物措施恢复进行了深化设计研究。

3　表土的剥离及合理利用

为了更好地保护表土资源，在水土保持表土剥离及利用后续设计中，首先对工程需土量进行计算，对工程区表土现状进行查勘，明确表土分布范围和可剥离量，最后通过深入分析，明确工程表土需求量及可剥离量，并进行平衡分析，把项目区的表土作为一种宝贵资源进行充分合理利用。

3.1　表土需求分析

丰宁抽水蓄能电站表层土需求量的计算，是按照水土保持植物措施的乔、灌木株数和乔、灌木种植穴覆土体积的乘积之和得出。根据《造林技术规程》（GB/T 15776），乔木种植穴直径 60cm，每穴覆土厚度 0.6m，灌木种植穴直径 40cm，每穴覆土厚度 0.4m。为了使工程扰动区的植被进行更好的恢复，批复的水土保持方案对扰动区范围进行统一覆土，覆土厚度为 30cm。本项目表层土需求量计算公式见公式（1）。

$$M=\sum_{i=1}^{n}N_iV_{乔}+\sum_{j=1}^{m}N_jV_{灌}+0.1S \tag{1}$$

式中　M——表层土需求量；

N_i——乔木株数；

N_j——灌木株数；

$V_{乔}$——乔木种植穴体积（按穴径 60cm 计取）；

$V_{灌}$——灌木种植穴体积（按穴径 40cm 计取）；

S——扰动区面积。

根据上述计算公式，丰宁抽水蓄能电站工程水土保持植物措施表层土需求量总计为 23.98 万 m^3。

3.2　表层土可剥离量分析

丰宁抽水蓄能电站可剥离的表层土厚度可与植物根系分布所对应，植物根系的分布是土壤肥力的外在表现，在施工中可以作为表层土剥离厚度的参考。表层土开挖利用量的计算，是按照开挖区域面积与开挖厚度的乘积之和得出。开挖区域的面积由实际查勘得出，开挖厚度由区域内抽样调查取平均值得出，本项目表层土开挖利用量计算公式见公式（2）。

$$Q=\sum_{i=1}^{n}S_ih \tag{2}$$

式中　Q——开挖利用量；

S_i——开挖区域面积；

h——开挖厚度。

根据上述计算公式，工程可供剥离表土约 30.0 万 m^3。

3.3　表层土利用及总体平衡分析

根据表层土需求量和开挖利用量分析计算，本工程渣场、料场、施工道路、施工辅助设施等区域都具备植被恢复的条件，表层土需求量为 23.98 万 m^3；分析工程开挖扰动区域的表土资源情况，剥离表土的区域为上水库库盆开挖区域，表层土开挖利用量为 30 万 m^3。可以看出，本工程可剥离表土量可以满足植物措施所需表土。详见表 1。

表 1　　表层土利用规划总体平衡分析表　　单位：万 m^3

开挖阶段		堆存阶段		回填阶段					
开挖区域	土方量	堆存区域	土方量	回填区域	第 1 年	第 2 年	第 3 年	第 4 年	第 6 年
上水库库盆1号开挖区域	20.0	上水库渣场 1 号表土堆放场	3.5	东沟渣场				1.88	
				永久公路	0.19				
				临时公路					1.82
				施工供电及供水设施					0.21
		上水库渣场 2 号表土堆放场	8.5	支洞洞口渣场		0.52			
		上水库渣场 3 号表土堆放场	8.0	地下系统施工区					2.84
				拦河坝施工区					0.59
				业主营地	0.5				
				永久仓库					1.04

续表

开挖阶段		堆存阶段		回填阶段					
开挖区域	土方量	堆存区域	土方量	回填区域	第1年	第2年	第3年	第4年	第5年
上水库库盆2号开挖区域	10.0	上水库渣场1号表土堆放场	2.0	鞭子沟渣场				1.35	
		东湾子渣场旁表土堆放场	7.5	灰窑子沟渣场		0.73			
				东湾子渣场			0.39		
		业主营地	0.5	拦沙坝及溢洪道施工区					0.66
				灰窑子沟料场					0.43
合计	30.0	合计	30.0	合计	0.69	1.25	0.39	3.23	7.59

通过分析，丰宁抽水蓄能电站可剥离表土量满足工程后期绿化需用表土量，本着最大限度保护表土资源的原则，在后续设计中，充分考虑了表土的取用地和表土堆存场的位置关系，以就近为原则进行表土堆存场的设计，以满足水土保持要求。

4　重点区域的植物措施设计

丰宁抽水蓄能电站对生态环境要求高，在植物措施后续设计中，应力求兼顾美化要求。由于电站永久道路边坡和泄洪排沙洞边坡坡度均大于1∶1，绿化难度大，因此在设计中对以上区域进行专项设计，以满足电站绿化美化要求。

4.1　永久道路区域绿化

丰宁抽水蓄能电站永久道路挖方边坡坡比在1∶0.75，经过现场勘测及资料收集，在后续设计中提出了排水沟边沟加高30cm，形成种植槽，在种植槽内种植连翘、山杏、沙棘、虎榛子及攀岩植物五叶地锦等当地适生植被的设计方式。此方式兼顾了空间要求和美化要求。填方坡面以土石坡面为主，坡面坡比在1∶1左右，因此在考虑在坡底部每格5m距离布设1排植生袋，坡面其他区域种植耐寒耐贫瘠根系发达的沙棘，此设计方式既节省了投资又能最大限度起到护坡的效果。

4.2　泄洪排沙洞边坡绿化

泄洪排沙洞边坡为坡度1∶1土石边坡，植被恢复有较大困难，在后续水土保持设计中结合丰宁当地气候特点，选用高次团粒喷坡进行植物措施防护，为防止土石混合坡面崩孔现象，采用自进式中空锚杆进行固定。所喷树草种为当地有较好适应性、稳定性和周边景观相协调的连翘、山杏、沙棘等种子。既起到美化效果又起到了防治水土流失的效果。

5　结语

丰宁抽水蓄能电站在水土保持后续设计中，充分考虑了表层土利用和重点区域植被恢复等极易被忽视问题。本文通过对丰宁抽水蓄能电站表土供需分析及重点区域植物措施布设措施，可为类似开发建设项目水土流失防治提供借鉴。

参考文献

[1]　王倩．水利水电工程水土流失的特点及防治措施［J］．民营科技，2015（12）：170.

河北易县抽水蓄能电站高压管道立面布置方式研究

高　翔　李宗华　陈雨生　张晓朋　曹伟男
（保定易县抽水蓄能有限公司，河北省保定市　074200）

【摘　要】河北易县抽水蓄能电站高压管道具备双竖井和双斜井两种立面布置方案，通过地形地质条件、施工布置、机组调保分析以及工程量投资对比分析等，从多个角度对两种方案进行了对比分析，最后选定了双斜井布置方案。

【关键词】易县抽水蓄能电站　高压管道　立面布置方案比选

1　工程概况

河北易县抽水蓄能电站位于河北省保定市易县境内，属大（1）型Ⅰ等工程，电站总装机容量1200MW，安装4台单机容量300MW的立轴单级混流可逆式水泵水轮机，额定水头354m。电站日连续满发小时数5.5h（含备用），综合效率系数0.75，电站建成后以两回500kV出线接入慈云变电站，在系统中承担调峰、填谷、调频、调相和紧急事故备用任务。

根据枢纽布置格局比选结果，推荐了上水库为东峪口库址，下水库为西章沟库址，地下厂房位置采用中部的方案。输水系统沿上、下水库之间的山脊布置，由引水系统和尾水系统两部分组成，均采用一洞两机的布置型式。引水系统建筑物包括上水库进出水口、引水隧洞、引水调压井兼闸门井、高压管道。尾水系统建筑物包括尾水支管、尾水混凝土岔管、尾水事故闸门室、尾水调压室、尾水隧洞、尾水检修闸门井和下水库进出水口等，输水系统总长2727m。

2　高压管道立面布置方案

2.1　地质特征

高压管道地下洞室埋深60～280m，洞室围岩为白云岩与闪长岩，发育小断层11条，断层破碎带宽度均小于30cm，主要由碎块岩、碎粉岩和断层泥组成。

根据ZK203钻孔资料，弱风化以下至高程397m深度部位岩体较完整，局部裂隙较发育，并有一定数量的缓倾角裂隙，局部裂隙有夹泥现象。高程397m以下至岩性分界线位置，岩体较为破碎。根据高压压水试验资料，岩体透水率均小于1Lu，岩体透水性微小，为微一极微透水岩体。

综合分析，高压管道围岩主要以Ⅲ类为主，局部岩性分界线或断层带为Ⅳ类。根据厂房平洞的勘探资料，高压管道的中下部靠近白云岩和闪长岩的岩性分界线，分界线部位岩体相对较为破碎，以Ⅳ类为主。

2.2　方案拟定

根据选定的上水库进出水口及地下厂房位置，结合地形地质条件，引水高压管道有双竖井和双斜井两种布置方案[1-2]。

2.2.1　双竖井方案

高压管道采用一管两机的布置方式，由主管、岔管和支管组成。采用钢板衬砌，两条主管平行布置，平面上走向为NW329.00°，洞轴线间距为40.96m，主管长度均为1103.08m。立面上采用双竖井布置，设有上平段、上竖井段、中平段、下竖井段和下平段，竖井角度90°。主管管径7.00m～6.00m～5.20m。四条支管平行布置，与厂房轴线垂直相交，角度90°，长度为67.45m，支管管径3.60m，在距厂房上游50.00m处布置两个对称Y形内加强月牙肋钢岔管，主管管径5.20m，支管管径3.60m。

2.2.2　双斜井方案

高压管道立面上采用双斜井布置，设有上平段、上斜井段、中平段、下斜井段和下平段，斜井角度

55°，其他布置方式与双竖井方案保持一致。

3 方案比选与确定

3.1 比选原则

（1）在推荐的水道线路和厂房位置的基础上进行比选。

（2）双斜井方案和双竖井方案中平段高程一致。

（3）高压管道衬砌型式都采用钢板衬砌[3]。

3.2 地质条件及水工布置比较

从地质方面高压管道段主要为白云岩，层状结构，从平洞勘察资料看，岩层受岩性分界线影响产状有所变化，岩层产状走向以NE向为主，倾向SE，倾角30°～50°，倾向管道下游方向，采用斜井方案，斜井倾角60°，岩层倾向同斜井倾向夹角较小，不利于斜井成洞。且高压管道穿过岩性破碎带，岩体较为破碎，斜井方案成洞条件较差。

从结构布置上分析，两个方案都可行。由于双斜井布置时，与断层和裂隙交角小，支护工程量较大；采用竖井布置虽然竖井与断层和裂隙的交角增大，双竖井方案高压管道长度比双斜井方案长110m，相应钢板用量增大。工程量对比见表1。

表1　高压管道立面型式比较主要工程量表

项目方案	洞挖量/万 m^3	混凝土/万 m^3	喷混凝土/m^3	挂网钢筋/t	钢材重量/t	固结灌浆/m^2	回填灌浆/m^2	接触灌浆/m^2
双斜井	53.0	17.9	21588.8	499.7	11952	101664	47243.8	6294
双竖井	55.7	18.5	2200.0	552.0	14251	103527	51412.6	8307

3.3 施工布置比较

各方案施工布置、施工工期基本相同，双竖井及双斜井均采用反井钻机开挖导井，人工钻爆法正井扩挖成形。两方案施工支洞工程量略有差别，总体而言施工条件不是比选的控制性因素。

3.4 调保分析比较

双竖井方案调保计算结果中个别数据略超出控制值，而双斜井方案高压管道长度缩短，有利于蜗壳进口最大压力、尾水管进口最小压力和机组最大转速上升计算极值的改善，且计算极值均满足设计保证值要求[4]。两方案调保计算结果对比详见表2。

表2　调保计算主要参数成果对比表

项　　目	双竖井方案				双斜井方案		
	计算控制值	设计工况	校核工况不考虑相继甩	校核工况特定时间相继甩	计算控制值	设计工况	校核工况
蜗壳进口最大压力/m	＜606	591.083	591.252	608.233	＜606	590.27	606.601
尾水管进口最小压力/m	＞23	36.090	20.541	9.094	＞11.0	38.502	11.79
机组最大转速上升/%	＜45	38.945	44		＜45	43.67	43.65

3.5 投资比较

两方案投资对比分析见表3。

表3　建筑工程投资对比汇总表　单位：万元

编号	项目	双竖井方案	双斜井方案	投资增减（竖井－斜井）
1	输水建筑物	43653	43912	－259
2	压力钢管	29882	28900	982
合计		73535	72812	723

由表 3 可知，双斜井方案线路短，其总投资比双竖井方案节省约 723 万元。

3.6 小结

通过以上综合比较，从地质条件来看双斜井方案上、下斜井段洞线与岩层走向呈小角度相交，成洞条件较差，施工时可采取弱爆破、加强初期支护等手段控制施工质量，保证洞室的围岩稳定。而在施工布置、调保计算和投资方面，斜井方案均较优，高压管道长度缩短 110m，有利于调保极值的改善，使各项指标均满足设计要求，且投资节省了 723 万元，因此，推荐双斜井布置方案。

4 结语

抽水蓄能电站设计水头较高，高压管道的布置与设计至关重要。根据地形地质条件、地下厂房位置以及电站水头的不同，各蓄能电站中常见的高压管道立面布置型式主要有单竖井、单斜井、双竖井和双斜井四种方案，本工程由于水头较高，根据目前的施工技术和设备无法满足单竖井和单斜井方案的开挖施工，再通过多角度比选，最终确定了双斜井方案，既节约投资，又能改善机组运行条件，布置方案可行。

参考文献

[1] 赵常伟，孙海权. 呼和浩特抽水蓄能电站高压管道设计 [J]. 江西建材，2016 (24)：45 - 47.

[2] 冯华. 某抽水蓄能电站高压管道设计问题探讨 [J]. 西北水电，2016 (6)：36 - 39.

[3] 杜贤军，王文芳，梁健龙. 山东文登抽水蓄能电站高压管道衬砌型式选择 [C] //水电站压力管道——第八届全国水电站压力管道学术会议论文集，2014：7.

[4] 邱伟，韩晓涛，李威. 抽水蓄能电站高压管道放空过程控制及稳定分析 [C] //中国水力发电工程学会电网调峰与抽水蓄能专业委员会. 抽水蓄能电站工程建设文集 2017，2017：5.

丰宁抽水蓄能电站后续混凝土骨料料源缺口解决方案设计研究

王世琦　程伟科　李富刚

（中国电建集团北京勘测设计研究院有限公司，北京市　100024）

【摘　要】丰宁抽水蓄能电站后续混凝土骨料料源受灰窑子沟料场Ⅱ区变形体影响，出现缺口，通过分析地下系统洞挖料用于后续混凝土骨料料源的必要性和可行性，确定采用微风化以下的洞挖料原岩补充本工程混凝骨料料源，并分析了后续料源的用量。

【关键词】变形体影响　必要性分析　可行性分析　后续骨料料源确定

1　引言

丰宁抽水蓄能电站位于河北省丰宁满族自治县四岔口乡境内，工程区距丰宁县道路里程约 62km，距承德市道路里程约 212km，距北京市道路里程约 254km。电站对外有国道、省道和乡村道路相通。电站装机容量 3600MW，具有周调节性能，为Ⅰ等工程，大（1）型规模。电站分两期建设，每期装机容量 1800MW，装机 6 台，单机容量 300MW。工程建筑物主要由上水库、下水库、输水系统、地下厂房及其附属洞室组成，一二期工程共用上、下水库。一期工程于 2013 年 5 月 29 日开工建设，二期工程于 2015 年 9 月 23 日开工建设，根据现场实际进展和工程的建设条件，2016 年经主管部门批准，同意丰宁抽水蓄能电站一二期工程同期建设。本工程可研阶段确定混凝土骨料全部采用灰窑子沟料场开采石料。

2018 年 3 月 24 日，承包商（葛洲坝五公司）在对灰窑子沟料场边坡巡视时发现，Ⅱ区已喷锚支护完成的边坡中部出现纵向贯穿裂缝，1200m 高程马道种植槽裂开等现象。3 月 27 日，地质灾害隐患排查时发现开挖边坡正上方山梁（约 1340m 高程）产生裂缝。参建各方相关人员立即抵达现场查勘，北京院数字中心使用无人机进行拍摄。查勘发现：裂缝范围线十分清晰，呈圈椅状，后缘张拉裂缝宽约 1.5m，下落高度约 2m，上游侧羽状剪裂缝发育，右侧张拉裂缝发育，裂缝呈贯通趋势，前缘开挖边坡混凝土喷层局部鼓胀脱落。

为保障施工安全，灰窑子沟料场Ⅱ区的混凝土骨料停止开采后，设计对工程后续混凝土骨料料源问题进行分析，提出采用地下洞挖料作为混凝土骨料的解决方案，并对后续混凝土骨料用量进行了分析和平衡。

2　后续混凝土骨料采用洞挖料必要性分析

根据本工程发电目标，各主体标段将在 2018 年和 2019 年迎来混凝土施工高峰期，2018 年混凝土量约占后续混凝土总量 35%，2019 年混凝土量约占后续混凝土总量 60%，相应的混凝土骨料需求压力巨大。

初步分析灰窑子沟料场Ⅰ区的混凝土骨料料源量无法满足后续混凝土施工对骨料总量的要求，故必须研究地下洞挖料作为混凝土骨料料源。

3　后续混凝土骨料采用洞挖料可行性分析

3.1　工程进度时序上具备可行性

根据本工程各主体标段 2018 年施工进度计划，2018 年为洞挖施工高峰期，洞挖量占后续总洞挖量的

95%，且洞挖总量基本对应后续混凝土总量，时间上较混凝土施工高峰略有提前，具备作为混凝土骨料的时间顺序，可以采用工程后续洞挖料作为混凝土骨料料源。

3.2 剩余工程洞挖料地质评价

截至2018年4月，剩余洞挖料部位主要为地下厂房区域（主厂房、母线洞、主变室、二期尾闸室、排风竖井、出线竖井、出线下平洞、2号通风洞、排水廊道等）、尾水区域（1～6号尾水隧洞剩余段、二期尾调洞、尾调竖井、尾水支管、尾闸竖井等）、引水及高压管道系统（4～6号上斜井剩余部分、1～6号下斜井、4～6号引调竖井等）、上库进出水口区域（引水隧洞进洞平洞段、闸门竖井、灌浆平洞等）、下库进出水口区域（尾水隧洞进洞平洞段等）。

以上部位除上库进出水口区域围岩岩性为侏罗系张家口组火山岩以外，其余部位围岩岩性为三叠系干沟门单元中粗粒花岗岩。其中，三叠系干沟门单元中粗粒花岗岩，灰白色、肉红色，岩石具花岗结构，碎裂结构，块状构造。其中钾长石40%～45%，斜长石25%～30%，石英20%～25%，角闪石、黑云母10%～15%，电气石1%～2%，副矿物锆石、屑石少量。根据前期试验资料，岩石不具碱活性，且微风化以下的原岩质量指标基本满足混凝土用人工骨料原岩质量技术要求及堆石料原岩质量技术指标要求。

3.3 洞挖料做混凝土骨料试验成果验证

为验证利用工地现场的砂石加工系统进行洞挖料加工砂石骨料的可行性，丰宁公司在2014年10月和2018年4月两次组织开展了洞挖料为原料的砂石骨料加工试验，根据两次洞挖料的试验结果，可以通过控制原岩质量以保证成品骨料（5～20mm）的压碎指标，并对现有砂石加工系统的部分工艺流程进行调整以控制洞挖料生产粗骨料的含泥量和超径指标，地下系统洞挖料基本满足骨料要求，可用于本工程混凝土强度指标C30及以下标号混凝土的骨料。

4 后续混凝土骨料料源分析研究

4.1 后续混凝土骨料料源规划

（1）混凝土用量。统计各主体标段2018年及后续的混凝土用量后，本工程剩余混凝土总量约103.76万m^3，其中喷混凝土约5.57万m^3，混凝土约98.19万m^3。根据工程总体进度要求，2019年为混凝土浇筑施工的最高峰年。除FNP/EM1标段之外的其他主体标段将完成混凝土施工，2019年及之后剩余混凝土总量约90%的混凝土（约60万m^3）将在2019年浇筑完成。

（2）混凝土骨料用量。统计各主体标段2018年及后续的混凝土骨料用量后，工程后续共需要54.30万t中石、66.25万t小石、4.43万t瓜米石、76.49万t砂，其中FNP/C1标段需要2.17万t特种砂。

（3）后续混凝土骨料料源规划。分析研究本工程现场实际情况后，可以用做后续混凝土骨料原岩有以下3种来源：①灰窑子沟料场Ⅰ区；②工程剩余洞挖料；③下库拦河坝坝后渣场现存弃渣。根据现场收集各主体标段2018年和2019年及以后骨料用量情况，考虑开采、运输和加工损耗，得出2018年骨料原岩设计需要量为35.6万m^3，2019年及以后年度骨料原岩设计需要量为59.5万m^3，合计95.1万m^3。在保障灰窑子沟料场Ⅰ区开挖过程施工安全前提下，结合现场实际估算料场Ⅰ区剩余可开采量约50.0万m^3，能够满足2018年度骨料需求。后续混凝土骨料料源初步规划2018年骨料主要利用灰窑子沟Ⅰ区开挖料，2019年及以后年度骨料主要利用洞挖料，部分高标号混凝土仍采用灰窑子沟Ⅰ区开挖料，坝后渣场弃渣存料作为后备料源。

4.2 后续混凝土骨料原岩来源分析

（1）剩余洞挖料。根据收集的资料，并结合地质因素，得出后续洞挖料理论可利用总量为91.63万m^3；结合各部位洞挖料在爆破前后，存在支护工程中喷混凝土混料的可能（尤其是竖井和斜井施工过程中），在后续施工中还将经历运输、堆存、二次开采、运输的过程，必然要有部分施工损耗。根据不同部位的施工特性，考虑现场施工因素后，后续可利用洞挖料有约70.5万m^3可用于混凝土骨料生产。

（2）灰窑子沟料场Ⅰ区。根据现场实际情况目前料场Ⅰ区正在进行高程1185～1170m的石料开采，在Ⅰ区高程1170m以下进行开采范围调整，调整后Ⅰ区开口线与Ⅰ区、Ⅱ区中间冲沟距离为10～35m，减少Ⅰ区开挖对Ⅱ区上部变形体的影响。同时，Ⅰ区规划开采底高程为1118m，与砂石加工系统粗碎车间的卸料平台为同一高程，减少后续毛料运输难度。目前现场Ⅰ区覆盖层剥离已经计量高程为1125m，根据现场实测地形，Ⅰ区高程1170～1125m规划可采储量为38.6万m^3（自然方），高程1125～1118m规划可采储量11.4万m^3（自然方），合计50万m^3（自然方）。如考虑在卸料平台高程1118m再下挖8m至高程1110m，可多开采有用料10万m^3。

（3）坝后渣场堆存料。经坝后渣场管理单位（FNP2/C3标段）测量计算，坝后渣场堆渣容量剩余约58万m^3；坝后渣场规划容量136万m^3，目前堆渣量为136－58＝78万m^3（松方）。另外，坝后渣场底部堆存了FNP/C1标段约12万m^3（松方）明挖弃料，则FNP2/C3标段弃至坝后渣场的洞挖料约78－12＝66万m^3（松方）。此部分洞挖料均为地下厂房及尾水区域的开挖料，也可以作为混凝土骨料的原岩来源。坝后渣场此部分弃渣作为后续混凝土骨料的后备料源。

（4）后续混凝土骨料原岩来源分析。2018年骨料原岩设计需要量为35.6万m^3，利用灰窑子沟料场Ⅰ区开挖料，可用料储量50.0万m^3，为2018年骨料设计需要量的1.4倍。2019年及以后骨料原岩设计需要量为59.5万m^3，后续洞挖料（不计坝后渣场堆存料）可用量为70.5万m^3，为需要量的1.18倍，满足后续混凝土施工需求。

4.3 后续混凝土骨料料源平衡分析

（1）后续混凝土骨料料源平衡原则：①根据现场洞挖料试验结果和洞挖料骨料混凝土配合比试验的时间限制，合理确定采用洞挖料的时间；②分析各部位施工进度计划，洞挖料尽量直接用作混凝土骨料生产，减少周转量；③根据洞挖料利用要求，合理规划存料流向，使骨料生产、原岩堆存及弃渣运输顺畅；④根据洞挖利用料来源和施工特点，合理考虑施工作业损耗。

（2）后续洞挖料暂存场。根据现场实际情况，开辟9号路起点灰窑子隧洞进口部位作为洞挖料可用料堆存场。此部位距各主体标段及砂石标段均较近，位于下水库左岸，场地较宽阔，适合作为暂存场。根据初步测算，此部位能够堆渣约40万m^3，待此有用料暂存区2018年堆满后，2018年的其余洞挖料有用料只能在现有渣场（东沟渣场、坝后渣场）进行有用料堆存备用。

（3）主体标段后续混凝土骨料平衡后来源见表1。

表1 主体标段后续混凝土骨料原岩料源表 单位：万m^3

序号	标段	2018年混凝土量	2019年混凝土量	2018年骨料原岩来源		2019年骨料原岩来源		备注
				灰窑子沟料场	洞挖料	灰窑子沟料场	洞挖料	
1	FNP/C1	14.07	14.62	13.59	0	13.8	0	
2	FNP/C2	4.53	4.58	3.56	0.83	0	3.91	
3	FNP/C3	4.93	8.44	3.03	1.23	0	7.3	
4	FNP2/C2	2.99	10.82	2.14	0.47	1.08	8.62	
5	FNP2/C3	4.68	12.66	2.91	1.25	0	11.27	
6	FNP/EM1	0.6	19.66	0.39	0.17	1.42	16.99	
7	合计	31.8	70.78	25.62	3.95	16.3	48.09	

5 结论及建议

5.1 结论

（1）根据前期试验资料，地下厂房区域、尾水区域、高压管道系统、下库进出水口区域岩石不具碱活性，且微风化以下的原岩质量指标基本满足混凝土用人工骨料原岩质量技术要求。

（2）根据现场两次洞挖料的试验结果，通过控制洞挖料原岩质量和对砂石加工系统工艺进行调整后，洞挖料生产的骨料基本满足骨料要求，可用于本工程混凝土强度指标C30及以下标号混凝土的骨料。

（3）截至2018年4月，本工程剩余混凝土总量约103.76万m^3，其中喷混凝土约5.57万m^3，混凝土约98.19万m^3。后续工程共需要54.30万t中石、66.25万t小石、4.43万t瓜米石、76.49万t砂。后续洞挖料剩余113.36万m^3，理论可用总量为91.63万m^3，扣除施工过程中损耗后有约70.5万m^3可用于混凝土骨料生产。料场Ⅰ区储量约50.0万m^3，2018年骨料原岩设计需要量为35.6万m^3，能够满足2018年骨料用量需求；后续洞挖料有约70.5万m^3可用于混凝土骨料生产，后续混凝土（含2018年用量）需原岩95.1万m^3，则Ⅰ区＋洞挖料有用料满足后续混凝土骨料需求；考虑Ⅰ区在规划开采高程1118m继续下挖至1110m高程多开采有用料10万m^3（自然方）。

（4）利用9号路起点灰窑子隧洞进口部位能够堆渣约40万m^3，作为洞挖料可用料暂存场。

5.2　建议

（1）鉴于洞挖料做混凝土骨料的配合比试验需要时间较长，建议2018年骨料主要利用灰窑子沟料场Ⅰ区料进行加工。

（2）对于洞挖料管理应高度重视，成立组织机构，确定各岗位制度和工作流程，做到管理行之有效。

（3）对洞挖料要注重源头管理，减少污染浪费。

（4）加强暂存场堆料管理，严禁废料弃入；后期在东沟渣场、坝后渣场应专门划定专区备有用料，严禁与弃料混堆。

（5）后续混凝土配合比工作要加紧开展，需注意配合比试验时要进行粗、细骨料不同来源交错掺料的配合比试验。

（6）针对后续混凝土中关键部位（如大坝混凝土面板、进出水口闸门井等）和室外抗冻要求较高部位宜采用灰窑子料场Ⅰ区料加工的混凝土骨料。

（7）灰窑子沟料场Ⅰ区后续施工中，各方应时刻关注变形监测成果，注重施工安全。

浅析面板混凝土配合比防渗抗裂设计研究

李陶磊[1] 王 波[1] 刘玉成[2]

（1. 中国水利水电建设工程咨询北京有限公司，北京市 100024；
2. 安徽金寨抽水蓄能有限公司，安徽省六安市 237333）

【摘 要】 面板混凝土对耐久性、抗渗性、抗侵蚀性和施工和易性等性能要求较高。目前，混凝土原材料，包括水泥、砂石骨料、外加剂和掺合料的品种、产地较多，性能和质量不一。因此，规定在选择这些材料时应通过试验，经技术经济比较选定，提出最优设计配合比，并对该配合比的混凝土变形性能及热学性能进行试验，以利于控制混凝土裂缝产生，便于施工质量控制。

【关键词】 配合比设计 防渗抗裂 质量控制

1 工程概况

金寨抽水蓄能电站位于安徽省金寨县张冲乡境内，距金寨县城公路里程约53km，距合肥市、六安市的公路里程分别为205km、134km。电站主要由上水库、输水系统、地下厂房系统、地面开关站及下水库等建筑物组成。地下厂房内安装4台单机容量为300MW的混流可逆式水轮发电机组，总装机容量为1200MW。上水库大坝为钢筋混凝土面板堆石坝，最大坝高76.0m，正常蓄水位593.00m，相应库容1361.00万m^3；下水库大坝为钢筋混凝土面板堆石坝，最大坝高98.5m，正常蓄水位255.00m，相应库容1453.00万m^3。地下厂房采用尾部布置方案，输水系统采用二洞四机布置形式，上、下库进/出水口高差344m。

上水库大坝坝址位于上水库库盆北面，坝型为钢筋混凝土面板堆石坝。坝顶高程599.00m，防浪墙顶高程600.20m，坝顶长530.85m，坝顶宽8.00m，最大坝高76.00m（坝轴线处），坝体上游面坡比1∶1.405，下游面坡比1∶1.4～1∶1.5，面板混凝土平均厚度为0.39m（0.3～0.5m），总面积为40620m^2，混凝土方量为15727m^3。

下水库大坝坝址位于燕子河左岸支流小河湾沟尾部，坝型为钢筋混凝土面板堆石坝。坝顶高程260.50m，坝顶宽10.00m，上游设钢筋混凝土防浪墙，防浪墙顶高程261.70m，最大坝高98.50m，坝顶长364.03m。坝体上游面坡比1∶1.405，下游面坡比1∶1.5～1∶2.0，面板混凝土平均厚度为0.39m（0.3～0.5m），总面积为40726m^2，混凝土方量为15883m^3。

面板混凝土施工采用溜槽输送入仓，溜槽出口至仓面距离应小于1.5m，必要时设置阻滑板，浇筑时薄层均匀平起，每层厚度不得大于25～30cm。全仓面摊平后才能振捣，振捣器直径不得大于50mm，振捣器应插入浇筑层，落点间距不大于40cm，深度应达到新浇筑层底部以下5cm，严禁将振捣器插入模板下振捣。提升模板时，不得振捣混凝土。应特别注意接缝止水处的振捣，并采用30mm直径振捣器振捣，必须使止水周围的混凝土充填振捣密实。

2 技术难点及要求

2.1 技术难点

（1）配合比原材料质量的要求，原材料的质量对配合比的设计起着至关重要的作用，各材料技术指标满足规范要求是前提。

（2）配合比设计过程中仪器设备的称量准确也是关键，精准的称量也是决定配合比性能的一个因素，因此要保证仪器设备具有可溯源性。

（3）环境温度和湿度对面板抗裂有较大影响，气温较高、空气干燥的条件下浇筑，及可能造成混凝土温升较快。当混凝土内外温差较大时，会使混凝土产生温度裂缝，同样，后期产生较大的收缩，当收缩应力大于混凝土抗拉强度时，也可能产生裂缝，这些有害裂缝可能影响构筑物的结构安全和正常使用，故应从降低水泥用量从而减少水化热、提高混凝土抗拉强度、采取辅助的温控措施等方面着手，降低产生裂缝的可能性。合理的配合比设计是温控措施中非常重要的环节。本次金寨抽水蓄能电站面板混凝土配合比，通过相关力学、热力学指标及面板混凝土防渗抗裂进行设计及研究。

2.2 配合比设计要求

面板混凝土配合比设计，主要从以下几方面来进行：

（1）面板混凝土强度等级：C25。抗冻、抗渗要求：F100，W10。极限拉伸值的要求：$>1.05\times10^{-4}$（28d）。

（2）水灰比不大于0.5，水泥采用强度等级为42.5的普通硅酸盐水泥。

（3）选用二级配骨料，中石：小石比为45：55左右，骨料最大粒径40mm，砂率38%左右。

（4）天然河砂，饱和吸水率应不大于3.0%，含泥量应不大于1.0%。

（5）宜使用低中热水泥，应掺10%～20%的Ⅰ级粉煤灰，应掺加引气剂及优质高效减水剂等，混凝土的外加剂掺量和粉煤灰掺量应根据防渗抗裂试验成果最终确定。

（6）上、下水库所用纤维为罗赛纤维，每方掺量为0.9kg/m^3，同时纤维的主要参数应满足《纤维混凝土结构技术工程》（CECS 38：2004）的相关要求。

（7）溜槽入口处的混凝土坍落度宜控制在3～7cm。

3 试验内容

（1）进行原材料水泥、粉煤灰（不同掺量10%、15%、20%）、砂石骨料、外加剂检测。

（2）进行混凝土拌和物性能试验，包括坍落度、含气量、混凝土工作性、凝结时间。

（3）确定混凝土抗压强度、劈拉强度、极限抗拉强度、弹性模量、抗冻性和抗渗性。

（4）基于初选配合比进行混凝土自生体积变形、绝热温升、线膨胀系数等相关指标的试验研究。

4 试验原材料

4.1 水泥

水泥选用六安海螺水泥有限公司生产的P·O42.5普通硅酸盐水泥，物理性能指标和力学性能指标见表1和表2，所检测指标均满足GB 175—2007/XG 2—2015《通用硅酸盐水泥》中对指标要求，但水泥3d强度偏高，且28d强度富余系数偏低。

表1　海螺P·O42.5水泥物理性能

密度/(kg/m^3)	标准稠度/%	安定性	比表面积/(m^2/kg)	凝结时间/min		水化热/(kJ/kg)	
				初凝	终凝	3d	7d
2950	29.4	合格	316	150	225	262	294

表2　海螺P·O42.5水泥力学性能

抗压强度/MPa			抗折强度/MPa		
3d	7d	28d	3d	7d	28d
30.7	—	43.2	6.2	—	8.3

4.2 粉煤灰

粉煤灰选用淮南市常华电力实业总公司生产的F类Ⅰ级粉煤灰，进行混凝土配合比设计，其物理性能、化学性能指标见表3，所检测指标均满足DL/T 5055—2007《水工混凝土掺用粉煤灰技术规范》标准中对F类Ⅰ级粉煤灰的技术要求。

表3　　淮南F类Ⅰ级粉煤灰的物理性能

细度（45μm筛余）/%	需水量比/%	烧失量/%	含水量/%	三氧化硫/%	游离氧化钙/%	密度/(kg/m³)	碱含量/%
5.6	94	3.4	0.3	0.48	0.88	2180	1.15

4.3　细骨料

选取金寨县区域的河砂进行配合比设计，细度模数为2.4（Ⅱ区中砂）、含泥量0.8%；表观密度、坚固性、硫化物含量、有机质含量、云母含量等指标均符合DL/T 5144—2015《水工混凝土施工规范》技术指标要求。

4.4　粗骨料

粗骨料为金寨电站砂石骨料加工系统生产的碎石，骨料粒径分别为5～20mm、20～40mm，其超逊径含量、表观密度、含泥量、坚固性、压碎指标、针片状含量等均指标均符合DL/T 5144—2015《水工混凝土施工规范》技术指标要求。

4.5　外加剂

4.5.1　减水剂

减水剂采用江苏苏博特新材料有限公司生产的PCA-I型性能减水剂，经过外加剂相容性试验按0.8%掺量进行性能检测结果见表4。

表4　　减水剂检测结果

减水率/%	泌水率比/%	含气量/%	凝结时间差/min		抗压强度比/%		28d收缩率比/%
			初凝	终凝	7d	28d	
27.9	48	2.5	+180	+165	161	146	102

4.5.2　引气剂

引气剂为江苏苏博特新材料有限公司生产的GYQ-I型引气剂，经过外加剂相容性试验按0.8%掺量进行性能检测结果见表5。

表5　　引气剂检测结果

减水率/%	泌水率比/%	含气量/%	含气量经时变化量	凝结时间差/min		抗压强度比/%			28d收缩率比/%	相对耐久性指标
				初凝	终凝	3d	7d	28d		
6.5	45	5.1	+1.1	+35	+20	112	100	88	112	88

4.6　罗赛纤维

根据设计文件要求，面板混凝土均掺罗赛纤维，且混凝土中纤维的掺量采用0.9kg/m³，面板混凝土配合比设计试验用纤维为上海罗洋新材料科技有限公司生产的RS1000罗赛纤维，检测参数：当量直径、抗拉强度、初始模量等，检测成果见表6，所检指标满足《水泥混凝土用纤维素纤维》（Q/TPYQ01—2011）标准中相关要求。

表6　　罗赛纤维品质检查表

检测项目	当量直径/μm	抗拉强度/MPa	初始模量/GPa
检测结果	20.2	887	8.16
技术指标	15～25	≥700	≥7.0
检测依据	Q/TPYQ01—2011、GB/T 14337—2008、FZ/T 01057.3—2007		

5　混凝土配合比初选

5.1　混凝土配合比

依据堆积密度相对较大、和易性较好、单位用水量较少进行混凝土拌和选择最优的粗骨料比例；根据混凝土的黏聚性、保水性、坍落度以及含砂情况等指标进行综合判断，选择合适的砂率；根据抗压强度—水胶比—粉煤灰掺量（10%、15%、20%）三者之间的函数关系，选取最优粉煤灰掺量和水胶比，通过以上三个原则进行配合比设计，从而优化配合比。通过抗压强度、胶水比关系式如下：

$$F_{c7}=23.326(c+f)/w-26.968 \quad r_7=0.9964$$

$$F_{c28}=29.434(c+f)/w-32.755 \quad r_{28}=0.9924$$

根据上述关系式，确定水胶比为0.43、粉煤灰掺量为20%，面板混凝土试验配合比参数见表7。

表7　面板混凝土配合比参数

编号	要求坍落度/mm	级配	粉煤灰掺量/%	混凝土配合比/(kg/m³)								
				水	水泥	粉煤灰	砂	小石	中石	减水剂	引气剂	纤维
JZMB	30～70	二	20	130	242	60	642	720	589	2.411	0.0211	0.9

5.2　混凝土的工作性能

按照DL/T 5150—2017《水工混凝土试验规程》中规定，测定新拌混凝土的坍落度、含气量、凝结时间等，其混凝土工作性能试验结果见表8。

表8　混凝土的工作性能

编号	要求坍落度/mm	级配	坍落度/mm	含气量/%	黏聚性	含砂	棍度	析水情况
JZMB	30～70	二	90	4.5	好	中	中	无

5.3　混凝土力学性能

按照DL/T 5150—2017《水工混凝土试验规程》中规定，成型混凝土试件按温度（20℃±1℃）、湿度（≥95%）标准养护，达到规定龄期后进行抗压强度、劈拉强度、弹性模量、极限拉伸值试验，其结果见表9。

表9　混凝土力学性能

编号	混凝土等级	级配	抗压强度/MPa		劈拉强度/MPa		弹性模量/GPa		极限拉伸值/($\times10^{-4}$)	
			7d	28d	7d	28d	7d	28d	7d	28d
P1	C25W10F100	二	24.3	31.6	2.17	3.11	—	27.0	—	0.97

5.4　混凝土耐久性

按照DL/T 5150—2017《水工混凝土试验规程》中逐级加压法及快冻法分别进行混凝土抗渗及抗渗等级试验。结果抗渗等级不小于W10，抗冻等级不小于F100，均满足设计要求。

5.5　混凝土的绝热温升

绝热温升值是大体积混凝土温控设计时必须考虑的重要参数，依照DL/T 5150—2017《水工混凝土试验规程》中的规定进行，在绝热条件下，测定混凝土在水泥水化过程中的最高升温值和变化过程，测定结果见表10和图1。

表10　混凝土的绝热温升

编号	绝热温升/℃										
	1d	2d	3d	4d	5d	6d	7d	8d	9d	10d	11d
JZMB	16.0	26.8	29.5	32.8	35.6	36.2	37.4	38.6	39.3	39.8	40.2
	12d	13d	14d	15d	16d	17d	18d	19d	20d	21d	22d
	40.4	40.7	40.8	41.0	41.1	41.3	41.5	41.6	41.8	41.9	42.0
	23d	24d	25d	26d	27d	28d					
	42.1	42.2	42.2	42.3	42.4	42.5					

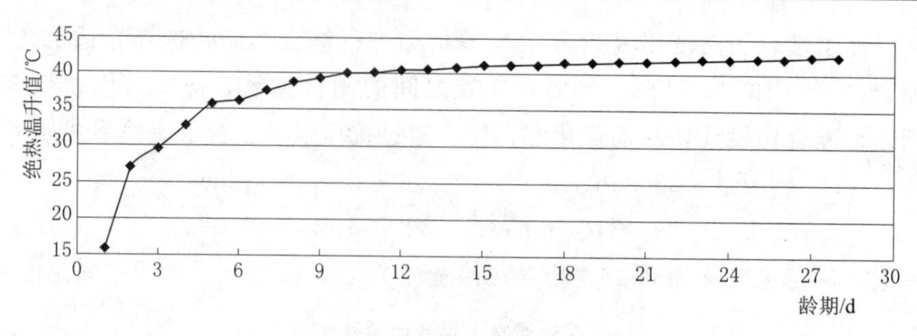

图 1 混凝土绝热温升值与龄期关系曲线

从绝热温升的试验结果可以看出，在水胶比不变时随着胶凝材料的增加，混凝土的绝热温升增加。

5.6 混凝土线膨胀系数

混凝土线膨胀系数表示混凝土受温度影响产生变形的性能，其值越大，表示混凝土受温度影响产生的变形越大，温度应力也越大。初选配合比混凝土线膨胀系数试验结果见表 11。

表 11 混凝土线膨胀系数

混凝土等级	级配	水胶比	单个线胀系数/(×10⁻⁶℃)
C25W10F100	二	0.43	8

5.7 混凝土自生体积变形性能

混凝土自身体积变形是指在恒温、绝湿的条件下，由于混凝土内部胶凝材料发生水化作用所引起的体积变形。试测试结果如图 2 所示。

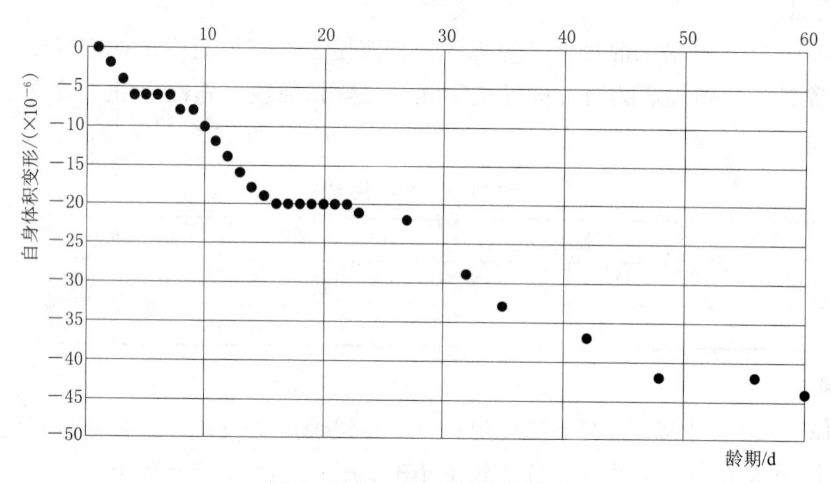

图 2 混凝土自身体积变形图

从试验结果看，面板混凝土 60d 自生体积变形仍呈收缩趋势，主要与水泥水化过程中，水泥晶体成分的体积变化和水化胶体生成物与晶体生成物的体积变化有关，它不同于干缩变形，主要取决于水胶比、水泥的矿物组成、掺合料品种及掺量、胶凝材料的细度、集料的颗粒尺寸和养护温湿度等。因此，应加强施工材料和施工过程质量控制，尤其加强混凝土的养护，保证足够的养护时间和充分水化条件。

6 施工用配合比的确定

6.1 混凝土推荐配合比的审查与选定

根据不同龄期的混凝土成果，最终推荐面板混凝土配合比见表 12。

表 12 面板推荐用混凝土配合比

编号	坍落度/mm	级配	粉煤灰掺量/%	混凝土配合比/(kg/m³)								
				水	水泥	粉煤灰	砂	小石	中石	减水剂	引气剂	纤维
JZMB	30～70	二	20	130	242	60	642	720	589	2.411	0.0211	0.9

6.2 面板裂缝产生原因及防裂措施

6.2.1 面板裂缝产生主要原因

(1) 面板混凝土内外温差。

(2) 干缩。

(3) 基础不均匀沉降。

(4) 冻胀。

(5) 影响面板裂缝产生的其他因素，包括混凝土的线膨胀系数和弹性模量、面板厚度、面板长度和面板混凝土强度指标。

(6) 钢筋保护层厚度不均等。

6.2.2 纤维掺量对混凝土性能影响试验成果

试验依据 DL/T 5150—2017《水工混凝土试验规程》进行，采取不同纤维的掺量测试混凝土试件在约束条件下的早期抗裂性能。裂缝测量采用放大倍数为 40 倍的刻度放大镜和钢直尺相结合进行，混凝土早期抗裂试验面板混凝土早期抗裂效果检测成果见表 13 和图 3、图 4。

表 13　不同纤维混凝土裂缝效果检测成果表

序号	纤维掺量/(kg/m³)	裂缝数/条	每条裂缝平均开裂面积/(mm²/条)	单位面积裂缝数目 b/(条/m²)	单位面积上总开裂面积 c/(mm²/m²)	裂缝面积降低率/%
1	0.0	10	24	20.8	499	—
2	0.7	8	20	16.7	344	33.1
3	0.9	6	16	12.5	200	29.9
4	1.1	5	15	10.4	156	68.7

6.2.3 面板防裂措施分析

面板混凝土裂缝可分为结构裂缝和收缩裂缝，其中结构裂缝主要由坝体不均匀沉降引起的，收缩裂缝是由混凝土收缩变形受到约束产生的拉应力大于混凝土抗拉强度引起，针对不同的裂缝成因采取相应措施力求减少裂缝的发生。

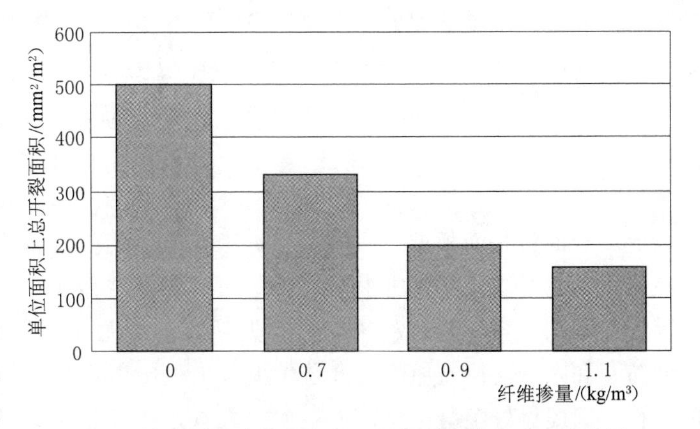

图 3　掺不同纤维掺量混凝土早期裂缝效果对比柱状图

(1) 掺纤维可提高混凝土抗裂能力和韧性，从掺纤维早期抗裂性能试验成果看，掺纤维混凝土可提高混凝土的早期抗裂能力，减少塑性收缩裂缝。安徽省金寨抽水蓄能电站上、下水库土建及金属结构安装工程堆石坝面板混凝土配合比设计试验与抗裂研究结果显示，掺纤维混凝土极限拉伸值约提高 7%，抗压弹性模量也有所降低，从而提高了混凝土的韧性，有利于混凝土抗裂。

(2) 掺加Ⅰ级粉煤灰，需水量比为 94%，不仅降低了混凝土水化热和弹性模量，还能减少混凝土干缩性。虽混凝土 28d 抗压强度和劈裂抗拉强度有所降低，但能提高混凝土后期强度及极限拉伸值，从而提高混凝土后期抗裂性。

(3) 外加剂采用高性能聚羧酸减水剂和引气剂联掺，减水剂减水率高达 27.9%，降低了混凝土单位用水量和水泥用量，单位用水量仅为 130kg/m³，从国内 20 个面板堆石坝，混凝土单位用水量统计，单位用水量低于 130kg/m³ 仅 2 个。从试验成果看，混凝土和易性好，含气量损失小，坍落度损失略大，有待施工时调整。总体看，掺用高性能聚羧酸减水剂和引气剂联掺，提高了抗冻性、抗渗性，降低了混凝土弹模和混凝土干缩性，有利于面板抗裂。

(4) 混凝土粗细骨料：粗骨料材质坚硬，吸水率低，级配尚好，二级配骨料比例 (5～20)：(20～

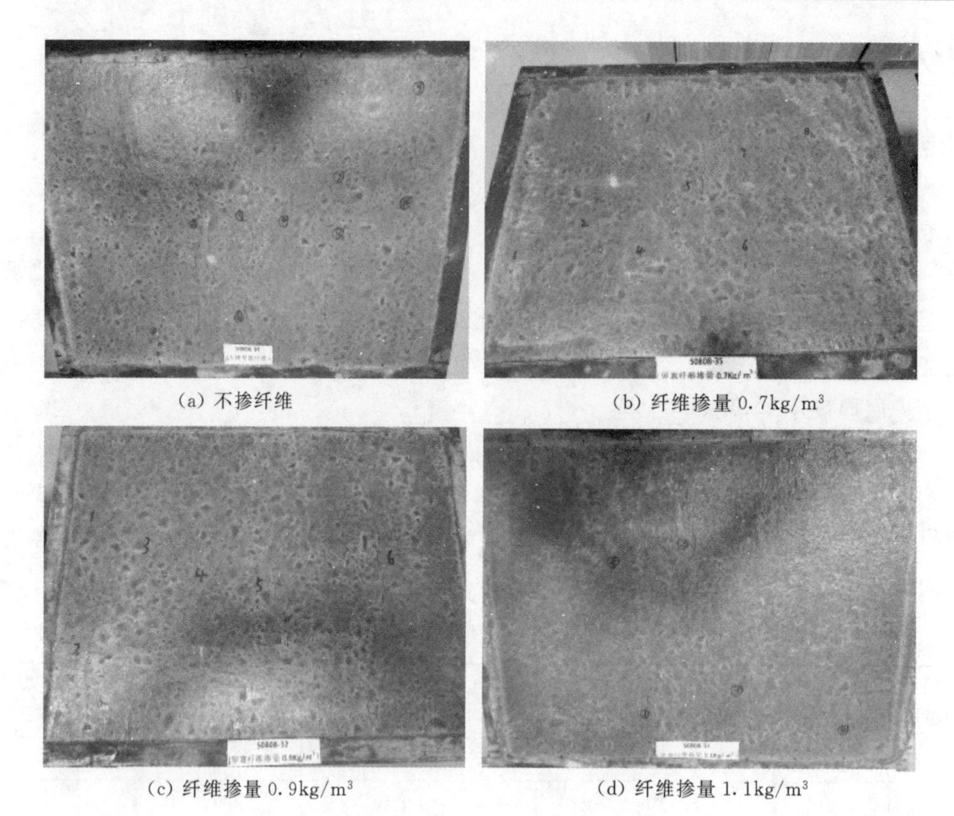

(a) 不掺纤维

(b) 纤维掺量 0.7kg/m³

(c) 纤维掺量 0.9kg/m³

(d) 纤维掺量 1.1kg/m³

图 4　不同纤维掺量混凝土裂缝效果对比图

40)＝55：45，以提高混凝土施工过程中抗分离能力；细骨料为天然砂，细度模数 2.4，基本满足水工混凝土要求。其缺陷是级配欠佳，堆积密度仅 $1400kg/m^3$，推荐混凝土配合比砂率为 34%，按人工砂堆积密度 $1500kg/m^3$ 计算，天然砂混凝土中砂体积相当于人工砂的 38%砂率。因此，在砂细度模数变化不大的情况下，施工中不宜增大砂率，否则对干缩不利。

7　结语

混凝土面板是面板堆石坝的主要防渗结构，其质量情况直接关系着大坝的运行性能和使用寿命，面板在施工期间暴露于空气之中，运行期间又要承受巨大的水压力，并受坝体变形、气温突变、干缩等不利因素的影响，容易出现裂缝，引起大坝渗漏，尤其是贯穿裂缝对大坝的运行和安全威胁更大。因此，如何防止和减少混凝土面板裂缝是面板施工中应考虑的关键问题，混凝土配合比设计则为面板质量控制的先行，因此做好配合比设计也是重中之重，从而把配合比转化到实际施工现场，更有力保证质量，值得借鉴和参考。

参考文献

[1]　袁峰. 混凝土面板堆石坝面板防裂混凝土性能研究 [J]. 黑龙江水利科技，2019，47 (10)：36-37.
[2]　鲍利佳. 简析混凝土面板堆石坝面板裂缝成因及解决措施 [J]. 建筑工程技术与设计，2019，(36)：1743.
[3]　吕乐乐，白银，宁逢伟，等. 面板混凝土塑性开裂试验方法研究 [J]. 水利水电快报，2019，40 (11)：70-73.
[4]　杨勇. 回风水库混凝土面板堆石坝面板的设计与裂缝分析 [J]. 云南水力发电，2019，35 (5)：82-86.
[5]　邹远震. 堆石坝混凝土裂缝成因分析及防治 [J]. 建筑工程技术与设计，2019 (31)：3509.
[6]　王军力. 新型混凝土面板混凝土的研究 [J]. 房地产导刊，2019 (20)：243.

浅谈抽水蓄能电站压力钢管制作工艺

刘　梦
（国网新源控股有限公司技术中心，北京市　100161）

【摘　要】抽水蓄能电站作为电网安全运行的重要保障近些年得到迅速发展，高压管道是抽水蓄能电站的重要组成部分，压力钢管因其良好的安全性及运行管理优势，在高压管道建设中得到广泛应用。本文结合多个抽水蓄能工程，介绍了压力钢管的制作工艺，以期对提高制作质量提供参考。

【关键词】压力钢管　抽水蓄能电站　制作工艺

1　引言

输水系统是抽水蓄能电站的主要组成之一，输水系统衬砌一般采用压力钢管，故高压管道的安全性对电站运行起到重要作用。钢衬结构因其良好的安全性、检修周期长、工程结构安全系数高、运行管理简单的优势，现在普遍用于抽水蓄能电站引水系统高压管道建设中。本文结合多个抽水蓄能工程的压力钢管制作工艺总结进行介绍。

2　压力钢管制作流程

2.1　钢管加工厂介绍

抽水蓄能电站的压力钢管制作在钢管加工厂进行，由承包人在站内建设，钢管加工厂为抽蓄电站施工期的重要组成部分，一般包含办公室、第三方实验室、库房、生活区、钢结构车间、除锈车间、喷涂车间、钢板存放区、钢管存放区。

钢管制作的主要设备配置包括卷板机、门坐式起重机、数控火焰切割机、半自动切割机、坡口机、压力机、焊机、加热器、焊条烘干箱、探伤仪、空压机、汽车吊、平板拖车、防腐喷涂设备；人员配置包括管理人员、专职质检人员、直接生产人员，其中直接生产人员包括冷作/安装工、电焊工、起重工、机械工、电工、司机、除锈涂装工及其他辅助工种。

钢管的制造包括直管、弯管、渐变管、方变圆及加劲环、阻水环和灌浆孔堵头等附件的制造、焊接和防腐等工作。钢管加工厂中钢管制作的工艺流程如图1所示。

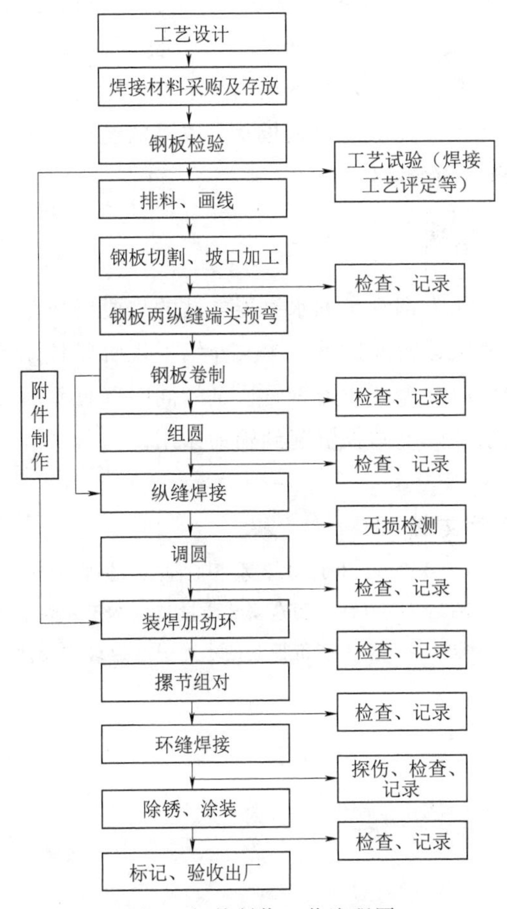

图1　钢管制作工艺流程图

2.2　钢管加工工艺介绍

（1）下料及坡口加工。钢板画线、下料使用数控火焰切割机，以钢板长边为基准，根据图纸对数控火焰切割机专用软件编程，之后数控火焰切割机按编程程序画线，画线尺寸经检查符合要求后再进行下料，经检查合格后使用数控坡口成型机切割坡口。

（2）钢管卷制。根据钢管的尺寸钢板卷制分为整体卷制和瓦片组合拼圆两种方式，直径较小的钢管可以使用整张钢板卷制完成，直径较大的钢板使用卷制好的瓦片组合拼接完成。钢板卷制之前首先使用压力机模板在钢板顶端预弯出一个圆弧，之后钢板从进料平台进入卷板机逐渐弯曲卷制成型。卷制过程中要经常检查钢板位置和卷制弧度，保证钢板卷制成功。

（3）钢管拼圆及纵缝焊接。直径较大的钢管制作时需要用卷制好的瓦片拼接，瓦片拼接在拼圆平台上进行，瓦片拼接周长、圆度、管口平面度等各项性能指标符合要求之后进行定位焊，为纵缝焊接做准备。纵缝焊接在组圆平台进行，因高强钢板强度厚度均较高，因此在纵缝焊接前需预热，再进行焊接、保温、清理。

纵缝焊接之后需检查纵缝位置、弧度，检查焊接质量，需检查合格。

（4）钢管摞节组对及环缝焊接。钢管摞节组对在滚轮架上进行，要严格按照管节标识、标记的管节号、水流方向、轴线位置摞节组对，摞节组对完成后检查是否符合图纸及规范要求。组对完成后对钢管环缝进行焊接，并检查焊接质量。

（5）钢管内、外壁除锈、防腐。钢管除锈、防腐在防腐车间内进行，整体工艺流程如图 2 所示。

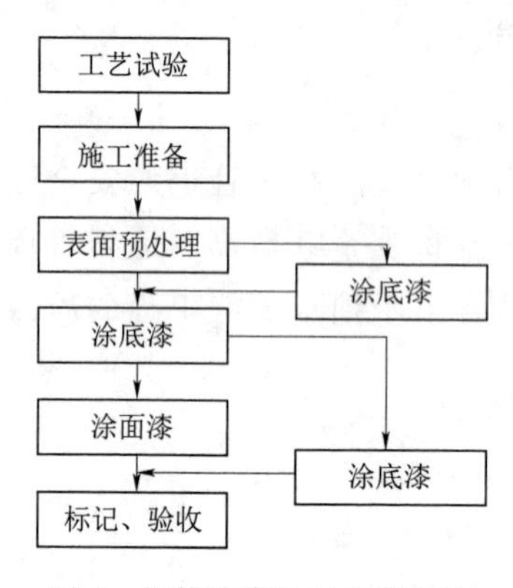

图 2 钢管防腐蚀工艺流程图

1）表面预处理。首先进行表面预处理，清除表面的焊渣、毛刺、油污、水分等，之后用无尘、洁净、干燥、有棱角的铁砂喷射处理钢板表面至呈现金属本色，喷射时使用去除油、水的压缩空气，钢管内壁除锈等级应符合设计要求。

2）涂料涂装。厂内组焊后的管节及附件，在厂内防腐车间内完成涂装；现场安装焊缝及表面涂装损坏部位在现场进行涂装。涂料涂装前应进行工艺试验，以确保喷涂之后的防腐想过符合相关要求。

（6）附件制作。根据对多个抽蓄电站钢管加工厂的调研，目前使用较多的加劲环、止水环制作方式是切割钢板，最新的技术是以整体卷制的方式进行。加劲环切割或卷完成并检查合格后，起吊安装，将加劲环与钢管进行焊接。

灌浆孔位置在钢板画线下料前标记，在钢板卷制完成后制孔，按设计要求加工出厂。

钢管加工厂中钢板及半成品的运输均使用龙门式起重机，钢管制作完成后用平板拖车运至安装场地或临时存放区。

3 结语

压力钢管是抽水蓄能电站的重要组成部分，其制作工艺的成熟与突破很好保障了抽水蓄能电站的安全稳定运行及发展。本文介绍了现阶段抽水蓄能工程压力钢管制作的工艺流程，希望在每个工艺的发展中可以在保证压力钢管质量的同时降低钢板损耗率，提高钢管加工的经济效益，节约资源，进而对优化抽水蓄能电站投资起到辅助作用。

参考文献

[1] GB 50766—2012 水利水电工程压力钢管制作安装及验收规范［S］.

[2] 高洁. 压力钢管制造安装质量与成本控制因素探讨［J］. 冶金管理，2020（5）：158-159.

[3] 王晓静. 基于造价控制的水库引水建筑物设计［J］. 陕西水利，2018（1）：147-148.

三维实景GIS平台在水电站设计中的应用探索

黄文钰　尚海兴　王　明

（中国电建集团西北勘测设计研究院有限公司，陕西省西安市　710065）

【摘　要】本文通过倾斜摄影，建立三维实景模型，搭建三维GIS平台，并在此基础上探索在水电站设计中的应用。与传统的二维地形图辅助水电站设计的技术路线相比，基于三维实景平台的辅助设计，空间信息表达更完备和直观，精度更高，能够提高设计的准确度和智能化，具有较大的技术效益和经济效益。

【关键词】三维建模　倾斜摄影　可视化实景　辅助设计

1　引言

水电站大多分布在偏远复杂的高山峡谷，交通困难，人员设备难以到达，导致地形图获取难度大、表达信息不完备。传统的水电站设计主要依托二维地形图进行，由于地形图具有抽象性，空间信息表达欠缺，通常有频繁的修改工作，延长了项目工期。

倾斜摄影测量作为近年来已发展成熟的新型测绘技术，突破了传统航测只能垂直拍摄的局限性，其三维实景模型直观性好，测绘精度高[1]，能够弥补传统水电站设计的不足。

2　建立三维实景模型

倾斜摄影测量利用多台传感器同时获取垂直和倾斜影像，实现多视立体覆盖，能快速构建出真实、直观的实景模型，满足工程三维设计对地形地貌信息的需求[2]。本文选择了具有代表性的某抽水蓄能水电站进行研究，拍摄面积45km²，成图比例尺为1∶1000。

三维实景模型的生产流程如图1所示。

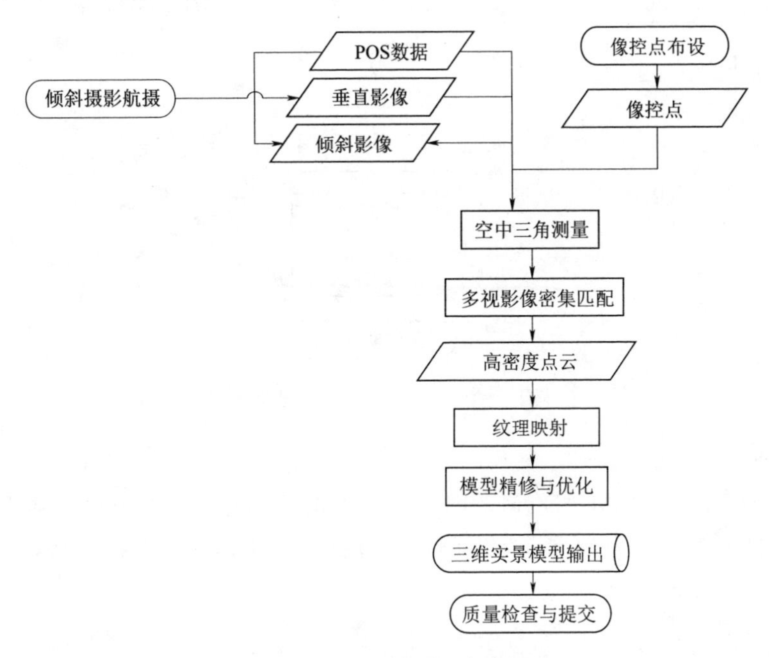

图1　三维实景模型生产流程图

选取了940个检查点，进行了实测点与三维模型的比较检查，得到的结论见表1。

表 1　　三维模型的检查点精度统计表

项目	较差最小值	较差最大值	较差中误差
d_{xy}	0.056	0.289	0.214
d_z	0.014	0.182	0.127

结果表明三维实景模型的精度满足 CH/T 9015—2012《三维地理信息模型数据产品规范》的要求[3]。后续环节的 DLG、DEM 等产品在实景模型上没有精度损失，比二维地形图精度更高，信息更丰富[4]。

3　辅助水电站优化设计

3.1　辅助规划选址

设计人员通过现场踏勘工作了解周围环境、地形地物、建设条件等情况，进行初步的选址选线和规划工作。传统的现场踏勘和规划存在较大的缺点：

（1）遗漏信息。水电站大多地处偏远，地形复杂，现场经常出现难以定位、沟通不畅等问题，容易造成关键信息的遗漏，引起频繁地进场返工，延误工期并增加了工程成本。

（2）空间信息欠缺。利用的资料都是二维影像，无法还原出空间分布、形状、坡度、纹理等信息。例如不能估算山体的坡度和获取表面纹理，就无法规避滑坡等潜在风险。

利用实景 GIS 平台将现场平面布置图与三维实景模型结合，对实地的地形特点进行评估确认，实现场地优化和布置的合理性，设计出最理想的场地规划和建设布局。

3.2　道路智能选线

本文研究道路选线中重点利用、避让和考虑的几类要素，在三维 GIS 平台下定义算法，实现道路设计的智能化选线[5]，找出 2～3 条道路选线结果。然后在三维实景下，进行人机交互与调整，最终得到最优方案。技术流程如图 2 所示。

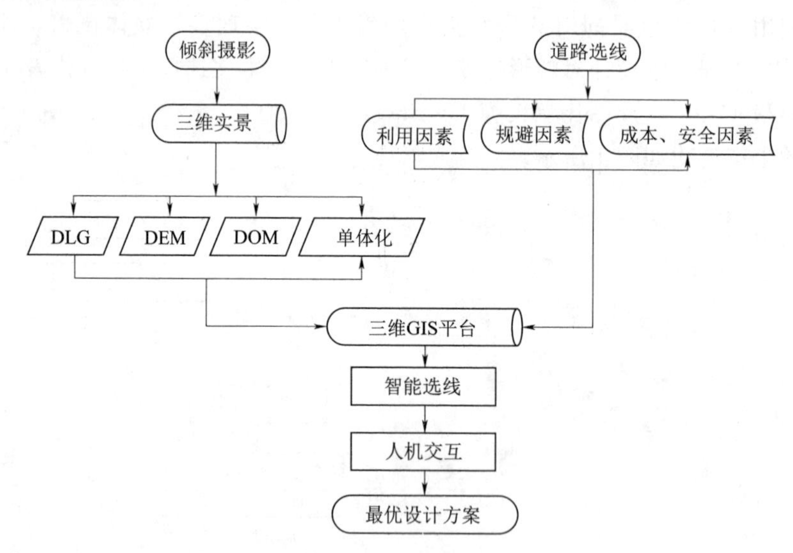

图 2　基于三维实景平台的道路智能选线方案

3.2.1　三维 GIS 分析

基于三维实景模型，以及 DEM、DOM、DLG、单体化矢量的文件等成果，建立 SuperMap、Oracle 等空间数据库，并在此三维 GIS 平台下进行空间数据分析和语义描述[6]。在道路设计领域，主要涉及的地理信息要素有以下三个方面。

（1）成本与安全因素。

1）道路长度：是影响道路建设和运营费用的重要指标，用 R _ len 描述。

2）坡度与坡向：直接关系到道路修建的土石方量，并影响运输的安全性。要求顺应地形，坡度平顺。语义描述为 R _ gradi＝｛G _ Long，G _ cross，G _ len｝，G _ Long 表示道路纵坡，G _ cross 表示道路横坡，G _ len 表示坡长。

3）土石方量：影响道路修建成本最直接的因素，要求经济平衡。语义描述为：R _ earth＝{E _ cut，E _ fill，E _ deploy}，E _ cut 表示挖方量，E _ fill 表示填方量，E _ deploy 表示土石方调配。

（2）需要规避的因素。对于滑坡、泥石流、岩溶、沼泽等水文工程地质条件不良的自然区域，应避开绕行；对于电力设施、通信设施、宗教、文物等占用代价高的人文区域，尽可能少占用。如确实必须穿过时，应尽量缩小占用面积。描述为：R _ evade＝{evader，E _ lv，P _ area}，evader 表示应避让的地物，E _ lv 表示避让的等级，P _ area 表示穿越占用的面积。

（3）需要合理利用的因素。可利用原有的道路进行改建扩建，减少项目成本与工期。R _ og＝{O _ dis，O _ area}；O _ dis 表示与原有道路的距离，O _ area 表示占用已有道路的面积。

基于三维实景 GIS 平台进行道路参数分析与测算的结果如图 3、图 4 所示。

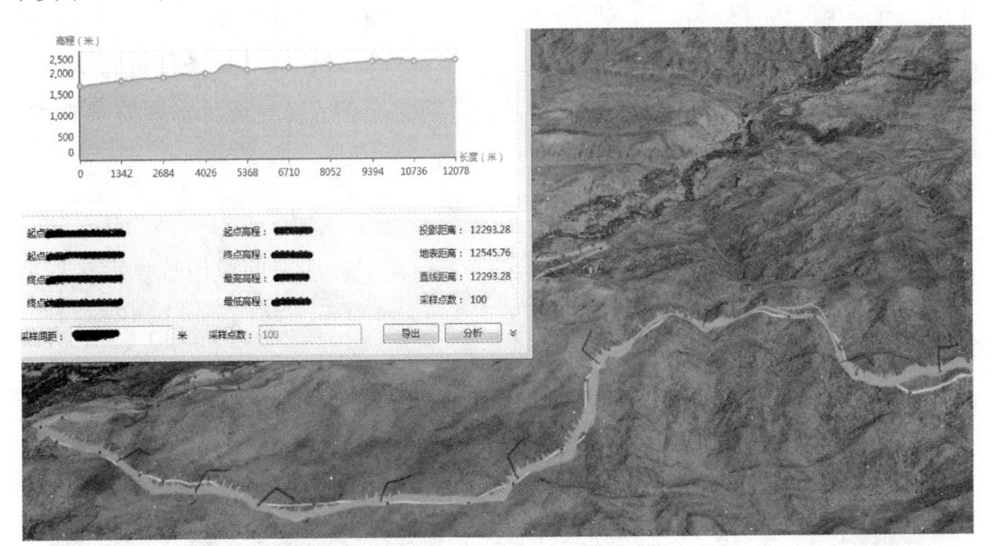

图 3　基于三维实景平台的挖填方量分析

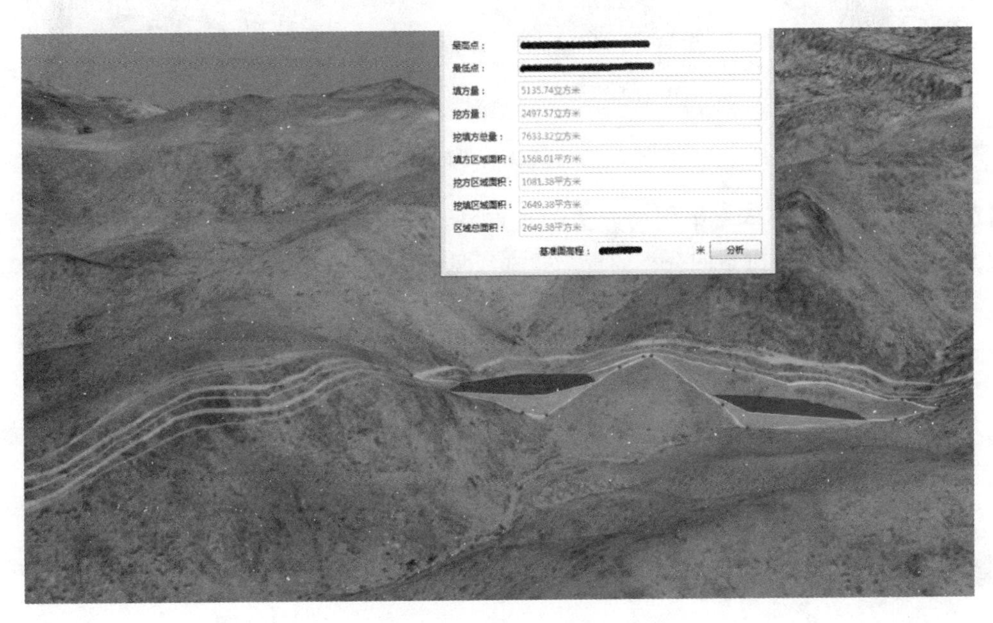

图 4　基于三维实景平台的道路方案比选

3.2.2　成本量化

计算以上几种影响因素的单位成本，根据项目实际情况给以上各成本函数制定对应的权重，求加权值之和即为本项目的道路选线的成本函数。

（1）穿越限制区域的成本函数：$C_{evade}=\sum ac1$，a 为必须穿越的限制区面积。

（2）道路坡度的成本函数：$C_{gradient}=\sum \frac{Ele}{Hor}c2$，$Ele$ 为高差，Hor 为水平距离。

（3）土石方工程量的成本函数：$C_{earthworks}=\sum_{i=1}^{n}A_i(H_i-h_i)c3$。

其中 A_i 为第 i 个子区域面积，H_i、h_i 分别为施工前后的高程。

（4）道路长度的成本函数：$C_{length}=length \cdot c4$，$length$ 为中心线长度之和。

（5）可利用原有道路的成本函数：$C_{evade}=\sum b \cdot c5$，$b$ 为可利用的原有区域面积。

（6）c_i 为以上 5 种影响因素的单位成本，根据项目实际情况给以上各成本函数制定对应的权重，求加权值之和即为本项目的道路选线的成本函数。

3.2.3 最优路径计算

对避让区域、可利用区域进行界定，然后进行成本指标量化，进而提出技术可行、经济合理的最优路径算法[7]。用基于三维格网的路径搜索算法[8]，以各类影响因素作为约束条件进行水电站道路规划试验，得到 3 条成本函数较小的道路设计方案。然后通过人机交互的方案，在三维实景模型下调整道路设计方案，最终优选出最优方案，见图 5。

图 5 基于三维实景的智能选线

与传统的二维方案相比，本文采用的方法的优点是：能够准确反映地形细部变化，计算精确度高，模型建立逼真，能实现基于三维空间分析的智能化选线见图 6。

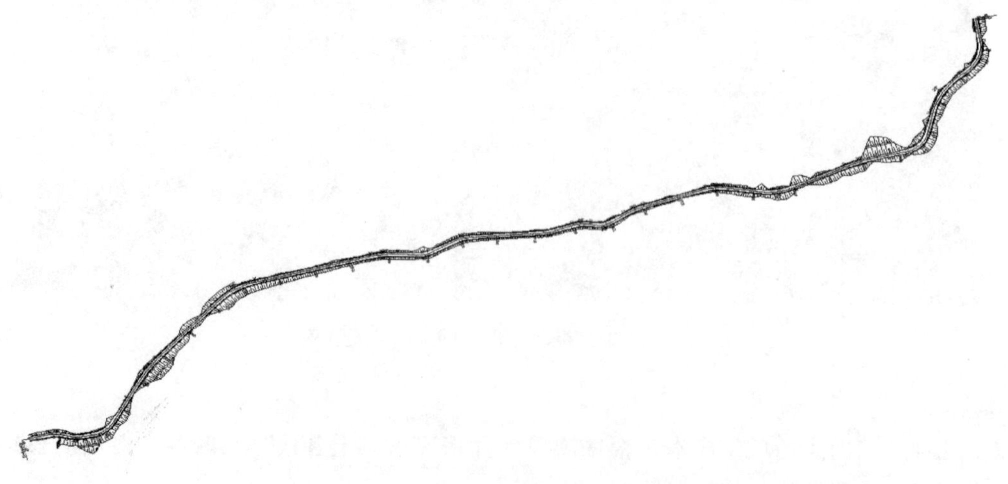

图 6 传统二维选线

4　结语

倾斜摄影测量技术以大范围、高精度、高分辨率的方式全面感知复杂场景，生成的实景三维模型直观反映了地物的空间属性，重点部分还可以建立更精细的模型，为真实效果和测绘级精度提供保证。并且在三维 GIS 平台下，实现了道路选线、土石方工作量的智能化计算。比起传统的方式，三维实景辅助设计的工作便利性、准确性大大提高，提高了工作效率；在此基础上可利用相应的插件，将三维设计的 BIM 模型也加入到该平台中，用于项目勘测设计成果的三维展示、汇报与移交，具有一定的实用性和创新性。

参考文献

[1]　杨国东，王民水. 倾斜摄影测量技术应用及展望 [J]. 测绘与空间地理信息，2016，39 (1)：13-15，18.
[2]　朱庆，徐冠宇，杜志强，等. 倾斜摄影测量技术综述 [J]. 中国科技论文在线，2012.
[3]　CH/T 9015—2012 三维地理信息模型数据产品规范 [S].
[4]　王丙涛，王继. 基于倾斜摄影技术的三维建模生产与质量分析 [J]. 城市勘测，2015 (5)：80-82，85.
[5]　陈元涛. 基于 GIS 的道路智能化选线方法研究 [D]. 重庆：重庆交通大学，2012.
[6]　曲陆峰，李姗姗，林宏伟. GIS 技术在站场数字化管理平台中的应用 [J]. 油气田地面工程，2017，36 (8)：96-99.
[7]　高振军，岳春生，李建军. 一种基于复杂环境信息的导航路径动态规划算法 [J]. 测绘科学，2015，40 (4)：131-136.
[8]　朱庆，王烨萍，张骏骁，等. 综合导航网格模型及其在智慧旅游寻径中的应用 [J]. 西南交通大学学报，2017，52 (1)：195-201.

丰宁抽水蓄能电站地下厂房施工期围岩变形机理分析及稳定性评价

李海轮　李富刚　李　刚　夏天倚

（中国电建集团北京勘测设计研究院有限公司，北京市　100024）

【摘　要】丰宁抽水蓄能电站地下厂房系统洞室群规模巨大，厂房洞总长度达414m。地下厂房赋存的地质环境复杂，工程地质条件差。在厂房开挖过程中出现了混凝土喷层开裂，局部边墙变形过大等诸多问题，给支护设计带来了不小的困难。本文结合施工地质编录资料、监测数据、物探成果及施工等资料，综合分析认为地下厂房围岩变形是地质构造、岩体结构、岩体蚀变、地应力、施工因素等方面共同作用的结果。并对围岩稳定性进行评价，认为在加强支护后，厂房围岩整体稳定。本文同时可为今后复杂地质条件下电站大型地下洞室围岩变形分析提供借鉴。

【关键词】蓄能电站　地下厂房　围岩变形　机理研究　稳定性评价

1　引言

丰宁抽水蓄能电站位于河北省丰宁县永利村上游的滦河干流上。12台机组总装机容量为3600MW，是目前世界在建装机规模最大的抽水蓄能电站。地下厂房正南北向布置，安装场布置在中间部位，厂房洞跨度为25m（岩锚梁以上为26.5m），全长414m，开挖高度为54.5m，厂房洞和主变洞之间岩墙为40m，母线洞之间岩墙宽14m。此外厂房洞上游侧边墙还布置有工具间和机修间等洞室（见图1）。

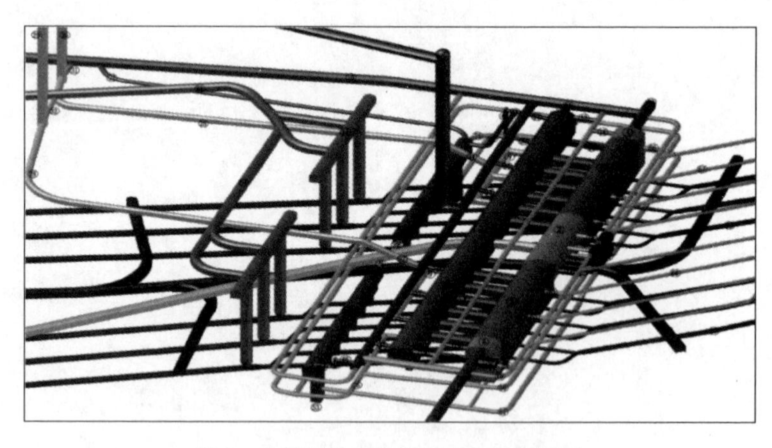

图1　地下厂房系统洞室群三维轴测图

区域上处燕山山脉和内蒙古高原交界部位，大地构造上隶属华北准地台。区域内中生代燕山期构造活动剧烈、频繁而广泛，地下厂房赋存的干沟门花岗岩体受燕山期构造运动影响大，地下厂房区围岩断层发育，受断层的切割围限。岩体内中—小规模断层、长大裂隙和隐微裂隙发育，岩体完整性差；受构造和热液蚀变作用影响，长大结构面存在较普遍的蚀变作用，结构面强度较低。赋存于如此复杂的地质环境中，在开挖过程中多次出现围岩变形较大的情况，监测到的最大边墙变形数值已超过100mm，同时伴有顶拱及拱腰部位钢纤维混凝土喷层开裂，甚至脱落等现象。

本文在充分论证施工地质编录资料、监测资料、物探资料以及施工情况的基础上，系统分析了地质构造、岩体结构、地应力、蚀变作用以及施工因素对围岩变形的影响，定性地阐述了围岩变形的机理，并对厂房围岩稳定性进行了评价，为地下厂房系统支护及加强支护设计提供依据，同时对类似岩体条件大型地下洞室围岩变形分析、加固设计等方面提供借鉴。

2　地下厂房基本地质条件

2.1　地貌及岩性条件

地下厂房系统位于滦河左岸，地形上总体表现为“两梁夹一沟”。“一沟”即为鞭子沟，鞭子沟右侧山梁总体走向为 SE115°，梁顶高程为 1402～1535m。地下厂房位于鞭子沟沟脑部位，轴线为近 SN 向，与鞭子沟呈近 60°斜角，上覆岩体厚度 250～330m，水平埋深约 1450m。

地层岩性主要为三叠系干沟门单元中粗粒花岗岩，岩质坚硬。灰白色或肉红色，岩石具花岗结构，碎裂结构，块状构造。花岗岩体中蚀变岩发育，在构造带附近尤为严重，主要表现为岩体强度降低，岩石中的石英、长石等矿物蚀变。在厂房左端墙附近，沿断层 f376 有石英闪长岩脉侵入。

2.2　地质构造

地下厂房选择在北以断层 f350 为界，西以断层 f348 为界，南以断层 f376 为界，东以断层 f363 为界所围的地块中，除断层 f375 外，还发育有 f370、f371、f3014、f3016、f3017 等规模较小的断层。其中 f375 断层产状为 NW305°SW∠45°，宽度约 1.5～2m，断层带主要组成物质为断层泥、碎裂岩，出露部位为顶拱厂左 0＋212m～厂左 0＋265.9m；f3014 产状为 NW290°～295°NE∠50°～70°，宽度一般为 10cm 左右，局部较宽，出露部位为厂左 197m～厂左 0＋223m。开挖过程中共编录长大裂隙 1200 多条，裂隙发育间距一般 30～50cm，局部 10～30cm。按走向可分为 NE 和 NW 两组（见图 2）：①NW 组：NW300°～330°NE（SW）∠35°～60°；②NE 组：NE20°～60°SE（NW）∠20°～85°。

2.3　岩体蚀变

厂房系统开挖过程中揭示：主变洞上游侧顶拱桩号厂左 0＋12m～厂左 0＋72m、2 号母线洞两侧边墙；厂房洞上游侧边墙桩号厂左 0＋0m、厂左 0＋118m～0＋122m、厂左 0＋320m～0＋340m；厂房洞下游侧边墙桩号厂右 0＋10m～0＋5m、厂左 0＋51m～0＋56m 等部位可见蚀变现象，蚀变岩呈囊状或追踪长大裂隙呈条带状分布，蚀变程度不一，主要表现为岩体强度降低，蚀变黏土矿物富集于结构面上（见图 3）。

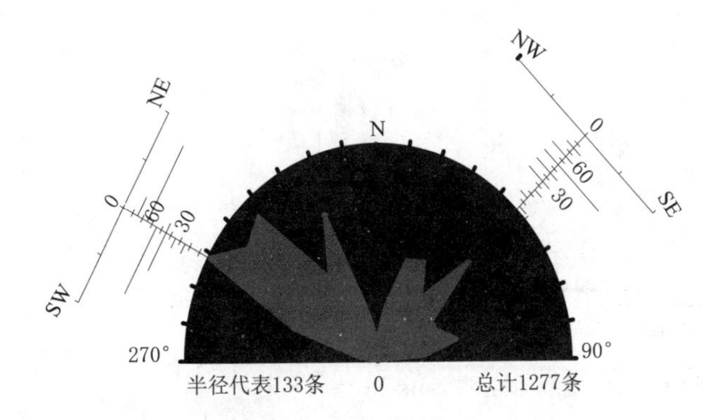

图 2　开挖揭示地下厂区发育裂隙走向玫瑰花图

图 3　沿结构面发育蚀变带及裂隙面附着的绿泥石等

在主厂房洞上游边墙（桩号厂左 0＋100m，高程 980m）附近，现场采取了两组蚀变岩样进行矿物分析，成果见表 1。

表 1　厂房洞蚀变岩矿物分析试验成果汇总表

原编号	样品名称	X 射线衍射物相分析/%				
		坡缕石	绿泥石	石英	长石	方解石
FNC3I-001	蚀变岩样	12.7	7.1	53.3	25.4	1.5
FNC3I-002	蚀变岩样	8.9	8.5	36.1	43.9	2.6

从表 1 可以看出，花岗岩蚀变后，黏土矿物坡缕石和绿泥石的含量相对较高。这两种黏土矿物吸水性

强，水浸泡崩散，受地下水淋滤作用，在结构面上富集，形成一定厚度后，弱化了结构面的力学参数从而降低了岩体强度。

2.4 地应力

厂房区最大主应力接近水平，为NE68°～NE83°，平均为NE79.5°，厂区高程1020m以下，最大水平主应力值多在12～18MPa，最小水平（小次）主应力值多在7～11MPa，属中等地应力。施工期对地下厂区地应力进行了复测并进行了初始地应力反演分析，反演计算回归分析表明，厂房区域开挖前的原始地应力以X（东西向）应力为主，应力为－10.4～－14.5MPa；Y（南北向）应力在－7.5～－10.6MPa；竖向应力为－7.3～－9.2MPa。X向构造挤压强烈。厂区开挖前围岩初始最大压应力为－9.2～－14.7MPa，应力方向与厂房轴线的夹角为80°～136°，夹角较大，对厂房及主变边墙围岩稳定不利。

3 围岩变形表观特征及监测数据分析

3.1 围岩变形表观特征

厂房洞第Ⅲ层开挖完成后发现喷混凝土裂缝39处，主要集中在拱角部位，其中压剪裂缝约占46%，长度1～5m裂缝约占51%，另有两条15m长裂缝为压性缝。对厂房洞裂缝进行定期排查，顶拱开裂仍有发展，截至2019年4月底共发现主厂房顶拱存在裂缝124处，其中平行于厂房轴线的纵向裂缝92条，主要为压剪性质，分布不连续，其中长度1～5m裂缝84处。

3.2 围岩变形监测数据分析

主厂房洞共设置主监测断面7个、辅助监测断面8个。围岩变形主要发生在距开挖面10m深度范围内、局部超过15m，总体变形情况为下游边墙最大、上游边墙次之、顶拱最小：①下游边墙最大测值86.23mm，位于厂左0＋96m断面990m高程，除个别测点变形较大外，其余各测点变形测值一般20～50mm；②上游边墙最大测值71.05mm，位于厂左0＋222断面999m高程，除个别测点变形较大外，其余各测点变形测值一般10～50mm；③顶拱最大测值52.7mm，位于厂左0＋342m断面，其余各测点变形测值一般0～20mm。图4为某点位移计典型位移过程线。

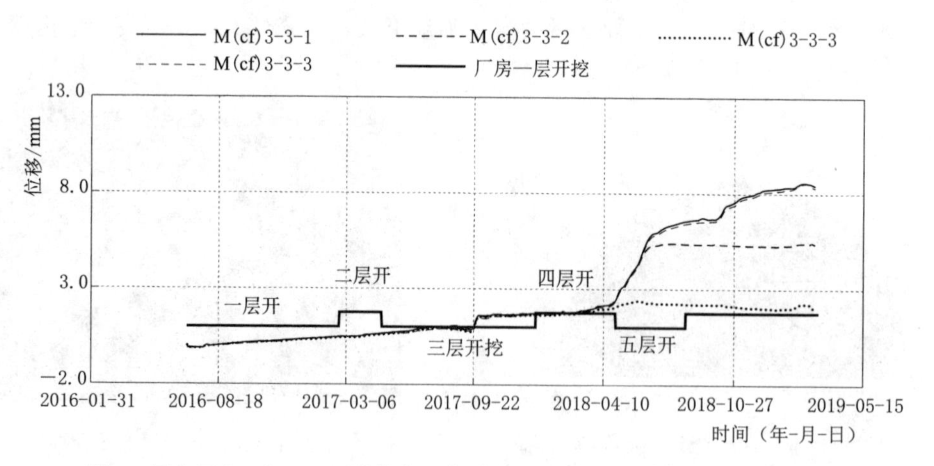

图4 厂房厂左0＋96m下游拱角（高程1006.2m）多点位移计位移过程线

4 围岩变形机理分析

4.1 地质构造对围岩变形的影响

受燕山期构造运动影响，工程区断层发育，地下厂区受断层f350、f363、f376、f347、裂隙密集带J304切割围限，岩体内中—小规模断层、长大裂隙和隐微裂隙发育，岩体结构差。断层f375在安装场附近横穿厂房和主变洞顶拱。开挖揭露断层11条，编录长大裂隙千余条，其中少量NNE及NNW向中陡倾角裂隙与厂房轴线小角度相交，且倾向厂内，对厂房边墙局部稳定不利。此外，断层、NW向长大裂隙作为特定的长大结构面与其他结构面（NE向、缓倾角裂隙等），可形成一定规模不利组合，在厂房顶拱及边墙形成不稳定块体，甚至产生楔形体掉块。

f350 断层主要揭露于厂房北端墙及上游边墙，其下盘约有 2m 宽的影响带。开挖过程中，在上游边墙，f350 断层上盘岩体内发育与厂轴夹角较小的陡倾角裂隙，其与 f350 断层组合切割，在边墙上形成不稳定块体，局部产生楔形体掉块。主厂房桩号厂左 0＋208m～0＋230m 段顶拱发育断层 f375 和断层 f3014，受该 2 条断层影响，该段岩体较破碎，岩体呈块裂甚至碎裂结构，围岩差。

主厂房洞 2 组优势裂隙易与临空面形成块体，对围岩稳定不利（见图 5）。开挖过程中，地下厂房系统洞室遇到的最普遍的工程地质问题就是结构面不利组合形成的楔形体掉块。比较典型的有厂房中导洞开挖时，在桩号厂左 0＋15m～0＋28m 下游侧顶拱，沿裂隙 L30 和 L18 产生塌方（见图 6），塌方面积约 60m^2，深度 4～5m。致使该处拱圈效应形成较差，影响顶拱围岩稳定。

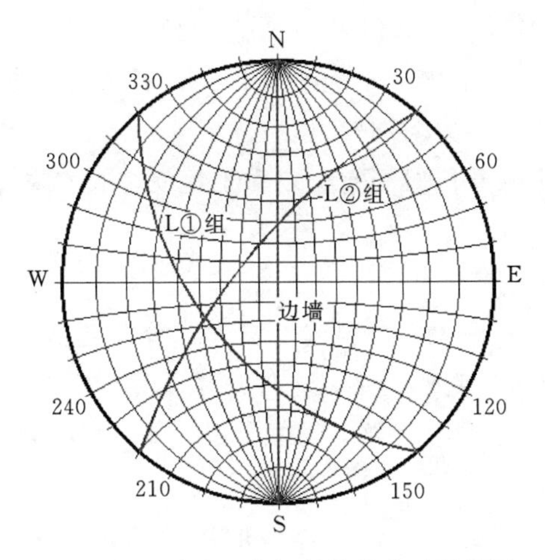

图 5　优势裂隙组合切割块体赤平投影图

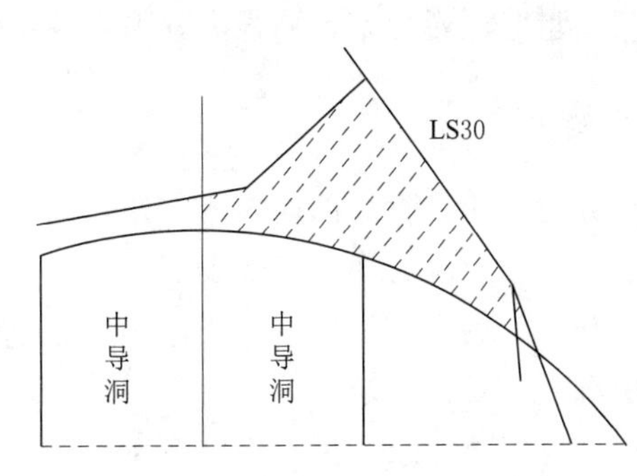

图 6　厂房中导洞开挖顶拱塌方

4.2　岩体蚀变对围岩变形的影响

地下厂区蚀变岩发育范围较广，从开挖编录的资料分析，蚀变岩规模一般不大，产出形式以带状和囊状两种为主，其中带状最为典型，一般沿断层或长大裂隙发育，厚度一般在 2m 以内。蚀变岩体较原岩其结构、构造、成分均发生了较大的改变，多具有孔（空）隙发育、岩质较软、结构松散等特征，岩体工程力学性质弱化，蚀变岩岩石单轴抗压强度低，弹性模量低，摩擦系数低，形成局部的工程岩体软弱带，开挖后导致围岩变形较大，对围岩稳定不利。

花岗岩在地质构造动力作用下，经历高温、高压环境，岩石组成矿物受热液侵蚀发生蚀变，后期在地下水活动作用下叠加了次生风化蚀变。长大裂隙面上蚀变现象则较为普遍，蚀变矿物为吸水易软化的坡缕石、绿泥石等黏土矿物（见图 3）。在地下水淋滤作用下，这些黏土矿物在结构面上富集，有的达到一定厚度。据编录资料统计，长大裂隙中夹泥裂隙占比为 28% 左右。蚀变作用弱化了结构面的力学参数和岩体强度，导致了地下厂区围岩产生较大变形。

4.3　不利主应力方向对围岩变形的影响

地下厂区最大水平主应力约 12～18MPa，属中等量级。三维地应力回归分析得出地下厂区初始最大压应力方向与厂房轴线的夹角在 80°～136°。综合分析认为地下厂区最大主应力方向为 NE68°～83°，平均值为 NE79.5°。地下厂房洞轴线方向为正 SN 向，最大主应力方向与厂房洞轴线大角度相交（见图 7），对 NE 向陡倾结构面易产生压剪作用，导致局部围岩产生较大变形，是围岩变形的诱发因素之一。

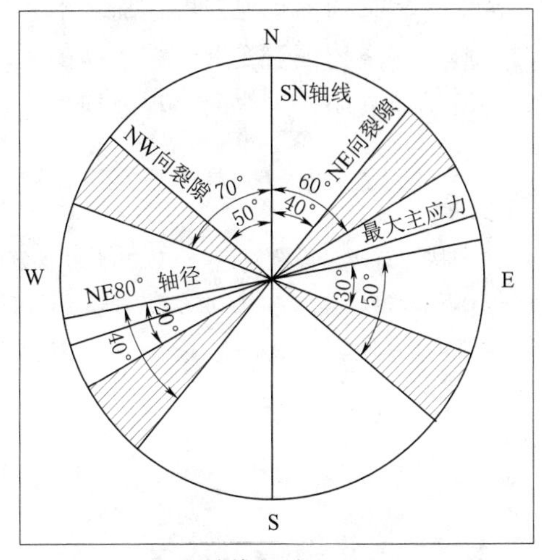

图 7　厂房轴线与最大主应力方向、优势结构面方向夹角关系

地应力对地下洞室围岩变形的分析只是宏观的，由于地应力场空间分布很不均匀，主应力方向和大小变化范围很大，应

力状态十分复杂，特别是洞室开挖卸荷后还存在二次应力调整、应力集中的问题，关于地应力对地下洞室群稳定的影响尚需进一步研究。

4.4 施工因素对围岩变形的影响

施工是影响地下洞室群施工期安全稳定的至关重要的环节。分析安全监测资料和喷混凝土裂缝、围岩变形现象的时空关系，发现其与施工过程密切相关，尤其是和开挖爆破以及支护时序之间存在很强的关联性。主要表现在：

（1）监测数据变化与开挖爆破施工时段的响应。主厂房开挖至第Ⅲ层后，先后出现了围岩变形问题，与厂房洞第Ⅲ层、母线洞的开挖爆破时序一致。

（2）支护时机的选择对围岩开挖卸荷后的初期稳定影响很大。现场观测表明，地下洞室很多部位的开挖基面形成后初期平整度较好，裸露一定时间后二次应力（应力集中）效应就明显，造成表面松弛，原生裂隙张开或产生新的卸荷裂隙。丰宁电站地下洞室开挖采用“一炮一支护”的原则，支护紧跟掌子面，支护在围岩尚未适当变形前完成，导致上部锚杆、锚索应力增加较大。

（3）施工质量对围岩稳定影响很大。围岩系统支护施工质量对洞室稳定和工程安全起着决定性作用。

5 围岩稳定性评价

监测资料分析表明，除局部锚索测力计及锚杆应力数值较大外，洞室围岩大部分监测数据测值不大，趋势平稳且趋于收敛，围岩变形以浅表部（0～10m 范围内）变形为主，主厂房整体稳定。鉴于洞室拱角部位喷混凝土开裂为围岩浅表层变形引起，且目前裂缝未见明显发展，分析认为已出现的喷混凝土开裂不影响主厂房洞室的整体稳定。

稳定分析计算成果显示，主厂房洞及主变洞围岩整体稳定，局部块体经加强支护后，安全系数满足要求。

根据主厂房围岩松弛圈声波检测成果，地下厂房Ⅰ～Ⅴ层围岩松弛圈深度一般 0～2.6m，局部 3.6m，总体上围岩松弛深度不大。根据补充钻探孔内电视成果，未发现深部岩体破裂迹象。

综合评价认为，地下厂房洞围岩整体稳定，但受结构面不利组合切割、结构面蚀变、不利地应力方向等因素影响，局部稳定性差。

6 结语

丰宁抽水蓄能电站地下厂房洞室在施工开挖过程中围岩变形主要表现为顶拱和拱脚部位钢纤维混凝土喷层开裂、甚至脱落和局部高边墙多点位移计监测数据偏大。厂房受构造围限，节理裂隙发育，岩体结构差；沿构造有带状或囊状蚀变岩发育，岩石强度降低，蚀变作用在结构面上富集一定厚度的黏土矿物，降低了结构面的抗剪强度；加之不利的天然地应力条件和二次应力场分布，是围岩变形的主要原因。同时，施工因素与围岩变形存在很强的关联性。设计采用了表层、浅层和深层加强支护相结合的处理措施，观测结果表明，采取的工程处理措施达到了良好的效果。厂房洞室围岩整体稳定。

参考文献

[1] 黄润秋，黄达，段绍辉，等. 锦屏Ⅰ级水电站地下厂房施工期围岩变形开裂特征及地质力学机制研究 [J]. 岩石力学与工程学报，2011，30（1）：23－35.

[2] 朱维申，李晓静，郭彦双，等. 地下大型洞室群稳定性的系统性研究 [J]. 岩石力学与工程学报，2004（10）：1689－1693.

丰宁抽水蓄能电站岩壁吊车梁变形分析及裂缝处理

魏金帅 李 刚 张晶芳 王 芳
(中国电建集团北京勘测设计研究院有限公司，北京市 100024)

【摘 要】丰宁抽水蓄能电站地下厂房岩壁吊车梁竖向变形较大，受竖向及水平向变形影响，产生裂缝，分析认为地质条件、开挖顺序等是主要原因，针对现场出现的裂缝情况，采取有效的处理措施，保证岩壁吊车梁的安全稳定运行。

【关键词】岩壁吊车梁 裂缝 变形分析 处理措施

1 工程概况

丰宁地下厂房岩壁吊车梁分别沿厂房上、下游边墙在厂右 0+016.000～厂左 0+358.000 范围内布置，全长 374.0m。吊车梁混凝土顶部高程 995.530m，梁底高程为 993.020m，壁座角 30°，梁体下部倾角为 35°。地下厂房内安装三台起重量为 320/50t/16t-24m 的单小车桥式起重机，轨顶高程为 995.70m，跨度 24m。

2 岩壁吊车梁设计

2.1 地质条件

岩壁吊车梁地层岩性为三叠系干沟门单元中粗粒花岗岩，局部为变质闪长岩，岩石的单轴饱和抗压强度为 80MPa，属坚硬岩。发育的断层有 f376、f370、f3014、f3016、f3017，除 f376、f3017 断层及其影响带宽较宽外，其余断层规模较小，断层走向均与厂房轴线方向大角度相交，对边墙稳定影响不大。发育两组优势结构面以中、陡倾角为主，裂隙面性状较好，主要裂隙走向与洞轴线夹角 30°～60°，不利条件是裂隙的组合切割，会沿 NW 向长大裂隙形成块体。地下水不丰富，以局部沿结构面渗水或滴水为主。岩体以微新岩体为主，花岗岩局部有蚀变现象。岩体以块状、次块状结构为主，地应力不高，围岩强度应力比大于 2。综合评价厂房岩锚梁层围岩类别主要为Ⅲ类，围岩整体稳定，局部稳定性差。

2.2 岩壁吊车梁结构

岩壁吊车梁是由边墙岩壁、悬吊锚杆、梁体共同承受吊车荷载。采用岩壁吊车梁结构可减少厂房开挖跨度，有利于厂房洞室围岩稳定，并且可提前安装吊车，有利于加快施工进度。丰宁岩壁吊车梁上部布置两排悬吊锚杆，倾角分别为 25°、20°，直径为 36mm，锚杆长度 12m，入岩长度 10.3m，间距 75cm，梅花形布置。下部布置一排受压锚杆，直径为 28mm，锚杆长度 9.0m，入岩长度 7.4m，倾角为 35°。岩壁吊车梁锚固典型断面如图 1 所示。

3 岩壁吊车梁变形及裂缝

3.1 岩壁吊车梁变形

(1) 竖向变形。岩壁吊车梁竖向变形最大值为 52mm，发生在一期工程下游侧厂左 0+058.802 桩号，3 号母线洞正上方偏左位置附近；一期工程上游侧岩壁吊车梁沉降变形大都在 20mm 以下，最大值未超过 30mm，下游侧岩壁吊车梁沉降变形大都在 30mm 以上，最大值达到 52mm；二期工程上游侧岩壁吊车梁沉降变形大都在 20mm 以下，最大值未超过 30mm，下游侧岩壁吊车梁沉降变形大都在 20～30mm，最大值未超过 30mm。轨道竖向变形如图 2 所示。

(2) 水平变形。岩壁吊车梁上部高程 999.00m 及下部高程 991.00m 厂房围岩变形如图 3 所示。从图

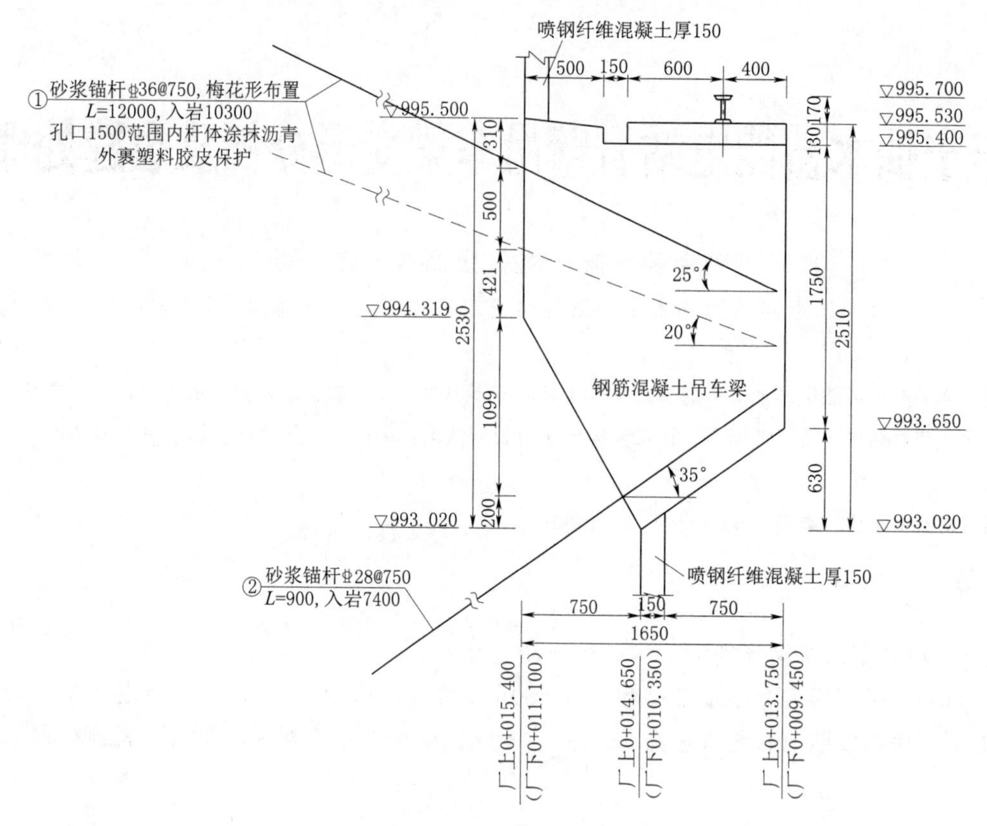

图 1　岩壁吊车梁锚固典型断面图

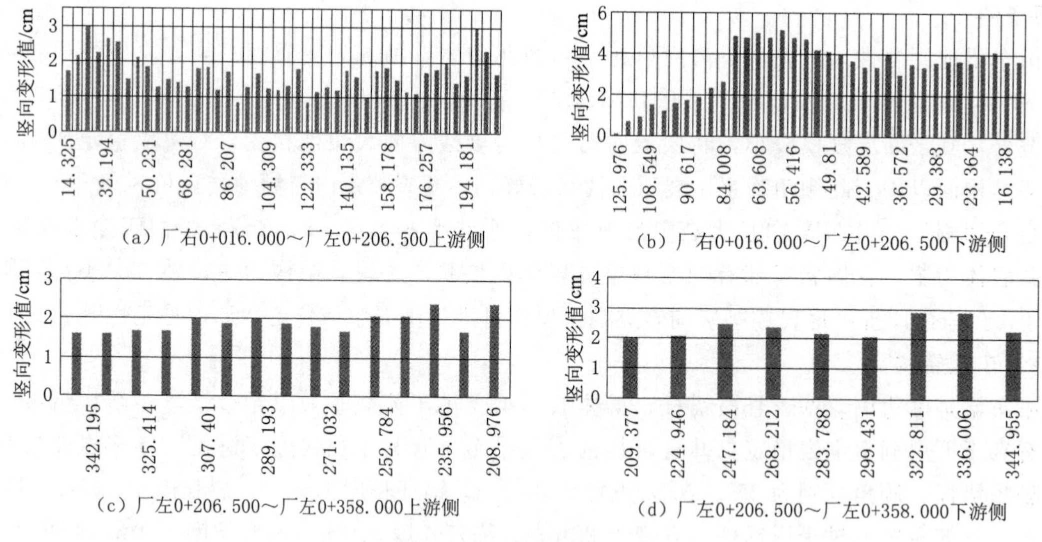

图 2　轨道竖向变形图

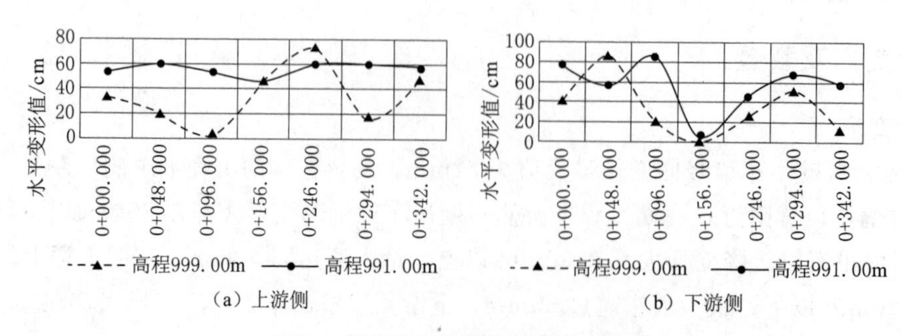

图 3　岩壁吊车梁部位水平变形图

3中可以看出，上游侧高程999.00m最大变形72mm，高程991.00m最大变形61mm；下游侧高程999.00m最大变形85mm，高程991.00m最大变形85mm。下游侧变形大于上游侧，安装场部位变形相对于两侧变形较小，最大变形位置发生在一期及二期工程的中部位置，即3号机组及10号机组对应的桩号附近。

3.2　岩壁吊车梁裂缝

岩壁吊车梁竖向面及下斜面均有裂缝发生，竖向面居多，一期工程共有20处，二期工程共有44处；裂缝的开展方向大多垂直于（竖向）梁体方向，其中仅有一处平行于（横向）梁体方向的裂缝，位于下游侧厂左0+080.000附近；竖向缝长度0.5～3m不等，缝宽0.1～5mm不等，深度1～7cm不等，横向缝较为严重，裂缝长度约2.4m，缝宽约1.5cm，发生在岩壁吊车梁竖向面与下斜面拐角部位，混凝土基本脱落。横向缝现场照片如图4所示。

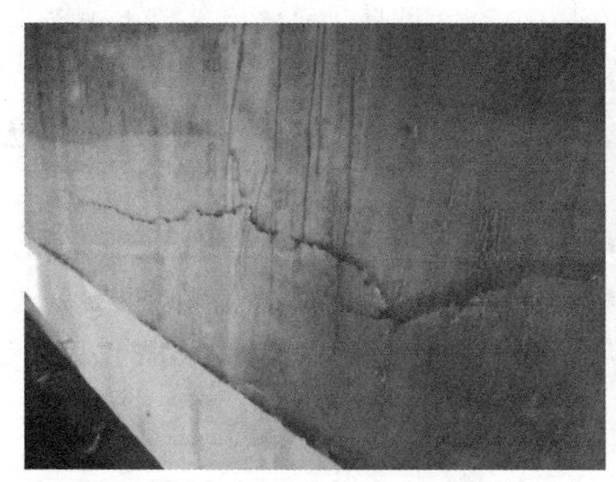

图4　厂左0+080.000下游侧岩壁吊车梁横向裂缝现场照片

3.3　吊顶支座梁裂缝

吊顶支座梁裂缝大多发生在下斜面，缝宽大多为2～3mm，裂缝发展方向为垂直于梁体方向。

3.4　构造柱裂缝

岩壁吊车梁与吊顶支座梁之间下游侧构造柱裂缝严重，上游侧构造柱未发现明显裂缝，其中有两处构造柱混凝土碎裂，钢筋弯曲；构造柱高约4.5m，裂缝在构造柱的上部、中部及下部均有发生，裂缝以竖直向为主，少量斜向缝，缝宽1～5mm不等；个别构造柱发现与围岩脱开并弯曲。构造柱裂缝如图5所示。

图5　构造柱裂缝图

4　原因分析

丰宁地下厂房岩壁吊车梁竖向变形相对较大，产生裂缝的原因主要和地质条件、变形不协调及开挖顺序有关。分析认为主要的原因如下：

（1）地下厂房围岩中—小规模断层、长大裂隙和隐微裂隙发育，岩体完整性差；结构面存在绿帘石—绿泥石化蚀变作用，结构面强度较低。地下厂房区实测最大水平主应力 12～18MPa，方向 NE68°～83°，与厂房轴线近于垂直，对围岩稳定不利，地下厂房不利的应力场分布与不利的岩体结构条件是产生围岩较大变形的主要地质条件原因。

（2）1～4 号机组段下游侧实际揭露的围岩条件较差，变形亦较大，5～6 号机组段下游侧实际揭露的围岩条件相对较好，变形相对较小。

（3）一期工程主厂房洞下游侧边墙岩壁梁附近围岩变形较大，且各监测断面变形差异性较大，根据轨道变形测量结果，变形不仅表现为水平向，竖直向位移差异性亦较大。主要表现为 1～4 号机组段水平、竖直位移均较大，5～6 号机组段水平、竖直位移均较小，水平向、竖直向变形的差异性导致 5 号、6 号机组段吊顶梁和构造柱局部受压破坏较多。同时，厂左 0＋080.000 桩号，岩壁吊车梁由于受到两个方向上均存在的较大变形差异，造成梁体局部混凝土开裂。

（4）丰宁地下厂房总长度 414.00m，相对较长，在近似垂直的地应力作用下，空间效应明显，围岩变形相对明显，导致岩壁吊车梁变形较大。

（5）四层开挖前，岩壁吊车梁已浇筑完成，岩壁吊车梁施工相对较早，且地下厂房采用“先墙后洞”的开挖方式，不利于边墙的稳定，边墙位移偏大，厂房 4～9 层开挖时，高边墙效应明显，边墙变形引起岩壁吊车梁在竖向及水平向均有变形，特别是竖向变形，与同类工程和数值计算成果相比偏大。

5　处理措施及建议

（1）地下厂房围岩整体趋于稳定，且开挖已经结束，故不建议对岩壁吊车梁部位围岩再进行二次加固。

（2）对于缝宽小于 0.2mm，深度小于 5cm 的裂缝，表面进行清理，用钢丝刷或打磨机去除表面的钙质析出物、水泥浮渣以及其他污物，并冲洗干净；表面清理干净后，涂刷宽度 20cm，厚度不小于 1mm 的 KT2 水泥基结晶渗透涂料。

（3）对于缝宽不小于 0.2mm，或深度不小于 5cm 的裂缝，采用化学灌浆进行加固处理。

（4）对水平裂缝开展区域采用清撬鼓包混凝土，清扫混凝土面，并采用聚合物改性水泥砂浆按原体型抹平。待砂浆强度达到要求或化学灌浆施工结束后，在其表面粘贴 3 层（2 纵 1 横）300g/m^2 的高强Ⅰ级碳纤维单向织物（布）进行加强。

6　结语

（1）地下厂房不利的应力场分布及不利的岩体结构条件，是产生围岩及岩壁吊车梁变形较大的主要地质条件原因，岩壁梁的水平、竖直方向变形受地质条件影响较大。

（2）水平向、竖直向变形的差异性导致吊顶梁和构造柱局部受压破坏较多，厂左 0＋080.000 桩号附近，岩壁吊车梁由于两个方向上变形差异较大，造成梁体局部混凝土开裂。

（3）岩壁吊车梁浇筑时间偏早，且采用“先墙后洞”的开挖方式，不利于边墙的稳定，边墙位移偏大，导致岩壁吊车梁变形较大。

（4）对岩壁吊车梁、构造柱及吊顶支座梁采用化学灌浆、聚合物改性水泥砂浆及贴碳纤维布进行加固，随着厂房围岩变形变小，趋于稳定，能够满足后续桥机安全、稳定运行的条件。

参考文献

[1]　龚少红，王波．官地水电站地下厂房岩壁吊车梁裂缝成因分析及处理［J］．水电站设计，2014，30（1）：60－66.

[2]　王剀，彭琦，汤荣，等．地下厂房岩壁吊车梁裂缝成因分析［J］．岩石力学与工程学报，2009，28（5）.

机组装备试验与制造

某大型抽水蓄能机组导叶开启过慢原因分析与处理

孙 政 泰 荣 李子龙
（湖北白莲河抽水蓄能有限公司，湖北省黄冈市 438616）

【摘 要】本文阐述了某大型抽水蓄能机组开机时水轮机导叶开启过慢问题，着重介绍了问题的可能原因及排查过程，对国内抽水蓄能电站水轮机导叶开启过慢问题处理具有一定的借鉴意义。

【关键词】大型抽水蓄能机组 导叶 开启过慢

1 引言

水轮机调速器系统是水轮机调节主要设备之一，起着机组起停控制、频率调整、负荷调整和甩负荷后的转速控制等作用。某抽水蓄能电站采用 ALSTOM 公司的 NEYRPICT－SLG 型调速器，由电气柜、转速测量装置、机械安全组件、液压系统、导叶接力器等部件组成。2019 年 3 月，在 2 号机组发电工况开机过程中对调速器系统录波，发现导叶开度严重滞后于给定值，导致开机及发电升负荷时间变长，严重影响机组的调度响应能力与安全。本文对此故障现象进行了介绍，对故障查找、现场处理情况及故障原因分析进行了全面阐述。

2 导叶调节异常分析

2.1 故障现象

2 号机组在发电工况下转速从 0 到 5％的时间变化趋势为：2019 年 1 月 1 日以前 13s、1 月 10 日 14s、2 月 1 日 15s、2 月 20 日 16s、2 月 25 日 17s、3 月 10 日 18s、3 月 20 日 19s，动作滞后越来越大，逐步逼近报警设定值 25s。现场对 2 号机组手动开关过程中导叶开度进行录波，开度给定值范围为 0～20％～95％～0，导叶开度变化曲线见图 1。从图 1 中可以看出，实际导叶开度严重滞后于开度给定值，20％～95％过程中导叶滞后最大时间可达到 100s。

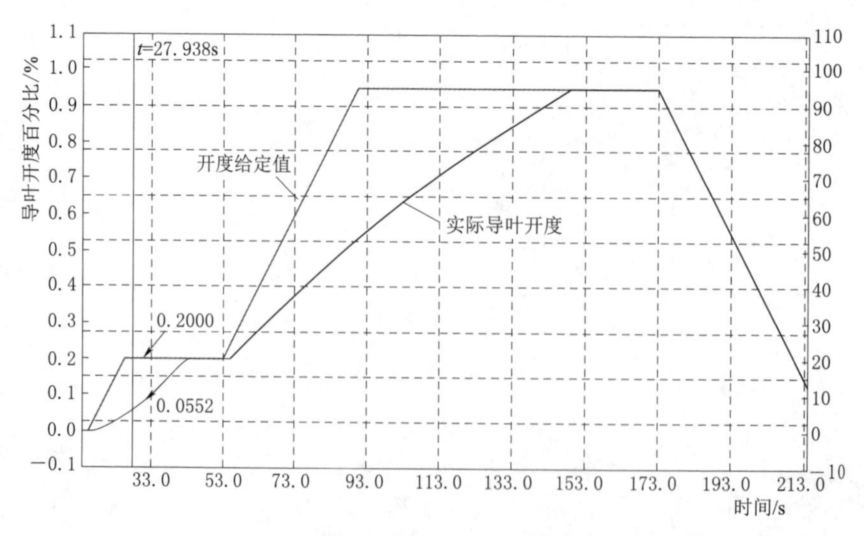

图 1 手动开关导叶开度变化曲线

2.2 故障查找

（1）查看 2 号调速器控制面板，无报警信息。

（2）通过调试笔记本 TSOFT 软件连接调速器控制器，检查调速器参数，并与历史参数进行对比，未发现参数更改情况，排除参数原因。

（3）现地手动开关导叶，对接力器位移进行录波，主备用位移传感器显示数值一致，且与实际接力器位移量相符，传感器回路端子无松动，排除接力器位移传感器原因。

（4）分别利用主备用导叶控制器 SPC 手动开关导叶，导叶动作现象一致，稳态后导叶开度与给定值一致；解开电液转换器回路，单独控制导叶控制器输出，输出电压正常（控制器输出参数 ACT _ CTR=0.06 时对应输出电压 2.0V），且能够跟随给定值线性变化，说明导叶控制器 SPC 正常，排除导叶控制器原因。

（5）机组在发电开机至空载工况过程中进行录波，PID 计算值经限幅后输出的导叶开度给定 PID _ CSC，分别为 13%、21%，阶跃给定迅速，说明调速器控制器 UPC 工作正常，排除调速器控制器原因。

（6）将机组段流道进行排水，进入蜗壳检查导叶端面间隙及上下抗磨板，未发现抗磨板异常；手动开关导叶时，也未发现导叶卡涩和声音异常，排除导水机构摩擦卡涩原因。

（7）通过在接力器开关两腔装设压力表，发现在开导叶过程中两腔压力差约为 0.8MPa，如图 2 所示。关闭导叶时压差可达到 3MPa，如图 3 所示。对比其他机组开导叶时，两腔压差大为 2～3MPa，导叶动作缓慢，初步怀疑主配阀芯动作异常导致。

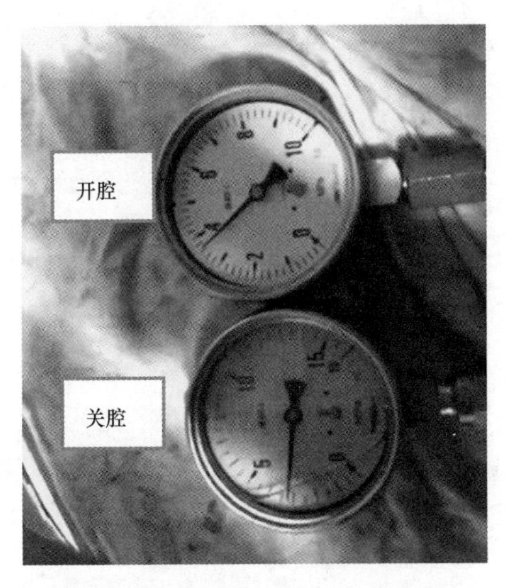

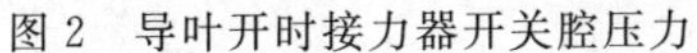
图 2　导叶开时接力器开关腔压力

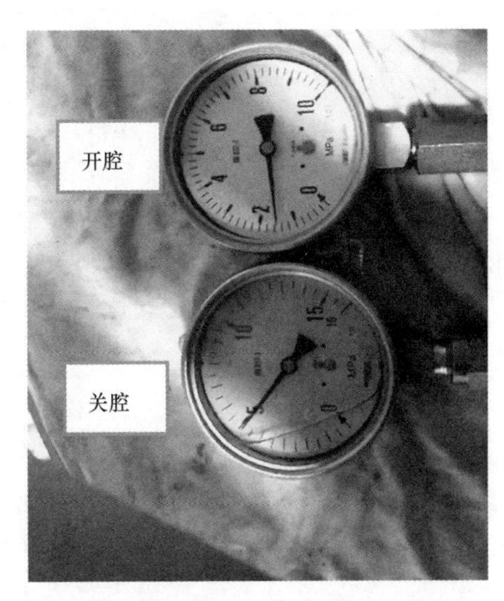

图 3　导叶关时接力器开关腔压力

（8）通过 TSOFT 调试软件，将导叶反馈环比例增益 KP 设为 0，解除导叶反馈环的干扰，只对电液转换器与主配构成的反馈环进行测试。精确控制主配位置，发现主配阀芯可以正常动作，在阀芯位移为 0.265（平衡位置 0.2）时可以迅速打开导叶，见图 4。判断因电液转换器能力不足导致主配开口不足，进而引起导叶动作缓慢。

（9）测量电液转换器线圈电阻 25.6Ω，在正常范围内但其平衡电压 4.56V，偏离参考值 2.5V，拆卸电液转换器解体检查，发现电液转换器线圈机械断裂。

3　导叶调节异常处理

将 2 号调速器电液转换器拆卸，更换新的电液转换器，进行手动导叶阶跃开关和机组旋转备用试验，其中手动开关导叶试验中开度给定为 0～100%～0，试验结果见图 5。

从图 5 中可以看出，从 0 至 100%开度用时 48s，关闭用时 36s，与 2 号机组静特性试验报告中开关导叶时间基本相符。手动开关导叶试验结果正常，进行机组发电方向旋转备用试验，旋转备用试验导叶开度变化曲线见图 6。

从图 6 中可以看出，2 号调速器导叶在 10s 内迅速达到导叶开度给定值，且均达到两级开度要求，机

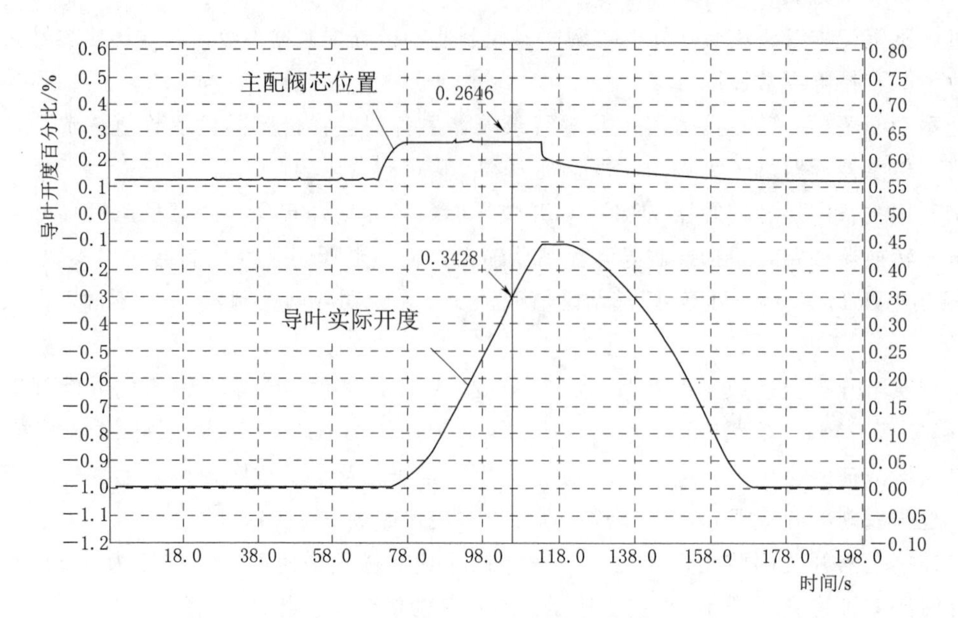

图 4　主配阀芯位移与导叶开度曲线

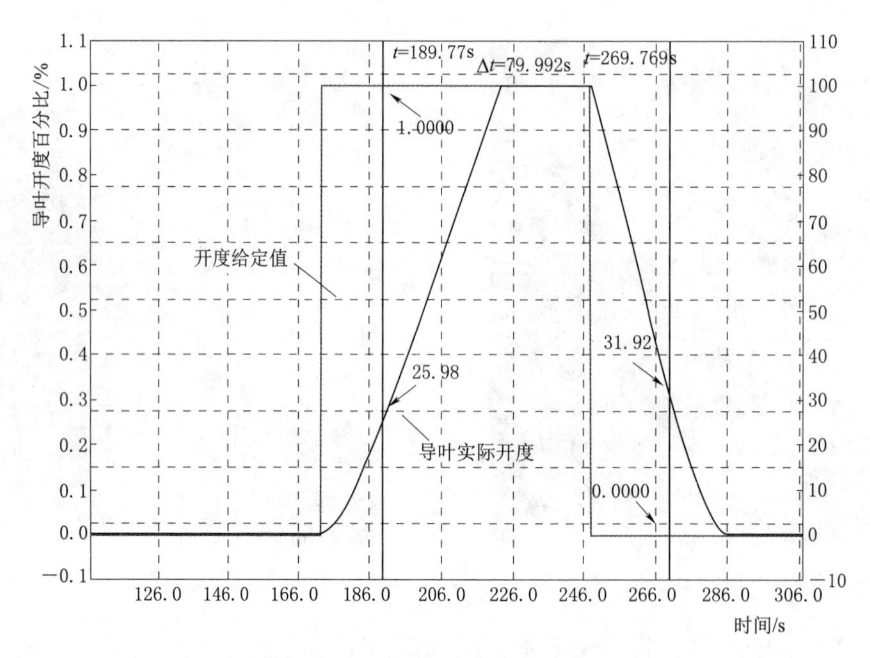

图 5　手动开关导叶时导叶开度曲线（新电液转换器）

组达到 100%转速历时 38s，与历史正常数据一致，机组发电方向旋转备用试验正常。

4　原因分析

2 号调速器采用环喷式电液转换器，控制其线圈电压可以控制电液阀芯位移，进而控制主配阀芯位移，实现主配双向油流控制，达到推动接力器双向运动开关导叶的目的。调速器电液转换器线圈发生机械疲劳断裂，平衡电压显著增加至 4.8V，工作零位电压发生偏移，控制其阀芯运动的能力大大降低。开启导叶时，导叶控制器 SPC 输出电压并不会显著增加，电液驱动主配能力不足，引起主配油流开口不足，接力器开腔油流量及压力不足，最终导致开导叶动作缓慢。

5　结语

随后通过对 2 号机组各工况下的运行观察，机组导叶调节情况良好，导叶调节时间与历史正常数据一致此次对导叶调节时间异常故障的处理，达到了预期目标，消除了机组运行隐患。本次故障原因为调速

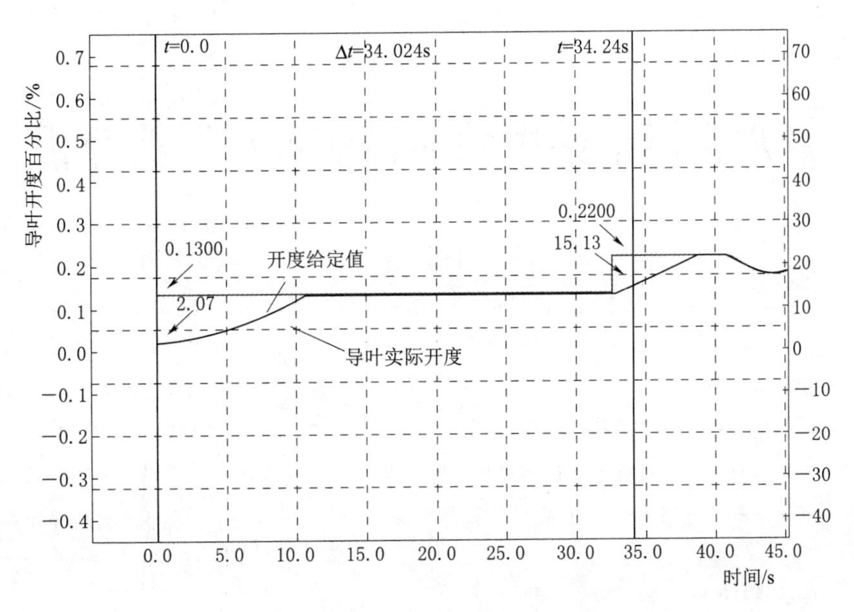

图 6 旋转备用时导叶开度曲线（新电液转换器）

器电液转换器控制阀芯运动能力较低，但并未达到调速器拒动的程度，在达到导叶动作滞后时间报警设定值之前，该故障具有较强的隐蔽性。本文通过对该故障详细分析阐述，对国内抽水蓄能机组同类故障预防和处理具有一定借鉴意义。

参考文献

[1] 雷山凤. 隔河岩电厂机组停机导叶关闭过慢原因分析 [J]. 水电与新能源，2015 (2)：55-57.

[2] 卢彬，李甲骏，朱海峰，等. 抽水蓄能机组导叶异常关闭原因分析及防范措施 [J]. 水电站机电技术，2016，39 (12)：44-46.

抽水蓄能电站甩负荷过渡过程反演分析

周喜军　杨　静　丁景焕　张　飞　韩文福
（国网新源控股有限公司技术中心，北京市　100161）

【摘　要】抽水蓄能电站过渡过程关系到整个电站的安全及电网的稳定。在电站建设的各阶段均需结合当前确定的电站及机组参数开展过渡过程计算分析。为提高计算准确性，基于现场实测结果对计算结果进行反演分析验证是非常有必要的。本文即对某抽水蓄能电站过渡过程试验实测与计算结果进行了反演分析，验证了目前广泛采用的两款过渡过程计算软件的可靠性，分析了造成计算与实测差异的原因，可为提升过渡过程计算的准确性提供参考。

【关键词】抽水蓄能电站　过渡过程　反演分析

1　引言

抽水蓄能电站从预可研设计直至投运的各个阶段都需要依据当前阶段的设计参数开展电站过渡过程计算分析，对电站水力系统的技术可行性及经济合理性进行判断[1]，确保设计安全、经济。为保证过渡过程计算结果的可靠性，水利水电规划设计总院专门此提出具体要求，要求每个阶段均需采用两款以上不同软件进行计算。

为提高软件计算过渡过程结果的准确性，结合现场实测数据来对比并修正过渡过程计算结果显然是从根本上提高计算准确性的有效手段。反演分析方法就是利用电站投产后现场实测结果来修正数值计算结果的一种手段[2]。反演分析一方面可为计算分析提供准确的修正量，指导提高过渡过程的设计；另一方面可对已完成的试验数据进行系统研究，增强技术管理人员的把关能力，将运行期的过渡过程事故经验有效反馈至前期设计阶段，深化对过渡过程认识的精细程度[3]。

本文即采用反演分析方法深入研究某抽水蓄能电站水轮机模型试验后的过渡过程计算与实测中的差异。过渡过程计算采用的SIMSEN[4]过渡过程软件是由瑞士联邦理工大学开发，为国内外多个制造厂如福伊特、东电及多所高校采用的过渡过程计算软件。武汉大学开发的浪淘石软件也得到国内数十个电站的过渡过程计算应用。采用这两个具有代表性的计算软件开展反演分析验证，研究过渡过程计算的问题更有说服力。因此，本文通过细致的反演分析研究，提高过渡过程的计算精确度，促进电站全寿命周期过渡过程设计的安全性，形成对工程建设期及运行期的有效指导，确保电站安全稳定运行。

2　反演分析方法

反演分析方法是通过电站投产后实测的过渡过程数据反过来校核设计阶段的过渡过程计算结果。通过现场实际运行数据来对比、分析、修正数值计算结果，不断提高计算精度。实测数据和计算数据的对比是反演分析技术的核心。但过渡过程现场试验中通过压力信号采集方法获得的压力为实时变化数据，包括压力脉动。而过渡过程计算软件均基于一维计算理论，受其限制，计算结果得到的是压力均值的变化曲线，不包含脉动压力，二者直接进行对比不利于对结果的精细分析。因此反演分析需要首先对实测结果进行处理，提取其压力均值信号与计算结果进行对比。本文采用了经验模态分解法（Empirical Mode Decomposition[5]，EMD），该方法是一种将非线性、非平稳信号分解成一系列调频调幅信号的自适应分解方法。可将压力信号分解为趋势项和脉动项，其中趋势项即代表压力波动均值。图1及图2给出了甩负荷过渡过程蜗壳进口压力的分解及对比实例。图1给出了实测数据分解结果，图2给出了分解后的趋势线与计算结果进行对比的结果。

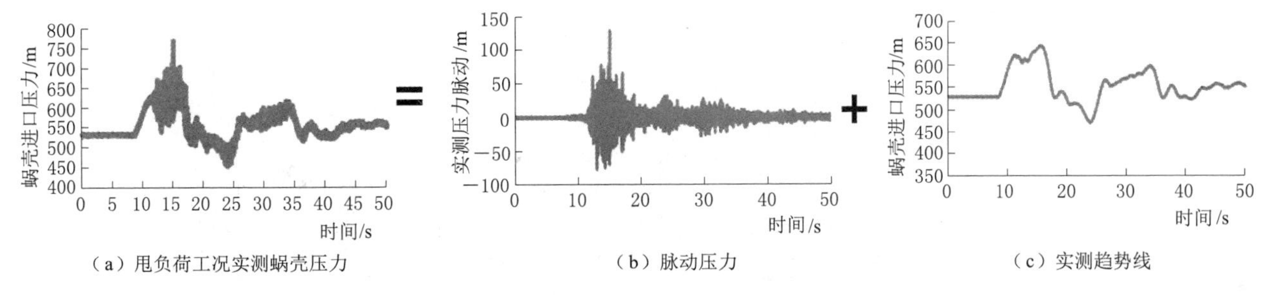

（a）甩负荷工况实测蜗壳压力　（b）脉动压力　（c）实测趋势线

图 1　实测蜗壳进口压力经验模态分解

图 1 中可见实测值可成功分解为趋势线和脉动压力的结果，且图 2 中可以看出分解后的趋势线与计算结果二者波动趋势及幅值基本一致，表明用该方法分解实测数据后的趋势线与计算结果进行对比是可靠的。

反演分析的目的是基于实测结果的分析，合理确定过渡过程计算结果应该叠加的脉动修正量。本文对实测数据分离出的压力脉动，进行了 95％置信度分析。由此求得置信区间内的压力脉动峰峰值。最后将求得的压力脉动值叠加至计算结果，再次与实测对比。

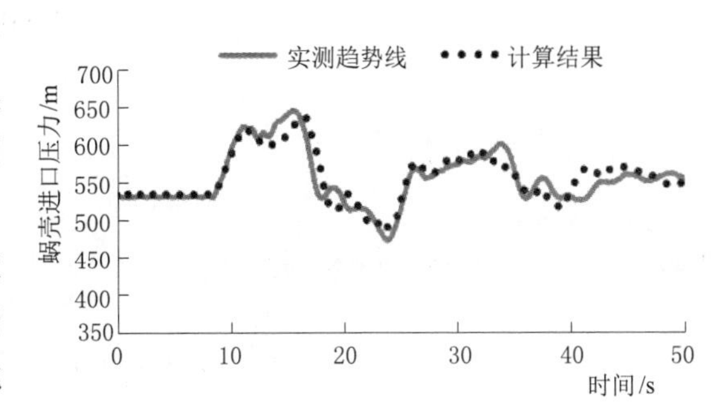

图 2　实测数据分解后的趋势线与计算结果的比较

3　电站主要参数

本文中反演分析的实测值来自某抽水蓄能电站双机甩 100％负荷过渡过程现场试验的数据，该电站及机组的主要参数见表 1。

表 1　电站特征水头及电站机组主要参数

参　数	参数值	参　数	参数值
电站装机容量/MW	4×300	水轮机工况最大净水头/m	565.0
水轮机额定水头/m	540.0	水轮机工况最小净水头/m	520.0
额定转速 n_r/(r/min)	500	水轮机额定流量 Q_r/(m^3/s)	62.09
最大毛水头/m	570.0	转轮高压侧直径 D_1/m	3.8501
最小毛水头/m	535.0	转动惯量 (GD^2)/(t·m^2)	3800
水轮机额定功率/MW	306	安装高程/m	93

4　电站反演分析实例

本文通过反演分析研究三个过渡过程最重要的控制参数：机组蜗壳进口最大压力、尾水管进口最小压力及机组转速，分析实测与计算值的差异。所选电站的这三个控制参数值要求如下：

（1）蜗壳进口最大压力不大于 887m。

（2）机组最大转速上升率不大于 50％。

（3）尾水管进口最小压力不小于 0m。

4.1　计算模型及工况

SIMSEN 和浪淘石两款计算软件所建立的电站过渡过程分析模型分别如图 3 及图 4 所示。模型包括上水库、引水管路、机组、上下游调压室、闸门井、尾水管路，下水库等元件。计算采用的导叶关闭规律如图 5 所示，分析工况选择了典型的过渡过程双机甩负荷工况，工况为：上游水位 729m，下游水位 169.6m，额定水头，额定输出功率，两台机同时甩满负荷，机组导叶正常关闭。

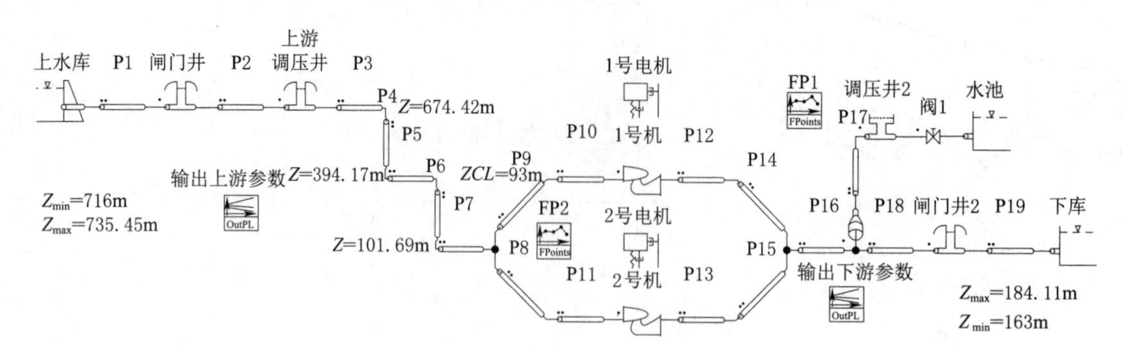

图 3 SIMSEN 数值仿真计算模型

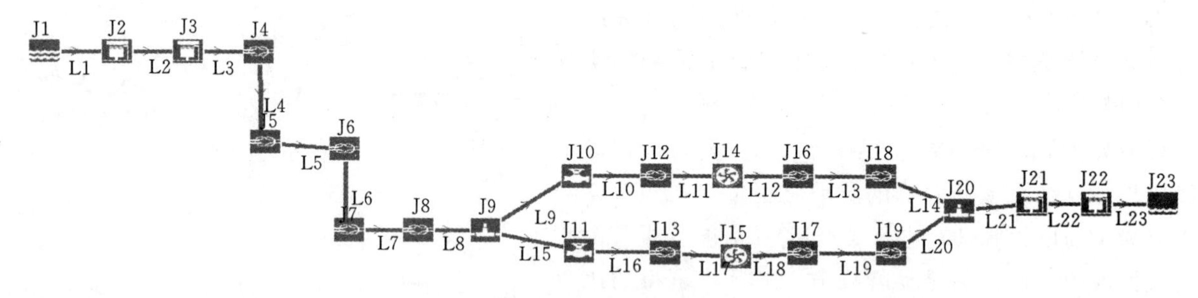

图 4 浪淘石数值仿真计算模型

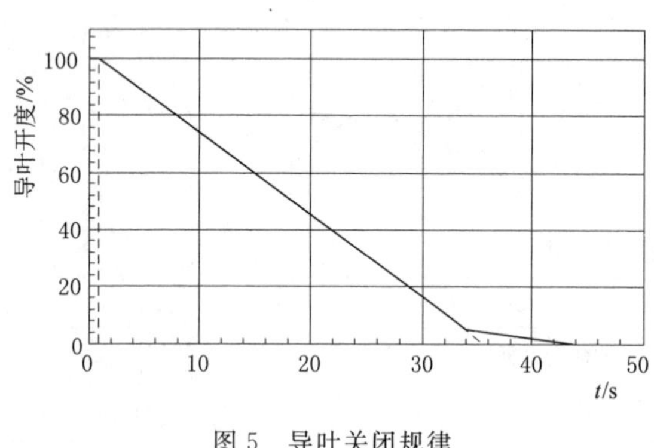

图 5 导叶关闭规律

4.2 计算与实测结果对比分析

双机甩负荷导叶正常关闭工况，该水力单元 1 号和 2 号机组蜗壳进口最大压力、尾水管进口最小压力、机组最大转速三个控制参数计算与实测趋势线的对比结果如图 6～图 11 所示。从图 6 和图 7 中可以看出：

（1）两款软件计算的蜗壳进口最大压力计算值均与实测值非常接近，偏差仅 1%左右。2 号机组水道略长，因此最大压力值略高。软件计算的压力均值线与实测压力趋势线的波动趋势基本一致，三者吻合较好。从图上可以看出，实测结果趋势线与数值计算结果的差异在于最大压力出现的时间和压力极值后的波动曲线，但该差别并不影响过渡过程设计。

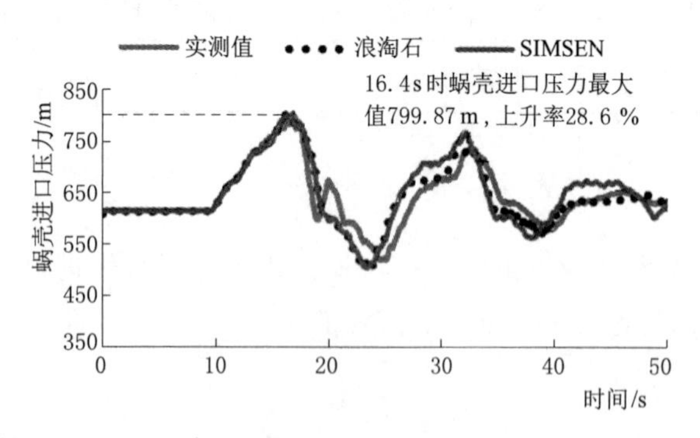

图 6 双甩 1 号机组蜗壳进口压力均值对比图

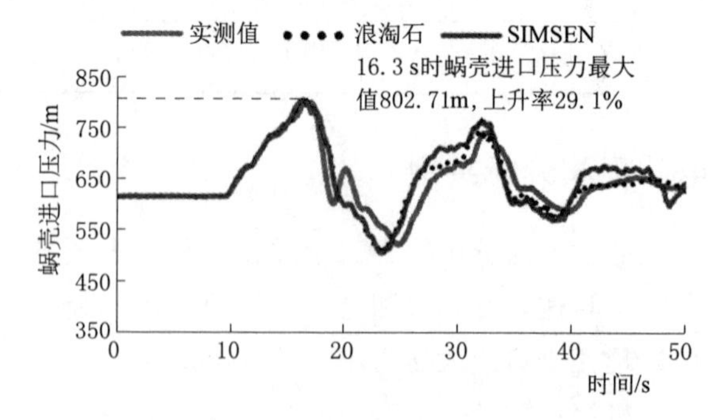

图 7 双甩 2 号机组蜗壳进口压力均值对比

（2）计算的转速最大上升值及机组转速波动曲线与实测波动基本一致。机组转速最大上升值的计算与实测结果如图 8 和图 9 所示。可以看到计算的机组转速波动曲线与实测波动基本一致，尤其是出现转速极值的第一个波形，三者基本重合，偏差在 1%以内。第一个转速波峰后的波速衰减速度计算与实测略有偏差，实测值最低。这是由于软件计算中未考虑水轮机的转动惯量（不考虑计算结果偏保守，设计更安全），因此转速相对实测值衰减得慢。

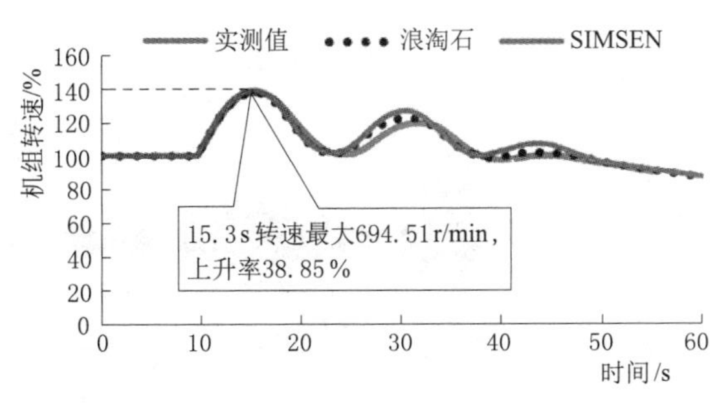

图8　双机甩负荷1号机组转速对比

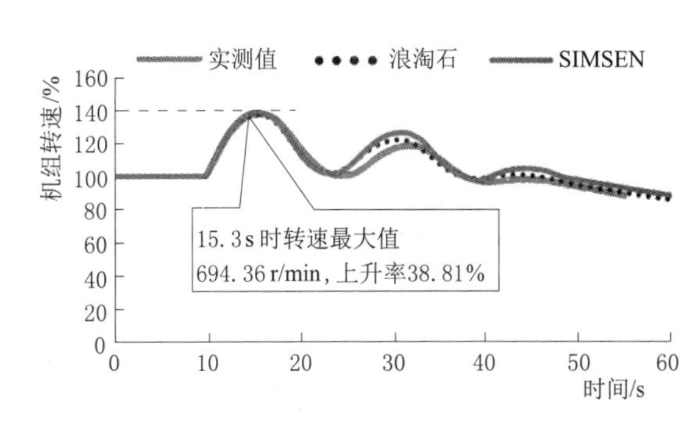

图9　双机甩负荷2号机组转速对比

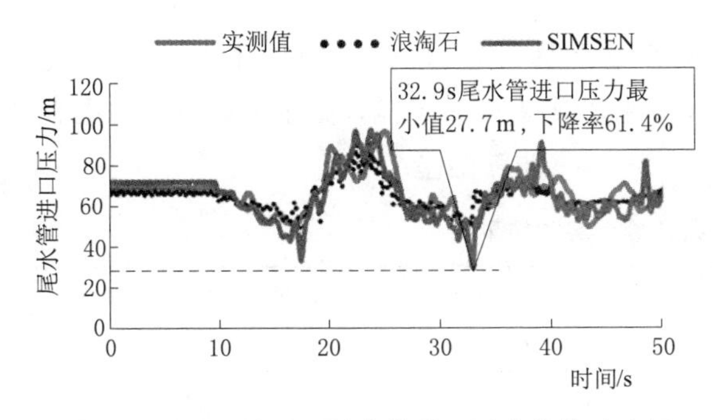

图10　双甩1号机组尾水管进口压力均值对比图

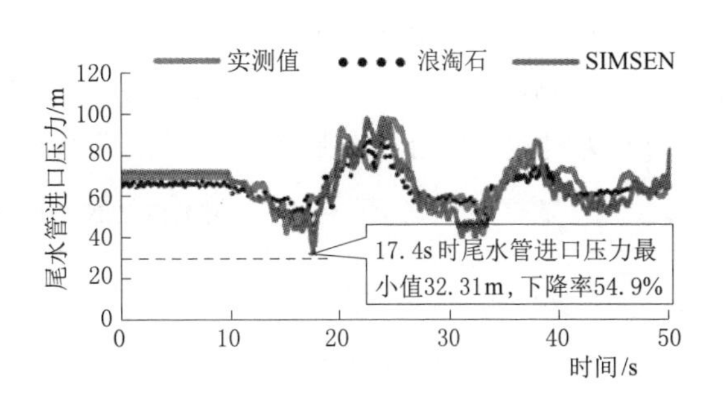

图11　双甩2号机组尾水管进口压力均值对比

（3）尾水管进口最小压力计算与实测波动趋势吻合较好。尾水管进口最小压力的对比如图10和图11所示。图中可见计算与实测波动趋势吻合较好。相对实测结果趋势线，数值计算的尾水管最小压力值更低。计算值偏低的结果在实际工程设计中更为保守。

4.3　压力脉动分析

按照95%置信度分析方法对双机甩满负荷蜗壳进口压力脉动及尾水管进口压力脉动进行了处理，如图12～图15所示。按照压力脉动最大值与最小值之差，即峰峰值进行分析，最后取其一半作为脉动修正量参考值。本文分析的蜗壳进口压力点的最大脉动峰峰值接近15%，因此对于该工况而言，蜗壳进口压力脉动修正量可取7.5%。该值略高于目前按甩负荷前净水头的5%～7%计入压力脉动的推荐范围。标准中尾水系统涡流引起的压力下降可按甩前净水头的3.5%～2.0%选取。本电站该工况尾水管进口最大压力脉动峰峰值为9.57%，尾数管进口压力脉动修正量可取4.79%，也高于标准推荐值。

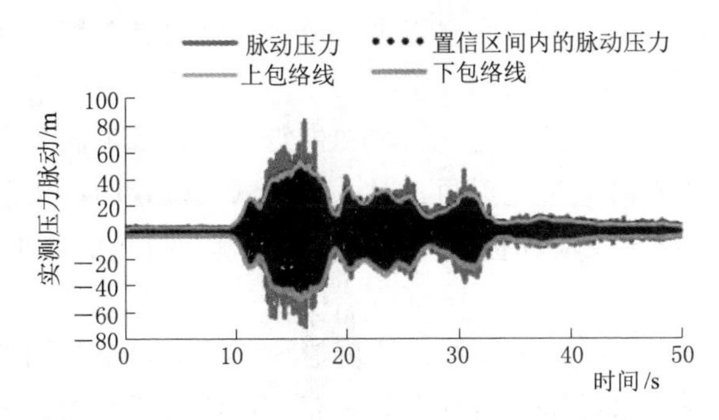

图12　双甩1号机组蜗壳进口压力脉动分析结果

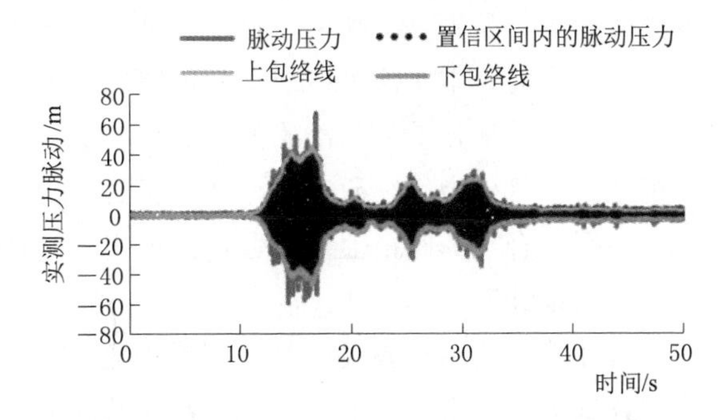

图13　双甩2号机组蜗壳进口压力脉动分析结果

4.4　计算误差分析

为使得反演分析后的结果与实测结果更好吻合，还需进一步对计算与实测结果进行误差分析，确保计算得到的压力极值叠加上压力脉动与误差后与实测结果一致。这里定义蜗壳进口最大压力计算误差为实测趋势线上最大值和计算最大值之差与压力上升值的比值；尾水管进口最小压力计算误差为实测趋势线上最小值和计算最小值之差与压力下降值的比值。表2给出了该电站双机甩负荷工况的计算极值、实测数据分解后的趋势线极值、压力脉动及计算误差。

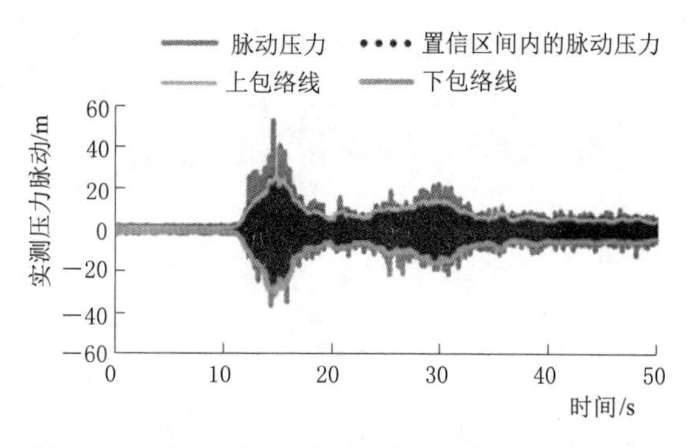

图 14　双甩 1 号机组尾水管进口压力脉动分析结果

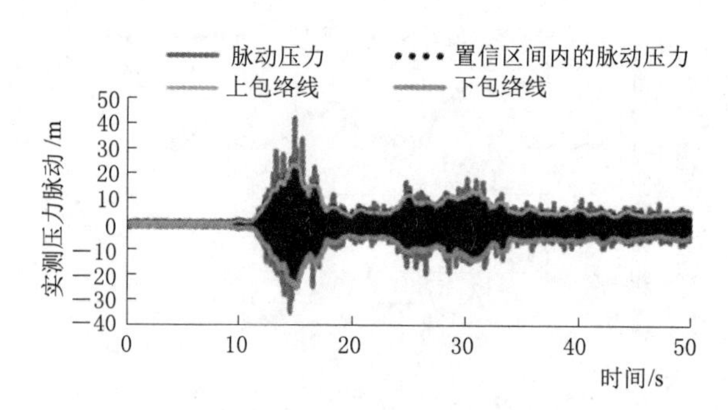

图 15　双甩 2 号机组尾水管进口压力脉动分析结果

表 2 中对该工况的分析表明，蜗壳进口最大压力计算误差最大为 2.86%，低于标准推荐的按照压力上升值的 5%～10%计入计算误差。尾水管进口最小压力计算误差为 24.5%，高于标准推荐的尾水管内的最小压力水力过渡过程计算控制值计入压力下降值的 5%～10%计算误差。

表 2　甩负荷工况控制参数计算及实测结果

参　数		双机甩 100%负荷工况	
		1 号	2 号
蜗壳进口压力	计算最大值/m	799.87	802.71
	趋势线最大值/m	802.6	796.83
	脉动峰峰值/%	14.84	14.92
	计算误差/%	0.41	2.86
尾水管进口压力	计算最小值/m	27.65	32.31
	趋势线最小值/m	38.37	37.14
	脉动峰峰值/%	9.57	8.16
	计算误差/%	24.5	5.39
机组转速	计算最大值/%	138.85	138.81
	实测最大值/%	137.95	137.98

4.5　计算与实测偏差原因分析

虽然目前计算与实测数据的对比结果中控制值偏差在合理范围内，控制参数的变化趋势也是一致的。但二者之间的差异是不可忽视的。这就需要对造成计算与实测偏差的原因进行分析，这也是开展反演分析工作的主要目的。本文认为造成这种偏差的主要影响因素有以下方面：

（1）为计算结果提供更为准确的脉动修正量是反演分析的目的之一。本文仅给出了双机甩满负荷的计算分析结果，可作为后续研究的参考。但过渡过程中不同电站、不同工况、不同测点位置的压力脉动均会存在差别，合理的修正值需要通过大量实测与计算结果反演分析才可获得更为准确、可靠的修正量，用于指导前期设计。

（2）从计算与实测趋势线的对比结果来看，控制值的衰减速度不同。这可能与实际流道中不同位置波速的设置有关。抽水蓄能电站一般为高水头电站，最大水锤压强出现在第一相末，波速对最大压力结果存在一定的影响[6]。但真实流场的波速难以通过实测获得，计算中波速一般根据流道特性及计算人员的经验在 1000～1400m/s 之间取值，这无疑会对计算结果带来一定的误差。

（3）水力系统中通常用当量直径代替过流断面变化的流道。如电站进出水口、蜗壳、尾水管等都需要进行当量。采用不同的非均匀圆管当量直径计算方法得出的结果并不相同，影响流场计算结果[7]。

（4）调压室和闸门井阻抗孔损失系数以及流道不同部位流动损失的确定也会影响波动幅值和衰减速度、系统的稳定性等方面，合理取值也对水力过渡过程计算十分关键[8,9]。其确定方法也有待进一步研究确定。

（5）目前压力测量通常仅在测量截面一侧安置传感器。在过渡过程紊乱的流场中，选择单一测点的脉动作为整个截面脉动的参考，其准确性存疑。且传感器的安置方式也会影响测量结果的准确性。

5 结语

本文结合具有代表性的双机甩负荷过渡过程工况，介绍了基于实测数据，提高数值计算结果精度的反演分析方法。

计算结果表明所采用的两款数值计算软件均能反映过渡过程工况的关键控制参数变化，计算结果与实测数据的趋势线基本一致。验证了前期采用计算软件进行过渡过程预测的合理性。反演计算的主要目的就是提高后续数值计算的精度。通过对双机甩负荷工况实测压力数据的分解、压力脉动和计算误差的分析，得出该工况压力脉动修正量均高于标准推荐值。但蜗壳进口压力的误差小于标准值，尾水管内压力误差大于标准推荐值。

反演分析方法可以为更准确地反映甩负荷时真实流场的压力变化提供基础。本文是根据电站实际采用的模型综合特性曲线进行过渡过程计算结果与试验结果对比分析的，但影响计算精度的因素众多，采用反演分析的结果提升前期设计精度还需要通过更多电站、更多工况的反演计算，进行系统的研究实测值与计算值的差异，进而提高计算结果的准确性，为抽水蓄能电站过渡过程设计的安全性、经济性提供有效指导。

参考文献

[1] 李修树，高瑜，董笑波. 浅析水电站调节保证设计［J］. 水力发电，2014，40（4）：58－60.

[2] 郑涛平，田子勤，李靖，等. 三峡电站31号机尾水过渡过程监测结果反演分析［J］. 人民长江，2013，44（24）：62－65.

[3] 郑建兴，刘平，杨晖，等. 黑麇峰抽水蓄能电站机组甩负荷试验反演预测及主要特性分析［J］. 水电站机电技术，2016，39（B12）：44－49.

[4] NICOLET C，AVELLEN F，ALLENBACH P，et al. New tool for the simulation of transient phenomena in francis turbine power plants［C］//Proceedings of the 21st IAHR Symposium on Hydraulic Machinery and Systems，Lausanne，2002.

[5] HUANG Norden E，ZHENG Shen，STEVEN R Long，et al. The empirical mode decomposition and the Hilbert spectrum for nonlinear and non－stationary time series analysis［J］. Proceedings of the Royal Society of London，Series A，1998，454（4）：903－995.

[6] 黄贤荣. 水电站过渡过程计算中的若干问题研究［D］. 南京：河海大学，2006.

[7] 王静波. 管道当量直径的计算［J］. 辽宁石油化工大学学报，2005，25（3）：69－70.

[8] 程永光，杨建东. 用三维计算流体力学方法计算调压室阻抗系数［J］. 水力学报，2005，36（7）：787－792.

[9] 熊保锋. 抽水蓄能电站侧式进出水口体型优化的数值模拟［J］. 科技创新导报，2016，13（32）：62－66.

一管双机抽水蓄能机组水力干扰研究

邓　磊[1]　魏　欢[1]　李东阔[1]　王　亮[2]

（1. 国网新源控股有限公司技术中心，北京市　100161；

2. 华东宜兴抽水蓄能有限公司，江苏省宜兴市　214205）

【摘　要】为进一步掌握抽水蓄能机组甩负荷时对同一流道系统运行机组的影响，在宜兴抽水蓄能电站开展了甩负荷水力干扰试验与研究。通过该电站水力过渡过程计算结果与试验实测结果的对比分析，对一管双机抽水蓄能机组甩负荷时的水力干扰进行了验证，为电站的安全稳定运行提供了支撑，也可为其他电站提供参考借鉴。

【关键词】抽水蓄能机组　一管双机　水力干扰　水力过渡过程计算　对比

1　引言

江苏宜兴抽水蓄能电站（以下简称“宜兴电站”）为日调节纯抽水蓄能电站，安装有4台单机容量为250MW的可逆式机组[1]。电站引水系统和尾水系统均采用一管两机的布置方式，共用引水系统和尾水系统的机组间存在水力联系，当其中一台机组的水力发生变化时，如甩负荷等引起流道的压力和流量的变化时，将对同一流道运行的其他机组产生水力影响，进而影响到机组的功率和压力变化。

2019年12月23—24日，电站2号流道的3号、4号机组进行了水力干扰试验。试验时4号机组230MW运行，3号机组分别甩50%、75%和100%的甩负荷。试验前后针对相应的水位条件进行了一系列水力过渡过程计算及对比分析。

2　主要参数

2.1　上下库水位

正常蓄水位：上库471.5m，下库78.9m；正常消落水位：上库435.0m，下库58.0m；死水位：上库428.6m，下库57.0m。

2.2　输水系统

一管两机输水系统总长度为3061.00～3082.33m，其中引水隧洞长1153.47～1242.12m，尾水隧洞长1907.68～1840.21m。尾水系统设置尾水调压室，布置在尾水岔管下游35m处的尾水隧洞上，采用阻抗式带上室结构形式[1,2]。

2.3　水泵水轮机

水轮机额定功率255MW，水泵最大入力－275MW；额定转速375r/min；额定水头363m；额定流量78.5m^3/s；最大水头410.7m；最小水头344m；吸出高度－60.0m。

2.4　发电电动机

发电电动机额定电压15.75kV，额定转速375r/min；发电机工况额定容量278MVA，额定功率因数0.9（滞后），最大持续容量290MVA（$\cos\phi=0.95$滞后）；电动机工况容量为278MW，功率因数为0.98（超前）。

2.5　过渡过程保证参数

蜗壳最大压力不超过6300kPa；尾水管进口（转轮出口）处最低压力值不小于0kPa；在所有过渡过程工况中机组产生的瞬态飞逸转速不大于150%[2]。

2.6　修正方法

根据团体标准T/CEC 5010—2019《抽水蓄能电站水力过渡过程计算分析导则》[3]（以下简称《分析

导则》），调节保证设计值应在水力过渡过程计算值的基础上考虑压力脉动及计算误差进行修正后确定。

分析导则规定：机组蜗壳进口最大压力调节保证设计值，应在水力过渡过程计算值的基础上，按甩负荷前净水头的5%～7%压力脉动和压力上升值的5%～10%计算误差修正。如果已取得实际采用的水泵水轮机模型特性曲线，可适当降低或不考虑计算误差。

机组尾水管进口最小压力调节保证设计值，应在水力过渡过程计算值的基础上，按甩负荷前净水头的2%～3.5%压力脉动和压力下降值的5%～10%计算误差修正。

本文的计算结果考虑压力脉动和计算误差的修正方法如下：

蜗壳最大预想压力＝计算值＋净水头×5%＋(计算值－初始值)×5%；

尾水管进口最小预想压力＝计算值－净水头×2%－(初始值－计算值)×10%。

3 现场水力干扰试验

电站正常运行时AGC下发单机计划负荷一般为230MW，为更贴近现场实际，在进行甩负荷水力干扰试验时，4号机组发电稳态运行负荷选择为230MW，调速器选择功率控制模式，进行3号机组甩50%、75%和100%负荷水力干扰试验。

为保证安全，试验前利用调节保证计算软件进行了过渡过程计算，核算了甩负荷可能的最大值以及持续时间，据此对电站保护进行了分析，确认了定子过负荷保护定值及延时满足试验要求，不会发生电气保护动作导致的相继甩负荷[4-6]。

本次试验测量了机组的压力、转速等。其中，3号和4号机组的蜗壳进口压力和尾水管进口压力分别选择了两个位置进行测量，蜗壳进口压力测点一处位于蜗壳层球阀后明管上，测压管长约0.3m，另一处为用测压环管后长管路引至水轮机层的水力测量表盘处，引压管路长度约为11.8m，两测点高程差约为5.9m；尾水管进口压力测点一处位于蜗壳层尾水管处，测压管长约1.5m，另一层为用测压管路将压力引至水轮机层的水力测量表盘处，引压管路长度约为11.5m，两测点高程差约为6.3m。

3.1 同一压力不同位置试验结果

3号机组甩100%负荷过程，蜗壳进口和尾水管进口蜗壳层测点与水轮机层测点对比变化曲线如图1所示。由图1可知，蜗壳进口水轮机层测点最大值为5726.7kPa，蜗壳层测点最大值为5556.7kPa；尾水管进口水轮机测点最小值为412.08kPa，蜗壳层测点最小值为442.57kPa。尽管两测点的数值均满足合同保证值要求，但蜗壳进口压力两者相差170kPa，尾水管进口压力两者相差30.49kPa（未考虑两者高程差），相差数值较大，因此测试时应选择合适的测点。

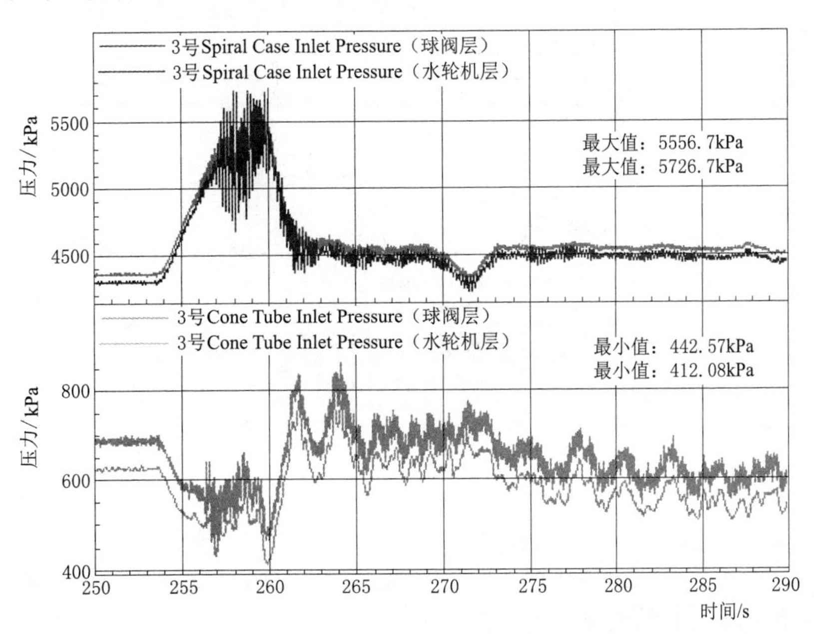

图1 甩100%负荷水力干扰试验3号机组同一压力不同位置曲线变化对比

根据研究[8]，测量引压管路可能会引入额外的频率成分导致压力测量结果偏差较大，在进行过渡过程压力测量时，设计的测点位置应尽量靠近被测对象，且测压管路应刚性强，距离短。本次试验结果选择更靠近被测量部位的蜗壳层测点进行分析。

3.2　试验结果统计

甩负荷水力干扰试验结果见表1，甩100%负荷水力干扰试验曲线如图2、图3所示。

表1　　甩负荷水力干扰试验结果

机组工况		U4	U3	U4	U3	U4	U3
		230MW	甩50%	230MW	甩75%	230MW	甩100%
上库水位/m		466.44		461.71		460.14	
下库水位/m		63.81		67.17		68.17	
毛水头/m		402.63		394.54		391.97	
负荷/MW	甩前	232	129	229.2	187.8	230.7	251.1
	甩时最大	270.6	—	283.6	—	312.75	—
	甩时最小	184.1		196.9		199.4	
导叶开度/%	甩前	72	43.7	73.82	60.75	76.1	83.17
	甩时最大	72	—	74	—	76.17	—
	甩时最小	64.9		62.85		63.4	
转速/%	甩时最大	100.06	112.9	100.1	120.86	100.06	130.78
蜗壳进口压力	甩前/kPa	4462	4560	4405	4442	4371	4360
	甩时最大/kPa	4859.1	5076	5001.9	5303.2	5184.9	5556.7
	上升率/%	8.90	11.32	13.55	19.39	18.62	27.45
尾水管进口压力/kPa	甩前	657	716.6	675.2	711.1	693.4	692.6
	甩时最小	545.5	539.4	496.6	503.14	495.21	442.57

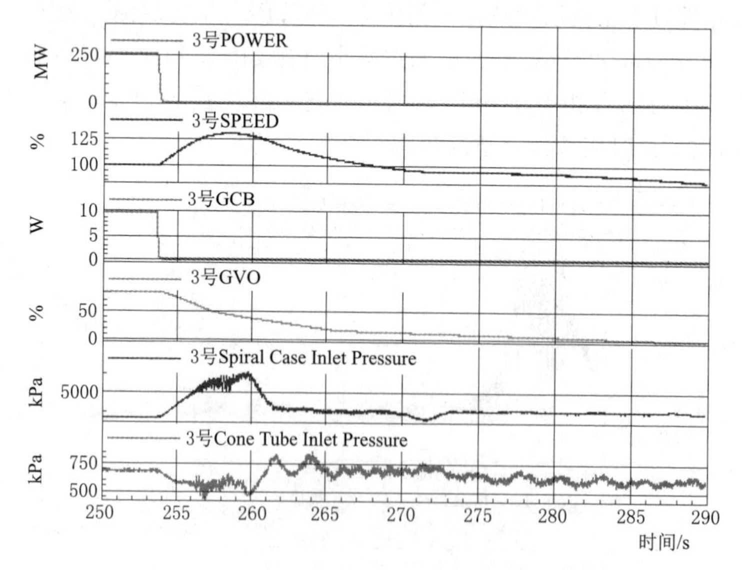

图2　甩100%负荷水力干扰试验3号机组主要参数变化曲线

4　试验结果对比分析

在试验前，根据实际采用的关闭规律曲线，针对试验工况进行了复核计算，各项过渡过程参数均满足控制要求，甩负荷水力干扰计算结果对比见表2和图4。

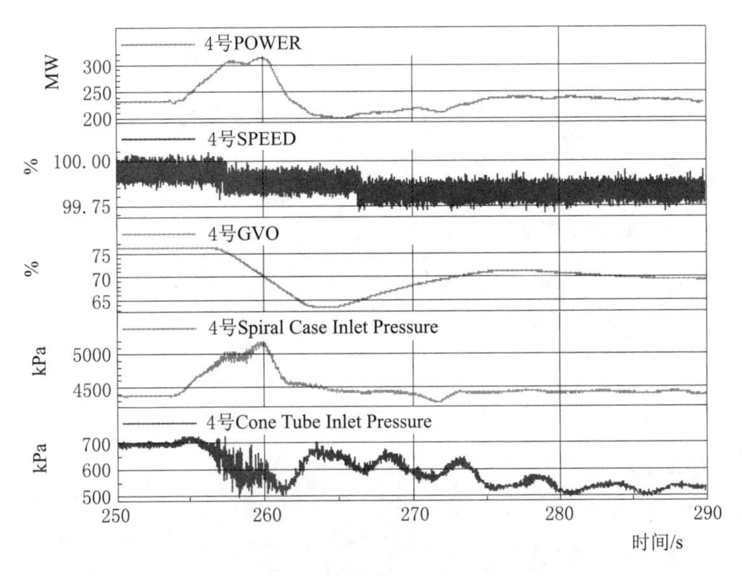

图 3　甩 100%负荷水力干扰试验 4 号机组主要参数变化曲线

表 2　　甩负荷水力干扰的数据对比表

机组参数	项目	3号				4号			
		实测值	计算值	修正值	实一修	实测值	计算值	修正值	实一修
蜗壳进口最大压力/kPa	甩 50%	5076	4956.6	5172.8	−96.8	4859.1	4765.1	4974.4	−115.3
	甩 75%	5303.2	5117.6	5341.6	−38.4	5001.9	4866.9	5079.7	−77.8
	甩 100%	5556.7	5308.8	5543.3	13.4	5184.9	5005.9	5194.5	−9.6
尾水管进口最小压力/kPa	甩 50%	539.4	573.5	485.48	53.92	545.5	602.5	518.44	27.06
	甩 75%	503.14	524.3	430.1	73.04	496.6	588	500.6	−4
	甩 100%	442.57	507.58	412	30.57	495.21	573.9	484.6	10.61
最大转速/%	甩 50%	112.8	113.09	113.09	−0.29	100	100	100	0
	甩 75%	120.78	121.06	121.06	−0.28	100	100	100	0
	甩 100%	130.79	129.71	129.71	1.08	100	100	100	0
最大出力/MW	甩 50%	—	—	—	—	270.46	263.65	263.65	6.81
	甩 75%	—	—	—	—	283.45	283.19	283.19	0.26
	甩 100%	—	—	—	—	312.75	305.49	305.49	7.26

由表 2 和图 4 可知：

（1）甩负荷水力干扰的实测值极值与修正后的计算值基本一致。以甩 100%负荷水力干扰试验做主要对比分析，3 号机组蜗壳进口压力实测值与修正值的压力极值差值在 13.4kPa 以内，尾水管进口压力实测值与修正值的压力极值差值在 30.57kPa 以内，最大转速的差值在 1.08 %以内，4 号机组最大出力的差值在 7.26MW 以内。

（2）3 号机组和 4 号机组蜗壳进口压力的计算值与实测值的变化趋势基本一致。各工况波峰波谷产生的个数基本一致，波峰波谷发生时刻有细微差异。3 号机组甩负荷的压力最大值较 4 号机组最大值大，计算值的变化范围较试验值小，误差主要是由压力脉动产生的；3 号机组的蜗壳进口最大压力修正值为 5543.3kPa，实测值为 5556.7kPa，均满足调节保证的要求。

（3）3 号和 4 号机组尾水管进口压力计算值与实测值的变化趋势一致。两者之间存在一定的偏差，可能是由于多种因素综合导致，例如压力脉动、尾水管进口处涡带以及与测点位置即管路距离有关。3 号机组尾水管进口最小压力略低于 4 号机组尾水管进口的最小压力，3 号机组尾水管进口最小压力修正值为 412kPa，实测值为 442.57kPa，均满足调节保证要求。

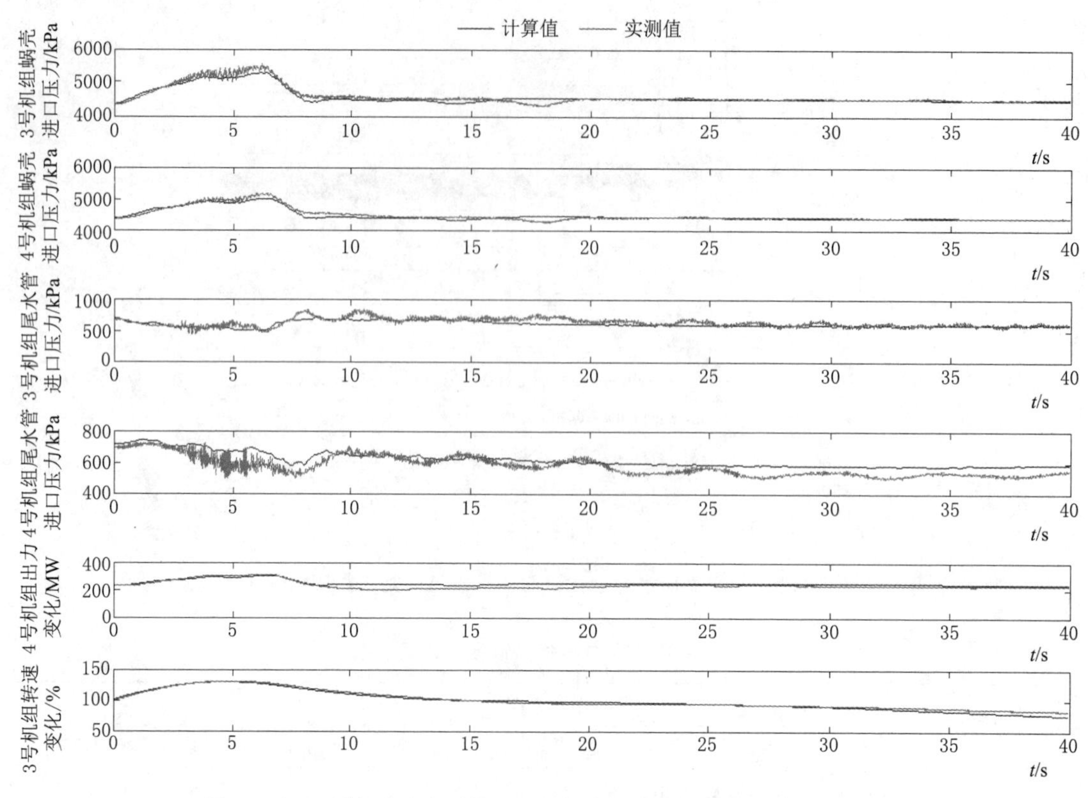

图4 甩100%负荷水力干扰试验主要参数计算值与实测值曲线对比

(4) 3号机组转速计算值与实测值基本一致。3号机组转速经一个波峰后稳定下降，最大转速计算值为29.71%，试验值为30.79%，满足调节保证要求。对比计算值与实测值，3号机组转速最大值的误差主要是由机组 GD^2 的误差和各种摩擦损失导致的，同时，由于实际水和风及轴承的阻力矩会增大 GD^2 值的等效特性，而无法准确的推测机组实际 GD^2，因此发电机的 GD^2 也会有偏差。对于转速波形，0～30s之间的波形，计算与试验比较接近；大约30s时，机组转速下降至90%，试验值转速下降的更慢，这有可能是在高压油顶起装置的作用下，导致试验转速下降较慢，而计算值无法模拟高压油顶起装置对转速变化的作用。3号机组甩100%负荷时，导叶动作规律正确，计算的导叶关闭规律与试验基本一致。

(5) 4号机组负荷波动计算值与实测值变化趋势基本一致。4号机组发电运行在230MW时，3号机组甩100%负荷引起的4号机组向上负荷波动实测最大为82MW，负荷在270MW以上持续的时间约4s。甩负荷机组对运行机组造成了一定的影响，但是运行机组能够安全稳定运行。

5 结语

(1) 该电站过渡过程模拟计算结果和实测结果都表明水力干扰工况皆满足过渡过程要求。

(2) 4号机组发电运行在230MW时，3号机组甩100%负荷引起的4号机组向上负荷波动计算值与实测值结果基本一致，实测3号机组甩100%负荷引起的4号机组最大负荷波动为82MW，负荷在270MW以上持续的时间约4s，甩负荷机组对运行机组造成了一定的影响，但是运行机组能够安全稳定运行。

(3) 过渡过程试验进行蜗壳进口压力和尾水管进口压力测试时，同一测点不同测量位置压力测量存在偏差，为更精确评价目的，压力测点布置应尽量选择靠近被测对象的压力引出点，测压管路应短且刚性，管路越短越好。

参考文献

[1] 孟繁聪，王莉，蒋明君. 江苏宜兴抽水蓄能电站一管双机甩负荷试验分析 [J]. 水电自动化与大坝监测，2015，39 (1)：49-51.

[2] 向红，余雪松，李成军，等. 江苏宜兴抽水蓄能电站甩负荷试验水力过渡过程计算与实测对比 [C] //第十八次中国水电设备学术讨论会论文集，2011：48-53.
[3] T/CEC 5010—2019 抽水蓄能电站水力过渡过程计算分析导则 [S].
[4] 孙慧芳，周攀，杜雅楠，朱文娟. 抽水蓄能机组双机甩负荷试验分析 [J]. 水电能源科学，2017，35 (6)：136-139.
[5] 唐拥军，章亮，王康生. 某抽水蓄能电站一管双机水力干扰分析 [J]. 水电与抽水蓄能，2019，5 (5)：83-87.
[6] 徐三敏，张飞，秦俊，杨柳. 某抽水蓄能电站一管双机切泵试验分析 [J]. 人民长江，2017，48 (9)：79-82.
[7] 张飞，郭磊，宫让勤，周健. 基于线性摩擦模型的水力机械测压管路特性 [J]. 工程热物理学报，2018，39 (8)：1725-1730.
[8] 唐拥军，邓磊，周喜军，刘锋. 测压管路对抽蓄机组过渡过程测试结果的影响 [J]. 水力发电，2017，43 (12)：57-60.

一种提高发电机转子接地保护功能可靠性设计方案

杜文军　吴杨兵　聂　春　王奎钢　沈青青

（国网新源浙江仙居抽水蓄能有限公司，浙江省台州市　317300）

【摘　要】本文在大型抽水蓄能电站 RCS－985GW 发电机双端注入式转子一点接地保护动作原理的基础上，分析同时投入 A/B 套相同原理/结构双端注入式转子接地保护产生误动的影响，针对该影响提出 A/B 套自动切换投入设计方案，有效提高发电机运行时转子一点接地保护功能可靠性。

【关键词】转子一点接地保护　误动　自动切换

1　概述

浙江仙居抽水蓄能电站（以下简称“仙居电站”）大型发电机配置两套 RCS－985GW 型保护装置，该型号转子一点接地保护采用双端注入式结构原理，现场实际应用中仅 A 套双端注入式转子一点接地保护投入，B 套双端注入式转子一点接地保护退出，因为如果同时投入 A/B 套相同型号转子一点接地保护功能，由于保护装置本身计算特性，现场保护装置实际会发生误动。假设发电机正处于运行时，A 套转子接地保护功能故障（如注入回路断线，保护拒动），B 套转子接地保护功能退出状态，此时发电机转子保护存在死区失去了接地保护，需现场手动将 A 套转子接地保护退出并投入 B 套转子接地保护，但手动切换存在一个较长的时间差。为解除这一时间差，需设计一种可靠自动切换功能。本文主要在同时投入两套相同原理/结构双端注入式转子接地保护，且成功避免 A/B 套同时投入误动的影响上，进行自动切换回路研究与设计。

2　转子一点接地保护动作原理

仙居电站发电机保护装置采用 RCS－985GW 双端注入式转子一点接地保护原理。涉及的参数有：装置内置测量电阻 R_x，回路外接电阻 R_y，已知方波电源 U_{sq} 在＋46～－46V 周期变化。装置内置电阻 R_x 两端并接一个电压表测量其电压 U_{Rx}，通过 $\frac{U_{Rx}}{R_x}$ 即可计算出流过 R_x 的电流，规定 $U_{sq}=46$V 时流过 R_x 的电流为 i_1。

假设转子发生转子一点接地故障，对地之间形成接地程序判别电阻 R_g，双端注入式转子一点接地原理图如图 1 所示。

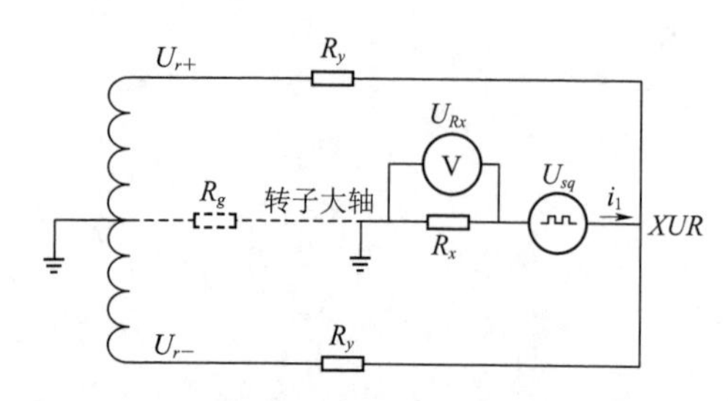

图 1　双端注入式转子一点接地原理图

根据基尔霍夫电压定律（KVL 定律），推导计算公式如下：

$$U_{sq}+i_1\frac{R_y}{2}+i_1R_x+i_1R_g=0 \tag{1}$$

$$R_g=\frac{-U_{sq}}{i_1}-R_x-\frac{1}{2}R_y \tag{2}$$

由于 U_{sq}、i_1、R_y、R_x 均为已知量，根据上述公式可以得出接地电阻阻值。通过程序判别接地电阻 R_g 阻值与整定值定值做比较，可判断转子一点接地故障发生及接地点位置。

3 两套双端注入式转子接地保护同时投入产生误动原因

当两套双端注入式转子接地保护同时投入时，其中一套装置双端注入回路会与另一套装置方波电源接地端构成接地回路，该装置程序判别接地电阻为 R_{g1}，同样另一套装置程序判别极地电阻为 R_{g2}，由于两套装置结构与原理相同，两套装置程序判别的接地电阻也相同 $R_{g1}=R_{g2}$。等效原理原理图如图 2 所示。

假设 1：两套装置投入时方波电源＋46～－46V 周期波动，同一时刻一套方波电源处于一上升沿，另一套处于下降沿，等效原理图如图 2 所示。

根据平衡电桥原理，可以将上述图 2 虚框中电阻等效，如图 3 所示。

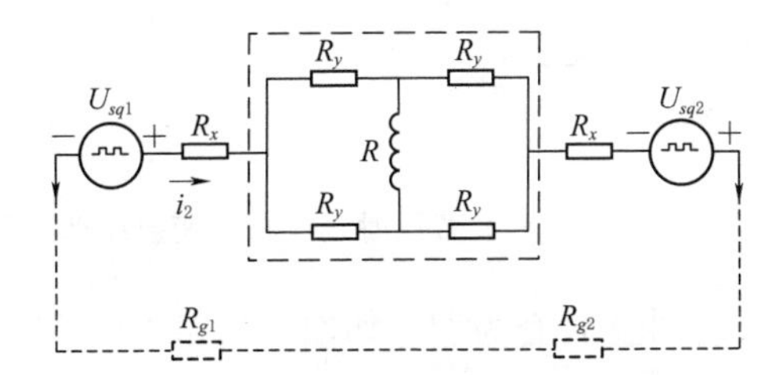

图 2 两套装置方波电源同时投入一套上升沿一套下降沿等效原理图

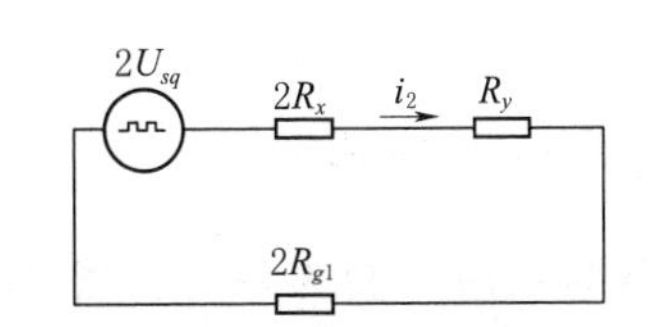

图 3 两套装置方波电源同时投入一套上升沿一套下降沿化简图

根据 KVL 定律，推导计算公式如下：

$$2U_{sq}+i_2R_y+2i_2(R_x+R_{g1})=0 \tag{3}$$

$$R_{g1}=\frac{-U_{sq}}{i_2}-R_x-\frac{R_y}{2} \tag{4}$$

该值 R_{g1} 与上述公式（2）转子发生一点接地故障时程序判别电阻 R_g 值一样，程序内部数据处理时将会误认为是发生转子一点接地故障，从而导致保护装置动作。所以当两套装置投入时容易发生装置误动。

假设 2：两套装置投入时方波电源处于同一上升沿，等效原理图如图 4 所示，利用叠加原理计算公如下：

$$U_{sq1}+i_3R_y+2i_3(R_x+R_{g1})=0 \tag{5}$$

$$-U_{sq2}-i_3R_y-2i_3(R_x+R_{g1})=0 \tag{6}$$

公式（5)＋公式（6)＝0，程序检测出 R_{g1} 或 R_{g2} 为∞，在该种假设情况下，转子一点接地保护不会误动作。

综上所述，两套相同原理相同结构装置同时投入，是会存在保护误动的情况。

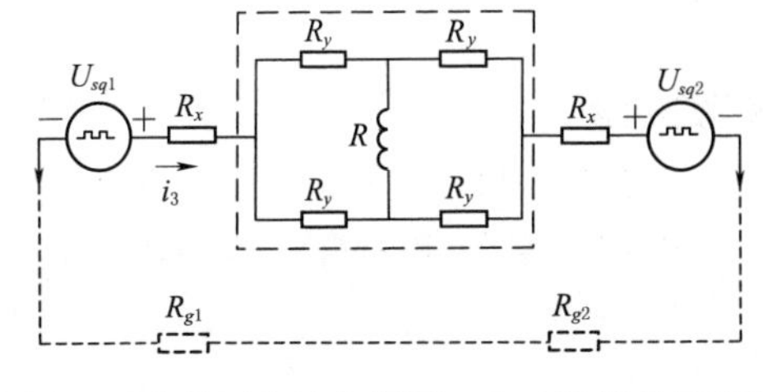

图 4 两套装置方波电源同一上升沿等效原理图

4 注入回路断线自检功能原理

当双端注入式变成单端后，发电机转子在发生一点接地故障时保护装置存在拒动情况。为防止该情况发生设置了注入回路断线检测功能。在磁极绕组回路负端或正端串接一个毫安级传感器，用于比较发电机运行情况下正常传感器采集电流值与发电机运行情况下回路断线时传感器采集电流值来判断回路是否发生开路。发电机运行时当转子注入回路发生断线检测到 I_1 为 0 时保护装置发出断线告警，并输出控制切换继电器 KM。自检功能原理如图 5 所示。

回路断线自检功能回路利用 KVL 定律，计算公式如下：

$$U_{r+}+U_{r-}-2I_4R_y=0 \tag{7}$$

$$I_4=\frac{U_{r+}+U_{r-}}{2R_y} \tag{8}$$

5 两套装置同时投入自动切换回路设计方案

现场需将两套装置的转子一点接地保护功能投入、注入电源投入、注入回路断线检测报警功能投入，将断线检测继电器 KM1 辅助触点串入双端注入回路中，原理如图 6 所示。

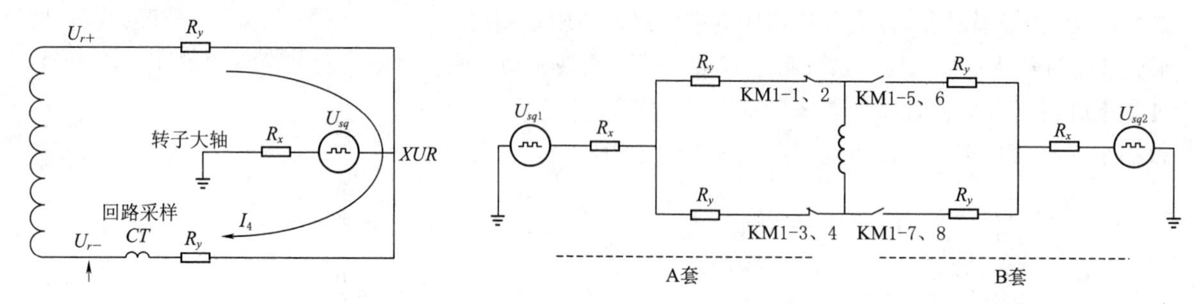

图 5 注入回路自检功能原理图

图 6 两套装置同时投入自动切换原理图

设计以 A 套为主用 B 套为备用，当 A 套故障自动切至 B 套为例，如图 6 所示，A 套注入回路串入 A 套断线检测继电器的常闭辅助触点，B 套注入回路串入 A 套断线检测继电器的常开辅助触点，当 A 套注入回路断线则 KM1 继电器励磁常闭触点 KM1－1、2 和 KM1－3、4 断开，常开触点 KM1－5、6 和 KM1－7、8 闭合，自动将 B 套注入回路投入 A 套注入回路断开。

由于 A/B 套装置在机组运行期间会自动检测注入回路断线，为防止发电机正常运行时 B 套发出断线报警，需将 A 套 KM1 继电器的常闭点信号送至 B 套闭锁。当 A 套故障继电器常闭点断开后 B 套开放自检功能。

6 结语

本文通过分析双端注入式转子一点接地保护动作原理、同时投入两套双端注入式转子一点接地保护造成保护误动，提出了两套保护自动切换设计方案，该方案有效提高转子一点接地保护功能的可靠性，有效避免因单套装置故障保护造成保护死区，也供遇到类似问题的读者参考和使用。

参考文献

［1］ 吴建华. 电路原理［M］. 北京：机械工业出版社，2009.
［2］ 朱卫萍. 等效电阻的几种计算方法［J］. 武汉电职业技术学院学报，2010，8（3）：22－25，32.

某抽水蓄能电站厂高变差动保护动作原因分析及处理

宋泽超　赵启超　李　伟

（山西西龙池抽水蓄能电站有限责任公司，山西省忻州市　035503）

【摘　要】 通过对某抽水蓄能电站厂高变差动保护动作原因进行了分析，详细地介绍了厂高变的故障情况，对厂高变返厂解剖情况和变压器内部构造以及现场监造情况进行了具体介绍，并介绍了具体的处理方法。

【关键词】 厂高变差动保护　击穿放电　绝缘损坏　粉尘　线圈绕制

1　概述

某抽水蓄能电站厂高变是一台 SCZ10－5000kVA 干式变压器，在使用过程中于 2019 年 9 月 3 日出现故障，厂高变差动保护动作，导致厂高变高压侧开关分闸。缺陷发生后单位迅速组织人员到现场检查，发现低压 B 相线圈气道内有明显的碳化现象，差动保护装置动作，初步判断为变压器低压 B 相线圈短路，已不能继续使用，为进一步排查变压器产生故障的原因，该台变压器返回厂家天津特变进行整体维修及事故分析工作，对变压器进行整体拆解，对低压 B 相线圈沿故障气道进行纵向解剖。

2　问题描述

2019 年 9 月 3 日该抽水蓄能电站 500kV 系统合环运行，500kV 系统全保护运行，4 台机组、主变全保护运行；1 号、2 号、3 号机组停机备用，4 号机组 C 级检修状态；10kV 厂用电系统分段运行。17 时 45 分，2 号厂高变差动保护动作，2 号厂高变高低压侧开关分闸，10kV Ⅲ母进线开关分闸，10kV 厂用电Ⅰ段带Ⅲ段联络运行正常。现场值守人员立即汇报运维负责人、运维检修部主任、分管领导，2 号厂高变运行过程中“差动保护动作”导致跳闸，10kV 厂用电Ⅰ段带Ⅲ段联络运行正常。操作/ON－CALL 人员立即现场读取 2 号厂高变差动保护动作事件记录，将 2 号厂高变进行隔离，对 2 号厂高变相关电气设备进行检查。

3　原因分析

3.1　情况梳理

故障前 2 号厂高变为负载运行，根据故障录波波形与保护装置事件记录分析，2 号厂高变差动保护动作时，故障录波及保护装置均捕捉到电流。鉴于故障录波装置与保护装置的信号来源为不同 CT，故判断此次保护动作为正确动作。可能导致的原因有：变压器匝间或层间短路。

3.2　问题排查

（1）检查保护装置事件记录，2 号厂变保护 A 盘动作日志见图 1。由保护装置事件记录可以看出17：45保护装置 A、B 相差动保护动作，动作值分别为 7.0In、6.99In，差动保护定值为 0.3In。

（2）检查故障录波装置动作情况。根据故障录波波形可知 ABC 三相在 17：45：19.513 时出现故障电流。故障电流 B 相幅值最大，AC 相幅值相同，均为 B 相一半且方向相反。

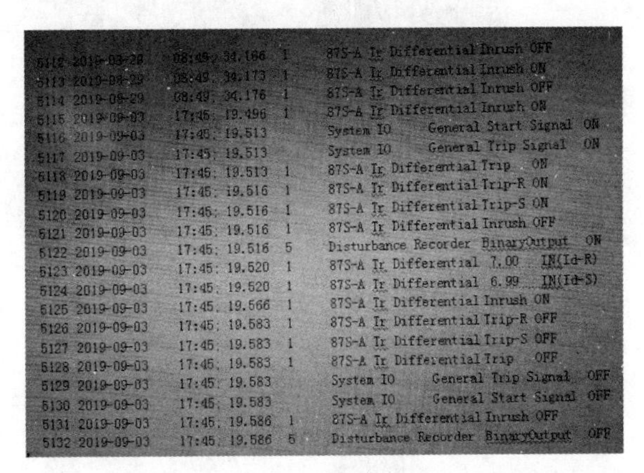

图 1　动作日志

（3）电气试验情况。

1）对 2 号厂用变电缆绝缘电阻进行了测量，测量结果未发现异常。

2）对 18kV 2 号厂用变低压侧绕组直流电阻测量发现异常，结果见表 1。

表 1　　18kV 2 号厂用变低压侧绕组直流电阻

相别	试验电流/A	直流电阻/mΩ	结论
AB 相	10	100.13	异常
AC 相	10	75.65	异常
BC 相	10	74.75	异常

根据国家电网公司企业标准 Q/GDW 11150—2013《水电站电气设备预防性试验规程》，干式变压器绕组直流电阻相间互差不大于 2%（警示值），实际 AB 相直流电阻与平均值的差值达到 20%。

（4）厂用变隔离后进行了全面详细的检查，发现情况如下：

1）厂用变低压侧 B 相绕组下端部部分（两垫木中间）发黑，手指轻微触摸可以轻易擦掉炭黑痕迹，另两相正常。如图 2、图 3 所示。

图 2　低压侧 B 相下端部发黑部分

图 3　正常下端部部位

2）检查通风槽时发现 B 相低压绕组上端部其中一个通风槽有明显的发黑迹象，手指轻微触摸可以轻易擦掉炭黑痕迹，其他通风槽及其另两相都正常。如图 4、图 5 所示。

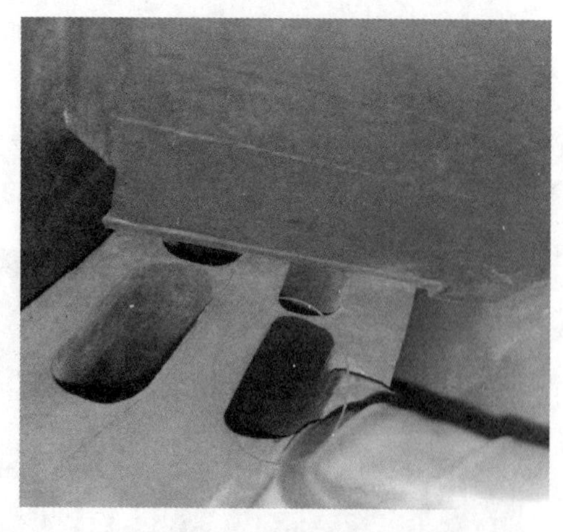

图 4　通风槽发黑部分

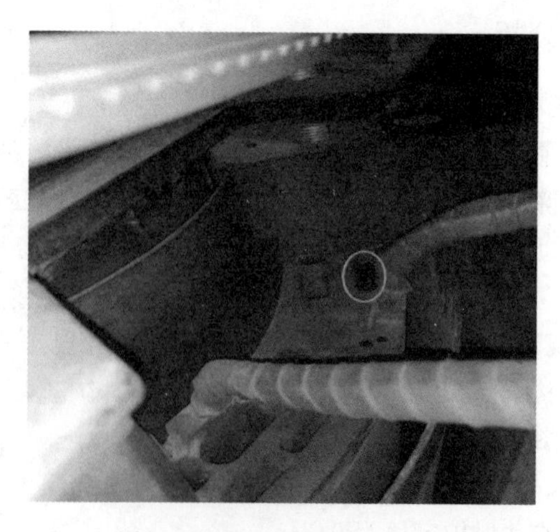

图 5　通风槽发黑部分放大版

3）采用内窥镜检查该发黑通风槽时发现了槽内放电及部分击穿迹象见图 6、图 7。

（5）9 月 18 日天津市特变电工变压器有限公司将变压器 B 相低压线圈沿故障气道进行了纵向解剖，发现该线圈气道内距上端面 80mm 的位置，气道内壁绝缘有击穿放电现象。如图 8、图 9 所示。

图 6　发黑通风槽内部（放电痕迹）

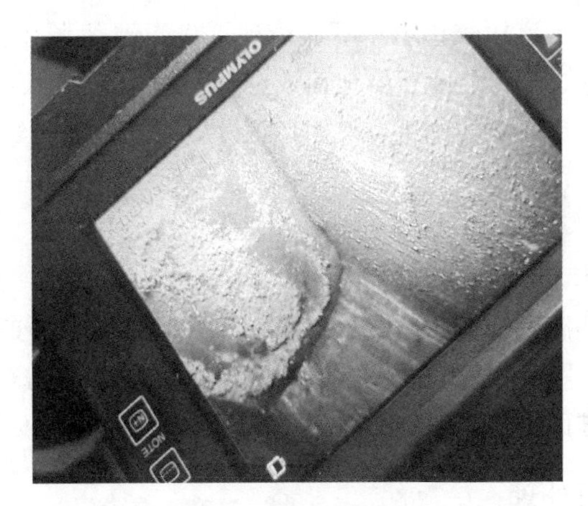

图 7　发黑通风槽内部

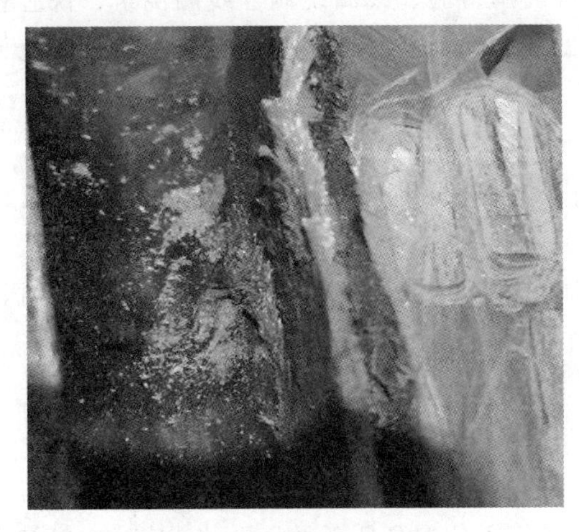

图 8　气道内壁击穿部分

图 9　气道解剖处

低压线圈分为三层，从解剖故障照片上看，线圈导线匝间与层间没有受到损伤，击穿的现象发生在低压线圈第二层外层气道内侧，且发生在气道内的一侧，短路产生的能量将气道内的绝缘击穿，并将部分绝缘烧灼，发生龟裂脱层现象（见图 9）。

该气道内的环氧树脂等绝缘材料厚度设计值为 1.5mm，实测厚度最薄处为 1.5mm，最厚处 3mm，满足设计要求。发生故障的导线为线圈的最上部的第一匝导线，且第一匝导线在线圈绕制过程中需要进行斜拉至线圈底部，导线会进行重新排列，导线固定的位置也会产生变化。

从现场解剖情况分析，击穿点为第一匝导线靠近气道内侧，该处绝缘厚度 1.5mm，满足特变电工施工图纸的要求，但击穿点为第二层线圈绝缘的最薄处。

为了验证气道内侧是否存在老化或施工工艺问题导致的绝缘脱层现象，9 月 19 日又对 A 相低压线圈进行了解剖，线圈没有异常现象，气道内壁未出现脱层现象。

3.3　故障点确定

故障点为：B 相低压线圈气道内距上端面 80mm 的位置，气道内壁绝缘击穿放电。

4　故障原因分析

（1）线圈绕制由人工绕制而成，由于人工绕制的误差，线圈整层的排列并非绝对意义上的一条直线，后期浇筑绝缘的过程中就会出现绝缘薄厚不一致的情况。线圈整体设计的原因，第二层线圈绕制完成后，需斜拉至底部，然后从底部开始向上绕制，斜拉线若固定不紧，可能会发生位移。

（2）发生击穿的位置绝缘虽符合特变电工设计标准要求，但该处绝缘相较其他层间绝缘相对较薄，是该层线圈的相对薄弱点。

（3）气道比较狭小，不易清理，线圈端部场强比较集中，运行中线圈上端部温度比下端部温度高，气流从气道下部将变压器地面或空气中的粉尘带入线圈端部，绝缘薄弱处线圈可能间歇性对空气中的粉尘放电，进而腐蚀绝缘，长期累积效应下，最终将绝缘击穿。

5 故障机理复原

2 号厂高变线圈生产过程中由人工绕制的误差，导致线圈出现绝缘薄厚不一致的情况，运行过程中线圈上端部温度比下端部温度高，气流从气道下部将变压器地面或空气中的粉尘带入线圈端部，B 相低压线圈气道内距上端面 80mm 的位置为该层线圈的相对薄弱点，绝缘薄弱处线圈可能间歇性对空气中的粉尘放电，进而腐蚀绝缘，长期累积效应下，最终将绝缘击穿。

6 问题处理

该抽水蓄能电站安排专业人员负责监造，从原材料采购检验、线圈绕制、线圈浇筑、铁芯叠装、变压器总装、出厂试验、变压器包装运输全程协调监督见证，确保了变压器按时保质交付，避免了故障设备所出现的绝缘薄弱问题。

6.1 绕线

变压器的主材是漆包线，漆包线到货后排产绕制作，一个线圈的绕制需两个工作日，浇筑及烘烤需一天。

现场监造时要求厂家高低压侧制作了两套模具，加快了工期进度。线圈绕制时候使用玻璃丝套套装气道木条，使用网格布进行垫底极其分层，绕线过程有以下需要注意的关键点：

（1）绕线前检查骨架是否符合规格，并且无破损。

（2）按要求选用配套的胶带和端控带。

（3）检查漆包线规格型号是否符合工艺图纸要求，漆包线表面是否光亮、干净。

（4）绕线方式严格按图纸要求执行，包线应排列整齐，不应有高低不平、松散、交叉、打结现象。

（5）绕组绕制顺序、圈数、进出脚位槽位按工艺要求严格执行，不可出现顺序颠倒、多圈少圈、进错脚位槽位，绕制错误时，需将线包取下退圈，将绕线机复位重新绕制。

（6）严禁用金属器具拨动线圈使漆皮受损，绕线过程时刻注意漆包线是否有脱漆皮、发黑、划伤等现象，如有则停止使用该线。

6.2 线圈的浇筑烘烤

变压器此处采用层式绕组，由扁或圆导体叠层后按螺旋线绕制而成，可以绕成若干个线层，每层线匝之间设置层间通风道，依靠模具并采用专用浇注设备，在真空状态下使绕组浇注并固化成型。

6.3 硅钢片剪切及冲制

剪切可按剪切刃与冷轧钢带的轧制方向的相对位置来分。在硅钢带剪切中，一般可分为纵剪、90°横剪和 45°剪三种。

6.4 铁芯叠装

本变压器采用的是搭接斜接缝，为了减少接缝处铁损过分集中而造成局部过热，在铁芯上采用阶梯接缝，即把各层之间的叠片接缝向纵向或横向错开，避免铁芯某一个剖面上接缝集中。铁芯叠装时，每层叠片的数量 5 片。数量越多，接缝处气隙的截面越大，接缝处引起的磁通密度畸变也越大。由于磁通密度畸变，使接缝处部分硅钢片磁通密度增大引起铁芯损耗增加。从理论上讲，采用一张片一叠最好，对于小容量的铁芯有可能做到。但对于大容量的铁芯，考虑到插装上轭铁的工艺要求有可能插装不到位，反而使空载电流和损耗增加，故一般采用两张片一叠。选片工作主要靠人工操作，对于硅钢片的搬运可借助于电磁铁及简单的吊运设施，操作时应轻拿轻放，避免摔打碰撞，否则会使叠片受到不应有的应力影响，从而使铁损增加，为保证叠装时取料方便，各级叠片应堆放整齐。在铁芯制造过程中为了防锈，在铁芯片刀口处喷涂或刷涂防锈剂。每次要根据喷涂或刷涂的面积倒出适量的防锈剂，搅拌均匀，最好一次用完，以免存放失效。喷刷时，要掌握量少而均匀，以免大量渗入片间深处，使叠片时不好揪片，并使叠片系数下降。

铁芯起立前装好拉螺杆，或用工装将上下夹件夹好，用钢丝绳挂在上夹件两端，由专人指挥吊车，起立时速度要快。铁芯起立后，放在平坦的地面上。起吊、着地时应慢、轻、平稳。

校正铁芯垂直度后，按要求需绑扎环氧玻璃粘带或用钢带绑扎，按其绑扎工艺进行绑扎然后将铁芯送入烘干炉内烘干。出炉后，卸去铁芯临时夹具。铁芯装配完毕，由专人对铁芯按检查规范进行检查。

6.5 出厂试验

根据 GB/T 1094.11—2007《电力变压器　第 11 部分：干式变压器》、IEC 60076 - 11、GB/T 10228—2015《干式电力变压器技术参数和要求》、Q/GDW 11150—2013《水电站电气设备预防性试验规程》，新变压器投运或更换绕组后需进行以下出厂电气试验：绝缘电阻测试、直流电阻测试、电压比及连接组别测试、交流公平耐压测试、空载损耗及空载电流测试、负载损耗及阻抗电压测试、感应耐压测试、局部放电测试共 8 项试验。

7 结语

返厂维修后使用至今 2 号厂高变空载及负载运行期间，2 号厂高变运行正常，未发现异常情况。本文详细描述了本次缺陷的处理情况以及厂变返厂重造情况，为预防和控制同类缺陷再次发生，要求制定厂高变线圈绝缘检查方案，择机对 1 号厂高变进行检查，根据结果采取针对性措施。细化厂高变检修作业指导手册，明确厂高变线圈气道内积尘清理、清洁具体措施。为其他电站厂高变的监制提供参考与借鉴。

励磁系统软件中间变量录波方法及其应用

王永卫　杨艳平
（山东泰山抽水蓄能电站有限责任公司，山东省泰安市　271000）

【摘　要】山东泰山抽水蓄能电站运维人员认真分析 ABB 公司 UN5000 励磁系统的软件原理及硬件结构，提出了将 UN5000 COB 板中可疑中间变量信号引出至继电器输出接口板（RO 板），然后再将该信号从 RO 板接入机组故障录波器进行监视的故障查找方案，成功查出了机组停机电制动时励磁电流偏小的真正原因。该方案提供了一种对 ABB 公司 UN5000 励磁系统偶发性故障进行有效监视、排查的手段，对国内采用该系统的电厂有一定的参考价值，故障排查方法也有一定的借鉴意义。

【关键词】励磁系统　UN5000　偶发性　中间变量　故障录波

1　引言

山东泰山抽水蓄能电站装机容量为 1000MW，共安装有 4 台立轴混流可逆式同步电机，机组励磁系统选用的是瑞士 ABB 公司 UNITROL5000 数字调节系统。随着使用年限的增长及机组启动频次的增高，励磁系统各种偶发性故障较为频繁的出现，由于故障随机出现，故障原因查找非常困难，且由于 ABB UN5000 励磁系统的封闭性，其中间变量信号只能通过 CMT 调试软件进行在线查看，无法进行长时间的自动录波，因此更增加了故障原因查找的难度。

2　故障情况

泰山电站机组停机制动采用电气制动和机械制动两种方式。当励磁系统收到电气制动模式指令后，励磁系统置 manu 模式（即 FCR 模式），励磁电流设定值为 50%额定励磁电流（额定励磁电流为 1616A）。在 2016 年 11 月，泰山电站 1 号、2 号机多次出现电气制动时励磁电流不按设定值加载的情况，当时励磁电流分别为 282A、305A、300A、1050A 及其他数值，无明显规律性，励磁现地屏及监控系统均无任何报警信息。由于故障随机出现，原因查找难度较大，期间多次联系 ABB 厂家到现场进行分析，均未给出解决方案。

3　原因分析

为了找出电气制动时励磁电流偏小的真正原因，泰山电站运维人员认真仔细分析了 ABB 公司 UN5000 励磁系统的软件原理及现场硬件结构。

通过分析励磁软件框图可知，正常情况下机组电制动时，励磁电流应为 50%额定励磁电流设定值。当励磁系统收到电制动模式指令后，参数 12656（SELECT PRESET 2 MAN）应置 1，参数 12723（EXC. START COMAND FROM EL. BRAKING）置 1。若参数 12723 为 1，则参数 12665 EXCITATION START COMMAND FROM ALL OPERATION MODES TO FB START/STOP（5329）也应置 1。（注：泰山电站励磁系统与监控系统之间采用 FIELDBUS 通信，不是采用硬接线通信模式。）

若参数 12665 为 1，则参数 10307 EXC _ ON 应置 1，同时 10304 ON _ PRESET _ CMD 将会出现 1 个脉宽为 0.2s 的脉冲信号。若参数 10304 为一个 0.2s 脉宽的脉冲信号，且此时 12812 BLOCK PRESET VALUES WHEN：ASS OR I/O（即同期装置或上位机发出增磁或减磁令时将闭锁手动设定值）为 1（从后面录波图可以看出，电制动故障期间，12812 一直为 1），则参数 12694 TRIG PRESET MAN 将同样为一个 0.2s 脉宽的脉冲信号，如图 1 所示。

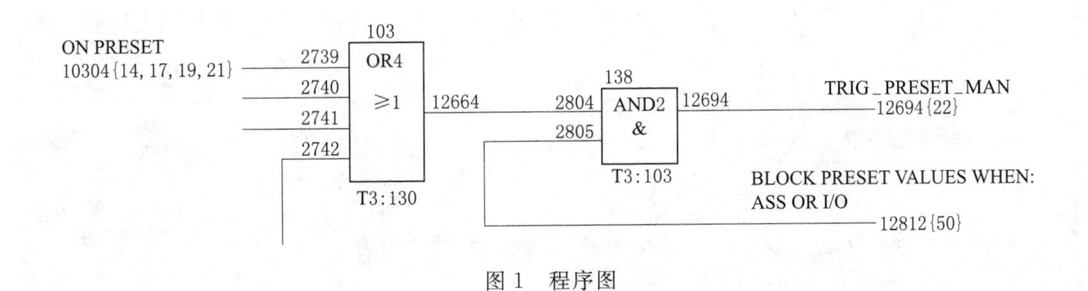

图1 程序图

若参数 12656 为 1，参数 12694 为一个 0.2s 脉宽的脉冲信号，则励磁电流给定值 12105 将为 50%额定励磁电流。

经过以上分析，泰山电站运维人员初步确定了电制动时励磁电流不按设定值触发，原因可能为参数 12694 没有置位导致参数 2108（电制动时励磁电流预设值）没有写入积分器初始值引起，而参数 12694 没有置位的原因可能与如下信号有关：12680 ELECTRIC BRAKE IN OPERATION、12656 SEL _ PRESET2 _ MAN、10354 FLDB _ REF _ OK、12812 BLOCK PRESET VALUES WHEN：ASS OR IO、12680 ELECTRIC BRAKE IN OPERATION、12685 ON _ LINE。

4 故障验证方案及实施过程

为了对上述分析进行验证，泰山电站运维人员提出了将 UN5000 COB 板中可疑中间变量信号引出至继电器输出接口板（RO 板），然后再将该信号从 RO 板接入机组故障录波器进行监视的故障查找方案，具体方案如下：

通过查看励磁系统硬件图发现 RO 板还有 7 个备用 DO 点没有使用，分别为 DO2、DO3、DO12、DO13、DO14、DO15、DO16。查看励磁系统软件框图，查得其对应的参数分别为 3580、3581、3590、3591、3592、3593、3594。

通过修改励磁系统控制程序将上述信号和 12694 TRIG _ PRST _ MAN 信号定义到相关备用 DO 点上，对应清单见表 1。

表 1 **参数定义清单**

信号参数	描　述	对应硬件参数	对应板卡	对应 DO	对应端子排
12656	SEL _ PRESET2 _ MAN	3590	U34	DO12	X134：12/62
12694	TRIG _ PRST _ MAN	3591		DO13	X134：13/63
12685	ON _ LINE	3592		DO14	X134：14/64
10354	FLDB _ REF _ OK	3593		DO15	X134：15/65
12812	BLOCK PRESET VALUES WHEN：ASS OR I/O	3594		DO16	X134：16/66

软件修改完毕后，将上述信号从 U34 板卡引出至故障录波器进行录波观察，录得电制动正常投入时波形如图 2 所示。

录得电制动异常情况下，波形图如图 3 所示。

将电制动时正常录波图和故障情况下录波图对比分析可知，正常情况下参数 12694 TRIG _ PRST _ MAN 出现了一个 0.2s 脉宽的脉冲信号，而故障情况下该脉冲信号并未出现。从图 1 可知，只有在参数 12694 出现正跳沿的情况下，BALREF（积分器初始值）才会选择参数 2108（即 50%额定励磁电流）作为预设值输出，从而保证电制动时励磁电流恒定为 50%额定励磁电流。因此可以确定电制动时励磁电流不按设定值触发的原因为参数 12694 本应出现的 0.2s 脉冲信号丢失了。

通过查看软件及咨询 ABB 励磁专业人员，分析 0.2s 脉冲信号丢失的原因如下：参数 12694 前共有两个模块，一个与门 30、一个或门 103，此两模块均为 T3 型。查阅励磁系统说明书可知，此两模块扫描周

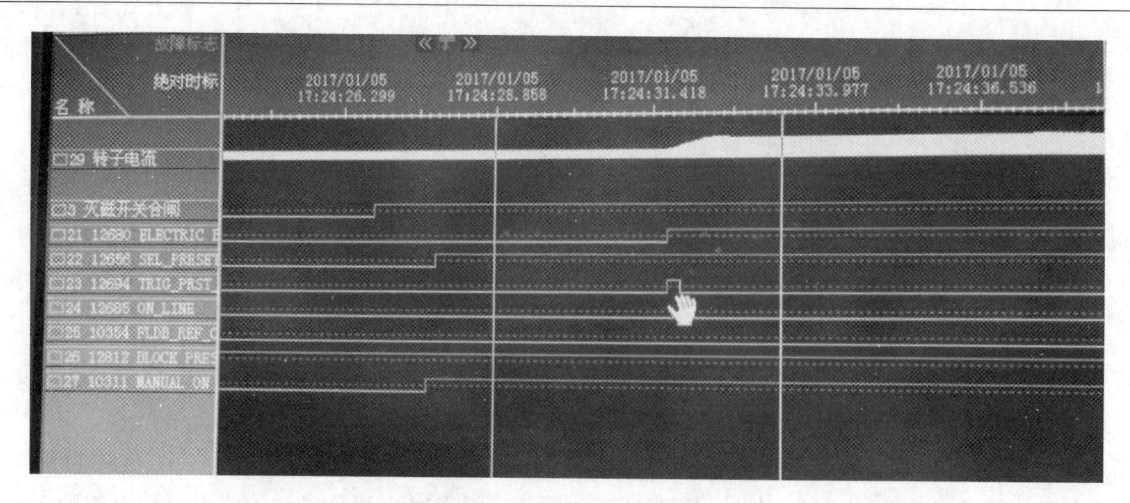

图2　电制动正常投入，励磁电流约808A

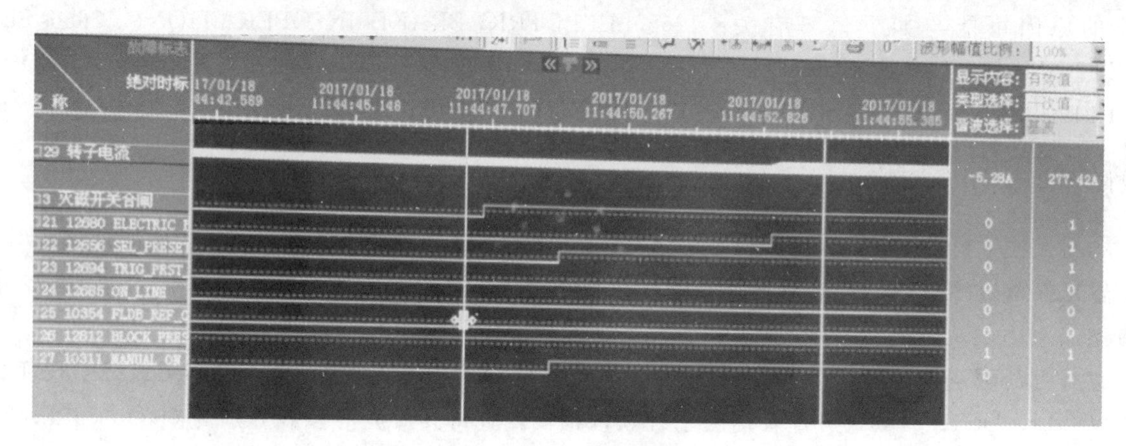

图3　电制动异常，励磁电流约277A

期均为200ms。

而从前面分析可知，信号12694本身为一个0.2s（200ms）的脉冲（信号12694与信号10304一样，均为一个0.2s的脉冲信号），与T3模块的扫描周期正好相同，因此存在参数10304实际已经置位，但由于T3模块扫描周期太长没有扫描到变位信息，导致参数12694一直没有置位的情况，由此导致电制动时励磁电流没有按预设值触发。

经过与ABB励磁专业人员讨论，决定在信号10304后增加一个扫描周期为20ms的TOFF模块，延时设定为500ms，这样参数10304置位后其持续的脉冲时间由0.2s增加到0.7s，长于T3模块的扫描周期0.2s，以此确保电制动时信号12694置位，从而确保将励磁预设值写入积分器初始值。程序修改完毕后进行试验，录得电制动时波形如图4所示。

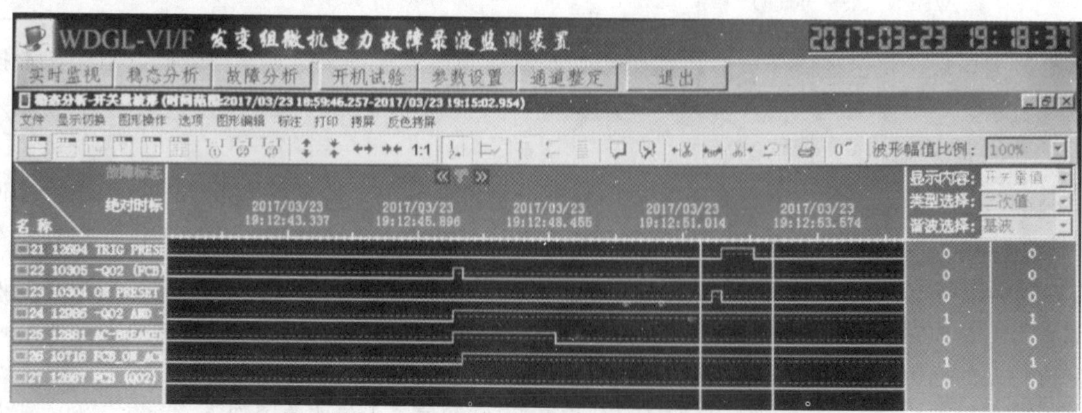

图4　程序修改后录波图

从图4中可以看出，参数12694已由0.2s的脉宽变为0.7s的脉宽。至此，故障处理全部结束，从机组后续运行情况来看，该处理方法是可行的、有效的。

5 结语

泰山电站运维人员通过认真分析ABB公司UN5000软件原理及硬件结构，摸索出了一套将励磁系统软件中间变量定义到输入输出板（FIO）或继电器输出板（RO），然后再从输入输出板（FIO）或继电器输出板（RO）将相关信号接入故障录波器进行监视的方法。通过该方法成功找出了电制动时励磁电流不按设定值触发的原因并加以解决，进一步验证了此种方法的有效性，该方法几乎可以实现ABB励磁系统任意中间信号的长时间高精度录波，大大提高了励磁系统偶发性故障查找的效率。

参考文献

[1] 孔德宁，张燕，熊巍. UNITROL 5000型静态励磁系统在龙滩水电站的应用[J]. 水电自动化与大坝监测，2008，32（6）：15-18.

[2] 刘绍华，丁鑫林，范于军. 励磁装置的微机录波技术研究及其在长顺水电站的应用[J]. 湖北水力发电，2000（3）：32-34，37.

一起直流绝缘低引起的抽水蓄能机组SFC启动异常分析

张　斌　余　睿　林国庆
（福建仙游抽水蓄能有限公司，福建省仙游市　351267）

【摘　要】直流系统是保证电站安全稳定运行的重要设备，为电站提供独立的操作、控制、保护、通信等电源，其可靠性对设备的安全运行至关重要。本文针对一起抽水蓄能电站直流绝缘低的案例，详细分析排查绝缘低缺陷的原因，有效解决了缺陷，为解决直流绝缘降低问题提供一定的参考和思路。

【关键词】抽水蓄能电站　直流绝缘　平衡桥　静止变频器　端子松动

1　设备概况

某抽水蓄能电站装有4台单机容量300MW的单级混流可逆式水泵水轮机-发电电动机组配。电站配置1套瑞士ABB公司生产的静止变频器（SFC）系统，其额定容量为20MW，采用AC 800PEC控制器。SFC与发电电动机系统如图1所示。

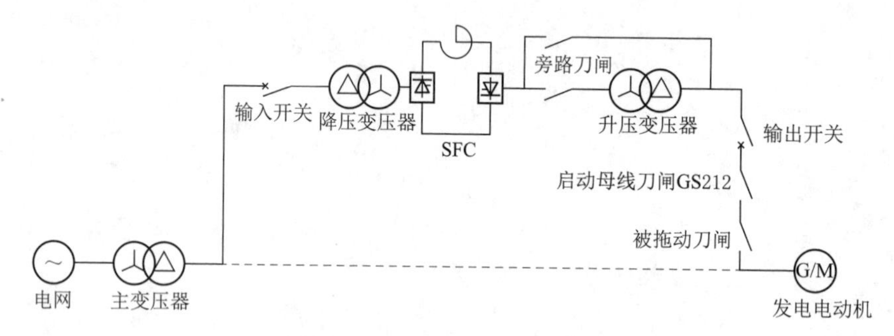

图1　SFC与发电电动机系统图

电站直流系统主要有地下厂房直流系统、中控直流系统和上库直流系统三部分。其中地下厂房直流系统分为两段母线，绝缘监察装置采用奥特迅公司ATCWZJ5-HL-Y，是一款基于平衡桥、不平衡桥和直流电流法的直流绝缘监测装置，原理图如图2所示。当直流系统发生正、负极接地时电桥平衡被破坏，有电流流过绝缘监测装置，发出接地报警信号，装置可有效反映直流系统绝缘及接地支路信息。

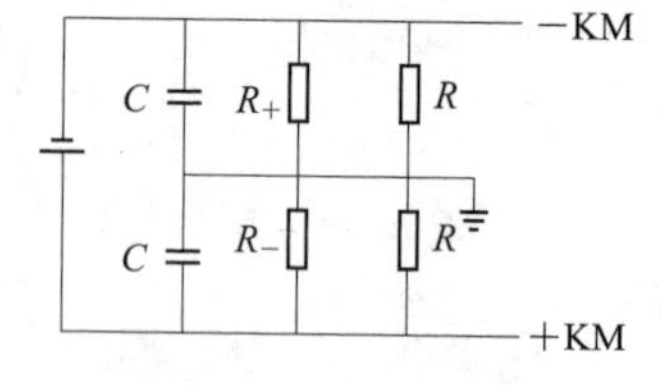

图2　平衡桥原理图

2　缺陷情况描述

某日，2号机组完成B级检修工作，各系统恢复供电以便次日开展调试工作。当晚4号机组由SFC拖动抽水调相方向启动，在机组转速大于90%额定转速时，上位机收到“地下厂房DC220V1号绝缘监测仪2号分机绝缘故障报警”信号，在收到报警信号后10s，机组转速由大于95%额定转速逐步下降，随后上位机收到SFC同期装置释放信号、同期装置报警等信号，最终输出开关断开（OCB），上位机发令转停机，机组停机过程中直流绝缘故障消失。主要事件列表如表1所示。

待4号机组停机后，相应报警信号消失，用SFC试拖3号机组，启动过程中仍然出现直流绝缘异常相关信号，随即将机组手动转停机。现场检查发现在SFC拖动过程中，2号绝缘分机53号支路绝缘降至10kΩ，同时地下厂房直流Ⅱ段母线正对地电压降至30V，负对地电压升至200V；该支路为2号机组GCB控制柜后备分闸回路供电，在2号机组直流分配电柜上断开该支路后，SFC拖动1号、3号、4号机组均

表1 主要事件列表

时间	事件	是否动作
23：43：35.150	地下厂房DC220V1号绝缘监测仪2号分机绝缘故障报警	是
23：43：45.120	4号机组转速>95%	是
23：43：50.150	OPERATION IS ON	是
23：43：50.090	4号机组SFC同期装置释放	是
23：43：54.610	4号机端电压<15%	是
23：43：56.410	4号机组同期装置SYN3000准备好	否
23：43：57.320	4号机组同期装置SYN3000报警	是
23：43：58.230	4号机组SFC同期装置释放	否
23：44：00.200	OPERATION IS OFF	是
23：44：00.360	OCB合闸位置	否

能正常启动并网。进一步查看事件列表发现，当启动母线隔离刀闸GS212合闸时上位机收到“厂房DC220VⅡ段母线电压异常（绝缘）”报警，而该刀闸分闸时报警复归。

3 原因分析排查

分析直流系统接地报警最常用的方法为拉路法：直流接地回路一旦从直流系统中脱离运行，直流母线的正负极对地电压就会出现平衡，查找故障时就会依次将可能接地故障直流支路瞬间停电，然后确定直流接地点是否发生在该回路。所以将2号绝缘分机53号支路拉掉后直流恢复正常，可判断为该支路绝缘异常。

此次SFC启动异常的可能原因如下：①同期装置（SYN3000）回路绝缘故障导致同期失败；②2号机GCB控制柜回路绝缘降低导致直流系统故障使4号机开机不成功；③SFC系统相关控制回路故障绝缘异常导致OCB分闸。

3.1 同期装置（SYN3000）检查分析

检查同期装置回路绝缘无异常。同期装置最小周期电压定值为85%，即当机端电压小于85%额定电压时，同期装置准备好状态将丢失。当SFC系统拖动机组到达额定转速后，将向同期装置送出同期释放信号，通过接收同期装置的增减频、升降压等给定信号调节机端电压；当SFC收到同期合闸令或GCB合位信号后将闭锁可控硅脉冲。查看事件列表发现，当SFC系统发出同期释放信号后，同期装置还未进行调节，而机组转速及机端电压在迅速下降（机端电压下降也是导致同期装置报警的原因），故可判断此时可控硅触发脉冲已被闭锁，而非同期装置问题导致机组无法并网。

3.2 2号机GCB控制柜回路绝缘检查分析

直流配电柜所报绝缘低支路为2号机组GCB后备分闸回路供电，在机组停机状态下测量该支路绝缘正常；单步启动机组由SFC拖动至合旁路刀闸（步序S4S-1）后，测得支路绝缘为0，断开GCB柜内后备分闸电源开关测量直流支路至GCB柜绝缘正常。GCB后备分闸回路如图3所示，解开X11：21/22外部接线，对内部接线进行绝缘测量内部接线绝缘为无穷大；对X11：21/22外部线进行绝缘测量，发现X11：21对地绝缘为0。故可确定绝缘薄弱点为X11：21外部接线回路，而非GCB控制柜内部接线问题。

3.3 SFC系统相关控制回路分析排查

2号机组GCB控制柜内的X11：21/22分别接至LCU2柜内的X20：110/137，LCU2柜内的接线如图4、图5所示，LCU2柜内X20：110-119端子均为短接状态，逐根测量端子内外部接线绝缘，发现X20：117外部接线对地绝缘为0其余端子绝缘正常；LCU2柜2的X20：117端子与LCU1柜2的X20：185端子相连，用于背靠背拖动时1号机组动作2号机GCB后备分闸线圈。LCU1柜2的X20：185与X20：184短接，拆除短接片后测量各部绝缘，发现LCU1柜2的X20：184外部接线绝缘为0，其余回路绝缘均恢复正常。

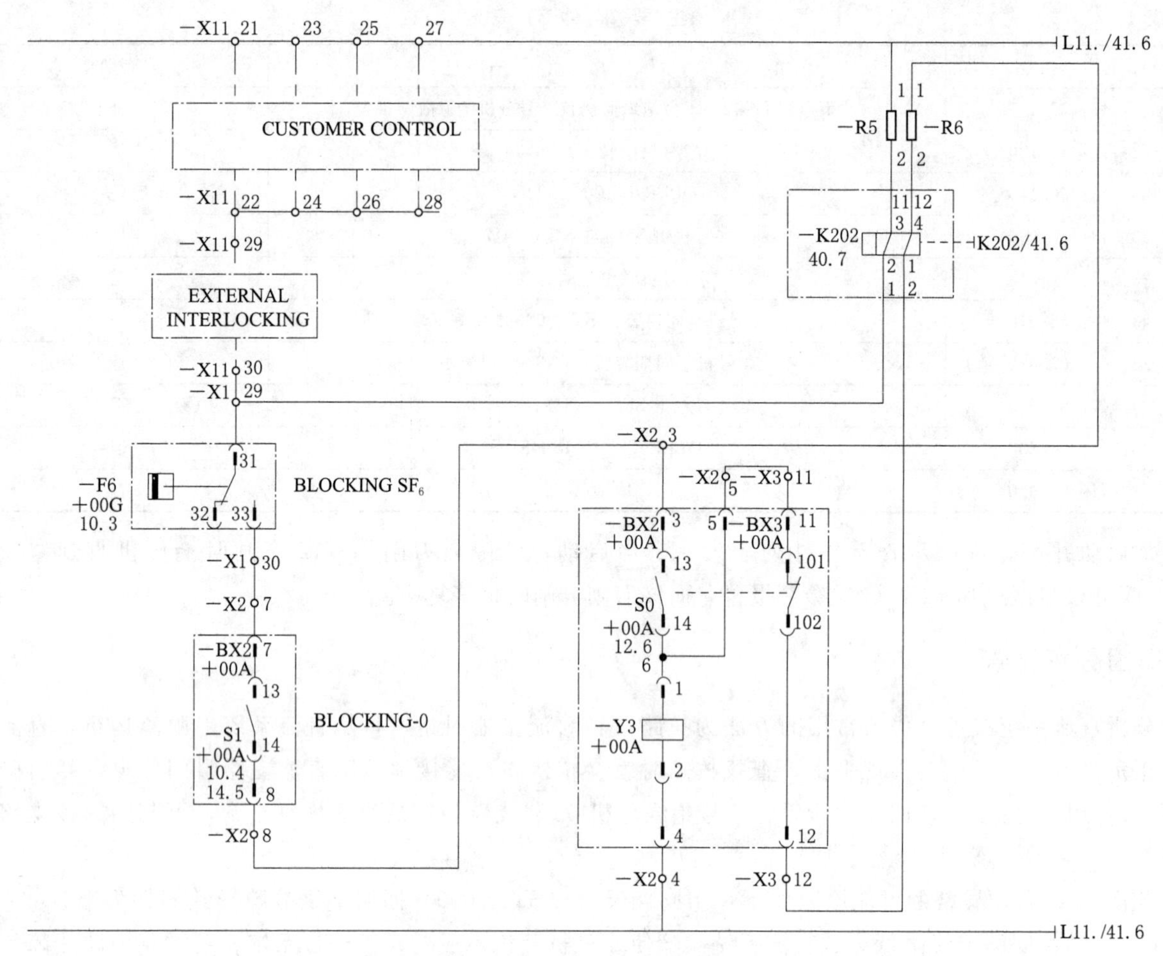

图 3 GCB 后备分闸回路原理图

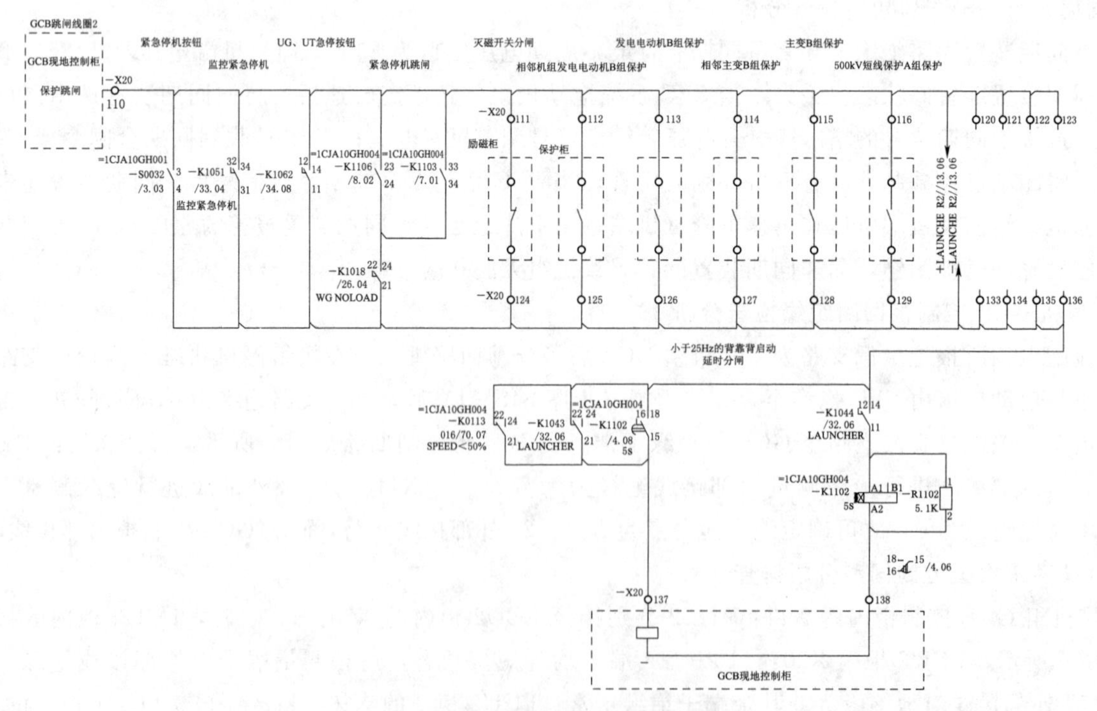

图 4 LCU 柜 GCB 跳闸线圈 2 回路

查阅图纸发现（如图 6 所示），机组在 SFC 启动时，经 LCU1 柜内 X20：184 端子将 GCB 合闸令、GCB 合位信号（干接点）并接后送至 SFC 系统的 CIO 板卡（图 7 中 312 端子），其作用是在机组并网时

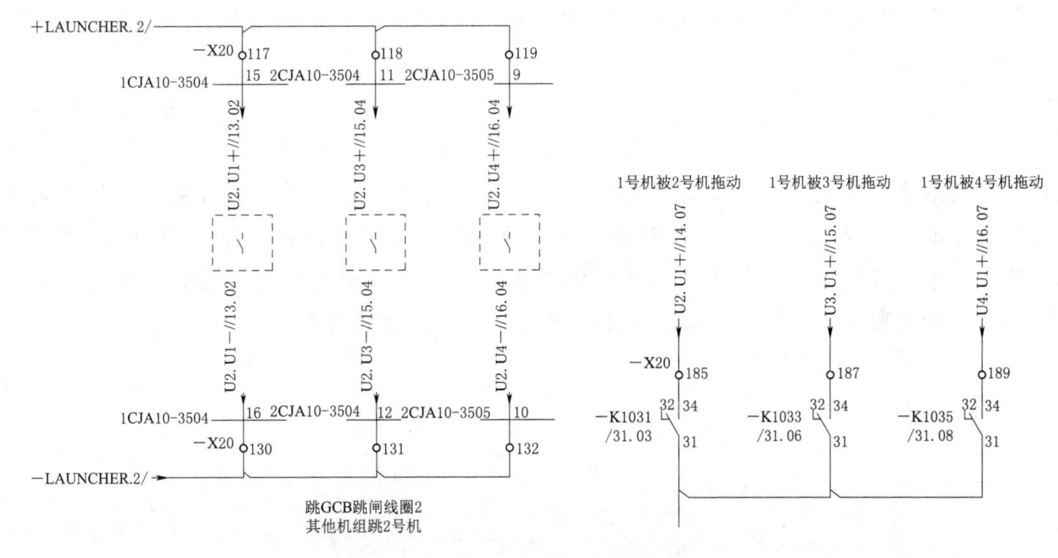

图 5 LCU 柜 GCB 跳闸线圈 2 回路续

闭锁可控硅脉冲。SFC 处于 OPERATION Is ON 状态下 CIO 板卡才开放 24V 电源地端，而 LCU1 柜 2 内的 X20：184 端子电压对地电压为+110V。由于 LCU1 柜内 X20：184、185 处于短接状态，故当 SFC 处于 OPERATION Is ON 状态（启动母线刀闸合闸后）时，2 号机组直流馈线的+110V 电压窜入 CIO 板卡的 24V 电源地端引起支路绝缘降低；同时造成 SFC 拖动过程中始终存在 GCB 合闸令/GCB 合位假信号，该信号在 SFC 系统向同期装置发出同期释放令后闭锁可控硅脉冲，使机组在同期装置还未开始调节的情况下失去原动力，机端电压与转速迅速下降进而导致并网失败。

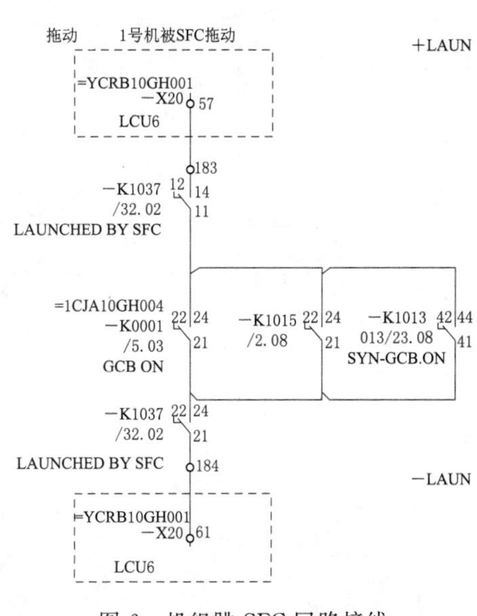

图 6 机组跳 SFC 回路接线

进一步检查发现，设计图纸上确实将 LCU1 柜 2 的 X20：184、185 设计为短接，并非人为误接，但该电站投产若干年间并未出现类似的 SFC 启动异常现象。深入排查 2 号机组 B 修期间相关工作，发现在 2 号机组检修期间进行短线 1 保护 B 套传动时存在 2 号机组 GCB 后备分闸线圈未能正常动作的情况，经检查确认为 LCU2 柜 2 中跳闸回路正电源 X20：110 外部接线松动所致，紧固端子后线圈动作正常；LCU2 柜内 X20：110 经 X20：117 与 LCU1 柜 2 的 X20：185 端子实现电气连接，最终在 2 号机组 GCB 柜恢复供电后将+110V 电压送至 LCU1 柜 2 的 X20：184。拆除 LCU1 柜 2 的 X20：184、185 短接片后，直流系统绝缘恢复正常，各设备运行正常。

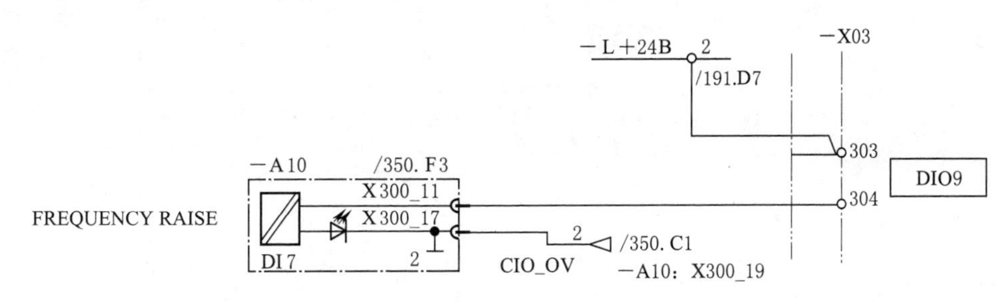

图 7 SFC 输入板卡原理图

往年传动试验报告中均无传动异常的情况，故分析判断该端子在基建期因安装工艺不佳存在虚接，机组运行时振动较大使+110V 电压无法有效传导至 SFC 系统；而短线保护传动试验一般在机组停机稳态时进行，且保护传动试验正常动作无法反映端子虚接问题，经机组长期运行振动后最终导致端子松动，进而引起保护传动失败的情况。

4 结语

直流系统作为抽水蓄能电站电气设备的主要控制和操作电源，是重要的供电系统，若直流系统出现异常，则无法可靠地为电站设备提供工作电源，可能导致保护装置误动或拒动、机组启动失败等问题。实际引起直流系统绝缘降低的原因很多，此次缺陷排查涉及设备、回路较多，凸显了设计深度、安装工艺、日常设备维护的重要性，对同类型电站直流绝缘排查具有一定的借鉴意义。

某抽水蓄能电站机组抽水调相启动过程中 SFC跳闸原因分析及处理

李　赫　梁睿光　朱光宇　李　元
（辽宁蒲石河抽水蓄能有限公司，辽宁省丹东市　118216）

【摘　要】本文从一起SFC设备PIB101C板卡故障导致机组抽水调相过程中SFC跳闸的事故详细分析了缺陷发生的原因及对策，提出了影响SFC运行稳定性的设备制造、安装工艺和日常维护的注意事项。

【关键词】旁路刀闸　板卡故障　位置冲突

1　引言

某抽水蓄能电站安装4台300MW半伞式发电电动机，由Alstom和哈尔滨电机厂设计制造，主要服务于电网调峰填谷、调频和事故备用。安装1套CONVERTEAM静止变频器（以下简称SFC），SFC设备型号为SD7000，配置有输出刀闸S1及旁路刀闸S2。S2是SFC系统启动初期低速运行阶段合闸的旁路刀闸，当频率达到5Hz时S2分闸，输出刀闸S1合闸。

2　故障经过

2017年5月15日22：08：47，1号机组抽水调相操作流程启动；22：09：11，SFC启动操作；22：10：20，监控系统报：SFC拖动时SFC跳闸，1号机组电气事故停机操作；1号机组执行电气事故停机流程。经检查，SFC现地控制屏报“S2 Switch Cmd　FT”。

3　缺陷分析及处理

3.1　缺陷分析

造成转子接地故障的可能原因有：

（1）S2刀闸合闸回路故障导致电机未启动。

（2）S2刀闸合闸方向电机故障导致电机未启动或启动后功率不足。

（3）S2刀闸位置开关故障导致PEC（SFC控制器）未及时收到S2的合位反馈。

（4）S1刀闸异常动作导致S2合闸回路断开。

现场对板卡绝缘进行检查，对刀闸、合闸回路、位置节点进行检查，检查是否是因为断路导致刀闸未动作；对板卡及二次回路进行检查，检查是否是板卡误开出指令导致设备故障。

3.2　原因排查

3.2.1　S2刀闸合闸回路故障导致电机未启动

S2刀闸合闸回路如图1所示：SFC收到启动令后，由一块PIB101A卡件（编号29）开出隔离开关S2闭合令（点号OL1）至继电器KA795，KA795励磁后，两对常开节点闭合，接触器KM465励磁，由其辅助触点将一路交流380V电源经过QF475空开送至隔离开关S2启动电机QS225，见图1～图5。

对S2合闸回路进行检查、测量：

（1）检查S2合闸继电器KA795外观正常，线圈直阻273.8Ω，辅助节点（11，14）接触电阻为0.1Ω，（21，24）接触电阻0.1Ω，正常。

（2）检查S2合闸接触器KM465外观正常，线圈直阻547.2Ω，辅助触点接触电阻0.2Ω，正常。

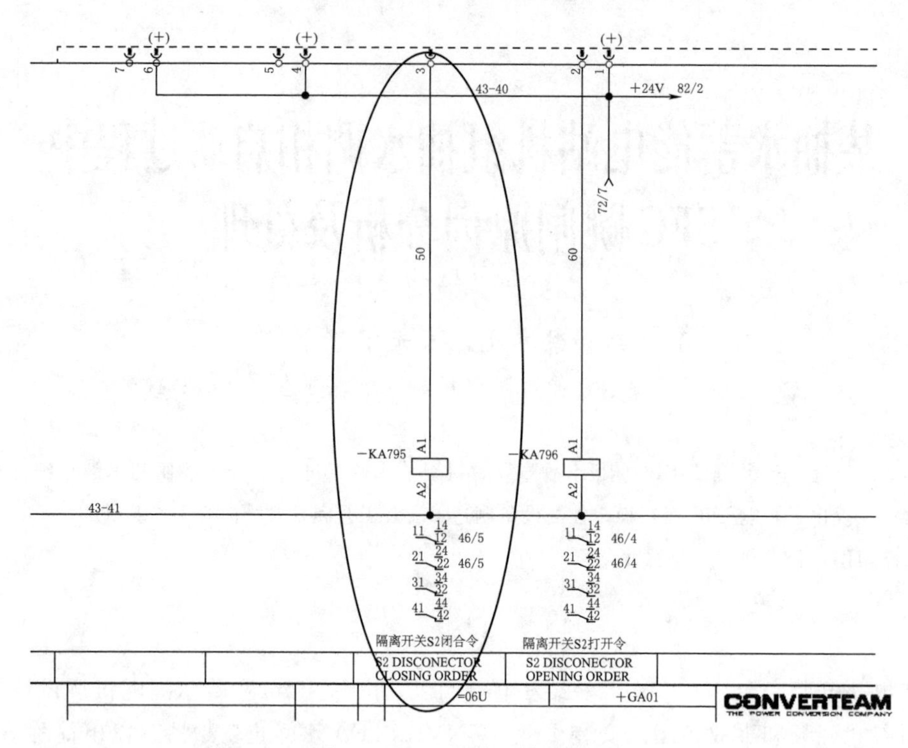

图 1　PIB101A 的开关量输出

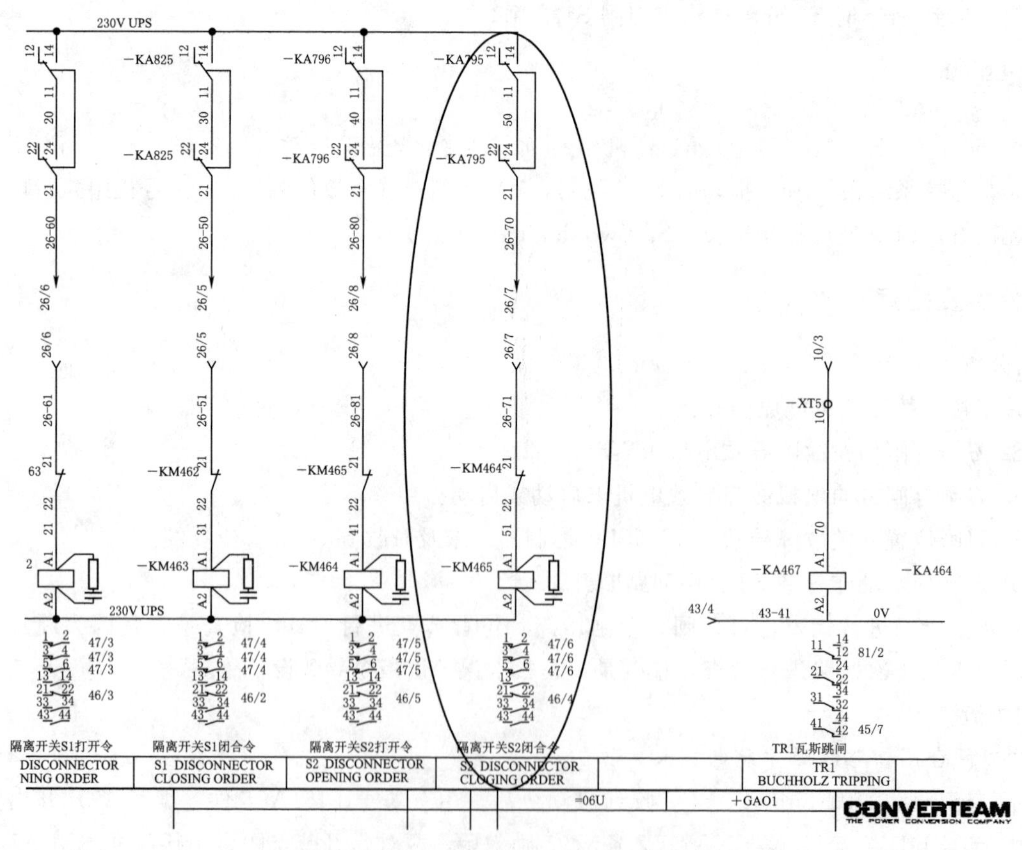

图 2　闭合 S2 回路上的继电器和接触器

（3）检查 S2 分闸接触器 KM464 外观正常，线圈直阻 542.9Ω，辅助触点接触电阻 0.2Ω，正常。

（4）检查 S2 未合且 S1 打开闭锁回路，－XS2：（9、10），－XS1：（23、24）端子紧固，S1、S2 位置反馈正确。

（5）检查开关 QF475 在合位，测量开关输入、输出端等电位。

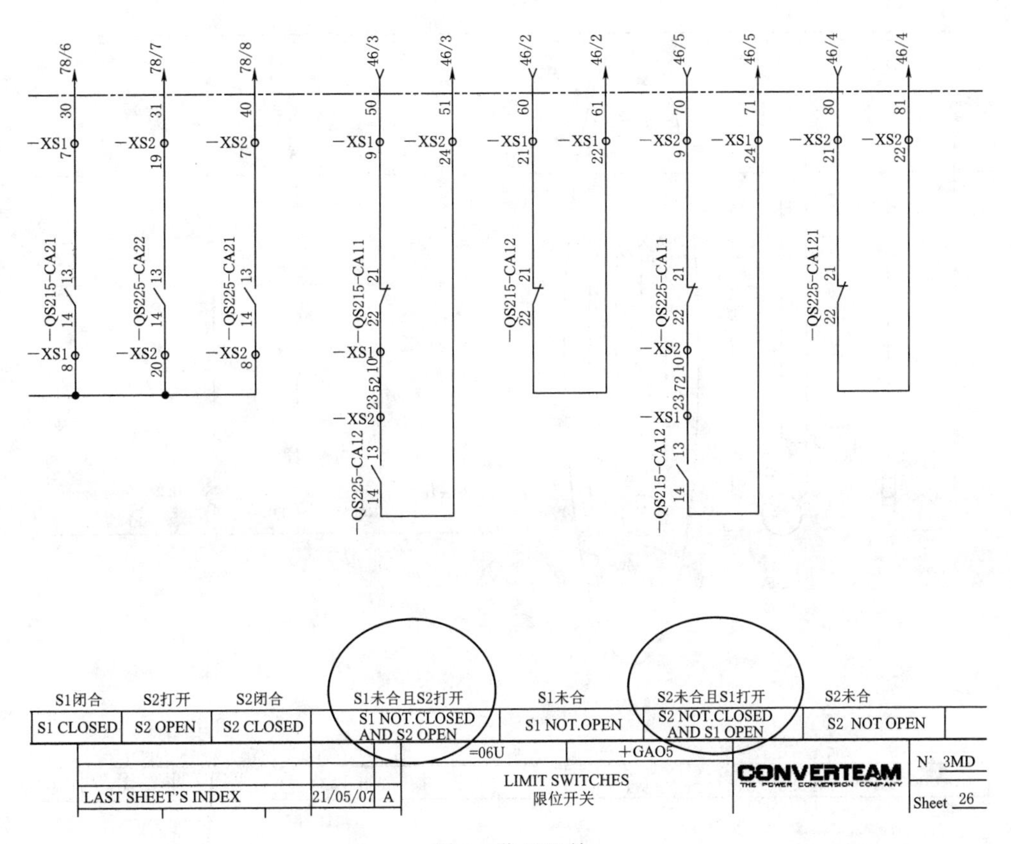

图3 位置开关

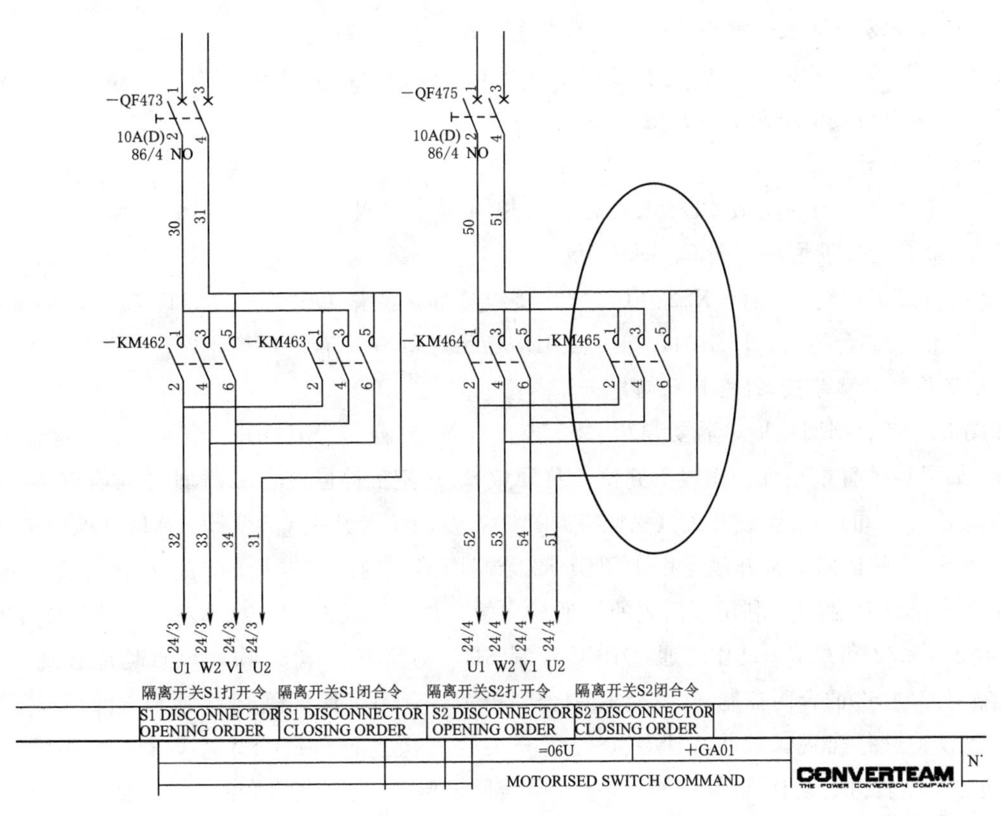

图4 电动开关控制

（6）检查−XS2：9，−XS1：24，−XT1：（7、8、9、10），端子紧固。

通过PEC强制隔离开关S2合闸指令，S2合闸正常，综上分析，判断隔离开关S2合闸回路无异常。

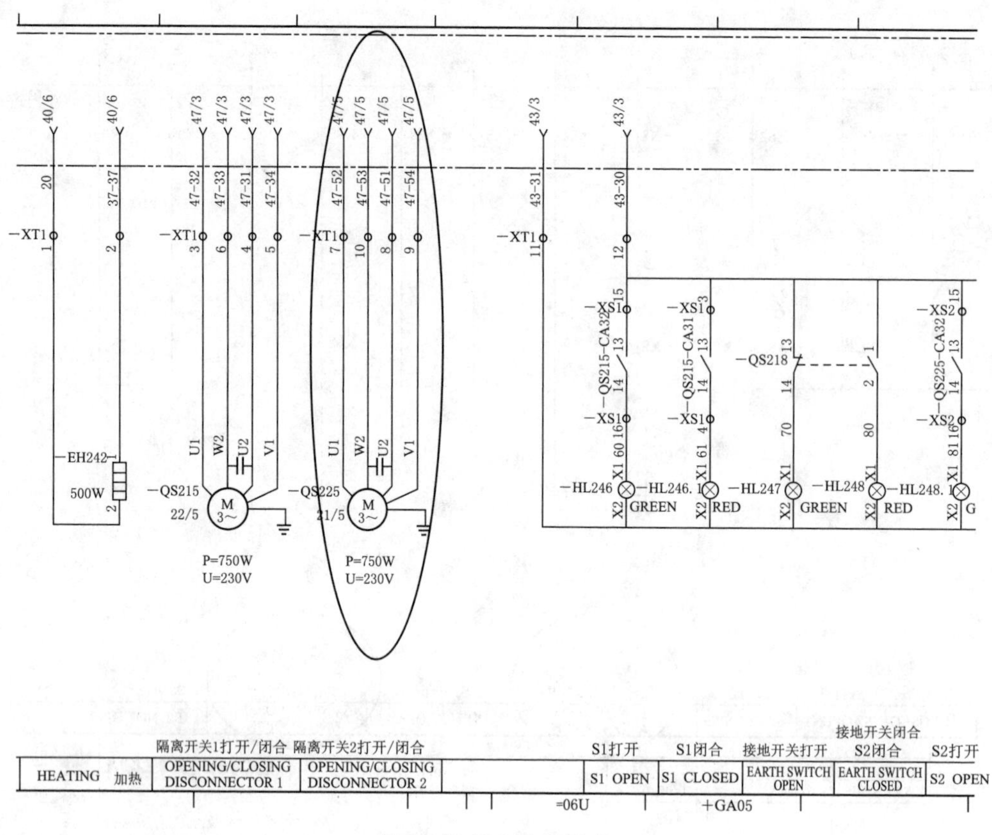

图 5　隔离刀闸 S2 电机

3.2.2　*S2 刀闸合闸方向电机故障导致电机未启动或启动后功率不足*

（1）使用 500V 兆欧表测量隔离刀闸 S2 启动电机对外壳绝缘，绝缘电阻大于 550MΩ，正常。

（2）测量油泵电机直流电阻 $R=7.9\Omega$，正常。

判断油泵电机无异常。

3.2.3　*S2 刀闸位置开关故障导致 PEC 未及时收到 S2 的合位反馈*

隔离开关 S2 合位反馈回路如图 6、图 7 所示。

检查 S2 合位反馈回路，端子- XS2：（7、8）接线紧固，测量 QS225—CA21 接点（13，14）接触电阻为 0.1Ω，正常，S2 合闸后，PIB101A 第 8 点 IL7 指示灯亮，S2 合位反馈正常。

3.2.4　*S1 刀闸异常动作导致 S2 合闸回路断开*

（1）如图 3，S2 合闸回路中，需要判断“S2 未合且 S1 打开”，S1 打开位置由 S1 位置开关 QS215—CA12 提供，如果该位置未正确动作或不到位，将导致 S2 合闸回路断开，S2 不能正常合闸。

检查隔离刀闸 S1 的 6 个位置开关（见图 8、图 9），发现位置开关 QS215—CA12（该位置开关的常闭触点用于闭锁 S1 分闸回路，常开触点用于闭锁 S2 合闸回路）的固定螺栓的红色标记存在脱落痕迹，使用手柄手动合分隔离刀闸 S1，利用万用表的导通档测量其位置开关 CA12、CA22、CA32 的同步性，发现 CA12 总是晚于 CA22 和 CA32 动作（通过 PEC 控制 S1 刀闸反复动作 30 次，该点均能够到位），考虑到 CA12 参与隔离刀闸 S2 的合闸控制，CA32 控制分闸指示灯，为了保证隔离刀闸 S2 合闸的可靠性，同时又能对该位置开关进行监视，故将以上两个位置开关的机构进行对调，并将 CA12 的拐臂行程调整了 1mm 后，使三个位置开关动作保持一致，经多次分合闸试验，位置开关动作一致性良好，S1 的分位、合位状态反馈正常，控制器 PEC 指示灯显示正常，见图 10、图 11。

（2）SFC 在备用期间，多次无故报出“S1 clashing Ft”跳闸信号，引起该跳闸信号的逻辑如图 12 所示。

由上述逻辑，两种情况控制器 PEC 判断为“S1 clashing Ft”，持续 10s 后跳闸：控制器 PEC 同时收到“S1 closed”和“S1 opened”信号，控制器 PEC 未收到“S1 closed”和“S1 opened”信号。

录制 S1 异常动作时的波形图如图 13 所示。

对录波结果进行分析：控制器 PEC 未发出 S1closeRqust（红色）指令，在 20s 时刻，隔离刀闸 S1 opened（绿色）由 1 变为 0，30s 时刻，“Process. S1. /S1Discord（棕色，无 S1 位置不一致）”由 1 变为 0，即 S1 位置不一致动作，报“S1 clashing Ft”。

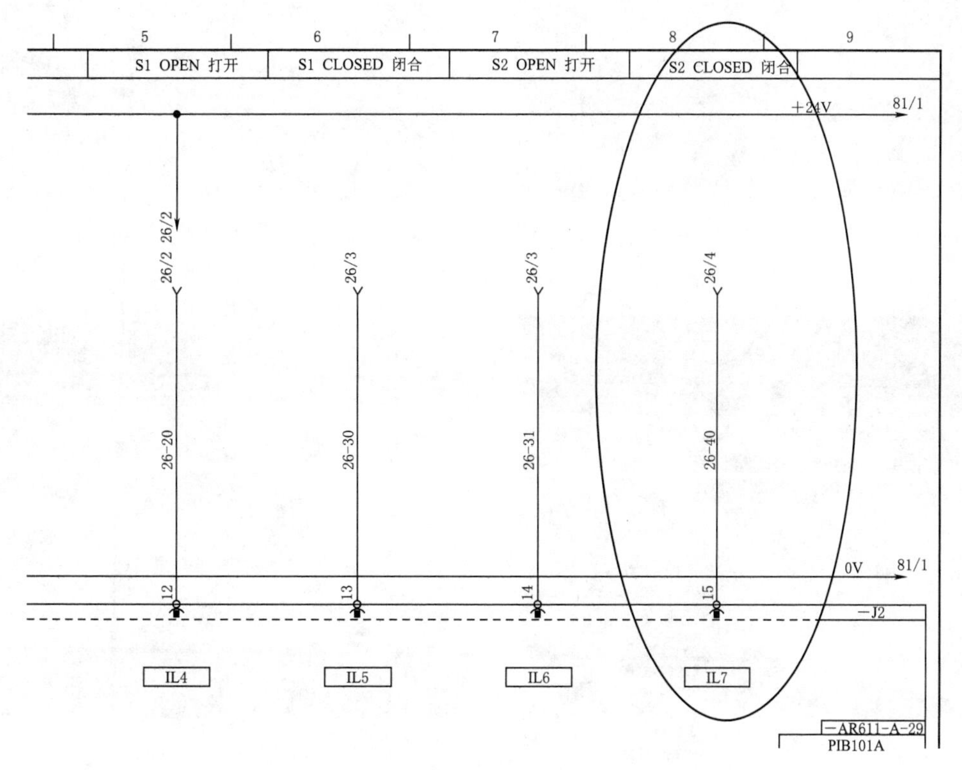

图 6　隔离刀闸 S2 合位反馈

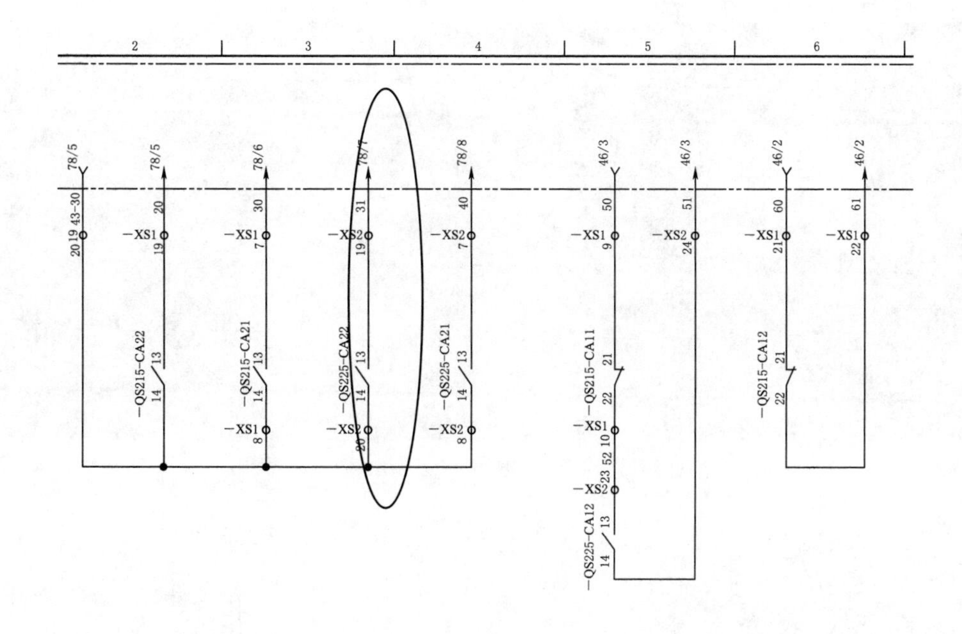

图 7　隔离刀闸 S2 位置反馈

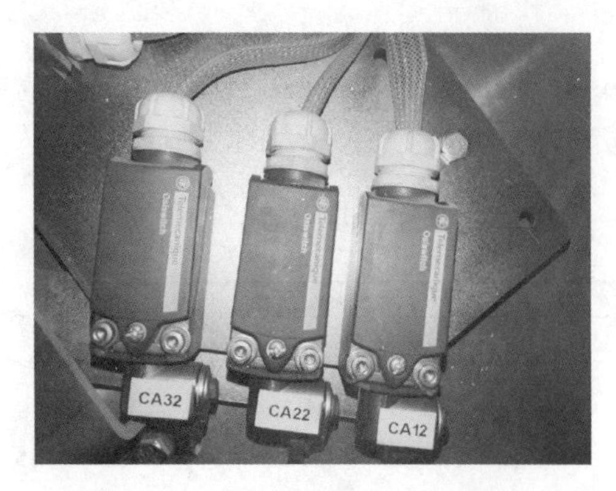

图 8　隔离刀闸 S1 位置开关

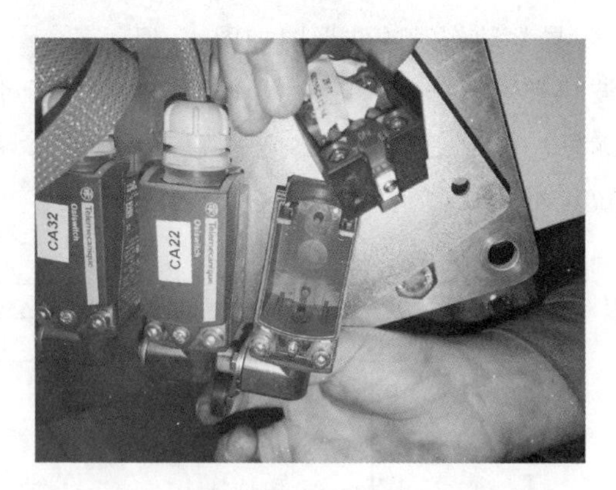

图 9　隔离刀闸 S1 位置开关内部结构

图 10　S1 位置开关拐臂调整前

图 11　S1 位置开关拐臂调整后

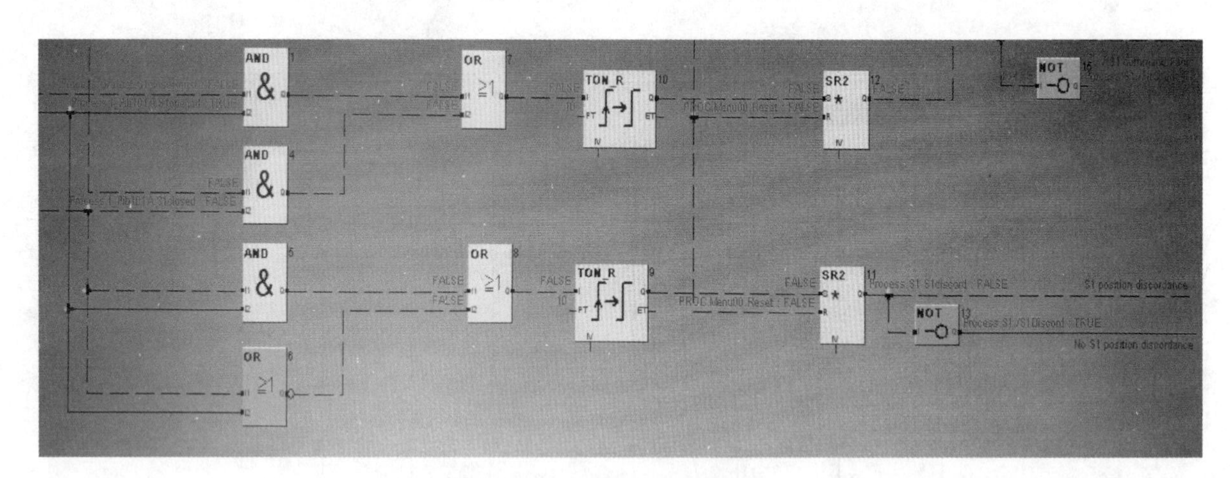

图 12　S1 clashing Ft 逻辑图

图 13 中，S1 自 20s 时刻至 42s 时刻，既无稳定 S1 opened，又无稳定的 S1 closed（蓝色）位置反馈，说明该 22s 时段内，S1 刀闸处于反复合闸、分闸的动作过程中（见图 14），在此过程中，运维人员发现隔离开关 S1 合闸继电器 KA825 和 S1 分闸继电器 KA826 频繁动作，并且 PIB101C 的 OL1 和 OL1 的开出指示灯亮，判断 PIB101C 可能存在异常开出的现象。

在对 PIB101C 卡件检查测量过程中发现：其第二（S1 打开令）、第一（公共端）针脚之间的电阻为 654.4Ω，第三（S1 闭合令）、第一针脚之间的电阻为 658.2Ω，其他针脚与第一针脚之间的电阻均为无穷大，判断 PIB101C 卡件故障，误开出 S1 打开令和 S1 闭合令，导致 S1 异常动作，位置反馈异常，更换 PIB101C 卡件后，S1 开关未再出现异常动作的现象，见图 15、图 16。

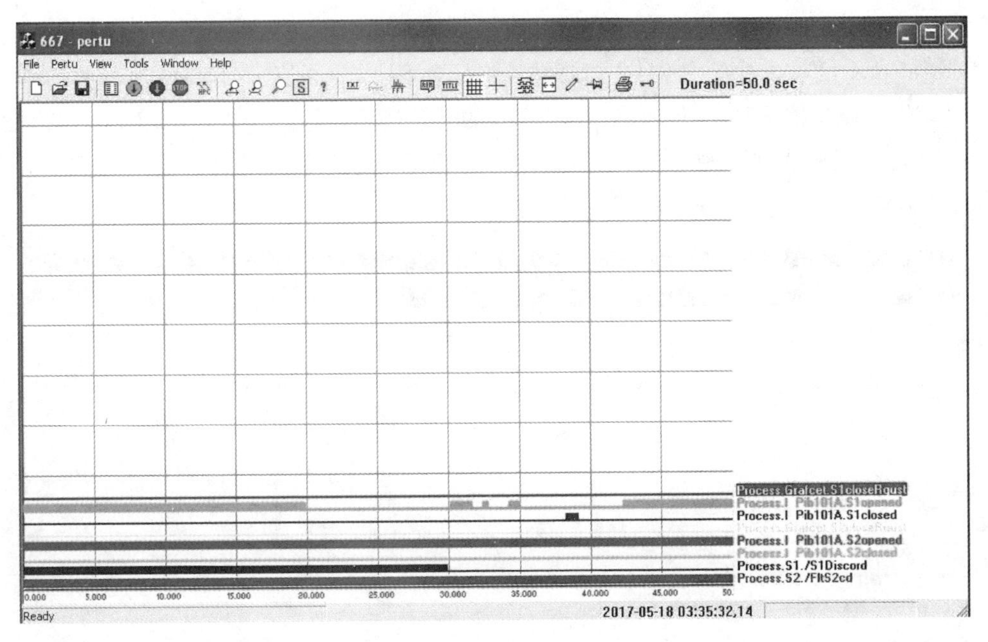

图 13 S1 异常动作录波图

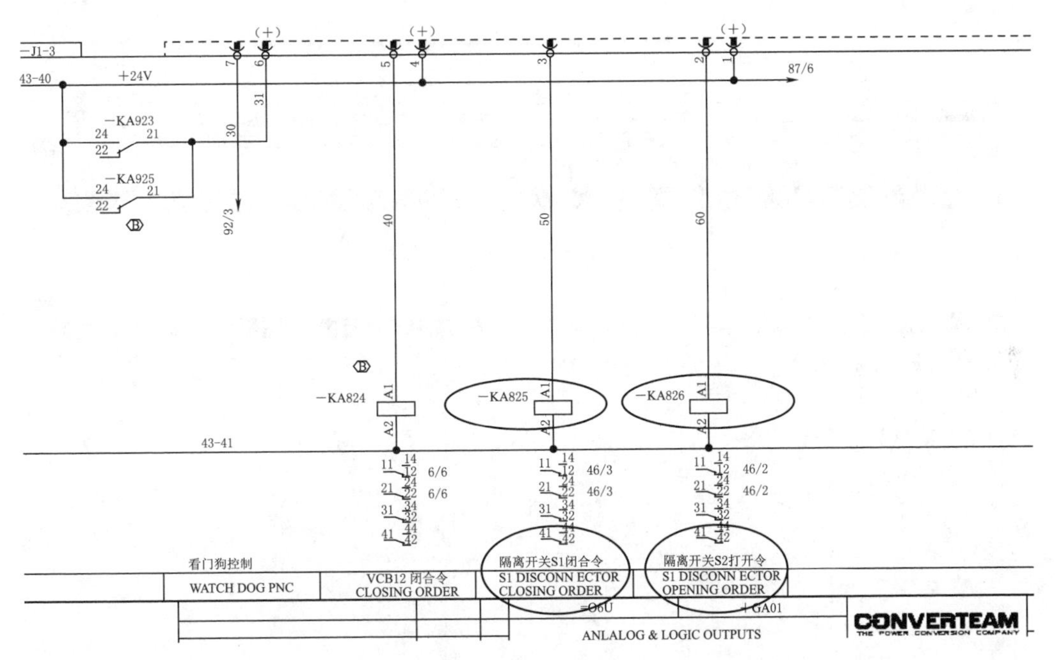

图 14 隔离刀闸 S1 分、合闸指令

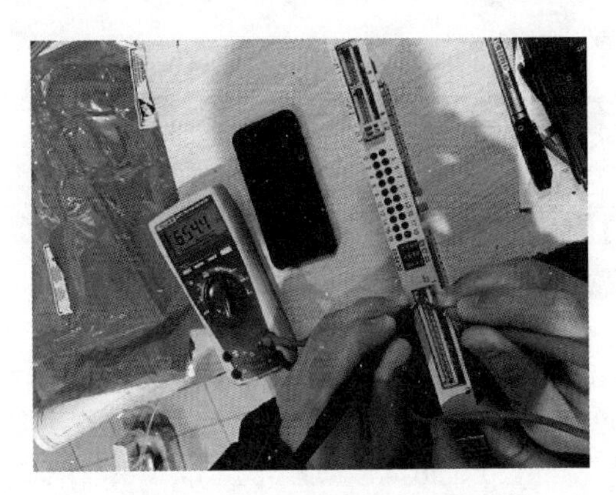

图 15 1、2 针脚之间电阻

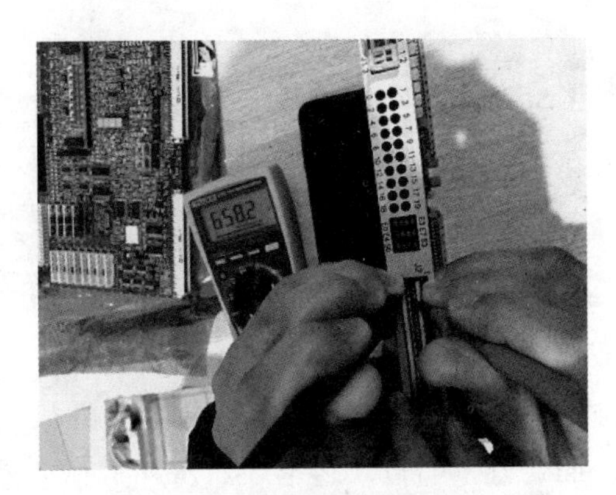

图 16 1、3 针脚之间电阻

隔离开关 S2 合闸回路中，需要判断 S2 未合且 S1 打开，结合 S1 clashing FT 的分析过程，在控制器 PEC 发出 S2closeRqust，若该过程中 S1 异常动作，将导致 S1 打开的条件不满足，S2 的合闸回路不能正常接通，S2 不动作，控制器 PEC 不能收到 S2 closed 的合位反馈，报“S2 Switch Cmd FT”故障。

对上述假设进行试验验证：强制 S2closeRqust 模拟 S2 正常合闸过程，手动励磁 S1 合闸继电器 KA825，并通过调试电脑录波，波形如图 17、图 18 所示。

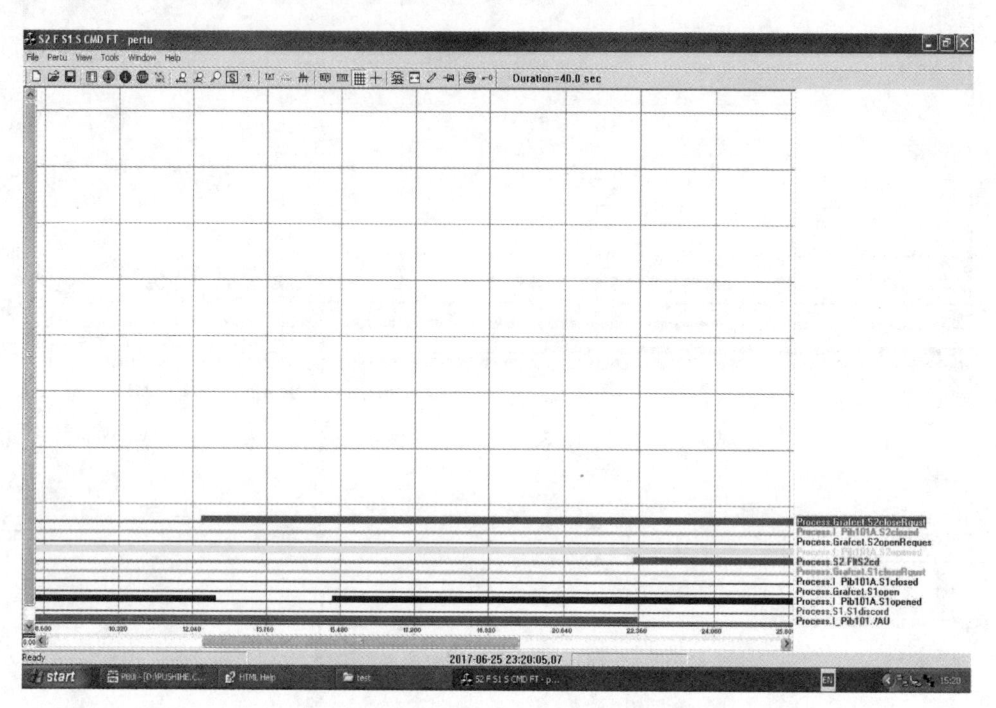

图 17 强制 S2 合闸后 S1 励磁

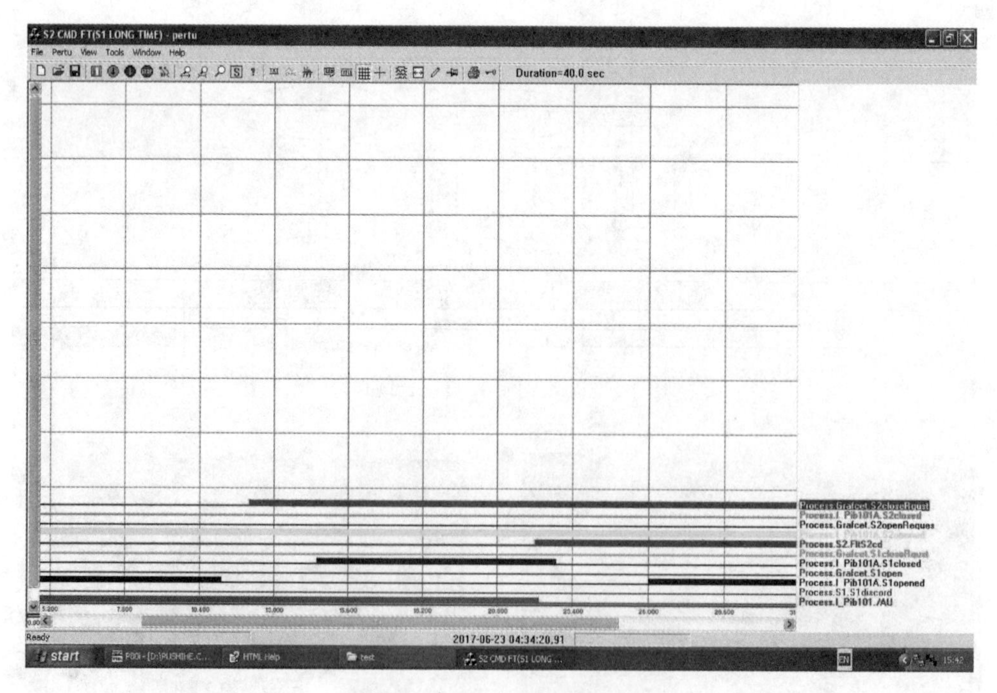

图 18 S1 励磁后强制 S2 合闸

上述过程中，在 11s 时刻，S1 opened（深蓝色）由 1 变为 0，12s 时刻，通过程序强制发出 S2closedRqust（红色上），之后 S2 opened（蓝色）和 S2 closed（绿色）并未动作，22s 时刻，FltS2cd（粉色）由 0 变为 1，/AU（红色下，无电气事故）由 1 变为 0，Keypad 报“S2 Switch Cmd FT”

“Electrical Stop”，如图 19、图 20 所示。

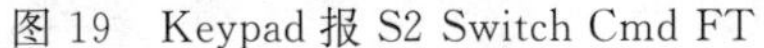
图 19　Keypad 报 S2 Switch Cmd FT

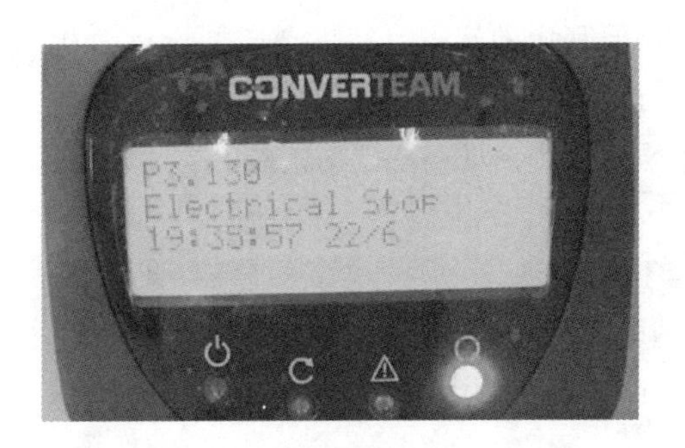

图 20　Keypad 报 Electrical Stop

上述现象与 5 月 15 日 22 时 10 分 SFC 启动失败的现象一致，故判断 S1 刀闸异常动作是引起隔离刀闸 S2 不能正常合闸，导致 SFC 启动失败的根本原因。

S2 刀闸的合闸动作过程为：由 PIB101A 卡件开出一个隔离开关 S2 闭合令（第三针脚）至继电器 KA795，KA795 励磁后，两对常开节点闭合使接触器 KM465 励磁，KM465 励磁使 S2 电机合闸方向动作，刀闸连杆动作后其辅助触点也随之动作，将位置信号反馈给 PIB101A 板卡。

隔离开关 S2 合闸回路中，需要判断 S2 未合且 S1 打开，若该过程中 S1 异常动作，将导致 S1 打开的条件不满足，S2 的合闸回路不能正常接通，S2 不动作，控制器 PEC 不能收到 S2 closed 的合位反馈，报“S2 Switch Cmd FT”故障。

3.3　处理过程

将板卡 PIB101C 进行更换，更换后进行试验，经录像机录制，慢动作回放后观察，设备运行正常。通过故障录波截取的图片观察设备运行正常，跟踪设备运行至今，尚未出现故障。计划继续跟踪设备运行情况。

4　暴露的问题及防范措施

4.1　暴露的问题

（1）设备方面。PIB101C 系列板卡制作工艺不良，设计存在缺陷。SFC 运行时间过长，卡槽内针脚绝缘低。同时回路内接触器未配置阻容吸收装置，电压波动时，易造成板卡误开出指令导致设备跳闸。

（2）检修维护。检修及维护人员对设备的日常巡检不到位，检修时未严格按照作业指导书的要求进行作业。检修后设备技术监督试验项目不全面，不能提前发现设备隐患。

4.2　防范措施

（1）完善 SFC 年度检修维保项目，涵盖控制柜及功率柜以外的二次元件，同时对板卡的检测项目及质量制定标准。加强对检修作业的过程控制，严格三级验收管理，确保每一项检修内容都按照检修工艺完成。

（2）按照图纸对 SFC 系统内所有 220V 交流接触器加装阻容吸收装置。对 24V 直流中间继电器线圈增加续流二极管。

（3）在进行 SFC 系统年度或季度巡检时，对 SFC 各个方面的设备进行仔细检查。在工作结束后对工作完成情况进行详细复查。

5　结语

SFC 旁路刀闸故障的排查应根据合闸回路的各个环节分析进行，首先分析判断是否由于控制器未发出指令、S2 刀闸接受到指令未动作、S2 刀闸收到指令动作后未反馈正确三个原因；然后使用整体法和局部法逐渐对每个环节中的相应设备进行检查，进一步确定故障部位，同时进行对照模拟试验对分析结果进行验证。

抽水蓄能电站机组频繁进行抽水调相工况启动运行对 SFC 控制器板卡的稳定性提出了更高的要求，SFC 控制器需要稳定的运行，而板卡结构设计合理就显得尤为重要。因此在日常运维巡检过程应注意对 SFC 板卡进行详细检查，做好绝缘试验数据的趋势分析，发现异常及时处理；对于存在设计缺陷的情况，应联系生产厂家计算论证，必要时进行改造。

参考文献

[1] 王熙，刘聪，冯刚声，等. 静止变频器（SFC）启动机组泵工况过程分析［J］. 水电站机电技术，2015（7）：69－72.
[2] 庞晓展，陈月官，庞仕元，等. 一种静止变频器典型故障分析处理［J］. 水电站机电技术，2019，42（21）：32－33.

张河湾电站机组励磁系统V/Hz限制器动作分析

张一波　黄　嘉　朱传宗　张　甜　赵雪鹏
（河北张河湾蓄能发电有限责任公司，河北省石家庄市　050300）

【摘　要】本文对张河湾电站4号机组发电启动过程中监控出现励磁系统V/Hz限制器动作的原因进行了分析，探讨了大型抽水蓄能机组使用ABB UNITROL 5000励磁系统V/Hz限制器动作故障产生的原理，为以后抽水蓄能机组出现相同问题提供借鉴意义。

【关键词】发电启动　励磁系统　V/Hz限制器动作

1　概述

河北张河湾蓄能发电有限责任公司（以下简称“张河湾电站”）位于河北省石家庄市井陉县境内，距离石家庄市中心直线距离为53km，公路里程为77km。张河湾电站设计安装4台25万kW单级混流可逆式水泵水轮发电机组，总装机容量100万kW，以一回500kV线路接入河北南部电网，电站在河北南网中峰谷调节、事故备用的作用十分明显，特别是在每年的春节保电、两会保电、春灌保电、迎峰度夏和迎峰度冬等保电工作中，机组频繁启停。近年来，根据新能源消纳需要，在气候富风期经常四台机组同时抽水帮助电网消纳清洁能源，避免了弃风、弃光现象，电站的优异表现也得到了电网的高度评价。

张河湾电站机组励磁系统采用瑞士ABB研发生产的UNITROL 5000型数字式同步发电机静止励磁系统，主要设备构成包括：励磁变压器、整流功率柜、自动励磁调节器、转子过电压保护装置、自动灭磁装置、备励系统及启励设备等。该系统具备完善的限制器和监视功能，主要功能如：最大励磁电流限制器和过流保护定子电流限制器、PQ限制器和失励保护、最小励磁电流限制器、V/Hz限制器和V/Hz保护等。其中V/Hz限制器是为了避免发电机组和励磁变压器铁芯过磁通饱和，调节器内设V/Hz限制器和特性曲线。如果发电机电压超过某一频率下的限制值，限制器将自动降低给定值使机端电压逐步上升到额定值。

2　问题发现的过程

（1）2020年3月16日20时24分30秒，4号机发电开机过程中监控系统出现“4号机组励磁系统V/Hz限制器动作”，20时24分33秒，4号机组励磁系统V/Hz限制器动作复归。机组正常并网，稳定运行。监控报文如图1所示。

（2）由监控报文可以看出，监控发励磁投入令开出量：U04 _ JD03 _ GU110 _ DO02时间为20：24：30.558。监控收到励磁系统V/Hz限制器动作：U04 _ JD03 _ GU200 _ DI28时间为20：24：30.842。时间间隔为0.3s，此时励磁电压、励磁电流几乎为零，同时机端电压也为零（见图2）。

3　问题的分析

3.1　问题排查

发现问题后，运维人员立即展开分析，经过查找励磁系统软件图发现当机组开关GCB没有合闸且机端电流在5%以下时励磁系统软件参数11901输出为母线电压，如图3所示，UNITROL 5000励磁系统软件SP-44模块，该功能块为机端电压给定与P、Q之间的关系曲线，由于本次报警发生在机组并网前，因此P、Q均为0，附加参数6908为0，因此，本功能块在机组发电并网前输出就是AVR参数给定值（参数11901）也就是母线电压。

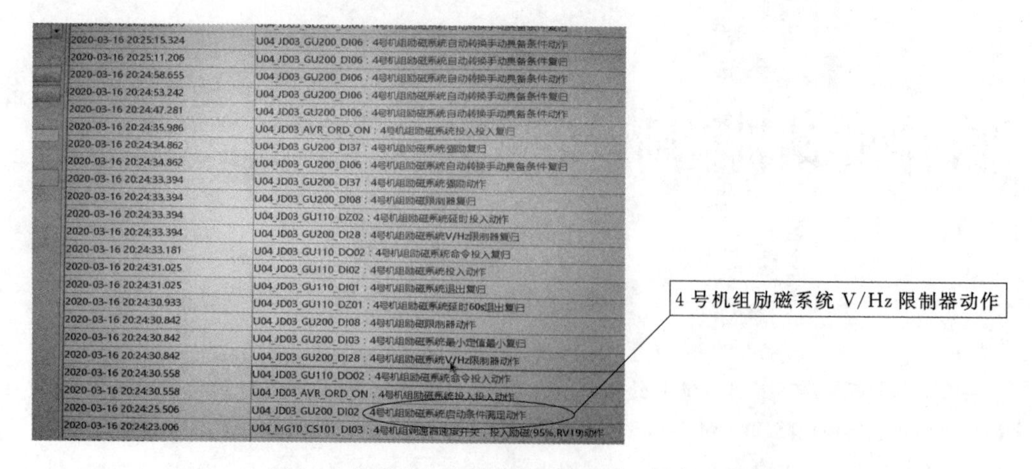

图 1 4号机发电启动励磁系统 V/Hz 限制器动作

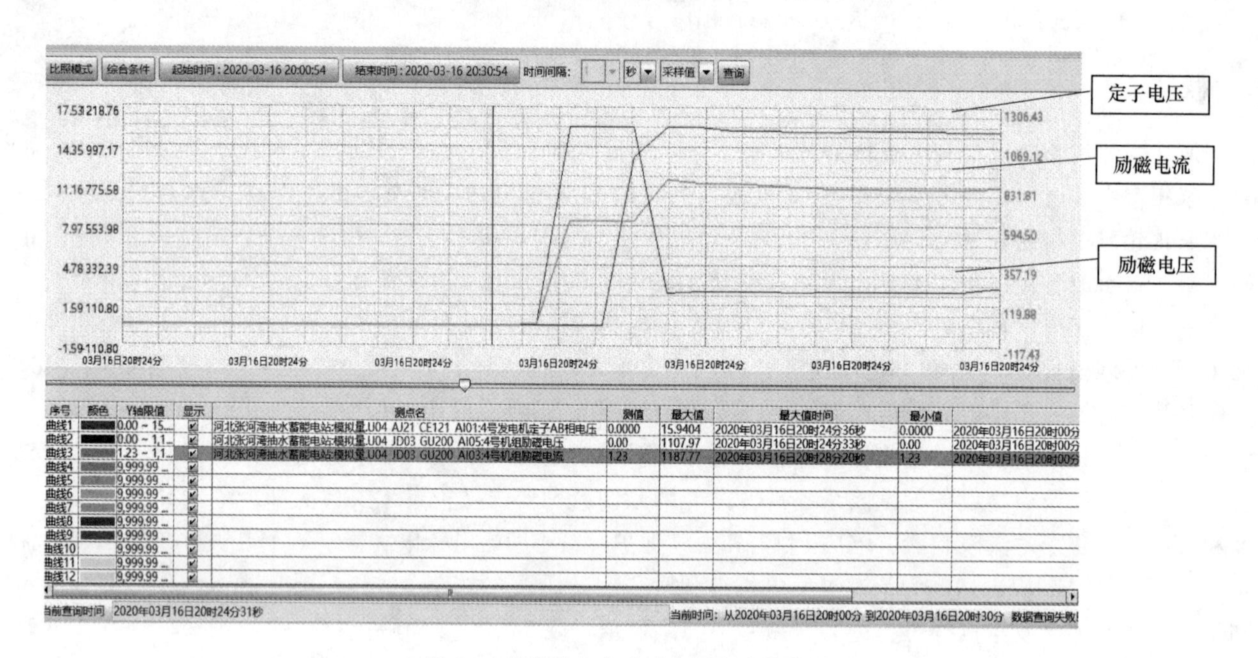

图 2 4号机发电启动时电压电流曲线图

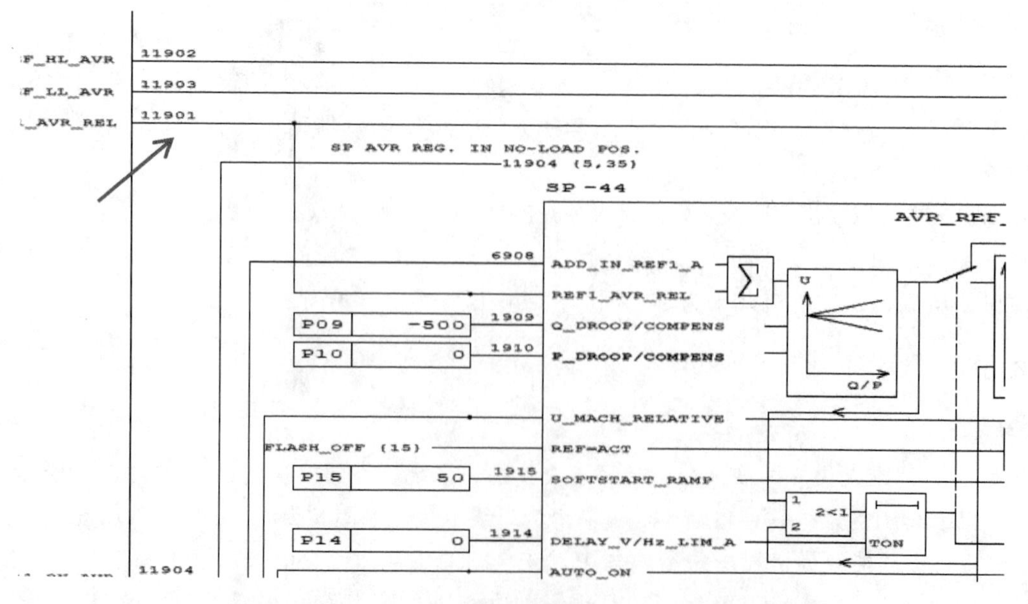

图 3 UNITROL 5000 励磁系统软件 SP-44 模块部分图

当机组发电并网前，AVR 参数给定值参数 11901 作为母线电压 U_1，V/Hz 限制器根据采集的机端电压频率和 V/Hz 定值所换算出来的电压作为 U_2，V/Hz 限制器动作的条件是 $U_1>U_2$（如图 4 标注）。但是根据起励瞬间机端电压还未超过 10% 此时的 f 应被置为 50Hz 此时理论算出来的 U_2 应为 18.1125kV（本厂额定电压为 15.75KV）（U_2 为 V/Hz 限制器动作的定值，由参数 1911 AVR V/Hz 限制线斜率确定，本厂 1911 参数设定值为 115%），此时 U_1 不可能大于 U_2，所以此时的监控报警为确认为误报警。

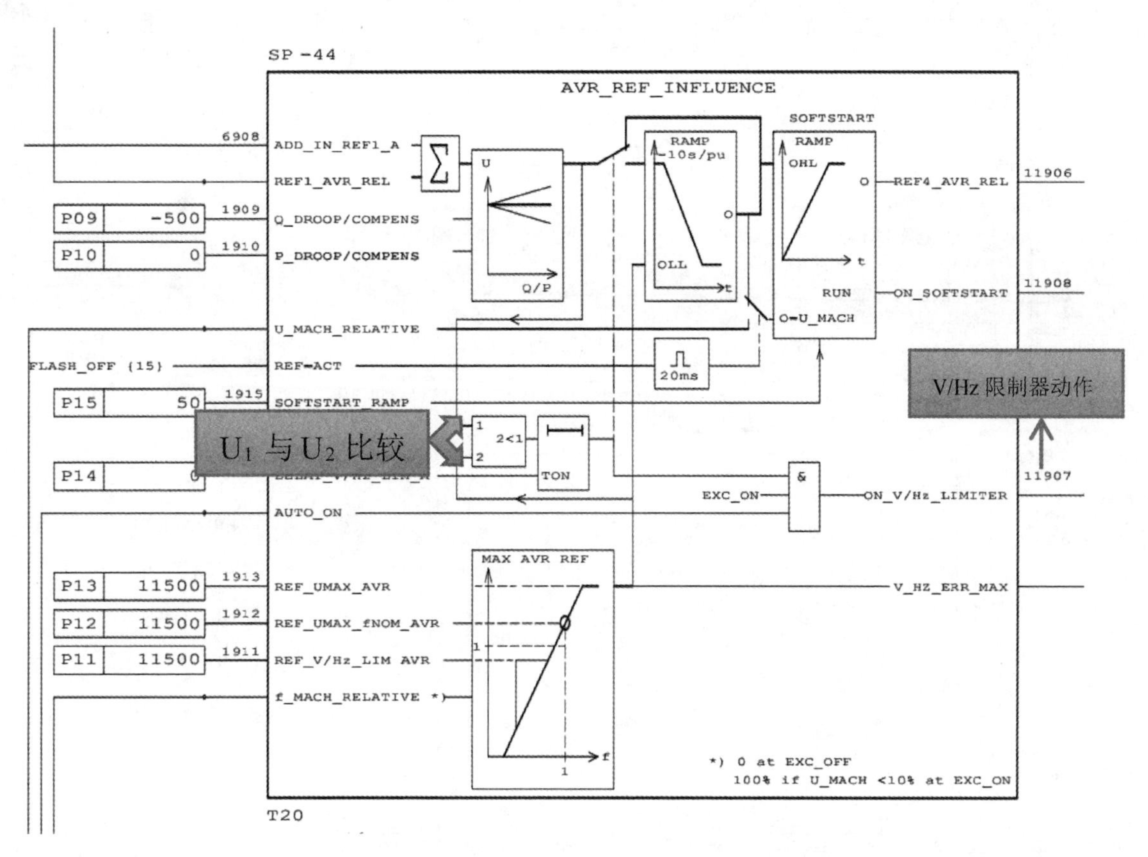

图 4 UNITROL 5000 励磁系统软件 SP-44 模块图

3.2 原因分析

根据上述分析可能导致 11907 参数（V/Hz 限制器动作）输出的原因有三点：①频率测量正常，或动作时机端电压小于 10%额定电压此时频率取 50Hz，母线电压测量值较实际值偏大，大于根据 V/Hz 限制曲线算出的最大电压给定值；②频率测量过小，导致 U_2 计算值过小导致 $U_1>U_2$ 导致 V/Hz 限制器动作；③SP44 模块有固定扫描周期导致 U_2 的值延迟输出导致 $U_1>U_2$，从而导致 VHZ 限制器动作。

为验证上述是哪种情况导致 V/Hz 限制器动作，需使用励磁系统调试电脑 CMT 或者励磁现地控制终端 ECT 将以下参数进行录波：EXC ON 励磁已投入 10307、AVR 给定值 11901、V/Hz 限制器动作 11907、母线电压 10227、机端电压频率 10225、机端电压 10201（见图 5）。

以下是录到的波形，很直观地反应了 V/Hz 出口的时间及原因，为上述第三点分析到的 SP44 模块有固定扫描周期导致 U_2 的值延迟输出导致 $U_1>U_2$，从而导致 V/Hz 限制器动作。由于第一个扫描点时机端频率为 0Hz 而此时 U_1 被置为 100%所以 $U_1>U_2$，后虽然频率上升为 50Hz 但是此时比较模块的扫描周期并未到，在 U_1 被置为母线电压的瞬间也代表第二个扫描周期的到来，此时 $U_1<U_2$ 故障报警复归。下图中的刻度 1 格为 5ms 所以可以看出 V/Hz 限制器动作时间为 20 格为 100ms 与扫描周期一致（T20 模块扫描周期为 100ms）。

4 解决方法

有效的解决办法应该是修改 ABB UNITROL 5000 励磁调节器 V/Hz 限制器模块参数来重新整定延

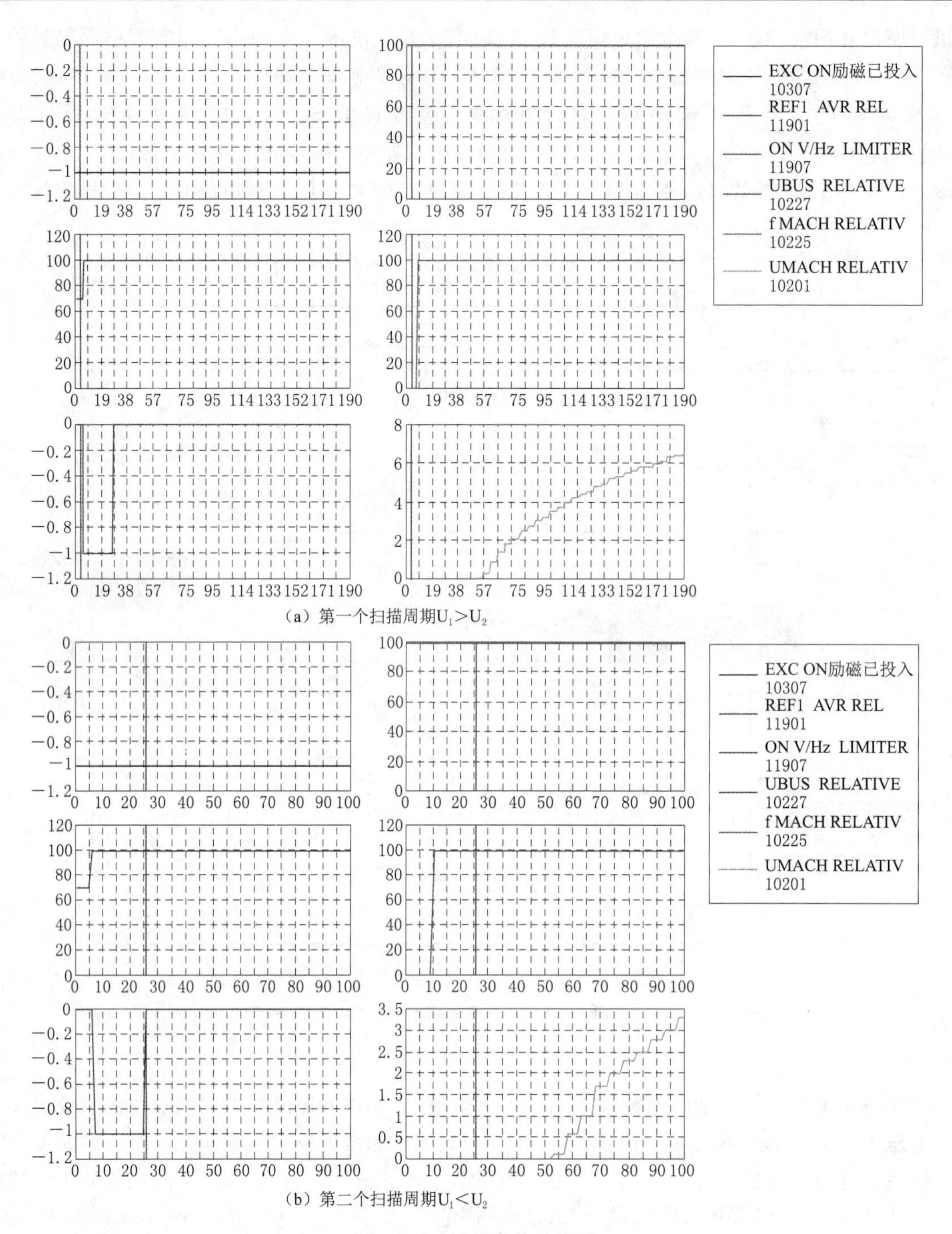

（a）第一个扫描周期U_1>U_2

（b）第二个扫描周期U_1<U_2

图 5 励磁系统参数录波图

时，但这需要设备厂家对励磁调节器内部逻辑进行修改，普通用户无法通过 UNITROL 5000 调试软件 CMT 进行修改。目前，考虑让 V/Hz 限制器快速动作，所以不考虑将 V/Hz 限制器功能延时增长，故考虑软件程序 V/Hz 限制器模块 SP－44 中在参数 11907（V/Hz 限制器动作）报警出口处加入一个 TON 模块延时设置为 0.5s 可以躲过 100ms 的扫描周期（如图 6 所示），故机组在发电启机过程中在并网之前不会再出现 V/Hz 限制器误报警。但上述解决方案并不是理想的解决方案。

5 防范措施

（1）通过此次问题的发现与分析将本电站 4 台机组 UNITROL 5000 励磁系统 V/Hz 限制器增加 0.5s TON 模块，以此来杜绝抽蓄机组发电启机时 V/Hz 限制器误报警。

（2）督促 ABB 设备厂家尽快提出问题解决方案，必要时修改内部参数逻辑。

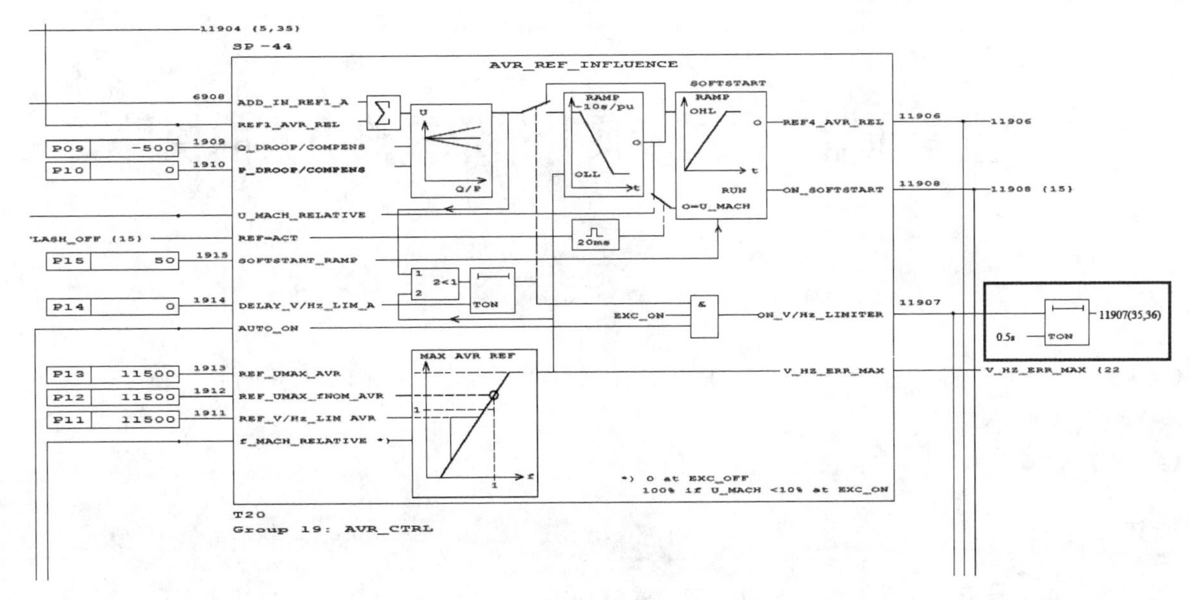

图6 扫描周期

（3）加强电站设备主人的培训力度，每年安排技术人员参加设备厂家组织的专业技术培训，积极参与公司组织的各项技能鉴定，提高励磁专业人员技术水平。

6 结语

励磁系统是发电厂设备的重要组成部分，励磁系统的正常稳定运行是发电机正常稳定运行的基础。UNITROL 5000励磁系统V/Hz限制器动作特性在功能延时方面存在设计不合理的地方，本文介绍抽水蓄能电站使用ABB UNITROL 5000励磁系统在机组启机未并网时V/Hz限制器动作的原因，提出了临时解决V/Hz限制器误报警的方法，对同类型蓄能电站出现类似问题具有参考借鉴意义。

参考文献

[1] 胡欣，黄文，方新亮．UNITROL 5000励磁系统原理及典型故障分析［J］．能源研究与管理，2014（1）：51-56.

[2] 王君亮．同步发电机励磁系统原理与运行维护［M］．北京：中国水利水电出版社，2010.

大型主变压器室内同步顶升吊罩检修方式的探讨

申　良　吴　敏　周阳轩
（湖南黑麋峰抽水蓄能有限公司，湖南省长沙市　410000）

【摘　要】本文对大型抽水蓄能主变压器吊罩检修方式进行分析、优化，以达到缩短检修时间，节约成本，确保检修进度、安全及质量的目的。

【关键词】500kV 油浸式变压器　变压器室内同步顶升吊罩　千斤顶

1　概述

黑麋峰公司1号主变压器型式为三相双绕组强迫油循环水冷无励磁调压电力变压器，型号为 SSP-360000/500，投运时间为 2009 年 4 月。2019 年 11 月 01 日，1 号主变压器排油内检时通过内窥镜发现该主变上铁轭高、低压侧尾级硅钢片均存在上窜现象，且低压侧上窜情况较高压侧明显。

2　主变室内同步顶升吊罩必要性

随着经济、科技技术的高速发展，吨位重、体积大的 500kV 及以上的变压器应用越来越广泛。水电站（含抽水蓄能）的主变压器大部分安装在室内，室内场地偏狭窄，设备布置紧凑，变压器吊罩检修一般采用移运至“空旷处”再用吊车（或桥机）进行吊罩检修，其墙体拆砌、管路（风道）拆装、钢轨清理等耗时长，且拆墙扬尘较大，作业风险高，现场管理难度大，时间和经济成本较高。因而采用具有效率高、传动稳定、布置灵活、控制精度高、便于闭锁保护等优点的液压顶升装置进行变压器室内同步顶升吊罩检修，既可以精准控制变压器钟罩的顶升速度和高度，又可节约时间和资金、降低设备碰撞损坏和人身伤害的风险等[1-2]。

3　主变室内整体同步顶升钟罩方案

利用激光仪定位，在主变压器“吊耳”两侧正上方混凝土承重楼板上打好“顶升葫芦”悬挂钢丝绳的吊挂孔，并用穿过“吊挂孔”的钢丝绳悬挂葫芦辅助变压器钟罩顶升。先拆解变压器高低压侧相关部件后用千斤顶将变压器往高压侧平移 1.3m；再拆除变压器高压侧升高座将其缓慢放置到“限位固定工装”上；然后用千斤顶缓慢将变压器往低压侧平移直至露出高压侧身高座内引线接头（需平移 1.0m）；最后用千斤顶缓慢将变压器往低压侧再平移 0.3m 回归原位，以便高压侧升压座封筒安装。

用安装在主变压器轨道上的千斤顶同步顶升变压器钟罩，并拉动“顶升葫芦”调整“吊耳”钢丝绳受力，使钟罩平稳与变压器的下部箱沿脱离，然后及时加塞高强度“层压木”直至顶升至所需检修高度。

4　同步顶升钟罩的主要步骤及注意事项

4.1　顶升葫芦悬挂点测定及打孔

根据主变压器尺寸、主变室尺寸以及吊耳位置，先用激光仪在变压器每个“吊耳”两侧（吊耳共 4 个）正上方混凝土承重楼板上测定好“顶升葫芦”悬挂钢丝绳的吊挂孔位置，再用水钻（ϕ20）试钻孔辅助定位，复测无误后用水钻（ϕ80）扩孔。

4.2　顶升葫芦及钢丝绳悬挂

搭设脚手架至主变室顶部，然后在每个“吊耳”正上方的两个“吊挂孔”内穿好钢丝绳（ϕ20），并将一个 10t 葫芦挂在该钢丝绳上用来顶升变压器钟罩，然后在承重混凝土楼板上钢丝绳下部铺设“枕木”

“槽钢”等，以分散楼板受力。

4.3 主变压器

为了主变压器检修后能回归原位，移位前应“记号笔”在钢轨做好标记，并主变低压侧钢轨上焊好限位块。

4.4 主变压器原始位置标定及移位

拆解变压器低压侧一次导线、二次电缆、GIS联变母线、相关连接管路以及变压器排油充气等后，在主变低压侧用千斤顶将变压器往高压侧平移1.3m，然后进行GIS相邻套管SF_6气体回收、高压侧油气套伸缩节管拆除、GIS侧套管闷板安装及氮气充装等。

4.5 主变压器升高座拆除

先用高压侧升高座正上方的葫芦拉紧“升高座”以防止侧翻，再拆除高压侧升高座的紧固螺栓，缓慢落至组装的“限位固定工装”上（可视情况在工装与升高座间增垫枕木），然后立即安装升高座封筒、抽真空（或充氮气）。

4.6 主变压器回归原位

在主变高压侧用千斤顶将变压器往低压侧平移1.3m，当主变压器回归原位后，立即在高压侧升高座连接处安装闷板。

4.7 主变压器箱沿切割

先用大力C形夹固定变压器箱沿后再进行变压器箱沿切割。

4.8 室内同步顶升吊罩

先在变压器每个吊耳正下方同一高度的下节油箱加强板上焊接一个三角形支撑板，便于千斤顶同步顶升钟罩。再用钢丝绳（ϕ20）套住“吊耳”挂在其上方的葫芦上，然后拉动葫芦调整“吊耳”钢丝绳的受力，辅助钟罩顶升，以防变压器钟罩倾斜。

准备工作完成后，用安装在主变压器轨道上的四个千斤顶住“加强板”上的“三角支撑底板”同步顶升变压器钟罩，使之与变压器的下部箱沿分离。同时，站在四个葫芦旁的人员（每个葫芦3人）同步手拉葫芦链条，防止变压器钟罩（含低压升高座、油枕、高压中性点，约25t）倾斜、晃动以及油箱与器身磕碰。

变压器顶升过程中，根据变压器箱四个角沿处的激光仪和刻度尺，由专人读取主变压器的顶升值，并安排专人监视变压器室顶部承重楼板、钢丝绳受力、槽钢及枕木受力等。变压器钟罩同步顶升约10cm时，站在变压器四个角旁的人员（每个角2人）迅速将等厚度的高强度“层压木”（含3mm、5mm、10mm、30mm等规格）塞进上、下箱沿之间（防止钟罩落下），且“起吊钟罩”与“支撑的层压木”间隙不大于3mm。当高度达到20cm时，应及时检查主变内部有无磕碰，无异常后继续顶升直到钟罩顶升至1m高度。最后调整葫芦使钟罩完全落至变压器四个角旁的八堆“层压木”上（见图1）。

图1 室内变压器同步顶升吊罩现场

4.9 主变压器内部缺陷处理

拆除夹件上梁，折弯上窜硅钢片，塞入绝缘纸，然后压入优化设计的新阶梯木（见图2的右侧），回

图 2　优化设计前后阶梯木（左旧右新）

装横梁。

4.10　主变压器钟罩回落

变压器缺陷处理后，先缓慢顶升钟罩约 2mm，拿出一块“层压木”后再缓慢下落钟罩，按此方法，直至钟罩完全落到位。

5　主变压器室内顶升吊罩检修优点

5.1　时间经济优势

主变压器“室内同步顶升吊罩”无需进行墙体拆砌、管路（风道）拆装、钢轨清理、主变来回转运、大型吊车、主变廊道漆面修复等，且能大量减少设备及地面防护面积。同时，还可通过优化部分工序（脚手架搭设、电气试验）节约工期 8d 以上，单次直接节约成本 80 余万元，后续主变压器检修还能节约工装设计及加工费约 20 万元。

5.2　安全质量管控优势

主变压器“室内同步顶升吊罩”不涉及扬尘较大的拆墙、墙体内照明和控制线路改接等工作，脚手架搭设、长距离转运变压器等高风险作业大幅减少。同时，通过除湿机、加热器、除尘机等设备可将独立密闭的变压器室的湿度控制在 25%以下，空气质量指数“良好”以上，减少变压器受潮、受污染等风险。

6　结语

水电站（含抽水蓄能）户内式 500kV 油浸式变压器的首次室内同步顶升吊罩检修不仅节约时间和经济成本，而且为 GIS 侧 SF_6 套管及工装设计、变压器轨道设计、变压器室土建设计（承重梁、预埋吊钩）提供了思路。

参考文献

[1]　杨琛，于少娟，杨尉薇. 基于模糊 PID 的大型变压器顶升系统控制研究 [J]. 山西电力，2015，194（5）：1-5.

[2]　余志强. 变压器的检修探讨 [J]. 贵州电力技术，2012（6）：78-80.

某抽水蓄能电站定子铁芯拉紧螺杆绝缘偏低处理

王 俏 曾玲丽 吴 敏 钱晓忠 周阳轩
（湖南黑麋峰抽水蓄能有限公司，湖南省长沙市 410213）

【摘 要】 某抽水蓄能电站1号发电机定子铁芯拉紧螺杆运行至今，部分螺杆绝缘值偏低甚至为0。在2014年对部分绝缘偏低螺杆采用过吹扫、清洗绝缘垫等方法进行过处理，但效果一般。在2019年利用机组大修对全部螺杆进行绝缘处理，彻底解决了绝缘偏低问题。

【关键词】 定子铁芯 拉紧螺杆 绝缘处理

1 引言

某抽水蓄能电站1号发电电动机为三相、立轴、半伞式，密闭循环空冷、可逆式同步电机。该发电电动机由法国阿尔斯通公司生产，2009年投产，额定发电功率300MW，抽水功率320MW。

该电站1号机定子铁芯在现场组装，由高磁导率、低损耗、机械性能优良的优质冷轧硅钢片叠装，总共分为49段，叠压系数大于0.96，通过150个定子铁芯拉紧螺杆将铁芯拉紧。该电站每年进行1号机C修时发现，部分定子铁芯拉紧螺杆绝缘值偏低。正常运行时螺杆与铁芯之间是绝缘的，一旦出现两点及以上接地会形成环流造成铁芯及螺杆发热，严重时会烧损铁芯，造成机组停运。因此有必要采取一定的措施提高定子铁芯拉紧螺杆绝缘，对于机组安全稳定运行具有重要意义。

2 拉紧螺杆结构介绍

定子铁芯拉紧螺杆长度为3060mm，直径为20mm，材质为圆钢Q235A，设计拉伸长度为（4.92±10%）mm。每根拉紧螺杆绝缘由上下端部绝缘垫和绝缘套管、中间部位绝缘套管组成，采用分段式绝缘结构将螺杆与定子铁芯进行绝缘，防止螺杆在电磁场的作用下产生环流而发热。且每根螺杆都配置M20圆螺母2个，D21垫片2个，D24绝缘垫圈2个，碟簧和碟簧压板各1个（见图1）。

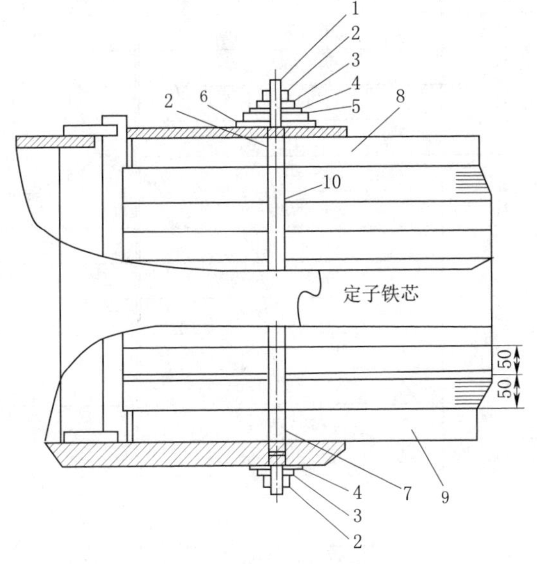

图1 定子铁芯拉紧螺杆结构图

1—拉紧螺杆；2—圆螺母M20；3—垫片D21；4—绝缘垫圈D24；5—碟簧压板D26；6—碟簧垫圈；7—绝缘管；8—上齿压板；9—下齿压板；10—T形套筒

3 存在的问题及原因分析

3.1 存在问题

该抽水蓄能电站在1号机大修前对1号机组定子铁芯拉紧螺杆进行绝缘测量发现，部分螺杆绝缘值与近两年所测试结果都为0，基本判断为形成永久接地。还有少数螺杆绝缘值时好时坏，未形成永久性接地。还有一部分螺杆绝缘值偏低，小于100MΩ。2017—2019年所测得绝缘数值见表1。

当螺杆对地绝缘良好时，其不会与定子铁芯之间形成通路，不会给发电机正常运行带来影响。由于螺杆一般选用高强度导磁钢材，当螺杆形成两点接地时，在交变磁场作用下螺杆两端会产生感应电压，其会与定子铁芯、定位筋、定子机座形成环流，造成螺杆发热，有烧损铁芯的风险。

表 1 2017—2019 年所测得绝缘数值

编号	绝缘值/MΩ	编号	绝缘值/MΩ	编号	绝缘值/MΩ
1	3/12.5/20	51	0/0/0	101	1300/1380/1460
2	200/289/500	52	52.5/100/0	102	330/560/570
3	17.5/0/29.7	53	11.7/180/0	103	389/460/880
4	291/309/890	54	0/36.7/0	104	0/0/0
5	1500/1580/2000	55	230/340/356	105	708/880/876
6	11.7/298/390	56	190/205/305	106	0/56.8/110
7	260/1100/900	57	890/900/950	107	378/460/500
8	800/1200/1500	58	1100/1300/1680	108	1900/2100/2280
9	20000/25670/28000	59	2500/2560/2300	109	3800/3890/4600
10	123/350/280	60	3500/2860/3300	110	1200/1250/1280
11	0/0/0	61	880/560/935	111	3780/4600/4890
12	190/280/670	62	100/170/178	112	289/278/300
13	840/860/560	63	0/0/0	113	560/170/0
14	2200/2800/2750	64	134/156/200	114	0/0/121
15	280/0/150	65	0/11.2/32	115	138/0/256
16	380/390/0	66	560/789/256	116	190/200/230
17	660/780/785	67	300/306/180	117	388/250/134
18	260/0/0	68	0/0/0	118	1380/2880/3900
19	13.5/15.8/27	69	700/368/289	119	1200/1250/1180
20	39/50/100	70	0/56.8/0	120	988/789/688
21	369/150/89	71	78.9/88/100	121	1080/2000/2100
22	0/0/0	72	45/0/98	122	150/90/110
23	174/186/198	73	340/289/560	123	0/150/280
24	90/50/75	74	1100/1250/1180	124	480/460/380
25	0/150/200	75	910/760/980	125	110/117/118
26	980/1080/1000	76	120/0/0	126	1230/1380/2200
27	3000/5000/4600	77	121/150/350	127	380/860/480
28	2890/3570/4060	78	1450/2200/3800	128	360/136/400
29	1340/780/1190	79	0/117/286	129	390/186/150
30	0/151/0	80	33.5/0/78	130	990/1000/1100
31	190/280/186	81	1190/1200/1300	131	2300/4000/3800
32	1320/2500/2600	82	380/0/0	132	3600/2800/2890
33	3800/4560/3800	83	187/256/330	133	340/380/460
34	780/1120/1160	84	330/468/380	134	1130/2300/3300
35	178/0/0	85	0/117/0	135	2680/2800/2300
36	398/500/398	86	208/350/446	136	1180/1160/2010
37	700/600/660	87	23000/23500/32000	137	113/186/150
38	0/14.5/100	88	25000/26800/33000	138	128/130/111
39	0/15.7/68	89	280/390/560	139	180/380/289
40	78/89/50	90	1000/980/1180	140	260/350/320
41	900/980/880	91	0/0/130	141	3600/3500/2800
42	335/383/490	92	125/128/110	142	370/480/560
43	0/0/0	93	350/370/380	143	377/434/560
44	780/880/568	94	0/0/0	144	11.7/23.5/38.7
45	14.5/13.3/15.9	95	178/290/300	145	245/380/430
46	1810/2200/1980	96	1170/1800/2000	146	200/302/360
47	345/890/220	97	389/400/790	147	980/868/680
48	780/560/660	98	2100/3560/4000	148	1200/2320/1810
49	46.7/80/89	99	980/880/560	149	190/200/250
50	340/680/678	100	1300/2560/3800	150	380/386/388

3.2 穿心螺杆绝缘降低原因分析

3.2.1 螺杆安装时绝缘件受到污染

在安装初期，现场施工留下的焊渣、金属粉末清扫不干净，附着在定子铁芯拉紧螺杆绝缘垫表面上，造成螺杆绝缘偏低[1]。

3.2.2 机组运行时产生的粉尘污染绝缘

由于定子铁芯拉紧螺杆采用分段式绝缘结构，在螺杆与铁芯之间存在一定的间隙，在发电机运行时集电环碳刷产生的碳粉，机组停机时机械制动产生的粉尘[2]，以及轴承产生的油雾会随着冷却风通过定子铁芯通风槽进入铁芯内部造成螺杆与铁芯之间的绝缘降低甚至接地。

3.2.3 拉紧螺杆绝缘垫受潮或者存在裂纹

由于机组检修，当周围环境湿度比较大的时候，定子铁芯可能会受潮，这时拉紧螺杆与定子铁芯之间的绝缘会降低。或者在安装螺杆的时候，由于安装不当造成螺杆上端绝缘套筒和绝缘垫存在偏差，在螺杆受力拉伸固定后绝缘套筒和绝缘垫之间存在挤压造成绝缘垫存在裂纹，导致螺杆与铁芯之间的绝缘降低。

该电站曾在2014年对1号机部分绝缘偏低的定子铁芯拉紧螺杆采用低压气吹扫法进行处理，处理后的拉紧螺杆绝缘值虽有所提升，但在后续的机组运行过程中又出现了绝缘降低的情况。自2016年起，1号机基本保持每天一次发电、一次抽水工况运行，运行方式大，且在每月的定检过程中会发现在风洞内定、转子表面附着有粉尘和油雾的情况。在2019年大修时将螺杆拔出检查发现，部分螺杆上下端绝缘垫表面附着有脏物，可能是机组运行时产生的粉尘污染了绝缘垫，造成螺杆绝缘偏低，还有一部分螺杆绝缘垫出现了不同程度的裂纹。上下两端绝缘垫受到了污染或本身存在裂纹是造成该电站1号机定子铁芯拉紧螺杆绝缘偏低的主要原因。

4 定子铁芯拉紧螺杆绝缘处理

2019年结合机组大修对全部150根拉紧螺杆进行处理，采用将拉紧螺杆涂刷绝缘漆的方式，具体处理方法如下：

（1）采用厂家提供的专用绝缘漆DK222和固化剂按4∶1的比例进行配制，并对预先准备好的备用螺杆进行刷漆，固化24h后检查螺杆表面绝缘漆确保无开裂。

（2）利用液压拉伸器或者气动泵将螺杆拔出，用压缩空气对通风沟进行清扫，同时清扫定子铁芯上齿压板油雾和粉尘。

（3）回装时采用已刷漆的螺杆，同时更换新的上下端绝缘套管和绝缘垫（如新的绝缘垫数量不够，可将旧的绝缘套管和绝缘垫进行酒精清洗后烘烤加热，待干燥后再使用），按照厂家的要求将螺杆进行拉伸。

（4）由于部分螺杆被定子线棒过桥母线挡住，需拆除过桥母线才能处理。首先将过桥母线手包绝缘处进行破口处理，同时做好线棒防护，利用中频焊机对过桥母线焊接处进行熔断，待螺杆更换完成后再对断口处进行银铜焊接，并进行浸胶手包绝缘。

（5）待全部定子铁芯拉紧螺杆处理完成后进行整体喷漆，再使用绝缘摇表对螺杆绝缘值进行复测，全部150根螺杆绝缘均大于50GΩ。

5 总结

抽水蓄能电站定子铁芯拉紧螺杆设计结构上大同小异，且绝缘偏低甚至为0的情况比较普遍。本文介绍了某抽水蓄能电站定子铁芯拉紧螺杆绝缘偏低的原因及处理方法，且在后续机组投运后利用定检对全部螺杆进行绝缘复测，绝缘值均大于50GΩ，螺杆绝缘偏低的情况得到彻底处理。

参考文献

[1] 何忠华，任鑫，姜宗波，等. 某抽水蓄能电站定子铁芯拉紧螺杆绝缘降低分析处理［J］. 水电站机电技术，2016.

[2] 李慧兰. 水轮发电机定子穿芯螺杆绝缘降低原因分析及处理［J］. 水电与新能源，2007（1）：58－59.

某电站发电电动机若干缺陷处置

何忠华　杨　恒

（湖南黑麋峰抽水蓄能有限公司，湖南省长沙市　410213）

【摘　要】本文通过描述某电站投产后，发电机出现的一系列缺陷，分析缺陷原因，处置方法，为其他电站提供有益参考。

【关键词】发电电动机　缺陷

1　引言

某电站地下厂房安装 4 台单机容量为 300MW 的可逆式机组，总装机容量为 1200MW，设计年发电量 16.06 亿 kW·h，年抽水耗用低谷电量 21.41 亿 kW·h，年发电利用小时数为 1338h，年抽水利用小时数为 1732h。电站建成后，以 1 回 500kV 出线一级电压接入电网，输电距离约 15km，另预留 1 回 500kV 备用出线。

电站按“无人值班”（少人值守）原则设计，采用开放式分层分布结构的计算机监控系统对全厂进行集中监控。电站发电电动机分别由两个制造厂供货，型式均为三相、立轴、半伞式、密闭循环空冷、可逆式同步电机。其中，1 号发电电动机由甲制造厂生产，2 号、3 号、4 号发电电动机由乙制造厂生产，2 号发电电动机的定子线圈由甲制造厂生产。

电站自投运以来，发电电动机出现了一系列缺陷，范围涵盖定子、转子、集电环等部件。电站协同设备厂家，利用机组检修机会，对相关缺陷进行了处理。

2　发现的缺陷及处置方法

2.1　发电电动机集电环引流螺杆开裂

2017 年，运维人员利用红外成像发现 4 号机发电工况运行过程中上集电环励磁引流螺杆上端面有宽 2～3cm 的高亮区域，温度达 100.7℃（温升约 85K）。停机后温度下降较快，其他各部位温升值变化均匀。检查发现，上集电环励磁引流螺杆存在裂纹。分析认为，机组振动、运输防护不到位或安装质量缺陷等原因，机组长时间运行后使拧入 4 号机上集电环的励磁引流螺杆开裂，导致过流截面积变小，接触电阻增大，机组励磁投入后温度急剧升高，继续运行存在跳机风险。

随即对 4 号发电电动机集电环进行全面清扫检查，更换了上集电环引流螺杆。运行后，红外成像测温检查，上集电环引流螺杆温度恢复正常。

2.2　发电电动机定子槽楔窜动

四台机组投产之后相继发现发电机定子绕组上、下端部槽楔出现窜动现象（1 号、2 号机槽楔少量窜动，窜动量小于 2mm；3 号、4 号机约 2/3 的线槽有槽楔窜动情况，窜动量在 3～35mm）。甲制造厂分析认为：1 号、2 号机槽楔窜动系安装时槽楔没有打紧所致，可不做处理。乙制造厂分析认为：机组频繁启停机，定子线圈反复热胀收缩，槽楔反复受到挤压，定子线棒与槽楔存在相对运动，且槽楔固定措施及材料不牢靠导致槽楔窜动。

2013 年，电站将 3 号、4 号机按乙制造厂方案进行了处理，即对端部槽楔及松动间隙超过 10mm 槽楔进行更换，采用浸胶玻璃丝绳将玻璃钢挡板绑扎在定子线棒上连成整体固定端部槽楔，并在槽楔接口处涂刷环氧胶等。自 2016 年机组高频次运行以来，3 号、4 号机槽楔又出现了窜动现象。其中 3 号机定子槽楔松动窜出玻璃钢围挡，上端槽楔上移、下端槽楔下移，移动位置最大处长约 25mm，且固定定子端头槽楔的涤纶玻璃丝绳断裂。现场随即进行了临时处理：将玻璃丝绳重新绑扎。2018 年 3 月，按乙制造厂处理方案，将 3 号机窜出端部围挡的槽楔进行回敲并重新刷涂环氧胶紧固。运行后发现，机组槽楔窜动并未消除。电站联系甲制造厂重新分析原因，认为是槽楔材料差异，将材料更换成与 1 号、2 号机一致后，槽楔问题会得到根治，计划结合机组 A 修对定子槽楔窜动问题进行处理。

2.3 发电电动机转子磁极引线断裂

2017 年，4 号机 1 号磁极靠 2 号磁极侧引线头 R 弯处烧断、2 号磁极右上端磁极压板端头及环氧托板烧伤、1 号磁极靠 2 号磁极中端部环氧托板烧伤；2018 年，4 号机 9 号磁极靠定子侧上端磁极压板端头和上中下端部环氧托板烧伤、9 号磁极长引线头 R 弯处（靠定子侧）烧断；10 号磁极右上端磁极压板端头及环氧托板烧伤。2017 年，乙制造厂对磁极引线弯型 R 处进行尺寸检查发现磁极引线弯型半径 R 不合格（2 号、3 号、4 号机 R 弯设计值为 8mm，实测值为 4mm），对 4 号机返厂磁极引线进行金相分析显示磁极引线铜排 R 弯处内部有微裂纹。乙制造厂分析认为：引线弯型时半径 R 过小造成 R 处应力增大且弯型 R 处存在微裂纹，微裂纹随机组振动扩大最终导致引线断裂。对于 1 号机转子，运行期间未发现引线故障。

目前结合机组定检和检修，采用“外观检查”“触摸法”“放大镜”“渗透探伤”对磁极引线进行检查。2019 年，电站对四台发电电动机转子磁极进行了更换。主要是更换磁极首末匝，并将 R 角由磁极引线挪至磁极连接线，R 角由 R8 增至 R15。目前机组运行正常。

2.4 发电电动机转子磁极线圈开匝

四台机组投产之后相继发现发电机转子磁极引线、托板出现不同程度的开裂现象。甲制造厂分析认为：线圈开裂系磁极垫条松动、机组过速后磁极楔块未打紧造成磁极运行过程中移动所致。乙制造厂分析认为：磁极固定方式不牢固、线圈压制工艺需改进。

电站将 1 号机按甲制造厂处理方案对开裂磁极进行了返厂修复，安装时重新楔紧磁极。2 号、3 号、4 号机按乙制造厂处理方案对磁极进行返厂处理（增加两对磁极键、磁极连接改为 Ω 连接、改进线圈压制工艺）。自 2016 年机组高频次运行以来，四台机组磁极引线又出现不同程度的开裂现象（最大开度：1 号机约 3mm、2 号机约 3mm；3 号机约 2mm、4 号机约 2mm；最大长度：1 号机约 50cm、2 号机约 20cm、3 号机约 50cm、4 号机约 25cm）。甲制造厂分析原因为磁极线圈未焊接牢固，2019 年将磁极全部进行返厂处理，重新压制、焊接，目前运行良好。

3 结语

随着特高压技术迅猛发展，风电、太阳能等新能源大面积接入，电网运行方式不断发生变化，对该电站的稳定运行、应急响应等要求越来越高，电站设备管理面临挑战。

电站调度方式调整之后，机组运行更加频繁，厂房振动对设备的影响加大，设备疲劳加剧。加之国产化设备由于引进新技术吸收、消化不良，机组投运近 10 年，设备问题逐步凸显，如 3 号、4 号机发电机定子槽楔窜动问题、4 号机转子磁极引线断裂等问题。

针对上述情况，建议如下：一是减少机组运行强度及降低机组运行频次；二是运行方式安排上至少留一台机组备用，以便及时应对突发情况，同时满足发电量的情况下，可延长机组运行时间，以减少机组启停次数；三是机组检修、定检等工作需得到调度的支持与理解，以便及时开展针对性的检查，提早发现问题并及时处理，以提高设备可靠性，确保机组安全稳定运行为电网服务。

某蓄能电站发电机中性点高电阻接地选型设计

王　坤　靳国云　徐学兵

（河南天池抽水蓄能有限公司，河南省南阳市　473000）

【摘　要】 发电机中性点接地方式与过电压、接地故障电流都有着直接的关系，还会影响发电机组保护的形式，合适的接地方式，对机组运行的安全性、稳定性具有重要意义。本文简单介绍了发电机中性点接地方式的选型原则，并结合某抽水蓄能电站发电机中性点接地方式的实例进行整定计算。

【关键词】 发电机　中性点接地　选型设计

1　发电机中性点接地方式介绍

发电机中性点接地方式的直接影响机组的安全、稳定运行。性能优良、合适的中性点接地方式直接或间接提高电站运行效益。发电机中性点的接地方式一般分为中性点不接地、直接接地、经电抗器接地、经电阻接地[1]。

发电机中性点不接地是最简单的接地方式，当发生一点接地时，定子接地电流较小，故障状态下可继续运行一段时间，却不能限制发电定子接地弧光的过电压。为了防止中性点发生过电压，最简单直接的方法就是将中性点直接接地，但直接接地不能降低接地电流，反而会使接地故障电流增大，直接接地方式也只适用于小型机组。

发电机中性点经电抗接地方式主要包括故障平衡器接地、电抗器接地和消弧线圈接地。①故障平衡器接地是通过配电变压器，中性点接变压器一次侧，电抗器并联在配电变压器二次侧，接地保护灵敏度高且不会产生电弧，适用于回路中零序电容变化较小的条件；②电抗器接地方式是将低电感电抗器直接串接在发电机中性点。该种接地方式容易导致中性点位移，因电磁场衰减很慢会对发电机绝缘造成损害，实际采用并不多；③消弧线圈接地方式与上述电抗器相似，但消弧线圈带分解开关设计，可以根据实际情况进行调节，从而改变电抗值，因而被广泛使用。

发电机中性点经电阻接地方式主要包括低电阻、中电阻和高电阻三种。①低电阻接地通常采用的接地电阻小于15Ω，接地电阻因容量限制，制造困难，运行中易发生故障；②中电阻接地方式初级绕组与发电机主引出线相接，变压器中性点处串接接地电阻器，适用于发电机无中性点接地引出或Y-△接线形式；③高电阻接地方式采用配电变压器接地，由配电变压器和二次侧并联电阻构成，经隔离开关接入发电机中性点。配电变压器二次侧线圈中串接了电阻，经变压器变比，转换到电压器一次侧相当高电阻接地。在水电站机组中，经高电阻接地形式应用较多。

2　某抽水蓄能电站发电机中性点接地装置设计

发电机中性点采用经消弧线圈和经高电阻接地方式比较多，经消弧线圈接地为电感，容易与系统的其他杂散电容出现串联谐振，以及铁磁谐振，并且中性点的不平衡电压比较容易升高，国内部分容量较小的机组和国外电网不发达地区的机组使用，近些年，国内的水轮发电机组已经不采用消弧线圈的方式。因蓄能电站发电机组短路电流不大，所以某蓄能电站发电机中性点选用经高电阻接地方式。

根据NB/T 35067—2015《水力发电厂过电压保护和绝缘配合设计技术导则》、T/CSEE 0094—2019《发电机中性点经变压器接地成套装置技术条件》，某抽水蓄能电站中性点接地采用变压器-高阻接地方式，变压器二次侧带一小电阻，该电阻通过接地变压器转换到高压侧时，阻值升高至变比的平方倍，从而构成高电阻接地方式，既限制单相故障时接地电流值，接地点故障电流不超过25A，以防止定子铁芯损坏，同时又限制接地电弧引起的过电压值，过电压值限制在2.6倍以下。由于电阻接入，使可能出现的电流、电压，铁磁谐振受到阻尼限制到最低，防止了谐振过电压出现。

2.1 发电机主要参数及计算

发电机额定容量为333.3MVA，额定电压为18kV，额定频率为50Hz，定子绕组单相对地电容为1.01μF，考虑发电机出口GCB、IPB等设备的杂散电容，取1.2倍系数，则发电机中性点接地计算如下：

发电机电压系统三相对地总容量：$C=1.01\times3\times1.2=3.64(\mu\mathrm{F})$

容抗：$X_C=\dfrac{1}{2\pi fC}=\dfrac{1}{2\times3.14\times50\times3.64\times10^{-6}}=874.9(\Omega)$

电容电流：$I_C=\dfrac{18\times10^3}{\sqrt{3}\times X_C}=\dfrac{18\times10^3}{\sqrt{3}\times874.9}=11.9(\mathrm{A})$

容性无功功率：$P_C=I_c^2XC=11.92\times874.9=123.9(\mathrm{kvar})$

电阻功率：$P_R=P_C=123.9(\mathrm{kW})$

发电机中性点接地电阻$R_1=X_C=874.9(\Omega)$

单相接地故障时，故障电流$I=\sqrt{I_R^2+I_C^2}=16.8(\mathrm{A})$

2.2 接地变压器计算及选择

单相接地时故障容量：$S_N=U_1\times I_C=18\times11.9=214.2(\mathrm{kVA})$，按变压器过载10min，变压器运行时间过负荷系数曲线（见图1），取系数$K'=2.35$，接地变压器容量$S=S_N/K'=214.2/2.35=91.1$(kVA)，按容量标准取接地变压器额定容量S_e为100kVA，则实际过载系数$K_1=214.2/100=2.14<2.6$倍。

对于18kV及以上的发电机，接地变压器一次额定电压可取发电机额定电压，即$U_1=18\mathrm{kV}$[2]，二次侧电压U_2取0.5kV，变比$K=U_1/U_2=18/0.5=36$。变压器一次侧额定电流$I_1=S_e/U_1=5.56\mathrm{A}$，满足《电力工程电气设计手册（电气一次部分）》中“尽可能限制接地故障电流不超过10～15A”的要求。变压器二次侧额定电流$I_2=S_e/U_2=200\mathrm{A}$，故障录波绕组$U=100\sqrt{3}\,\mathrm{V}=173\mathrm{V}$。

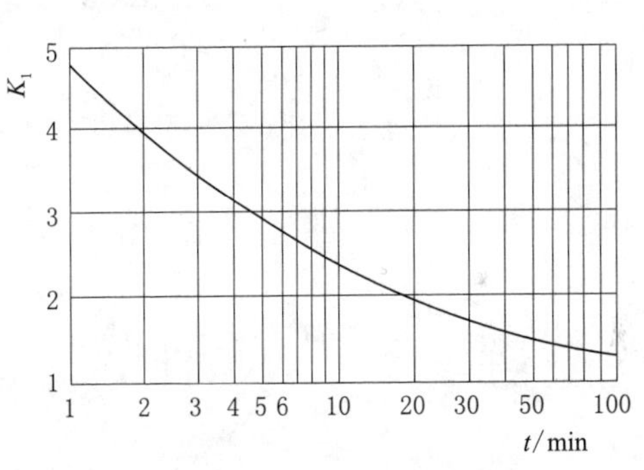

图1 变压器运行时间过负荷系数图

2.3 二次侧电阻计算及选择

将一次侧电阻R_1（发电机中性点接地电阻）按接地变变比折算到接地变低压侧，便得到变压器二次侧接入电阻的理论值，计算如下：

$$R_2=\frac{R_1}{k_2}=\frac{X_C}{K}=\frac{874.9}{36}=0.68(\Omega)$$

在实际运行情况，考虑接地变压器自身的内阻影响（即将有功损耗等效为电阻），等效电路如图2所示，实际接入变压器二次侧电阻值为：

$$R_0=R_2-\frac{P}{I_2^2}$$

对于几十千伏安到几百千伏安的干式变压器，有功总损耗一般为变压器容量的2%左右，因此电阻器阻值R_0为：

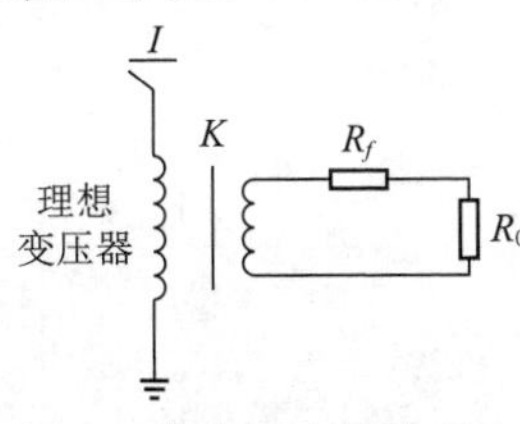

图2 发电机中性点经变压器接地示意图

$$R_0=R_2-\frac{P}{I_2^2}=0.68-2\%\times\frac{100\times10^3}{200^2}\approx0.68-0.05=0.63(\Omega)$$

根据上述电阻值计算确定电阻额定参数，电阻值：0.63Ω，额定发热电流：$I_2=I_C\times K=11.9\times36=428.4(\mathrm{A})$，额定工作电压$U_2=5/\sqrt{3}\,\mathrm{kV}$。当发电机出现单相接地故障时，发电机中性点上的电压由零升至相电压，即$18/\sqrt{3}\,\mathrm{kVA}$，同时接地变压变比为18/05，因此电阻器上的额定电压为$5/\sqrt{3}\,\mathrm{kV}$。

3 结语

根据上述计算结果，某电站发电机中性点接地变压器二次电阻选用 0.63Ω，变压器一次侧带有±2.5%分接头，现场试验时根据调试情况对电阻进行微调。接地变压器、二次电阻等元件设备集中安装在柜体内。当发生单相接地故障时，健全相过电压、最大故障电流均满足规范对发电机单相接地短路电流的要求。

参考文献

[1] 张利民，何世杰，康博. 发电机中性点接地技术的分析及应用 [J]. 电子技术及软件工程，2014 (24)：107.
[2] 朱杰民. 发电机中性点接地方式分析选择 [D]. 大连：大连理工大学，2002.

大型抽水蓄能电机转子磁极绝缘托板结构优化研究

孙　锋　陈昌林　周清武　朱文吉

（东方电气集团东方电机有限公司，四川省德阳市　618000）

【摘　要】大型抽水蓄能电机转子磁极绝缘托板结构在实际运行中呈现出不同程度的破坏现象，尤其在高速抽蓄电机上表现更为突出，因此优化磁极绝缘托板结构非常必要。本文结合某电站实际运行过程中出现的问题，采用有限元方法对该转子磁极结构进行了仿真与优化。实践证明，优化改进后的结构，使得转子磁极运行更加稳定与可靠，并在我公司后续抽蓄机组中得到广泛应用。

【关键词】转子磁极　磁极线圈　绝缘托板

1　引言

抽水蓄能电站机组具有转速高、启停频繁等特点，同时抽蓄机组的结构载荷及运行工况较之常规水电机组也复杂得多。近几年来，随着抽蓄电站机组越来越大，转速越来越高，机组检查时常发现磁极线圈、绝缘托板、垫层与极靴之间存在开裂等现象。本文结合某抽蓄机组转子磁极绝缘托板结构仿真与优化项目，阐述磁极绝缘托板局部结构对转子磁极线圈整体结构的影响规律，在此基础上优化了转子磁极绝缘托板结构，提高了转子结构的稳定性与安全性。

2　磁极-磁极线圈-绝缘托板结构典型破坏现象

如图1所示，一般中小型水电机组在正常运行时，磁极线圈所受的径向离心力传递到磁极前端极靴处，最为理想的角度是使其径向离心力 P_{ω} 与磁极线圈中间铜排的平面垂直，在这种情况下，中间铜排上只有径向压缩力 P_R，而无切向分力 P_n[1]。

但在设计制造过程中无法做到径向离心力与磁极线圈中间铜排完全垂直，使之不可避免产生微小的切向分力。在机组运行过程中，磁极线圈结构会出现微小的往复运动，如松动、晃动。磁极和线圈晃动的结果导致磁极线圈与绝缘框、极靴之间出现位移，若设计、工艺或制造不当，极易造成磁极线圈、绝缘托板等结构部件开匝甚至断裂。

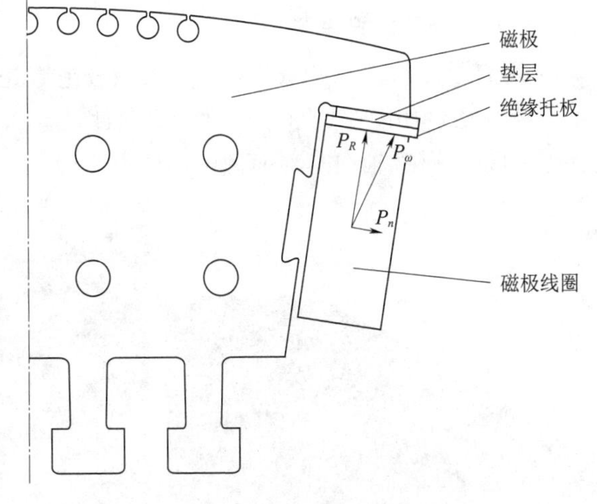

图1　磁极线圈结构受力示意图

随着抽水蓄能电站机组的大型化，其转速越来越高，导致磁极-绝缘托板-垫层结构开匝与断裂的风险更加突出。近10年来，多个抽蓄机组就曾发生过转子磁极线圈结构被破坏的事故。某电站转子事故后的检查发现，几乎所有磁极的绝缘托板外边缘通风槽已压坏，内边缘表面出现层状裂缝。某电站的同类绝缘托板在返修检查也发现同样的现象[2]，如图2、图3所示。

3　计算模型

为了避免以上事故及现象再次发生，有必要针对转子磁极绝缘托板结构进行研究与分析，了解转子

图 2　某抽蓄机组磁极线圈侧边甩出现象

图 3　某抽蓄机组磁极绝缘托板损坏现象[2]

磁极绝缘托板结构在转子磁极等转动部件的运行、破坏过程中的作用。基于以上考虑，对某机组的转子磁极绝缘托板结构进行了有限元仿真分析及优化研究。

3.1　电机基本参数

电机基本参数见表 1。

表 1　电 机 基 本 参 数

参数	值	参数	值
额定转速	300r/min	飞逸转速	450r/min

3.2　材料的物理力学性能参数

材料的物理力学性能参数见表 2。

表 2　材料的物理力学性能参数

部　　件	杨氏模量/MPa	泊松比	密度/(kg/mm³)
磁极线圈	1.17×10^{5}	0.330	8.89×10^{-6}
磁极	2.05×10^{5}	0.282	7.85×10^{-6}
绝缘托板	2.15×10^{4}	—	1.89×10^{-6}
垫层（非金属材料）	100～200	—	1.00×10^{-6}
垫层（铜）	1.10×10^{5}	0.340	8.89×10^{-6}
垫层（钢）	2.05×10^{5}	0.282	7.85×10^{-6}

3.3　计算模型及边界设置

采用有限元软件 ANSYS 对该转子磁极绝缘托板结构进行仿真模拟，根据载荷及几何结构特点，采用 1/4 实体模型，如图 4 所示。模型边界条件设置如图 5 所示，磁极靠 T 尾处做径向约束，磁极周向对称面做周向约束，磁极轴向对称面做轴向约束。

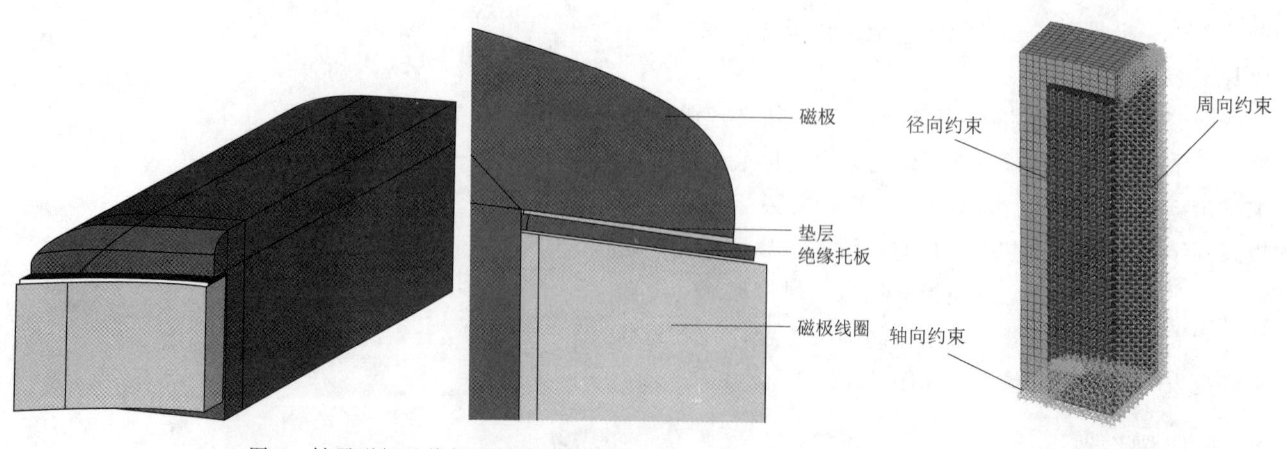

图 4　转子磁极绝缘托板结构计算模型

图 5　转子磁极绝缘托板结构计算模型的边界条件

4 优化研究

4.1 垫层间隙对绝缘托板结构的影响

在绝缘托板与极靴之间的垫层，由于工艺与制造的问题，导致在实际运行过程中垫层材料可能出现未完全贴紧极靴接触面的情况发生。在机组频繁起停后，出现绝缘托板部位开裂等现象。针对此实际问题，仿真对比了在飞逸转速（450r/min）下非金属垫层材料未充分接触极靴和垫层充分接触极靴两种情况，见表3。

表3 垫层间隙影响的应力与位移计算对比表

项目	绝缘托板最大等效应力/MPa	磁极线圈最大等效应力/MPa	绝缘托板最大综合位移/mm	磁极线圈最大综合位移/mm
垫层未充分接触极靴	59.0	119.4	1.733	5.899
垫层充分接触极靴	48.7	104.0	1.568	5.126

对比计算表明：相比非金属垫层材料未充分接触极靴的情况，垫层充分接触极靴情况下，绝缘托板和磁极线圈的应力与位移均有所下降。

考虑垫层间隙影响的绝缘托板和磁极线圈的应力与位移分布见图6～图13。

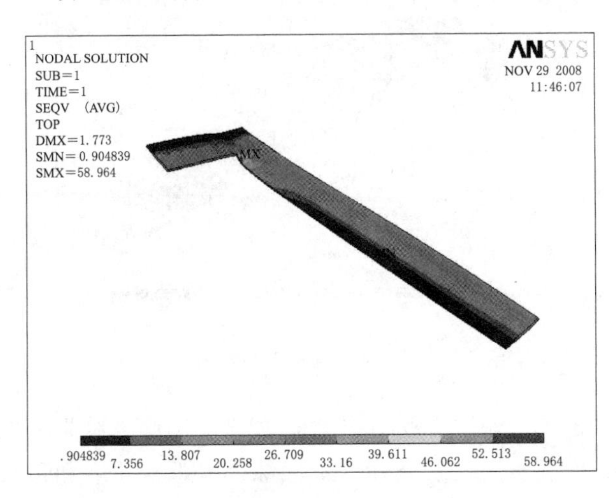

图6 绝缘托板等效应力分布

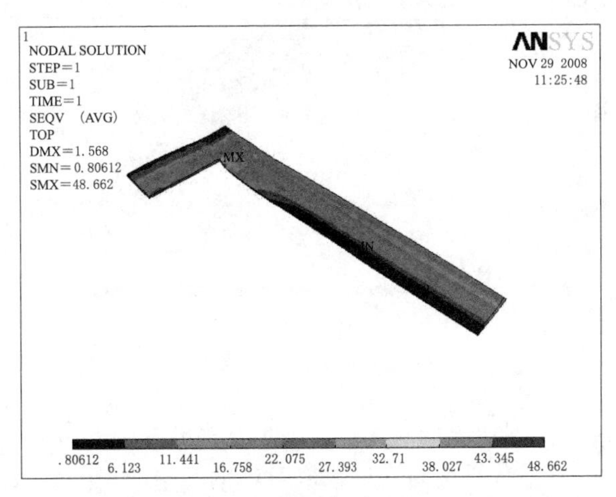

图7 磁极线圈等效应力分布

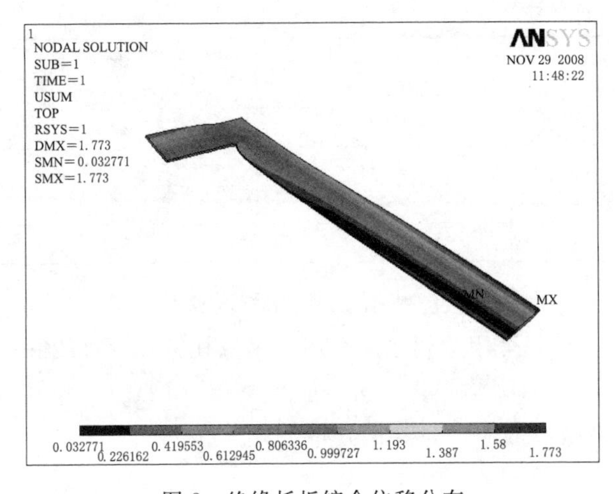

图8 绝缘托板综合位移分布

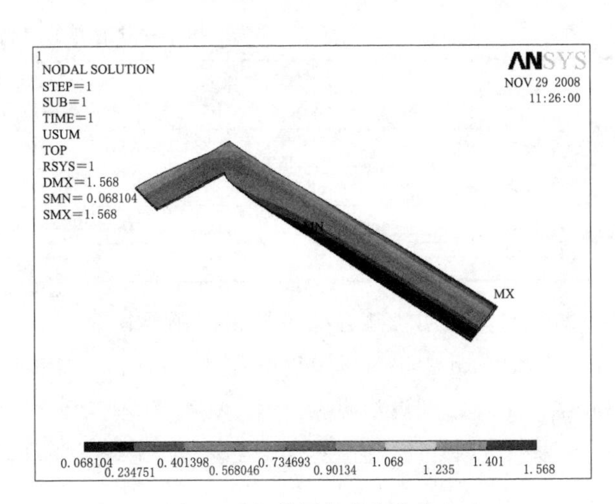

图9 磁极线圈综合位移分布

4.2 垫层材料对绝缘托板结构的影响

由于非金属垫层材料在生产制造过程中，很难做到完全充分接触极靴。在“4.1 垫层间隙对绝缘托板结构的影响”的基础上，结合该项目转子结构实际情况，对比了四种不同垫层材料的转子磁极绝缘托板结构的仿真情况。

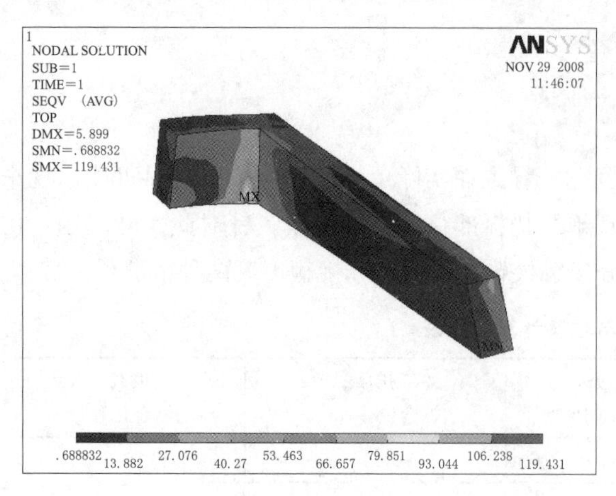

图 10　磁极线圈等效应力分布

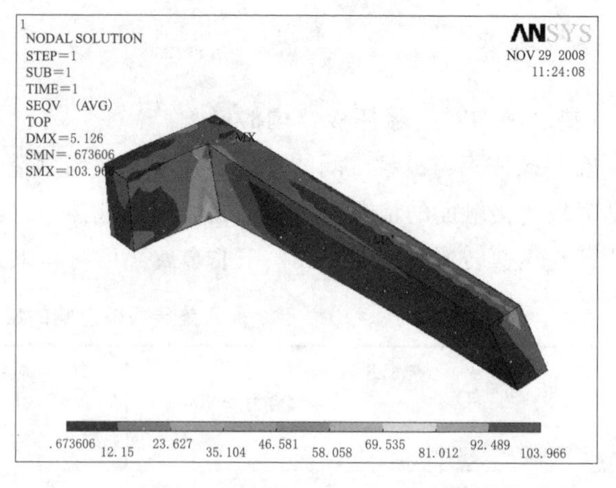

图 11　磁极线圈等效应力分布

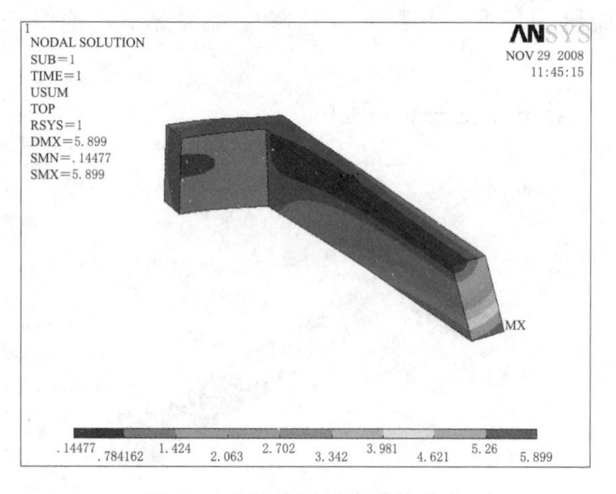

图 12　磁极线圈综合位移分布

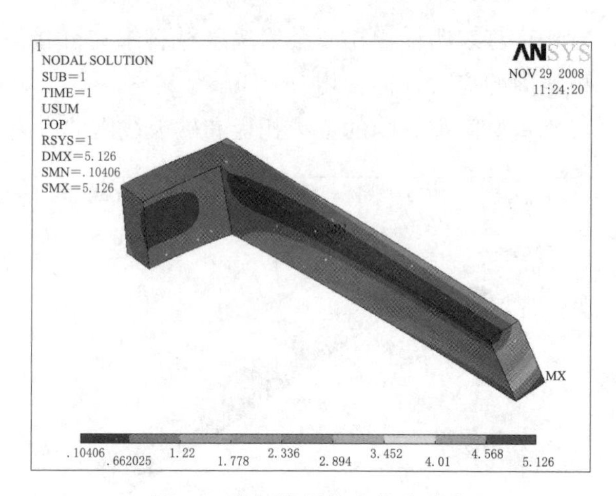

图 13　磁极线圈综合位移分布

表 4 为在飞逸转速下，4 种不同垫层在充分接触极靴时，绝缘托板结构的应力与位移计算结果。图 14、图 15 分别按材料杨氏模量由低至高的 4 种垫层，绝缘托板、磁极线圈的最大综合应力对比表和最大综合位移对比表。

表 4　　层材料影响的应力与位移计算结果

项　目	绝缘托板最大等效应力/MPa	磁极线圈最大等效应力/MPa	绝缘托板最大综合位移/mm	磁极线圈最大综合位移/mm
非金属材料（软）	48.7	104.0	1.568	5.126
非金属材料（硬）	44.3	90.6	1.177	3.888
铜	34.1	43.9	0.556	1.170
钢	33.5	43.6	0.554	1.162

对比计算表明：随着垫层材料的杨氏模量增高，绝缘托板和磁极线圈的应力和位移均呈下降趋势；从图 14 和图 15 中也可以清楚地看出，相比非金属垫层材料，采用金属垫层材料的绝缘托板和磁极线圈应力和位移下降幅度更为明显。

以图 16～图 19 为垫层材料为钢材的绝缘托板和磁极线圈的应力与位移分布。

5　结语

结合项目实际问题，通过对该转子磁极绝缘托板结构的仿真与优化研究，得到了垫层结构对绝缘托板结构的影响规律：垫层间隙越少，绝缘托板结构应力和位移越小；材料弹性模量越大，绝缘托板结构应力和位移越小。根据该项目优化研究成果，后续大型高速抽蓄机组的转子磁极绝缘托板结构普遍采用钢质垫层材料代替了传统非金属材料，以此改善转子磁极结构的运行稳定性，实际效果反映良好。

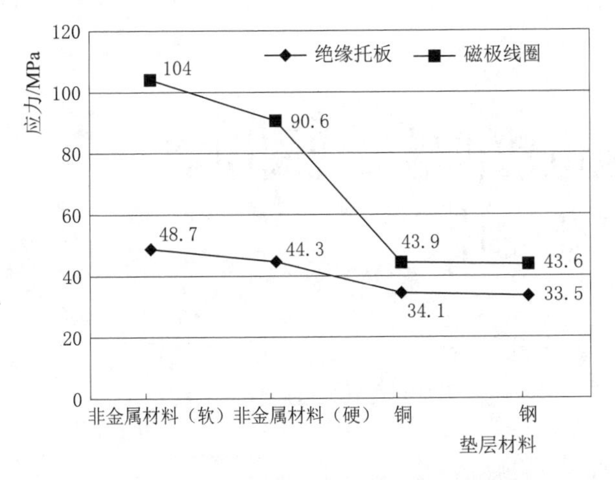

图 14 不同垫层材料下绝缘托板和磁极线圈的最大综合应力对比表

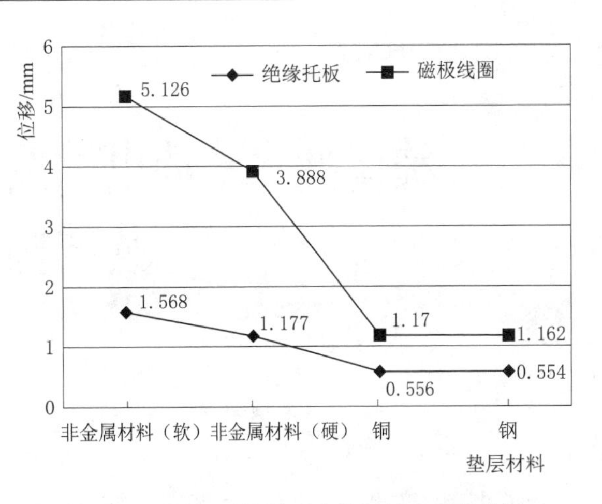

图 15 不同垫层材料下绝缘托板和磁极线圈的最大综合位移对比表

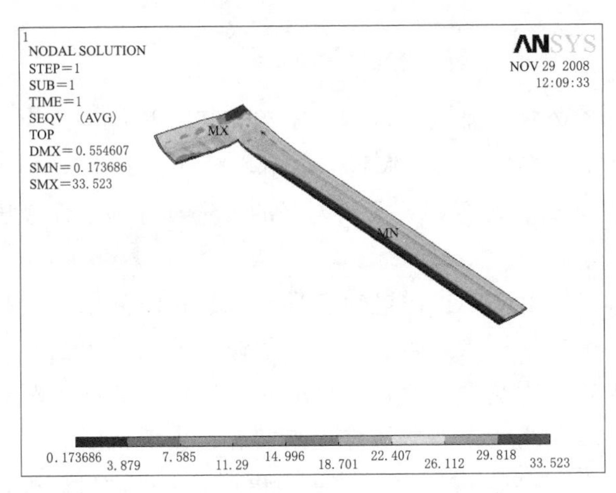

图 16 绝缘托板等效应力分布

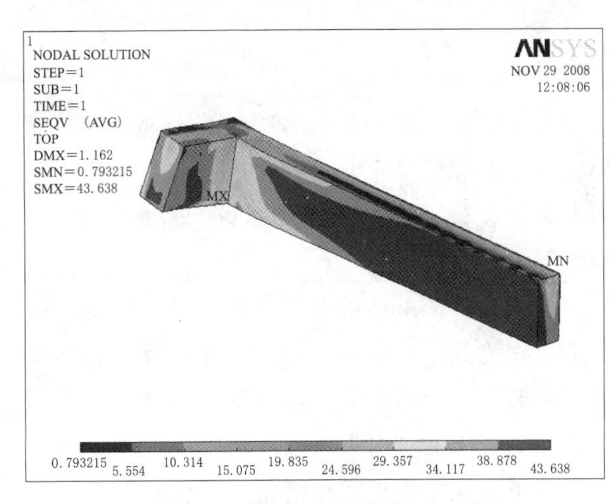

图 17 磁极线圈等效应力分布

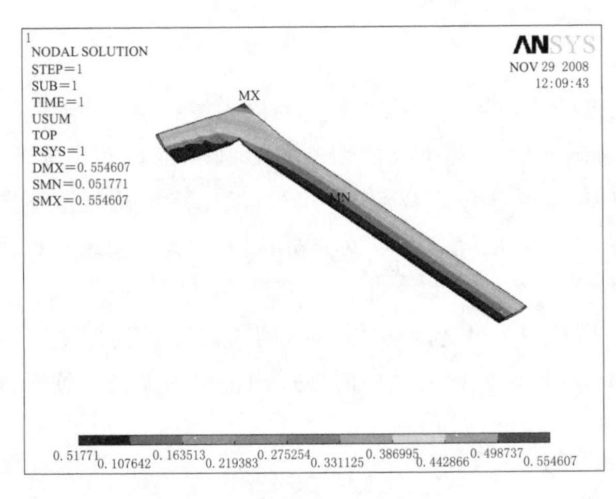

图 18 绝缘托板综合位移分布

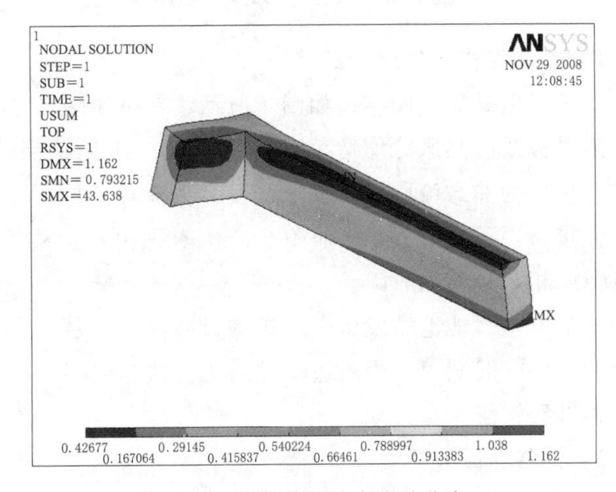

图 19 磁极线圈综合位移分布

参考文献

[1] 陈锡芳. 水轮发电机结构运行监测与维修 [M]. 北京：中国水利水电出版社，2008：137-140.

[2] 魏炳漳，姬长青. 高速大容量发电电动机转子的稳定性-蓄能电站1号机转子磁极事故的教训 [J]. 机电与监测，2010 (9)：57-60.

绩溪抽水蓄能电站发电电动机磁极线圈固定及结构优化设计

彭　峰　陈善贵　李立秋　李　兵

（安徽绩溪抽水蓄能有限公司，安徽省绩溪市　245300）

【摘　要】本文分析了近年抽水蓄能电站发电电动机磁极线圈故障发生原因，优化了磁极线圈固定及结构，并成功应用于绩溪抽水蓄能电站。

【关键词】抽水蓄能电站　磁极线圈

1　引言

随着我国经济社会及特高压持续发展，区域电网峰谷差逐步加大，电网运行稳定风险提高，以火电为主的华东、华北、东北和广东等电网为提高系统稳定性，大力发展抽水蓄能电站，截至2020年，抽水蓄能电站总装机容量达6000万kW，因此，抽水蓄能电站安全运行，关系到电网的稳定，有利于保障国民经济稳定发展。

由于抽水蓄能电站机组转速高且启停频繁，多次出现发电电动机磁极缺陷导致机组长时间停机的故障，磁极作为发电电动机重要关键性部件，其结构及装配工艺复杂，若发生磁极故障，现场吊出消缺将耗费大量时间及财力，对电站经济效益及电网运行造成较大影响。因此，优良的磁极结构及装配工艺具有重要意义。本文针对近年发生的磁极线圈虚匝位移、磁极线圈端部压块螺栓断裂、磁极引线断裂等故障进行分析研究，提出优化措施，并将改进方法及新工艺运用到安徽绩溪抽水蓄能电站发电电动机磁极。

2　磁极线圈位移原因分析及优化措施

2.1　线圈结构及故障介绍

发电电动机线圈结构如图1所示，首匝线圈紧靠磁极绝缘托板，绝缘托板表面涂刷滑移层，滑移层为保障磁极线圈热胀冷缩情况下与静止的绝缘托板保持可靠位移；首匝线圈由5段铜排构成，其中第Ⅰ、Ⅱ、Ⅲ段为非载流段，第Ⅳ、Ⅴ段为载流段，同样末匝线圈也存在非载流段与载流段。因末匝线圈不与磁极接触，运行过程中末匝不会产生阻碍相对位移的情况，因此，本文主要分析首匝铜排与绝缘托板发生阻碍相对位移的故障。

某抽水蓄能电站发电电动机磁极线圈第一匝（靠近极靴处）下端短边铜排（圆弧段）轴向向上产生较大位移，线圈第一匝短边铜排向磁极铁芯位移约10mm，位移伸出内表面的短边铜排将磁极极身绝缘破坏，导致转子一点接地。

2.2　位移原因分析

针对磁极虚匝铜排位移的原因，分析如下：

（1）对发电电动机磁极线圈在额定负载下受的电磁受力进行了仿真计算，如图2所示。

根据计算显示下端部磁极线圈在额定负载工况下总轴向向上的电磁力为7615N，端部线圈共42匝，则下端部每匝线圈轴向向上的电磁力为7615/42＝181.3（N）。这个力是非常小的，不会造成磁极线圈的位移，同时考虑此匝铜排仅为填充作用且不载流，因此可以排除此次铜排位移问题由磁极线圈受的电磁力引起的。

（2）磁极铜排在正常运行和冷态停机时其他受力分析。绝缘托板上滑移层为先打磨接触面然后涂刷

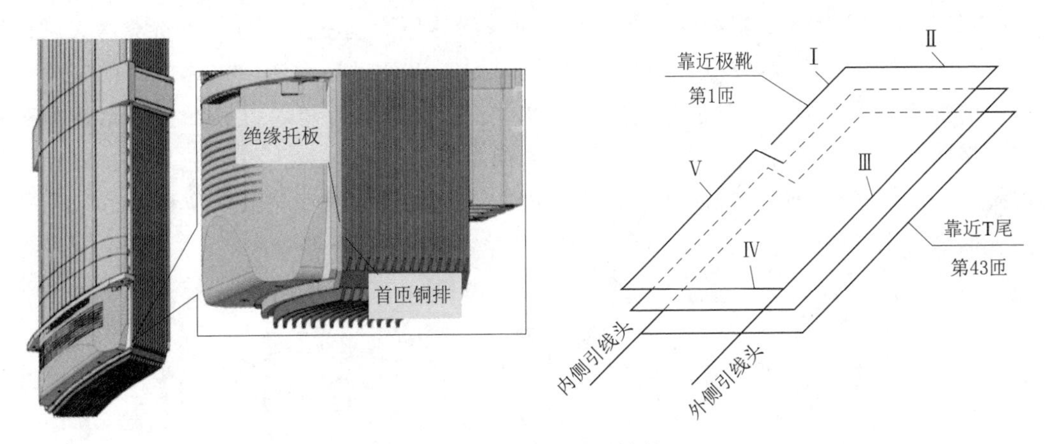

图1 发电电动机线圈结构

干性润滑剂，滑移层用于减小磁极线圈热胀冷缩时，线圈与绝缘托板之间的摩擦力，保障线圈热胀冷缩情况下维持原结构，因此，滑移层涂刷工艺尤为重要。现就滑移层涂刷满足要求和不满足要求线圈受电力情况分析如下。

1）滑移层涂刷满足要求。正常运行（线圈热态）时，整个磁极线圈在额定工况下受热膨胀，磁极线圈下端部其主要热变形方向是轴向向下。首匝线圈Ⅰ号铜排（轴向长边铜排）径向方向受到其余匝离心力作用，使得首匝的Ⅰ号铜排与绝缘托板存有摩擦力，其中铜排所受的摩擦力为轴向向上。因磁极线圈绝缘托板与铜排接触面敷设有减小摩擦力的滑移层，故该轴向向上的摩擦力较小，正常情况下该摩擦力不会阻碍磁极线圈自由热膨胀。

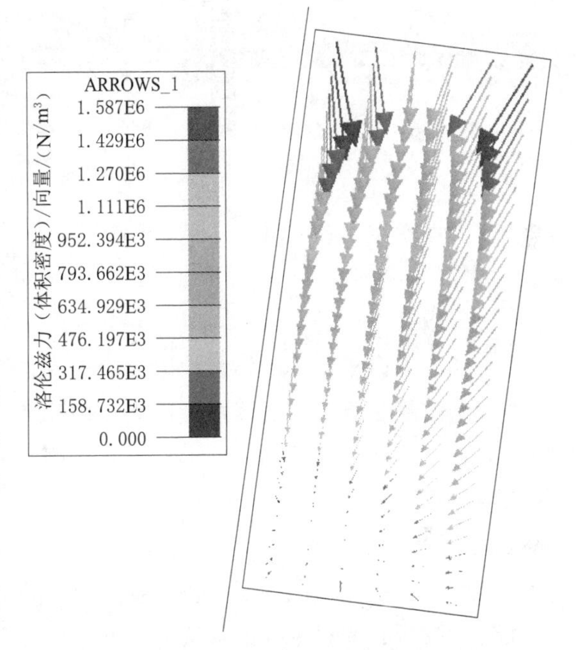

图2 额定负载磁极线圈受力矢量图

冷态停机时，首匝线圈Ⅰ号铜排不再受到其余匝离心力作用，相对绝缘托板之间的摩擦力近似为零，整个磁极线圈将恢复原状态，此时Ⅰ号铜排将会随着其他匝铜排一起轴向向上位移复位，如图3所示。因此，若磁极线圈滑移层工艺满足要求，线圈正常热胀冷缩。

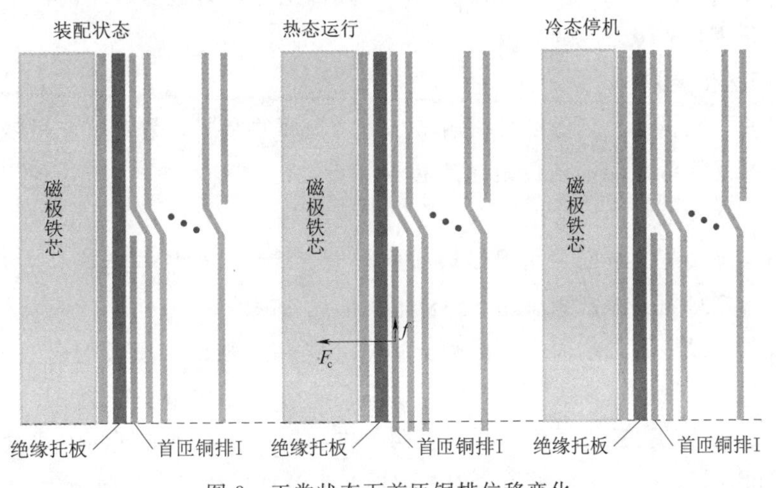

图3 正常状态下首匝铜排位移变化

2）滑移层涂刷不满足要求。若存有某些绝缘托板涂刷工艺不到位（如搅拌不均匀、涂刷次数不够等），将导致该处的摩擦力增大。当绝缘托板打磨过量或滑移层涂刷不到位时，都将会增大磁极线圈与绝缘托板之间的摩擦力，从而阻碍磁极线圈自由热膨胀，对于该处磁极线圈，在热态时由于与绝缘托板之间较大摩擦力的抑制，Ⅰ号铜排相对于其他铜排位移较少，而冷态停机时该匝铜排因粘结力跟随其他铜排一起上移，多次冷热态交替后，Ⅰ号铜排将沿轴向向上产生较大位移，由于Ⅱ号铜排（圆弧短边）与Ⅰ号铜排焊接为一体，相应的逐次带动Ⅱ号铜排轴向向上位移，多次积累后，位移部分填充这个极身绝缘与铜排内表面间隙，如图4所示。

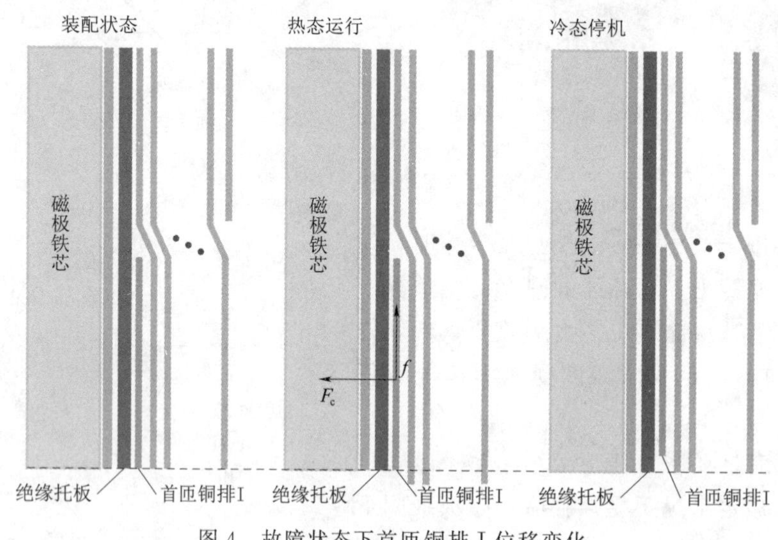

图4 故障状态下首匝铜排Ⅰ位移变化

综上所述，磁极铜排的错位的原因为个别的绝缘托板在工地打磨过量或滑移层涂刷工艺不到位，使磁极线圈与绝缘托板之间的摩擦力增大而阻碍磁极线圈自由热膨胀，使轴向长边铜排在冷热态交替中产生位移，逐次累积后造成轴向向上位移，圆弧短边由于与长边焊接为一体，也跟随逐步向上位移，造成破坏极身绝缘。

2.3 线圈接地原因分析

线圈焊接单线示意图如图1所示，其中Ⅰ、Ⅱ、Ⅲ号铜排为填充铜排，为保持整个线圈上表面平齐。当发生绝缘托板打磨过量或滑移层涂刷不到位时，将出现如图1中磁极线圈Ⅰ、Ⅱ号铜排沿图示红色线条示意向磁极中心线位移，错位后填充磁极线圈和磁极铁芯之间间隙，最终破坏极身绝缘，导致Ⅱ号铜排与磁极铁芯短接接地。同时，可得出磁极线圈Ⅱ号铜排处与磁极铁芯间绝缘装配不到位，某电站故障磁极接地处检查发现，磁极线圈套入磁极铁芯并塞紧时，端部绝缘塞紧板与线圈内框单边有约55mm间隙，因此，绝缘装配不到位也是故障发生的原因之一。

2.4 磁极防位移故障优化措施

根据以上分析结果，绝缘托板与磁极线圈铜排之间接触面的摩擦系数对填充匝铜排的位移影响较大，而线圈与磁极铁芯之间的绝缘装配不到位是导致转子一点接地原因之一。因此，针对以上两点改进优化了安徽绩溪抽水蓄能电站发电电动机磁极结构，优化措施如下。

（1）绝缘托板与磁极线圈接触面采用敷设滑移层结构，滑移层薄膜与绝缘托板热压为整体。该方式可有效避免因人员打磨接触面及涂刷润滑剂不到位造成的设备缺陷。

（2）优化磁极线圈与磁极铁芯端面间隙的填充方式，利用高强度层压板配合毛毡将磁极铁芯极身端面最宽处与线圈之间的间隙塞实，以进一步确保铜排不会移动甚至磨损绝缘。如图5所示，考虑虚匝铜排端部与侧边均有朝铁芯位移的可能性，为同时限制两个方向的位移，将端部间隙塞紧绝缘板分为三部分，项1、项2用模具压制为L形，并按所需尺寸加工，项3为常规层压板，下部开有与项1、项2配合的缺口，防止运行时项1、项2径向窜动。

在磁极线圈套入磁极铁芯后，先用包有浸胶毛毡的项1与项2分别塞入磁极四个角部，之后将包有浸

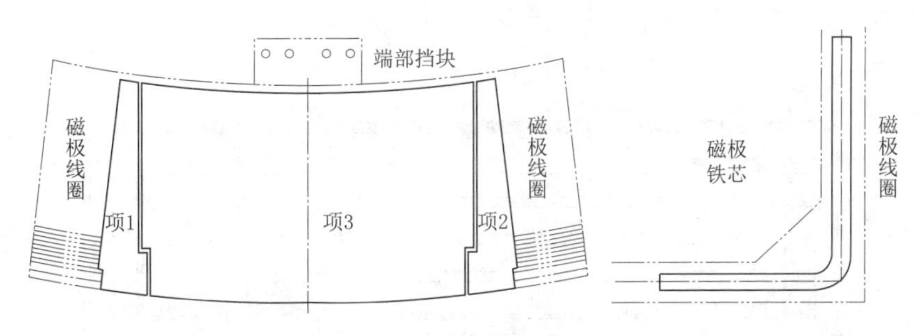

图5 磁极端部绝缘结构示意图

胶毛毡的项3塞入项1与项2之间，如此实现磁极端部磁极线圈与磁极铁芯间间隙全部塞满的要求，实际效果如图6所示。通过验证表明，该工艺具有可同时限制端部与直线边位移，操作简单、质量可靠。

(a) 套线前检查

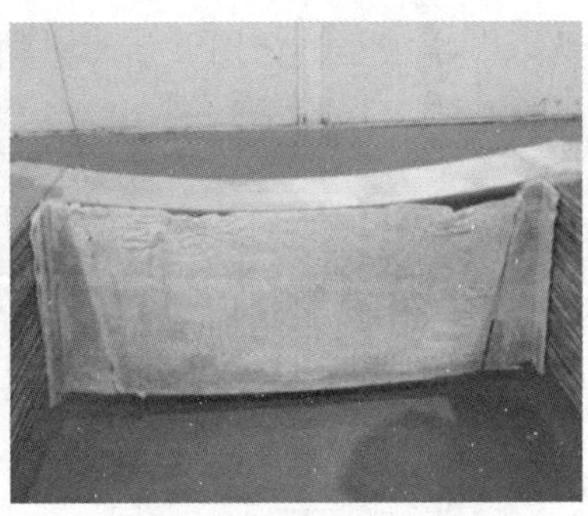

(b) 脱线圈检查

(c) 底部检查

图6 磁极端部绝缘装置效果

3 磁极线圈固定优化措施

针对某抽水蓄能电站端部撑块固定螺丝断裂的情况，绩溪电站对磁极端部撑块结构进行了优化，并对侧边挡块、围带进行了复核和优化。

3.1 端部撑块优化

端头挡块更改为绝缘支撑块，如图7所示。

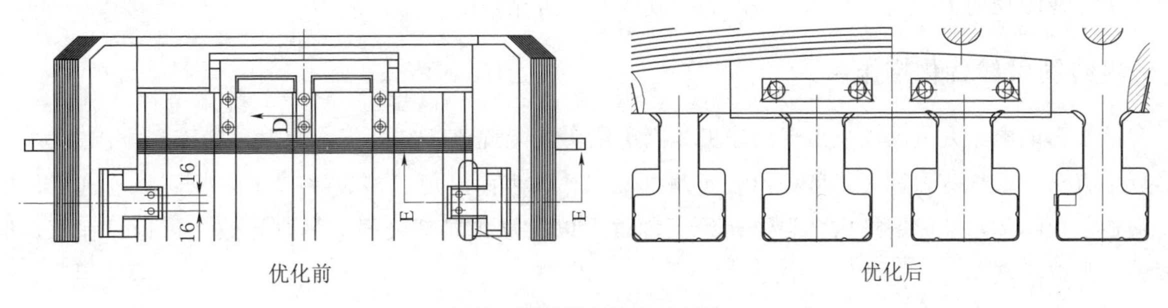

图7 端部撑块优化前后图

优化后结构为绝缘块中部及两端分别与磁轭T尾靠紧，外沿与线圈预配留适当间隙；绝缘块层压方向为螺栓把合方向；采用高强度螺栓，下方垫金属板（防止绝缘孔局部压坏），螺栓采用双孔止动垫圈锁定和螺纹锁固胶锁定，磁极压板上先开螺孔。

3.2 围带优化

侧边围带由3道改为2道围带，如图8所示。

绩溪机组在额定、飞逸、正常制动、三相短路500r/min工况下，三相短路250r/min工况下，围带两种方式线圈位移非常接近，支撑部件受力并无明显改善，同时，由于通风结构3围带比2围带，磁极外通风轴向通路多一道阻挡，内通风无法形成盒状。磁极现场拆装也更复杂一些。因此，绩溪抽水蓄能电站机组塔形磁极采用两围带。

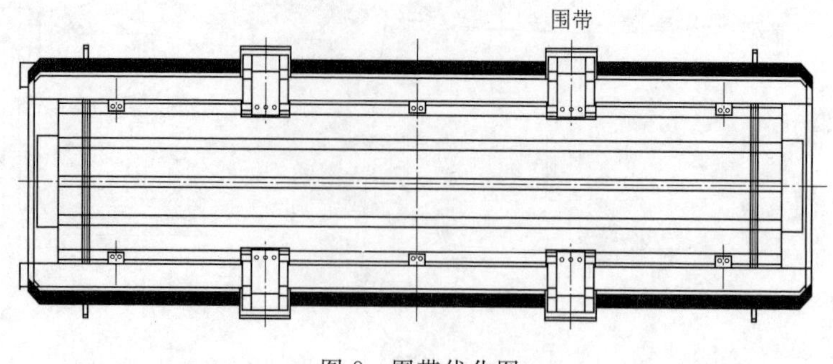

图 8 围带优化图

3.3 侧边挡块

经过计算，该侧边挡块对于线圈受力影响很小，如图 9 所示。同时，为了防止其变形导致绝缘块松动，该挡块改为不再支撑线圈，仅在径向上挡一下侧边绝缘。

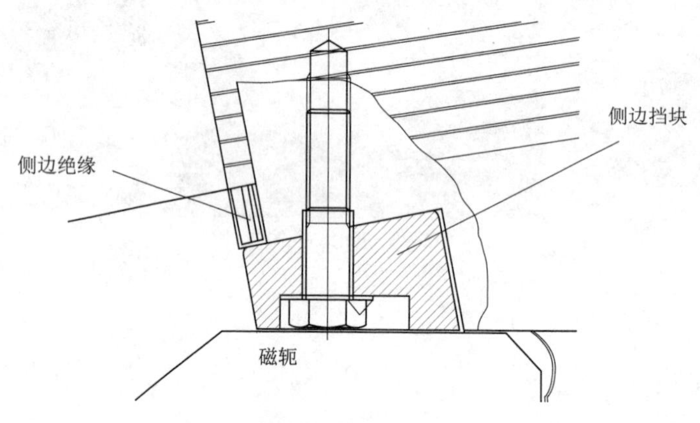

图 9 侧边挡块优化图

优化后结构为采用高强度螺栓固定，螺栓由螺纹锁固胶＋特殊止动垫圈锁定；侧边挡块为楔形，底部与磁轭小间隙（0.5mm），螺栓头沉在里面保障安全，即便某个螺栓头断裂，垫块、螺栓也不会掉出；该撑块不受线圈径向力，整个封装于铁芯和磁轭之间，可靠安全。

4 磁极线圈引线优化措施

某抽水蓄能电站发电电动机出现的磁极线圈引线头断裂现象，经分析，为磁极线圈铜排制造过程中，弯形近乎直角，塑性变形过大，R 处内表面铜材堆积，外表面出现过多裂纹，且对弯形 R 处进行过度打磨，损伤了引线头，造成铜排内部裂纹初始深度过大以及铜排局部受损。最终导致在运行过程中，铜排因疲劳，裂纹扩展。

绩溪抽水蓄能电站发电电动机进行了针对性改进，将引出线 R 增大，便于折弯；采用优化后的端部引线设计，提供适当的柔度；优化折弯工艺，增加引出线 R 角处 PT 检测，有效避免了磁极线圈引线头断裂故障，如图 10 所示。

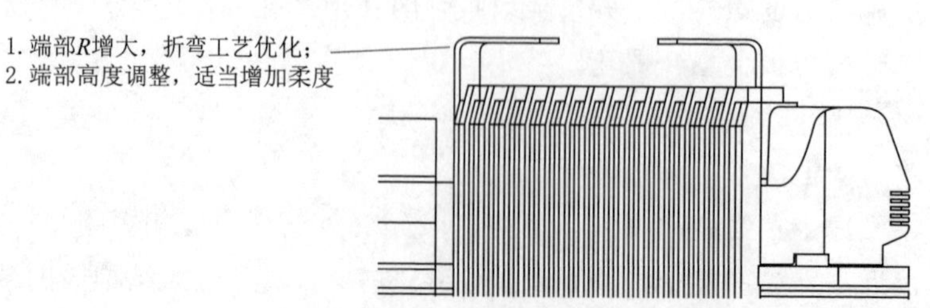

图 10 磁极线圈引线优化图

5 结语

本文基于近年来抽水蓄能电站磁极线圈的故障，研究了磁极线圈虚匝位移、磁极线圈端部压块螺栓断裂、磁极引线断裂故障原因，提出了滑移层薄膜与绝缘托板热压为整体和分瓣端部绝缘填充的工艺，优化了端部撑块、侧边挡块结构，减少了围带数量，改进了磁极引线制造工艺，通过在绩溪抽水蓄能电站的应用检验，验证了优化措施能显著提升发电电动机磁极的运行安全性、可靠性。

参考文献

[1] 刘思远，李贻凯，曲晓峰，等. 发电电动机磁极线圈电磁力及其支撑结构强度研究 [J]. 大电机技术，2009 (4)：36－40.

[2] 张睿. 高速抽水蓄能电机转子磁极结构优化研究 [D]. 哈尔滨：哈尔滨理工大学，2016.

[3] 王韬，张兴旺，李金香，等. 大型抽水蓄能机组转子磁极线圈受力分析 [J]. 上海大中型电机，2019 (2)：13－16.

抽水蓄能机组消除同期并网 PT 间断性谐波干扰的 PLC 程序改进

邓星男　刘朝阳

（国网新源控股有限公司潘家口蓄能电厂，河北省唐山市　064300）

【摘　要】 针对抽水蓄能机组同期并网过程中 PT 存在间断性谐波干扰，同期合闸并网成功率偏低的问题，本文从机组流程程序和实时扫描程序两方面对监控 PLC 程序增加自动重新启动同期的程序，有效地避免了 PT 存在间断性谐波干扰导致同期失败跳机，大大地提高了同期合闸并网成功率。

【关键词】 同期并网　PT 谐波干扰　PLC 程序　同期合闸

1　引言

抽水蓄能机组因担负着电网调峰、调频以及事故备用的重要责任，发电、抽水启动频繁，同期系统的快速性、安全性、可靠性就显得尤为重要[1-2]。目前针对抽水蓄能机组同期过程中 PT 存在间断性谐波干扰，本文结合目前抽水蓄能电站同期并网的主流设计，从软件方面对机组监控同期程序进行了优化完善。

2　同期装置程序优化设计

2.1　同期合闸机理

抽水蓄能机组与常规机组最大的区别在于，既可以作为发电机进行发电，也可以作为电动机进行抽水，蓄能机组发电和抽水启动后，机组转速达到同期装置启动值时，同期装置启动，通过将机端电压和系统电压进行比较，来调节机端电压的频率和幅值，再通过预判机端和电网的相角差，发出合闸指令。

2.2　抽水工况同期程序优化

蓄能机组抽水方式分为静止变频器（SFC）拖动和背靠背（BTB）拖动抽水两种模式[5-6]。

2.2.1　SFC 抽水同期程序优化

2.2.1.1　机组流程

将 SFC 抽水流程中同期并网次数增加到 3 次，以监控 PLC 的 MB 流程图为例，MB 流程图程序截选如图 1 所示，由于同期装置出厂本身超时时间一般设定为 300s[3]，故流程中判断机组出口断路器合位每次限时为 302s，以机组 SFC 抽水并网条件比较严苛的参数为例，同期参数中，压差范围为±2.0V，频差范围为±0.15Hz，所以同期时间相对较长，3 次同期流程超时退出时间 302×3s，约 900s。仅通过流程里设定 3 次同期是不够的，如果第一次启动同期由于 PT 存在间断性谐波干扰，对象漏选、PT 频率异常等因素立即同期失败，则只能干等 302s 后流程超时第二次再启动同期，这样显然不合理。所以，通过在外部实时扫描梯形图中，增加自动重启同期程序，进一步提高 SFC 抽水同期并网的稳定性。

2.2.1.2　实时扫描程序

实时扫描程序仍以监控 PLC 的 MB 流程图为例，即在梯形图中增加自动重启同期程序，程序截选如图 2 所示。

程序捕捉“同期失败”信号上升沿，延时 5s，再次启动同期。图 2 中已增加注释，其中 3 个步号闭锁分别是发电同期、SFC 抽水同期和 BTB 抽水同期并网时的顺控流程步号。

目前大部分 SFC 抽水启动同期使用的是 5s 脉冲输出，并且机组同期增减速、增减磁回路中，串有

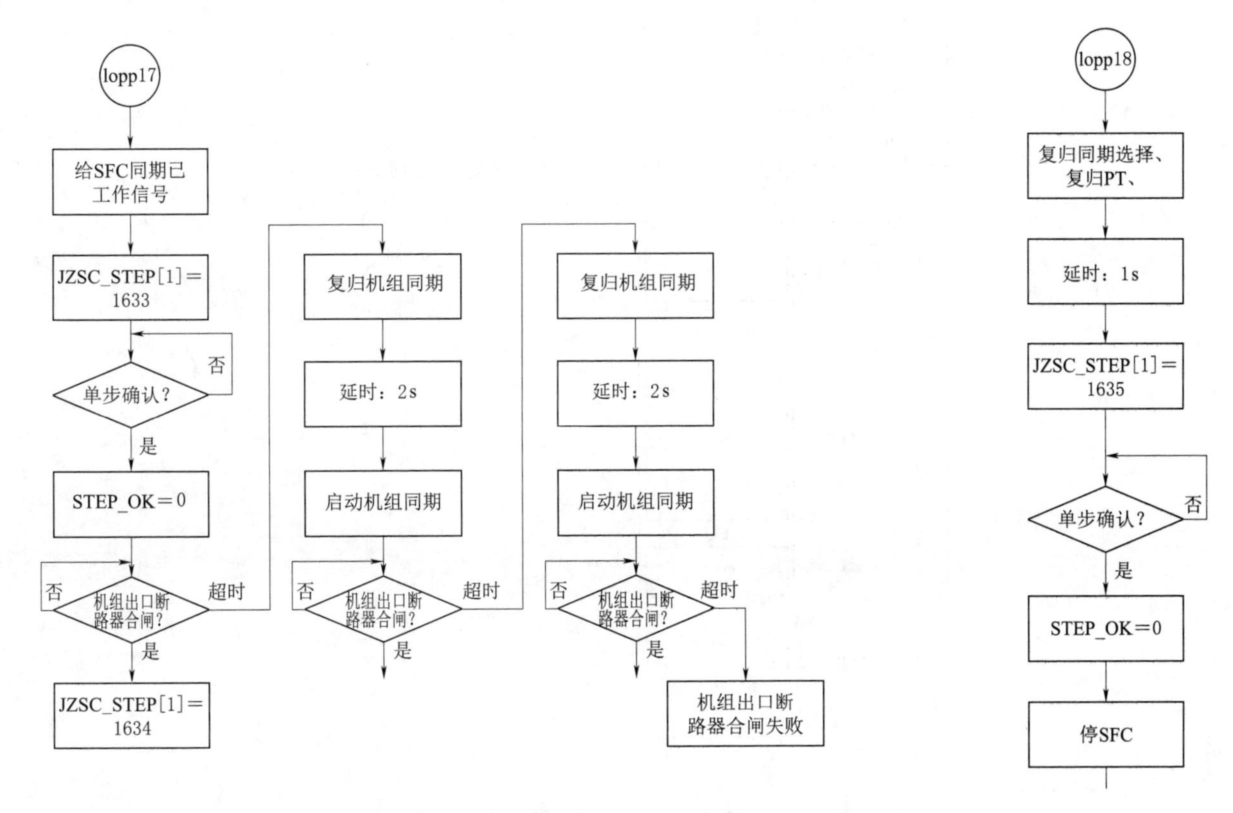

图 1　SFC 抽水增加同期并网次数的 MB 流程图

"同期启动令"节点闭锁，"同期启动令"5s 脉冲结束后复归将导致增减速、增减磁回路断开，无法调节，所以需要将开出令需要一直保持。将程序中的"启动同期令"开出改成常保持型，可以解决同期复归后，增减速、增减磁回路断开，无法调节的问题。

此外，将每次同期次数也上送上位机，便于运维统计和分析，程序截选如图 3 所示。

2.2.2　BTB 抽水同期程序优化

2.2.2.1　机组流程

将 BTB 抽水流程中同期并网也增加到 3 次，以监控 PLC 的 unity pro xl 程序中 4 号机组拖动 2 号机组或者 3 号机组程序为例，其程序如下：

```
936:KON_1(IN1:=(DI[140]=1),T1:=T#915S);(*断路器04DL合闸 *)
     IF KON_1.Q1 THEN
          OUT[159]:=0;(*同期装置启动*)
          OUT[157]:=0;(*投同期系统侧PT*)
          OUT[158]:=0;(*投同期机组侧PT*)
          OUT[156]:=0;(*背靠背对侧3同期调频率*)
          OUT[155]:=0;(*背靠背对侧2同期调频率*)
          OUT[104]:=0;
          OUT[105]:=0;
          ALARM_CODE:=2417;
     FAIL:=1;
          FD_DQSG_M:=1;(*报警后转电气事故停机流程 *)
END_IF;
IF KON_1.Q2 THEN
          OUT[159]:=0;(*同期装置启动*)
          OUT[157]:=0;(*投同期系统侧PT*)
```

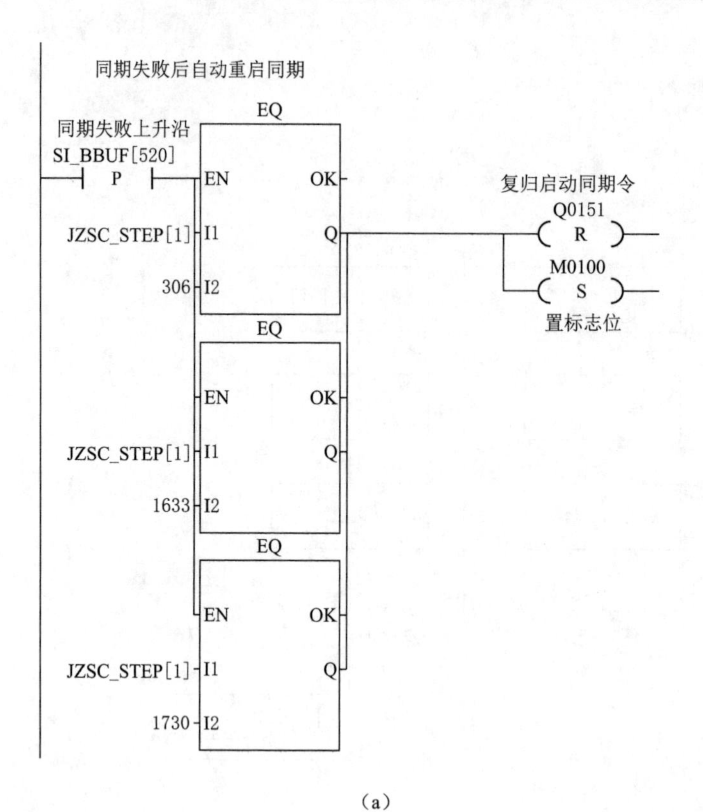

(a)

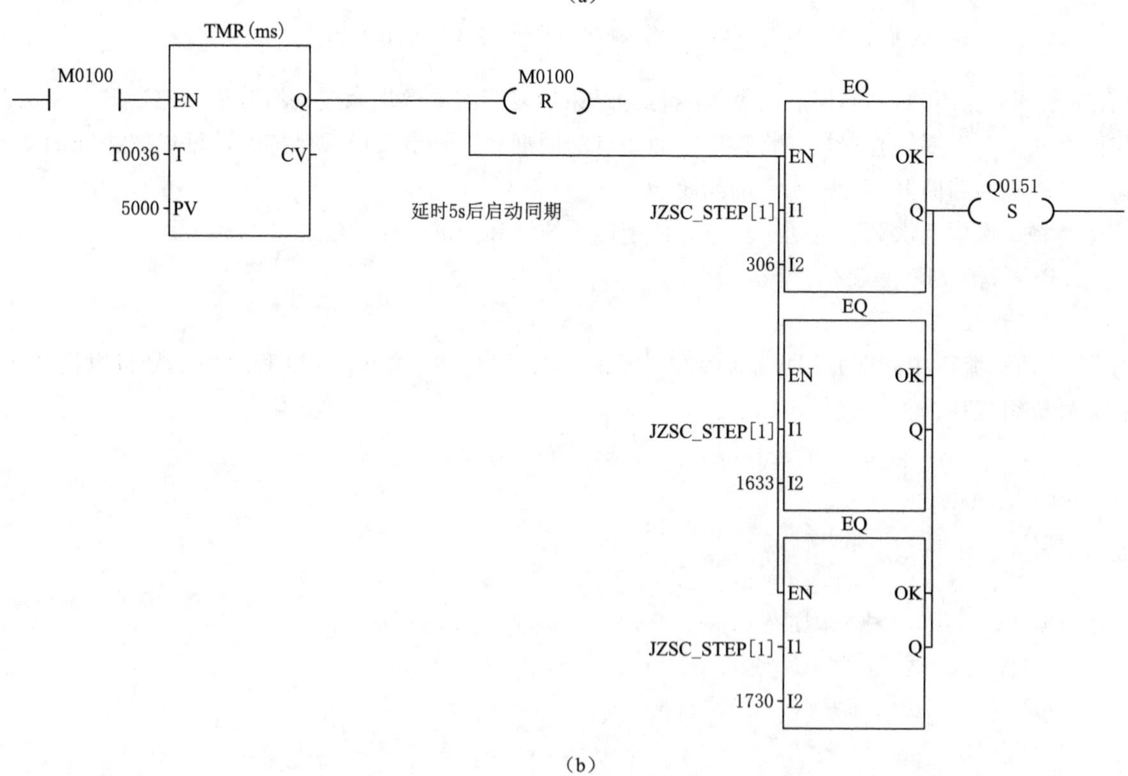

(b)

图 2 SFC 抽水自动重启同期程序的 MB 流程图

```
OUT[158]:=0;(*投同期机组侧 PT*)
OUT[156]:=0;(*背靠背对侧 3 同期调频率*)
OUT[155]:=0;(*背靠背对侧 2 同期调频率*)
OUT[104]:=0;
OUT[105]:=0;
SEQ_INFO[1].CSTEP:=937;
```

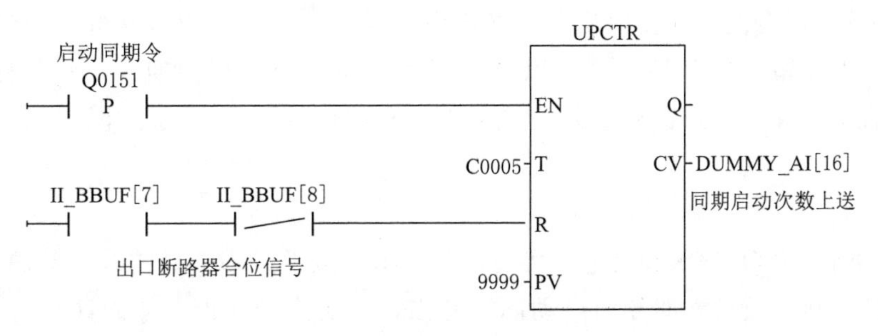

图 3　SFC 抽水同期次数 MB 流程图

```
    END_IF;
725:KON_1(IN1:=((DI[179]=1 AND DI[183]=1)OR(DI[191]=1 AND DI[187]=1)),T1:=T#930S);(* 2#BTB 水泵并(02DL 合闸)或 3#BTB 水泵并网(03DL 合闸)*)
    IF KON_1.Q1 THEN
        ALARM_CODE:=309;
        ALARM:=1;
        SEQ_INFO[1].CSTEP:=801;(*报警后转 BTB 水轮机—停机流程 *)
    END_IF;
    IF KON_1.Q2 THEN
        ALARM_CODE:=2310;(*静止—BTB 驱动水轮机流程成功后转向 BTB 驱动水轮机—停机流程 *)
        ALARM:=1;
        SEQ_INFO[1].CSTEP:=801;
    END_IF;
```

由于同期装置出厂本身超时时间一般设定为 300s，程序思路是给同期过程加上一个时限，在 3 个周期即 300×3s 内如果同期失败，则复归启动同期开出，延时 5s 后再次启动同期，捕捉同期点，3 次同期流程超时退出时间 915s。

仅通过流程里设定 3 次同期是不够的，如果第一次启动同期由于 PT 存在间断性谐波干扰，对象漏选、PT 频率异常等因素立即同期失败，则只能干等 305s 后流程超时第二次再启动同期，这样显然也不合理。所以，通过在流程自启程序中，增加自动重启同期程序，进一步提高 BTB 抽水同期并网的稳定性。

2.2.2.2 自启程序

在监控 PLC 的 AUTO _START 自动启动程序中加入两条程序如图 4 所示，以 300s 为一个同期周期，总共 3 个周期，每次同期失败后，则复归启动同期开出，延时 5s 后再次启动同期，捕捉同期点，每个周期内无限循环，直到出口断路器合闸，如果 BTB 抽水工况下同期在 915s 内均失败，则流程退出，转电气事故停机。

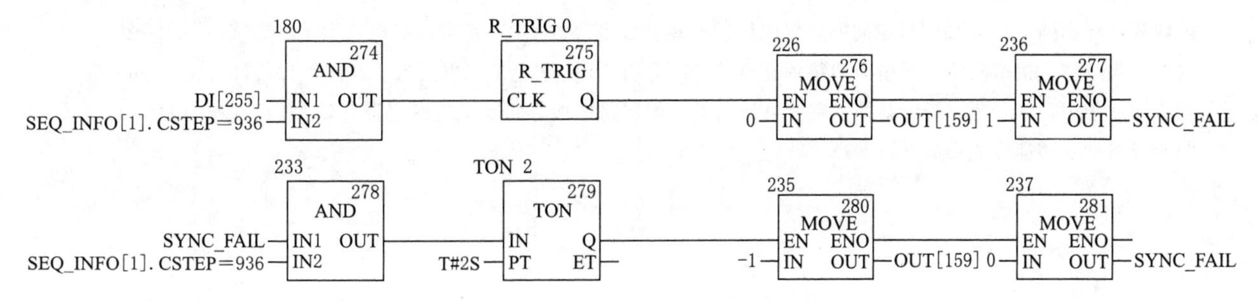

图 4　BTB 抽水同期 PLC 自动启动程序图

2.3 发电工况同期程序优化

修改机组发电 PLC 程序中的同期工作方式，采用时间工作方式，即：在同期过程中如果同期失败则复归启动同期开出，再次启动同期，使同期在 3min 内一直进行同期，捕捉同期点，直到 GCB 合闸，若超时则再次进行3min同期合闸，捕捉同期点，直到GCB合闸。如果发电2次3min同期失败，则流程报警退出，不跳机，机组停留在空载稳态，可以再次下发发电命令进行同期合闸；其程序与SFC抽水和SFC抽水的机组流程程序和实时扫描程序类似，这里不再赘述。

3 试验验证

（1）调整SFC抽水、BTB抽水和发电三种工况下压差、频差、合闸导前时间等同期对象参数来致使同期合闸失败，同期合闸失败后立即复归启动同期开出，再次启动同期，使同期在一个周期内一直进行同期，捕捉同期点，直到GCB合闸。

（2）在机组停机时，拉开机组换相刀闸，将机组出口断路器切至现地控制，通过继电保护测试仪模拟不同PT信号，进行多次静态同期假并网试验，同期在一个周期内一直进行同期，同期装置工作正常。

（3）机组单步开机到启动同期前，拉开机组换相刀闸，然后启动同期装置，进行动态同期假并网试验，然后通过插拔投系统侧PT和投机组侧PT继电器的方式，同期在一个周期内一直进行同期，同期调节和合闸效果正常。

（4）机组自动开机进行自动同期并网试验，然后通过插拔投系统侧PT和投机组侧PT继电器的方式，同期合闸失败后，同期在一个周期内一直进行同期，同期调节和合闸效果正常。

4 结论与建议

（1）SFC抽水、BTB抽水工况下，同期合闸失败后复归启动同期开出，再次启动同期，使同期在3min内一直进行同期，捕捉同期点，直到GCB合闸，3个周期内均失败，机组转停机。

（2）发电工况下，同期失败则复归启动同期开出，再次启动同期，使同期在3min内一直进行同期，捕捉同期点，直到GCB合闸，若超时则再次进行3min同期合闸，捕捉同期点，直到GCB合闸。如果发电2次3min同期失败，则流程报警退出，不跳机，机组停留在空载稳态，可以再次下发发电命令进行同期合闸。

（3）通过三种工况下静态、动态假同期、同期并网试验可以证明，同期失败后会自动重启同期程序，复归启动同期开出信号，同期调节效果良好和有效地避免了谐波干扰导致同期失败跳机，大大地提高了同期合闸并网成功率。

（4）建议在同期装置PT回路中加装隔离变滤波，也可提高同期合闸成功率。

参考文献

[1] 贺儒飞．抽水蓄能机组同期装置特点及其改进［J］．广东电力，2014，27（1）：13-17.

[2] 王洪博，李新煜，白剑飞，等．泰山抽水蓄能电站监控系统同期并网参数优化方法［J］．水电站机电技术，2019，42（3）：29-30，55.

[3] 孙莉莉，汪志强．广蓄B厂机组同期装置的控制原理及技术改进［J］．水电站机电技术，2007（1）：33-35.

[4] 寇准，樊卫彬．机组同期过程中同期装置复归的原因分析［J］．水电站机电技术，2019，42（11）：65-66.

[5] 王志远，于爽，魏子超，等．某抽水蓄能电站同期合闸回路中加装同期检查继电器［C］//中国水力发电工程学会电网调峰与抽水蓄能专业委员会，2018：298-302.

某抽水蓄能电站发电电动机保护装置新增PT断线闭锁功能研究

眭上春　曾玲丽　周　勇　吴　敏　钱晓忠
（湖南黑麋峰抽水蓄能有限公司，湖南省长沙市　410000）

【摘　要】发电电动机正常运行情况下，如果电压互感器二次回路出现断线，低电压、低功率等保护会出现误动，在负荷电流的作用下，逆功率、失步、失磁等保护也可能会出现误动，造成机组跳机，影响机组安全。

【关键词】发电电动机保护　PT断线　保护误动　闭锁保护

1　发电电动机保护系统无PT断线功能危害分析

抽水蓄能电站机组的运行由于其工况的特殊性与多样性，发电电动机继电保护系统需配置20余种保护功能来保护其安全稳定运行，其中涉及电压的保护功能占一半以上。保证发电电动机继电保护系统电压回路的可靠性是继电保护系统运维工作的重中之重。

发电电动机电压互感器二次回路出现端子松动或断线，会引起发电电动机保护系统低电压、低功率等保护误动，在负荷电流的作用下，逆功率、失步、失磁等保护会出现误动。某抽水蓄能电站经过十余年的运行经验，汇总了PT断线会引起保护误动的明细表，见表1。

表1　　PT断线引起保护误动情况表

序号	保护名称	说　　明
1	发电工况失磁保护40G	在重负荷时一相断线会引起动作
2	电动工况失磁保护40M	在重负荷时一相断线会引起动作
3	低电压保护27M	并网抽水时断线会引起动作
4	低压记忆过流保护27/51G/M	在出现过低压过流启动但未达到延时返回后过流记忆保持，此时如果再发生PT断线，将满足低电压，保护有可能会继续动作
5	发电工况失步保护78G	PT断线抖动时可能会引起动作
6	电动工况失步保护78M	PT断线抖动时可能会引起动作
7	逆功率保护32G	PT断线后会引起计算功率错误
8	低功率保护37M	并网抽水时断线会引起动作
9	溅水功率保护320_B	工况转换时可能会引起动作
10	95%定子接地保护59NG	PT一次保险断线会引起动作

2　发电电动机保护系统新增PT断线功能研究

2.1　确认新增PT断线功能方案

基于该抽水蓄能电站在运的发电电动机保护装置无PT断线闭锁功能，急需针对运行的发电电动机保护装置进行技术改造。技术改造主要有两种方案，第一种方案是将保护装置更新换代，用具备完善功能（包含PT断线闭锁功能）保护装置替代现有的保护装置，实现继电保护系统新增PT断线功能；第二种方案是在现有的保护装置上进行改造实现新增PT断线功能。

2.2　新增PT断线软件功能研究

现有的保护模块中没有PT断线功能，第一步是在保护模块中新增一个保护软件功能，即PT断线保护功能。根据机组保护配置的CPU负荷、可用闭锁量，在发电电动机保护A柜第二个保护模块增加一个电动工况PT断线保护功能；在发电电动机保护A柜第三个保护模块增加一个发电工况PT断线保护功能。

在发电电动机保护B柜第二个保护模块增加一个电动工况PT断线保护功能；在发电电动机保护B柜第三个保护模块增加一个发电工况PT断线保护功能。通过这4个PT断线保护功能来实现继电保护系统对PT断线的判别及输出。在保护装置电流和电压采样回路不变的情况下，通过对这四个功能设定特定的保护定值，这四个保护功能通过运算来实现对发电电动机保护电压互感器二次回路断线的判别及输出报警。

2.3 新增PT断线闭锁功能二次接线研究

在确定了保护装置能新增PT断线软件功能后，需要将发电工况和电动工况的PT断线保护功能的输出接点连接到同一发电机保护柜内所有保护模块的备用输入开关量，作为保护模块收到PT断线闭锁的启动信号，并启动备用继电器将动作信号送到监控系统，用于上位机监视。

考虑到电压互感器二次空开存在跳闸的可能性，将电压互感器二次空开跳闸信号输入至保护装置。保证发电电动机在任何工况下运行，均能可靠判断PT二次回路运行情况。

2.4 新增PT断线闭锁功能二次接线方案确认

继电保护中最重要的信号是电压和电流信号，此次技术改造是在原保护装置内新增PT断线闭锁功能来对电压信号进行实时监测，通过PT断线引起电气量变化的特征以及继电保护整定导则确定PT断线功能的定值（负序电压8V、负序电流0.1A），保护装置监测值达到PT断线闭锁定值立即启动，根据现场实际及技术规范设置了6s的延时；即连续6s监测值达到保护定值，相应的保护功能立即被闭锁。

当保护装置三相电压全失时无法判断零序电压，所以需要增加PT空开的辅助接点作为PT断线输入信号，PT空开采用分相式并联接点，这样可以确保引入两相和三相跳闸时都可以检测到PT断线，同时在保护装置上新增一个PT空开跳闸指示的LED黄灯，方便现场运维人员的巡检工作，及时发现PT空开跳闸故障，使用备用的继电器作为PT断线的输出，实现上位机监视及启动故障录波装置。

3 发电电动机保护系统新增PT断线功能验证

3.1 二次回路接线验证

使用保护调试电脑，读取并保存发电电动机保护原程序，写入提前修改好的保护程序（新增PT断线闭锁功能），通过保护操作软件强制PT断线保护动作，检查相应保护装置的PT断线保护功能开入量由“0”变位“1”，延时6s后启动了继电器（A柜为K54、B柜为K53）；现场拉开PT空开，同样看到相应保护装置的PT断线保护功能开入量由“0”变位“1”，并点亮LED黄色报警灯。通过上述验证工作证明了此次技术改造二次接线的正确性。

3.2 PT断线功能的定值和逻辑验证

PT断线闭锁功能是利用负序电压和负序电流进行运算输出的，由于发电电动机的特殊性，在发电工况必须闭锁电动工况的PT断线闭锁功能（74VT_M），在电动工况必须闭锁发电工况的PT断线闭锁功能（74VT_G），见表2。此次改造现场要验证表2所列闭锁条件的可靠性及正确性。

表2 闭锁PT断线功能汇总表

项　目	PRD G 发电换向刀合	PRD M 电动换相刀合	BTB G 背靠背主拖机	转速小于30%
发电工况PT断线74VT_G		B		B
电动工况PT断线74VT_M	B		B	B

验证PT断线功能闭锁的可靠性及正确性后，对PT断线闭锁功能的定值进行校验，做好安全措施的前提下，利用继电保护仪进行电压量和电流量的输入，对保护装置进行定值校验，确认PT断线闭锁功能

定值的准确性及可靠性，并将该项工作列入后续的保护装置校验工作中。

3.3 PT断线保护闭锁功能验证

功能验收分两步进行：第一步，使用继电保护测试仪加量使PT断线保护动作，检查因PT断线导致误动作的保护被正确闭锁，无法误动作；第二步，先使用调试软件强制因PT断线导致误动作的保护，当强制PT断线保护动作时该保护即被闭锁。保护功能闭锁记录见表3。

表3 PT断线闭锁保护测试记录表

保护模块	序号	保护功能	PT断线后闭锁结果
AG11	1	发电工况失磁保护40G_A	合格
	2	电动工况失磁保护40M_A	合格
AG12	3	低电压保护27M_A	合格
	4	发电工况失步保护78G_A	合格
	5	电动工况失步保护78M_A	合格
AG13	6	逆功率保护32G_A	合格
	7	低功率保护37M_A	合格
	8	溅水功率保护320_A	合格
BG11	9	发电工况失磁保护40G_B	合格
	10	电动工况失磁保护40M_B	合格
BG12	11	低电压保护27M_B	合格
	12	发电工况失步保护78G_B	合格
	13	电动工况失步保护78M_B	合格
BG13	14	逆功率保护32G_B	合格
	15	低功率保护37M_B	合格
	16	溅水功率保护320_B	合格
	17	定子接地保护59NG	合格

4 发电电动机保护系统新增PT断线功能实施效果

该抽水蓄能电站1～4号发电电动机保护装置增加PT断线功能使继电保护系统功能更完善，可靠性得到提升。2017年4月，第一台发电电动机保护装置完成了PT断线功能的增设，经现场调试验证，PT断线功能测试结果合格，满足投运要求。到2017年10月，该抽水蓄能电站4台发电电动机保护装置全部完成PT断线功能的增设工作，现场调试验证均合格。PT断线功能投运至今报警100余次（均为布置安全措施拉开PT空开导致），正确率100%，保护功能误动作次数0次，保护正确动作率100%，误动作率0。此次保护装置PT断线功能增设是在现有的保护装置上完成的，保证了技术改造后设备的匹配性和适应性，节约了大量的成本。

此次保护装置PT断线功能增设为同行业使用同类产品的电站提供了宝贵经验和可靠运行数据，提升了该抽水蓄能电站保护装置运行的安全可靠性。

参考文献

[1] DL/T 587—2007 微机继电保护装置运行管理规程 [S].
[2] DL/T 995—2010 继电保护和电网安全自动装置检验规程 [S].
[3] NB/T 35076—2016 水力发电厂二次接线设计规范 [S].
[4] DL/T 684—2012 大型发电机变压器继电保护整定计算导则 [S].
[5] 贺家李. 电力系统继电保护原理 [M]. 北京：中国电力出版社，2010.

同步发电机同期装置整定计算探讨

方军民[1]　张亚武[2]　周佩锋[1]　左　特[3]

（1. 华东天荒坪抽水蓄能有限责任公司，浙江省安吉县　313302；

2. 国网新源控股有限公司，北京市　100761；

3. 牡丹江抽水蓄能有限公司，黑龙江省牡丹江市　157000）

【摘　要】 本文从各种参数条件下准同期并列操作对电网和发电机产生的影响，以及准同期并列装置参数整定计算与稳定性校验等方面进行分析与探讨，并提出同期并列装置参数整定的计算方法与整定原则供相关专业人员与机构参考。

【关键词】 同步发电机　准同期　参数整定　应用实例

1　引言

机组同期并列操作是发电厂一项重要且需经常进行的操作，并列操作必须准确无误，否则若操作不当或发生误操作，将会对电力系统带来极其严重的后果：可能产生巨大的冲击电流，甚至比机端短路电流还要大得多；引起系统电压严重下降；使电力系统发生振荡以致使系统瓦解；冲击电流所产生的强大电动力还可能对电气设备造成严重的损坏。同步发电机并列时应遵循两个原则：并列断路器合闸时，冲击电流应尽可能小，通常要求其最大瞬时值不超过1～2倍发电机额定电流；发电机并入电网后，应能迅速进入同步运行状态，其暂态过程要尽量短，以减小对电力系统的扰动。

2　准同期三条件分析

同步发电机准同期并列操作的必要条件是合闸点两侧电压的幅值差、相位差和频率差均不大于一定的允许值，任何一个条件不满足即闭锁合闸。下面对准同期的三个条件逐一进行分析。

2.1　电压幅值不等的情况

假设并列瞬间，发电机电压与系统电压频率相等，且相角差为零，而电压幅值不等，则并网合闸冲击电流有效值为

$$I_h=\frac{U_f-U_x}{X''_d+X_x}=\frac{|U_s|}{X''_d+X_x} \tag{1}$$

式中　U_f、U_x——发电机电压、系统电压有效值；

X''_d——发电机直轴次暂态电抗；

X_x——电力系统等值电抗；

U_s——合闸点电压差有效值。

此时各状态量的相量如图1所示。

由图1可知，当发电机电压与系统电压仅为幅值不等时，合闸冲击电流与发电机电压的相位互差90°，即合闸冲击电流为无功分量。当发电机电压U_{f1}大于系统电压U_x时，合闸时冲击电流I_{h1}滞后发电机电压90°，发电机并列后立即发出无功功率，对系统电压有一定的抬升作用；当发电机电压U_{f2}小于系统电压U_x时，合闸时冲击电流I_{h2}超前发电机电压90°，发电机并列后立即从系统吸收无功功率，对系统电压有一定的拉低作用。

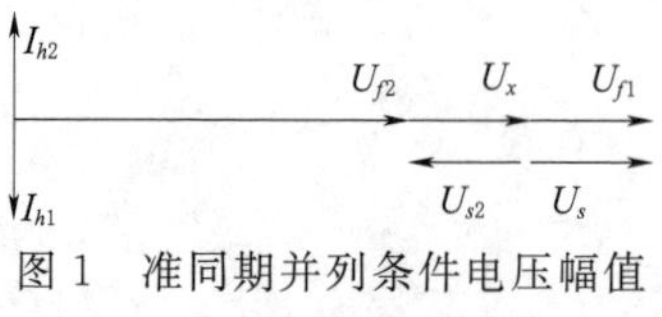

图1　准同期并列条件电压幅值不等时相量分析

理论上，当发电机电压为零时，电压差为最大值，即等于系统电压，

此时合闸冲击电流也是最大的，相当于自同期方式的合闸冲击。为此，实际工程应用中，同期装置应设置可靠的待并发电机侧低电压闭锁启动功能。

2.2　电压相位不一致的情况

假设并列瞬间，发电机电压与系统电压频率相等，且幅值相等，而相角差不为零，则并网合闸冲击电流有效值为

$$I_h=\frac{U_s}{X''_q+X_x}=\frac{2E''_q}{X''_q+X_x}\times\sin\left(\frac{\delta}{2}\right) \tag{2}$$

式中　U_s——合闸点电压差有效值；

X''_q——发电机交轴次暂态电抗；

X_x——电力系统等值电抗；

E''_q——发电机交轴次暂态电动势；

δ——发电机电压与系统电压相角差。

此时各状态量的相量如图2所示。

由图2可知，当发电机电压与系统电压仅为相位不一致且相位差较小时，合闸冲击电流与发电机电压接近同相位，此时合闸冲击电流的主要成分为与发电机电压同相位的有功分量。当发电机电压 U_{f1} 超前系统电压 U_x 时，发电机并入系统时立即发出有功功率，对发电机有制动而减速的作用；反之，当发电机电压 U_{f2} 滞后系统电压 U_x 时，发电机并入系统时立即从系统吸收有功功率，对发电机有驱动而加速的作用。

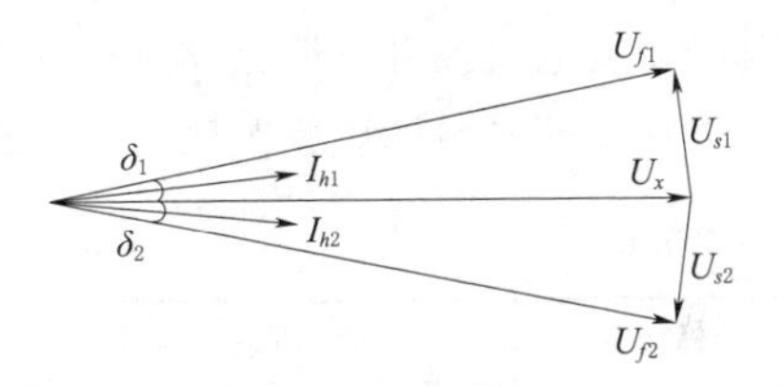

图2　准同期并列条件电压相位不一致时相量分析

理论上，极端情况下，相角差最大时为180°，电压差为最大值，即等于系统电压的两倍，此时合闸冲击电流最大，近似等于发电机三相短路电流的两倍。为此，同期装置应确保合闸脉冲发出时相角差在允许值范围内。

另外，为了补偿同期装置发出合闸脉冲时刻至同期点断路器合上过程的控制回路上继电器、断路器等设备固有的动作时间对机组并网时造成的相角差影响，同期装置应有合闸脉冲提前输出的时间补偿（即导前时间）功能。

2.3　频率不等的情况

假设并列瞬间，发电机电压与系统电压幅值相等，而频率不等，则发电机电压与系统电压之间具有相对运动，即存在脉动电压，脉动电压波形如图3所示。如果频率差固定不变则相对运动的特征为滑差频率固定的脉动，当相角差 δ 从0到 π 变动时，脉动电压差 U_s 的幅值从0到最大值（发电机电压或系统电压的两倍）间变动；当相角差 δ 从 π 到 2π（回到0）变动时，脉动电压差的幅值从最大值回到0。转动一圈的时间为脉动周期 T_s，$T_s=1/f_s$，其中 f_s 为脉动电压频率，即滑差频率，脉动周期与滑差频率由频率差值大小决定，频率差越小则滑差频率越低而脉动周期时间越长。

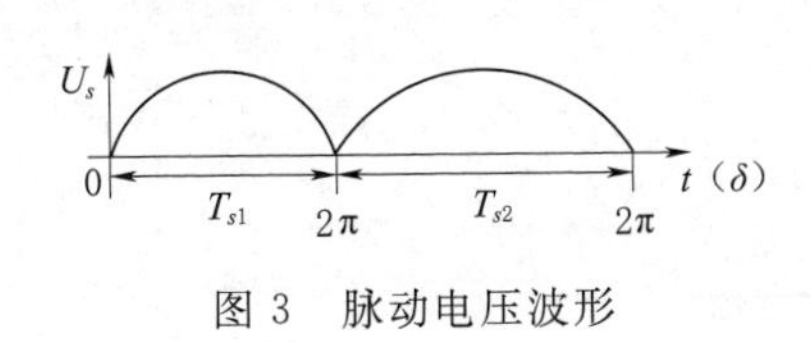

图3　脉动电压波形

脉动电压有效值为

$$U_s=2U_f\times\sin\left(\frac{\delta}{2}\right)=2U_x\times\sin\left(\frac{\delta}{2}\right) \tag{3}$$

那么，并网合闸冲击电流有效值为

$$I_h=\frac{U_s}{X''_q+X_x}=\frac{2U_f}{X''_q+X_x}\times\sin\left(\frac{\delta}{2}\right) \tag{4}$$

式中　U_f、U_x——发电机电压、系统电压有效值；

U_s——脉动电压差有效值；

X''_q——发电机交轴次暂态电抗；

X_x——电力系统等值电抗；

δ——发电机电压与系统电压相角差。

相角差是时间的函数，所以并列时合闸相角差与发出合闸脉冲的时间有关，如果发出合闸脉冲的时间控制得恰当，在相角差接近于零时合闸，冲击电流也接近于零。反之，如果发出合闸脉冲的时间不恰当，在相角差较大时合闸，将引起较大的冲击电流。

从发电机本身的特性来看，如果并列时频率差很小，则发电机与系统之间的自整步作用将把发电机很快拉入与系统频率同步；如果并列时频率差太大，即使合闸时相角差很小，满足同期三条件，但因发电机转子转动惯量较大，并将使机组产生很大的机械振动。

3 自动准同期参数整定与计算分析

3.1 自动准同期参数整定要求

同步发电机并网过程中一旦发生非同期并网，轻则导致机组并网失败、对系统造成扰动与冲击，重则损坏发电机或并列断路器、引起系统振荡与破坏系统稳定。为此，参照相关行业规程对机组自动准同期装置并网参数的整定范围与校验误差提出必要的要求见表1。其中，系统额定频率默认为50Hz。

表1 自动准同期参数整定范围与校验误差规范要求

参数名称	整定值范围	校验误差	特别说明
电压模拟量采样	电压幅值有效范围：(80%～110%)U_n	电压幅值：±1%U_n (49.5～50.5Hz范围内)	电压幅值超有效范围时同期装置应闭锁合闸脉冲输出
	电压频率有效范围：48～52Hz	电压频率：±0.01Hz	电压频率超有效范围时同期装置应闭锁合闸脉冲输出
电压幅值差	(2%～10%)U_n	±10%整定值[a]	
频率差	(0.2%～1%)f_n	±10%整定值[a]	整定值范围即为0.1～0.5Hz
相角差	1°～10°	±1°	
导前时间	0.05～0.8s	±3.6°（折算为角度[b]）	
调压脉冲宽度[c]	0.25～2.0s	整定值±0.05s	误差要求含脉冲宽度和脉冲周期时间误差
调频脉冲宽度[c]	0.1～0.4s	整定值±0.05s	误差要求含脉冲宽度和脉冲周期时间误差

a 频率差、频率差校验误差要求均为相应整定值的百分比值。

b 导前时间与校验时的频率差有关，故核算校验误差时需将时间折算为角度，计算公式为

$$d\delta=\frac{360^\circ}{T_s}\times dt$$

式中 $d\delta$——导前时间误差角；

T_s——频率差周期；

dt——导前时间误差。

c 对于调压、调频脉冲的要求为：脉冲宽度时间可随电压差、频率差的大小而线性变化，表中该时间整定范围仅作参考；对脉冲间隔与脉冲周期时间整定范围不做要求；脉冲宽度时间和脉冲周期时间的校验误差要求为实测值与相应整定值或计算值的差值不应超过±0.05s。

3.2 自动准同期参数计算分析

以某抽水蓄能水电站同步发电机自动准同期参数校核为例，计算分析与一次系统参数相对应的合闸冲击电流及各参数条件对冲击电流的影响程度。其中相关参数为：发电机视在功率为350MVA，发电机直轴次暂态电抗 X''_d 为0.18，发电机交轴次暂态电抗 X''_q 为0.20，发电机出口至线路（含升压变）等值电抗 X_x 为0.16，发电机允许的冲击电流最大瞬时值 I_{hm} 为$\sqrt{2}I_{gn}$，并列断路器与同期装置最大误差时间 dt 为0.02s。

（1）电压幅值不等的情况。假设电压相位一致，而电压幅值不等。电压差按照表1规定的整定范围最大值取10%U_n，计算可得该条件下的合闸冲击电流最大瞬时值为

$$I_{hm}=\sqrt{2}\times\frac{|U_s|}{X_d''+X_x}=\sqrt{2}\times\frac{0.1}{0.18+0.16}=0.42 \tag{5}$$

可知此条件下同期并列操作的合闸冲击电流最大瞬时值约为0.42倍发电机额定电流。

(2) 电压相位不一致，且频率不等的情况。假设电压幅值相等，而电压相位不一致，且频率不等。按照表1规定的整定范围最大值取相角差为10°，频率差为0.5Hz；同时，计及并列断路器与同期装置最大误差时间0.02s，折算为角度误差为

$$\mathrm{d}\delta=\frac{360°}{T_s}\times\mathrm{d}t=360°\times f_s\times\mathrm{d}t=360°\times0.5\times0.02=3.6° \tag{6}$$

可得同期并列操作时的最大相角差为13.6°。

此时各状态量的相量如图4所示，可知此时的最大电压差相量有效值为

$$U_{s0}=2U_x\times\sin\left(\frac{\delta}{2}\right)=2\times1\times\sin\left(\frac{13.6}{2}\right)=0.237 \tag{7}$$

计算可得该条件下的合闸冲击电流最大瞬时值为

$$I_{h0m}=\sqrt{2}\times\frac{U_{s0}}{X_q''+X_x}=\sqrt{2}\times\frac{0.237}{0.2+0.16}=0.93 \tag{8}$$

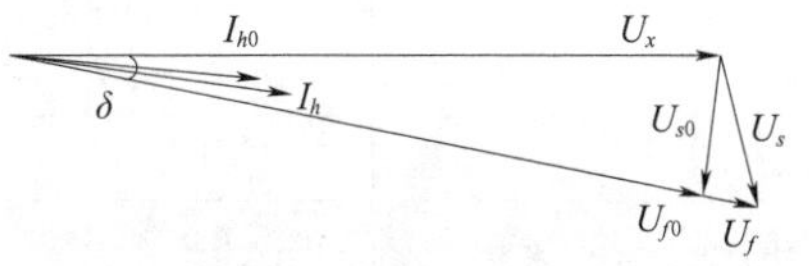

图4 准同期并列条件电压幅值、相位不一致时相量分析

而实际上，同期并列操作时往往是电压幅值差、相角差和频率差均不等于零的，故进一步分析如下。

(3) 电压幅值、相位与频率均不等的情况。假设电压幅值、相位与频率均不等。按照表1规定的整定范围最大值取相角差为10°，频率差为0.5Hz，电压差为10%U_n，且发电机电压U_f大于系统电压U_x时，各状态量的相量如图4所示。

可知此时的最大电压差相量有效值为

$$\begin{aligned}U_s&=\sqrt{\mathrm{d}U^2+Us_0^2-2\mathrm{d}U\times U_{s0}\times\cos\left(90°+\frac{\delta}{2}\right)}\\&=\sqrt{0.1^2+0.237^2-2\times0.1\times0.237\times\cos(90°+6.8°)}=0.268\end{aligned} \tag{9}$$

计算可得该条件下的合闸冲击电流最大瞬时值为

$$I_{hm}=\sqrt{2}\times\frac{U_s}{X_q''+X_x}=\sqrt{2}\times\frac{0.268}{0.2+0.16}=1.05 \tag{10}$$

可知此条件下同期并列操作的合闸冲击电流最大瞬时值约为1.05倍发电机额定电流，说明该机组同期装置参数按照表1的整定范围最大值取值时，经核算同期合闸冲击电流最大瞬时值也能满足上述不超过1～2倍发电机额定电流的要求。

从上述三种假设情况的计算结果来看，可知在频率差条件不变的情况下，相位不一致（含并列断路器与同期装置误差时间引起的相角差增量）比电压幅值不等对机组同期并列合闸冲击电流的影响程度要大得多。

为了使同期并列时合闸冲击电流应尽可能小且并列后暂态过程尽可能短，以减小并列操作对并列断路器和发电机的冲击以及对系统的扰动，实际工程应用中往往将大型同步发电机同期并列操作的三条件整定得非常小。

(4) 大型同步发电机同期参数整定计算。仍以上述列举的抽水蓄能水电机组为例，如其发电机自动准同期参数分别整定相角差为2°、电压差为2%U_n、频率差为0.1Hz，计算可得最大电压差有效值为

$$\begin{aligned}U_s&=\sqrt{\mathrm{d}U^2+Us_0^2-2\mathrm{d}U\times U_{s0}\times\cos\left(90°+\frac{\delta}{2}\right)}\\&=\sqrt{0.02^2+0.047^2-2\times0.02\times0.047\times\cos(90°+1.36°)}\\&=0.052\end{aligned} \tag{11}$$

计算可得合闸冲击电流最大瞬时值为

$$I_{hm}=\sqrt{2}\times\frac{U''_s}{X''_q+X_x}=\sqrt{2}\times\frac{0.052}{0.2+0.16}=0.2 \tag{12}$$

可知此条件下同期并列操作的合闸冲击电流最大瞬时值仅约为 0.2 倍发电机额定电流。

（5）频率不等与相位不一致对冲击电流的影响程度比较。从上列机组实际运行情况统计来看，稳定可靠的静止可控硅励磁系统与高性能的微机数字式励磁控制器的应用使得小到 $2\%U_n$ 的电压差条件还是比较容易满足的，影响机组同期并列速度（即同期并列时间）的主要因素是频率差与相角差条件。为此，分别放宽频率差与相角差整定值，计算可得各种不同整定值情况下的合闸冲击电流最大瞬时值见表 2。

表 2　某机组自动准同期参数整定值与合闸冲击电流最大瞬时值统计表

参数整定值	电压幅值差：$2\%U_n$；频率差：0.1Hz；相角差：2°	电压幅值差：$2\%U_n$；频率差：0.2Hz；相角差：2°	电压幅值差：$2\%U_n$；频率差：0.1Hz；相角差：3°	电压幅值差：$2\%U_n$；频率差：0.3Hz；相角差：2°	电压幅值差：$2\%U_n$；频率差：0.2Hz；相角差：3°	电压幅值差：$2\%U_n$；频率差：0.1Hz；相角差：4°	电压幅值差：$2\%U_n$；频率差：0.3Hz；相角差：3°	电压幅值差：$2\%U_n$；频率差：0.2Hz；相角差：4°
δ	2.72°	3.44°	3.72°	4.16°	4.44°	4.72°	5.44°	5.44°
U_{s0}	0.047	0.06	0.065	0.0726	0.0775	0.082	0.09	0.095
U_s	0.052	0.064	0.069	0.076	0.08	0.085	0.093	0.098
I_h	0.14	0.18	0.19	0.21	0.22	0.24	0.26	0.27
I_{hm}	0.2	0.25	0.27	0.3	0.31	0.34	0.37	0.38
影响程度	基准：100%	125%	135%	150%	155%	170%	185%	190%

注　δ 表示相应整定值下同期合闸相角差（含并列断路器与同期装置误差时间引起的相角差增量），U_{s0} 表示相应整定值下电压幅值差为零时的同期合闸最大电压差相量有效值，U_s 表示相应整定值下同期合闸最大电压差相量有效值，I_h 表示相应整定值下同期合闸冲击电流有效值，I_{hm} 表示相应整定值下同期合闸冲击电流最大瞬时值。

由表 2 可知，实际工程应用中，在机组自动准同期条件参数整定值均较小，且电压幅值差条件不变的情况下，频率不等比相位不一致对机组同期并列合闸冲击电流最大瞬时值的影响程度要小一些。

（6）装置扫描周期对同期条件整定值的影响。对于相角差整定值的取值来说是越小越好，理论上是可以取零的，这样可使合闸冲击电流变得很小，且几乎不受频率差的影响。但实际上由于同期装置存在固有扫描周期 T_c，合闸命令的捕捉即按照该周期进行间断性采点，如果允许同期的“窗口期”时间比扫描周期时间还短的话，将不能保证合闸点的可靠捕捉。而相角差与频率差整定值的取值是会影响该“窗口期”时间的，为此通常不宜将相角差整定为零。如图 5 所示，滑差频率较大的情况下，如果相角差整定值较小（如小于图中 δ_{min}），合闸命令的捕捉点 s 可能处于同期“窗口期”区间以外，将导致合闸脉冲无法发出。

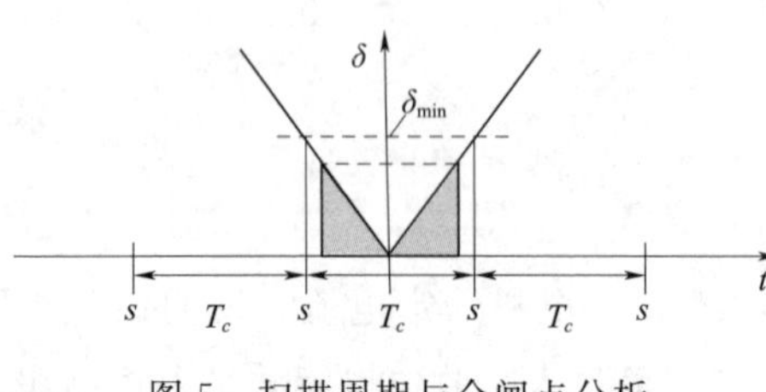

图 5　扫描周期与合闸点分析

由下列计算式可计算出某一扫描周期条件（如 $T_c=40$ms）下不同相角差整定值所对应的滑差频率极限如表 3 所示。

$$df_{max}=\frac{2\times(\delta_{set}+d\delta)}{T_c\times360°} \tag{13}$$

式中　df_{max}——滑差频率极限值；

δ_{set}——相角差整定值；

$d\delta$——相角测量误差；

T_c——扫描周期。

由表 3 可知，当同期装置扫描周期为 40ms 时，考虑到扫描周期时间对同期条件整定值的影响，为了保证在较大滑差频率（频率差整定值范围内）时合闸脉冲也能可靠发出，通常取相角差整定值为不小于 2°。

表 3 扫描周期对同期条件整定值的影响统计表

扫描周期：40ms			
相角差整定值	滑差频率极限值（$\delta_e=0°$）	滑差频率极限值（$\delta_e=0.5°$）	滑差频率极限值（$\delta_e=1°$）
0°	0	0.07Hz	0.14Hz
1°	0.14Hz	0.21Hz	0.28Hz
2°	0.28Hz	0.35Hz	0.56Hz

（7）同期条件参数优化方法与原则。从表 1 的整定值范围要求可知，在机组准同期并列条件要求上，对于频率差的要求比电压幅值差的要求更加苛刻（频率差整定值范围标幺值相当于电压幅值差整定值范围标幺值的 1/10）。而从调控环节来看，由于被调节对象在系统结构与工作特性等方面存在一定的差异，相较于完成电压幅值调节的励磁系统来讲，实现机组频率调节的调速器系统的调节速度、调控精度与稳定性等技术指标都要稍差一些。尤其对于高水头且水头变化区间较大的抽水蓄能水电机组来讲，要将机组频率较长时间持续的稳定在额定频率的 0.2%～0.5%范围内就更是不容易做到。而实际上，相较于其他两个并列条件来讲，频率差条件是最不容易满足的。

综合上述几个方面的分析，为了缩短机组同期并列时间，在发电机同期并列后暂态稳定性不受明显影响的前提下（将频率差值控制在额定频率的 1%以内通常就可满足该要求），可首选适当放宽频率差整定值，其次再考虑放宽相角差整定值，同时要复核频率差整定值修改后对相角差整定值的影响。

在准同期并列计算中，按理还应进行稳定性校验，就是由稳定条件来确定允许并列的最大频率差。但在通常情况下，按冲击电流条件核算的允许最大频率差值远小于按稳定条件求得的频率差值，因此一般不必进行该项校验计算。

4 结语

通过上述对一台 350MVA 容量的大型抽水蓄能水电机组在各种参数条件下准同期并列操作引起的合闸冲击电流的分析与计算，可知在较小的同期参数整定值取值范围内，同期三条件中相位不一致的影响程度最大，频率不一致的影响程度次之，电压幅值不等的影响程度最小也是最容易调节控制的；相位不一致与电压幅值不等两者的主要影响是产生较大的合闸冲击电流，而频率不一致的主要影响是机组并列后的暂态稳定性。为了缩短机组同期并列时间，在发电机同期并列后暂态稳定性不受明显影响的前提下，可先考虑适当放宽频率差整定值，再考虑适当放宽相角差整定值，同时要复核频率差整定值修改后对相角差整定值的影响。

参考文献

[1] 杨冠城. 电力系统自动装置原理 [M]. 北京：中国电力出版社，2007.
[2] DL/T 1348—2014 自动准同期装置通用技术条件 [S].
[3] JB/T 3950—1999 自动准同期装置 [S].

水电站转子过电压保护装置选型比较分析

夏向龙　方军民　杨柳燕

（国网新源华东天荒坪抽水蓄能有限责任公司，浙江省湖州市　313302）

【摘　要】本文探讨了水电机组常用的几种转子过电压保护装置，从保护装置本身在保护机组安全稳定运行所起的作用方面进行比较分析。

【关键词】转子过电压保护装置　非线性灭磁电阻

1　转子过电压的产生及危害

同步发电机非同期合闸时，发电机定子电流会产生较大的电流冲击，使得发电机定子铁芯及气隙中的磁通发生变化，从而在转子绕组中感应出过电压。

同步发电机运行中失磁，使得发电机异步运行时，定子磁场与转子磁场间会有相对运动，励磁回路中会产生具有滑差频率的过电压。

电力系统发生故障（如短路、雷击等故障）时，定子侧会产生各种故障过电压，过电压经定子绕组和转子绕组间的耦合，使转子绕组产生过电压。

水电机组在电力系统故障、发电机异步运行、非同期合闸等异常状态下产生的转子过电压可以达到几十倍甚至上百倍的额定励磁电压值，极易导致转子绝缘的损坏，甚至损坏发电机定子，严重威胁机组安全稳定运行。因此，安装转子过电压保护装置是必要的。

2　转子过电压装置类型

2.1　安德里茨转子过电压保护装置

安德里茨转子过电压保护装置由正负极反相并接的两个晶闸管及其触发模块和一组装置动作检测回路组成。转子过电压保护装置与灭磁电阻串联后并接于转子回路。过电压保护装置动作检测回路由正负极反相并接的四个信号继电器、一个双向稳压管和一个限流电阻组成。装置如图1所示。

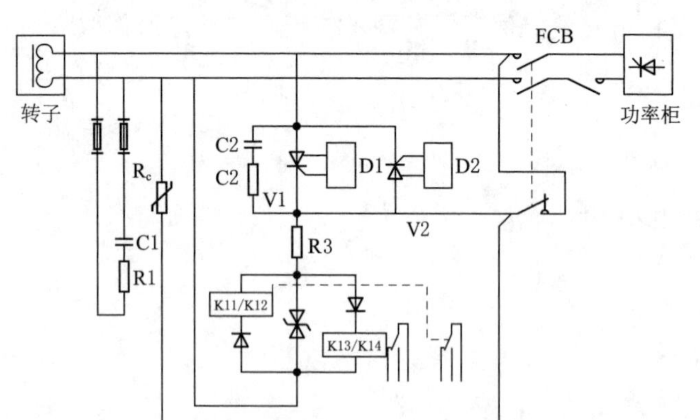

图1　安德里茨转子过电压保护装置

图中，V1、V2为正反向晶闸管，D1、D2为转子过电压触发器，K11～K14为过电压动作监视继电器，R_c为非线性灭磁电阻，其材料采用的是SiC，FCB为灭磁开关，R1、C1为谐波吸收RC回路。

励磁系统正常工作时，灭磁开关主触头闭合，辅助常闭触头断开，非线性灭磁电阻经转子过电压触发器并接在转子回路，机组在运行中一旦发生转子过电压情况并超过一定的限值时，过电压触发器D1或D2导通，转子中的过电压成分经非线性灭磁电阻的作用受到削弱和消耗，从而起到保护转子的作用。同时，由K11～K14过电压监视继电器给励磁控制器动作信号，作用于报警，经一定延时后，如过电压仍存在，则出口跳闸。

在每次机组正常切除励磁（含退电气制动流程）时，励磁调节器控制减小励磁电流后，将晶闸管整流器运行在全逆变模式下灭磁，然后在灭磁开关主断口分闸前提前将辅助断口合上，将灭磁电阻并入转子回路，起到抑制正常流程中造成的过电压，以减小灭磁开关分闸灭磁的消弧能量，延长灭磁开关寿命。如遇紧急故障或保护动作跳闸情况，则直接跳开灭磁开关，同样由上述灭磁开关主辅断口的重叠导通功能实现灭磁电阻灭磁，然后再分开励磁主回路，以减小灭磁开关灭磁的消弧能量。

安德里茨转子过电压保护装置结构简单，由灭磁开关机械操作机构配合实现，动作可靠，无需软件程序控制，也不需要外加控制设备。但灭磁开关因其结构特殊，属非标准设计，价格较高。另外 SiC 灭磁电阻性能稳定，使用寿命长。

2.2 ABB 转子过电压保护装置

ABB 转子过电压保护装置由击穿二极管、非线性电阻 SiC、晶闸管、过电压继电器等组成。以击穿二极管作为过电压监测元件。装置如图 2 所示。

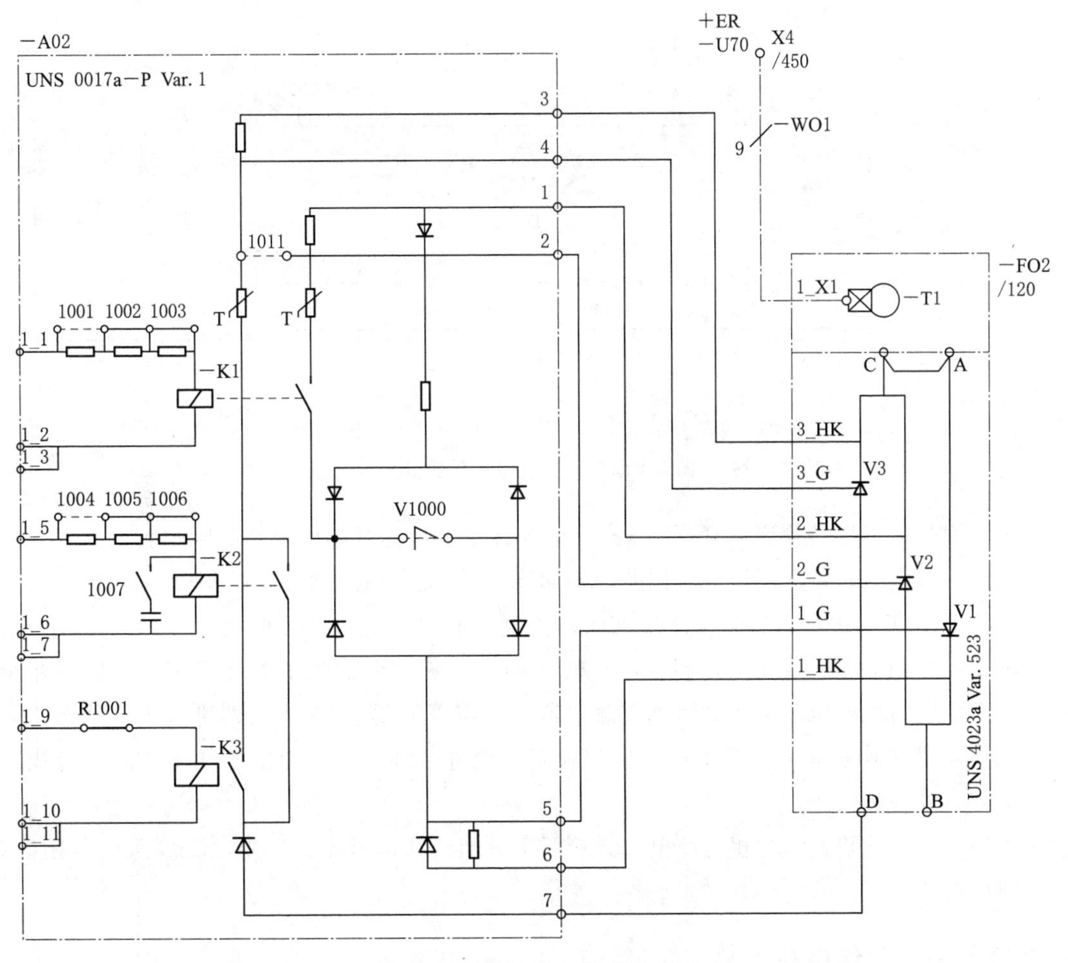

图 2 ABB 转子过电压保护装置

图中，K1、K2 为灭磁开关第一、第二分闸命令继电器，V1000 为击穿二极管，V1、V2、V3 为正反向晶闸管。当正负极电压大于整定值后，击穿二极管 V1000 导通，在正向或反向过电压时可分别触发 V1、V2 灭磁。当转子（直流侧）过电压值超过晶闸管触发模块的设定值，则相应的晶闸管元件导通将灭磁电阻接入转子绕组，抑制转子（直流侧）过电压。同时相应的监视继电器动作，如过电压在整定时间内仍不消失，过电压保护装置将动作于机组跳闸、停机。

正常灭磁时，励磁调节器控制减小励磁电流，将晶闸管整流器运行在全逆变模式下灭磁。而在紧急故障或保护动作跳闸情况下，直接跳开灭磁开关，同时由灭磁开关分闸命令继电器接点导通后，快速触发过电压保护装置，使发电机转子回路的磁场能量通过晶闸管元件的触发电路接通灭磁电阻快速释放。

ABB 转子过电压保护装置较前者结构更为复杂，元器件数量多，对装置可靠性要求高，但同样能起到很好的保护效果。

2.3 南瑞转子过电压保护装置

南瑞转子过电压保护装置并联装设在励磁系统直流侧，经过灭磁电阻接于直流母线的正负极之间。该装置由并联的可控硅组及其脉冲触发装置、电流监视继电器、非线性电阻 ZnO 等组成。装置如图 3 所示。

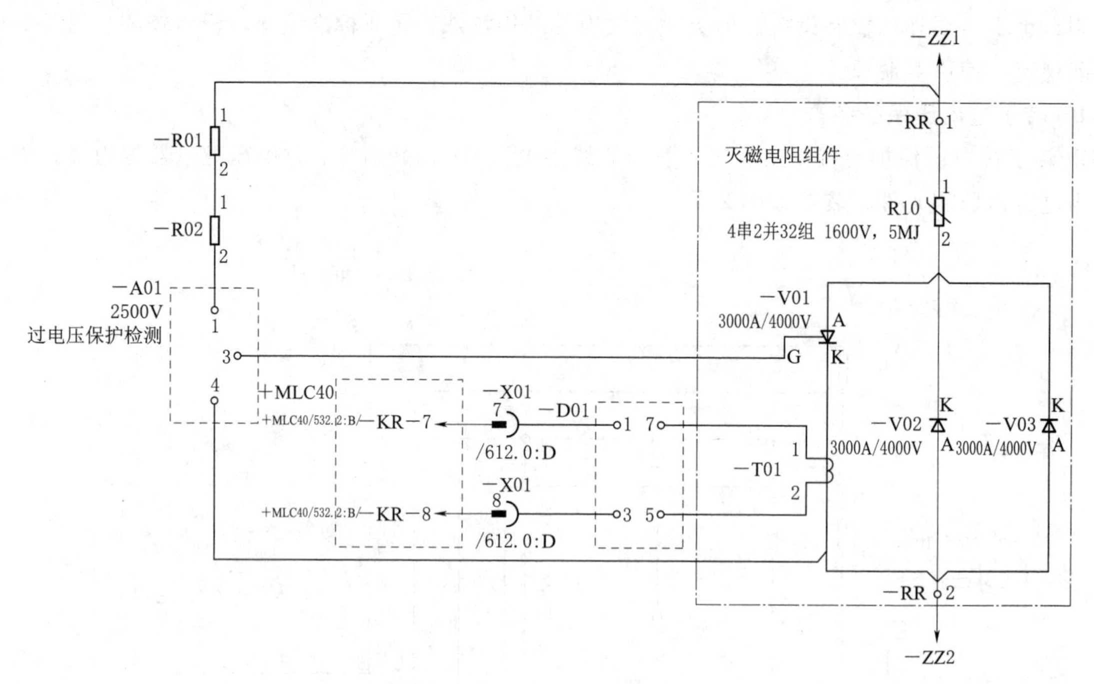

图 3 南瑞转子过电压保护装置

图中，A01 为过电压保护检测装置，V01～V03 为转子正反向过电压回路晶闸管。

转子回路产生过电压时，过电压测量回路 A01 将动作，发出触发脉冲，晶闸管 V01 导通，非线性灭磁电阻 R10 进入导通工作状态，当电流监视继电器检测到有电流流过时，便会通过辅助接点接通跳机回路，并发跳励磁令给调节器。以此来限制发电机转子的过电压，保护转子不受损害。当出现非全相或大滑差异步运行产生反向过电压时，保护器无需触发器，只需 V02 或 V03 支路即进入工作状态，非线性灭磁电阻 R10 进入导通工作状态，使转子过电压被限制在允许范围内，避免由于转子开路而造成对转子绝缘的损坏。

南瑞转子过电压保护装置结构相对简单，直接用于跳闸，动作可靠。另外，ZnO 灭磁电阻非线性好，漏电流小，限压性能出色。

3 转子过电压装置动作电压计算

以某电站安德里茨转子过电压保护装置为例：动作电压的计算取决于需要根据发电机参数，表 1 是某电站提供的参数。

表 1　　某电站发电机参数

参　数	值	参　数	值
额定电压	18(±5%)kV	励磁变二次侧电流	510V
额定励磁电压	233V	额定励磁电流	1764A DC
空载励磁电压	126V	空载励磁电流	953A DC

DL/T 583—2006《大中型水轮发电机静止整流励磁系统及装置技术条件》中，对过电压保护动作整定值的选择原则要求：

在任何运行情况下，应高于最大整流电压的峰值，低于整流器的最大允许电压值；

在任何运行情况下，应高于灭磁装置正常动作时产生的过电压值；

在任何运行情况下，应保证励磁绕组两端过电压时的瞬时值不超过出厂试验时绕组对地耐压试验电压幅值的70%。

励磁系统的灭磁装置应满足：灭磁过程中，励磁绕组反向电压应控制在不低于出厂试验时绕组对地耐压试验电压幅值的30%，不超过出厂试验时绕组对地耐压试验电压幅值的50%。

最大整流电压的峰值：

$$U_m = 1.35U_2\cos\alpha_{\min} = 1.35\times510\times\cos5^\circ = 686(\text{V})$$

整流器的最大允许电压值：

$$U_w = \sqrt{2}\times2.75\times U_2\times1.3 = 2578(\text{V})$$

转子对地工频耐压试验电压值：

$$U_J \max(10\times U_{fn},1500\text{V})\max(10\times233,1500)2330(\text{V})$$

则30%、50%、70%电压值：

$$\sqrt{2}\times30\%\times U_J\sqrt{2}\times30\%\times2330 = 988.5(\text{V})$$

$$\sqrt{2}\times50\%\times U_J\sqrt{2}\times50\%\times2330 = 1647.5(\text{V})$$

$$\sqrt{2}\times70\%\times U_J\sqrt{2}\times70\%\times2330 = 2306.6(\text{V})$$

综合以上标准，结合电站实际运行情况，过电压保护控制电压设置为1500V。

4 转子过电压保护装置试验

定期进行转子过电压保护试验，即可有效检验保护回路接线的正确性，又能验证保护回路中的可控硅、电阻等元器件动作情况，从而确保机组发生过电压时，转子过电压保护装置能够正常投用。

试验条件：拔掉机组励磁跳闸继电器；

解开转子过电压装置正、负极连接线；

解开转子过电压装置上其他设备；

解开灭磁电阻连接线。

试验仪器：电源发生器、钳形电流表、万用表等。

试验项目：过电压触发器定值校验；

过电压信号模拟与核对；

灭磁电阻伏安特性校验。

5 结语

以上三种转子过电压保护装置各有优缺点，但均能有效消除转子过电压，在国内使用较为普遍。转子过电压保护装置作为发电机的重要电气保护装置，有效保障了同步发电机的安全稳定运行。近年来，水电站（尤其是抽水蓄能电站）快速发展，转子过电压保护装置虽然在不同电站有不同的配置和设备选型，但是整体原理是大致相同的，通过对国内常见的几种转子过电压保护装置配置与设备选型的研究，为抽水蓄能电站励磁系统设计、建设与运行提供了资料参考。

参考文献

[1] 李浩良，孙华平．抽水蓄能电站运行与管理［M］．杭州：浙江大学出版社，2013.

[2] 李基成．现代同步发电机励磁系统设计及应用［M］．北京：中国电力出版社，2002.

浅析天荒坪电站励磁调节器带功率整流柜整体特性检查试验

杨柳燕[1]　方军民[1]　夏向龙[1]　袁凯晓[2]

（1. 华东天荒坪抽水蓄能有限责任公司，浙江省杭州市　310012；
2. 浙江中聘科技股份有限公司，浙江省湖州市　313302）

【摘　要】 本文以天荒坪抽水蓄能电站励磁系统为例，介绍励磁调节器带功率整流柜整体特性检查试验的目的与方法，总结归纳在调试励磁调节器带功率整流柜整体特性检查试试验过程中遇到的问题与解决方法，为从事励磁系统调试工作的检修人员提供指导与借鉴。

【关键词】 励磁系统　励磁调节器带功率整流柜整体特性检查　脉冲故障　可控硅整流桥监视

1　引言

天荒坪抽水蓄能电站（以下简称天荒坪电站）安装有 6 台单机容量为 300MW 的发电电动机，机组励磁系统均由奥地利安德里茨公司供货，采用自并励可控硅静态励磁方式。励磁系统由励磁功率单元和励磁调节器两部分组成。励磁功率单元主要为发电电动机的励磁绕组提供直流励磁电流，以建立直流磁场。励磁调节器的主要任务是检测和综合机组运行状态的信息，以产生相应的控制信号，经放大后控制励磁功率单元以得到所要求的发电机励磁电流[1]。

励磁系统励磁调节器带功率整流柜整体特性检查试验是励磁系统静态试验的重要试验项目，为开环试验。励磁系统进行励磁调节器带功率整流柜整体特性检查试验的目的是检验调节器的同步、移相、触发和可控硅触发导通性能，进行功率整流柜的参数验证[2]。

2　励磁系统开环励磁调节器带功率整流柜整体特性检查试验

2.1　试验原理

天荒坪公司采用的是自并励可控硅静态励磁方式，励磁系统能源可通过三相励磁变压器取自发电机出口母线。励磁变压器二次侧向励磁系统可控硅整流桥阳极供电。由可控硅整流桥将此交流电进行整流并向转子供电，其原理接线如图 1 所示。

为了从交流电压生成可变的直流电压，门控制单元为晶闸管产生触发脉冲。触发角 α 是门控制单元的输入，通常，触发角 α 接近于 0°时是整流器的极限角（最大正输出电压）。触发角 $\alpha=90°$导致电压输出值为 0。而且最大可能触发角必须小于 180°（逆变极限角，负输出电压）。整流器限制确定了触发角 α 工作范围的低限约为 5°（整流器状态），同样，逆变器限制确定了上限约为 150°（逆变状态）。触发角从自然换相点开始计算，表示门控制必须知道相电压的当前相位，为使触发脉冲与交流电压同步，还必须知道相电压的频率，故而通过同步变压器的同步电压矢量作为自然换相点的参考电压，以及频率信号的参考电压。

晶闸管整流器由四个三相脉冲全控整流桥并联构成，采用“$N+1$”排列方式。每个晶闸管整流桥包括 6 只晶闸管，相应的，必须产生 6 路触发脉冲，脉冲间距为 60°，测量相间电压 US1(L1～L3) 和 US2(L2～L3)。自然换相点是在相应相电压过零点后移 30°。整流运行时（触发角 0°～90°），生成间距为 60°的双脉冲，例如在给 L3－（臂 2）脉冲时也补给 L1＋（臂 1）一个脉冲，如此一来在换相时，将导通的两只晶闸管总是同时收到一个触发脉冲。逆变运行时（触发角 90°～180°），为了安全起见，只生成单脉冲。下图为正相序系统脉冲序列（L1＋指正半桥中对应相 L1 的可控硅）：

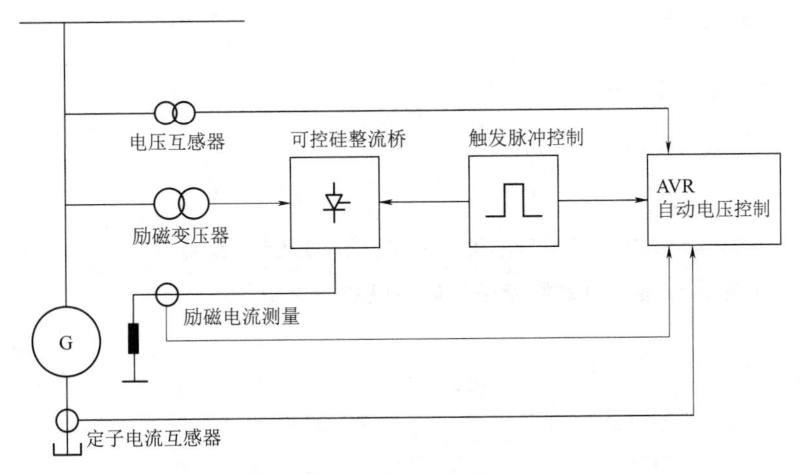

图 1　自并励励磁系统简图

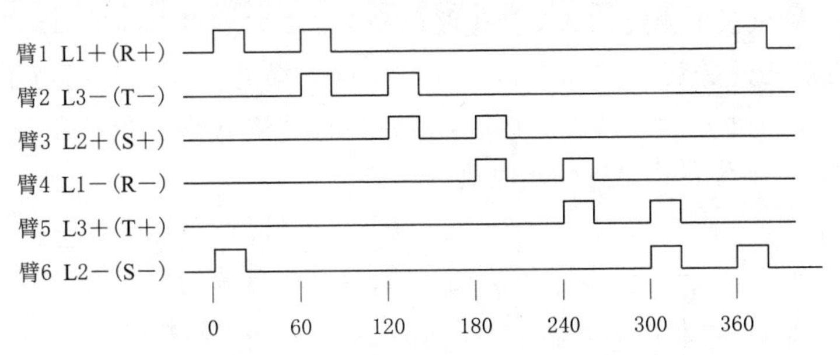

图 2　整流器状态时正相序三相桥脉冲序列（参考相 L1）

在三相可控整流电路中，触发角 α 的起点规定为各相的自然换向点，自然换向点为三相电压波形的交点，即三相电压过零点后移 30°。当 $\alpha=0$ 时，三相触发脉冲各在所对应的自然换向点时刻触发；当 $\alpha>0$，每个晶闸管都是在自然换向点后移 α 开始换向。图 3 所示为相位参考向量图，可以看到线电压 U_{ac} 的相位滞后相电压 U_A 30°，与自然换向点相位一致，因此将线电压 U_{ac} 幅值由负变正的零点时刻作为自然换向点，则可控硅整流桥桥臂 1 的触发角 α 与线电压 U_{ac} 的相位保持一致，若 $\alpha=0$，则触发脉冲恰好在线电压 U_{ac} 相位为零时刻触发；若 $\alpha=90°$，则触发脉冲恰好在线电压 U_{ac} 相位为 90°时刻触发。同理可以推测出可控硅整流桥桥臂 2 的触发角 α 与线电压 U_{bc} 的相位保持一致，可控硅整流桥桥臂 3 的触发角 α 与线电压 U_{ba} 的相位保持一致，可控硅整流桥桥臂 4 的触发角 α 与线电压 U_{ca} 的相位保持一致，可控硅整流桥桥臂 5 的触发角 α 与线电压 U_{cb} 的相位保持一致，可控硅整流桥桥臂 6 触发角 α 与线电压 U_{ab} 的相位保持一致。

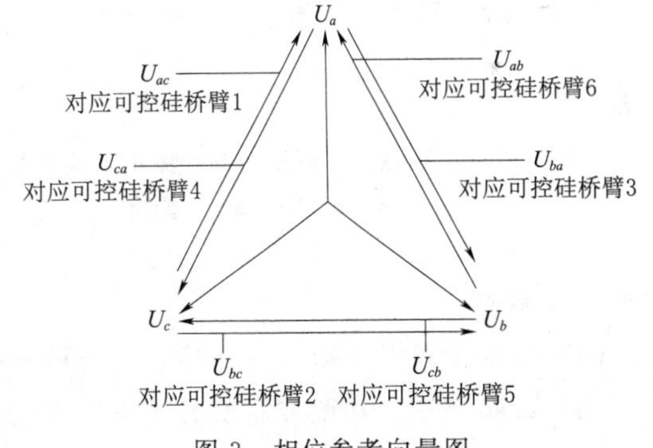

图 3　相位参考向量图

当三相桥式全控整流电路在电感性负载时，输出电压 u_d 的波形在一个周期内分为均匀的六段，故计算其平均电压 U_d 的公式：

$$U_d=\frac{1}{\frac{2\pi}{6}}\int_{-\frac{\pi}{6}+\alpha}^{\frac{\pi}{6}+\alpha}\sqrt{2}E_1\cos\omega t\,\mathrm{d}\omega t=\frac{3}{\pi}\sqrt{2}E_{ab}\times 2\sin\frac{\pi}{6}\cos\alpha=1.35\,E_{ab}\cos\alpha \tag{1}$$

在 $\alpha<90°$时，输出电压平均值 U_d 为正，三相控桥工作在整流状态；

在 $\alpha>90°$时，输出电压平均值 U_d 为负，三相控桥工作在逆变状态。

对于电阻性负载，在$\alpha \leqslant \frac{\pi}{3}$时电流连续，其输出电压平均值仍可用式（1）进行计算。当$\alpha > \frac{\pi}{3}$时输出电压波形出现间断，这时输出直流电压平均值为：

$$U_d = \frac{1}{\frac{\pi}{3}} \int_{\frac{\pi}{3}+\alpha}^{\pi} \sqrt{2} E_1 \sin\omega t \, d\omega t = \frac{3}{\pi} \sqrt{2} E_{ab} \left[1 + \cos\left(\frac{\pi}{3} + \alpha\right)\right] = 1.35 E_{ab} \left[1 + \cos\left(\frac{\pi}{3} + \alpha\right)\right] \tag{2}$$

由式（2）可见，当$\alpha = 120°$时，$U_d = 0$，所以电阻性负载的最大移相范围是 0～120°。

2.2 无故障模式下的励磁调节器带功率整流柜整体特性检查试验

2.2.1 试验措施

（1）检查功率柜主回路正负母应无短路或接地；励磁调节器与磁场开关状态完好，具备试验条件；励磁变低压侧开关已拉开，摇至隔离位置并锁上；直流侧倒极装置已拆除；

（2）连接试验电阻器（电阻器容量应不小于 200Ω，200W）及示波器；

（3）解开励磁外部跳闸信号；

（4）将厂用电源 380V 试验电源连接到交流进线母排上，并检查 A/B/C 相序正确；

（5）将励磁调节器钥匙开关切由“Normal”至“Test”模式；在试验通道上检查励磁调节器已在“手动”模式；控制方式由“远方”切到“现地”位置；检查交流电源相序正确，同步电压正常；检查励磁变低压侧开关已在模拟合闸位置；检查励磁电流设定值为 0。

励磁调节器带功率整流柜整体特性检查试验接线示意图如图 4 所示。

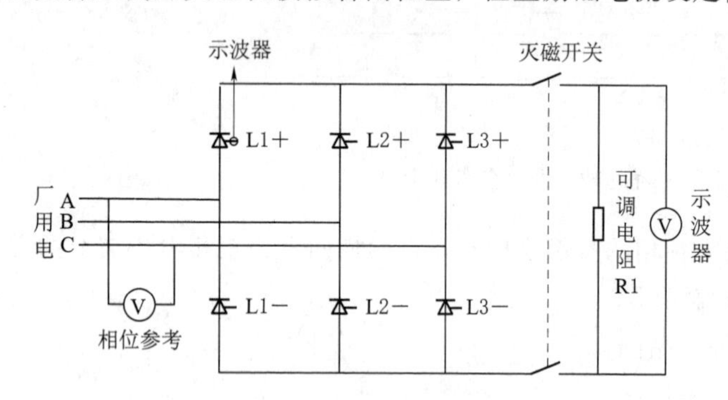

图 4　励磁调节器带功率整流柜整体特性检查试验接线示意图

2.2.2 试验步骤

（1）在调节器试验通道操作面板上按励磁启动按钮，启动励磁，检查励磁电压/电流指示均应为 0，如有异常立即按磁场开关紧急跳闸按钮。

（2）在调节器试验通道操作面板上短促的按一下增磁按钮，增加一点励磁电流给定值，要求励磁电压（表计）不超过励磁额定电压。

（3）在示波器上检查励磁电压波形应为 20ms 间隔 6 脉锯齿波，波头对称一致，波形稳定平滑无跳变。

（4）逐一检查并联运行整流桥，每个桥的输出波形均应正常。

（5）试验完毕，在调节器试验通道操作面板上按停止励磁按钮。

（6）在励磁调节器第二通道上重复上述试验步骤。

（7）试验结束：拆除试验仪器与接线，将励磁调节器模式与控制方式切回试验前状态，恢复其他试验措施。

2.2.3 试验结果

2.2.3.1 整流桥工作状态波形

试验结果如图 5 所示，波形图中 Ch1 为晶闸管整流桥交流测线电压U_{AC}（即参考电压），Ch2 为整流桥输出直流电压，Ch3 为晶闸管整流桥臂 1 触发脉冲。

可以看到晶闸管触发脉冲形式为双窄脉冲，两个触发脉冲相距 60°，与设定一致。触发脉冲滞后参考电压U_{AC}零电位 90°时导通桥臂 1，即触发角为 90°，与试验设定值相符。直流电压波形正确，一个周期内六个波头、波形一致，与理论波形相符。交流电压波形出现的尖峰为每一个晶闸管向另一个晶闸管换相转换过程中出现的换相过电压。

2.2.3.2 触发脉冲波形

如图 6 所示为晶闸管触发脉冲上升沿与波头（Ch1）放大图，可以看到脉冲上升沿时间约为 2μs，波

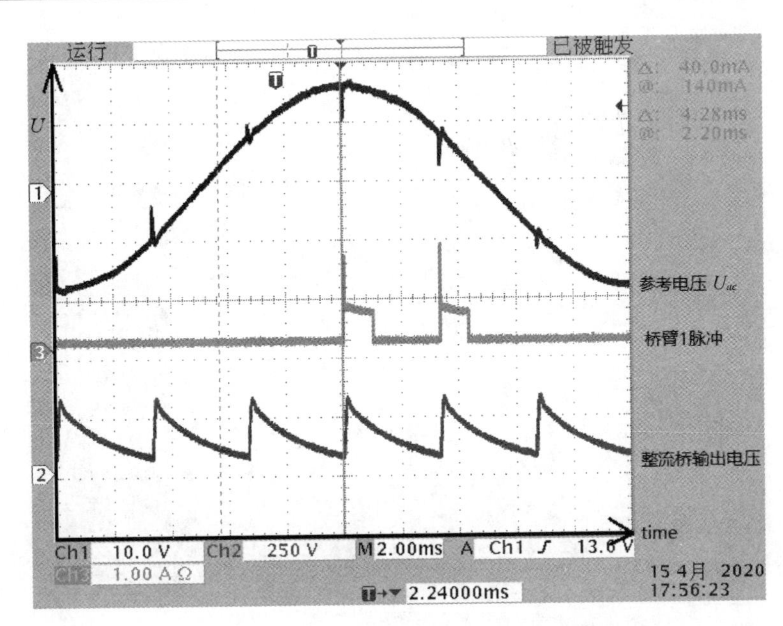

图 5 晶闸管整流桥整流模式波形图（无故障）

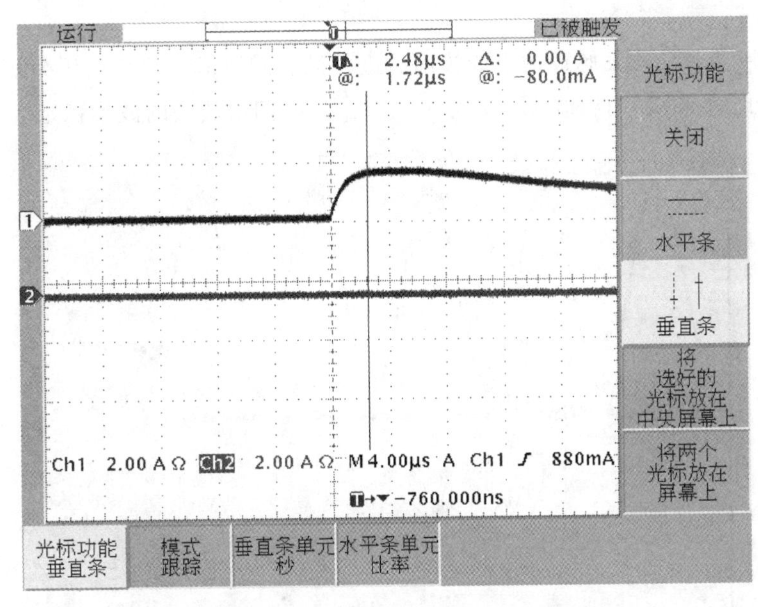

图 6 晶闸管触发脉冲上升沿与波头放大图

头幅值约为 1.6A，满足产品设计要求。

2.2.3.3 整流桥逆变灭磁工作状态波形

如图 7 所示为停励磁过程中逆变灭磁时晶闸管整流桥由整流模式切至逆变模式的转换过程。停止励磁时，按下励磁系统停止励磁键，晶闸管脉冲触发角立即由此前的 90°切换为 150°（逆变模式恒定的最大触发角），触发脉冲由双窄脉冲变为单窄脉冲，励磁输出直流电压立即变为零（电阻负载逆变模式最低值），确为晶闸管整流桥电路逆变灭磁过程，与设计要求一致。

2.3 模拟脉冲故障时励磁调节器带功率整流柜整体特性检查试验

2.3.1 试验措施

在满足无故障模式下励磁调节器带功率整流柜特性检查试验措施的情况下，解开晶闸管 L1 -的触发脉冲输出线。

2.3.2 试验步骤

试验步骤同无故障模式下励磁调节器带功率整流柜特性检查试验步骤。

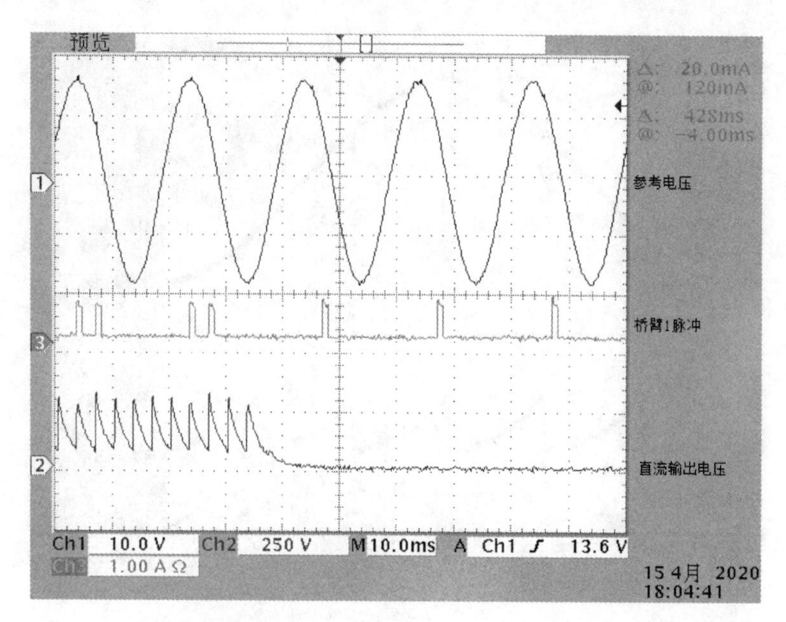

图 7 整流桥整流模式至逆变模式转换过程波形图（无故障）

2.3.3 试验结果

如图 8 所示为晶闸管 L1-触发脉冲输出线拔出后进行试验的波形，参考电压为 U_{ac}，可以看出一个周期内直流输出电压缺少 u_{ba} 和 u_{ac} 两组波头，u_{ab}、u_{ac}、u_{bc}、u_{cb} 四组波头的波形稳定。

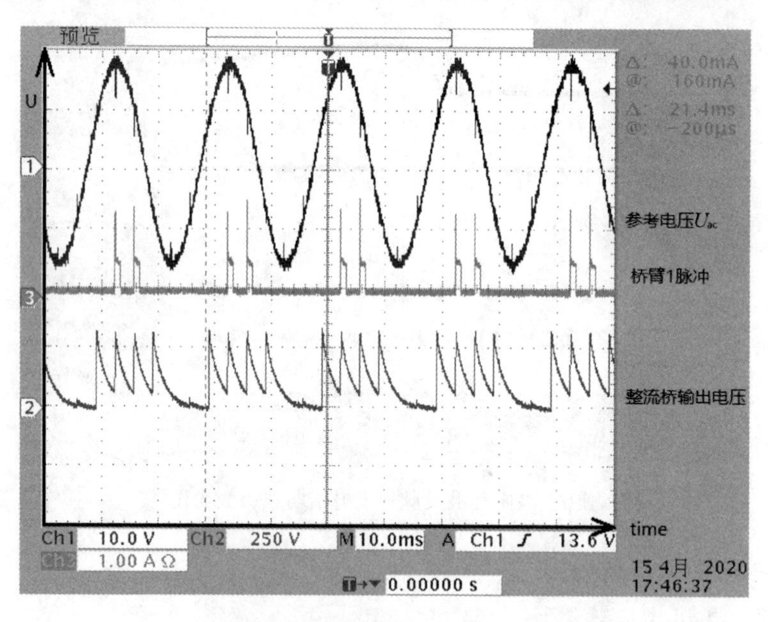

图 8 晶闸管整流桥整流模式波形图（模拟故障）

如图 9 所示为停励磁过程中逆变灭磁时晶闸管整流桥在整流模式和逆变模式切换的临界状态，触发脉冲在双窄脉冲和单窄脉冲之间变换，单窄脉冲时为逆变状态，直流输出电压为零，双窄脉冲时为整流状态，直流输出电压会产生幅值不稳定的正向电压，但仍缺少 u_{ba} 和 u_{ac} 这两组波头。

模拟脉冲故障时励磁调节器带功率整流柜整体特性检查试验验证了励磁调节器晶闸管整流桥监视的相关逻辑。如图 10 所示为励磁调节器晶闸管整流桥监视逻辑图，可以看出，调节器发出“M GATE PULSE FAIL”（门脉冲故障）报警的逻辑有两种，第一种逻辑为调节器检测到有励磁电流输出及晶闸管电压已建压时，0.5s 内未检测到晶闸管电流时则会输出报警，第二种逻辑为三相晶闸管整流桥在一个桥臂开路或短路时，励磁电流中的纹波增多，“B POUT>”的数值会大于 1（为了抗干扰，“B POUT>”的定值不宜太小），I410 置为 1，由于天荒坪电厂的励磁调节器中“THYNE 4 SELECT”未使用，即始

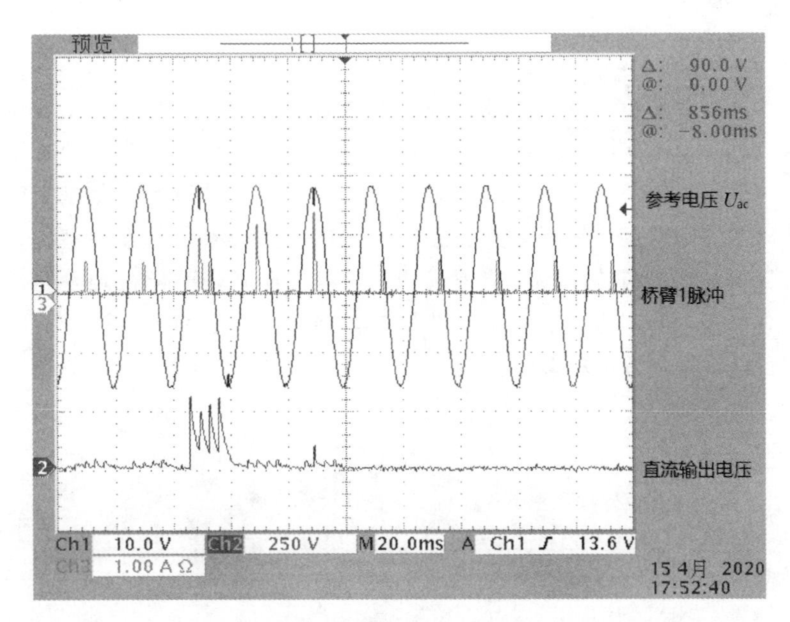

图 9　整流桥整流模式至逆变模式转换过程波形图（模拟故障）

终为 0，则 I377 始终为 1。因此，调节器在检测到励磁电流纹波增多时，经 20s 延时后会输出脉冲故障报警信号。这种通过检测励磁电流纹波的方式进行晶闸管整流桥监视的方式对于多桥并联运行的系统不能完全有效监视，但是对于单桥运行的系统十分有效。出现“M GATE PULSE FAIL”报警时调节器面板相应报警灯亮，并通过中间继电器向监控系统发出“M GATE PULSE FAIL”信号。

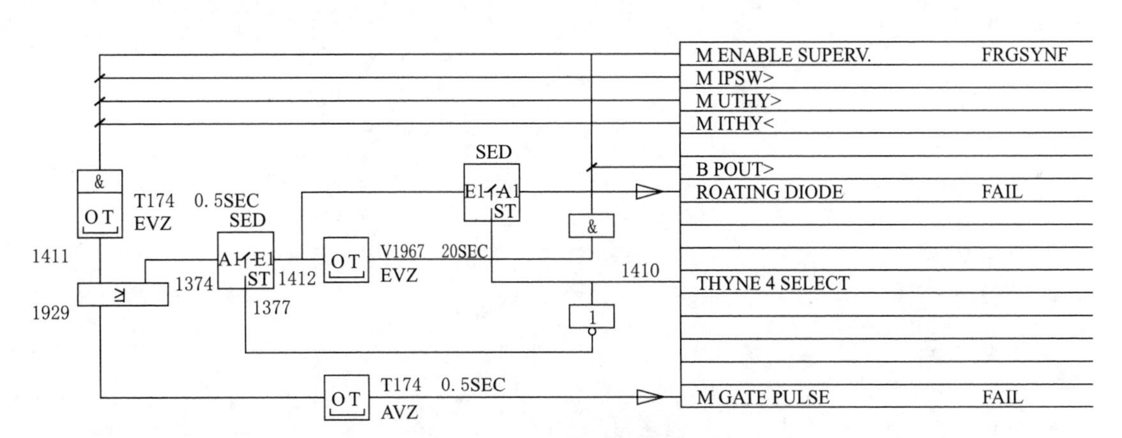

图 10　脉冲故障监视逻辑图

出现脉冲故障报警信号后，若此时为励磁调节器 1 通道为主用通道，则 1 通道会输出“M CH1 FAULT”（通道 1 故障）报警，若 2 通道为主用通道时同样会出现“M CH2 FAULT”（通道 2 故障）报警，相关逻辑如图 11 所示。

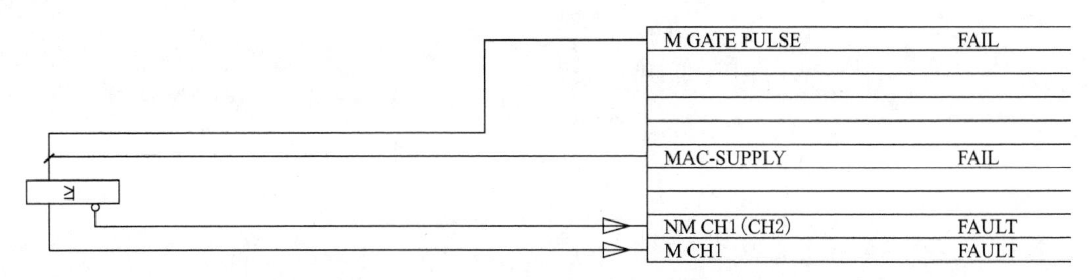

图 11　脉冲故障导致通道故障相关逻辑图

4 结语

励磁系统开环励磁调节器带功率整流柜整体特性检查试验是励磁系统的一项非常重要的试验，是励磁系统维护的重要组成部分，本文以天荒坪抽水蓄能电站励磁系统励磁调节器带功率整流柜整体特性检查试验为例，简要介绍了试验原理、试验方法和试验结果，校验了励磁调节器晶闸管控制触发性能、晶闸管整流装置输出能力，为同类工程的调试人员提供了调试方法的参考与经验借鉴。通过模拟脉冲故障进行开环励磁调节器带功率整流柜整体特性检查试验，验证了晶闸管整流桥触发脉冲在移相、晶闸管导通等方面的作用，同时校验了调节器内部关于脉冲故障监视、报警等相关逻辑，为同类电厂对相关人员进行技术培训提供了行之有效的方法和素材。

参考文献

[1] 李浩良，孙华平. 抽水蓄能电站运行与管理［M］. 杭州：浙江大学出版社，2013.
[2] Q/GDW 11460—2015 水电站励磁系统检修试验导则［S］.
[3] 杨冠城，等. 电力系统自动装置原理［M］. 4 版. 北京：中国电力出版社，2007.

适用于抽水蓄能电站的GIS交流耐压试验装置设计及应用

黄明浩
（南方电网调峰调频发电有限公司检修试验分公司，广东省广州市 511400）

【摘 要】 受限于抽水蓄能电站地下厂房结构，传统的敞开式交流耐压试验装置受运输不便、吊装困难、安全距离不足、局部放电测试背景噪声大等条件制约，难以开展GIS交流耐压试验。为了解决该问题，研究了基于串联谐振原理的气体绝缘金属封闭成套耐压装置，并具备脉冲电流法局部放电测量功能。成套试验设备由变频电源（含控制测量）、励磁变压器、无局放气体绝缘罐式电抗器、隔离阻抗、电容分压器、耦合电容器及底盘等组成。除变频电源及励磁变压器外，成套装置均采用 SF_6 气体绝缘金属封闭结构，通过专用导体、母管及盆式绝缘子完成与试品对接。目前已成功应用于蓄能电站现场GIS交流耐压试验中。

【关键词】 蓄能电站 交流耐压 GIS 串联谐振 气体绝缘罐式电抗器

1 引言

GIS是采用 SF_6 气体作为绝缘和灭弧介质的金属封闭开关设备，它将断路器、隔离开关、接地开关、电流互感器、电压互感器、母线等部件密封在金属腔体内部。GIS全封闭的设计使其受环境影响小，运行安全可靠，相对敞开式空气绝缘开关设备（Air insulated switchgear，AIS）占地面积小了很多，成为了抽水蓄能电站高压配电设备的首选[1-2]。

为了检查GIS总体安装后是否存在各种导致内部故障的隐患（包括包装、运输、储存和安装调试中的损坏、存在异物等），验证其绝缘性能是否良好、是否满足有关标准的要求，需要开展相应的绝缘试验[3]。其中，交流耐压试验是鉴定电力设备绝缘强度的最严格、最有效和最直接的试验方法，它对判断电力设备能否继续投运具有决定性作用，也是保证设备绝缘水平，避免发生绝缘故障的重要手段[4-5]。

受限于抽水蓄能电站地下厂房结构，传统的敞开式交流耐压试验装置受运输不便、吊装困难、安全距离不足、局部放电测试背景噪声大等条件制约，难以开展GIS交流耐压试验[6]。为了解决该问题，本文研究了基于串联谐振原理的气体绝缘金属封闭成套耐压装置，并具备脉冲电流法局部放电测量功能。下面将从功能设计、参数设计、内部结构、现场应用四个方面介绍GIS成套交流耐压试验装置。

2 GIS成套交流耐压试验装置功能设计

GIS成套交流耐压试验装置主要设计应用于调峰调频发电有限公司下属的500kV电压等级抽水蓄能电站地下厂房GIS检修后交流耐压试验，同时也兼顾220kV电压等级GIS的首次安装后交接过程交流耐压试验。结合DL/T 555—2004《气体绝缘金属封闭开关设备现场耐压及绝缘试验导则》、DL/T 474.4—2018《现场绝缘试验实施导则 交流耐压试验》的要求，对GIS成套交流耐压试验装置的功能设计具体如下：

（1）额定电压。该成套试验装置的额定输出电压按照600kV设计，满足550kV GIS现场耐压592kV(740×0.8）的要求，同时满足252kV电压等级GIS交接试验的电压要求。

（2）整体结构。成套试验装置采用气体绝缘金属封闭结构，主要由变频电源、电抗器罐体、过渡罐罐体、三通罐、直角罐、耦合电容器罐组成。

（3）耐压升压方式。为减少试验装置体积，提高试验容量，同时考虑不拆除GIS电压互感器的试验情况，成套试验装置采用变频式串联谐振的方式进行升压。

（4）基于脉冲电流法的局部放电测量校准装置。由于采用气体绝缘金属封闭结构，成套试验装置在额定电压下的局放水平可小于5pC，因此可采用脉冲电流法进行局部放电测量，并根据局部测试图谱及幅值判断被试品内部绝缘情况，辅助耐压试验结果判断。采用罐式设备开展局放试验，避免了空间干扰、裸露导体电晕、无线电干扰等，有利于现场试验局放情况准确判断。为了对局放回路开展方波校准，研制了类似快速地刀的校准装置，用于从外部注入定量的方波校准信号。进线耐压试验时，拉开该装置与内部导体连接，即可开展试验。

（5）与被试GIS对接方式。成套试验装置与被试GIS对接时，需根据具体的被试GIS产品的结构尺寸设计连接法兰及母管。其支撑底座设计成具有一定的高度调节范围（18cm），可调节成套试验装置高度，适应于被试GIS对接的装配误差，使得三通罐方便与试品法兰接口对接。

（6）电压电流监视及击穿保护。该成套装置配置有专用测量模块，可实时采集变频电源输入电流、输出电流、输出电压、励磁变压器的输出电压、高压回路电流、回路电流、试品电压等参数，自动计数品质因数，并绘出相应参数的变化曲线。击穿保护用于在试品击穿情况下，迅速将变频电源输出电压归零并断开，保护成套试验装置不受影响。

3 GIS成套交流耐压试验装置参数设计

GIS成套交流耐压试验装置采用变频式串联谐振升压原理[7]，试验原理图如图1所示。

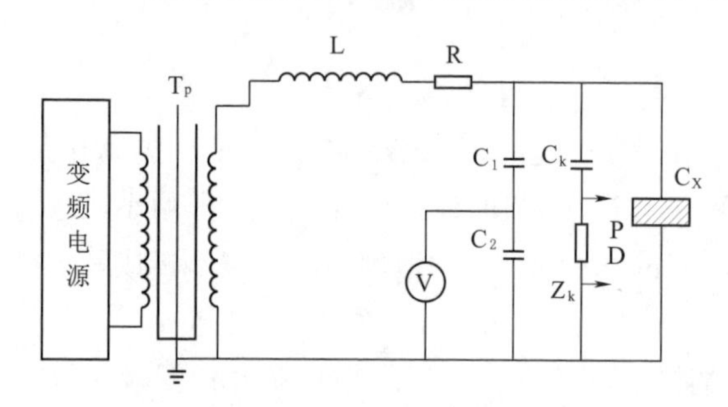

图1 变频式串联谐振交流耐压试验接线图
T_p—励磁变压器；L—电抗器；R—高压隔离阻抗；C_1—电容分压器高压臂；C_2—电容分压器低压臂；V—电压表；C_k—耦合电容器；Z_k—局放测量阻抗；C_X—试品电容

成套装置同时兼顾500kV GIS及220kV GIS交流耐压试验及局部放电测试的技术要求，设计额定电流为3A，设计电抗器为450H。考虑500kV GIS多间隔耐压试验的要求，试品电容一般不超过8nF。按照L＝450H、C＝8nF，计算谐振频率为

$$f=\frac{1}{2\pi\sqrt{LC}}=\frac{1}{2\pi\sqrt{450\times 8\times 10^{-9}}}=83.9\text{Hz} \tag{1}$$

试验电压按照592kV(740×0.8)，计算试品电流：

$$I=U\omega C=592\times 10^{3}\times 2\pi\times 83.9\times 8\times 10^{-9}=2.5\text{A} \tag{2}$$

通过计算可得，试品电容为8nF时，高压回路电流为2.5A，小于设计的额定电流3A。同时，对应试验频率为83.9Hz，在此频率下不会引起GIS电磁式电压互感器磁饱和，因此可在不拆除GIS电压互感器的情况下开展耐压试验。

4 GIS成套交流耐压试验装置内部结构

通过对各个蓄能电厂地下厂房GIS大厅的设备空间布置、通道走廊、运输路径等调研，最终确定成套试验设备主体外形尺寸：长小于3.5m；宽小于2.5m；高小于3.2m。总重量不大于3.5t。成套装置结构示意图及实物图如图2～图5所示。

4.1 电抗器罐体内部结构

电抗器罐整体外形尺寸设计为：1983mm×1270mm×1270mm；整体重量约为2.5t，如图6～图8所示。

电抗器低压端设计为肘型电缆接头，采用肘型电缆与励磁变压器连接，具有良好的屏蔽、绝缘作用；高压侧通过500kV封闭盆式绝缘子接至过渡罐罐体，将电抗器隔离为单独气室。电抗器内部线圈设计为两极串联，极大地减小了罐体直径。

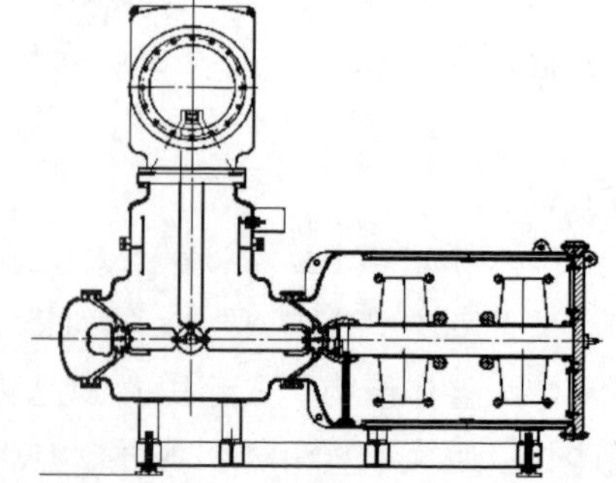

图2 成套装置正视图

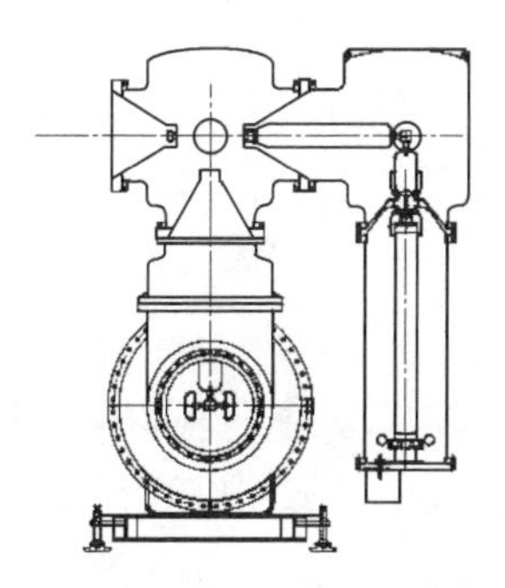

图 3　成套装置左视图

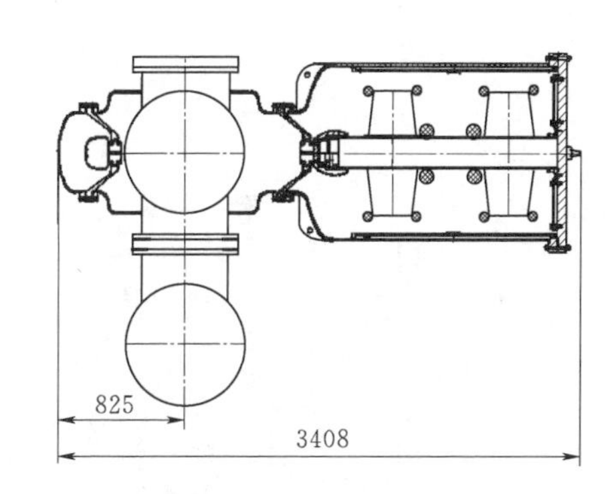

图 4　成套装置俯视图

图 5　成套装置实物图

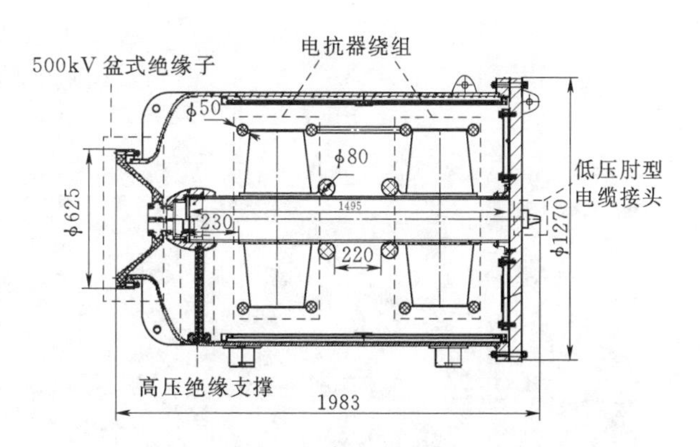

图 6　电抗器内部结构

图 7　电抗器线圈

图 8　电抗器线圈

为了避免线圈周围漏磁导致涡流发热的情况，在罐体内圆周方向及底部布置了硅钢屏蔽层，使设备具有较好的热稳定性。

4.2　过渡罐罐体内部结构

过渡罐整体外形尺寸设计为：宽 1200mm×高 1660mm；整体作用是将电抗器水平连接结构转变成垂直连接结构，如图 9～图 11 所示。

过渡罐中包含高压隔离阻抗、导电杆、圆柱形屏蔽极板、连接件、屏蔽罩等。其中导电杆和圆柱形屏蔽极板形成圆柱形极板电容，构成电容分压器的高压臂，并通过接线柱引出罐体外。通过配置相应的低压臂，按照电容分压原理即可测量出高压回路的电压。

4.3　直角罐罐体内部结构

直角罐罐体整体外形尺寸设计为：宽 990mm×高 1115mm；主要由盆式绝缘子、连接导体、连接件、屏蔽罩等构成，如图 12、图 13 所示。

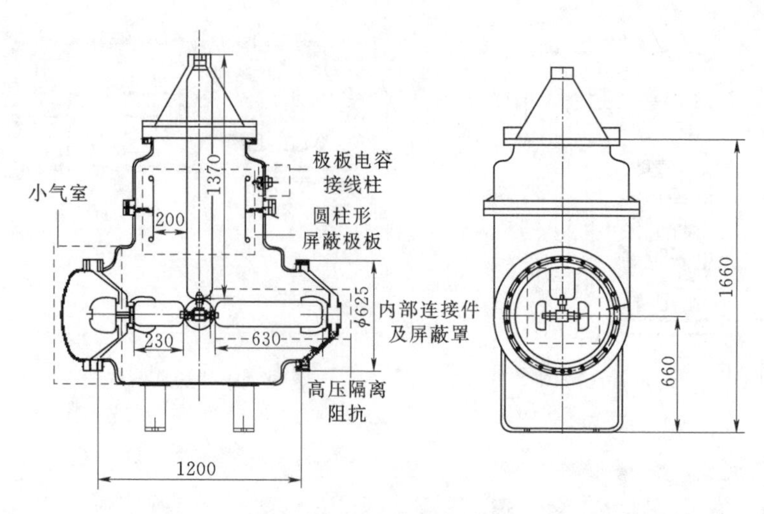

图9　过渡罐内部结构1

图10　过渡罐内部结构2

图11　极板电容

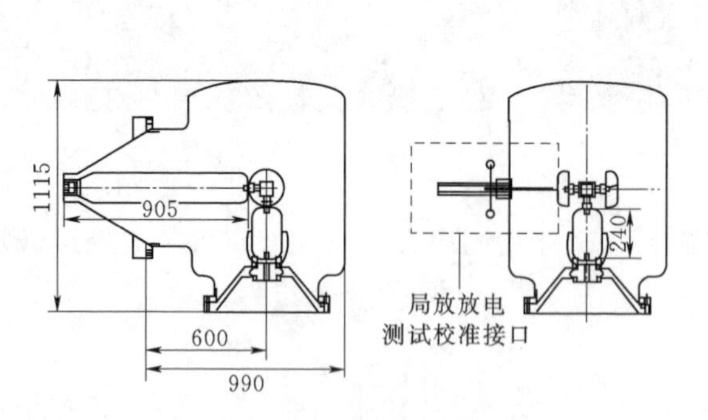

图12　直角罐内部结构

图13　直接罐内部结构

整体作用是将三通罐水平连接结构转变成垂直结构，并设置有局部放电校准接口（快速地刀）。在开展脉冲电流法局部放电测试时，可通过快速地刀给耦合电容器注入一定量的脉冲信号，以校准局部放电测试系统。

4.4　耦合电容器罐体内部结构

耦合电容器罐整体外形尺寸设计为：宽625mm×高1326mm；主要包含盆式绝缘子、耦合电容器、屏蔽罩、绝缘底座等部件，如图14所示。

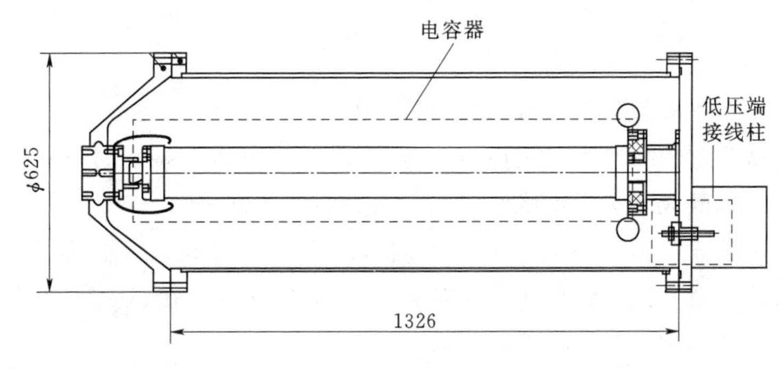

图 14 耦合电容器罐内部结构

耦合电容器低压端通过接线柱引出，其额定电容量为 1000pF，配合测量阻抗即可开展局部放电测试。

5 GIS 成套交流耐压试验装置现场应用

本套 GIS 成套交流耐压试验装置已成功应用于广东蓄能发电有限公司 A 厂 5001 开关、5002 开关大修后交流耐压试验，下面主要从试验流程介绍 GIS 成套交流耐压试验装置的现场应用情况及注意事项。

5.1 试验流程

试验流程如图 15 所示。主要分为 3 个阶段：①设备调试阶段；②设备组装及对接阶段；③试验阶段。

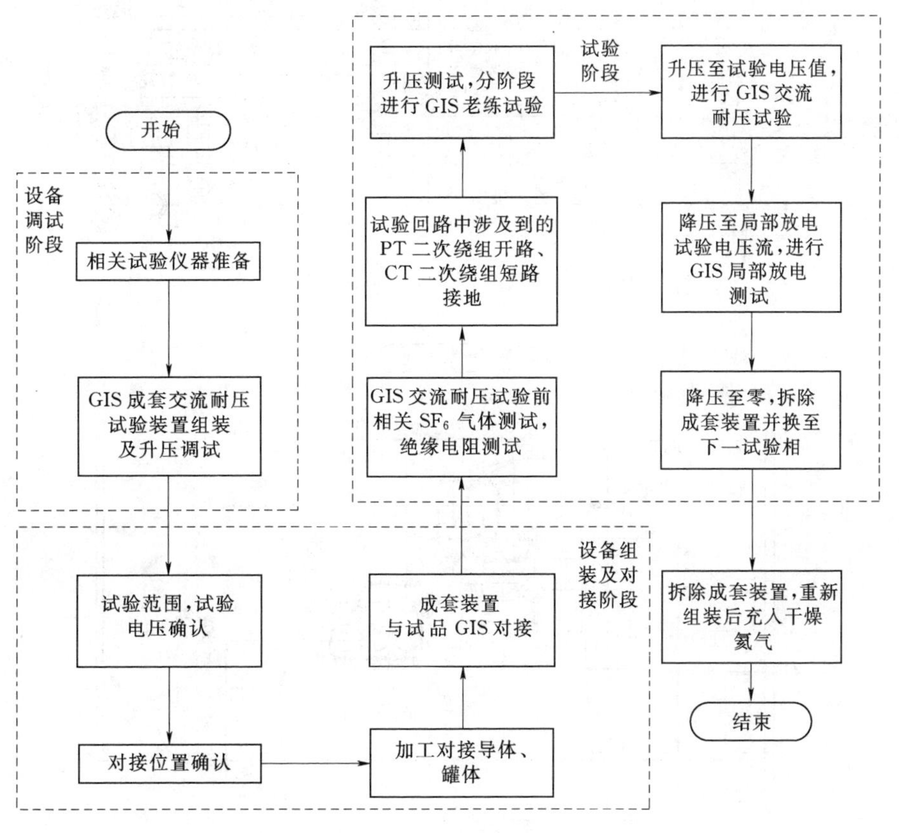

图 15 试验流程

(1) 设备调试阶段。由于在运输、吊装过程中可能导致电抗器绕组移位变形、剧烈振动、碰撞造成内部绝缘件损坏，因此 GIS 成套交流耐压试验装置经运输、吊装、现场组装等工序后，为了确保其电抗器电气性能未发生明显变化、绝缘情况良好，需单独对成套装置开展升压调试工作。

设备调试过程主要包括以下几个工作：①罐体内部清洁；②设备组装；③充入 SF_6 气体至额定压力；④进行 SF_6 气体测试；⑤通过耦合电容器形成谐振回路，对设备进行升压调试。

其中在升压调试时，需重点关注谐振频率参数。

$$f=\frac{1}{2\pi\sqrt{LC}}=\frac{1}{2\pi\sqrt{450\times1\times10^{-9}}}=237.3\text{Hz} \tag{3}$$

通常情况下谐振频率在±8%范围内变动是可接受的。

升压调试时，最高试验电压一般为额定电压，保持1min。升压及降压过程中，可同时监视局部放电图谱及放电量变化情况，判断成套装置绝缘系统内是否存在绝缘缺陷。

（2）设备组装及对接阶段。由于不同型号、不同电压等级GIS在尺寸、布置方面不同，同一个GIS不同间隔耐压试验时对接位置不同，GIS成套交流耐压试验装置在对接试品GIS前，首先应确认试验范围及对接位置，并有针对性的加工对接导体、母管。

针对广蓄5001开关大修交流耐压试验，通过现场勘察、图纸查看，最终确认在Bay12间隔50014刀闸气隔处，采用增加长母管、导体的方式接入GIS成套交流耐压试验装置，如图16～图18所示。

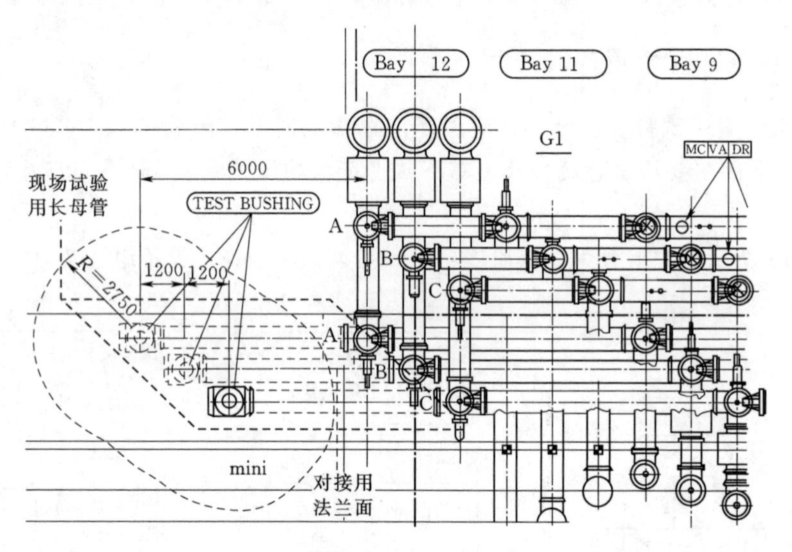

图16　交接试验长母管加装示意图

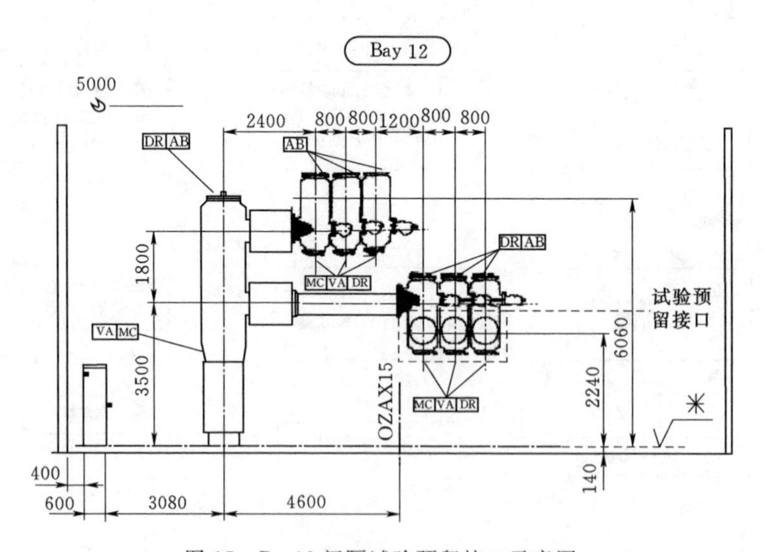

图17　Bay12间隔试验预留接口示意图

针对广蓄5002开关大修交流耐压试验，在结合5001、5003开关大修耐压试验经验，选择在Bay6间隔避雷器处进行耐压设备的接入。考虑到对接法兰高度较高（3.9m），为了更安全更便捷地进行设备对接工作，采用增加长导体及母管的方式将试验设备的三通罐接口抬高，同时耦合电容器罐可以布置于电抗器罐正上方，达到一体吊装的条件，如图19、图20所示。

（3）试验阶段。在完成GIS成套交流耐压试验装置对接工作后，进入到试验阶段。试验阶段的主要工作包括：①相关气隔充入SF_6气体至额定压力；②完成相关气隔SF_6气体测试工作；③检查试验回路绝

图 18　成套装置对接情况

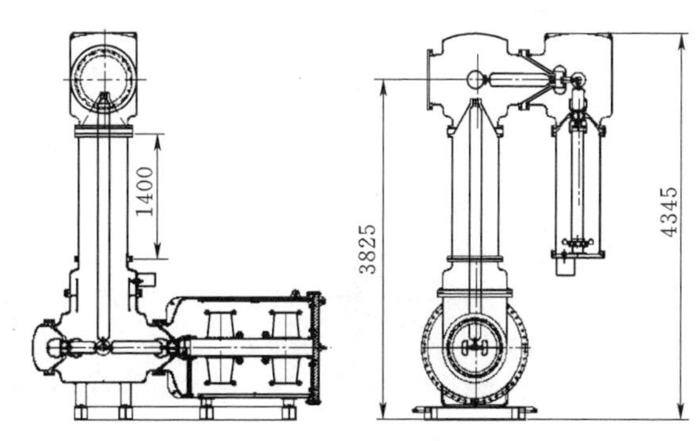

图 19　成套装置对接口抬高设计图

缘电阻情况；④耐压范围内 TA 二次绕组短接接地，TV 二次绕组断开、n 端接地；⑤升压测试；⑥成套装置换相。

升压试验是试验阶段最重要的部分，分为老练试验、耐压试验、局部放电测试。图 21 为广蓄 5001 开关大修后交流耐压试验升压程序。

图 20　成套装置对接情况

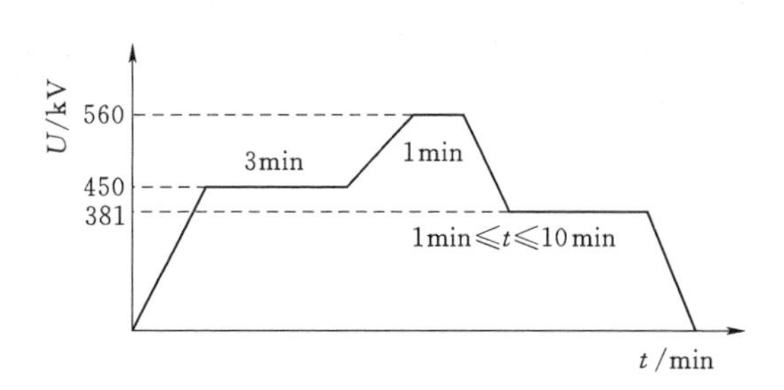

图 21　升压程序

1）在 460kV 电压下保持 3min，进行老练试验；

2）在 560kV 电压下保持 1min，进行交流耐压试验；

3）在 381kV 下进行局部放电测试，记录时间一般为 1～10min。

6　现场应用效果及推广前景

截至 2020 年 4 月，该罐式耐压试验设备已在广蓄 A 厂 500kV 5001、5002 开关间隔大修中得到了应用，设备运行稳定，设备方位可 360°旋转对接 GIS 设备，布置方便，拆装便捷。

利用整套罐式升压装置及罐式耦合电容器开展局部放电测试，成套设备自身局放量小于 3pC，可执行《气体绝缘金属封闭开关设备技术条件》（DL/T 617—2020）对被试 GIS 间隔局放试验小于 10pC 的要求。

在广蓄 5002 开关交流耐压试验中，通过脑电流法检测出试验回路存在的放电信号，再利用特高频和超声波局放检测仪器进线精确定位，顺利排除设备缺陷，保证了检修质量，如图 22 所示。

7　结语

本文研究了基于串联谐振原理的气体绝缘金属封闭成套耐压装置，并具备脉冲电流法局部放电测量功能。GIS 成套交流耐压试验装置已成功应用于广东蓄能发电有限公司 A 厂 5001 开关、5002 开关大修后交流耐压试验工作中，在实际应用中安全可靠、技术优势明显，在今后类似的工程中有较好的应用前景。

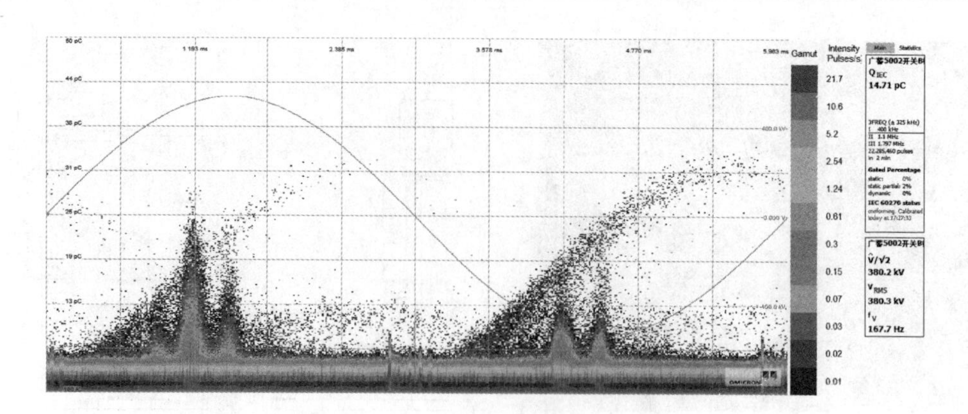

图 22 5002 开关间隔 B 相异常局放图谱

参考文献

[1] 刘丹. 500kV 气体绝缘金属封闭开关设备改造案例介绍［J］. 电气技术，2020，21（1）：54-59，66.

[2] 吕鑫昌，宫攀，韩文福，等. 浅析抽水蓄能电站 GIS 出厂试验及现场安装质量控制［J］. 水电站机电技术，2016，39（10）：22-26.

[3] DL/T 555—2004，气体绝缘金属封闭开关设备现场耐压及绝缘试验导则［S］.

[4] 杨宏伟，陈宇民，彭晶，等. GIS 交流耐压试验发展趋势［J］. 云南电力技术，2018，46（3）：54-57.

[5] 赵航，张天河，王文琪. 500kV 变电站 GIS 设备交流耐压试验［J］. 电子技术与软件工程，2017（17）：246.

[6] 何真珍. 基于串联谐振的地下变电站成套试验设备设计［J］. 电力与能源，2018，39（6）：817-822.

[7] 冉强. 变频式串联谐振在 500kV GIS 设备交流耐压试验中的应用［J］. 低碳世界，2017（20）：70-71.

[8] 羊云广. PDTU-740kV 谐振耐压系统在地下厂房 GIS 设备安装中的应用［J］. 水电站机电技术，2018，41（2）：29-31.

电流互感器外壳螺杆接地导致功率采集出现偏差故障分析及处理

刘远伟　杨　旭　马　力

（国网新源控股响水涧抽水蓄能有限公司，安徽省芜湖市　241083）

【摘　要】 本文分析了响水涧抽水蓄能电站500kV GIS设备外壳两个螺杆同时接地，GIS壳体内部产生感应电流，CT内磁通量发生衰减，从而CT二次侧所感应出的电流减小，致使测量出的有功与实发有功发生偏差的故障原因及处理。

【关键词】 GIS　电流互感器　有功功率　螺杆

1　缺陷发现过程

响水涧公司响繁5361线、响昌5362线运行，500kV合环运行，1号主变空载运行，2号、3号和4号主变压器负载运行，1号机组停机备用，2号、3号和4号机发电运行，厂用电分段运行。2019年3月15日19时50分，运维人员发现响繁5361线实时功率监控显示为356.6MW，5362线实时功率显示为369.8MW，两条线路有功偏差13.2MW。全厂总有功较之前相同负荷少13MW左右。具体数据见表1。

表1　线路功率和电流数据表

参　数	响繁5361线	响昌5362线
P/MW	358	369.8
U_{ab}/kV	515.3	514.4
I_a/A	438.6	401
I_b/A	388.8	413.73
I_c/A	398	443

现地检查500kV线路交采表及500kV故障录波装置，发现响繁5361线B相电流比实际电流小32A左右。具体数据见表2。

表2　交采表和故障录波装置采集数据表

参　数	响繁5361线	500kV故障录波装置
P/MW	358	369.8
U_{ab}/kV	515.3	514.4
I_a/A	438.6	401
I_b/A	388.8	413.73
I_c/A	398	443

对比2018年1月和2月3台机组发电运行时，5361线和5362线A、B、C三相电流，数据见表3。

表3　历史电流数据表

	3台机组负荷	1月21日	1月22日	2月21日	2月22日	3月15日
5361线	I_a	438	438	440	440	438
	I_b	420	420	421	422	388
	I_c	397	397	396	397	398

续表

5362线	I_a	400	401	400	401	401
	I_b	416	417	418	418	413
	I_c	441	441	440	442	443

根据以上数据可以判断得知：5361线采集的实时功率减少原因为采集到的响繁5361线B相电流减少。

2 缺陷原因分析

2.1 故障分析

根据以上数据分析，确定导致响繁5361线B相采集到电流减少的故障方向主要从以下四个方面考虑：

（1）响繁5361线交采表、PMU装置故障；

（2）响繁5361线控制柜到LCU7 A3柜电缆故障；

（3）响繁5361线B相T52 CT CE166本体故障；

（4）响繁5361线B相T52 CT存在外部干扰，影响CE166磁通量。

2.2 问题排查

（1）短接响繁5361线控制柜内电流互感器端子X1I：28、X1I：29、X1I：30、X1I：31。用继保仪在响繁5361线控制柜内进行电流加量，试验情况见表4。

表4 试验数据表

相电流	继保仪	交采表	PMU装置
I_a/A	0.01	11.25	11.25
I_b/A	0.01	11.25	11.25
I_c/A	0.01	11.25	11.25
I_a/A	0.1	125	125
I_b/A	0.1	125	125
I_c/A	0.1	125	125
I_a/A	0.32	401	400
I_b/A	0.32	400	400
I_c/A	0.32	400	400

根据数据判断响繁5361线控制柜到LCU7A3柜电缆、交采表、PMU装置均无故障，排除问题1和问题2。

（2）响繁5361线CE166、CE167、CE168、CE169为T52电流互感器的四组线圈，见图1。CE166用于LCU7柜内交流采样表，CE167用于500KV关口计量采量，CE168用于500KV桥Ⅰ引线第一套保护，CE169用于桥Ⅰ引线第二套保护。利用高灵敏度钳形电流表对这4组线圈二次侧三相进行检查，具体数据见表5。

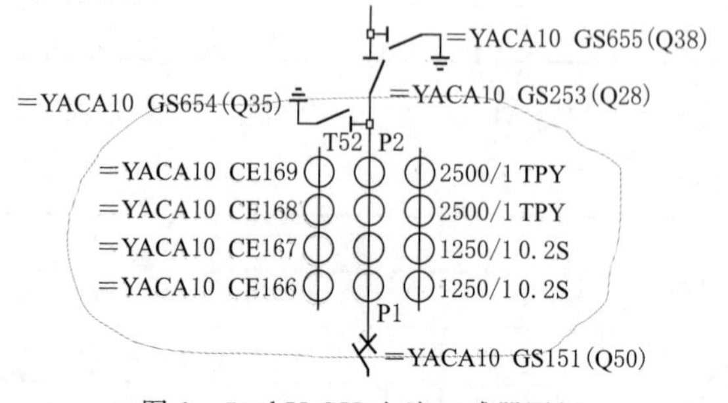

图1 500kV GIS电流互感器图纸

通过对响繁5361线T52 CT B相CE166、CE167、CE168、CE169这4组线圈二次侧电流进行比对，发现4组线圈B相所采集到的电流（同等负荷下）、500kV故障录波柜（电流信号取自T51 CT CE163线圈）采集到的数据较故障前均减小30A左右，电流减少的数据规律性非常明显，故分析T52 CT内部磁场受到干扰，导致其四组线圈采集到的电流均规律性地下降，暂时排除问题3。

表 5 4 组线圈二次侧及一次侧电流数据表

CE166CT	交采表数据/A	钳形电流表/A	变比	换算成一次数据/A	实际三相电流数据/A
I_a	438.640	0.348	1250.000	435.000	435.200
I_b	392.000	0.314	1250.000	392.500	420.000
I_c	399.300	0.318	1250.000	397.500	397.500
CE167CT	关口计量/A	钳形电流表/A	变比	换算一次数据/A	实际三相电流数据/A
I_a	435.000	0.348	1250.000	435.000	435.200
I_b	392.800	0.314	1250.000	392.800	420.000
I_c	396.000	0.317	1250.000	396.250	397.000
CE168CT	桥Ⅰ引线第一套保护/A	钳形电流表/mA	变比	换算一次数据/A	实际三相电流数据/A
I_a	435.000	0.175	2500.000	438.500	435.200
I_b	392.800	0.156	2500.000	390.000	420.000
I_c	396.000	0.160	2500.000	400.250	397.000
CE169CT	桥Ⅰ引线第二套保护/A	钳形电流表/mA	变比	换算一次数据/A	实际三相电流数据/A
I_a	435.000	0.175	2500.000	438.500	435.200
I_b	392.800	0.157	2500.000	392.200	420.000
I_c	396.000	0.160	2500.000	400.000	397.000

为进一步检查故障点，先后对 T52 CT 附近安装的局放传感器、金属固定包边及电缆桥架等进行了拆除。当拆除 T52 CT B 相左侧下端电缆桥架盖板时，发现该处有两个金属螺杆与桥架内侧发生搭接，如图 2 所示。该金属螺杆在设计上须与壳体保持绝缘，螺杆外表面安装由绝缘套筒，下端与壳体固定处有绝缘垫片。两个螺杆与桥架搭接后致使两个螺杆均接地，然后在壳体内部产生感应电流。感应电流所产生的磁场与 T52 CT 内部一次侧电流磁场相反，导致 T52 CT 内磁通量发生衰减，从而导致 T52 CT 二次侧（4 组线圈）所感应出的电流均同等量减小，致使测量出的有功与实发有功发生偏差。

3 缺陷处理

(1) 将 T52 电流互感器壳体下端桥架侧盖板拆除，确保两个螺杆与桥架内侧不再搭接，以保证螺杆与 T52 电流互感器壳体绝缘如图 3 所示，并恢复桥架盖板。

图 2 T52 电流互感器壳体下端法兰面处有两个螺栓与桥架内侧发生搭接

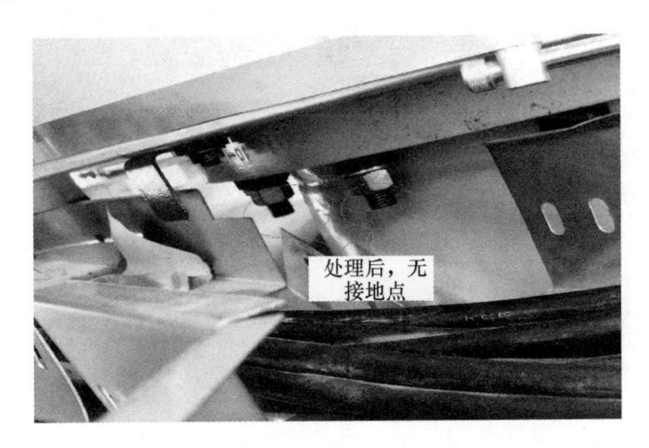

图 3 处理后的螺杆

(2) 将 T52 电流互感器壳体下端法兰面两个螺杆与桥架内侧分离后，3 台机组发电运行时，采集响繁 5361 线 B 相电流、功率均恢复正常，具体数据见表 6。

表 6 缺陷消除后测量数据

参　数	响繁 5361 线	响昌 5362 线
P/MW	370	369.6
U_{ab}/kV	515.3	514.6
I_a/A	438.6	401.2
I_b/A	420.1	413
I_c/A	397.8	442

（3）举一反三，对 500kV GIS 其他电流互感器外壳下端螺杆进行排查，未发现螺杆存在接地现象。

4 结语

由于采集的有功功率与实际功率偏差较小，未超过±2%的有功考核点，没有达到功率报警值，发现难度较大，需要运维人员对功率变化有足够的敏感性。该案例在国内出现的数量极少，故障处理参考经验少，该经验对今后系统内外出现类似的缺陷处理及 GIS 设备安装工程，均具有一定的借鉴意义。

河南天池抽水蓄能电站转轮模型试验结果对比分析

靳国云　王　坤　曹永闯

（河南天池抽水蓄能有限公司，河南省南阳市　473000）

【摘　要】本文通过对河南天池抽水蓄能电站水泵水轮机转轮模型的工厂见证试验、第三方模型验收试验结果进行分析，对比结果表明该转轮模型满足合同和标准要求。

【关键词】转轮　模型试验　分析

1　工程概况

河南天池抽水蓄能电站位于河南省南阳市南召县马市坪乡境内，距南召县城约33km，距南阳市区90km，距郑州市、洛阳市直线距离分别为182km、116km，距南阳市中500kV变电站60km。电站装机规模为4×300MW，机组额定转速500r/min，额定水头为510m。电站开发任务主要是承担河南电力系统调峰填谷、调频调相、事故备用和黑启动等任务，年发峰荷电量9.62亿kW·h，年发电利用小时数802h，年抽水耗用低谷电量12.83亿kW·h，年抽水利用小时数1069h。

河南天池抽水蓄能电站为Ⅰ等大（1）型工程，调节性能为周调节。枢纽工程由上水库、下水库、输水系统和厂房系统建筑物组成。上水库坝址处多年平均径流量为407万m^3，正常蓄水位为1063.00m，死水位1020.00m，调节库容1205万m^3，总库容1578万m^3；下水库坝址处多年平均径流量为4447万m^3，正常蓄水位537.50m，死水位510.00m，调节库容1203万m^3，总库容1785万m^3。

1.1　电站主要参数

上水库正常蓄水位1063.00m；上水库死水位1020.00m；下水库正常蓄水位537.50m；下水库死水位510.00m；水轮机额定水头510.00m；最大毛水头553.00m；最小毛水头482.50m；机组安装高程435.00m。

1.2　机组主要参数和运行情况

水泵水轮机形式：立轴、单级、混流可逆式；原型转轮叶片进口直径为3839.7mm；模型叶片进口直径为489.5mm；模型到原型比例系数为7.844828；转轮公称直径为2.03506m；叶片数为9；活动导叶数为20；额定转速为500r/min；水轮机工况正常频率范围为49.5～50.2Hz；水泵工况正常频率范围为49.8～50.5Hz。

2　试验项目

2.1　试验目的

模型试验的目的旨在通过试验来验证合同中有关原型机性能的要求，以及为原型机设计和运行提供综合性能参数、空化、压力脉动等特性数据[1-2]。

2.2　工厂模型见证试验内容

（1）工厂模型见证试验在德国海登海姆福伊特水电公司水力研究试验室的通用型高水头2号试验台（UHD2）上进行，主要内容包括：出力和效率试验，空化试验，水泵零流量试验，飞逸试验，压力脉动试验，顶盖静压试验，温特-肯尼迪差压试验，同步、非同步导叶水力矩试验，异常低水头试验，稳态性试验，四象限特性试验，尺寸检查。模型试验台效率测量综合误差为±0.25%，满足合同要求的±0.25%。

（2）第三方模型验收试验在瑞士洛桑理工大学水力研究试验室进行，主要内容包括效率、水泵工况空化、水轮机压力脉动和四象限试验等。模型试验台效率测量综合误差为±0.21%，满足合同要求的±0.25%。

2.3 验收标准及依据

（1）《河南天池抽水蓄能电站机组及其附属设备采购合同》。

（2）IEC 60193—1999《水轮机、蓄能泵和水泵水轮机模型验收试验》。

（3）IEC 60609-1—2004《水轮机、蓄能泵和水泵水轮机的空蚀损坏评定 第1部分：反击式水轮机、蓄能泵和水泵水轮机的评定》。

3 模型验收试验结果

对于效率和功率试验、空化试验、压力脉动试验，在合同规定的整个正常运行范围内设定模型转速为 $n_M \geqslant 1150$r/min（初步模型试验和工厂见证试验的模型转速为 $n_M \geqslant 1405$r/min），使得模型试验水头为40.0～55.9m（初步模型试验和工厂见证试验的模型试验水头大于60.0m）。效率和功率试验、压力脉动试验在电站空化系数 $\sigma_{pl,r}$ 下进行[3]。

3.1 水泵水轮机效率试验

按合同要求，模型效率 n_{M*} 应采用第一步效率修正方法将测量值换算到参考雷诺数 $Re_{M*}=7.0\times10^6$ 下，本文模型效率值均为修正后的结果。

3.1.1 水泵工况最优效率

在最优工况点附近不同的导叶开度和扬程下进行了水泵工况的效率试验。试验结果验证了初步试验和工厂见证试验的最优工况点。水泵工况的模型最优效率是91.99%，换算到真机的最优效率是93.66%，具体见表1。

表1 水泵工况最优工况点验收试验结果 %

最优效率	合同值	初步试验值	工厂见证试验值	验收试验值
在电站运行范围内模型水泵最优效率	91.42	91.86	91.86	91.99
在电站运行范围内原型水泵最优效率	93.27	93.56	93.56	93.66

通过表1可看出水泵工况最优效率的模型验收试验结果满足合同要求。

3.1.2 水泵工况加权平均效率

水泵工况的模型加权平均效率是91.63%，换算到真机的加权平均效率是93.30%，具体见表2、表3。

表2 水泵工况加权因子的效率验收试验结果

参数	扬程								
	485.0m	490.0m	500.0m	510.0m	520.0m	530.0m	540.0m	550.0m	560.0m
权重	0.20	1.30	3.25	8.30	17.55	26.50	25.70	13.90	3.30
模型效率/%	91.76	91.67	91.70	91.95	91.68	91.83	91.64	91.28	90.20
原型效率/%	93.43	93.34	93.38	93.62	93.35	93.50	93.31	92.95	91.87
输入功率/(kW·h)	296.16	294.22	289.48	284.05	278.65	271.84	265.39	257.41	244.28
流量/(m³/s)	58.24	57.23	55.20	53.19	51.09	48.99	46.86	44.40	40.90
最小淹没深度/m	−77.04	−72.67	−68.63	−66.42	−66.12	−66.80	−67.24	−68.37	−69.55
下库最低水位/m	537.50	510.00	510.00	510.00	510.00	510.00	510.00	510.00	510.00
导叶开度/(°)	21.0	21.0	21.0	21.0	20.2	18.8	17.0	16.2	12.2

表3 水泵加权平均效率验收试验值 %

平均效率	合同值	初步试验值	工厂见证试验值	验收试验值
模型水泵加权平均效率	91.21	91.48	91.50	91.63
原型水泵加权平均效率	93.06	93.18	93.20	93.30

水泵加权平均效率的模型验收试验结果满足合同要求。

3.1.3 水泵工况流量和输入功率

水泵工况在额定转速、最大扬程和最小扬程下的输入功率和流量进行了测量，原型水泵输入功率、平均流量测量结果与合同保证值的比较详见表4～表6。

表4 水泵工况额定转速原型水泵输入功率验收试验结果 单位：MW

最大输入功率	合同值	初步试验值	工厂见证试验值	验收试验值
在频率为50Hz时包括误差在内的水泵最大输入功率	≤297.38	≤292.38	≤295.40	≤296.71

表5 水泵工况额定转速原型平均流量验收试验结果 单位：m^3/s

平均流量	合同值	初步试验值	工厂见证试验值	验收试验值
水泵工况最大、最小净扬程下的平均流量	≥49	≥49.2	≥49.3	≥50.1

表6 水泵工况最大输入功率验收试验值 H_G=482.5m、频率50.5Hz 单位：MW

最大输入功率	合同值	初步试验值	工厂见证试验值	验收试验值
水泵工况最大输入功率	≤325	≤304.0	≤306.2	≤312.6

根据试验所测数据计算出水泵算术平均流量 $Q_{p,avg}=50.1m^3/s$。在考虑了由模型换算到原型转换时1%误差的基础上，水泵工况在最低扬程 $H_G=482.5m$、频率50.0Hz时，最大输入功率 $P_p=296.7MW$，在频率50.5Hz时，$P_p=312.6MW$。

水泵工况的流量和最大输入功率的验收试验结果满足合同要求。

3.1.4 水泵稳定性安全裕量（驼峰区裕量）

在水泵工况最大扬程下，对应于50.0Hz和49.8Hz水泵运行包络线上的运行工况点的导叶开度进行了驼峰区域特性的测量。在合同规定的水泵工况正常运行时的电网最小频率49.8Hz、正常运行导叶开度包络线内，水泵稳定性试验结果满足合同安全裕量要求。在保持导叶开度 $\Delta Y=13.3°$ 的情况下，对电网频率进行调整，并测定出相应的驼峰裕量。裕量计算结果见表7。

表7 水泵工况驼峰裕量验收试验结果 %

裕量	合同值	电网频率	导叶开度	初步试验值	工厂见证试验值	验收试验值
在最大扬程、正常运行、最小频率范围内，H/Q 对应的点与正斜率区的开始点之间的裕量不小于最大扬程的	>2.0	49.8	包络线	2.0	2.1	2.1
	N/A	49.8	13.3°	N/A	1.7	1.5
	N/A	50.0	包络线，13.3°	N/A	2.5	2.3

水泵稳定性安全裕量的模型验收试验值满足合同要求。

3.1.5 水轮机工况最优效率

在水轮机工况的最优工况点周围的不同导叶开度和水头下进行了效率测量。试验结果与初步模型试验的最优工况点一致。水轮机工况的模型最优效率是92.91%；换算到真机的最优效率为94.63%。

表8 水轮机工况最优效率点验收试验结果 %

最高效率	合同值	初步试验值	工厂见证试验值	验收试验值	备注
模型水轮机最高效率	N/A	92.66	92.64	92.91	
真机水轮机最高效率	N/A	94.45	94.43	94.63	H_P=662.9m，$\Delta\gamma$=14.5°

验收试验水轮机工况最优效率结果验证了初步模型试验和工厂见证试验结果。

3.1.6 水轮机工况加权平均效率

模型验收试验选定最大毛水头/静扬程553.00m（对应的尾水位510.00m）试验曲线的保证工况进行了测量，并验证了初步模型试验和工厂见证试验结果。水轮机工况加权平均效率试验值见表9、表10，水轮机工况模型加权平均效率验收试验值是90.52%，换算到真机的加权平均效率是92.31%，水轮机工况加权平均效率的模型验收试验结果满足合同要求。

表9 水轮机加权因子的效率验收试验值

净水头/m	参数	输出功率					
		50%P_r	60%P_r	70%P_r	80%P_r	90%P_r	100%P_r
553	权重	0.25	0.58	0.76	0.89	0.71	0.24
	模型效率/%	86.21	88.49	89.98	91.04	91.97	91.92
	原型效率/%	87.94	90.21	91.70	92.76	93.70	93.64
	流量/(m^3/s)	32.28	37.58	43.19	48.82	54.29	60.16
	最小淹没深度/m	−75.00	−75.00	−75.00	−75.00	−75.00	−75.00
	下库最低尾水位/m	510.00	510.00	510.00	510.00	510.00	510.00
	导叶开度/(°)	9.3	10.8	12.4	14.2	15.9	18.0

表10 水轮机工况加权平均效率验收试验值 %

平均效率	合同值	初步试验值	工厂见证试验值	验收试验值
模型水轮机加权平均效率	90.34	90.50	90.52	90.52
原型水轮机加权平均效率	92.25	92.29	92.31	92.31

3.1.7 水轮机工况额定点效率和输出功率

水轮机额定工况的模型效率初步试验值、工厂见证试验值和验收试验值见表11，验收试验值为91.26%，换算到真机的效率为92.98%，验收试验结果满足合同要求。

表11 水轮机工况额定点效率验收试验值 %

水轮机效率	合同值	初步试验值	工厂见证试验值	验收试验值
水轮机在额定水头、额定输出功率下模型水轮机效率	90.70	91.22	91.20	91.26
水轮机在额定水头、额定输出功率下原型水轮机效率	92.60	93	92.99	92.98

3.1.8 水轮机运行范围内最高效率

对水轮机工况下转轮模型在电站全部运行水头范围内进行试验测量，初步试验值、工厂见证试验值、验收试验值见表12，从表中可以看出转轮模型最高效率是92.16%，换算到真机的最高效率是93.89%。在电站全部运行水头范围内，水轮机工况最高效率的模型验收试验结果满足合同要求。

表12 水轮机工况运行范围内的最优效率的验收试验值 %

最高效率	合同值	初步试验值	工厂见证试验值	验收试验值
模型水轮机最高效率	91.83	91.97	92.05	92.16
模型水轮机最高效率	93.74	93.75	93.84	93.89

3.2 空化试验

水泵工况空化试验：按照验收专家组要求，通过增强一个叶片光洁度作为镜面的方法，在最低频率50.5Hz极端工况，对水泵工况叶片正压面的初生空化现象进行了观测，相应的试验数据详见表13。

表13 水泵工况的空化验收试验结果验收试验值

空化系数	合同值	初步试验值	工厂见证试验值	验收试验值
最小扬程时的初生空化系数	0.1503	0.1237（50.0Hz）	0.1427（50.5Hz）	初生空化洗漱在验收试验采用目测法，对重要运行工况下的空化状态拍照记录，初生空化系数评判标准为出现某些空化现象，根据模型空化观察试验结果可见，原型水轮机运行水头范围不会出现叶片部空化及翼型空化现象

水泵工况的空化验收结果满足合同要求。

3.3 压力脉动试验

在电站空化系数下，对水轮机最低毛水头和额定水头下水泵水轮机合同规定为准的压力脉动，从空载开度到最大开度，间隔1°，进行了测量。蜗壳进口、无叶区、顶盖和尾水锥管处的压力脉动验收结果与合同保证值详见表14。

表14 水轮机工况压力脉动混频双振幅值验收试验结果 %

幅　　值	合同值	初步试验值	工厂见证试验值	验收试验值
尾水管压力脉动				
正常运行范围内	1.0	0.7	0.7	—
额定工况点	2.0	0.9	0.9	1.0
部分载荷或空载工况	4.0	3.7	3.7	3.5
无叶区压力脉动				
额定运行工况点	4.5	4.4	4.5	4.4
水轮机≥50%负荷运行	9.5	9.1	9.1	9.5
水轮机<50%负荷（含空载工况）额定水头及以上运行	12	11.9	11.3	11.7
水轮机<50%负荷（含空载工况）额定水头及以下运行	15	14.9	14.9	15.0
顶盖与转轮上冠间压力脉动				
额定运行工况点	1.5	1.0	1.0	1.0
部分载荷或空载工况	3.5	2.4	2.4	3.0
蜗壳进口压力脉动				
额定运行工况点	2.5	1.0	1.1	0.9
部分载荷	3	0.6	0.6	1.5

水轮机工况压力脉动模型验收试验值满足合同要求。

3.4 全特性试验

选定导叶开度$\Delta\gamma=8.0°$、$\Delta\gamma=12.0°$（水轮机象限）和额定开度（四象限特性），对水轮机象限区域进行模型特性试验，试验结果见表15，验收试验结果验证了初步模型试验和工厂见证试验结果。

表15 “S”区安全裕量验收试验结果 单位：m

安全裕量	合同值	初步试验值	工厂见证试验值	验收试验值	备注
考虑正常频率变化范围后水轮机工况运行范围距“S”特性区临界点的安全裕量不小于	38	114	114.5	115.5	$\Delta\gamma=12.0°$，电网频率为50.2Hz

S形特性曲线的安全裕量 50.2Hz 时为 115.5m。验收试验结果满足合同要求。

4 结语

通过对天池电站水泵水轮机转轮模型的初步试验、工厂见证试验以及第三方验收试验结果进行对比分析，三次试验的结果基本一致，试验结果可信；水轮机工况“S”区安全裕度比较大，水泵水轮机的效率、出力、空化、压力脉动等各性能指标均满足合同规定和有关标准要求。

参考文献

［1］ 刘大恺. 水轮机［M］. 北京：中国水利水电出版社，1996.
［2］ 梅祖彦. 抽水蓄能发电技术［M］. 北京：机械工业出版社，2000.
［3］ IEC 60193—1999 水轮机、蓄能泵和水泵水轮机模型验收试验［S］.

抽水蓄能机组输水系统过流表面的阻垢及防腐研究概述

彭绪意　刘　泽　胥千鑫　聂　赛
（江西洪屏抽水蓄能有限公司，江西省靖安市　330600）

【摘　要】抽水蓄能输水管道机组在运行中，过流金属表面广泛存在亟需解决的结垢、腐蚀等问题。通过在金属表面构筑疏水表面以提升其阻垢、防腐和减阻等性能，近年来受到广泛关注。本文综述了疏水表面构筑在阻垢、防腐应用中的研究进展，并对其中存在的问题和发展趋势进行了阐述。

【关键词】超疏水涂层　过流表面　阻垢性能　防腐性能

1　引言

抽水蓄能机组在运行过程中，其过流表面存在结垢、腐蚀等问题[1]，对其机组的工作效率、稳定性和使用寿命等产生严重影响，亟需开发高效的阻垢、防腐工艺及措施。通过对材料表面润湿性调控，从而构筑疏水的表面，可以显著提升材料的阻垢[2]、防腐[3]以及抗结冰性能，还可以减小流体在材料表面的摩擦阻力[4]，近年来受到越来越多的关注。

材料的疏水性常用水滴接触角来衡量：当接触角大于90°时，称为疏水；当接触角大于150°，同时滚动角小于10°时，称为超疏水。在超疏水涂层上，水滴不会产生润湿和黏附的现象，而是发生滚动。超疏水表面广泛存在于自然界中的动植物身体表面，例如荷叶、稻叶以及蜘蛛等。由于超疏水表面显著改变了液体和表面的接触及润湿行为，对结垢及腐蚀等现象具有显著的改善作用。

金属材料在水体中发生结垢现象，主要是因为水中存在大量微生物以及各种离子，如Ca^{2+}、Mg^{2+}、CO_3^{2-}、HCO_3^-、Cl^-和SO_4^{2-}等[5]。一方面，微生物在金属表面附着并繁殖，其自身及代谢产物在金属表面形成黏附层；另一方面，水体中的离子和其相对应的盐析离子结合成盐，当浓度超过该盐在水环境中的溶解度时，垢质便会在金属表面不断形成。此外，微生物和离子的影响常会同时存在，容易形成更复杂的垢质。因而，从这个角度来说，在抽水蓄能机组过流表面上的结垢现象通常是难易避免的。

金属过流表面的结垢问题，一方面，降低了设备的使用寿命和流体输送效率；另一方面，结垢还会阻塞管道增加流体传质阻力，产生较高的动力消耗。此外，金属过流表面的还伴随着腐蚀现象。金属的腐蚀不仅会加速垢质的形成，更重要的还会导致金属部件过早失效损坏，并导致经济损失和环境污染。据统计数据显示，因腐蚀而造成能源损失约占全球能源消耗的20%[6]。通过涂覆防腐蚀层，在金属表面和腐蚀环境之间构筑一道屏障，是一种常用的金属防护方法[7-8]。提升涂覆层疏水性，还可以进一步提升金属表面的防腐性能[9-10]。

综上所述，在过流表面上制备具有超疏水性的功能涂层对于提升其阻垢及防腐性能具有重要意义。本文将围绕这一主题对当前开展的研究工作展开论述。

2　疏水涂层的阻垢性能研究

2.1　疏水涂层的制备及阻垢性能研究

金属材料疏水表面的制备已经发出较多方法，包括化学蚀刻[11-12]、激光刻蚀[13-14]、喷涂[15-16]、电化学沉积[17]、水热法[19]、等离子体处理[20]以及浸渍法[21]等。Dowling等[22]通过碳酸钙悬浮液浸泡实验对以不锈钢为基底的疏水涂层进行了阻垢性能评价。实验结果表明，通过涂覆只有纳米级别厚度的氟硅烷涂层便可有效阻止碳酸钙颗粒在不锈钢表明的沉积。然而，这些采用等离子沉积工艺制备的纳米疏水涂层的牢固度和耐冲刷性能还有待进一步提高，一定程度上限制了其在实际环境中的应用。

PTFE作为一种常用的氟材料，常被用于制备各类疏水涂层。徐志明等[23]研究了Ni-P-PTFE镀层改性换热表面对微生物污垢的抑制作用。研究发现，Ni-P-PTFE镀层改性后，表面水滴接触角由改性前51.5°增加到114.5°，表面能由改性前的49.16mJ/m降低到7.54mJ/m，显著提升了换热表面的疏水性。在挂片结垢实验中，疏水表面的污垢沉积量仅为2.3g/m^2，显著低于未改性低碳钢的12.1g/m^2，表现出良好的抗垢性能。类似的，Cheng等[24]发现在换热器表面涂覆Ni-Cu-P-PTFE疏水涂层，可以有效提升表面的阻垢性能，显著减少矿物垢质在换热器内的积累。

上述疏水涂层显著提升了金属的阻垢性能，然而却大量使用了含氟材料，如若处理不当容易产生环境污染。针对抽水蓄能机组过流金属表面存在的结垢问题，洪屏电站协同合作单位研究了一种简单的无氟化学接枝疏水改性法。以304不锈钢片作为研究对象，提出一种简单的基于化学接枝法的无氟疏水改性方法。采用无氟硅烷偶联剂为疏水改性剂，以环境友好的乙醇为溶剂，采用化学接枝法在304不锈钢基底上构筑疏水表面。304不锈钢基底经过“酸洗—打磨—改性”后，其表面接触角达到了约136°。表面自由能由初始的35.8mN/m显著降低至11.8mN/m。在连续40h的模拟结垢实验中，疏水改性后的304不锈钢片平均增重速率仅为0.21g/(m^2·h)，与改性前［0.68g/(m^2·h)］相比减缓了约69%，显著提升其抗垢性能。

2.2 超疏水涂层的制备及阻垢性能研究

超疏水涂层，顾名思义其比疏水涂层具有更好的疏水性能。相比常规疏水涂层，水环境中的垢质因子更难与超疏水涂层表面接触，其表现出了更好的阻垢特性。

超疏水表面的构筑通常包括两部分[25]：一是在微纳尺度构建粗糙的表面；二是采用低表面能的物质对微纳粗糙结构进行修饰。韩祥祥等[26]采用电沉积的方法首先在X90管线钢表面上制备了铜膜，然后经过水热处理，获得了具有花瓣结构的氧化铜层。进一步经全氟辛酸改性后制备出了水滴的接触角约为161.2°的氧化铜超疏水涂层。Liu等[27]将铜箔浸入氯化铜和硫代硫酸钠的混合溶液中，在铜箔表面是原位生长形成了微凸的五硫化九铜超疏水层，接触角达到了163°，滚动角仅为2°。

Li等[28]以X90管线钢为基底，首先通过电化学在表面沉积一层金属锌，然后通过水热法在其表面生长氧化锌纳米阵列，最后采用氟硅烷对其进行疏水改性，最终得到了超疏水表面，其水滴接触角达到了157.3°，滚动角小于10°。随后，Li等进一步发展出了一种更简便的超疏水涂层制备方法。采用电沉积和溶液浸渍法来代替水热工艺制备纳米结构。涂层在经过氟硅烷疏水改性后，水接触角达到了157°，而滚动角仅为3°。所制备的超疏水涂层表现出良好的自清洁性和阻垢性能。此外，他们还对在不同表面上形成的碳酸钙垢质形态进行了分析，结果表明：在不锈钢表面形成的碳酸钙呈菱形，是稳态方解石；而在超疏水涂层表明形成的碳酸钙呈针状，是亚稳态的文石（霰石）。

超疏水表面的阻垢特性一方面是由于其减少了垢质因子与表面的接触，另一方面是改变了垢质在表面形成的形态。朱立群等[29]针对抽取和输送地热水过程中，金属管道和泵等过流表面存在的结垢问题。研究了含氟树脂掺杂聚苯硫醚超疏水涂层在循环模拟地热水环境中的阻垢性能，发现涂覆超疏水涂层后，过流表面的阻垢性能显著提升，且垢质层晶核的生长及形貌发生了显著变化。类似的，Cai等[30]对比了碳酸钙在不同表面上的形态，结果表明：碳酸钙溶液进煮沸后，其在二氧化钛-氟硅烷超疏水表面形成的是亚稳态的文石；而在未经疏水改性的表面形成的则稳定的方解石，其与文石相比不易从表面脱落。

3 疏水涂层防腐性能研究

过流金属表面的腐蚀主要包括化学腐蚀和电化学腐蚀两种。这两种腐蚀现象的发生都与腐蚀介质与表面接触密切先关。通过在金属表面构筑疏水涂层，减少腐蚀介质与表面的接触，可以显著提升金属表面的防腐性能。Cai等[30]通过喷涂法在镁合金表面制备了疏水涂层，水滴接触角达到140°以上。疏水改性后，镁合金样品在氯化钠盐溶液的电化学腐蚀电流从未改性的1.65×10^{-4}A/cm^2显著降低到1.73×10^{-6}A/cm^2，降低了约两个数量级，显著提升了镁合金材料的耐腐蚀性能。此外，该表面还表现出良好的自清洁性能。

与阻垢性能类似，超疏涂层比常规的疏水涂层具有更好的防腐性能。He 等[31]对铝合金先进行了阳极氧化处理，再进行疏水接枝改性，制备出了超疏水表面。超疏水表面的腐蚀电流密度比未处理的铝合金表面降低了 4 个数量级，腐蚀电位从－0.838V 提高到了 0.403V，显著提升了金属表面的防腐性能。Peng 等[32]采用喷涂技术，在铝板表面制备了超疏水涂层。其水滴接触角高达 157°，而滚动角仅有 3°。该超疏水涂层的电流密度极低，仅有 $9\times10^{-9}A/cm^2$，而其腐蚀保护效能达到 99.99％。

与镁合金及铝合金材料相比，钢材料在抽水蓄能机组过流表面上的使用更为广泛。针对钢材料的疏水改性及其防腐性能受到的关注也较为广泛。Xiang 等[33]为在低碳钢表面制备超疏水表面，首先采用电化学沉积的方法在其表面构筑了具有海星状微纳结构的镍涂层；随后，通过化学接枝工艺进一步减低涂层的表面能，获得超疏水表面。与低碳钢材料相比，超疏水表面在 3.5wt％氯化钠溶液中的腐蚀电位从－0.447V 增加到了－0.186V。同时，超疏水表面阻抗高达 $1.04\times10^5\Omega\cdot cm^2$，表明其可以显著提升低碳钢的防腐性能。该团队采用类似的方法，进一步在低碳钢表面制备了镍-氧化石墨烯超疏水层，其水滴接触角提升到了 160°，而滚动角仅为 4°。超疏水表面的腐蚀电流密度仅有 $1.961\times10^{-8}A/cm^2$，小于低碳钢表面的万分之一。

上述超疏水表面的构筑通常将微纳粗糙结构的构建和低表面能物质修饰两个步骤分开，增加了工艺流程。近年来，发展了一种新型高效的超疏水涂层制备工艺：通过在涂膜液中引入纳米/亚微米颗粒，在同一步骤中实现微纳结构的构建和低表面能物质的修饰，通过一次涂覆即可制备出超疏水表面。

因此，针对江西洪屏抽水蓄能机组过流表面存在的腐蚀和结垢现象，提出采用一次喷涂法构筑超疏水表面来提升过流表面的阻垢和防腐性能。采用商品化的 Zonyl TM 作为疏水改性剂，采用常见的硅烷偶联剂 KH－570 对二氧化硅微球进行改性，通过乳液聚合法制备了改性二氧化硅微球和含氟聚合物混合涂膜液，以 Q235 低碳钢片作为抽水蓄能机组过流表面的模拟材料，通过一次喷涂法在其表面制备了超疏水涂层，水滴接触角达到了 151.8°，显著高于涂覆前的 100.6°。钢片表面能由涂覆前的 31.6mN/m 显著降低至 5.1mN/m。该超疏水涂层有效避免了 Q235 低碳钢片的腐蚀，在挂片实验中将钢片表面的总增重量从 $45g/m^2$ 降低至 $5g/m^2$，减少了 88.9％。结果表明，超疏水涂层在抽水蓄能机组过流表面的阻垢、防腐性能提升方面展现出了良好的应用前景。

4 结语

综上所述，疏水涂层在提升过流表面阻垢及防腐性能已经取得了长足的进展，并在过流表面防护应用中展现出良好的前景。然而，将其大规模投入工业应用前仍面临一些问题：一是疏水涂层的表面形貌以及其化学成分，对垢质形成过程及其形貌作用机理尚不够明确，需要进一步深入研究；二是目前所报道的疏水涂层制备方法还局限于实验室规模，其大规模制备和应用还有诸多困难需要克服；三是目前用于制备疏水涂层的材料多为含氟物质，如若处理不当容易产生环境和健康问题。亟需开发易于工业化放大的无氟疏水涂层制备工艺；四是需要进一步关注过流表面疏水涂层在实际应用中的耐冲刷性和耐久性。

参考文献

[1] 陆培平，陈震，陆胜，等. 天荒坪电厂抽水蓄能机组腐蚀、结垢原因分析 [J]. 华东电力，2005 (10)：54－56.

[2] 刘云云，付传起，曾伟. Ni－P－PTFE 复合镀层的工艺与阻垢性能研究 [J]. 材料科学研究，2015，4 (2)：41－46.

[3] 石新颖，田学雷. 金属表面有机疏水涂层的研究进展 [J]. 材料导报，2010，24 (1)：76－79.

[4] 王亮亮，赵波，殷森. 金属表面疏水性研究进展 [J]. 表面技术，2017，46 (12)：153－161.

[5] 李洪伟，汪怀远. 超疏水涂层防垢防污性能研究进展 [J]. 化学工程师，2019，33 (3)：41－44，26.

[6] 张晓莹，汪怀远. 超疏水涂层在金属防腐方面的研究进展 [J]. 化学工程师，2019，33 (4)：54－56，32.

[7] 胡涛，王千，陶刚，等. 金属管道的腐蚀与防腐蚀技术现状 [J]. 石油化工腐蚀与防护，2008 (3)：27－31.

[8] 聂志云，刘继华，张有为，等. 金属表面溶胶-凝胶防腐蚀涂层的研究进展 [J]. 表面技术，2015，44 (6)：75－81.

[9] 郭海峰，张志恒，秦华，等. 天然气管道内表面超疏水分子膜及其防腐性能 [J]. 油气储运，2011，30 (10)：781－784，717.

[10] 莫春燕，郑燕升，王发龙，等. 超疏水 TiO_2/含氢硅油复合涂层制备及其金属防腐性能研究 [J]. 塑料工业，2015，43 (3)：102-106，114.

[11] 崔日俊，秦静，屈钧娥，等. 彩色超疏水不锈钢表面的制备 [J]. 表面技术，2018，47 (2)：30-35.

[12] 范治平，魏增江，田冬，等. 超疏水性材料表面的制备、应用和相关理论研究的新进展 [J]. 高分子通报，2010 (11)：105-110.

[13] 顾秦铭，张朝阳，周晖，等. 激光-电化学沉积制备超疏水铜表面及其 Cassie 状态稳定性研究 [J]. 机械工程学报：1-10.

[14] 周培阳，彭耀政，黄泽铭，等. 纳秒激光制备的超疏水表面及其液滴冲击性能 [J]. 中国激光，2020 (4)：149-154.

[15] 王浩，王昌松，陈颖，等. PTFE-PPS复合超疏水涂层的制备与表征 [J]. 过程工程学报，2007 (3)：624-627.

[16] 赵欢，吕晓璇，周圣文，等. 金属防护用超疏水表面主要制备方法及应用研究进展 [J]. 表面技术，2015，44 (12)：49-55，97.

[17] 徐文骥，宋金龙，孙晶，等. 金属基体超疏水表面制备及应用的研究进展 [J]. 材料工程，2011 (5)：93-98.

[18] 向静，王宏，朱恂，等. 荷叶表面的复刻及微纳结构对疏水性能的影响 [J]. 化工学报，2019，70 (9)：3545-3552.

[19] 魏要丽，杨亮. 等离子喷涂制备超疏水镀层的研究 [J]. 现代化工，2015，35 (9)：67-68，70.

[20] 王少华，谢益骏，刘丽华，等. Mg-Nd-Zn-Zr 镁合金表面超疏水 SiO_2 薄膜的制备及其表征 [J]. 复旦学报（自然科学版），2012，51 (2)：190-195.

[21] 孔纲，李晓聪，赖德林，等. 锌层氧化铝超疏水膜层的制备与表征 [J]. 材料保护，2018，51 (10)：70-74.

[22] Dowling D P，Nwankire C E，Riihimäki M，et al. Evaluation of the anti-fouling properties of nm thick atmospheric plasma deposited coatings [J]. Surface and Coatings Technology，2010，205 (5)：1544-1551.

[23] 徐志明，姚响，白文玉，等. Ni-P-PTFE 镀层表面黏液形成菌的污垢特性 [J]. 表面技术，2016，45 (4)：10-17.

[24] Cheng Y H，Chen H Y，Zhu Z C，Jen T C，Peng Y X. Experimental study on the anti-fouling effects of Ni-Cu-P-PTFE deposit surface of heat exchangers [J]. Applied Thermal Engineering，2014，68 (1)：20-25.

[25] 乔卫，朱定一，温鸿英，等. 金属表面超疏水性的研究进展 [J]. 材料导报，2009，23 (10)：45-50.

[26] 韩祥祥，于思荣，李好，等. X90 管线钢表面 CuO 超疏水涂层的制备和性能 [J]. 材料研究学报，2017，31 (9)：672-678.

[27] Liu L，Chen R，Liu W，et al. Fabrication of superhydrophobic copper sulfide film for corrosion protection of copper [J]. Surface and Coatings Technology，2015，272：221-228.

[28] Li H，Yu S，Han X. Preparation of a biomimetic superhydrophobic ZnO coating on an X90 pipeline steel surface [J]. New Journal of Chemistry，2015，39 (6)：4860-4868.

[29] 朱立群，吴坤湖，李卫平，等. 循环模拟地热水环境中聚苯硫醚复合涂层的阻垢性能 [J]. 功能材料，2010，41 (6)：1046-1049.

[30] Cai Y，Liu M，Hui L. $CaCO_3$ fouling on microscale-nanoscale hydrophobic titania-fluoroalkylsilane films in pool boiling [J]. AIChE Journal，2013，59 (7)：2662-2678.

[31] He G，Lu S，Xu W，Szunerits S，et al. Controllable growth of durable superhydrophobic coatings on a copper substrate via electrodeposition [J]. Physical Chemistry Chemical Physics，2015，17 (16)：10871-10880.

[32] Peng S，Tian D，Yang X，et al. Highly Efficient and Large-Scale Fabrication of Superhydrophobic Alumina Surface with Strong Stability Based on Self-Congregated Alumina Nanowires [J]. ACS Applied Materials & Interfaces，2014，6 (7)：4831-4841.

[33] Xiang T，Ding S，Li C，et al. Effect of current density on wettability and corrosion resistance of superhydrophobic nickel coating deposited on low carbon steel [J]. Materials & Design，2017 (114)：65-72.

转轮特性对抽水蓄能电站过渡过程的影响探析

董云涛[1] 张振伟[1] 刘金跃[1] 曹一梁[2] 高 轩[1]
(1. 保定易县抽水蓄能有限公司，河北省保定市 074200；
2. 中国电建集团北京勘测设计研究院有限公司，北京市 100024)

【摘 要】 本文结合河北某抽水蓄能电站，针对可逆机组独特的过流特性，研究了机组转轮特性曲线对抽水蓄能电站过渡过程的影响，对比分析了同一个输水系统采用不同的特性曲线下的计算结果，不仅为该电站的安全提供依据，也为其他类似工程提供参考。

【关键词】 抽水蓄能电站 转轮特性曲线 过渡过程 可逆机组

1 引言

在抽水蓄能电站中，水泵水轮机 $Q_{11} \sim n_{11}$ 全特性曲线中存在较陡的“倒S形”，而在“倒S形”区域内机组转速的变化对过流特性影响巨大，较小的转速变化会引起较大的流量变化，从而在引水系统中产生较大的水锤，导致抽水蓄能电站过渡过程中发生的水锤类型迥异于常规水电站机组[1]，既非首相水锤，也非极限水锤，同时还伴随剧烈的压力脉动现象。当机组导叶关闭时，导叶关闭和机组转速上升两种因素都会导致机组流量的变化，从而导致流量减小非常快，甚至出现倒流现象。对于高水头抽水蓄能电站，由于可逆式转轮的流道狭长，所以其转轮直径很大，是常规水轮机直径的1.3～1.5倍左右，因此离心力非常大。当机组转速迅速上升达到飞逸时，离心力变得非常大，此时，无论调速器的接力器行程变化大或者小，管道内的流量变化都会非常大，从而产生较大的水锤压力，同时还会可能伴随剧烈的压力脉动现象。

本文针对抽水蓄能电站机组这一特性，采用两个类似水头段的机组转轮特性对河北某抽水蓄能电站进行调节保证计算，探讨转轮特性对抽水蓄能电站过渡过程的影响。

2 转轮特性对可逆式机组过渡过程的影响

抽水蓄能电站运行工况复杂，工况转换也多而频繁，除与常规电站相同的工况转换过渡过程外，可逆式机组常有以下主要的过渡过程[2]：①水泵工况启动；②水泵工况增减流量；③水泵工况正常停机；④水泵工况事故断电（包括导叶正常关闭和拒动情况）；⑤水泵工况转为水轮机工况；⑥水轮机工况转为水泵工况；⑦水泵工况转为调相工况；⑧调相工况转为水轮机工况。

可逆式水泵水轮机的过渡过程要经过宽广的工况区域。例如，水泵水轮机突然断电后，管道中的水流在很短时间内即失去惯性而反向下流，若导叶拒动，由于机组的惯性使水泵开始仍保持原方向转动，水流冲击叶轮而起制动作用，使转速逐渐下降至零，并开始做反方向转动，这时的水流方向和机组转动方向都与水轮机相同，因此进入了水轮机工况，最后机组达到飞逸。这一过程经历了水泵工况、制动工况和水轮机工况三个工况区。在水泵水轮机的过渡过程中还会出现水轮机制动工况和反水泵工况两个区。因此，抽水蓄能电站过渡过程与特性曲线息息相关，流量特性直接影响压力管道内的水击，力矩特性则对甩负荷时的转速变化起决定作用，力矩特性也决定着有功功率的变化速度以及机组投入发电或水泵工况所需的启动时间。

3 河北某抽水蓄能电站工程概况

该电站输水系统由引水系统和尾水系统两大部分组成。共4台机组，引水系统采用一洞两机的布置方式，引水隧洞洞径 7.8m，引水支管直径为 5.2m。尾水系统由尾水隧洞、尾水调压井和下水库进/出水口组成。机组额定水头 354m，额定转速 375r/min，额定出力 300MW。转轮进口直径 4.47m，出口直径 2.6m。机组转动惯量 GD^2 约为 6900t·m²。电站输水系统布置图如图 1 所示。

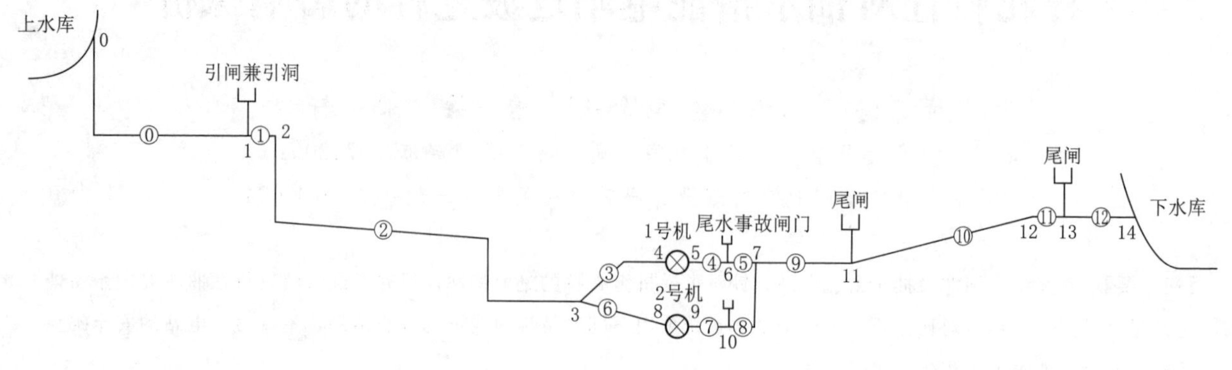

图 1　电站输水系统布置图

4　不同转轮特性曲线比较

本文在研究时采用了两个水头相似电站的 A 转轮和 B 转轮特性曲线对该电站进行过渡过程计算。A、B 两个转轮特性曲线如图 2 和图 3 所示。

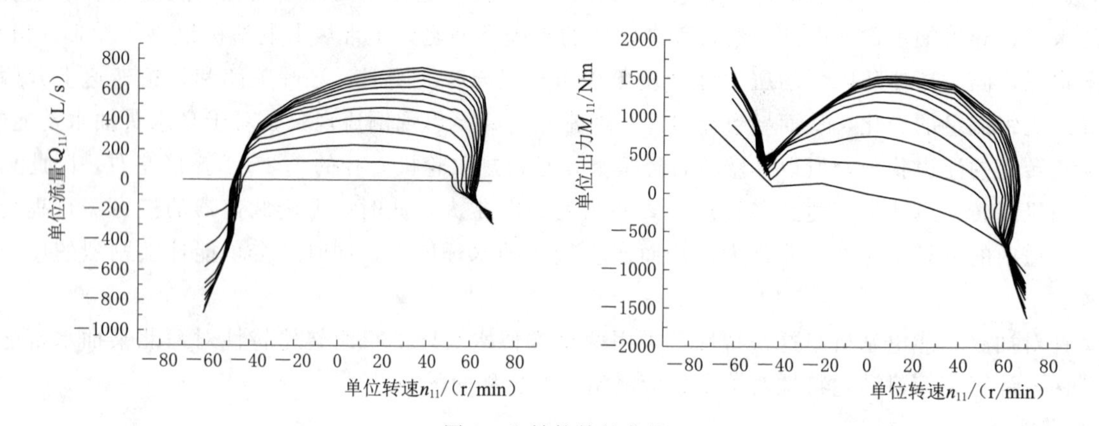

图 2　A 转轮特性曲线

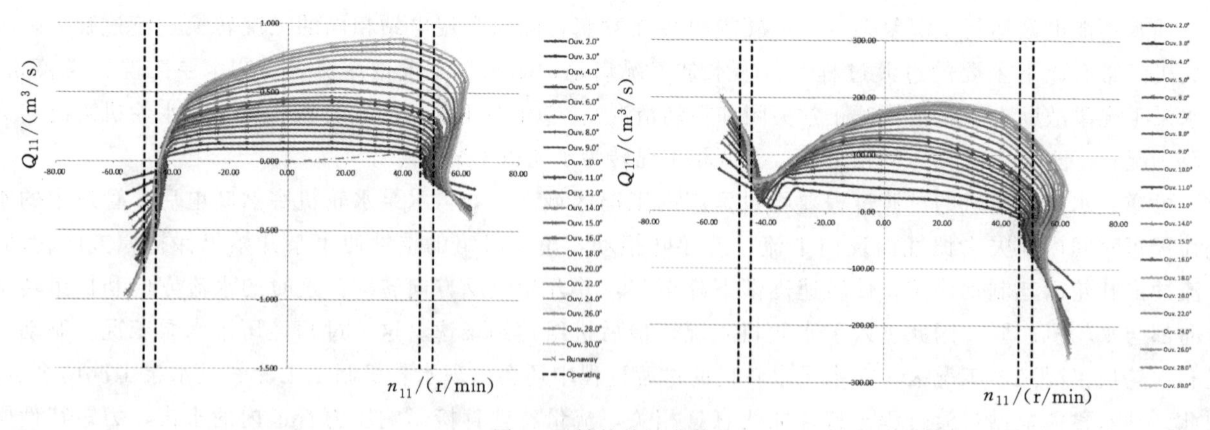

图 3　B 转轮特性曲线

对上述两个转轮进行对比分析，A 转轮在大开度时，所能达到的最大流量和转矩要大于 B 转轮。A 转轮的正流量（正转矩）区的 N 11 范围要大于 B 转轮，对于相同的额定工况点，在 A 转轮特性中离“倒 S 形”区相对较远。在正流量区，两个转轮在大开度线变化平缓程度相近。两个水泵水轮机转轮的开度线在制动区均略有反弯，“倒 S 形”特性明显，其中 A 转轮特性的反弯程度更剧烈一些。

5 计算结果分析

5.1 计算工况

计算工况选用三个典型发电工况和两个典型抽水工况[3]：

工况 T_1：上库正常蓄水位，下库死水位，两台机额定出力运行，突甩负荷，导叶同时紧急关闭；

工况 T_2：下库运行水位，额定水头，两台机额定出力运行，突甩负荷，导叶同时紧急关闭；

工况 T_3：上库死水位，下库正常蓄水位，两台机最大出力运行，突甩负荷，导叶同时紧急关闭；

工况 P_1：上库正常蓄水位，下库死水位，最大扬程，抽水断电，导叶同时紧急关闭；

工况 P_2：上库死水位，下库正常蓄水位，最小扬程，抽水断电，导叶同时紧急关闭。

5.2 发电工况下计算结果及分析

对河北某抽水蓄能电站，在相同的机组参数、输水系统布置、导叶关闭规律等边界下，采用不同转轮特性曲线针对上述三个发电工况进行大波动数值计算[4]，结果对比见表1～表3。

表1 蜗壳末端最大动水压力对比

转　轮	A	B
H_{pmax}/m	589.62	546.76
工况	T_2	T_1

表2 尾水管进口最小动水压力对比

转　轮	A	B
H_{Bmin}/m	44.82	45.53
工况	T_1	T_1

表3 机组最大转速上升对比

转　轮	A	B
β_{max}/%	37.42	38.8
工况	T_2	T_2

分析以上三张极值表：

(1) A转轮特性曲线计算的蜗壳末端最大动水压力最大，为589.62m，比B转轮特性曲线的计算值546.76m高出42.86m，相对差值为7.84%，但控制工况有所不同，A转轮发生在控制工况 T_2，B转轮发生在控制工况 T_1。

(2) A转轮特性曲线计算的尾水管进口最小动水压力最小，为44.82m，B转轮特性曲线的计算值为45.53m，均满足该电站尾水管进口最小压力计算控制值要求，且均发生在下游最低尾水位工况 T_1。

(3) B转轮特性曲线计算的转速上升率最大，为38.8%，A转轮特性曲线的计算值为37.42%，且均发生在工况 T_2。

5.3 抽水工况计算结果及分析

对河北某抽水蓄能电站，在相同的机组参数、输水系统布置、导叶关闭规律等边界下，采用不同转轮特性曲线针对上述 P_1 和 P_2 两个典型工况进行大波动数值计算[5]，结果对比见表4、表5。

表4 蜗壳末端最大动水压力对比

转　轮	A	B
H_{pmax}/m	500.41	481.36
工况	P_1	P_1

表5 尾水管进口最小动水压力对比

转　轮	A	B
H_{Bmin}/m	61.32	61.31
工况	P_1	P_1

分析以上两张极值表：

（1）A转轮特性曲线计算的蜗壳末端最大动水压力最大，为500.41m，比B转轮特性曲线的计算值481.36m高出19.05m，相对差值为3.96%，均发生在控制工况P_1。

（2）B转轮特性曲线计算的尾水管进口最小动水压力最小，为61.31m，A转轮特性曲线的计算值为61.32m，均满足该电站尾水管进口最小压力计算控制值要求，且均发生在下游最低尾水位工况P_1。

6　结语

通过对河北某抽水蓄能电站采用不同的转轮特性曲线进行调保计算和分析可知，不同转轮特性曲线对调保参数（蜗壳最大动水压力、尾水管进口最小动水压力、机组转速最大上升率）会造成不同的影响，具体如下：

（1）可逆式机组全特性曲线的正流量（正转矩）区的范围较大时，相同的额定工况点离"倒S形"区较远，抽水蓄能电站过渡过程结果较好。

（2）在可逆式机组全特性曲线的正流量区，大开度线变化越平缓，单位转速的变化对单位流量的影响越小，过渡过程结果越好。

（3）在输水系统布置、机组参数、导叶关闭规律等均一致的情况下，可逆式机组全特性曲线对一管多机的抽水蓄能电站过渡过程影响非常大。

参考文献

[1] 郑源，张健．水力机组过渡过程［M］．北京：北京大学出版社，2008.
[2] 刘洁颖．不同比转速可逆式机组特性曲线变化规律及其对过渡过程影响的研究［D］．武汉：武汉大学，2005.
[3] 詹佳佳．水电站过渡过程大波动计算工况分析［J］．湖北电力，2008，32（2）：28-30.
[4] 陈乃祥，张扬军．水泵水轮机全特性的新表达方式及复合工况计算［J］．清华大学学报，1996，25（6）：41-43.
[5] 刘启钊，刘德有．抽水蓄能电站过渡过程计算中的几个问题［C］//抽水蓄能工程国际学术讨论会论文集，1990：21-25.

宜兴抽水蓄能电站水轮机的水力不稳定现象浅析

张 政 陆 婷

（华东宜兴抽水蓄能有限公司，江苏省宜兴市 214205）

【摘　要】 宜兴抽水蓄能电站机组为混流式水轮机，该机组运行时除尾水管涡带外，还有小开度压力脉动、高部分负荷压力脉动、叶道涡、叶片频率的压力脉动、卡门涡等多种水力不稳定现象。本文介绍了这些水力不稳定现象，结合抽水蓄能电站的运行情况，描述了它们的特点与危害，讨论了需要解决的一些问题。

【关键词】 混流式水轮机　水力不稳定现象

1　概述

混流式水轮机所存在的水力不稳定性问题，长期以来人们比较熟悉与关心的主要是尾水管涡带，但随着近代混流式水轮机的不断发展，陆续发现除尾水管涡带外，还存在其他一系列水力不稳定现象，它们的危害有时还超过了尾水管涡带，严重威胁到水轮机的运行安全。例如：小开度压力脉动、叶道涡、高部分负荷压力脉动（特殊水压脉动）、叶片频率数的压力脉动、卡门涡等。

2　水力不稳定现象分析

2.1　各种水力不稳定现象梳理

宜兴抽水蓄能电站混流式水轮机的水力不稳定现象，按所出现的运行区域来看，大致可分成两类。

第一类是由于水轮机偏离最优工况后，在流道中产生各种旋涡、脱流、空化等所造成的。这类水力不稳定现象主要有：小开度水压脉动，尾水管涡带，叶道涡，高部分负荷压力脉动等。出现这类水力不稳定现象时大多伴随有明显的水压脉动。

第二类则产生于水流通过叶栅和叶片尾部时，这类水力不稳定定现象，即使在最优工况时也能产生，如卡门涡，叶片频率的水压脉动等。它们的压力脉动幅值一般比起前一类水力不稳定现象来说往往要小得多，但频率则要高得多。

第一类的水力不稳定现象既然是水流偏离最优工况后所产生的，故可将出现各种水力不稳定现象从空载起，随着水轮机流量增大依次分成以下六个区。

区域 1，小开度压力脉动区（包括空载）。

区域 2，尾水管涡带区。此区内还有叶道涡。

区域 3，部分负荷压力脉动区。此区内尾水管涡带并未消失，但已降为次要地位。

区域 4，无涡区。此区位于最优工况内，此区内尾水管涡带已经消失。无涡区是混流式水轮机最为稳定、压力脉动最小的区域。

区域 5、区域 6，大负荷和超负荷尾水管涡带区。此时在尾水管中重又出现涡带，但旋转方向与部分负荷时涡带的旋转方向相反。

第二类的水力不稳定现象是小开度到大开度都同样出现的，有时在接近大开度时表现得更明显些，可能是此时流量较大，流速较高之故。

2.2　小开度压力脉动分析

当尾水管涡带的压力脉动值到达峰值后，随着开度的继续减小，涡带的压力脉动值不断下降，此时常可发现在更小的开度时无叶区内常又突然出现了一个压力脉动的高峰。但此时压力脉动的频率已不再是尾水管涡带的低频，其频率通常表现为接近和高于转频的多种频率，不同模型频率组成的差别也很大，不像尾水管涡带频率那样比较单纯和有规律。

小开度时的压力脉动从脉动的幅值看，基本上可以分成两种情形：

（1）小开度时无叶区压力脉动的峰值小于尾水管涡带压力脉动的峰值。由于人们对稳定性的评价往往以压力脉动幅值大小作为标准，故在第一种情形下有些电站水轮机在小开度区是允许运行的。

（2）小开度时无叶区的压力脉动幅值已超过了尾水管涡带压力脉动的最大值，成为比尾水管涡带更为不利的运行区，因此应避开小开度区运行。天荒坪抽水蓄能电站和宜兴抽水蓄能电站均属此种情况。

小开度区既然是偏离最优工况最远的区域，因此从水流条件来看，在水轮机流道中发生旋涡、脱流与空化等各种水力不稳定现象将更为复杂。由于各种不稳定现象的出现，有可能在转轮流道内产生多种动应力，加以频率较高，从而促进水轮机的疲劳与裂纹。

抽水蓄能机组的优点之一是调节性能好，在电网中运行灵活，由于启停频繁，并经常参与调峰、调频、调相运行，故机组常需在小开度区运行。即使在高效区运行，在机组开机、停机过程中，小开度区短时的恶劣运行工况也是不可避免的，因此如何降低小开度运行对机组的危害，是宜兴抽水蓄能电站在以后运行时需要注意的问题。

2.3 尾水管涡带分析

尾水管涡带常又被称为部分负荷涡带。一旦水轮机在50%～60%负荷时产生较大的水压脉动，人们常会很自然地联想到尾水管涡带，实际上出现尾水管涡带的工况范围很宽。

对于水头变化较小的水电站，将尾水管涡带称之为部分负荷涡带，具有一定的合理性。但对于水头变幅较大的水电站，高水头满负荷时，也可能会有尾水涡带产生。宜兴抽水蓄能电站就是额定水头与最高水头差别较大的水电站之一。宜兴抽水蓄能电站在最高水头时即使带满负荷，开度也只有40%左右，偏离最优工况区较远。水头变幅较大的电站，如果机组转轮开发不注意高水头水力特性，极有可能高水头满负荷涡带现象，给机组后期的运行带来严重隐患。

2.4 高部分负荷压力脉动（特殊水压脉动）分析

近年来在一些高比速混流式水轮机模型试验中，发现当水轮机的开度接近最优工况时，此时尾水管涡带的压力脉动已大幅度减小，但忽然又产生了一个新的压力脉动的陡峰。由于这种压力脉动出现在靠近最优工况，故国外称它为高部分负荷压力脉动。它具有如下一些特点：

（1）它的频率通常为转频的1～5倍，且不似尾水管涡带的频率那样，同一模型基本保持不变，而是随不同工况及下游水位而急剧改变。

（2）发生这种水压脉动时，整个水轮机流道中都可观察到出现了这种水压脉动。特别是转轮前的蜗壳和导叶区等处，压力脉动的升高还常常超过了尾水管锥管处的压力脉动值。

（3）一些模型试验发现，当吸出高度减小到一定程度后，此种压力脉动会突然消失。

2.5 叶道涡分析

当水轮机偏离最优工况后，不仅在在尾水管中央可以看到一条旋转的涡带，在转轮叶片间还可看到有一连串的涡束沿着两个叶片间流出，故被称为叶道涡。叶道涡通常不与叶片相接触，故很少发生空蚀，但能引起水力的不稳定。

宜兴抽水蓄能电站水轮机处在高水头运行，发生了叶道涡现象，机组产生了激烈振动，甚至导致转轮叶片与尾水管里衬都出现裂纹。从运行工况看，此时所发生的叶道涡主要属于高水头叶道涡。通过顶盖补气，振动可得到减小，目前机组实际运行采用躲开振动区或叶道涡区运行。

2.6 卡门涡分析

卡门涡是一种较早的为人们所发现的水力不稳定现象之一。最早发生在20世纪40年代美国的一些水轮机转轮上。不少机组带70%以上较大负荷时出现了强烈振动和噪声，转轮叶片出现了裂纹。研究发现这些转轮叶片的出口边大多较厚，经削薄出水边和/或修改出水边形状后获得了解决。近代水轮机设计时大多已注意叶片出水边不过厚，很少再有转轮叶片发生卡门涡问题。

但近年来在国内外的一些机组上又陆续发现因卡门涡而发生激烈的振动与裂纹。经试验分析认为，系叶片出水边所产生的卡门涡与转轮叶片的高阶自振频率发生了共振所引起。为此对叶片出水边进行了修型与减薄。

为了解决卡门涡的共振问题，将叶片出口边修薄，这样又引发出另一个问题，由于某些电站泥沙含量较大，是否会加速叶片出口边的磨损，这又是一个矛盾的问题。

2.7 叶片频率数的压力脉动

当水流通过水轮机的叶栅（固定导叶、活动导叶与转动的轮叶片）时，水流受到叶栅的排挤，以及上一级叶栅出口尾流不均匀性的影响，将发生叶片数以及叶片数与转速乘积频率的压力脉动。国外称这类水压脉动为通过叶栅频率的压力脉动（Blade passing frequency）。

过去由于人们主要关心的是低频的尾水管涡带，这类高频的水压脉动很少被注意。近年来由于对稳定性试验研究的扩大与深入，已发现在转轮前导叶后的压力腔中，可以测到明显的转轮叶片数乘转频的压力脉动。而固定叶栅，如固定导叶和活动导叶数乘转频的压力脉动，按水力学原理看似应在转轮中反映得更为明显一些。运行机组因转速较低，就能较容易地观测到这类压力脉动。由于过去人们习惯于用压力脉动的幅值来衡量压力脉动对机组稳定性的危害，所以即使测到了这类压力脉动，因其幅值似较小，所以往往也未引起注意。但如从材料抗疲劳的角度来看，幅值虽低但频率较高的压力脉动，常更容易引起疲劳于共振，有可能比幅值较大但频率较低的压力脉动危害更大。

2.8 其他

混流式水轮机其他的水力不稳定现象还有：因梳齿引起的水压脉动，这类水压脉动还常引起自激振动。发生在一些高水头水轮机上的较多。此外在运行机组试验中，常还可以发现因机械（多半与机组的加工、安装等有关）或电气不平衡造成的水力不平衡和机组的振动和摆度。因机械原因引发的不稳定大多表现为转频以及和周波数有关的频率。因此一般情形下较易辨别。近年来发现的在开停机和过渡过程中产生的水压脉动，都有可能对水轮机造成很大的危害。宜兴抽水蓄能电站在系统中担任调节任务，需要频繁启动，在过渡过程及不同负荷时所发生的各种水力不稳定现象中，还有大量不明来源频率较复杂的水压脉动，这可能对机组的运行造成或多或少的影响，但长此以往，必然会造成严重的后果。

3 应对措施

当水轮机发现有可能产生不稳定问题时，目前通常想到的办法是补气及提高机组的刚度，但如果对运行机组的实际运行情况进行一些考察，就可以发现，大多数情况下这些措施的实际效果似并不那么理想。

大量试验表明，补气可以有效地减轻很多种的水压脉动，故目前几乎所有的运行机组都设置了各种补气设施。目前的一些大机组都是尽量避开涡带区运行。混流式水轮机躲开了禁止运行区，剩下的可以运行区域就很窄了。机组越大，允许运行区往往也越窄。一些特大型机组，几乎整个涡带区都不宜运行。此外目前不断发现新的水力不稳定现象，如叶道涡等，又给运行机组的运行提出了新的限制线。如果排除掉形形色色的各种水力不稳定区，那么大型混流式水轮机往往只剩下一个无涡区可以放心运行。但即使在无涡区，仍须考虑卡门涡与叶片频率数的压力脉动等是否会诱发共振或疲劳等。

4 结语

宜兴抽水蓄能电站的水头变化较大，水头较高，水头高则要考虑设法躲开进口边空化、尾水管涡带与高水头叶道涡，在空载、调相时则要考虑小开度压力脉动带来的激烈旋涡、脱流与空化对水轮机的疲劳与裂纹影响，机组调峰较多造成的频繁启停又使水轮机频繁受到小开度压力脉动的冲击，正常运行时高部分负荷压力脉动、卡门涡、通过叶栅频率的压力脉动还是会对转轮的疲劳强度、机组的整体刚度形成破坏，同时，机械或电气不平衡造成的水力不平衡和机组的振动和摆度，也都对水轮机造成很大的危害。设置补气设施，提高机组刚度，同时合理的安排机组运行，避开危险区域，是当前大部分水电站降低水力脉动对机组危害的最有效手段。

参考文献

[1] 程良骏. 水轮机 [M]. 北京：机械工业出版社，1981.
[2] 侯才水. 可逆式机组甩负荷水力过渡过程的优化 [J]. 南昌水专学报，2004 (2)：75-78.
[3] 于波，肖惠民. 水轮机原理与运行 [M]. 北京：中国电力出版社，2008.
[4] 章梓雄，董曾南. 粘性流体动力学 [M]. 北京：清华大学出版社，2011.

高速火焰喷涂陶瓷涂层在大型抽水蓄能机组底环的应用

赵雪鹏 张一波 胡立昂 王 涛

（河北张河湾蓄能发电有限责任公司，河北省石家庄市 050300）

【摘 要】水轮机过流部件受到泥沙的空蚀、磨蚀而导致其表面的金属流失，造成设备运行效率低下、大修频繁、使用寿命缩短。使用技术（HVOF）在金属基体表面制备陶瓷涂层，该涂层可以与金属基体有很强的结合强度，同时具备表面粗糙度和孔隙率低的特点。本文首先分析了高速火焰喷涂陶瓷涂层的工艺特点，然后介绍了该涂层技术在张河湾电站底环修复的工程应用，为其他高水头电站处理类似问题提供了可借鉴的经验。

【关键词】超音速火焰喷涂 抗磨蚀复合涂层 底环

1 引言

张河湾电站在设计上将底环埋设在导水机构过流通道的下部混凝土中，其上装有导叶下轴套，对导叶起支撑作用。这一结构保留了常规底环下部有混凝土填充的优点，缺点是底环不能更换。张河湾电站1号机组经过10年运行至今，发电、抽水工况启动次数较多且转换频繁。在机组检修过程中，发现水轮机底环表面有明显空蚀，底环表面呈现无规律空蚀凹坑，空蚀凹坑深度达5～8mm；金属组织已发展为海绵状酥松组织，表面凹凸不平，表面的蜂窝状高低起伏悬殊达到5mm，以上空蚀和磨蚀联合破坏，对设备的安全运行有较大影响。

本次修复拟用水轮机专用TIG－J50焊丝或同材质焊丝对空蚀面进行补焊并探伤检测，再进行现场抛磨修型，然后采用高音速火焰熔射技术在底环表面首先熔射一层厚0.3mm的非晶-陶瓷复合球化粉末防护涂层，然后再刷涂厚2～3mm的柔覆高分子复合涂层形成复合聚合物陶瓷抗磨蚀双保险涂层防护，满足使用要求，确保机组安全稳定运行一个大修期。

2 工艺介绍

目前国内外的水轮机抗磨蚀技术应用相对多一些的还是喷涂钴碳化钨硬涂层，碳化钨涂层虽然耐冲刷性很好，但钴碳化钨涂层存在脆性大的先天性缺陷。在以空蚀为主的水轮机过流部件上，碳化钨涂层几乎起不到空蚀防护作用。

本次喷涂的非晶粉末材料是一种等离子球化工艺制成的WCNiTiCrCoMo碳化物金属复合固溶体粉末，喷涂后的涂层抗空蚀能力是0Cr13Ni5Mo不锈钢的2倍以上，非晶金属-陶瓷涂层硬度HRC70－80和钴碳化钨相当，但它有着比钴碳化钨涂层更好的非晶特有的强度、弹性、抗磨蚀性。该粉末制作工艺是将非晶金属粉末材料和超硬碳化物陶瓷粉末材料团聚后进行等离子球化形成新的非晶金属-陶瓷复合球化粉末。

制作流程如图1所示。

球化粉末经高速火焰熔射工艺将该复合粉末熔射在过流面表面制备出高弹性模量的非晶金属-陶瓷硬涂层，该涂层韧性和耐磨蚀性比传统碳化钨涂层有明显的改善，提高了涂层的抗空蚀性能，该涂层与基体结合强度达到70MPa以上，泥沙及偶尔的大颗粒异物的打击冲蚀很难使涂层从基体剥落掉块，涂层能经受锤击不脱落，试验情况如图2所示。

3 在张河湾电站的应用

3.1 施工步骤

（1）用布基胶带将活动导叶下端轴轴孔粘贴封盖，避免焊接、打磨的粉尘进入下端轴轴孔内。

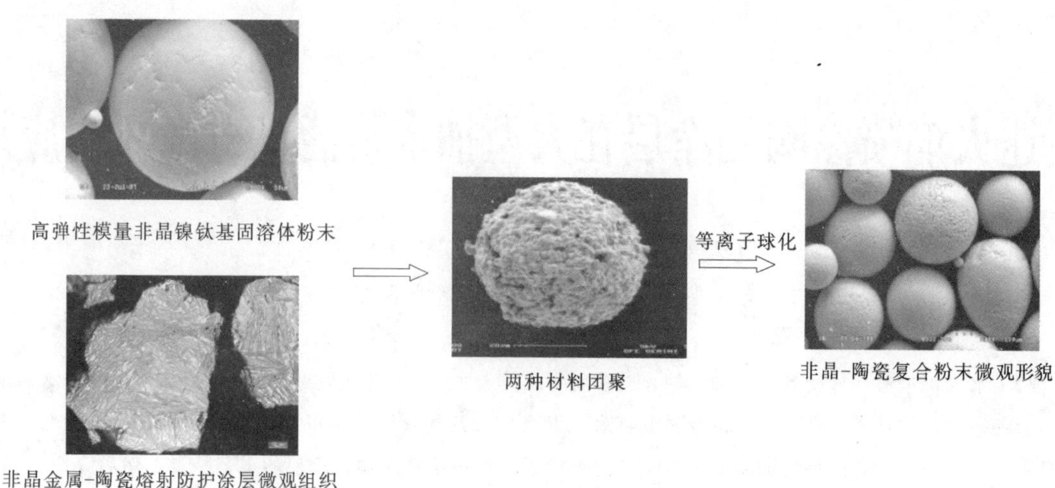

图 1 制作流程示意图

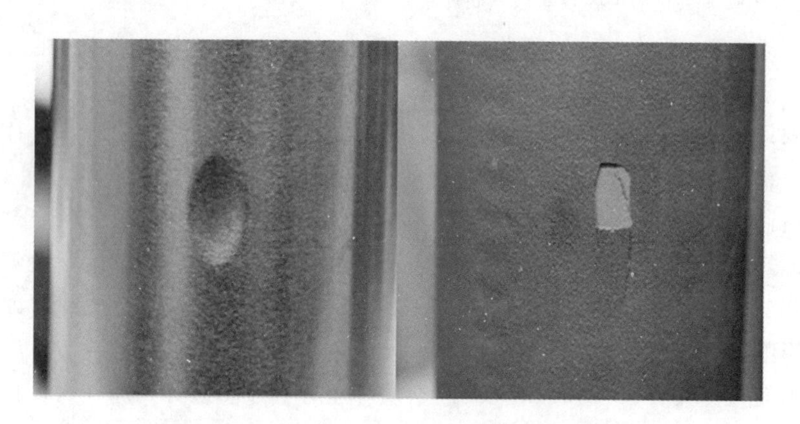

图 2 喷涂钴碳化钨涂层锤击后涂层掉块喷涂非晶金属-陶瓷锤击后涂层凹陷但不掉块（涂层硬度 HRC70－80）

(2) 对缺陷部位进行清理，将需补焊处边缘两侧表面不小于 15mm 范围内的油、垢、锈等污物清理干净，表面不得有裂纹、夹层等缺陷。如有裂纹、重皮应及时提出，待消除缺陷后，方可开始焊接。

(3) 采用手工氩弧焊方法焊接，焊接材料：TIG－J50 焊丝，采取断续焊，要求焊接时每段焊缝长度不超过 100mm、焊道厚度不大于 3mm、焊道宽度不大于 6mm。施焊时应严格控制焊接参数，尽量使用小的线能量进行施焊。

(4) 每段焊道施焊完应马上采用锤击方法消除焊接应力，锤击时要求焊道温度达到 120℃以下方可停止锤击。

(5) 焊口焊完后，焊工应进行认真清理，并进行自检，严禁有咬边、气孔、裂纹缺陷。每个面处理时采用分片处理方法，尽可能保存基准面，每片面积不大于 200cm^2。待焊接及打磨合格后方可进行下一步处理。

(6) 对焊接修复打磨后的部件进行整体探伤，确保补焊部位没有裂纹，夹层等缺陷。

(7) 用高效无残留金属表面清洗剂对已经经过喷砂处理的区域反复清洗，清除一切杂物和油污，至表面无任何杂质和油脂，然后表面进行喷砂处理，金刚砂喷砂作业使金属表面去油去湿，喷砂达到 Sa3 级，金属表面的疵点、锈蚀不得存在，显出金属原本色，金属表面基体能见粗糙度（约 40μm）。

(8) 然后用 2%硅烷偶联剂 KH550（3－氨丙基乙氧基硅烷）无水乙醇溶液刷涂金属喷砂后的金属表面基体，偶联剂的用量将填料表面湿润就够。目的是强化碳化硅与聚合物的亲和力以增强表面活性。处理后将金属表面加热至 50℃以上。

(9) 第一次涂层。用高频熔射枪将非晶-陶瓷复合球化粉末熔射在经过喷砂的叶片过流表面，过程中控制金属表面温度在80～120℃。熔射涂层材料选用直径10～45μm的高弹性模量的非晶-陶瓷复合球化粉末，设备选用液体燃料（C_3H_8）＋氧气作为能源的大功率高频熔射枪（功率150kW），燃料和氧气在枪内燃烧室高速燃烧产生3000℃焰流，焰流速度高达2000m/s，送粉器将非晶-陶瓷复合球化粉末从枪管侧翼送入并被焰流加温至半熔化，在焰流的推力作用下，非晶-陶瓷粒子以800m/s飞行速度熔射在叶片表面，形成一个0.3mm的光滑非晶-陶瓷涂层，涂层与基体结合强度80MPa，涂层表面粗糙度Ra3.2～6.4。非晶-陶瓷涂层材料是一种等离子球化工艺制成的WCNiCrTiMo碳化物金属复合固溶体，涂层抗空蚀能力是0Cr13Ni5Mo不锈钢的3倍以上，涂层显微硬度HV300≥1050。

（10）第二次涂层。待熔射涂层冷却至常温后，对零件刷涂渗透剂渗透，进一步提高涂层抗电化学腐蚀能力，并提供下一层的过渡粘接功能。

（11）第三次涂层。待第二次涂层半固化时，刮涂过渡底涂，将零件微观麻坑砂眼彻底填平，同时进一步增加表面粘接性能。

（12）第四次涂层。待第三次涂层半固化时，将在非晶-陶瓷涂层表面制备一个厚度为2～3mm的柔覆高分子复合涂层（底环硬密封压紧面除外），高分子复合涂层是一种双组分、光固化高性能表面涂层材料，主要成分是合金颗粒和改性聚氨酯，所以具有良好的耐磨蚀和磨蚀性能，涂层具有抗交变冲击重载荷能力，其能量吸收能力足够抵抗47MPa的空蚀冲击波破坏不脱落，涂层可以实现光固化（见表1）。在涂层作业期间，不允许对作业表面进行污染。如果发生污染，则再次涂层作业之前，应当使用无残留清洗剂进行清洗。涂层作业之间发生的污染会影响中间涂层的粘接性能。施工过程中，应保证耐磨层均匀致密，避免漏涂。涂层完成后，采用光照辐射的方法对涂层进行光固化，控制温度在50℃左右保温8～10h，一般晚间进行。

表1　柔覆高分子复合涂层性能表

柔覆高分子复合涂层主要成分	聚四亚甲基醚二醇/聚甲苯二异氰酸酯
拉伸剪切强度	30MPa
抗拉强度	50MPa
耐磨性能	碳钢200倍，高铬铸铁25倍以上
耐温	150℃
撕破强度	55N/mm
拉伸模量	7N/mm²
致断伸长率	380%
涂层弹性	45%
承受温度	≥170℃

4 效果检查

在1号机组投入运行一年后，使用工业内窥镜检查底环空蚀情况，抗磨涂层完好无脱落（见图3和图4）。这说明在抽水蓄能机组双向旋转的工况条件下，该涂层很大程度上提高抗空蚀能力，本次改造达到了预期目的。

5 结语

通过采用新抗空蚀工艺，提高了水轮机过流部件的使用寿命和机组运行稳定性和安全，如水轮机转轮、导叶等，改善因受到泥沙的空蚀、磨蚀而导致过流部件表面的金属流失，使设备在运行中产生振动和噪声，造成设备运行效率低下、大修频繁的现状，此次抗空蚀工作效果明显，值得其他水电站同样执行此类工作的单位借鉴参考。

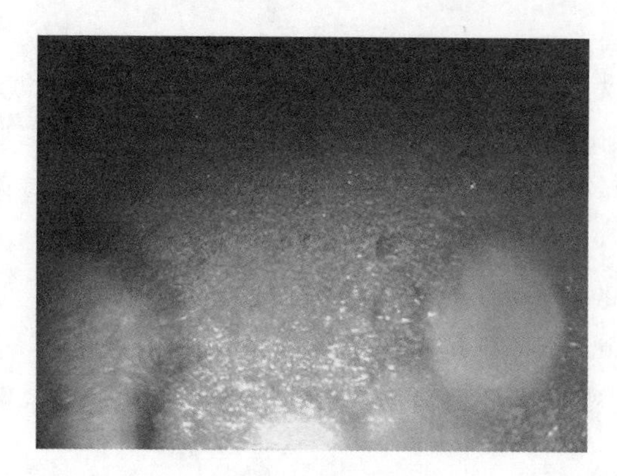

图 3　底环抗空蚀情况

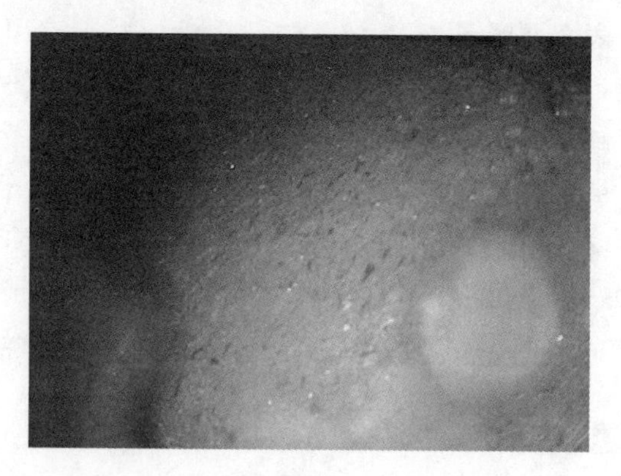

图 4　底环抗空蚀情况

参考文献

[1]　方勇. 超音速火焰热喷涂 WC 抗磨蚀涂层关键技术研究与应用 [D]. 杭州：浙江工业大学，2016.
[2]　王延枝，王会谊，侯应黎. 热喷涂涂层在阀门上的应用 [J]. 通用机械，2014 (10)：97-98.

仙游抽水蓄能电站2号机组球阀系统液压油水分含量超标故障分析及处理

张 涛 钟 庆

（福建仙游抽水蓄能有限公司，福建省莆田市 351267）

【摘 要】 仙游抽水蓄能电站日常工作中发现2号机球阀系统液压油水分含量严重超标，达到2239mg/L；经过排查确定工作/检修密封锁闭阀HV07内部窜水，结合定检，更换2号机球阀油系统液压油，更换HV05、HV07两个锁闭阀，同时结合后续检修，对HV05、HV07两个锁闭阀进行了重新选型改造。

【关键词】 球阀 油化验 油混水 电磁阀 锁闭阀

1 引言

仙游抽水蓄能电站（简称仙游电站）是福建省第一座抽水蓄能电站，具有周调节功能，电站建成后服务于福建电网，承担系统内调峰、填谷、调相、紧急事故备用和黑启动等任务。电站安装4台单机容量为300MW的立轴单级混流可逆式机组，总装机容量1200MW。电站4台机组于2013年12月19日全部投产。

仙游电站采用球阀作为进水主阀，球阀设置两道密封，上游侧为检修密封，正常运行时退出；下游侧为工作密封，随机组启停而进行相应投退，两道密封均由取自本机组压力钢管的5MPa水压操作；设置两道旁通针阀，上游为检修旁通阀，关闭腔采用水操作，退出腔采用油操作，下游为工作旁通阀，采用油操作；仙游电站球阀液压系统设置有工作密封锁闭阀HV04、检修密封锁闭阀HV05、工作/检修密封锁闭阀HV07，用于实现油、水回路的互锁。

2 故障现象

2017年7月，油化验报告显示2号机球阀系统液压油水分含量严重超标，达到2239mg/L（见图1），按照国标要求，运行中汽轮机油水分含量应在100mg/L以下，而上季度油化验水分含量为23mg/L（见图2），符合标准，查阅以往油化验报告，2号机球阀系统液压油水分含量均在国标合格范围内。

福建中试所电力调整试验有限责任公司
Fujian Zhongshisuo Electric Power Engineering Commissioning & Test Ltd.

报告编号：123-2017-163

润滑油质量检测报告

委托单位	福建仙游抽蓄水电站		
样品来源	送检	检测时间	2017/3/31
样品编号	123--2017--163-11	123--2017--163-12	检测依据
样品名称 / 检测项目	2号机球阀润滑油	4号机球阀润滑油	
闪点（开口）,℃	228	232	GB/T 3536-2008
破乳化度，min	14.6	18.4	GB/T 7605-2008
水份，mg/L	23	29	GB 7600-2014
酸值，mgKOH/g	0.2	0.088	GB/T 28552-2012
运动黏度（40℃），mm²/s	44.97	45.93	GB/T 265-88

图1 一季度油化验报告

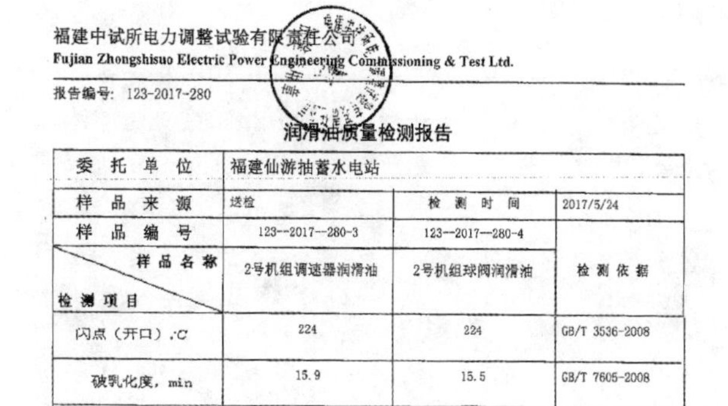

福建中试所电力调整试验有限责任公司
Fujian Zhongshisuo Electric Power Engineering Commissioning & Test Ltd.

报告编号：123-2017-280

润滑油质量检测报告

委托单位	福建仙游抽蓄水电站		
样品来源	送检	检测时间	2017/5/24
样品编号	123--2017--280-3	123--2017--280-4	检测依据
样品名称 / 检测项目	2号机组调速器润滑油	2号机组球阀润滑油	
闪点（开口）,℃	224	224	GB/T 3536-2008
破乳化度，min	15.9	15.5	GB/T 7605-2008
水份，mg/L	31	2239	GB 7600-2014
酸值，mgKOH/g	0.18	0.2	GB/T 28552-2012
运动黏度（40℃），mm²/s	44.80	44.91	GB/T 265-88

图2 二季度油化验报告

3 原因分析

3.1 故障点排查

对球阀系统液压图进行分析，液压回路中存在油水混合可能的地方共有5处，分别为工作密封锁闭阀HV04、检修密封锁闭阀HV05、工作/检修密封锁闭阀HV07、球阀工作旁通阀、球阀检修旁通阀。对以上可能发生油混水的地方进行排查。

3.1.1 检修旁通阀

分析球阀旁通阀结构，仙游电站检修旁通阀开启腔采用油压操作，关闭腔采用水压操作，检修旁通阀存在窜水可能的地方共有两处，分别为压力钢管中水以及关闭腔操作水窜入阀门操作机构退出腔油回路。

旁通阀操作机构退出腔与压力钢管间及与关闭腔间各设有两道活塞杆密封，活塞杆两道密封之间均设有一泄压腔连通大气，如活塞密封损坏，将会有水从泄压孔中流出。现场检查确认，上述两处泄压孔处未出现喷水、渗水现象，基本排除检修旁通阀窜水的可能。

3.1.2 工作旁通阀

仙游电站球阀工作旁通阀与检修旁通阀结构相同，但工作旁通阀操作机构开启、关闭腔均采用油压操作，故工作旁通阀存在窜水可能的地方只有压力钢管水通过阀杆密封上窜。

同检修旁通阀，现场检查阀体泄压孔，未发现持续水或者油流流出，所以基本能排除工作旁通阀窜水的可能。

3.1.3 工作密封锁闭阀HV04

工作密封投入时，工作密封锁闭阀HV04切断球阀液压系统操作回路油压，防止工作密封投入时球阀进行开启，从而造成工作密封损坏。

从液压系统图上看，HV04用水压闭锁油路，存在窜水的可能性，但现场对HV04的结构进行检查，发现HV04油回路和水腔未直接接触（见图3），而是用杠杆传递力矩，传动腔上设有一观察孔及两个泄压孔。

如果HV04出现窜水或者窜油现象，油/水将会进入传动腔，然后通过泄压孔流出，现场检查HV04未出现渗水渗油痕迹，可排除HV04窜水的可能。

3.1.4 检修密封锁闭阀HV05

同工作密封功能一样，检修密封投入时，检修密封锁闭阀HV05切断球阀液压系统操作回路油压，防止检修密封投入时球阀开启，从而造成检修密封损坏。

从液压系统图上看，HV05用水压闭锁油路，存在窜水的可能性，对现场HV05实物进行检查，发现HV05油回路与水腔直接通过螺栓把合在一起（见图4），如油腔与水腔间密封损坏，存在窜水的可能性很大。

图3 工作密封锁闭阀HV04实物图

图4 检修密封锁闭阀HV05

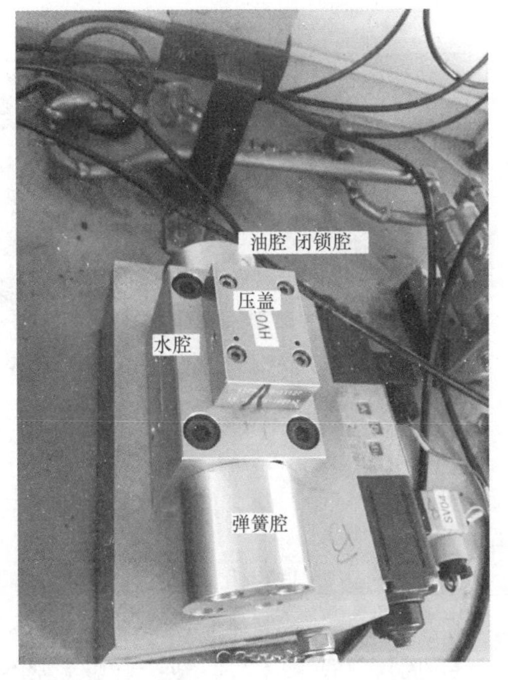

图 5　工作/检修密封锁闭阀 HV07

3.1.5　工作/检修密封锁闭阀 HV07

球阀主接力器开启腔带压时，HV07 切断工作、检修密封操作水源，防止球阀本体开启或开启过程中工作密封及检修密封投入，造成密封损坏。

从液压系统图上看，HV07 用油压闭锁水路，也存在窜水的可能性，且现场检查发现，HV07 结构与 HV05 一样（见图 5），如油腔与水腔间密封损坏，存在窜水的可能性也很大。

综上所述，发生窜水最有可能的地方为检修密封锁闭阀 HV05 及工作/检修密封锁闭阀 HV07。

3.2　将 HV05 及 HV07 拆下进行解体检查，对可能窜水部位进行检查分析

（1）HV07 存在窜水可能的地方有 4 处，分别为阀体与底座把合面、上端压盖与阀体把合面、弹簧腔与阀体把合面、锁闭腔与阀体把合面，对各把合面逐个进行分析。

1）阀体与底座把合面（见图 6）：各孔处均设有一道 O 型密封圈，压力油与水回路间存在两道密封，解体后检查各密封完好无破损，压缩量足够，且各密封为静密封，现场检查阀体与底座把合面四周无渗油、渗水痕迹，螺栓紧固无松动，基本排除此把合面窜水的可能。

2）上端压盖与阀体把合面（见图 7）：同上，解体后检查各密封完好无破损，压缩量足够，且各密封为静密封，基本排除此把合面窜水的可能。

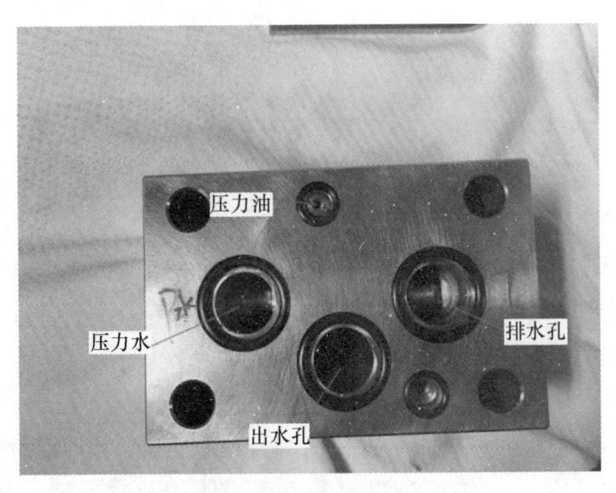

图 6　HV07 阀体与底座把合面

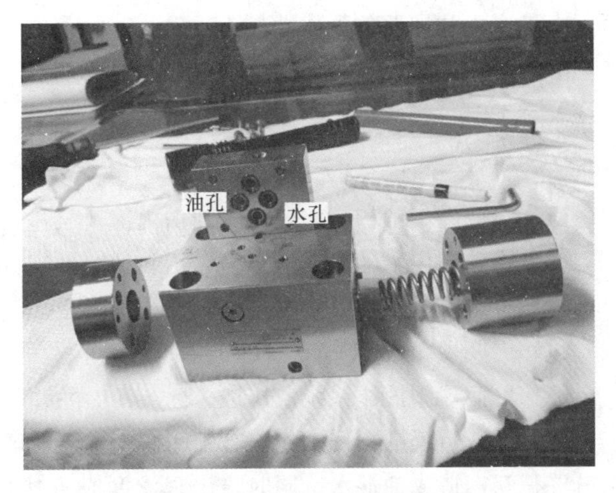

图 7　上端压盖与阀体把合面

3）弹簧腔与阀体把合面（见图 8）：弹簧腔接通排水，活塞腔窜出的水进入弹簧腔后，通过排水孔排走，而压力油通过一道 O 型密封圈及堵头与弹簧腔隔离，解体检查密封完好无破损，压缩量足够，把合螺栓紧固无松动，此把合面四周无渗水、渗油痕迹，压力油堵头紧固无松动，且此腔水回路无压，可基本排除此把合面处窜水可能。

4）锁闭腔与阀体把合面（见图 9）：锁闭腔与油回路接通，球阀开启时，油压进入锁闭腔，球阀关闭时，锁闭腔接通排油；活塞内侧为压力水，且正常运行时，阀芯内腔始终带压，油腔与水腔间仅通过活塞上一道动态密封隔离，球阀开启时，HV07 动作，长期运行后，密封极易磨损，从而造成窜水，球阀关闭状态时，锁闭腔接通排油，阀芯内压力水窜入锁闭腔后，将通过油孔大量进入集油槽内，所以此处窜水可能性极大，且窜水后从外部看不出任何异常。

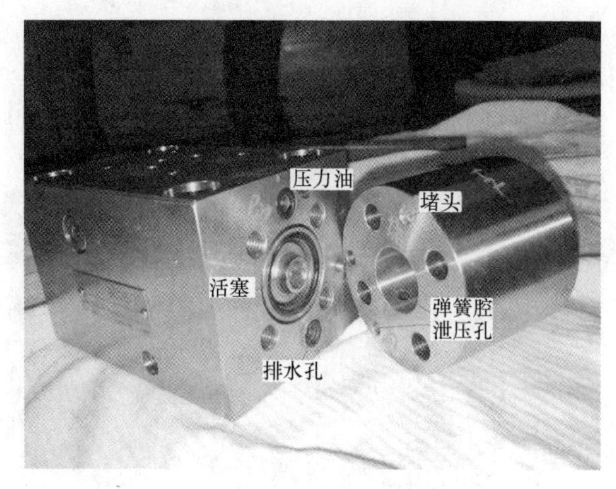

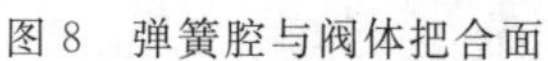
图 8 弹簧腔与阀体把合面

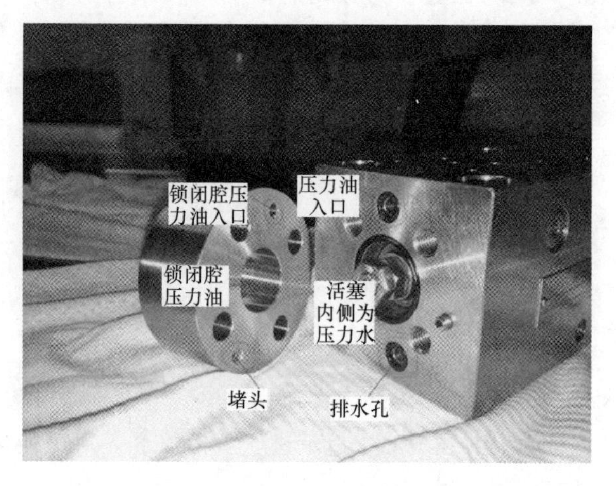

图 9 锁闭腔与阀体把合面

（2）HV05 与 HV07 结构一样，可能窜水的地方也为 4 处，但 HV05 为水回路闭锁油回路，所以各腔通油通水情况相反，解体后，对各把合面逐个进行分析。

1）阀体与底座把合面：同 HV07，基本排除此把合面窜水的可能。

2）上端压盖与阀体把合面：同 HV07，基本排除此把合面窜水的可能。

3）弹簧腔与阀体把合面：此腔始终接通排油，活塞内也为油回路，可能窜水地方为上部小孔，但根据 HV07 分析，上部小孔与弹簧腔连通的可能性很小，且只有检修密封投入时，上部小孔才会带压，正常运行时检修密封退出，闭锁回路始终无压，基本排除此把合面窜水的可能。

4）锁闭腔与阀体把合面：同 HV07，水腔与油腔间也仅通过阀芯上一道动态密封隔离，存在窜水的可能性较大，但正常运行时，检修密封退出，锁闭腔始终无压，如阀芯密封不好，会造成压力油泄露，而水大量窜入油回路的可能性较小。

综上所述，HV05 及 HV07 均存在密封薄弱点，窜水可能性较大，其中 HV07 窜水可能性最大。

4 处理方法

（1）将球阀集油槽排空，将集油槽内部及泵进口滤芯彻底清扫干净。

（2）将球阀压力油罐泄压排空，用新油对油罐内部进行冲洗。

（3）将球阀接力器及液压系统管路全部排空。

（4）更换锁闭阀 HV05、HV07。

（5）更换球阀液压系统液压油。

（6）结合后续的检修工作，将锁闭阀 HV05、HV07 改为同 HV04 结构锁闭阀，油水分离，不会渗漏至另外一腔，造成油混水，同时，出现渗漏时直接排至外部，运维人员更容易发现，便于及时处理，避免了液压回路出现大量油混水。

5 结语

球阀系统在实际使用中，由于设备选型、制造加工、运行环境等因素影响，无法像理想设计中那样运行，造成出现油混水等缺陷。在对各种可能原因进行详细分析和严谨论证后，准确找出故障点，及时消除了缺陷，同时对存在薄弱环节的设备进行了改造，经过几个月的实际运行，效果明显。以上提出的 2 号机组球阀系统液压油水分含量超标故障分析及处理具有一定的代表性，这些问题的解决不但为仙游电站安全稳定运行提供了有力保障，也为以后新建电站同类型的球阀系统设计及故障处理提供了借鉴。

参考文献

[1] 李浩良，孙华平. 抽水蓄能电站运行与管理 [M]. 杭州：浙江大学出版社，2013.

[2] DL/T 5208—2005 抽水蓄能电站设计导则 [S]. 北京：中国电力出版社，2005.

[3] DL/T 290—2012 电厂辅机用油运行及维护管理导则 [S]. 北京：中国电力出版社，2012.

浙江仙居抽水蓄能电站1号机导叶端面间隙偏小原因分析及处理措施

叶惠军 朱建国

（中国水利水电建设工程咨询北京有限公司，北京市 100024）

【摘 要】 介绍了抽水蓄能机组导水机构安装的主要工序，对浙江仙居抽水蓄能电站1号机组导叶机构安装过程中出现导叶端面间隙偏小的原因进行了分析，并提出了经济、可行的处理措施。同时，在座环机加工前应综合分析活动导叶实际加工尺寸、顶盖下沉量等因素的影响，确定座环各工作面的加工尺寸，保证导水机构安装完成后导叶端面总间隙满足设计要求。

【关键词】 抽水蓄能机组 座环 导水机构 导叶端面间隙

1 引言

浙江仙居抽水蓄能电站位于浙江省仙居县湫山乡境内，为日调节纯抽水蓄能电站，共安装4台375MW混流可逆式水轮发电机组。水泵水轮机部分由哈尔滨电机厂有限责任公司供货。水轮机工况下，额定出力382.7MW，额定水头447.0m，额定转速375r/min。

水泵水轮机导水机构由底环、顶盖、20个活动导叶及其操作机构组成。20个活动导叶在控制环的控制下同步转动，从而改变进入转轮的水流环量和流量，以适应系统对机组出力的要求。由于导叶开度变化带来的导叶端面间隙内部压力的变化，当压力低于该处的空化压力就会产生空蚀，使导叶端面产生严重的空蚀。导叶端面间隙过小时，会加大、加快导叶端面的空蚀损害。

2 导水机构安装

2.1 导水机构主要安装工序

导水机构包括顶盖、活动导叶、套筒等组成，主要安装工序如图1所示。

2.2 工序验收标准

（1）座环机加工验收指标。座环/蜗壳分瓣运输到工地后进行拼装焊接，探伤合格后吊装就位并完成蜗壳水压试验，待蜗壳混凝土浇筑完成后，拆除封水环，对座环进行机加工。机加工主要针对4个工作面，如图2所示，其中H4、H3为后续安装底环的工作面，H1、H2为后续顶盖安装的工作面。

根据厂家提供的图纸及QCR表格，座环机加工完成后各工作面的水平在0.20mm以内。考虑到1号机组的底环、导叶、顶盖设计及加工尺寸，厂家确认H3与H1的差值应按780（＋0.23～＋0.43）mm加工，H4与H3的差值应按655（＋0.03～＋0.23）mm加工。

（2）顶盖与座环把合螺栓的预紧力。顶盖与座环之间靠均布的96个M95×4的螺栓把紧，预紧力为2610kN，伸长量为1.15mm±0.11mm，采用液压拉伸器进行预紧。

（3）导叶端面间隙。导叶安装完成后，顶盖落下，并将把合螺栓按预紧力要求进行预紧。伸长量达到设计值后，对导叶端面间隙进行

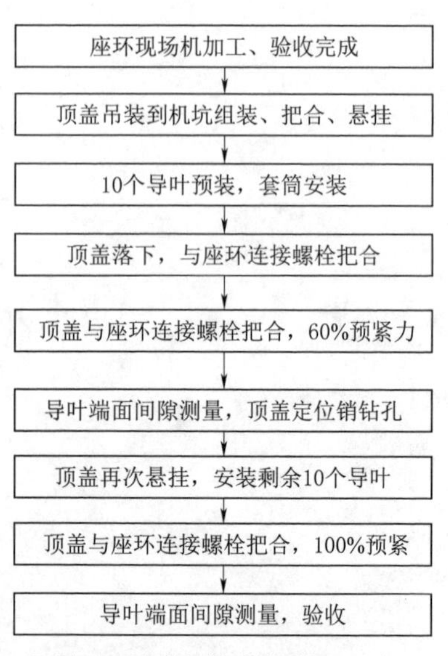

图1 导叶机构安装主要工序

检查。厂家要求的导叶端面间隙值为0.40～0.60mm。

2.3 结果检查

10个导叶安装完成后，顶盖与座环连接螺栓按60%预紧力把合，完成后测得导叶端面间隙值见表1。

从表1可以看出，按60%预紧力把合完成后，导叶端面间隙符合厂家的要求。监理检查后，经业主、厂家确认，同意施工单位进行下一步工序。

20个导叶全部安装完成后，顶盖与座环连接螺栓按100%预紧力把合，完成后测得导叶端面间隙值见表2。

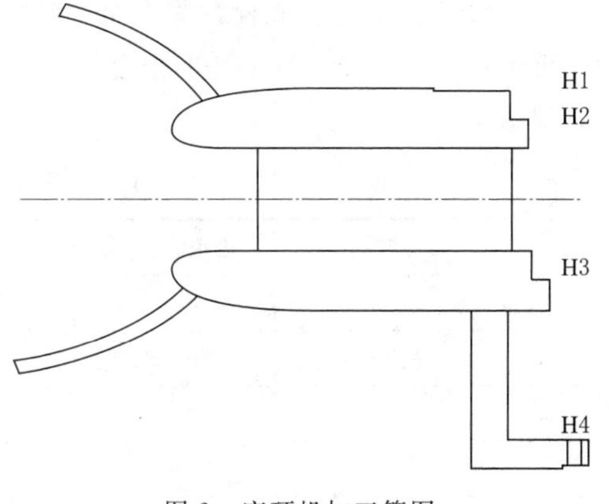

图2 座环机加工简图

从表2可以看出，按100%预紧力把合完成后，20个导叶中3号、4号、5号、6号、7号、8号、9号、11号、13号、15号导叶端面总间隙值均偏小，不符合厂家要求，其中7号导叶出水端总间隙仅为0.25mm。

表1 60%预紧力时10个导叶端面间隙

序号	导叶编号	进水端/mm	出水端/mm	序号	导叶编号	进水端/mm	进水端/mm
1	3	0.55	0.55	6	13	0.60	0.60
2	5	0.50	0.50	7	15	0.65	0.60
3	7	0.50	0.40	8	17	0.60	0.60
4	9	0.55	0.55	9	19	0.60	0.65
5	10	0.60	0.60	10	20	0.65	0.70

表2 100%预紧力时20个导叶端面间隙

序号	导叶编号	进水端/mm	出水端/mm	序号	导叶编号	进水端/mm	进水端/mm
1	1	0.50	0.52	11	11	0.40	0.37
2	2	0.42	0.40	12	12	0.45	0.45
3	3	0.35	0.35	13	13	0.30	0.42
4	4	0.35	0.35	14	14	0.40	0.42
5	5	0.30	0.35	15	15	0.30	0.42
6	6	0.40	0.35	16	16	0.43	0.47
7	7	0.30	0.25	17	17	0.40	0.40
8	8	0.30	0.35	18	18	0.42	0.45
9	9	0.30	0.37	19	19	0.47	0.47
10	10	0.40	0.40	20	20	0.45	0.48

3 原因分析及处理措施

3.1 原因分析

为了分析导叶端面总间隙值偏小的原因，经过各方讨论确定，首先检查座环机加工数据，然后将顶盖与座环把合螺栓的预紧力恢复到60%预紧力的状态。

（1）座环机加工数据复查。对1号机座环机加工数据的复查发现，座环机加工完成后H1～H4各个工作面的水平符合厂家要求，均在0.20mm以内。同时，H3与H1的差值满足780（+0.23～+0.43）mm的要求；H4与H3的差值满足655（+0.03～+0.23)mm的要求。

（2）检查螺栓预紧力。对顶盖与座环把合螺栓预紧力、伸长量的原始记录进行检查，预紧力均符合厂家提出的要求，伸长量在（1.15±0.11)mm范围内。

（3）恢复1/2把合螺栓预紧力至60%。为了进一步查找导叶端面总间隙偏小的原因，将顶盖与座环1/2的螺栓完全松开，另1/2的把合螺栓的预紧力恢复至60%时的状态，并对导叶端面总间隙进行了测量，见表3。

表3　1/2的螺栓60%预紧力时20个导叶端面间隙

序号	导叶编号	进水端/mm	出水端/mm	序号	导叶编号	进水端/mm	进水端/mm
1	1	0.55	0.65	11	11	0.55	0.62
2	2	0.52	0.52	12	12	0.57	0.65
3	3	0.52	0.52	13	13	0.55	0.52
4	4	—	—	14	14	0.55	0.52
5	5	0.45	0.42	15	15	0.47	0.55
6	6	0.47	0.45	16	16	0.55	0.58
7	7	0.45	0.40	17	17	0.55	0.55
8	8	0.40	0.45	18	18	0.60	0.65
9	9	0.42	0.45	19	19	0.62	0.65
10	10	0.47	0.47	20	20	0.67	0.65

通过上述的分析可以看出，座环机加工数据、螺栓预紧力均符合厂家设计要求，不是引起导叶端面总间隙偏小的原因。通过对表2、表3的分析可知，螺栓按100%预紧力把合后导叶端面总间隙均偏小，当预紧力恢复至60%时，导叶端面总间隙变大。结合对表1的进一步分析，可知导叶端面总间隙在安装完成后偏小的原因是由于顶盖在自身重力、螺栓预紧力作用下发生了一定量的下沉。

3.2 处理措施

（1）方案比选。针对导水机构正式安装完成后导叶端面总间隙偏小的问题，组织召开了专题讨论会，提出了两套方案，并对方案进行了比选，见表4。

表4　处理方案比选

方案	处理措施	优　点	缺　点
1	对顶盖下表面、底环上表面凸出的0.20mm、宽200mm的抗磨板进行打磨	不用悬挂顶盖，后续工作可以继续进行	作业空间小，打磨工艺不容易控制
2	悬挂顶盖，对导叶上表面进行打磨	打磨容易，作业空间大，工艺能够保障	需要悬挂顶盖，后续工作无法开展

考虑到在不拆卸顶盖的情况下，打磨空间受到限制，受限空间作业存在较大的安全隐患。对抗磨板进行打磨时，打磨范围广，很难保打磨精度，质量无法保证。活动导叶端面总间隙偏小时，顶盖与底环开档值（即H3与H1之间的差值）也不满足设计要求。同时，通过对已投入商业运行的机组的调查与分析，出现导叶刮擦抗磨板的位置一般发生在凸台之外的运行区域。

综合上述原因，第2种处理方案有利于机组后续运行，对导叶上端面进行打磨。

（2）工艺控制措施。导叶上端面处理时，根据导叶到底环的相对距离现场测量数据以及顶盖螺栓的全部安装100%拉伸测量的间隙综合考虑处理打磨量。通过对表4和表3的对比分析，确定了导叶上端面打磨量的控制范围，见表5。

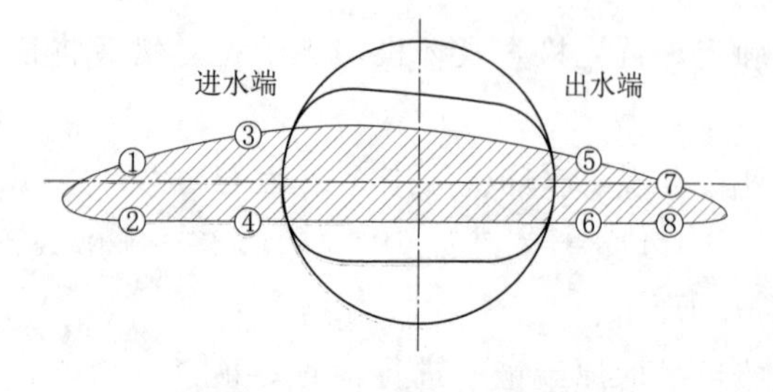

图3　导叶上端面打磨监控区域

打磨时应从导叶端面中部区域开始，逐渐向两侧扩展，随时框式水平仪测量端面的平面度，防止打磨过量或不平整。打磨过程中应按照下列分区点对导叶上端面水平、打磨量进行监控，如图3所示。

表 5 导叶上端面打磨量

序号	导叶编号	进水端/mm	出水端/mm	序号	导叶编号	进水端/mm	进水端/mm
1	1	0.10～0.18	0.08～0.18	11	11	0.24～0.30	0.28～0.34
2	2	0.16～0.26	0.14～0.24	12	12	0.20～0.24	0.10～0.18
3	3	0.24～0.32	0.16～0.26	13	13	0.30～0.38	0.18～0.28
4	4	0.20～0.26	0.22～0.32	14	14	0.18～0.28	0.22～0.28
5	5	0.24～0.32	0.18～0.20	15	15	0.22～0.32	0.18～0.28
6	6	0.14～0.24	0.28～0.38	16	16	0.20～0.26	0.16～0.24
7	7	0.30～0.38	0.36～0.40	17	17	0.22～0.24	0.20～0.30
8	8	0.30～0.38	0.26～0.36	18	18	0.20～0.28	0.16～0.26
9	9	0.28～0.38	0.26～0.32	19	19	0.16～0.20	0.16～0.20
10	10	0.20～0.30	0.20～0.30	20	20	0.28～0.20	0.12～0.20

3.3 结果检查

打磨后对导叶上端面水平、打磨量进行了检查，导叶上端面水平符合厂家技术要求，打磨量在表 5 所计算的范围内。

进行顶盖回装，完成顶盖与座环把合螺栓拉伸后对导叶端面总间隙进行了测量，结果见表 6。

表 6 打磨处理后导叶端面总间隙

序号	导叶编号	进水端/mm	出水端/mm	序号	导叶编号	进水端/mm	进水端/mm
1	1	0.55	0.60	11	11	0.55	0.60
2	2	0.50	0.60	12	12	0.55	0.60
3	3	0.60	0.50	13	13	0.60	0.60
4	4	0.50	0.60	14	14	0.60	0.60
5	5	0.50	0.60	15	15	0.55	0.60
6	6	0.50	0.60	16	16	0.55	0.55
7	7	0.60	0.60	17	17	0.60	0.60
8	8	0.50	0.50	18	18	0.60	0.50
9	9	0.50	0.55	19	19	0.55	0.60
10	10	0.55	0.60	20	20	0.60	0.60

从表 6 可知，经过对导叶上端面进行处理后，导叶端面总间隙在 0.50～0.60mm 之间，符合厂家 0.40～0.60mm 的技术要求。

3.4 机组运行检验

1 号机在整组调试过程中，活动导叶开启、关闭顺畅，未听见异响或发生卡阻现象。投入商业运行一段时间后，结合尾水隧洞流道放空检查，对活动导叶进行了全面检查，除发现局部有泥沙磨损的浅层划痕外，活动导叶上、下端面与上下抗磨板之间未发现明显磨损的痕迹，也没有发现因空蚀形成的凹坑。说明对 1 号机活动导叶采取的处理措施是有效的，满足机组安全运行要求。

4 结论

通过对 1 号机导水机构安装过程、导叶端面间隙的偏小产生原因的分析，可以得出如下结论：

(1) 座环/蜗壳焊接完成后，吊入机坑安装时应严格控制安装精度，保证其水平度等主要指标满足厂家要求和规程规范的要求。同时，在进行座环/蜗壳外包混凝土浇筑时应对称下料，并应严格控制浇筑速度，防止座环/蜗壳因外力作用而移动。

(2) 在座环/蜗壳机加工时，应严格控制各环的水平波浪度、内外环高差、上下环之间的差值等技术指标。

(3) 顶盖安装完成后，由于受自身重量、螺栓预紧力的作用，顶盖约有0.10～0.20mm的下沉量，在进行座环机加工之前应予以综合考虑，可以将H3与H1之间开档值的加大到780（+0.33～+0.63)mm。

(4) 在进行导水机构预装时，顶盖与座环把合的所有螺栓应按照100%的预紧力进行拉伸，且20个导叶应全部进行预装。

参考文献

[1] 梅祖彦. 抽水蓄能发电技术［M]. 北京：机械工业出版社，2000.

[2] 侯远航，钱冰，向虹光. 龚嘴水电站水轮机泥沙磨损处理的启示［J]. 水电与新能源，2010（6）：3-5.

[3] 肖丽华，廖瑾. 水电站导水机构安装方法分析——糯扎渡水电导水机构安装为例［J]. 科技资讯，2015，13（5）：74-75.

[4] 王秀然. 小湾水电站大型座环现场加工工艺［J]. 云南水力发电，2008（4）：33-36.

发电电动机出口断路器操作机构油泵运行超时的原因分析及处理

王丁一　朱海龙　梁睿光　朱光宇　付东来
（辽宁蒲石河抽水蓄能有限公司，辽宁省丹东市　118216）

【摘　要】本文从一起某抽水蓄能电站发电机出口断路器操作机构油泵运行超时的事件，详细分析故障发生的原因和对策，提出了发电机出口断路器发电机出口断路器油泵此类问题的解决办法和日常维护注意事项。

【关键词】发电机出口断路器　油泵　超时报警

1　引言

某抽水蓄能电站安装 4 台水轮发电机组，总装机 1200MW，主要服务于电网调峰填谷、调频和事故备用。发电机出口断路器设备为 ABB 公司生产的 HECPS－3S 系列发电机断路器，发电机出口断路器布置在地下厂房 7.5m 母线层母线洞内，发电机出口断路器可快速切断所有类型的故障，避免扩大损失和长期停运检修，减少短路造成损害情况。

2　故障经过

2020 年 02 月 25 日 18：00，3 号机组定检后调试过程中，抽水调相转停机工况；18：40，机组发电机出口断路器分闸动作；18：44，监控系统报“3 号机发电机出口断路器 3BAC10GS110 油泵长时间运行动作”。

现场检查发现 3 号机组发电机出口断路器现地控制柜存在报警“LONG TIME PUMP RUNNINGCB＋Q0”，为“发电机出口断路器操作机构油泵运行超时”报警，现场对液压弹簧进行手动缓慢泄压，检查发现操作机构液压弹簧限位开关的储能行程杆及齿轮存在掉齿现象。

3　缺陷分析及处理

3.1　发电机出口断路器动作储能机构动作原理

储能机构由电动机（图 1 中 S51002）驱动液压泵（图 1 中 S51014），将液压油从低压区到高压区部分从而压缩盘式弹簧（图 1 中 S51046）进行储能。当合闸操作时弹簧被压缩，工作活塞（图 1 中 S51012）的拉杆侧承受高的压力，在断路器处于分闸位置时，工作括塞下侧与低压部分油接触（储油箱）。工作活塞（图 1 中 S51012）的上述特性，使其能可靠地保持操动机构在分闸位置。当合闸线圈（图 1 中 S51004）动作时，转换阀（图 1 中 S51006）移向另一侧，使活塞下侧与低压油脱离的同时与高压油连接角，此时高压抽同时作用于活塞的两侧，因活塞下侧的面积较拉杆侧的面积大，活塞必然向合闸方向移动：盘式弹簧的释放能量的程度与耗油量成一定的比例，其所需的油由液压泵 S51014 立即补充，只要高压油的压力保持不变，工作活塞将维持在合闸位置。如果因故障引起液压下降，那么，与压力相关联的机械闭锁（图 1 中 S51016）将阻止工作活塞（图 1 中 S51012）自动向分闸方向移动。当分闸操作时，分闸线圈（图 1 中 S51004）动作时，转换阀（图 1 中 S51006）将移回原来的位置，活塞下侧流入低压油，工作活塞（图 1 中 S51012）移向分闸位置。

3.2　原因分析

造成发电机出口断路器操作机构油泵长时间运行的可能原因有如下几点：

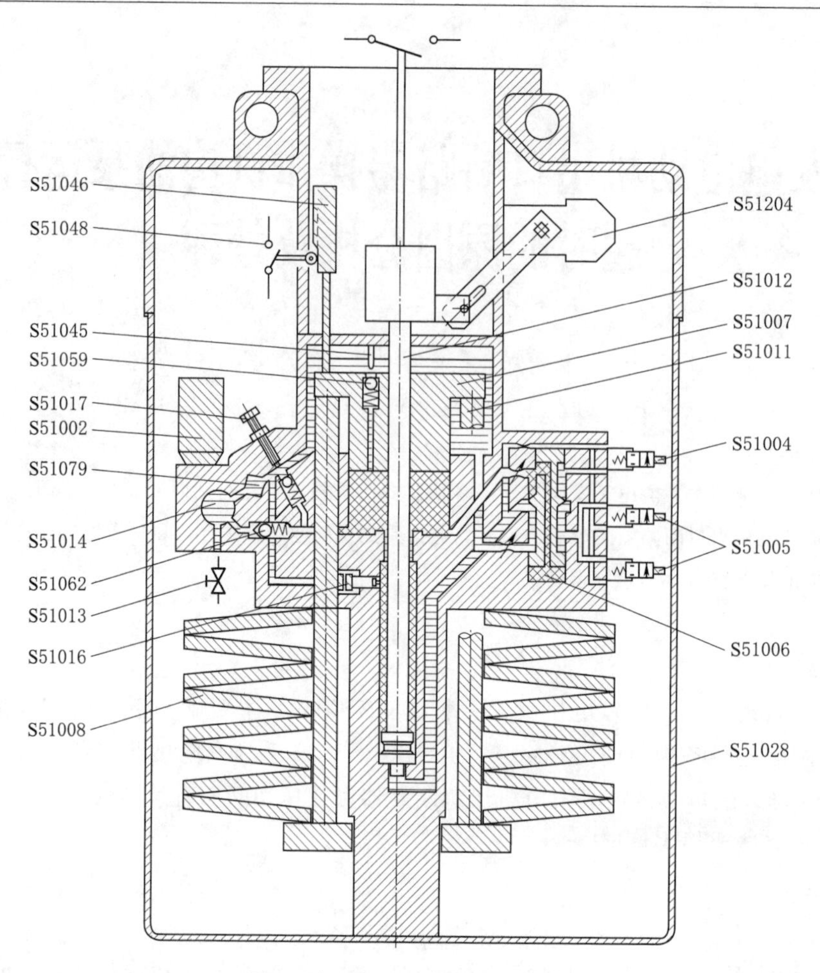

图 1 发电机出口断路器结构图

（1）操作机构液压弹簧限位开关位置节点端子松动。

（2）操作机构液压弹簧限位开关本体损坏。

3.3 缺陷分析及问题排查

根据监控系统的报警分析，本次故障的主要现象为 3 号机发电机出口断路器油泵长时间运行动作报警，现场查看 3 号机组发电机出口断路器现地控制柜（见图 2）存在报警“LONG TIME PUMP RUNNINGCB＋Q0”，此报警发生原因为“发电机出口断路器操作机构油泵运行超时”，该报警启动条件为油泵运行连续运行时间超过 2min。

现场进一步对 3 号机组发电机出口断路器操作机构进行检查，对观察窗内进行检查油位指示未发现异常，对 3 号机组发电机出口断路器操作机构本体及四周进行检查并未发现有液压油泄露问题。对 3 号机组发电机出口断路器操作机构液压弹簧本体进行检查，液压弹簧储能情况正常（见图 3）。

图 2 3 号机组发电机出口断路器控制柜

图 3 3 号机组发电机出口断路器操作机构储能指示

将 3 号机组发电机出口断路器本体操作机构进行拆解后，对操作机构液压弹簧限位开关位置节点端子进行检查，未发现有松动现象及烧损现象（见图 4）。

根据现场设备图纸进行核对检查，对相关继电器触点进行检查，主要对继电器 K4 进行试验，阻值为 18.14kΩ，动作电压 134V，返回电压 42V。试验后发现电气回路正常。

在对电气回路检查未发现异常后，随即开始对 3 号机组发电机出口断路器操作机构机械部分进行检查（见图 5），将液压弹簧手动缓慢泄压后，发现 3 号机组发电机出口断路器操作机构液压弹簧限位开关的储能行程杆及齿轮存在掉齿现象（见图 6 和图 7）。行程杆及齿轮表面附着润滑油。

图 4　3 号机组发电机出口断路器操作机构位置节点端子

发电机出口断路器操作机构液压弹簧储能指示位置开关行程杆与连接齿轮损坏掉齿，掉落的齿块碎片夹在齿轮与行程杆之间，卡在停泵位置齿轮附近，导致弹簧储能后，储能位置开关无法正确收到储能完毕指示信号，油泵一直运行，到达 2min 后，报警“LONG TIME PUMP RUNNINGCB＋Q0”（“发电机出口断路器操作机构油泵运行超时”），油泵停止运行。

图 5　3 号机组发电机出口断路器操作机构（在储能状态下）

图 6　3 号机组发电机出口断路器操作机构（在未储能状态下）

3.4 处理过程

(1) 将 3 号机组发电机出口断路器拉开，并合上 3 号机组发电机出口断路器接地刀闸（见图 8）。

(2) 打开 3 号机组发电机出口断路器压力释放阀，将 3 号机组发电机出口断路器进行泄压，确认无压后再进行操作。

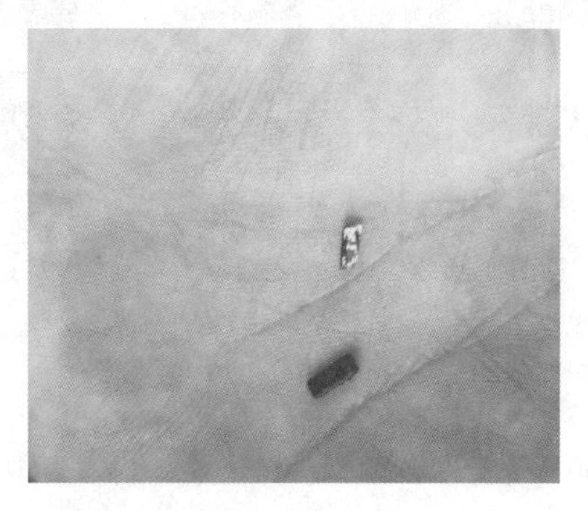

图 7 齿块碎片

图 8 3 号机组发电机出口断路器接地刀闸

(3) 用白布在行程成开关底部进行防护，防止螺栓掉进槽内。使用 19mm 和 13mm 固定扳手松开尺杆固定的固定螺栓（见图 9）。

(4) 使用 6mm 内六角套筒拆下固定行程开关的 4 个螺丝。一手把住行程开关，另一手用 19mm 扳手逆时针转动，直到螺母与尺杆脱开时应立即停止，小心取下行程开关（见图 10）。

图 9 行程开关底部图

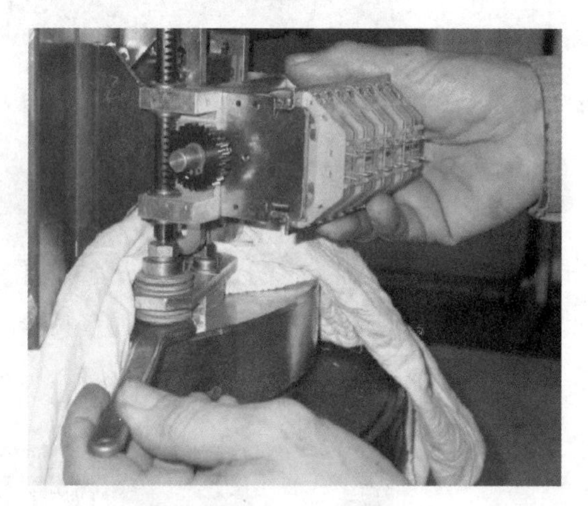

图 10 行程开关拆除示意图

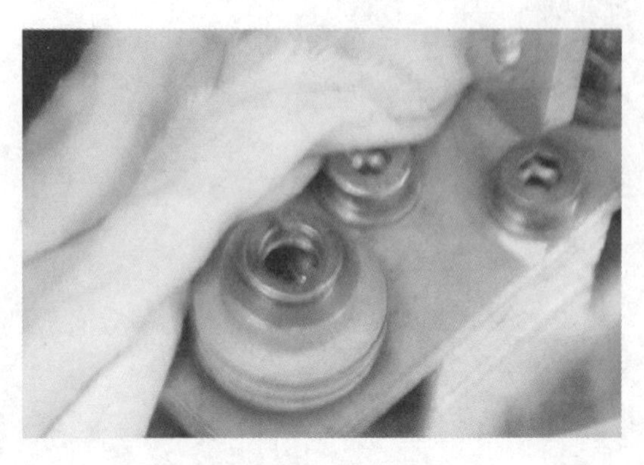

图 11 尺杆下缓冲垫

(5) 在拆卸行程开关时，一定注意尺杆下的缓冲垫保持原位，不能将其拆散和拆掉（见图 11）。

(6) 将备母拆下安装到新的行程开关上，并将其重新进行安装，顺时针旋转螺母，将尺杆旋进螺母（见图 12）。

(7) 将行程开关的 4 条固定螺栓重新安装，20N·m 紧固，调整尺杆螺母，使 3mm 销杆能在行程开关的右侧三个小孔内自由穿梭（见图 13）。

(8) 测量机构的打压行程，从零压到满压电机停止，应在 83～84mm，如不在此范围内应对尺杆旋进螺母的位

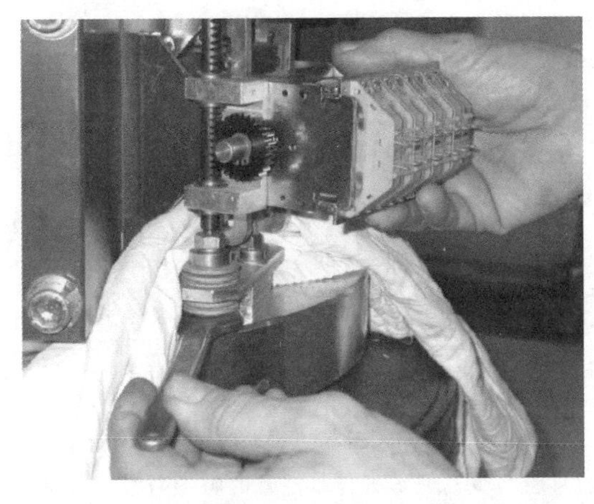
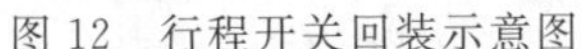

图 12 行程开关回装示意图

图 13 调整尺杆螺母示意图

置进行微调，直至调整到合格范围内。也可以在拆卸前进行测量，调整至与原位置相同。测量时使用深度尺，如果用电子深度尺，可以将未储能位置，直接设置为零，然后打满压后进行直读。如果使用普通深度尺需要在未打压和打满压后各测量一个值，然后进行相减，以便得出储能行程。

反复进行 3 次自动储能、手动释能试验，结果正常，液压弹簧零起自动储能油泵运行时间为 80S 设备运行要求及正常运行时限。目前行程杆与连接齿轮各损坏 1 个齿片，两者连接动作过程中始终能保持 2～3 个齿相连，损坏 1 个齿片暂时不影响断路器储能。此故障为液压弹簧储能指示回路部件，不影响发电机出口断路器操作机构储能及动作主回路，故不影响正常开关的分合闸动作。

4 暴露问题和防范措施

4.1 暴露的问题

（1）在机组每月定检中都会对各台机组发电机出口断路器进行检查，对控制柜及操作机构进行外观检查及清扫检查。但未能对操作机构进行打开端盖检查，对不易观察的部位未能进行有效的检查。未能做到对发电机出口断路器进行全方位检查，检查质量标准不够详细，未对不易发现及不易检查部位应拆解端盖等其他措施进行检查，未能及时发现发电机出口断路器操作机构行程杆及连接齿轮损坏的安全隐患。计划结合各台机组每月定检工作对发电机出口断路器操作机构进行拆解端盖检查，及时发现无法在日常检查中发现的缺陷及安全隐患。

（2）设备管理不到位，设备存在无法直观检查的位置设未能及时的制定相应措施及检查方案。

4.2 防范措施

制定发电机出口断路器月度定检作业指导书，明确检查项目及质量标准，定检对其他机组发电机出口断路器及操作机构进行检查，对检查结果编制检查报告存档。加强对发电机出口断路器及操作机构的专业巡检，包括每次开关分合闸前后的监视，每周一次对操作机构开盖进行内部检查，检查齿轮情况。对行程杆和齿轮补充涂抹润滑油。

5 结语

发电机出口断路器是抽水蓄能机组 18kV 设备的重要组成部分，对操作机构的各个部件的检查尤为重要，应加强发电机出口断路器操作机构内部不易观察的部位的检查频次及检查标准，定期对发电机出口断路器操作机构进行检查，可以有效预防发电机出口断路器因操作机构故障导致无法分合闸的事故，提高了发电机出口断路器运行的稳定性。

某抽水蓄能电站变压器油乙炔含量超标原因分析及处理

梁睿光[1] 张晓倩[2] 蒋春钢[1] 朱海龙[1] 梁启凡[1]

(1. 辽宁蒲石河抽水蓄能有限公司，辽宁省丹东市 118216；

2. 国网新源控股有限公司检修分公司，北京市 100068)

【摘 要】 油浸式变压器在运行中，由于过热和放电故障，通常会产生乙炔等气体，严重时将导致设备损坏。本文从一起油浸式变压器油乙炔含量超标后的检查、试验，分析了故障类型的原因并进行处理，提出变压器日常维护注意事项。

【关键词】 油浸式变压器 乙炔 油色谱

1 引言

某抽水蓄能电站保安电源变为油浸式、自然风冷变压器，产品型号为 S9－5000/66，额定容量为 5000kVA，五柱三相式结构的无载调压变压器，2004 年 5 月安装，2006 年 11 月投运，2013 年 11 月完成首次大修。2019 年 9 月，对该变压器进行油中溶解气体色谱分析检验，发现乙炔、总烃含量突增至 128.37μL/L、332.62μL/L，数据超过标准值。变压器特征气体含量见表 1。

表 1 变压器特征气体含量表 单位：μL/L

取样日期(年-月-日)	C_2H_2	ΣC_1+C_2	C_2H_4	C_2H_6	CH_4	H_2	CO	CO_2	备注
	≤5	≤150	—	—	—	≤150	—	—	标准值
2004-04-30	0	0.75	0	0	0.75	1.7	20.5	375	出厂值
2019-09-24	128.37	332.62	102.46	6.36	95.43	5.71	521.29	1585.2	乙炔超标
2019-11-08	131.94	356.84	112.32	7.02	105.56	6.56	588.32	1683.17	跟踪分析
2019-12-10	0	12.46	4.99	1.08	6.39	3.42	612.55	202.57	大修后
2019-12-18	4.11	7.25	1.38	0.15	1.61	0.47	9.01	235.24	运行 4 天
2020-01-13	0	3.83	2.06	0	1.77	0	14.94	241.28	运行 30 天

试验标准：DL/T 722—2014《变压器油中溶解气体分析和判断导则》。

2 故障定性分析

按照 DL/T 722—2014《变压器油中溶解气体分析和判断导则》推荐的特征气体法、三比值法和气体增长率进行分析。

2.1 特征气体法

从产气组分方面分析，主要特征气体是乙炔和总烃，氢气和乙烷的含量较少，乙炔、乙烯、甲烷和二氧化碳的含量较多，对照 DL/T 722—2014《变压器油中溶解气体分析和判断导则》表 5 不同故障类型产生的气体，通过特征气体法可以初步判断出故障类型为油和纸中电弧。绝缘油中产生乙炔气体有两种可能：一种是在温度高于 1000℃时，绝缘油裂解产生的气体中含有乙炔；另一种是变压器内部局部放电，将绝缘油分解产生乙炔。经检查变压器本体或附件未进行过补焊，排除焊接过程中，焊区温度过高导致变压器油热分解产生乙炔的情况。

2.2 三比值法分析

根据 DL/T 722—2014《变压器油中溶解气体分析和判断导则》中三比值法进行分析，结果如下：

2019 年 9 月 24 日：

C_2H_2/C_2H_4 ：CH_4/H_2 ：C_2H_4/C_2H_6 ＝1.25 ：16.71 ：16.11

2019 年 11 月 8 日：

C_2H_2/C_2H_4 ：CH_4/H_2 ：C_2H_4/C_2H_6 ＝1.17 ：17.12 ：16

对照 DL/T 722—2014《变压器油中溶解气体分析和判断导则》表 7 故障类型判断方法，变压器绝缘油试验结果比值范围编码为 122，其故障性质可判定为变压器中存在电弧放电兼过热现象，变压器中可能存在放电现象，变压器内部线圈匝间、层间短路，相间闪络；分接头引线间油隙闪络、引线对箱壳放电、引线对其他接地体放电等。

2.3 气体增长率分析

根据 DL/T 722—2014《变压器油中溶解气体分析和判断导则》中气体增长率（计算方式如下）进行分析，结果如下：

氢气（H_2） $$\gamma=\frac{6.56-5.71}{5.71}\times\frac{1}{46}\times100\%=0.32\%$$

乙炔（C_2H_2） $$\gamma=\frac{131.94-128.37}{128.37}\times\frac{1}{46}\times100\%=0.06\%$$

总烃（$\sum C_1+C_2$） $$\gamma=\frac{356.84-332.62}{332.62}\times\frac{1}{46}\times100\%=0.16\%$$

一氧化碳（CO） $$\gamma=\frac{588.32-521.29}{521.29}\times\frac{1}{46}\times100\%=0.28\%$$

二氧化碳（CO_2） $$\gamma=\frac{1683.17-1585.20}{1585.20}\times\frac{1}{46}\times100\%=0.13\%$$

对照 DL/T 722—2014《变压器油中溶解气体分析和判断导则》表 4 运行中设备油中溶解气体绝对产气速率注意值，在变压器两次取样试验结果计算中，全部数值均低于注意值。

2.4 红外成像检查

对变压器器身、油枕、高压套管、低压侧接头处瓷瓶等处进行红外测温，本体温度在 15～20℃，属于正常范围，未发现明显过热点。

2.5 电气预防性试验

按照 Q/GDW 11150—2013《水电站电气设备预防性试验规程》对变压器进行高、低压绕组连同套管绝缘电阻，绕组直流电阻，泄漏电流等电气预防性试验。

（1）测量绕组连同套管绝缘电阻、吸收比合格，见表 2。

表 2　绕组连同套管绝缘电阻测量结果表

试验位置	试验电压/kV	15s 值/GΩ	60s 值/GΩ	吸收比
高压绕组—低压绕组及地	5	17.58	33.2	1.89
低压绕组—高压绕组及地	5	4.84	9.35	1.93
铁芯	2.5	—	142	—

（2）测量绕组直流电阻合格，见表 3。

表 3　绕组直流电阻测试结果表

相别	测量电流/A	测量值/mΩ	折算 75℃数值/mΩ
AO	5	2347.01	2853.2
BO	5	2324.2	2825.5
CO	5	2335.8	2839.6
a	2.5	136.1	165.5
b	2.5	136.6	166.1
c	2.5	135.3	164.5

（3）测量绕组直流泄漏电流合格，见表 4。

表 4　绕组直流泄漏电流测试结果表

试验项目	试验电压 /kV	泄漏电流 /μA	折算绝缘电阻值 /GΩ	测量绝缘电阻值 /GΩ	初始值 /μA
高压绕组—低压绕组及地	40	5	8	33.2	4
低压绕组—高压绕组及地	10	1	10	9.35	1

综合分析，变压器中可能存在放电现象，如线圈匝间、层间放电，相间闪络，引线对箱体或接地体放电等，应进行吊罩彻底检查。

3　故障处理情况

为防止变压器内部存在重大缺陷而扩大事故，对其进行停运检查。进行电气设备性能试验，与历年数据对比无明显变化。对变压器进行排油、吊罩检查。

3.1　吊罩检查

吊罩后，对线圈、铁芯、夹件、调压开关、套管、顶罩、器身、附属设备等进行检查，发现有如下情况：

（1）低压侧分接开关 B 相电缆烧损（见图 1），分接开关 A 相电缆头及顶罩器身等多处存在放电痕迹（见图 2）。

（2）低压侧分接开关 B 相电缆头处放电烧蚀（见图 3）。

（3）高压套管引线存在长度过长导致扭转的现象（见图 4）。

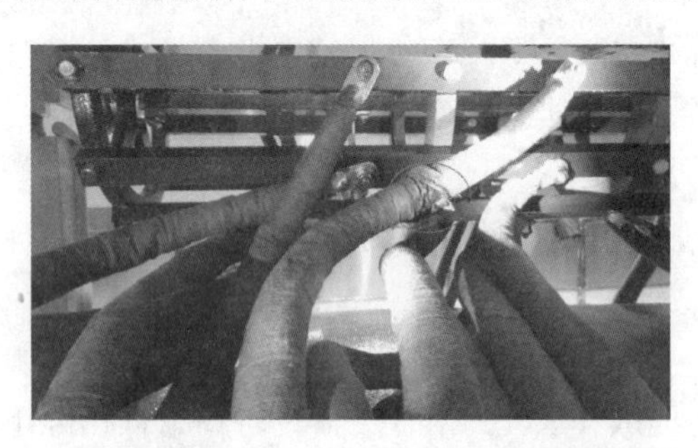

图 1　变压器低压侧分接开关 B 相电缆烧损

图 2　变压器分接开关有被放电灼烧痕迹

图 3　电缆头处放电烧蚀

图 4　变压器高压套管引线处扭劲

3.2　故障原因分析

变压器由于局部放电导致变压器绝缘油中含有乙炔气体，总烃、CO_2 等气体含量增高，存在以下几种可能的原因：一是变压器绕组过热导致绝缘皱纹纸等材料老化，带电运行时产生电弧放电，绝缘油中产生乙炔等气体；二是雷击等过电压导致变压器绕组绝缘薄弱处放电，电弧导致绝缘油分解产生乙炔等气体；三是变压器检修后不排除油浸绝缘材料中含有少量吸附气体，缓慢释放至已脱气的油中，变压器脱气后静止时间和是否完全排净残存在油中气体有关；四是变压器底部含有少量杂质（尘埃微粒），在强迫油循环电场作用下沿电力线排序，使电场畸变，因而引发油流带电和铁芯多点接地故障或者是被带到铁芯周围，铁芯吸附在主极之间，造成铁芯的间歇性放电；五是纤维在油中漂移，容易吸收水分，漂移到裸导体电极之间，形成“易击穿点”激发低压引线之间的击穿放电。

3.3 故障处理

（1）剥除变压器低压侧分接开关B相电缆绝缘层，检查电缆芯无异常，重新用绝缘皱纹纸进行包覆；更换放电烧蚀的电缆头，并对扭劲的高压套管引线进行复位，对破损的绝缘层进行重新包覆（见图5）。

（2）按照检修方案，回装变压器并进行补绝缘油，对变压器绝缘油进行真空加热过滤，取油样进行油色谱分析和油化学分析，试验合格。

图5 变压器低压侧分接开关B相电缆修复后

4 防范措施

变压器绝缘油特征气体异常升高通常涉及多种因素。因此，需进行变压器的特性试验及综合分析，才能准确、可靠找出故障原因，判明故障性质，提出较完善的处理办法，确保变压器的安全运行。就油浸式变压器安全运行及防止事故及故障发生提出一些建议。

（1）应按导则要求对变压器安装色谱气体监测仪，可连续监测故障气体变化增长情况，随时掌握设备运行状况。

（2）加强油务监督，缩短检测周期，根据变压器故障的发展情况，来确定检测周期，对变压器气体增长速度快的更要严密监视，确保定期对油中溶解气体的分析。

（3）当变压器有缺陷或绝缘出现异常时，不得超过额定电流运行，并加强运行监视。

（4）减少变压器的外部短路冲击次数，改善变压器的运行条件。

（5）电气试验在测量介质损耗因数时应注意绕组的电容量与原始值对比变化情况。

（6）当发现轻瓦斯告警信号时，要及时取油样判明气体性质，并检查原因及时排除故障。

（7）主变绝缘油脱气处理，尽量排尽套管升高座、油管道中的死区、冷却器顶部等处的残存气体。

（8）加强跟踪变压器油色谱分析，特别是乙炔增长速度和产气速率，色谱跟踪应记录潜油泵运行情况，并且尽量保持负荷的稳定性。定期进行绝缘油的化学分析，保持油质良好。

（9）必要时可进行内检、吊罩检查，查找问题的真实原因。存在围屏树枝状放电故障，则在吊罩检修时应解开围屏直观检查、线圈压钉螺栓应紧固，防止螺帽和座套松动掉下造成铁芯短路。

（10）进行局部放电测量时，应注意局部放电只能反映出变压器内部的主绝缘、匝间绝缘的电压放电，而对低压绕组中的开焊等电流放电反映不太灵敏。进行变压器的超声波局放监测，全面检查是否由低压绕组存在开焊等现象。

5 结语

变压器绝缘油色谱试验发现乙炔等气体异常时，应密切跟踪变压器的运行状态，对变压器进行相关电气预防性试验、红外成像监测、局部放电带电检测等，并利用特征气体法、三比值法和气体产生速率等方法对气体进行分析，判断变压器绝缘油中乙炔等气体超标的原因，必要时应进行吊罩检查，发现问题及时处理。

大型抽水蓄能机组高压油顶起系统改造

李　兵　陈善贵

（安徽绩溪抽水蓄能有限公司，安徽省宣城市　245300）

【摘　要】 安徽绩溪抽水蓄能电站1号机组调试过程中发现高压油顶起装置交流泵及直流泵运行过程中运行噪声均偏大，影响机组正常运行。对造成高压油顶起装置油泵噪声大的可能原因进行分析，并详细介绍原因及改造措施。

【关键词】 高顶　油泵　噪声　改造

对大型水轮发电机组，推力轴承负荷较大，在机组启动及停机过程中，因转速较大、推力瓦油膜偏薄、摩擦系数较大，推力瓦与镜板间容易出现干摩擦的危险状况，这是推力轴承润滑条件最不利的工况。为了解决大负荷推力轴承建立油膜的困难，在机组启动及停机过程中，采用高压油顶起装置将镜板抬高，使轴瓦表面先形成油膜[1-2]。

安徽绩溪抽水蓄能电站1号机组调试过程中发现高压油顶起装置交流泵及直流泵运行过程中运行噪声偏大，经过排查最终确认为吸油槽中气泡过多所致。本文详细介绍其原因及改造措施。

1　工程概述

安徽绩溪抽水蓄能电站发电电动机采用悬式结构，转子上、下部各设一个导轴承，推力轴承固定于上机架中心体内，推力轴承与上导轴承分别使用单独的油槽。推力轴承采用弹簧支撑结构，每台发电电动机推力轴承配有一套高压油顶起装置。

高顶油顶起装置设计压力20MPa，额定流量45L/min，配2台高压油泵，高压油室采用双环形结构。油泵选用内啮合齿轮泵（L－TSA46），2台高压油泵中一台为交流电动泵（配有50Hz、三相、380V异步电动机）用于正常开机和停机；另一台为直流电动泵用作备用（配有220V直流电动机）。高压油泵在机组启动前启动，在机组达90％额定转速时关闭；在机组停机过程中，当转速下降至90％额定转速时，启动高压油泵，并在机组完全停转后30s关闭高压油泵。

如图1、图2所示，高压油顶起装置由驱动电机、高压油泵以及相关的控制和监测装置、进出油管等组成。油从油槽内引出，经过粗滤油器供给高压泵；高压泵打出的油经过精滤油器到高压环管；经过高压环管的高压油再经节流阀、单向阀分配到各瓦的高压油孔。

2　高压油顶起装置存在的问题及原因分析

2.1　存在的问题

安徽绩溪抽水蓄能电站1号机组在调试运行过程中高压油顶起装置直流泵和交流泵在运行过程中出现噪声值偏大的情况，最大值甚至达到110dB，超过85dB的要求。噪声值偏大影响泵的正常运行进而影响整个高压油顶起系统的正常运行，影响机组的正常安全运行[3]。

2.2　分析原因

安徽绩溪抽水蓄能电站直流泵和交流泵均为齿轮泵，齿轮泵由齿轮轴、内啮合齿轮、滑动轴承、扇形体等部分组成。油液通过小齿轮和内啮合齿轮之间的齿侧间隙从吸油区域（S）输送到压力区域（P）。具体结构如图3所示。

经过分析，认为造成齿轮泵噪声偏大，可能有泵及电机基础固定不牢、泵运行过程中吸入空气、油

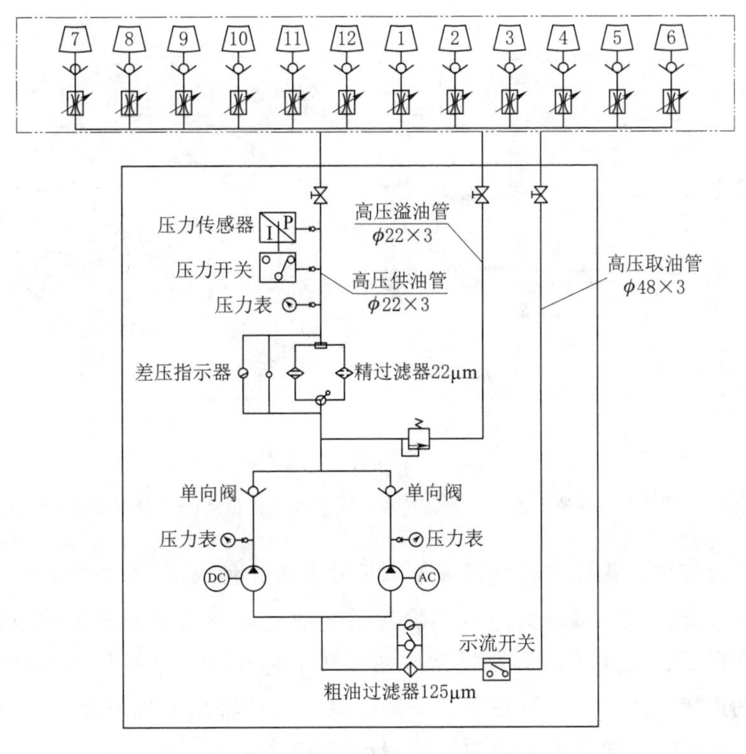

图1　推力轴承高压油顶起系统图

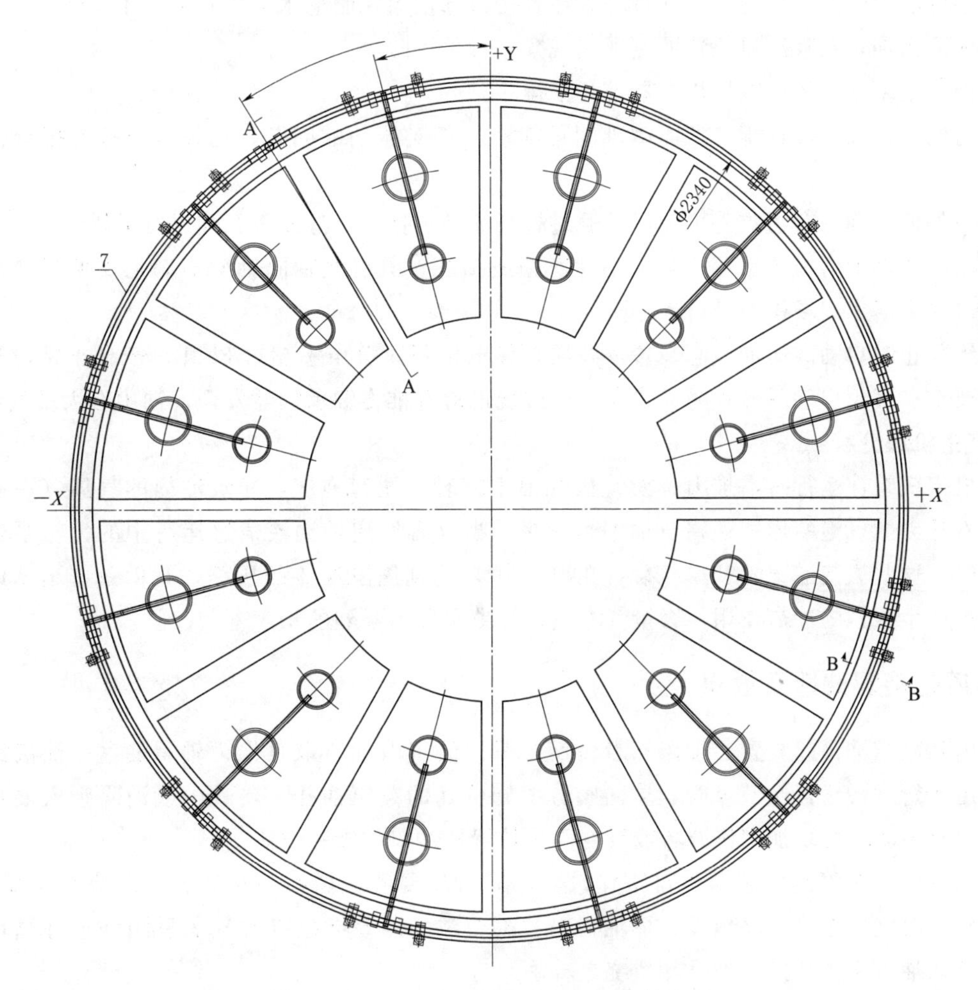

图2　高压油经高压环管分配至到各推力瓦

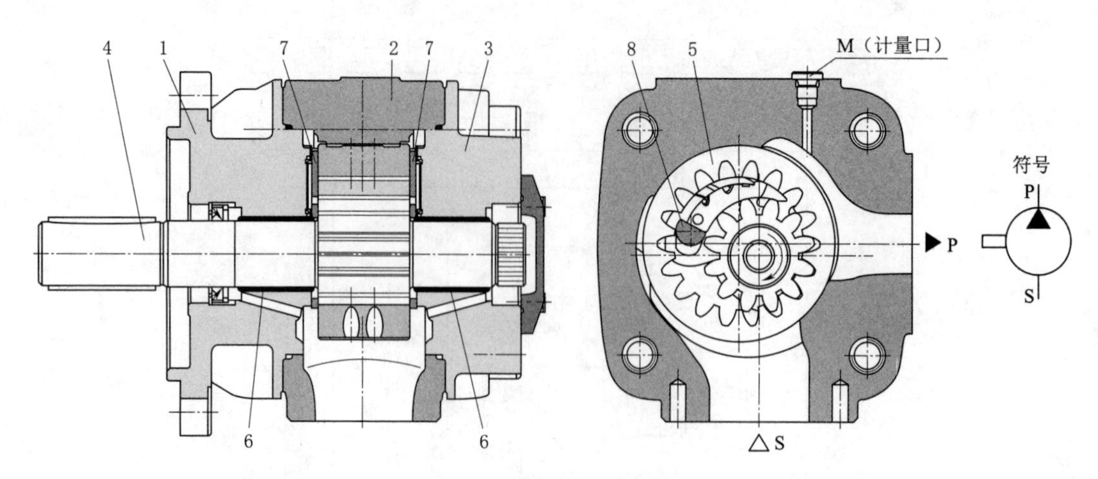

图 3 齿轮泵结构图

1—安装法兰；2—壳体；3—带直接传动的罩盖；4—小齿轮轴；5—内啮合齿轮泵；6—滑动轴承；7—轴向垫片；8—止动销

的问题、泵内零件损坏或磨损、齿轮泵装配尺寸不满足要求等几种原因。

对前述原因再进行细分，大致可分为高压油顶起系统油管路吸入管路密封性不好、吸油池内油量不足、吸油口未插至油面以下、吸油滤油器被污物堵塞、油中有气泡、电机与高顶装置柜间连接不牢、高顶装置柜与地面基础间连接不牢、油中有污物、油温偏低、滑动轴承磨损或损坏、轴向垫片磨损或损坏、电机及轴同轴度不满足要求、齿轮泵两侧轴向间隙偏小等 13 条原因。排除方法与步骤如下：

（1）对于可能的管路密封性不好通过采取在各接口部位涂抹肥皂水等方式进行了排除。

（2）吸油池内油量及吸油口位置通过现地观察进行了排除。

（3）滤油器堵塞通过各种差压指示器进行了排除。

（4）针对电机、高顶装置柜、地面基础间可能产生相对振动的问题，通过检查螺栓把合情况进行了排除。

（5）油温偏低、油中有污物等可能原因通过打开油槽、排油、滤油等方式进行了排除。

（6）对于滑动轴承磨损或损坏、轴向垫片磨损或损坏、电机及轴同轴度不满足要求等涉及齿轮泵装配问题，通过要求厂家现场检查进行了排除。

（7）机组静止时启动高压油顶起装置，高顶泵和电机整体噪声不超过 85dB，声音正常，符合泵和电机相关规范要求；机组启动后噪音明显变大；通过现地检查推力轴承油盆发现，油中有大量气泡产生。

2.3 噪声产生机理分析

该电站机组机组在运行时，推力头及镜板在油中旋转，搅起泡沫，导致油内的气体（一部分溶解在油中；另一部分以微气泡的形式存在于油中）较多。当含有气泡的油液通过运行中的齿轮泵啮合区进入油泵压油腔时，这些微气泡突然暴露于较高的压力中，受到周围液体的压缩，其中一些迅速溃灭。气泡将对固体边界产生强烈的冲击作用，大量气泡溃灭导致泵发出强烈的噪声[4-6]。

3 高压油顶起装置改造及效果

根据该电站高压油顶起装置油管路布置情况，高顶装置取油口取自推力轴承油盆。油液经过高压油泵再到各高压环管，最终再经节流阀、单向阀分配到各瓦的高压油孔。要减少或消除吸入油泵的气泡可采取在吸油口与主轴之间增加消泡装置或改变高顶装置取油口位置的方法。

在推力油槽中增加消泡装置操作难度比较大，同时还要考虑增加消泡装置后对高顶泵吸油的影响。经过对比分析，决定采用改变高顶装置取油口位置的方法。因该电站推力轴承采用强迫外循环方式进行冷却，高顶泵取油可考虑从推力外循环系统上着手。

要改变取油口则必须将原取油口进行封堵，并从其他地方取油。结合现场实际情况，采用的具体改造方式为由原设计的从推力轴承油盆内取油改为从推力外循环 DN250 进油管处取油（见图 4），原取油口

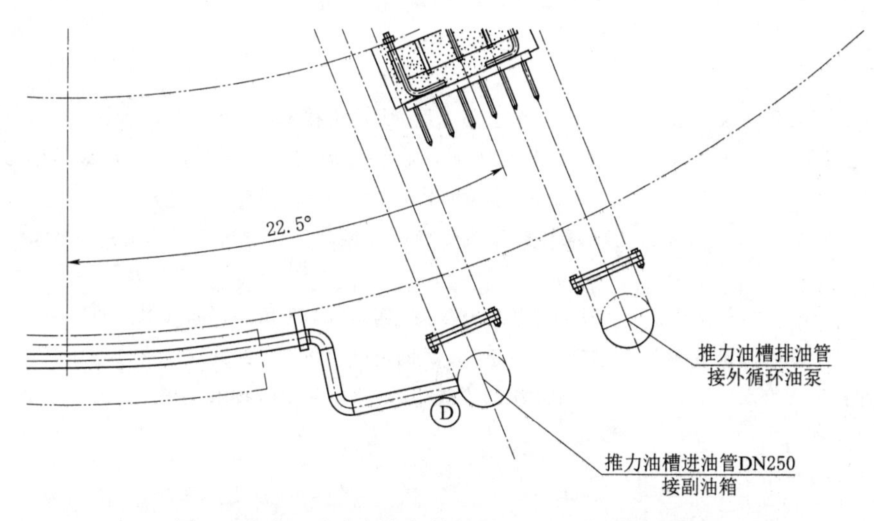

图 4　取油口改为由推力外循环 DN250 进油管处取油

进行封堵。

同时考虑推力外循环不启动、而高顶装置需启动等情况，为增加高压油顶起装置取油稳定性，增加一路补油管路，具体为在推力外循环合适位置在推力外循环进油管与排油管之间增加一单向阀（见图 5）。

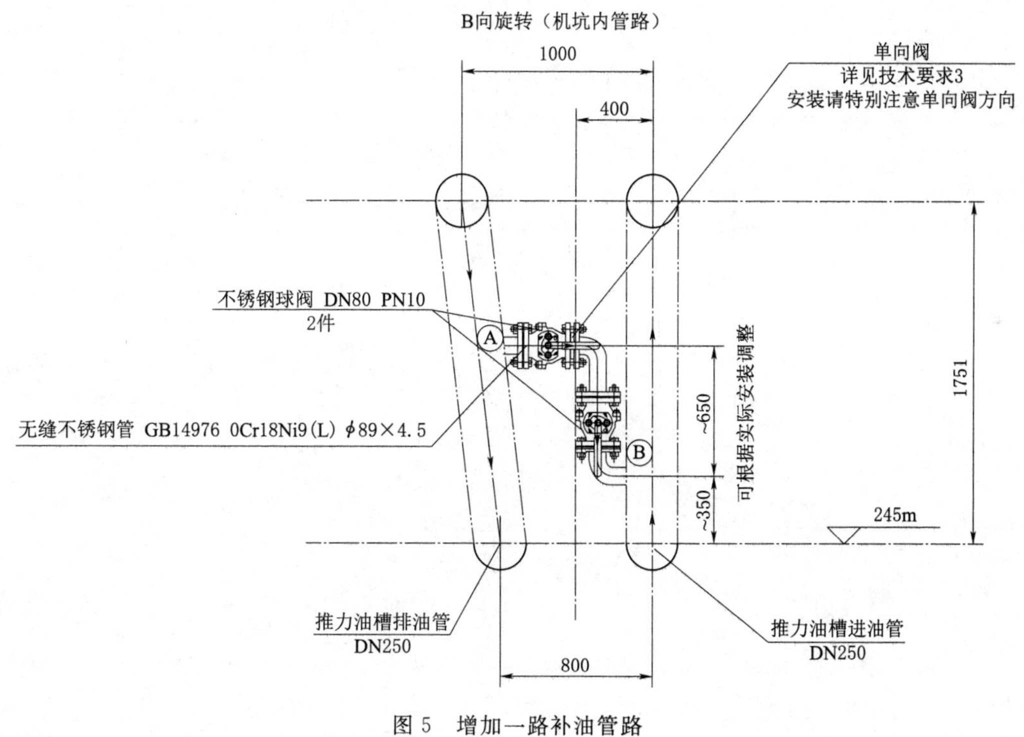

图 5　增加一路补油管路

该单向阀在自重作用下，油液能从 A 流向 B（流量需大于 45L/min），在 B 点压力大于 A 点压力 0.3 bar 及以上时，不能从 A 流向 B，亦不能从 B 流向 A。

按照上述措施改造完成后，重新启动高压油泵，启动时听高顶泵声音，高顶泵启动声音明显降低。后续结合机组调试对噪声值进行测量，改造后高顶泵噪声值均降至 85dB 以下。

4　结语

通过技术改造降低了该电站 1 号机组高压油顶起装置油泵噪声值，使得噪声值降低至正常范围内，有效改善了高顶泵运行的状态，保障了该电站运行的安全。日后在电站有关辅助系统设计、安装过程中，除保证油泵、管路质量满足有关规范要求外，相关管路系统与主设备运行的匹配性也要予以关注。

参考文献

[1] 杨建华．高压油顶起装置在大型水轮发电机组上的应用［J］．大电机技术，1985（4）：20-24，2.

[2] 唐启彦．对水轮发电机组推力轴承的水冷瓦和高压油顶起装置的初步研究［J］．三峡大学学报（自然科学版），1983（2）：49-56.

[3] 魏力，章存建，高从闯，等．溧蓄推力轴承外循环系统噪声和振动问题分析与处理［J］．大电机技术，2017（6）：22-24，43.

[4] 王松林．宝珠寺水电厂推力外循环系统振动问题的研究［J］．四川水力发电，1999（S1）：73-76.

[5] 蒋崇海．宝珠寺水力发电厂机组推力外循环系统改造［J］．四川电力技术，2000（S1）：18-19.

[6] 何少润．高转速蓄能机组水导轴承外循环冷却系统的改造［J］．水电站机电技术，2010，33（5）：1-4，64.

抽水蓄能电站厂用分支母线放电缺陷的原因分析及防范措施

张 甜 朱传宗 黄 嘉 张一波 赵 钰
（河北张河湾蓄能发电有限责任公司，河北省石家庄市 050300）

【摘 要】 本文针对2020年1月张河湾电站4号主变低压侧15.75kV厂用分支母线对盘式绝缘密封套放电的原因进行了分析，探讨了大型抽水蓄能机组中离相封闭母线放电的部分因素，确定了故障产生的原理，为以后抽水蓄能机组处理相同问题提供了一种处理方法。

【关键词】 厂用分支母线 盘式绝缘密封套 均压弹簧片 放电

1 概述

河北张河湾蓄能发电有限责任公司（以下简称“张河湾电厂”）位于河北省石家庄市井陉县境内，距离石家庄市直线距离为53km，公路里程为77km。张河湾电站设计安装4台25万kW单级混流可逆式水泵水轮发电机组，总装机容量100万kW，以一回500kV线路接入河北南部电网，主要承担系统调峰、填谷、调频、调相等任务，并且在电网故障甚至瓦解时，可以充当电网最佳的紧急事故备用和“黑启动”电源。

张河湾电厂15.75kV主母线至厂变电抗器之间的厂用分支母线采用的是全连式自冷离相封闭母线，主母线其型号为QLFM-24/12000，厂用分支母线额定电流为1500A。封闭母线主要由母线导体、外壳、支撑绝缘子、金具、盘式绝缘密封套（密封隔断装置）、伸缩补偿装置、短路板、穿墙板、外壳支持件、各种设备柜及与发电机、变压器等设备的连接结构构成。厂用分支母线的盘式绝缘密封套起到了管母内部环境与管母外部环境的隔断密封作用，同时还具有绝缘支撑作用。

2 故障发现的过程

2020年1月29日上午，班组巡检人员对15.75kV主变低压侧母线设备巡检时听到4号厂用分支母线B相有放电声音，随即通知运维人员进行检查，运维人员通过声音判断确实存在放电现象，随后通知现场所有人员打开手电，将15.75kV母线设备室内的照明全部关掉，运维人员发现4号厂用分支母线盘式绝缘密封套与母线之间存在可见的弧光（见图1）。

图1 4号厂用分支母线B相发现的弧光的位置

3 缺陷的确认

3.1 缺陷的初步排查

发现问题后，运维人员立即展开分析，经过经主变低压侧电压曲线检查未发现异常；由于此时4号厂用分支母线对电站厂用电Ⅱ母进行供电，经检查4号厂用分支母线所带的负荷电流在正常范围内。然后经过倒换厂用电，将4号厂用分支母线所带负荷切除，放电现象没有消失，因此排除电流的影响。初步判断为厂用分支母线与盘式绝缘密封套金属部件之间间距不够，导致放电现象的发生（见图2）。

经过技术人员研究决定：缺陷在可控范围内，若运行到4月13日4主变停电，需在此期间加强巡视，关注缺陷发展情况，如有恶化及时处理。

3.2　缺陷部位的进一步确认

运维人员查看盘式绝缘密封套（见图3）的图纸发现盘式绝缘密封套内环螺栓与母线之间的距离非常短，盘式绝缘密封套设计时为了防止母线对盘式绝缘密封套内环螺栓放电，特别把内环螺栓通过串联的方式相互导通构成了一个均压环，再使用均压弹簧片进行与母线连接，这样盘式绝缘密封套内环螺栓与厂用分支母线之间构成等电位，母线就不会对内环螺栓放电。运维人员通过这个发现基本确认是：盘式绝缘密封套的均压弹簧片松动，均压弹簧片的松动使母线与均压环之间产生电势差，导致母线对内环螺栓进行放电。

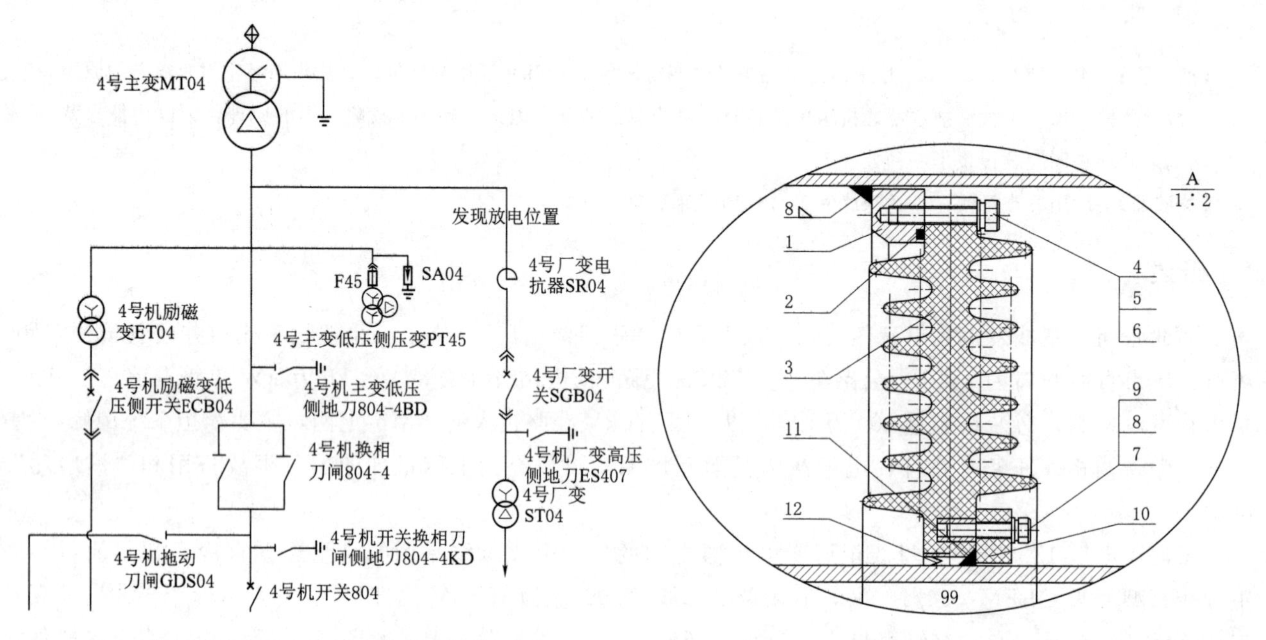

图2　张河湾电厂电气一次主接线中缺陷发生部位

图3　盘式绝缘密封套局部图

1—外壳内法兰；2—密封圈；3—盘式绝缘密封套；4—螺栓 M12×50；5—垫圈；6—弹簧垫圈；7—螺栓 M10×40；8—垫圈；9—弹簧垫圈；10—压环；11—密封圈；12—均压弹簧

由于盘式绝缘密封套的均压弹簧在母线管内部，对其松动程度还不清楚，所以需要在日常的巡检中加强巡视，等待主变停电时进行处理。

4　制定特巡方案

4.1　特巡要求

张河湾电厂运维人员为保证设备的正常运行，对缺陷设备增加巡检频次，并记录特巡数据。张河湾电厂运维检修部根据高压母线放电容易产生高温、弧光、声音的变化，结合厂用分支母线B相与盘式绝缘密封套的放电现象，制定了巡检中的注意事项：

（1）特巡时注意听4号厂用分支母线B相放电的滋滋声，看有无增大趋势。

（2）需两个人一起特巡（两个人必须具有单独巡视高压设备的资格，相互做好监护），带好照明设备，将母线洞照明开关拉掉，观察弧光现象。

（3）用测温枪进行测温，注意和A、C两相对比，如有温度异常及时汇报。

（4）用手电查看4号厂用分支B相母线及其盘式绝缘密封套有无异常现象，例如：盘式绝缘密封套出现裂纹、能闻到烧焦的味、不关灯的情况下能明显地看到电弧、与相应的A、C两相母线及盘式绝缘密封套对比明显不一样的地方。

（5）特巡先从远处观察，判断缺陷没有进一步恶化后再靠近观察，特巡完毕后立即撤离，特巡中穿绝缘鞋，注意与周边带电设备的安全距离，禁止将手或身体的任何部位碰触厂用分支母线处的网门。

4.2 特巡数据分析表

在4号厂用分支母线消缺之前，运维人员及时的分析巡检人员的特巡数据，并绘制了曲线图进行分析（见图4）。

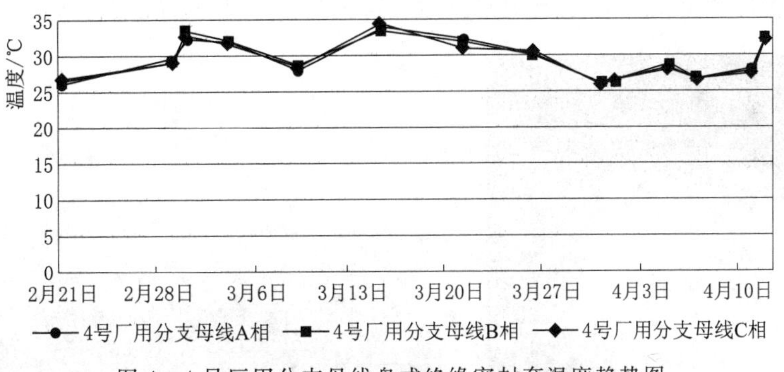

图4 4号厂用分支母线盘式绝缘密封套温度趋势图

根据折线图可以明显看出，4号厂用分支母线B相盘式绝缘密封套与A、C两相温度基本相同，没有异常增高的现象，三相盘式绝缘密封套温度的变化是因为机组运行及停机后母线温度变化造成的。

5 缺陷处理

4月13日4号主变停电，运维人员立即根据之前的判断进行缺陷处理。

5.1 缺陷位置的拆卸

（1）拆除4号机母线层母线洞15.75kV厂用分支母线B相处盘式绝缘密封套压环固定螺栓M10×40（对应图3的7、8、9）；拆除4号机母线层母线洞15.75kV厂用分支母线B相处盘式绝缘密封套压环（见图5，对应图3的10）。

图5 拆除压环

（2）拆除4号机母线层母线洞15.75kV厂用分支母线B相处盘式绝缘密封套压环底部与母线间O型密封圈（对应图3的11）。

（3）取出4号机母线层母线洞15.75kV厂用分支母线B相处盘式绝缘密封套压环底部与母线间接触均压弹簧（见图6，对应图3的12）；取出前检查均压弹簧位置，判断放电是否和均压弹簧片有关，用万用表量测量厂用分支母线与均压弹簧片之间的阻值为无穷大。

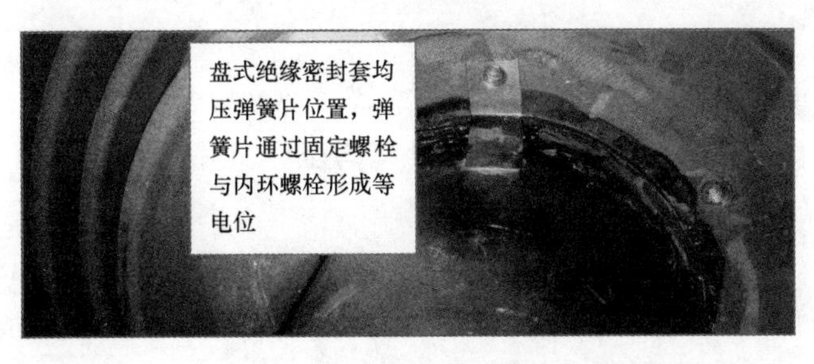

图6 均压弹簧片位置

（4）取下均压弹簧片检查，发现均压弹簧片与母线之间存在污渍，影响导通性。将污渍去除后能够明显的发现弹簧片表面有灼伤痕迹（见图7）。

5.2　设备安装

（1）打磨厂用分支母线B相，使用万用表测试打磨部位与母线之间导通性良好（见图8）。

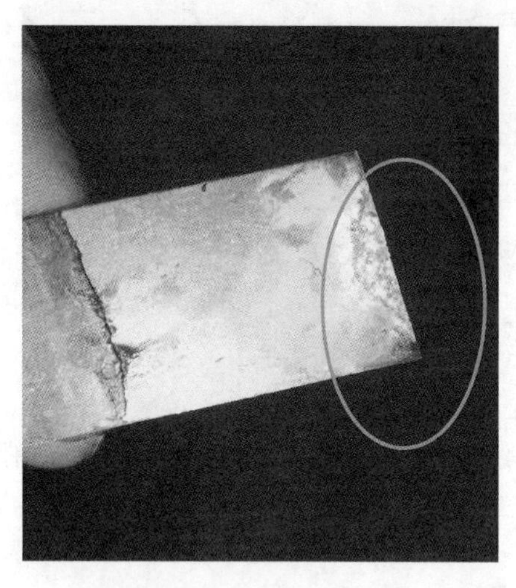

图7　均压弹簧片灼伤位置

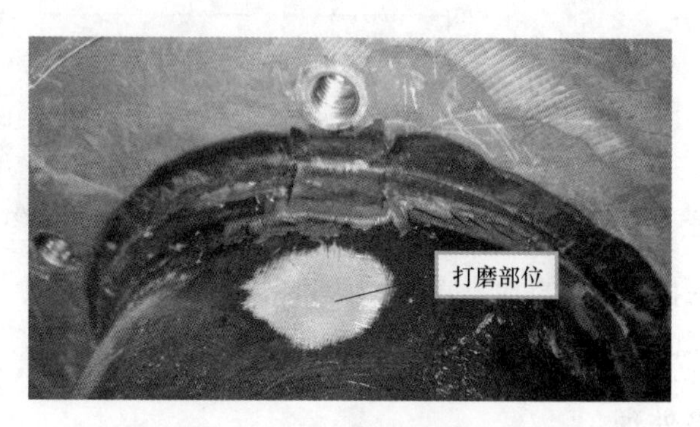

图8　厂用分支母线打磨部位

（2）使用新的均压弹簧片进行安装（均压弹簧孔深度10mm左右，采用螺栓固定）；盘式绝缘密封套均压环与母线导体间均压弹簧安装调整完成，采用数字万用表欧姆档位对均压弹簧与母线导体进行通断测量试验确保接触良好，阻值1.2Ω。

（3）回装4号机母线层母线洞15.75kV厂用分支母线B相处盘式绝缘密封套压环底部与母线间O型密封圈（安装新件对应图3的11），回装4号机母线线层母线洞15.75kV厂用分支母线B相处盘式绝缘密封套压环（对应图3的10），回装4号机母线线层母线洞15.75kV厂用分支母线B相处盘式绝缘密封套压环固定螺栓M10×40（对应图3的7、8、9），紧固力矩为45～55N·m。

图9　均压弹簧片的制作

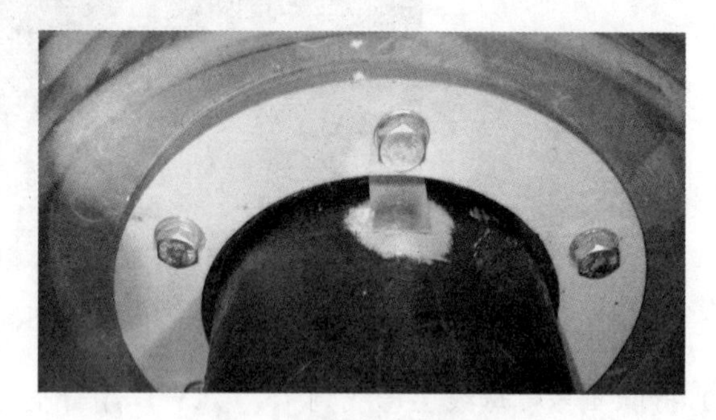

图10　安装之后效果图

5.3　耐压试验

回装完毕后对厂用分支母线进行耐压试验，耐压试验无异常，耐压前后绝缘电阻符合要求。

6　防范措施

通过此次缺陷处理发现均压弹簧片位置极其隐蔽不容易发现，并且盘式绝缘密封套的均压弹簧片与母线之间若是压接不紧很容易积攒杂质，沾上杂质导致均压弹簧片与母线接触不好，母线与内环固定螺栓之间形成电势差后引起放电现象。

运维人员举一反三，对4号厂用分支母线A、C相进行检查发现：C相均压弹簧片与母线之间阻值为2.1Ω；A相均压弹簧片与母线之间阻值达到了180Ω。经过对A相弹簧片及接触面处理，处理过后阻值为1.6Ω。

7 结语

厂用分支母线是连接500kV主变低压侧母线与厂变之间的重要纽带，厂用分支母线正常是500kV主变及厂用电稳定运行的基础。结合本次故障，张河湾电厂将增强对全厂母线排查力度，进一步完善检修项目，及时发现存在的缺陷及隐患，强化设备运维管理，保障设备稳定运行。

抽水蓄能机组出口断路器防低频分闸回路设计及应用

袁二哲　胡旭光　徐　伟　夏　武　杨浩明

（山西垣曲抽水蓄能有限公司，山西省运城市　043700）

【摘　要】抽水蓄能电站发电电动机出口普遍配置了断路器，其能快速切断所有类型的电气故障，避免扩大损失和长期停运检修，减少短路造成的发电机及主变压器损坏，亦可以简化电厂的运行操作，提高机组的可用率和系统的安全性和稳定性。发电机出口断路器性能可靠与否对机组启停成功率和事故处理有着极为重大的影响。本文以某抽水蓄能电厂配置的发电机出口断路器为例，设计了一种机组出口断路器防低频分闸保护回路，可以大大提高机组断路器正常分闸的可靠性，同时也能避免机组断路器低频分断负荷电流损坏断路器的风险。

【关键词】抽水蓄能电站　发电机出口断路器　防低频分闸　GCB

1　引言

自 1969 年世界上首台发电机出口断路器（以下简称 GCB）诞生以来，GCB 在全世界各电力生产领域得到了大量应用。根据 CIGRE 所做的调查资料表明，全世界目前有超过 50%的核电厂与超过 20%的火电厂采用了 GCB，在英国、法国、美国等西方发达国家中，其电力以核能、抽水蓄能电站为主，机组容量较大，其对于厂用电系统可靠性要求较高，发电机出口均装设了 GCB。目前，我国电力系统正朝着大电网、大机组及特高压的方向发展，从适应形势和满足技术规范性的要求来看，带尖峰或中间负荷的燃煤发电机组、联合循环发电机组、水电和抽水蓄能机组，在发电机出口也均装设了 GCB。

由于发电机出口断路器所保护的发电机组是电力系统的心脏，断路器性能可靠与否对所保护对象至关重要。因此发电机出口断路器一定要符合相应的技术标准要求，同时要求动作可靠、故障率低。抽水蓄能机组启停频繁，在机组正常停机或故障停机过程中，GCB 开断的电流过大或频率过低会使其动静触头电气磨损加大，使用寿命缩短，因而降低 GCB 的开断电流、延长 GCB 的使用寿命成为抽水蓄能电站的主要研究课题之一。

2　机组出口断路器防低频分闸回路的设计

DL/T 5208—2005《抽水蓄能电站设计导则》第 10.1.4 条："需要由发电电动机电压侧引接厂用电源和启动装置电源的单元接线、扩大单元及联合单元接线，在发电机出口应装设断路器。"

新源某电厂装设 2 台 60MW 立式抽水蓄能机组，采用发电机—主变单元接线方式，机组的并网与解列通过发电机出口断路器的合、分闸操作来完成。发电机出口断路器设备为 ALSTOM 公司生产，型号为 FKG25，额定工作电压 10.5kV，额定连续电流 4000A，额定开断电流 35kA，额定频率 50Hz，操作电压 DC220V，分闸时间不大于 30ms，合闸时间不大于 55ms，SF_6 额定压力 0.75MPa，机械弹簧操动机构。

DL/T 5208—2005《抽水蓄能电站设计导则》第 10.3.3 条："发电机电压睡和启动回路设备"中，"在进行发电机电压回路设备选择时，除遵守一般设备选择规定外，尚应考虑以下问题：……3）断路器短路电流直流分量开断特性和短路电流低频开断特性……"

ALSTOM 设备厂家曾于 2018 年 1 月的函件显示"发电机断路器可以低频分闸，相当于隔离开关使用，但不能低频开断负载和短路电流。"

2018 年，在机组综合治理改造过程中，为避免机组背靠背低频启动过程中对发电机出口开关可能造成的损坏，在机组出口断路器分闸回路中，加装了防低频分闸回路（下图云状框内黑线部分）。对于背靠背抽水启动过程中，发生任何低频分闸时都要求监控开出 DO47［本机为拖动机组（送 GCB 线圈 1 _ 开节点)]、DO89 [本机为拖动机组(送 GCB 线圈 2 _ 开节点)] 后，KT01 和 KT02 延时继电器延时 2～5s 后断开 GCB，使得 GCB 在励磁系统灭磁开关 FCB 断开后再断开，以保护机组出口断路器。对于正常的机组出口断路器的分断及继电保护等跳闸，则是通过监控开出 DO48 [本机为拖动机组(送 GCB 线圈 1 _ 闭)]、DO88 [本机为拖动机组(送 GCB 线圈 2 _ 闭)] 这两组闭节点断开，另有一组调速器的大于 90% 转速节点作为备用断开回路。

机组出口断路器的两组分闸线圈防低频分闸回路请见图 1 及图 2 中云状框内黑线部分，云状框线中的部分为增加的防低频分闸回路设备，虚线部分为后来增设的保险切换装置。

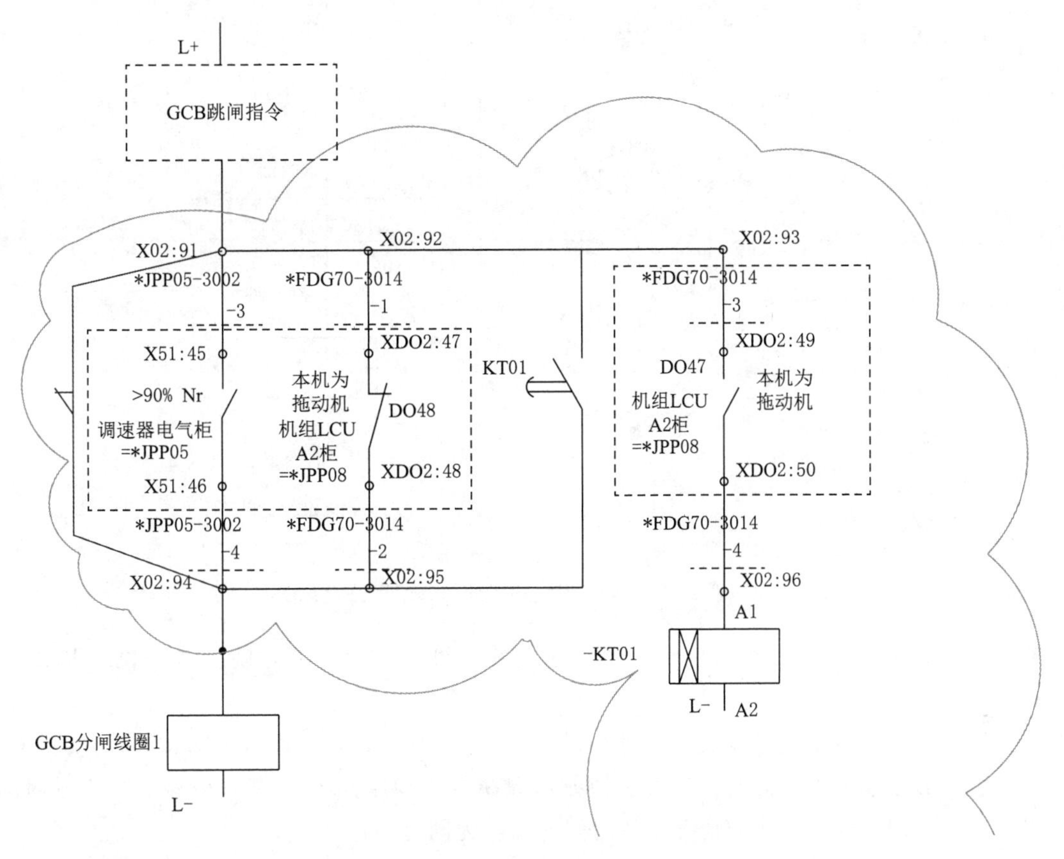

图 1　第一组 GCB 分闸线圈防低频分闸回路设计图

3　增设防低频回路保险切换装置

未增设保护切换装置前，防低频分闸回路存在以下几点不足：

(1) 所有的机组分断 GCB 的命令及继电保护跳闸命令均通过调速器的 K120 继电器闭节点(即小于 90%转速继电器励磁断开)、机组拖动方式选择继电器 DO48、DO89 的继电器闭节点。在抽水蓄能机组运维不及时时，对于继电器的闭节点来讲，可能存在断开一个节点无法及时发现的弊端，而且，仅在这三个继电器全都失效的情况下，才能发现，而此时，GCB 将无法分断，只能通过机组失灵保护动作跳上一级的主变高压侧开关 TCB，存在扩大事故范围的可能性。

(2) 防低频分闸回路仅为背靠背模式抽水启机时，处于低频分闸的情况下使用，使用概率极低。自 2018 年机组恢复运营以来，在一年的统计周期内，抽水启动共 1179 次，其中，SFC 方式启动 1177 次，背靠背启动 2 次，背靠背启动方式占比为 0.16%，启动次数极低。而且，背靠背方式启动过程中发生故障跳闸的概率也较低。

综上所述，防低频分闸路实际上是以 1%的故障率牺牲了断路器正常分闸 80%的可靠性。经反复考虑论证且结合业内专家意见，拟采用在机组拖动方式选择继电器 DO48、DO89 的两端分别并接一个 CT 电流端子，作为短接片，如上图中红色线所示。在正常机组启停机情况下，连接片用于短接的状态，只有

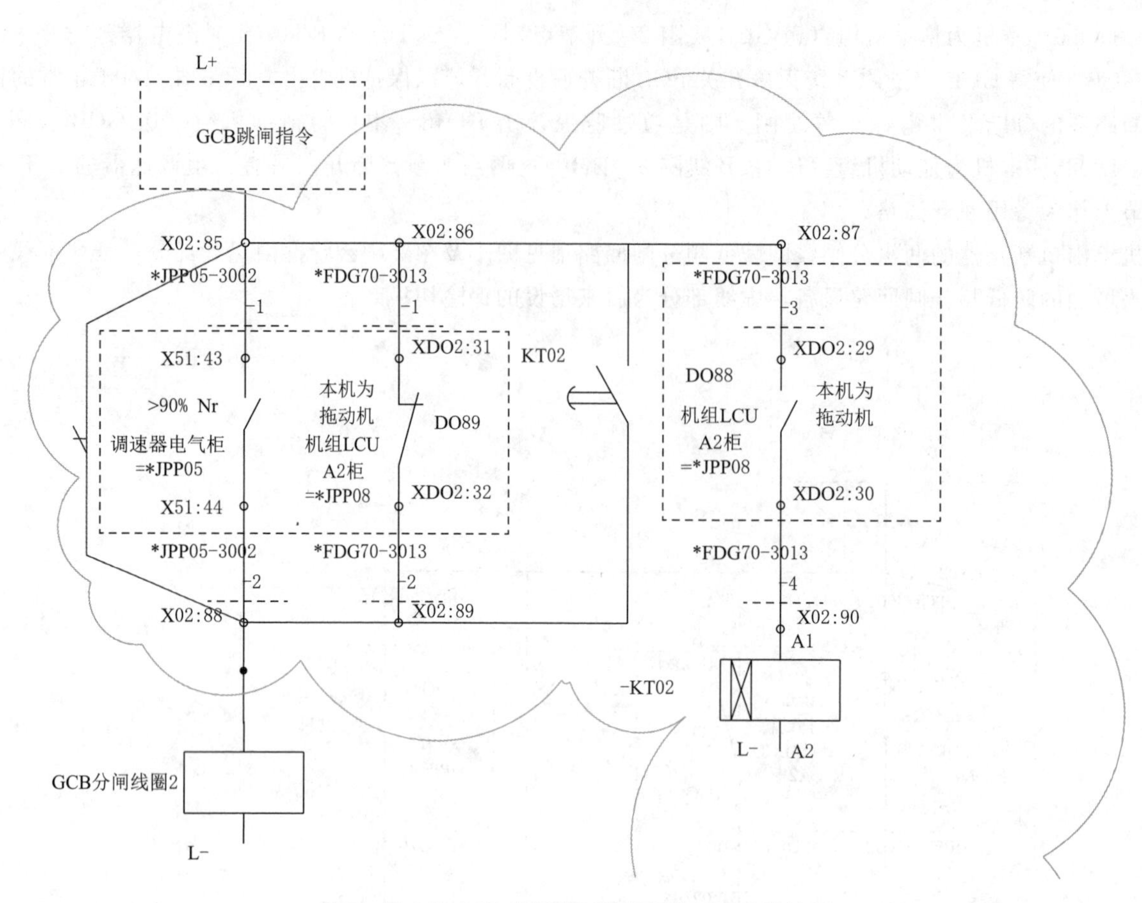

图2 第二组GCB分闸线圈防低频分闸回路设计图

在背靠背抽水启动过程中，作为拖动机状态时，连接片才可以人为打开，防低频分闸保护回路才投入使用。

防低频分闸回路保险切换装置加装后，将CT电流端子连片短接，依次合上励磁灭磁开关FCB、GCB后，20s后，将FCB手动断开，此时灭磁开关跳闸联跳机组出口断路器，GCB应该立即无延时断开，通过监控简报可以查看两个开关动作的情况，从时间上看，为同时动作。

4 同类公司横向配置比对

对新源公司下属的抽水蓄能电站出口开关防低频分闸回路进行抽样调查，配置情况见表1。

表1 新源系统内发电机出口开关防低频分闸回路设置情况抽查表

项　目	回×电站	西××电站	潘××电站	仙×电站
机组容量	2×60MW	4×30MW	3×90MW	4×37.5MW
有无采用保护回路	有	无	无	有，但无保险切换装置
推荐度	＊＊＊＊＊	＊	＊	＊＊＊

按NB/T 10072—2018《抽水蓄能电站设计规范》第8.1.5条，“发电电动机电压侧引接厂用电电源及启动装置电源的单元、联合单元及扩大单元接线，发电电动机出口应装设断路器。”第8.3.3条2款，“在机组正常运行和启动过程中发生故障时，发电机断路器均应能可靠的开断短路电流，并满足短路电流直流分量开断特性和短路电流低频开断特性的要求。”对于新设计的抽水蓄能电站，在发电机出口断路器的设备选择上，提出了更高的要求。

按照最新的抽水蓄能电站设计规范要求，发电机出口断路器生产厂家若能生产“满足短路电流直流分量开断特性和短路电流低频开断特性的要求”的性能优越的断路器产品，则无需再增设防低频分闸保护回路。

5 结语

对于发电机出口断路器不具备正常分断低频电流能力，又未采取发电机出口断路器防低频分闸回路的机组，建议可考虑增加此防低频分闸保护回路的可能性，对于尚在设计及采购中的抽水蓄能电站，建议要求厂家提供符合最新规范要求的发电机出口断路器设备，以增强机组安全运行可靠性。

综上所述，以 CT 电流端子、短接线（片）、保险端子等作为发电机出口断路器防低频分闸回路保险切换装置，只在背靠背抽水启动前人为手动断开连接，机组正常运行前人为可靠连通，弥补了仅靠继电器闭结点导通正常分闸回路可靠性低的缺点，大大提高了机组断路器正常分闸的可靠性，而且也能避免机组断路器低频分断负荷电流损坏断路器的风险。

参考文献

[1] NB/T 10072—2018 抽水蓄能电站设计规范 [S]. 北京：中国电力出版社，2019.
[2] 梁文胜. 发电机出口断路器拒绝分闸的分析与处理 [J]. 红水河，2018，37 (6)：119-120.
[3] 陈尚发. 大容量发电机出口断路器在我国的制造和应用问题 [J]. 电力设备，2006，7 (3)：50-52.
[4] 张立中，王方. 惠州蓄能水电厂发电机出口断路器操作机构故障分析 [J]. 水电站机电技术，2015 (Z1)：48-50.
[5] 陈鹏，朱光宇，梁睿光，等. 抽水蓄能机组停机过程仿真及优化 [J]. 水电能源科学，2020，38 (4)：138-141.
[6] 徐新平. GCB 的应用分析及相关要素研究 [D]. 上海：上海交通大学，2010.
[7] 宋晋红. 浅析宜兴电站 GCB 电寿命评估现场应用 [J]. 水电与抽水蓄能，2016，2 (1)：35-38.

浅谈接地变在水电站中压厂用电系统的作用

王小兵

（河南洛宁抽水蓄能有限公司，河南省洛阳市　471700）

【摘　要】当前我国水电站高压厂用电系统主要采用不接地方式，部分经消弧线圈接地，在发生单相接地故障时不立即跳闸，但随着电缆的大量使用，厂用电系统的电容电流也越来越大，很多已超出了不接地方式的适用范围。电缆为非自恢复绝缘，发生单相接地故障一般来说均为永久性故障，若继续运行，可能发展成为相间短路，必须迅速切断电源。

【关键词】厂用电　10kV　接地

1　水电站厂用电系统简介

当前，我国水电站高压厂用电系统常用电压等级为 10kV。电源多取自于发电机出口主变压器低压侧，再经高压厂用变压器降至 10kV，变压器低压侧为△接线，无中性点引出。由于厂用电多处于室内或厂房内，10kV 系统厂用电的配电形式多以电缆为主。

2　水电站厂用电运行特点

在厂用电中压系统中性点不接地的情况下，系统发生单相接地故障时，线电压三角形仍然保持对称，对负载用户继续工作影响不大，并且电容电流比较小（小于 10A）时，一些瞬时性接地故障能够自行消失，这对提高供电可靠性，减少停电事故是非常有效的。由于该运行方式简单、投资少，所以在我国水电站厂用电中压系统一直采用这种运行方式，并起到了很好的作用。

考虑到水电站特别是抽水蓄能电站厂用电系统有着自身的特点，其高压厂用变压器数量及容量均有备用，主流设计是单台高压厂用变压器可以带全厂负荷运行，重要负荷的配电变压器一般均有备用或者采用双电源供电，当发生故障时，可迅速切除故障，利用备自投实现电源的自动切换，保证厂用设备的可靠供电。因此当 10kV 厂用电系统发生单相接地时，可以立即跳闸并切除故障，即 10kV 厂用电系统没有带接地故障运行的必要。

3　10kV 系统单相接地时的危害

随着水电站厂用电 10kV 系统电缆的大量使用，电容电流越来越大（超过 10A），发生单相接地时危害越来越大，具体如下：

（1）单相接地电弧发生间歇性的熄灭与重燃，会产生弧光接地过电压，其幅值可达 $4U$（U 为正常相电压峰值）或者更高，持续时间长，会对电气设备的绝缘造成极大的危害，在绝缘薄弱处形成击穿；造成重大损失。

（2）由于持续电弧造成空气的离解，破坏了周围空气的绝缘，容易发生相间短路。

（3）产生铁磁谐振过电压，容易烧坏电压互感器并引起避雷器的损坏甚至可能使避雷器爆炸。

电缆为非自恢复绝缘，发生单相接地故障一般来说均为永久性故障，若继续运行，故障处绝缘会被迅速烧坏，以致发展成为相间故障，必须迅速切断电源，避免事故扩大，即便采用消弧线圈，也只是一定程度上降低了接地故障电流，很难及时排除故障，在以电缆为主的厂用电系统中不能有效发挥作用。

4 解决措施

为了防止上述事故的发生，那么就需要中压系统发生接地故障时，保护能够快速响应将故障切除。鉴于当前10kV系统中性点不接地的特点，在发生单相接地时，保护装置无法快速的通过电流、电压变化而做出判断。为使接地保护可靠动作，需要为10kV系统提供足够的零序电流和零序电压，具体方式为人为建立一个中性点，在中性点接入接地电阻。为了解决此类问题，接地变压器（简称接地变）应运而生，接地变是人为制造了一个中性点接地电阻，它的接地电阻一般很小（一般要求小于5Ω）。

接地变压器形式有两种，分别为Z型接地变压器（ZN、ZN，yn）和星形/三角形接线变压器（YN，d）。现在多用Z型接地变压器，其中性点可接入消弧线圈。

Z型接线变压器（或称曲折型接线），与普通变压器的区别是每相线圈分别绕在两个磁柱上，这样连接的好处是零序磁通可沿磁柱流通，而普通变压器的零序磁通是沿着漏磁磁路流通，所以Z型接地变压器的零序阻抗很小（10Ω左右），而普通变压器要大得多。

Z型接地变压器同一柱上两半部分绕组中的零序电流方向是相反的，因此零序电抗很小，对零序电流不产生扼流效应。当Z型接地变压器中性点接入消弧线圈时，可使消弧线圈补偿电流自由地流过，因此Z型变压器广为采用作接地变压器。

当系统发生接地故障时，在绕组中将流过正序、负序和零序电流。该绕组对正序和负序电流呈现高阻抗，而对零序电流来说，由于在同一相的两绕组反极性串联，其感应电动势大小相等，方向相反，正好相互抵消，因此呈低阻抗。

5 低电阻接地方式的优缺点

低电阻接地可以使接地故障的检测手段大为简单、可靠，可以准确快速切除故障，同时也可降低过电压水平，减小单相接地发展成相间短路的概率，防止事故扩大。由于很多接地变只提供中性点接地小电阻，而不需带负载。所以很多接地变就是属于无二次的。接地变在电网正常运行时，接地变相当于空载状态。

但是，当电网发生故障时，只在短时间内通过故障电流，中性点经小电阻接地电网发生单相接地故障时，高灵敏度的零序保护判断并短时切除故障线路，接地变只在接地故障至故障线路零序保护动作切除故障线路这段时间内起作用，其中性点接地电阻和接地变才会通过零序电路。根据上述分析，接地变的运行特点是：长时空载，短时过载。高压厂用变压器中性点或者接地变高压中性点的零序过流保护作为馈线拒动和母线接地的后备保护，在时间和定值上与馈线保护配合。

总之，接地变是人为地制造一个中性点，用来连接接地电阻。当系统发生接地故障时，对正序负序电流呈高阻抗，对零序电流呈低阻抗性使接地保护可靠动作。

6 结论

当厂用电10kV系统单相接地电容电流较大时（≥10A）时，宜采用中性点经低电阻接地方式，可以使接地故障的检测手段大为简单、可靠，准确快速切除故障，同时也可降低过电压水平，减小单相接地发展成相间短路的概率，防止事故扩大。

参考文献

[1] GB/T 50065—2011 交流电气装置的接地设计规范 [S].

[2] DL/T 780—2001 配电系统中性点接地电阻器 [S].

[3] DL/T 1502—2016 厂用电继电保护整定计算导则 [S].

[4] NB/T 35067—2015 水力发电厂过电压保护和绝缘配合设计技术导则 [S].

[5] GB/T 50064—2014 交流电气装置的过电压保护和绝缘配合设计规范 [S].

抽水蓄能电站发电电动机轴电流产生原因及控制措施简析

韩 波 徐卫中 胡光平 熊治富
（重庆蟠龙抽水蓄能电站有限公司，重庆市 401452）

【摘 要】本文针对抽水蓄能电站发电电动机轴电流危害较大的特点，简要分析分析轴电流产生的原因，针对性采取一些控制措施，为抽水蓄能电站发电电动机安全稳定运行提供参考。

【关键词】抽水蓄能 轴电流 原因及控制措施

1 引言

由于定子磁场的不平衡或发电机大轴本身带磁，当出现交变磁通时，必然会在轴上感应出一定的电压，轴电压通过轴颈、油膜、轴承、机座及基础底层构成通路，若油膜遭到破坏，就会在此回路中产生一个比较大的轴电流，严重威胁机组运行安全。

本文以抽水蓄能电站发电电动机轴电流为出发点，分析产生轴电流的原因，以及如果在设计、制造和生产运行阶段降低甚至消除轴电流，保证机组安全稳定运行。

2 原因分析

2.1 某厂实例

抽水蓄电站机组设置轴电流保护，某厂曾多次发生轴电流保护动作，导致机组抽水调相工况启动不成功的事件发生。

2.2 具体原因分析

电机转子磁极产生的磁通，其磁路是从转子的一个极面出来，分两路通过定子铁芯的两个半边，又回到转子对称的另一个极面而进入转子，如果这两条并联的磁路完全对称，即磁阻相等，则转子的左右两个半部 A 和 B 所通过的磁通数相同，如图 1 所示。

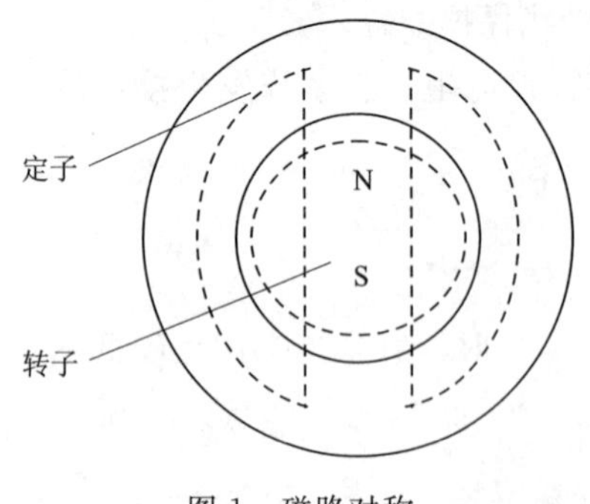

图 1 磁路对称

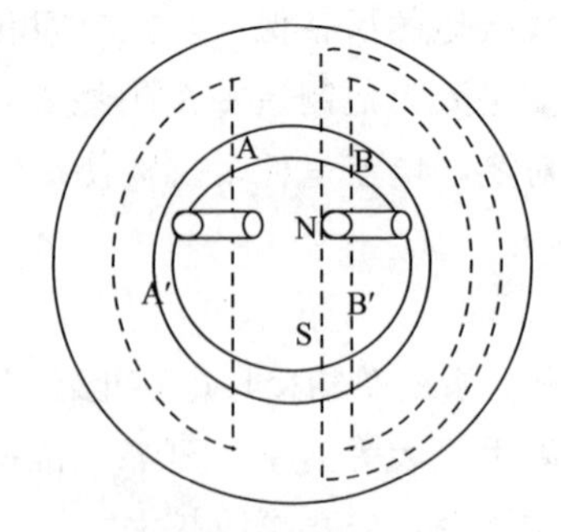

图 2 磁路不对称

若由于某些主观和客观的原因，会导致转子两半部的磁阻不一样大，A 和 B 的磁通不一样多，发生这种情况的原因可能有：

制造铁芯时，拼整圆所用的硅钢片数为奇数，左右两半的接缝不一样多而造成气隙不等，或安装测温元件的绝缘板不是两半均匀分配，从而造成两半块硅钢片的阻抗不相等。

因发电机转子大轴不能做成绝对的圆，以及机组运行时会有一定的摆度，造成两半磁路不对称，这样都会使两半部的磁阻不同，则通过线圈 A′中的磁通少，B′中的磁通多（A′，B′为假想的线圈）。

在如图 2 所示位置时，A 区的磁通穿过 A′线圈，B 区的磁通穿过 B′线圈，当转子开始转动时，穿过 A′和 B′线圈的磁通数就会起变化。随着转子的转动，线圈 A′中的磁通就增加，线圈 B′中的磁通就减少。当转子转过 90°时，如图 3 所示，两个线圈中的磁通相等。

如图 4 所示，当转子转过 180°时，线圈 A 和 B 中的磁通数跟起始时正好相反，A′中的磁通数增到最多，B′中的磁通数减到最少，若再继续旋转时，A′中的磁通便减少，B′中的磁通便增多，重复上面的过程，在这个过程中，两个假设的线圈 A′和 B′中若磁通数量的变化，均会产生感应电动势和感应电流。根据楞次定律，其电流所产生的方向总是反对线圈中原有磁通的变化，这个电流有两个途经可以流通，其一是经转子的表面流过，通过轴中心，其二是经转子端部经过转子轮芯，回到转子端部。因为这是交流电流，第一个路径由于要穿过导磁性能很好的转子铁芯，感抗很大，后一个路径的感抗很小，它比前一个路径的感抗要小几十倍，所以大部分电流会沿着第二条路径走，这就是轴电流产生的原因。

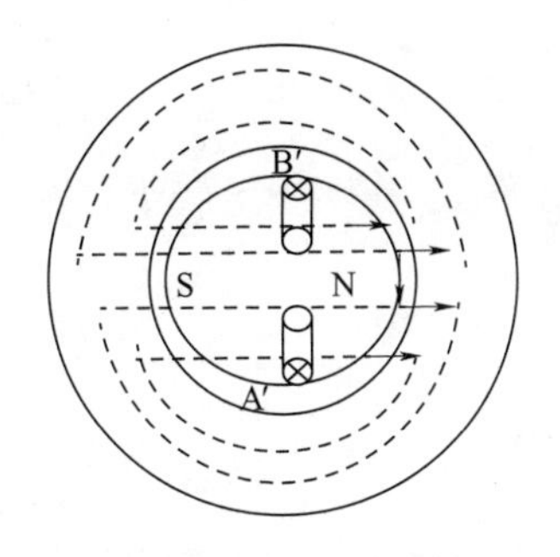

图 3　转子转过 90°的情况

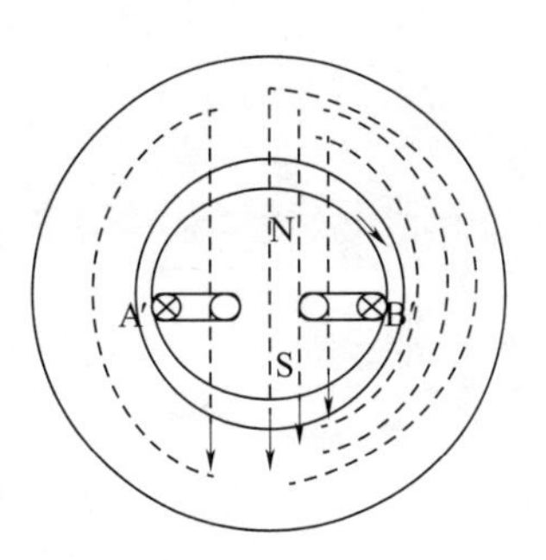

图 4　转子转过 180°的情况

虽然这种轴电势不一定很大，一般 300MW 的机组可达电压 15V 电势，不过油膜的绝缘并不可靠，很容易被轴电势击穿，并且由于上述第二条路径的阻抗值很小，所以产生的轴电流还是很大的，可达几百安甚至几千安，这么大的轴电流流过轴承时容易将轴瓦、轴颈烧坏，还会使发电机与转轴相连接的零件发生磁化现象，危及机组的安全。

3　控制措施

3.1　设置过电流继电器

为避免发生以上异常情况，轴电流保护可采用独立的继电器，在上导、推力瓦及推力轴承轴体三处增加绝缘垫和绝缘板，并在推力头与下机架下分别安装了两个碳刷，利用碳刷与大轴良好的接触性以及碳刷电阻远小于油膜这一特性，引导上端的轴电势经过轴电流保护继电器形成回路，轴电流继电器作为一简单的过电流继电器，当它检测到电流大于初始设定值，经延时后发出报警或动作于跳闸。如图 5 所示，虚线为下导轴承绝缘垫损坏后形成的轴电流回路。

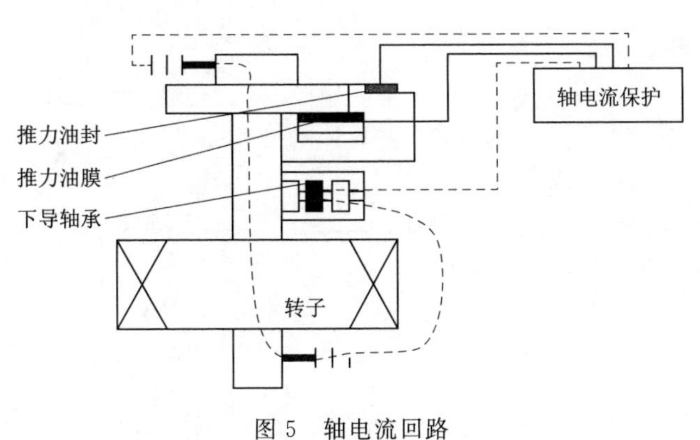

图 5　轴电流回路

3.2　加装油过滤器

轴电流保护一般多发生在机组抽水调相工况启动，转速较低的时候，此时小的金属碎屑易进入绝缘垫处，使轴电流回路导通，导致轴电流保护动作。为减少这种情况的发生，可在推力轴承油盆外加装油过滤器，强化油的循环，以阻止金属碎屑再次进入推力油盆内，该过滤器可设置自动或手动起停，同时利用定检及检修机会对过滤器进行清洗或更换，保证油循环顺畅。

3.3　日常运维管控措施

运维人员利用机组定检或者检修机会，检查测量碳刷长度，必要时予以更换，以降低轴电位，使接地碳刷可靠接地，并且与发电机轴可靠接触，保证发电机轴电位为零电位；认真检查并加强导线或垫片绝缘，以消除不必要的轴电流隐患；清理擦拭干净发电机轴及相关固定、转动部件油污，定期检查机组抽油雾装置运行正常；定期擦拭发电机滑环、整流子、刷架，避免碳粉沉积降低正负两级绝缘，从而产生轴电流。按照规程规定，定期检查发电机转子绝缘发电机转子绝缘。绝缘降低必须迅速处理，避免励磁回路两点接地。

参考文献

[1]　田葳，李树科. 发电机轴电流的危害及防范措施 [J]. 电机技术，2004 (4)：28-29.

大型抽水蓄能电站厂房噪声成因及特性分析

杨经卿[1,2] 施慧杰[1] 刘建峰[1,2]
(1. 中国电建集团华东勘测设计研究院有限公司，浙江省杭州市 311122；
2. 国家能源水电工程技术研发中心抽水蓄能工程技术研发分中心，浙江省杭州市 311122)

【摘 要】对已投运多座大型抽水蓄能电站发电厂房进行噪声测试，通过成果数据的整理分析，了解厂房噪声的成因和特性，为后续电站的噪声控制研究提供数据支持。

【关键词】噪声 主频 水力激振 电磁振动 大型抽水蓄能电站

1 引言

水电站厂房噪声主要来源于水力激振、电磁振动、机械振动。相比常规水轮发电机组，抽水蓄能机组一般具有水头高、转速高、双向水流运行、水力、电气和机械激振频率范围宽、起停及工况转换频繁的特点，厂房振动和噪声问题更加突出。如果电站运行人员长期置身于高强度噪声环境中，身心健康会受到不同程度的影响，进而影响到正常的工作和生活。

截至2019年年底，我国在运抽水蓄能电站共计32座，在建抽水蓄能电站共计37座，装机规模位居世界第一。为对抽水蓄能电站的噪声声级、特性及其防治进行分析研究，需要能够反映电站实际运行条件的相关数据。本研究主要针对厂房和机组振动，选择了国内8座已投运大型抽水蓄能电站进行振动测试，同时对厂房典型部位的环境噪声进行了现场测试，对噪声的成因及特性进行分析，为后续电站噪声控制研究提供数据支持。

2 测试电站参数

本次测试的大型抽水蓄能电站机组主要参数见表1。

表1 测试电站主要技术参数

电站编号	额定水头/m	额定转速/(r/min)	单机容量/MW	导叶数	转轮叶片数
A	540	500	300	20	9
B	526	500	300	26	9
C	430	428.6	300	20	9
D	447	375	375	20	9
E	353	375	250	26	9
F	308	333.3	300	20	9
G	225	300	250	22	9
H	190	250	250	20	9

测试所选择的8座电站几乎覆盖了我国目前主流大型抽水蓄能电站的水头、机组转速、单机容量分布范围，机组制造厂商也涵盖了外资、合资以及自主化国产，具有比较广泛的代表性。

3 测试布置

(1) 测试工况。噪声的影响主要取决于持续性噪声，测试工况主要为稳态发电工况、稳态抽水工况，同时对发电工况、抽水工况的启动过程进行测试。受电站运行条件影响，不同电站的测试工况略有不同。

（2）测点布置。噪声测试点及传感器类型见表 2、图 1。传感器均置于高 1.2m 的支架上。

表 2 噪声测试点分布表

序号	测试点部位	测试点位置	传感器类型
1	发电机层	集电环上游侧的上机架顶盖上	声望噪声探头
2	水车室	机墩进人门内侧门口	声望噪声探头
3	蜗壳门	蜗壳进人门外约 1m	声望噪声探头
4	尾水门	锥管进人门外约 1m	声望噪声探头

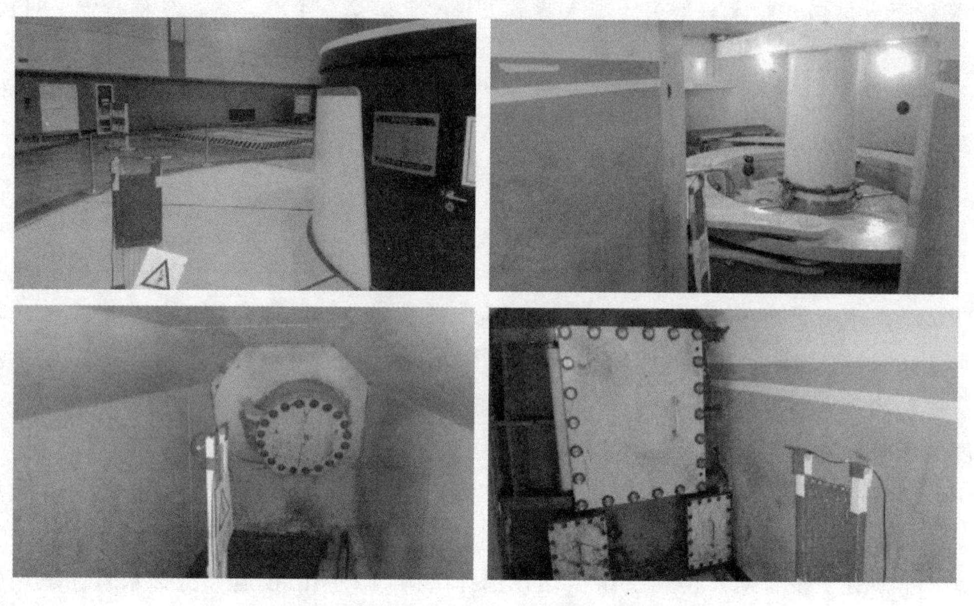

图 1 噪声测试点布置图——以 D 电站为例

4 测试数据分析

4.1 测试成果

4.1.1 A 电站测试成果

测试工况为变负荷发电工况、稳态抽水工况，以及发电工况、抽水工况的启动过程。测试成果见表 3、图 2。

表 3 A 电站噪声测试成果表

运行工况	机组负荷 /MW	发电机层噪声		水车室噪声		蜗壳门噪声		尾水门噪声	
		A 声级 /dB(A)	主频 /Hz	A 声级 /dB(A)	主频 /Hz	A 声级 /dB(A)	主频 /Hz	A 声级 /dB(A)	主频 /Hz
发电	153.3	85.44	100.05	105.64	150.08	91.62	150.08	110.08	150.08
	203.0	85.03	100.05	106.07	150.03	92.35	150.03	108.24	150.03
	255.0	85.76	100.06	104.80	149.99	92.83	150.04	107.68	149.99
	303.9	85.51	99.95	105.74	149.93	93.34	149.93	107.66	149.93
抽水	291.3	84.40	100.04	102.51	300.11	86.70	150.07	103.00	150.07
	290.2	84.28	100.06	102.59	149.97	84.86	150.02	103.01	150.03
	290.4	83.89	99.97	101.64	149.95	85.77	149.95	103.05	149.95
	291.0	83.70	100.03	101.58	149.99	85.49	149.99	103.11	149.99
	289.9	83.46	99.99	101.27	149.99	87.90	149.99	103.08	149.99

测试结果显示，发电工况的噪声略大于抽水工况，各工况噪声值随机组功率变化不明显。机组启动

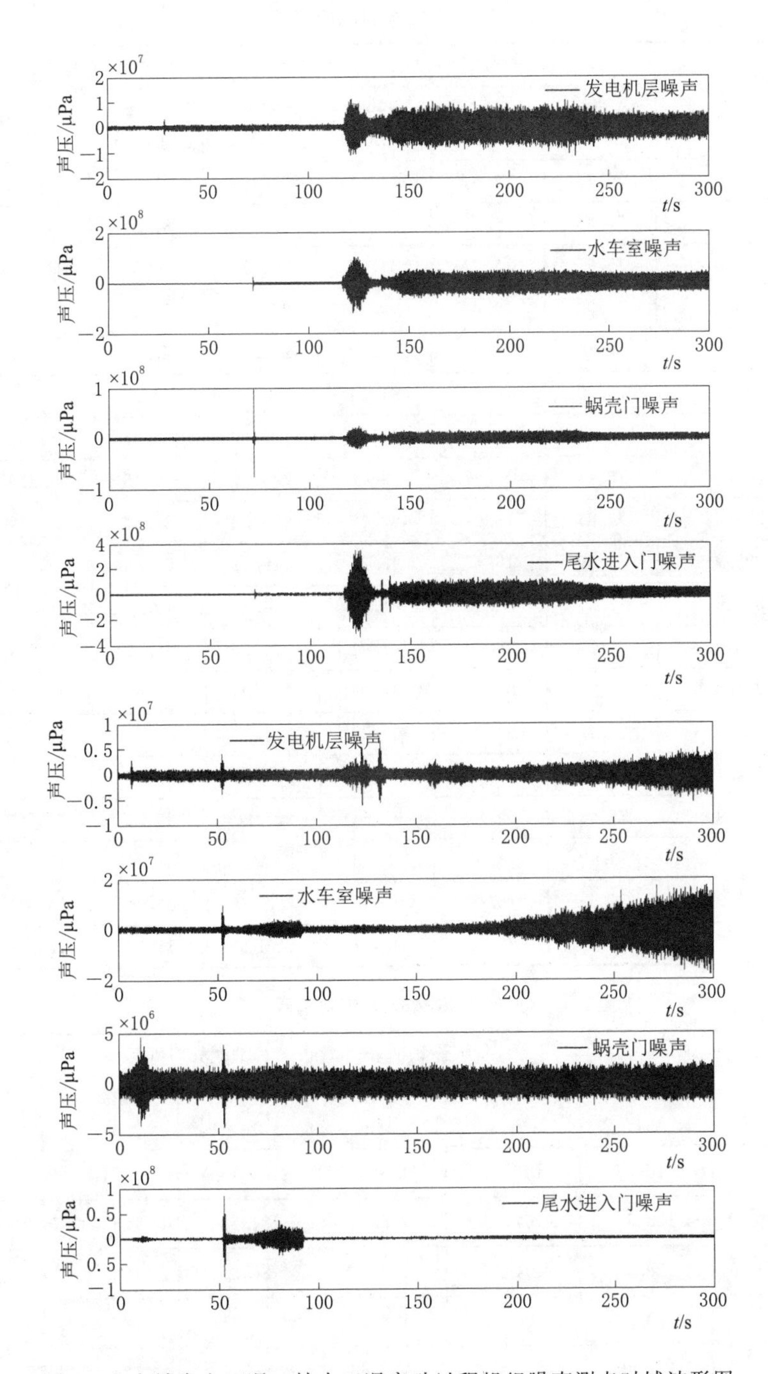

图 2 A 电站发电工况、抽水工况启动过程机组噪声测点时域波形图

过程中，噪声明显增大，接近额定功率时明显减小，并趋于稳定。

噪声频谱分析可以看出，发电机层噪声主频为 100Hz 极振频率，其他部位噪声主频为 75Hz 叶片通过频率的 2 倍频。

4.1.2 B 电站测试成果

测试工况为变负荷发电工况、稳态抽水工况。测试成果见表 4。

测试结果显示，各工况噪声基本相同，各工况噪声随机组负荷变化不明显。

噪声频谱分析可以看出，发电机层噪声主频为 8.33Hz 转频的 2 倍频、10 倍频，其他部位噪声主频为 75Hz 叶片通过频率的 2 倍频、3 倍频，蜗壳门处出现了 8.33Hz 转频的 4 倍频。

4.1.3 C 电站测试成果

测试工况为稳态抽水工况。测试成果见表 5。

表 4 **B电站噪声测试成果表**

运行工况	机组负荷/MW	发电机层噪声		水车室噪声		蜗壳门噪声		尾水门噪声	
		A声级/dB(A)	主频/Hz	A声级/dB(A)	主频/Hz	A声级/dB(A)	主频/Hz	A声级/dB(A)	主频/Hz
发电	299.5	76.79	16.67	92.06	224.92	81.09	224.92	94.99	170.42
	274.7	76.45	16.67	91.86	225.17	80.65	225.17	93.67	170.25
	249.3	75.95	16.67	91.26	224.83	80.33	149.92	92.76	224.92
	224.2	75.90	16.67	90.68	225.08	78.16	33.33	91.68	225.08
	200.0	76.11	16.67	90.70	225.17	77.58	33.33	90.39	225.17
	219.2	75.90	16.67	91.04	225.08	78.38	33.33	91.49	225.08
	239.1	76.01	16.67	91.63	225.00	79.52	33.33	92.34	225.03
	259.1	76.28	16.67	92.06	225.17	80.16	33.33	93.12	170.42
	279.2	76.55	16.67	92.25	225.08	80.57	225.08	94.02	170.67
	298.9	76.89	16.67	92.25	149.92	80.86	33.33	95.21	170.75
抽水	314.6	75.51	83.33	91.45	150.00	79.89	150.00	93.83	225.00
	312.9	75.70	83.33	92.44	224.83	80.19	33.33	94.00	224.83
	311.8	75.71	83.33	93.08	225.00	80.69	150.00	94.06	225.00
	311.1	75.42	83.33	92.79	225.00	80.63	150.00	93.94	225.00
	310.1	75.60	16.67	92.57	225.17	80.46	150.17	94.24	225.17
	308.9	75.46	83.33	92.64	225.00	80.72	150.00	94.21	150.00
	308.3	75.42	16.67	92.46	225.17	80.79	150.17	94.50	150.17
	306.9	75.55	16.67	92.36	225.17	80.80	150.17	95.07	150.17
	303.7	75.63	83.33	92.57	225.00	81.26	225.00	95.49	150.00

表 5 **D电站噪声测试成果表**

运行水头/m	发电机层噪声		水车室噪声		蜗壳门噪声		尾水门噪声	
	A声级/dB(A)	主频/Hz	A声级/dB(A)	主频/Hz	A声级/dB(A)	主频/Hz	A声级/dB(A)	主频/Hz
439.25	86.03	128.57	104.99	128.57	84.85	128.57	90.48	128.57
440.53	86.11	128.53	104.72	128.53	84.76	128.53	90.49	128.53
441.64	86.06	128.57	104.94	128.57	84.81	128.57	90.35	128.57
442.91	85.94	300.10	104.73	128.63	85.21	128.63	90.39	128.63
444.19	86.00	128.63	104.66	128.63	85.41	128.63	90.54	128.63
445.33	86.05	128.60	105.17	128.60	86.20	128.60	90.43	128.60
446.52	86.06	300.10	104.56	128.63	85.71	128.63	90.58	257.23
447.41	86.00	300.13	104.77	128.63	86.07	128.63	90.49	128.63
448.33	85.86	128.57	104.77	128.57	86.26	128.57	90.55	128.57
449.05	85.90	300.17	104.84	128.63	86.53	128.63	90.46	128.63

测试结果显示，蜗壳门噪声随运行水头增加略有增加，其他部位噪声值随运行水头变化不明显。

噪声频谱分析可以看出，各部位噪声主频为64.3Hz叶片通过频率的2倍频。

4.1.4 D电站测试成果

测试工况为变负荷发电工况、稳态抽水工况，以及发电工况、抽水工况的启动过程。测试成果见表6、图3。

表 6 **D 电站噪声测试成果表**

运行工况	机组负荷/MW	发电机层噪声		水车室噪声		蜗壳门噪声		尾水门噪声	
		A 声级/dB(A)	主频/Hz	A 声级/dB(A)	主频/Hz	A 声级/dB(A)	主频/Hz	A 声级/dB(A)	主频/Hz
发电	148.0	83.50	204.70	98.67	0.07	85.92	112.53	90.83	112.53
	190.0	83.31	204.73	99.81	0.07	85.72	112.53	90.16	112.53
	230.0	83.15	204.70	101.75	0.03	85.19	112.50	89.39	112.50
	262.0	83.14	204.73	97.39	0.03	86.00	112.50	89.63	112.50
	285.0	82.99	204.73	96.16	0.10	85.80	112.60	89.69	112.60
	300.0	82.06	112.43	75.67	49.97	84.83	112.43	86.74	112.43
	338.0	81.90	99.93	75.68	49.97	84.27	112.43	87.06	112.43
	375.0	82.59	100.07	75.23	50.03	85.32	112.57	89.96	112.57
抽水	385.3	83.82	112.57	92.15	0.26	88.80	112.57	92.36	204.55
	384.2	84.21	171.61	89.97	0.01	88.22	112.57	92.73	204.63
	382.7	84.47	112.58	90.76	0.01	87.58	112.58	92.69	204.74
	381.6	84.49	204.58	89.37	0.07	87.45	112.55	92.44	204.58
	381.1	83.93	204.63	91.38	0.03	87.67	112.57	92.11	204.63
	380.5	83.85	204.63	90.81	0.02	88.27	204.63	92.32	204.63
	379.7	84.14	112.47	89.26	0.01	87.85	112.47	92.21	204.67

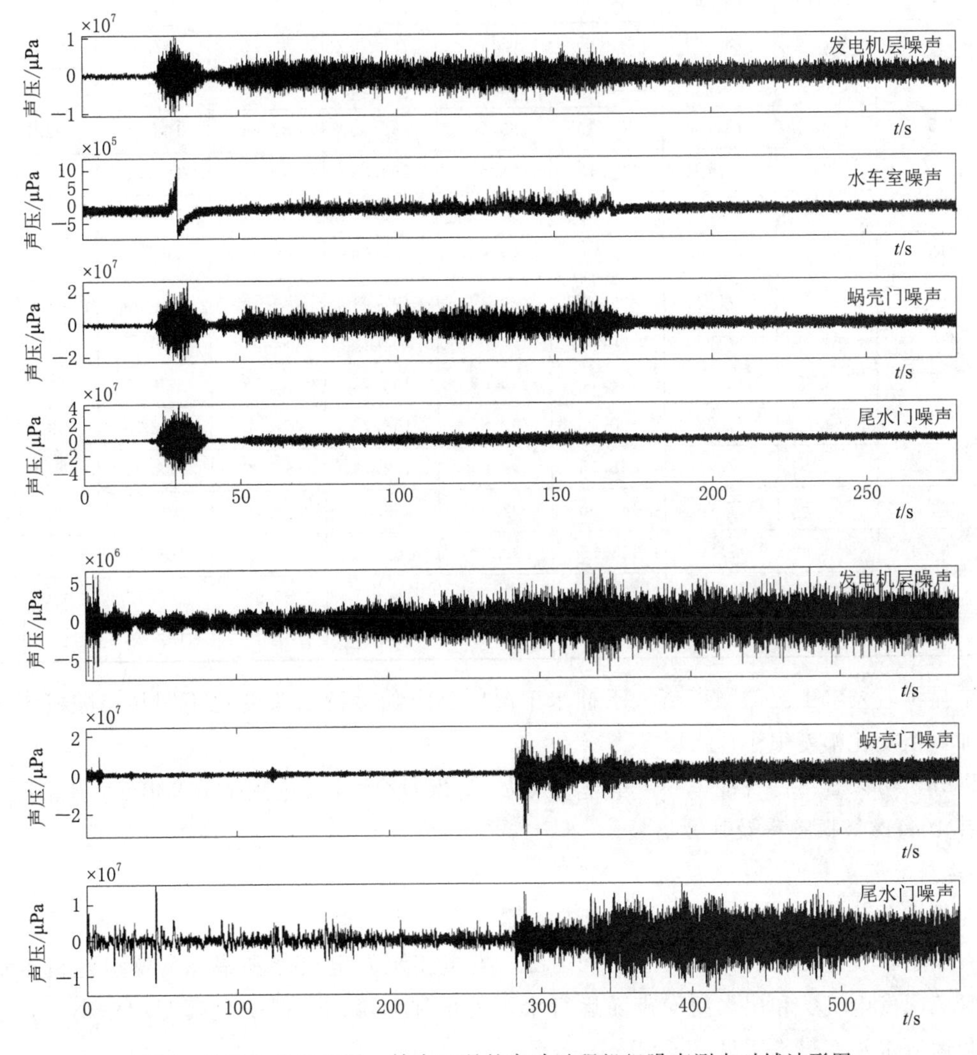

图 3 D 电站发电工况、抽水工况的启动过程机组噪声测点时域波形图

测试结果显示，抽水工况的噪声略大于发电工况，发电工况的噪声在功率达到 300MW 后有所下降，至额定功率后趋于稳定。机组启动过程中，噪声明显增大，接近额定功率时明显减小，并趋于稳定。

噪声频谱分析可以看出，噪声源相对较为复杂，水车室噪声主频主要为 0.1Hz 的低频和 50Hz 的工频，其他部位噪声主频主要为 56.25Hz 叶片通过频率的 2 倍频和 204Hz。经分析，产生 204Hz 频率的原因为厂房附加质量的影响。本电站进行了 2 次测试，第一次振动及噪声测试时，2 号机组正在安装，后续机组尚未安装，在进行第二次振动测试时，最后一台机组正在安装，204Hz 的频率几乎全部消失，主频变化为 56.25Hz 叶片通过频率的 2 倍频。

4.1.5 E 电站测试成果

测试工况为两种水头的变负荷发电工况、稳态抽水工况，以及发电工况、抽水工况的启动过程。测试成果见表 7。

表 7 E 电站噪声测试成果表

运行工况	运行水头/m	机组负荷/MW	发电机层噪声		水车室噪声		蜗壳门噪声		尾水门噪声	
			A 声级/dB(A)	主频/Hz	A 声级/dB(A)	主频/Hz	A 声级/dB(A)	主频/Hz	A 声级/dB(A)	主频/Hz
发电	385.6	178.0	78.90	249.88	93.48	100.00	85.35	112.00	95.79	168.63
		200.8	78.66	200.13	93.55	168.88	85.43	168.88	95.83	168.88
		220.5	78.85	200.13	93.82	168.88	88.01	168.88	96.33	168.88
		249.1	79.79	200.00	94.51	168.75	88.89	168.88	96.53	168.75
	375.2	147.9	78.07	249.88	93.76	168.75	82.25	112.50	94.30	168.63
		176.5	77.51	250.00	93.43	100.00	81.72	112.50	93.01	168.75
		199.1	78.10	200.13	93.20	168.88	82.44	168.88	92.78	168.88
		220.0	78.79	200.13	93.59	168.88	84.09	168.88	93.35	168.88
		247.5	79.19	250.13	94.10	168.88	86.37	168.88	94.71	168.88
抽水	373.5	266.4	77.34	100.00	93.63	168.75	88.43	112.50	93.87	168.75
	375.0	265.8	77.34	100.00	93.39	169.00	88.18	112.50	93.42	169.00
	376.4	264.8	77.61	100.00	93.06	168.75	87.92	168.75	93.59	168.75
	377.8	264.4	77.72	168.75	93.02	168.75	87.78	168.75	93.42	168.75
	379.2	264.0	77.73	100.00	92.87	168.75	87.48	168.75	93.27	168.75
	380.6	263.5	77.73	168.75	92.89	168.75	87.22	168.75	92.94	168.75
	381.9	263.1	77.96	169.00	92.90	169.00	87.15	169.00	92.98	169.00
	383.4	262.4	77.86	168.75	92.84	168.75	87.21	168.75	92.51	168.75
	384.7	261.8	78.08	168.75	92.88	168.75	86.93	168.75	92.48	168.75
	386.0	261.4	78.62	168.75	93.18	168.75	87.10	168.75	92.58	168.75

测试结果显示，发电工况的噪声略大于抽水工况，噪声随运行水头变化不明显，随机组出力的增加先减小后增加，但变化幅度很小。

噪声频谱分析可以看出，各部位噪声主频主要为 56.25Hz 叶片通过频率的 2 倍频、3 倍频，发电机层噪声主频还有 100Hz 极振频率及其 2 倍频。

4.1.6 F 电站测试成果

测试工况为变负荷发电工况、稳态抽水工况。测试成果见表 8。

测试结果显示，发电工况的噪声大于抽水工况，发电工况发电机层和蜗壳门噪声随机组负荷的增加而增加，抽水工况发电机层和尾水门噪声随运行水头的增加而增加，但变化幅度均较小，其他部位噪声随机组负荷和运行水头变化不明显。

噪声频谱分析可以看出，各部位噪声主频主要为 50Hz 叶片通过频率的 2 倍频。

表 8　F电站噪声测试成果表

运行工况	运行水头/m	机组负荷/MW	发电机层噪声		水车室噪声		蜗壳门噪声		尾水门噪声	
			A声级/dB(A)	主频/Hz	A声级/dB(A)	主频/Hz	A声级/dB(A)	主频/Hz	A声级/dB(A)	主频/Hz
发电	—	300	76.64	100.09	102.41	100.09	90.83	100.09	78.57	100.09
		290	76.70	100.14	102.54	100.14	90.97	100.14	78.65	100.14
		280	75.86	100.11	100.91	100.13	89.92	100.11	77.17	100.11
		270	75.51	100.10	103.30	100.10	88.23	100.10	77.20	100.10
		260	75.62	100.10	102.05	100.10	87.82	100.10	85.82	100.10
		240	73.99	100.09	102.89	100.09	87.26	100.09	76.17	0.02
		220	73.46	100.02	102.63	100.02	86.29	100.02	79.30	0.01
		200	73.46	99.95	102.87	99.95	85.78	99.95	77.27	99.95
		180	73.57	99.95	103.06	99.95	85.77	99.95	76.78	0.05
		160	73.45	99.95	102.82	99.95	86.31	99.95	77.53	99.95
抽水	308.2	—	71.58	99.90	100.85	99.90	80.00	99.90	73.81	135.96
	308.5		71.25	100.08	100.65	100.08	79.80	100.08	73.81	100.08
	309.3		72.03	99.91	100.86	99.91	81.12	99.91	74.00	99.91
	309.8		72.27	99.93	101.86	99.93	80.73	99.93	74.00	99.93
	310.4		73.40	100.08	101.31	100.08	83.00	100.08	74.59	100.08
	311.7		73.63	49.97	102.44	99.93	80.20	99.93	74.44	99.93
	312.8		73.51	100.11	101.90	100.11	80.73	100.11	74.69	100.11
	313.9		73.24	49.97	102.79	99.93	81.51	99.93	74.75	99.93

4.1.7　G电站测试成果

测试工况为变负荷发电工况、稳态抽水工况，以及发电工况、抽水工况的启动过程。测试成果见表9、图4。

表 9　G电站噪声测试成果表

运行工况	运行水头/m	机组负荷/MW	发电机层噪声		水车室噪声		蜗壳门噪声		尾水门噪声	
			A声级/dB(A)	主频/Hz	A声级/dB(A)	主频/Hz	A声级/dB(A)	主频/Hz	A声级/dB(A)	主频/Hz
发电	—	250	81.36	100.02	102.45	135.03	89.61	90.02	90.77	90.02
		250	81.18	100.04	102.34	135.08	89.50	90.04	90.72	225.13
		250	81.56	100.06	103.05	135.08	89.42	90.03	91.08	135.08
		150	79.91	89.98	92.39	134.93	84.15	44.98	85.08	89.96
		150	80.38	90.06	92.78	135.09	84.49	90.06	84.37	90.06
		150	80.59	90.03	92.75	135.04	84.45	90.03	84.08	90.03
抽水	243.6	261.2	80.71	100.01	93.32	135.07	81.79	45.02	81.79	135.01
	244.8	260.5	80.81	99.95	93.23	134.95	82.11	89.98	82.11	134.95
	245.9	259.5	80.85	99.94	93.13	134.92	82.17	44.98	82.17	134.92
	247.3	259.5	80.59	100.05	93.06	135.07	81.60	45.02	81.60	90.04
	248.4	257.8	80.63	99.95	93.07	134.93	81.76	89.96	81.76	89.96
	249.6	258.4	80.43	99.94	92.79	135.08	81.85	45.03	81.85	90.05
	250.9	257.3	80.50	99.94	92.97	134.92	82.37	44.98	82.37	89.96
	251.6	255.7	79.46	99.96	93.19	134.93	81.59	89.95	81.59	134.93

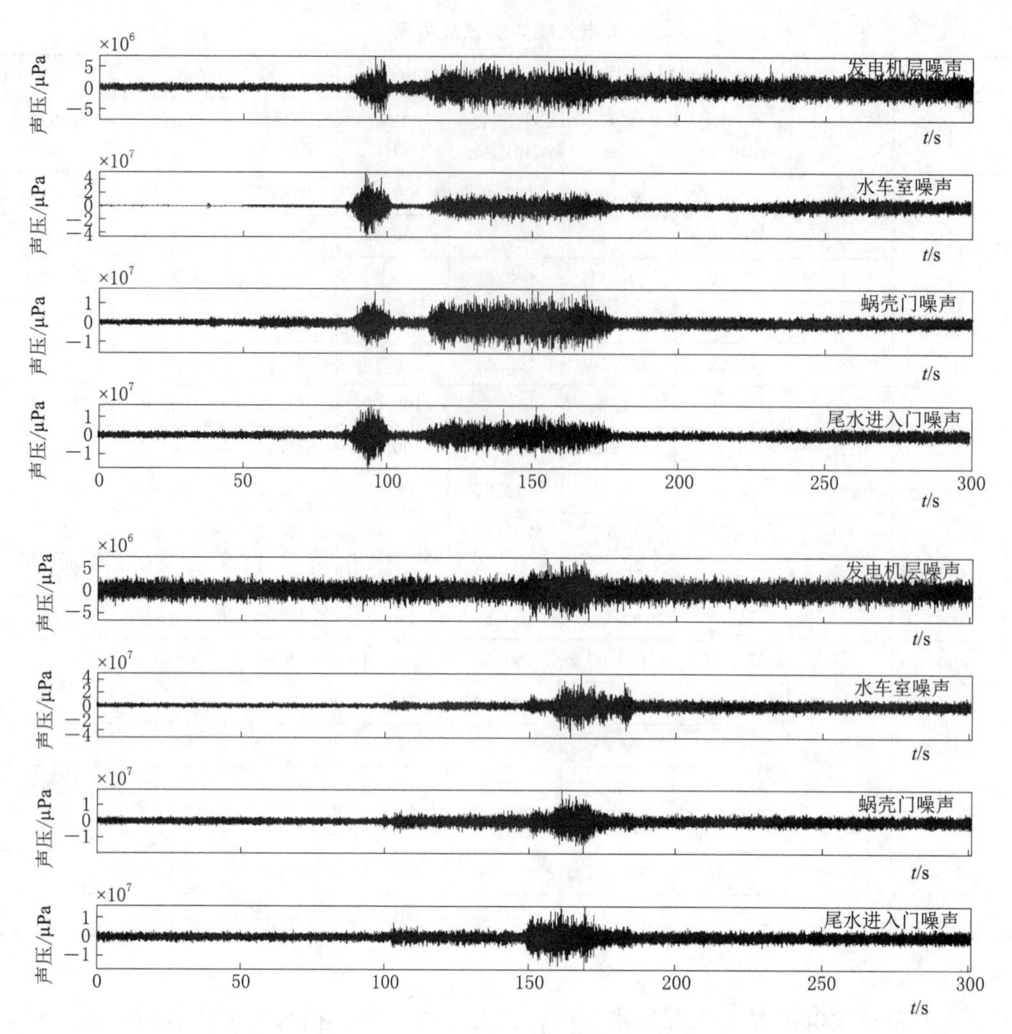

图 4　G 电站发电工况、抽水工况的启动过程机组噪声测点时域波形图

测试结果显示，发电工况各部位噪声随机组负荷增加而明显增加，抽水工况各部位噪声随运行水头变化不明显。机组启动过程中，噪声明显增大，接近额定功率时明显减小，并趋于稳定。

噪声频谱分析可以看出，发电机层噪声主频为 100Hz 极振频率和 45Hz 叶片过流频率的 2 倍频，其他部位噪声主频为 45Hz 叶片过流频率的 2 倍频、3 倍频。

4.1.8　H 电站测试成果

测试工况为变负荷发电工况、稳态抽水工况，以及抽水工况的启动过程。测试成果见表 10、图 5。

测试结果显示，抽水工况的噪声明显大于发电工况，各部位噪声随机组负荷变化不明显。抽水工况机组启动过程中，噪声明显增大，至额定功率时无明显变化，趋于稳定。

噪声频谱分析可以看出，各部位噪声主频主要为 37.5Hz 叶片过流频率的 2 倍频，抽水工况蜗壳门噪声主频为 37.5Hz 叶片过流频率，尾水门噪声主频为 441Hz，该频率来源不明。

4.2　成果分析

4.2.1　噪声来源分析

综合分析 8 个电站的测试成果，厂房各部位噪声主频主要为叶片过流频率及其 2 倍频、3 倍频，部分电站发电机层噪声主频为极振频率，另外还有较少出现的转频及其倍频，以及其他随机频率。

从噪声主频判断，噪声主要来源于水力激振，产生于水泵水轮机运行动静干涉的水力激振；其次来源于电磁振动，产生于发电电动机的电磁力不平衡；第三个来源于机械振动，产生于机组的不平衡转动。其他随机出现的频率，可能与机组复杂的设计、制造、安装过程中产生的问题，以及厂房的施工状态等有关，有待进一步有针对性地研究。

表 10 H电站噪声测试成果表

运行工况	机组负荷/MW	发电机层噪声		水车室噪声		蜗壳门噪声		尾水门噪声	
		A声级/dB(A)	主频/Hz	A声级/dB(A)	主频/Hz	A声级/dB(A)	主频/Hz	A声级/dB(A)	主频/Hz
发电	150	78.11	75.00	92.62	75.00	79.15	75.00	83.52	75.00
	200	79.51	74.97	93.10	74.97	82.02	74.97	84.12	74.97
	230	78.39	75.17	93.58	75.03	80.17	75.03	84.83	75.03
	238	78.35	74.97	93.29	74.97	80.24	75.00	84.87	74.97
	250	79.89	74.97	93.85	74.97	82.16	74.97	84.35	74.97
抽水	—	80.35	37.50	98.48	75.00	82.49	37.50	93.00	441.00
		80.44	75.03	98.29	75.03	83.81	37.53	93.79	441.37
		80.29	75.00	97.67	75.00	83.74	37.50	93.08	441.40
		80.07	75.03	97.69	75.03	83.79	37.50	92.93	441.40
		79.95	75.00	97.84	75.00	83.54	37.50	92.47	441.53
		80.09	75.03	98.39	75.03	83.27	37.53	92.63	441.63
		79.76	74.97	98.22	74.97	83.55	37.50	92.24	441.60
		79.80	75.07	98.32	75.07	82.75	37.53	92.11	441.67
		79.78	75.00	98.15	75.00	82.98	37.50	91.87	441.73
		79.84	75.07	97.68	75.07	83.00	37.50	91.95	441.83

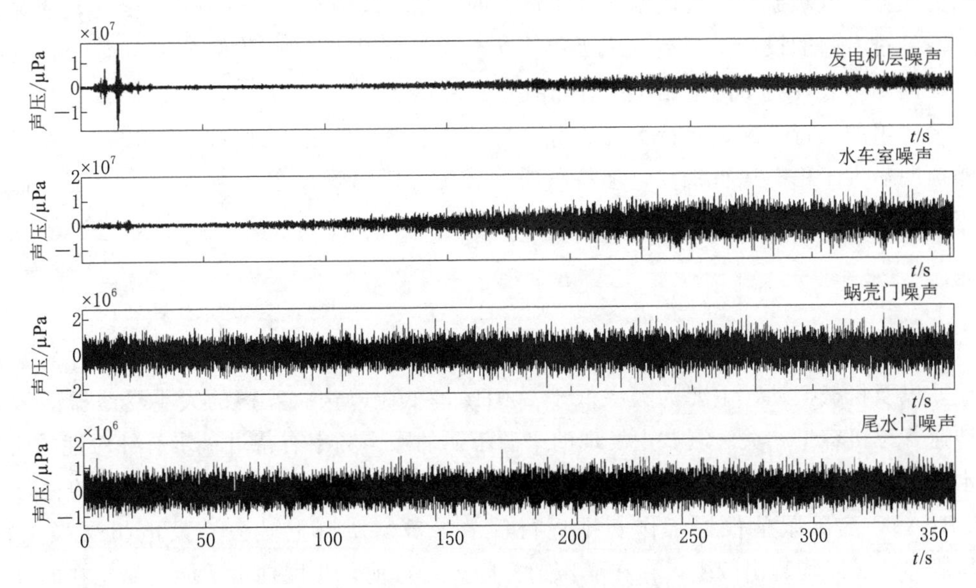

图 5 H电站抽水工况的启动过程机组噪声测点时域波形图

4.2.2 噪声特性分析

所测试的8座电站厂房各部位平均噪声统计见表11、图6。

表 11 8座电站厂房各部位噪声平均值统计表

电站编号	额定水头/m	额定转速/(r/min)	单机容量/MW	发电机层噪声/dB(A)	水车室噪声/dB(A)	蜗壳门噪声/dB(A)	尾水门噪声/dB(A)
A	540	500	300	85.76	106.07	93.34	110.08
B	526	500	300	77.22	93.08	83.77	97.33
C	430	428.6	375	86.06	105.73	94.57	96.25
D	447	375	300	84.49	101.75	88.80	92.73

续表

电站编号	额定水头/m	额定转速/(r/min)	单机容量/MW	发电机层噪声/dB(A)	水车室噪声/dB(A)	蜗壳门噪声/dB(A)	尾水门噪声/dB(A)
E	353	375	250	79.79	98.07	91.96	98.80
F	308	333.3	300	76.70	103.3	90.97	85.82
G	225	300	250	81.63	103.05	89.61	91.08
H	190	250	250	80.44	98.48	83.79	93.79

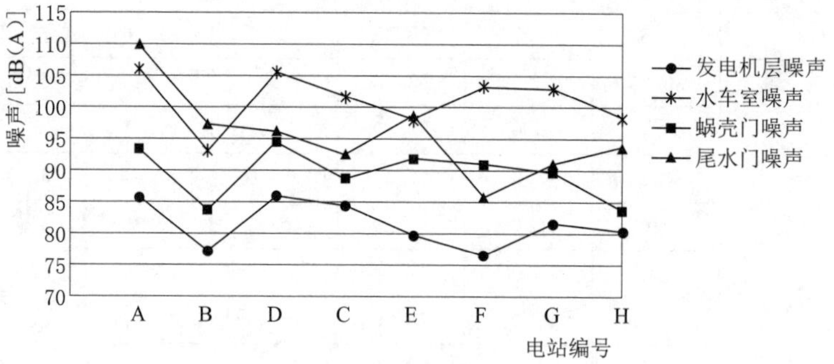

图 6　8 座电站厂房各部位噪声平均值统计图

对同一个电站来说，发电机层噪声最小，蜗壳门处噪声次之，水车室和尾水门处噪声最大。

综合各电站，厂房噪声随机组额定水头、额定转速和单机容量的降低呈减小趋势，这与噪声主要来源于机组的水力激振、电磁振动、机械振动是相符合的，减小范围在 5%～10%，变化较明显。机组及厂房结构复杂，需经过专门的设计、制造、施工等多个环节，其中任何小的偏差都可能引起机组的激振水平发生变化，在图 6 中表现为不同电站噪声分布有一定的离散性。

厂房噪声受机组的运行工况、运行水头及出力的影响很小，变化范围多在 5%以内。在机组启动的过渡过程中，噪声明显大于稳态运行工况，但持续时间较短。厂房噪声主要为 200Hz 以下的低频噪声，属于对人体危害程度较高的噪声。

5　结语

本次测试成果分析表明，大型抽水蓄能电站厂房噪声主要来源于水泵水轮机的水力激振和发电电动机的电磁振动，以及机械振动，主要为频率低于 200Hz 的低频噪声。噪声的大小受激振能量影响，与机组的水头、转速、单机容量相关。测试中发现的来源不明的噪声频率有待进一步有针对性的研究。

根据《水电工程劳动安全与工业卫生设计规范》，厂房每周工作 5 天，每天 8 小时的稳态及非稳态噪声限值为 85dB(A)，实际限值根据工作安排进行等效换算。所测电站只有发电机层噪声接近或小于 85dB(A)，其他部位噪声均超出较多，存在噪声超标隐患。目前，我国抽水蓄能电站正在向高水头、高转速、大容量方向发展，厂房噪声问题将会越来越突出，有必要继续对噪声成因及其控制进行系统地研究，以改善厂房运行环境。

参考文献

[1]　NB 35074—2015 水电工程劳动安全与工业卫生设计规范 [S]. 北京：中国电力出版社，2016.

[2]　姜明利，孙铭君. 抽水蓄能电站水轮机噪声测试分析案例 [J]. 水电站机电技术，2020，43 (2)：49-52.

转轮出口半径分布对水泵水轮机驼峰特性影响研究

覃永粼[1] 李德友[1] 王洪杰[1] 宫汝志[1] 魏显著[1,2]
(1. 哈尔滨工业大学能源科学与工程学院，黑龙江省哈尔滨市 150001；
2. 哈尔滨大电机研究所，黑龙江省哈尔滨市 150040)

【摘 要】 水泵水轮机泵工况所体现出的驼峰特性严重制约了其运行的安全性与稳定性，本文考虑到实际流动的三维特性，提出三种不同转轮出口边半径和安放角展向分布的方案。选用SST模型对各方案泵工况外特性进行定常数值模拟，以探究不同方案对驼峰裕度的影响。研究结果表明，在转轮出口理论欧拉扬程一定时，下环处转轮半径较大安放角较小方案能明显增加驼峰裕度。这一方面由于降低转轮出口平均绝对液流角，进而增加的欧拉扬程所致；另一方面由于改变驼峰区水力损失分布，其中水力损失与无叶区及双列叶栅区域漩涡强度呈正相关。

【关键词】 水泵水轮机 驼峰区 转轮出口 几何参数

1 引言

抽水蓄能水电机组优势明显，具有启动灵活、调节灵敏的特点。目前该技术成熟、运行可靠、且具有较强经济效益，因而在电网中起到调峰、填谷、调频、调相等任务。在特高压电网及新能源蓬勃发展的新时期，抽水蓄能被赋予了更高的使命，是电力系统重要的调节工具，可为特高压电网大范围优化资源配置、为促进清洁能源提供有力支撑。“十三五”期间，抽水蓄能机组更是被提上日程。根据已发布水电发展“十三五”规划（2016—2020年），“十三五”期间水电发展目标为：全国新开工常规水电和抽水蓄能电站各6000万kW左右，新增投产水电6000万kW，2020年水电总装机容量达到3.8亿kW，其中常规水电3.4亿kW，抽水蓄能4000万kW，年发电量1.25万亿kW·h。作为抽水蓄能电站的核心，水泵水轮机的运行的安全性和稳定越来越受到重视。

近十几年来，国内外专家学者借助数值模拟技术，不仅对水泵驼峰特性进行预测，并对驼峰特性形成机理进行深入分析。冉红娟等[1]认为驼峰的产生与水泵叶片区域及活动导叶区域的二次流密切相关。王焕茂等[2]发现在驼峰区流量减小时，转轮在下环侧处出现回流，且转轮低压侧出现速度正旋，导致扬程下降。王乐勤等[3]对通过非定常计算，发现蜗壳进口处的压力脉动则主要受低频影响转轮与活动导叶之间压力脉动的主频为叶片通过频率，转轮与顶盖之间的压力脉动的主频为转频的倍数，而尾水管处压力脉动同时受叶片通过频率和低频的影响。陶然、肖若富等[4-5]发现在小流量工况时，转轮出口呈明显非对称性流动，从而引发转轮内部与扩散段中产生涡流及二次流，进而导致过流部件水力损失上升，最终引发扬程的下降。

王向志等[6]通过扩大轴面流道图中转轮出口直径及叶轮进口和后盖板直径的方法对一大型离心泵进行优化，数值模拟证明该方案可以改善小流量工况叶轮进口二次流强度，进而提升驼峰裕度，实验验证也证实该方案的有效性。Daneshkah等[7]和Duccio等[8]将转轮中心面进行参数化分割，并给定变化范围，并设计沿着上冠及下环流线方向的载荷分布。利用遗传算法，在最后一代中的最优目标域中选取最优解。数值模拟结果表明设计优化后，效率在所有流量工况均得到提高。并且Yang等[9]发现该方法可以提高水泵水轮机泵工况驼峰裕度，从而提升该区域运行稳定性。Zhu等[10-13]在输入参数中引入叶片倾角，而在输出目标中加入了压力值。这样，在最后一代选取最优解时得到两种方案，分别为综合效率最优以及空化性能最优两种方案，于是对应设计出两种倾斜方向完全相反的大倾角转轮。并对这两种转轮进行测试，发现最优工况时负倾角转轮效率（水泵工况和水轮机工况）略高于正倾角转轮，且能有效降低无叶区压力脉动。

江伟等[14]通过分析离心泵叶片出口倾角对压力脉动影响，发现倾角对离心泵外特性影响不大，对于除隔舌外所有监测点，倾斜叶片均能降低压力脉动。刘胜柱[15]发现负倾角叶片使水轮机稳定运行区域扩大，并且叶片应力分布更加均匀，并且可以缓解叶片头部倾角和涡带。操瑞嘉等[16]发现出口边倾斜的叶轮相比于出口边垂直的叶轮可明显改善蜗壳内次脉动的“驼峰”现象，且可以进一步降低隔舌处主波动的压力峰值。郝宗睿等[17]利用改进粒子群优化算法优化其转子叶片，结合改进粒子群优化算法与数值仿真技术，以升阻比和压力分布为优化目标，对翼型 NACA-6510 进行优化，发现优化后推力，效率及空化性能有明显改善。代翠等[18]发现仿生非光滑结构布置所产生低速边界层有利于降低流动分离现象及其带来的压力脉动不稳定特性。施伟等[19]研究输水泵站泵装置水力性能受叶片角度变化的影响，发现叶片同等偏离角度下，出水流道水力损失增大幅度较进水流道更加明显。

2　转轮出口几何参数设计

2.1　转轮出口几何参数分布方案理论分析

水泵水轮机泵工况流量—扬程曲线出现的驼峰特性，是欧拉扬程 H_{Euler} 及水力损失 H_{loss} 共同作用的结果。

$$H_{\text{net}}=H_{\text{Euler}}-H_{\text{loss}} \tag{1}$$

其中，欧拉扬程理论公式为

$$H_{\text{Euler}}=\frac{\Delta C_u U}{g}=\frac{C_{u2}U_2-C_{u1}U_1}{g}=\frac{U_2^2-U_1^2}{g}-\frac{Q\omega}{g}\left(\frac{R_2}{A_2\tan\beta_2}-\frac{R_1}{A_1\tan\beta_1}\right) \tag{2}$$

式中　g——当地重力加速度，m/s^2；

R_1、R_2——水泵水轮机进、出口边半径，m；

β_1、β_2——水泵水轮机进、出口边相对液流角，(°)；

U_1、U_2——水泵水轮机进、出口边圆周速度，m/s；

A_1、A_2——水泵水轮机进、出口边过流面积，m^2；

ω——水泵水轮机泵工况转速，rad/s；

Q——水泵水轮机泵工况体积流量，m^3/s。

对于设计工况而言，流量 Q，转速 ω，以及出口高度 B 为常值，在理想无环量入口（$\beta_1=90°$）情况下，有：

$$H_{\text{Euler}}=\frac{\Delta C_u U}{g}=\frac{\omega^2}{g}R_2^2-\frac{\omega}{2\pi g B}\frac{Q}{\tan\beta_2}=\text{Const}_1 R_2^2-\text{Const}_2\frac{Q}{\tan\beta_2} \tag{3}$$

所以可将欧拉扬程 H_{Euler} 简化看作是转轮出口安放角 β_2 及出口半径 R_2 的函数。而在目前研究及设计时，常常默认 β_2 及 R_2 展向均匀分布，但是这并不合理，因为在实际流动中，受到轴向离心力的作用，速度矢量在转轮出口边展向非均匀分布。其次，一旦运行工况偏离实际工况时，活动导叶入口处脱流加剧，导致水力损失 H_{loss} 的急剧增加，进而诱发驼峰特性产生。

水泵水轮机在泵工况运行时具有不同的流量-扬程特性曲线，这些曲线的包络线可以看作是泵的综合特性曲线。在实际工程应用中，常常采用根据泵综合特性曲线调节开度的方法避开某些工况点在驼峰区内运行。但是即使是包络线也会产生驼峰区，这是由于包络线与小开度驼峰区域重叠的原因。所以着手提高水泵水轮机小开度泵工况驼峰区裕度可以改善泵运行综合特性，具有实际工程意义。故本课题选择 13mm 开度下水泵水轮机泵工况作为研究对象进行研究。水泵水轮机模型装置参数见表 1。

表 1　　水泵水轮机模型装置参数

参数名称	参数值	参数名称	参数值
转轮型号	A1380	高压测量断面面积 A_1	0.0501494m^2
转轮进口直径 D_{1m}	0.450m	低压测量断面面积 A_2	0.1759259m^2
转轮出口直径 D_{2m}	0.250m	试验室重力加速度 g	9.80647m/s^2

续表

参数名称	参数值	参数名称	参数值
转轮叶片数 Z	9	导叶分布圆直径 D_0	0.54117m
固定导叶数 Z_s	20	活动导叶高度 b_0	0.04373m
活动导叶数 Z_0	20		

2.2 转轮出口几何参数分布方案设计

针对上文对驼峰区成因理论分析，本文提出 β_2 及 R_2 沿上冠至下环方向非均匀分布的设计方案。方案中 β_2、R 以及欧拉扬程 H_{Euler} 沿上冠至下环方向分布规律如图 1～图 3 所示。其中 R－H、R－M 以及R－S方案分别代表转轮出口边 R_2 沿上冠至下环方向线性递减分布、均匀线性分布以及线性增加分布三种方案，并根据每一处的 R_2 值给定相应的 β_2，从而保证 R 方案中各个流面具有相同的欧拉扬程。

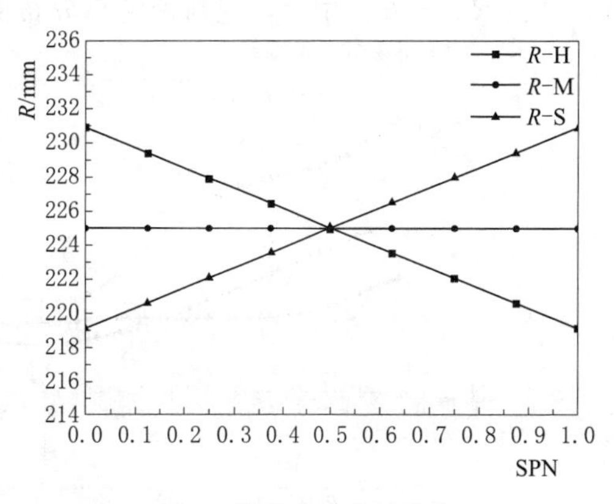

图 1　转轮出口半径分布

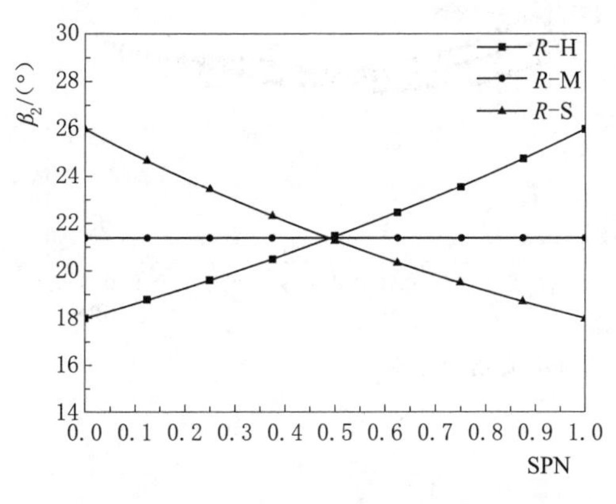

图 2　转轮出口安放角分布

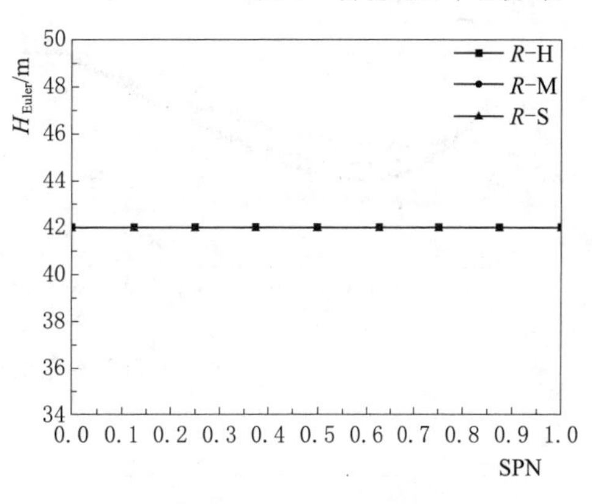

图 3　转轮出口半欧拉扬程分布

3　不同方案驼峰特性对比分析

在本文中，通过商用软件 CFX 对上述设计的三种方案进行定常数值模拟。为精确定义转轮流域内位置，特别定义液流方向（STL）与叶展方向（SPN）两个方向，其中展向起始于上冠（SP 0）终止于下环（SP 1），流向起始于转轮流域入口（STL 1）终止于转轮流域出口（STL 2）。

3.1　驼峰特性对比

R－S 方案几乎在所有流量工况（除 $0.92Q_{\text{BEP}}$ 流量工况附近外）相对于 R－M 方案扬程特性有较大程度提高；相比之下，R－H 方案几乎在所有流量工况（除 $0.92Q_{\text{BEP}}$ 流量工况附近外）相对于 R－M 方案扬程特性有较大程度下降。对于几乎所有流量工况点，R－S 和 R－H 方案对 R－S 方案的扬程特性有明显影响，且影响效果明显不同。另外，R 方案对驼峰特性有显著影响，R－S 和 R－M 方案驼峰区位置相对 R－H 方案向小流量工况方向转移且两方案位置相同。虽然 R－S 方案驼峰特性比 R－M 方案驼峰特性更加明显，但 R－S 方案驼峰区裕度远高于 R－M 方案。不同方案驼峰特性对比见图 4。

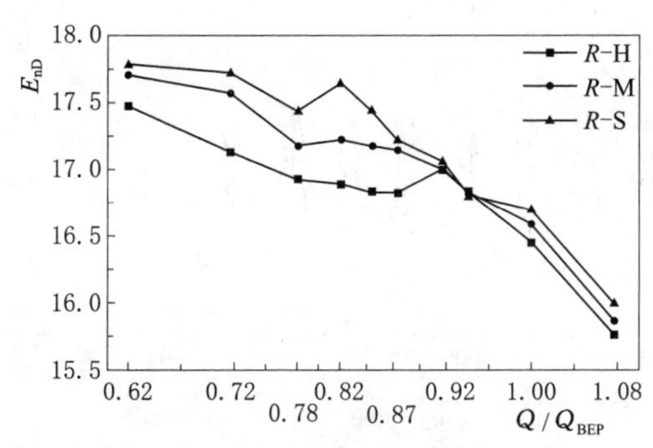

图 4　不同方案驼峰特性对比

3.1.1　出口展向绝对出流角分布

不同 R 方案对出口绝对液流角分布影响明显（见图 5），

$R-S$方案可以明显降低除下环附近区域外出口绝对液流角，而$R-H$方案可以明显降低下环附近区域绝对液流角。随着流量工况减小，$R-S$方案占优区域（即展向出口绝对液流角α_1明显低于其他两方案区域）逐渐减小，但在流量工况$0.78Q_{BEP}$时，出口展向由上冠至SP0.75区域仍属于$R-S$方案占优区域。当流量工况减小至$0.62Q_{BEP}$流量工况时，$R-H$方案出口处绝对液流角α与其他两方案相比急剧增加，且增加区域主要集中在展向上冠至中间截面区域。相比之下$R-S$方案和$R-M$方案仍能维持较低绝对液流角，且在$R-S$方案中出口绝对液流角分布更为均匀。

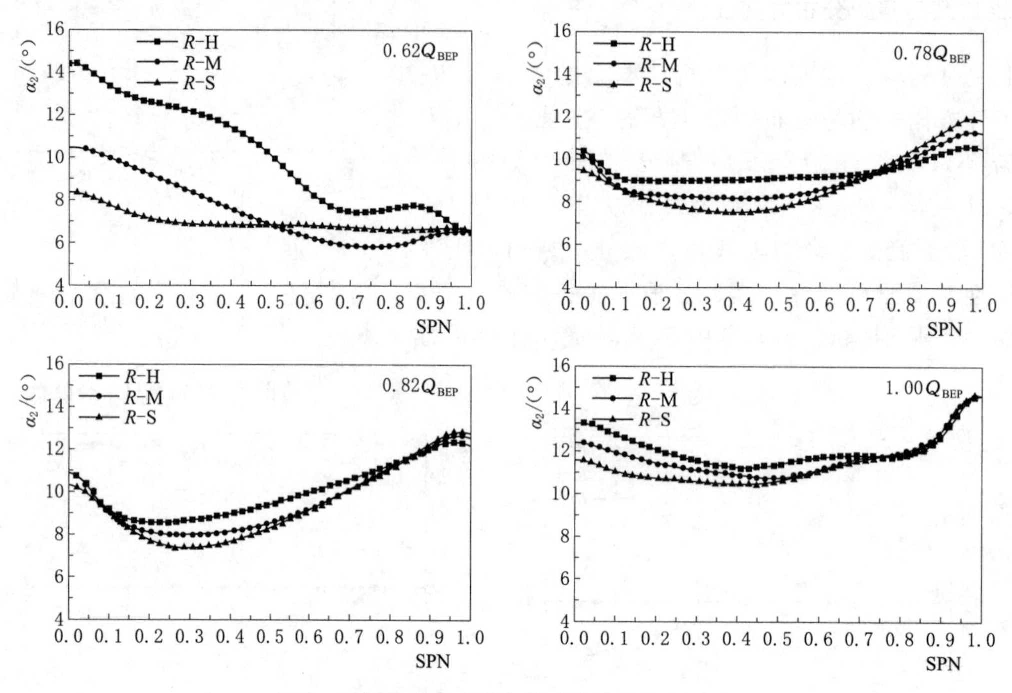

图5 不同方案出口展向绝对出流角分布对比

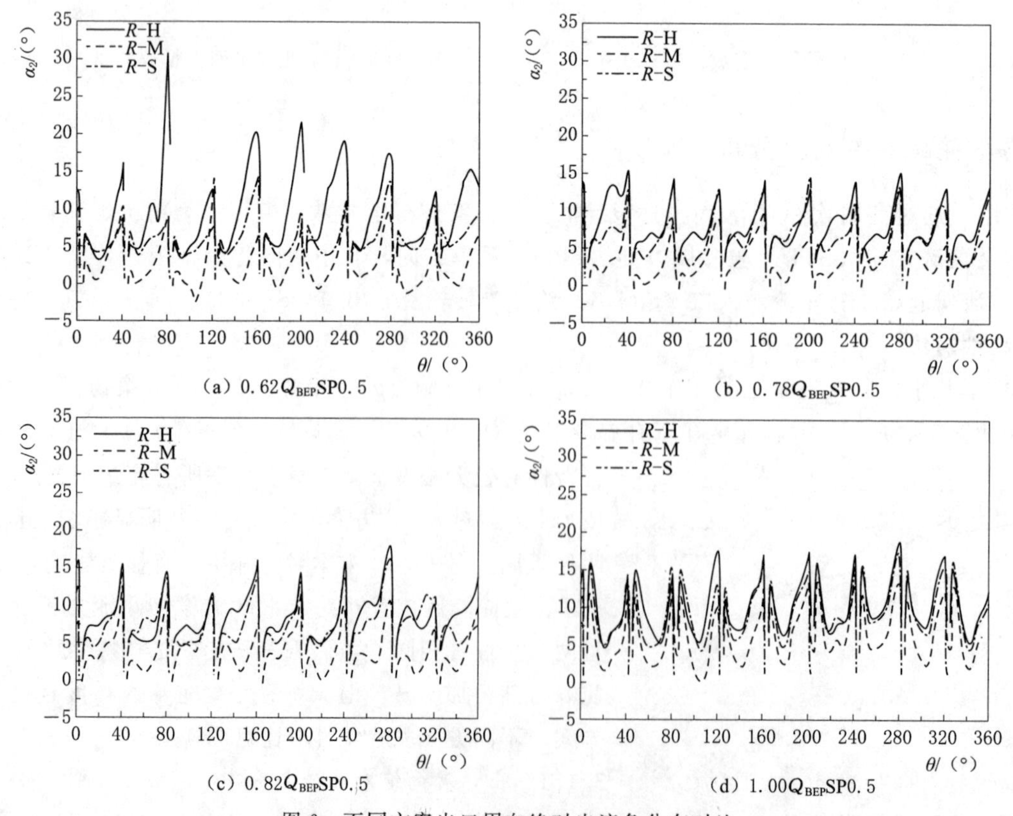

(a) $0.62Q_{BEP}$SP0.5　(b) $0.78Q_{BEP}$SP0.5

(c) $0.82Q_{BEP}$SP0.5　(d) $1.00Q_{BEP}$SP0.5

图6 不同方案出口周向绝对出流角分布对比

3.1.2 出口周向绝对出流角分布

不同方案出口周向绝对出流角分布对比如图6所示。在0.78Q_{BEP}流量工况时，R－H方案使周向绝对出流角α_2最大而R－S方案最小。而在0.82Q_{BEP}流量工况以及最优流量工况1.00Q_{BEP}可以发现，R－S方案使周向绝对出流角α_2明显小于其他两方案，而在其他两截面三种R方案周向绝对出流角α_2分布趋势相同。

3.2 欧拉扬程对比

无叶区为双列叶栅进口前区域，由于在不良工况中入流与活动导叶入口产生冲角产生漩涡，该区域损失很大。在数值计算中该流域被分割为转轮流域及双列叶栅流域。为更好反映出该流域损失的变化规律，在下文分析过程中将转轮流域损失及双列叶栅流域损失看作一体进行分析对比。

R－S方案欧拉扬程相对于R－M方案在所有流量工况下有明显提高，幅度在2.5%以内；而R－H方案欧拉扬程相对于β－M方案在大于0.62Q_{BEP}流量工况下有明显减小，但幅度不超过2%。总体分析可以看出，R－S方案和R－H方案相对于R－M方案在大部分流量工况对于欧拉扬程方面影响相反，如图7所示。

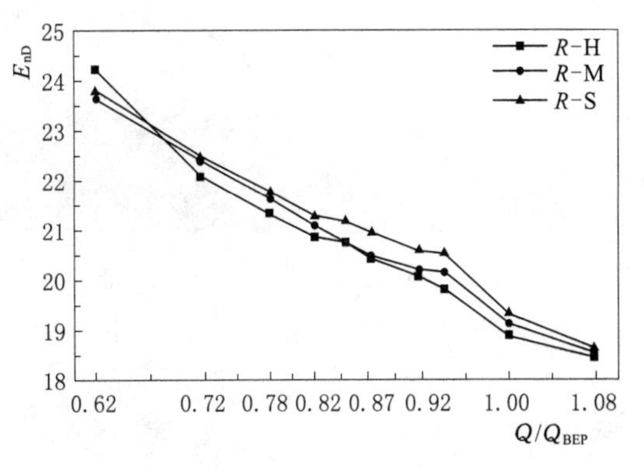

图7 不同方案欧拉扬程对比

3.3 损失对比

对于小于0.87Q_{BEP}流量工况时，R－H方案总压损失明显大于其他两方案，而R－M方案与R－S方案总损失相当（见图8）。而在大于0.87Q_{BEP}流量工况时结论相反，R－S方案总损失最大，R－M方案总损失次之，而R－H方案总损失最小。在流量工况0.78Q_{BEP}附近时R－S方案产生驼峰特性，这是由于该点相对于流量工况0.84Q_{BEP}总损失激增，且激增幅度大于R－M方案和R－H方案，但总损失值低于R－M方案和R－H方案（见图9）。这可以解释为何R方案扬程-流量曲线中R－S方案驼峰特性明显但驼峰裕度最佳。

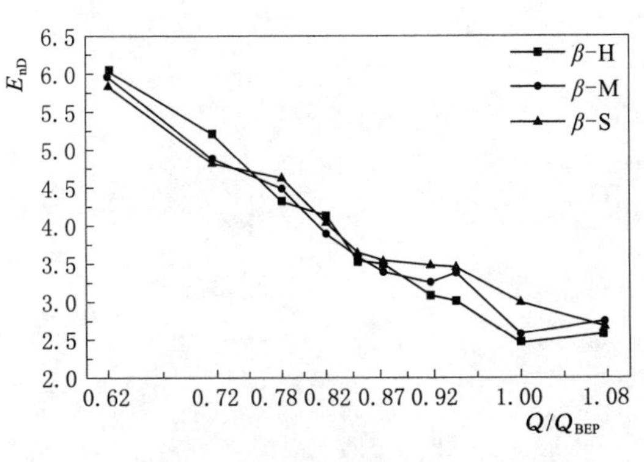

图8 不同方案损失对比

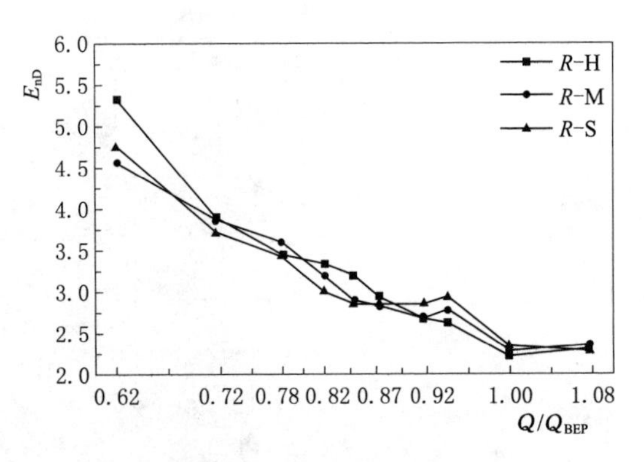

图9 不同方案双列叶栅转轮损失对比

3.3.1 熵产损失分析

R方案泵工况双列叶栅流域局部熵产率对比如图10所示。在1.00Q_{BEP}流量工况时，各R方案间对应截面局部熵产率未见明显不同且下环附近截面SP0.8局部熵产率最低。当流量工况继续降低至0.82Q_{BEP}时，三个R方案中各截面都可以观察到局部熵产率增加，且局部熵产率在SP0.5及SP0.8截面分布相似，而在上冠附近SP0.2截面中方案R－H高局部熵产率区域最广。

而在流量工况降低至0.78Q_{BEP}时，R－H方案各截面局部熵产率未见明显变化，而在R－M方案及R－S方案中，上冠附近截面SP0.2局部熵产率剧烈增加，且R－M方案高局部熵产率区域远大于R－H方案。这就是造成该点R－M方案及R－S方案驼峰特性的原因。

当流量工况降低至0.62Q_{BEP}时，三个R方案各截面高局部熵产率区域面积增加，且集中在无叶区附近。

由图11分析可知，在1.00Q_{BEP}流量工况时，可以看出不同R－M及R－S方案流态良好，而在R－H方案中固定导叶活动导叶间流域产生强度导致漩涡，这直接导致该区域高局部熵产率区域的产生。而

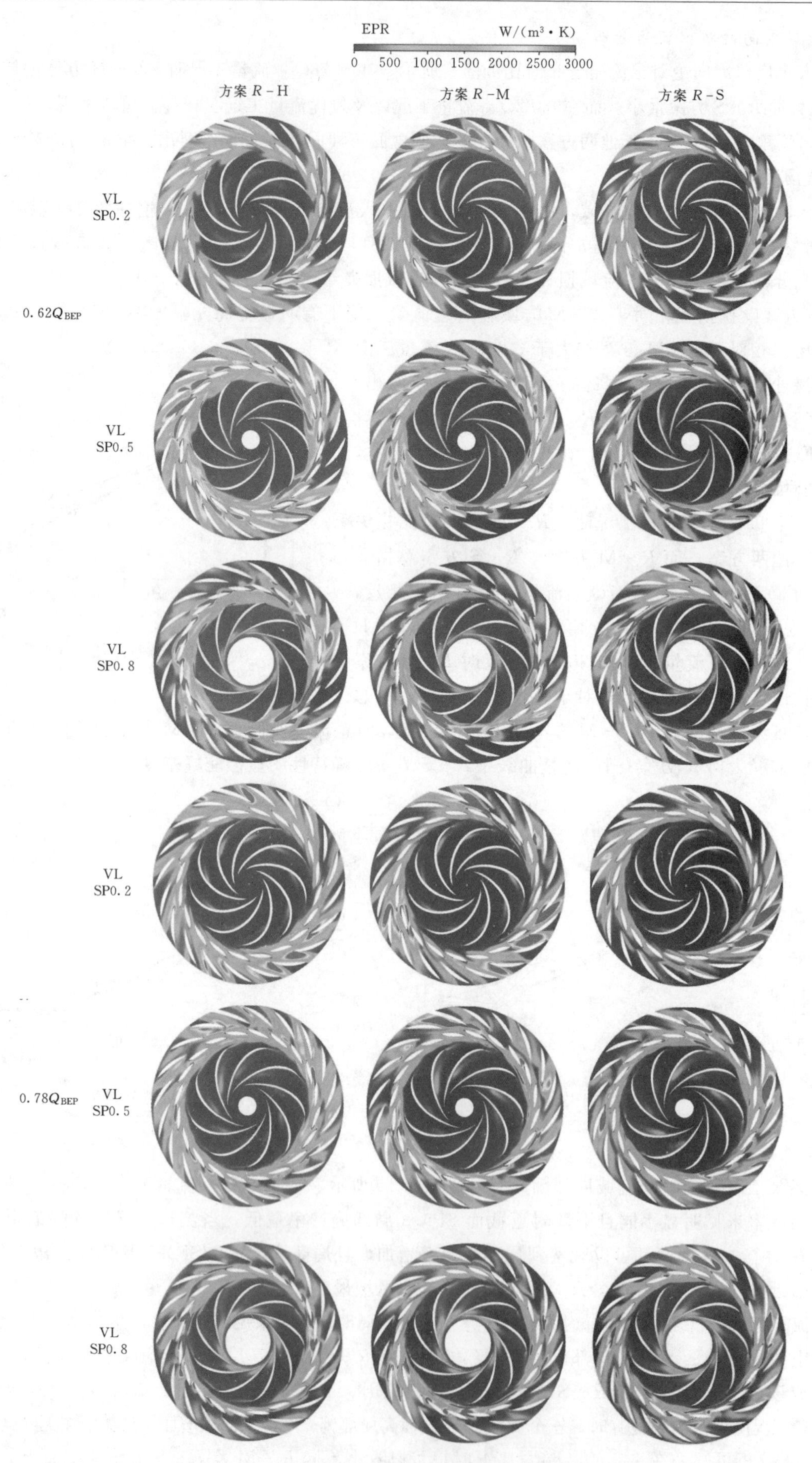

图10（一） R 方案泵工况双列叶栅流域局部熵产率对比

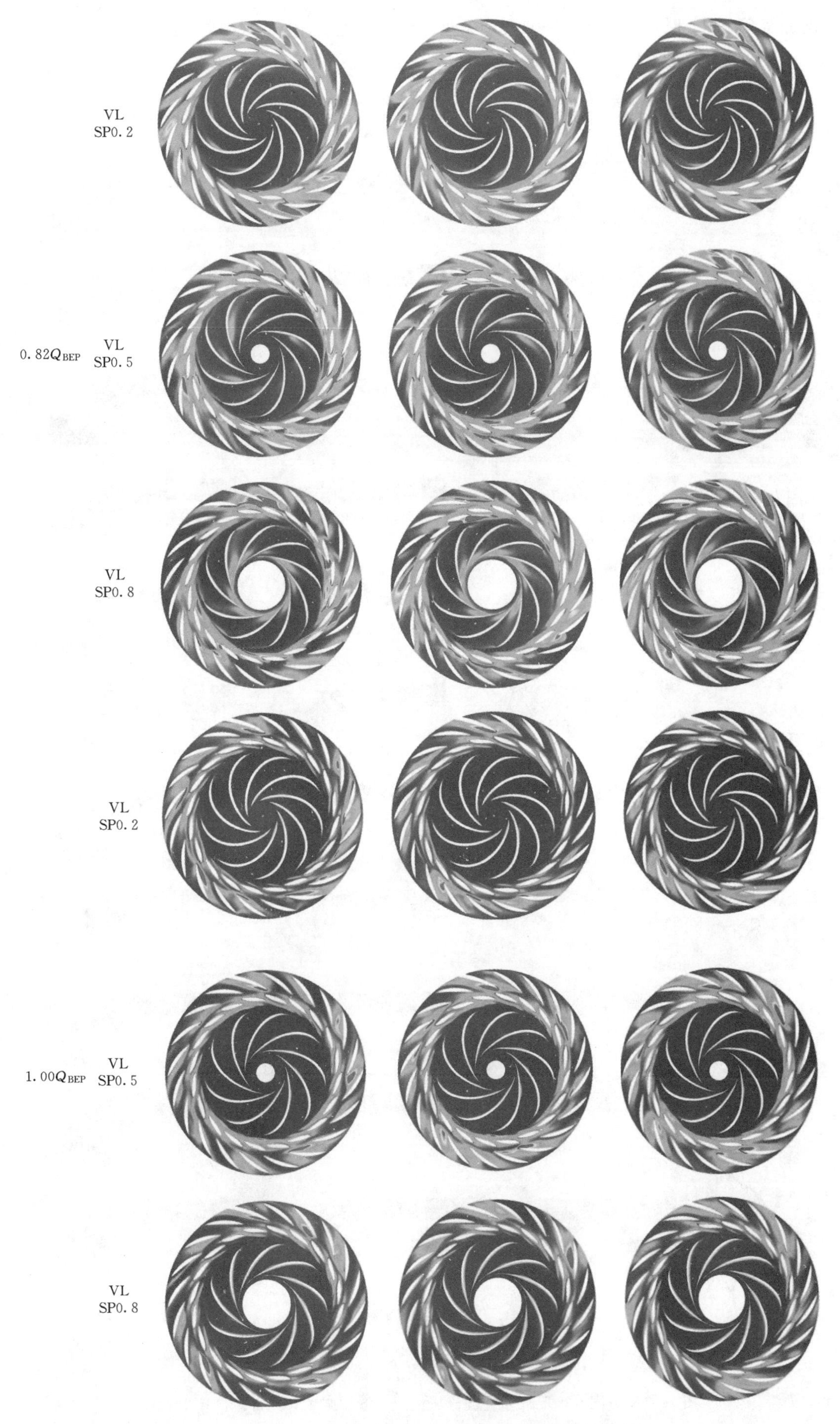

图 10（二） R 方案泵工况双列叶栅流域局部熵产率对比

当流量工况降至 $0.82Q_{BEP}$时，三种 R 方案双列叶栅及无叶区内流态恶化产生漩涡。其中 R－M及 R－H方案在转轮出口无叶区产生较强漩涡区域，进而导致该流域产生较高局部熵产率，且 R－H方案更为严重。

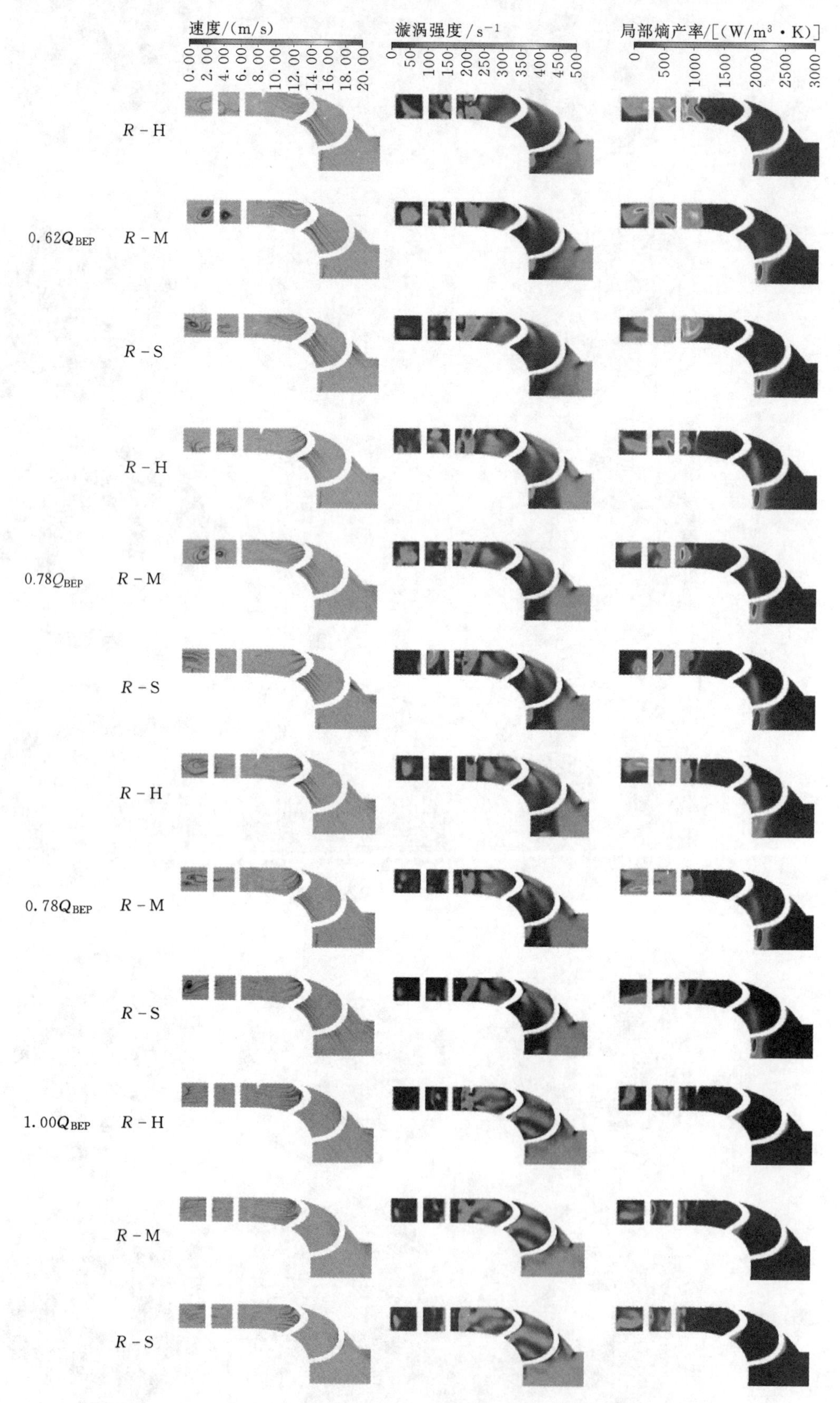

图 11 R 方案泵工况双列叶栅流域流线、漩涡强度、局部熵产率对比

当流量工况继续减小至0.78Q_{BEP}时，三种R方案流态进一步恶化，其中R－S方案最为严重，在双列叶栅流道内突然出现强度较大漩涡区，该区域进而导致双列叶栅内产生面积较大的高局部熵产率区域。这表明R－S方案在该流量工况损失激增，进而产生驼峰特性。

0.62Q_{BEP}流量工况时，在各R方案中，流态进一步恶化，漩涡充分发展，占据双列叶栅流道及无叶区，故可以看到漩涡强度分布及局部熵产率分布均匀，充满转轮出口下游区域。

4 结语

考虑实际流动三维特性，提出不同转轮出口边安放角和半径展向分布的方案，并对提出几何参数分布方案在所选工况下利用商业软件CFX进行定常数值模拟，发现在保证各流面理论欧拉扬程相同情况下，下环处转轮半径较大方案能增加驼峰裕度，且效果较为明显。进一步通过熵产损失分析方法及漩涡强度理论方法对不同方案对泵工况驼峰特性影响进行分析，发现该方案不仅能降低转轮出口处平均绝对液流角，进而提供更大的欧拉扬程；并且在于改变损失在流量方向上变化规律，避免水力损失在驼峰区集中，其中损失的变化与漩涡强度呈正相关。

参考文献

[1] 冉红娟，许洪元，罗先武，等. 可逆式水轮机的数值模拟与性能分析［J］. 大电机技术，2008（4）：45－49.

[2] 王焕茂，吴钢，吴伟章. 混流式水泵水轮机驼峰区数值模拟及分析［C］//第十七次中国水电设备学术讨论会，2009：253－258.

[3] 王乐勤，刘迎圆，刘万江，等. 水泵水轮机泵工况的压力脉动特性［J］. 排灌机械工程学报，2013（1）：7－10.

[4] 陶然，肖若富，杨魏，等. 可逆式水泵水轮机泵工况的驼峰特性［J］. 排灌机械工程学报，2014（11）：927－930.

[5] 肖若富，陶然，刘伟超. 水泵水轮机泵工况驼峰特性形成机理瞬态数值研究［J］. 计算力学学报，2014（6）：769－774.

[6] 王向志，张广，吴喜东，等. 大型离心泵驼峰不稳定特性改善技术研究［J］. 大电机技术，2020（2）：61－64.

[7] Daneshkah K，Zangeneh M. Parametric Design of a Francis Turbine Runner by Means of a Three－Dimensional Inverse Design Method［J］. IOP Conference Series：Earth and Environmental Science，2010（12）：12058.

[8] Duccio B，Mehrdad Z，Reima A，et al. Parametric Design of a Waterjet Pump by Means of Inverse Design，CFD Calculations and Experimental Analyses［J］. Journal of Fluids Engineering，2010，132（031104）：1－15.

[9] Yang W，Xiao R F. Multiobjective Optimization Design of a Pump－Turbine Impeller Based on an Inverse Design Using a Combination Optimization Strategy［J］. Journal of Fluids Engineering，2014，136（1）：14501.

[10] Fan Y L，Wang X H，Zhu B S，et al. Mechanism Study on Pressure Fluctuation of Pump－turbine Runner with Large Blade Lean Angle［J］. IOP Conf. Series：Earth and Environmental Science，2016（49）：42006.

[11] Ma Z，Zhu B S，Rao C. Unstable FlowCharacteristicsin S－sharped Region of Pump－Turbine Runners with Largee Blade Lean［C］，Waikoloa，Hawaii，USA，July 30－August 3：2017.

[12] Zhu B S，Tan L，Wang X H，et al. Investigation on Flow Characteristics of Pump－Turbine Runners With Large Blade Lean［J］. Journal of Fluids Engineering，2018，140（3）.

[13] Zhu B S，Wang X H，Tan L，et al. Optimization Design of a Reversible Pump－turbine Runner with High Efficiency and Stability［J］. Renewable Energy，2015（81）：366－376.

[14] 江伟，李国君，张新盛. 离心泵叶片出口边倾斜角对压力脉动的影响［J］. 排灌机械工程学报，2013，31（5）：369－372.

[15] 刘胜柱，罗兴锜，纪兴英，等. 叶片几何参数对水轮机稳定性的影响［J］. 水力发电学报，2004（1）：91－96.

[16] 操瑞嘉，孔祥序，周以松，等. 叶轮出口边对双蜗壳泵压力脉动的影响［J］. 排灌机械工程学报，2020，38（1）：32－38.

[17] 郝宗睿，李超，任万龙，等. 基于改进粒子群算法的喷水推进泵叶片优化设计［J］. 排灌机械工程学报，2020，38（6）：566－570.

[18] 代翠，陈怡平，董亮，等. 离心泵叶片仿生非光滑结构的布置位置［J］. 排灌机械工程学报，2020，38（3）：241－247.

[19] 施伟，成立. 叶片角度对输水泵站泵装置水力性能影响分析［J］. 排灌机械工程学报，2020，38（4）：372－377.

水轮发电机组上导轴承下油槽分解及安装工艺改进

商立钧

（松花江水力发电有限公司吉林白山发电厂，吉林省吉林市 132000）

【摘 要】 为解决水轮发电机组上导轴承下油槽分解和安装过程中存在人员磕碰坠落、设备损伤、污染转子，作业效率低和劳动强度大的缺陷与安全隐患，经研究试验制作专用的上导轴承下油槽分解和安装工具。新工艺可以较好地解决老工艺缺点，提高作业效率、消除安全隐患，对节约人力、物力和保证工期具有重要意义。

【关键词】 水轮发电机组 油槽 分解 安装 专用工具

白山发电厂位于吉林省桦甸市境内的松花江上游，隶属于国网新源控股有限公司，是完全由我国自行设计、制造、安装和建设的特大型水力发电企业，总装机容量 200 万 kW，目前是国家电网公司装机容量最大的水电厂，在电网中担负着调峰、调频和事故备用的重要任务。由三座水电站组成，其中：白山一期电站装有 3 台 30 万 kW 混流式水轮发电机组；白山二期电站装有 2 台 30 万 kW 混流式水轮发电机组；红石电站装有 4 台 5 万 kW 轴流定桨式水轮发电机组。

1 引言

白山一期电站水轮发电机组上导轴承为稀油润滑分块瓦式，主要由轴领、盖板密封、导轴瓦、套筒、轴承座圈、油槽盖板、抗重螺栓、隔油板、冷却器、下油槽、挡油圈、托板及垫板组成。作用是使水轮发电机保持在一定的中心位置运转并承受径向力。

水轮发电机组 A 级检修过程中下油槽的分解和安装是主要检修项目之一，对保证人员作业安全、机组检修质量、检修工期都有重要意义。

2 背景介绍

检修常用的下油槽分解下落方式为，使用千斤顶与小木方配合，四个方向放置，千斤顶放在适当高度的小木方上方，旋转工作部件使千斤顶受力，下油槽内外圈螺栓拆除后，缓慢下落四个方向的千斤顶，下落过程中必须保证匀速下落，直至落稳。

此工艺存在以下四个缺点：

（1）易造成下油槽倾斜致残油流淌至转子上，造成转子污染。

（2）下落过程中由于下落快慢和受力点不同，存在千斤顶倾斜造成人员磕碰、设备损伤的安全隐患。

（3）转子上人员多、操作复杂，存在人员坠落安全隐患。

（4）下油槽拆装需在统一指挥下多人缓慢操作，故效率低下，造成人力、物力的浪费和工期的延误。

3 专用工具组成及应用

为解决传统下油槽拆装工艺缺点，经研究试验制作专用工具，新工艺可以完全解决老工艺的缺点，提高了效率、消除了安全隐患，对节约人力、物力和保证工期具有重要意义。

3.1 专用工具组成

专用工具由四个 M20 螺母、四个单向推力球轴承（见图 1）、四根 M20×700mm 螺杆（见图 2）组成，螺杆一端加工四方头（见图 2）。

图 1 M20 螺母与单向推力球轴承

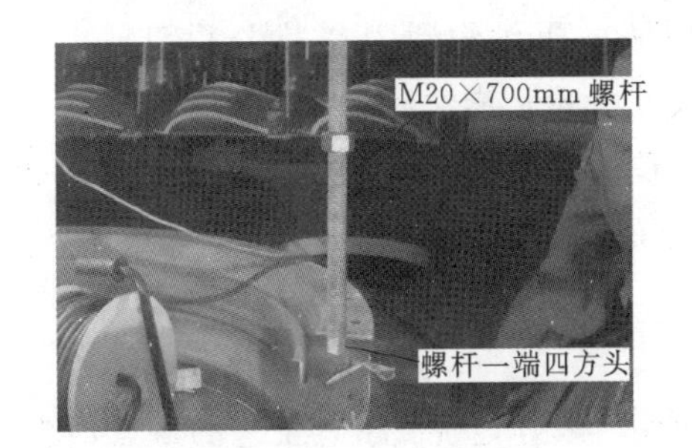

图 2 M20×700 螺杆

3.1.1 专用工具的设计计算

专用工具承重部件为四根 M20×700mm 螺杆，抗拉强度等级为 8.8 级，依据 GB/T 3098.1—2000《紧固件机械性能——螺栓、螺钉和螺柱》得到 8.8 等级 M20 螺栓抗拉强度为 $800N/mm^2$，直径为 16.75mm。

同时根据力和重量换算关系，通过计算得到四根 M20×700mm 螺杆抗拉重量和：

$$\pi \times (16.75mm/2)^2 \times 800N/mm^2 \times 0.102 \times 4 = 71886N$$

油槽重量：

$$276kg \times 9.8N/kg = 2704.8N$$

故螺杆抗拉重量和大于油槽重量，此计算结果为专用工具设计的理论基础。

图 3 专用工具安装

3.1.2 新工艺应用

（1）用木方垫起下油槽。

（2）在下油槽四个方向均匀安装四根 M20×700mm 螺杆，依次安装四个单向推力球轴承、四个 M20 螺母（见图 3）。

（3）使用棘轮扳手分别均匀提升下油槽（见图 4）。

（4）下油槽预留 2～4mm 间隙，检查下油槽内部（见图 5）。

（5）检查无杂质后对称紧固螺栓。

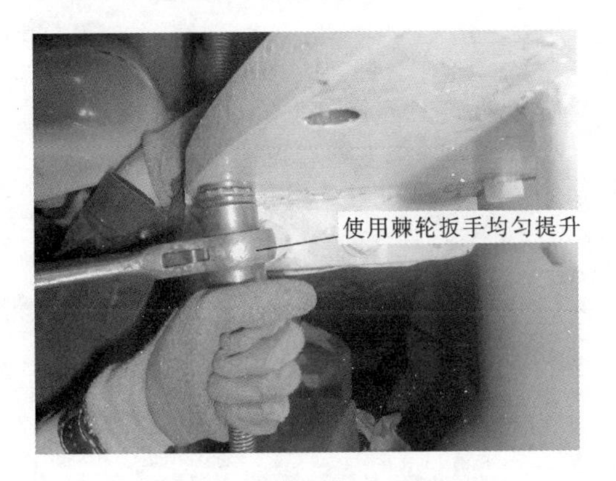

图 4 棘轮扳手提升下油盆

图 5 下油盆内部检查

4 新工艺优点

根据检修工作条件独立创造专用工具，打破应用 20 多年的老工艺习惯。

具有以下优点：

（1）消除了污染设备隐患。

（2）消除了检修过程中人员磕碰、设备损伤的安全隐患。

（3）消除了人员坠落安全隐患。

（4）工作时间由7h缩短到2h，减少了71%。

（5）工作人员由6人减少至3人，节约了50%人力资源。

专用工具可在机械检修工作中全面推广，对提高机组检修中人员、生产的安全性、工作效率和缩短工期具有重要意义。

5 结语

专用工具应用后较好地解决了老工艺的缺点，消除了检修过程中的安全隐患，工作时间由7h缩短到2h，工作人员由6人减少到3人，对节约人力、物力和保证工期具有重要意义。

专用工具应用前后对比如图6、图7所示。

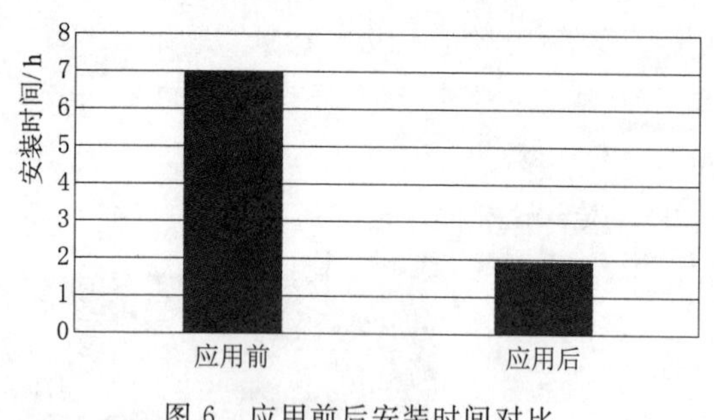

图6 应用前后安装时间对比

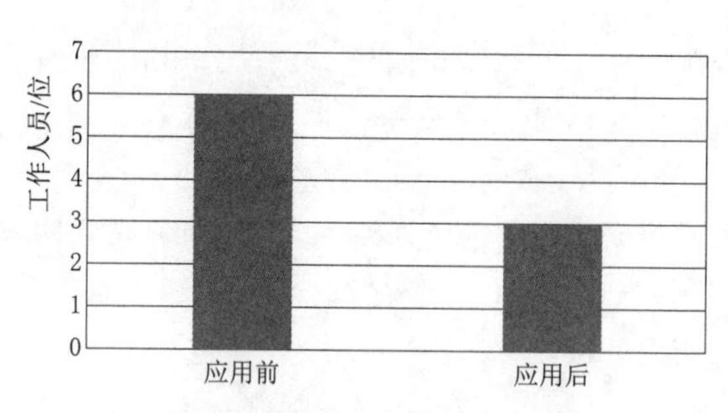

图7 应用前后工作人员对比

参考文献

［1］ 陈铁华，赵万青，郭岩. 水轮发电机原理及运行［M］. 北京：中国水利水电出版社，2009.

［2］ 王玲花. 水轮发电机组安装与检修［M］. 北京：中国水利水电出版社，2012.

［3］ 陈秀芝. 水轮发电机机械检修［M］. 北京：中国电力出版社，2013.

涡流引起的电气设备操作把手过热原因分析及处理

于洪生　孙佰凤
（国网新源白山发电厂，吉林省吉林市　132000）

【摘　要】通过对红石电站1号主变低压侧电容器操作把手1051C-G在运行中过热原因的分析，阐述了涡流对电气设备及操作机构的影响，并通过对涡流引起过热的处理结果，提出了可供推广的技术手段，对解决涡流过热问题提供了有益的探索。

【关键词】操作把手　涡流　过热　接地

1　运行方式

红石站为扩大单元接线，1号、2号机组送1号主变，故障发生时的设备运行状态为：1号、2号机组满负荷运行，经1B送系统。

2　事件经过

2018年5月29日15时54分，红石电站运维运行巡回人员巡回至10.5kV母线洞1号主变低压隔位，发现1B低压1051C-G操作把手过热，立即将此情况汇报当班值长，联系维护人员检查并汇报相关领导。经维护人员测量检查，环境温度为20℃。测量操作把手处温度为60～70℃（见图1），操作机构连杆接地电流达62.3A（见图2）。经过每小时记录一次电流、温度数值统计分析，不停机时，温度和电流基本无变化。停一台机后，电流30.5A，温度32℃，两台机全停后，电流0A，温度25℃。

图1　故障时操作把手温度

图2　故障时操作机构连杆接地电流

3　分析

由于1B低压1051C-G操作把手处于1B低压母线下部，接地系统情况不良，在发电机运行时，输出电流大的情况下，具备涡流产生的条件，初步分析是由于操作传动机构连杆产生涡流，涡流热效应导致传动杆及操作把手处温度升高。

4　处理

发现故障后，经过检查确认，一次维护班组首先采取了临时措施。

（1）在1B低压1051C-G操作连杆处用砂纸打磨清锈，确保接触良好。

（2）用临时电缆接至 1B 低压侧接地桩（见图 3）。

（3）经过有效的接地分流后，测得两台机运行时读数：电流 30A，温度 41℃。

（4）在采取临时措施后，厂组织生技、安监、运维召开专题会议，经过专家“会诊”，确定了处理方案。在请示调度将 10.5kV Ⅰ段母线停电后，通过一系列的检查、试验，排除了碍子、电容器等可能引起故障的因素，最后确定在操作机构基础板上增设接地扁铁。具体处理流程如下：

1）经电气预防性试验，对操作机构的绝缘支持碍子进行绝缘测试，试验数据合格。

2）测试 10.5kV 母线电容器，试验数据合格。

3）测试 10.5kV 母线架构附近接地导通电阻 30mΩ。

4）在操作机构基础板上增设接地扁铁（见图 4）。

5）在 10.5kV 母线支撑架构下增设接地扁铁，增大架构接地面积。

6）修改 10.5kV 母线支撑架构下方接地带走向，使该部位接地导通电阻降至 10mΩ。

7）处理腐蚀接地扁铁，表面涂刷银粉漆。

经过处理后，开 2 台机，实测数据为：温度 27.5℃（见图 5），电流 1.7A（见图 6）。取得良好效果。

图 3　增设临时接地电缆

图 4　处理后操作机构基础板

图 5　处理后操作把手温度

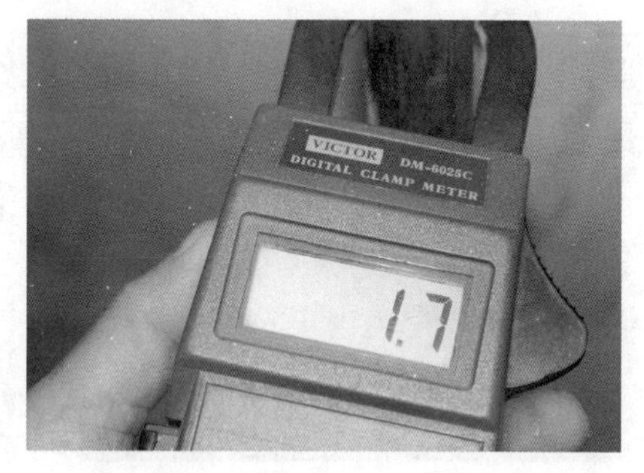

图 6　处理后操作机构连杆接地电流

参考文献

［1］　徐柯北，周俊华. 涡流检测［M］. 北京：机械工业出版社，2004.

［2］　雷银照. 电磁场解析方法［M］. 北京：科学出版社，2004：210－214.

［3］　余为清，刘举平，杨树军. 涡流无损检测中变频激励新方法［J］. 电子工程师，2008，34（4）：33－35.

施 工 实 践

抽水蓄能电站地下厂房顶拱层开挖施工期本质安全管理

潘福营[1] 王小军[1] 温学军[2] 许 力[1] 郑贤喜[1]

(1. 国网新源控股有限公司基建部，北京市 100761；

2. 吉林敦化抽水蓄能有限公司，吉林省敦化市 133700)

【摘 要】 抽水蓄能电站工程中地下厂房跨度大、开挖高度高、地质条件复杂，地下厂房开挖施工从上至下一般分为七层。第一层为顶拱层，施工期安全风险高，随着厂房逐步下挖后形成高边墙，如果后期顶拱出现较大变形或掉块等问题，很难处理，因此保证电站地下厂房顶拱层施工期安全和工程本质安全非常重要。本文就国网新源公司对地下厂房顶拱层施工期本质安全管理的做法进行了总结和归纳。

【关键词】 抽水蓄能电站 地下厂房顶拱层 本质安全管理

1 概述

我国已建、在建、规划中的抽水蓄能电站地下厂房尺寸一般为：长度 160～220m，宽度 21～26m，高度 45～60m，为大型地下洞室工程。地下厂房开挖支护施工从上至下一般分为七层。第一层为顶拱层，厂房顶拱层开挖支护一般采取中导洞先行，两侧扩挖滞后跟进，待中导洞开挖掘进 60m 以上再进行上、下游两侧的扩挖。上、下游两侧扩挖采取间隔 30m 交错开挖掘进，开挖完成后支护及时跟进。某电站地下厂房顶拱层开挖分块见图 1。

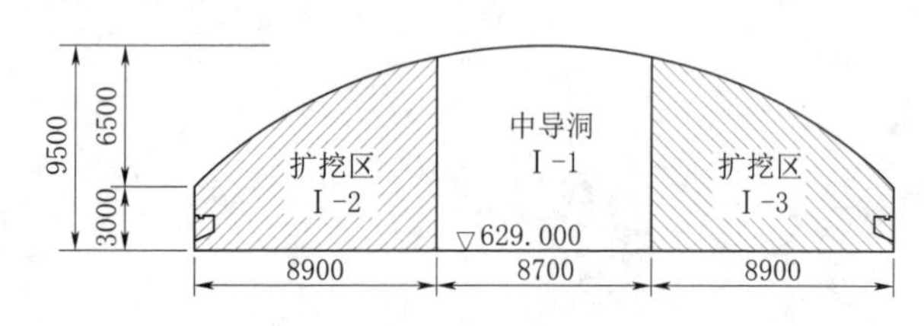

图 1 某电站地下厂房顶拱层开挖分块示意图
(尺寸单位：mm)

地下厂房顶拱层跨度大、爆破振动会影响顶拱层围岩的稳定，随着地下厂房向下开挖后会逐步形成 50m 高的高边墙，如果顶拱层出现较大变形或者掉块，将很难处理，因此顶拱层的施工质量和安全稳定非常重要。为了保证地下厂房顶拱层的本质安全，国网新源控股有限公司对地下厂房顶拱层施工采取了一系列的管控措施，以保证建电站地下厂房顶拱层施工期安全和工程本质安全。

2 本质安全管理措施

2.1 技术管理措施

(1) 设计方案的管理。

1) 设计图纸审核管理。洞室顶拱开挖支护设计方案由业主组织设计方有关专家（设计人员和设计单位专家委员会专家）、监理方有关专家（监理人员和监理单位专家委员会专家）和特别咨询团（项目工程建设技术指导与技术咨询团）专家共同进行评审，设计单位根据评审意见进行修订完善。

2) 设计技术交底管理。业主将设计图纸发监理单位，设计图纸经监理单位审核后发施工单位。施工单位由项目技术负责人组织技术、质量、施工、安全等人员对设计图纸进行会审，施工单位提交图纸会审问题清单报送监理单位，监理单位将相关问题转发业主和设计单位。监理组织业主、设计、施工单位召开图纸会审和技术交底会，会上设计单位进行技术交底，对工程重点、难点、设计技术要求等进行说明，同时对监理和施工单位提出的图纸会审问题进行明确，业主和监理单位对相关管理要求进行说明。

(2) 监理实施细则管理。监理单位针对地下厂房顶拱开挖施工编制专项监理实施细则，明确工作流程和工作方法，对工程管控的要点、难点、关键点做到心中有数，提高预控能力，明确责任部门和责任人，在施工过程中严格实施。监理实施细则报业主备案。

(3) 专项施工技术方案和专项安全技术措施管理。施工单位在地下厂房顶拱施工前，由项目技术负责人组织技术、质量、施工、安全等人员根据设计图纸、相关规范和现场实际情况编制专项施工技术方案和专项安全技术措施。地下厂房顶拱开挖属于超过一定规模的危险性较大的分部分项工程，项目部编制完成专项方案和专项措施后由施工单位本部工程管理部门审核，组织本行业经验丰富的专家进行论证，提出审核意见，项目部根据审核意见进行修改完善再由本部工程部审核，本部技术负责人审批。

项目部将本部审批的专项施工技术方案和专项安全技术措施报送监理单位，监理单位组织监理方有关专家（监理人员和监理单位专家委员会专家）、施工方有关专家（施工人员和施工单位专家委员会专家）和特别咨询团专家共同进行评审。监理组织评审后如果提出修改要求，施工单位根据评审意见进行修订完善后再上报监理单位，监理单位批复施工单位同时报业主备案。

2.2 施工过程管理

(1) 成立专项管理小组。地下厂房顶拱层开始施工前，施工单位成立由项目经理为组长的专项管理小组，小组成员包括生产、技术、质量、安全、施工、机械物资、合同等相关人员，制定相关管理制度和具体管控措施，明确管理职责。

监理单位在施工过程中对施工情况全面监督检查，业主和设计单位相关管理人员不定期巡视检查，确保各项管理制度和措施有效落实。

(2) 施工单位组织安全、技术交底。开工前施工单位按照施工方案组织人员、设备到岗到位，对人员进行安全教育培训和考试，对设备进行检修。根据监理单位批复的专项施工技术方案和专项安全技术措施编制施工作业指导书，施工单位在开工前组织参建人员进行安全、技术交底，监理工程师参加施工单位的安全技术交底，对相关管理要求进行说明，后续各班组在每天作业前进行班组现场交底，使作业人员了解当班作业内容、注意安全事项、防护措施和遇到突发事件的应急处置措施。

监理单位组织业主、施工单位对施工人员和设备现场进行验收，满足要求后才准许施工作业。

(3) 质量管控。

1) 开展施工工艺试验。地下厂房顶拱施工主要涉及爆破开挖、锚杆、锚索、喷射混凝土等项目，在每项工作实施前进行现场工艺试验，主要有爆破、锚杆注浆、混凝土配合比、砂浆配合比、锚索张拉等试验，通过工艺试验确定施工参数和施工工艺，施工工艺和试验成果报监理单位审批后严格实施。

2) 试验检测管理。业主通过招标方式确定第三方试验检测服务单位，所有用于质量评定的试验检测均由第三方试验室完成，第三方试验室经业主、监理验收后才能投入运行，试件取样由监理现场随机确定且见证取样。施工单位严格按照规范规定的取样频率进行取样送检，监理单位按照施工单位检测样品的10%进行抽检。

3) 质量检查验收。施工单位严格执行质量“三检制”，根据围岩状况执行“一爆一设计”和“准装药、准爆制度”，所有爆破孔经测量定点定方位，监理逐一对炮孔深度、炮孔间距、炮孔平行度、炮孔外插角度等进行检查，对光面爆破效果进行检查。监理对每根锚杆、锚索的孔深、孔斜、锚杆（索）长度、插杆（穿索）深度、注浆密实度等进行全过程工序质量检查验收，并逐一签字。每道工序必须经监理工程师检查验收合格后才能进行下一道工序施工。

(4) 及时实施围岩支护。施工过程中，施工单位应严格按照设计和有关规程规范要求，及时进行开挖部位的围岩支护。随着洞室开挖进展，设计、施工、监理均动态跟进实施围岩类别评价，及时分析洞室的安全稳定性，并确定随机支护措施。施工单位严格按设计和有关规程要求实施锚杆、喷混凝土、锚索等支护作业，开挖一段支护一段，确保支护紧随开挖作业面跟进施工。支护作业面与开挖掌子面距离超出设计要求或规范要求时，开挖需停工等待支护跟进后再行施工，以确保围岩支护的及时性。

(5) 地质预报和风险预测管理。设计、监理、施工单位现场必须配备专业的地质人员，施工过程中进行巡视检查，指导现场施工。设计单位每次爆破后进行地质素描，根据需要采用地质雷达等手段进行超前地质预报，将地质预报有关报告及时发至业主、监理和施工单位。根据设计地质预报结果及时调整支护参数和施工参数。

（6）安全监测管理。建立完整的洞室围岩稳定监测系统对指导施工和判断围岩状况非常重要，因此业主、设计、监理和施工单位应加强对安全监测的管理，具备条件后及时安装监测仪器，尽早取得初始值。施工单位应做好监测仪器的保护工作，监测电缆穿保护套管后埋设在喷射混凝土内并做好标识，应及时测量和分析监测成果，以指导现场施工，更好地为工程施工安全服务。

2.3 验收与评价管理

地下厂房顶拱施工完成后，监理组织业主、设计、施工、安全监测、第三方试验室等参建单位开展一次顶拱层施工安全性评价验收，系统地对地下厂房顶拱层安全、质量、施工情况进行总结分析，一方面总结分析顶拱层的安全稳定和质量是否满足设计与规范要求，另一方面总结施工工艺和施工经验指导后续施工。经参建各方验收同意后才能进行地下厂房第二层的施工。洞室顶拱施工完成后 3～6 月内，业主组织设计单位、监理单位专家和特别咨询团专家，结合安全监测成果，对洞室顶拱开展一次工程本质安全的评估。

3 结语

国网新源控股有限公司目前有 27 个抽水蓄能电站在建项目，分布地域广，管理跨度大。针对抽水蓄能电站地下厂房顶拱层施工跨度大、施工安全风险高等特点，国网新源公司制定了多项管理和技术措施，包括加强前期设计方案管理、施工技术方案编审批管理、施工方案落实管理和依托社会技术资源等各项管控措施，同时在施工过程中将各项管控措施落实到位，确保了所有在建地下厂房的安全稳定，实现了工程本质安全。

基于BIM技术的土石方填筑精细化监控技术

宋自飞[1] 赵宇飞[2] 聂 勇[2] 张建喜[3] 赵慧敏[2]
(1. 广东省水利电力勘测设计研究院，广东省广州市 510635；
2. 中国水利水电科学研究院，北京市 100038；
3. 北京喜创科技有限公司，北京市 100097)

【摘 要】 在工程建设中的设计、施工与运行管理方面，BIM技术已经成为重要的模块化、立体形象化的展示技术。随着BIM技术的日益成熟，其在土木工程中的应用也越来越广。目前我国出台了关于水利水电和铁路等工程设计的BIM交付标准，但是由于建设过程中地质条件变化、水工结构优化、施工进度调整等，设计交付BIM模型不能完全贴合实际施工过程。因此，根据水利水电工程中的土石方碾压施工过程，在设计交付的BIM模型基础上，对交付BIM模型的进一步调整与分割。从而使其能够为土石方填筑施工的精细化实时监控与管理提供重要基础，能够实现基于BIM模型的施工过程的三维立体展示，为施工过程的实时调度与施工优化提供支撑，提高施工效率，保证施工质量，为工程建设与运行过程的安全可靠提供重要保障。

【关键词】 BIM技术 土石方填筑 精细化管理 监控 施工质量

1 引言

BIM (Building Information Model) 最早起源于20世纪70年代，但是直到2010年才在国内得到了蓬勃发展，对目前传统的土木工程建设运行中的设计、施工、运维等不同阶段带来了强大的冲击[1]。近十年来，许多大型土木工程建筑、水利水电、铁路交通等设计院都在大力推广应用BIM技术，BIM技术也为新的立体化、模块化设计带来了重要的技术手段[2-5]。在这样的背景下，出现了行业设计单位联合成立的各种设计联盟，如水利水电BIM设计联盟、铁路BIM设计联盟等，并且不同的行业，不同的地区也相继推出了不同的BIM技术相关设计标准。如中国建筑科学研究院主编的《建筑信息模型应用统一标准》、中国建筑标准设计研究院主编的《建筑信息模型施工应用标准》等已经由住建部批准颁布实施；水利行业也正在编制《水利水电工程设计信息模型交付标准》等，这都标志着BIM技术已经从设计阶段逐步走向了的施工阶段，如果BIM技术在施工阶段能够得到广泛应用，取得重大应用进展的话，该项技术则会真正实现工程建设运行全生命周期的应用[6-7]。

在这样的背景下，本文结合水利水电、铁路交通等工程中的重大土石方填筑工程，如土石坝填筑、铁路路基填筑等方面，利用高精度卫星导航技术、物联网技术、云计算技术以及大数据技术，基于BIM与GIS模型，开展了基于BIM技术的土石方填筑施工过程精细化智能监控技术的研究与应用。目前该技术已经在国内的几处重要工程中得到了推广和应用。

2 土石方填筑精细化控制

2.1 土石方填筑施工控制流程

图1是目前土石坝的常见的施工工序，以及不同工序所对应的控制因素。通过图1可以看出，对于土石坝来说，主要的施工流程基本上都是相同的，每一个施工工序需要考虑不同的施工工序之间的衔接与干扰，争取在有限的施工场地、运料道路、施工机械条件下，通过高效的数字化、实时化以及精细化的智能管理，实现工程建设的施工高效与质量可控。在经济、安全、可靠的要求下实现大坝的填筑施工。

2.2 土石方填筑主要控制重点

土石方填料的物理特性对其在碾压之后的压实特性有着很大的影响，对于细粒料来说，土石方填料

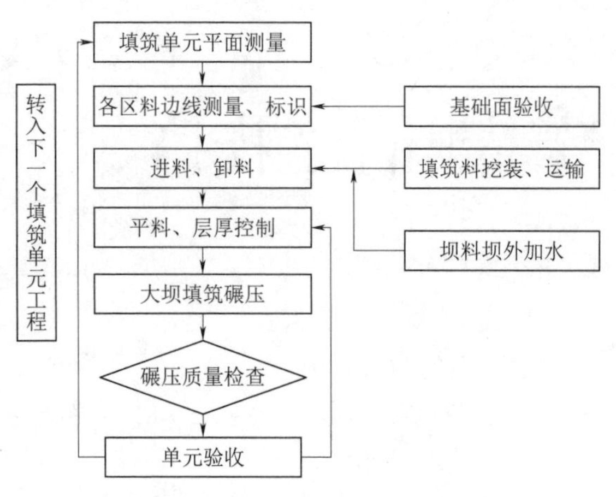

图 1　土石方填筑施工流程图

的含水率是影响其压实特性的最主要的指标；而对于粗粒料来说，土石方填料的颗粒分布范围，也就是土石方填料的级配曲线是否在设计的颗粒分析级配包线内，是影响其压实特性的最重要控制指标。另外，在土石方填料进场之前，可以根据土石方填料的含水率状态进行土石方填料加水，加水量需要根据运输车所运输的土石方填料重量、土石方填料需要控制的含水率以及土石方填料进场之前含水率状态进行设定。在土石方填料碾压施工之前，土石方填料质量是否满足设计要求，这是重要的填筑施工管理前提。

土石方填料合格之后，需要按照设计的标准进行土石方填料的摊铺，在摊铺过程中，最重要的摊铺控制指标是摊铺厚度。对于不同的土石方填料，控制的摊铺厚度是不同的，而不同的土石方填料在摊铺的时候的控制摊铺厚度是通过碾压试验确定的，保证针对不同的土石方填料在最小的压实机械功作用下土石方填料得到最大的压实程度。

在碾压施工过程中，最重要的控制指标是碾压机械的碾压遍数、振动频率以及碾压速度，通过这三个机械施工的控制指标的实时监控，可以保证碾压机械能够按照试验选定的施工参数进行。

另外在土石方填料碾压施工过程中需要重点关注的是，不同土石方填料分区之间、不同土石方填料层位之间以及坝体与岸坡之间的结合部位的施工过程的监控与施工质量的监测，这几个部分是大坝坝体中相对较为薄弱的环节，这几个部位的质量控制不好，可能会引发较为严重的后果。

3　基于 BIM 的施工过程监控系统

主要结合水利水电工程中土石坝的建设施工管理需求，依据大坝填筑施工过程现场管理模式以及大坝填筑质量检测相关规定，利用高精度卫星导航技术、物联网、大数据、云计算等技术，建立了大坝填筑实时智能化监控系统。该系统拓扑图如图 2 所示。

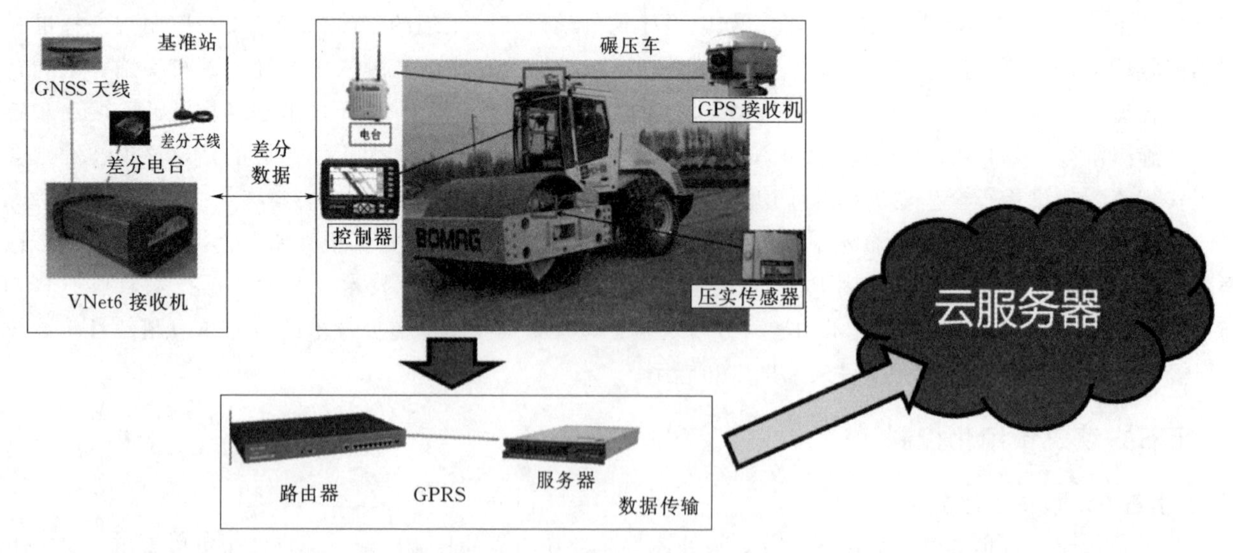

图 2　大坝填筑施工过程实时智能化监控系统拓扑图

从图 2 可以看出，在大坝填筑施工过程中，经过动态的数值差分处理，施工机械实时运行坐标以及相关施工参数可以按照标准化的格式实时进入到设置的云或本地服务器中，工程施工中的各级不同的用户通过 WEB 端，可以实时访问系统，并且根据相关工程设定的内容进行管理职责不同，进行工程管理过程中的仓位设置、现场开仓确定、数据采集与分析、质量分析以及施工机械管理等工作，通过系统的应用，可以有效提高水利工程建设现场的协同管理水平。

大坝填筑施工过程实时智能化监控系统的主要结构图如图 3 所示。系统主要架构包括三个部分，硬件部分、软件部分以及数据传输与交互部分。硬件部分，主要包括安装在大坝填筑施工机械上的高精度定位接收机、工业平板电脑、压实度传感器等硬件设备。软件系统，主要是实现大坝填筑施工数据实时展示与分析的软件系统，供现场以及后方的工程建设管理人员使用，为大坝施工现场管理与快速调度提供了重要的管理手段。数据交互系统，为保证施工数据的实时传输与展示，利用自建网络系统或 GPRS 商用网络系统进行数据传输。另外，建立了以电台进行数据传输与校核的 RTK 差分网络系统，保证大坝填筑施工过程数据的精度。

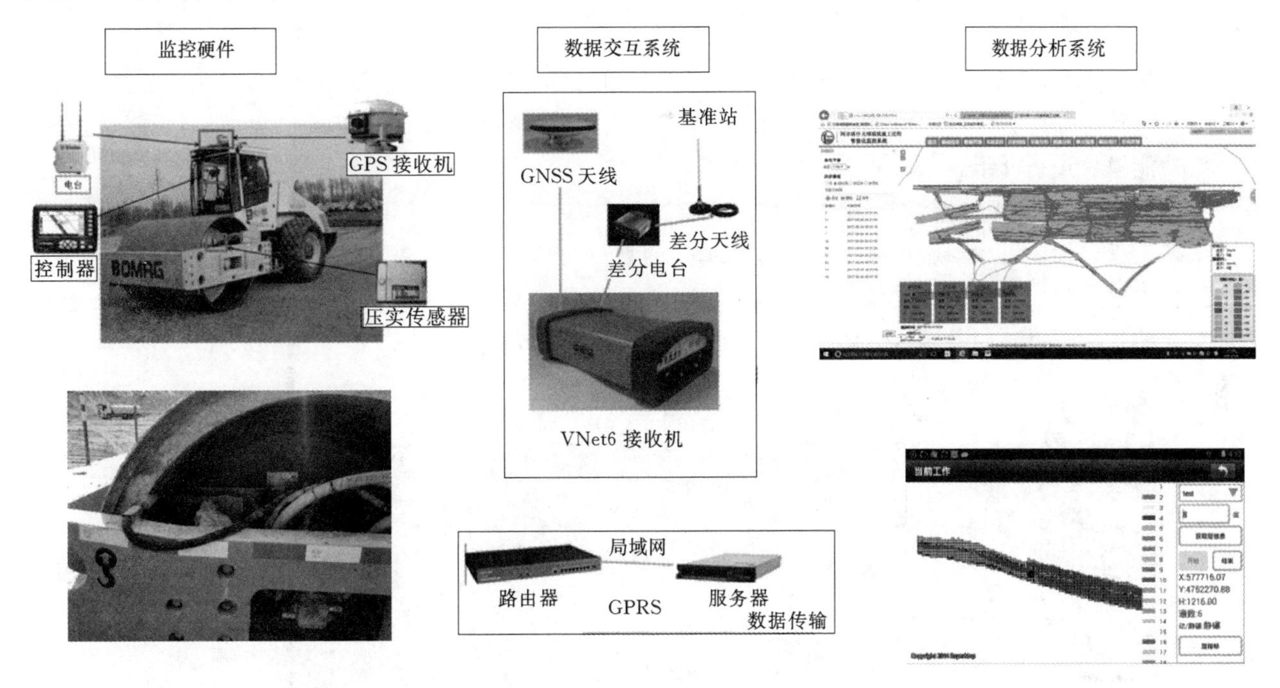

图 3　大坝填筑施工过程实时智能化监控系统组成示意图

图 4 是某工程大坝的标准剖面设计图，结合水利工程的项目划分内容，大坝作为一个单位工程，按照大坝不同填料进行划分分部工程，坝体结构从上游到下游主要分为：混凝土面板、垫层料区、过渡料区、砂砾石主堆料区、爆破料次堆料区，另外在坝下还有水平排水条带。

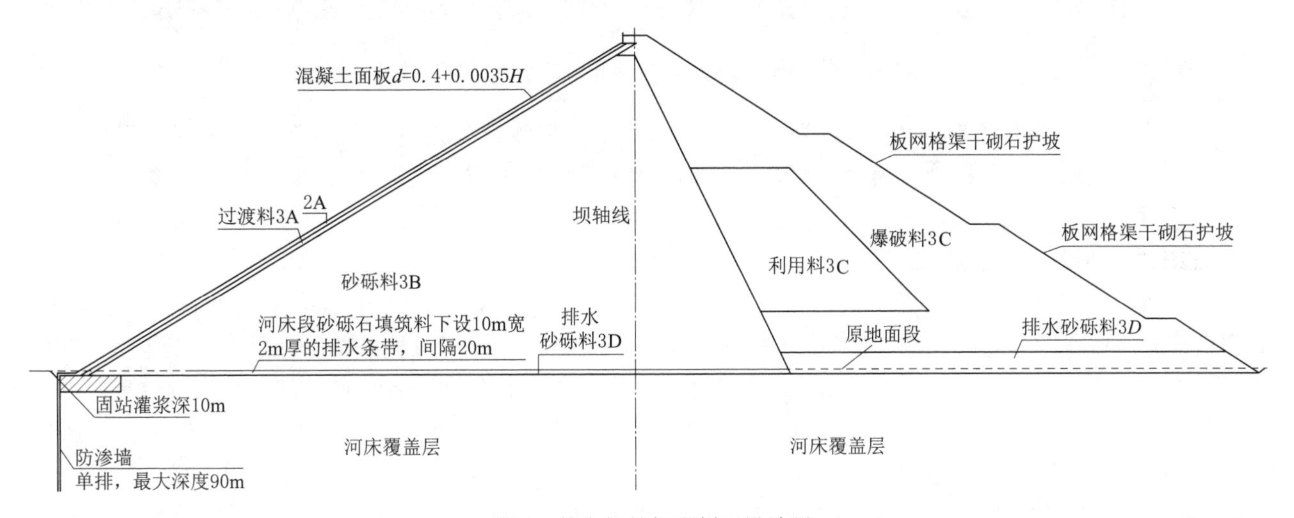

图 4　某大坝的标准剖面设计图

根据大坝剖面设计，构架了大坝坝体的 BIM 模型，模型中对坝体每一个分部工程都进行了单独的划分显示，如图 5 所示。这个模型为大坝施工过程中不同分部工程中单元工程的实时生成与质量控制提供了重要的基础。

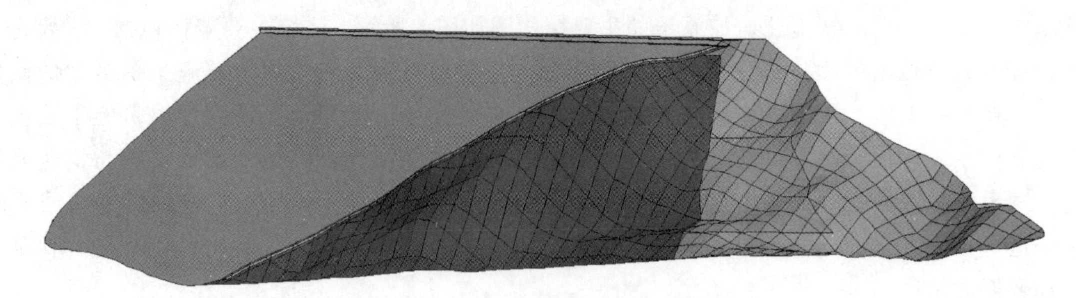

图 5　某大坝的三维 BIM 模型结构示意图

结合大坝填筑施工工艺及现场管理流程，将 BIM 模型的分解与实际施工过程结合起来，完整真实地反应大坝填筑施工过程。下面对该系统中目前主要模块以及主要实现功能能够满足大坝填筑碾压过程中的主要功能模块进行介绍。

3.1　工程基本信息整理与展示

根据工程建设中对大坝所进行的不同施工单元的划分与确定，这样就可以利用这些基本信息对大坝施工过程中采集到的相关数据进行不同区域与施工部位的整理与分析，为数据管理与质量检测分析提供了最重要的基础信息。同时可将大坝三维图形在线显示，如图 6 所示。

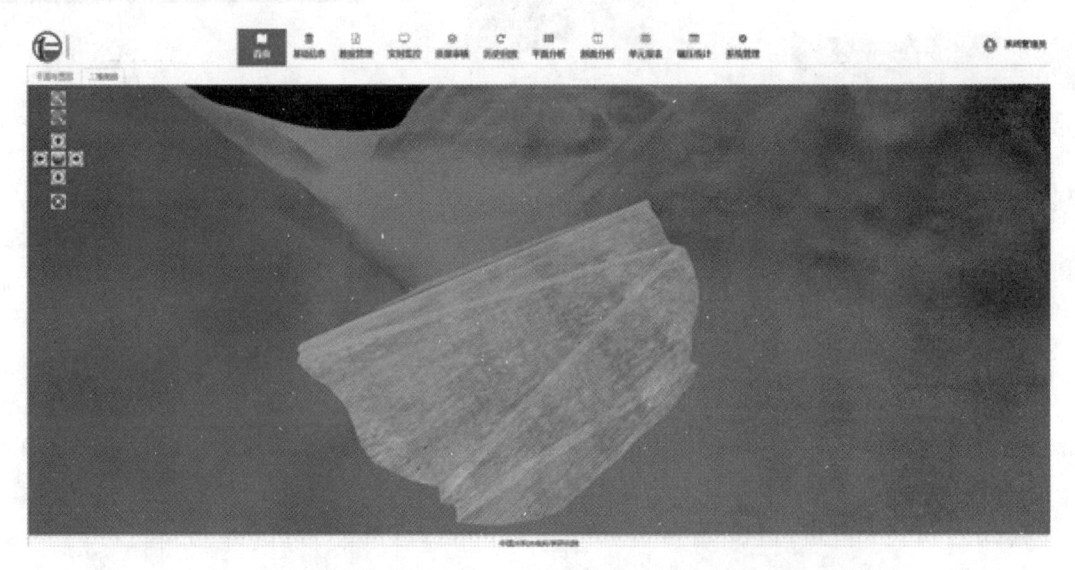

图 6　大坝填筑碾压施工过程实时智能化监控系统中的大坝三维图形

利用该模块，可以将大坝单元工程划分与实际工程中大坝填筑施工过程结合起来，实现大坝填筑碾压施工过程的实时智能化控制，为每一层坝料摊铺，也就是每一个单元工程的质量回溯管理提供重要的信息。

3.2　施工过程实时监控分析模块

该模块中，可结合能够自动生成的不同高程坝面平切图，并在该平切图上显示实时施工过程信息，以便管理方对施工过程进行控制与实时调度。图 7 中可以实时显示碾压机械的碾压遍数、碾压速度、机械振动频率以及实时坐标等信息，实时坐标为大坝施工坐标，为工程的施工管理提供精准的位置信息。

利用该模块，可以实现对大坝碾压施工过程中施工信息进行实时监控。其中该界面右侧上方的白框内所标示的是大坝碾压施工过程控制参数，实际工程中可按照该参数对施工机械的碾压状态进行控制。

同时该模块中还设置了添加历史数据的功能，可以按照某时间节点以后的某几台车的施工信息添加进来，也可以按照某个制定区域进行历史数据的添加，有利于管理人员对现场的管理工作。

3.3　大坝碾压施工质量分析功能

对已经碾压结束的区域，大坝碾压施工质量检测工作可以通过施工质量分析模块进行。可以按照施

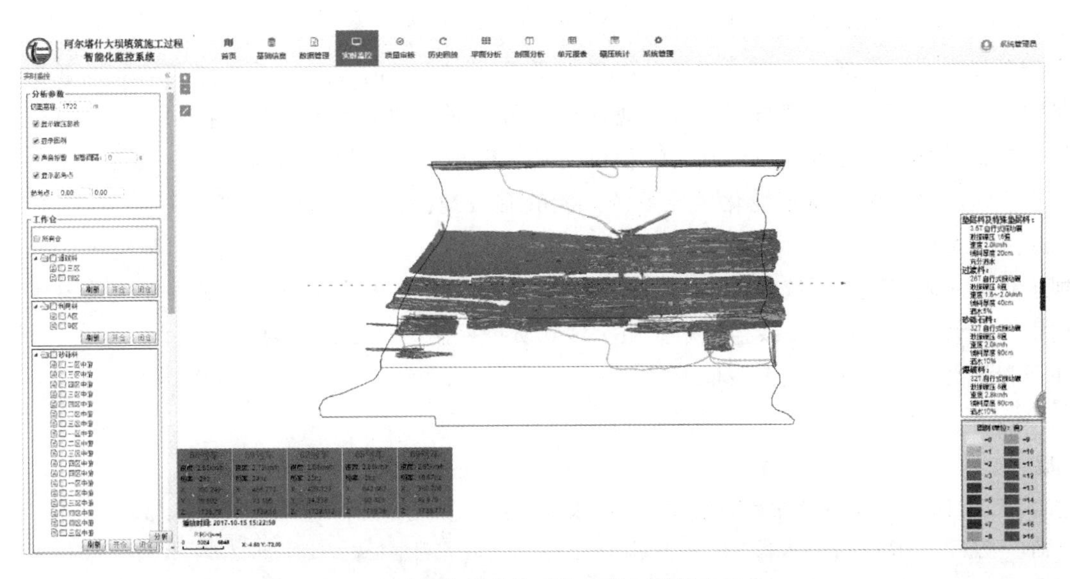

图 7　实时智能化监控系统中碾压机械的信息

工仓位（单元）、一定时间内某几台碾压机械以及某一个具体桩号范围内采集到的坝体填筑数据进行综合分析，并且可以实现某一个施工范围内的施工过程的重演。根据分析结果，可为工程质量检测提供坑位参考，保证大坝施工质量控制。

另外，为了更形象分析不同剖面中碾压层厚及不同层之间的结合情况，系统还开发任意的沿着坝轴线或者垂直坝轴线的碾压数据剖面分析功能，以便全方位地了解大坝整体碾压施工过程及数据，如图 8 所示。

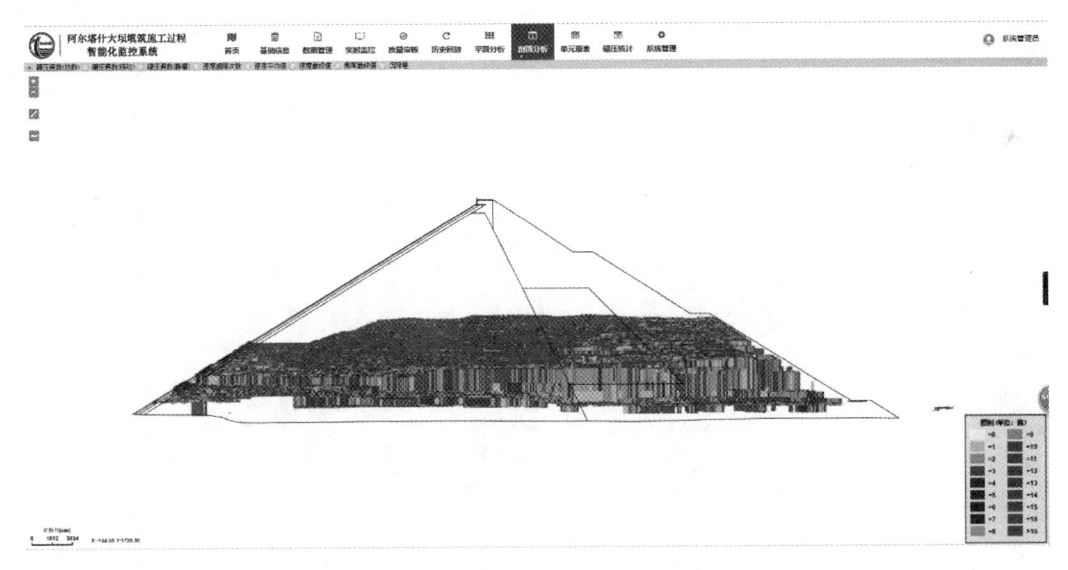

图 8　实时智能化监控系统中的大坝碾压数据的剖面分析

3.4　施工报表生成功能

在实际工程中，每个部位施工区域完成之后，可由系统自动生成该施工区域的施工报表，可作为施工质量评价的重要附件，为大坝工程施工质量检验与评价提供重要参考。

4　结语

在土石方填筑工程中，设计阶段与施工阶段的 BIM 模型交互与共享还存在一些问题，参考铁路交通、工民建等领域的 BIM 交付与审核，提出了土石方工程的设计 BIM 模型的交付标准与施工单位对其的审核校验的内容，有利于 BIM 模型真正能够在设计、施工两个阶段内实现无缝交互。

基于BIM技术，利用高精度卫星定位技术，实时动态差分技术，无线数据传输技术，大数据技术，以及图形分析技术等，实现了大坝填筑碾压施工过程的在线、实时监控，并通过便携式的数据终端，可以实时对现场施工进行实时调度与调整，为现场施工和监理提供了有效的管理控制平台，保证大坝碾压施工质量。并且在实时监控系统上形成了流程化的施工管理模式，切实提高了大坝填筑施工工效。所建立的土石方填筑施工过程实时智能化监控系统，能够有效地提高工程施工过程管理的智能化管理水平、提高施工效率，保证施工质量。

大坝填筑碾压施工监控系统在某水利工程大坝填筑施工管理中实施以来，对大坝填筑碾压施工过程进行全过程、全天候、实时、在线监控，克服了常规质量控制手段受人为因素干扰大、管理粗放等弊端，有效地保证和提高了大坝填筑施工质量。

参考文献

[1] 林佳瑞，张建平. 我国BIM政策发展现状综述及其文本分析 [J]. 施工技术，2018，47 (6)：73-78.
[2] 孙少楠，张慧君. BIM技术在水利工程中的应用研究 [J]. 工程管理学报，2016，30 (2)：103-108.
[3] 王建秀，殷尧，胡力绳. BIM及其在地下工程中的应用综述 [J]. 现代隧道技术，2017，54 (4) 13-24.
[4] 冀程. BIM技术在轨道交通工程设计中的应用 [J]. 地下空间与工程学报，2014，10 (S1)：1663-1668.
[5] 吴守荣，李琪，孙槐园，等. BIM技术在城市轨道交通工程施工管理中的应用与研究 [J]. 铁道标准设计，2016，60 (11)：115-119.
[6] 冯晓光. BIM技术在建筑工程全寿命周期管理中的应用 [J]. 工程建设与设计，2017 (9)：202-203.
[7] 边延凯，高伟，林沂，等. BIM在国内建筑项目全生命周期中的应用研究与进展 [J]. 天津城建大学学报，2017，23 (5)：356-362.

清远抽水蓄能电站引水水道3号施工支洞堵头施工

史云吏

（清远蓄能发电有限公司，广东省清远市　511500）

【摘　要】 清远抽水蓄能电站3号施工支洞堵头全长80m，其中实体段35m，廊道段45m，承受最大静水压力5.7MPa。堵头混凝土浇筑后，防渗采用水泥灌浆结合化学灌浆，成功充填阻塞f26等断层，大大地提高了堵头的防渗性能。

【关键词】 清远抽水蓄能电站　施工支洞堵头　灌浆　断层

1　工程概况

清远抽水蓄能电站（以下简称“清蓄电站”）位于广东省清远市清新区，毗邻珠三角电力负荷中心，装机容量1280MW。枢纽工程由上水库、水道系统、下水库、地下厂房洞室群、开关站等建筑物组成。为满足施工进度要求，电站引水水道共布置6条施工支洞（断面尺寸7.7m×6.6m）。其中3号施工支洞联通外界、厂房与下平洞，其堵头所承受的静水压力达到5.7MPa，是所有堵头中施工难度最大、技术要求最高的一个。3号施工支洞的顺利封堵既关系到引水水道充水节点的如期完成，又是引水水道和厂房重要的安全保障。3号施工支洞位置见图1。

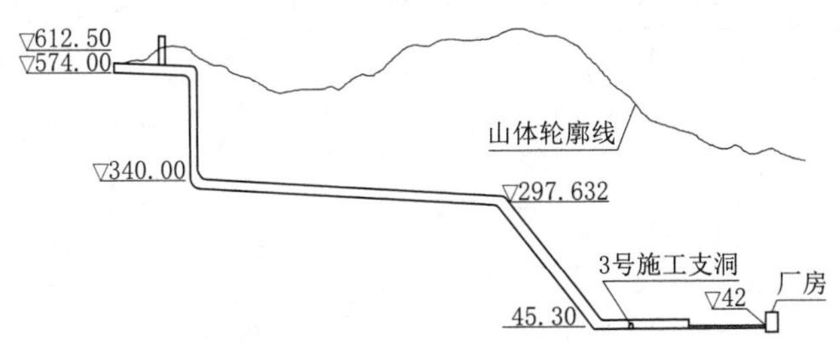

图1　3号施工支洞位置图（单位：m）

2　堵头结构计算

水道堵头的设计原则是隧洞封堵体设计级别应与挡水建筑物的设计级别一致，稳定及防渗要求同挡水建筑物；结构上应该安全可靠，稳定性和防渗性满足使用要求；实际存在的地应力、灌浆压力、围岩高低不平形成的嵌槽抗剪力等应作为安全储备。3号施工支洞堵头承受最大静水头为571m（见表1），按照Ⅰ类建筑物级别设计施工。根据DL/T 5195—2004《水工隧洞设计规范》，柱状封堵体抗滑稳定按作用效应函数和抗力函数计算：

作用效应函数　$S(\cdot)=\sum P_R$

抗力函数　$R(\cdot)=f_R\sum W_R+C_RA_R$

结构重要性系数　$\gamma=\dfrac{R}{S}$

式中　$\sum P_R$——滑动面上封堵体承受的全部切向作用之和，kN；

$\sum W_R$——滑动面上封堵体全部法向作用之和，向下为正，kN；

f_R——混凝土与围岩的摩擦系数；

C_R——混凝土与围岩的黏聚力，kPa；

A_R——除顶拱部位外，封堵体与围岩接触面的面积，m^2。

表1 3号施工支洞堵头各项力学指标表

静水压力	球阀前水锤压力	堵头处水锤压力	球阀前脉动压力	堵头处脉动压力	持久工况水压力组合	偶然工况水压力组合
571m	171m	144m	45m	38m	571m	752.8m

根据DL/T 5057—2009《水工混凝土结构设计规范》，Ⅰ类建筑物结构重要性系数不应小于1.1。通过试算反算确定堵头结构尺寸，再选取合适结构尺寸正算验证。

3号施工支洞堵头实体段长度35m（约3.8倍洞径），廊道段长度45m，在持久水压工况下结构重要性系数为1.52，在偶然水压工况下结构重要性系数为1.12，均满足规范要求。

3 堵头混凝土施工

3.1 混凝土材料和分块

3号施工支洞堵头实体段和廊道段一期混凝土的施工次序是先施工堵头实体段3号0＋700.232～3号0＋732.232一期混凝土，再进行堵头实体段3号0＋732.232～3号0＋735.232二期混凝土施工，最后开展堵头廊道段混凝土浇筑。

3号施工支洞堵头一期和二期混凝土长30m，分11m、11m、10m三仓浇筑。分块布置见图2。

3号施工支洞堵头封堵混凝土强度等级为C25，抗渗、抗冻等级为W10F50，为消除混凝土凝固收缩影响，采用外掺3.5%MgO（氧化镁），使其具有微膨胀性。

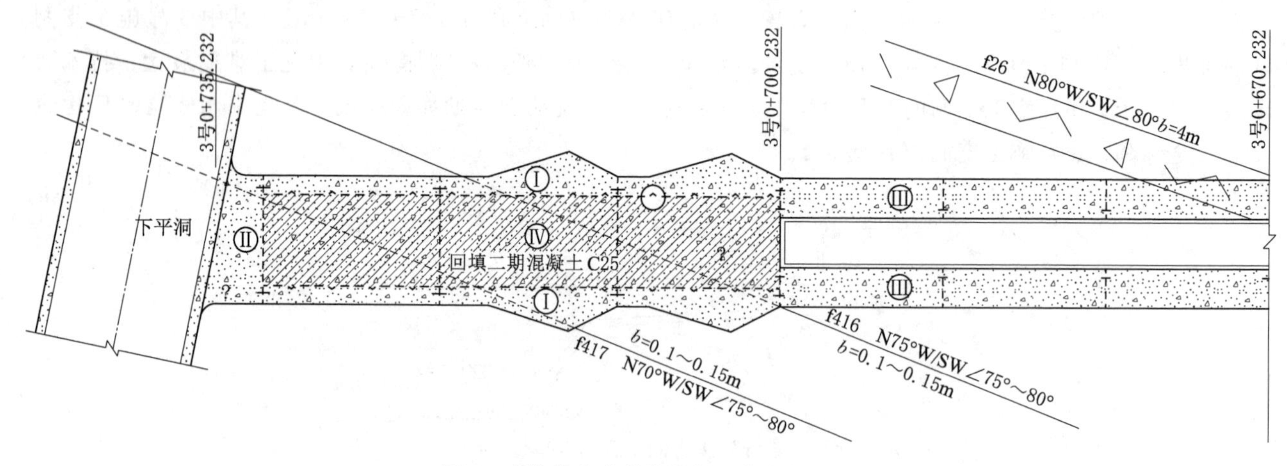

图2 实体段和廊道段混凝土分块布置图

3.2 混凝土工程施工注意点

（1）凿毛和键槽。为提高一期、二期新老混凝土间的结合力，提高混凝土实体段抗力系数，堵头实体段一期、二期混凝土接触面应凿毛并设置键槽（见图3），键槽间距为2.5m。

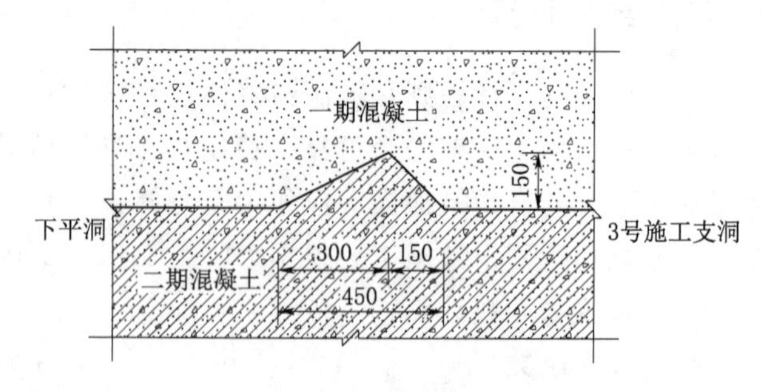

图3 键槽大样图

（2）止水铜片等埋件。为防止分仓混凝土间沉降变形形成渗漏通道，在混凝土横向结构缝处均预先埋设一道止水铜片。止水铜片设置钢筋托架夹固定于设计位置或者固定于混凝土仓面堵头模板上。止水片中心应与缝面重合，并加以保护，防止在浇筑过程中发生偏移、扭曲，保证止水片与模板结合严密，防止结合面漏浆。止水铜片的连接采用双面搭接焊，搭接长度不少于20cm。止水铜片位置和大样图见图4。

浇筑混凝土前所有预埋的回填灌浆管、接缝灌浆管、接触灌浆管等的管口必须临时封堵，以防堵塞。

（3）预埋冷却水管。3号施工支洞堵头实体段混凝土体积较大，为保证不因水泥水化热引起混凝土内部与表面温差过大而产生裂缝，实体段混凝土浇筑前在仓面内埋设冷却水管，冷却水管采用1英寸铁管，间距为1m。在混凝土浇筑完成后，混凝土表面洒水养护28d，冷却水管持续或间隔通入预冷水，并连续

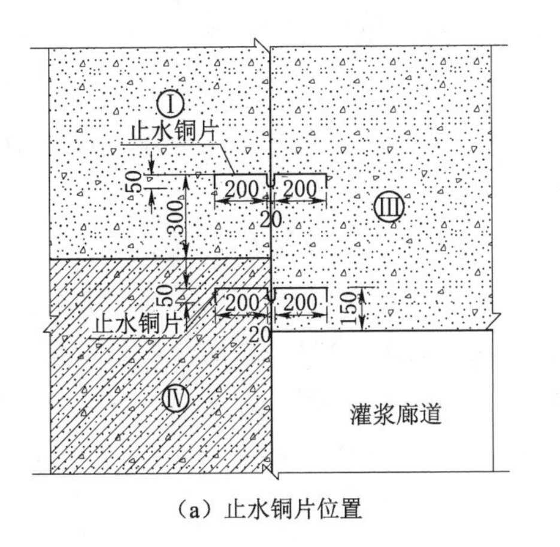

(a) 止水铜片位置

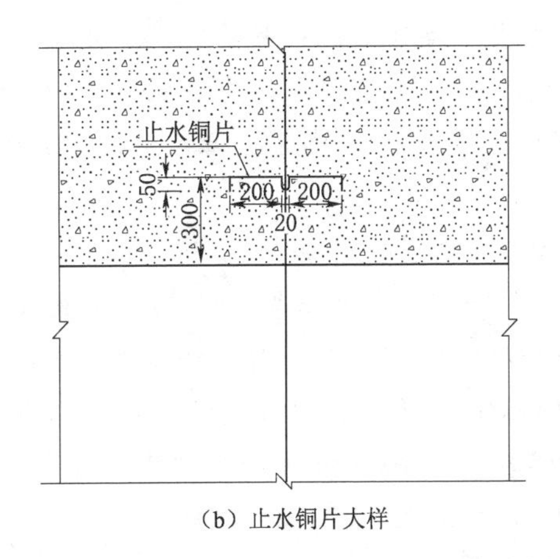

(b) 止水铜片大样

图 4 止水铜片位置和大样图

记录温度变化。当出水口水温变化极小或停止变化时，采用纯压式全孔一次灌注法对冷却水管进行化学灌浆，灌浆压力 7.0MPa。

(4) 振捣浇筑。边墙混凝土浇筑时按一定厚度分层进行，每层厚度控制在 300～500mm，边浇筑边振捣，连续成型。顶拱混凝土浇筑时应按一定厚度、次序、方向、分层进行。混凝土浇筑时均应保证模板两侧的混凝土同时均匀上升。

混凝土用 ϕ50 插入式振捣器振捣，先平仓后振捣，严禁以振捣代替平仓。振捣器的操作遵循“快插慢拔”的原则，并插入下层混凝土 5cm 左右，振捣器插入点的间距不超过振捣器有效半径（一般为 40cm）的 1.5 倍，距模板的距离不小于振捣器有效半径的 1/2（一般为 20cm），插入位置呈梅花形布置，不得触动钢筋及预埋件。振捣宜垂直按顺序插入混凝土，如略有倾斜，倾斜方向应保持一致，以免漏振。振捣时间以 30～45s 为宜，严禁过振、欠振，具体以混凝土不再显著下沉、气泡和水分不再逸出表面、并开始泛浆为准，另外在靠近模板处需加强振捣。

(5) 自密实混凝土。模板内不具备工人振捣所需要的施工空间时，在混凝土中添加以萘系高效减水剂为主要组分的外加剂和适量膨胀剂，配制成自密实混凝土。其可对水泥粒子产生强烈的分散作用，并阻止分散粒子凝聚，高效减水剂的减水率应≥25%，可提高混凝土的保塑功能和自密性。

4 堵头灌浆施工

4.1 设计要求

整个堵头设计有回填灌浆、固结灌浆、帷幕灌浆、接触灌浆、接缝灌浆和化学灌浆。

回填灌浆应在混凝土达到 70%设计强度后（约 10d）进行，固结灌浆应在混凝土浇筑 14d 后进行，化学灌浆应在固结灌浆和帷幕水泥灌浆结束 7d 后进行。

4.2 回填灌浆

一期实体段混凝土和廊道段混凝土浇筑完成后，顶拱回填灌浆区域采用手风钻造孔，共计 61 排，每排 3 孔，排距 3m，灌浆孔入岩 5～10cm。分两序进行，先施工Ⅰ序孔，后施工Ⅱ序孔，浆液采用纯水泥浆（配比 0.6：1）或水泥砂浆（配比 0.6：1：1），灌浆压力 0.5MPa。

二期实体段回填灌浆采用预埋管，顶拱埋管引出堵头外分区施工。三仓二期混凝土分别布置 4 根、4 根、3 根回填灌浆管。回填灌浆压力 1MPa，采用纯压式灌浆，灌浆次序按自低向高的原则。浆液配合比同一期回填灌浆。回填灌浆时应在短时间内将压力升至 1MPa，持续灌注，直到灌浆孔停止吸浆，继续灌注 10min 结束。灌浆结束后应将孔口闸阀关闭后再停机。待孔内无返浆时，才可拆除孔口闸阀。

4.3 固结灌浆

设计在实体段一期混凝土和廊道段混凝土布置有固结灌浆孔 28 排，排距 2.5m，每排 12 孔，孔底入岩 3m，灌浆压力 3MPa；在实体段 3 号 0+732.232 布置一排固结灌浆斜孔，12 孔，孔底入岩 3m，孔朝向下平洞，沿堵头一圈布置；在下平洞与3号施工支洞相贯线布置2排固结灌浆孔，孔沿相贯线一周布置，每排12孔，入岩9m，灌浆压力7.0MPa。浆液配合比、变浆及结束标准与帷幕灌浆类同。

固结灌浆施工中有14个灌浆孔单耗超过50kg/m，针对局部耗浆量较大孔采取环内环间加密的方式处理。

针对f26断层，廊道段桩号3号0+699.232～3号0+689.232共设5排水泥灌浆孔，将9～11号孔加深至入岩9m；3号0+686.732～3号0+666.732共9排水泥灌浆，将1号、7～12号孔加深至入岩9m；3号0+664.232～3号0+659.232共3排水泥灌浆，将1～12号孔加深至入岩9m；灌浆压力均为3MPa。

针对实体段f416、f417局部渗水部位，为强化对围岩的固结效果，在3号0+720.482～3号0+730.482洞段随机增加10个水泥固结灌浆加强孔，排距2.5m，每排2个孔（孔位布置在200°和236°），孔底入岩6.0m，灌浆压力3MPa。

4.4 水泥帷幕灌浆

3号施工支洞实体段一期混凝土浇筑后，在堵头实体段3号0+700.232～3号0+706.232进行水泥帷幕灌浆。灌浆孔共3排，每排12孔，排距2.5m，灌浆孔入岩9m。浆液配合比为5：1、3：1、2：1、1：1、0.8：1、0.5：1六个比级，灌浆压力7MPa；

由于f26断层穿过下平洞和3号施工支洞廊道段，为加强灌浆效果，充填强化断层，在廊道段3号0+698.232处，增加针对f26断层的强化充填灌浆措施，于城门型洞左侧（进洞方向）采取水平帷幕灌浆加强一孔，孔深入岩约15m，采用3MPa压力灌浆。廊道段3号0+679.232～3号0+680.232洞段增加18个水泥帷幕灌浆加强孔，孔位根据现场情况布置，入岩12m，灌浆压力3MPa。廊道段3号0+680.232处，于城门型洞左侧采取水平帷幕灌浆加强一孔，孔深入岩约9m控制，灌浆压力3MPa。要求灌浆孔位穿过f26断层，将f26断层充填形成楔子，阻塞渗水通道。

堵头实体段帷幕灌浆过程中，有9个灌浆孔单耗超过50kg/m，为此在堵头实体段3号0+700.232～3号0+706.232间增加水泥加密帷幕灌浆孔6排。其中3排为原耗浆量较大设计帷幕孔，每孔周围成梅花形布置4孔，孔深9m；3排为新增加密帷幕灌浆孔，孔深15m，分两段施工，灌浆压力均为7.0MPa。

灌浆过程中当灌浆压力保持不变、吸浆量均匀减少时，或当吸浆量不变、压力均匀升高时，灌浆应持续下去，不得改变水灰比。当某一级水灰比浆液的注入量已达300L以上或灌浆时间已达30min，而灌浆压力及吸浆量均无改变或改变不显著时，应改浓一级水灰比进行灌注。当吸浆大于30L/min，可适当越级变浓。注入量小于2.5L/min时，按照压力升幅的办法将压力升至设计压力，并稳压20min，若不出现异常情况，即可结束灌浆。

4.5 化学灌浆

化学灌浆材料采用JD-1改性环氧防水补强抗渗剂。

4.5.1 接触化学灌浆

一期混凝土浇筑完成后，在实体段3号0+720.732和3号0+732.232各布置一排接触化学灌浆孔，每排12个孔，孔底入岩0.5m，采用纯压式全孔一次灌注法，灌浆压力3MPa。

二期混凝土在堵头实体段预埋14排接触灌浆管，每排间距1.5m或2.5m，采用纯压式全孔一次灌注法，可多孔同时施灌，灌浆压力7MPa。

4.5.2 接缝化学灌浆

二期混凝土浇筑完成后，在堵头实体段末端3号0+700.232、3号0+699.63各布置一排接缝灌浆斜孔，每排12孔，要求斜孔穿过一二期混凝土和围岩，入岩3m。

4.5.3 帷幕化学灌浆

一期混凝土浇筑后在堵头实体段3号0+700.232～3号0+706.232间布置有3排化学帷幕灌浆，每排12孔，排距2.5m，灌浆孔入岩9m，灌浆压力7MPa。

针对f26断层加强化学帷幕灌浆，在桩号0+691.792～0+700.232的右侧（面对下平洞），布设3排化学帷幕灌浆孔，每排6个孔，共18个孔，灌浆孔入岩9m；在0+664.232～0+659.232的水泥灌浆孔之间，增加 2 排帷幕化学灌浆孔，每排 12 个孔，孔底入岩 9m。灌浆压力均为 3MPa，卡塞入岩 0.5m。

4.5.4　化学灌浆结束标准

为进一步提高帷幕孔防水效果，对原水泥帷幕灌浆孔全部扫开，采用 3MPa 压力以化学浆液封孔。

灌浆结束标准为达到设计灌浆压力后，以不进浆或进浆量不大于 0.05L/min 时，继续灌注 30min 后闭浆结束。

4.6　灌浆效果

（1）压水试验。在堵头固结灌浆前，进行了 72 个孔的灌前压水试验，压水压力 2.4MPa，最大透水率 4.21Lu，平均透水率为 1.96Lu。固结灌浆结束后，布置 17 个压水检查孔，压水压力 2.4MPa，最大透水率 1.22Lu，平均透水率为 0.5Lu。

在堵头水泥帷幕灌浆前，进行了 242 个孔的灌前压水实验，压水压力 5.6MPa，最大透水率 3.05Lu，平均透水率为 0.96Lu。水泥帷幕灌浆结束后，布置 19 个压水检查孔，压水压力 5.6MPa，最大透水率 1.02Lu，平均透水率为 0.52Lu。

3 号堵头化学帷幕灌浆结束后，在实体段 3 号 0＋701.732～3 号 0＋706.732 之间布设 8 个压水检查孔，最大透水率为 0.48Lu，平均透水率均为 0.37Lu，远小于设计要求的化灌后透水率低于 1Lu 的要求。

（2）声波检测。3 号堵头灌浆施工结束后，在廊道段与衬砌段交接部位（3 号 0＋655.232）布设 3 个 9m 深声波检查孔，测得该部位声波波速区间为 3500～4600m/s，按照隧道设计规范，该部位围岩等级已由原Ⅱ类Ⅲ类提升至Ⅰ类Ⅱ类。

（3）取芯检查。检查孔岩芯取出完整度高，岩石质量指标 RQD 值可达 85％以上，岩芯中的大小裂隙均被水泥浆液和环氧树脂充填。

5　充水试验

清蓄电站引水水道系统于 2015 年 7 月开始充水试验，充水前 3 号堵头基本无渗漏。充水过程中水位达到 470.0m（引水竖井中部偏上）时，3 号堵头廊道段出现渗水部位，廊道段底板出现渗水湿痕。充水结束后（水位 592.7m），3 号堵头实体段出现渗水。此时 3 号堵头后量水堰测得的渗水量 0.053L/s。经化学灌浆对裂缝处理后，至目前该量水堰测得的渗水量约为 0.038L/s。这一渗漏量与水压、地质条件、规模类似的工程项目相比相当小（天湖水电站堵头静水压 6.1MPa，渗漏量 3.7L/s；广州抽水蓄能电站二期堵头静水压 6.1MPa，渗漏量 0.3L/s），优于设计和规范要求，表明 3 号堵头的设计和施工是成功的。

6　结语

（1）化学浆液粒径小，作为水泥灌浆后的补充，可以有效封堵细微裂隙，显著提高堵头的防渗能力。

（2）断层穿过堵头段甚至有出露时，以帷幕灌浆孔穿过断层，通过合理的灌浆手段可以有效阻塞断层渗漏通道。

（3）随着施工工艺、施工材料和施工理念的不断革新，未来施工支洞堵头的长度可进一步缩短，进而可缩短工期、节约成本。

参考文献

[1]　段乐斋．水工隧洞设计规范（DL/T 5195—2004）解读［J］．水电站设计，2005（3）：7-13.

[2]　蒋石屏，莫家荣．天湖水电站压力水道堵头施工［J］．广西水利水电，1993（S1）：104-107.

荒沟抽水蓄能电站下水库进/出水口水下施工方案研究

韩 韬[1] 金 辉[1] 张喜武[1] 鲁恩龙[2]

（1. 中水东北勘测设计研究有限责任公司，吉林省长春市 130061；
2. 黑龙江牡丹江抽水蓄能有限公司，黑龙江省牡丹江市 157000）

【摘 要】 荒沟抽水蓄能电站下水库进/出水口采用水下施工方案，避免施工期大幅降低库水位、避免了水资源浪费、避免大规模清洁水电能源损失、不需寻找大容量替代调峰电源、降低火电为主的电网调度难度，保障电网运行安全，同时降低施工对环境不利影响，避免给库区及周边人民生产、生活带来不必要的影响和损失。填补国内乃至国际水电行业大规模、高精度水下施工技术的空白，为类似工程提供技术参考。

【关键词】 抽水蓄能 水下施工 配合比 复合模板

1 工程概况

荒沟抽水蓄能电站位于黑龙江省牡丹江市海林市三道河子镇，下水库利用已建成的莲花水电站水库，上水库为牡丹江支流三道河子右岸的山间洼地。站址距牡丹江市145km，距莲花坝址43km。电站枢纽建筑物主要由主坝、副坝、输水系统和地下厂房等组成。电站装机容量1200MW，上水库总库容1193.7万m^3。

上水库主坝、副坝及进/出水口的校核洪水标准为1000年一遇，设计洪水标准为200年一遇。下水库（莲花水库）挡水及泄水建筑物设计洪水标准为500年一遇，校核洪水标准为可能最大洪水，下水库进/出水口的洪水标准与此相同。荒沟抽水蓄能电站下水库为莲花水库，莲花水库特征参数见表1。

表1 荒沟抽蓄下水库（莲花水库）特征水位及相应库容

项 目	指标	备 注
正常蓄水位/m	218.00	
正常蓄水位库容/亿m^3	30.50	
死水位/m	203.00	
死水位库容/亿m^3	14.60	
莲花电站调节库容/亿m^3	15.90	
荒沟电站发电保证水位/m	203.10	
荒沟电站发电专用调节库容/万m^3	1000.00	
设计洪水位/m	220.58	$P=0.2\%$
相应回水位/m	221.20	荒沟进/出水口处
校核洪水位/m	225.41	$P=$PMF
相应回水位/m	225.90	荒沟进/出水口处
总库容/亿m^3	41.80	

2 下水库进/出水口设计及施工过程

1993年3月《黑龙江省荒沟抽水蓄能电站工程可行性研究报告》编制完成，同年9月通过电力工业部审查。1994年5月进行了电站初设的勘测工作和下水库进/出水口专题设计。1995年4月提出《荒沟抽水蓄能电站工程下水库进/出水口专题设计报告》，同年8月通过电力部水电水利规划设计管理局审查。并确定荒沟抽水蓄能电站下水库进/出水口与莲花水电站同时建设，在莲花电站下闸蓄水前，要完成检修平台 225.00m 高程以下全部工作，其余工程待主体工程开工后一并施工。

1995 年 7 月 1 日荒沟抽水蓄能电站下水库进/出水口主体工程开工，由于多方面原因，1996 年 10 月 30 日下水库进/出口施工暂停，当时仅完成下水库进/出水口 205.00m 高程（死水位 203.00m）以下部分的施工，205.00m 高程以上结构没有施工。

1996 年 9 月，荒沟进（出）水口工程（高程 199.00m 以下）工程通过验收，验收结论是：高程 199.00m 以下待验工程质量达到设计要求，工程合格，各种备查资料齐全、准确，同意验收。莲花电站于 1998 年蓄水，最终荒沟抽水蓄能电站下库进/出水口淹没在莲花水库水下 15m。

荒沟抽水蓄能电站下水库进/出水口结构型式为岸塔式，进/出水口由明渠段、防涡梁段、拦污栅段、喇叭口段、过渡段、闸门井段、渐变段组成。下水库进/出口结构布置见图 1。截至 1996 年 10 月底，明渠段、防涡梁段、渐变段、扩散段、过渡段、基础毛石混凝土全部浇筑完毕，拦污栅墩达到 205.00m 高程，闸门井混凝土达到 206.00m 高程，交通桥墩混凝土达到 207.00m 高程，下水库进/出水口已建结构见图 2。

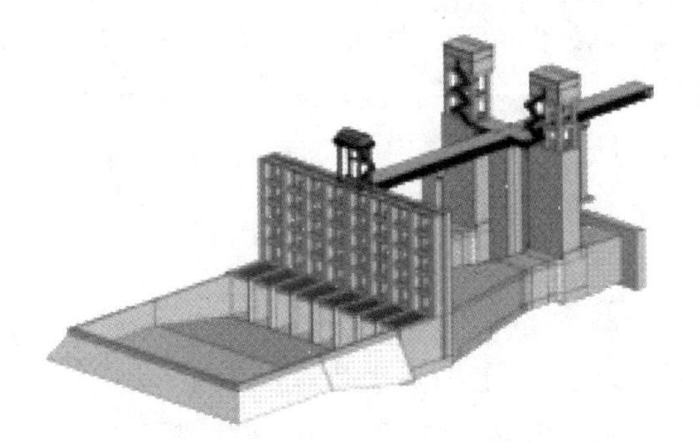

图 1 下水库进/出水口结构布置

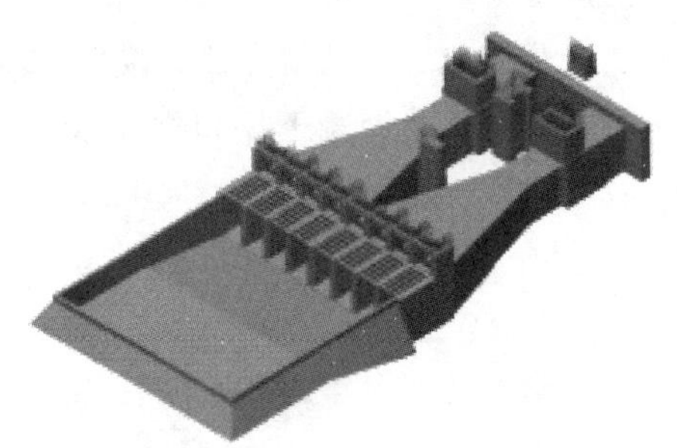

图 2 下水库进/出水口已建结构

3 下水库进/出水口原设计施工方案及存在的问题

《荒沟抽水蓄能电站下水库进/出水口施工方案比选报告》已于 2012 年通过行业主管部门审查，原下水库进/出水口施工方案通过发电泄水，降低库水位至死水位附近，在下水库进/出口施工期间使下水库进/出水口续建工程具备水上施工条件。待土建工程施工完成后，莲花水库恢复蓄水。

本方案降低了莲花水库运行水位，使莲花水电站发电受到影响。根据施工进度安排，库水位在 2012 年 4 月 1 日之前降至 204m 高程，4 月 1 日—5 月 31 日期间库水位保持高程 204m，6 月 1 日之后，水库恢复正常蓄水发电。经计算，整个过程损失发电量为 0.69 亿 kW·h，以莲花电站上网电价 0.8548 元/(kW·h) 计算，莲花水电站发电损失 5898 万元。

莲花水库为多年调节水库，调节库容近 15 亿 m^3，原设计方案为保证下水库进出水口旱地施工条件，通过发电泄水，降低库水位约 15m，下泄水量约 15 亿 m^3，考虑蓄水过程保证率，如回蓄正常高时间延长、施工延期等，原下施工方案实施过程有增加电能损失风险；莲花水电站装机 55 万 kW，年利用小时数只有 1450h，莲花电站属于黑龙江省电网主力调峰电站，大幅度降低莲花水电站水位后，势必对莲花电站调峰能力带来影响，为保证电网运行安全需寻找替代调峰电源，如采用火电调峰，投入成本将大幅增加，且莲花水库大幅降低水位后对库区养殖、库尾生态等带来直接或间接的经济损失，对水库及周边生态环境造成一定影响。故原降水位施工方案直接经济损失巨大，间接经济损失难以定量计算，对生态环境造成一定影响，且会遇到电网调度限制等不可控因素。

4 下水库进/出水口水下施工方案优化

针对荒沟抽水蓄能电站下水库进/出水口原旱地施工方案存在的问题和不足，开展了相关专题研究和调研工作。在中国水利学会 2012 年学术年会上，笔者提出了荒沟抽水蓄能电站下水库进/出水口水下施工的优化方案，并在会上对水下施工方案进行了汇报，全国水下检测、施工、科研、高校等单位对水下施工方案展开了充分的讨论，大会认为荒沟抽水蓄能电站下水库进/出水口水下施工方案总体可行，并且在我国乃至世界水电行业上也属于规模最大、精度最高的水下施工项目。会后对水下施工材料、器械、工艺、流程等开展了相关调研工作。通过调研发现，由于荒沟抽水蓄能电站工程地处中国黑龙江省高纬度严寒地区，水下浇筑水位变动区结构混凝土，对材料配合比要求极高，据笔者初步调查，此项技术在欧洲、北美洲、亚洲各国均属空白，故需对材料配合比开展相关研究工作，同时由于本工程属于水下浇筑闸墩及闸门槽结构混凝土，结构浇筑精度要求高，水下施工工艺要求较高，故需开展相关工艺试验。根据调研成果随后开展了严寒地区水下浇筑水位变动区混凝土配合比试验研究、水下浇筑闸墩及门槽高精度结构混凝土的施工工艺试验。由于本工程所处环境特殊，严寒地区水下浇筑水位变动区结构混凝土对耐久性要求较高，常规混凝土配合比达到F400尚有难度，且水下浇筑混凝土中絮凝剂对混凝土抗冻性还有一定的影响，本工程水下浇筑水位变动区结构混凝土达到F400抗冻等级是没有技术保证的，故需对此采取必要的保护、防护措施，如采用防腐保温弹性模板技术等。

水下施工方案是集水下不分散高抗冻等级混凝土配合比技术、金属结构一体模板技术、弹性抗冻模板技术、模板防腐保温技术、水下检测、水下放样定位技术和潜水技术于一体的施工方案，模板制造、防腐、保温、复合弹性垫层在陆地完成，模板安装作业是在水下进行的，潜水员借助潜水设备和特种水下施工机具进行水下施工，混凝土拌和物在水环境下不分散、自流平、不振捣，水平施工缝需采取特殊处理工艺。

5 总结及建议

（1）莲花水库属不完全多年调节水库，降水位施工方案施工期降水位至死水位附近，再回蓄到水库正常高，发电降低水位约15m，泄放库水约15亿m^3，恢复电站正常运行受制于天然来水情况制约；水下施工方案莲花水电站不需要降低水位运行，对莲花水库调度无影响，不需放水，不会造成水资源浪费，避免水库枯水回蓄困难的风险。

（2）降水位施工方案对莲花电站的发电调度影响较大，造成电能损失较大。由于下库进/出水口降水位施工方案直接电能损失约6000万元人民币，原施工方案电能损失计算计划工期安排较紧，如发生工期延误有增加电能损失的可能，水下施工方案避免降水位施工造成电能的巨大损失，水下施工方案投资最少，较降低水位方案经济优势明显，直接效益巨大，间接效益可观。

（3）降水位施工方案大幅度降水位后电站调峰能力大副消弱，需寻找替代调峰电源，增加电网调峰成本；水下施工方案不需寻找调峰替代电源，避免大幅增加电网调峰调度难度。

（4）降水位施工方案在高温季节大幅度降低水库水位至死水位，库面大幅萎缩，库内养殖会受到一定影响，库区及周边生产生活受到一定影响。

（5）降水位施工方案高温季节库底大面积暴露，为蚊虫滋生创造了便利条件，恐对库区及周边环境带来一定影响。

（6）降水位施工方案，施工干扰小，方案技术风险低；荒沟工程下水库进/出水口这样规模的水下结构混凝土施工在国内尚属首次，本工程的水下施工规模大和精度要求较高，在水利水电行业暂无先例，存在一定技术难度，但是通过科研试验、水下施工工艺试验，从材料、工艺、设备、结构调整等多方面入手，技术问题是可以解决，风险可控。

（7）水下混凝土施工技术在其他行业得到很广泛的应用，虽然荒沟下水库进/出水口水下浇筑混凝土施工在国内乃至国际水电行业均属于规模最大、精度要求最高的水下施工方案，但随着近年水下施工领域在材料、设备、工艺上的发展，水下施工在技术上基本不存在制约因素，个别问题采取得当措施后可以很好解决。

（8）水下施工方案是集水下不分散高抗冻等级混凝土配合比技术、金属结构一体模板技术、弹性抗冻模板技术、模板防腐、保温技术、水下检测、水下放样定位技术、潜水技术于一体的综合性技术方案，模板制造、防腐、保温、复合弹性垫层在陆地完成，模板安装作业是在水下进行的，潜水员借助潜水设备和特种水下施工机具进行水下施工，混凝土拌和物在水环境下不分散、自流平、不振捣，水平施工缝需采取特殊处理工艺。

总之，水下施工方案避免水资源浪费、避免大规模清洁水电能源损失、不需寻找大容量替代调峰电源、降低火电为主的电网调度难度，保障电网运行安全，同时降低施工对环境的不利影响，避免给库区及周边人民生产、生活带来不必要的影响和损失；荒沟工程下水库进/出水口水下结构混凝土施工技术含量较高，在水利水电行业暂无先例，但从材料、工艺、设备、结构调整等方面入手，通过相关的试验研究，瓶颈技术问题可解决，技术风险可控。荒沟工程下水库进/出水口水下结构混凝土施工技术填补国内乃至国际水电行业大规模、高精度水下施工技术的空白，水下浇筑水位变动区结构水下混凝土配合比及永久性免拆除复合模板的制造、防腐、保温、复合弹性垫层技术是水下施工方案的关键技术，在实施过程中需引起高度重视，以保证水下施工的水位变动区结构的安全性和耐久性，为技术方案成立打下坚实基础，为类似工程提供技术参考，为水利水电行业水下施工技术发展奠定基础。

喷射钢纤维混凝土在抽水蓄能电站地下厂房的施工应用

刘玉成[1] 周 旭[2] 王 波[2] 王新宇[1]
(1. 安徽金寨抽水蓄能有限公司，安徽省六安市 237333；
2. 中国水利水电建设工程咨询北京有限公司，北京市 100024)

【摘 要】本文针对湿喷钢纤维混凝土在安徽金寨抽水蓄能电站地下厂房顶拱施工中的应用进行总结和阐述。从喷射钢纤维混凝土工艺原理、地下厂房拱顶施工中喷射机械手湿喷工艺、技术措施、施工质量、效果评价等方面，说明湿喷钢纤维混凝土在水电工程隧洞施工中的优越性及较好的社会、经济效益。

【关键词】钢纤维混凝土 喷射机械手 湿喷技术 地下厂房

1 引言

喷射钢纤维混凝土是在空气压力作用下，高速喷射至受喷面上而形成的分布有不连续钢纤维的混凝土，具有钢纤维混凝土的良好性质，与素喷混凝土相比，提高了弯拉强度、韧性、延性和阻裂能力，可以有效减少混凝土的收缩裂缝，增强混凝土的耐久性和密实性，施工时，避免了挂网操作，可以实现无模化快速施工。因此，这项技术发展以来，在隧道和地下工程中的衬砌支护、矿山巷道的软岩支护、建筑物与桥梁的修补加固、水工建筑的面板防渗加固处理等很多工程项目上得到应用。钢纤维喷射混凝土不能人工振捣，只是依靠喷射时高速气流的作用，对混凝土的不断冲击达到振实的目的。钢纤维喷射混凝土施工作业要保证施工效率，而且通过材料措施和技术措施降低回弹率、节约材料、增强施工质量。

2 工程概况

2.1 概述

安徽金寨抽水蓄能电站位于安徽省金寨县张冲乡境内，距金寨县城约53km公路里程，距合肥市、六安市的分别为205km、134km公路里程。电站主要由上水库、输水系统、地下厂房系统、地面开关站及下水库等建筑物组成。地下厂房内安装4台单机容量为300MW的混流可逆式水轮发电机组，总装机容量为1200MW。上水库大坝为钢筋混凝土面板堆石坝，最大坝高76.0m，正常蓄水位593.00m，相库容1361.00万m^3；下水库大坝为钢筋混凝土面板堆石坝，最大坝高98.5m，正常蓄水位255.00m，相库容1453.00万m^3。地下厂房采用尾部布置方案，输水系统采用二洞四机布置方式，上、下水库进/出水口高差344m，上、下水库进/出水口之间输水系统总长度为3292.7m（沿4号机输水系统长度，下同），其中引水系统长2845.6m，尾水系统长447.1m。

2.2 地质结果

工程区内地层为大别山群片麻岩类，褶皱不发育，主要构造形迹以断层和节理为主。规模较大的断层为下水库沿小河湾沟发育的F101断层，宽3～4m，属Ⅱ级结构面；其他断层规模多较小，以NE～NEE走向为主，NNE向和NWW向次之，NW向少量，宽度一般0.1～2.0m，多为Ⅲ～Ⅳ级结构面。节理主要发育NE向、NEE向及NNW向三组，其次为NWW向，以陡倾角为主，节理面多铁锰质渲染或充填绿色矿物；片麻理产状变化大，倾角缓，主要呈NWW走向，总体不发育。

3 配合比设计

3.1 材料选择

(1) 水泥。普通硅酸盐水泥P.O42.5，经中心试验室检测合格满足GB 175—2007《通用硅酸盐水泥》

的要求。

（2）骨料。粗骨料为人工碎石，细骨料为天然砂，经中心试验室检测均符合 DL/T 5151—2014《水工混凝土砂石骨料试验规程》的要求。

（3）外加剂。采用无碱液体速凝剂，使用前开展与水泥相溶性和速凝效果试验，并要求初凝不大于5min，终凝不大于 12min，减水剂为聚羧酸高性能减水剂，经中心试验室检测各项指标均符合 DL/T 5100—2014《水工混凝土外加剂技术规程》的要求。

（4）钢纤维。钢纤维要求直径为 0.3～0.6mm，长度为 20～30mm，抗拉强度不低于 1000MPa，且钢纤维不得有明显的锈蚀和污渍。经中心试验室检测各项指标均符合 JG/T 472—2015《钢纤维混凝土》的要求。

3.2 配合比试验

喷射混凝土的配合比设计根据原材料性能、混凝土的技术条件和设计要求通过试验选定。在钢纤维掺入量 50～60kg/m³ 范围内选择，不同水胶比，抗压强度见表 1。综合决定选用水胶比 0.45。

表 1 喷射钢纤维混凝土配合比设计过程

混凝土等级	水胶比	坍落度	材料用量/(kg/m³)							抗压强度/MPa	
			水	水泥	砂	小石	SP-HQ	减水剂	钢纤维	7d	28d
CF30 钢纤维	0.4	159	195	488	943	700	24.4	2.44	55	35.4	44.2
	0.43	171	195	453	959	713	22.7	2.27	55	32.1	41.1
	0.45	173	195	453	969	720	21.7	2.17	55	31.4	39.9

4 施工质量控制

4.1 喷射设备

采用混凝土喷台车 TSR500 型 1 台。

4.2 施工工艺流程

按照设计配合比将骨料、水泥、钢纤维等加入搅拌机中搅拌 2min 后，加入水和外加剂再搅拌 5min 后，装入罐车内。工艺流程如图 1 所示。

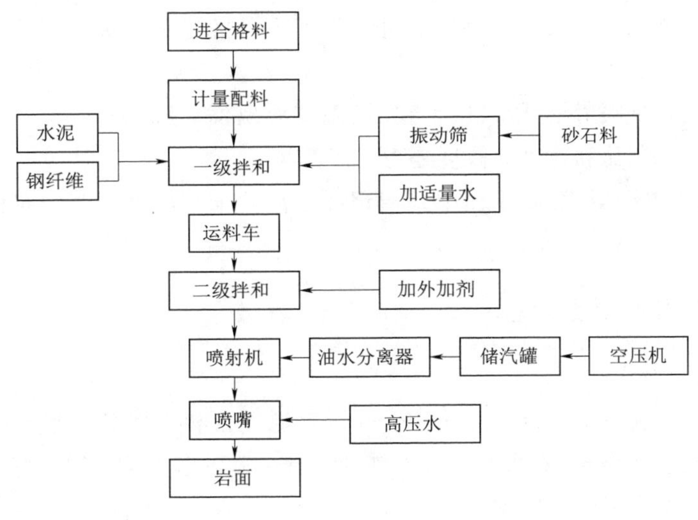

图 1 工艺流程图

4.3 施工方法

（1）喷射前岩面处理。喷射钢纤维混凝土前用喷头高压风加水吹洗掉岩石表面爆破附着的粉尘及其他杂物，使岩面处于饱和状态，以增加钢纤维混凝土与岩面的黏结力。

（2）喷射过程控制。

1）喷射距离和角度：喷头与受喷岩面的垂直距离控制在0.8～1.5m范围内，喷头与受喷面夹角应控制在75°～90°。

2）工作风压：工作风压的大小与混凝土的和易性有关，根据现场湿喷机与作业面的距离，调整并保持稳定风压（一般控制在0.3～0.5MPa），保证在喷嘴出口处形成连续、无流淌的混凝土，并已适宜的速度射向受喷面。

3）喷层厚度及速凝剂掺量：顶拱部位一次喷射厚度应控制在4cm以内。顶拱部位喷射厚度分三层进行喷射，第一层3～4cm，第二、三层4～5cm，在前一层终凝后才可以进行后一层的施喷。湿喷机配有自动计量装置，精确计量液态速凝剂掺量，速凝剂掺量6%。

4）喷射顺序及方法：喷射时应分段、分块、分层，按先拱脚、后顶拱的顺序进行喷射。喷射作业时，喷头以倒S形曲线移动并作顺时针方向旋转。

5 喷射技术措施

5.1 喷射技术要求

（1）开始喷射混凝土施工前，按实施性施工组织设计，分层次、分批次对施工人员进行技术交底，组织施工人员岗前技术培训，熟练掌握相关技能。

（2）湿喷机机械手操作人员需经过实战培训，具有一定操作经验的专业班组。

（3）对原材料严格把控，按试验检测项目及检测频次进行试验检测。

（4）在喷射作业过程中，需掌握工作风压，喷射角度及距离、外加剂掺量与混凝土施工质量、回弹量率等参数关系，并及时调整［喷射混凝土回弹率＝（回弹材料全部重量/钢纤维喷射混凝土全部重量）×100%］。

（5）做好喷射钢纤维混凝土施工记录。

5.2 喷射问题处理

（1）预防堵管：受钢纤维影响，施工过程中易发生堵管。为预防堵管应做到：严格筛选骨料级配，按配合比和搅拌时间拌制钢纤维混凝土，使钢纤维搅拌均匀，每次作业完成或中途长时间停止作业，均要用水清洗设备器具，防止凝固。

（2）渗漏水处理：实际施工中对有渗漏水的岩面，喷射钢纤维混凝土前必须做好水的处理，采用浅槽导流、埋设导管、盲沟排水、注浆封堵等方法进行处理，严格控制水灰比，保证湿喷钢纤维混凝土的施工质量。

（3）顶拱掉块处理：顶拱喷射钢纤维混凝土如出现掉块现象，除了应检查一次喷层厚度以外，还要检查工作风压、配合比、水灰比和速凝剂掺量是否正常。

（4）减少回弹率：减少钢纤维混凝土回弹是指钢纤维混凝土不超过限制，应优化配合比，满足设计要求。

6 现场生产钢纤维喷射混凝土试验

6.1 现场喷射混凝土试验检测

试验室机口负责人对拌和系统进行定称工作，并调整混凝土和易性满足施工要求。每盘混凝土生产$2m^3$，将混凝土运至现场进行湿喷。在湿喷之前由辅助人员在喷射作业面内铺设好彩条布，用于接收回弹料（彩条布大小以回弹范围为限保证能够回收所有的回弹料为宜）。另将喷射混凝土模具就位准备喷射。在喷射之前先将喷射面进行处理，冲洗干净。在喷射工作中操作手垂直岩面由下自上均匀喷射。并在喷射过程中将喷射模具成型完毕。在整盘喷射过程中由试验人员注意观察喷射效果及凝结时间，并注意顶拱有没有大面积坍塌现象。在整个喷射过程完成后，由相关试验人员组织辅助人员进行回弹料的收集称量。所有工作完毕后进入下一盘混凝土的生产及喷射试验。在现场喷射混凝土中，对喷射混凝土初凝时间、终凝时间、喷层厚度、回弹率进行检测。试验方案检测成果按表2填写。

表 2　喷射钢纤维混凝土试验检测成果表

序号	喷射时间	初凝时间	终凝时间	回弹率	速凝剂掺量
1					
2					
3					

6.2　喷射钢纤维混凝土力学性能检测

（1）喷射混凝土抗压强度与劈拉强度试验：在喷射作业面附近，将尺寸为45m×35m×12cm（长×宽×高）的模具敞开一侧朝下，以80°（与水平面的夹角）左右置于墙角。在现场由下往上，逐层将模具内喷满混凝土，将喷满混凝土的模具移至安全地方，用三角抹刀刮平混凝土表面。在隧洞内潮湿环境中养护1d后脱模。将混凝土大板移至试验室，在标准养护条件下养护7d，用切割机加工成长100mm的立方体试块。立方体试块的允许偏差，边长±1mm；直角≤2°。加工后的边长为100mm的立方体试块继续在标准条件下养护至28d龄期，进行抗压、裂拉强度试验（精确至0.1MPa）。

（2）喷射混凝土黏结强度试验：喷射混凝土与围岩的黏结强度试验采用岩块近似测定其黏结强度，在现场拾取20m×20m×20cm的挖岩块，一面要求较平整，用水冲洗干净，然后将平整面朝上放置在防水布上进行喷射混凝土，混凝土喷射厚度为150mm，按抗压强度试块制方法，制成100mm的立方体试块（切割时要求混凝土与岩石各占50%），最后进行裂拉试验，检测喷射混凝土与岩石之间黏结力。现场取样和大板试件测试钢纤维喷射混凝土的各项力学指标。

7　喷射钢纤维混凝土效果评价

7.1　质量比较

安徽金寨抽水蓄能电站地下厂房洞室群围岩以Ⅲ～Ⅳ类为主，开挖岩面起伏，平整度较差，如采用钢筋网喷混凝土，由于钢筋网不能紧贴岩面，造成混凝土不能与岩面均匀黏结，影响加固效果，采用钢纤维喷混凝土可以沿凹凸面均匀喷射，能与岩面黏结良好，具有韧性好、适应变形能力强和抗渗性、耐久性好的特点，且支护质量好。

7.2　性能比较

根据安徽金寨抽水蓄能电站地下厂房钢纤维混凝土配合比所做的强度试验成果表明，钢纤维混凝土的抗折性能、抗压性能、抗拉性能以及与围岩黏结强度，在同等标号下均比普通网喷混凝土要好得多，所以湿喷钢纤维混凝土的可行性及优越性。

7.3　经济效益比较

综合比较湿喷钢纤维混凝土与网喷混凝土，得出湿喷钢纤维混凝土更为经济。具体表现在：施工进度快、回弹率低、减少喷混凝土量。

8　结语

喷射钢纤维混凝土施工简单，快速经济，有相当的优势。目前在国内的隧洞施工中已经有了成功的应用经验，随着对钢纤维混凝土理论研究的深入及工程中的施工工艺不断完善，为抽水蓄能工程广泛使用喷射钢纤维混凝土提供更高效的施工技术指导。

参考文献

[1]　褚云，董学元．喷钢纤维混凝土在地下厂房工程中的应用[J]．云南水力发电，2009，25(s1)：108-110.
[2]　刘明．湿喷钢纤维混凝土在地下厂房施工中的应用[C]//抽水蓄能电站工程建设文集2014，2014.

拦污栅框架混凝土滑模施工技术的创新应用

王平教

（中国水利水电建设工程咨询西北有限公司，陕西省西安市 710100）

【摘 要】 抽水蓄能电站拦污栅墩墙框架采用滑模施工时，一般在墩墙梁位处预留梁窝，后续对梁体混凝土进行二次浇筑，影响施工进度与结构整体稳定，增加了施工安全风险。结合敦化抽水蓄能电站下水库拦污栅框架结构设计特点，利用滑模连续施工优势，通过对滑模体型改造与施工技术创新，实现了墩墙与支撑联系梁混凝土一次滑升浇筑施工，缩短了工期，提高了结构整体浇筑质量，降低了安全风险。拦污栅框架滑模施工技术对类似工程具有借鉴意义。

【关键词】 墩墙 联系梁 混凝土 滑模 施工

1 引言

滑模施工技术是一种现浇混凝土连续成型施工工艺，可保持施工过程连续、减少翻模或爬模的拆模和拆脚手架等工序次数，将高空作业转化为平台内平面作业，通过各工序间的交叉作业，达到快速施工的目的。滑模分为液压滑动和牵引滑动两种类型，前者多用于高度较大、截面变化不大的钢筋混凝土建筑物，如闸墩、桥墩、井筒等；后者多用于溢流面。拦污栅墩墙与联系梁在采用翻模施工时[1]，工序多、工期长。利用滑模进行拦污栅墩墙施工时，一般在联系梁处预留二期施工槽[2]，或采用SM混凝土免拆模板网预留梁窝[3]，在墩墙滑模拆除后，对支撑联系梁进行二次混凝土浇筑[4-8]，影响了滑模施工效率。为更好发挥滑模高效、连续的施工特点，降低联系梁二次施工安全风险，缩短施工工期，有必要对拦污栅框架滑模施工技术进行创新，对拦污栅墩墙与联系梁采用一次整体滑升浇筑技术施工。

2 工程概况

敦化抽水蓄能电站下水库位于吉林省敦化市额穆镇，上水库位于黑龙江省海林市境内，地处属气候寒冷区，室外有效施工时间不足6个月。下水库1号、2号尾水洞进出水口采用岸边侧式并列布置，进出水口布置拦污栅检修平台高程722.0m。拦污栅框架坐落于防涡梁与调整段之上，门槽中心桩号W1（2）0＋010.100，高程为683.8～722.0m，总高度38.2m，拦污栅框架结构为边、中墩墙与支撑联系梁的钢筋混凝土型式，联系梁跨度均为5.5m，边墩墙厚度2.0m，中墩墙厚1.4m。拦污栅框架结构详见图1～图3。

图1 拦污栅框架立体图

由于电站地处北方严寒地区，户外混凝土施工有效时间不足6个月，拦污栅框架采用翻模或普通钢模施工周期长，另外支架搭拆施工安全风险突出。结合建筑物具体结构，综合考虑采取液压滑模对1号、2号尾水洞进出水口拦污栅墩墙与联系梁混凝土，对1号、2号栅墩及梁体分别采取一次整体滑升浇筑技术施工。滑模浇筑高程为683.8～720.0m，高度36.2m。拦污栅框架高程720.0m以上顶部的轨道梁在滑模拆除后加设斜向与竖向支撑，采用普通钢模板完成混凝土浇筑。

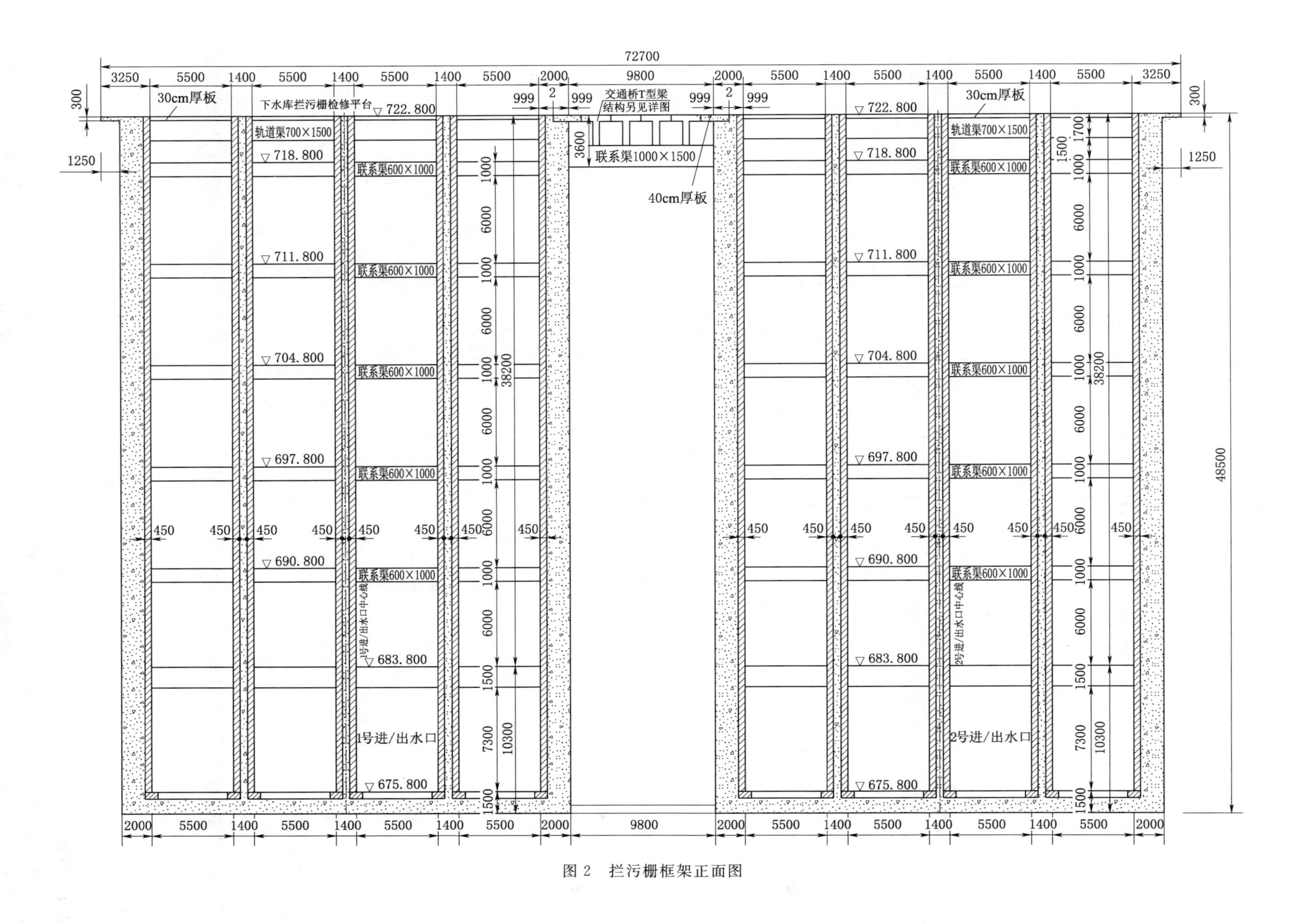
72700
48500
38200
10300
30cm厚板
40cm厚板
下水库拦污栅检修平台
交通桥T型梁
结构另见详图
轨道渠700×1500
联系渠600×1000
联系渠1000×1500
1号进/出水口
1号进/出水口中心线
2号进/出水口
2号进/出水口中心线
▽722.800
▽718.800
▽711.800
▽704.800
▽697.800
▽690.800
▽683.800
▽675.800

图2　拦污栅框架正面图

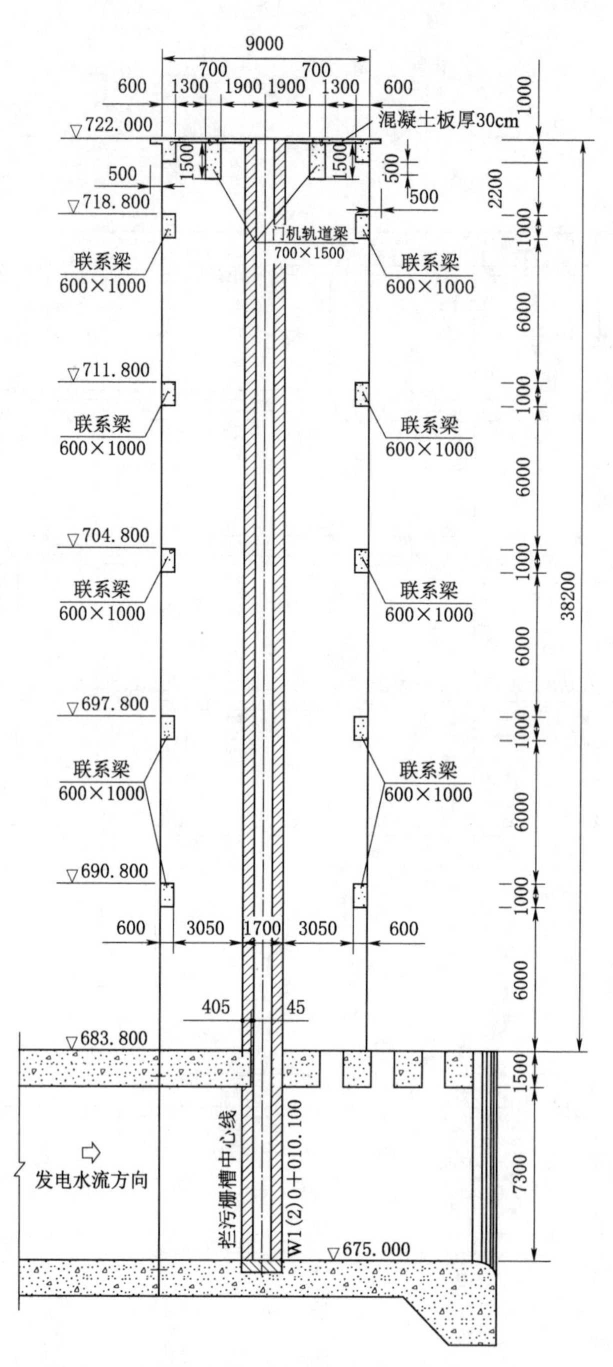

图 3　拦污栅框架侧面图

3　滑模设计

模体设计分为两部分，第一部分为墩墙的滑升模体，第二部分为联系梁墩墙滑升的模体。滑模加工完成后根据联系梁位置，将滑模与联系梁交叉部位的模体进行分割，制作活动模板，遇到梁体浇筑时活动块拆掉。

滑模采用液压调平内爬式滑升模板，设计为钢结构。整个滑模装置主要由模板、围圈、操作盘，提升架、支撑杆（俗称“爬杆”），液压系统等几部分构成，各构件之间均为焊接连接。拦污栅滑模结构见图 4。

3.1　模板

模板是混凝土成型的模具，其质量（主要包括刚度、表面平滑度）好坏直接影响所浇混凝土的型体及外观质量。模板均采用 6mm 的钢板制成，用 50mm×50mm×5mm 角钢作为筋肋，模板高度为 1.5m，

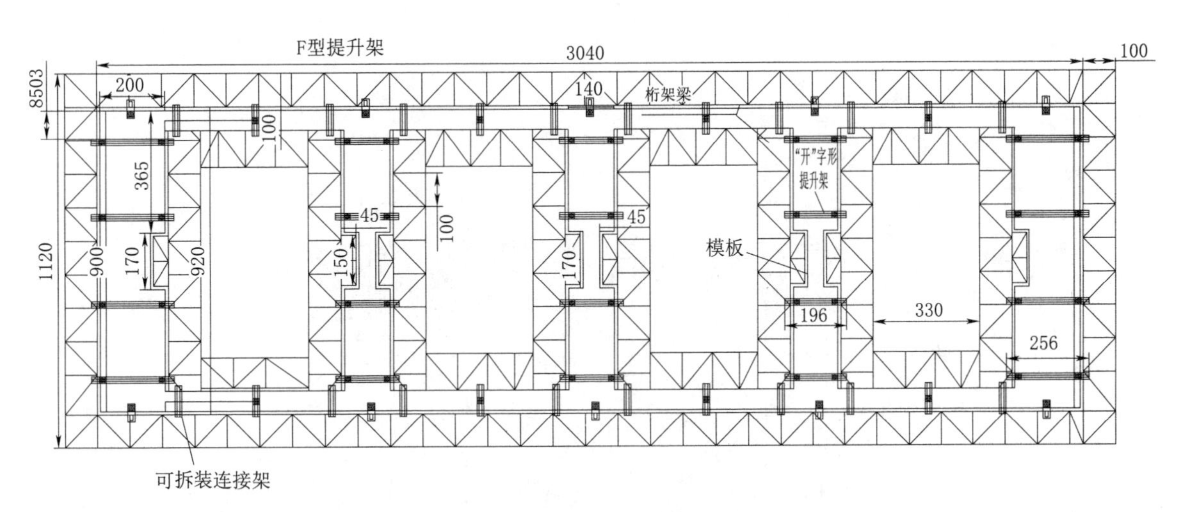

图4 拦污栅滑模结构图

为便于脱模，模板按垂直设计，模板与桁架梁间采用焊接连接。

3.2 围圈

围圈主要用来支撑和加固模板，使其形成一个整体。围圈采用75mm×75mm×7mm角钢制成1m×1m矩形桁架梁，围圈与模板的连接采用50mm×50mm×5mm的角钢。

3.3 提升架

提升架是滑模与混凝土间的联系构件，用于支撑模板、围圈、滑模盘，并且通过安装在顶部的千斤顶支撑在爬杆上，整个滑升荷载通过提升架传递给爬杆。爬杆由ϕ48mm×3.5mm的钢管制成，施工时采用"F"型和"开"字形提升架。"F"型提升架采用18号槽钢组合制作而成，"开"字形提升架采用18号槽钢作为立杆，并用两层共三根12号槽钢作为"开"字形架横梁。"开"字形与"F"型提升架见图5和图6。

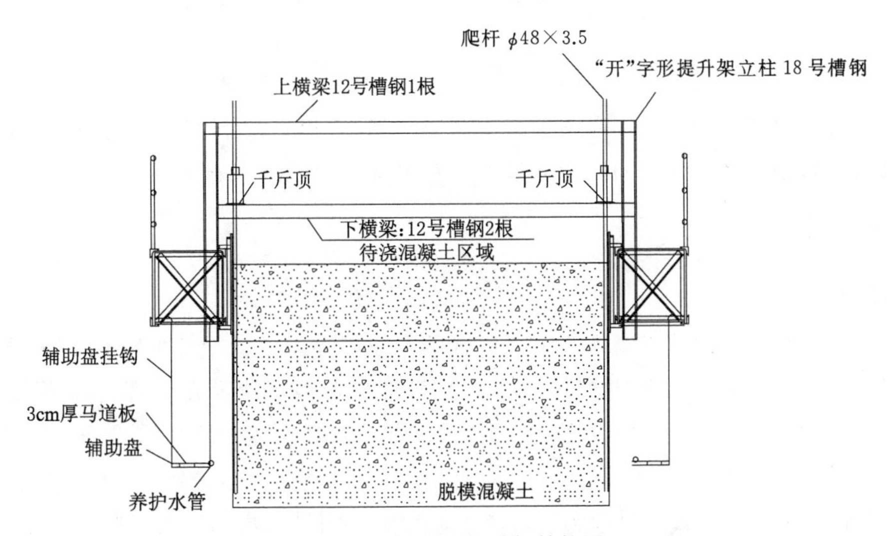

图5 "开"字形提升架结构图

3.4 操作盘

操作盘是滑模的主要受力构件之一，也是滑模施工主要工作场地。操作盘支撑在提升架的主体竖杆件上，通过提升架与模板连接成一体，并对模板起着横向支撑作用。操作盘采用桁架结构，为确保工作盘强度、刚度，经计算选用75mm×75mm×7mm和63mm×63mm×6mm角钢加工成桁架，利用角钢互相连接工作盘，形成网架，盘面铺板采用50mm马道板。

3.5 辅助盘

为便于施工人员随时检查脱模后的混凝土质量，及时修补混凝土局部缺陷，修整预埋件，以及时对

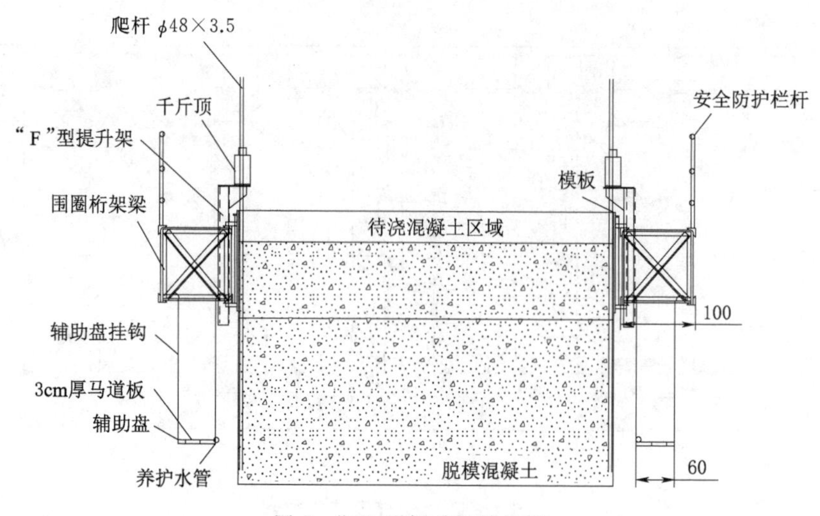

图 6 "F"型提升架结构图

混凝土表面进行洒水养护，在操作盘下方约 2m 处悬挂 50mm 角钢制作的辅助盘，用 ϕ18mm 圆钢悬挂于桁架梁和提升架下。

3.6 支撑杆

支撑杆的下段埋在混凝土内，上段穿过液压千斤顶的通心孔，承受整个滑模荷载，并作为竖筋的一部分存留在混凝土内。经计算选择 ϕ48mm×3.5mm 钢管作为支撑杆，其承载力及稳定性满足规范要求。

3.7 液压系统

提升系统选用 HYD－100 型带调平装置的千斤顶，设计承载能力为 10t，计算承载能力为 5t，爬升行程为 40mm，液压控制台选用 HS－56 型自动调平液压控制台。高压油管主管选用 ϕ16mm，支管选用 ϕ8mm。通过油管和分油器与控制台和千斤顶分组相连，形成液压管路，全部千斤顶共分 6 组进行连接形成液压系统，选用 2 台控制台，1 用 1 备。现场千斤顶、油管按设计总量的 20%备用，千斤顶配件按总数的 15%备用。

3.8 洒水管

为使脱模的混凝土得到良好养护，在辅助盘上固定一圈 ϕ50mm 塑料管，在此管朝混凝土壁侧打若干小孔，高压水管与此管用三通接头相通，滑升过程中对混凝土及时洒水养护。

4 滑模施工

4.1 滑模组装调试

针对墩墙与支撑联系梁一同施工要求，施工前试验室依照混凝土的设计配合比，通过掺外加剂调整，测定混凝土的坍落度、初凝时间，为滑模施工进行技术准备。根据滑模在墩墙与联系梁施工时间需要，混凝土的初凝时间分别按 6～8h 和 12～16h 进行配备，初凝强度 0.25MPa，入仓时坍落度满足汽车泵送混凝土要求，强度满足设计要求。

滑模组装前对高程 683.8m 底板混凝土进行凿毛、冲洗，测量放线先后安装模板、桁架等。千斤顶安装前进行耐压试验，通过试验确定千斤顶的荷载及行程。

滑模组装检查合格后，安装千斤顶、液压系统，插入爬杆并进行加固，然后进行试滑升 3～5 个行程，对提升系统、液压控制系统、盘面及模板变形情况进行全面检查，现场配备足够备用电源。

4.2 钢筋绑扎

钢筋绑扎与混凝土浇筑、滑模滑升需平行作业，模体就位后，按设计图进行钢筋绑扎。为保证滑升速度，对主筋 HRB400、直径 32mm 螺纹钢采用套筒连接，对分布筋 HRB400、直径 20mm 钢筋采用搭接方式连接。根据滑模工艺特点，滑模中爬杆（ϕ48mm×3.5mm）需代替部分立筋。滑升施工中，爬杆在同一水平内接头不超过 1/4，错开布置。正常滑升时，爬杆长度 3m 或 6m，当千斤顶滑升距爬杆顶端小于 350mm 时，接长爬杆，爬杆同环筋相连焊接加固。

联系梁钢筋按照在墩墙处的锚固深度提前加工，梁体钢筋笼一次吊升安装就位后，采用 8 号铁丝将联系梁上、下腹筋及腰筋全部与墩墙直径 32mm 主筋进行绑扎牢固。为确保滑升过程联系梁混凝土保护层满足设计要求，提前加工 4 根（HRB400、直径 20mm）长 58cm 钢筋在联系梁均匀布置，在梁的上、下腹筋与支撑钢筋接触处焊接连接。

4.3　混凝土浇筑

拦污栅框架滑模混凝土每滑升 1m 需方量 84m^3，按照日滑升 2.5m 则每日滑升总计方量 210m^3，每天按照 22h 作业则每小时强度 9.6m^3。现场选择汽车泵入仓满足日施工强度。为保证混凝土浇筑连续，将现场 C7052 塔机与吊罐作为备用浇筑手段。

模板初滑时缓慢上升，对提升系统、液压控制系统、盘面及模板变形情况进行检查，发现问题及时处理。模板初滑第一次浇筑厚 100mm 砂浆，接着按 300mm 分层厚度浇筑混凝土并振捣密实，总厚度达到 700mm 时，开始滑升 30～50mm 并检查脱模后的混凝土面凝固情况，第四分层浇筑后滑升 150mm，继续浇筑第五分层，滑升 150～200mm，第六分层浇筑后滑升 200mm，无异常情况后进入正常浇筑和滑升。

4.4　模板滑升

滑模正常滑升顺序按下料→平仓振捣→滑升→钢筋绑扎→下料循环进行。滑模滑升过程对称均匀下料，每层按 300mm 进行铺摊，采用 70 插入式振捣器振捣，模板滑升时停止振捣。滑模正常滑升每次间隔 2h，单次控制滑升高度不超过 300mm，每日滑升高度控制在 2.5m 左右。在滑模施工时及时安装埋件，加固稳定，在混凝土浇筑时严格控制振捣点位，防止振捣棒触碰预埋件导致其移位。

当出模的混凝土无流淌和拉裂现象、手按仅留有 1mm 左右的指印、能用抹子抹平时，则可连续滑升施工。滑升过程中设专人检查千斤顶受力情况，观察爬杆上的压痕和受力是否正常，检查滑模中心线及操作盘的水平度。为保证门槽中心不发生偏移，分别在门槽两端各悬挂一根或几根垂线进行中心测量控制，确保门槽垂直，满足规范与金结安装技术要求。利用千斤顶的同步器进行滑模的水平控制，同时采用水准仪进行水平检查。施工中滑模偏差控制参数见表 1。

表 1　　滑模偏差控制参数表

滑模类型	允许垂直偏差	轴线允许偏差	模体扭转/(°)	模板上、下口尺寸允许偏差/mm
竖直	建筑物高度的 0.1%，但总偏差值不大于 50mm	—	±0.5	−5～10
倾斜及水平	—	建筑物长度的 0.05%	±0.5	−5～10

在滑模滑升至联系梁底部 20cm 时，墩墙 50cm 范围内的混凝土采用掺有缓凝剂的减水剂拌和入仓，确保混凝土初凝时间在 12～16h，便于联系梁模板与钢筋安装施工。

当施工中因天气或其他特殊原因，滑模施工暂停超过 2h 时，应采取停滑措施，对已浇筑混凝土按施工缝进行处理。

4.5　联系梁滑模施工

1 号、2 号拦污栅墩墙每层各设计有 8 根支撑联系梁，两仓滑模施工范围共涉及 80 根联系梁。滑模滑至联系梁底部 20cm 位置时采取最低滑升速度，同时增加联系梁作业人员，进行各联系梁底模板、支撑与钢筋安装，确保墩墙与联系梁滑升同时浇筑施工。

（1）联系梁模板安装。为使联系梁底模及支撑体系的安装在短时间内完成，根据设计结构特点，将联系梁底模分为两大部分，第一部分为联系梁纵向支撑体系（200mm 的钢管及 56cm 工字钢），第二部分为联系梁横向支撑体系（横向 5.44m 工字钢、底模），采用塔机自上而下整体吊装。吊装过程由于底模跨度为 5.5m，受联系梁桁架连接支撑影响，将联系梁桁架连接支撑的两个“开”字形连接制作成一个固定式一个活动式。在滑模滑至联系梁底 20cm 时，开始联系梁底模支架制作及底模工字钢、支撑安装。

每层单根联系梁底模支撑采用直径20cm、壁厚3mm的三根竖向钢管，其间采用50mm×50mm×5mm角钢上、下游面分两层焊接。为保证支撑体系稳定，确保支撑钢管垂直度满足施工要求，在墩墙上、下游各设置一个10cm×10cm×6mm埋件，采用50mm×50mm×5mm角钢进行焊接，同时对三根竖向钢管在外侧采用50mm×50mm×5mm角钢增设斜向联结支撑，各节点焊接牢靠。联系梁支撑体系见图7、图8。

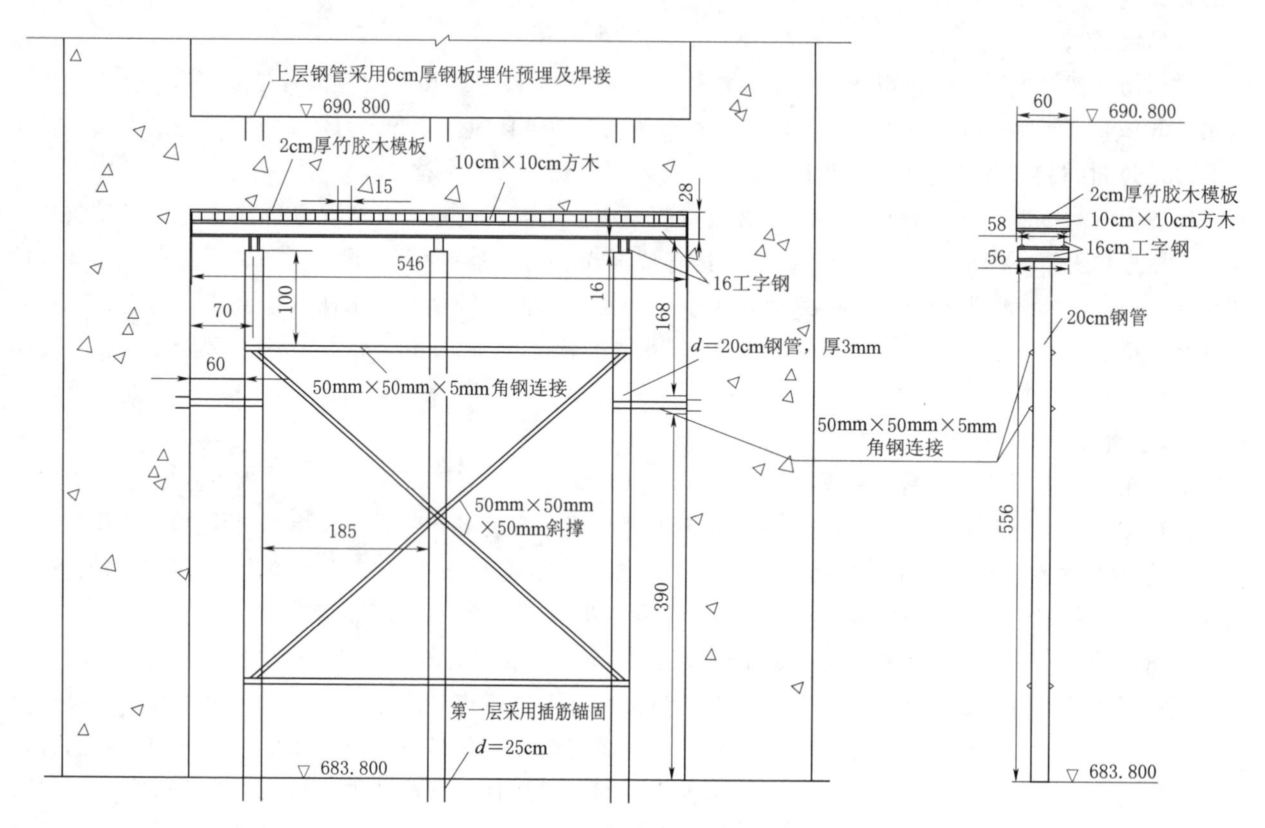

图7 联系梁支撑体系图

图8 2号拦污栅框架滑模施工图

（2）联系梁钢筋安装。预先在地面将联系梁的钢筋按照每根梁长度提前加工及绑扎，待滑模至联系梁底部时采用塔吊对单根钢筋梁整体吊装，钢筋在墩墙内埋设按规范锚固长度进行加工。在梁底模与钢筋笼安装过程中，滑模采取“多滑少升”原则，各联系梁底模与钢筋安装时，对墩墙位置的混凝土采用掺缓凝剂的减水剂拌和入仓，使其初凝时间保持在12～16h。

（3）现场施工组织。在各层联系梁施工时，因现场工序较多，作业人员密集，为确保现场施工有序进行，需加强现场施工的统一组织与协调。浇筑前现场材料及相应的设备需准备齐全，且留有富裕。施工过程试验、技术与管理、施工人员协同紧密配合，确保拦污栅墩墙及联系梁整体滑浇的进度、质量、安全可控。

4.6 表面修整及养护

当混凝土脱模后，设专人负责修整。滑升时混凝土脱模强度控制在0.25MPa以上，脱模后用抹子在混凝土表面作原浆压平或修补，同时在辅助盘上设洒水管喷水对混凝土面进行养护。

4.7 滑模拆除

滑模滑升至高程720.0m后停止滑模施工，利用吊车对模体按顺序进行拆除，模体拆除时结合吊车的最大起重量对模体进行分块。滑模停滑后对模体先进行滑空加固，利用槽钢垫到模体的桁架梁下面，槽钢与预埋的钢筋进行焊接固定，模体上沿利用钢筋斜拉固定，起吊钢丝绳与模体接触部位做好钢丝绳保护措施。模体拆除时吊车均匀施力，经检查各绳受力均匀后，再割除受力爬杆，爬杆割除过程中不断调整吊车受力，使爬杆在不受力状态下割除。爬杆全部割断后，缓慢提升起重设备，经检查无连接点后，吊除模体。

5　结语

敦化抽水蓄能电站下水库1号、2号尾水洞进出水口拦污栅框架采用滑模施工，实现了墩墙与联系梁的一次滑升作业施工。其中1号、2号拦污栅框架各滑升36.2m高度分别用时15d、14d，滑升过程未发生过停滑，拦污栅墩墙及梁体框架混凝土体型与外观质量满足设计要求。

结合工程拦污栅墩设计结构特点，通过对滑模体型改造与施工技术创新，实现了拦污栅墩与梁体混凝土的一次滑升浇筑。施工方法具有下列特点：

（1）拦污栅墩墙等水工建筑物混凝土施工，采用翻模或普通钢模板等施工工期长，采用滑模施工技术可显著加快施工进度，对有防汛、导流要求或受室外气温影响的混凝土工程，具有借鉴意义。

（2）拦污栅墩体一般设有支撑联系梁、胸墙等结构，滑模施工遇梁体结构时，一般采取预留梁窝措施，在墩墙滑模施工完毕后，再进行各梁体的二次混凝土浇筑，对工期与施工安全有影响。采用墩墙与梁体一次滑升浇筑技术，节省了反复安拆防护设施工程量，降低了施工安全风险。

（3）拦污栅框架采取滑模施工，墩墙与联系梁同步浇筑，结构整体性较好。通过施工过程中对滑模水平与垂直偏差检查控制，保证了墩墙体型与轴线偏差满足金结设备安装精度。对墩墙脱模后及时抹面处理，有效避免了混凝土浇筑中的挂帘、错台、蜂窝、麻面等外观质量缺陷，确保了混凝土外观质量。

（4）拦污栅墩体与联系梁同步滑升浇筑，对现场施工组织与协调要求高，施工前的技术与物资准备要求充分。该施工工法不仅加快了施工进度，减少了混凝土二次消缺时间，同时也节省了安全防护设施的多次重复投入，具有良好的社会经济效益。

综合本工程滑模施工技术特点，对水工建筑物类似闸墩以及含梁体结构墩柱的滑模施工具有一定的借鉴意义。

参考文献

[1]　宋倩倩．向家坝水电站右岸大坝上游拦污栅混凝土施工技术［J］．葛洲坝集团科技，2014（4）：60-62.
[2]　许建军，王兆胜，李志．拉西瓦水电站进水口工程滑模施工技术［J］．水力发电，2007（11）：68-71.
[3]　田宜龙，杨渊，李建彬．某水电站进水口拦污栅墩混凝土滑模施工技术［J］．大坝与安全，2016（4）：67-70.
[4]　孙百军．滑模技术在白山抽水蓄能电站进水口拦污栅墩施工中的应用［J］．水利水电技术，2008（6）：86-90.
[5]　尤潇华．滑模施工技术在复杂结构上的应用［J］．水利水电技术，2012（3）：47-48.
[6]　周爱兵，张兵．阿海电站拦污栅墩混凝土滑模浇筑施工质量控制［J］．人民长江，2012（21）：106-108.
[7]　王文华．水电站拦污栅墩体混凝土滑模设计与应用［J］．中国建材科技，2015（1）：106-107.
[8]　DL/T 5400—2016 水工建筑物滑动模板施工技术规范［S］.

溧阳抽水蓄能电站不良地质条件下特大跨度地下厂房顶拱层施工技术探讨

邵　增　王海建

（中国水利水电建设工程咨询西北有限公司，陕西省西安市　710100）

【摘　要】溧阳抽水蓄能电站地下厂房围岩类别以Ⅳ类、Ⅴ类为主，且地下水丰富；因此，顶拱层施工安全是工程主要技术难题，施工期间通过预加固、超前排水、超前勘探，以及合理拟定开挖、支护程序和支护措施，有效控制了围岩变形；在保证工程安全的条件下加快了工程进度，为类似工程提供了经验。

【关键词】不良地质　开挖　灌浆　支护　监测

1　工程概况

地下厂房位于上水库NE向距左坝头约500m山体内，垂直埋深240～290m；地下厂房纵轴线方向为N20°W，与主变洞平行布置；地下厂房长度219.9m、跨度25.00m、高度55.30m；与主变洞之间布置有主变运输洞、6条母线洞和一条消防通道，其轴线方向与主厂房纵轴线方向垂直；上游布置有引水系统；下游布置有尾水系统，环绕地下厂房和主变洞四周设置了4层排水廊道、进厂交通洞、电缆平洞、电缆竖井，10条施工支洞，以及地面开关站。

工程水文地质条件

（1）岩性分布复杂：厂区围岩岩性主要为中～厚层岩屑、石英砂岩夹少量中～薄层泥质粉砂岩、粉砂质泥岩，且泥质粉砂岩、粉砂质泥岩等软岩随机分布，呈现软硬相间的特点，其各向异性特点尤为突出。

（2）岩体风化深：岩体风化深度与岩性、构造关系密切，囊状及带状风化特征明显；主要洞室埋深均位于弱风化岩体内。

（3）地质构造非常发育：厂区揭露大小断层共111条，规模较大的断层主要有F10、F32、F54，及③号岩脉。F54、F57断层穿过地下厂房。

（4）围岩类别低：由于小断层及节理裂隙发育，厂区岩体完整性差，主要为镶嵌碎裂结构，部分属于层状结构，围岩质量以Ⅳ类为主。

（5）地下水丰富：厂区岩体以弱透水为主，部分断层及裂隙为中等以上透水，部分结构面、断层为强透水带，厂区排水廊道排水总量与地下洞室开挖时涌水量之和为4000～5000m^3/d。

2　施工技术

2.1　施工原则

本工程筹建期施工期间，进厂交通洞、①、⑦、⑧等施工支洞因地质条件复杂，围岩稳定性差，且自稳时间短，地下涌水、渗水量大，围岩遇水软化，先后发生塌方37次，塌方部位主要在断层、岩脉区域，单次最大塌方量约1500m^3，最大涌水量高达900m^3/d；经对筹建期水文地质条件、施工经验及塌方处理主要经验分析和总结，确定的开挖支护基本原则为“排水先行、先边后中、先软后硬、控制爆破、及时支护、加强观测、过程优化”，结合地下厂房顶拱层施工条件、地质条件，为确保顶拱层施工安全，开挖前须完成以下工作：

（1）完成8.00m、－27.5m高程排水廊道施工，且有效排水，使顶拱层开挖前地下水位线已降至

—30m 高程以下，开挖面钻孔超前排水，以减少地下水对顶拱层施工的影响，提高顶拱围岩的自稳能力。

(2) 完成顶拱层的预固结灌浆，透水率满足设计小于 2Lu 要求；声波值满足设计不小于 4000m/s 要求。

2.2 预固结灌浆

厂房顶层预固结灌浆的主要目的，是对厂房顶可能塑性区范围即 12m 内不良地层、断层带及破碎部位进行有效固结，减少对顶拱层开挖的不良因素；预固结灌浆施工参数及效果分析如下：

(1) 利用厂房顶层上面的两条排水廊道布置 8 排灌浆孔，遵循先外后内、分序、逐渐加密的原则施工；每条廊道各布置 4 排灌浆孔，孔距按照 2.5m×2.5m、排距 0.6m 控制，见图 1。

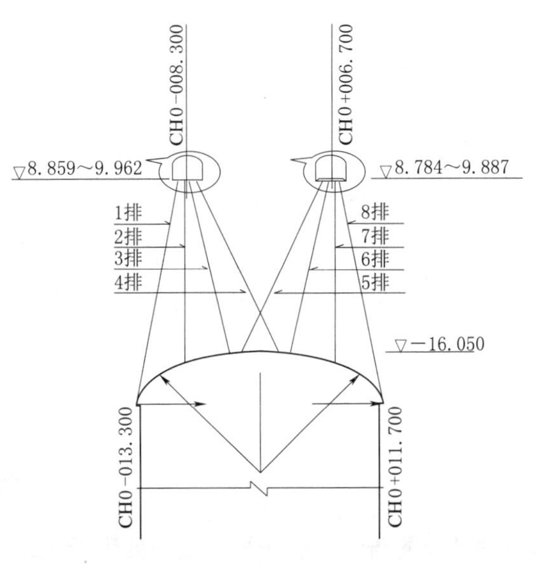

图 1 排水廊道灌浆孔布置图

1 排：孔深 36.0m、灌浆段长 12m，角度 12°；2 排：孔深 31.0m、灌浆段长 12m，角度 4°；3 排：孔深 28.5m、灌浆段长 12m，角度 5°；4 排：孔深 28.5m、灌浆段长 12m，角度 15°；5 排：孔深 28.5m、灌浆段长 12m，角度 15°；6 排：孔深 28.5m、灌浆段长 12m，角度 5°；7 排：孔深 31.0m、灌浆段长 12m，角度 4°；8 排：孔深 36.0m、灌浆段长 12m，角度 12°。

表 1 固 结 灌 浆 压 力

孔段编号（自上而下）	第 一 段	第 二 段
段长/m	6.0	6.0
Ⅰ序孔/MPa	2.5	2.5～3.0
Ⅱ序孔/MPa	3.0	3.0

采用普通水泥灌浆，水灰比为 3∶1、1∶1 和 0.5∶1 三个比级。

(2) 固结灌浆结果。灌前、灌后透水率分析：灌前最大透水率 1068.33Lu、最小透水率 0.02Lu、平均透水率 18.63Lu。灌后最大透水率 1.70Lu、最小透水率 0.26Lu；符合设计小于 2Lu 的要求。

声波检查：灌后声波检测 78 段、灌后声波最大值 6060m/s，最小值 4170m/s，平均值 5109m/s，均满足设计不小于 4000m/s 要求。

2.3 开挖方案

据筹建期—27.5m 高程排水廊道揭露情况初步确定，F54 断层及影响带区域在厂房顶拱层范围平面出露为上游侧宽、下游侧窄，影响带最宽 21m；且顶拱层岩体内普遍存在节理密集带，节理十分发育，节理以陡倾角为主，其中倾角大于 60°的节理占 67%，小于 30°的缓倾角节理占 13%；根据以上地质条件，采用“边导洞”方案更有利于围岩稳定；因此，按照不良地质条件下大跨度地下洞室顶拱层施工，“排水先行、先边后中、先软后硬、先难后易”的施工原则，同时考虑到使用液压多臂钻机、湿喷混凝土台车等大型施工机械开挖、支护施工时间和空间关系，将顶拱层分三区进行施工，由于岩层倾向下游，因此拟定先上游侧导洞、再下游侧导洞、最后开挖中墩的施工程序。厂房顶拱开挖分区图如图 2 所示。

2.4 F54 断层处理措施

从 8m 高程排水廊道向顶拱层钻孔和—27.5m 高程开挖揭露的情况判断，F54 断层倾角 60°～70°，出露在顶拱层 CZ0＋55～CZ0＋75 桩号；据此，针对断层区域施工，采取了以下具体措施：

(1) 首先通过 TRT6000 地质预报系统和地质雷达超前预报 F54 断层的具体方位，其次钻探超前排水孔，探明前方涌水、渗水状况。

(2) 在上游导洞接近 F54 断层时，施工 2m×2m 超前探洞穿过 F54 断层，详细探明 F54 断层的具体

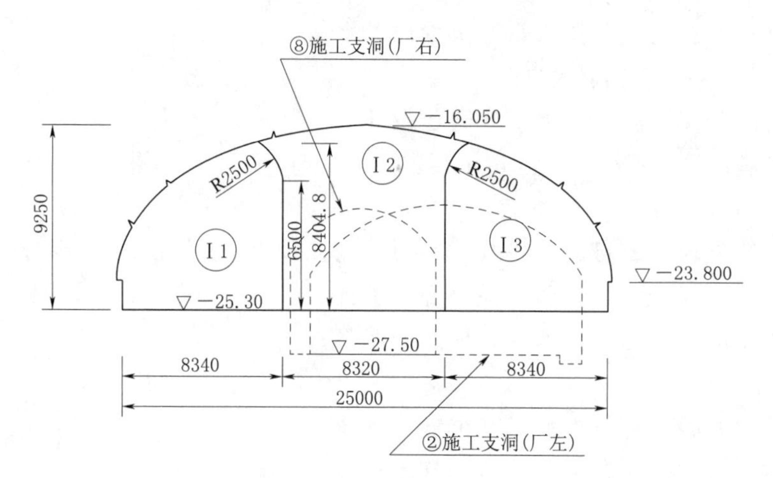

图 2 厂房顶拱开挖分区图

性状和出露情况，以便采取具体的处理措施。

(3) 每循环超前支护采用双层 ϕ42、L=4.5m、间距 20cm、排距 30cm、倾角 10°～20°梅花形布置的超前小导管，随机采用上层倾角为 30°超前锚杆，下层为小导管的超前支护形式。

(4) 边导洞开挖时采用“预留核心土环形开挖”方法，循环进尺 0.6m，开挖后在出渣前立即进行喷射 5cm 钢纤维混凝土进行封闭（包括掌子面）。

(5) 初喷钢纤维混凝土和出渣后，立即用多臂钻机施作随机锚杆和该循环内的系统锚杆，并施工该范围的拱肋和喷射钢纤维混凝土，每完成一循环开挖立即完成该区域的系统支护。

(6) 在 F54 断层及影响带进行两侧导洞开挖时，掌子面和中墩边墙及时喷射 5～10cm 钢纤维混凝土进行初封闭，布置 L=3m 随机锚杆约束掌子面和中墩的围岩变形。

(7) 预应力对穿锚索预紧最多滞后 5m，将钢筋拱肋、系统锚杆进行调整，即：①拱肋间距由 2.4m 调整为 1.2m，拱肋钢筋采用双层钢筋；②系统锚杆 ϕ32@1.2m×1.2m、L=6/9m 调整为 ϕ32、@1.2m×1.2m、L=7.5/9m；③拱肋之间采用钢纤维混凝土喷平；其次对断层施作 ϕ32、@1.2m×1.2m、入岩 7m 的锁口锚杆支护。

(8) 在 F54 断层部位增设一个监测断面，全过程掌控开挖支护时洞室围岩应力应变情况，以利指导施工。

2.5 开挖、支护关联关系

(1) 考虑到上游边导洞开挖后对中墩应力和变形影响相对较小，开挖进尺可超前安排，以利尽早贯通后改善通风条件，且便于左右两侧施工资源调度；下游边导洞距第一导洞 30m 后可进行跟进开挖支护；中墩距下游边导洞开挖掌子面距离 10m。

(2) 导洞根据围岩出露情况采用不同的开挖方法：Ⅲ、Ⅳa 类围岩全断面开挖，每循环进尺 2.4～1.2m，出渣后即将结构面、底板 1.5m 以上断面围岩喷射厚 3～5cm 混凝土初封闭；根据“新奥法”施工原则，结合监测数据，滞后一个循环进行系统锚杆、钢筋拱肋、喷钢纤维混凝土施工；施工过程中逐步优化调整。

Ⅳb、Ⅴ类围岩区，每开挖一循环前施作超前小导管或超前砂浆锚杆/中空自钻式锚杆，必要时再增加大管棚，以增加围岩的自稳时间；出渣前即将出露结构面喷射 3～5cm 混凝土初封闭，随后立即进行系统锚杆、钢筋肋拱、喷钢纤维混凝土施工。对局部塌顶、掉块部位则先喷射 3～5cm 钢纤维混凝土进行初封闭，随机锚杆锚固，再用素混凝土喷平后安装钢筋拱肋、喷钢纤维混凝土至设计厚度。

(3) 为减少开挖后应力集中、变形过大而带来中墩安全问题，中墩与边导洞顶拱采用圆弧过渡体型。

(4) 开挖前利用 8m 廊道完成顶拱层四排对穿预应力锚索孔钻孔，随开挖后锚索孔出露及时安装，锚索孔位尽量置于刚拱肋节点上，以便锚索与钢拱肋联合受力，边导洞锚索滞后掌子面 10m，中墩锚索滞后掌子面 5m。

3 安全监测

3.1 松弛圈测试

为及时了解围岩爆破松弛圈情况，在顶拱层布置三个测试断面（CZ0＋103.500、CZ0＋118.000、CZ0＋156.500），每断面布置 5 个声波测试孔，每孔入岩深度 7.0m；声波检测标明松弛圈厚度为 0.8～4.2m。

3.2 安全监测

安全监测的作用是及时、全面对顶拱层施工期间围岩状态进行量测，保证施工期的安全，及长期观测围岩稳定状况，同时为动态设计提供依据，也为施工期及时调整开挖、支护施工程序给予指导。

地下厂房长 219.9m（CZ0－41.95～CZ0＋177.95），顶拱层共布置 5 个监测断面（CZ0－020.075、CZ0＋037.125、CZ0＋065.125、CZ0＋090.325、CZ0＋143.125），顶拱围岩位移预警值为 15mm。

顶拱层施工期间，CZ0＋143.125 断面和 CZ0＋65.125 断面测值变化较大。

（1）CZ0＋143.125 断面。从图 3 过程线可以看出，2 套顶拱多点位移计随着开挖面的逐渐接近开始发生变化，2011 年 7 月中旬至 8 月中旬是围岩变形高峰期，上下游侧最大位移变化速率分别为 0.2mm/d 与 0.25mm/d，超过设计允许值；其后，随着支护跟进开挖面逐渐远离，多点位移计测值变化速率逐渐变缓，趋于收敛，变化量在 0.2mm/月以内，说明该断面顶拱围岩已基本处于稳定状态。

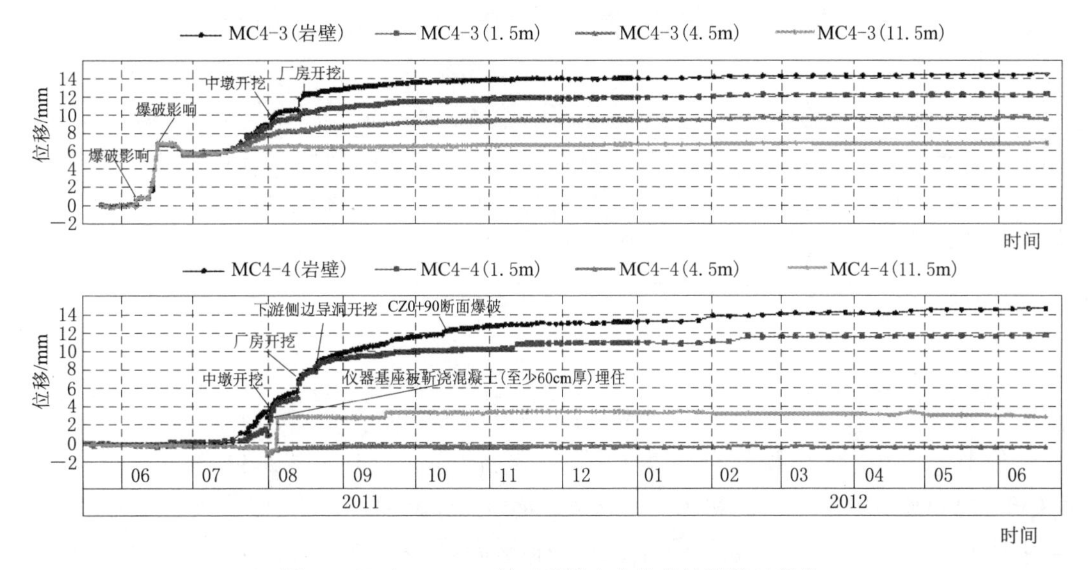

图 3　CZ0＋143.125 断面顶拱多点位移计测值过程线

钢筋计。该断面一直呈现上下游侧腰拱钢筋计受压，拱顶钢筋计受拉的规律，存在明显的偏心受压现象，即下游测值大于上游测值；2011 年 9 月 13 日，下游测值达到－121.96MPa，上游侧钢筋计测值仅为－18.4MPa；随着对穿锚索等支护完成及开挖面远离，后期测值相对平稳。

锚索测力计、锚杆应力计整体测值变化不大。

（2）CZ0＋65.125 断面。

CZ0＋65.125 断面顶拱多点位移计测值过程线见图 4。

多点位移计。该断面顶拱多点位移计测值变化情况也与施工进程相吻合：2011 年 12 月初开挖面临近时位移变化速率急剧增大，12 月上旬位移最大变化速率达到 0.748mm/d（设计允许值 0.15mm/d）。随后采取了短进尺、弱爆破的施工方法；随着开挖面的逐渐远离，12 月中旬起，监测数据趋于收敛，顶拱最大变形持续稳定在 12mm 以内，且上下游两侧基本对称。

钢筋计、锚索测力计、锚杆应力计测值一直相对平稳，未见明显异常。

分析以上两个断面监测数据可知，控制顶拱围岩变形主要取决于开挖进尺和支护措施，以及控制上、下游导洞及中墩开挖面之间的间距，及时跟进支护，可以有效控制变形量；例如：2011 年 8 月 10—17 日

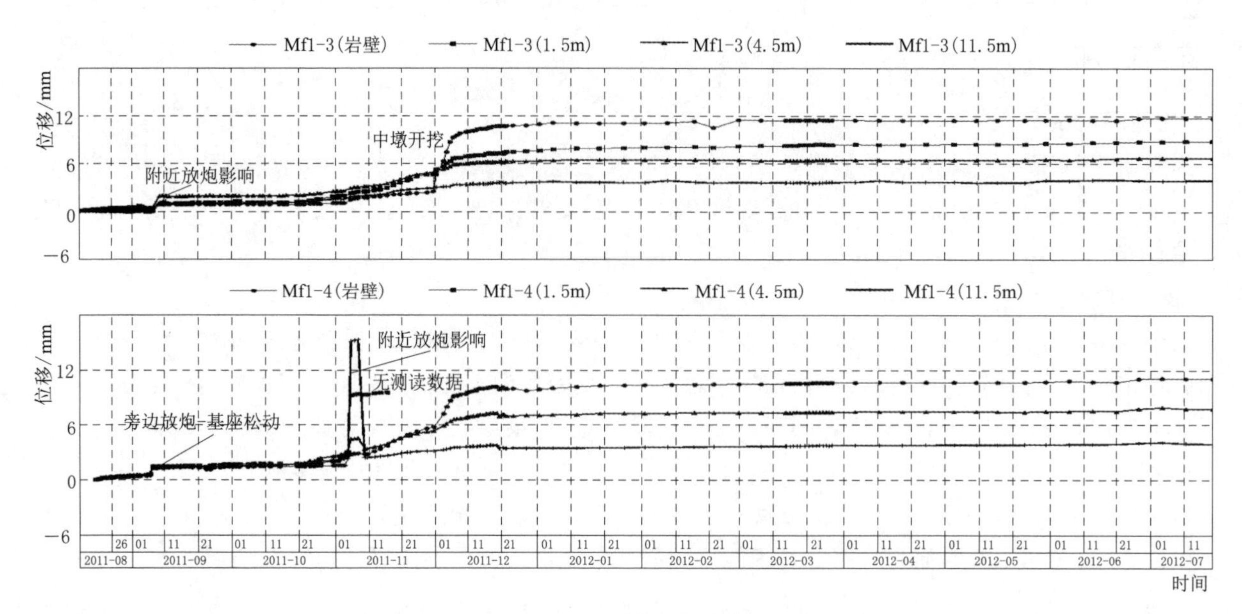

图4 CZ0+65.125断面顶拱多点位移计测值过程线

地下厂房顶拱层CZ0+143.125断面，上游位移计M4C4-3变化速率达到0.2mm/d，下游位移计M4C4-3变化速率达到0.25mm/d，超过设计预警值；经分析该测点位移超出预警值的主要原因为：下游导洞开挖支护未超前中墩开挖5个循环（约10m），且系统锚杆、钢筋拱肋支护滞后中墩开挖面13m，厂顶对穿锚索支护滞后下游导洞、中墩开挖面20m，导致中墩开挖后该区域顶拱应力集中和变形量超标，围岩变位速率急剧增大；对此，立即暂停中墩及下游导洞开挖，同时将系统锚杆、钢筋拱肋、喷混凝土支护施工尽快跟进开挖面，厂顶对穿锚索完成张拉最多滞后开挖面5m，完成支护后先进行下导洞开挖支护20m后再进行中墩开挖，且按“短进尺、弱爆破、勤支护”的原则施工；以上措施实施后，2011年8月19—26日监测位移计M4C4-4日均位移变化速率降至0.12mm/d。

4 结语

（1）溧阳地下厂房顶拱层施工，自2011年4月1日开始至2011年12月31日，历时9个月完成，截至2012年9月对顶拱层各监测断面采集的数据分析，顶拱围岩最大位移值已经分别稳定在14.61mm（M4C4-3）和14.76mm（M4C4-4）变化量为0.2mm/月以内，处在安全稳定状态。

（2）对不良地质段特大跨度洞室，采用排水先行和高压预固结灌浆对提高围岩自稳能力效果明显。

（3）碎裂镶嵌结构岩体，开挖掉块平整度难以控制，采用喷钢纤维混凝土、钢筋拱肋柔性支护、整体受力结构，可以实现方便、快速支护，有效控制局部破坏和围岩变形。

（4）边导洞法施工开挖、多种支护形式之间的空间关系可为类似工程借鉴。

黑麋峰抽水蓄能电站引水流道常见缺陷及治理方法研究

李明吉　汤　巍　贺雅兰　陈玉娇　邱　阳
（黑麋峰抽水蓄能有限公司，湖南省长沙市　410000）

【摘　要】抽水蓄能电站引水流道在频繁运行过程中会产生影响流道安全的裂缝、渗漏点、混凝土坑洞及露筋等缺陷，若不及时处理将会严重影响流道混凝土衬砌结构的安全。本文论述了对黑麋峰抽水蓄能电站引水流道及尾水流道的缺陷检查和处理过程，研究分析了抽水蓄能电站流道常见缺陷、主要成因及处理方法，为同类工程流道缺陷处理提供借鉴。

【关键词】抽水蓄能电站　引水流道　渗漏

1　工程概况

黑麋峰抽水蓄能电站位于长沙市黑麋峰森林公园景区内，距离长沙市区 25km，是湖南省第一座抽蓄电站，安装有 4 台 300MW 的大型可逆式、立轴发电电动机组，电站装机总容量为 1200MW，其主要任务是承担湖南省电网的调峰、填谷、调频、调相和紧急事故备用。电站枢纽主要由上水库、输水发电系统和下水库三大建筑物组成。上水库共 4 座大坝，其中 3 座为钢筋混凝土面板堆石坝，1 座混凝土重力坝，下库大坝 1 座为钢筋混凝土面板堆石坝。电站布置于下库左岸，为地下式厂房。

电站输水系统分为引水系统和尾水系统，引水系统采用一洞两机平行布置共两条，每条由上平段、斜井段、下平段、岔管段组成，采用钢筋混凝土衬砌，衬砌厚度 0.5～0.8m，衬后洞径为 8.5m，岔管段洞径为 5.3m，总长为 1066m。尾水系统按一洞一机平行布置共四条，由下平段、下弯段、斜井段和上弯段组成，流道中心间距为 18.84m，采用钢混衬砌，衬砌厚度 0.5m，衬后洞径 6m，局部洞段采用钢衬，每条尾水总长 430m。电站最大发电水头 334.4m，最小发电水头 272.8m，发电额定流量为单机 $118m^3/s$，因此机组水头大，流量较小，启停频繁是本电站的运行特点。

2　渗漏特性分析

2.1　渗漏缺陷统计

黑麋峰抽水蓄能电站自 2010 年投产发电以来，机组经过 10 年运行，总体运行状况良好。在机组大修期间，对各引水流道和尾水流道放空检查发现：引水流道缺陷主要表现为混凝土蜂窝式坑洞，渗水裂缝和少量露筋现象，其中蜂窝式坑洞集中于引水流道下平段腰部及以上部位；渗水裂缝主要为贯穿性斜裂缝，集中分布于岔管段腰部及顶部，但相比尾水流道，引水流道渗水情况总体较好，尾水流道存在比较严重的渗漏缺陷，尾水流道的渗水裂缝主要包括纵向施工缝（沿水流方向）、横向结构缝和斜裂缝，渗水量均较大，其中纵向渗水裂缝最长达 35m，分布于尾水流道下平段腰部以下的施工缝，横向结构缝和斜裂缝渗水主要集中于尾水流道下平段的腰部及顶部，多呈贯穿性裂缝，此外，尾水流道还存在少量露筋和混凝土脱落现象。

2.2　引起流道渗漏主要成因分析

结合流道主要的三种渗水裂缝类型：施工缝、结构缝、斜裂缝，及每种渗水裂缝的缺陷特征和分布位置分析，造成渗水裂缝的主要成因包含三个方面：施工质量的影响；内外水压力的频繁变化；止水材料的破坏。具体分析如下：

（1）施工质量的影响。尾水流道下平段混凝土施工采取的是分层分块浇筑，先浇底板，再边墙和顶板一次浇筑，浇筑厚度 50cm。由于大体积混凝土的分层分块浇筑存在内部温度应力，在边墙与底板的结合面上，极易产生温度收缩裂缝，同时浇筑边墙前，对底板两端结合面凿毛处理不充分，会影响施工缝上下混凝土的胶结，促使施工缝内部形成微小的孔隙缝，最终导致施工缝渗水。

（2）内外水压力的频繁变化。抽蓄电站机组启停频繁，在机组运行期间，引水和尾水流道受外水压力和内水压力相互作用，随着机组的启停，流道的内外水压力也发生变化，在流道内部薄弱部位将产生较大水压力，形成局部应力集中现象，随着时间的增移，最终击穿薄弱部位，在流道内部形成贯穿性渗水通道，在流道表面形成渗水裂缝。

（3）止水材料的破坏。机组运行期间，在抽水和发电两种工况下，流道的水流方向相反，高速的水流冲刷和较大的水压将导致结构缝表层的防渗橡胶及缝内倒 T 形止水铜片受到破坏，部分结构缝表层止水橡胶被冲蚀、掏空，一旦表层止水橡胶被掏空，在来回的高压水流下，止水铜片会发生位移或产生变形破坏，从而损坏止水结构，导致结构缝形成渗水点。

2.3 流道内蜂窝式坑洞原因分析

引水流道下平段和尾水流道下平段检查过程中发现蜂窝式坑洞，且分布比较集中，多为流道施工期的灌浆孔孔口脱落引起，同时流道在高压水流的作用下，会使混凝土脱落的灌浆孔内部产生负压，致使孔口周边混凝土产生气蚀破坏，随着破坏频次增加及灌浆孔的集中性最终形成蜂窝式坑洞缺陷。

3 引水和尾水渗漏缺陷处理

3.1 渗漏裂缝处理措施

（1）施工缝渗水处理方法。

1）堵水：先对渗水裂缝周围围岩进行钻孔压水试验，若压水试验显示围岩透水率大于 1Lu，则按照灌浆施工技术要求进行围岩补充固结灌浆。若压水试验显示围岩透水率小于或等于 1Lu，但混凝土衬砌裂缝仍有渗水出流，则沿渗水裂缝两侧布设化学灌浆孔进行化学灌浆。灌浆材料为 LW、HW 水溶性聚氨酯一定比例的混合浆液，灌浆压力为 0.8～1.0MPa；灌浆结束标准为在设计压力下小于 0.2L/min；钻孔封孔应采用钻孔周围原材料一致的材料将钻孔封填密实，并将孔口压抹平整。

2）清洗缝面：待凝 3d，若裂缝不再渗水或渗浆则对缝表面进行打磨，打磨宽度 15～20cm，去除缝面的钙质、析出物及其他杂物，并冲洗干净。

3）凿槽埋管：骑缝凿 V 形或 U 形槽，槽深 3～5cm，槽宽 5～6cm，并将槽清洗干净，用快硬水泥浆填缝，每 30～50cm 埋设灌浆嘴。

4）封缝：表面涂刷环氧底胶，再涂刷 2 道增厚环氧涂料，涂刷宽度为 15～20cm，厚度 1mm，向裂缝两端延伸应不少于 50cm。

5）灌浆：待封缝材料有一定强度后进行化学灌浆，化灌材料采用环氧浆材。灌浆压力为 0.3～0.5MPa，从最低端向高端进行，待邻孔出浆后，关闭并结扎出浆管，继续压浆；也可在邻孔出浆后，关闭原灌浆管，移至其他邻孔继续灌浆，一直到整条裂缝都灌满浆液并稳压 5～10min 为结束标准。

6）表面修复处理：待浆液固化后，割除灌浆管，并用钢丝刷清理缝面两侧，清理完后再在缝面涂刷 2 道增厚环氧涂料，涂刷宽度为 15～20cm，厚度 1mm。

（2）结构缝渗水处理方法。

1）对结构缝周边混凝土表面进行打磨、清洗，晾干后涂刷防水界面剂。

2）清除缝内杂物及失效的止水材料等，然后嵌填聚氨酯柔性密封材料。

3）待界面剂表干后分层回填柔性防渗聚氨酯涂料。

4）柔性防渗涂料与混凝土搭边之间需进行收边处理，边缘打磨成三角形，边缘深度为 2mm，边沿柔性涂料与混凝土平滑过渡。

5）保证柔性防渗涂层宽度不小于 25cm，结构缝中间部位涂层厚度不小于 4mm。

6）结构缝中间部位涂层内粘贴一道胎基布。

（3）蜂窝坑洞和露筋缺陷处理办法。

1）蜂窝坑洞深度小于100mm的缺陷处理办法。当蜂窝坑洞深度小于100mm时，将其周边切割成规则形状并凿至混凝土密实面后（露筋部位则需加深凿至钢筋以内50mm），分层回填预缩砂浆。预缩砂浆的抗压强度必须大于等于45MPa，抗拉强度大于等于2.0MPa，与混凝土的黏结强度大于等于1.5MPa。修补部位的老混凝土面必须凿毛洗净，修补前要求混凝土面湿润，但不能形成水膜或积水。分层回填捣实至外表面，表面要进行抹光处理。

2）蜂窝坑洞深度不小于100mm的缺陷处理办法。当蜂窝坑洞深度不小于100mm时，采取小级配混凝土浇填处理（骨料最大粒径为10mm），小给配混凝土强度必须大于等于原混凝土强度。

a. 基面处理。对混凝土被侵蚀部位人工凿毛，再用钢丝刷清除表面碎渣及钢筋锈迹，用清水反复冲洗干净。

b. 小级配混凝土回填。小级配混凝土填补厚度不小于100mm。小级配混凝土修补前，先在基面上涂刷一道水灰比不大于0.4的浓水泥浆作黏结剂，然后分层填补混凝土，每层填充的厚度为30～40mm，并予以捣实（用木棒或木锤），直至泛浆，各层修补面用钢丝刷刷毛，以利结合。填平后进行收浆抹面，收浆抹面时，应与周边成型混凝土平滑连接，用力挤压使其与周边混凝土接缝严密。

4　结语

综上所述，黑麋峰抽水蓄能电站流道渗漏缺陷形成的主要成因包括工程的施工质量、内外水压力的频繁变化及止水材料的破坏三大因素。对于施工缝渗漏需采取LW、HW水溶性聚氨酯混合液灌浆材料对其进行灌浆处理；对结构缝渗水缺陷宜采取分层涂刷柔性防渗材料处理；对蜂窝坑洞及露筋缺陷，采取回填预缩砂浆及小给配混凝土进行处理。缺陷处理后，经过半年的运行，检查发现渗漏情况得到明显改善，处理效果良好，该流道渗漏缺陷处理方法对抽水蓄能电站流道渗漏缺陷处理具有一定借鉴意义。

参考文献

[1]　王义山. 水电站有压引水隧道渗漏特性及治理方法研究［J］. 水电与新能源，2013（S1）：101-103.

[2]　汤巍，陈玉娇，刘源，等. 黑麋峰抽水蓄能电站引水流道运行状况分析［J］. 水电站机电技术，2019（2）：36-39,44.

[3]　袁弢. 大体积混凝土施工质量与温度控制［C］//贵州省电机工程学会2007年优秀论文集，2008：3.

琼中抽水蓄能电站高压岔洞充水试验监测与数值计算的对比分析

王化龙

（中国电建集团中南勘测设计研究院有限公司，湖南省长沙市　410014）

【摘　要】本文主要阐述高压岔洞在充水试验中及充水稳压后通过观测仪器展示钢筋、混凝土工作性态，阐述运行期高压岔洞衬砌混凝土数值计算成果；对比试验及运行期数值计算成果，分析两种情况下钢筋、混凝土所体现出不同的工作性态的原理，最终为高压钢筋混凝土衬砌设计提供一定的依据。

【关键词】高压岔洞　钢筋混凝土　数值计算　充水试验　对比

1　工程概况

琼中抽水蓄能电站位于海南省琼中县境内，工程建成后其主要任务是承担海南电力系统的调峰、填谷、调频、调相、紧急事故备用和黑启动等任务。电站距海南省海口市、三亚市直线距离分别为106km、110km，距昌江核电直线距离98km。电站安装3台200MW可逆式水泵水轮发电机组，总装机容量600MW，设计年发电利用小时数1670h，机组日等效发电小时6h，设计年发电量为10.02亿kW·h；年抽水利用小时数2227h，年抽水耗用低谷电量13.36亿kW·h。

2　水道充水试验

2.1　高压岔洞结构布置

电站引水系统采用一洞三机布置方式，引水系统由引水主洞、高压钢筋混凝土岔洞、引水支洞组成。高压岔洞处最大静水头3.793MPa（对应上水库设计水位568.24m），最大水击压力1.456MPa；岔洞中心线高程为186.895～185.195m，地下水位线高程为600～640m，岔洞处围岩为Ⅱ类。岔洞为一分三的“卜”形岔，分岔角均为60°，主管直径7.2m，支管直径3.8m，岔洞衬砌混凝土厚度1.0m。高压岔洞衬砌混凝土强度等级C30，衬砌厚度1.0m，钢筋采用HRB400，配筋内侧两层⌀28@167mm，外侧一层⌀28@167mm，开挖揭示岔洞处围岩为Ⅱ类。岔管结构平面布置图如图1所示。

2.2　试验过程

水道充水试验是一个动态过程，随着水道内充水水位升高到一定数值，钢筋计、渗压计等监测仪器会直观反映混凝土及钢筋的工作状态，本次引水水道充水试验从2018年9月16日18：18充水开始，9月22日20：00完成充水，进入最后48h稳压阶段，水道充水最终稳压对应上水库水位为555.90m。

因引水立面布置采用“三平洞＋两级竖井”，充水过程中，由于平洞和竖井单位高度充水量不同，为保证单位时间内的充水高度满足规范要求，斜井充水过程中严格控制充水流量，并加密对监测仪器的监测频次，保证高压水道充水安全。

2.3　监测仪器布置

高压岔洞大小共两个，分别布置了6支渗压计和10支钢筋计，渗压计埋置于衬砌混凝土后入岩50cm，钢筋及直接焊接在钢筋上，并且两种仪器的监测频次具体位置、高程及监测频次见表1，监测仪器布置位置及断面见图2、图3（注：渗压计代号P，钢筋计代号R）。

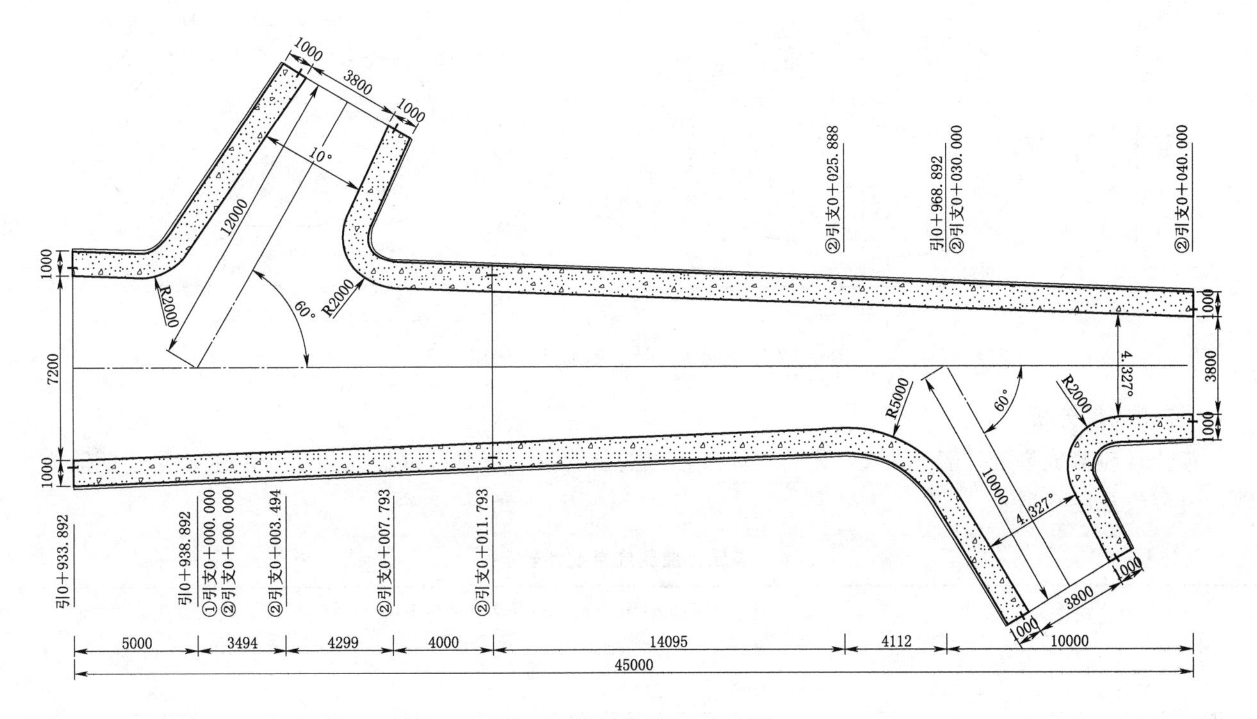

图1 岔管结构平面布置图

表1 高压岔洞钢筋计及测缝计埋设位置表

监测仪器	仪器编号	埋 设 部 位	位置/高程/m	监测频次
渗压计	$P_{b1}-1$	①引支 0+4.000 边墙	185.915	0.5h/次
	$P_{b1}-2$	①引支 0+4.000 顶拱	190.211	
	$P_{b1}-3$	①引支 0+4.000 边墙	186.562	
	$P_{b2}-1$	②引支 0+34.000 边墙	185.435	
	$P_{b2}-2$	②引支 0+34.000 顶拱	188.576	
	$P_{b2}-3$	②引支 0+34.000 边墙	185.435	
钢筋计	$R_{b1}-1$、2、4～7	$R_{b1}-1$、2、4 钢筋计焊接于内层环向钢筋上，$R_{b1}-5$、6、7 钢筋计焊接于内层纵向钢筋上	1号岔口	2h/次
	$R_{b2}-1$～5	$R_{b1}-1$～4 钢筋计焊接于内层环向钢筋上，$R_{b1}-5$ 钢筋计焊接于内层纵向钢筋上	2号岔口	

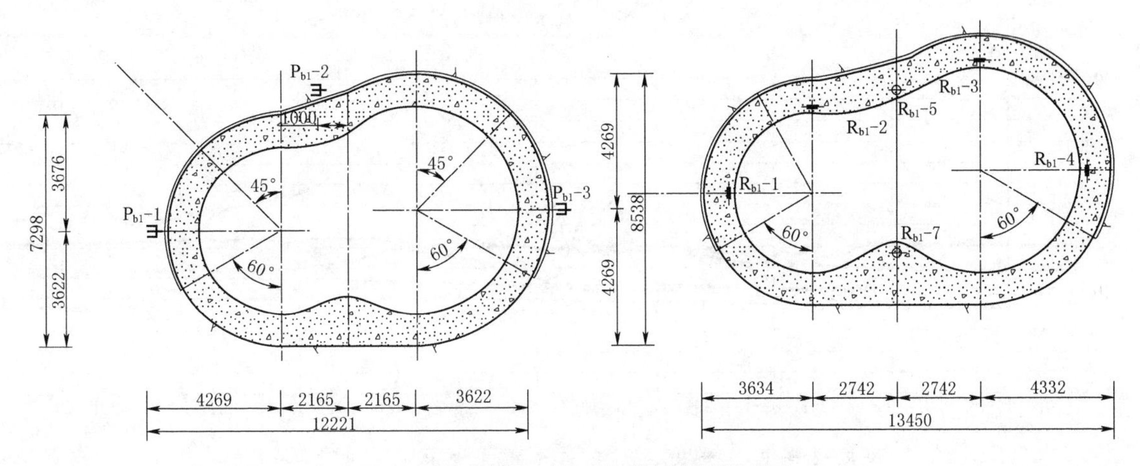

图2 1号岔洞渗压计、钢筋计布置断面图

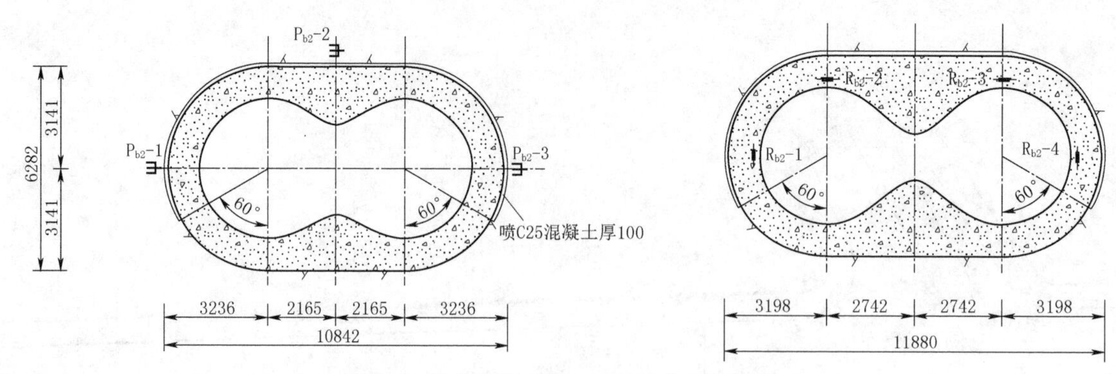

图3 2号岔洞渗压计、钢筋计布置断面图

2.4 监测成果分析

渗压计监测成果统计表见表2，充水试验过程中的岔管渗压计典型过程线如图4所示，岔管钢筋应力典型过程线如图5所示。

表2 渗压计监测成果统计表

时间段		各渗压计测值水位高程/m					
		$P_{b1}-1$	$P_{b1}-2$	$P_{b1}-3$	$P_{b2}-1$	$P_{b2}-2$	$P_{b2}-3$
充水开始阶段	9/16 18：18	196.09	215.90	212.16	195.79	204.57	191.70
充水结束开始稳压	9/22 20：00	507.19	534.85	524.61	503.15	432.93	501.34
稳压结束	9/24 20：00	493.80	524.42	514.36	494.23	424.51	486.71
充水阶段变化量		311.10	318.95	312.45	307.36	228.36	309.64
稳压阶段变化量		−13.29	−10.43	−10.25	−8.92	−8.42	−14.63

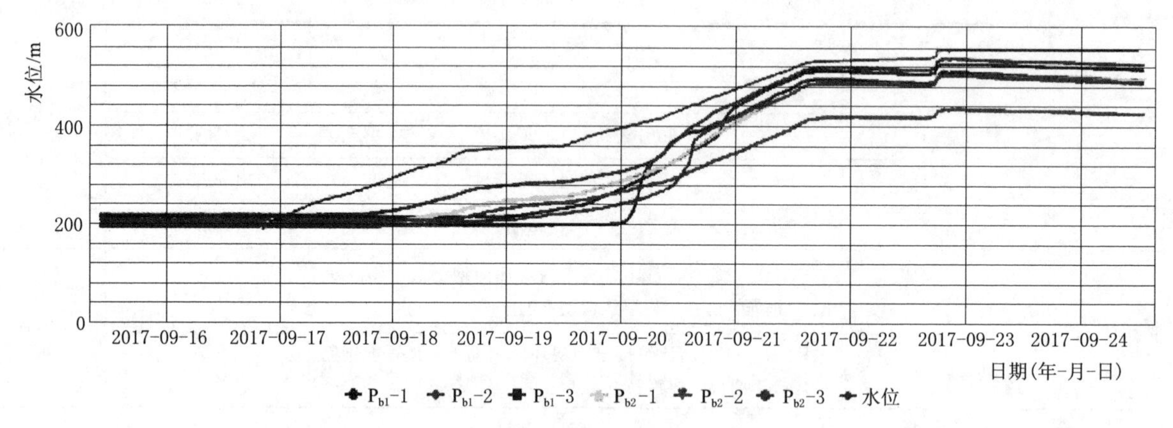

图4 岔管渗压计及水位典型过程线

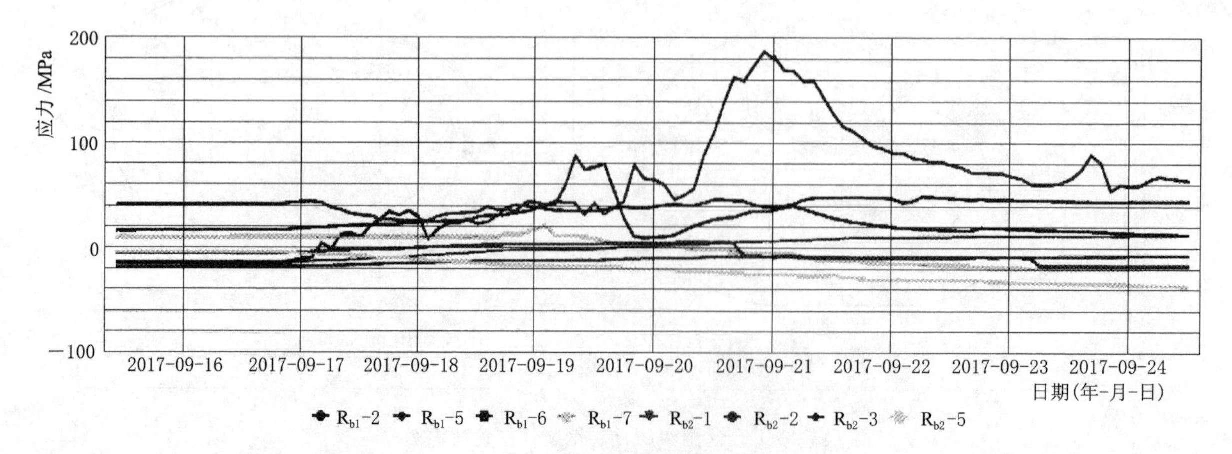

图5 岔管钢筋应力典型过程线

在实际工程中，监测仪器读数会受到各种外界因素干扰，例如库水位对地下水位造成重新分布，衬砌混凝土振捣不密实，表面出现温度裂缝，施工缝处理不规范，衬砌混凝土仅仅在较小外力作用下就出现了塑性变形等情况，使得监测仪器读数出现读数异常甚至个别数据需要剔除。

琼中抽水蓄能电站上水库距离高压岔洞距离较远，可排除上水库水位对岔洞处地下水位分布的影响，其余因素对监测仪器读数或多或少存在影响。

以渗压计 P_{b1}-1 和钢筋计 R_{b1}-5 为例，对比表 2、图 5 和图 6 可以发现：

(1) 水道充水水位在高程 340.0m 之前，渗压计读数基本不随充水水位升高发生变化，钢筋应力持续增加，钢筋混凝土未开裂，钢筋混凝土承受全部内水压力。

(2) 水道充水水位在高程 360.0m 时，水道内水压力为 1.74MPa，钢筋混凝土裂缝增加，内水继续外渗，钢筋应力达到峰值；而后，随着内水压力升高而钢筋应力开始减小，钢筋混凝土和围岩共同承担内水压力，但钢筋混凝土承担少部分内水压力。

(3) 水道充水水位在高程 395.0m 时，水道内水压力为 2.09MPa，而后，渗压计过程线与水道内水位线同斜率增加，直至与上水库水位基本持平，钢筋应力停止减小，过程线开始基本呈水平状，围岩承担绝大部分水压力。

3　钢筋混凝土岔洞结构数值计算

3.1　计算模型

岔洞衬砌混凝土厚度取 1.0m 建立三维有限元计算模型，模型范围自 1 号岔洞分岔点沿洞轴向往上游 53.0m，下游从 2 号岔洞分岔点沿洞轴向向下游延伸 60m，岔洞上下各取厚度 50m 的岩体，上部其余部分岩体采用等效覆盖压力模拟。有限元模型如图 6 所示。

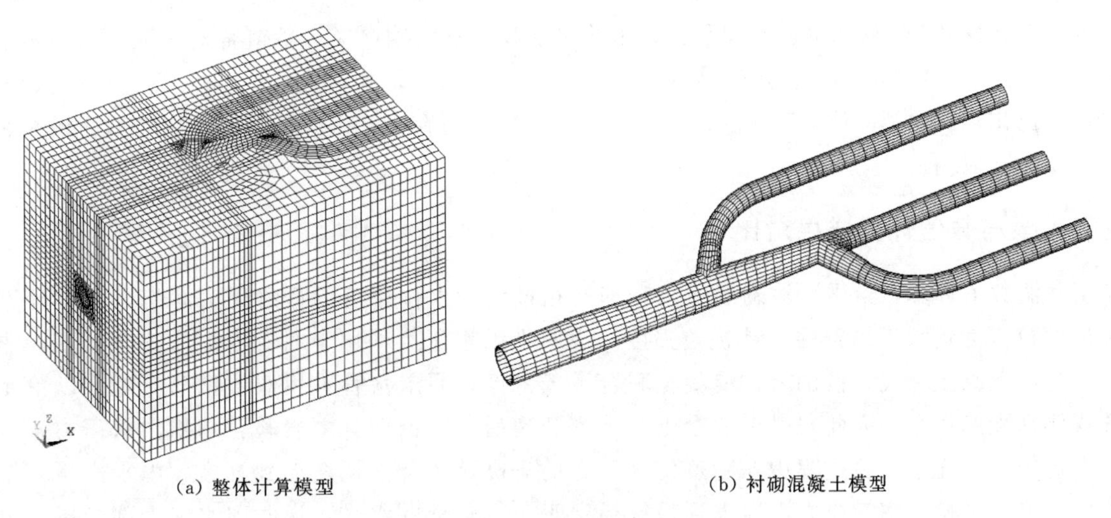

(a) 整体计算模型　　(b) 衬砌混凝土模型

图 6　岔洞三维有限元数值计算模型

3.2　运行期衬砌结构数值分析

设计过程中对运行期衬砌结构分别进行线弹性分析和衬砌结构开裂非线性计算，线弹性计算成果如图 7 所示，非线性计算年成果如图 8 所示。

混凝土采用线弹性本构模型时，在内水压力作用下，岔管衬砌呈现全断面受拉趋势，且拉应力数值普遍较大，绝大部分管段（下半部分）的衬砌应力均在 10.228～14.218MPa，岔裆局部区域的衬砌最大拉应力超过了 15MPa，远大于衬砌的设计抗拉强度，说明在内水压力作用下，衬砌开裂将不可避免，需要配置受拉钢筋以限制裂缝的扩展。

非线性计算时，参照类似工程，先假定衬砌采用双层钢筋布置，钢筋采用均布式模型，以单元体积率的方式体现配筋作用，混凝土采用正交均布式开裂模型和五参数组合破坏准则，其中主管和岔洞布置双层钢筋，环向钢筋为Φ 32@200mm，水流向钢筋为Φ 25@250mm，衬砌混凝土标号为 C25。衬砌混凝土

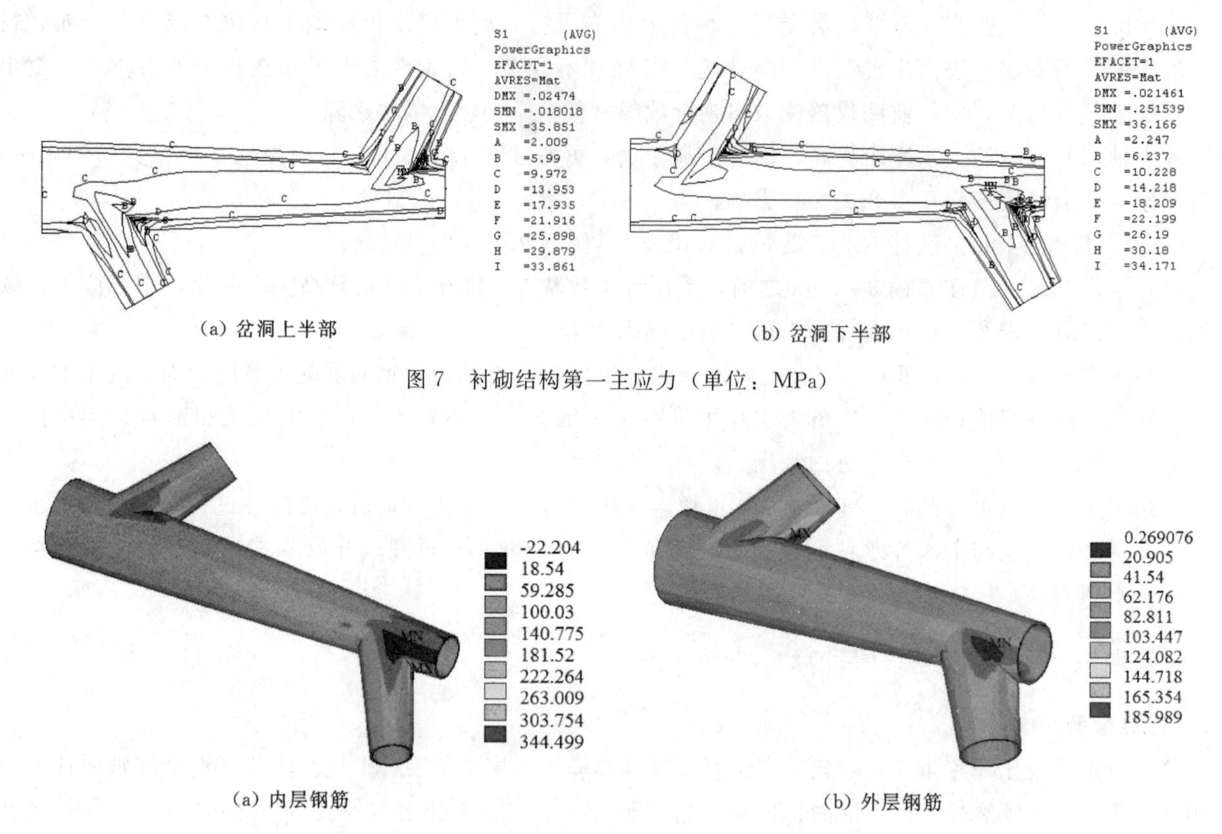

(a) 岔洞上半部　　(b) 岔洞下半部

图 7　衬砌结构第一主应力（单位：MPa）

(a) 内层钢筋　　(b) 外层钢筋

图 8　岔洞段环向钢筋应力分布（非线性）（单位：MPa）

开裂以后，水荷载将由钢筋和围岩共同承担，钢筋呈受拉状态，钢筋应力数值普遍较大，其中内层钢筋应力最大值为 344.499MPa，外层钢筋最大值为 185.989MPa，均超过了 150MPa（对应裂缝宽度 0.25mm），均出现在岔裆部位，其他绝大部分区域的钢筋应力在 140MPa 以下，对应的钢筋最大裂缝宽度亦在 0.20mm 以内。

4　监测成果与数值计算成果对比

高压岔洞数值计算，给出了衬砌混凝土和钢筋在最大内水作用下的最终受力状态，线性计算衬砌混凝土最大拉应力远大于衬砌的设计抗拉强度，说明在内水压力作用下衬砌混凝土完全开裂；非线性计算时，衬砌混凝土开裂，按围岩、混凝土联合承载考虑，假定岔管采用双层钢筋布置，以单元体积率的方式体现配筋作用，因此，衬砌混凝土大范围开裂后，由钢筋与围岩联合承担内水压力，但钢筋峰值应力仍较大。充水试验过程中，随着内水压力的升高，混凝土从变形到开裂，内水产生外渗，使衬砌内外压趋于平衡，钢筋应力由增大到最终稳定于一个较低的水平，说明内水绝大部分压力由围岩承担。

虽然计算过程中考虑了混凝土的开裂与围岩的联合承载，但由于计算中考虑内水压力为面力，不会随着混凝土衬砌的开裂和内水的外渗变小，导致计算得到的钢筋应力较大，普遍在 100MPa 以上；而监测成果说明，混凝土衬砌开裂后，内水外渗，使衬砌内外侧的水压力趋于平衡，隧洞运行中的钢筋应力会稳定在一个较低的水平，基本在 60MPa 以下。

5　结语

对于高水头作用下的钢筋混凝土衬砌体，面力计算方案考虑衬砌与围岩联合受力的条件下，结果相对安全度较高，但是存在较大的优化空间；通过实际的隧洞充水试验，监测数据表明，类似的水工隧洞，衬砌混凝土开裂且内水外渗，围岩承载绝大部分内水压力，在满足工程安全运行的条件下，适当减小衬砌厚度，降低配筋率是可行的。

参考文献

[1] 伍鹤皋，苏凯，周亚峰. 琼中抽水蓄能电站高压洞及岔洞洞室围岩渗透稳定性加固措施研究（岔洞衬砌与围岩稳定性分析）[R]. 武汉：武汉大学水利水电学院，2014：21-49.

[2] 文喜雨，苏凯，周亚峰. 高压水工隧洞透水衬砌设计方法与理论研究 [J]. 武汉大学学报（工学版），2016，49（6）：824-830.

[3] 文喜雨，苏凯，周利，等. 高压水工隧洞初次充水期间的衬砌与围岩有条件联合承载机理研究 [C]//中国水利学会2017学术年会论文集. 南京：河海大学出版社，2017：1329-1338.

[4] 李腾，苏凯，张智敏，等. 高压水工隧洞透水衬砌设计与优化方法 [J]. 岩石力学与工程学报. 2017，36（S2）：4047-4053.

[5] 周利，苏凯，文喜雨，等. 高压水工隧洞透水衬砌设计研究 [C]//第九届全国水利水电工程压力管道学术会议论文集. 北京：中国电力出版社，2018：140-148.

[6] 周利，苏凯，周亚峰，等. 高压水工隧洞透水衬砌渗流-应力-损伤耦合分析方法研究 [J]. 水利学报，2018，49（3）：313-322.

[7] 侯靖，胡敏云. 水工高压隧洞结构设计中若干问题的讨论 [J]. 水利学报，2001（7）：36-40.

[8] 胡云进，方镜平，黄东军，等. 压力隧洞设计与结构计算研究进展 [J]. 水力发电，2011，37（7）：15-19.

[9] Wu Hegao，Zhou Li，Su Kai，et al. Hydro-mechanical interaction of reinforced concrete lining in hydraulic pressure tunnel [J]. Structural Engineering and Mechanics，2019，71（6）：699-712.

[10] ANSYS：Engineering Analysis System. User's Manual [M]. Swanson Analysis Systems，Incorporated，1987.

[11] Dahmani L，Khennane A，Kaci S. Crack identification in reinforced concrete beams using ANSYS software [J]. Strength of materials，2010，42（2）：232-240.

[12] Ansys. ANSYS theory reference [M]. Ansys，2004.

我国首例抽水蓄能上水库沥青混凝土面板封闭层大修实践

万正喜
（华东天荒坪抽水蓄能有限责任公司，浙江省安吉县 313300）

【摘 要】本文主要介绍我国首例大型抽水蓄能电站上水库沥青混凝土面板的封闭层大修，对大修的原因、修前准备、工艺性试验、大修过程、质量管控以及经验总结进行了系统性说明。

【关键词】水库 沥青混凝土面板 封闭层 大修

1 引言

天荒坪电站位于浙江省安吉县天荒坪镇，电站装机容量为1800MW，在华东电网中担负调峰、填谷、调相、调频及紧急事故备用等任务。

电站上水库利用天然洼地挖填而成，四周布置有一座主坝和四座副坝，主坝最大坝高为72m，主、副坝均为土石坝，设计最高蓄水位为高程905.2m，总库容为885万m^3，工作深度42.2m。下水库坝高为87.2m，混凝土面板堆石坝，下水库总库容为859.56万m^3。1998年9月底第一台机组开始发电运行，2000年12月6台机组全部投产发电。

上水库采用全库盆沥青混凝土面板衬砌防渗，水库开挖和填筑工程由中国水利水电五局承建，沥青混凝土防渗面板工程系为国际标，由德国Strabag公司承建。

2019年，天荒坪电站组织对上水库面板封闭层常年裸露区进行了大修，这与新建沥青混凝土面板有较大区别，并具备一定的难度，在我国尚属首次，诸多方面值得总结探讨。

2 大修前期工作

2.1 沥青混凝土防渗结构概况

上水库沥青混凝土防渗护面采用简式结构，由沥青混凝土整平胶结层、防渗层、加厚层和表面封闭层组成。防渗层和整平胶结层及库底封闭层采用沙特阿拉伯B80沥青，库坡封闭层采用沙特阿拉伯B45沥青。

（1）沥青混凝土整平胶结层，是防渗层的基础层，该层为半开级配的沥青混凝土，坝坡及岸坡的整平胶结层厚度为10cm，库底为8cm。

（2）沥青混凝土防渗层，是防渗护面的主体部分，为密级配沥青混凝土，厚度为10cm。渗透系数小于1×10^{-8}cm/s，设计允许极限拉伸值大于4.5×10^{-3}。

（3）沥青混凝土加厚层，在坝脚、岸坡脚与库底的反弧段以及进/出水口前的圆弧段，其拉应变较大，因此在这些部位增设一次厚5cm的加强层，内设聚酯网，加厚层的特性与防渗层相同。此外，在软硬地层交界处，沥青混凝土与混凝土结构交接部分也增设了加强层。

（4）沥青混凝土表面封闭层，用以封闭沥青混凝土防渗层的表面缺陷，避免防渗层受紫外线直接作用，防止防渗层表面与空气、水等外界不良环境的接触，从而减缓防渗层的老化过程，延长使用寿命，该层是沥青和填料的混合物，填料采用石灰岩粉，沥青和填料之比为3∶7，封闭层厚度为2mm。

2.2 前期研究

2016年，在上水库运行近20年之际，上水库沥青混凝土面板出现一些不良累积现象：常年裸露区（A1区）封闭层较大范围脱落，且密布裂纹；水位变动区（A2区）封闭层已基本消失，破坏最为严重，已失去对防渗层的保护作用，其中主坝区域最为严重；下部区域（B区）外观基本完整，表层有细密沙子覆盖。具体如图 1～图 4 所示。

图 1　封闭层分区破坏

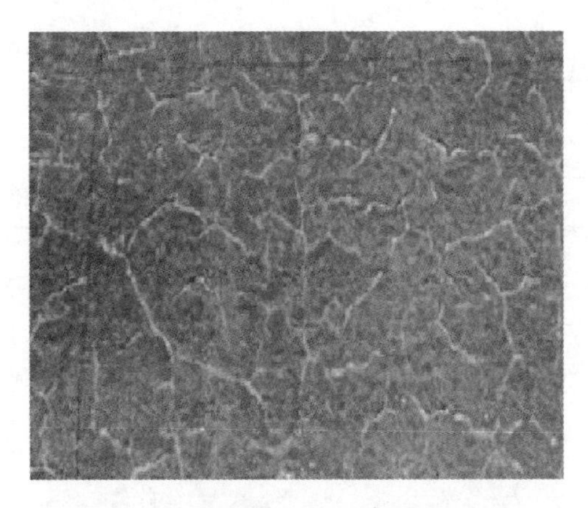

图 2　常年裸露区（A1）封闭层外观

图 3　水位变动区（A2）封闭层外观

图 4　B 区封闭层外观

为确保上库沥青混凝土面板的长期运行安全，探明沥青混凝土老化变化规律，探索上库沥青混凝土面板维护保养和修补方法，对其进行了前期研究，主要有以下结论：

（1）导致沥青混凝土的老化的原因：在日照、热空气、浸水、高低温循环等外界因素长时间作用下，沥青中的轻质成分挥发，其弯曲及拉伸应变减小，脆性和强度升高。

（2）建立与紫外辐射强度相关的封闭层老化模型，推算出上库辐射最强和最弱部位的封闭层寿命都在 8～9 年，当前的封闭层已超过其老化寿命。

（3）通过取芯分析，沥青混凝土仍然具有相当长的运行寿命，表层 10mm 以下冻断温度变化不大，防渗层表层 0～8mm 仍有 1.5%的弯曲应变，抗渗性没有降低。

（4）沥青混凝土防渗层试验成果表明，防渗层的老化主要集中在表层 0～10mm，10mm 以下部分几乎没有老化。

（5）但天荒坪上库沥青混凝土面板封闭层大面积老化破损或者剥落，可能导致防渗层老化速度加快，从而减少防渗层的寿命。因此，有必要对水位变动区以上破损较严重部位的封闭层进行定期修补，以延缓防渗层的老化，延长其寿命。

3　沥青混凝土面板封闭层大修施工

3.1　前期工作

（1）施工条件。封闭层修补施工受环境条件的制约，在下列条件下不得安排施工：①环境气温低于 10℃；②浓雾或强风（风力大于 4 级）；③日降雨量大于 5mm。

（2）施工材料及施工设备准备。经过前期的分析比较，材料选择为沥青玛𤥨脂，以袋（块）装（或桶装）进场堆放在指定地点，在现场进行热熔使用。现场主要施工设备配置见表1。

表1 现场主要施工设备配置

设 备 名 称	数量	备 注
封闭层打磨机	3台	打磨沥青面板封闭层
小型卷扬系统	4台	封闭层打磨机配套
封闭层刮涂机	1台	大刮涂机
小刮涂机	2台	现场制作、试验
牵引台车	1台	封闭层刮涂机配套
沥青玛瑺脂电加热锅	2部	熔化块状沥青玛瑺脂
沥青玛瑺脂保温罐	2部	沥青玛瑺脂保温
设备名称	数量	备注
封闭层打磨机	3台	打磨沥青面板封闭层

3.2 现场工艺性试验

经对比冷喷和热摊铺两种刮涂方式，冷喷方式封闭层黏结力不足，在雨水及阳光作用下，容易剥离，采取热摊铺（刮涂）方式。为在现场确定沥青玛瑺脂的配比、涂刷温度、涂刷厚度、涂刷速度等参数，保证涂刷施工质量，需要在现场进行封闭层热摊铺工艺性试验。

（1）选定工艺性试验场地。在库盆中选取5m×30m工艺性试验场地，经批准后，磨除旧封闭层，处理干净基面，并保持基面干燥。

（2）加热熔化。用加热锅把沥青玛瑺脂加热到170°～190°，在加热锅出料口抽取样品，根据设计及规程规范要求，对改性沥青玛瑺脂性能进行检测，性能必须满足要求。

（3）涂刮。将热沥青玛瑺脂加注进涂刮机内，测量出料口温度，调整刮涂机刮板预压力，开始放料刮涂，刮涂速度初始控制在3m/min内，采用涂层测厚仪测量已刮涂封闭层厚度，1m测量一次，保证封闭层厚度满足要求，记录出料口温度及后部刮板的压力，根据出料速度确定刮涂速度。

（4）确定合理的沥青玛瑺脂配合比，确定刮涂速度、摊铺厚度及涂刷温度，为后面封闭层涂刷提供技术参数。

3.3 封闭层清理

采用斜坡打磨机，打磨机通过设置在坝顶的小型卷扬系统进行牵引。打磨机具备除尘系统，以收集粉尘，减少污染。封闭层清理施工程序如下：

（1）在清理工作面下部搭设防护栏及篷布防护网，防止小工具及碎渣落入水库。

（2）启动封闭层打磨机及卷扬系统，使打磨机沿自上而下行走，磨除沥青面板上老旧封闭层。

（3）清理老封闭层的同时启动除尘装置进行除尘，并及时清理清除的残渣。

（4）用高压风吹扫和高压水清洗机继续清洗基面（见图5）。

（5）由于防浪墙等原因导致面板顶部不能使用卷扬系统进行牵引打磨的，应采用手动打磨。

3.4 乳化沥青喷涂及玛瑺脂摊铺

通过现场工艺性试验及试验刮涂效果，发现新摊铺的玛瑺脂封闭层粘接效果未达到要求，主要原因有：部分打磨后的沥青混凝土表面坚硬且光滑平整、灰尘杂质清理不彻底以及材料本身特性。组织多次专家现场勘察和研究，决定清除新刮涂试验防渗层并进行乳化沥青的喷涂现场工艺性试验。

将打磨出的防渗层基面彻底干净、干燥后喷涂一层乳化沥青，乳化沥青的喷涂必须薄而均匀，且不流挂。

3.5 封闭层涂刷

封闭层的涂刷采用热摊铺方案。为减少沥青玛瑺脂的加热搅拌烟雾排放，采用工厂生产包装好运输至现场，现场进行脱桶、电加热并适当搅拌。封闭层涂刷采用封闭层刮涂机配套卷扬系统牵引，按照工艺

(a) 老旧封闭层打磨处理

(b) 高压风清理过程

(c) 高压水清洗机清洗基面

图 5　封闭层清理施工图

性试验要求进行（现场施工见图 6)。

(a) 沥青混凝土基面喷洒乳化沥青

(b) 大刮涂机刮涂施工

(c) 小刮涂机刮涂施工

图 6　沥青玛琋脂刮涂摊铺施工图

(1) 确保乳化沥青表面干净、干燥，可根据实际情况使用高压风吹扫。

(2) 沥青封闭层专用涂刷机应适合于斜坡施工，在牵引台车的牵引下沿着面板从下往上涂刷。涂刷完一个条带后，将涂刷机移动至下一个条带继续涂刷。封闭层的涂刷应均匀，填满防渗层表面孔隙，涂刷厚度为 (2±0.5)mm，避免流淌，且应保证每条带一次连续性完成施工。

(3) 玛琋脂封闭层涂刷作业时环境气温应在 10℃以上，涂刷温度一般在 170～190℃。

(4) 施工完成的封闭层表面禁止人员和机械行走，防止表层破坏。

(5) 不能使用大型刮涂机的边角区域，采用人工＋小型机械涂刷方式进行机械涂刷施工，环库水平段及弧段全部采用小刮涂机配合人工进行刮涂施工。

4　经验总结

天荒坪电站上库沥青混凝土面板封闭层大修是我国大型抽水蓄能电站的首例，沥青混凝土封闭层大修施工难度比整个沥青混凝土面板重新铺设要大。为顺利完成大修工程，天荒坪电站提前做了大量有效前期准备工作，施工过程中有较多经验教训值得总结。

(1) 施工区域主要选择在库岸自上而下 4 万 m^2 环形区域，主要包括常年裸露区（A1)。考虑的主要原因有：首次进行相关工作，全库盆进行更换存在不确定因素；上库需要保留一定库容水量，没有完全排空；施工工期较短，不能满足全库盆更换封闭层工期；客观上封闭层 B 区的表层覆盖了一层细沙，这些细沙既保护了沥青混凝土封闭层，防止太阳紫外线照射，延缓老化，各方面指标较好，同时又有效提升了沥青混凝土防渗性。

(2) 施工时期的选择很重要。环境气温较低时容易造成玛琋脂封闭层快速冷却变脆和分层显现，因此施工温度不宜选择在冬季，环境温度应在 10℃以上；而夏天施工，环境温度太高，黑色的玛琋脂封闭层表面温度更高，施工人员施工难度增加，且玛琋脂封闭层没有喷淋系统的保护。因此，施工时期宜选择在春秋两季。另外，工期与施工机械和施工人员数量有直接关系，工期一定要考虑雨季的影响，玛琋脂封闭层刮涂前，一定要保持表面干燥，防止产生气泡而出现分层现象。

(3) 原封闭层打磨厚度控制是关键工艺之一。表层打磨的目的是为了清除原老化封闭层，应尽量避免破坏原防渗层。而打磨机的打磨厚度主要是通过打磨机压紧重量和牵引机的牵引速度决定，原库盆表面不平整，沉降不一，且封闭层由于老化流失而分布不均匀，所以要实施调整打磨速度，既要保证老旧封闭层打磨干净，也要确保打磨过后表面相对平整，该工艺对施工人员素质要求较高，要做好现场施工监管和施工工艺试验和经验总结。

(4) 增加乳化沥青喷涂工序也是关键工艺。在现场进行工艺性试验过程中发现，由于打磨后的沥青混凝土防渗基面较为平整，新玛琋脂封闭层刮涂之后，新封闭层与原防渗层之间的黏结性不能达到理想效果，容易出现撕扯分层现象，改变施工工艺，在防渗层基面干净、干燥后喷涂一层乳化沥青，厚度按照面积定量喷涂，确保涂层薄而均匀、不流挂，干燥后再进行封闭层刮涂，采取新施工工艺后，新封闭层的粘结紧密度得到极大提升，满足施工质量要求。

(5) 封闭层刮涂过程前应保持基面清洁，施工过程中要控制厚度及平整度。喷涂乳化沥青和刮涂沥青玛琋脂之前均需保持基面清洁干燥，清洁基面采用高压水机、高压风机进行吹扫，基面沙尘较多容易造成新刮涂封闭层出现粘结不密实而分层现象。新封闭层的摊铺厚度应控制在 2mm±0.5mm，采用带探针的电子测厚仪进行检测，控制卷扬机的牵引速度、刮涂机（摊铺机）的压重来进行调整，在工艺性试验工程中应形成相关的施工经验参数。

(6) 封闭层刮涂过程中，左右条带搭接处以及下端新旧封闭层的搭接应予以重视。左右条带搭接应平顺、厚薄均匀，且厚度不能超过要求。新旧封闭层搭接前，清扫基面和乳化沥青开始喷涂位置均应超过打磨基面位置，封闭层刮涂位置应从打磨位置开始，确保所有打磨过的基面均应刮涂封闭层。

(7) 小型刮涂机主要在使用在库盆最顶端、大型刮涂机不易施工的地方。小型刮涂机施工具有一定的灵活性，但施工质量和外观效果不如大型刮涂机，所以要加强质量监控，且同样要注意不同条带间的搭接。刮涂机升降平台需要根据现场实际提前制造。

(8) 在整个施工过程中，还要注意安全和环保的问题。由于施工主要作业位置在库盆的内坡斜面上，所以防止人员和施工设备设施滑落入水库库底的安全措施必须完善，对牵引钢丝绳以及人员安全绳要做到每日检查。环保方面，一是要注意打磨废弃物的处置，对剥除及清扫出的残渣应装袋按照环保要求处理；沥青玛琋脂采用在工厂制作现场加热熔化方式，能有效减少废气排放。

参考文献

[1] 王为标，吴利言. 沥青混凝土拉伸蠕变性能的试验研究 [J]. 石油沥青，1993 (4)：13-16.

[2] 焦修明，黄小应，等. 天荒坪抽水蓄能电站上水库运行维护经验 [C]//高坝建设与运行管理的技术进展-中国大坝协会 2014 学术年会论文集，2014.

[3] 万正喜，田伟. 全库盆采用沥青混凝土面板抽蓄电站上水库运维 [C]//抽水蓄能电站工程建设文集，2018.

天荒坪抽水蓄能电站主进水阀伸缩节密封槽改造工艺

何张进　曾　辉　郁小彬　姜泽界

（国网新源华东天荒坪抽水蓄能有限责任公司，浙江省湖州市　313302）

【摘　要】抽水蓄能电站主进水阀的下游侧与蜗壳之间设有伸缩节，其作用是保证主进水阀在水平方向有一定位移裕量，适应钢管的轴向温度变形，同时也方便主进水阀的现场安装和检修。伸缩节的伸缩缝位于下游侧，为松套法兰式结构，利用压环将O型橡胶密封压紧，以防伸缩节漏水。由于抽蓄电站水头高、水压大，伸缩节常年被高压水来回冲刷，长期运行后出现密封槽锈蚀、导则密封效果不佳发生渗漏，威胁电站运行安全。本文以天荒坪电站伸缩节为例，探讨伸缩节锈蚀返厂改造原理及其要点、难点。

【关键词】主进水阀　伸缩节　改造

1　伸缩节现状

天荒坪抽水蓄能电站（以下简称天荒坪电站）位于浙江省安吉县，安装有6台单机容量为300MW的可逆式机组，为日调节纯抽水蓄能电站，首台机组于1998年投产。抽水蓄能电站为了保证主进水阀在水平方向有一定的位移裕量，以适应钢管的轴向温度变形，通常在主进水阀的下游侧与蜗壳之间设有伸缩节。伸缩节与蜗壳间采用松套法兰配合，以方便主进水阀的现场安装和检修，图1中的A处为伸缩节密封槽。

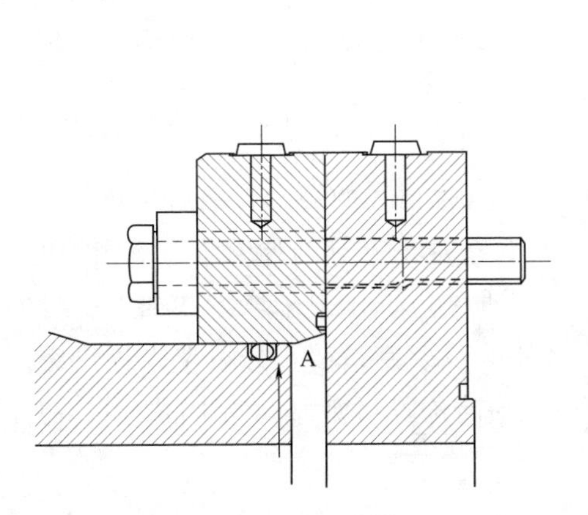

图1　伸缩节密封装配

图2　锈蚀的伸缩节密封槽

天荒坪电站伸缩节材料为高强度合金钢TStE355，对锈蚀以及磨蚀耐受度不高，由于长时间高压水冲刷，密封槽各面（如图3中①②③④⑤⑥面）已严重锈蚀，盘根与密封槽不能严密接触，起不到密封效果，锈蚀实际情况如图2所示。

2　改造工艺

2.1　密封槽车削

要将密封槽恢复到投产初期的效果，需要将锈蚀的密封槽削除，在原来的位置进行堆焊，再加工出新的密封槽。以伸缩节外侧加工面为基准将当前的密封槽上锈蚀部位车掉，此过程不需要十分精确，以锈蚀部全部削除为止，车后效果如图4所示。

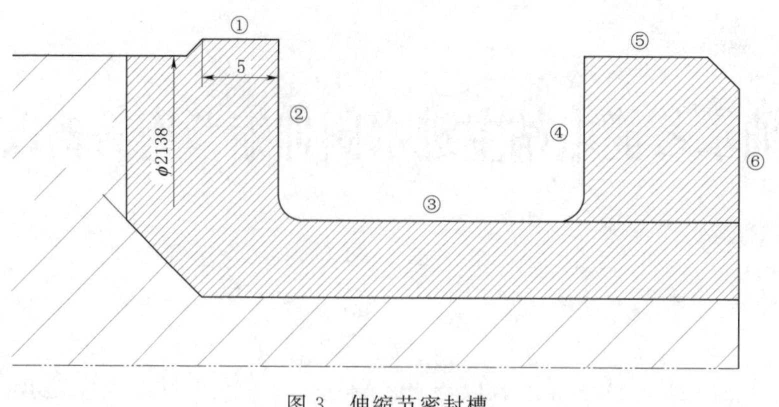

图3 伸缩节密封槽

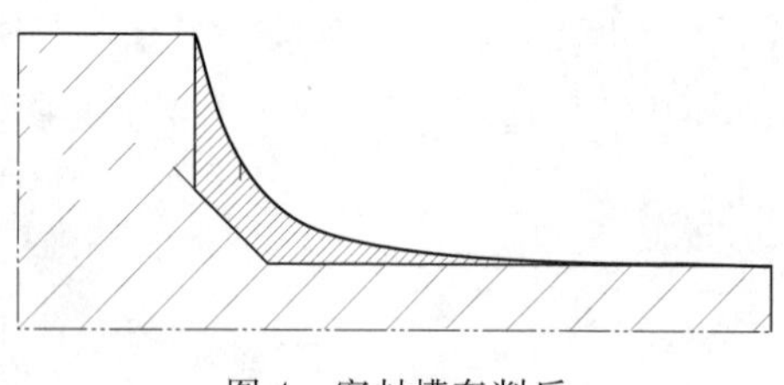

图4 密封槽车削后

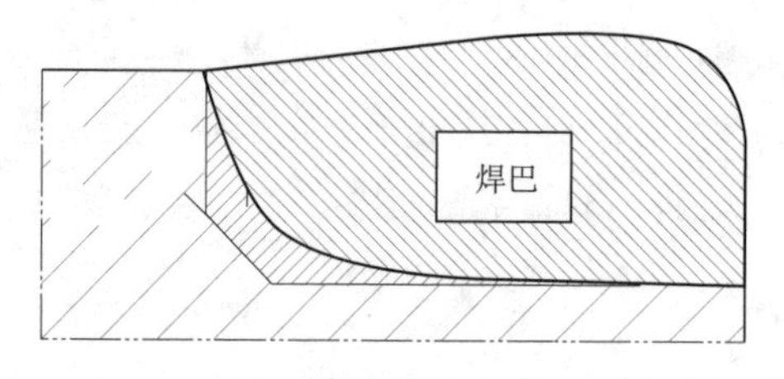

图5 密封槽堆焊后

2.2 密封槽堆焊

为了防止伸缩节密封槽运行后再次发生锈蚀，密封槽车掉之后堆焊不锈钢（见图5）。为了防止堆焊过程中，伸缩节因受热导致变形，在伸缩节内侧需装设固定工装，紧贴伸缩节内壁，防止伸缩节径向变形。堆焊时，采用奥氏体不锈钢打底，马氏体不锈钢堆焊。

2.3 密封槽探伤

堆焊之后需要进行热处理，以消除焊接残余应力。首先对焊缝进行100%着色及超声波探伤，确保焊缝无缺陷，然后以50℃/h的速度加热至200℃，保温一段时间后，在空气中冷却。达到室温后再次探伤检查，确保没问题后再进行下一步。

2.4 车床加工

首先粗加工，将焊巴表面车平，此过程中要保留单边0.5mm的裕量，之后是精加工。精加工的重要环节是找圆心，必须保证密封槽的六个面（如图3中①②③④⑤⑥）与伸缩节另一侧的止口同圆心。

由于该基准面在伸缩节的内部靠下侧，定位有一定难度，工作中采取方法如下。将伸缩节竖直放于车床上，在底部四个方向均匀垫四个轴向支撑块，将伸缩节架空，给百分表架设提供空间，对应在伸缩节外侧装设四块径向支撑块，通过压紧力来调整伸缩节径向位置，如图6、图7所示。将止口平面调整至与车床同心之后，开始加工密封槽。

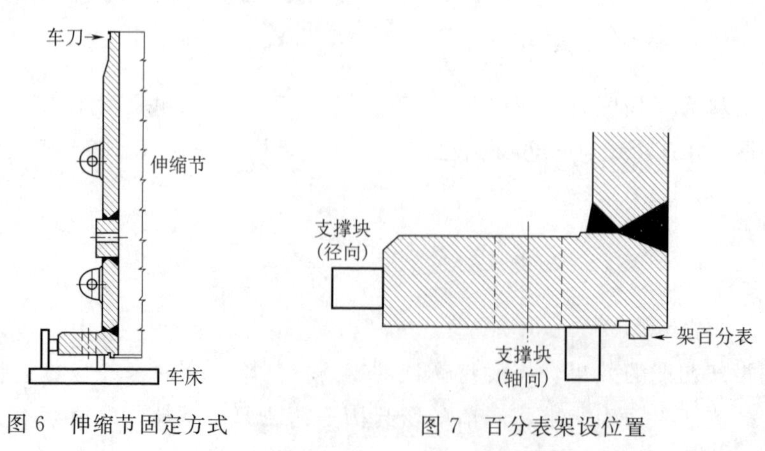

图6 伸缩节固定方式

图7 百分表架设位置

3　验收

3.1　数据测量

在伸缩节密封槽加工结束之后，为确保加工的精确性，要对密封槽各重要数据进行测量、验收。如图 3 中密封槽①面与松套法兰直接接触，尺寸精度要求较高，平面跳动不能高于 0.3mm。⑤面比①面单边小 1.0mm，保证在水压的作用下，密封盘根能可靠挤压。

3.2　无损检测

焊缝粗加工后，需进行硬度检测和着色探伤。焊缝精加工后，再次进行 100%超声检测及着色检测，确保加工质量。

4　试验

伸缩节在机组运行时承受上游侧高压，为确保改造的密封槽在运行期间的密封效果，在出厂前需做渗漏试验。试验步骤如下。

4.1　工装加工

根据伸缩节尺寸，加工出试验工装，与伸缩节装配后，能形成一个密封腔，通过对密封的耐压试验，来检测密封槽的密封效果。工装分位两部分，包括盖板和缸体，如图 8 和图 9 所示。

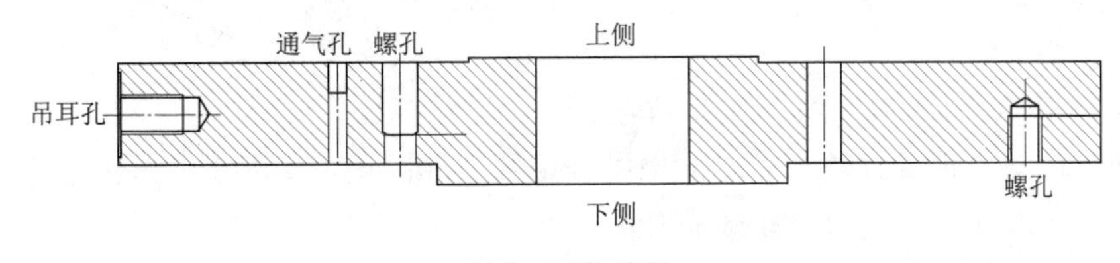

图 8　工装盖板

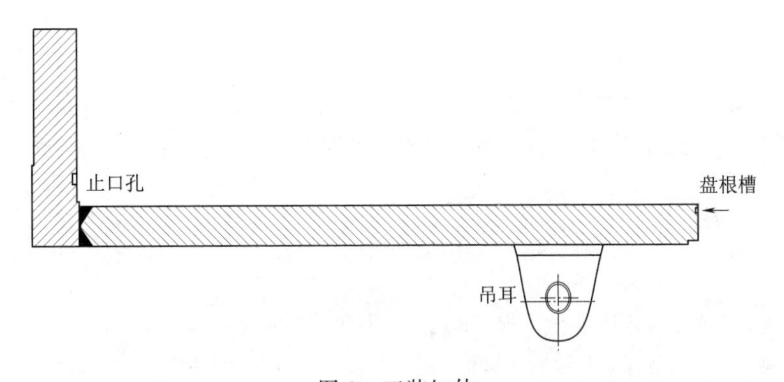

图 9　工装缸体

4.2　工装装配

将伸缩节套在工装缸体上，在上侧封上盖板，将水注进伸缩节与工装之间，盖板与缸体通过 64 颗 M30×200 螺栓连接，充水阀采用工作旁通阀孔，排水孔采用蜗壳排水阀孔，压力表计接在蜗壳排气阀孔上，在盖板上开设打压排气孔。底座与缸体通过 M30×16 螺栓以及垫片连接。伸缩节底座螺栓孔是 M85 通孔，未设螺纹，螺栓先贯穿底座，再通过 1250N・m 的力矩与缸体把合，伸缩节底座与缸体的把合通过螺栓及垫片的压紧力实现。将松套法兰固定在盖板上，盖板上侧开设 M35 螺孔，通过螺栓与缸体连接，正好将松套法兰套在密封槽处。松套法兰与伸缩节的装配方式与正式回装时相同，如图 10 所示。

4.3　渗漏试验

在试验前先检查伸缩节各孔洞可靠封堵，包括进人门、压力表接头等，具体试验步骤如下：

(1) 打开端盖排气孔；

(2) 在伸缩节与缸体之间注水；

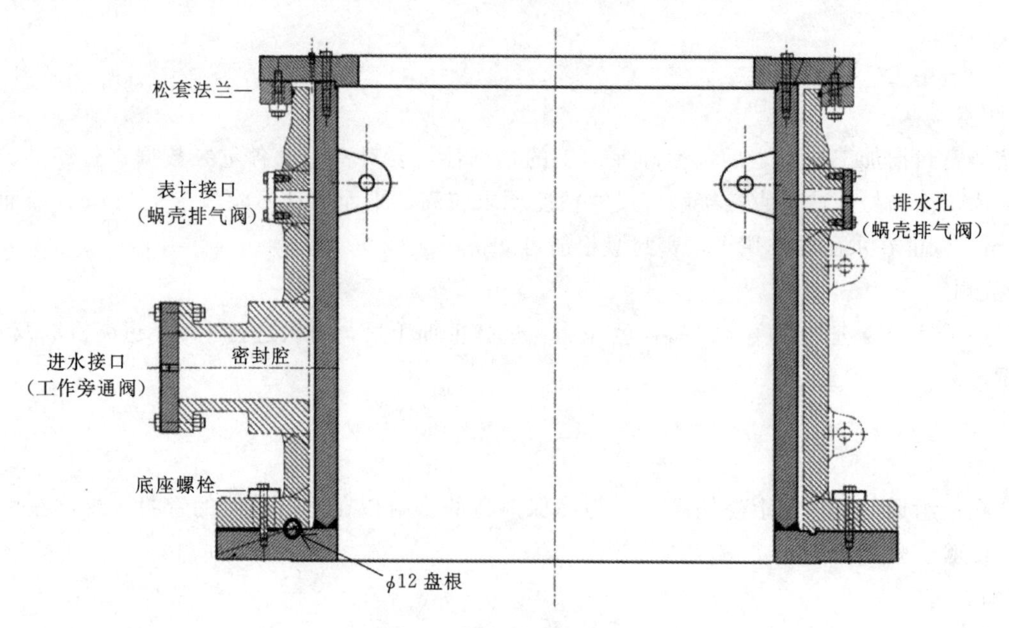

图10 整体装配图

（3）通过电动打压泵增压，等到端盖排气孔中有水流溢出时，停止打压；

（4）关闭排气孔并封堵；

（5）启动电动打压泵，直至压力表计显示值在3.3MPa左右；

（6）使用手动打压泵，将压力精调至3.33MPa，观察15min看有无漏水或压力下降情况；

（7）启动电动打压泵，直至压力表计显示值在6.6MPa左右；

（8）使用手动打压泵，将压力调整至6.67MPa，观察30min看有无漏水或压力下降情况。

5 结语

伸缩节是重要的过流部件，其密封性能的优劣直接关系到机组的安全运行，天荒坪电站伸缩节密封槽改造后运行效果良好，达到了改造预期目的，有效地提高了机组运行的可靠性，减轻检修人员的工作量。

参考文献

[1] 李浩良，孙华平. 抽水蓄能电站运行与管理［M］. 杭州：浙江大学出版社，2013.

[2] 李亚江，刘强，王娟. 焊接质量控制与检验［M］. 4版. 北京：化学工业出版社，2019.

金寨电站超长引水压力斜井导井一次成孔施工技术

田树申

（中国水利水电第六工程局有限公司，辽宁省沈阳市 110000）

【摘 要】金寨抽水蓄能电站超长引水压力斜井工期紧、作业强度高、存在断层等不良地质现象，施工安全风险大，导孔精度难以保证。为降低导孔偏斜风险及保证工程进度，本工程超长压力斜井采用反井钻机直接成型 2.4m 直径导井新技术，引进 TR-3000 反井钻机，通过合理配置稳定钻杆和钻头，开孔前安装开孔稳定器，优化钻进参数，创新钻进工艺，实现了超长斜井导孔小偏斜成孔和反井钻机直接成型 2.4m 直径导井。

【关键词】金寨蓄能电站 超长斜井 2.4m 直径导井 一次成孔

1 概述

金寨抽水蓄能电站（以下简称“金寨电站”）位于安徽省金寨县张冲乡境内，电站安装 4 台单机容量 300MW 的混流可逆式水轮发电机组，总装机容量 1200MW。枢纽建筑物由上水库、输水系统、地下厂房系统、地面开关站及下水库等组成。

引水系统共 2 条引水主洞，均采用两级斜井布置，包括上平洞、上斜井、中平洞、下斜井、下平洞。上斜井全长 200.86m，为直径 8.4m 圆形断面；下斜井全长 308.15m，为直径 7.6m 马蹄形断面。两条压力管道相距约 54m。

2 施工方案选择

早前水电行业斜井施工比较常用的施工方法是爬罐法，即用爬罐开挖导井，再由人工采用钻爆方法扩挖至设计断面。经过多年的实践，人们发现爬罐开挖导井不但在施工安全保障上存在一定局限，且施工速度较低，因此已逐渐被淘汰。近年斜井导井施工中，采用反井钻“先导后扩法”开挖已成为主流施工方法，即先钻设一定直径的导孔，再反提钻头扩大成导井，最后由人工从上而下采用钻爆方法扩挖至设计断面。

反井钻“先导后扩法”开挖超长斜井导井时，因导孔偏斜大，常出现井底找不到导孔而中断施工，进而严重影响工期。目前国内外超长引水压力斜井导井普遍采用上部人工开挖正导井和下部爬罐开挖反导井相结合，或上部采用常规 LM-400/500 型反井钻机施工导井和下部爬罐开挖反导井、中部增加临时支洞相结合的施工方法。

基于金寨电站斜井长度长、工期紧、存在断层等情况，导孔孔斜难以保证。为降低导孔偏斜风险及保证工程进度，本工程下斜井施工引进 TR-3000 型反井钻机，采用直径 311mm 钻头钻先导孔，再反提刀盘成型直径 2.4m 导井。TR-3000 型反井钻机主要参数见表 1。

表 1 TR-3000 型反井钻机主要参数表

技术参数类别			数值
1	直径	导孔直径/mm	311
		扩孔直径/m	2.4～3.1
2	扭矩/(kN·m)	导孔施工扭矩	78
		扩孔施工扭矩	237
		最大扭矩	266

续表

技术参数类别			数值
3	推（拉）力/kN	导孔推力	1647
		扩孔拉力	4450
4	转速/(r/min)	导孔施工	0～57
		扩孔施工	0～13
5	角度/(°)	钻孔角度	45～90
6	钻杆/mm	稳定钻杆	ϕ311×1524
		标准钻杆	ϕ286×1524
7	功率及电压	钻机功率/kW	352
		工作电压/V	400～690
8	工作场地尺寸/(m×m×m)	长×宽×高	15×6×6
9	运输尺寸/(m×m×m)	长×宽×高	3.5×3.5×7
10	主机重量/t		19

TR－3000型反井钻机整机由澳大利亚特瑞特克生产，相对犀牛400/500等钻机具有安全性好、导孔精度高、成井质量好、反提口径大等特点，最大扩孔直径3.1m，斜井最大钻孔深度311m。

本次扩孔直径2.4m，4条压力斜井扩挖过程未发生堵井事故，说明直径2.4m的导井可以满足扩挖施工溜渣需要。

3 斜井反井钻机施工技术

3.1 反井钻机导孔施工技术

近年来，随着抽水蓄能电站不断开工建设，反井钻机在竖井和斜井开挖施工中得到了广泛的应用，其快速、安全的优点已被工程界所接受。但根据国内已完工和正在施工的压力斜井导井开挖实践看，利用常规反井钻机施工最大的难点在于先导孔孔向偏斜的控制。由于钻头入孔后难以对其进行有效的监测，钻进过程中隐蔽未知因素多，利用常规测量仪器无法准确测得钻孔各部位的情况，不能及时有效地控制钻进方向。特别对于长度大于200m、倾角（与水平面夹角）小于60°的超长压力斜井，受重力作用钻杆弯曲和钻杆韧性的增加，孔向偏差更为突出，难以保证导孔孔斜精度。

（1）可能使钻孔发生偏斜的影响因素分析。

1）钻杆受重力和推进力进力作用发生弯曲变形。在超长压力斜井钻孔过程中，当钻入深度较浅时，由于钻杆刚度较大，钻头钻进方向不会发生偏移。当钻入深度达到一定值后，受重力作用，钻杆弯曲，钻杆中间段将下垂紧贴在钻孔下部孔壁上，钻杆施加给钻头的压力将不再与设计轴线方向一致，导致钻头向上部偏斜。当钻杆推进力较大时，由于钻杆与孔壁间有空隙，钻杆会产生弯曲变形，从而使钻头方向发生改变，进而产生钻孔孔向偏移。此时孔向的偏移方向是随机的，上、下、左、右都有可能，而不仅仅是上下方向的偏移。

2）钻头受岩石反作用力的影响。在没有层理或断层的坚硬岩层中钻进时，因岩层的反作用力造成的钻孔偏斜较少发生，但是当岩石硬度和层理发生变化时，导孔钻头钻进方向在很大程度上取决于钻头下表面和岩层层理表面接触的角度，如果角度小，钻头一般沿着朝岩层平面平行的方向钻进；如果角度大，则朝着与岩层平面垂直的方向钻进。

3）钻孔内岩屑沉积的影响。钻机钻进过程中，利用清水或者泥浆将钻孔内的岩屑直接排出钻孔。如果孔底的岩屑不能被及时清理排出、聚集在钻孔下部时，直接和岩石接触的稳定钻杆受到岩屑向上的托力，将导致钻孔发生向上偏斜。

总的来说，钻孔的偏斜情况主要取决于钻杆情况、钻头载荷、岩石特性和钻井参数等，其中一种或几种因素综合作用都有可能使钻孔发生偏斜。经验表明，在高转速、低钻压、清洗效果好的条件下，钻孔的偏斜较小。

(2) 导孔施工过程中偏斜控制。

1) 设置偏差预纠偏角。金寨电站1号、2号压力上斜井施工时，发现两条井的导孔钻孔偏差方向都是往下方偏斜，且每百米的偏差值接近。根据上斜井导孔施工经验，在下斜井导孔开钻前，适当调整钻机偏差预纠偏角，设定导孔的开孔倾角为49°40′（设计斜井角度为50°），以纠正由岩石局部破碎导致的下偏差；方位角在设计角度的基础上向左调整0.4°，以纠正导孔施工过程中的右偏差。

2) 开孔钻进。下斜井导孔开孔前再用全站仪仔细校核主机开孔角度，正确安装好开孔稳定器，并在孔口位置加工安装钻杆扶正器稳住钻杆，防止钻具在开孔阶段发生偏差，用开孔钻杆低钻压、低钻速开孔，正常钻进每隔10min左右采用手动逆时针旋转慢速钻进，开孔深度不低于3m。开孔完成后，取出开孔钻杆及开孔器，安装稳定钻杆开始正常钻进。在软岩层向硬岩层过渡时，不能快速加压，须等导向杆和稳定杆部分进入硬岩时方可慢慢加至正常压力。

3) 合理控制钻进速度。钻进参数控制对于导孔孔斜偏差有很大影响，具体的钻进参数见表2。

表2　导孔钻进参数表

序号	施工阶段	扭矩范围/(kN·m)	推力/Psi	转速/(r/min)	备　注
1	开孔	3.5～7.0	1000～1200	5.3～10.5	开孔深度为3m
2	正常钻进	17.5～42	1500～1750	21～26.3	钻进速度控制在0.7m/h左右
3	终孔前5m	21～45.5	1200～1400	15.7～21	钻进速度控制在0.5min/h左右

4) 合理配置稳定钻杆。稳定钻杆的作用主要是控制钻头在钻进过程中顺开孔方向直线钻进，所以稳定钻杆和钻头直径的合理配置是保证钻孔精度的重要条件之一。为了防止导孔钻进一定深度后，受重力和钻进力影响使钻杆施加给钻头的力发生改变进而使孔向发生偏移，根据超长斜井井深、岩石情况及金寨电站上斜井的施工经验，在下斜井施工中第1、2、3、7根配置稳定钻杆。将稳定钻杆配置在靠近钻头的前端，由于钻杆与钻头直径一致，利用钻孔孔壁的束缚将钻杆前端强制摆正，使钻杆轴线方向与原孔向一致，以此达到纠正孔向偏差的目的，有效地控制导孔精度。

5) 偏差测量。反井钻机导孔施工中，钻孔偏差测量是必不可少的辅助手段之一。钻头进入岩石后，对其偏斜的方位无法进行有效监控，只能通过测斜仪进行偏差测量，掌握其情况，确定偏差是否在允许可控范围，指导下一步钻进。偏差测量次数根据井深而定，金寨电站下斜井导孔钻设过程中采用陀螺测斜仪进行测斜，每30m测量一次，除此之外，每次在导孔通过不良地层之后，及时进行偏差测量并进行偏差纠正。

6) 不良地质段的技术处理措施。常规斜井导孔在钻进过程中，钻杆遇到断层、裂隙、溶沟、溶槽或软弱夹层等不良地质段时，导孔会发生偏斜，容易导致导孔偏离原设计轴线。遇到因地质情况而无法继续导孔钻进时，要进行灌浆处理，拌制0.4～0.55水灰比的水泥浆或水泥砂浆，通过灌浆设备或人工自流输送浆液的方法进行封孔灌浆，利用浆液填充断层、裂隙、溶沟、溶槽，灌注浆液36h后即可进行扫孔施工。

金寨电站下斜井穿过两条相邻的断层f317及f318，总厚度约1.8m，断层层间破碎夹泥，有少量裂隙水。但下斜井导孔钻进过程中未进行灌浆处理，采用泥浆作为断层带钻进时的护壁、冲渣、润滑介质，在断层带直接进行钻进作业，避免了常规钻进在断层带先用水泥浆固结孔壁再钻进工序，提高了效率，加快了进度，节约了成本。

3.2 反井钻机导井施工技术

导孔贯穿后，在下部隧洞用液压拆杆器拆掉导孔钻头，连接好扩孔刀盘，开始自下而上的提拉扩孔，扩孔钻进时破碎下来的岩屑靠自重落到下平洞，由铲运机和其他装载设备运出。

(1) 扩孔参数控制。扩孔钻进时的扭矩、推力和转速控制见表3。

表 3 扩孔钻进参数表

序号	施工阶段	旋转扭矩/(kN·m)	扩孔拉力/Psi	转速/(r/min)	备注
1	开始扩孔	31.5～84	500～800	3.75	
2	正常扩孔	84～147	700～2000	3.75～7.5	
3	终孔前 3m	31.5～52.5	500～600	3.75	

注 表中数据仅为控制参考，在实施过程中，应根据岩性变化和扭矩变化情况，不断调整钻进参数，以取得最佳推力和钻进速度。

1）当扩孔钻头接好后，慢速上提钻具。直到滚刀开始接触岩石，然后停止上提，慢慢给进、保证钻头滚刀不受过大的冲击而破坏。开始扩孔时，下边要有人观察，将情况及时通知操作人员，等钻头全部均匀接触岩石，才能适当增大扭矩和拉力，开始正常扩孔钻进。

2）扩孔刀盘完全进入岩石后，确保全部滚刀均匀受力，可以适当加大提升拉力和转速进行扩孔，遇到破碎带时，要及时将钻进压力、转速降下来，尽量使反井钻机振动小，平稳运行。如果岩石非常破碎，除了及时降低钻进压力外，要将转速降低，避免产生较大的振动；操作手要时刻注意听扩孔刀盘钻进岩石发出的声音是否平稳，判断岩层变化情况，观察液压表上旋转扭矩和各种扩孔参数的变化，发现异常及时调整。当岩石硬度较大，可适当增加钻压，反之可以减少钻压。

3）当钻头钻至距上井口 3m 时，要降低钻压慢速钻进，慢慢的扩孔，直至扩孔完成。扩孔过程中，要认真观察斜井上井口周围是否有异常现象，如果有，要及时采取措施处理。密切注意滚刀不能磨到钻机底脚（底脚板）或其他部件、地脚锚杆等，如碰到及时停机。

（2）扩孔注意事项。

1）扩孔钻进之前，应在上下井口之间建立良好的通信（例如有线电话），以利于导孔钻头的拆卸和扩孔钻头的安装。实在无法建立上下井口通信的工作面，用大锤敲击钻杆的方式传递信号，在安装刀盘之前，上下井口的操作人员必须确认信号，形成一致，在安装过程中，上下井口人员必须认真听信号，待准确无误后方可操作。

2）反井钻机操作手要注意力集中，精心操作，听到异常声音或有异常振动等情况时，及时停机处理，随时观察设备运行情况和机架固定情况。

3）要求操作手每班都要对活动套进行仔细检查，发现松动或者丝扣磨损严重，必须及时紧固或更换。当扩完一根钻杆时，拆出钻杆，在丝扣上抹丝扣油后再扭紧丝扣到规定扭矩（1800Psi），然后取去卡瓦，调低推进压力开始旋转推进，等钻头和岩石完全接触后，再慢慢调整推进力到合适大小开始正常扩孔施工。扩孔过程也是拆钻杆的过程，拆下的钻杆要进行必要的清理，上油带好保护帽。

4）扩孔施工中，每小时用水 $5m^3$ 左右，必须设有沉淀过滤池和良好的排水系统。

5）施工中要查看下井口的出渣情况，并及时用铲运机或其他铲运设备清理扩孔破碎下来的岩屑，防止下井口被堵塞。出渣之前必须通知钻机操作人员先停机，停机后才能出渣，防止发生安全事故。出渣完成后拉好警示带和安全标识，人员离开后才能通知钻机操作人员开机继续扩孔施工。

6）在扩孔施工到 5m 左右时，把扩孔刀盘下放至下井口，彻底检查刀盘、中心杆、刀座，并检查所有连接螺栓的扭矩是否达到要求。

7）活动套是反井钻机较容易出现问题的部位，稍有不慎就会发生严重后果，所以要求操作手每班都要对活动套的丝扣进行仔细检查，如有问题及时更换；检查六方承载接头，如果出现松动要及时紧固。

8）下井口应做好安全警示，防止落石伤人，并派专人注意落渣情况，及时出渣，防止发生堵井事故。

（3）收尾阶段。扩孔完成，经过钻头吊装、拆机、清理工作面、井口防护、工作面移交等工作后结束施工。

3.3 超长压力斜井导孔、导井贯通测量成果偏差分析

金寨电站 4 条长压力斜井，导孔均精准贯通，1 号引水上斜井导孔偏斜率 0.92%；2 号引水上斜井导孔偏斜率 0.9%；1 号引水下斜井导孔偏斜率 0.45%；2 号引水下斜井导孔偏斜率 0.34%。各导孔的实际偏斜见表 4。

表 4　导孔偏斜值表

部　位	导孔长度/m	偏　斜　值/m
引水 1 号上斜井	162.7	向左偏 1.5，向下偏 0.7
引水 2 号上斜井	162.7	向左偏 1.47，向上偏 1.47
引水 1 号下斜井	278	向左偏 1.25，向上偏 0.65
引水 2 号下斜井	278	向左偏 0.95，向下偏 0.41

4　结语

金寨电站引水压力斜井施工引进 TR－3000 型反井钻机，实现了长达 278m 的导孔小偏斜成孔，一次性高精度成型长度达 278m 的 ϕ2.4m 导井，是水电行业导井施工工艺的一次提升，实现了安全、快速、高效施工，取得了大口径反井钻在超长引水压力斜井导井施工的经验。

悬空液压钢模台车在敦化抽水蓄能电站工程中的应用及监理控制措施

姚胜利
（中国水利水电建设工程咨询西北有限公司，陕西省西安市 710100）

【摘　要】本文介绍了在距离地面10m高的位置采用悬空液压钢模台车进行大型洞室顶拱混凝土衬砌施工的新工艺，在抽水蓄能电站中尚属首次使用。本文通过对其台车构造、工艺的研究，总结出了这种新型工艺的特点及监理控制要点，对于以后大断面洞室混凝土顶拱衬砌具有借鉴和指导意义。

【关键词】悬空　液压　钢模台车　抽水蓄能电站

1　引言

目前国内对大断面城门洞型洞室顶拱混凝土衬砌基本上采用两种方式：①采用满堂脚手架支撑或下部预埋型钢搭设框架平台，平台上搭设矮脚手架支撑，标准小钢模板拼装成顶弧模板的施工方案；②采用钢模台车整体衬砌方案。前者适用于衬砌长度较小的洞室，需要脚手架数量多，耗费钢材多，施工进度慢，人员需要在高处长时间作业，风险因素升高；后者耗费钢材多，一个直径10m左右洞室用的钢模台车重量为100t左右，在洞内组装时需要对对洞室进行扩挖，从现场准备到安装完成需要3个月左右的时间。

吉林敦化抽水蓄能电站尾水调压井上室施工跨度10.5m，高度13m，长度72m，城门洞型，全洞室钢筋混凝土衬砌，双层配筋结构。衬砌厚度80cm。钢筋制安量67t，混凝土总量807m^3。顶拱衬砌采用了与传统工艺完全不同的新工艺，即悬空液压钢模台车衬砌施工工艺，既保证了混凝土外观质量，也减少一次性钢材消耗和现场工作量，加快了施工速度，极大降低安全风险。该工艺是对传统工艺的创新，值得类似结构洞室衬砌施工借鉴。

2　台车介绍

2.1　悬空液压钢模台车构造

悬空液压钢模台车系统，由预埋螺栓、爬锥、受力螺栓、挂靴、端桁架、贝雷架、花篮螺杆支撑、下拱架、中拱架、顶拱架、顶拱弧形模板和液压行走机构构成，总重量38.5t。关系施工质量和施工安全的关键部件是模板、顶拱桁架、花篮螺杆支撑、贝雷桁架和受力螺栓。

预埋螺栓规格ϕ36mm高强钢。顶拱模板结构组成是：面板为4mm厚Q235钢板，竖向次肋、横向主肋、横边框和竖边框均为宽70mm厚4mm的Q235钢板带，纵横间距300mm；贝雷梁用贝雷桁架，上下横杆采用［10号热轧槽钢制作，其材质为Q235钢，间距90cm；模板弧形支架与模板焊接成整体，与花篮螺杆铰接连接，弧形支架采用ϕ48×3.5mm钢管弯制而成。花篮螺杆采用ϕ75mm钢管制作而成。

2.2　悬空液压钢模台车组装

在边墙衬砌施工至拱肩以下1.05m位置时，预埋M24mm×300mm（L型）预埋螺栓和M36-24爬锥。爬锥可通过扳手从墙里取出后反复周转使用。挂靴间距1.5m，每个挂靴通过两个M36mm×50mm受力螺栓与爬锥和预埋螺栓连接。爬行轨道连接在挂靴上。贝雷架两端有端桁架，端桁架下设有滚轮，滚轮沿爬行轨道滚动。为避免施工荷载集中于爬行轨道，增加贝雷架的稳定性，在端桁架两侧设有骑马支撑。

贝雷架与下拱架、中拱架、顶拱架间通过花篮螺杆支撑进行连接，拱架外侧为顶拱弧形模板，顶拱弧形模板沿洞室长度方向长 9.9m，总共 11 组，外加接茬模板 0.1m，总长度为 10m/仓。拱架和贝雷架及花篮螺杆支撑共 12 列，间距 90cm。所有零部件重量均不超过 100kg，人工操作方便。

2.3 悬空液压钢模台车工作原理

（1）支模与脱模。通过调节花篮螺杆支撑进行支模和脱模，脱模顺序为拱底模板，拱中模板，拱顶模板。

（2）悬空液压钢模台车的行走原理。液压千斤顶一端通过连接杆与模架连接，另一端换向盒在爬行轨道上滑动，利用液压千斤顶带动模架通过滚轮沿爬行轨道表面滑行，前、后爬互为支点实现连续互爬动作。

2.4 结构验算

（1）设计计算内容。验算在顶板混凝土浇筑状态下模板、顶拱架、花篮螺杆支撑、贝雷桁架的强度和刚度是否足够及受力螺栓的抗剪强度是否足够。设计计算的主要内容和步骤框图见图 1。

（2）计算结果。混凝土上升速度 0.45m/h，各部件强度、刚性满足要求；下部贝雷梁最大扰度 13.3mm，贝雷桁架扰度满足规范要求。

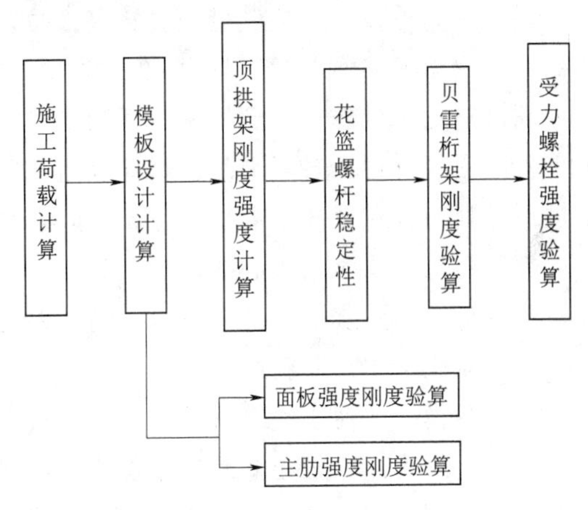

图 1　设计计算的主要内容和步骤框图

3 顶拱衬砌施工

3.1 施工程序

（1）总体施工程序，从一端（1 号调压井顶部）向另一端（2 号调压井顶部）分段施工。

（2）先浇筑边墙，所有边墙浇筑完成后再进行顶拱混凝土施工。边墙混凝土浇筑至拱肩以下 1.05m 处时预埋螺栓，待侧墙混凝土强度达到 1MPa 以上时，拆掉侧墙模板，露出螺栓。然后进行顶拱模板支撑体系安装。

（3）顶拱衬砌工艺流程。用受力螺栓将挂靴与爬锥固定→将爬行轨道与挂靴用螺栓连接紧固→在轨道上安装贝雷桁架→搭设钢筋安装平台→钢筋及埋件安装、验收→拆除钢筋安装平台→组装花篮螺杆支撑→安装拱架及模板→支模到位→安装液压行走系统→验收模板→浇筑混凝土→脱模→表面检查及缺陷处理→移动模架行走到下一个仓位→开始下一个施工循环。

3.2 施工方法

尾水调压井上室顶拱衬砌分为 8 个仓号，沿长度方向最大长度 10m，仓号高度 3m，跨度 10.5m，距离地面高度 10m。尾水调压井上室顶拱混凝土浇筑顺序及各仓长度见图 2。

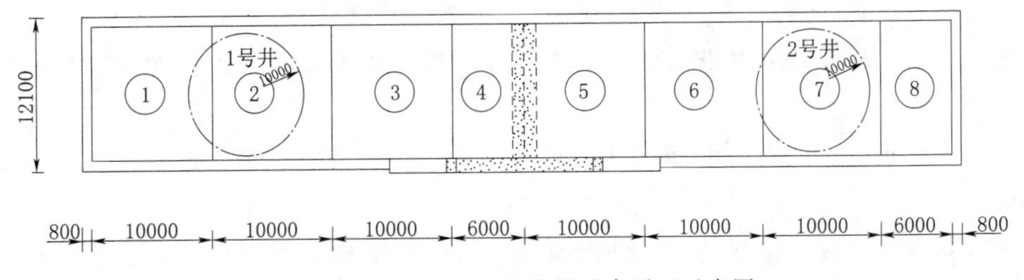

图 2　尾水调压井上室浇筑顺序平面示意图

（1）首仓台车支架、钢筋及模板安装。首仓采用 12t 吊车配合进行爬行轨道及贝雷桁架安装，贝雷桁架搭设完成后，在顶拱中心向下 1.7m 高度处搭设钢筋施工平台，进行顶拱钢筋安装。钢筋安装完成并验收合格后，安装花篮螺杆和弧形拱架，再安装模板，通过花篮螺杆调整模板到位。

钢筋安装的同时安装止水、回填灌浆预埋钢管、接地铜绞线。安装钢筋时贝雷架上钢筋不集中堆放，钢筋连接焊接采用手工电弧焊。

（2）悬空液压顶拱式钢台车移位。先浇筑仓号浇筑完成并待强后，通过花篮螺杆收缩脱模，用液压拉模系统将钢台车移动到后浇筑仓号位置。

（3）后续仓号钢筋安装。悬空液压顶拱式钢台车就位后，钢筋从上下游边墙、自台车端部人工转料安装和焊接（顶部设计空间80cm，花篮螺杆可调节范围40cm）。仓面验收合格后，调节花篮螺杆螺纹丝杠，确保模板与先浇筑单元混凝土面接触紧密，搭接平顺。

（4）堵头模板施工。悬空液压钢模台车就位后，进行堵头模板封堵。堵头模板采用木模板拼装，28mm钢筋做围囹，内设拉条固定。

（5）混凝土入仓。混凝土采用HB60泵泵送入仓，混凝土泵布置在调压井上室底板，泵管通过脚手架管搭设的井字架固定，井字架钢管间排距1.5m×1.5m，步距1.5m，模板顶部设3处上料口，间距3m。混凝土泵管输出端管口由上料口直接进入仓位，采用附着式平面振捣器振捣，在整个浇筑过程中，严格混凝土浇筑速度，并保持左右对称，上升速度不大于45cm/h。浇筑混凝土时要时刻注意混凝土面高度，观察模板及拱架是否有变形及漏浆，发现问题立即停浇，及时处理。

（6）平仓振捣。顶拱混凝土浇筑因人员及设备无法进入浇筑仓内，布置25台附着式平板振捣器，振捣器的开启顺序必须严密，顶拱初进料时，拱腰的振捣器伴随进料开启，使混凝土能流动和平铺仓面，以保证进料的均匀畅通；到拱尖位置时，拱顶振捣器可以开启，但只能在正在进料的孔周边开启，暂时未进料的不得开启。最后混凝土填充满后，所有振捣器同时开启，振捣5min后关闭，振捣全部结束。每个拱顶进料口控制段拱顶混凝土浇筑时间必须控制在6h以内。

（7）封拱。拱顶沿中心线左右两侧对称、均匀地浇筑，以免混凝土对模板产生过高的偏压力，引起模板的变形，影响浇筑的正常进行。封拱时可采用封拱器将混凝土压入岩石的所有凹面内，填满整个顶拱，使混凝土与岩面紧密结合。

（8）脱模。混凝土浇筑完毕后，待混凝土达到5MPa后且不少于48h即可脱模。

脱模过程为：放松花篮螺杆定位支撑，使模板脱离混凝土面，由行走液压千斤顶带动行走机构，向前移动10m进入下一待浇仓位。脱模后，作业人员应及时清扫粘附在模板表面的粘连混凝土，人工在模板移动时涂刷脱模剂，进入下一施工循环。

4 安全及质量控制要点及监理控制措施

（1）总体思路。均布荷载20.655kN/m，采用液压拉模工艺进行混凝土施工，综合施工条件和施工方法，及《危险性较大的分部分项工程安全管理办法》（建质〔2009〕87号）附件中的危大工程类别判断，顶拱混凝土衬砌工程属于超过一定规模的危大工程。要严格按照危大工程安全管理规定开展各项安全管理工作。

（2）安全和质量的控制目标。混凝土整体顺直美观，表面密实、光洁、色泽均匀。移动台车安装、运行、拆除安全可控。

（3）管理程序。首先检查是否严格执行了危大工程专项方案的审查程序，及所报方案是否按专家组意见修改完善。

（4）结构受力安全审查。在内容审查时重点对构件受力计算方法、结果进行复核，对计算中的错误要求澄清、修改。

（5）构件及设备到场验收。定制模板、贝雷桁架、轨道、螺栓、液压系统、花篮螺栓支撑均进行了进厂验收，内容包括：出厂合格证、检测报告、材质证明。

（6）承包商组织机构及安全技术交底。承包商必须成立以现场项目负责人、总工程师、安全总监、生产负责人、作业队负责人、技术员、安全员等组成的组织机构，责任到人。施工单位技术负责人必须组织专家对专项方案进行评审，并签署审查意见，项目经理、总监理工程师审查签字后才同意实施。实施前，项目部技术负责人必须对全员进行安全技术交底。在模板组装前、钢筋安装前、混凝土浇筑前、模板拆除前均要求由现场技术人员、现场负责人对操作人员进行二次技术交底。以上交底工作监理均参加并见证。每天上班前现场安全员、负责人对员工必须进行5min安全培训。个人安全防护用品配置到位。所有安全活动要保留书面和音像资料。

(7) 安全及技术措施。

1) 安全标识标牌。现场布置危大工程告知牌，明确负责人姓名、安全风险及预控措施等，使得各级人员时刻对照可能产生的风险，掌握相应控制措施。

2) 安全监测设施。承重桁架（贝雷桁架）组装完成后在前端、中部、后端各榀桁架中间和1/4、1/2部位设立明显测量标志。在贝雷桁架架设到位后、钢筋安装完成、浇筑前，混凝土浇筑过程中均要进行挠度检查，接近允许挠度（13.3mm）前，要求停止施工，检查各构件无异常后才允许继续施工。混凝土浇筑速度严格控制在0.45m/h以内。首仓混凝土施工过程中要求用全站仪全程进行了观测、记录。

3) 模板、钢筋及预埋件质量控制。模板之间全部加设双面胶。钢筋安装必须设立定位锚筋，间隔1m左右在定位锚筋上设立钢筋安装位置标记，确保模板定位准确，同时做好接地及止水安装的质量检查。

4) 模板支撑体系搭设及验收。模板搭设期间，承包商技术员和监理人员每天巡视检查。搭设完成后在承包商自检合格的基础上，首仓模板及支撑系统验收由监理机构负责人、土建监理工程师、专职安全监理工程师共同验收。不允许混凝土泵管固定在模板及支撑系统上。

5) 混凝土拌和物质量控制。开仓前，监理试验人员检查配料单是否正确，进行了开盘鉴定工作，坍落度、和易性、含气量满足要求后才允许正式拌和浇筑。

6) 混凝土振捣顺序及时间控制。由于采用附着式振捣器振捣，附着式振捣器要具备单个启动振捣的控制条件，做到随着浇筑部位的不同分片、分区振捣。要求提前进行混凝土配合比调整，采用缓凝型减水剂，控制混凝土初凝时间不小于6h。督促人员实时调整受料橡胶软管出料方向，均匀下料。同时人员必须通过腰部观察窗口先用插入式振捣器振捣，之后再用附着式振捣器振捣。

浇筑过程承包商技术员、安全监理工程师全程进行了旁站监督。

7) 严格控制拆模时间，混凝土强度必须达到5MPa后才允许卸载花篮螺杆调节螺栓，实际在2d后拆模。

5 首仓工艺总结及取得的效果

首仓浇筑完成并拆模后，监理组织建设单位、承包商技术负责人、作业队负责人召开了首仓技术总结及工艺评审会。各方一致认为，拆模后混凝土表面光滑，整体外观质量良好，首仓混凝土浇筑过程控制到位。台车经测量人员及厂家人员现场排查，无变形、脱焊、裂缝等，证明采用悬空液压台车工艺浇筑尾水调压井上室顶拱混凝土取得圆满成功，完全符合安全及质量要求，拆模后混凝土外观见图3。

图3 施工场景及拆模后的混凝土外观

之后监理要求承包商在首仓工艺及经验的基础上，结合各方点评意见，形成标准化工艺作业指导书，指导后续仓号施工。

目前，尾水调压井上室顶拱混凝土已浇筑完成，历时 80d。每个仓号从准备到拆模用时 10d。每个仓号平均混凝土量 $129m^3$，浇筑时间 12h。平均小时浇筑强度 $11m^3/h$，平均上升速度 27cm/h，最大沉降量 5mm。模板拆除后，外观无明显缺陷，达到了预期的安全和质量目标。

从搭设贝雷桁架开始，每个仓号施工准备时间 7d，相比传统满堂红脚手架方案，提前工期 7d，节约工期 50%。

6 结语

敦化抽水蓄能电站利用悬空液压钢模台车浇筑大断面、大高度的城门洞型顶拱混凝土，提高了工效、节约了工期、减少了支撑体系用钢量、降低了安全风险、解决高空回填灌浆施工平台问题，值得推广和应用。监理工作的重点是确保施工安全，严格按超过一定规模的危大工程管理要求开展各项工作。

河北丰宁抽水蓄能电站地下厂房岩壁吊车梁开挖施工技术探索与研究

孔张宇　王兰普　刘双华　吕凤英　石艳龙

（河北丰宁抽水蓄能有限公司，河北省承德市　068363）

【摘　要】 岩壁吊车梁是一种特殊的梁体结构型式，该结构不设立柱，利用深孔锚杆将现浇钢筋混凝土梁锚固在预先开挖成型的岩台上，将梁体自重及承受的荷载通过锚杆及岩台传到岩体，充分发挥围岩的承载力，在抽水蓄能电站地下厂房工程中得到广泛应用。岩壁吊车梁岩台开挖是施工过程中的重要环节，其成型质量直接影响梁体结构受力情况及桥机的运行安全。河北丰宁抽水蓄能电站地下厂房地质条件较差，为保证岩壁吊车梁岩台开挖成型效果，在开挖前采取了全仿真开挖试验、灌浆试验、围岩预锚固试验，开挖中采用了临时喷护、改造钻孔样架、用PVC管代替竹片等一系列措施，最终取得了良好的成型效果，可为复杂地质条件下岩壁吊车梁岩台开挖施工提供借鉴。

【关键词】 地下厂房　岩壁吊车梁开挖

1　引言

河北丰宁抽水蓄能电站（以下简称丰宁电站）位于河北省承德市丰宁满族自治县境内，电站规划总装机容量3600MW，具有周调节性能，是目前世界上装机容量最大的抽水蓄能电站。地下厂房开挖尺寸为414m×25.0m×54.5m（长×宽×高），分9层开挖。

岩壁吊车梁地层岩性为三叠系干沟门单元中粗粒花岗岩，局部为变质闪长岩，岩体以微新岩体为主，围岩以次块状结构为主，局部有蚀变现象，发育的裂隙主要出露走向NE、NW两组，均为共轭剪节理，裂隙面多以平直、粗糙为主，充填岩屑、岩屑夹泥、锈膜为主，少见方解石、泥夹岩屑。围岩类别主要为Ⅲ类，局部断层出露部位为Ⅳ类，围岩等级分布不均匀，围岩整体稳定，局部稳定性差。

2　主要施工特点和难点

丰宁电站地下厂房岩壁吊车梁地层出露有断层及节理裂隙密集带，且大部分裂隙与厂房轴线交角较小，属于典型的陡倾角、小交角不利组合，出露蚀变岩体多沿结构面呈“串珠状”“透镜状”产出，在三维空间分布上具不连续性和随机性。开挖施工中，如何确保岩壁吊车梁岩台成型质量，提高岩台岩体完整性以及厂房边墙围岩的安全与稳定，是开挖支护施工的难点和重点。

3　主要施工方法

3.1　全仿真模拟试验

岩锚梁位于厂房开挖第Ⅲ层。为确定岩台开挖前预锚固、固结灌浆的加固措施合理参数，取得岩台竖向孔和斜面孔的孔距及线装药密度等爆破参数，厂房Ⅱ层中部拉槽后，在预留保护层部位开展了岩锚梁开挖全仿真模拟试验。

（1）预锚固试验：厂房Ⅱ层中部拉槽后对开挖面进行修整，选取一段保护层作为预锚固试验仿真岩台。在仿真岩台下拐点部位高程996.5m及高程995.5m安装间距为1m、长4.5m的璃纤维锚杆进行预锚固，通过仿真岩台下拐点开挖，对玻璃纤维锚杆预锚效果进行一次验证。现场开挖证明玻璃纤维锚杆抗拉强度高，抗剪和抗扭强度低，在不影响结构面开挖的情况下，对有节理裂隙发育的围岩进行的临时性

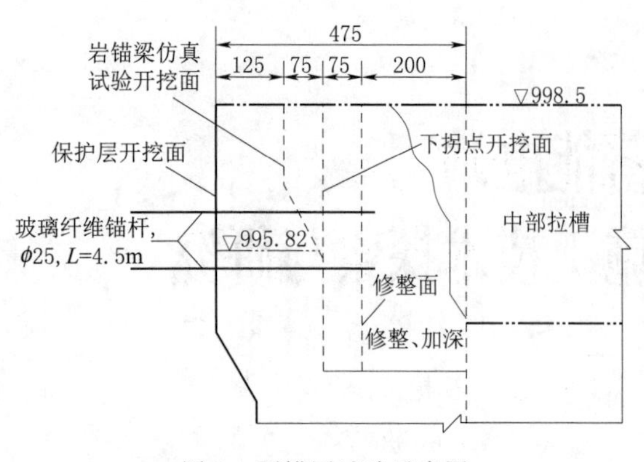

图1 预锚固试验示意图
（尺寸单位：cm；高程单位：m）

支护有较大效果。结合以上验证成果分别开展仿真岩台上拐点、斜面、预留保护层预锚固试验，试验结果均表明玻璃纤维锚杆对有节理裂隙发育的基岩面锚固作用效果显著，基岩面开挖效果较好。图1为预锚固试验示意图。

（2）预灌浆试验：厂房Ⅱ层中部拉槽后，根据揭露的岩石情况，选定预固结灌浆试验区。试验选取预固结灌浆16个孔（其中Ⅰ序孔11个，Ⅱ序孔5个），灌浆孔深度5.0m、5.4m、5.8m，灌浆孔间排距0.95m×1.5m，交错布置。灌浆孔采用潜孔钻造孔、橡胶塞孔口封阻、孔内循环、全孔一次低压限流无盖重灌浆。灌浆材料采用P.O 42.5普通硅酸盐水泥，细度要求通过80μm方孔筛的筛余量不大于5%，水灰比选用：2∶1、1∶1、0.8∶1和0.5∶1四个比级。采用2∶1水灰比起灌，无盖重固结灌浆采用全孔一次低压限流灌注，灌浆压力为0.2～0.5MPa，先施工的灌浆孔采取0.2MPa灌浆压力，稳压5min后视附近岩体抬动情况适当增加灌浆压力，以此类推。当某一比级浆液的注入量达300L以上或灌注时间达30min，而灌浆压力和注入率均无改变或改变不显著时，改浓一级；当注入率大于30L/min时，根据具体情况越级变浓。灌浆压力达到设计压力，单位注入率不大于1L/min后，继续灌注30min，方可结束本段灌浆。经对预灌区域爆破后观察，可以看到该灌浆方案处理后的岩石裂隙内有明显的水泥浆液填充，有将破碎的岩体黏和的作用。图2为预灌浆试验示意图。

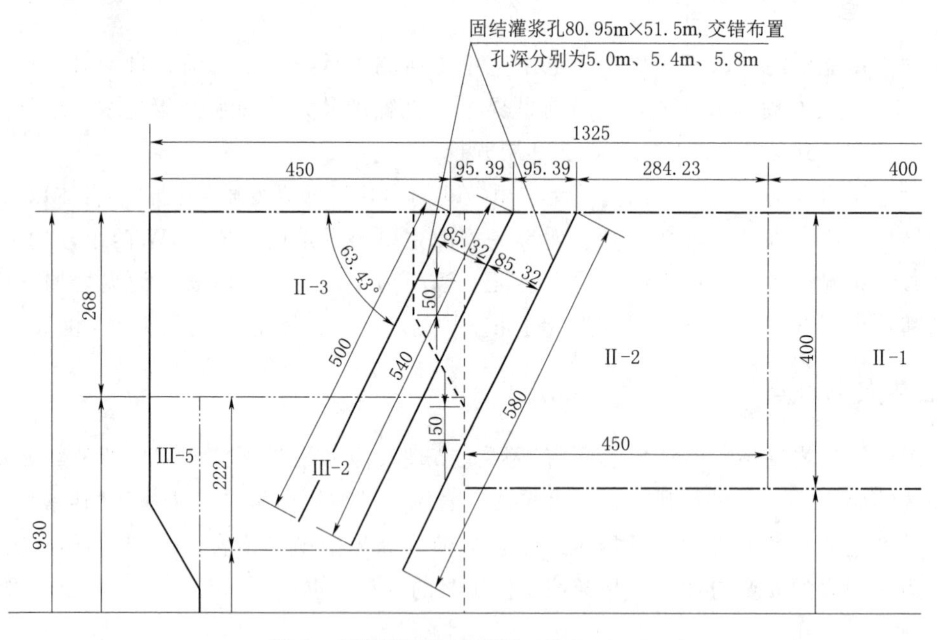

图2 预灌浆试验示意图（单位：cm）

（3）开挖试验：厂房Ⅱ层中部拉槽后，选定开挖试验区。开挖试验结合预锚固试验进行，玻璃纤维锚杆施作完成后，首先进行下拐点开挖面的光面爆破，再进行上拐点及斜面开挖爆破。下拐点开挖时搭设标准样架，孔间距30cm，采用不耦合装药，小药量、弱爆破。上拐点及斜面开挖爆破同样搭设标准样架，孔间距分30cm和40cm两种，两种孔间距试验段长度相同。开挖试验爆破参数和装药结构如图3所示。

通过预锚、预灌试验，经多次观察开挖后的效果，验证了玻璃纤维锚杆对节理裂隙组合和不利结构面发育的岩体的锚固作用效果显著。开挖试验的控制爆破后，经现场观察爆破开挖效果，确定爆破孔间距为30cm较为适宜，爆破参数以试验的参数为基础，根据围岩变化及节理裂隙发育情况进行适当调整。

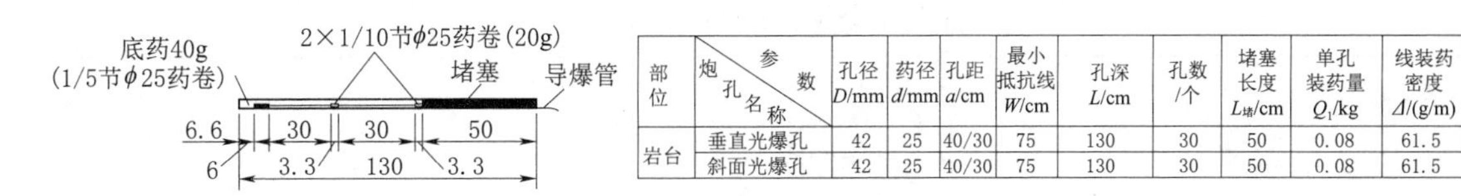

部位	参数 炮孔名称	孔径 D/mm	药径 d/mm	孔距 a/cm	最小抵抗线 W/cm	孔深 L/cm	孔数/个	堵塞长度 $L_{堵}$/cm	单孔装药量 Q_1/kg	线装药密度 Δ/(g/m)
岩台	垂直光爆孔	42	25	40/30	75	130	30	50	0.08	61.5
	斜面光爆孔	42	25	40/30	75	130	30	50	0.08	61.5

图 3　开挖试验爆破装药结构及参数图（尺寸单位：cm）

3.2　开挖分层及分区

岩壁吊车梁层开挖高度 6.55m（高程 995.55～989.00m），分 7 区进行开挖，岩台宽 0.75m，上拐点高程 994.319m，下拐点高程 993.020m，岩台斜面高差 1.299m，斜面与水平面的夹角为 60°。

为减少爆破振动对岩壁吊车梁周围岩体的扰动，保证岩台开挖成型质量，避免二次处理对岩台的再次破坏，主厂房Ⅲ层开挖采取先中部预裂拉槽，再开挖保护层，最后岩台开挖的施工方式。施工顺序为：中部拉槽宽度 8.0m（Ⅲ1 区）⟶手风钻开挖 4.5m 厚保护层（Ⅲ2 区）⟶上下两次光爆开挖厚 2.0m 保护层（Ⅲ3、Ⅲ4 区）⟶按照预锚固方案进行玻璃纤维锚杆预锚固施工⟶上下两次光爆开挖厚 2.0m 保护层（Ⅲ5、Ⅲ6 区）⟶岩台斜面光爆开挖（Ⅲ7 区）。为保证岩台开挖成型效果，岩台开挖分段长度不宜超过 10m，开挖后围岩须及时进行喷护封闭，光爆时预留出封闭混凝土空间。厂房Ⅲ层开挖分层及分区如图 4 所示。

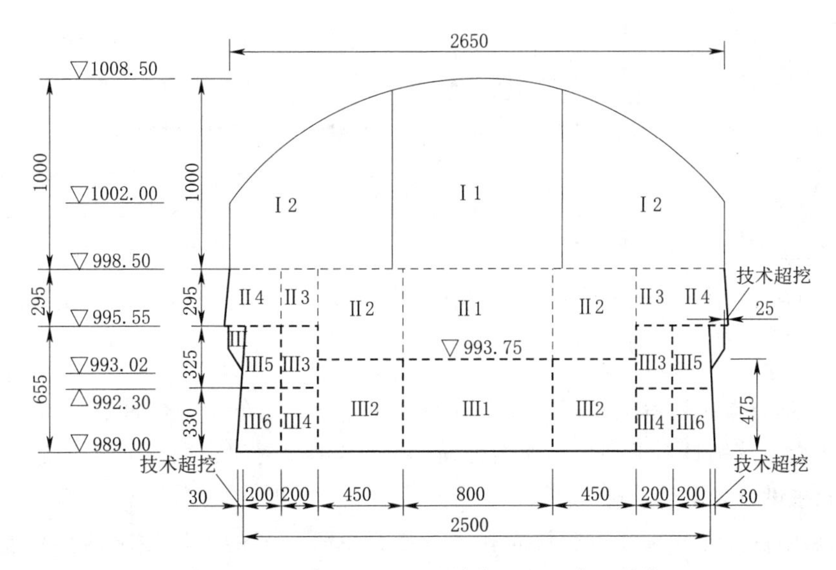

图 4　开挖分层及分区图（尺寸单位：cm；高程单位：m）

3.3　超前预固结灌浆

针对地质预报中揭露的断层和破碎带区域，在Ⅲ3 和Ⅲ4 区开挖后、Ⅲ5 和Ⅲ6 区开挖前，采取预灌浆措施对岩锚梁岩体提前进行加固。结合灌浆试验参数及现场实际情况拟定灌浆孔直径 50mm、孔距 1.0m、孔深 4.0m，灌浆压力 0.2～0.5MPa，具体部位根据开挖揭露岩石情况确定。预固结灌浆孔布置见图 5。

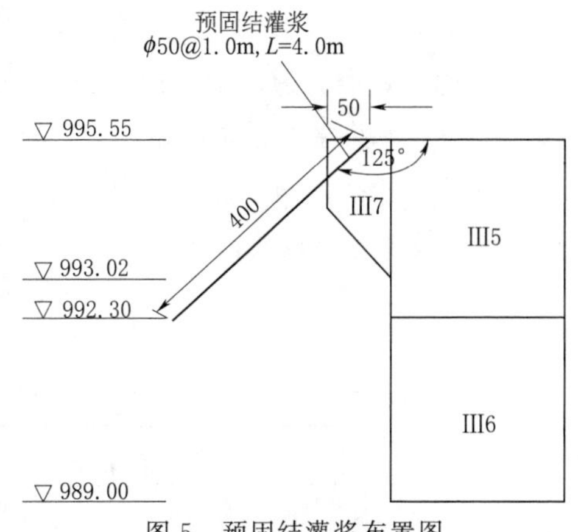

图 5　预固结灌浆布置图
（尺寸单位：cm；高程单位：m）

3.4　超前玻璃纤维锚杆预锚固

基于全仿真模拟试验中玻璃纤维锚杆预锚固效果，根据丰宁电站岩壁吊车梁附近围岩裂隙较为发育且不利结构面组合较多的地质情况，为保证岩台开挖成型质量，在Ⅲ3、Ⅲ4 区开挖后，Ⅲ5、Ⅲ6 区开挖前，采用玻璃纤维锚杆进行预锚固。具体锚固布置和参数见图 6 和表 1。

表 1 玻璃纤维锚杆锚固参数表

系统锚固	4 排，ϕ25@1.0m，L＝4.5m，梅花形布置。 1）岩台上拐点以上 20cm； 2）岩台斜面中下部； 3）岩台下拐点以下 20cm； 4）岩台下拐点以下 70cm
随机锚固	ϕ25，L＝3.0m/6.0m，随机布置

3.5 岩台附近围岩保护

因岩台附近围岩节理裂隙较为发育，为避免岩台坍塌，保证开挖成型质量，在Ⅲ5、Ⅲ6 区开挖后，对出露的Ⅲ7 区围岩进行钢纤维混凝土喷护临时封闭（封闭参数：C30 钢纤维混凝土，厚度 5cm）。同时为避免因钢纤维混凝土内钢纤维的黏连作用导致爆破损伤下拐点，喷护封闭前在下拐点附近挂设宽 20cm 的木板进行遮挡，不予喷护，并对下拐点以下完成系统支护，具体封闭形式如图 7 所示。

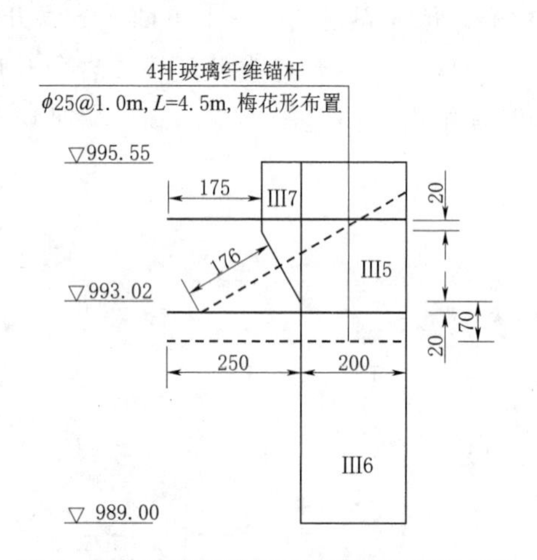

图 6 超前玻璃纤维锚杆系统预锚固布置图（尺寸单位：cm；高程单位：m）

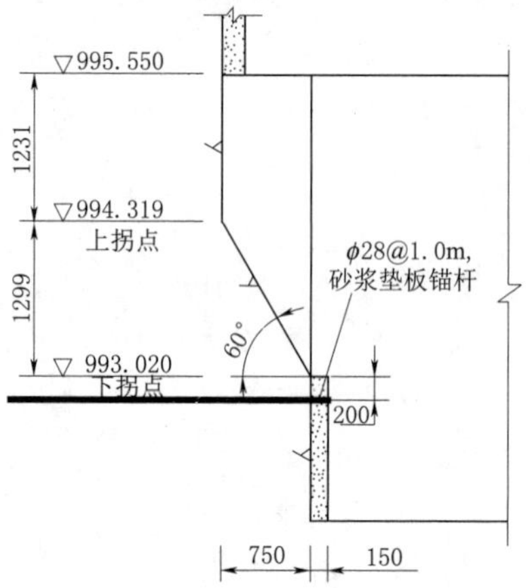

图 7 Ⅲ7 区围岩封闭和岩台下拐点锚固图（尺寸单位：cm；高程单位：m）

同时为避免岩台爆破损伤岩台下拐点，在下拐点以下 20cm 处布设一排直径 28mm、间距 1.0m、长 6m 的普通砂浆带垫板系统锚杆对下拐点作加固处理。Ⅲ7 区围岩封闭和岩台下拐点锚固如图 7 所示。

3.6 岩台开挖样架搭设及导向管改造

岩台上、下拐点附近竖向孔以及岩台斜面孔采用搭设钢管样架的方法控制钻孔精度。钻孔样架全部采用 ϕ48 钢管搭设，主要由支撑管、导向管以及操作平台钢管三部分组成，钢管与钢管之间采用扣件进行连接，并根据情况随机设置入岩 30cm 左右的插筋，用于固定样架。

丰宁电站对传统手风钻导向管进行了改造，样架导向管由内、外导向管组成。

（1）内导向管采用外径 ϕ33.7，δ＝4mm 钢管，长度分为两种，不考虑下钻点有超挖的导向管长 80cm，考虑下钻点有超挖的导向管长 95cm。为减小孔向偏差，在内导向管中部及管口焊外径为 ϕ38 管套（L＝4cm），并在内导向管焊有管套的端头焊一块支撑板 10cm×10cm，δ＝5mm，在钢板上开 2 个孔径 10mm 的螺栓孔，两个螺栓孔中心与导向管中心在同一直线上，用于内外导向管固定。综合考虑施工空间及导向长度，竖向孔内导向管长 80cm，斜向孔内导向管长 95cm，内导向管体形如图 8 所示。

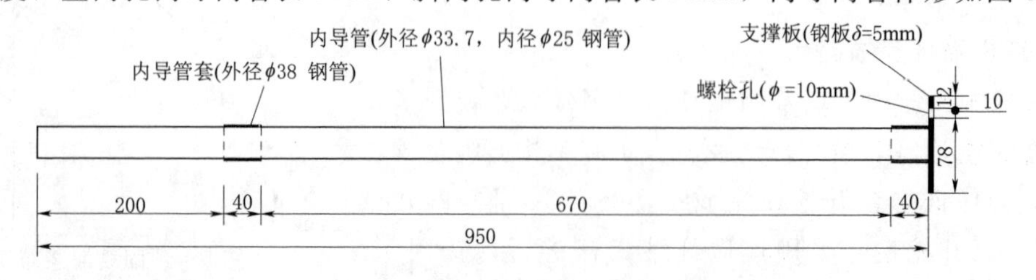

图 8 内导向管加工图（单位：mm）

（2）外导向管采用 $\phi48$、$\delta=3$mm 钢管，长度均为 80cm，在距端头 8cm 位置管壁焊 2 个 M10 螺母，两个螺母中心与导向管中心在同一直线上，主要用于内外导向管固定。外导向管体形如图 9 所示。

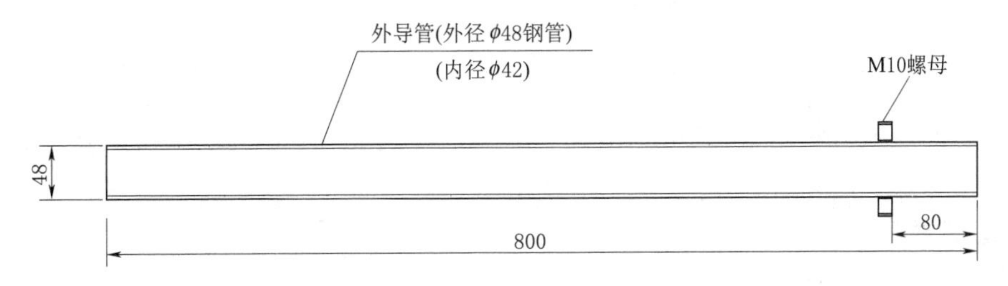

图 9　外导向管加工图（单位：mm）

外导向管固定在样架上，内导向管套在带有钻头的钻杆上，在施钻时插入外导向管，内外导向管采用螺栓或插销连接。考虑局部超欠挖情况，外导向管距离设计下钻点 20cm 固定。一般情况下用长 80cm 内导向管施工，局部超挖部位，为避免因外挑过长影响造孔质量，用长 95cm 的内导向管，或根据情况另行制作合适长度的内导向管。装配后的内外导向管如图 10 所示，岩台位置样架实景如图 11 所示。

实际施工时岩台斜向光爆孔全部采用内导向管控制孔向偏差，断层破碎带处的竖向孔也采用内导向管控制孔向偏差。

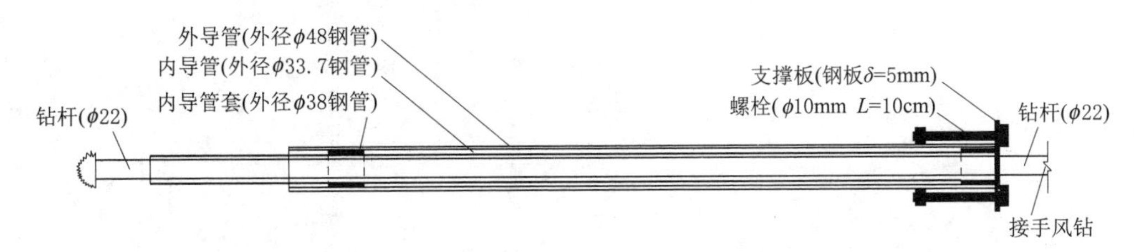

图 10　内外导向管装配图

(a)　(b)

图 11　岩台位置钻孔样架现场装配图

3.7　装药起爆

根据爆破试验效果，岩台光面爆破采用 1/10 节 $\phi25$ 小药卷间隔装药。

（1）竖向光爆孔。竖向光爆孔间距 30cm，线装药密度 80.6g/m，装药段长 100cm，堵塞段长 24cm，如图 12 所示。

（2）斜面光爆孔。斜面光爆孔间距 30cm，线装药密度 78.4g/m，装药段长 118cm，堵塞段长 35cm，如图 13 所示。

为进一步提高岩壁吊车梁开挖成型质量，根据爆破试验效果，拟定在每个光面爆破孔内布置一根 $\phi40\times$ 1.8mm PVC 管，PVC 管先对剖成两半，用卷尺按爆破设计量出各节药卷装药位置并用胶布将药卷绑在 PVC 管相应位置上，连接好导爆索后，将另一半 PVC 管与之捆绑合并成圆形。具体布置如图 14 所示。

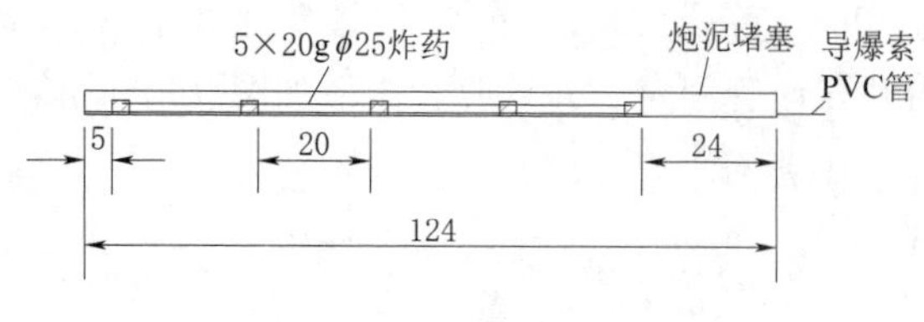

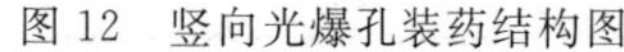

图 12　竖向光爆孔装药结构图

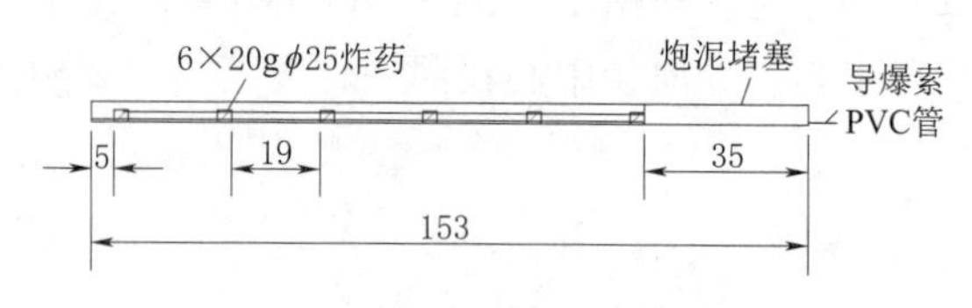

图 13　斜面光爆孔装药结构图

4　岩台开挖成型效果

虽然丰宁电站地下厂房地质条件复杂多变，但开挖中结合厂房开挖揭露的岩石情况，调整分层分块，并采用了预锚、预灌、临时边墙封闭、增设岩锚梁锁脚锚杆、调整装药结构等措施，并在Ⅱ层开挖期间对上述措施逐一进行验证，为岩壁梁开挖提供了有力的技术支撑。上述措施的采用使得岩锚梁开挖半孔率达到 96.8%，平均超挖控制在 8cm 以内，无欠挖，整体成型效果良好，对今后类似工程施工有一定的借鉴作用。丰宁电站地下厂房岩壁梁开挖效果如图 15 所示。

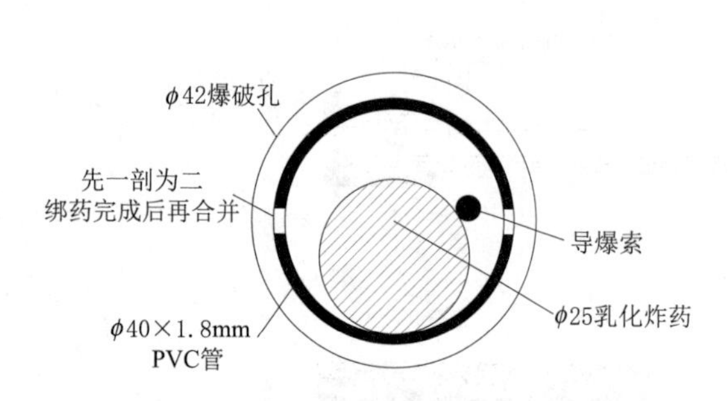

图 14　光面爆破孔内 PVC 管布置示意图

图 15　岩台开挖成型效果图

5　经验与建议

（1）超前策划。丰宁电站于厂房Ⅱ层中部拉槽开挖施工前，启动岩壁吊车梁岩台开挖施工相关筹划工作，为岩台精细开挖准备提供了充足的时间，同时为全仿真模拟试验提供了良好的条件，积累了非常重要的开挖经验，获得了具有很高参考价值的技术参数，为后续施工打下了良好基础。

（2）岩壁吊车梁层开挖分区。丰宁电站岩壁吊车梁层为厂房Ⅲ层，厂房Ⅲ层开挖分为 7 个区，各区开挖的单响药量较小，有效降低了爆破对岩体的扰动，提高了岩台开挖成型效果。但施工过程中发现分区过多增加了施工组织难度，对岩台开挖施工进度造成了不利影响。应根据实际地质情况优化分区方案，在爆破振动与施工进度、施工组织便利性之间寻求平衡。

（3）预固结灌浆。结合仿真模拟试验中预固结灌浆前后开挖成型效果对比，以及最终岩台开挖质量，可以看出断层与破碎带出露且未进行预固结灌浆的部位，爆破开挖后成型效果不佳，松动石块较多，易产生大面积超挖，而进行了预固结灌浆的部位，开挖成型质量明显提升。由此可见，在断层及破碎带区域预固结灌浆是提高岩台开挖成型质量的行之有效的措施。

（4）预锚固。在仿真模拟试验中，未采用超前玻璃纤维锚杆进行预锚固的岩台及直墙，爆破开挖后岩体裂隙扩张明显，超挖情况较为普遍，岩台下拐点破坏严重，局部超挖达到了 27cm。采用超前玻璃纤维锚杆进行预锚固的岩台、直墙及下拐点开挖效果明显提升，最大超挖降至 13cm。由此可见，超前玻璃纤维锚杆预锚固对裂隙发育地质带的缝合作用显著。在水电建设项目中，玻璃纤维锚杆的应用较为少见，丰宁电站岩壁吊车梁岩台开挖施工中的应用表明，玻璃纤维锚杆具有抗拉性能较强、抗剪性能较弱、易切割等特点，对此类开挖施工有很大的帮助，建议推广应用。

（5）导向管改造。在仿真模拟试验中，岩台斜向爆破孔钻孔施工采用传统的 ϕ48 钢管作为导向管，爆破效果显示孔底最大上浮 6cm。在Ⅲ7 区开挖时对导向管进行了改进，通过内、外双导向管的方式对斜向孔和断层破碎带处的竖向孔造孔施工进行控制，孔底最大上浮 3cm。由此证明了双导向管对钻孔孔向控制的有效性。

（6）PVC 管应用。在水电工程岩锚梁岩台、机窝岩台等需精细化爆破开挖的施工项目中，用 PVC 管固定炸药相对用竹片固定炸药更有利于爆破效果控制。丰宁电站采用 PVC 管居中剖缝⟶绑药⟶PVC 半管合并入孔⟶剖缝辅助传爆的方式进行精细化爆破施工。现场应用效果表明，PVC 管剖缝顺设计开挖面布置时岩台平整度更优，说明此布置方式对传爆效果有辅助作用，更有利于岩台开挖成型。

浅谈水利水电工程施工中的安全技术交底

江鹏飞　曾降龙

（河南洛宁抽水蓄能有限公司，河南省洛阳市　471000）

【摘　要】本文通过对水利水电工程安全技术交底的必要性、主体和形式、内容、归档和检查进行分析、探讨，使水利水电工程安全技术交底工作能真正在指导施工、预防事故、保证安全方面发挥应有的作用。

【关键词】水利水电工程　安全技术交底

1　引言

现阶段，很多施工企业在施工作业人员的安全教育培训上，对进场人员三级安全教育较为重视，对安全技术交底工作却存在流于形式的问题，项目部管理职责不明确、操作人员安全意识不强导致交底内容不具体、不明确、没有针对性，在施工过程中监督、检查和落实不足。在水利水电工程项目上，现场作业人员大多为未经过系统培训的民工，且施工现场多居于大山深处，周边环境较为复杂，道路交通困难，上下交叉施工、夜间施工等情况较多，安全总体情况不容乐观。现场作业人员普遍专业技能水平较低，安全、质量等相关管理要求主要依靠技术管理人员的交底指导，因此企业需落实主体责任，做好安全技术交底工作，加强现场作业人员的安全思想意识和技术操作水平。

2　安全技术交底的必要性

《中华人民共和国安全生产法》第二十五条明确规定：生产经营单位应当对从业人员进行安全生产教育和培训，保证从业人员具备必要的安全生产知识，熟悉有关的安全生产规章制度和安全操作规程，掌握本岗位的安全操作技能，了解事故应急处理措施，知悉自身在安全生产方面的权利和义务。未经安全生产教育和培训合格的从业人员，不得上岗作业。《建设工程安全生产管理条例》（中华人民共和国国务院令第393号）第二十七条规定：建设工程施工前，施工单位负责项目管理的技术人员应当对有关安全施工的技术要求向施工作业班组、作业人员作出详细说明，并由双方签字确认。SL 721—2015《水利水电工程施工安全管理导则》中的“7.6安全技术交底”一节对安全技术交底进行了详细规定，分别从工程开工前、单项工程或专项施工方案施工前、各工种施工前、每天施工前、交叉作业时等特定条件下，对安全技术交底的内容和要求进行了详细规定。

从上述国家法律法规和行业规范的要求来看，在施工作业前进行安全技术交底，既是国家法律法规明确规定的法定义务和责任，同时也是水利水电工程施工企业安全管理自身的要求。

3　安全技术交底的主体和形式

根据住建部2018年6月1日施行的《危险性较大的分部分项工程安全管理办法》（住建部令第37号）第十五条要求，专项施工方案实施前，方案编制人员或项目技术负责人应当向施工现场管理人员进行方案交底。施工现场管理人员应当向作业人员进行安全技术交底，并由双方和项目专职安全生产管理人员共同签字确认。由此可以看出，参与安全技术交底的主体（交底人和被交底人）应当涵盖现场参与管理和施工的每一位成员。

通常来讲，安全技术交底对交底形式没有明确的要求，会议交底、口头交底、书面交底、样板交底、操作示范交底、岗位交底等类别都可以，但不管何种形式的交底，最后均应保留由交底双方和专职安全生产管理人员共同签字确认的书面交底记录。

4　安全技术交底的内容

在水利水电工程进行安全技术交底时，需结合工程的不同阶段，针对不同层次、不同工种的人员，明确各方安全责任，使相关人员熟悉安全生产的义务和权利。交底文件应当按照施工组织设计或施工方案中提到的安全技术措施和单项技术措施等有关要求，以及现行安全生产规程、企业安全生产规章制度、相关应急预案的有关规定编制。安全技术交底文件不仅是指导作业人员安全施工的技术措施，还是施工方案的具体落实，更是作业人员认知施工风险和掌握风险应对技能的重要途径，对施工安全施工起到关键性的保障作用。安全技术交底文件和施工组织设计、施工方案一样，都是相对独立而完整的文件，它们构成了水利水电工程建设的技术基础，但相互之间又存在着层次的关系。施工组织设计是编制施工方案的依据，属于决策性文件，施工方案则起着承上启下的作用，既是施工组织设计的延伸、补充和细化，又是安全技术交底的依据，是实施性文件。安全技术交底文件是施工组织设计和施工方案的具体落实文件，较之前两个文件更具有针对性和可操作性，属于操作性文件，三者紧密相关，贯穿于项目的全过程。

在单位工程开工前，施工项目部技术负责人应当就工程概况、施工技术要求、主要施工范围及内容、施工工艺及流程、施工工期及进度计划、主要设备、工器具和劳动力配置、施工质量要求及安全技术措施等内容，向施工项目部主要管理人员和各专业施工技术人员进行安全技术交底。

在分部（分项）工程开工前，施工项目部管理人员或专业施工技术人员应当将该分部（分项）工程概况、施工技术要求、主要施工范围及内容、施工工艺及流程、施工工期及进度计划、主要设备、工器具和劳动力配置、施工质量要求及安全技术措施等内容，向施工作业队负责人和班组长进行安全技术交底。

在具体施工作业前，施工作业队负责人或班组长应当对现场作业人员进行更为详细的安全技术交底，使现场全体作业人员熟悉各自作业场所、工作岗位（包括对电工、架子工等特殊工种操作人员的持证上岗要求）、工作范围、施工工序及质量要求、主要危险源及针对危险源采取的预控措施（包括个人防护用品的配备和使用、现场安全防护设施的完备、工种和设备操作规程、用电安全、防火要求、安全文明施工等）、可能发生的紧急情况及应急避险或救援措施、发现的隐患及相应的处理措施、其他应交待的事项等。

除此之外，危险性较大的施工作业应单独进行安全技术交底，主要包括大件物品的起重与运输、爆破作业、受限空间作业、交叉作业以及其他高风险的作业内容。一般由相关技术负责人或该危险作业专项施工方案编制人向施工作业队负责人和班组长进行交底，施工作业队负责人或班组长在危险作业施工前向全体作业人员进行交底。必要时，可一次性交底至全体作业人员，减少交底信息传递次数，保障交底效果。交底内容应包括告知施工过程中的作业特点及风险因素、针对风险点（源）制定的具体预控措施、作业过程中应注意的安全事项、特殊工序的操作方法及相应的操作规程、发生突发状况后应采取的自救方法、紧急避险和应急救援措施等。在施工过程中，当施工条件或作业环境发生明显变化时，应当进行补充交底；当施工工艺、工序和作业环境都发生变化或因设计变更、组织机构变更等因素造成重大风险时，安全技术交底应重新进行。

编制具有针对性和可操作性的安全技术交底文件，既能够进一步细化、优化施工方案，促使专业技术人员从施工技术方案的选择上保证施工安全，使得施工企业从施工方案编制、审核上就把安全放到第一的位置，又能够让现场作业人员了解和掌握作业项目的安全技术操作规程和注意事项，减少因违章操作造成事故的可能性。

5　安全技术交底的归档和检查

安全技术交底记录是一项重要的施工技术资料，同时也是需要归档备查的重要技术资料。GB/T 50430—2007《工程建设施工企业质量管理规范》第10.5.5条中明确规定：交底记录是施工过程质量管理记录之一。GB/T 50328—2014《建设工程文件归档规范》中也明确要求建设单位及施工单位将安全技术交底记录归档。在每次交底完成后，交底形成的书面文件应进行编号标示，分类存档管理。这不仅仅是因为安全技术交底文件是质量管理必不可少的技术资料，同时它还是安全生产记录档案，是厘清技术人员安全责任的重要标志，特别是在发生安全事故时，安全技术交底资料是判定技术人员安全责任的一个重要依据。

安全技术交底是一项重要的施工技术管理工作，是施工过程中确保工程安全、质量必不可少的环节，也是施工技术人员应该履行的岗位职责。施工项目部技术负责人从项目开工时就应当做好交底策划工作，并在过程中严格执行和跟进指导、检查，不断总结完善，对没有想到的、新出现的问题或情况进行补充交底。同时，现场安全管理人员应加强现场安全巡查，各专业技术负责人应定期进行巡视检查，项目经理、工区经理也应对安全技术交底情况进行抽检，发现作业人员存在违反交底要求的行为应当及时制止、纠正，确保安全技术交底有效落实，发挥应有的作用。

检查的过程既是施工技术流程，也是管理人员和作业班组及人员沟通交流的过程，不但能够更好地开展施工作业，积累施工经验，而且能够及时把握施工特点和规律，准确预测可能出现的各类隐患和事故，对于提升施工技术水平和现场安全管理水平都有着十分重要的意义。

6 结语

安全技术交底是水利水电工程建设中一项重要的技术活动，也是保证工程顺利建设的重要保障，其本身质量的高低直接影响着水利水电工程施工的质量和安全。水利水电工程施工是一种不确定性很大的作业，包括现场作业环境的不确定性及作业人员的流动性。现场安全形势千变万化，现场施工作业人员的素质、技术水平、对现场情况的了解、身体状况以及每日天气变化都不尽相同，导致工程现场安全生产工作面临许多挑战。

安全技术交底规范着现场作业人员的作业行为，帮助作业人员在施工生产过程中始终保持清醒的头脑，起着提醒和打预防针的作用。水利水电工程施工企业应当建立完善的安全技术交底制度，逐级进行安全技术交底，让每一位参与施工的作业人员了解掌握相关施工方案及安全、技术要求，将安全技术交底在水利水电工程建设中落到实处。

抽水蓄能电站多平台台车式斜井扩挖方法研究与应用

钱继源[1]　马国栋[2]　王　波[2]
（1. 安徽金寨抽水蓄能有限公司，安徽省六安市　237333；
2. 中国水利水电建设工程咨询北京有限公司，北京市　100024）

【摘　要】抽水蓄能电站的斜井扩挖具有工作面狭窄、劳动条件差、受围岩地质条件影响大等特点，特别容易发生安全事故。传统的斜井扩挖方法受扩挖台车空间限制，扩挖爆破钻孔角度不易控制，爆破后大量渣料不能进入溜渣井，人工扒渣量大，工作效率较低，且容易发生堵井，存在较大安全风险。安徽金寨抽水蓄能电站在传统斜井扩挖方法的基础上，研制了多平台扩挖台车，采用多平台台车式斜井扩挖方法进行斜井扩挖，提高了自然溜渣率、钻孔效率、爆破孔孔位和孔斜精度，还提高了施工安全性。本文介绍了安徽金寨抽水蓄能电站采用多平台台车式斜井扩挖方法的情况。

【关键词】抽水蓄能电站　斜井扩挖　多平台扩挖台车　安全　效率

1　引言

抽水蓄能电站的斜井扩挖具有工作面狭窄、劳动条件差、受围岩地质条件影响大等特点，施工难度较大，安全风险大。斜井扩挖施工特别容易发生安全事故。斜井能否安全顺利扩挖完成，事关电站建设成败，意义重大。

一般斜井导井施工完成后，开始进行扩挖施工。受扩挖台车空间限制，扩挖爆破孔角度不易控制，爆破后大量渣料不能进入溜渣井，人工扒渣量大，且容易发生堵井，存在较大安全风险，工作效率低。安徽金寨抽水蓄能电站（以下简称金寨电站）根据斜井施工特点，制作多操作平台斜井扩挖台车，有利于将斜井爆破钻孔角度控制在规范允许范围内，爆破后2/3以上渣料能直接进入溜渣井，减少了人工扒渣量，还可降低安全风险。

2　工程概况

金寨电站位于安徽省金寨县张冲乡境内，地处大别山脉西段北麓，电站为日调节纯抽水蓄能电站，装机容量1200MW（4×300MW），建成后承担安徽电网调峰、填谷、调频、调相及紧急事故备用等任务。电站枢纽主要由上水库、下水库、输水系统、地下厂房及开关站等建筑物组成。引水系统采用一洞两机布置方案，每条输水洞有上斜井和下斜井，共4条斜井，倾角均为50°。上斜井开挖断面为8.4m的圆形，斜井长187m；下斜井开挖断面为7.7m的马蹄形，斜井长275m。

井身围岩为角闪斜长片麻岩夹二长片麻岩，属微风化—新鲜岩石，呈次块状—块状结构，岩体较完整—完整，局部断层下盘洞顶易产生掉块，性差或较破碎。其他随机结构面组合在斜井顶部易产生掉块。

3　主要施工程序及方法

斜井开挖先采用反井钻机形成直径2.4m的溜渣导井，然后由上至下利用多平台扩挖台车（以下简称扩挖台车）人工手风钻进行正井钻爆扩挖，爆破石渣经导井溜至井下装车出渣。考虑到斜井扩挖施工安全，金寨电站斜井采取双台车同轨道上下布置，即载人台车在上、扩挖台车在下。每次施工作业前，先将扩挖台车就位，然后作业人员由载人台车运至扩挖台车顶面附近，通过安全爬梯到达扩挖台车上进行施工作业。扩挖台车和载人台车采用两套提升系统独立运行。扩挖台车配置2台10t同步卷扬机，载人台车配置1台90kN的同轴双滚筒矿用绞车，并设置各项安全应急装置。

为满足台车布置空间及运行安全距离要求，需对斜井前30m段先行扩挖，施工人员利用爬梯下至井内进行前30m段扩挖作业。扩挖进尺大于30m后，进行扩挖台车、载人台车及提升系统（卷扬机、绞车）安装施工。从上弯段至开挖掌子面安装引轨，然后在上平段拼装扩挖台车骨架并下放至斜井直段锁定。扩挖台车锁定后，人工在直段二次拼装扩挖台车，同时拆除上弯段引轨并在上弯段安装钢结构施工平台。在钢结构施工平台上组装载人台车，并将载人台车锁定在井口。随后进行扩挖台车导向轮、载人台车限载轮的安装以及提升系统的安装调试。安装完成后，进行斜井循环扩挖支护施工。斜井扩挖初期的施工程序如图1所示。

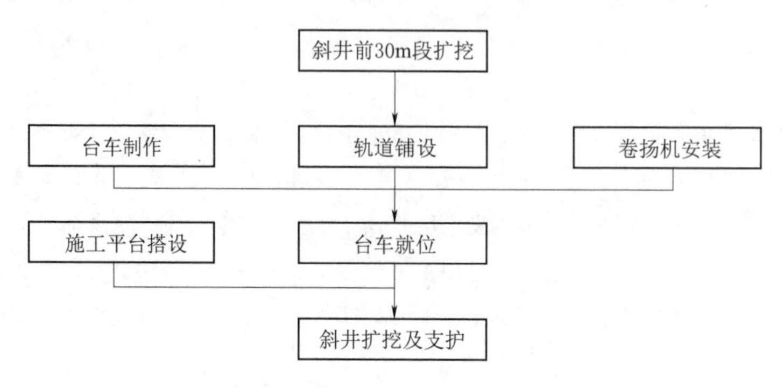

图1 斜井扩挖施工程序图

4 台车设计及现场施工

4.1 施工准备

（1）施工平台布置。在斜井顶部和平洞交叉部位布置施工平台，以方便施工人员及材料上下运输。施工平台主要由工字钢立柱、顶部槽钢骨架及顶面钢板焊接成型。施工平台部位设有转角多功能护架，采用钢结构形式，轨道的上端与其连接，在转角多功能护架中向斜井下方连接安全爬梯，并设有与扩挖台车工作台对接的水平缓冲带。在施工平台部位利用转角多功能护架可布置钢丝绳导向轮、钢丝绳换向轮组，载人台车钢丝绳、扩挖台车钢丝绳均可以通过这些钢丝绳换向轮组进行换向。斜井扩挖设备布置如图2所示，斜井扩挖施工纵断面如图3所示。

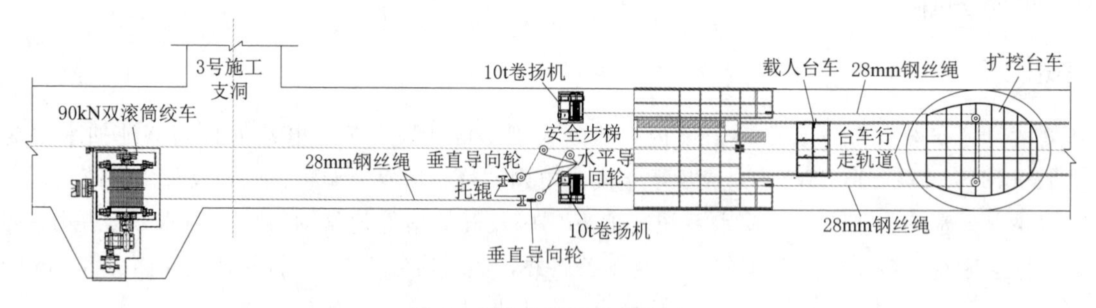

图2 斜井扩挖设备布置图

（2）轨道铺设。采用工字钢作为台车行走轨道，随开挖进尺沿斜井基础面及时铺设，轨道固定以锚杆固定为主、型钢支撑为辅的方式。根据台车受力分析对轨道挠度进行验算，以确定轨道材质、固定锚杆间距。轨道铺设严格采取测量放样，以保证轨道平顺，并严格控制轨道接头焊接质量。当轨道距斜井基础面高度过大时，应采取必要的加固措施。台车运行及斜井扩挖施工期间轨道凹槽内会积存石渣，为保证台车运行安全，在台车前后安装钢丝刷，台车运行时钢丝刷可将轨道凹槽内的石渣清除。

4.2 多平台扩挖台车设计

扩挖台车共分为三个操作平台，根据斜井特点，平台设计为近似椭圆的多边形平台，平台尺寸需满足斜井扩挖要求。上部第一、第二层为扩挖钻爆施工平台，平台上设有钻爆施工工器具分类存放区，只放置钻爆施工所用的工器具，不存放其他材料及工器具。平台边缘设置可折叠式扩展部分，供工作面长

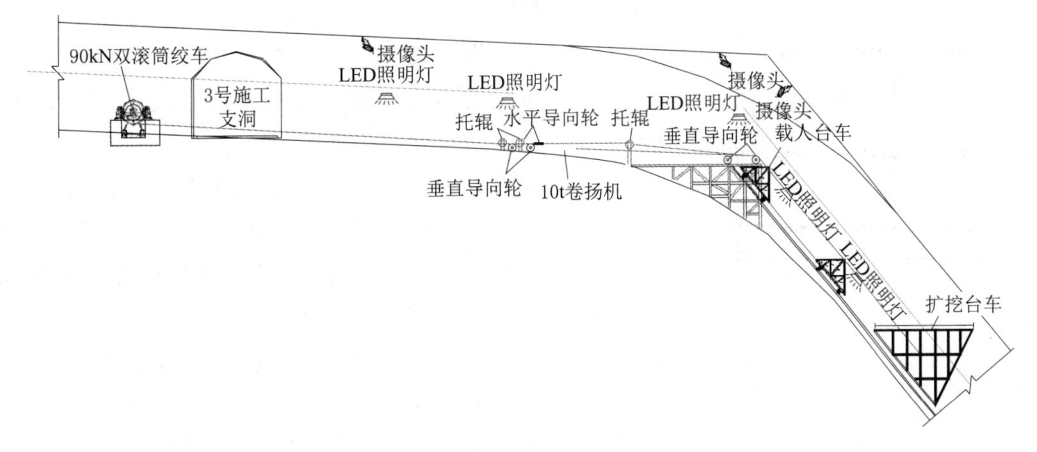

图 3 斜井扩挖施工纵断面图

度变化时使用，利于调整扩挖爆破钻孔角度。下部第三层平台为支护平台，支护平台配置斜井锚杆施工、喷混凝土施工等机具，如混凝土喷射机、手风钻等，还有局部扩挖钻爆作业操作区，对上部第一、第二层平台操作不到的小范围进行补充钻爆。支护平台周围根据现场情况设置必要的安全护栏。扩挖台车体型如图 4 所示。

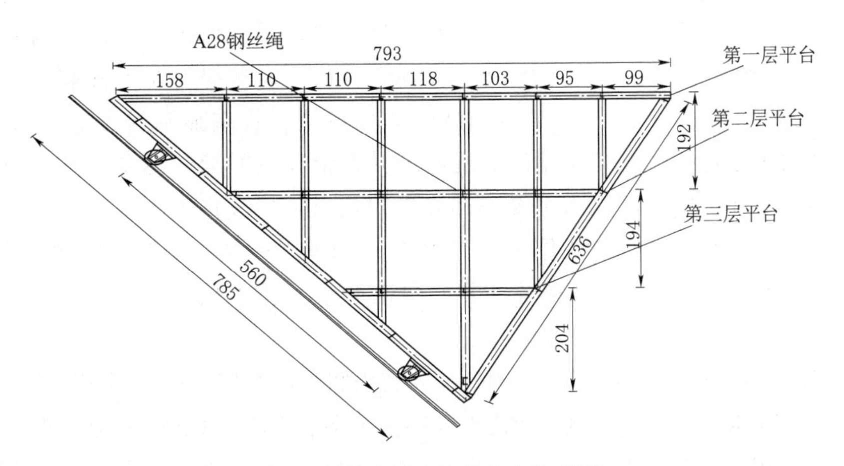

图 4 斜井多平台扩挖台车体型图

扩挖台车所用钢材均为 Q235 碳素结构钢，纵梁为 12 号槽钢，横梁为 8 号槽钢。所有节点均采用厚 10mm 的铁板备焊，槽钢焊接连接为凹凸形或 T 形接头，边缘焊点采用实际角度接口焊，所有搭接部位均满焊。

根据扩挖台车运行时最大荷载，确定本工程扩挖台车需配置最小拉力 80.59kN 的卷扬机。考虑施工过程中存在偶然荷载作用，选用 2 台 10t 的卷扬机，容绳量为 350m，牵引钢丝绳选用公称直径 d=26mm、公称抗拉强度为 σ=1770MPa，最小破断拉力 F_{min}=395kN 的钢丝绳，能够满足扩挖台车安全要求。

4.3 载人台车设计

载人台车在开挖支护施工期间主要负责施工人员进出斜井工作面和部分小型材料（如：轨道、锚杆等材料）的运输。该台车为一层平台设计，所用钢材均为 Q235 碳素结构钢，主要承重构件采用 10 号槽钢，次要构件用 8 号槽钢和∠70×6 角钢。

根据载人台车自重及施工荷载，计算出运行最大荷载取值，经受力计算分析，选用 6×K19S＋FC、公称直径 d=28mm、公称抗拉强度 1770MPa、最小破断拉力 F_{min}=518kN 的钢丝绳，选用 1 台 90kN 的同轴双筒绞车，容绳量大于 350m，能满足载人台车安全要求。需注意，为保证钢丝绳受力平衡，钢丝绳通过平衡油缸与台车连接，平衡油缸与台车间采用铰接，以保证平衡油缸与钢丝绳受力在同一直线，且保证平衡油缸不与岩面发生碰撞。载人台车体型如图 5 所示。

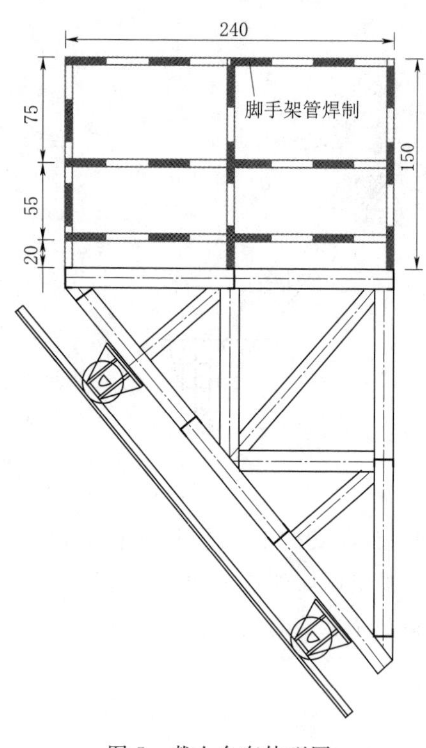

图 5　载人台车体型图

4.4　安全措施

为保证斜井扩挖施工安全，载人台车和扩挖台车配置了多项安全应急装置，包括安全限位装置、急停装置、锁定装置、监控设施及通信装置、安全应急爬梯。

（1）安全限位装置。由于扩挖台车与载人台车为同轨运行，为防止两个台车井内运行时发生碰撞，在载人台车下部和扩挖台车上部设置安全限位装置。当两个台车相距过近时即触发限位器，限位装置就会发生报警同时卷扬机或绞车也会自动停止运行。为防止载人台车提升至斜井井口时卷扬机过卷造成安全事故，在井口施工作业平台前端载人台车停车处设置安全限位装置，当载人台车运行过程中触发限位装置，台车将立即停止运行。

（2）急停装置、锁定装置。在施工平台、载人台车、扩挖台车上安装急停装置，在台车运行过程中发现异常情况可以开启急停装置立即停车，保证施工安全。扩挖台车第一层平台设置锁定装置，采用锁定钢丝绳，台车到达指定位置后，钢丝绳与系统锚杆固定锁死，防止意外发生。

（3）监控设施及通信。为保证实时监控斜井作业安全，在斜井上弯处、导向轮支架处、扩挖台车上安装摄像头，其余部位每隔 50m 安装一套摄像头。终端显示器安装在提升系统操作平台处，随时对作业面及台车运行进行监控，监控人员发现异常情况及时通过应急信号灯或电铃及其他方式向作业人员发出信号。斜井内同外部联系主要采用高频对讲机，斜井内上、下联系用高频对讲机和高频漏泄信号机双保险的方式，在提升系统操作平台、作业平台上各安装一部高频漏泄信号机，负责斜井上下通信联系。在井口和井下布置一道声信号作为提升传递信号，信号传递统一规定为，一声“停车”，二声“提升”，三声“下放”。

（4）安全应急爬梯。安全应急爬梯布置在斜井台车轨道内侧，采用 DN20 钢管制作，宽 40cm、步距 30cm。爬梯分节制作安装，每节长度 2～3m，节端设置挂钩与上一节悬挂固定。每节爬梯至少用 1 组锚杆固定在底部岩石上，爬梯两侧设防护栏杆，护栏采用 C25 钢筋焊制。在斜井前 30m 开挖时，安全爬梯用于施工人员进入作业面的主要通道。后期随斜井掌子面下降，爬梯跟进安装，作为斜井作业人员的安全逃生通道。

4.5　斜井扩挖施工

台车制作安装完成后，施工人员乘坐载人台车到达扩挖台车上方，通过爬梯进入扩挖台车，人工手风钻进行钻爆扩挖。扩挖时爆破孔角度平行斜井洞轴线，以导井作为临空面，设计边线采用光面爆破。为减小导井堵井的概率，扩挖循环进尺按不大于 2.0m 控制，爆破后的掌子面为垂直斜井轴线的平面。爆破器材选用乳化炸药、毫秒非电雷管，排间微差爆破，施工中爆破参数根据爆破效果和地质情况适时优化调整。爆破孔布置根据斜井围岩情况调整，Ⅱ～Ⅲ类围岩周边光爆孔孔距为 45cm，Ⅳ类围岩周边光爆孔孔距为 40cm。典型断面爆破参数见表 1，上斜井典型断面扩挖爆破孔布置如图 6 所示。

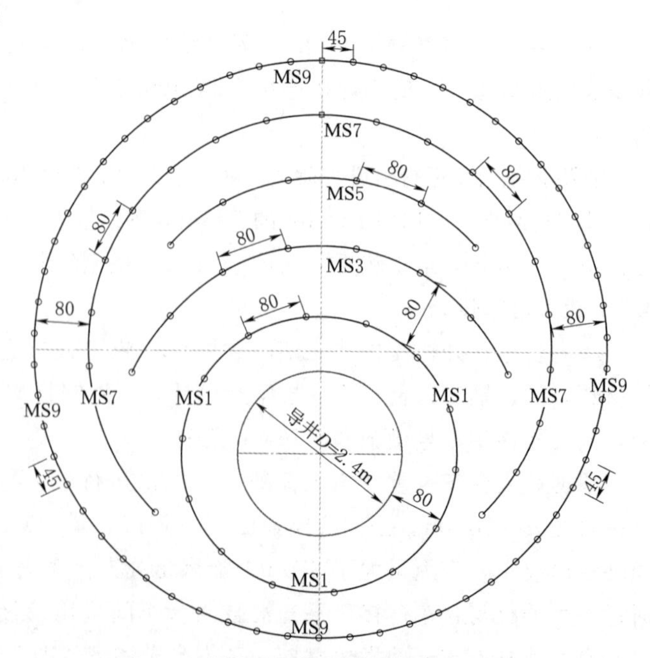

图 6　上斜井典型断面扩挖爆破孔布置图

表 1 典型断面扩挖爆破参数表

段位	孔名	孔数	孔径	孔深	孔距	药径	线密度	单孔药量	总装药量	钻孔总延米
		个	mm	m	cm	mm	g/m	kg	kg	m
1	崩落孔	14	42	2.50	80	32	—	1.50	21.00	35.00
3		8	42	2.50	80	32	—	1.50	12.00	20.00
5		6	42	2.50	80	32	—	1.50	9.00	15.00
7		21	42	2.50	80	32	—	1.38	28.98	52.50
9	光爆孔	58	42	2.50	45	32	160	0.40	23.20	145.00
总计		107							94.18	267.50

5 多平台台车式斜井扩挖的优点

(1) 降低安全风险。斜井扩挖历来是安全事故高发的施工项目，但金寨电站 4 条长引水斜井施工过程中未发生安全事故，说明多平台台车式斜井扩挖方法可降低安全风险。

(2) 提高施工效率。金寨电站斜井扩挖的实践表明，与传统扩挖方法比较，多平台台车式斜井扩挖方法可以提高钻孔效率，斜井扩挖爆破后 2/3 以上渣料直接进入溜渣井，减少了人工扒渣量。目前金寨电站 4 条引水斜井已全部扩挖支护完成，平均月进尺 45.5m/月。各斜井扩挖耗时和月进尺见表 2。

表 2 斜井扩挖统计表

工程部位	斜井长度/m	斜井扩挖施工时段（年-月-日）	工期/d	月进尺/(m/月)	备注
1 号引水上斜井	187	2018-12-20—2019-05-12	144	39.0	
2 号引水上斜井	187	2019-03-05—2019-07-10	128	43.5	
1 号引水下斜井	275	2019-06-15—2019-12-13	182	45.3	
2 号引水下斜井	275	2019-12-26—2020-05-25	152	54.2	

(3) 提高施工质量。金寨电站采用的多平台扩挖台车为作业人员提供了良好的施工作业空间，使得爆破孔孔位和孔斜精度得到提高。

6 结语

金寨电站采用的多平台扩挖台车采用三层操作平台，为作业人员提供了良好的施工作业空间，既提高了爆破孔孔位和孔斜精度，还提高了钻孔效率。因扩挖掌子面为一垂直斜井轴线的斜面，导井又布置在斜井下部，使斜井扩挖爆破 2/3 以上渣料直接进入溜渣井，减少人工扒渣量，提高工作效率。人员上下采用载人台车提高了安全性。多平台扩挖台车安装安全限位、急停、锁定等多项应急装置，大大降低了安全风险。

基于量纲理论的复杂地形下爆破振动传播衰减公式修正

骆晓锋[1]　邱　伟[1]　黄文龙[1]　杨招伟[2]　刘美山[2]
(1. 福建厦门抽水蓄能有限公司，福建省厦门市　361107；
2. 长江水利委员会长江科学院　水利部岩土力学与工程重点实验室，湖北省武汉市　430012)

【摘　要】爆破地震波传播衰减规律的准确描述对爆区附近建筑物的安全评价有着重要作用。通过分析爆破振动影响因素，利用量纲理论开展了复杂地形下爆破振动传播衰减规律研究，建立了反映高程变化的爆破振动衰减改进公式。结合福建厦门抽水蓄能电站开挖现场实测爆破振动数据，当地形地貌变化较大时，基于传统萨道夫斯基公式预测爆破振动误差较大，平均误差可达 16%～25%，而采用改进公式预测质点振动误差较小，为 7%～10%。研究结果表明，基于量纲理论建立的爆破振动改进公式能够较好地对高差变化下爆破振动进行预测。

【关键词】爆破振动　量纲理论　高程　衰减规律

1　引言

随着国家经济的高速发展，土石方工程越来越多。钻爆技术以其施工的高效、经济等优点被广泛地运用于上述工程的岩体开挖，然而炸药在爆炸过程中，释放的能量除了用于岩体破碎外，部分能量还会以波的形式向外传播，造成传播路径上的设施设备及建筑物损伤破坏。为准确评价爆破地震波作用下建（构）筑物的损伤破坏程度，确保稳定安全，极有必要开展爆破地震波传播衰减规律研究。

现有研究表明，爆破振动的传播衰减影响因素较多，如爆破最大单响药量、起爆方式及传播介质性质等。毕明芽等[1]基于已有研究成果及实测振动数据，开展了爆破振动传播衰减规律分析，研究结果指出地形地质条件、药包形状、自由面条件等因素都会对爆破振动强度预测造成较大影响。毕卫国等[2]利用最小二乘法及经验公式等分析手段，对爆破振动速度衰减公式的优化选择进行了初步探讨。江蕾[3]以福岭采石场爆破施工对邻近民房影响评价为例，结合现场实测爆破振动数据，重点分析了爆破振动衰减规律并对该采石场爆破对邻近居民影响评价进行了探讨。张世雄等[4]基于大量现场实测数据，对爆破作用下地下建筑物的影响程度进行了评价，建立了质点峰值振速与单响药量和爆心距的关系。凌同华等[5]基于小波变换或 Fourier 变换等方法分析了爆破地震波传播衰减规律。

多数工程试验表明，萨道夫斯基公式在平整地形条件下预测地面的爆破振动质点速度具有较高的精度，但由于该公式未考虑测点与爆心之间高差的影响，当爆破场地的地形地貌变化较大时用该公式预测爆破振动精度较差[6]。因此探索爆破地震波在复杂地形地貌条件下的传播规律，也就成了研究的重中之重，对于爆破地震波作用下建筑物的安全评价有着举足轻重的指导作用。唐海等[7]研究表明爆破地震波在凸形地貌条件下传播往往表现出一定的高程放大效应。蒋楠等[8]通过分析大量实测爆破振动数据，结合量纲分析理论，获得了反映高程变化因素的爆破振动衰减公式。陈明等[9]通过数值分析及现场试验相结合的方法，详细分析了爆破振动高程放大效应。李海波等[10]通过分析实测振动数据指出，当地形地貌变化较大时，基于萨道夫斯基公式预测出的爆破振速具有较大误差，且平均误差高达 59%。上述分析结果可表明，随着传播地形高差的变化，利用传统的爆破振动衰减经验公式开展爆破振动传播规律分析往往误差较大，为准确预测重点关注区域内爆破质点峰值振速，合理评价爆破作用下建筑物的损伤影响，有必要开展复杂地形下爆破振动传播衰减规律分析。

基于此，本文以实测爆破振动数据为研究对象，结合量纲分析理论，在传统萨道夫斯基经验公式基础上，提出反映高程变化的爆破振动的改进公式，并通过对比改进公式与萨道夫斯基公式的预测误差，进一步论证改进公式的可靠性，为今后高陡边坡及复杂地形地貌条件下爆破振动预测提供可靠的理论支撑。

2　反映高程的爆破振动衰减公式

影响质点爆破振动速度大小的因素有很多，特别是在复杂地形地质条件下需要考虑的因素更多，想要完全考虑全部因素来确定质点爆破速度函数关系式比较难，一般都采用量纲分析的方法，考虑主要变量的影响，将部分变量看作常数，然后推导建立因变量与剩余独立变量的函数关系式。由上文分析可知，质点的爆破振动速度在复杂条件下，受地质条件、爆源参数、爆心距、地形地貌的影响较大，考虑露天台阶边坡的特殊性，研究高程差对爆破振动放大效应机理，质点爆破振动速度计算模型中所涉及的主要变量归纳见表1。

表1　　爆破振动速度计算涉及的主要变量

变　量	量纲	变　量	量纲
w：质点振动位移	L	H：爆源与测点间高程差	L
V：质点振动速度	LT^{-1}	R：爆源与测点间水平距离	L
a：质点振动加速度	LT^{-2}	ρ：岩体密度	ML^{-3}
f：质点振动频率	T^{-1}	c：传播速度	LT^{-1}
Q：最大单响药量	M	t：爆轰时间	T

根据π定理，质点振动速度峰值 V 满足：

$$V=\Phi(Q,w,a,f,R,H,\rho,c,t) \tag{1}$$

式（1）中涉及总物理量 $n=10$，其中 Q、R、c 是独立物理量，独立的量纲数目 $m=3$，由此可得出，以Π代表无量纲量，则有

$$\left\{\begin{array}{c}\Pi_1=\dfrac{V}{Q^{\chi}R^{\gamma}c^{\lambda}}\quad \Pi_2=\dfrac{w}{Q^{\chi}R^{\gamma}c^{\lambda}}\quad \Pi_3=\dfrac{\rho}{Q^{\chi}R^{\gamma}c^{\lambda}}\quad \Pi_4=\dfrac{H}{Q^{\chi}R^{\gamma}c^{\lambda}}\\ \Pi_5=\dfrac{a}{Q^{\chi}R^{\gamma}c^{\lambda}}\quad \Pi_6=\dfrac{f}{Q^{\chi}R^{\gamma}c^{\lambda}}\quad \Pi_7=\dfrac{t}{Q^{\chi}R^{\gamma}c^{\lambda}}\end{array}\right\} \tag{2}$$

式中　χ，γ，λ——待定系数。

根据量纲分析齐次定理，由于Π是无量纲量，则有

$$\left\{\begin{array}{c}\Pi_1=\dfrac{V}{c}\quad \Pi_2=\dfrac{w}{R}\quad \Pi_3=\dfrac{\rho}{QR^{-3}}\\ \Pi_4=\dfrac{H}{R}\quad \Pi_5=\dfrac{a}{R^{-1}c^{-2}}\quad \Pi_6=\dfrac{f}{R^{-1}c}\quad \Pi_7=\dfrac{t}{Rc^{-1}}\end{array}\right. \tag{3}$$

化简可得

$$\frac{V}{c}=\Phi\left(\frac{w}{R},\frac{\rho}{QR^{-3}},\frac{H}{R},\frac{a}{R^{-1}c^{-2}},\frac{f}{R^{-1}c},\frac{t}{Rc^{-1}}\right) \tag{4}$$

由于在量纲分析中，不相同的无量纲数的乘方和乘积仍然是无量纲数，因此可建立新的无量纲数 Π_8，即

$$\frac{V}{c}=\frac{H}{R}\frac{\rho^{1/3}}{Q^{1/3}R^{-1}} \tag{5}$$

由式（5）可知，对于选定好的试验场地，ρ 和 c 是可以近似看作常数的，因此，式（5）可以认为 $V-\dfrac{H}{R}\dfrac{1}{Q^{1/3}R^{-1}}$ 具有相关函数关系。在考虑爆破振动峰值速度和 $\dfrac{H}{R}$ 的关系时，可将式（5）改写成：

$$\ln V=\alpha_1+\beta_1\ln\frac{\sqrt[3]{Q}}{R}-\beta_1\ln\frac{H}{R} \tag{6}$$

令 $\ln V_0=\alpha_1+\beta_1\ln\dfrac{\sqrt[3]{Q}}{R}$，可得

$$\ln V_0=\alpha_1+\frac{1}{3}\beta_1\ln Q-\beta_1\ln R \tag{7}$$

令 $\ln k_1=\ln\alpha_1$，可得

$$V_0=k_1\left(\frac{\sqrt[3]{Q}}{R}\right)^{\beta_1} \tag{8}$$

式中，$\alpha_1+\frac{1}{3}\beta_1\ln Q$ 很好地体现出了场地因素及最大单响药量对质点振动速度的综合影响，$-\beta_1\ln R$ 则表征的是爆破质点振速随传播距离的增大而逐渐衰减，β_1 为衰减系数。

式（8）所表述的萨道夫斯基公式是在平整地形条件下的，在考虑高程差的情况下，可以把式（8）与式（6）联立解得

$$\begin{aligned}\ln V&=\ln V_0-\left(-\alpha_1+\beta_1\ln\frac{H}{R}\right)\\&=\ln k_1\frac{\sqrt[3]{Q}}{R}+\alpha_1-\beta_1\ln\frac{H}{R}\end{aligned} \tag{9}$$

令 $\ln k_2=\ln\alpha_1$，$\beta_2=-\beta_1$，则有

$$V=k_1k_2\left(\frac{\sqrt[3]{Q}}{R}\right)^{\beta_1}\left(\frac{H}{R}\right)^{\beta_2} \tag{10}$$

式中 k_1——平整地形地质条件影响系数；

k_2——凸形地貌影响系数；

β_1——衰减系数；

β_2——高程差影响系数。

对公式进行简化，用场地系数 K 代替 k_1k_2，得到

$$V=K\left(\frac{\sqrt[3]{Q}}{R}\right)^{\beta_1}\left(\frac{H}{R}\right)^{\beta_2} \tag{11}$$

3 工程实例

福建厦门抽水蓄能电站位于福建省厦门市同安区汀溪镇境内，电站为日调节纯抽水蓄能电站，装机容 1400MW，电站枢纽主要由上水库、下水库、输水系统、地下厂房及开关站等建筑物组成。

结合福建厦门抽水蓄能电站地下洞室开挖建设开展爆破振动监测，基于实测爆破振动数据开展复杂地形下爆破振动传播衰减规律研究，本次共布置 5 台拾振器，爆破振动监测仪器安装如图 1 所示。

针对爆破地震波传播衰减规律研究，目前国内较为常见的是采用苏联的萨道夫斯基公式，表示如下：

$$Q=K\left(\frac{Q^{1/3}}{R}\right)^{\alpha} \tag{12}$$

表 2　爆破振动监测数据

测点编号	最大段药量/kg	爆心距/m		水平径向/(cm/s)	竖直向/(cm/s)	水平切向/(cm/s)
		水平距离	高程差			
1号	30	254.56	252	0.283	0.368	0.289
2号		296.86	255	0.231	0.296	0.201
3号		324.20	259	0.264	0.315	0.164
4号		475.13	320	0.186	0.237	0.151
5号		556.24	352	0.113	0.138	0.078

结合爆破参数，可采用萨道夫斯基公式［式（12）］对实测爆破振动数据进行拟合，以水平径向及竖直向为例，拟合结果如图 2 所示（图中横坐标 x 为 $\frac{Q^{1/3}}{R}$ 的对数，纵坐标为实测质点振动峰值的对数，R^2

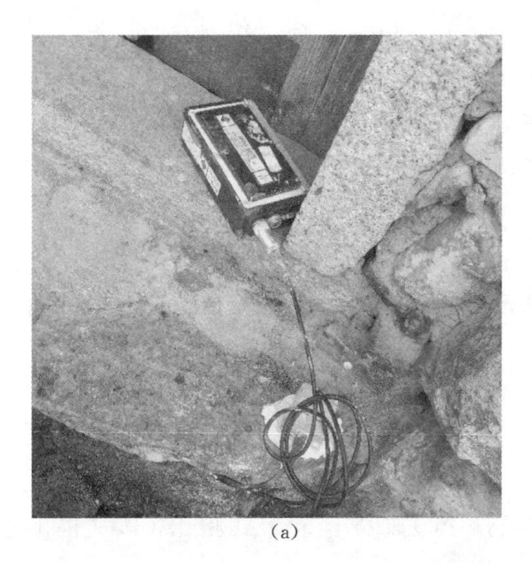
(a)

(b)

图 1　爆破振动监测仪器安装图

为拟合相关系数）

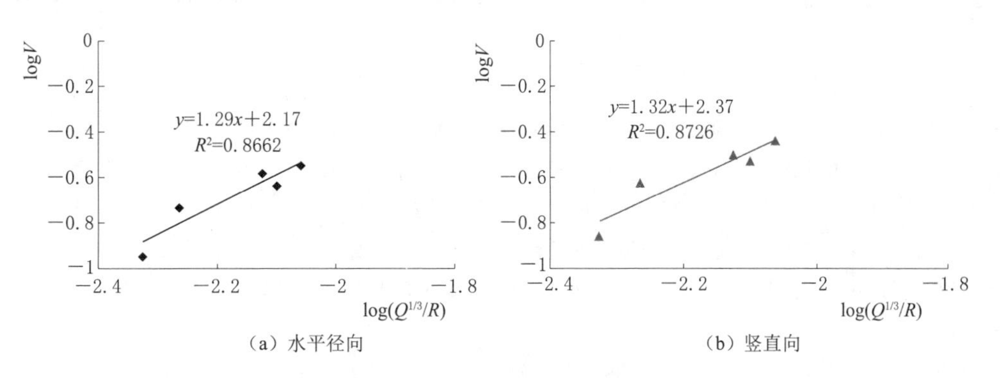

(a) 水平径向　(b) 竖直向

图 2　基于萨道夫斯基公式拟合结果

采用式（11）对表 2 中实测爆破振动数据进行回归分析，可得水平径向、竖直向的振动传播衰减规律分别如下：

（1）水平径向：

$$V_x = 147.91 \times 39.98 \times \left(\frac{Q^{1/3}}{R}\right)^{2.23} \times \left(\frac{H}{R}\right)^{-1.79} \quad (R^2 = 0.94) \tag{13}$$

（2）竖直向：

$$V_z = 234.42 \times 1.41 \times \left(\frac{Q^{1/3}}{R}\right)^{1.54} \times \left(\frac{H}{R}\right)^{-0.81} \quad (R^2 = 0.90) \tag{14}$$

通过对比图 3 以及式（13）、式（14）的比较可发现，基于改进的振动衰减公式［式（11）］对复杂地形下实测爆破振动数据进行拟合时，拟合相关性有明显提高，这也从侧面反映出了高程对爆破振动传播衰减有着重要影响。

为了验证本文提出考虑高程影响的质点峰值振动速度衰减公式的准确性，采用式（15）对拟合平均误差进行计算分析。

$$\zeta = \sqrt{\frac{\sum_{1}^{N_0} (y_i - y_{0i})^2}{N}} \tag{15}$$

式中　y_{0i}——i 号测点测试振动结果；

y_i——拟合计算结果。

与实测值相比，采用萨道夫斯基衰减公式预测质点振动峰值的差范围在 16%～25%；采用考虑高程影响的衰减公式［式（11）］对爆破振动进行预测误差为7%～10%，预测精度有明显提高；以上分析都可说明采用本文提出的考虑高程影响的质点振动峰值拟合的衰减公式预测爆破地表质点振速，拟合结果相关性更好，能够更加准确、快速的反映复杂地形下地震波随传播距离衰减的基本规律，可以更好地用于分析爆破工程领域内的爆破振动衰减规律及预测等问题。

4 结语

本文结合福建厦门抽水蓄能电站开挖实测爆破振动数据系统的分析了复杂地形对爆破地震波的传播衰减规律影响，得出了以下结论：

（1）结合量纲分析理论，详尽推导得出了反映高程变化的爆破振动速度衰减经验公式，即 $V=K\left(\frac{\sqrt[3]{Q}}{R}\right)^{\beta_1}\left(\frac{H}{R}\right)^{\beta_2}$。

（2）根据实测振动资料拟合结果可以得出，与传统萨道夫斯基经验公式相比，本文提出考虑高程变化的爆破振动传播衰减公式拟合相关性更好，且使用精度更高。

本文仅从复杂地形下高程变化这一角度对爆破地震波的传播衰减规律进行了初步探讨，然而，爆破地震波的传播还受岩体内部裂隙、破碎带等结构面的影响，后续研究应在该方面开展进一步研究。

参考文献

［1］ 毕明芽，李名山，刘朝红，等．爆破地震预测误差的因素分析［J］．爆破，2009，26（2）：96－98．
［2］ 毕卫国，石崇．爆破振动速度衰减公式的优化选择［J］．岩土力学，2004，25（S1）：99－102．
［3］ 江蕾．采石场周边民房爆破振动效应评价及衰减关系［J］．地震工程学报，2020，42（2）：517－520．
［4］ 张世雄，胡建华，阳生权，等．地下工程爆破振动监测与分析［J］．爆破，2001（2）：49－52．
［5］ 凌同华，李夕兵．基于小波变换的时-能分布确定微差爆破的实际延迟时间［J］．岩石力学与工程学报，2004（13）：2266－2270．
［6］ 唐海，李海波，蒋鹏灿，等．地形地貌对爆破振动波传播的影响实验研究［J］．岩石力学与工程学报，2007（9）：1817－1823．
［7］ 唐海，李俊如．凸形地貌对爆破震动波传播影响的数值模拟［J］．岩土力学，2010，31（4）：1289－1294．
［8］ 蒋楠，周传波，平雯，等．岩质边坡爆破振动速度高程效应［J］．中南大学学报（自然科学版），2014，45（1）：237－243．
［9］ 陈明，卢文波，李鹏，等．岩质边坡爆破振动速度的高程放大效应研究［J］．岩石力学与工程学报，2011，30（11）：2189－2195．
［10］ 唐海，李海波．反映高程放大效应的爆破振动公式研究［J］．岩土力学，2011，32（3）：820－824．

阳江抽水蓄能电站坝基有盖重固结灌浆研究

胡恒星　熊墨杭　刘生国

（中国水利水电建设工程咨询中南有限公司，湖北省长沙市　410014）

【摘　要】 阳江抽水蓄能电站作是国家和广东省的重点建设工程，上水库为燕山期花岗岩组成的高山地形，根据已经开挖且验收的实际地层岩面看，本试验区无断层、破碎带、软弱夹层等不良地质现象，岩层节理、裂隙发育中等偏上，节理、裂隙大部分为陡倾角。为掌握坝基岩体破碎带固结灌浆技术参数、灌浆工艺、灌浆质量及坝基灌浆的可靠性，根据设计要求，需进行有盖重灌浆试验。结果表明，有盖重灌浆能明显提高坝基岩体的整体性和均匀性，且可灌性好，试验成果对指导后期固结灌浆和帷幕灌浆具有重要意义。

【关键词】 抽水蓄能电站　有盖重　固结灌浆　灌浆工艺

1　工程概况

阳江抽水蓄能电站位于广东省阳江市的阳春市境内，属漠阳江的二级支流白水河流域，总装机容量2400MW，分近、远两期建设，近期建设规模1200MW，为Ⅰ等大（1）型工程。上水库大坝为碾压混凝土重力坝，坝顶总长476.8m，坝顶宽度为8.0m，最大坝高101m。

大坝坝基岩石为粗粒黑云母花岗岩，岩性坚硬，建基面呈弱风化状态，断层、节理较发育，岩石边坡稳定。试验区节理裂隙发育，岩石较破碎，局部节理密集成带。为验证各项灌浆参数和施工工艺的合理性与可行性，探索岩体及各类构造带的可灌性，检验灌浆效果，对坝基岩体进行固结灌浆，以确保坝基面指标能达到设计要求。

2　试验目的

固结灌浆试验的目的在于验证各项灌浆参数和施工工艺的合理性与可行性，探索岩体及各类构造带的可灌性，检验灌浆效果。通过灌浆试验，调整、改进和完善固结灌浆设计参数[1]。具体任务如下：

（1）论证固结灌浆在技术上的可行性、效果上的可靠性、经济上的合理性。

（2）推荐合理的灌浆方法、灌浆方式、合理的灌浆压力、合宜的灌浆材料、合适的灌浆浆液配合比。

（3）提供选择最优的灌浆孔距、排距。

（4）为编制后期的大坝基岩固结灌浆专项施工方案提供科学可行的依据。

3　试验区选择与布孔形式

3.1　试验场区的选择

试验区的地质应具有普遍代表性，根据已经开挖出来的建基面来看，有盖重固结灌浆生产性试验，拟定在左岸0+041.00～0+081.00段3号、4号坝段，坝基常态混凝土浇筑完成后的高程743.5m平台进行。

3.2　布孔形式

根据试验要求，按分序加密原则布置试验区[2]，A试验区为3号坝段0+041.00～0+061.00，灌浆孔采用间排距为2m×2m的梅花形布孔；共计固结灌浆孔109个。B试验区为4号坝段0+061.00～0+081.00，灌浆孔采用间排距为3m×3m的梅花形布孔，共计固结灌浆孔65个，孔位布置如图1所示。

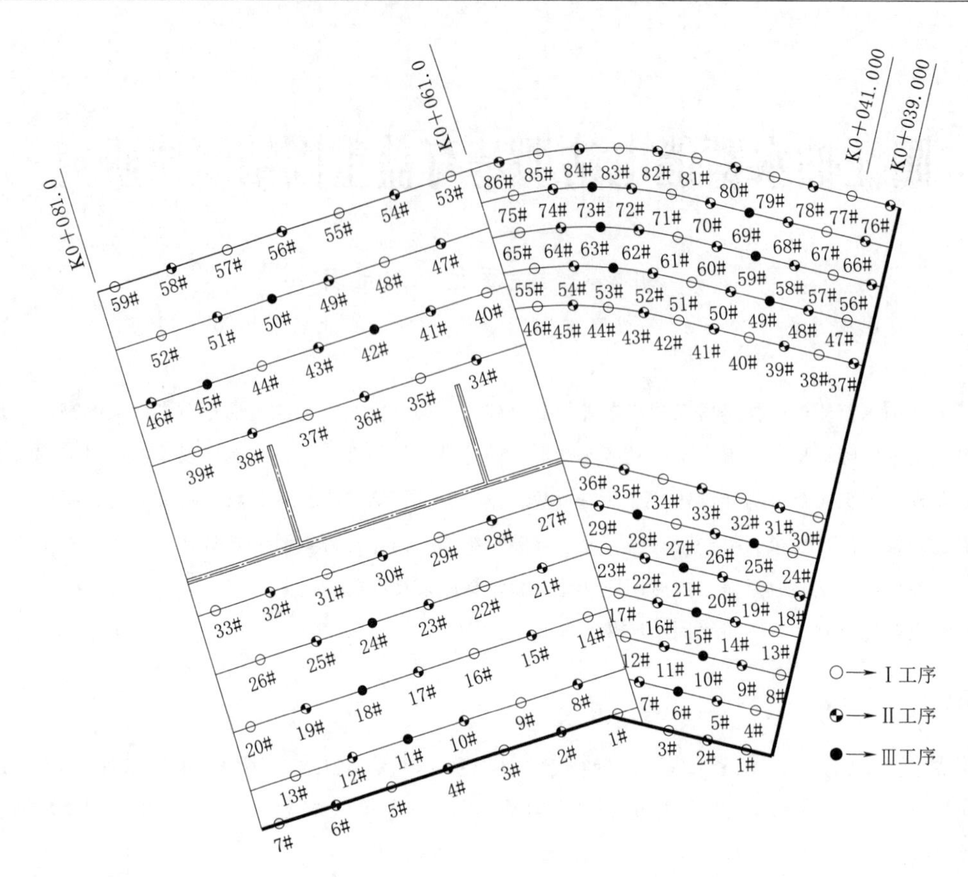

图1 试验区固结灌浆孔位布置图

4 灌浆方法和工艺

灌浆试验时间2019年9—12月。

(1) 灌浆工序：固结灌浆试验钻灌施工的原则：先外围后中央、分序加密的原则；先钻灌Ⅰ序孔，再钻灌Ⅱ序孔，最后钻灌Ⅲ序孔，逐渐加密的原则进行。待A区、B区灌浆工作全部完成，灌浆浆液待凝7天后进行固结灌浆检查孔施工[3]，其试验施工工艺流程如图2所示。

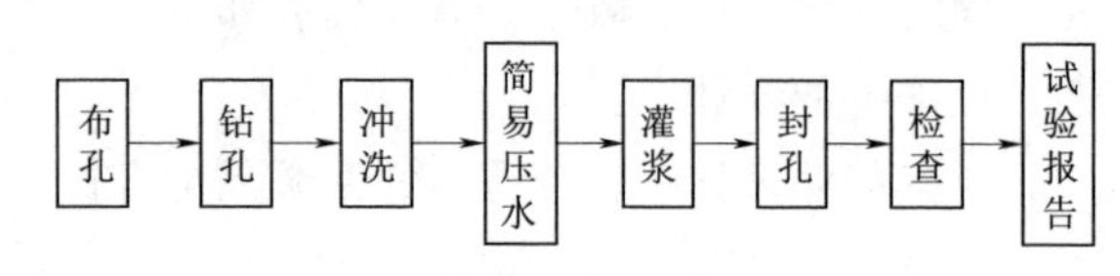

图2 灌浆步骤和工艺流程图

(2) 孔向与孔深：固结灌浆孔入岩深度为8m，当边坡陡于1∶1时，钻孔方向与建基面垂直线的夹角为15°的斜孔；边坡坡比缓于1∶1时为垂直孔。

(3) 钻孔：本次灌浆施工钻孔采用潜孔钻YQ100进行造孔，A试验灌浆区采用一次性钻孔到位，B试验灌浆区采用钻一段灌一段，孔径75mm[4]。

(4) 孔壁与裂隙冲洗：在A灌浆试验区可以采用全孔一次性裂隙冲洗，其裂隙冲洗压力为最大灌浆压力的80%，并不大于1MPa，冲洗时间至回水为清净时止；在B灌浆试验区，则采用分段裂隙冲洗，其裂隙冲洗压力为灌浆压力的80%，并不大于1MPa，冲洗时间至回水为清净时止。

(5) 压水试验：A灌浆试验区灌前简易压水试验采取全孔一次进行，B灌浆试验区灌前简易压水试验采取分段进行[5]。

(6) 灌浆方法：孔深8m，分2m和6m两段。3号坝段A区采用自下而上分段纯压式灌浆方法，4号坝段B区采用自上而下分段纯压式灌浆方法。

(7) 浆液配比：浆液水灰比采用3∶1、2∶1、1∶1、0.8∶1、0.5∶1五个比级，开灌浆液水灰比为3∶1[6]。

(8) 灌浆段长：第1段（孔口段）为2.0m，第2段（孔底段）为6.0m。

（9）灌浆压力：孔口段灌浆压力0.5MPa；孔底段灌浆压力1.0MPa，见表1。

表1　各序孔分段试验灌浆压力

孔深/m	灌浆压力/MPa		
	Ⅰ序孔	Ⅱ序孔	Ⅲ序孔
孔口段（2～3.5）	0.5	0.5	0.5
孔底段（3.5～9.5）	1.0	1.0	1.0

（10）结束灌浆条件：在规定压力下，当注入率小于1L/min后，继续灌注30min，该段灌浆即可结束。

（11）封孔：固结灌浆孔封孔采用全孔灌浆法进行封孔。

（12）抬动变形控制：每灌区各设置2个抬动观测点，其抬动观测点位置分别设置在每灌区的中上部和中下部。固结灌浆基岩抬动观测孔采用浅层抬动装置进行观测，用ϕ25mm钢管作为抬动观测装置，入基岩3.5m，上部留出混凝土面50cm，抬动观测钻孔孔径75mm、孔深5m，钻孔结束后，吹干孔内岩粉，按照灌浆抬动观测设施埋设图中要求进行安装固定，并采取妥善的保护措施，待凝24h后方能开始灌浆施工和观测[7]。

（13）灌浆材料：固结灌浆材料采用普通硅酸盐P.O42.5水泥，其水泥品质应符合GB 175《普通硅酸盐水泥》中的质量标准。灌浆用水应符合DL/T 5114《水工混凝土施工规范》拌制水工混凝土用水的要求，拌浆水的温度应控制在5～40℃[8]。

（14）灌浆质量检查：灌浆效果检查采用钻孔取芯、压水、孔内声波及孔内录像等方法。

5　灌浆成果分析

5.1　灌浆注入量统计

本次A试验区固结灌浆孔共计109个，总耗灰量58.6t，平均注灰量67.2kg/m。B试验区固结灌浆孔共计65个，总耗灰量40.8t，平均注灰量78.5kg/m，统计结果见表2。

表2　灌浆量统计表

试验区	孔序	孔数	灌浆长度/m	单位注入量/(kg/m)	总段数	区间段数				
						单位注灰量区间/(kg/m)				
						<10	10～50	50～100	100～1000	>1000
A区（3号坝段）	Ⅰ	40	320	107.4	80	0	19	32	29	0
	Ⅱ	51	408	44.4	102	0	80	21	1	0
	Ⅲ	18	144	27.0	36	2	25	4	5	0
	小计	109	872	67.2	218	2	124	57	35	0
B区（4号坝段）	Ⅰ	29	232	88.3	58	0	18	23	17	0
	Ⅱ	30	240	73.8	60	0	27	19	14	0
	Ⅲ	6	48	28.4	12	3	7	2	0	0
	小计	65	520	75.9	130	3	52	44	31	0

（1）从单位注入量均值的对比情况看，随灌序的增进，各次序孔的单位注入量呈现明显递减规律。A区Ⅰ序孔为107.4kg/m，Ⅱ序孔为44.4kg/m，Ⅲ序孔为27.0kg/m，Ⅰ、Ⅱ序孔之间递减58.7%，Ⅱ、Ⅲ序孔之间递减39.2%；B区Ⅰ序孔为88.3kg/m，Ⅱ序孔为73.8kg/m，Ⅲ序孔为28.4kg/m，Ⅰ、Ⅱ序孔之间递减16.4%，Ⅱ、Ⅲ序孔之间递减42.3%，A、B区各序孔总体平均耗灰量呈递减趋势，符合一般灌浆规律。

（2）从单位注入量区间频率分布的统计情况看，随灌序的增加，各序孔的单位注入量最大值分布呈递减规律。从表中的数据中分析，随着灌浆次序增进，单位注灰量集中区间依次减少，说明基岩灌浆效果良好，同时B区也能得出一样的结论。

5.2 透水率

A试验区灌浆前简易压水试验全孔一次进行，各序灌前压水试验孔数分别为23、25、8共计56个孔，灌浆孔完成后，在A试验区布置了11个检查孔，检查孔压水试验采用自上而下分段，钻一段压一段的钻进方法。B试验区灌浆前简易压水试验采用自上而下分段，钻一段压一段的钻进方法，各序灌前简易压水试验孔数分别为16、16、4共计36个孔，灌浆孔完成后，在试验区布置了6个检查孔，检查孔压水试验采用自上而下分段，钻一段压一段的钻进方法，透水率统计结果见表3。

表3 试验区透水率统计表

试验区	灌浆次序	孔数	钻孔深度/m	平均透水率/Lu	总段数	透水率区间/Lu				
						<1	1~3	3~10	10~100	>100
						区间段数				
A区（3号坝段）	Ⅰ	40	380	19.3	80	0	2	7	14	0
	Ⅱ	51	484.5	5.63	102	0	8	15	2	0
	Ⅲ	18	171	3.29	36	0	7	1	0	0
	小计	109	1035.5	9.4	218	0	17	23	16	0
	A~J	11	104.5	1.50	22	9	10	3	0	0
B区（4号坝段）	Ⅰ	29	275.5	20.65	58	0	0	5	27	0
	Ⅱ	30	285	21.48	60	0	0	6	26	0
	Ⅲ	6	57	9.68	12	0	3	3	2	0
	小计	65	617.5	17.27	130	0	3	14	55	0
	B~J	6	57	10.29	12	3	0	7	2	0

从表3中可以看出A试验区各次序孔平均透水率逐渐减少，Ⅱ序孔平均透水率较Ⅰ序孔减少70.8%，Ⅲ序孔平均透水率较Ⅱ序孔减少41.6%，A~J检查孔平均透水率较Ⅲ序孔减少50.4%，说明有盖重固结灌浆前后，透水率随灌浆次序的逐渐增进而呈现显著的逐次减少现象，此外，从透水率区间频率分布的统计情况看，Ⅰ、Ⅱ序孔透水率主要集中在3~10Lu和10~100Lu两个区间中，灌浆效果明显符合正常灌浆规律。但B试验区各次序孔平均透水率并不呈现逐渐减少的规律，Ⅱ序孔平均透水率较Ⅰ序孔增加4%，Ⅲ序孔平均透水率较Ⅱ序孔减少54.9%，A~J检查孔平均透水率较Ⅲ序孔增加6.3%，这说明灌浆效果较差不符合正常灌浆规律，分析是B试验区基岩裂隙发育，整体性较A试验区差，同时灌浆试验参数不同造成的。此外，从透水率区间频率分布的统计情况看，Ⅰ、Ⅱ序孔透水率主要集中在10~100Lu区间，再一次证明B试验区基岩整体性较A试验区差。

根据灌后岩体透水率设计规定要求$q \leqslant 3$Lu，统计检查孔透水率结果见表4，A试验区除A~J1、A~J3和A~J11孔3段压水试验透水率$q>3$Lu，占总段数13.6%，其余9个检查孔19段透水率$q<3$Lu占总段数86.4%，大于规范检查孔合格标率85%，最大透水率3.82Lu，为设计规定值的127.3%，小于不合格孔段的透水率值150%的要求。说明A区有盖层固结灌浆试验满足设计和规范要求。B试验区除B~J1孔第1、2段和B~J4第2段，共3段压水试验透水率$q<3$Lu，占检查孔数的25%，小于设计规范要求值85%，其余5个检查孔9段透水率均大于3Lu，不合格率达75%，最大透水率47.7Lu为设计标准值的1590%，远大于规范150%要求，说明B区有盖重固结灌浆不能满足设计和规范要求。

表4 检查孔设计要求透水率统计表

试验区	检查孔数	压水试验段数	透水率（Lu）频率分布				设计合格标准/Lu	大于设计检查的合格标准（段数/占比）
			<3		>3			
			段数	%	段数	%		
A区	11	22	19	86.4	3	13.6	<3	3/13.6%
B区	6	12	3	25	9	75	<3	9/75%

5.3　抬动观测

本次有盖重固结灌浆试验施工中，在A-14号、A-53号、A-73号、B-23号、B-25号、B-40号孔的孔口段灌浆过程中，混凝土盖层有抬动，最大抬动值大于200μm，沿混凝土裂缝及混凝土接缝冒浆外，其中A-14号、A-53号、A-73号孔，通过灌浆前压水试验，发现沿盖重混凝土裂缝及混凝土接缝处漏水，现场对渗漏点，采用及时进行了嵌缝、水泥砂浆表面封堵，封堵后采取了低压，浓浆、限流、限量，间歇灌浆后，仍沿混凝土裂隙冒浆，之后采用待凝24h以上，再扫孔复灌，即达到了正常结束标准。在B-23号、B-25号、B-40号灌浆过程中，采取了低压、浓浆、限流、限量，间歇灌浆后，达到了正常结束标准。

5.4　物探声波检测

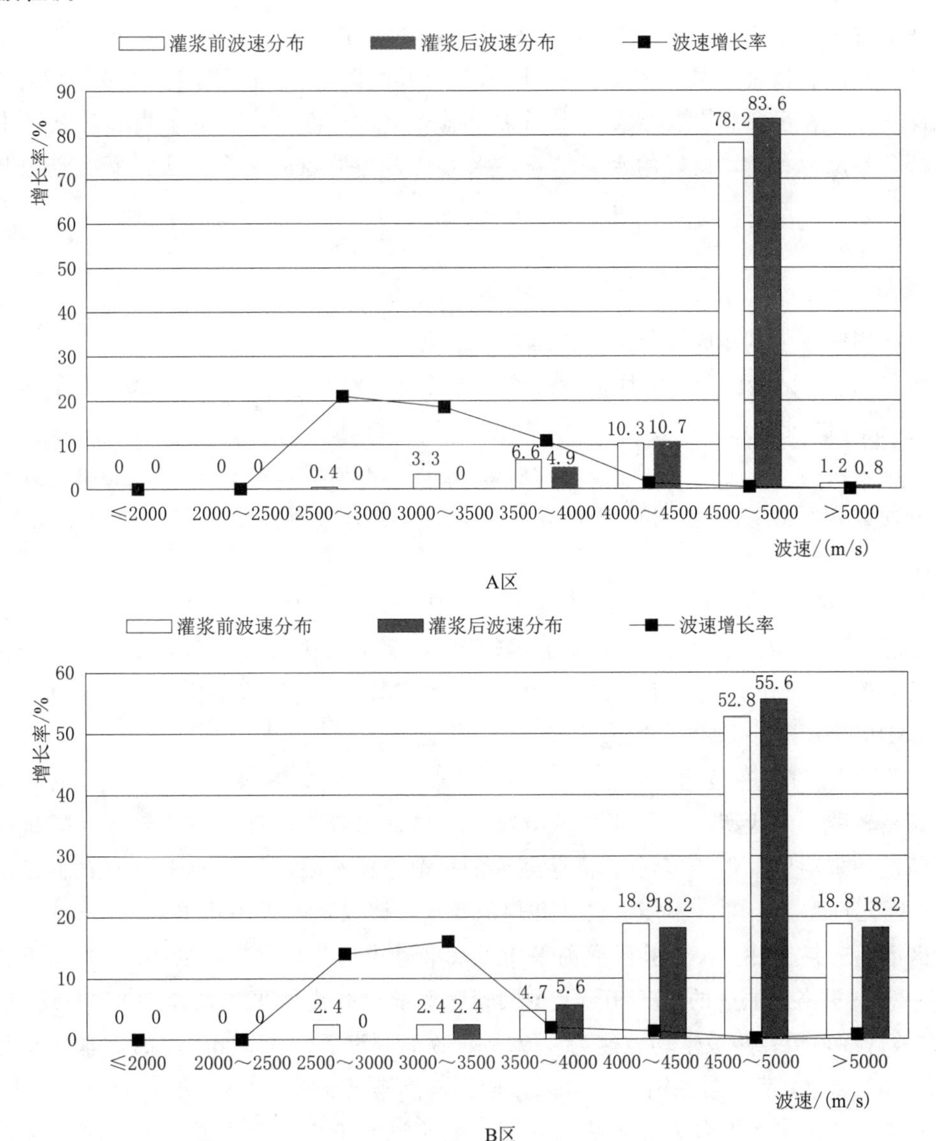

图3　试验区有盖重灌前灌后波速和增长率分布图

根据试验成果，结合类似工程及相关经验[9-10]，固结灌浆效果评价标准参照表5。

表5　岩体固结灌浆效果评判标准表

岩体分类	较破碎为主岩体			完整性差为主岩体		
灌浆前后 Vp 提高率 b	$b\leqslant10\%$	$10\%<b\leqslant15\%$	$b>15\%$	$b\leqslant5\%$	$5\%<b\leqslant10\%$	$b>10\%$
灌浆效果评价	不明显	较好	显著	不明显	较好	显著

从图3中可以看出，A试验区灌后岩体波速为3510～5130m/s，平均波速为4685m/s，灌后岩体波速满足设计要求，较破碎或完整性差为主岩体，大部分灌浆效果“显著”，少部分灌浆效果“较好”；B试验区灌后岩体波速为3170～5560m/s，平均波速为4751m/s、波速低于3500m/s岩体占比2.4%，灌后岩体波速满足设计要求；较破碎或完整性差为主岩体，大部分灌浆效果“较好”，少部分灌浆效果“不明显”。

A、B试验区灌后相较于灌前岩体波速都有较为明显提高，同时A区较B区灌后岩体波速提高效果好；从波速区间分布的统计情况看，在波速大于4500m/s的占比，A试验区灌前为79.4%，B试验区灌前为71.6%，A试验区灌后为84.4%，B试验区灌后为73.8%，这说明A试验区灌浆效果比B试验区好，同时A试验区基岩整体性好于B试验区，与上一节灌浆注入量分析结论是一致的。

5.5 孔内数字成像检查

灌后的全孔壁数字成像成果显示，A～J1号检查孔岩体裂隙较发育，孔深6.7m附近不规则裂隙未见水泥浆充填，其他垂直裂隙见水泥浆充填。A～J2号检查孔孔深5.4m以下，岩体裂隙较发育、但裂隙规模均较小，孔深7.6m附近水平状裂隙灌后水泥浆明显充填、且饱满，但近垂直裂隙基本未见水泥浆充填；其他孔大部分裂隙中有充填良好的水泥结石，水泥结石与裂隙面结合密实，所有空隙基本上全部被充填。

6 结语

通过上面本次固结灌浆试验成果分析，得出以下结论：

（1）本次灌浆A、B试验区岩体整体性较好，可灌性好，注灰量小，A、B试验区Ⅰ序孔平均注灰量分别为107.4kg/m、88.3kg/m。

（2）灌浆方法采用A试验区自下而上分段纯压式灌浆，4号坝段B区采用自上而下分段纯压式灌浆可行，为施工方便建议后期统一采用自下而上、一次成孔、分段灌浆的方法，灌浆孔布置采用梅花形布置。

（3）根据规范及方案编制内容，开灌水灰比有5个比级，分别为3∶1、2∶1、1∶1、0.8∶1、0.5∶1，为便于现场施工，保证固结灌浆质量。结合无盖重固结灌浆试验总结，建议采用3∶1开灌比较合理。

（4）在盖重混凝土1.5m的情况下，第一段压力为0.5MPa容易造成盖重混凝土抬动。建议第一段灌浆压力采用0.3MPa；第二段采用1.0MPa压力。

（5）B区4号坝大坝建基面岩层节理裂隙发育，节理联通性好，其吸浆量显然受节理控制，这种节理间断性连续，倾角较陡，产状紊乱，与邻孔不串通，呈半封闭状态，具有不均一性和随机性，而节理发育的长度和间断性，末端呈微张/闭合状，灌浆浆液的扩散半径有限，从A区和B区的固结灌浆成果和检查充分说明，B区孔排距3m×3m不能满设计和规范要求，建议统一采用孔排距为2m×2m。

（6）试验区灌后效果较好，A试验区灌前平均透水率为9.4Lu提高到灌后的1.5Lu，B试验区灌前平均透水率为17.27Lu提高到灌后的10.29Lu。A试验区灌前单孔声波平均波速为4611m/s提高到灌后的4685m/s，B试验区灌前单孔声波平均波速为4702m/s提高到灌后的4751m/s。A试验区满足设计及规范要求，B试验区由于裂隙发育，灌后有一定效果，但仍不能满足要求。

（7）根据开挖完成基建面揭露的地质情况和固结灌浆试验分析，上下游顺河向节理发育，向上下游延伸长，间距5～50cm，闭合—微张，固结灌浆施工按先外围后中央、分序加密的原则，为了保证固结灌浆效果，建议坝基上下游各加密两排孔，孔距1.0～1.5m。

参考文献

［1］ 罗贯军，王克祥，郭增光，等．白鹤滩水电站坝基岩体盖重固结灌浆研究［J］．中国水利，2019（18）：77-79，83．

［2］ 朱彦博．鲁地拉水电站坝基有盖重固结灌浆试验研究［J］．西北水电，2012（2）：78-82．

［3］ DL/T 5148—2012水工建筑物水泥灌浆施工技术规范［S］．北京：中国电力出版社，2012．

［4］ NB/T 35113—2018水电工程钻孔压水试验规程［S］．北京：中国电力出版社，2018．

[5] NB/T 35115—2018 水电工程钻探规程 [S]. 北京：中国电力出版社，2018.
[6] 邓猛. 水利水电工程水库大坝坝基固结灌浆施工技术探讨 [J]. 建材与装饰，2019 (27)：291-292.
[7] 樊少鹏，丁刚，黄小艳，等. 乌东德水电站坝基固结灌浆方法试验研究 [J]. 人民长江，2014，45 (23)：46-50.
[8] 魏守谦. 无混凝土盖重固结灌浆生产性试验与推广 [J]. 西北水电，2003 (4)：22-25.
[9] 罗贯军，郭增光，张熊君. 白鹤滩水电站柱状节理玄武岩固结灌浆试验成果分析与建议 [J]. 水利水电技术，2015，46 (10)：117-120.
[10] 苏达. 构皮滩水电站 27＃坝段无盖重固结灌浆试验研究 [D]. 长沙：中南大学，2007.

附加质量法检测技术在句容抽水蓄能电站堆石坝中的应用

段玉昌 徐剑飞 梁睿斌 徐 祥 洪 磊

（江苏句容抽水蓄能有限公司，江苏省镇江市 212416）

【摘 要】 面板堆石坝堆石料碾压填筑质量以孔隙率控制，孔隙率直接可根据干密度求得。所需的干密度主要采取挖坑灌水法测得，该方法存在检测周期较长，影响施工进度，所需试验人员较多，耗费人力较大等问题。采用附加质量法应用于工程，该方法具有快速、高效、经济等特点，大大缩短了大范围进行检测的时间，保证了填筑施工的连续性，本文就附加质量法检测技术在句容抽水蓄能电站上水库大坝应用情况进行总结和交流。

【关键词】 句容抽水蓄能电站 堆石坝 干密度 附加质量法

1 引言

江苏句容抽水蓄能电站上水库主坝为沥青混凝土面板堆石坝，存在工程料源级配复杂、高峰期施工强度高等特点，如采用常规的挖坑、注水或者灌砂等手段来测定密度、通过筛分分析级配曲线来检测土石料填筑碾压质量，程序繁琐、需时较长、后续施工需要等待检测结果，影响填筑施工进度。

在填筑施工过程中，采用附加质量法检测堆石料填筑干密度，应用效果较好，大范围检测获取大量的关于堆石体内部质量有关信息，能够较全面地控制了场地施工碾压质量，现场检测后及时反馈检测成果信息，对不合格部位及时补碾，以达到控制施工质量和指导大坝填筑的目的。

2 工程概况

江苏句容抽水蓄能电站上水库主坝最大坝高182.3m，坝顶长度810m，坝顶宽度10m，主坝填筑量达1750万m^3，上游坝坡坡比为1∶1.7，下游坝坡坡比不同高程分别为1∶1.8和1∶1.9。主坝坝体填筑材料分成垫层区、特殊垫层料、过渡区、上游堆石区、下游堆石区等，其中上游堆石料950万m^3，下游堆石料600万m^3，过渡料及其他相关料200万m^3。上游堆石料、过渡料采用上水库内开采的新鲜弱、微风化白云岩填筑，下游堆石料采用库内开挖的新鲜弱、微风化白云岩与闪长玢岩混合料填筑。

3 附加质量法检测原理及求取方法

3.1 附加质量法检测原理

附加质量法的基本理论是单自由度线弹性无阻尼自由振动理论（见图1），采用测试附加质量体Δm与堆石体m_0产生共振时固有频率的方法，求解堆石体的质量和体积从而求出堆石体的密度。将一定面积以下的堆石体等效为单自由度线性弹簧振动体系，理想的单自由度线性弹簧振动体系，完全弹性体的弹簧一端固定；另一端连接质点m，依据单自由度弹簧体系的振动理论，将附加质量和压板等效为一根弹簧，实际构造的数学模型与理想模型的差别在于弹簧体上，弹性堆石体是具有质量和体积的，而理想模型弹簧体是没有质量和体积的。

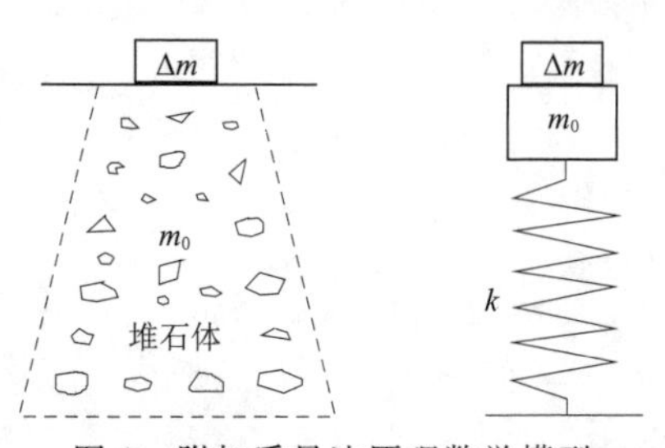

图1 附加质量法原理数学模型

为了解决这个因素，将振动单子改成一个可随时改变的等差质量Δm体—附加质量，测出各级质量下所对应体系的垂向自振频率f，根据f与Δm的关系，即可求得压板下的堆石体参振质量m_0；

堆石料参振体积主要与承压板的尺寸与形状、振动波在堆石体内的衰减有关，该体积 V 可以通过质量—弹簧模型中物块的动能与堆石体的动能相等得到。

3.2　堆石体密度求取方法

（1）率定系数法求取堆石体密度。质弹模型求取堆石体密度早期采用率定系数法，该方法需要大量的对比测点才能建立完整的率定系数矩阵，由于坝料的复杂性和施工参数的多样性，这种率定的方法往往会导致率定系数之间产生冲突，反算求取附加质量法测试的密度值只能通过点对点的对应关系。

（2）相关法求取堆石体密度。堆石体采用质弹阻模型更接近实际，中期采用了相关法求取堆石体密度，该方法通过回归分析可以建立参振质量 m_0 与参振体积 V_0 之间的相关方程，再通过建立的相关方程求取测点的密度值。该方法也需要大量的对比测点对各种不同岩性坝料、不同级配建立对应关系，反算求取附加质量法测试的密度值只能通过线对线的对应关系，建立方程的数据是固定的，无法实现数据的动态化和可扩展性。

（3）数字量板法。随着研究技术的发展，后期发明了数字量板法，数字量板是新发明的一种求取堆石体密度的方法，本工程就是采用数字量板法，每次试验检测量取参振体积，从而计算得出湿密度，利用插值计算得出含水率，再计算出参振体的干密度。该方法是以相关法为基础，建立为数不多的几种坝料附加质量法测试参数的物理模型，然后逐步扩展和修正该物理模型。该方法克服了相关法只能通过线对线的对应关系，实现了面对面的对应关系，建立模型的数据是可扩充的，实现数据的动态化，修正结果是不断收敛的；方法成果具有可移植性或适用性，可将成果推广到其他工程中应用。

4　附加质量法现场检测程序

4.1　主要仪器设备

附加质量法测试仪器设备主要有 CJWC（MS07）附加质量法密度仪。CJWC（MS07）附加质量法密度仪具有性能稳定、操作简便、频率分辨率高等优点，可以对信号进行实时频谱分析或数字带通滤波处理，采用信号频谱细化方法技术可以提高信号频率读值精读，根据实测信号频谱应用附加质量法计算动刚度 K、参振质量 m_0、应用信号相关分析技术并根据物性参数（K、m_0、V_p、V_s）求取堆石体密度。

4.2　检测技术要求

附加质量法检测所用质量块为 6 块，每块直径 50cm，每块重量 75kg，质量块放置在测点范围内，并铺 2cm 左右砂耦合，附加质量法观测系统（见图 2）。激振器选用 45kg 重锤，要求满足锤击测试信号频谱图主频清晰、频差一致性好；检测点附近场地要求平整，不能高低不平、凹凸不平，测试时周边 20m 范围内应暂停碾压，以防测试到干扰信号，影响检测效果；锤击距离以重锤中心点距离质量块为 25cm，锤击高度以重锤底部距离测点地面高度为 40cm，能保证重锤底部距离测点地面高度通过不同锤击高度的对比频谱曲线峰值的一致性和 Δm 曲线的一致性。每测试完一层质量块取得相应数据后，质量块应放置在距离承压板或质量板边缘 100cm 以外，以免参振体受到影响。

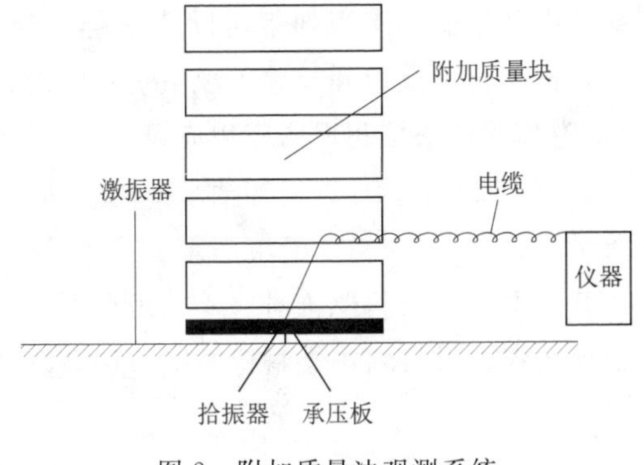

图 2　附加质量法观测系统

5　附加质量法检测技术在句容抽水蓄能电站的应用

5.1　碾压试验确定相关参数

堆石坝填筑前，需进行现场各类填筑料碾压试验，确定填筑层厚、加水量、碾压遍数等填筑参数。在碾压试验孔隙率挖坑灌水法检测干密度成果之前，在选定的位置先进行附加质量法检测，保证附加质量法检测与挖坑灌水检测位置一致，通过碾压试验来确定相关关系。依据一定数量的坑测法与附加质量法的原位同点对比试验，通过对比建立附加质量法测试参数（动刚度 K，参振质量 M_0）与坑测法湿密度与含水率的二维相关关系，建立各类填筑料对应的数字量板，每次试验检测量取参振体积，从而计算得出湿密度，利用插值计算得出含水率，再计算出参振体的干密度。

上游堆石料、下游堆石料、过渡料碾压试验复核场阶段，原位同点进行挖坑灌水与附加质量法检测对比，进一步复核数字量板相关关系。

上游堆石料碾压试验确定碾压参数为 32t 振动碾，层厚 80cm，碾压 8 遍，加水量 10%，在复核场阶段，进行 5 个点原位对比；下游堆石料碾压试验确定碾压参数为 32t 振动碾，层厚 80cm，碾压 8 遍，适量加水，在复核场阶段，进行 20 个点原位对比；过渡料碾压试验确定碾压参数为 26t 振动碾，层厚 40cm，碾压 8 遍，加水量 10%，在复核场阶段，进行 5 个点原位对比。上游堆石料、下游堆石料、过渡料复核场附加质量法与坑测法相对误差范围占比分布表见表 1。

表 1　　复核场附加质量法与坑测法相对误差范围占比分布表

相对误差范围		<1%	1%～2%	2%～3%	3%～4%	4%～5%	>5%	合计
上游堆石料	测点数/个	3	1	1	0	0	0	5
	百分比/%	60.00	20.00	20.00	00.00	0.00	0.00	100.0
下游堆石料	测点数/个	14	6	0	0	0	0	20
	百分比/%	70.00	30.00	0.00	00.00	0.00	0.00	100.0
过渡料	测点数/个	4	1	0	0	0	0	5
	百分比/%	75.0	25.0	0.0	0.0	0.0	0.0	100.0

上游堆石料、下游堆石料、过渡料碾压试验复核场原位同点进行挖坑灌水与附加质量法检测对比，进一步复核了数字量板相关关系。共对比 30 个点位，误差均在 3%之内，表明碾压试验所建立起来的数字量板关系没有问题。

5.2　附加质量法检测现场管理

2018 年 11 月，附加质量法随着上库大坝开始填筑同步应用于上水库大坝填筑。现场碾压完成后逐层分单元进行上游堆石料、下游堆石料、过渡料检测，上游堆石料、下游堆石料及过渡料检测按每单元 2500m² 布置一个测点，且每单元不少于两个测点，左右侧岸坡过渡料按每两层各一个测点进行控制。检测部位由现场监理工程师指定随机抽样，现场检测后及时反馈检测信息，对不合格部位要求及时补碾，以达到控制施工质量和指导大坝填筑施工的目的。

5.3　附加质量法检测现场应用成果

截至 2020 年 5 月，句容抽水蓄能电站完成上游堆石料、下游堆石料、过渡料填筑共 450 万 m³，共附加质量法检测 5434 组，挖坑灌水法检测 261 组，挖坑检测点同步进行附加质量法检测，原位对比点 261 组，其中上游堆石料原位对比 108 组，下游堆石料原位对比 92 组，过渡料原位对比 61 组。上游堆石料、下游堆石料、过渡料各类料检测结果误差统计表见表 2。

表 2　　各类料检测结果误差统计表

填筑料	原位检测对比/组	误差最大值		误差最小值		平均误差	
		绝对/(g/cm³)	相对/%	绝对/(g/cm³)	相对/%	绝对/(g/cm³)	相对/%
上游堆石料	108	0.1	4.1	0	0	0.02	1.13
下游堆石料	92	0.09	3.73	0	0	0.01	1.07
过渡料	61	0.1	4.08	0	0	0.02	1.23

上游堆石料、下游堆石料、过渡料各类料检测结果相对误差范围占比分布表见表3。

表3　各类料检测结果相对误差范围占比分布表

填筑料	原位检测对比/组	>5%		4%～5%		3%～4%		2%～3%		1%～2%		0～1%	
		个数	相对	个数	相对	个数	相对	个数	相对	个数	相对	个数	相对
上游堆石料	108	0	0	1	1%	5	4.6%	16	14.8%	21	19.4%	65	60.2%
下游堆石料	92	0	0	0	0	6	6.5%	8	8.7%	21	22.8%	57	62%
过渡料	61	0	0	2	3.3%	4	6.6%	7	11.5%	13	21.3%	35	57.4%

现场填筑施工过程中，通过261组挖坑灌水检测与附加质量法原位对比数据分析可看出，各类料附加质量法检测结果与挖坑灌水法检测结果误差较小，能够反馈现场实际填筑质量，指导现场填筑施工。

6　结语

附加质量法检测具有快速、准确、实时和无破坏性等特点，为大坝填筑施工提供了一种便捷实用的重要检测手段。能够实时、快速测定堆石体密度，随施工碾压进度及时发现和揭露堆石体内部缺陷，达到控制大坝填筑碾压施工质量的目的，既是对挖坑灌水检测的补充验证，又是对大面积进行质量检测的补充，值得推广应用。

参考文献

[1]　李丕武，胡伟华，张建清，等. 附加质量法-堆石体密度原位快速检测技术［M］. 郑州：黄河水利出版社，2014.
[2]　潘福营，李斌. 瞬态面波法检测技术在句容抽水蓄能电站上水库面板堆石坝中的应用［M］. 北京：中国电力出版社，2019.

浅谈复杂地质条件下长斜井导井成孔精度施工控制措施

张 峰 陈张华

（重庆蟠龙抽水蓄能电站有限公司，重庆市 401452）

【摘 要】 斜井是抽水蓄能电站引水系统中普遍采用的一种设计方式，长斜井的导井成孔精度控制是斜井施工中的关键环节，本文针对抽水蓄能电站复杂地质条件下长斜井的导井成孔贯通精度控制，着重阐述长斜井的导孔、导井的施工措施，叙述了长斜井的导孔钻孔过程中的注意事项，保证了长斜井的导孔偏斜率。

【关键词】 长斜井 导井 成孔精度 控制措施

1 概述

抽水蓄能电站斜井的导井的施工方法通常是采取反井钻机钻导孔，然后反拉成井，此方法施工长度较短的斜井时比较有效，但施工长度较长的斜井时，导孔的贯通精度偏低。

采取定向钻机＋反井钻机的方式施工导井，可以有效解决复杂地质条件下长斜井的导孔贯通精度。定向钻机施工导孔时，钻进过程中通过布置在钻具前部的无绳随钻测斜仪测量钻孔轨迹参数，并实时上传至地面的数据处理系统，当钻进轨迹参数超过设置的警戒值时，驱动钻具中的螺杆钻具进行定向纠偏作业，进而保证导孔的偏斜率。导孔施工完成后，进行二次扩孔，然后利用反井钻机反拉成导井。

本文以某抽水蓄能电站斜井的导井为例，阐述了复杂地质条件下长斜井的导井成孔精度控制的施工方法、纠偏措施、渗漏封堵和注意事项。

2 斜井概况

某抽水蓄能电站共两条引水系统，每条引水系统的斜井分三级，具体情况分别为引水系统一级斜井2条，长度40m，与水平面的夹角为55°，圆形断面，开挖直径8.3m，围岩Ⅳ为主；引水系统二级斜井2条，长度234m，与水平面的夹角为55°，圆形断面，开挖直径7.5m，围岩Ⅲ—Ⅴ为主；引水系统三级斜井2条，长度261m，与水平面的夹角为55°，圆形断面，开挖直径7m，围岩Ⅲ—Ⅴ为主。

斜井穿越夹关组（K_2j）和蓬莱镇组（J_3p）两套地层。夹关组（K_2j）地层为紫红色厚—巨厚层砾岩、砂岩、粉砂岩及泥岩。蓬莱镇组（J_3p）地层为紫灰至绿色砂岩、粉砂岩、泥岩等。K_2j 中砾岩、砂岩一般占76.4%，粉砂岩、泥质粉砂岩占14.7%，泥岩、粉砂质泥岩占8.9%。J_3p 中砂岩占32.5%，粉砂岩、泥质粉砂岩占25.9%，泥岩、粉砂质泥岩占41.6%。

3 导孔施工

3.1 开孔施工

开孔是保证孔向及角度的关键，为确保开孔的精度，在开钻前采用设计控制坐标进行定位，再根据磁偏角经过详细计算后确定开孔的孔斜，利用量角器测量钻杆的方法复核钻杆的角度。斜井的导孔选用TDX-50型定向钻机进行施工，开孔钻具采取 ϕ190mm 牙轮钻头＋ϕ159mm 钻铤＋ϕ73mm 短钻杆（长2m）的组合型式，成孔直径为216mm。

开始钻进时以轻压、慢转、大泵量为宜。定向钻一般控制在转数60r/min，钻压500kg，泵量600～800L/min。

定向钻机通过钻机主机驱动钻杆旋转和施加钻压，给钻具顶部的牙轮钻头提供动力，由上至下破碎导孔岩石，被破碎的岩屑通过钻井泥浆循环排出至定向钻机旁的泥浆池。

泥浆循环动力设备采用 TBW-1200 型泥浆泵，正常排量在 10.0～18.7L/s，泥浆的密度 1.05～1.10g/cm³，黏度 40～45s，含砂量小于 1%，失水量 6～10mL。

表 1　TDX-50 型斜井定向钻机技术参数

序号	参数	指标	序号	参数	指标
1	钻机动力	电机驱动	5	动力头转速	0～80r/min
2	钻机功率	90kW	6	钻机调节角度	0°～90°
3	轴压提升力	500kN	7	钻孔直径	190～350mm
4	动力头回转扭矩	16000N·m			

3.2　钻进施工

斜井导孔开孔钻进后，正常钻进前 30m，由于钻进深度较浅，采用高强度钻杆配合量角器测量钻杆的方式可以控制导孔的偏斜率，因此，定向钻机的钻具采取 ϕ190mm 牙轮钻头＋ϕ159mm 钻铤＋ϕ89mm 高强度钻杆＋ϕ73mm 高强度钻杆的组合方式进行钻进。

导孔钻进 30m 后，定向钻机的钻具采取 ϕ190mm 牙轮钻头＋ϕ159mm 无磁钻铤＋NC46 悬挂短节＋ϕ89mm 高强度钻杆＋ϕ73mm 高强度钻杆的组合方式；无线随钻测斜仪安装在无磁钻铤中，无线随钻测斜仪将井下参数进行编码后，产生脉冲信号驱动脉冲发生器内的电磁阀动作，限制部分泥浆流入钻杆，从而产生泥浆正脉冲，地面上采用泥浆压力传感器检测来自井下仪器的泥浆脉冲信息，并传输到地面的数据处理系统进行处理，无线随钻测斜仪所测的井斜角、偏距和工作面数据实时显示在数据处理系统和司钻显示器上，以便实时测量监控导孔的轨迹。

当发现钻孔轨迹与设计值不符时，提出钻杆，在无磁钻铤与钻头之间加装弯曲角度为 1°～1.25°的短螺杆钻具，定向钻机的钻具更换为 ϕ190mm 牙轮钻头＋ϕ165mm 弯螺杆＋ϕ159mm 无磁钻铤＋NC46 悬挂短节＋ϕ89mm 高强度钻杆＋ϕ73mm 高强度钻杆的组合方式，实施钻孔的纠偏定向钻进。

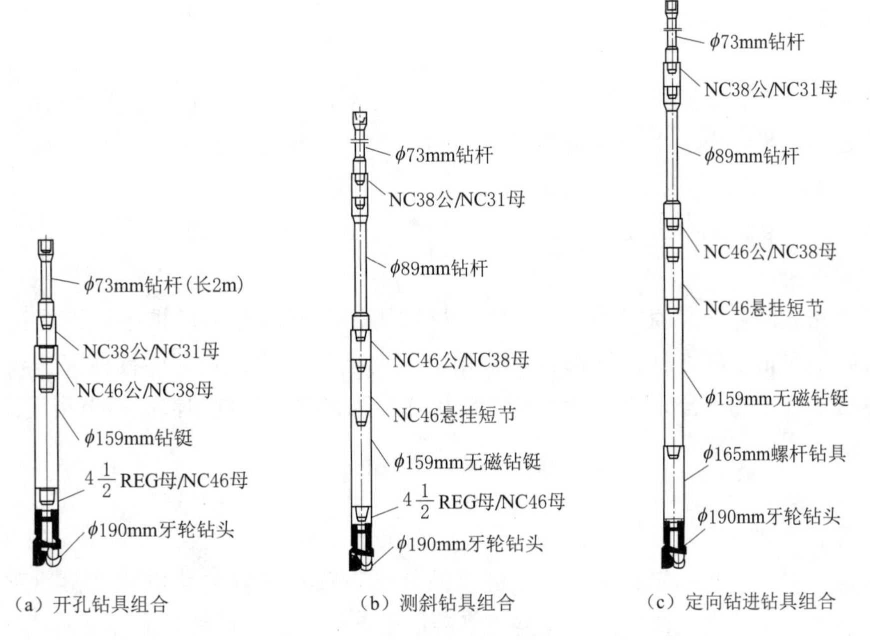

(a) 开孔钻具组合　(b) 测斜钻具组合　(c) 定向钻进钻具组合

图 1　钻具组合示意图

3.3　偏斜率控制

为及时检查钻孔的情况，每钻进一根钻杆，采用量角器对钻杆进行一次测量，同时随钻测斜仪进行一次轨迹监测，当钻孔偏距大于 0.5m 时，需要进行纠偏，当钻孔井斜角大于 0.8°时，需要进行降斜，纠偏时，定向工具面角以闭合方位角为基准，降斜时，定向工具面角以钻孔方位角为基准；对钻孔的轨迹判断存在疑问时，加密测点，每钻进一根钻杆测斜二次，必要时，单独下无磁钻铤加钻头全程重新复核。

当监测发现导孔的轨迹与设计轨迹有偏差时，更换钻具进行纠偏作业，在无磁钻铤与钻头之间加装弯曲角度为1°～1.25°、长度为2m的短螺杆钻具（即：ϕ190mm牙轮钻头＋ϕ165mm弯螺杆＋ϕ159mm无磁钻铤＋NC46悬挂短节＋ϕ89mm高强度钻杆＋ϕ73mm高强度钻杆的组合方式），通过弯螺杆调整钻头的角度至需要的方向，然后在钻杆不旋转的情况下，由高压泥浆驱动钻头旋转，进行滑动钻进，进而使导向孔"转弯"，最终实现导孔的纠偏。

3.4 渗漏处理

对于斜井轴线斜交水平产状的岩层，岩性为紫红色、细粒砂岩、粉砂岩、粉砂质泥岩和泥岩，且岩石强度较低，易风化崩解与变形的部位时：

当节理裂隙不发育且多为闭合状态时，导孔出现轻微渗漏（返浆量略微减少）时，采取上下提升钻杆刷孔的方式，利用泥浆护壁堵塞渗漏点；

当节理裂隙较发育且层与层之间结合不紧密，导孔出现较大渗漏（返浆量明显减少）时，在泥浆中掺入膨润土或锯末，根据返浆情况逐级加浓浆液，直至完成堵漏；

当水平岩层之间裂隙发育、裂隙张开度较大且破碎，导孔严重渗漏（浆液全部渗漏、不返浆）时，提出钻杆，采用孔内摄像头进行孔内摄像，详细记录孔内裂隙的数量、张开度和长度，利用水泥浆或水泥砂浆进行灌浆处理。

3.5 成孔情况

通过安装在定向钻机无磁钻铤内的无线随钻测斜仪的实时轨迹监控、必要时采用弯螺杆的纠偏等有效管控措施，1号引水系统2级斜井导孔贯通后，偏差67.9cm，偏斜率2.9‰；1号引水系统3级斜井导孔贯通后，偏差96.5cm，偏斜率3.7‰；2号引水系统2级斜井导孔贯通后，偏差38.8cm，偏斜率1.7‰；2号引水系统3级斜井导孔贯通后，偏差35.5cm，偏斜率1.4‰。4条长斜井的偏斜率均在5‰以内，小于DL/T 5407—2015《水电水利工程斜井竖井施工规范》要求的钻孔偏斜率应不大于1%的规定，偏斜率得到有效控制。

4 导孔扩孔施工

直径为216mm的导孔贯通后，利用TDX-50型定向钻机将216mm的导孔扩孔成直径为250mm的导孔，然后拆除定向钻机，安装BMC400型反井钻机，为方便反井钻机下放钻杆，利用BMC400型反井钻机将250mm的导孔扩孔成直径为270mm的导孔。

5 反拉施工

导孔扩挖施工完成后，安装直径为2.5m的反拉钻头，自下而上循环扩挖，扩挖过程中用水冷却钻头，当遇到导孔施工时记录的特殊围岩部位，采用"软磨硬泡"的方式，即慢速提升反拉钻头，否则钻头受力不均，容易造成卡钻现象；反拉过程中渣料及时采用装载机装自卸汽车运至指定渣场。

6 结语

通过该抽水蓄能电站4条斜井的施工，采取定向钻机＋反井钻机的组合方式施工斜井的导井，为岩性为粉砂岩、泥质粉砂岩、泥岩，岩石强度低，遇水易软化，且水平岩层结构的复杂地质条件下长斜井的导井成孔精度控制提供了可借鉴的案例。在类似复杂地质条件下施工长斜井的导井时应注意以下几点：

（1）导孔开钻前，必须确定工程所在地的磁偏角，经详细计算后确定开孔孔位。

（2）导孔钻进过程中，必须24h不间断对无绳测斜仪的数据进行观测、整理、分析，同时对每根钻杆的角度进行测量，采取"双控"的措施，保证导孔的偏斜率。

（3）纠偏操作时，应把握"慢、准、测"的原则。"慢"：纠偏钻进时速度应缓慢进行，欲速则不达；"准"：纠偏的角度要准确；"测"：利用无绳随钻测斜仪实时测量导孔的轨迹，保证导孔的轨迹向设计的方向钻进。

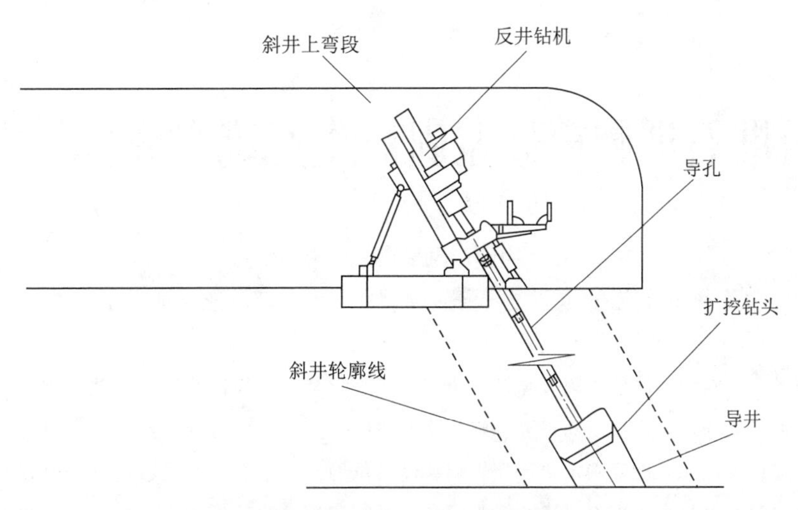

图 2 反井钻机反拉施工示意图

（4）当水平岩层的层间裂隙发育，定向钻机受力不均，出现卡钻现象时，先缓慢转动钻杆或上下提放钻杆，当钻被完全卡住时，取一定数据的钻渣样本，利用草酸等化学药品与岩石进行试验，若草酸等化学药品对岩石有溶解作用，则把草酸等化学药品注入导孔内，然后转动钻杆直至正常钻进；若化学药品对工程区的岩石不起作用，则采取高强钻头把提不出的钻杆或钻头全部打碎，重新钻进。

面板堆石坝翻模砂浆固坡生产成本分析与研究

张　扬　刘纳兵　杜秀惠
（中国电建集团北京勘测设计研究院有限公司，北京市　100024）

【摘　要】与面板堆石坝斜坡碾压砂浆固坡和挤压边墙工艺相比较，翻模砂浆固坡工艺因固坡砂浆与垫层料填筑同步均衡上升，固坡厚度均匀，固坡表面平整，施工速度快的特点，现已得到广泛运用，但其单价编制无可参考的定额子目，造成建设单位无法准确确定单价，影响建设单位的费用估算。本文通过对翻模砂浆固坡施工工艺进行分析，以丰宁抽水蓄能电站上水库面板堆石坝为实例，研究翻模砂浆固坡的生产成本，旨在为今后建设单位确定翻模砂浆固坡费用提供参考与借鉴。

【关键词】面板堆石坝　碾压砂浆　翻模砂浆　成本分析

1　引言

传统斜坡碾压砂浆一般分段施工易形成高边坡作业面，存在一定施工安全风险；垫层坡面削坡工作量较大，浪费大量垫层料；雨季不及时封闭存在滑坡安全隐患。此外，斜坡碾压砂浆会导致坝面填筑连续错台，不能保证坝体填筑整体上升，在一定程度上影响大坝填筑工期和整体质量。

与斜坡碾压砂浆相比，翻模砂浆简化了施工工序，降低了施工难度和安全风险，同时还使大坝随时具备防汛条件，有利于施工度汛[1]。此外，翻模砂浆固坡表面平整、厚度均匀，对面板混凝土的约束应力较小，有利于面板混凝土的防裂。

目前，翻模固坡砂浆无可参考或适用定额子目，导致建设单位无法准确估算翻模固坡砂浆费用，造成发承包双方为翻模固坡砂浆费用支付或补偿存在差异。因此，本文通过对翻模砂浆固坡施工工艺的分析，从经济性角度出发，研究翻模砂浆固坡的生产成本。

2　翻模砂浆固坡施工工艺介绍

2.1　翻模砂浆施工程序

定制钢模板—现场测量放线—模板安装与校正—垫层料填筑—垫层料洒水—垫层料初碾—模板校正—提出楔板—砂浆灌注—垫层料终碾—垫层料取样检测—拆除下层模板—固坡砂浆洒水养护—模板立于上层—进行上层填筑，如此循环直至坝体到达设计高程[2]。

2.2　翻模砂浆施工方法

（1）钢模尺寸确定。在翻模砂浆固坡施工之前，需要根据设计确定的上游面坡比与垫层料填筑层厚度，计算每块钢模板长度和宽度，并在钢模具厂特制钢模板，现场拼装成型。钢模板宽度可按式（1）确定，为了方便后期的倒模，钢模板长度一般确定为1.20m（具体尺寸可根据试验确定）。

$$D=d\sqrt{1^2+\frac{1}{K}^2} \tag{1}$$

式中　K——上游面坡度；

　　d——垫层料的设计厚度。

（2）测量放点。根据设计砂浆边线，按10m间隔设置垫层料边线，打钢筋桩牵线，然后测量复核线绳，无误后方可安装模板（对于坝高超过100m需要预留出坝体沉降量）[3]。

（3）模板安装。模板需要根据设计要求特制钢模板，在现场或综合加工厂组块拼接成型，检查合格后，运至施工现场使用或备用。翻转模板一般按三层（块）一组拼装，水平及层间连接采用U形卡连接，可通过调整背架锚筋及后方背架支撑调整模板角度，使其与设计角度基本一致。

(4) 垫层料填筑及初碾。安装完楔板后，进行垫层料填筑。垫层料填筑分人工铺筑和机械铺筑两部分。机械铺筑采用自卸车后退法卸料，推土机摊平，局部可采用挖掘机配合；人工铺筑部分主要为翻转模板下部靠近钢模板的三角部位，该部分采用人工喂料，选用相对较细的垫层料，喂料后方可进行卸料和推土机摊铺。具体施工参数应按设计要求进行确定。

(5) 模板校正。在初碾结束，人工抽出楔板后，为防止钢模板因垫层料挤压产生位移，需对钢模板进行校核。一般采用人工挂线法校核，即在模板边线挂通线，通过调节花篮螺杆使模板在同一平面上。

(6) 砂浆灌注。垫层料初碾结束后，开始灌注砂浆，砂浆灌注示意图如图 1 所示[4]。砂浆灌注从一端开始，边拔楔板，边灌注砂浆。砂浆灌注完成后，应及时对灌注完成的区域进行检查，如果存在砂浆因沁入垫层料而造成砂浆面下沉的现象，要及时进行复灌，直到砂浆灌注饱满为止。

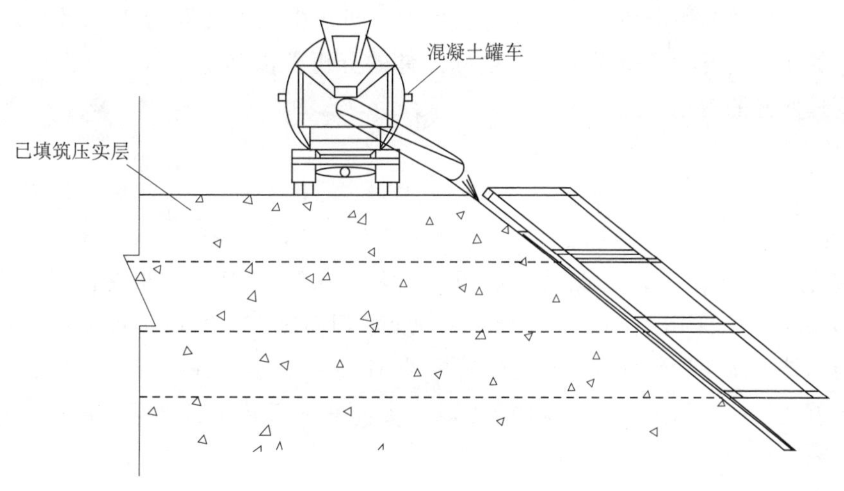

图 1　砂浆灌注示意图

(7) 垫层料终碾。待砂浆灌注结束后，再对垫层料振动碾压 2 遍（具体遍数需要根据试验结果确定）。此时，依靠碾压机具的振动作用对已灌注的砂浆进行振捣。振动碾无法到达部位，采用平板夯压实垫层料。边角压实时，需要注意对趾板混凝土及铜止水的保护。

(8) 模板上移。待垫层料终碾结束，垫层料取样试验合格后，即可拆除最下层模板。人工拆除最下一层模板并拼装到最上一层模板上，在最下层模板拆除时，出露的固坡砂浆的抗压强度应达到其设计抗压强度的 25%以上，具体拆模时间可根据施工进度及施工期气温条件而定，一般拆模时间不小于 24h。

(9) 固坡砂浆养护。待固坡砂浆终凝后，需要用土工布覆盖并洒水养护，保持湿润状态应不少于 14d。坡面禁止人员及机械行走。在碾压砂浆表面横向布置排水花管，用软管向供水点引水，用于养护砂浆。排水花管随着翻转模板上升而上升，加固利用砂浆面上的模板拉条加固。

3　碾压砂浆固坡生产成本分析

目前，翻模砂浆固坡无可参考定额子目，本文以翻模砂浆固坡施工工艺程序作为其生产成本分析的基础，从翻模砂浆固坡单价费用构成出发，结合翻模砂浆固坡的实际实施方案，对翻模砂浆固坡人工、材料和机械直接投入量着手开展成本分析。

3.1　人工费

人工耗量按实物量进行计算，在确定翻模砂浆固坡施工时段的基础上，确定实际施工排班是按一日三班或一日两班，将承包人施工日志与监理方监理日志对照分析，按式（2）计算出各自生产工人的工日数量，取两者较小值。人工单价采用项目周边市场调研与询价方式进行确定。

$$工日=\mathrm{Min}(施工日志统计结果,监理统计结果) \tag{2}$$

3.2　材料费

主要包括钢模板、砂浆及钢筋等材料。其中，钢模板是翻模砂浆固坡施工的核心要点，一般无需现场制作，需要模具厂特制后现场组装拼接，钢模板工程量应按设计要求施工段长度确定（考虑5%的备用工程量），其采购价格按照模板采购合同或市场询价确定，同时还应考虑回收残值；砂浆工程量按照拌和楼出库单或混凝土罐车运输车次确定，其单价按照砂浆配合比计算单价；钢筋工程量按照领用量或使用台账确定，其单价按照合同价格计算。

3.3 机械费

主要包括钢模板运输、砂浆搅拌及砂浆运输等机械。其中，若承包人在施工现场拼装钢模板，可不考虑运输费；若承包人在其综合加工厂拼装钢模板，应记录钢模板运输设备的型号和统计实际使用台时，进而计算钢模板运输费。砂浆搅拌及砂浆运输如果在合同中有适用或类似项目时，按合同单价计算，否则，应记录砂浆搅拌及砂浆运输机械设备的型号和统计实际使用台时。

3.4 管理费与税金

通过统计分析，管理费与税金按照人工费、材料费及机械费三者之和的20%计算。管理费与税金的费率应结合承包人的实际情况，通过对承包人投标文件的分析予以确定，该部分管理费包括承包人组织施工生产和经营管理所发的费用。

4 案例分析

4.1 案例背景描述

丰宁抽水蓄能电站上水库为钢筋混凝土面板堆石坝，坝顶宽 10m，轴线长度 556.0m，最大坝高 121.3m，上游与下游坝坡均采用 1∶1.4。招标时主坝上游坝面每 10～15m 高度需进行一次斜坡碾压，并摊铺碾压砂浆进行固坡，碾压砂浆厚度 8cm，砂浆标号 M5。结合本工程特点，经专家组建议，采用翻模砂浆固坡施工工艺替代传统的斜坡碾压砂浆固坡施工，首层现场工艺试验钢模板布置，如图 2 所示。

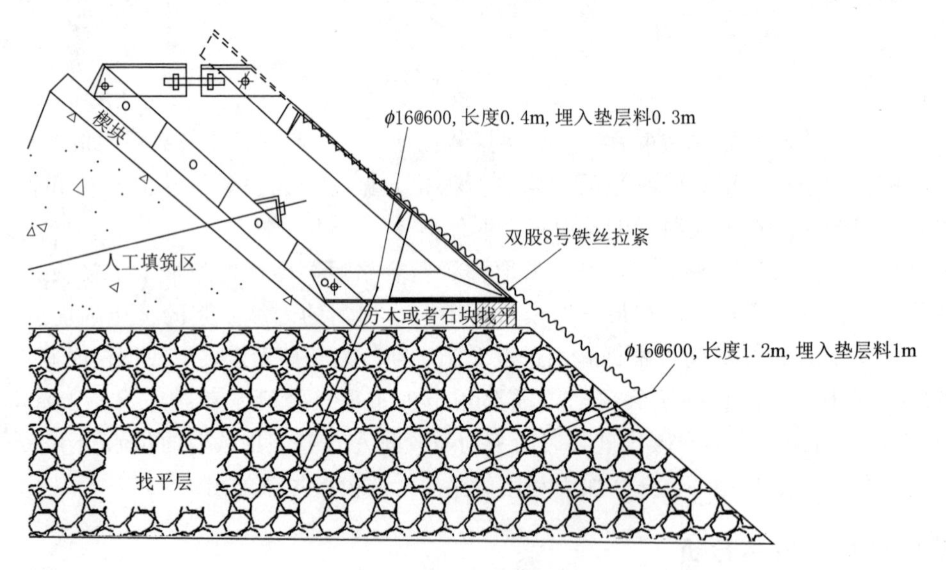

图 2　现场工艺试验中首层钢模板布置方式图

4.2 钢模板尺寸确定

本项目面板堆石坝上下游面坡比为 1∶1.4，垫层料填筑厚度 40cm，模板宽度按式（2）计算，其宽度约为 0.68m，为了方便后期的倒模，模板长度确定为 1.20m。钢模板支立尺寸，如图 3 所示。

4.3 翻模砂浆生产成本计算

基于翻模砂浆固坡的施工方案，通过对承包人施工日志、监理日志、劳务分包合同及材料使用台账及施工机械设备等相关资料的查阅与分析。具体成本分析如下：

（1）人工费计算。经对施工日志和监理日志的统计分析，本项目翻模砂浆人工共消耗 2800 工日。经市场调研与询价，结合实际施工情况，人工单价按照 300 元工日计算。人工费合计为 84.00 万元。由于本项目承包人翻模砂浆固坡采用劳务分包的方式，分包单位人力资源投入人幅度增加，进而造成分包单位

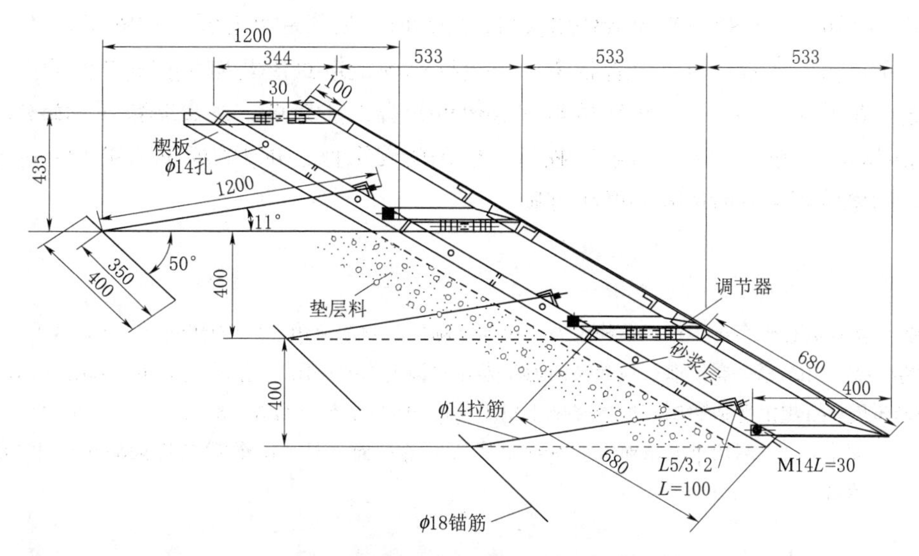

图3　钢模板支立结构图（单位：mm）

组织施工生产和经营管理而发生的管理费大幅度增加，为确保工程按期完工，考虑补偿分包单位增加的管理费。经对劳务分包合同的分析，以直接生产工人人工费为基数，按20%考虑综合分包单位管理费、税金及其他费用支出，其中税金已包含在20%比例中。费用合计为16.80万元。经计算，人工费与分包单位管理费两项合计为100.80万元。

（2）材料费用计算。模板采购费用按照模板采购合同59.17万元计算，工程量按照模板采购合同工程量92.61t计算，同时考虑回收残值，模板回收残值单价按1422元/t计算，扣减模板残值。砂浆工程量按照拌和楼出库单统计的3100.58m³计算，单价按照砂浆配合比计算单价为294.84元/m³。钢筋工程按照使用台账184.104t计算，单价按照合同4270元/t计算。经计算，材料费用合计为216.03万元。

（3）机械费用计算。砂浆拌制，工程量按照拌和楼出库单统计的3100.58m³计算，单价按照合同中碾压砂浆拌制单价16.41元/m³计算。砂浆运输，工程量按照拌和楼出库单统计的3100.58m³计算，单价按照合同中碾压砂浆运输单价53.92元/m³计算。钢模板现场拼接，不考虑钢模板的运输费。经计算，砂浆拌制和砂浆运输费用合计为21.81万元。

（4）管理费与税金计算。按照人工费、材料费及机械费三者之和的20%计算，经计算，管理费与税金合计为67.73万元。

4.4　斜坡碾压砂浆与翻模砂浆固坡费用对比分析

经上述分析与计算，翻模砂浆固坡费用合计406.37万元，每立方米综合单价为1310.63元，每平方米综合单价为104.85元。同时通过对承包人投标报价文件分析，合同中斜坡碾压砂浆固坡费用合计173.65万元，每立方米综合单价为560.06元，每平方米综合单价为44.80元。翻模砂浆固坡较斜坡碾压砂浆固坡费用增加232.72万元，单价较斜坡碾压砂浆增加750.57元/m³。

综上所述，翻模砂浆固坡每立方米单价较斜坡碾压砂浆贵约2倍，其主要原因在于翻模固坡砂浆施工的机械化程度较低，仅钢模板运输和砂浆灌注需要施工机械设备，钢模板安装、固定和校正需要依靠大量人工完成，另外，钢模板需要特制，在一定程度上也造成了成本增加。

5　结语

（1）由于翻模砂浆固坡单价编制无可参考定额子目，在实际施工过程中，当面板堆石坝上游垫层坡面防护施工方案由碾压砂浆固坡或挤压墙改为翻模砂浆固坡时，建设单位需要从翻模砂浆固坡施工方案着手，审核方案中人工与施工机械设备投入是否合理，做好翻模砂浆固坡施工过程中基础性资料的收集与整理，比如施工日志、监理日志、劳务分包合同、材料使用台账以及施工机械设备投入等，并确保资料的完整性与真实性，力求全面掌控影响翻模砂浆固坡单价的基础性资料，以便核算翻模砂浆固坡的生产成本，在今后与承包人就翻模砂浆固坡费用支付或补偿时，做到进退有度，有理有据。

（2）从建设单位角度来看，为了节省投资，面板堆石坝上游垫层坡面防护属于临时保护措施，一般仅要求施工简便、速度快、费用低，碾压砂浆固坡便可符合上述要求。翻模砂浆固坡施工质量好，可使面板堆石坝随时具备防汛条件，极大增强工程施工度汛的安全性。在实际施工过程中，基于度汛、工期与质量的考量，翻模砂浆固坡的优势又更加明显。

参考文献

[1] 冯明伟. 翻模砂浆固坡技术在丰宁抽水蓄能电站上水库大坝填筑中的应用 [J]. 四川水利，2018，39（2）：31-33.

[2] 常焕生，李岱，张云山，等. 面板堆石坝翻模固坡技术在双沟大坝的应用 [J]. 水力发电，2007（6）：42-44.

[3] 郭浩东. 浅议面板堆石坝上游面翻模固坡砂浆施工组织 [J]. 四川水利，2017，38（3）：24-26.

[4] 曲福祥，李勇，赵磊，等. 双沟水电站面板堆石坝垫层料上游坡面固坡砂浆翻模技术的施工应用 [J]. 科技创新导报，2012（21）：137.

丰宁抽水蓄能电站压力钢管洞内运输方法对施工支洞尺寸影响的研究

王　俊　解红红
（中国电建集团北京勘测设计研究院有限公司，北京市　100024）

【摘　要】抽水蓄能电站引水及尾水系统通常采用压力钢管衬砌，施工支洞作为引水及尾水系统施工期的通道，其断面形式及尺寸主要取决于压力钢管的尺寸及运输方式。以丰宁抽水蓄能电站引水隧洞压力钢管运输方案为参考，通过分析研究，总结压力钢管运输方法的不同对支洞断面及工程投资、施工安全的影响。

【关键词】抽水蓄能电站施工支洞　压力钢管　运输方法　支洞断面尺寸

1　引言

丰宁抽水蓄能电站位于河北省丰宁满族自治县境内，工程Ⅰ、Ⅱ期同时建设，总装机容量3600MW，共装机12台，单机容量300MW，电站为Ⅰ等工程，具有周调节性能。引水系统采用“一洞两机”的布置形式，共布置6套独立的水道系统，引水隧洞平行布置，高压管道由高压主管、岔管和高压支管组成，采用钢板衬砌。Ⅰ、Ⅱ期水道系统总长6668m，引水系统长4486m，尾水系统长2182m。Ⅰ期水道系统钢衬段钢管内径为5.8m→5.3m→4.8m，Ⅱ期水道系统钢衬段钢管内径为6m→5.3m→4.8m，钢板厚度0.04m，加劲环最大尺寸为0.12m，管节最大运输长度为6.0m，重量约35.495t。

2　引水隧洞施工支洞布置

引水隧洞施工支洞是引水隧洞、引水检修闸门井及高压管道上平段、上斜段开挖、支护及混凝土施工的重要通道。施工支洞总长967.0m，平均纵坡5.32%，城门洞型断面。引水隧洞施工支洞洞身岩性主要为流纹岩、凝灰熔岩、凝灰岩，围岩以Ⅲ类为主，局部存在Ⅳ～Ⅴ类。

3　压力钢管洞内运输方案及比较

引水隧洞施工支洞施工期通过的最大物体为上斜段压力钢管，其断面尺寸与压力钢管的洞内运输方式相关。压力钢管最大内径为6.0m，管节运输长度为6.0m。结合压力钢管在施工支洞内实际运输方式，拟定两种方案比较不同运输方式对支洞断面及投资等的影响：方案①，汽车运输＋洞内天锚卸车；方案②，洞外起重机＋装载机＋运输台车。

3.1　汽车运输＋洞内天锚卸车方案

在支洞内局部扩挖并布置天锚，压力钢管由平板拖车运输至天锚布置的位置，天锚起吊钢管后放置在专用台车，再由卷扬机牵引专用台车运输至安装工作面。根据钢管的断面尺寸，采用该方法运输时，钢管的开口方向与车辆行进方向相同。

支洞宽度＝钢管外径（含加劲环）＋安全距离＋风水电管线宽度。

支洞高度＝托板高度＋钢管外径（含加劲环）＋安全距离。

引水上部施工支洞总长为967.0m，拖车运输时车辆行驶轨迹受人为因素影响大，长距离倒车对驾驶员技术水平要求较高，将钢管外缘与洞壁的安全距离适当增大，单侧安全距离为0.7m；风水电线路0.3m，顶拱部位安全距离0.7m，车辆托板高度为1.0m；经过计算，支洞断面尺寸取8.0m×8.0m（宽×高）。具体见表1和图1。

表1 方案①支洞断面尺寸计算表

控制性参数名称	支洞断面尺寸	
	宽/m	高/m
钢管外径及加劲环	6.3	6.3
两侧安全距离总和	1.4	—
托板高度	—	1.0
顶拱安全距离	—	0.7
风水电管线宽	0.3	—
总计	8.0	8.0

洞内天锚布置方式：在施工支洞与引水隧洞交叉口部位对顶拱扩挖4.5m，及边墙扩挖1.5m，扩挖后对交叉口顶拱部位进加强支护，采用ϕ25mm水泥砂浆锚杆，长度4.5m，间排距1.5m，挂ϕ6.5mm@200mm×200mm钢筋网，喷C20mm混凝土15cm。在交叉口外围2.0m范围内增加两排锁口锚杆，采用ϕ25mm@100mm×100mm水泥砂浆锚杆，长度3.0m，间排距1.5m。交叉口洞顶中心位置共设置6组天锚，每组天锚采用4根ϕ32mmHRB400螺纹钢锚杆，长度9.0m，入岩8.4m，外露0.6m，环形布置，与拱顶垂线成30°交角，间距0.3m。后制作天锚吊耳板及吊耳，具体如图2所示。

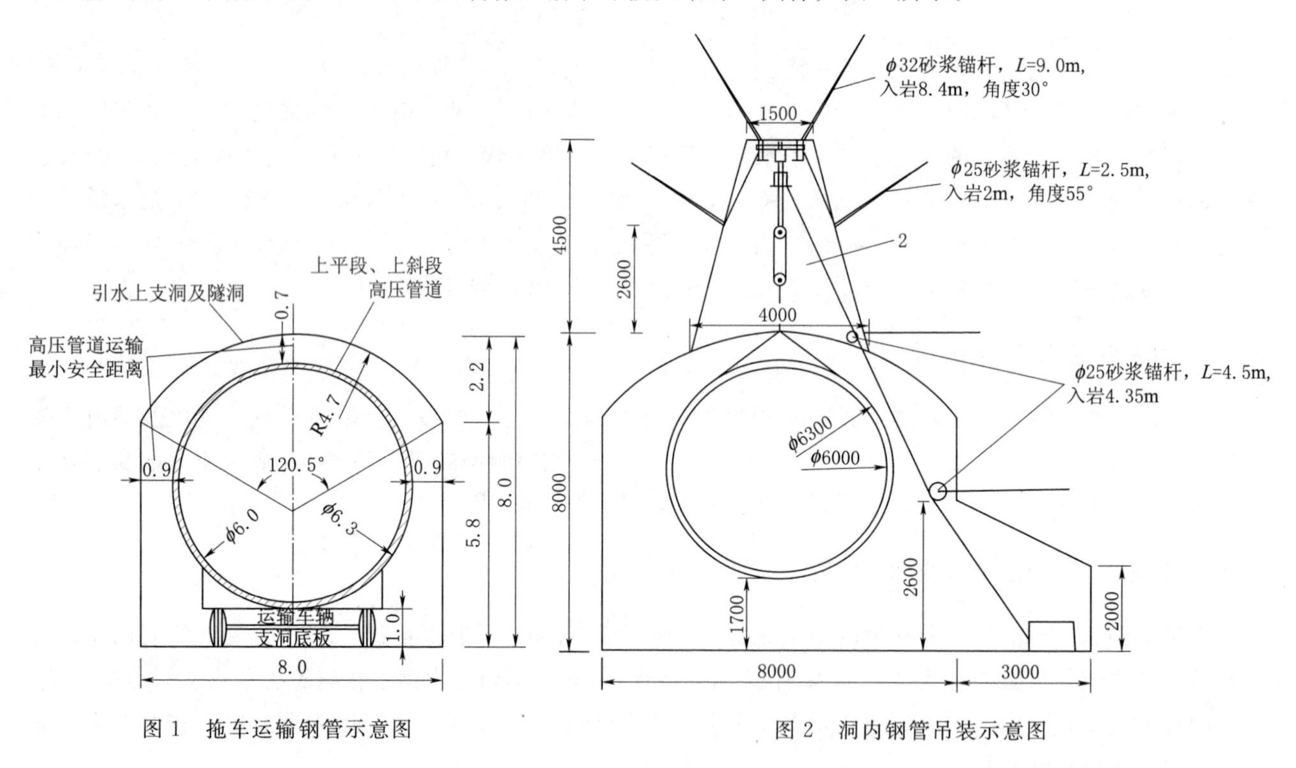

图1 拖车运输钢管示意图

图2 洞内钢管吊装示意图

根据本方案的工程量，计算得本方案总投资1510.48万元，其中支洞开挖支护、回填封堵共计1432.75万元；安装6组天锚及采取扩挖、加强支护措施等共需75.73万元；具体工程量及投资见表2。

表2 方案①工程量及投资估算表

分项	项目	单位	工程量	单价/元	小计/万元
开挖回填及支护	石方洞挖	m^3	58151.512	100.67	585.41
	喷混凝土	m^3	2083.885	759.08	158.18
	锚杆 $L=4.5$m	根	5802	94.13	54.61
	混凝土路面	m^3	1431.16	414.65	59.34
	回填混凝土	m^3	13410.32	428.79	575.02

续表

分项	项目	单位	工程量	单价/元	小计/万元
天锚及支护（单组）	洞室扩挖	m^3	216	100.67	2.17
	锚杆 $L=4.5m$	根	25	164.85	0.41
	锁口锚杆 $L=3.0m$	根	56	94.13	0.53
	锚杆，$L=9m$	根	4	617	0.25
	回填混凝土	m^3	216	428.79	9.26
小计	天锚	组	6		75.73
总计					1510.48

3.2 洞外起重机+装载机+运输台车

在支洞口架设 40t 的门式起重机，施工支洞内顺地铺设 60mm×40mm 实心方钢运输轨道，轨距 3.4m，作为运输台车轨道。支洞内轨道均贴地布置，安装完成后可以满足混凝土运输车辆及其他车辆通行。平板拖车将压力钢管运输至洞口处的门式起重机下部，由起重机将压力钢管起吊后放置在运输台车上，并将钢管通过锁链固定在台车上，由装载机牵引运输台车在支洞内沿轨道行走，至支洞与引水隧洞交叉口处，采用 4 组 10t 以上千斤顶将运输台车和钢管一同顶起，将台车运输轮旋转 90°，使其坐落在引水隧洞内的台车轨道上，最后由 35t 卷扬机牵引运输台车至安装工作面。为便于洞内安装钢管，采用该方法运输时，钢管的开口方向与车辆行进方向垂直。

图 3　压力钢管轨道运输小车

图 4　压力钢管洞外吊装转运

支洞宽度=钢管分段长度+安全距离。

支洞高度=车辆高度+钢管外径（含加劲环）+安全距离。

考虑专用台车行驶轨迹受轨道约束性强，钢管外缘与洞壁的安全距离适当减小，单侧安全距离为 0.45m，顶拱部位安全距离 0.7m，专用小车高度为 0.5m；经过计算，支洞断面尺寸取 7.5m×7.5m（宽×高）。具体计算见表 3 和图 5。

表 3　方案②支洞断面尺寸计算表

控制性参数名称	支洞断面尺寸	
	宽/m	高/m
钢管外径及加劲环	6.3	6.3
两侧安全距离总和	0.45	—
托板高度	—	0.5
顶拱安全距离	—	0.7
风水电管线宽	0.3	—
总计	7.5	7.5

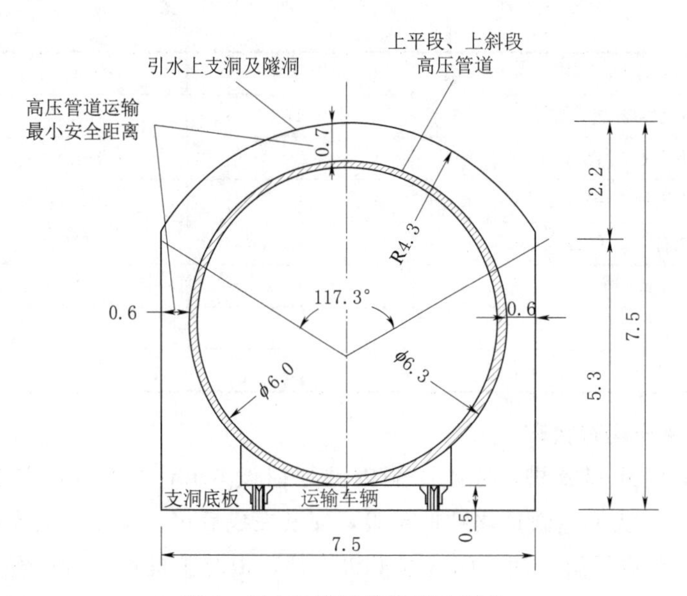

图 5 洞内轨道运输钢管示意图

根据本方案的工程量，计算得本方案总投资 1285.63 万元，其中支洞开挖支护、回填封堵共计 1225.49 万元；轨道、门式起重机安装等共需 60.14 万元；具体工程量及投资见表 4。

表 4　　方案②工程量及投资估算表

分项	项目	单位	工程量	单价/元	小计/万元
开挖回填及支护	石方洞挖	m^3	50256.72	100.67	505.93
	喷混凝土	m^3	1919.448	759.08	145.70
	锚杆 $L=4.5m$	根	4770	94.13	44.90
	混凝土路面	m^3	1316.52	414.65	54.59
	回填混凝土	m^3	11062.8	428.79	474.36
小计	钢轨道	t	74.89	8030.92	60.14
总计					1285.63

4 方案比较

压力钢管在引水隧洞施工支洞内采用两种运输方式，各有优缺点，方案比较分别从施工难度、安全评价、施工投资等方面进行比较。

方案①：优点：①车辆可直接行使至安装面附近，钢管起吊转运次数少；②支洞内不用安装轨道，钢材用量少。缺点：①支洞长度长，断面尺寸相对较大，开挖支护、封堵等工程量量相对较大；②拖车洞内行驶轨迹受人为因素影响大，安全性低，洞内运输速度慢，无法调头，倒车出洞对驾驶员的能力要求极高，对洞内交通影响较大，施工降效明显；③天锚安装需对洞室进行扩挖加强支护，施工难度大，验收方案复杂，且天锚安装位置地质条件要求较高，围岩类别较差部位不适合安装天锚，且天锚起重量达 35t，频繁起吊重物，安全风险较高；④洞内空间有限，光线差，钢管卸车、方向调整、固定等较困难，施工难度很大，效率低，安全风险较高；⑤本方案总投资为 1510.48 万元，相对较大。

方案②：优点：①支洞长度短，断面尺寸相对较小，开挖、支护、封堵等工程量相对较小；②装载机牵引运输台车沿轨道行使，钢管运输安全距离有保证，且装载机转向灵活，可洞内调头，对洞内交通影响较小；③施工简单，不受洞内地质条件影响，洞外门式起重机卸钢管，工作效率高，施工空间大，安全施工风险低；④目前在水电工程中已有应用，运输方法较为成熟；⑤本方案总投资为 1258.63 万元，相对较小。缺点：需要沿支洞铺设刚轨道，钢材耗用量相对较大。

5　结语

两种方案均可满足压力钢管洞内运输要求，但洞外起重机＋装载机＋运输台车的钢管运输方案在技术上较为简单，施工支洞断面尺寸相对较小，施工安全风险较低，钢管运输安全保证率高，同时运输过程对洞内其他工作面施工降效影响小，总投资也节约 224.85 万元，综合比较采用方案②在技术、安全、经济性更好。

浅析安徽金寨电站上库面板混凝土以质量控制促滑升速度

叶　林　袁自纯

（中国水利水电建设工程咨询北京有限公司，北京市　100024）

【摘　要】金寨电站上水库面板混凝土滑模施工，在极其有限的施工黄金时段内，通过提高各工序施工质量保证率，减少工序耗时，以质量控制求施工进度，诠释了工程质量与工程进度可以有效互补的关系，对混凝土面板滑模施工具有借鉴意义。

【关键词】抽水蓄能　大坝面板　质量控制　滑升速度

1　工程概况

金寨抽水蓄能电站位于安徽省金寨县张冲乡境内，距金寨县城公路里程约 53km，距合肥市、六安市的公路里程分别为 205km、134km。电站主要由上水库、输水系统、地下厂房系统、地面开关站及下水库等建筑物组成。地下厂房内安装 4 台单机容量为 300MW 的混流可逆式水轮发电机组，总装机容量为 1200MW。

上水库大坝为钢筋混凝土面板堆石坝，最大坝高 76.0m，坝顶长度 542m，正常蓄水位 593.00m，相应库容 1361.00 万 m^3。

面板混凝土厚度 $d=0.3+0.0035H$（H 为计算部位距面板顶部的高差，m），斜面坡度为 1∶1.405，共布置有 36 条面板垂直缝（张性缝 26 条、压性缝 10 条）。混凝土标号为 C25W10F100，设计总量为 $15727m^3$，斜面总长度为 2835.10m；面板钢筋为 $\phi16$，双层钢筋布置。

2　施工方法过程简述

上水库面板由左岸向右岸延伸共划分为 37 块，依次编号，面板标准宽度 14m。1 号面板 16m，22 号面板 13m，37 号面板 15.178m，2～21 号和 23～36 号面板 14m。

混凝土浇筑采用无轨滑模，跳仓浇筑，浇筑间隔时间以不小于 7d 并依据当时浇筑气温和风速情况而定，如遇特殊情况根据施工实际情况作出调整。

混凝土由自建拌和站拌制，主拌和站为布置在右坝肩高程 599m 平台移动式拌和站（HZS75－JS1500 型），备用的 2 个拌和站为布置在库内的 HZS50－JS1000、HZS35－JS750，共三套拌和站用于面板混凝土施工。混凝土运输采用 $12m^3$ 搅拌车水平运输，溜槽入仓。

3　影响混凝土滑升速度因素

大坝面板作为大坝防渗体系的重要组成部分，对其混凝土浇筑质量和外观质量要求较高，应选择气温适宜、湿度较大的有利时段施工。设计技术要求提出面板在月平均气温 5～20℃的低温、常温时段为宜。工程所在地金寨县属北亚热带湿润季风气候，3—7 月的平均气温分别为 9.7℃、16.0℃、21.0℃、24.9℃、27.8℃，最有利的施工时段为 3—5 月。然而 2020 年春季受新型冠状病毒肺炎疫情影响，复工推迟，上库面板施工直到 4 月 22 日方才启动，有利施工时段较短。以上特点要求面板施工时，要合理提升滑升速度，以便面板混凝土在高温天气来临前浇筑完成，否则错过有利施工时机，对面板质量控制不利。

综合各种因素后，上库面板采用 2 套无轨滑模同时施工，计划于 2020 年 4 月 22 日开始，于 6 月 30 日前完成，日历天数 70 天，施工工期紧张。于是提升滑升速度即提高工效成为一种选择。主要思路是：找出工序“赌点”（即影响滑升速度的因素），采取措施消除“赌点”，规范施工作业秩序，减少每个工序耗时，促进工序之间的有序衔接，进而提高滑升速度。

上库面板滑模主要“赌点”如下。

3.1　混凝土供料不畅

根据搅拌质量、运输距离、天气等影响因素，面板混凝土控制入仓坍落度为30～50mm，每盘混凝土搅拌时间90s。

(1) 混凝土拌制时间长，主要因为原材料含水不稳定，为确保混凝土坍落度，需调整拌和掺水量，增加拌制时间。

(2) 混凝土拌和质量不满足要求，主要为混凝土出机口坍落度过大，废弃量多。

(3) 混凝土运输过程中，塌损过大不满足入仓坍落度30～50mm的要求而废弃。

(4) 混凝土运输车辆慢。

3.2　溜槽设计缺陷

混凝土入仓采用溜槽方式，为保证混凝土输送能力，减少出口端溜槽摆动幅度，每仓面板采用2条溜槽，在自坝顶到作业面之间的仓面斜坡上，分别沿着距离两侧垂直缝1/4处顺坡布置，坝顶两溜槽进口端之间距离为5m左右，相对较远，混凝土搅拌车需要来回移动，拉长了仓面进料时间。初始浇筑仓段，为了减少混凝土坍落度损失和下落过程中骨料飞溅，原设计在溜槽上每5m设置橡胶挡板，上部利用土工（布）膜进行间隔覆盖，一定程度上起到了防雨、防晒、防风、防飞石作用，但因溜槽未覆盖而外露部位的存在，高温和风相互作用于槽内混凝土，坍落度损失明显，混凝土流动性变差，会出现堵塞现象，溜槽倾覆，混凝土顺着溜槽外露处溢出后撒落于仓内，因硬化后故需清理。处理堵塞和清理溢出料的时间，干扰了滑模正常浇筑滑升作业。

3.3　仓面布料不合理

混凝土自溜槽出口端入仓后，其布料以平移槽口自然落仓方式为主，人工平仓为辅。槽口平移由若干人工拉动，受钢筋网坡面作业的条件限制，工人为便宜施工，往往槽口平移时幅度过大，混凝土布料不连续不均匀；料头长度控制是影响布料另一关键因素，料头长度过小需要进行二次布料，增加布料工序时间，过大易导致混凝土较长时间得不到振捣。混凝土布料不均匀和料头长度控制不当，将增加二次处理次数和布料工序时间，影响了与振捣工序的衔接，进而影响浇筑连续性。

3.4　振捣不规范

混凝土振捣不规范对浇筑滑升作业的影响主要体现在漏振、欠振和过振。无论是漏振、欠振还是过振，均影响正常浇筑滑升作业，现场实际以漏振、欠振居多，是重点控制因素。

3.5　滑升距离过大

滑模一次滑升距离的多少影响着总体滑升速度，一次滑升距离过大，易导致滑升后出露混凝土的坍塌、混凝土面呈波浪状，增加了收面难度，影响面板混凝土成型质量，又增大了平仓振捣难度；一次滑升距离过小，增加了总体滑升次数，降低了滑升速度。

3.6　压面不平整

面板混凝土对外观质量要求较高，应无鼓胀及表面拉裂现象，外观光滑平整，垂直缝混凝土由于将作为后浇块的滑轨，对其接缝侧1m内的混凝土平整度要求较高，对脱模后的混凝土表面应及时整平和适时压面。压面往往存在两个问题：一是压面不平整；二是垂直缝侧混凝土平整度超标。对混凝土外观不平整的处理均增加了压面工艺需要的时间，最终减缓了正常滑升速度。

4　质量控制措施

施工组织中针对各工序“赌点”，采取以下措施。

4.1　控制原材料质量

为确保混凝土出机口坍落度的稳定，需通过控制措施稳定原材料中砂石骨料的含水率，进而减少了拌和掺水量的调整程序，从而达到减少混凝土的拌和时间、减少废弃量、保证混凝土有序高效供应的目的，提高混凝土滑升速度。

4.2 优化混凝土水平运输方式

面板混凝土对和易性要求较高，为避免运输过程中混凝土坍落损失等不利影响，混凝土改用搅拌运输车水平运输，对比平板车运输方式，搅拌运输车具备防雨、防晒、防风、保温、运输便捷的优势，并达到减小运输过程中的塌损、离析作用，供料顺畅。

4.3 精确控制入仓坍落度范围

综合混凝土运输、浇筑方法、天气状况因素经过现场试验后，最终确定入仓坍落度控制在30～50mm，在此范围内根据昼夜气温差随机适当调整±10mm，对控制混凝土浇筑质量最为有利。为确保入仓混凝土坍落度合格率，现场制定了相应的管理措施：一是根据仓面水平宽度、对应高程的面板设计厚度、料头合理控制长度综合计算确定罐车一次装车量，随着浇筑高程的上升而调整，减少了混凝土在搅拌运输车内的待料时间；二是在溜槽入口处对每车混凝土坍落度进行检测，合格后方可放料入溜槽；三是在仓面对坍落度进行检测，每2小时1次，确保仓面坍落度合格；四是工人交接班时衔接及时性，避免较长待仓时间造成的坍落度损失。

4.4 优化溜槽设计

为避免初始阶段溜槽设计的不足，采用增大溜槽截面积措施，溜槽设计成直径80cm半圆，增加溜料截面积和自重，混凝土在下溜过程中依靠其自身较强的惯性减少混凝土堵料风险。两条溜槽沿着斜坡面布置时，其坝顶的溜槽进口端之间距离尽量靠近布置，便于混凝土搅拌车放料时在不移动的情况下能够照顾到两条溜槽，做到两条溜槽进料“无缝衔接”。用防雨布对溜槽采取全覆盖措施，起到防雨、防风、防晒、防飞石作用，减少坍落度损失，减慢溜槽内遗留混凝土干硬速度，使溜槽能持续下溜混凝土。每仓浇筑前，先用砂浆润滑溜槽，减少溜料堵塞风险。以上措施共同作用，避免了溜料堵塞和溜槽倾覆问题，供料有序，减少了对滑模正常浇筑滑升的干扰。

4.5 提高料头布设均匀性，控制料头长度

混凝土入仓应均匀布料，每层布料厚度根据拌和能力、运输能力、浇筑速度、气温及振捣能力等因素确定，一般为25～30cm。根据溜槽出口出料辐射范围，严格控制每次槽口平移幅度在辐射范围内，确保混凝土自然落仓后呈现出均匀连续状态，缩短布料平仓时间，为及时振捣提供充足条件。缩短溜槽出口与仓面距离，现场综合振捣时间、滑升时间和工人工作强度因素，经反复试验后得出，当溜槽出口与仓面距离确定为1m时效果最佳，形成的料头长度既能满足正常浇筑滑升需要，也能保证布料与振捣工序的有效衔接，浇筑有序。

4.6 规范振捣工艺

振捣由经验丰富、认真负责的工人实施，对其进行详细的施工技术交底。布料完成后，由工人及时振捣。振捣作业采用插入式振捣器，主仓面混凝土采用ϕ70mm的振捣器。振捣器在滑模范围内振捣，垂直插入下层混凝土深度为50mm，严格控制振捣器插入间距，经现场试验测定以不大于400cm为控制标准，防止漏振，振捣至骨料不再明显下沉且泛浆，避免欠振和过振。止水带附近采用直径ϕ30mm的振捣器，在止水带附近的混凝土浇筑时，指定专人平仓振捣，并有止水带埋设安装人员监护，避免止水带变形、变位，并应避免骨料集中、气泡和泌水聚集及漏浆等缺陷产生，保证该区域混凝土密实。

4.7 控制滑升距离和间隔时间

模板滑升质量控制要点为一次滑升距离和滑升间隔时间。滑模滑升质量控制思路是对其作业行为进行限制和规范，使得滑升速度与滑升质量均衡协调。一次滑升距离严格控制在不大于300mm，并详细记录对应的滑升次序号、滑升起点、滑升终点和滑升距离。每次滑升间隔时间以不造成滑模抬动、混凝土振捣密实、模体后混凝土面未坍塌、未呈波浪状为原则，由现场试验确定，夜晚较白天适当延长滑升间隔时间，低温天气较高温天气时适当延长滑升间隔时间，总体均不得超过30min。

4.8 压面平整度控制

压面平整度的控制措施需要从振捣、滑升、压面三个工序进行整体控制。规范振捣以避免欠振、漏

振和过振，保证混凝土密实性，减少了表面气泡、缺陷，有效减少了压面工作量，提高了压面质量和施工效率。通过对滑升距离、滑升时间间隔的有效控制，减少了滑升后出露混凝土的波浪状、拉裂、坍塌现象。压面分两次进行，混凝土磨光机进行初次收面找平，在混凝土初凝前由工人用铁抹子最终抹面收光，压面作业平台与滑模台车的距离可根据混凝土凝固时间控制的需要而调整。压面完成后及时用2m直尺检查平整度，接缝侧1m内的混凝土平整度严格控制在不大于5mm范围内。

5　滑升速度分析

截至2020年6月11日，上库面板共浇筑了19仓，完成1836.89m（斜面长度），完成64.8%。分为三个阶段，第一阶段为早期4仓，平均滑升速度为1.4m/h；第二阶段为调整期，分析查找各工序“赌点”，优化质量控制措施，平均滑升速度逐步提升至1.8m/h，效率较第一阶段提升28.6%；第三阶段自第9浇筑仓即22号仓开始，进一步优化质量控制措施，平均滑升速度为2.4m/h，效率较第二阶段提升33.3%，面板滑模滑升速度处于较为稳定的状态。对比分析得出，采取的质量控制措施是有效的。具体数据分析见表1。

表1　上库面板混凝土浇筑数据

时段	仓号	斜面长度/m	开仓时间	收仓时间	浇筑时长/h	滑升速度/(m/h)
第一阶段	16号	104.41	4月22日20：50	4月26日21：40	96.8	1.1
	14号	104.41	4月27日10：15	4月30日2：30	64.3	1.6
	10号	125.06	5月1日14：30	5月4日18：10	75.7	1.7
	12号	110.78	5月3日22：30	5月7日1：20	74.8	1.5
	平均	444.66	—	—	311.6	1.4
第二阶段	18号	110.44	5月9日16：10	5月12日4：25	60.3	1.8
	20号	116.46	5月12日13：30	5月15日0：10	58.7	2.0
	8号	118.39	5月15日20：20	5月18日18：09	69.8	1.7
	6号	82.00	5月18日21：45	5月20日20：35	46.8	1.8
	平均	427.29	—	—	235.6	1.8
第三阶段	22号	101.94	5月21日9：20	5月23日5：35	44.3	2.3
	24号	89.21	5月23日7：25	5月24日18：00	34.6	2.6
	11号	120.69	5月26日10：00	5月28日10：13	48.2	2.5
	26号	78.28	5月29日9：25	5月30日16：40	31.3	2.5
	13号	104.83	5月30日17：20	6月1日17：40	48.3	2.2
	28号	67.35	6月1日19：30	6月2日22：44	27.2	2.5
	15号	104.41	6月3日1：30	6月4日23：23	45.9	2.3
	17号	105.58	6月5日1：56	6月7日4：44	50.8	2.1
	4号	46.88	6月7日4：54	6月8日0：25	19.5	2.4
	2号	20.71	6月8日10：00	6月8日17：55	7.9	2.6
	9号	125.06	6月9日10：40	6月11日12：48	50.1	2.5
	平均	964.94	—	—	408.1	2.4

6　经验总结

（1）面板混凝土浇筑过程中，建立运行有效的指挥体系至关重要，配备各岗位人员，定岗定责，其中部分关键管理岗位不可或缺且不可兼职。总协调人，要有懂现场管理、善于施工协调和具有较强组织能力的人担任，不得兼职并认真负责。仓面专职指挥员，在仓面上负责要料指令下达、平仓指挥、模板滑升指令下达，统一发出仓面各类信息与指令，不得兼职并认真负责。

（2）面板浇筑期间，监理单位制定了值班制度，值班人员由总监、副总监带班，质量、安全、试验、测量各专业监理参加，实施有效的全过程监督管理，并带动、促进施工单位各岗位人员履职尽职。事实证明，监理监督体系与施工保证体系的有机结合，发挥了 1+1>2 的作用。

7 结语

（1）在查找出各工序"赌点"后，采取了对应的措施，采取的措施可以概括为设计的合理性、行为的规范性、程序的有效性，属于管理质量的提升，有利于促进工程实体质量。

（2）工程质量控制与工程进度管理并非矛盾关系，本工程通过质量控制行为，提升了滑升速度，工程进度得到如期实现，说明工程质量控制是工程进度的保证。

丰宁抽水蓄能电站一期主厂房开挖期锚杆应力观测分析研究

刘占海　蒋飞虎

（中国电建集团北京勘测设计研究院有限公司，北京市　100024）

【摘　要】锚杆应力观测是地下厂房围岩开挖支护过程中的重点观测项目。本文介绍了丰宁抽水蓄能电站一期地下厂开挖过程中锚杆应力观测成果，并结合地质条件和开挖工况，认真总结分析锚杆应力在开挖支护过程中的分布规律及变化过程，为丰宁抽水蓄能电站一期主厂房锚杆系统支护参数的合理性提供数据支撑。

【关键词】丰宁抽水蓄能电站　一期主厂房　开挖期　锚杆应力　观测分析

1　工程概况

丰宁抽水蓄能电站位于河北省承德市丰宁满族自治县境内，距北京市区直线距离180km，距承德市直线距离150km。电站总装机容量3600MW，电站分两期开发，一期、二期工程装机容量各为1800MW。一期工程建筑物由上水库、下水库、水道系统（1号、2号、3号）和地下厂房（包括1～6号机）及其附属洞室组成，一期、二期工程共用上、下水库，且在一期工程建设中按最终规模一次建成。

地下厂房由1号主副厂房、1～6号主机间、安装场、7～12号主机间、2号主副厂房组成，呈“一”字形布置，洞室总长度为414.0m。安装间布置在6号机组段及7号机组段中间，1号主副厂房布置在地下厂房右端，2号主副厂房布置在地下厂房左端。1～6号主机间及7～12号主机间开挖尺寸均为149.5m×25.0m×54.5m（长×宽×高，下同），安装间开挖尺寸为75.0m×25.0m×26.0m，1号及2号主副厂房开挖尺寸均为20.0m×25.0m×38.0m。

2　锚杆应力计布置情况

一期主厂房锚杆应力计布置分为主监测断面和辅助监测断面，具体布置如下：主厂房设置4个主监测断面，编号为Ⅰ-Ⅰ（厂左0+0）、Ⅱ-Ⅱ（厂左0+48）、Ⅲ-Ⅲ（厂左0+96）、Ⅳ-Ⅳ（厂左0+156）；主厂房设置5个辅助监测断面，编号为a-a（厂右0+26）、b-b（厂左0+24）、c-c（厂左0+72）、d-d（厂左0+120）、A-A（沿主厂房洞室中心线剖面）。其中主监测断面为3点式，布置度分别为2m、4m、6m，辅助断面为单点和3点式，布置深度分别为2m、4m、6m，具体布置情况统计见表1。

表1　主厂房锚杆应力计布置情况统计表

工程部位	断面	桩号（km+m）	完成量/支	备注
主厂房	a-a	厂右0+26	7	
	Ⅰ-Ⅰ	厂左0+0	30	
	b-b	厂左0+24	7	
	Ⅱ-Ⅱ	厂左0+48	30	
	c-c	厂左0+72	7	
	Ⅲ-Ⅲ	厂左0+96	30	
	d-d	厂左0+120	7	
	Ⅳ-Ⅳ	厂左0+156	21	
	A-A	主厂房洞室中心线剖面	9	
合计			148	

3 锚杆应力正负号规定

锚杆应力正负号规定见表2。

表2 锚杆应力正负号规定统计表

监测项目	监测仪器类型	正负号含义	单位
应力	锚杆应力计	拉应力为“+”，压应力为“－”	MPa

4 观测成果分析

4.1 应力分布

主厂房锚杆应力采用锚杆应力计进行监测，其中主监测断面为3点式，布置度分别为2m、4m、6m，辅助断面为单点和3点式，布置深度分别为2m、4m、6m，一期主厂房于2019年10月底开挖完成，各布置深度锚杆应力测点应力值统计及分级见表3～表8，各深度应力计分布及过程线如图1～图6所示；所有锚杆应力计应力分级统计见表9，所有锚杆应力计应力分级饼状图如图7所示，各图表统计数据截至2019年12月底。

表3 主厂房顶拱及上下游边墙距孔口2m锚杆应力测点应力统计表 单位：MPa

桩号（km+m）	断面	上游边墙				上游拱腰	拱顶	下游拱腰	下游边墙		
		高程970m	高程978m	高程990m	高程999m	高程1006m	高程1008.5m	高程1006m	高程999m	高程990m	高程970m
厂右0+26	a-a				275.28	38.08	48.52	22.59	121.82		
厂左0+0	Ⅰ-Ⅰ	－10.52	－93.31	55.43	152.19	198.64	21.2	33.95	0.62	120.00	14.30
厂左0+12	A-A						－1.24				
厂左0+24	b-b				392.07	6.38	162.24	194.27	32.34		
厂左0+48	Ⅱ-Ⅱ	0.88	108.68	398.49	186.04	390.37	210.69	－1.12	160.47	－32.13	－11.54
厂左0+72	c-c				114.98	168.72	145.82	50.38	202.78		
厂左0+96	Ⅲ-Ⅲ	21.09	57.01	105.19	331.95	45.92	82.54	40.16	80.32	7.50	1.07
厂左0+108	A-A						104.85				
厂左0+120	d-d				148.71	125.03	72.42	188.91	101.02		
厂左0+156	Ⅳ-Ⅳ			167.92	224.26	396.66	382.62	26.34	－5.00	10.71	
厂左0+185	A-A						234.82				
最大值		21.09	108.68	398.49	392.07	396.66	382.62	194.27	202.78	120.00	14.30
平均值		3.82	24.13	181.76	228.19	171.23	133.13	69.44	86.80	26.52	1.28

表4 主厂房顶拱及上下游边墙距孔口2m锚杆应力测点应力分级统计表

断面/桩号	锚杆受力量级划分/MPa					合计	最大受力/MPa	发生的部位
	<100	100～200	200～300	300～400	≥400			
a-a/厂右0+26	3	1	1	0	0	5	275.28	上游边墙/高程999.00m
Ⅰ-Ⅰ/厂左0+0	7	3	0	0	0	10	198.64	上游拱腰/高程1006.00m
A-A/厂左0+12	1	0	0	0	0	1	－1.24	顶拱/高程1008.50m
b-b/厂左0+24	2	2	0	1	0	5	392.07	上游边墙/高程999.00m
Ⅱ-Ⅱ/厂左0+48	4	3	1	2	0	10	398.49	上游边墙/高程990.00m
c-c/厂左0+72	1	3	1	0	0	5	202.78	下游边墙/高程999.00m

续表

断面/桩号	锚杆受力量级划分/MPa					合计	最大受力/MPa	发生的部位
	<100	100～200	200～300	300～400	≥400			
Ⅲ-Ⅲ/厂左 0+96	8	1	0	1	0	10	331.95	上游边墙/高程 999.00m
A-A/厂左 0+108	0	1	0	0	0	1	104.85	顶拱/高程 1008.50m
d-d/厂左 0+120	1	4	0	0	0	5	188.91	下游拱腰/高程 1006.00m
Ⅳ-Ⅳ/厂左 0+156	3	1	1	2	0	7	396.66	上游拱腰/高程 1006.00m
A-A/厂左 0+185	0	0	1	0	0	1	234.82	顶拱/高程 1008.50m
合计	30	19	5	6	0	60	说明：6 个测点在 300～400MPa 之间	
占比	50.00%	31.67%	8.33%	10.00%	0.00%	—	说明：<200MPa 的测点占比 81.67%	

表 5　　主厂房顶拱及上下游边墙距孔口 4m 锚杆应力测点应力统计表　　单位：MPa

桩号 (km+m)	断面	上游边墙				上游拱腰	拱顶	下游拱腰	下游边墙		
		高程 970m	高程 978m	高程 990m	高程 999m	高程 1006m	高程 1008.5m	高程 1006m	高程 999m	高程 990m	高程 970m
厂右 0+26	a-a						28.56				
厂左 0+0	Ⅰ-Ⅰ	26.20	−3.09	124.04	−0.08	337.54	302.85	259.06	1.77	2.21	6.68
厂左 0+12	A-A						129.06				
厂左 0+24	b-b						13.51				
厂左 0+48	Ⅱ-Ⅱ	−88.59	93.13	51.91	139.09	81.42	143.01	−4.84	135.04	92.43	7.97
厂左 0+72	c-c						399.44				
厂左 0+96	Ⅲ-Ⅲ	106.91	111.64	1.14	51.57	60.35	240.94	348.82	244.67	14.94	102.26
厂左 0+108	A-A						116.51				
厂左 0+120	d-d						17.09				
厂左 0+156	Ⅳ-Ⅳ			61.97	−1.65	33.48	54.11	45.62	68.33	52.83	
厂左 0+185	A-A						388.62				
最大值		106.91	111.64	124.04	139.09	337.54	399.44	348.82	244.67	92.43	102.26
平均值		14.84	67.23	59.77	47.23	128.20	166.70	162.17	112.45	40.60	38.97

表 6　　主厂房顶拱及上下游边墙距孔口 4m 锚杆应力测点应力分级统计表

断面/桩号	锚杆受力量级划分/MPa					合计	最大受力/MPa	发生的部位
	<100	100～200	200～300	300～400	≥400			
a-a/厂右 0+26	1	0	0	0	0	1	28.56	顶拱/高程 1008.50m
Ⅰ-Ⅰ/厂左 0+0	6	1	1	2	0	10	337.54	上游拱腰/高程 1006.00m
A-A/厂左 0+12	0	1	0	0	0	1	129.06	顶拱/高程 1008.50m
b-b/厂左 0+24	1	0	0	0	0	1	13.51	顶拱/高程 1008.50m
Ⅱ-Ⅱ/厂左 0+48	7	3	0	0	0	10	143.01	顶拱/高程 1008.50m
c-c/厂左 0+72	0	0	0	1	0	1	399.44	顶拱/高程 1008.50m
Ⅲ-Ⅲ/厂左 0+96	4	3	2	1	0	10	348.82	下游拱腰/高程 1006.00m
A-A/厂左 0+108	0	1	0	0	0	1	116.51	顶拱/高程 1008.50m
d-d/厂左 0+120	1	0	0	0	0	1	17.09	顶拱/高程 1008.50m
Ⅳ-Ⅳ/厂左 0+156	7	0	0	0	0	7	68.33	下游边墙/高程 999.00m
A-A/厂左 0+185	0	0	0	1	0	1	388.62	顶拱/高程 1008.50m
合计	27	9	3	5	0	44	说明：5 个测点在 300～400MPa 之间	
占比	61.36%	20.45%	6.82%	11.36%	0.00%	—	说明：<200MPa 的测点占比 75.00%	

表 7　　主厂房顶拱及上下游边墙距孔口 6m 锚杆应力测点应力统计表　　单位：MPa

桩号（km+m）	断面	上游边墙				上游拱腰	拱顶	下游拱腰	下游边墙		
		高程 970m	高程 978m	高程 990m	高程 999m	高程 1006m	高程 1008.5m	高程 1006m	高程 999m	高程 990m	高程 970m
厂右 0+26	a-a						9.05				
厂左 0+0	Ⅰ-Ⅰ	−1.08	−15.13	240.87	−0.03	8.11	16.21	−12.82	−0.07	41.11	91.22
厂左 0+12	A-A						78.49				
厂左 0+24	b-b						17.58				
厂左 0+48	Ⅱ-Ⅱ	−0.41	95.69	90.4	0.34	15.57	43.44	2.64	124.23	76.15	−2.01
厂左 0+72	c-c						398.41				
厂左 0+96	Ⅲ-Ⅲ	157.67	159.29	0.38	−0.83	14.08	−77.56	20.69	147.33	−1.52	100.2
厂左 0+108	A-A						193.23				
厂左 0+120	d-d						31.07				
厂左 0+156	Ⅳ-Ⅳ			90.02	−2.03	−6.16	20.84	3.12	8.60	154.55	
厂左 0+185	A-A						201.83				
最大值		157.67	159.29	240.87	0.34	15.57	398.41	20.69	147.33	154.55	100.2
平均值		52.06	79.95	105.42	−0.64	7.90	84.78	3.41	70.02	67.57	63.14

表 8　　主厂房顶拱及上下游边墙距孔口 6m 锚杆应力测点应力分级统计表

断面/桩号	锚杆受力量级划分/MPa					合计	最大受力/MPa	发生的部位
	<100	100～200	200～300	300～400	≥400			
a-a/厂右 0+26	1	0	0	0	0	1	9.05	顶拱/高程 1008.50m
Ⅰ-Ⅰ/厂左 0+0	9	0	1	0	0	10	240.87	上游边墙/高程 990.00m
A-A/厂左 0+12	1	0	0	0	0	1	78.49	顶拱/高程 1008.50m
b-b/厂左 0+24	1	0	0	0	0	1	17.58	顶拱/高程 1008.50m
Ⅱ-Ⅱ/厂左 0+48	9	1	0	0	0	10	124.23	下游边墙/高程 999.00m
c-c/厂左 0+72	0	0	0	1	0	1	398.41	顶拱/高程 1008.50m
Ⅲ-Ⅲ/厂左 0+96	6	4	0	0	0	10	159.29	下游边墙/高程 978.00m
A-A/厂左 0+108	0	1	0	0	0	1	193.23	顶拱/高程 1008.50m
d-d/厂左 0+120	1	0	0	0	0	1	31.07	顶拱/高程 1008.50m
Ⅳ-Ⅳ/厂左 0+156	6	1	0	0	0	7	154.55	下游边墙/高程 990.00m
A-A/厂左 0+185	0	0	1	0	0	1	201.83	顶拱/高程 1008.50m
合计	34	7	2	1	0	44	说明：1 个测点在 300～400MPa 之间	
占比	77.27%	15.91%	4.55%	2.27%	0.00%	—	说明：<200MPa 的测点占比 93.18%	

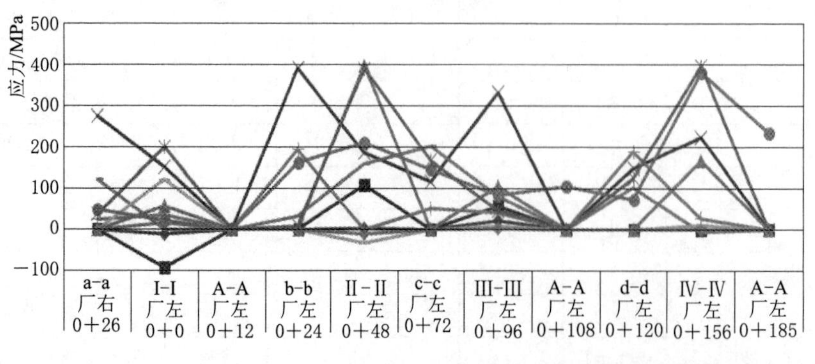

图 1　主厂房距孔口 2m 锚杆应力计测点各高程应力分布图

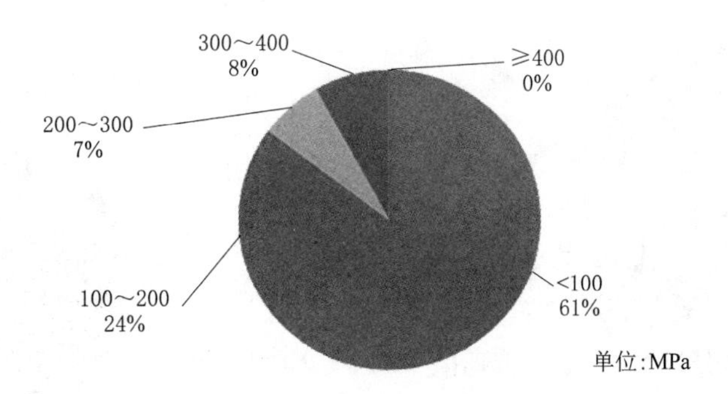

图 2　主厂房距孔口 2m 锚杆应力测点应力分级饼状图

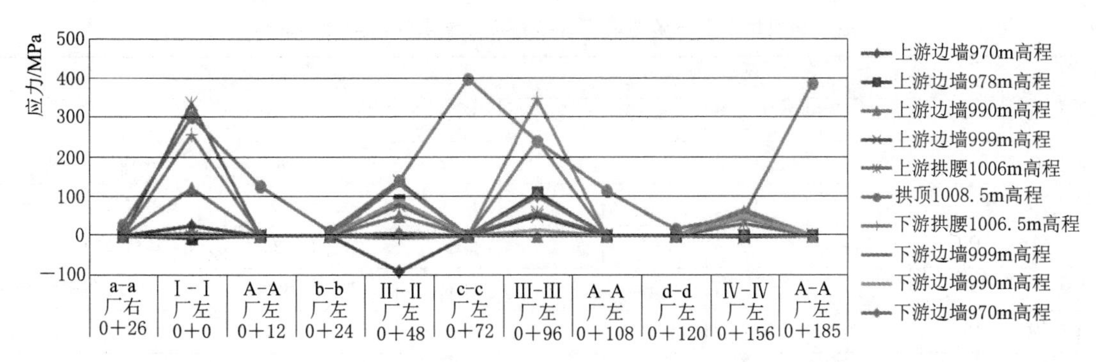

图 3　主厂房距孔口 4m 锚杆应力计测点各高程应力分布图

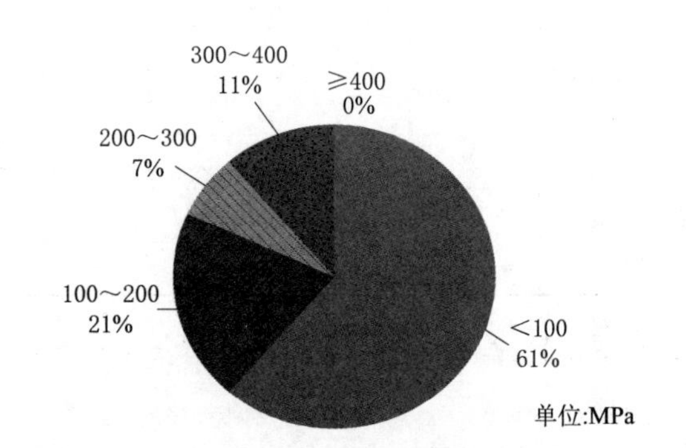

图 4　主厂房距孔口 4m 锚杆应力计测点应力分级饼状图

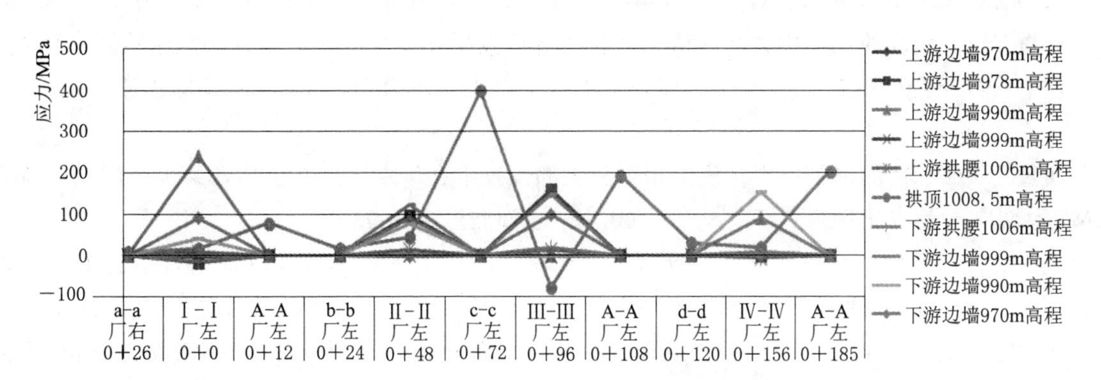

图 5　主厂房距孔口 6m 锚杆应力计测点各高程应力分布图

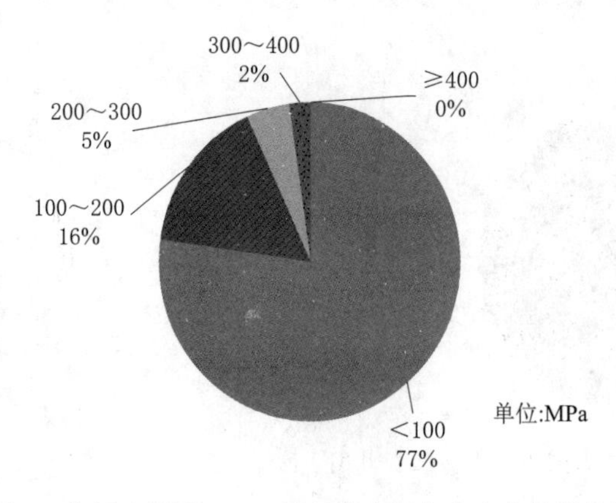

图 6　主厂房距孔口 6m 锚杆应力测点应力分级饼状图

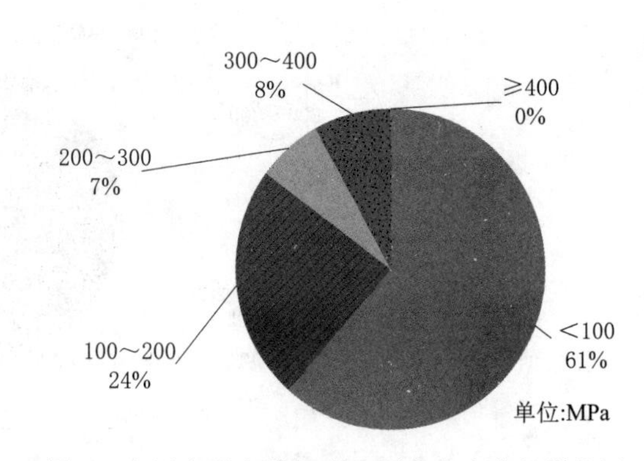

图 7　主厂房所有锚杆应力测点应力分级饼状图

表 9　　主厂房顶拱及上下游边墙所有锚杆应力测点应力分级统计表

断面/桩号	锚杆受力量级划分/MPa					合计	最大受力/MPa	发生的部位
	<100	100～200	200～300	300～400	≥400			
a-a/厂右 0+26	5	1	1	0	0	7	275.28	上游边墙/高程 999.00m
Ⅰ-Ⅰ/厂左 0+0	22	4	2	2	0	30	337.54	上游拱腰/高程 1006.00m
A-A/厂左 0+12	2	1	0	0	0	3	129.06	顶拱/高程 1008.50m
b-b/厂左 0+24	4	2	0	1	0	7	392.07	上游边墙/高程 999.00m
Ⅱ-Ⅱ/厂左 0+48	20	7	1	2	0	30	398.49	上游边墙/高程 990.00m
c-c/厂左 0+72	1	3	1	2	0	7	399.44	顶拱/高程 1008.50m
Ⅲ-Ⅲ/厂左 0+96	18	8	2	2	0	30	348.82	下游拱腰/高程 1006.00m
A-A/厂左 0+108	0	3	0	0	0	3	193.23	顶拱/高程 1008.50m
d-d/厂左 0+120	3	4	0	0	0	7	188.91	下游拱腰/高程 1006.00m
Ⅳ-Ⅳ/厂左 0+156	16	2	1	2	0	21	396.66	上游拱腰/高程 1006.00m
A-A/厂左 0+185	0	0	2	1	0	3	388.62	顶拱/高程 1008.50m
合计	91	35	10	12	0	148	说明：12 个测点在 300～400MPa 之间	
占比	61.49%	23.65%	6.76%	8.11%	0.00%	—	说明：<200MPa 的测点占比 85.14%	

主厂房顶拱、上下游边墙各深度锚杆应力成果和分级统计（见表 3～表 9）及各高程各深度应力分布线和分级饼状图（见图 1～图 7）显示。

（1）布置于 2m 深度的锚杆应力计测值相对较大部位发生在上游拱腰厂左 0+48、厂左 0+156，拱顶厂左+156，上游边墙（高程 999m）厂左 0+24、厂左 0+96，上游边墙（高程 990m）厂左 0+72，共 6 个测点，应力在 300～400MPa 之间，占 2m 测点比例为 10%，其他测点大都小于 200MPa；

（2）布置于 4m 深度的锚杆应力计测值相对较大部位发生在厂左 0+00 拱顶和上游拱腰、厂左 0+72 顶拱、厂左 0+96 下游拱腰及厂左 0+185 拱顶，共 5 个测点，应力在 300～400MPa 之间，占 4m 测点比例为 11.36%；

（3）布置于 6m 深度的锚杆应力计测值相对较大部位发生在厂左 0+72 拱顶，共 1 个测点，应力值为 398.41MPa，占 6m 测点比例为 2.27%，0～200MPa 之间测点占比 93.18%。

从以上应力沿布置深度分布情况可以看出，主厂房顶拱及上下游边墙锚杆应力计应力值较大部位主要发生在距孔口 2～4m 范围内，基本属围岩松动圈范围，观测结果与地质条件相符；从空间上看锚杆应力计测点各深度应力较大部位主要发生在拱顶、拱腰及上游边墙（高程 999m，拱脚偏下部位），但占比较小，占所有锚杆应力测点的 8.11%。

4.2　应力产生过程

主厂房锚杆应力计应力较大部位在拱顶、拱腰部位及上游边墙（高程 999m，拱角偏下部位）2～4m

范围内，应力产生过程如下：

(1) 拱顶。厂房拱顶（高程 1008.5m）锚杆应力在 300～400MPa 部位主要发生在厂左 0+0、厂左 0+72、厂左 0+156、厂左 0+185，测点编号分别为 Rm1-1-2、Rmc1-2、Rmc1-3、Rm4-1-1、RmA-5-1，应力过程线如图 8 所示。拱顶锚杆应力计应力过程线显示，以上锚杆应力计测点应力较大

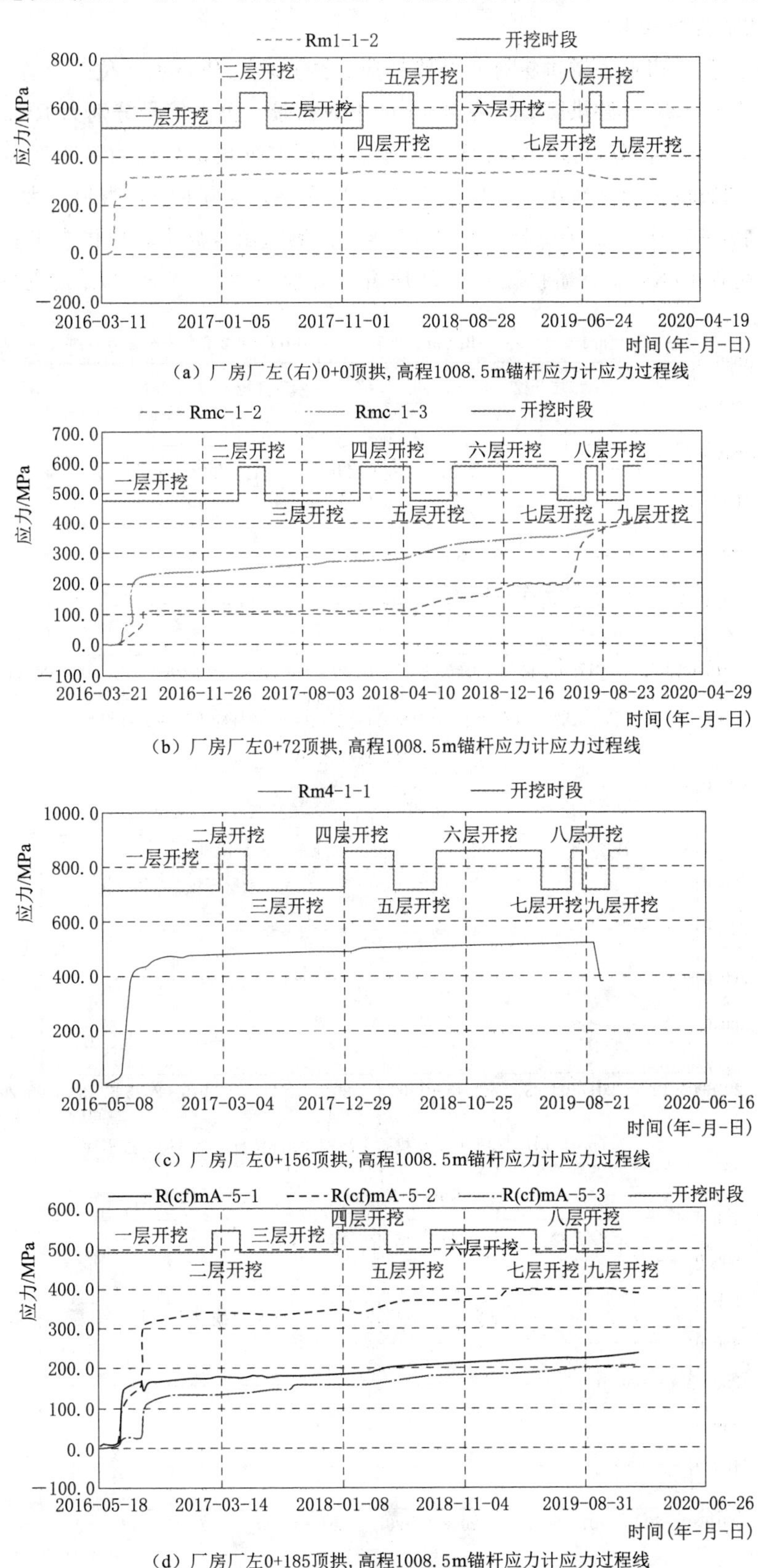

图 8 主厂房拱顶锚杆应力计应力过程线

主要发生在距孔口 2～4m 处，应力呈台阶状增长主要发生在 2016 年上半年厂房第Ⅰ层开挖间，主要表现为空间效应，后续应力呈缓慢增长趋势，受下卧开挖影响较小，Ⅰ层开挖完成后应力呈缓慢增长主要受围岩应力调整所致，由于丰宁电站地下厂房围岩岩块强度高、岩体强度低、裂隙发育、较破碎、完整性差，导致应力调整时间较长。锚杆应力计 Rm4－1－1（厂左 0＋0）于 2019 年 9 月达到 522MPa 后开始卸荷至 382.62MPa，测值仅供参考。

（2）上下游拱腰。主厂房上下游拱腰有 4 个锚杆应力测点应力值较大，位于厂左 0＋0 上游拱腰、厂左 0＋48 上游拱腰、厂 0＋96 下游拱腰、厂左 0＋156 上游拱腰，测点编号分别为 Rm1－2－2、Rm2－2－1、Rm3－3－2、Rm4－2－1，应力过程线如图 9 所示。上下游拱腰锚杆应力过程线显示，拱腰锚杆应力计测值受Ⅰ层开挖影响较拱顶影响较小，Ⅱ层、Ⅲ层、Ⅳ层开挖影响拱腰较拱顶较大。锚杆应力计 Rm1－2－2（厂左 0＋0，高程 1006m，上游拱腰）于 2017 年 4 月测值出现异常，仅供参考；锚杆应力计 Rm3－3－2（厂左 0＋96，高程 1006m，下游拱腰）于 2018 年 5 月应力达 530MPa 开始卸荷并损坏；锚杆应力计

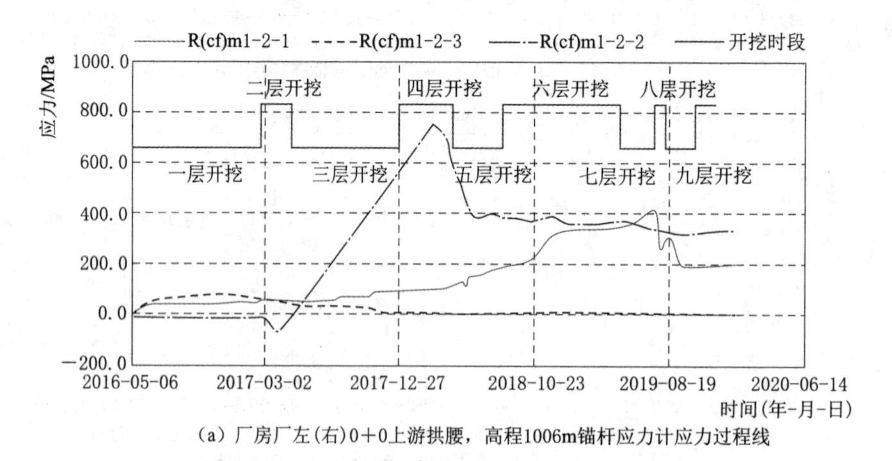

(a) 厂房厂左(右)0＋0上游拱腰，高程1006m锚杆应力计应力过程线

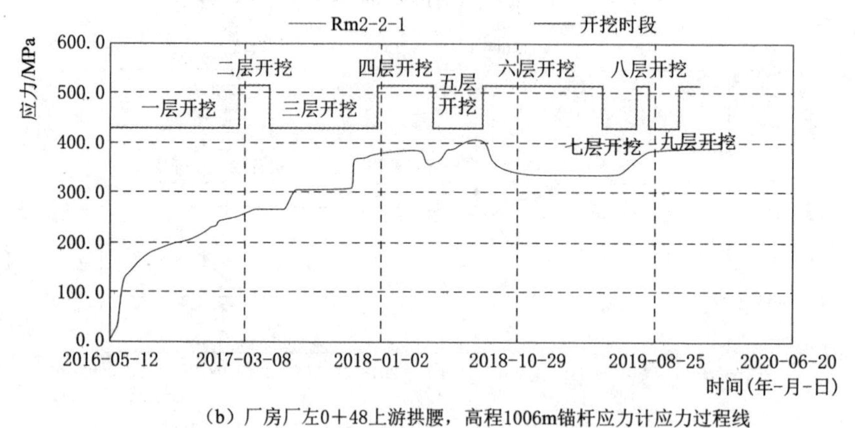

(b) 厂房厂左0＋48上游拱腰，高程1006m锚杆应力计应力过程线

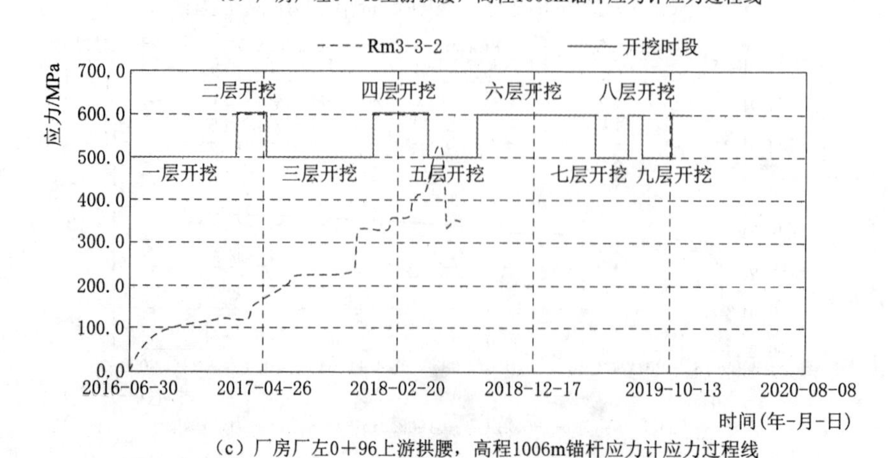

(c) 厂房厂左0＋96上游拱腰，高程1006m锚杆应力计应力过程线

图 9（一） 主厂房上下游拱腰锚杆应力计应力过程线

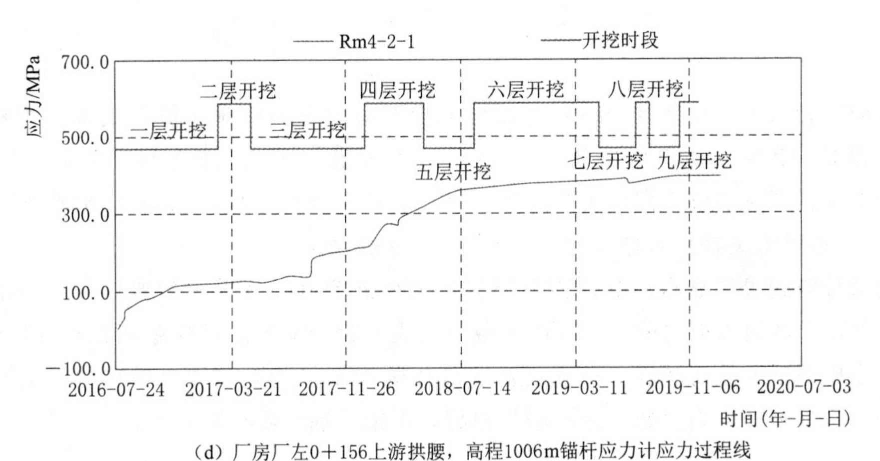

（d）厂房厂左0＋156上游拱腰，高程1006m锚杆应力计应力过程线

图 9（二）　主厂房上下游拱腰锚杆应力计应力过程线

Rm4－2－1（厂左 0＋156，高程 1006m，上游拱腰）应力增长主要发生在 2018 年 1—5 月厂房Ⅳ层、工具间、机修间开挖期间，主要表现为空间效应，后续开挖影响较小（此处采用先墙后洞开挖程序）。主厂房上下游拱腰其他部位锚杆应力在Ⅴ～Ⅸ层开挖应力增加较小，主要表现为时间效应。

（3）上下游边墙。厂房上下游边墙锚杆应力值大都在 150MPa 以下，其中锚杆应力计测点 Rmb－5（厂左 0＋24，高程 999m，上游边墙）、Rm2－5－1（厂左 0＋48，高程 990m，上游边墙）应力测值较大，应力过程线如图 10 所示。锚杆应力计 Rmb－5（厂左 0＋24，高程 999m，上游边墙）在厂房Ⅲ层开挖期间应增长明显，达到近 180MPa，主要表现为空间效应，在Ⅳ～Ⅵ层开挖期间应力呈缓慢增长趋势，Ⅶ～Ⅸ层开挖期间应力增长较大，同期该部位多点位移计 Mb－5 呈相同变化趋势，分析认为在部Ⅶ～Ⅸ层开挖期间围岩产生浅层变形，目前已趋于平稳；锚杆应力计 Rm2－5－1（厂左 0＋48，高程 990m，上游边墙）受厂房Ⅳ层开挖影响应力增长较大，达到 325MPa，在Ⅴ层开挖期间应力持续增长达到 400MPa 后损坏。主厂房上下游边墙其他部位应力值总体上较小，大都小于 150MPa。

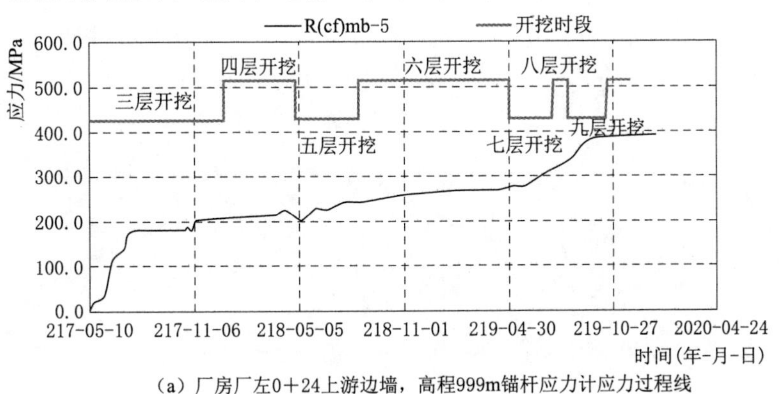

（a）厂房厂左0＋24上游边墙，高程999m锚杆应力计应力过程线

（b）厂房厂左0＋48上游边墙，高程990m锚杆应力计应力过程线

图 10　主厂房上下游边墙锚杆应力计应力过程线

5 结语

(1) 从锚杆应力计布置深度上看，主厂房顶拱及上下游边墙锚杆应力值较大部位主要发生在距孔口2～4m范围内，基本属围岩松动圈范围（0～3.3m），观测结果与地质条件相符。

(2) 从空间上看锚杆应力较大部位主要发生在拱顶、拱腰部位及上游边墙（高程999m，拱脚偏下部位），但占比较小，占所有锚杆应力测点的8.11%（300～400MPa）。

(3) 锚杆应力计观测成果显示，个别测点受局部地质缺陷（蚀变、不规则裂隙、不稳定块体）影响应力值偏大，85%以上的测点应力值在200MPa以下，表明设计采用的系统锚杆支护参数是合理的。

(4) 由于丰宁电站地下厂房围岩岩块强度高、岩体强度低，裂隙发育、较破碎、完整性差，导致应力调整时间较长，部分锚杆应力还处于缓慢增长趋势，但增长速率明显减速小。

抽水蓄能电站施工期职业病防护关键点控制浅析

戴陈梦子[1]　李　政[1]　曾　辉[2]

（1. 中国电建集团中南勘测设计研究院有限公司，湖南省长沙市　410014；
2. 水电水利规划设计总院，北京市　100120）

【摘　要】目前，我国对于抽水蓄能电站施工期职业病防护缺乏系统研究。抽水蓄能电站普遍具有工程规模大、施工工期长、工地分散、地下工程多、施工人员多、涉及工种多、劳动强度大等特点，给开展职业病防护工作带来一定的难度。本文通过对抽水蓄能电站施工期职业病危害因素的种类及来源、危害程度进行分析，探究抽水蓄能电站施工期职业病防护的关键点，并提出相应措施及建议，为抽水蓄能电站施工期开展和改进职业病危害防护工作提供借鉴。

【关键词】抽水蓄能电站　施工期　职业病防护

1　引言

我国抽水蓄能电站建设至今已有40余年，作为目前经济、清洁的大规模储能方式，抽水蓄能电站启停灵活、反应迅速，具有调峰填谷、调频、调相、紧急事故备用和黑启动等多种功能，其在优化能源结构、促进新能源开发利用和保护生态环境等方面发挥着重要作用。预计到2025年，全国抽水蓄能电站总装机容量达到约1.0亿kW，占全国电力总装机的比重达到4%左右。抽水蓄能电站施工期普遍具有工程规模大、施工工期长、施工工地分散、地下工程多、施工人员多、涉及工种多、劳动强度大等特点，给开展职业病防护工作带来一定的难度。

目前，我国对于抽水蓄能电站施工期职业病防护缺乏系统研究，本文旨在通过对抽水蓄能电站施工期职业病危害因素的种类及来源、危害程度进行分析，结合工程实践，探究抽水蓄能电站施工期职业病防护的关键点，并提出相应措施及建议，为抽水蓄能电站开展和改进职业病防护工作提供借鉴和参考。

2　施工期主要工艺

2.1　土石方开挖及支护施工

输水发电系统、主厂房、引水隧洞和尾水隧洞等部位通常采用爆破后用挖掘机、装载机配自卸汽车出渣。支护工程施工通常采用锚杆台车和凿岩台车造孔，平台车配合人工安装，注浆机注浆；人工挂钢筋网，混凝土喷车施喷；随机预应力锚杆采用多臂钻钻孔及安装锚杆。预应力锚索采用轻型潜孔钻机钻孔，灌浆机封孔。

2.2　厂房及坝体浇筑施工

（1）钢筋安装：钢筋连接主要采用手工绑扎和焊接，现场焊接一般采用手工电弧焊。

（2）模板安装：模板优先选用标注钢模板，局部不规则部位使用木模板。

（3）混凝土浇筑施工：对混凝土施工缝面进行冲毛、清洗处理，厂房工程的混凝土入仓主要由布置在厂房下游圆筒门机，上游加高低架门机入仓。对仓面面积不大的部位采用平铺铺料。对底板等大面积部位采用台阶法铺料。采用插入式或软轴式振捣器振捣。

（4）模板拆除：采用人工拆除，在操作平台由上而下逐层拆除。

2.3　工程设备安装施工

设备安装主要指机组及其附属设备、变配电系统、接地系统、防雷保护系统、照明系统、控制保护和通信系统、全厂油气水设备及系统、通风空调系统等装置或设备的安装。工艺过程包括钻孔、切割、打磨、刷漆、焊接等过程。主要设备有电钻、切割机、打磨机、电焊机等。

2.4 道路施工

道路施工包括放线、路床修筑平整、压实等过程，垫层施工包括施工放样、摊铺、定型和碾压等。

3 施工期职业病危害因素种类及来源分析

对照《职业病危害因素分类目录》，通过对抽水蓄能电站施工期主要工艺流程、生产设备、施工环境进行综合分析，并结合对类似工程的职业卫生学调查，抽水蓄能电站施工期职业病危害因素汇总见表1。

表1 施工期职业病危害因素

接触人员		作业岗位/工作场所	接触的主要职业病危害因素
土方施工人员	凿岩工	凿岩作业面	矽尘、噪声、高温、全身振动、氡及其子体
	钻孔工	手风钻、潜孔钻工作面	矽尘、噪声、高温、手传振动、氡及其子体
	三臂台车操作工、液压履带钻操作工	钻孔工作面	矽尘、噪声、高温、全身振动、氡及其子体
	爆破工	爆破作业面	噪声、矽尘、高温、氮氧化物、一氧化碳、氡及其子体
	挖掘机、推土机、铲运机驾驶员	挖掘和装岩等作业场所	噪声、矽尘、高温、全身振动、氡及其子体
	锚喷支护工	锚喷支护作业面	水泥粉尘、噪声、高温、氡及其子体等
砌筑人员	砌筑工	砌筑施工场所	水泥粉尘、高温
混凝土配制及浇筑人员	混凝土工	各施工场地、混凝土搅拌站等	水泥粉尘、噪声、手传振动、氨等
模板加工人员	模板工	木材加工场地	木粉尘、噪声
钢筋加工人员	钢筋工	钢筋加工施工场地	噪声、金属粉尘
	电焊工	厂房施工场地	电焊烟尘、锰及其化合物、一氧化碳、氮氧化物、臭氧、紫外辐射、噪声
工程防水人员	防水工	防水施工作业面	苯、甲苯、二甲苯、乙酸乙酯
	防渗墙工	防渗墙施工作业面	噪声、手传振动
工程设备安装人员	机械设备安装工	地下厂房、开关站等设备安装场地	噪声
	电气设备安装工		噪声、工频电场
	管工		噪声、粉尘
	探伤工		X射线、γ射线
	电焊工		电焊烟尘、锰及其化合物、一氧化碳、氮氧化物、臭氧、紫外辐射、噪声
装饰装修人员	抹灰工	地下厂房、开关站等装修施工场地	粉尘
	金属门窗工		噪声、金属粉尘
	油漆工		苯、甲苯、二甲苯、乙酸乙酯
筑路人员	混凝土摊铺机操作工	交通道路施工场地	噪声、全身振动、高温
	压路机操作工		粉尘、噪声、全身振动、高温
	筑路工		粉尘、噪声、高温

4 主要职业病危害因素筛选

抽水蓄能电站施工期可能产生或存在的职业病危害因素有粉尘（矽尘、水泥粉尘、木粉尘、电焊烟尘、金属粉尘）；生产性毒物（臭氧、锰及其化合物、苯、甲苯、二甲苯、乙酸乙酯、一氧化碳、氮氧化物、氨）；物理因素（噪声、全身振动、手传振动、工频电场、电离辐射、紫外辐射、高温）；放射性因素（X射线、γ射线、氡及其子体）。围绕职业病危害因素的来源、理化性质、对人体的影响、可能产生的职业病、职业接触限值、人员接触情况进行分析，对抽水蓄能电站施工期主要职业病危害因素进一步筛选。

4.1　粉尘

4.1.1　矽尘

抽水蓄能电站施工需要使用大量砂石料及有大量的地下工程开挖项目，如地下厂房、水道系统、排风与安全洞、交通洞等，在其采挖、爆破、运输、装卸、破碎等过程产生岩石尘，其中结晶性游离二氧化硅含量多数超过10%。高浓度矽尘会引起肺组织异物反应及纤维化病变的肺粉尘沉着症。抽水蓄能电站施工时生产过程不密闭，易产生扬尘，同时涉及环节较多，接触的作业人员及接触机会多，接触时间长。因此，矽尘作为主要职业病危害因素。

4.1.2　水泥粉尘

水泥粉尘主要产生于混凝土搅拌上料、混凝土喷射机喷浆等作业。抽水蓄能电站施工期涉及的灌浆作业较多，且水泥卸车、搬运过程中易产生扬尘，作业人员接触机会多。水泥粉尘会引起以阻塞性通气功能障碍为主的肺功能改变。因此，水泥粉尘作为主要职业病危害因素。

4.1.3　电焊烟尘

电焊烟尘主要存在于钢筋加工作业以及设备安装作业。抽水蓄能电站施工时电焊作业频繁，且电焊烟尘一般不易排出，甚至在局部区域聚集。长期吸入高浓度电焊烟尘，特别是在密闭容器内或通风不良环境中进行电焊作业时，会造成肺组织纤维性病变，且常伴随锰中毒、氟中毒和金属烟雾热等并发病。因此，电焊烟尘作为主要职业病危害因素。

4.1.4　木粉尘

木粉尘主要产生于模板加工作业。抽水蓄能电站施工时所用的木材料加工量少，接触机会少。因此，木粉尘不作为主要职业病危害因素。

4.1.5　金属粉尘

金属粉尘主要产生于钢筋及金属门窗切割、安装作业，接触人员多，接触机会多。因此，金属粉尘作为主要职业病危害因素。

4.2　化学因素

4.2.1　臭氧、锰及其化合物

钢筋加工和设备安装阶段，作业人员易接触臭氧、锰及其化合物。空气中的氧在焊接电弧辐射短波紫外线的激发下，大量地被破坏，生成臭氧。长期吸入含超过允许浓度的锰及其化合物的电焊烟尘可能导致锰中毒，主要损害中枢神经系统。因此，臭氧、锰及其化合物作为主要职业病危害因素。

4.2.2　苯、甲苯、二甲苯、乙酸乙酯

工程防水施工作业和装修作业时，防水材料和装饰材料中含有苯、甲苯、二甲苯、乙酸乙酯。苯、甲苯、二甲苯、乙酸乙酯均属于低毒物，作业人员接触时间不长，故不作为主要职业病危害因素。

4.2.3　一氧化碳、氮氧化物、氨

抽水蓄能电站施工期炸药爆破后生成的炮烟，其主要成分有：一氧化碳、二氧化碳、氧气、一氧化氮、氰化氢、甲烷、氨气、二氧化硫、二氧化氮、硫化氢等。炮烟危害人体健康，尤其地下爆破时更为严重。电站施工期爆破作业多，作业人员接触机会多。因此，一氧化碳、氮氧化物、氨是主要职业病危害因素。

4.3　物理因素

4.3.1　噪声、手传振动、全身振动

噪声、手传振动、全身振动广泛存在于土方开挖、混凝土浇筑、设备安装、道路建设等各个作业中。涉及的作业面广、接触的作业人员多、接触时间长、接触机会多。因此，噪声、手传振动、全身振动是主要职业病危害因素。

4.3.2 工频电场

工频电场产生于变压器的设备安装、调试作业环节。配电工作业时接触人员及接触机会少，接触时间短，故工频电场不是主要职业病危害因素。

4.3.3 紫外辐射

紫外辐射主要存在于设备安装作业，作业时设备接触人员及接触机会少，故紫外辐射不是主要职业病危害因素。

4.3.4 高温

抽水蓄能电站施工期较长，土方施工、筑路等露天作业均可能接触高温。地面作业人员难以避开夏季高温时段作业，接触高温的作业人员多，接触时间长。因此，高温是主要职业病危害因素。

4.4 放射性因素

4.4.1 X射线、γ射线

抽水蓄能电站厂房型式多为地下厂房，其施工期职业病危害因素中放射性因素危害程度与电站选址地所处岩层岩性息息相关。作业人员进入地下厂房或其他洞室作业可能会遭受射线辐射。另外，在地下厂房、开关站等设备安装场地从事探伤作业，会接触到X射线、γ射线。由于接触人员少、接触时间不长，故X射线、γ射线不是主要职业病危害因素。

4.4.2 氡及其子体

地下厂房隧道和洞体内壁岩体表面析出的氡及其子体一般可作为抽水蓄能电站项目的天然辐射源项。当氡和其子体通过呼吸道进入人体后，往往长期滞留在人体的整个呼吸道内，是导致人体呼吸系统疾病的重要原因之一。暴露在高浓度氡下，机体出现血细胞的变化。氡对人体脂肪有很高的亲和力，特别是氡与神经系统结合后，危害更大。由于氡是放射性气体，当人们吸入体内后，可诱发肺癌。某抽水蓄能电站地下厂房洞室深埋于微风化—新鲜花岗岩之中，地下厂房区域勘探平洞内的氡及氡子体测量结果表明：洞室内氡射气浓度测量值普遍偏高，且洞底高于洞口、支洞高于主洞，无通风时高于有送风时，洞深250m以后段及各支洞，在完全无通风情况下平衡当量氡浓度最高达9961Bq/m^3，属于严重超标。因此，氡及其子体作为主要职业病危害因素。

经进一步筛选，确定抽水蓄能电站施工期主要职业病危害因素为矽尘、水泥粉尘、电焊烟尘、金属粉尘、臭氧、锰及其化合物、一氧化碳、氮氧化物、氨、噪声、手传振动、全身振动、高温、氡及其子体。

5 施工期职业病防护关键点控制

通过对职业病危害因素进行辨识、筛选，抽水蓄能电站主要职业病危害因素及其涉及人员分布情况见表2。

表2 筛选后抽水蓄能电站主要职业病危害因素及其涉及人员分布情况

序号	职业病危害因素	接触人员	作业岗位/工作场所
1	矽尘	凿岩工、钻孔工、三臂台车操作工、液压履带钻操作工、挖掘机、推土机、铲运机驾驶员、爆破工	凿岩作业面、手风钻、潜孔钻工作面、钻孔工作面、爆破作业面、挖掘和装岩等作业场所
2	水泥粉尘	锚喷支护工、砌筑工、混凝土工	锚喷支护作业面、砌筑施工场所、厂房施工场地、混凝土搅拌站等
3	电焊烟尘、臭氧、锰及其化合物	电焊工	厂房施工场地、设备安装场地
4	金属粉尘	钢筋工	钢筋加工场地
5	一氧化碳、氮氧化物、氨	爆破工、电焊工	爆破作业面、厂房施工场地、设备安装场地
6	噪声、手传振动、全身振动、氡及其子体	凿岩工、钻孔工、挖掘机、推土机、铲运机驾驶员、锚喷支护工、爆破工	施工场地
7	高温	混凝土摊铺机操作工、压路机操作工、筑路工	施工场地

由表2可知，抽水蓄能电站施工期主要职业病危害因素为：粉尘（矽尘、水泥粉尘、电焊烟尘、金属粉尘）；生产性毒物（臭氧、锰及其化合物、一氧化碳、氮氧化物、氨）；物理因素（噪声、全身振动、手传振动、高温）；放射性因素（氡及其子体）。其中粉尘类主要集中在洞室开挖、砂石料开采、混凝土施工作业、电焊作业、钢筋焊接、爆破作业等工艺，关键控制岗位包括凿岩工、钻孔工、三臂台车操作工、液压履带钻操作工、挖掘机、推土机、铲运机驾驶员、爆破工、锚喷支护工、砌筑工、混凝土工、电焊工、钢筋工；生产性毒物主要集中在爆破作业、电焊作业，关键控制岗位包括爆破工、电焊工；物理因素主要集体在土方施工作业和筑路作业，关键控制岗位包括凿岩工、钻孔工、挖掘机、推土机、铲运机驾驶员、锚喷支护工、爆破工、混凝土摊铺机操作工、压路机操作工、筑路工；放射性因素主要集中在土方施工作业，关键控制岗位包括凿岩工、钻孔工、挖掘机、推土机、铲运机驾驶员、锚喷支护工、爆破工。

综上，抽水蓄能电站施工期职业病防护关键控制点为矽尘、水泥粉尘、电焊烟尘、金属粉尘、臭氧、锰及其化合物、一氧化碳、氮氧化物、氨、噪声、全身振动、手传振动、高温、氡及其子体。职业病防护关键控制岗位包括凿岩工、钻孔工、三臂台车操作工、液压履带钻操作工、挖掘机、推土机、铲运机驾驶员、爆破工、锚喷支护工、砌筑工、混凝土工、电焊工、钢筋工、混凝土摊铺机操作工、压路机操作工、筑路工。

6　结论及建议

抽水蓄能电站施工期长，涉及工种、人员众多，尤其在施工高峰期可达数千人，开展职业病防护工作难度极大。通过对抽水蓄能电站施工期职业病防护关键点的探究，得出以下几条结论或建议。

（1）抽水蓄能电站施工需要使用大量砂石料，在其采挖、爆破、运输、装卸、破碎等过程产生岩石尘，对作业人员身体健康影响很大，粉尘的防护应作为职业病防护的重点，其防护原则应按照“改革工艺综合防尘—湿法作业—个人防护”。

（2）地下厂房隧道和洞体内壁岩体表面析出的氡及其子体为抽水蓄能电站的天然辐射源项，应首先考虑采用喷混凝土支护进行覆盖，如果仍出现氡析出异常区域，可以在该异常区域采取局部喷涂防氡涂料措施，以达到降氡抑氡的目的。施工期洞室内应采取有效的通风措施，使作业面内氡及其子体及时得到排除及稀释。

（3）施工期爆破作业产生的炮烟是有毒有害气体主要来源，应采取加强通风、设置安全警示标志等措施进行防范。

（4）对噪声、全身振动、手传振动、高温等物理因素的防护可采用优选设备设施、缩短极端天气工作时间、加强轮班作业和个人防护等措施。

（5）职业病防治工作的关键在于前期预防和源头治理。各参建单位应高度重视抽水蓄能电站施工期职业病防治工作，落实用人单位主体责任，改善作业环境和劳动条件，建立完善职业病危害因素定期检测制度和职业健康监护制度，从源头预防和控制职业病危害，从根本上避免或减少职业病的发生。

参考文献

[1]　肖小云. 浅谈水电工程施工期职业病危害的现状调查和现场检测［C］//中国职业安全健康协会2009年学术年会论文集，2009：592-596.

[2]　杨文涛，朱渊岳，万志鸿. 水电工程地下洞室施工作业职业危害及控制［J］. 中国安全生产科学技术，2011（9）：126-129.

[3]　程刚，蒋恩霏，谭利民. 大型地下式厂房水电工程施工期职业病危害现状调查［J］. 职业卫生与病伤，2015，30（4）：197-200.

[4]　刘富强，王宁波，陈刚，余传永. 天池水电站地下洞室群施工期氡气的监测与防治［J］. 东北水利水电，2016，

34 (10): 12 - 14.
[5] 韦光毅，项红英. 新时期水电施工职业危害的预防和控制 [J]. 水利电力劳动保护，1999 (2): 3 - 5.
[6] 程业勋. 环境中氡及其子体的危害与控制 [J]. 现代地质，2008，22 (5): 857 - 868.
[7] 朱渊岳，杨文涛，万志鸿. 水电站地下厂房机电安装阶段职业病危害检测及分析 [J]. 中国安全生产科学技术，2011，7 (11): 160 - 163.

事故树分析法在抽水蓄能电站工程风险分析中的应用研究

张宇鹏
（河北抚宁抽水蓄能有限公司，河北省秦皇岛市　066000）

【摘　要】 随着我国能源结构的日益复杂，抽水蓄能电站建设的进度不断加快。而抽水蓄能电站建设工程是一项复杂的系统工程，安全管理面临着巨大的挑战。以人的经验进行的主观判断显然无法准确应对抽水蓄能电站施工风险分析。本文介绍了事故树分析法（Fault Tree Analysis，简称 FTA），又以洞脸开挖（明挖）爆破作业为例讲解 FTA 的实际应用过程。FTA 便于处理复杂系统工程风险分析，是一种在抽水蓄能电站工程建设中极具应用价值的系统工程风险分析方法。

【关键词】 抽水蓄能电站　风险分析　事故树分析法　安全系统工程

1　应用背景

我国经济社会蓬勃发展，工业化水平突飞猛进，用电量不断加大，总发电装机容量持续增加。同时，火电在我国发电装机的比例逐年降低，水电、核电、风电、太阳能、潮汐能等清洁能源近年来飞速发展，占我国发电装机容量的比例逐年升高。但由于核电、风电、太阳能等新能源的发展，导致我国能源结构复杂多元，电网承受的调峰压力较大，对保持电网稳定性提出了更高要求。在上述背景之下，抽水蓄能电站的建设与发展，就显得尤为重要[1]。

目前，抽水蓄能电站是电力系统中最可靠、最经济、寿命周期长、容量大、技术最成熟的储能装置，是新能源发展的重要组成部分。通过配套建设抽水蓄能电站，可降低核电机组运行维护费用、延长机组寿命；有效减少风电场并网运行对电网的冲击，提高风电场和电网运行的协调性以及电网运行的安全稳定性。同时，随着我国特高压、智能电网的高速发展，特高压交流输电系统的无功平衡和电压控制问题越加突出。利用大型抽水蓄能电站的有功功率、无功功率双向、平稳、快捷的调节特性，承担特高压电力网的无功平衡和改善无功调节特性，对电力系统可起到非常重要的无功/电压动态支撑作用，是一项比较安全又经济的技术措施。建设一定规模的抽水蓄能电站，对电力系统特别是坚强智能电网的稳定安全运行具有重要意义。

因此，我国的抽水蓄能电站建设在近些年进入高速发展期，多个抽蓄电站陆续开工建设。然而，抽水蓄能电站建设工程是一项复杂的系统工程，具有资金密集、施工难度大、施工周期长、大型施工机械设备多、施工工艺复杂、参与人员多、工程占地范围大、爆破与高空作业等危险作业较多等特点，在施工过程中存在较多不确定因素，从而使工程中可能潜藏着多种安全风险[2]。抽水蓄能电站建设工程的特点决定了其安全管理的重要性和复杂性，安全管理压力巨大，对安全管理方法的需求越发紧迫[3]。传统的凭借经验进行安全管理的工作模式，面对如此繁杂庞大的工程建设体系，无法达到安全生产要求。以人的经验进行的主观判断显然无法准确应对抽水蓄能电站施工风险分析，因此，抽水蓄能电站工程风险分析应选用基于系统工程的、可以有效分析事故事件风险的分析方法[4]。

2　事故树分析法

事故树分析法（Fault Tree Analysis，简称 FTA）是安全系统工程中常用的一种分析方法，1961 年，美国贝尔电话研究所的维森（H. A. Watson）首创了 FTA，并应用于研究民兵式导弹发射控制系统的安全性评价中，用它来预测导弹发射的随机故障概率。接着，美国波音飞机公司的哈斯尔（Hassle）等人对这个方法又做了重大改进，并采取电子计算机进行辅助分析和计算。1974 年，美国原子能委员会应用

FTA对商用核电站进行了风险评价，发表了拉丝姆逊报告（Rasmussen Report），引起世界各国的关注。目前，事故树分析法已从宇航、核工业进入一般电子、电力、化工、机械、交通等领域，它可以进行故障诊断，分析系统的薄弱环节，指导系统的安全运行和施工，实现系统的安全优化设计[5]。

FTA是一种演绎推理法，这种方法把系统可能发生的某种事故与导致事故发生的各种原因之间的逻辑关系，用一种称为事故树的树形图表示，通过以事故树的形式进行事故、风险分析，找出事故发生的主要原因，为确定安全对策提供可靠依据，以达到预测与预防事故发生的目的[6]。FTA具有以下特点：

（1）事故树分析是一种图形演绎方法，是事故事件在一定条件下的逻辑推理方法，它可以围绕某特定的事故做层层深入的分析，因而在清晰的事故树图形下，表达了系统内各个风险事件间的内在联系，并指出单元风险事件与系统事故之间的逻辑关系，便于找出系统的薄弱环节[7]。

（2）FTA具有很大的灵活性，不仅可以分析某些单元故障对系统的影响，还可以对导致系统事故的特殊原因，如人为因素、环境影响等进行分析。

（3）进行FTA的过程是一个对系统更深入认识的过程，它要求分析人员把握系统内各要素间的内在联系，弄清各种潜在因素对事故发生影响的途径和程度，因而许多问题在分析的过程中就被发现和解决了，从而提高了系统的安全性。

FTA是一种基于安全系统工程的风险分析方法，它采用系统工程的基本原理和方法，预先识别、分析系统存在的危险因素。基于上述特点，FTA在抽水蓄能电站建设工程中具有极大的应用价值。

3 事故树分析步骤

FTA的分析步骤如下。

3.1 准备阶段

（1）确定所要分析的系统。在分析过程中合理的处理好所要分析系统与外界环境及其边界条件，确定所要分析系统的范围，明确影响系统安全的主要因素。

（2）熟悉系统。这是事故树分析的基础和依据，对于已经确定的系统进行深入的调查研究，收集系统的有关资料与数据，包括系统的施工方案、地质构造、工艺流程、施工条件、设备情况、事故类型、环境因素等。

（3）调查系统发生的事故。收集、调查所分析系统曾经发生过的事故和将来有可能发生的事故，同时还要收集调查本单位与外单位、国内与国外同类系统曾发生的所有事故。

3.2 事故树的绘制

（1）确定事故树的顶事件。顶事件即为预测的可能发生的事故，确定顶事件是指确定所要分析的对象事故事件，根据事故调查报告分析其损失大小和事故频率。

（2）调查与顶事件有关的所有原因事件。从人、机、环境和信息等方面调查与事故树顶事件有关的所有事故的原因，确定事故原因，并进行影响分析。

（3）编制事故树。采用一些规定的符号，按照一定的逻辑关系，把事故树顶事件与引起顶事件的原因事件，绘制成反映因果关系的树形图。

3.3 事故树分析

事故树分析主要是按事故树结构，求取事故树的最小割集或最小径集，根据分析的结果，确定预防事故的安全保障措施。

4 事故树的符号及其意义

在事故树中使用的基本符号有事件符号和逻辑门符号，其中，表示事件事故或者不发生事件事故状态（此状态称为成功状态）的符号称为事件符号，表示各事件之间的逻辑关系的符号称为逻辑门符号，与逻辑门相连的并列事件可为多个事件。具体形状及意义见表1和表2。

表 1　　事故树事件符号及意义

事件符号	事件名称	表示意义
	顶事件或中间事件	需要下一步向下分析的事件
	基本事件	最底层事件，最根本的事故原因

表 2　　事故树逻辑门符号及意义

事件符号	事件名称	表示意义
	与门	若两个并列事件 A、B 由与门连接，输出至事件 C，则 A、B 必须同时发生时，C 才发生
	或门	若两个并列事件 A、B 由或门连接，输出至事件 C，则 A、B 任一事件发生时，C 即发生

5　事故树的绘制

事故树的绘制可用规范化事故树示意图说明，如图 1 所示。其中，T 代表预测会发生的事故；Ei 表示第 i 个中间事件；Mi 表示第 i 个基本事件（也就是最基本的事故原因）。由事故树最底层（或称最下层）向树顶端分析，当基本事件 M2 或 M3 任一基本事件发生时，中间事件 E1 发生；当基本事件 M1 与中间事件 E1 同时发生时，则顶事件（事故）T 发生。反之，若基本事件 M2 和 M3 均不发生，则中间事件 E1 不发生；当基本事件 M1 或中间事件 E1 任一不发生时，则顶事件（事故）T 不发生。

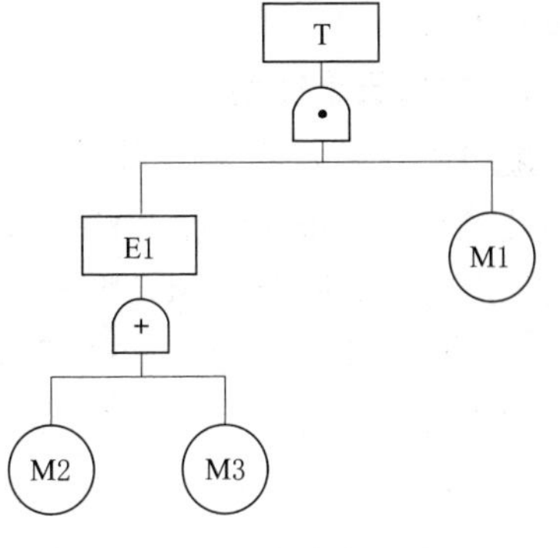

图 1　规范化事故树示意图

6　事故树分析

在施工作业系统中，常用的事故树分析主要通过求取最小割集、最小径集进行。在事故树中，引起顶事件发生的基本事件的集合成为割集，一个事故树中，割集不止一个，在这些割集中，凡不包含其他割集的，称为最小割集。换言之，如果割集中任意去掉一个基本事件后就不是割集，那么这样的割集就是最小割集。所以，最小割集是引起顶事件发生的充分必要条件。

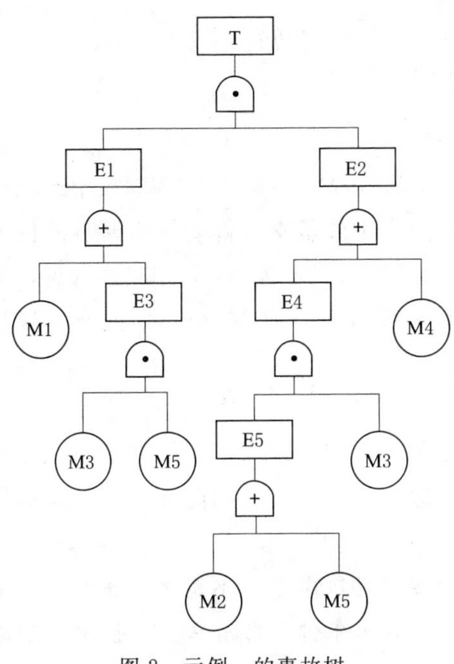

图 2　示例一的事故树

在事故树中可以发现，只要某些基本事件不发生，顶事件就不会发生，这些不发生的基本事件的集合，称为径集。凡径集中不包含其他径集的，称为最小径集。换言之，如果径集中任意去掉一个基本事件后就不再是径集，那么这样的径集就是最小径集。

求取最小割集与最小径集的方法常用布尔代数法，可简单理解为：用“乘法”表示与门，“加法”表示或门，顶事件、中间事件、基本事件均以代数形式表示，将事故树转化为布尔表达式，经过展开、化简、消除非最小割集（或最小径集）后，得到顶事件与基本事件的关系式。对图 2 示例一的事故树进行求解，过程如下。

写出示例一的布尔表达式：

$$
\begin{aligned}
T &= E1 \cdot E2 = (M1+E3)(E4+M4) = (E1+E3E5)(E5M3+M4) \\
&= (M1+M3M5)[(M2+M5)M3+M4] \\
&= M1M2M3+M1M3M5+M1M4+M2M3M3M5+M3M5M5M3+M3M4M5 \\
&= M1M2M3+M1M3M5+M1M4+M2M3M5+M3M5+M3M4M5
\end{aligned}
$$

6.1 求取最小割集

其中，割集 M1M3M5、M2M3M5、M3M4M5、M3M5 均包含了 M3M5 这一组合，前三项与最后一项相比，具有除 M3、M5 之外的基本事件，所以不是最小割集；而割集 M3M5 仅包含 M3、M5 两个基本事件，是最小割集。因此，去掉 M1M3M5、M2M3M5、M3M4M5，留下最小割集 M3M5。于是，最简布尔表达式为 T＝M1M2M3＋M1M4＋M3M5。即该事故树的最小径集有三个：｛M1，M2，M3｝，｛M1，M4｝，｛M3，M5｝，可见，当 M1、M2、M3 同时发生，或 M1、M4 同时发生，或 M3、M5 同时发生时，顶事件（事故）T 发生。

6.2 求取最小径集

由于径集是组合之后导致顶事件不发生的基本事件集合，因此，在求取最小径集之前，需将事故树转化为等效的成功树。所谓成功树，是事故树按照对偶原理绘制的对偶树，其中的顶事件、中间事件、基本事件分别为原事故树的顶事件不发生、中间事件不发生、基本事件不发生，表达方式由事故树的 T、E、M 对应为 T′、E′、M′；逻辑门由事故树的与门转换为成功树的或门、事故树的或门转换为成功树的与门。在转换为成功树后，对成功树求取最小割集，根据对偶原理，成功树的最小割集，即为对应事故树的最小径集（集合内的事件由成功树最小割集的 M′转换为原事故树的 M）。示例一的成功树如图 3 所示。

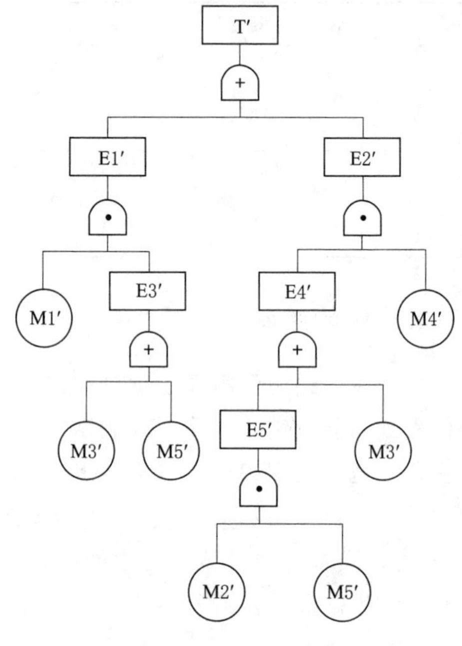

图 3 示例一成功树

绘制成功树后，写出其布尔表达式：

$$
\begin{aligned}
T' &= E1'+E2' = (M1'E3')+(M4'E4') = [M1'(M3'+M5')]+[M4'(M3'+E5')] \\
&= [M1'(M3'+M5')]+[M4'(M3'+M2'M5')] \\
&= M1'M3'+M1'M5'+M4'M3'+M4'M2'M5'
\end{aligned}
$$

成功树的割集为｛M1′，M3′｝、｛M1′，M5′｝、｛M3′，M4′｝、｛M2′，M4′，M5′｝，各割集中不包含其他割集，均为最小割集。在得到成功树的最小割集后，将各最小割集中的基本事件变换为原事故树形式，得到原事故树的最小径集，即｛M1，M3｝、｛M1，M5｝、｛M3，M4｝、｛M2，M4，M5｝。可见，当基本事件 M1M3 同时不发生，或 M1M5 同时不发生，或 M3M4 同时不发生，或 M2M4M5 同时不发生时，顶事件（事故）T 将不会发生。

6.3 最小割集与最小径集的意义

最小割集表示系统的危险性，最小割集越多，则导致事故发生的事件组合越多，系统越危险。最小割集表示事故发生的原因组合，对于掌握事故发生规律、调查事故原因、制定有效的防控措施，均提供了依据。

最小径集表示系统的安全性，每一个最小径集都是保证事故树顶事件（事故）不发生的条件，是采取预防措施，防止事故发生的一种途径。可根据最小径集中所包含的基本事件个数的多少、技术上的难易程度、耗费的时间以及投入的资金数量，来选择最经济、最有效地控制事故的方案。

7 事故树分析法在洞脸开挖（明挖）爆破作业中的应用

以抽水蓄能电站建设工程中典型的洞脸开挖（明挖）爆破作业为例，讲解FTA在研究爆破飞石伤人事故的实际应用，绘制事故树如图4所示。其中T—爆破飞石伤人；E1—正常爆破；E2—提前异常爆炸；E3—人员在警戒区内；E4—飞石；E5—爆破设备故障；E6—人为原因；E7—作业人员在警戒区内；E8—防护问题；E9—爆生气体激发介质；E10—未听到通知；M1—未通知；M2—通信故障；M3—已通知但撤离时间不对；M4—警戒失效，群众进入警戒区；M5—覆盖捆扎不实；M6—无围挡；M7—单耗过大；M8—冲孔；M9—点火能量异常输入；M10—起爆药或炸药自燃自爆；M11—起爆指令提前下达；M12—作业人员误操作[8]。

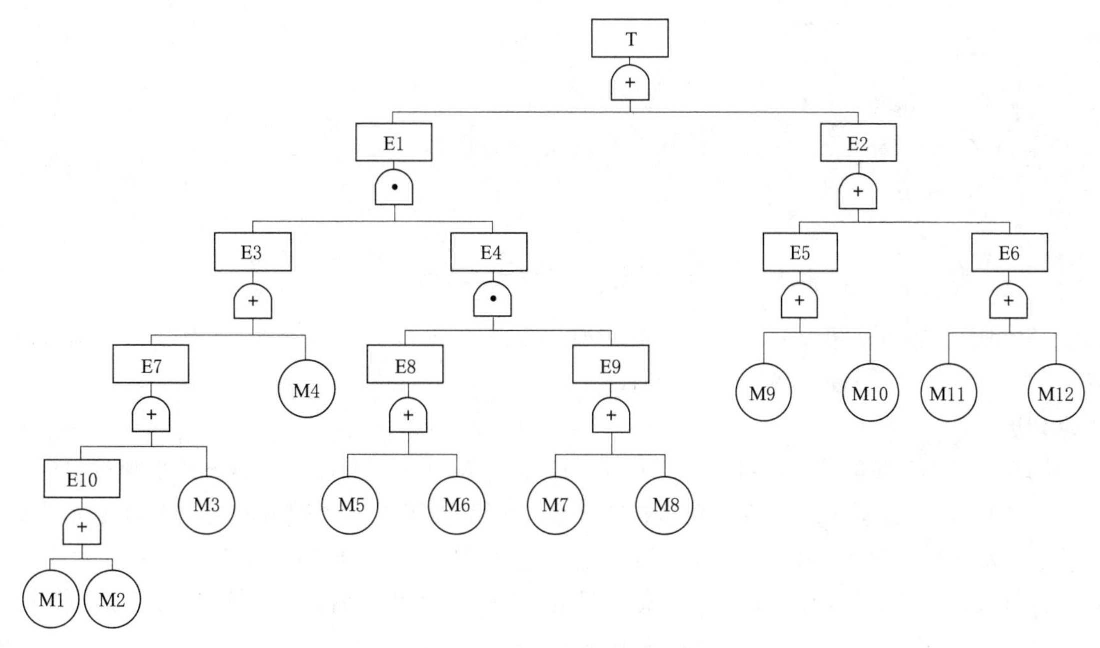

图4 爆破飞石伤人事故树

7.1 求取最小割集

$$
\begin{aligned}
T &= E1+E2=(E3\cdot E4)+(E5+E6)=(E7+M4)(E8\cdot E9)+M9+M10+M11+M12 \\
&=(M1+M2+M3+M4)(M5+M6)(M7+M8)+M9+M10+M11+M12 \\
&=M1M5M7+M1M5M8+M1M6M7+M1M6M8+M2M5M7+M2M5M8 \\
&\quad +M2M6M7+M2M6M8+M3M5M7+M3M5M8+M3M6M7+M3M6M8 \\
&\quad +M4M5M7+M4M5M8+M4M6M7+M4M6M8+M9+M10+M11+M12
\end{aligned}
$$

由上式，得出事故树的最小割集为{M1，M5，M7}、{M1，M5，M8}、{M1，M6，M7}、{M1，M6，M8}、{M2，M5，M7}、{M2，M5，M8}、{M2，M6，M7}、{M2，M6，M8}、{M3，M5，M7}、{M3，M5，M8}、{M3，M6，M7}、{M3，M6，M8}、{M4，M5，M7}、{M4，M5，M8}、{M4，M6，M7}、{M4，M6，M8}、{M9}、{M10}、{M11}、{M12}，共20个最小割集。

7.2 求取最小径集

根据对偶原理，构造成功树，如图5所示。

用布尔表达式求取最小径集：

$$
\begin{aligned}
T' &= E1'\cdot E2'=(E3'+E4')(E5'\cdot E6')=(E7'\cdot M4'+E8'+E9')(M9'M10'M11'M12') \\
&=(M1'M2'M3'M4'+M5'M6'+M7'M8')(M9'M10'M11'M12') \\
&=M1'M2'M3'M4'M9'M10'M11'M12'+M5'M6'M9'M10'M11'M12' \\
&\quad +M7'M8'M9'M10'M11'M12'
\end{aligned}
$$

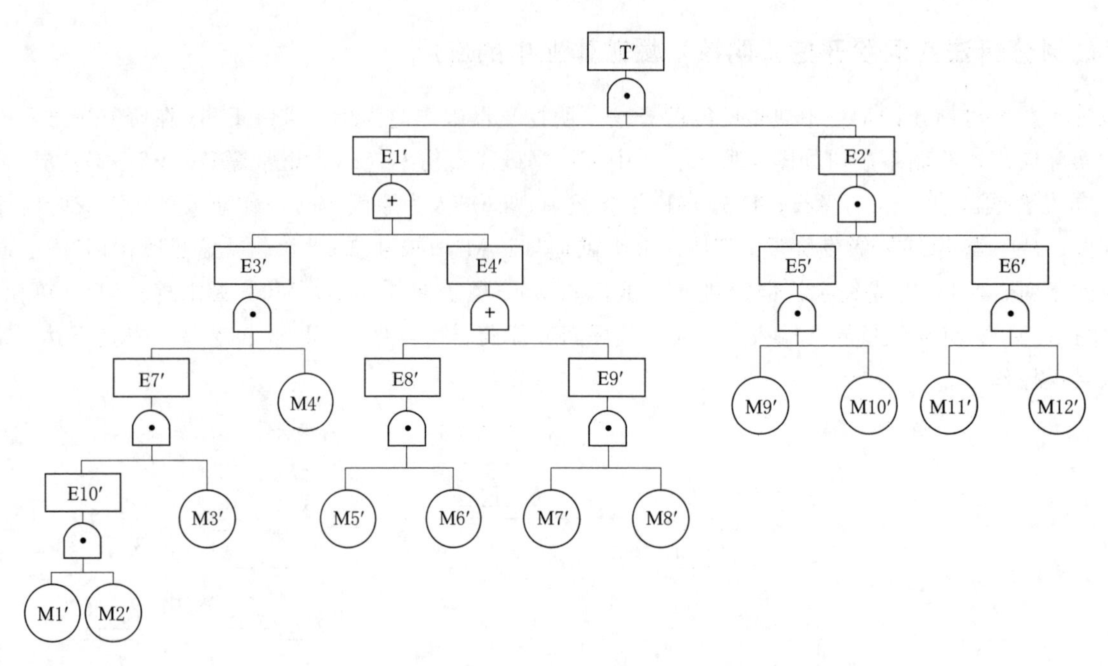

图 5 爆破飞石伤人成功树

因此，得到原事故树的最小径集有 3 个：{M1,M2,M3,M4,M9,M10,M11,M12}、{M5,M6,M9,M10,M11,M12}、{M7,M8,M9,M10,M11,M12}。

7.3 结论分析

通过对 20 个最小割集的分析，可见 {M9}、{M10}、{M11}、{M12} 这四个最小割集中均只包含 1 个基本事件，即一旦该基本事件发生，顶事件必发生，危险性极大，要极力避免这四项基本事件发生。其余 16 个最小割集均包含 3 个基本事件，表示只有当这 3 项基本事件同时发生时，顶事件才会发生。结合实际意义，得出设备故障与人为误操作、乱指挥是危险性最大的事件，要在作业前检查设备，明确爆破流程。此外，在爆破过程中，要绝对避免最小割集中的基本事件同时发生。

通过对 3 个最小径集的分析，可得出 3 种避免顶事件发生的途径，即保证最小径集内的基本事件同时不发生，顶事件则不会发生。可观察到 3 个最小径集内均包含设备故障与人为误操作、乱指挥的四个基本事件。因此，在爆破前检查设备，明确爆破流程与操作规程，是十分重要的。

8 结语

事故树分析法条理清晰、简单易学，分析过程是层层深入的，便于对复杂施工作业系统层层分析，直至最底层事件。树形图很好地将分析环节展示出来，易于观看，方便专业人员共同讨论，为专家组头脑风暴提供沟通桥梁。事故树分析可探究与事故发生有关的原因，厘清事故发生的脉络，为安全预防措施的设计提供了依据与参考。在抽水蓄能电站建设工程领域，事故树分析法可以很好地发挥自身优点，充分分析基建施工系统工程中的风险，具有极高的应用价值与广阔的应用前景。

参考文献

[1] 凌海涛，陈尊杰. 抽水蓄能电站基建项目安全性评价实践和探索 [C]//中国水力发电工程学会第二届抽水蓄能技术发展青年论坛暨电网调峰与抽水蓄能专业委员会 2018 年年会，2018.

[2] 温家华，王凯，张程. 抽水蓄能电站建设单位安全管理研究 [J]. 项目管理技术，2015 (6)：109-113.

[3] 张大庆，李蓉. 浅析做好抽水蓄能电站安全管理创新的具体实践 [J]. 赤峰学院学报：汉文哲学社会科学版，2013 (S1)：110-111.

[4] 张忠桀. 基于本质安全理论的抽水蓄能电站工程建设安全管理体系的应用研究 [D]. 广州：华南理工大学，2018.

[5] Dugan J B，Bavuso S J. Dynamic fault-tree models for fault-tolerant computer systems [J]. IEEE Transactions on

Reliability，1992，41（3）：363－377.
[6] Singer D. A fuzzy set approach to fault tree and reliability analysis [J]. Fuzzy Sets & Systems，1990，34（2）：145－155.
[7] 张景林. 安全系统工程 [M]. 北京：煤炭工业出版社，2002.
[8] 高黎. 安全系统工程在拆除爆破中的应用 [D]. 包头：内蒙古科技大学，2014.

抽水蓄能电站项目竣工图编制现状调研分析

王　波[1]　张范立[2]　刘玉成[2]
(1. 中国水利水电建设工程咨询北京有限公司，北京市　100024；
2. 安徽金寨抽水蓄能有限公司，安徽省六安市　237333)

【摘　要】抽水蓄能电站项目竣工图，是真实反映水电工程项目施工结果的图样。竣工图作为工程竣工档案的核心，在抽水蓄能项目管理中发挥着不可替代的作用，是对工程进行维护、管理、重建、改建、扩建的重要依据。本文结合北京院咨询公司在抽水蓄能电站项目竣工图编制审核和工程档案业务指导的工作实践，浅谈对抽水蓄能电站工程竣工图编制工作的一些认识，提出竣工图编制工作中的典型问题分析及解决水电工程竣工图问题对策和设计单位编制竣工图优势等观点，供同行参考。

【关键词】抽水蓄能电站　竣工图　编制　对策

1　引言

水电工程项目竣工图是工程竣工验收后，真实反映水电工程项目施工结果的图样。竣工图作为工程竣工档案的核心，在水电站管理中发挥着不可替代的作用，是对工程进行维护、管理、重建、改建、扩建的重要依据。竣工图只有编制完整、准确、图物相符，才能有效地为运行管理活动服务。然而，编制竣工图是一项专业性较强的工作，特别是大型工程更加复杂。结合北京院咨询公司在泰安、宝泉、响水涧、仙居抽水蓄能项目竣工图编制审核和工程档案业务指导的工作实践，谈谈对抽水蓄能电站工程竣工图编制工作的一些认识。

2　泰安、宝泉、响水涧工程竣工图编制工作中的典型问题分析

北京院咨询公司监理泰安、宝泉抽水蓄能电站竣工资料已经提交，响水涧抽水蓄能电站竣工资料正在整理，以上三个项目竣工图均由施工单位编制监理审核，通过对三个项目竣工图编制审核，在竣工图编制审核过程中都存在一些问题，下面对这些问题进行简单分类阐述。

2.1　竣工图编制不准确

（1）重复修改导致竣工图不准确。由于水电建筑工程设计和管理的特殊性，施工过程中某些专业的部分建设内容反复调整变化是不可避免的，如泰安项目上水库土建专业施工时，进出水口开挖边坡及前池垫层料、参数有二次调整，后期施工中，业主单位又提出需求调整，针对这样的变化情况，竣工图编制人员把两次的变化调整全部改绘在竣工图上，使竣工图利用者很难辨别哪种结果是最终的竣工现状。

（2）联系单、变更、洽商形成不规范影响竣工图的准确性。施工过程中形成的联系单、变更、洽商多为文字描述，部分附有修改详图，上述内容既是现场施工的参考，也是日后编制竣工图的依据。但是有些会审、变更、洽商的文字部分对修改内容描述不清，如未写明工程具体的变化部位等，给竣工图编制工作带来很大困难。另外，很多项目是在竣工后突击完成竣工图编制工作的，遇上述情况难免仅通过回忆现场的变化情况来改绘竣工图，竣工图准确性难以保证。

（3）各专业未进行相互配合导致竣工图不准确。竣工图编制过程中，项目专业分离进行竣工图的编制，无协调配合的情况很多，这直接导致基于原施工图形成的竣工图与基于深化设计图形成的竣工图之间出现很多相互矛盾的地方。进而导致竣工结果不明晰，利用者无从分辨。

2.2　竣工图编制不完整

（1）改绘深度不够导致竣工图不完整。在工程档案的业务指导工作中，发现这几个项目工程存在改

绘深度不够的问题。如地下厂房副厂房结构专业某柱位置、截面尺寸和配筋的调整，竣工图编制人员仅在结构平面图上将柱的位置进行了改绘，而没有把其截面尺寸和配筋的变化反映在柱配筋详图上。对于类似上述隐蔽工程，只能依据竣工图去了解真实的配筋情况，而修改不完整的竣工图切断了获取隐蔽部位信息的唯一途径。

（2）竣工图编制专业不齐全。地下厂房工程涉及专业较多，某些生僻专业的内容并未在相关规范中被纳入到归档范围内，如主厂房大型钢结构网架工程的深化节点设计，但这部分图纸不仅是施工的重要依据，更是工程竣工维修改造必不可少的基础性资料。部分业主单位工程及档案管理水平有限，忽视这些重要生僻专业竣工图的编制工作，从而导致竣工图重要专业的缺失。

2.3　改绘方式、方法不正确

竣工图有两种改绘方式：一是在原施工蓝图上改绘，二是重新绘制。然而规程对于合理改绘方式的选取标准以及重新绘制竣工图的具体要求等均无明确的可操作性规定。只有《建设工程文件归档整理规范》中规定施工图结构、工艺、平面布置等重大改变，或变更部分超过图面的1/3的，应当重新绘制竣工图。但1/3的变更部分难以界定，尤其是对于大型工程而言，更是难以量化，因此执行起来很难达到统一。在此情形下，有的竣工图编制人员对较为复杂的会审、变更、洽商仍然选择在施工蓝图上直接改绘，甚至将会审、变更、洽商的文字内容直接抄写在图纸上；有的编制人员重新绘制的图纸无比例尺、轴线尺寸标注等重要信息。上述错误的改绘方式和方法下形成的竣工图毫无利用价值。

2.4　竣工图编制人员素质不高

以上工程项目在不同的施工阶段存在不同的施工单位，或存在多个施工单位同时施工的情况，此外施工单位流动性较大，由于市场竞争激烈，往往在工程尾期，施工单位就要到处去竞标，不能专心于竣工图的编制。编制人员往往是后期进场人员，对以前设计修改和变化不是很清楚，新毕业的学生较多，竣工图编制水平不高。

3　仙居前期标工程竣工图整理程序及总结

仙居目前前期标段在整理竣工图，业主是归口管理部门，组织、协调、督促、检查竣工图管理工作。仙居抽水蓄能电站前期标竣工图的绘制单位为华东勘测设计研究院（有协议）。监理单位为中国水利水电建设工程咨询北京公司，监督、检查竣工图编制情况，发现问题及时要求竣工图编制单位进行整改。施工单位将竣工图有关资料提供给监理审核后提交设计进行竣工图绘制。竣工图由施工单位审核后在竣工图上签字负责归档。

3.1　仙居抽水蓄能电站竣工图编制程序

收集和整理各种依据性文件资料→施工单位提供齐全原始资料→设计单位分阶段编制竣工图→竣工图的审核→签字盖章，编制流程如图1所示。

（1）收集和整理各种依据性文件资料。施工中施工单位及时收集和整理相关的各种依据性文件资料，如设计蓝图、设计修改通知、工程联系单、工程议事单等。要求施工单位在施工过程中，及时做好隐蔽工程检验记录，收集好设计变更文件，以确保竣工图质量。在正式编制竣工图前，应完整地收集和整理好施工图和设计变更文件。其中，由设计单位提供的设计变更文件有：设计变更单、补充设计图、修改设计图，技术交底图纸会审会议纪要、各种技术会议记录、其他涉及设计变更的文件资料等。由施工单位提供的设计变更文件有：隐蔽工程验收单、工程联系单、技术核定单、材料代用单、其他变更的文件资料。

（2）施工单位提供齐全原始资料。施工单位将各种依据性文件资料按要求整理完毕，编制变更与图纸对应表；业主和监理应对施工单位提交的材料进行监督、检查，着重于资料的完整性和真实性，审核无误后转交设计单位，设计单位对材料有疑义时，通过业主或监理进行沟通/协商。

（3）设计单位分阶段编制竣工图。根据《国网新源控股有限公司建设项目档案管理手册》和仙居抽水蓄能电站《浙江仙居抽水蓄能电站工程档案管理实施细则》的要求，在各分部工程竣工后3个月内应完

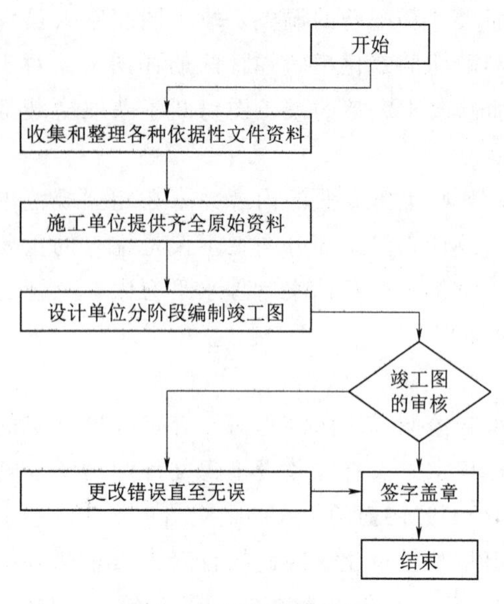

图 1　竣工图编制流程图

成相应的竣工图的编制，随着工程建设分阶段地编制竣工图是符合工程实际的；编制的竣工图应齐全、完整、准确、系统，并且清晰、规范、修改到位，真实反映本工程竣工验收时的实际情况。

1）施工单位应在单位工程完工 1 个月内完成工程变更会签单（施工单位）的整理汇总，经监理单位审查后提供给竣工图编制单位作为竣工图编制依据。竣工图编制单位应在收到工程变更会签单（施工单位）汇总 1 个月内应完成相应的竣工图的编制，仙居项目竣工图设计单位重新出蓝图（不管图幅是否超过 25％～35％）。

2）编制的竣工图应齐全、完整、准确、系统，并且清晰、规范、修改到位，真实反映本工程竣工验收时的实际情况。竣工图要保证图纸质量，做到规格统一、图面整洁、字迹清楚，绘制材料符合要求，图纸应采用国家标准图幅。

3）编制竣工图应以施工技术资料为基础，竣工图内容应与施工图设计、设计变更、材料变更、施工记录及质检记录相符合。对于资料不够齐全的，应以现场的施工验收记录和安装调试记录为依据。竣工图对原设计图修改的部分应注明修改的依据，并与设计变更通知一一对应。

（4）竣工图审核。竣工图编制完成后，编制单位（设计单位）将竣工图电子版分别发给监理单位和施工单位进行审核，发现不准确或短缺情况要及时协助编制单位进行修改和补充，15 日内完成竣工图的审核工作，相关意见反馈给竣工图编制单位；竣工图编制单位根据监理和施工单位相关意见，15 日内完成定稿竣工图的编制，并提交监理单位；审核无误的竣工图由施工单位和监理单位分别在竣工图章的相应栏目内签字。

（5）签字盖章。仙居抽水蓄能电站规定竣工图审核后由，并按要求加盖并签署竣工图章。所有竣工图应由施工单位技术负责人审核合格后，逐张加盖并签署竣工图章，竣工图章中的内容应填写齐全、清楚，不得代签。竣工图章应用红色印泥，盖在标题栏附近空白处。为加强竣工图管理统一规范竣工图章样式，仙蓄公司下文《浙江仙居抽水蓄能有限公司关于规范竣工图章样式的通知》（仙居办〔2013〕52 号）规定了图章样式，如图 2 所示。竣工图由施工单位编制使用图章并跟踪各项审核流程。

编制单位			7
竣 工 图			13
编制人	技术负责人	编制日期	10
			10
监理单位名称		监理人	10
			10
25	25	30	60
80			

图 2　竣工图章样式

3.2　仙居蓄能电站竣工图编制的经验

（1）抽水蓄能电站竣工图由施工单位提供设计变更单、补充设计图、修改设计图，技术交底图纸会审会议纪要隐蔽工程验收单、工程联系单、技术核定单、材料代用单、其他变更的文件资料。设计单位根据施工单位提供依据进行绘制竣工图初稿后，施工单位、监理、业主对竣工图初稿进行认真细致审核，并各自提出意见，施工单位根据各方意见进行汇总。

（2）监理召开专题竣工图交底会，会上施工单位向设计单位进行竣工图交底，对设计提出的问题进行解答。会后监理单位将各方意见汇总后以函形式给设计，以便设计能够准确修改竣工图。经监理、业主及施工单位技术负责人层层审核后，设计绘制人员根据存在问题逐条进行修改，统一出蓝图。这样编制的竣工图更加齐全、完整、准确、系统，并且清晰、规范、修改到位，真实反映本工程竣工验收时的实际情况。

（3）业主下发《关于利用数码照片资料加强仙居抽水蓄能电站工程安全质量过程控制的实施细则》，

将数码照片纳入单元工程评定内容，未按照本细则要求进行数码相机采集、管理和提交的单位不予进行单元工程验收。加强了仙居抽水蓄能电站工程建设安全质量全过程痕迹化管理。为竣工图绘制提供了很好的依据。

(4) 机电设备图纸由厂家编制包含现场和安装变化的最终定型图纸，完成交给业主（在采购合同中已明确，出具最终版的竣工图纸）。

4　解决水电工程竣工图问题对策

针对水电工程竣工图编制工作的特点和易出现的问题，建议从以下几方面提高其编制质量。

4.1　加快制定水电统一的竣工图编制规章和规范

当前竣工图编制的全国统一性依据为1982年国家基本建设委员会颁布的《关于编制基本建设工程竣工图的几项暂行规定》，该规定颁布较早，已不适应工程建设发展的实际情况。虽然电力行业出台相关标准，但对竣工图的改绘方式、绘制要求等规定得不成系统、很不完善，目前总院组织西北院等资深人员编写竣工图编制规范，则可以对竣工图编制工作起到较好的规范作用。

4.2　在合同中，明确相关责任方的竣工图编制义务

一般情况下，竣工图应由工程施工单位组织编制。若需要设计单位编制，应在合同或协议中明确。编制竣工图是一项极其复杂的工作，只有相关责任方都充分履行其应尽义务，才能有效保障竣工图的真实、完整和准确。竣工图是施工图的延伸，其编制的责任方不能简单地归结为竣工图的编制单位，应以工程建设过程中各方的责任来认定竣工图的责任方。

首先，竣工图的前身为设计单位按国家工程强制性标准及工程建设要求编制，并且经过建设主管部门认可的施工图审查机构审查通过的施工图，竣工图的修改依据之一设计变更也形成于设计单位，故设计单位是竣工图编制的责任方之一。

其次，监理单位对工程质量实施监督，竣工图是工程建设情况的真实体现，是追溯施工质量的法律凭证，是其履行监督职责的重要工作内容之一，按照《建设工程文件归档整理规范》的要求，竣工图应加盖竣工图章，具体包括施工和监理单位名称、竣工图编制人、审核人、技术负责人、监理单位总监、现场监理的签名，因此，监理单位对竣工图编制情况有明确的监督审核义务。

但是上述责任方经常不能自觉履行其应尽义务，故业主单位除了在施工合同中明确竣工图编制的套数及应达标准外，还有必要在设计和监理合同中分别设立有关工程档案的专门条款，以合同的形式约定设计、监理单位在竣工图编制方面的义务。

4.3　规范工程资料的形成和收集工作

会审、变更、洽商的准确和完整是编制竣工图的重要前提，故在工程建设过程中必须规范工程资料的形成和收集工作。一方面，把工程资料须达到的质量、收集工作的要求和相关领导、工作人员的职责分别纳入到档案管理制度以及相应人员的岗位责任制中；另一方面，在实践中还须严格按照制度要求形成和收集资料，相关责任领导严格监督。具体而言，会审、变更、洽商必须文字描述清晰、附图完整准确，并标明实施变化调整的施工图图号，对于不满足上述要求的文件，专业技术负责人、监理工程师应不予签字确认。此外，各专业档案管理人员要对会审、变更、洽商及时收集，并按时间顺序进行排列，形成资料管理通用目录。

4.4　设计单位编制竣工图优势

与施工单位编制竣工图相比，设计单位编制竣工图存在明显优势。

(1) 设备齐全，质量可靠。根据规范要求，涉及结构形式、工艺、平面布置、项目等重大改变及图面变更面积超过35%的，应重新绘制竣工图。施工单位整理的竣工图，是在工程完成后，在设计单位出的设计施工蓝图上，标注施工过程中根据设计修改部位而形成的。设计单位普遍采用计算机辅助设计，具有成套的先进设备，设计出来的图纸清晰美观，既有多份纸质文件，又有全套软盘文件，可以随时修改和完善设计，还可以在计算机上直接编制竣工图，既省时间，又能保证质量。施工单位由于在资金问

题上往往是精打细算，不可能完全具备先进的设备，在编制竣工图时，不会出全新的蓝图，往往是利用传统的手工方法在施工图上直接改正并加盖竣工章，即作竣工图，将其扫描形成其电子文件。这样，不仅竣工图质量不高，竣工图纸的电子版也成问题。甚至很多施工单位不可能投入资金专门购置图纸扫描设备进行数字化扫描，即使有条件数字化扫描，扫描后图纸的质量也和 CAD 制图质量存在巨大的差距。

（2）专业性强。设计单位在进行工程项目设计之前就已经了解和掌握该项目各方面资料，并与有关部门联系协调好有关问题，然后再进行设计。在施工过程中，设计单位派驻地设计代表到施工现场，协调施工单位在该项工程施工过程中发生的有关问题，并及时解决、处理施工过程中的技术问题。期间收集、积累了施工过程中出现的变更、变动等资料，全面地掌握该项工程在施工中发生的设计变更以及出现的各种情况。因此设计单位既是施工图的总设计，又能全面、系统地掌握施工过程中所有的变化。并且，设计单位是 CAD 制图专家。因此，设计单位编制竣工图具有专业性强的优势。

（3）节省经费缩短竣工图制作时间。设计单位有设计代表常驻施工现场，全面掌握、协调施工过程中出现的变更情况且施工图本身就是设计单位出的 CAD 制图，编制竣工图时可直接进行电子文件的修改，形成竣工图的 CAD 制图，以及全新的竣工图蓝图，质量和速度都可以保证。施工单位编制竣工图，因其没有 CAD 制图的基础，只能在施工蓝图上直接修改进行编制，不会重新出蓝图。其电子版的制作工期因设备、资金等原因而变得遥遥无期。

其实不管由施工单位还是设计单位编制竣工图，其经费都是由业主方出，只要签订合同时明确编制单位，费用跟进就可。作为业主方，应该认识到，在总费用不变的情况下，施工单位和设计单位编制的竣工图的质量和效果是不一样的，而一旦确定由施工单位编制竣工图，还有可能会再多出一笔竣工图数字化成果费，编制工作需要得到相关单位的进一步重视，才能有效提高竣工图的利用价值。

5 结语

本文从工程建设实际案例出发，分析了以往三座抽水蓄能电站工程建设竣工图编制过程中存在的问题和原因。阐述了仙居抽水蓄能电站前期标竣工图编制流程和经验做法，指出了工程建设业主方和监理方在加强竣工图编制管理中采取的措施和注意事项，对比分析了现阶段由设计单位负责编制竣工图的优势，为今后业内决策类似问题提供思路和借鉴参考。

运行及维护

抽水蓄能电站应急管理应用系统研究与应用

胡紫航[1]　李海涛[2]
(1. 山东文登抽水蓄能有限公司，山东省威海市　264419；
2. 国网新源控股有限公司，北京市　100032)

【摘　要】国家“十三五”规划中提出要加快推进清洁能源发展，抽水蓄能电站作为重要的清洁能源产业迅速发展，电站建设与运行期存在着人身、电网、设备、信息系统安全风险，国网新源控股有限公司作为抽水蓄能电站专业化的运行管理公司，建抽水蓄能项目多，安全管理任务重，一旦发生安全事故，应急处置能力面临较大考验。按照国家应急能力建设要求及应急管理程序，利用“互联网＋”方式进行大数据应用与分析，建设抽水蓄能应急管理应用系统，实现对各区域预警信息自动收集发布、接收各区域应急信息，综合各区域应急物资、专家资源，及时有效应对各类安全突发事故，提升综合应急管理能力，为企业提供了应急管理的有效方法。

【关键词】抽水蓄能　应急管理　应用系统

1　引言

国网新源控股有限公司应急管理业务，在横向上已实现与生产运行、数据中心、水情等业务应用的信息共享、集成的综合管理类高级应用，在纵向上可以实现所控股公司间应急相关信息的共享交换。应急管理应用系统利用应急指挥中心基础支撑系统，实现应急信息管理、应急资源管理、应急值守、预警管理、应急指挥、应急演练等功能，满足应急管理日常工作以及突发事件应急指挥需要。

应急管理应用系统的建设全面提升公司应急信息采集、处理、交换的效率和水平，使应急管理更加科学化、规范化、制度化、流程化，提高应急处置的时效性；实现应急信息共享和资源优化调度，为应急处置提供信息保障；及时降低突发事件造成的损失，提高承担社会责任的能力。

2　实施背景

截至 2019 年年末，国网新源控股有限公司管理单位 60 家，分布在 20 个省（自治区、直辖市），员工总数 7000 余人。管理装机容量 6020.4 万 kW，其中，抽水蓄能电站 45 座，装机容量 5522 万 kW（已运行 1937 万 kW、在建 3585 万 kW）；常规水电厂 8 座，装机容量 498.4 万 kW（已运行 438.4 万 kW、在建丰满大坝重建工程 60 万 kW）；开展可研和预可研抽水蓄能项目超过 3000 万 kW。随着装机规模逐步壮大，安全应急管理任务艰巨，传统应急管理模式已不能完全适应企业快速发展需求。

为更好地服务国家电网公司，建设具有中国特色国际领先的能源互联网企业，发挥抽水蓄能电站及水电站在智能电网中的作用，保障企业安全稳定运行，亟待利用大数据互联互通的方式建设应急管理应用系统。

应急管理应用系统是遵循国家应急管理法规、国家电网公司相关制度，依据信息化成果，借鉴其他网省级公司已有经验，结合抽水蓄能行业特点，立足实际进行开发的，实现应急信息管理、应急资源管理、应急值守、预警管理、应急指挥、应急演练等功能，满足应急管理日常工作以及突发事件应急指挥的需要。本系统经国网新源控股有限公司统一部署，与所控股单位上下联动使用。

3　实施内容

对于安全应急管理而言，最重要的是构建应急信息互联互动的机制，其机制构建的目的，主要是实现应急信息的沟通，可以说应急信息渠道及资源的畅通是应急工作核心。应急信息沟通机制应满足及时性、直达性、简明性和规范性等原则。

在实际中，电力企业与政府部门、公共信息部门和重要用户间应急沟通缺乏必要支持手段。目前普遍使用手机短信作为消息沟通方式，其消息管理系统客户端可以在各种智能设备上运行，包括计算机、个人数字助理（PDA）、手机等。没有实现应急消息管理系统前，汇报、下达指令、查询等信息沟通大多采用传真、电话等交流方式，其记录形式通常是非结构化的，存在查询困难、分析困难等问题，相应的应急评估和改进等工作难以开展。建立应急指挥应用标准化平台，依靠计算机系统的严密性和安全性为应急处置提供保障、实现互联互动，目前还处于起步阶段。

3.1 应急管理信息系统功能设计

应急管理信息系统是应急指挥应用系统的一部分，用于规范设备与人员、人员与人员的信息沟通方式，提供自动化的消息发送、显示、回复和记录的基本功能，以及智能化分析、流量控制和权限管理等辅助功能。

3.1.1 权限管理

不同的岗位能够发送、接收和查阅的应急预警、应急处置等消息不同，而且用户的权限也可能会随着事态的发展而有所变动。应急消息管理系统的每项功能（发送某种消息、跟踪消息传递过程和过滤消息等）均需要用户具有一定的权限才能完成。系统管理员配置每个用户的各种权限，企业各部门负责人配置本部门权限，每个用户设定与自己有关的消息接收和发送方式。消息管理系统属于应急平台的一部分，用户信息可以从应急平台中获得。应急信息系统权限管理界面如图1所示。

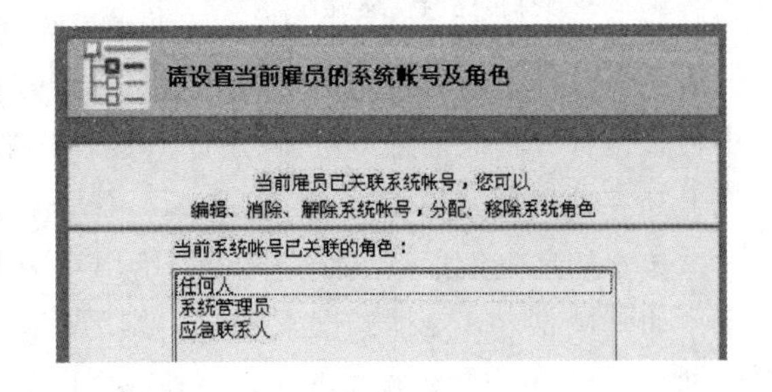

图1　应急信息系统权限管理界面

3.1.2 应急管理信息系统标准化和日常维护

将应急过程中的各种指令、通知、汇报信息采用标准格式和语言表达，事先对有关人员进行消息语义约定和培训，尽可能使消息表达精简而准确。

3.1.3 应急消息跟踪、查询和订阅

对自己发送、接收和回复的情况进行跟踪，对某些用户发送、接收和处理消息等情况进行查询，记录消息的传输时间和回复时间等统计信息，方便进行信息系统的改进。具有特定权限的用户可以订阅某些用户的某种消息。

3.1.4 安全检查和过滤

根据发送者、接收者的权限对消息的发送和接收进行检查。禁止用户发送越权消息。权限检查可能与系统的状态、时间有关，其标准是动态变化的。按照消息的紧急程度，优先显示紧急消息，并按照设定的方式过滤掉重复、多余或次要的消息。

3.1.5 应急消息接收和发送

自动完成消息接收和发送的预设功能，如检查消息完整性、发送回执、自动重发、附加发送者身份、时间和地点等信息，自动选择默认的接收对象。可以根据实际情况制定规则，例如，系统管理员使用到权限管理、消息日常维护、标准化以及消息跟踪、查询和订阅等功能；指挥中心使用到消息跟踪、查询、订阅以及安全检查和过滤、消息接收和发送等功能；职能部门包括调度处、生产技术处、安全监察处等，使用到安全检查和过滤、消息接收和发送功能；一线操作、抢修人员一般只需使用消息接收和发送功能。自动获取气象预警信息如图2所示。

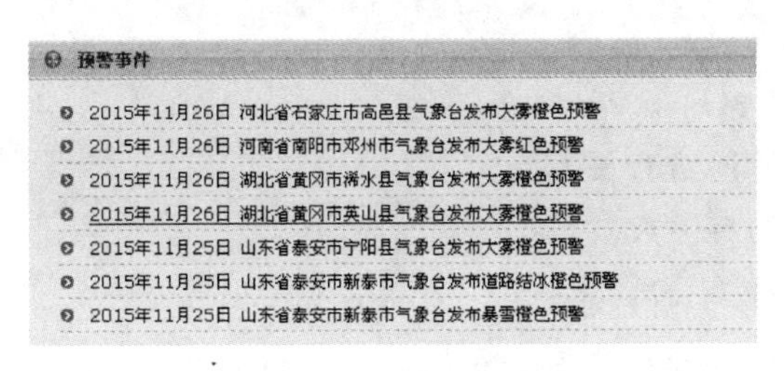

图2　自动获取气象预警信息

3.2 应急信息传递的流程

构建一种基于“存储-转发”的应急信息发送、处理机制。假设用户A发送给用户B一条消息，应急

信息完整的处理流程如图 3 所示。

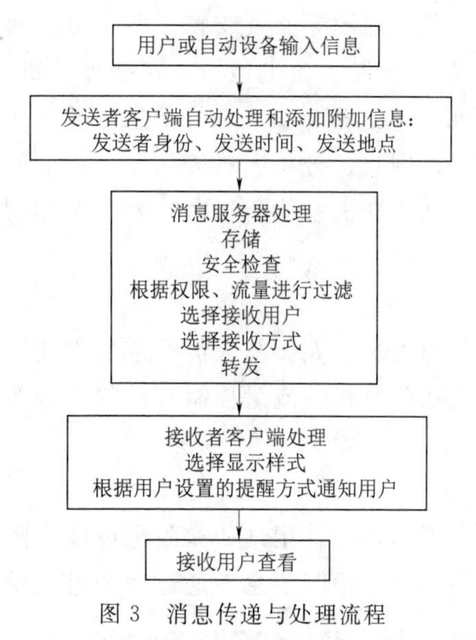

图 3　消息传递与处理流程

用户 A 通过自己终端（计算机、PDA 或手机）撰写消息，设定好应急信息类型、级别、接收者和接收形式。撰写完毕后，终端程序对应急信息预处理，生成唯一应急信息识别码（ID），自动添加发送者身份、时间和地点信息。如果系统配置中设定了该类应急信息接收者，则自动附加接收者 ID，并对应急信息内容进行完整性检查，然后发送给应急信息服务器。

应急信息服务器接收到用户 A 传来的应急信息后，解析应急信息结构，进行信息记录。根据解析到的接收者和接收方式信息，判断发送者是否有权限发送、接收者是否有权限接收。权限判断通过实时用户权限分配表实现。实时用户权限分配表记录各用户当前状态下有权发送的应急信息类型和有权接收的应急信息类型。如果没有找到用户 A 所发送应急信息的接收信息，则查询系统配置中对于该类型信息的默认接收用户和接收方式，并发送到默认接收用户的终端上。

应急信息发送前，检查用户 B 的信息过滤设置，滤除过量、多余或次要信息。首先，通过在信息日志中检索是否有相同信息 ID 已被用户 B 接收，来保证用户 B 不会接收到重复信息；其次，通过实时统计用户 B 所接收的各紧急程度的信息流量，保证在总信息流量超过设定值时，只有紧急程度高的信息才能继续发送。如果本信息被过滤，则返回给用户 A 一个包含过滤信息的出错代码，此次应急信息传递会话结束。如果接收方式是计算机或 PDA，则服务器还需判断用户 B 是否在线。如果用户 B 不在线，则服务器返回给用户 A 一个包含目的用户不在线代码的消息，等待用户 B 在线再次发送，此次应急信息传递会话结束。如果发送给用户 B 信息多次失败，超过一定时间后，服务器返回给用户 A 一个包含超时出错代码的应急信息。

如果应急信息发送给用户 B 成功，则返回给用户 A 成功发送信息。如果有其他用户订阅了用户 A 的此类应急信息，则将该信息转发给订阅用户。

应急信息经用户 B 的终端处理后，自动通知用户 A 应急信息已到达用户 B 终端。用户 B 在查阅应急信息后可根据情况给用户 A 一个确认已阅读的消息。

通过以上过程可以看出，发送者可以收到以下 3 种回执：由服务器通知发送者，发送者的应急信息已经传送到接收者的终端；由接收者终端自动通知发送者，发送者的应急信息已经在接收者的终端上显示过；由接收者发送给发送者，确认接收者已经阅读发送者的信息。当发送者有任何一种回执不能接收到时，可根据实际情况选择重发或以其他方式通知接收者。以上应急信息传递机制基本保证了可靠传递。为了方便跟踪，具有特定权限的人员还可以对与某条应急信息相关的应答过程进行查询。

3.3　应急信息设计

应急信息类型主要有以下 5 种：

（1）通知信息。用于将上级发布的重要通知、应急信息传递给有关人员。

（2）指令信息。用于将上级下达的调度、操作指令传递给有关人员。

（3）报告信息。用于下级将目前某个对象的状态上报给有关人员。

（4）请示信息。用于下级遇到难以处理的应急情况时请示有关人员。

（5）确认信息。用于应急信息接收者对发送者的简单回复，表示应急信息已阅读。

对于具体的应急预案，还可以定义更多的应急信息类型。比如根据某电力企业防风防汛预案，从通知消息类派生出的防风防汛预警通知、防风防汛预警解除等信息。信息类型的定义应根据应急体系、应急预案对信息沟通的需求灵活调整，并定期进行增加、删除和修改。

3.4 基于 Java 技术的应急信息平台实现

在应急处置过程中，各种人员所处的位置可能是应急指挥中心、办公地点、故障现场、行进路线中，可使用的终端设备包括计算机、PDA 或手机等。应急管理系统的终端软件应能够部署在这些设备中，通过有线或无线方式交换数据。Java 程序能够部署和运行在各种平台、设备下，移植方便。

应急管理平台是一种分布式的应用服务框架，可表示为如图 4 所示的应急信息管理系统的层次结构。

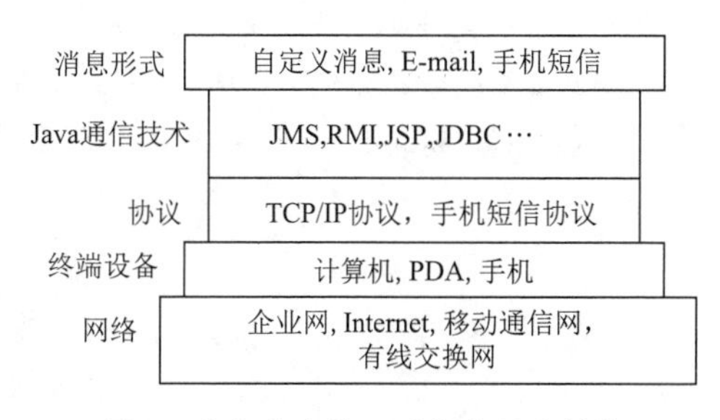

图 4 应急信息管理系统的层次结构

最底层是网络层，由企业网、Internet、移动通信网、有线交换网等组成，可同时提供话音信号和数字信号的传输，其中企业局域网和广域网具有更高的可靠性和更快的传输速度，应优先选用。在网络层之上是终端设备，包括计算机、PDA、手机等。在终端设备上进行通信的协议有 TCP/IP 协议和手机短信协议。协议层之上是 Java 通信技术，主要有 Java 消息服务（JMS）、远程例程调用（RMI）、Java 服务器网页（JSP）、Java 数据库连接（JDBC）等。JMS 提供标准应用程序接口（API）用来调用企业信息系统的各种功能；RMI 是一种计算机之间对象互相调用对方函数、启动对方进程的一种机制；使用 JSP 开发基于 HTTP 协议的浏览器/服务器模式的应用，通用性好；使用 JDBC 直接连接数据库形式进行通信，结构简单，一般用于用户连接较少的情况。

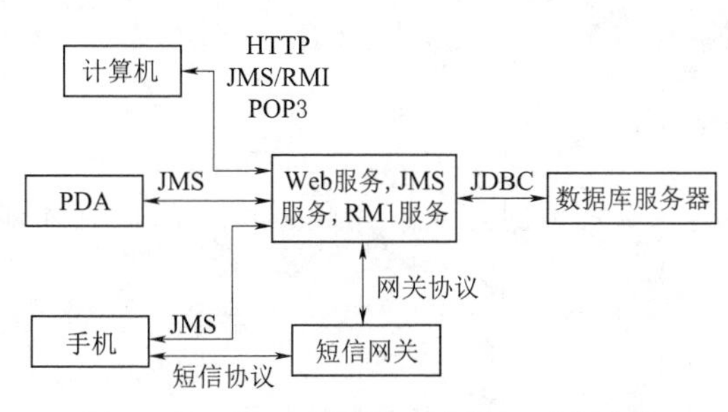

图 5 基于 Java 的应急消息管理系统结构

基于 Java 的应急消息管理系统结构如图 5 所示，由各种终端、应急管理系统应用服务器和数据库服务器组成。

应急管理系统应用服务器中安装有 Web 服务、JMS 和 RMI 服务，这些服务可以安装在不同主机上。使用 HTTP 和 JMS/RMS 以及电子邮件协议（POP3）进行计算机终端和应用服务器上的通信。其中：JMS 主要用于实时消息的接收和发送；RMI 用于消息管理，如查询、统计等。通过 POP3 传输的 E-mail 消息仅用于消息实时性要求不高的情形。PDA 一般支持 Java，可使用 JMS 协议进行消息的接收和发送。支持 Java 的 PDA 可用 JMS 与应用服务器进行通信，也可通过短信协议和短信网关与应用服务器进行通信。应急管理系统应用服务器通过 JDBC 与数据库服务器进行通信，将应急信息的发送、接收日志和其他数据存储到数据库中。

应急信息的展现形式要根据信息内容和终端的类型确定。应急信息内容可以是文本、图像、音频、视频等，而不同的终端对于应急信息显示有不同的要求。计算机终端可以显示各种信息但不方便携带，PDA 终端方便携带但不适于大图像和视频的播放。

4 结语

通过构建应急管理应用系统，使其更加契合国网新源控股有限公司抽水蓄能业务需求，满足了企业在应急管理与应急处置的需求，完善了应急体系、应急机制，发挥了较大的管理作用，实现应急信息管理全过程数字化，建成了“信息汇总、上传下达、简捷高效”的应急指挥平台，实现“平战结合”，让抽水蓄能日常应急管理和突发安全事件时应急处置能够很好结合，大大提高人员应急管理能力和水平，促进应急信息管理的体系化、专业化、制度化，为企业应急指挥提供了有力的技术支撑。

参考文献

[1] 中国应急管理部. 以信息化推进应急管理现代化助推网络强国建设 [J]. 中国应急管理，2018（8）：10.
[2] 王晓红. 企业应急管理中的信息策略分析 [J]. 中国商论，2018（5）：104-105.

［3］ 龙建斌. 信息化背景下高校突发事件应急管理机制研究［J］. 电脑知识与技术，2017，13（29）：35-36.
［4］ 中国应急管理部. 应急管理部尚勇副部长（正部级）赴中国安全生产科学研究院调研应急管理信息化建设工作［J］. 中国安全生产科学技术，2018，14（6）：120.
［5］ 计雷，池宏，陈安，等. 突发事件应急管理［M］. 北京：高等教育出版社，2006.

浅析浙江缙云抽水蓄能电站工程筹建期安全管理典型问题

楼易承
（浙江缙云抽水蓄能有限公司，浙江省缙云县　321400）

【摘　要】缙云电站工程项目总投资高、工期长、点多面广，在施工过程中易发生安全生产事故，因此必须要加强安全管理工作，及时总结分析各项安全管理问题，形成痕迹化管控，避免典型问题一再发生。

【关键词】抽水蓄能电站　工程建设　安全管理　典型问题

1　浙江缙云抽水蓄能电站工程简介

（1）浙江缙云抽水蓄能电站工程项目位于浙江省丽水市缙云县境内，地处浙江中南部，靠近丽水、温州、台州电网负荷中心，紧靠浙江省内主要用电区，地理位置优越。电站为日调节纯抽水蓄能电站，装机容量1800MW，由6台单机容量为300MW的可逆式水轮发电机组组成，额定水头589m，由上水库、下水库、输水系统和地下厂房等建筑物组成。电站工程项目静态投资为837592万元，工程总投资为1038976万元，项目筹建期计划工期28个月，于2018年4月日开工，计划建设总工期78个月。电站建成后主要承担浙江电网调峰、填谷、调频、调相及事故备用等任务。

（2）目前施工形象进度（截至2020年5月）：①筹建期洞室及道路工程（Q1标）：通风兼安全洞完成洞身开挖支护1425m，占设计量95%；进厂交通洞完成洞身开挖支护1491m，占设计量78%；上下库连接公路隧道、下库改建公路隧道完成开挖支护已贯通；北坑口大桥1号墩、2号墩已浇筑完成，目前正在进行桥梁施工；②主体土建及金属结构安装工程（C1标）：上库临时生活营地施工区场平已全部完成；上库进出水口施工便道完成60m，混凝土拌和系统施工区表土清理完成，施工便道开挖完成；下库4号承包商营地场平已完成98%，截水沟混凝土浇筑完成，施工便道开挖、路面混凝土浇筑完成，办公楼基础垫层立模完成；下库2号承包商营地3～5号宿舍楼区域场平完成。

2　工程施工安全管理现状

（1）工程目前处于筹建期工程施工阶段，工程项目建设正在实施的主要内容包括筹建期洞室及道路工程、施工供电系统工程和业主营地工程等三个标段。缙云电站项目公司根据该项目现场安全管理的自身特点，积极督导各参建单位把安全生产工作放在首位，建立健全安全管理体系，大力推进安全文明施工标准化建设、努力打造安全文明施工标准化工地，确保各项安全管理措施落到实处，满足现阶段工程安全管理需要。

（2）目前工程安全管理状态可控、在控，伴随着工程项目建设进程的不断向前推进，参建各方下一步还需要在施工用电、安全文明施工、应急管理、消防安全、安全台账管理等方面进一步加强管理，加大对各类安全隐患的排查力度，确保工程现场施工安全。

3　施工安全管理存在的典型问题

（1）施工用电：①配电箱未张贴安全警示标志及电箱负责人相关信息，配电箱接地不规范或未接地，配电箱存在“一闸多接”现象；②用电设备接零保护未接到接地端子上；③电缆沿地敷设无安全防护措施，电缆浸泡在泥水中；④用插板代替开关箱。

（2）安全防护：①施工道路临边区域未设置安全围栏，防护围栏高度不足1.2m，临边防护未悬挂安全警示标志牌；②洞室内台车临空面未设置踢脚板；③使用钢管搭设的防护栏杆只设置两道横杆，安全护栏损坏；④边坡未采取支护措施，出现局部塌方。

（3）脚手架管理：①脚手架作业通道未设置踢脚板，垫板不符合规范要求，立杆未使用底座，无扫地杆，未悬挂验收使用牌，待用脚手管未分类摆放，未设置检验标识；②未建立脚手架安全管理台账，施工人员无架子工操作证上岗。

（4）消防安全：①消防安全管理资料未上报监理工程师审批备案；②灭火器直接放置地下，灭火器箱上锁，灭火器箱、灭火器损坏或失压；③监理未按规定频次开展消防安全检查。

（5）防汛管理：①未依据设计单位年度汛报告编制防汛预案，无防洪度汛专项安全检查记录，编制的防洪度汛应急抢险预案中，Ⅰ级响应、Ⅱ级响应、Ⅲ级响应无等级标准，缺少防汛值班机制；②河道边存在乱挖乱弃现象，河道内弃渣较多，影响行洪及下游安全；③河道上的跨溪临时通道，设置的排水涵管直径太小，不能满足泄洪要求；④防汛物资仓库存放杂乱。

（6）安全教育培训：①安全教育培训考试卷未分工种和专业，考试卷阅卷不认真；②安全教育培训无内容记录，未建立安全教育培训台账；③年度安全教育培训计划内容简单，且未按照年度计划开展安全教育培训；④农民工安全专项培训未提供书面监督检查记录。

（7）应急管理：①部分应急预案未编制，未进行预案评审且未开展桌面推演，预案无预案编号和版本号；对项目风险分析不全面、不准确，所编制的应急预案针对性较差；未编制应急处置卡；②无《应急管理制度》记录；③台风过境期间，监理未发布一级响应的停工和复工指令，灾后未回复所采取的措施方案、开展专题会议、灾后总结和评估结论报告。

（8）交通安全：①场内道路路面有掉落石子，路面不平整，多处道路高落差，防护设施不足，部分栏杆、交通安全设施（爆闪灯、防护栏）损坏，会车路口无警示标志牌；②车辆驾驶员台账、培训资料不全。

（9）火工品、危化品管理：①氧气、乙炔瓶存放安全距离不够，乙炔瓶压力表损坏；②同一库房内混放柴油和氧气、乙炔等易燃易爆物品；③场内火工品运输车辆经地方公安机关同意使用，但未取得机动车行驶证，车箱未落实双人双锁管理要求，现场爆破设计所需火工品用量与现场监理记录实际使用量存在偏差。

（10）安全台账管理：①安全生产责任书内容不全面、针对性不强，安全目标未逐级细化分解，仅有安全职责，无安全管理目标、保证措施等内容，未制定考核办法，未明确责任书有效时间；②安全技术交底只进行了作业层班组骨干向全体作业人员交底，未执行两级安全技术交底；存在代签现象；签到表中交底时间、交底人、交底地点、工程项目名称未填写；③安委会纪要内容简单，且不具有可操作性，无上季度安全工作计划的落实情况，无下季度现场重点工作的部署情况；④特种作业人员、设备台账未及时更新，人员资质到期后未及时进行复审，设备档案管理混乱，未做到一设备一档案；⑤监理单位未编制安全监理规划、安全监理实施细则、危大工程监理细则。

（11）职业健康管理：①施工人员未佩戴防尘口罩、防噪耳塞、反光背心，作业面未设置粉尘、噪声职业危害告知牌，未将洞内粉尘、噪声检测结果进行公示；②未建立职业健康监护档案，未组织相关人员进行职业健康体检。

4 工程施工安全管理建议及措施

在电站工程建设中，安全管理十分重要，“安全生产，预防为主，综合治理”的安全方针，不但是确保企业良好发展的基础，更是关乎企业生死存亡的重大问题。因此，各级人员必须高度重视，积极组织分析目前施工区域的安全形势、问题短板，强化各类安全管控措施。

（1）施工用电：①按照新源公司安全设施标准化要求张贴统一格式和内容的安全警示标志，并重新按照规范要求设置接地装置；②电动机、变压器、电器、照明工具、手持电动工具的金属外壳应做保护接零；③将电缆设置安全防护措施，架空敷设并悬挂安全警示标志；④严禁使用插板代替开关箱，拆除违规搭接的电器电源，确保“一机一闸一漏保”，要求专业电工每天进行用电安全检查并做好检查记录。

（2）安全防护：①施工现场的井、洞、坑、沟、口等危险处应设置明显的警示标志，并应采取加盖板或设置围栏等防护措施；道路临空边缘应设有警示标志、安全墩、挡墙等安全防护设施；临边防护围栏高度应大于1.2m；②对各洞室施工台车上安全防护围栏下部踢脚板损坏部位进行更换或修复，确保台车上无掉物伤人或砸物；③对防护栏杆设置上、中、下三道横杆，并对损坏的护栏及时修复或更换；④全面排查施工现场临边防护设施安全问题，及时跟进支护措施。

（3）脚手架管理：①施工单位要严格按照规范及搭设方案进行脚手架施工，监理单位严格对脚手架进行验收，监理、施工单位严格执行日常使用检查制度；②建立脚手架管理台账，及时对现场所有脚手架进行统计，将脚手架搭设、验收、使用情况及检查情况等建立管理台账，实行动态管理，严格落实脚手架搭设人员持证上岗。

（4）消防安全：①将消防安全管理资料上报监理审批备案，督促施工单位加强施工现场的消防安全管理；②将灭火器规范放置，消防展示柜严禁上锁，由专人加强消防器材管理，并做好日常消防安全检查工作，保存检查记录，及时更换损坏的消防器材；③应至少每月进行一次消防检查。

（5）防汛管理：①根据设计单位年度汛报告修订防汛预案，适时开展防汛应急演练，补充完善防洪度汛专项安全检查记录，修订防洪度汛应急抢险预案中应急响应等级标准，补充完善防汛值班机制；②严禁向河道弃渣，清理河道内现有的弃渣；③增大排水涵管过水断面，加大下泄洪量；④整理防汛物资仓库，规范整齐存放防汛物资。

（6）安全教育培训：①对施工作业人员进场安全教育培训分工种和专业进行考试，要求作业人员认真阅卷；②进一步完善安全教育培训资料的规范化和有效性；③按照年度安全教育培训计划及实际需要编制本单位安全教育培训计划，并开展相应培训工作，确保不漏项、缺项；④定期（每季度）开展对施工单位农民工安全专项培训检查，并形成检查通报正式文件下发。

（7）应急管理：①应全面识别本项目安全风险，针对可能发生的重大事故（如脚手架、模板、基坑坍塌、塔机倾覆等可能造成群死群伤的事故），依据编制导则编制专项应急预案；②尽快编制《应急管理制度》，并下发执行；③应完善灾后复工检查、总结和评估结论报告等工作。

（8）交通安全：①加强防护设施，修补损坏的栏杆、交通安全设施（爆闪灯、防护栏），及时清理路面，修补不平整路面，路口增设警示标志牌；②进一步细化、健全车辆驾驶员台账及培训资料，有变动需及时报交警大队备案。

（9）火工品、危化品管理：①氧气、乙炔瓶存放安全距离保持5m以上，及时更换损坏的压力表；②清除临时存放的柴油，设置专用油库，严禁氧气、乙炔、油料同库存放，氧气、乙炔瓶存放保持安全距离；③每次爆破的技术设计均应经监理机构签认后，再组织实施；爆破工作的组织实施应与监理签认的爆破技术设计相一致；对现场火工品运输车辆办理机动车行驶证或租用手续齐全的火工品运输车，对运输车辆实施双人双锁管理；爆破安全监理应进一步梳理爆破管理流程，加强施工单位的火工品运输、领用、现场使用、退库等过程监督检查，保证账物一致。

（10）安全台账管理：①逐级细化分解安全目标，补充完善安全责任书相关内容，制定并严格按照考核管理制度对各职能部门、员工及进行考核，并以正式文件下发；②严格按照要求进行安全技术交底，杜绝代签现象，完善签到表内容；③完善安委会召开内容，纪要中应明确相应的具体内容，应有可操作性；④及时更新完善特种作业人员、设备台账及档案；⑤严格按照新源公司安全设施标准化建设手册编制安全监理实施细则、危大工程监理细则。

（11）职业健康管理：①加强对农民工职业健康安全宣传教育工作，现场带班人员要教育施工人员正确使用劳保防护用品，每天当班并做好检查，各作业面按照规范要求完善现场职业危害告知和检测公示工作；②项目单位要组织监理单位进一步规范各参建单位的职业健康管理，组织相关现场作业人员参加职业健康体检，建立职业健康监护档案。

5 结语

安全管理是工程建设的关键，由于缙云电站工程工期长、规模大、难度高，缙云电站项目公司要求各参建单位认真梳理各类安全典型问题，建立安全管理长效机制，把握新的管理模式与管理方法，积极探索超前风险管控手段，主动防范可能发生的安全风险，提前谋划管理手段与应对措施，消除安全隐患，突出工程安全管理亮点，全力推进工程安全、和谐发展。通过参建各方的共同努力，工程开工至今，缙云电站工程未发生人身伤亡事故，实现既定的安全生产目标。

参考文献

[1] 李昌梅. 水利工程施工质量安全管理与控制研究 [J]. 中国标准化，2019 (4)：145-146.
[2] 金鑫. 水利工程施工管理中的质量和安全控制分析 [J]. 科技创新与应用，2015 (3)：139.

长距离、大深度水电站水下多控制模式巡检机器人的研究与应用

巩　宇　曾广移　王文辉
（1. 南方电网调峰调频发电公司，广东省广州市　510650）

【摘　要】 为解决大型水电站水库、大坝及引水隧洞有水检测困难的问题，本文面向水电厂的封闭隧洞应用环境提出了具有 ROV、ARV、AUV 三种工作模式及多模式切换的水下巡检机器人的总体技术架构，实现了水下巡检机器人长距离、大深度复杂隧洞、大坝坝前环境下安全、稳定、可靠检测。同时，该机器人系统具备自动解困、自主返航等智能化安全保障功能，实现了 1000m 水深、2000m 工作距离的封闭隧洞水下安全检测。经过南方电网多座电站的工程应用，达到了预期的效果，杜绝了隧洞排水人工检测的人身安全和隧洞结构受损风险，大大提高了检测效率，具有良好的效益，填补了国内水电站水下检测技术的空白。

【关键词】 水下机器人　水电站巡检　自主返航　水声定位　定距航行　智能巡航

1　引言

水电站水工建筑物，包括大坝、引水隧洞、水库建筑设施等，是水电站机组安全、经济运行的基础。随着现代电网对电站可靠性要求的提高，水工建筑物的状态监测也越来越重要，需要采取有效手段和方法定期进行检测，确保及早发现问题，解决问题。一直以来，对水电站及抽水蓄能电站的长距离、高水头引水隧洞的检测通常采用定期排水人工进入检测的方式进行，这种方式有以下几方面制约[1-3]。

1.1　风险高

长距离、高水头水道充排水由于内外压差的关系对水工设施会产生不利影响；同时由于隧洞内环境恶劣，人员进入封闭隧洞检查也存在极高的人身风险。

1.2　效率低

进行水道排水检测，需要全电站机组停运，前后一般需要近 1 个月的时间，造成较大的经济损失，同时也对系统造成影响；而且隧洞中会有很多地方依靠人力无法到达，无法做到全覆盖检测，如抽水蓄能电站隧洞中的斜管段、高落差的垂管段等。

1.3　数据质量低

人工采集的数据量格式化程度低，数据量少，数据清洗困难，不利于图像识别、大数据分析等新技术的应用[3]。

基于以上的原因，水电站引水隧洞检测一般很多年才进行一次，对水道的安全隐患和缺陷无法及时掌握和分析，不利于水电站的安全稳定运行。近年来，开阔水域（如海洋环境）的水下机器人应用取得了很大的进步，水电行业也逐渐开始试用水下机器人进行水道不排水检测，但经过使用后发现，开阔水域使用的水下机器人并不适合水电站使用，主要有以下原因：

（1）体积要求。水电站封闭隧洞许多地方对机器人的体积有要求，而开阔水域对体积的要求不大，动力达到要求的海洋环境机器人体积一般无法满足水电站的需求。

（2）工作距离和深度要求。水电厂封闭隧洞较长，一般有 10km 以上，且入水点有限，所以要求机器人工作距离长，开阔水域入水点多，机器人工作距离一般不长。

工作深度大，水电站水头落差大，特别是抽水蓄能电站的引水隧洞落差一般都在 500m 以上。

以上两点就要求水电站水下机器人要在体积有限、动力有限的基础上具备能带动长距离脐带缆的设计。

（3）封闭复杂隧洞水下定位，开阔水域可以采取多种模式，而封闭复杂隧洞很多技术无法使用。

（4）可靠性要求高，水电站使用的机器人可靠性要求比开阔水域高，开阔水域机器人出现故障可采用拖拽、直接上浮等方式打捞，而在水电站封闭隧洞中打捞非常困难，所以需要机器人具备多种开阔水域机器人没有的自主解困等控制功能[4]。

由于以上这些制约，水电站长隧洞、高水头的水下检测机器人研究应用在国内外均处于起步阶段。为了解决水电站水道检测的问题，本文介绍了南方电网调峰调频公司和中船重工750试验场合作研发的一套应用于长距离、高水头的水下检测机器人，该机器人系统具备ROV、ARV和AUV三种控制模式，可由水面控制器操控，同时具备自主解困，智能控制寻路返航等功能，可用于低流速条件下检测水电站大坝坝面（水下部分）、输水管道、进出水口闸门等水工建筑物和水工设备运行状况。

该机器人系统研制及调试完成后，在南方电网海南抽水蓄能电厂、天生桥二级水力发电厂、广州抽水蓄能电厂及锦屏水电厂等电站进行了现场应用，完成了以上电厂输水隧洞的检测任务，各项性能指标均满足要求，该机器人系统填补了行业空白，为水电站水下机器人应用奠定了基础。

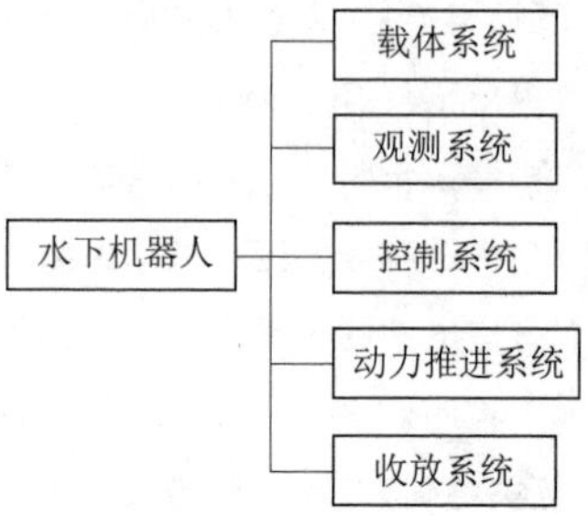

水下机器人
载体系统
观测系统
控制系统
动力推进系统
收放系统

图1 水下机器人系统组成框图

2 机器人系统组成

水下机器人系统主要由载体系统（水下航行器）、观测系统、控制系统、动力推进系统、收放系统组成（见图1和图2），为解决机器人现场适应性问题[5-6]，系统配套设备齐全且自动化程度高，对现场配套条件要求不高。

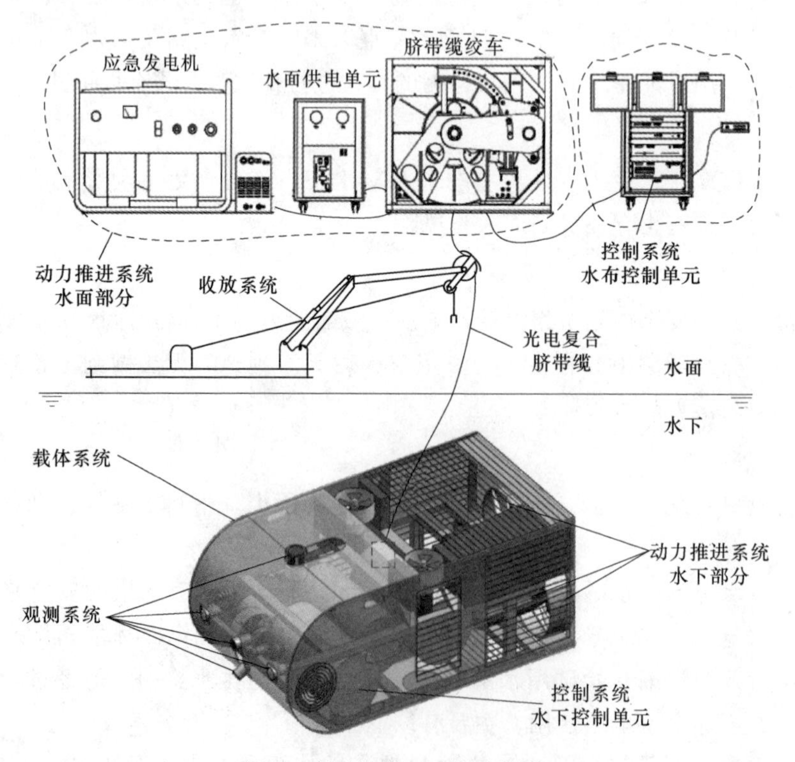

图2 水下机器人系统示意图

2.1 载体系统

载体系统是水下机器人系统所有水下设备的安装布置基础，为观测系统、控制系统、动力推进系统提供机电接口和大深度耐压工作空间。载体系统包含主体框架、脐带缆连接与脱缆机构及耐压舱体，

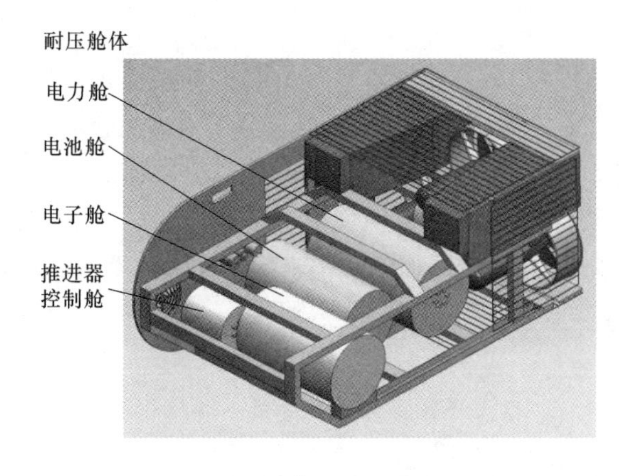

图 3　载体系统示意图

见图 3。

载体系统为各分系统水下设备提供安装基础，根据电池舱、电力舱、电子舱、推进器控制舱的尺寸、重量及体积，这几类设备占用较大的安装空间，而且重量较重，设计时将电池舱、电力舱、电子舱、推进器控制舱通过底座布置安装在主体框架底层，起到了使水下机器人的重心下降的目的，保证水下机器人的稳定性。在保证各分系统水下设备的安装位置情况下，将浮力材料浮体设计在水下机器人的顶部，使水下机器人浮心位置与重心位置增大，保证水下机器人静态时姿态的稳定性。

2.2　观测系统

观测系统主要由水面、水下单元两个单元组成，水面单元包含多路高清录像机、彩色图像声呐主机、引导声源、显示器组等，水下单元包含水下摄像机组、水下照明灯组、声呐组、绝缘检测器、主备电源切换器、直流变换器、继电器组等。观测系统主要对机器人观测对象进行声学、光学检测，同时为机器人控制系统提供水下定位和障碍物测距等功能，主要设备功能如下：

(1) 光学观测：水下摄像机组包含 6 台 HD 水下摄像机＋6 台 LED 水下照明灯，完成水下光学检测功能。如对大坝水下部分、输水管道等水下建筑物进行全方位连续摄像和摄影，具备上前、下前、左、右、上、下六个方向拍摄方向；具备根据水下影像及参照物测量所拍摄物体的简单尺寸的功能，能测量水下管道壁面裂缝及水中目标的长度、宽度，相对位置，能探测河床断面，便于水库重新校核。

(2) 声学观测：1 套彩色图像声呐，可对 ROV 前方水下 100m 范围内的凸起目标进行声学扫描探测，并可测量目标方位、距离、大概尺寸。

(3) 水下定位：1 套导引声呐，通过水面放置的引导声源能判断出 ROV 所在的大概方位，完成水下声学定位功能。

(4) 水下测距及避碰：6 套测距声呐和 1 套声呐同步控制器，能探测 ROV 各个方向相对水中障碍物（如水道管壁）的距离，为系统避碰控制、自动定高控制提供依据。图像声呐显示画面如图 4 所示。

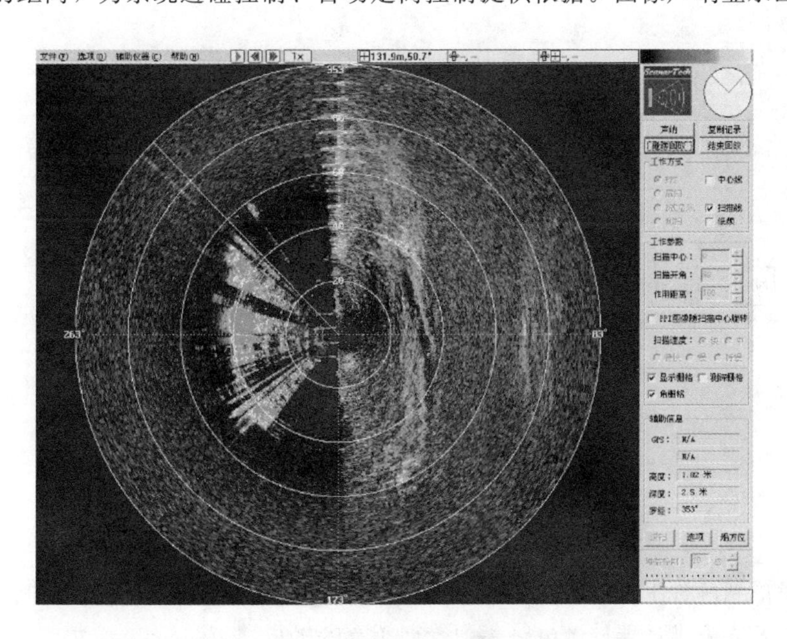

图 4　图像声呐显示画面

2.3 控制系统

控制系统是机器人系统的核心，世界各国对机器人控制进行了大量的研究[7-12]。控制系统由水面控制单元和水下控制单元两个部分组成，如图5所示。其中，水面控制单元包括主控计算机、水面综合业务光端机、彩色图像声呐控制器等设备；水下控制单元由水下综合业务光端机、控制计算机、航向航姿测量单元及深度传感器组成。水面控制单元和水下控制单元二者之间采用以太网通信。水面控制单元负责读取命令，显示保存状态；水下控制单元运行主要的控制策略，包括基础运动控制，状态数据读取算法，自主返航控制，命令读取，容错处理等。

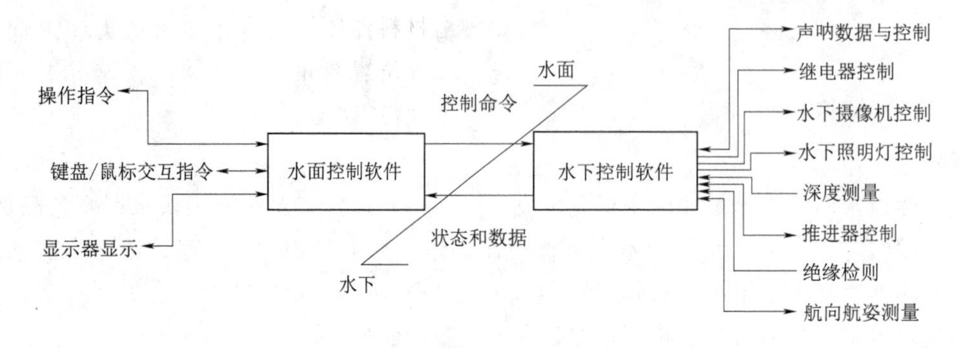

图5 控制系统示意图

控制系统主要功能如下：

(1) 接收水面操作员指令，对水下机器人在水下作业时进行运动控制，包括自由运动，定向运动，定深/定高/定距运动、实时显示水下机器人当前的运动状态并实时进行水下姿态稳定控制。

(2) 控制各种搭载设备按照指令进行工作。

(3) 在出现异常时，如脐带缆断裂或被缠绕时，启动解困功能，手动/自动控制水下机器人返航。

2.4 动力推进系统

动力推进系统由水面部分和水下部分组成，为水下机器人系统提供电源供应，实现从水面到水下的长距离供电，在断缆后提供应急供电，并根据控制系统的要求实现各个方向推进力的输出。动力推进系统组成如图6所示。

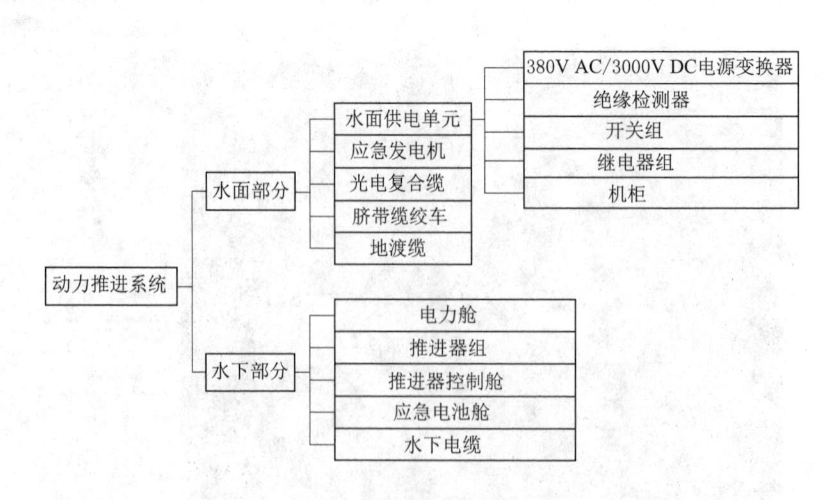

图6 动力推进系统框图

动力推进系统考虑到两种工作模式，供电方式设计有水面供电和电池供电两种。推进器控制设计为集中统一管理控制方式，由推进器控制电路集中管理所有的推进器。

(1) 正常工作模式：由水面供电，供电单元内部的380V AC/3000V DC电源变换器将电源电压变换成所需的 3000V DC 高压，经 2000m 水下脐带缆送至 ROV 载体内的充油均压式脐带缆接线箱，在此进行光电分离，光纤送至光纤存储器供其他设备使用，3000V DC 电力线送至电力舱，电力舱内的 3000V DC/250V DC 电源变换器将电源电压转换成所需的直流 250V 电压，后经过主备电源切换器送到推进器控制舱和电子舱，同时送到电池舱为电池充电。

（2）水面失电工作模式：当系统检测到水面供电单元失电及通信中断，主备电源切换器自动切换供电电源，使用电池舱提供的 240V DC 为整个水下机器人系统供电，应急电池舱内 74V DC 电池组向 74V DC/240V DC 电源变换器供电，为整个系统提供备用电源。使得水下机器人在该模式下具备自主返航的动力。

2.5 收放系统

收放系统用于起吊、释放和回收水下机器人载体及光电复合脐带缆。水下机器人载体从地面吊放到达水面的方式，采用电动绞车、钢缆及起吊挂钩器来实现；脐带缆绞车存放脐带缆，并实现水下机器人前进或后退时收放脐带缆。

3 机器人系统技术指标

该机器人系统主要技术指标见表 1。

表 1 水下机器人主要技术指标

指标名称	指　标　值	指标名称	指　标　值
工作距离	2000m	ROV 主体尺寸	长 1500mm、宽 800mm、高 600mm
工作深度	1000m	ROV 主体重量	300kg
系统用电	220V AC/380V AC	收放系统臂展	3m
航速	纵向 3 节、横向 2 节、垂向 2 节		

该机器人系统工作距离和工作深度能够全面覆盖南方电网所辖的各抽水蓄能电站引水隧洞全程，满足现场有水检测的最大距离需求。

3.1 机器人系统水中稳定性计算

当载体系统上安装好动力推进系统、控制系统、观测系统的所有水下设备后，要求水下机器人具有较好的稳性及浮性。

水下机器人浮性是水下机器人在一定的装载情况下，能长时间浮于水面或浸没于水中保持平衡的能力。为最大化减小水下机器人因姿态和深度调整需要消耗动力，以水下机器人在脱缆并停止动作后，能长时间以接近零浮力（15N±5N 正浮力范围）浸没于水中并保持正浮姿态，横倾范围为±3°，俯仰范围为 5°±1°作为浮性设计的目标。

水下机器人稳性是水下机器人在外力或自身动力作用下，发生倾斜而不致倾覆的能力，当外力或自身动力的作用消失后，仍能回复到原来平衡位置的能力。水下机器人的稳性采用稳心高（在垂直方向上浮心高于重心的数值）来衡量，为充分保证水下机器人的稳性，实现稳定有效观察的实际需求，设计中以水下机器人主体的稳心高不小于 40mm 作为水下机器人稳性设计的目标。

当 ROV 浸没于水中时，作用在水下机器人上的力，有水下机器人所有水下组件本身的重力以及容器及浮力材料在水下所形成的浮力。作用在水下机器人上的重力是由水下机器人本身各部分的重量所组成，所有重力的作用点 G 称为水下机器人的重心。作用于水下机器人上所有容积的静水浮力所形成的合力，即为浮力，合力的作用点 B 称为水下机器人的浮心。

ROV 总重量是各项重量的总和，若已知各个项目的重量 W_i，则 ROV 总重量 W 可按式（1）求得

$$W = W_1 + W_2 + W_3 + \cdots + W_n = \sum_{i=1}^{n} W_i \tag{1}$$

式中　n——组成 ROV 总重量的各个重量项目的数目。

若已知各项重量 W_i 的重心位置（坐标值为 x_i、y_i、z_i），则 ROV 的重心位置（x_G、y_G、z_G）可按式（2）求得

$$\left.\begin{aligned} x_G &= \frac{\sum_{i=1}^{n} W_i x_i}{\sum_{i=1}^{n} W_i} \\ y_G &= \frac{\sum_{i=1}^{n} W_i y_i}{\sum_{i=1}^{n} W_i} \\ z_G &= \frac{\sum_{i=1}^{n} W_i z_i}{\sum_{i=1}^{n} W_i} \end{aligned}\right\} \tag{2}$$

ROV 总浮力是各项浮力的总和，若已知各个项目的排水体积 V_i，则 ROV 总浮力 F 可按式（3）求得

$$F = F_1 + F_2 + F_3 + \cdots + F_n = \rho g V_1 + \rho g V_2 + \rho g V_3 + \cdots + \rho g V_n = \rho g \sum_{i=1}^{n} V_i \tag{3}$$

式中 n——组成 ROV 总浮力的各个体积项目的数目。

若已知各项体积 V_i 的浮心位置（坐标值为 x_i、y_i、z_i），则 ROV 的浮心位置（x_B、y_B、z_B）可按式（4）求得

$$\left.\begin{aligned} x_B &= \frac{\sum_{i=1}^{n} V_i x_i}{\sum_{i=1}^{n} V_i} \\ y_B &= \frac{\sum_{i=1}^{n} V_i y_i}{\sum_{i=1}^{n} V_i} \\ z_B &= \frac{\sum_{i=1}^{n} V_i z_i}{\sum_{i=1}^{n} V_i} \end{aligned}\right\} \tag{4}$$

将各部门数据录入后，根据的计算结果得知，水下机器人载体系统将拥有约 75.5N 的正浮力，而由于水下机器人载体系统设计为 30N±5N 正浮力该项剩余正浮力可通过安装配重块来抵消。

为了避免水下机器人产生静态横倾角，在设计过程中，各项设备的布置左右对称，要求保持其重心位于中纵剖面上，遵循这个设计原则，成对的设备以水下机器人几何中心对称安装，单项设备选择重量相近的设备尽量配对对称安装，对于部分安装位置受限的设备，可能造成难于避免的横倾角，实际中，通过配重块的重量和位置的调整，实现了静止状态下横倾角满足±3°范围的要求。

3.2 光电复合脐带缆

脐带缆采用光电复合缆，内置高强度纤维，外包绝缘抗磨复合材料的专用定制深水光电复合缆，用于水下机器人与水面控制单元之间传输数据和电力。采用零浮力设计，以减轻水下机器人在水中的拉力。

根据广蓄、惠蓄电厂实际情况，两电厂的引水隧道从上游闸门井起至引水支管前止，其长度广蓄接近 2000m、惠蓄超过 2000m，水下机器人将采取分段作业的方式，从上游闸门井入水到上游调压井为一

段，上游调压井到引水支管前为另一段，这样每一段航程在1000m左右。

脐带缆长2000m，水下机器人主体内置线导光纤长度2000m，总共工作缆长达到4000m。脐带缆选用零浮力设计，以减小在水中的重量，进而减小其与输水管道壁面的摩擦力，降低对主推进器功率的需求。

脐带电缆由5根0.5mm^{2}电源线、两根单模光纤、低密度弹性体内护套、凯夫拉抗拉件编织以及低密度弹性外护套组成。其中4根0.5mm^{2}电源线每两根为一组用于高压电力传输，一根用作地线，保证系统从水面到水下的接地连续性。两根单模光纤使用一根、备用一根。

4 机器人系统主要功能

4.1 多种控制模式

为应对水电站水下巡检的特殊环境，该机器人系统具备ROV、ARV、AUV三种控制模式，在遇到不同水下状况时可远程或自动切换控制模式，保证水下机器人安全可靠工作和返航[13-16]。

（1）ROV模式。ROV模式即带缆远程操控模式（见图7)。操作人员通过控制系统的水面控制单元对整个水下机器人系统的功能进行控制，并通过水面控制单元对作业情况及设备工作情况进行观察和记录，完成水下检测作业任务。

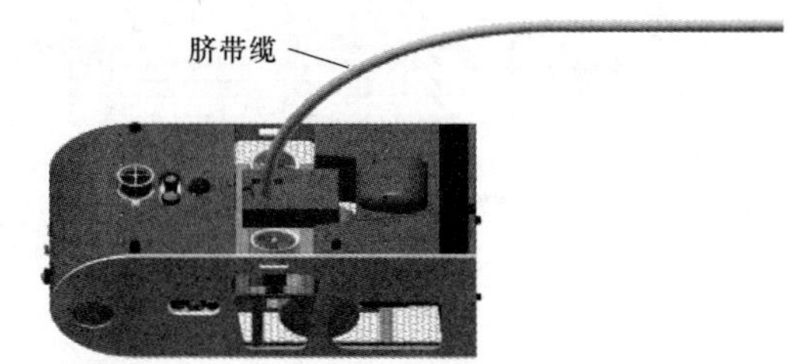

图7 ROV模式示意图

（2）ARV模式。ARV模式即脱缆光纤控制模式（见图8)。在脐带缆被缠绕后可以由控制系统控制脐带缆自动解脱，接线箱释放，水下机器人通过自带电池供电，水面控制单元通过接线箱中预留的2km光纤，控制水下机器人继续进行作业或返航。

（3）AUV模式。AUV模式即自主航行模式（见图9)。在通信和供电连接同时中断的情况下，意味着水下机器人失去与水面控制台的一切连接。此时，将自动切换到自主航行模式，自动切断脐带缆，通过自带电池供电，启动自动寻路控制算法，自主返航。

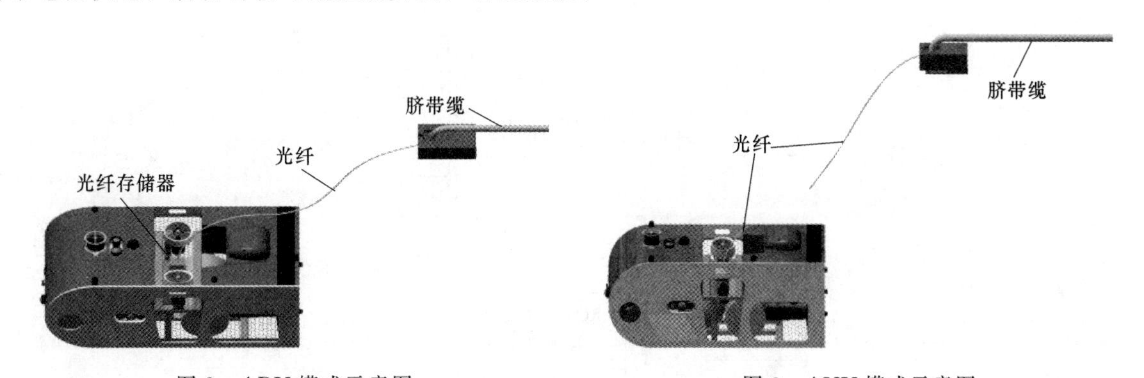

图8 ARV模式示意图　　图9 AUV模式示意图

4.2 自主返航控制功能

水下机器人自主返航算法有一定的研究，但大多用于海洋环境，封闭隧洞应用较少[17-20]。本文介绍的水下机器人启动AUV模式后，将基于测距声呐，超短基线声呐、矢量声呐组成的导引声呐判断所在环境及导引声源方位，启动智能寻路导航控制，自主控制返航。自主返航控制算法框图如图10所示。

主要分为四个步骤：

（1）根据脐带缆供电和光纤通信情况判断是否启动自主返航。

（2）进入解脱程序，控制脱缆设备自动解脱脐带缆和光纤。

（3）根据各声呐探测的数据，判断机器人所处的环境，如处于开阔水域或是封闭隧洞环境。

（4）根据对应的环境自动选用不同的返航寻路算法，控制机器人返回声源处。

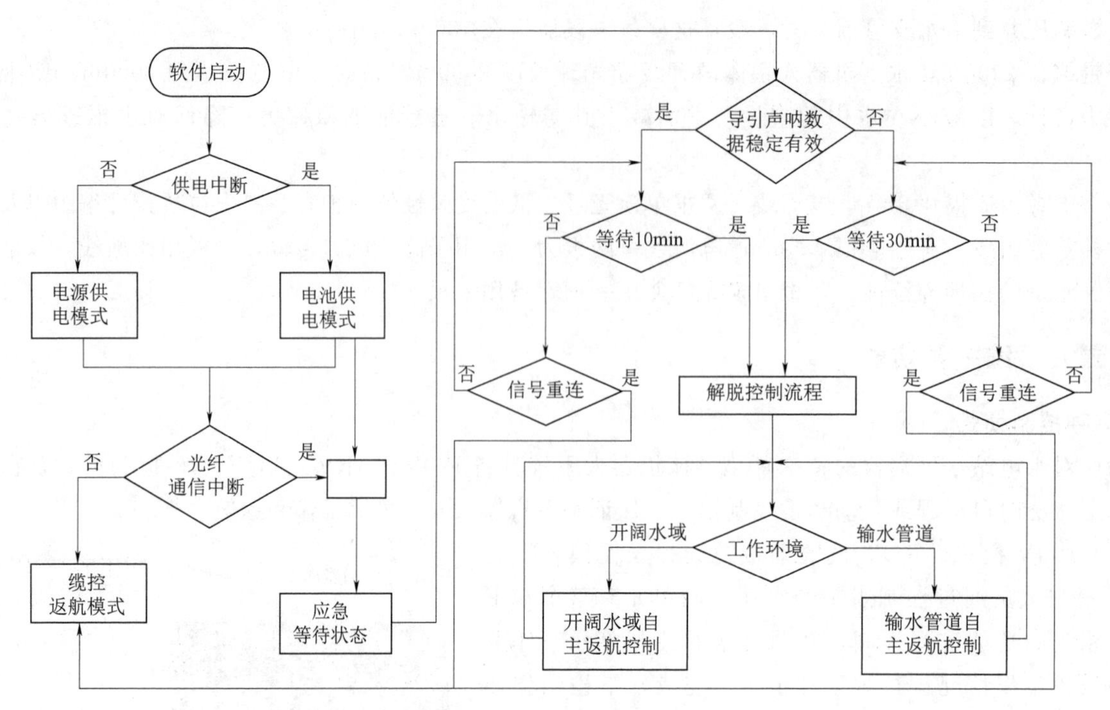

图 10　自主返航控制算法框图

自主返航控制回路采用自适应控制结构。建立水下机器人运动模型、工作环境地理模型及深度距离匹配模型，形成联合参考模型，通过航向航姿测量单元、深度传感器、测距声呐、导引声呐监测水下机器人的运动状态变化，对联合参考模型输出与水下机器人运动状态变化结果进行对比，将两者间的误差送到自适应控制器，由自适应控制器来调整基础控制回路的控制参数，实现自主返航控制功能，同时为了提高水下机器人运行的可靠性和安全性，进行了故障诊断与容错控制设计。自主返航控制算法如图 11 所示。

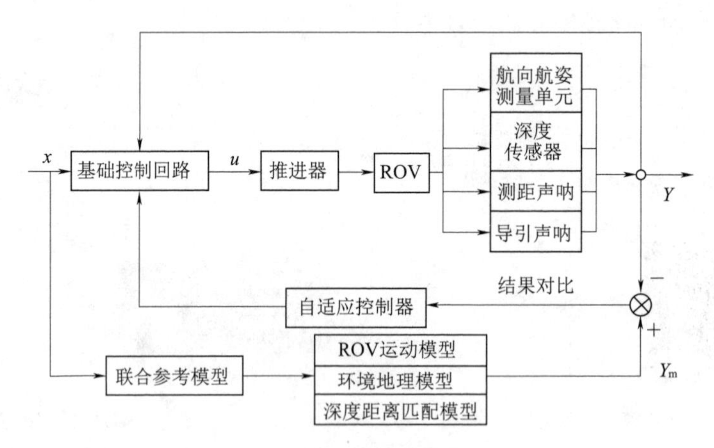

图 11　自主返航控制算法

4.3　声学水下定位功能

使用水下机器人所带超短基线声呐、矢量声呐及水面声源组合实现水下机器人水下，包括非直线隧洞等封闭环境内的相对位置定位。入水点放置声源信号，机器人载体上搭载信号接收机。实时进行水声信号通信，计算机器人离导引声源的距离和方向，如图 12 所示。该定位算法经过工程实践检验，定位误差满足使用需求，误差远小于开阔水域的惯导定位技术，解决了封闭隧洞定位困难的问题。

4.4　智能巡航控制算

该机器人系统具备智能巡航控制功能及故障自诊断功能[21]，采用测距声呐、罗盘、深度传感器等检测手段，开发了自适应控制系统，满足水电站检测各种需求，实现六向避碰、360°定向航行、定深、定高、定距遥控航行、定向、定距后自动巡航控制。

（1）定深巡航：自动控制机器人保持一定的深度进行航行。

（2）定距巡航：自动控制机器人保持距离左、右障碍物一定的距离进行航行。

（3）定高巡航：自动控制机器人保持距离上、下障碍物一定的距离进行航行。

（4）定向巡航：自动控制机器人保持一定的航向进行航行。

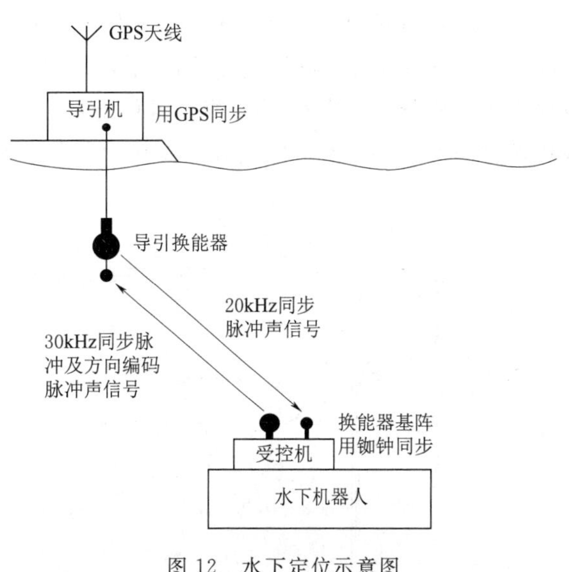

图 12 水下定位示意图

水下机器人的各种定距控制回路在结构上基本相同，区别在所参考的传感器有所不同，如自动定深参考的是深度传感器，自动定高参考的是测距声呐，均采用自适应 PID 控制完成控制功能，以自动定深控制回路为例说明。如图 13 所示，D_0 为输入的固定深度值，以实测水深为反馈，通过 PID 计算后得出保持该深度需要的推进器控制策略 u，通过实时控制推进器出力完成机器人的定深巡航。

4.5 水下目标尺寸测量

水下机器人在电厂的实际使用过程中，对目标的尺度进行大致测量是一个使用需求，如裂纹长度宽度的大致尺寸、异物的尺度等。该机器人可通过测距声呐和水下摄像机的观测数据相结合进行联合判读来估算目标的大致尺寸。测距声呐能测出水下机器人主体与目标的大致距离，水下摄像机能获得目标的图像，而水下摄像机在水中的开角已知，利用成像原理估算出目标的大致尺度。水下目标尺寸测量如图 14 所示。

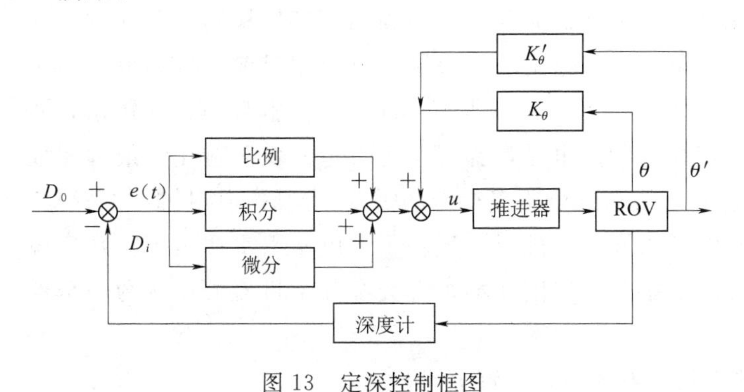

图 13 定深控制框图

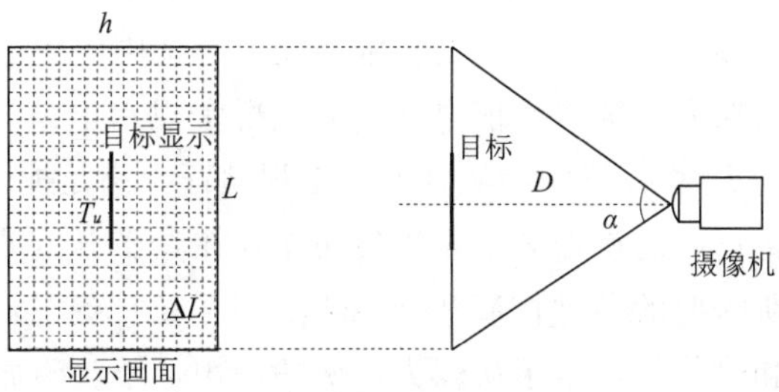

图 14 水下目标尺寸测量示意图

5 工程应用

该机器人系统研发完成后，进行了多次的工程应用。应用效果完全达到预期目标，满足现场的巡检需求。

（1）海南琼中抽水蓄能电站尾水隧洞检测。该次检测工作主要在海蓄尾水隧洞处开展，从下库拦污栅进入往机组方向行进，通过声呐成像和光学观测对闸门槽清洁情况，隧洞洞壁情况、底部异物情况等进行检查，直到机组尾闸处，隧洞检查距离约 1300m。

（2）天生桥二级水电站引水隧洞检测（见图 15）。该机器人系统顺利完成天生桥二级水电站引水隧洞及压力钢管检测，实现了建厂近 30 年来一直无法检测的垂直压力钢管段检测。此次检测工作在 1 号引水单元内开展实施，分别对调压井下游压力钢管和上游引水隧洞进行了检测。通过声呐成像和光学观测对重点部位进行了检测。并在上游距阻抗孔约 1900m 处使用自主返航功能。机器人载体在没任何水面控制信号的情况下，完成了 1900m 的自主返航，成功回到了入水点。

（3）广州蓄能水电厂 A、B 厂上游引水隧洞检测（见图 16）。完成了广蓄 A、B 厂上游引水隧洞检测，对洞内防淡水壳菜涂层状况及生物附着情况进行了全面检查，为下一步隧洞防护工作安排提供了可靠的数据支撑。检测过程中水下机器人运行稳定，工作过程风险可控，声呐探测成像与隧洞结构完全相同，视频检测画面清晰，洞内检测效果良好、完全达到检测需求。

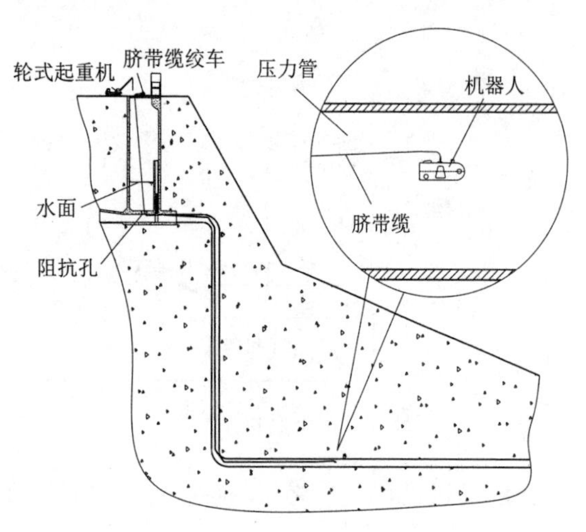

图 15 天生桥二级水电站水道检测作业示意图

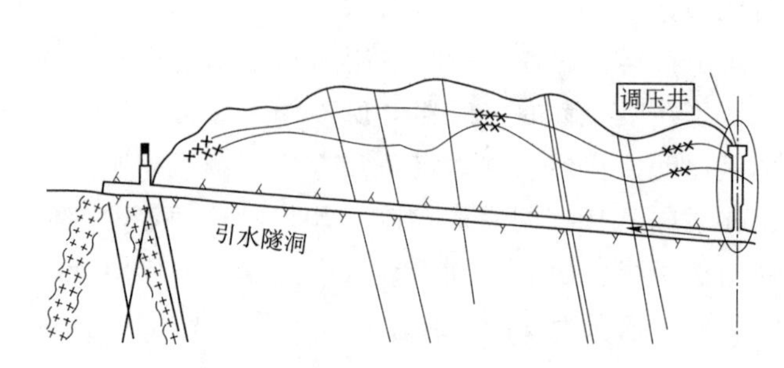

图 16 广蓄电站水道检测作业示意图

6 结语

目前，我国共有水库大坝及大中型水电厂约 1000 余座，在防洪、灌溉、发电、调峰调频等方面发挥着巨大的作用。大坝的安全运行状况不仅与水电厂自身经济利益有关，同时与国家和人民财产乃至社会稳定密切相关。因此，定期对坝体等水工建筑物的安全检测显得尤为重要[6-8]。

目前从世界各国的研究成果来看，主要是针对开阔水域如海洋、江河湖泊等环境检测作业的机器人研究，针对于水电厂输水隧洞，特别是长距离、高深度输水隧洞的巡检机器人应用目前在世界范围内也不多，与国内外同类技术相比，本文中的机器人系统可实现 1000m 水深、2000m 隧洞环境作业需求，并已在海南抽水蓄能电站、天生桥常规水电站、广蓄抽水蓄能电站、锦屏水力发电站实际应用，最远完成了 2000m 隧洞检测，通过工程验证，满足抽水蓄能电站水道全覆盖检测的需要。同时，该机器人系统具备良好的操作和数据采集功能，在具备开阔水域作业功能的基础上，配备了水电站引水隧洞等特殊环境所需要的各种控制和观测功能，并且具备电站所需要的自主解困功能，大大提高了机器人作业的安全性和可靠性。水下机器人系统的使用，效益明显：

（1）能够大大缩短电站水道的检测周期，确保及早发现问题，解决问题。

（2）每次隧洞检测作业的时间从以前排水人工检测的半个月缩短至 1～2d，大大缩短电站停运的时间。

（3）大大降低了水道状态数据的采集难度，能够检测许多即使隧洞排空也无法人工检测的部位，为水电站水工设施全生命周期管理和状态分析提供了数据基础。

参考文献

[1] 徐良玉，赖江波，邓亚新，等. 水下机器人在某水电厂尾水闸门门槽检测中的应用 [J]. 黑龙江科学，2018，9（24）：88-89.

[2] 李永龙，王皓冉，张华. 水下机器人在水利水电工程检测中的应用现状及发展趋势 [J]. 中国水利水电科学研究院学报，2018，6（6）：586-590.

[3] 谭界雄，田金章，王秘学. 水下机器人技术现状及在水利行业的应用前景 [J]. 中国水利，2018（12）：33-36.

[4] A Yu Konoplin，N Yu Konoplin，V F Filaretov. Development of Intellectual Support System for ROV Operators [J]. IOPConference Series：Earth and Environmental Science，2019，272（3）.

[5] Pham Van Tuan, A. G. Shpektorov. Software and Hardware Complex for the Management of Small - sized Underwater Vehicle [J]. Procedia Computer Science, 2019, 150.

[6] Avilash Sahoo, Santosha K. Dwivedy, P. S. Robi. Advancements in the field of autonomous underwater vehicle [J]. Ocean Engineering, 2019, 181.

[7] Tabataba' i - Nasab Fahimeh S, Keymasi Khalaji Ali, Moosavian Seyed Ali A. Adaptive nonlinear control of an autonomous underwater vehicle [J]. Transactionsof the Institute of Measurement and Control, 2019, 41 (11).

[8] JinQiang Wang, Cong Wang, YingJie Wei, et al. On the fuzzy - adaptive command filtered backstepping control of an underactuated autonomous underwater vehicle in the three - dimensional space [J]. Journal ofMechanical Science and Technology, 2019, 33 (6).

[9] Nguyen Quang Vinh, Pham Van Phuc. Control of the Motion Orientation of Autonomous Underwater Vehicle [J]. Procedia Computer Science, 2019, 150.

[10] Moon G Joo. A controller comprising tail wing control of a hybrid autonomous underwater vehicle for use as an underwater glider [J]. International Journal of Naval Architecture and Ocean Engineering, 2019, 11 (2).

[11] 王建华,宋燕,魏国亮,等. 串级PID控制在水下机器人俯仰控制系统中的应用 [J]. 上海理工大学学报,2017,39 (3):229 - 235.

[12] 刘慧婷,冯金金,张明. 水下机器人操纵系统优化控制研究 [J]. 计算机仿真,2016,33 (5):299 - 303.

[13] 王宇雷,朱大奇. 基于JAVA的新型ARV水下机器人通信及控制系统的实现 [J]. 中南大学学报(自然科学版),2013,44 (S2):7 - 11.

[14] Filaretov V F, Konoplin A Yu. Development of Control Systems for Implementation of Manipulative Operations in Hovering Mode of Underwater Vehicle Proc [C]// IEEE Conf. Oceans, Shanghai, 2016.

[15] 朱大奇,刘乾,胡震. 无人水下机器人可靠性控制技术 [J]. 中国造船,2009,50 (2):183 - 192.

[16] 徐鹏飞,崔维成,谢俊元,等. 遥控自治水下机器人控制系统 [J]. 中国造船,2010,51 (4):100 - 110.

[17] Tuphanov I E, Scherbatyuk A F. Adaptive algorithm of AUV meander pattern trajectory planning for underwater sampling Proc [C]// 10th ISOPE Pacific/Asia Offshore Mechanics Symp PACOMS 2012, Vladivostok, 2012: 181 - 185.

[18] Konoplin A Yu, Konoplin N Yu. System for automatic soil sampling by underwater vehicle Proc [C] // IEEE Int. Conf. on Industrial Engineering, Applications and Manufacturing (ICIEAM), S. - Petersburg, 2017.

[19] Dulepov V, Scherbatyuk A, Jiltsova L. Investigation of bottom habitant diversity in Great Peter Bay using semi AUV TSL Proc [C]// MTS/IEEE Conf. Oceans, San - Diego, 2003: 182 - 187.

[20] Filaretov V F, Konoplin N Yu, Konoplin A Yu. Approach to Creation of Information Control System of Underwater Vehicles Proc [C]// IEEE Int. Conf. on Industrial Engineering, Applications and Manufacturing (ICIEAM), S. - Petersburg, 2017.

[21] Inzartsev A, Pavin A, Kleschev A, et al. Application of Artificial Intelligence Techniques for Fault Diagnostics of Autonomous Underwater Vehicles Proc [C]// MTS/IEEE Conf. & Exhibition Oceans, Monterey, 2016.

资产全生命周期信息化管理在抽水蓄能电站的应用

陆 婷 张 政 张文生
（华东宜兴抽水蓄能有限公司，江苏省宜兴市 214205）

【摘 要】所谓的资产全生命周期管理，就是将设备类固定资产的生命周期作为管理依据，涵盖了采购、运行、检修至报废一系列过程，其中包含这些资产的价值变化情况。管理中，一方面要考虑可靠性；另一方面要考虑经济性。将这种管理理念应用于抽水蓄能电站资产管理中，能够有效提升设备综合产能，本文研究了基于该种模式的信息化管理系统的建设。

【关键词】抽水蓄能电站 资产 全生命周期管理 信息化建设

1 引言

随着社会经济的发展，各个领域的用电需求逐渐提升，电网负荷越来越大，在这种形势下，电网系统对发电企业机组，尤其是抽水蓄能机组的安全性和稳定性提出了更高要求，加强抽水蓄能电站管理已经成为一种必然趋势。而抽水蓄能电站的主要资产就是各类电力生产设备，将这些设备的生命周期作为依据开展管理工作，能够在电力系统安全、稳定运行的前提下提升经济效益，对于我国电力事业的发展具有重要意义。

2 抽水蓄能电站资产全生命周期信息化管理系统概述

2.1 总体目标分析

该管理系统有三个核心思想，分别是信息化、全过程与集成化。基本管理原则如下：一是对整个管理流程进行控制，落实管理界面及岗位职责；二是要求各个岗位人员规范记录设备运行数据，全面、准确的反应系统运行状况；三是管理过程中要明确重点，保证各个环节之间有效衔接，提升管理效率。要将抽水蓄能电站资产的投运、运行及报废等过程进行统一管理，形成集成化信息管理系统，将各个阶段的数据整理汇总，形成完整的数据库，在软件的辅助下对这些数据进行综合分析，为资产决策提供依据。

2.2 总体功能分析

首先要对资产台账进行统一管理，需要提前对所有设备进行编码，然后将这些编码作为依据建立台账信息库，每个编码都对应设备采购信息、基本技术参数等，数据库要根据设备运行状况、检修及更换记录等实际情况作出实时更新，可以根据这些数据制定合理的检修计划；其次是检修管理，由于系统要对所有设备的运行状态进行实时监控，一旦出现异常，系统就会发出报警，并准确分析设备的劣化趋势，自动生成检修工单；第三是可以根据日程表安排检修人员，根据技术人员工种以及任务优先级确定具体检修人员；第四是可以对工作流程进行跟踪管理，包括日常维护、技改以及检修等，监督并记录工作流程，不断规范操作；最后是作业资源以及库存管理，包括人力物力以及财力的使用和消耗情况，对所有检修维护所需要的备品备件进行统一管理，在不影响检修和维护水平的前提下，尽量减少库存积压，节约成本。

3 抽水蓄能电站资产全生命周期信息化管理系统的应用

3.1 建设台账信息系统

抽水蓄能电站的核心就是各类电力设备，台账信息是建设信息管理系统的关键。要求对所有设备信息进行记录，形成书面文件和电子文件，书面文件人工保管，电子文件保存在信息管理系统中。可以将智能化台账软件作为辅助，将设备的编码、基本技术参数、采购信息（包括采购日期、资金以及厂商信息等）、检修记录以及技术变更等。工作人员只要在信息管理系统中输入设备编码，这些信息就会显示出来，非常方便，可以根据这些信息判断设备当前运行状况，并预测潜在故障或者缺陷，为维修与保养决策提供参考。

3.2 统计并分析设备运维数据

建设信息管理系统的首要目的就是提升抽水蓄能电站运行的可靠性，要求对检修工作流程进行系统化管理。要根据系统运行要求以及设备自身特点制定出基于全生命周期的检修计划，对检修过程进行科学指导，防止检修过程的盲目性，一方面是避免维修不足导致设备出现故障，另一方面是避免维修过度加速设备老化。为了保证运维信息的准确性和全面性，需要在工作单中完整准确的记录维修信息，包括普通事故，也包括紧急抢修，还包括具体工作时间、所使用的工具、工作过程以及结果等。管理人员可以将这些历史数据作为经验数据，建立健全经验系统，不断提升维修效率和质量。

3.3 备件及周转件的管理

设备发生故障以后，停机时间取决于备件储备情况，因此，信息管理系统中需要对备件进行统一管理。可以将备件的历史消耗数据作为依据建立一个数学模型，利用该模型制定出合理的库存方案，要保证库量满足实际需要，设备出现故障以后不影响系统的正常运行，在这一前提下尽量减少备件库存量，降低成本。同时，一些价值较高的设备出现故障以后需要拆换其中的部件，信息管理系统要对这些周转件进行统一管理，将这些周转件进行编号，每个部件都如系统中的设备一样，有自己的“身份”。对这些周转件进行统一管理，有利于工作人员判断同类设备的故障率，将周转件信息作为依据来分析故障历史，将设备故障原因及其发生的可能性大小进行排序，设计预防措施。除此之外，还要对设备故障记录进行统一管理，包括具体故障的具体现象、原因以及解决措施等，不断提升故障处理能力。

4 下一步实施建议

4.1 五大体系建设

依据先期以技术为主线的主导思想，按照资产全寿命周期管理的内涵，借鉴国际先进经验与技术，结合公司资产管理特点和需求，根据统一部署，通过构建管理决策体系、技术支撑体系、资源管控体系、规范标准体系、信息服务体系五大体系（见图1），在公司中实现以资产全寿命管理理念为核心的资产运营管理体系和模式。

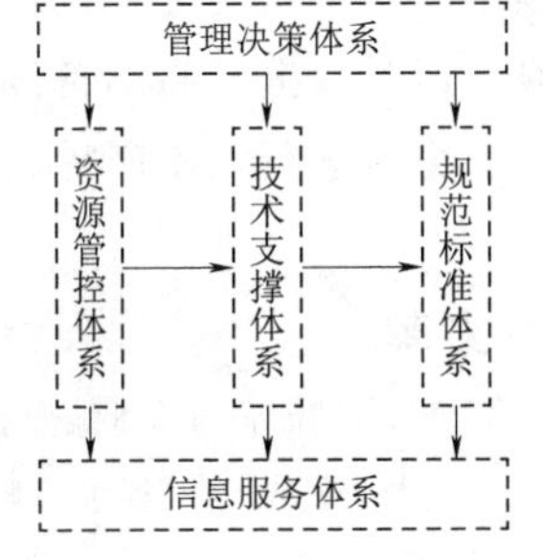

图1 五大体系相互关系示意图

管理决策能力是公司资产管理的核心能力，管理决策体系是实现资产全寿命周期管理的核心；技术支撑体系是实现资产全寿命周期管理的技术支撑，资源管控体系是资产管理决策得以实施的管理保障，规范标准体系是资产管理决策得以实施的技术依据，信息服务体系是资产全寿命周期管理运营体系高效运作的基础。

4.2 管理决策体系

在资产管理的前期环节，包括规划、建设、招标采购等关键环节中，以可研环节为起点，建立以设备、系统、电站三级资产全寿命管理决策模型，并根据后期数据反馈修正，为资产全寿命周期科学决策提供支撑。

资产的投资决策是基于高质量的资产运行状态信息的集合，从运维角度规范初始技术方案的制定，在通盘考虑后期的运营安全、效能风险情况下，通过制定在规划、设计、建设、运维各关键节点评估策略，提高公司投资费用计划、配置、风险监控和抵御能力。

4.3 技术支撑体系

在水工、建筑和结构方面，深入开展基础技术研究，包括风险评估、状态诊断和寿命评估及延长等，实现重点突破，为规范水工设施的规划和设计，实施科学、合理的资产运维管理提供支持；在机电方面，开展设备状态统计分析平台建设，加快设备监视系统建设，加强设备采购技术规范体系建设，同时通过机电设备典型设计研究和推广运用，最终为资产决策提供技术支撑。

4.4 资源管控体系

在目前大部分企业资产管理者与资产服务提供商的分离形势下，加强对公司外部资源的管控，利用服务提供商和供应商的知识来增加公司系统、流程和产品的价值管理已成为公司资产全寿命周期管理策略实施的关键。

加强委托或合同模式下管理方法的研究，完善公司委托或合同模式下评估考核体系，完善并细化对受托任务的规范和要求，加强技术支撑体系与资源管理体系业务协同机制的谋划，逐步完善从规划信息和后期数据的信息沟通和修正。加强公司技术监督力量，提高对电站建设、检修、运维资产的管理控制能力。

建立全面、科学、公正的供应商评价体系，细化、量化的供应商评估指标体系，探索建立供应商分级机制。

4.5 信息服务体系

面向公司资产经营管理决策体系、技术支撑体系和资源管控体系，全面梳理数据信息需求、信息来源、提供方式、接口规范、频度和录入要求等；完善资产全寿命各个阶段信息的收集、筛选、处理和上报机制，加强各电站间信息系统的业务协同，确保数据收集的及时性、完整性和准确性；打破部门信息壁垒，实现信息与业务的协同，后期数据为前期决策服务。

4.6 规范标准体系

应用全寿命周期管理理念，全面梳理公司资产管理相关的技术标准体系，建立相互关联的蓄能电站设施、设备相关的技术标准、管理标准和工作标准；将企业、个人及其他资源的知识转化为技术标准和作业指导书，达到固化企业知识的目的，在关键流程和关键节点依靠标准化管理和流程化管理，提高公司资产管理的精益化水平。

5 结语

由于抽水蓄能电站设备种类、型号较多，将这些设备的生命周期作为基础建设信息化管理系统，对台账、运维数据、备品备件以及设备故障进行统一管理，能够有效提升管理效率，促进抽水蓄能电站的安全、稳定运行，不断提高经济效益。

参考文献

[1] 张文生，陆婷. KKS编码在抽水蓄能电站生产管理系统中的应用 [J]. 电力信息化，2010，12 (14)：70－73.

[2] 钟雪辉. 蓄能电厂集中检修优势及其在资产全生命周期管理中的应用 [J]. 水力发电，2014，14 (16)：119－122.

[3] 毛三军，白和平，苏成龙. 内蒙古呼和浩特抽水蓄能电站建设与管理 [J]. 中国三峡，2013，13 (15)：1－6.

十三陵抽水蓄能电站1号压力钢管安全分析

翟　洁　张　毅　张　湲
（国网新源控股有限公司北京十三陵蓄能电厂，北京市　102200）

【摘　要】十三陵抽水蓄能电站1号压力钢管已运行20多年，水头较高，埋深较大，运行环境复杂，运行安全风险较大。本文对2016年、2018年1号压力钢管开展安全分析，分析压力钢管放空期间结构应力和外水压力等自动化监测数据，对1号压力钢管开展安全检测，其中斜管段检测为国内抽水蓄能电站首例，综合评判结果显示1号压力钢管结构运行状况良好。

【关键词】压力钢管　放空　自动化监测　检测　安全分析

1　引言

十三陵抽水蓄能电站位于北京市昌平区以北的十三陵风景区，距北京市区40.0km，系利用十三陵水库为下水库，在其左岸蟒山上寺沟兴建上水库，在蟒山山体内建设输水系统和地下厂房。工程枢纽由上水库、输水系统、地下厂房和下水库及其防渗、补水工程等组成，工程等级为Ⅰ等大（1）型。电站装机4台，总容量800MW，设计年发电量12.46亿kW·h。电站建成后接入华北电网，在系统中担负调峰、调频和紧急事故备用等任务。

电站压力钢管平面布置为一管两机的布置方式，立面采用斜井布置方式，斜井与水平面夹角50°，由上平段、上斜段、中平段、下斜段、下平段等组成。上斜段埋深一般为60～240m，其中高程300m以上主要为F20断裂破碎带，断裂面走向NWW，倾向SW，倾角80°，主要为Ⅳ～Ⅴ类围岩；300m高程以下斜洞段岩性为复成分砾岩，围岩完整性较差，主要为Ⅲ类夹Ⅳ类围岩。中平段埋深约230m，岩性为复成分砾岩，主要为Ⅲ类围岩。下斜段埋深230～380m，主要为复成分砾岩，65m高程以下（f20断层下盘）为安山岩，以Ⅲ类夹Ⅳ类围岩为主，其中f20断层约在高程110m切过隧洞，断层上盘发育多条小断层和卸荷裂隙，围岩完整性较差，高程110m以下洞段围岩较完整，主要为Ⅲa类围岩，只有f20断层局部为Ⅳ类围岩。下平段一般埋深300～370m，岩性为安山岩和复成分砾岩，有f20、f535、f19等断层切割，主要为Ⅲ类夹Ⅳ类围岩。

1号压力管道外层空间采用膨胀混凝土填筑取代接触灌浆，上覆岩体厚度为60～380m，高压斜井落差达466m，最大HD值2872m×m，为高水头、大HD值的地下埋藏式钢管。本文对2016年8—9月及2018年9—10月期间1号压力钢管放空开展安全分析。

2　1号压力钢管放空过程分析

2.1　1号压力钢管放空过程分析

电厂施工期在1号压力钢管布置有D观测断面（见表1），分别布设了钢板应变计、渗压计、测缝计、电阻温度计用来观测钢板应力、钢管与混凝土间的缝隙、混凝土与围岩间的缝隙、外水压力和管壁温度，均接入地下厂房自动化监测系统，在引水事故闸门井下游布设了CY1、CY2测压管，在上层排水洞300～330m高程、中支洞214.5m（高程）、214.5m（高程）地质探洞三个部位均布设了排水管。电厂于2005年在输水系统增加6个测压管。

运行期自动化监测数据显示压力钢管D观测段实测最大钢板计应力均小于钢板的允许应力。运行期渗压计及测压管的观测成果显示，外水压力分布呈南北向阶梯状储水构造带，渗压计观测成果均小于相应地质预测地下水位值。1号压力钢管间接排水、直接排水效果明显。各钢衬段钢管外压处于设计采用值的范围以内。

表1 观测段位置表

观测段别	位　置	桩　号	轴线高程/m
D	1号钢管中平段前部	S1—0+720.044～S1—0+726.044	214.5

表2 钢板计应力监测成果

观测段	钢衬钢号和结构尺寸	观测点实测最大钢板应力/(kg/cm²)	钢板允许应力/(kg/cm²)
D段	SM570Q d=5.2m，厚度34mm	2134	2300
	38mm（SHY685NS）	1810	3240

2.2　2016年放空分析

（1）钢板计监测成果分析。1号压力钢管放空期间自动化监测数据显示，排水期间D断面实测最大应力为1964.18kg/cm²，充水期间D断面实测最大应力为2116.96kg/cm²，均小于钢板允许应力，说明该部分钢管在放空期间处于安全运行状态，钢板计观测过程线如图1所示。

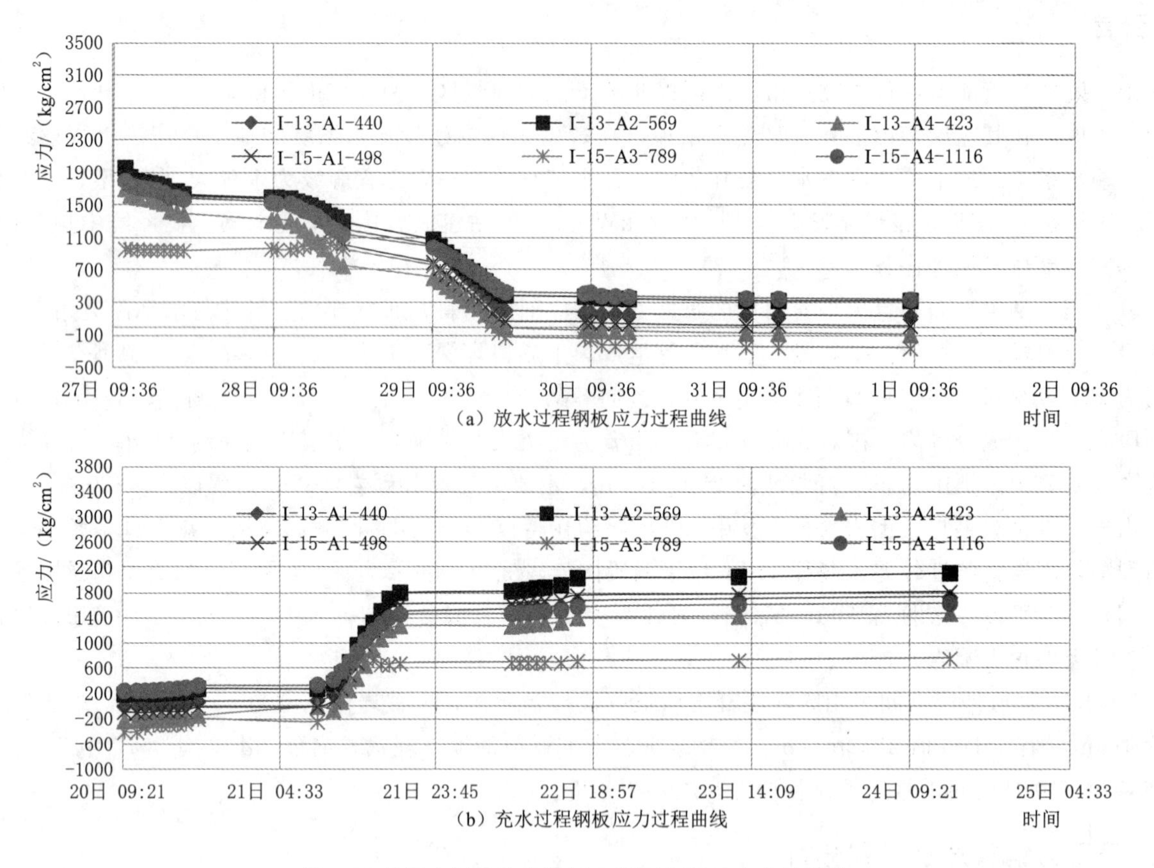

（a）放水过程钢板应力过程曲线

（b）充水过程钢板应力过程曲线

图1　2号压力钢管放空期间D断面钢板计应力过程线

（2）测缝计监测成果分析。1号压力钢管放空期间测缝计自动化监测数据显示，数据变化与放空为正相关，最大缝隙值为0.94mm，2006年放空自动化监测数据显示的最大开合度为1.35mm，对比分析往年自动化监测数据，本次放空混凝土与压力钢管之间的开合度变化正常。

（3）渗压计与测压管监测成果分析。1号压力钢管放空期间渗压计及测压管自动化监测数据显示，渗压计数据变化多为测量精度引起，各渗压计所在部位水位变化不大，测压管地下水位基本无变化，说明没有发生内水外渗。

渗压计测得最大渗压水头为15.64m，小于该段地质预测地下水位80～120m，即小于压力管道钢衬计算考虑的外水压力值。

2.3 2018年放空分析

(1) 钢板计监测成果分析。1号压力钢管放空期间自动化监测数据显示，排水期间D断面实测最大应力为2076.69kg/cm^2，充水期间D断面实测最大应力分别为2085.55kg/cm^2，均小于钢板允许应力，说明该部分钢管在放空期间处于安全运行状态，钢板计观测过程线如图2所示。

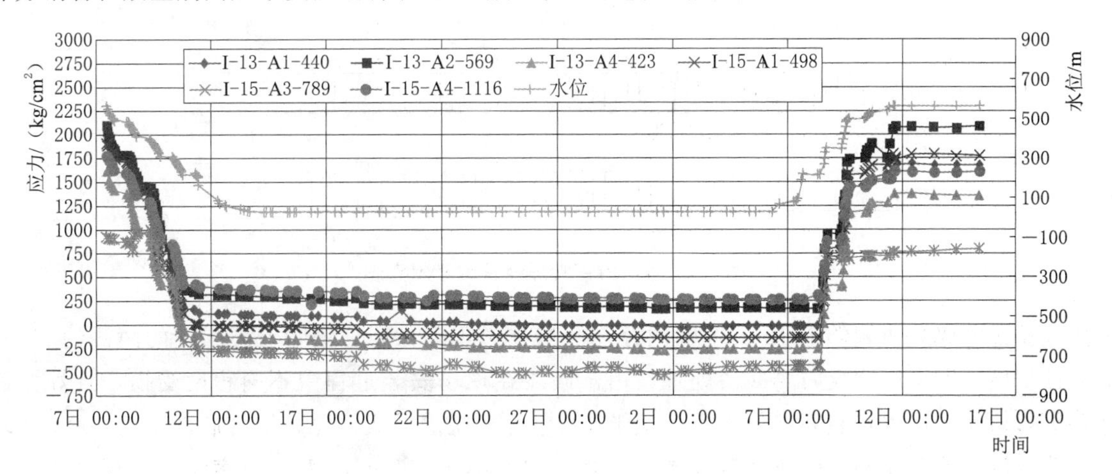

图2 1号压力钢管放空期间钢板计应力过程线

(2) 测缝计监测成果分析。1号压力钢管放空期间测缝计自动化监测数据显示，数据变化与放空为正相关，最大缝隙值为1.13mm，2006年放空自动化监测数据显示的最大开合度为1.35mm，对比分析往年自动化监测数据，本次放空混凝土与压力钢管之间的开合度变化均在正常范围内。

(3) 渗压计与测压管监测成果分析。1号压力钢管放水期间渗压计及测压管自动化监测数据显示，渗压计数据变化多为测量精度引起，各渗压计所在部位水位变化不大，测压管地下水位基本无变化，1号压力管道内外水无明显相关性。由此可以看出放空过程中没有发生内水外渗。

渗压计测得最大渗压水头为17.03m，小于该段地质预测地下水位80～120m，即小于压力管道钢衬计算考虑的外水压力值。

3 1号压力钢管安全检测与评价

电站于2018年9月17—23日期间对1号压力钢管中平段、下斜段及下平段、1号引水钢岔管、1号和2号引水支管、1号和2号尾水支管进行安全检测。其中对1号压力钢管中平段、下斜段进行巡视及外观检测、腐蚀状况检测；对1号压力钢管下平段、1号引水岔管、1号和2号引水支管、1号和2号尾水支管进行巡视及外观检查、腐蚀状况检测和无损探伤检测。

(1) 巡视及外观检测。对压力钢管外观形态进行检查，主要检查压力钢管内壁及焊缝的表面情况，如钢管内壁外观现状、焊缝及管壁表面裂纹情况（是否存在微裂纹）、防腐涂层现状，以及进人孔封闭性能等。

(2) 腐蚀状况检测。通过目视检查和仪器检测，针对压力钢管内壁的腐蚀部位、腐蚀分布情况及腐蚀程度等进行综合检测，并判断是否存在局部严重锈蚀及锈损等影响设备安全运行的部位。

(3) 无损探伤检测。对压力钢管一类、二类焊缝进行超声波探伤抽查，检查焊缝内部质量，判断所检焊缝内部是否存在影响设备安全运行的缺陷。

1号压力钢管管节编号见图3。

3.1 检测结果分析

(1) 1号压力钢管中平段检测成果。

1) 外观检查：压力钢管内壁未见损伤、变形、焊缝撕裂等缺陷；防腐涂层基本完整有效，未见大面积脱落及锈蚀严重的现象；焊缝表面及钢管内壁未发现裂纹等危害性缺陷；人孔门密封良好。

2) 腐蚀状况检测：压力钢管内壁涂层基本完整有效，未见锈蚀严重及明显锈损现象，但压力钢管现

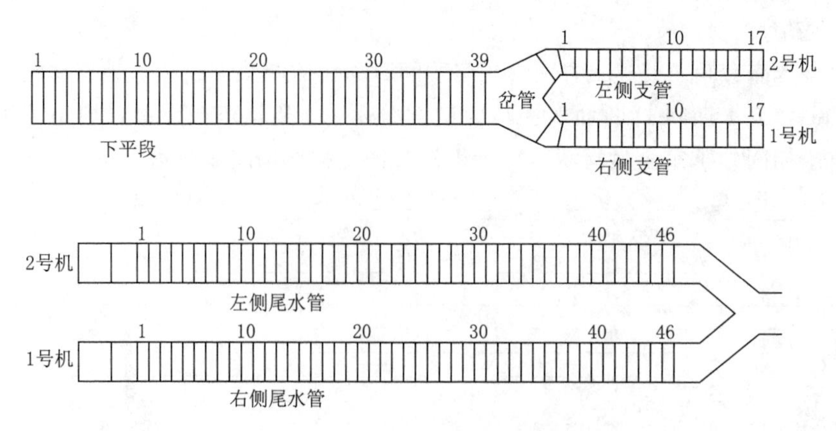

图3 1号压力钢管焊缝及编号示意图

场安装环缝及部分纵缝两侧约150mm范围内存在涂层鼓包现象，压力钢管安装焊缝的两侧约150mm范围（安装预留区）在出厂时仅防腐底漆处理，由于底漆在现场安装过程中不同程度受损，且焊接后采用手工涂刷进行防腐，造成安装环缝普遍锈蚀，部分鼓包已经脱落形成锈斑；钢管底部（约400mm环向宽度）沿钢管长度方向存在断续的成片锈蚀斑点，蚀坑深度小于0.5mm。1处防腐涂层局部脱落，脱落面积约为100mm×80mm。

（2）1号压力钢管下斜段检测成果。

1）外观检查：压力钢管内壁未见损伤、变形、焊缝撕裂等缺陷；防腐涂层基本完整有效，未见大面积脱落及锈蚀严重的现象；钢管底部约2m范围内焊缝表面及钢管内壁未发现裂纹等危害性缺陷。

2）腐蚀状况检测：压力钢管内壁涂层基本完整有效，未见锈蚀严重及明显锈损现象，但压力钢管现场安装环缝及部分纵缝两侧约150mm范围内存在整体环状锈蚀、局部涂层脱落（最大脱落面积约100mm×200mm）、涂层鼓包等现象；钢管底部（约400mm环向宽度）沿钢管长度方向存在局部点状或连续成片锈蚀斑点，蚀坑深度小于0.5mm。

（3）1号压力钢管下平段及1号岔管检测成果。

1）外观检查：压力钢管及岔管内壁未见损伤、变形、焊缝撕裂等缺陷；防腐涂层基本完整有效，未见大面积脱落及锈蚀严重的现象；焊缝表面及钢管内壁未发现裂纹等危害性缺陷。

2）腐蚀状况检测：压力钢管内壁涂层基本完整有效，未见锈蚀严重及明显锈损现象，但压力钢管现场安装环缝及部分纵缝两侧约150mm范围内存在整体环状锈蚀、局部涂层脱落（最大脱落面积约100mm×150mm）、涂层鼓包并形成蚀斑等现象，凑合节焊缝及附近锈蚀；钢管底部沿钢管长度方向存在局部点状或连续成片锈蚀斑点，蚀坑深度小于0.5mm；第33节钢管存在整体锈蚀现象。

岔管内壁涂层完整有效，未见锈蚀严重及明显锈损现象，但左右岔与支管连接焊缝附近存在锈蚀现象。

3）下平段无损探伤抽检焊缝19条，合格18条，不合格的1条，不合格焊缝为凑合节与上游管节连接环缝。岔管抽检焊缝3条，合格3条。

（4）1号、2号引水支管检测成果。

1）外观检查：压力钢管内壁未见损伤、变形、焊缝撕裂等缺陷；防腐涂层基本完整有效，未见大面积脱落及锈蚀严重的现象；焊缝表面及钢管内壁未发现裂纹等危害性缺陷。

2）腐蚀状况检测发现：压力钢管内壁涂层基本完整有效，未见锈蚀严重及明显锈损现象，但压力钢管现场安装环缝及部分纵缝两侧约150mm范围内存在整体环状锈蚀、涂层鼓包并形成蚀斑等现象；钢管底部（约400mm环向宽度）沿钢管长度方向存在局部点状或连续成片锈蚀斑点（环缝附近），蚀坑深度小于0.5mm；左支靠近球阀管节存在整体锈蚀现象。

3）焊缝无损探伤检测抽检焊缝20条，全部合格。

（5）1号、2号尾水支管检测成果。

1）外观检查：压力钢管内壁未见损伤、变形、焊缝撕裂等缺陷；肘管整体锈蚀，其余位置防腐涂层基本完整有效，未见大面积脱落及锈蚀严重的现象；焊缝表面及钢管内壁未发现裂纹等危害性缺陷。

2）腐蚀状况检测：压力钢管内壁涂层基本完整有效，未见锈蚀严重及明显锈损现象，但锥管及肘管均存在整体浮锈，局部位置存在涂层脱落、蚀斑等现象。少量现场安装环缝及纵缝两侧约 150mm 范围内存在局部锈蚀、涂层鼓包并形成蚀斑等现象；管壁 1 处位置涂层局部脱落；钢管底部（约 400mm 环向宽度）沿钢管长度方向存在局部点状或连续成片锈蚀斑点（环缝附近），蚀坑深度小于 0.5mm；管壁存在多处连续划痕（未完全破坏涂层）；尾水钢管内遗留多件杂物。

3）焊缝无损探伤检测抽检焊缝 56 条，全部合格。

3.2 检测评价

电站 1 号压力钢管外观状况良好，未见管壁变形、损伤以及焊缝开裂等异常状况；除下平段凑合节焊缝外，其余抽检焊缝的表面或内部均未发现裂纹或其他连续性的超标缺陷；管壁累计腐蚀面积小于钢管全面积的 10%，蚀余厚度检测未发现明显的管壁减薄现象。电站 1 号压力钢管当前性能良好。

4 结论和建议

（1）从自动化监测数据看，1 号水道系统所涉及的各个监测仪器数据符合一般规律，仪器完好，可以继续用来监测水道系统状况。

（2）1 号压力钢管钢板计应力变化明显，放空过程中随着内水压力的减小，钢板由受拉渐变到受压状态，充水过程钢板由受压渐变到受拉状态，钢板应力均在设计允许范围内。

（3）1 号压力钢管外侧测缝计的数据变化与放空、充水过程体现了较好的正相关性。混凝土与压力钢管之间缝隙值的变化均在正常的范围内，无异常变化。

（4）1 号压力钢管外侧渗压计和水道沿线测压管的数据基本没有变化，说明放空和充水期间，1 号水道系统没有发生内水外渗。

（5）1 号压力钢管外观状况良好，未见管壁变形、损伤以及焊缝开裂等异常状况；除下平段凑合节焊缝外，其余抽检焊缝的表面或内部均未发现裂纹或其他连续性的超标缺陷；管壁累计腐蚀面积小于钢管全面积的 10%，蚀余厚度检测未发现明显的管壁减薄现象。

根据上述分析，1 号压力钢管结构均状态良好，处于安全运行状态。

参考文献

[1] 谢琛，张秀梅，牛香芝，等. 抽水蓄能电站压力管道放空的实施过程与关键技术环节分析 [J]. 大坝与安全，2008 (5)：5 - 9.

[2] 宋刚，孙健，宫海灵，等. 十三陵抽水蓄能电站水道系统工程地质特征研究 [J]. 内蒙古水利，2005 (1)：18 - 21.

[3] 王翠萍. 十三陵抽水蓄能电站压力钢管 SHY685NS 钢的焊接 [J]. 焊接，2001 (1)：32 - 34.

[4] 王颖光. 十三陵蓄能电站压力钢管制作和安装 [J]. 水电站机电技术，1998 (3)：48 - 53.

天荒坪电站导叶下端结构及间隙调整

晁新刚　黄彦庆

（浙江宁海抽水蓄能电站，浙江省宁海市　313302）

【摘　要】本文重点分析了天荒坪抽水蓄能电站导叶下端结构及相关间隙调整，以及实际工作中常见问题及解决技巧。

【关键词】抽水蓄能　端面间隙　导叶　推力轴承间隙

1　导叶下端盖结构介绍

天荒坪抽水蓄能电站有6台300MW可逆式水泵水轮机，额定转速500r/min，运行水头为518.5～610m，是典型的高水头高压力高转速大容量水轮机组。天荒坪电站导水机构结构如图1所示。

高压水流经过蜗壳、座环，进入活动导叶，冲击混流式转轮。导叶轴上端与顶盖连接，下端与底环连接，通过旋转导叶下端推力轴承来调整导叶端面间隙。导叶下端盖结构如图2所示。

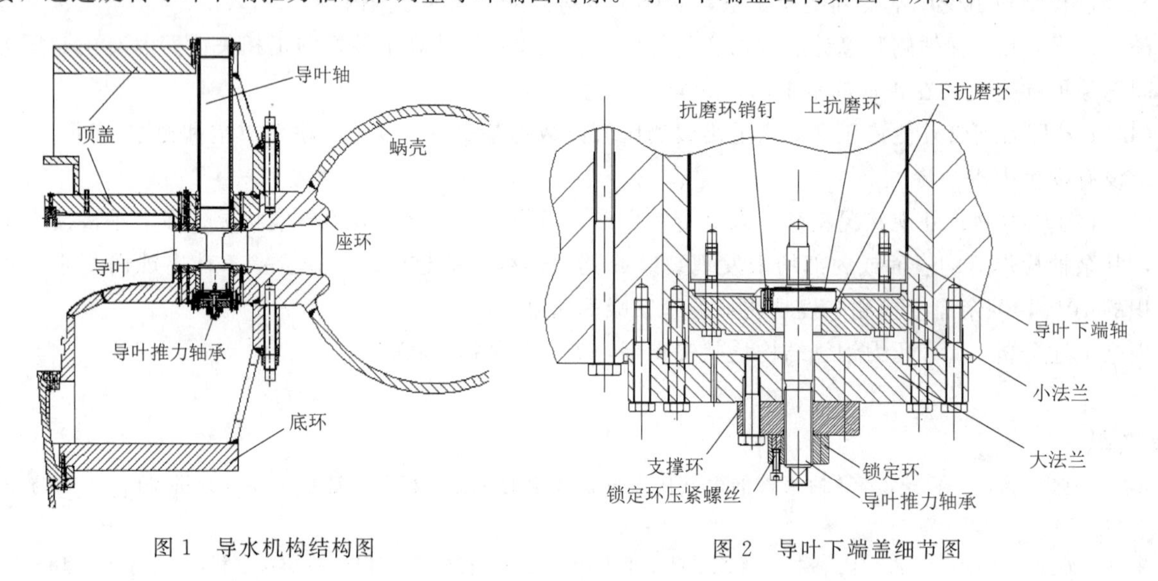

图1　导水机构结构图　　图2　导叶下端盖细节图

2　导叶下端结构及间隙调整

2.1　导叶推力轴承原理介绍

如图2所示，导叶下端轴与小法兰通过8颗不锈钢螺栓连接，导叶下端轴凹槽、小法兰凹槽共同形成导叶推力轴承活动腔。大法兰与底环通过8颗螺栓固定，支撑环与大法兰通过4颗不锈钢螺栓连接，同时通过螺纹与导叶推力轴承杆连接，起到限制推力轴承移动的目的，锁定环直接旋在推力轴承上，并通过6颗压紧螺丝顶住支撑环，使推力杆螺纹上下受力，防止导叶推力轴承跟随导叶一起转动。

导叶推力杆头部上下面均设置抗磨环，通过销钉定位，使用乐泰480胶水紧紧粘在推力轴承头部。在导叶下压时，上抗磨环防止导叶轴下端面凹槽与推力轴承头部上端面发生金属摩擦，在导叶受到浮力时，下抗磨环防止小法兰凹槽与推力轴承头部下端面发生金属摩擦。

导叶受到向下压力/向上浮力时，推力轴承承受了该压力/浮力和导叶轴的重量，推力轴承再通过支撑环传递给大法兰，大法兰通过螺栓传递给底环，即底环最终承受了导叶、导叶轴及水压力/浮力。

导叶下端轴与推力轴承为动静面，导叶轴在推力轴承上旋转，开关导叶，推力轴承始终静止。因此，推力轴承不仅受到垂直方向的力，还受到导叶轴旋转时产生的扭矩，该扭矩即通过锁定环与支撑环及压紧螺丝消除。

2.2 端面间隙调整方法

（1）松开锁定环压紧螺丝，拆下锁定环，然后用扳手旋转推力杆。实际调整过程中，推力杆旋转比较费劲，需要使用方口专用锤击扳手，并配合4磅榔头敲击。另外推力杆及支撑环为不锈钢材质，其螺纹为细牙，调整时应避免用力过大，导致不锈钢螺纹咬死。

（2）需要减小导叶与顶盖间隙时，向上旋推力杆，推力杆顶住导叶轴上升，实现目的；需要增加导叶与顶盖间隙时，向下旋推力杆，推力杆拉动小法兰下降，小法兰带动导叶轴下降，实现目的。

（3）调整完成后，回装锁定环、锁定环压紧螺丝，并对6颗螺丝分两次对称打17N·m力矩，防止松动。

2.3 导叶端面间隙与推力轴承间隙的配合

天荒坪电站规定：

（1）导叶上端面间隙为0.2～0.3mm，下端面间隙为0.4～0.5mm。

（2）且下端面间隙减去上端面间隙不小于0.2mm。

（3）推力轴承在其活动腔（即导叶下端轴凹槽与小法兰上凹槽组成的腔体）中间隙为0.05～0.15mm，即不装支撑环、锁定环时，推力轴承可上下活动范围为0.05～0.15mm。

导叶上端间隙小，下端间隙大的原因：正常情况下，导叶被推力杆支撑，两者之间无间隙，此时上端面间隙为0.2～0.3mm，下端面间隙为0.4～0.5mm，推力轴承活动腔为0.10mm左右，而此时导叶上浮时，间隙变化为上端面0.3～0.4mm，下端面间隙为0.3～0.4mm，上下间隙一致。推力轴承活动腔为其他数值时，结果类似。另外，机组运行时，转轮室充满高压水，顶盖在压力水作用下上浮，使得导叶与顶盖抗磨板间隙增加，导叶上下间隙近似均匀。

导叶推力轴承间隙范围的设定原因：当推力轴承活动腔为0.15mm，且导叶上端面为0.2mm时，如果导叶上浮，上端面间隙仍有0.05mm，可保证导叶不被磨损；如果推力轴承间隙过大，如超过0.2mm，则导叶上浮时，将可能直接与顶盖抗磨板接触，导致两者磨损。当推力轴承活动腔为0.05mm时，此时至少保证导叶与推力轴承之间存在间隙，两者可以相对转动；如果推力轴承间隙过小，如低于0.05mm时，考虑到测量误差等因素，可能使得导叶与推力轴承之间不存在间隙，导叶无法与推力轴承相对转动。

综上分析，导叶推力轴承间隙至关重要，只有推力轴承间隙合理，才能确保导叶端面间隙的正确。

2.4 推力轴承间隙调整方法

导叶推力轴承间隙一般不调整，但在机组大修时，无论是落底环还是更换导叶下端密封、更换导叶下端轴瓦等工作，均需要拆除导叶下端轴承所有部件，回装时需要重新安装导叶推力轴承，因此需要重新调整导叶推力轴承间隙，使之更好地与导叶间隙相匹配。

调整原理：

小法兰与导叶下端轴之间有不锈钢垫片，通过调整垫片厚度来调整推力轴承间隙。

调整方法：

（1）回装时，测量导叶下端轴凹槽深度、小法兰凹槽深度、推力轴承推力头厚度（粘好上下抗磨环），并按照下面公式计算出推力轴承腔间隙：

推力轴承间隙＝导叶下端轴凹槽深度＋小法兰凹槽深度－推力轴承推力头厚度

（2）根据间隙要求（0.05～0.15mm），算出需要的垫片厚度，结合垫片尺寸（0.05/0.10/0.20/0.30/0.40/0.50mm），然后组合出垫片规格及数量。

（3）回装小法兰螺栓，测量推力轴承间隙。在推力轴承底部支撑百分表，手工将推力轴承垂直向上顶起，观察百分表读数。

3 导叶下端间隙调整中的问题及解决技巧

问题一：导叶端面间隙向下调整后，是否需要将推力轴承向上旋，使其接触到导叶下端轴？

需要。导叶推力向下调整旋转后，减小导叶与底环抗磨板间隙，增加了导叶与顶盖抗磨板间隙，但是此时导叶重量并未支撑在推力轴承上，即导叶下端轴与推力轴承之间存在间隙。此时需要将推力轴承轻轻向上旋转，使其接触到导叶下端轴，消除该间隙，起到支撑整个导叶重量的作用。

如果没有上旋，则会使得导叶端面间隙数据失真，导叶上端真实间隙＝上端测量间隙＋导叶推力轴承间隙，导叶下端真实间隙＝下端测量间隙－导叶推力轴承间隙。

问题二：回装支撑环时，为了与大法兰对螺栓孔，致使支撑环与大法兰之间存在缝隙，对导叶间隙有无影响？

有影响，因为如果导叶上浮，会带动小法兰、推力轴承、支撑环一起上升，直到支撑环与大法兰间隙为零。此时应该相对转动或整体转动推力轴承与支撑环，消除支撑环与大法兰之间的间隙，并用0.05mm 塞尺检查无法通过。

如果没有消除该间隙，则会使得导叶端面间隙数据失真，导叶上端真实间隙＝上端测量间隙－支撑环与大法兰间隙，导叶下端真实间隙＝下端测量间隙＋支撑环与大法兰间隙。

问题三：如何准确调整与测量推力轴承活动腔间隙？

上文推力轴承间隙调整方法第（1）、（2）步中，计算出垫片厚度往往偏差较大，其影响因素主要有：

（1）上文公式中测量数字较多，计算结果误差较大。

（2）导叶下端轴凹槽、小法兰凹槽清扫不干净，存在高点。

（3）导叶下端轴凹槽、小法兰凹槽加工精度差，深度不均匀。

（4）导叶推力轴承抗磨环厚度不均匀。

（5）导叶推力轴承粘抗磨环时胶水厚度不均匀。

（6）不锈钢垫片清扫不干净，局部存在高点。

（7）小法兰、导叶下端轴下平面清扫不干净，局部存在高点。

（8）小法兰、导叶下端轴下平面加工精度差，不够平整。

这些因素中，部分可通过改进检修工艺消除，但如因素（3）、（4）、（5）、（8）等无法完全消除，所以仅仅靠计算确定垫片的厚度往往会出现错误。

因此，计算得出的结论必须通过测量验证。而上文描述的推力轴承隙调整方法第（3）步即是测量，但实际使用中误差比较大，不同的人测量结果往往不同，同一个人从不同角度顶起推力轴承，结果也往往不同。

所以需要对推力轴承隙调整方法第（3）步进行改进：将测量这一步骤推后，即在安装了小法兰、大法兰、支撑环后，再进行架百分表测量。此时，推力轴承的径向移动被支撑环限制，而只能通过螺纹上下移动，即推力轴承有唯一移动方向，且与我们需求方向一致，此时手动旋转推力轴承即可轻易读取间隙。

该方法的缺点是，如果数据不合格，需要重新拆除支撑环、大法兰、小法兰等，操作上更为复杂。实际工作中，工作人员需要调整约 2 次，个别导叶需要 4～5 次。因此该方法仅仅提高了测量准确性，并没有减少调整次数。

导叶下端盖拆除时，将原垫片与小法兰成套包在一起，并做好标记，做到原拆原装，或在原垫片基础上微调垫片厚度，可有效地减少调整次数。

问题四：日常运维中，发现导叶推力轴承断裂。

随着机组的运行，发现有推力轴承杆断裂现象，分析及现场检查发现，这种现象的主要原因为推力轴承间隙过小，导致导叶与推力杆紧紧压死，导叶转动时，带动推力杆一起运动，而推力杆被支撑环、锁定环限制不能运动，因此，导致了推力杆断裂。解决办法：增加推力轴承间隙。

问题五：锁定环压紧螺丝掉落。

日常运维中，比较常见的是锁定环压紧螺丝掉落、甚至整个锁定环掉落。这种现象主要是因为锁定环螺丝未按照要求紧固，其要求分两次打 17N·m 力矩，第一次 8N·m，对称紧固，第二次 17N·m，对称紧固。

如果紧固不到位，导叶转动时有带动推力杆运动的趋势，此时锁定环螺丝在该趋势及振动等因素影响下就容易掉落。

4 结语

本文从导叶下端盖原理，讲述了导叶端面及推力轴承间隙的调整方法、注意事项等。需要说明的是天荒坪导叶推力轴承在下方，为伞式结构，本文不适用于悬式导叶间隙的调整。

参考文献

[1] GB/T 22581—2008 混流式水泵水轮机基本技术条件 [S].
[2] 国网新源控股有限公司. 水电厂运维一体化技能培训教材：高级 [M]. 北京：中国电力出版社，2015.
[3] 华东天荒坪抽水蓄能有限责任公司. 天荒坪电站运行 20 周年总结 [M]. 北京：中国电力出版社，2018.
[4] 李浩良. 抽水蓄能电站典型故障处理点评 [M]. 北京：中国电力出版社，2017.
[5] 李浩良，孙华平. 抽水蓄能电站运行与管理 [M]. 杭州：浙江大学出版社，2013.
[6] 冯伊平. 抽水蓄能运维技术培训教程 [M]. 杭州：浙江大学出版社，2016.

抽水蓄能电站水工建筑物监测智能化管控系统研究与应用

渠守尚　潘福营　马萧萧

（国网新源控股有限公司，北京市　100761）

【摘　要】对抽水蓄能电站水工建筑物运行状态进行实时智能管控，是数字化智能型电站的基础。通过数字化模型、自动化设备、智能分析等系统的数据交互应用，结合物联网和计算机信息技术，对抽水蓄能电站水工建筑物安全状况进行智能化分析推理，实现对水工建筑物安全运行智能管控，达到对抽水蓄能电站群的智能化管理。

【关键词】水工建筑物　安全监测　智能管控　综合推理

1　引言

抽水蓄能电站水工建筑物，因其自身结构、所处环境和外力作用的复杂性，以及可预期的大坝失事后造成的严重灾难，必须对大坝、隧洞等水工建筑物进行稳定可靠、精确、持续的安全监测工作。自动化监测技术可有效提升水工建筑物的安全监测能力，提高监测数据的准确度。随着传感器的智能化程度不断提高，可以实现实时在线监测，运用计算机信息技术对监测数据进行实时分析和推理，及时掌握水工建筑物的运行状态。水工建筑物安全监测智能管控就是利用3D技术和三维GIS系统形象地展示电站水工建筑物的整体面貌，在三维模型中展示工程建筑物监测状态，并利用专家系统对最新的监测数据进行综合分析和评判，评估水工建筑物和监测自动化采集系统的运行状态，并将结果在三维模型中形象地展示出来。

2　监测设备智能化

随着传感器的智能化程度不断提高，自动化、智能化水工建筑物监测仪器设备得到了广泛应用，大坝安全监测设备和数据处理自动化系统逐步走上标准化、规范化的发展轨道。目前国内已有多家传感器厂家（包括振弦式和压阻式）将率定曲线、传感器出厂编号等直接固化在传感器内部的IC中，这样既提高了测量精度，又可以方便在电缆截断或电缆编号丢失的情况下，对仪器编号的确认和恢复。

水位、雨量等环境量监测仪器随着水文、气象等部门的大量需求得到了快速发展，国产仪器设备的市场占有率非常高，其精度、设备种类、稳定性都相对优于其他监测项目的监测仪器设备。

外部变形监测采用电子经纬仪和水准仪可实现自动化，测量机器人实现水工建筑物安全监测自动化已经在多个工程获得应用。GPS具有全天候、可以测量三维变形等优点，比较适合高土石坝的外部变形监测。合成孔径雷达干涉测量技术（InSAR）已经开始应用于地震形变、地表沉降和滑坡监测，实现地表连续变形测量，这对于大坝，尤其是高土石坝，具有明显优势。双向引张线自动测量技术能够通过一条引张线同时测量水平和垂直位移，已得到广泛应用。

自动采集设备包括测量控制单元（MCU）、水雨情遥测终端等。随着大坝安全监测技术的不断进步，自动采集设备也得到了跨越式发展。不仅可以实现传感器的在线式单点测量、巡测，还可实现定时、变幅测量上报。同时还具有存储历史测量数据、校时、可配置及支持多种通信方式等功能，能够满足各种环境条件下的自动采集测量需求。

3　建立水工建筑物数字化三维模型

采用移动测量系统、三维激光扫描仪和三维GIS采集库区地形地貌、水工建筑物表面、地下洞室的三维激光点云，结合设计、地质、施工和档案资料，建立真实的库区地形地貌、水工建筑物、地下洞室、隐蔽性工程设施等。三维可视化模型相关技术解决了水工建筑物大范围建模难、建模精度低的问题。

采用了剖切仿真模型库的方式，展示水工建筑物安全监测点的分布，建立水工建筑物剖切仿真模型库，直观仿真展示安全监测点在隐蔽性工程三维剖切效果，以及安全监测点位置、分布、台账等信息。解决了二维图纸展示隐蔽性工程不直观的问题。

将模型数据和监测数据相关联，在点击模型里的某监测点时，将显示该监测点的测点位置、监测点最近一次的监测数据，并画出该监测点的监测数据图，可以查看该监测点的变化规律。也可以根据监测项目的目录树，查看多个监测点的变化情况。将监测数据与水工建筑物模型相结合，可以快速掌握水工建筑物整体的监测情况，为电站水工建筑物的安全运行管理提供了便捷性和直观性。

4 监测数据智能分析系统

以抽水蓄能电站水工建筑物各项安全自动化监测数据和人工监测数据为基础，采用综合评价模型和方法，建立水工建筑物安全综合分析评价系统，对建筑物性态进行在线和离线分析及安全评估，确定结构的异常程度，对建筑物的安全状况进行判断很有实用意义。

4.1 水工建筑综合分析推理系统的开发

目前大坝安全综合分析评价系统中所采用的方法主要有专家评估法、模糊综合法和模式识别法等。抽水蓄能电站水工建筑物安全评价的对象除了上库大坝、下库大坝以外，还有抽水蓄能电站所特有的库盆、引水系统和地下厂房等水工建筑物。目前所具有的综合分析层次、权重等相对于常规大坝所具有的经验较少，同时设计单位目前所能提供的设计指标主要根据设计阶段的有关计算和经验判断给出。一般来说，运行期监控指标需要在运行过程中结合设计指标以及实际监测资料综合分析来拟定，因此难以通过现有单测点监控指标的判别实现对水工建筑物整体的安全评价和监控。综合分析认为，基于单测点监控指标判别的产生式专家系统综合分析评价方法相对更适宜目前抽水蓄能电站水工建筑综合分析推理子系统的研究和开发。这种方法通过统计模型或设计值建立起来的安全监控指标，根据现有水工建筑物设计和监测项目建立相应的推理规则，能快速、合理地评价建筑物安全运行状态。水工建筑物监测智能管理系统组成见图 1。

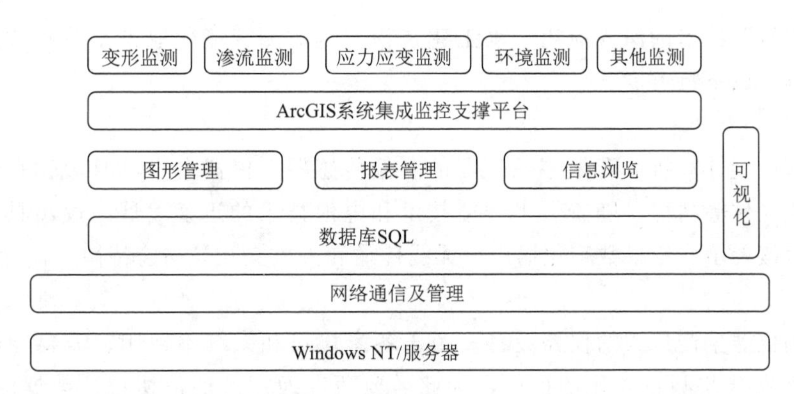

图 1 水工建筑物监测智能管理系统组成

4.2 综合分析结果查询

综合分析结果查询是实现对建筑物的在线分析、离线分析结果及单点检查结果和分析推理过程的综合查询。查询包括建筑物分析结果查询，显示建筑物名称、综合分析推理结果、分析类型、综合评价结果、分析数据截止时间以及分析时间；单点检查结果查询，显示与当前分析对象有关的全部测点当前状态的定量评价结果，包括测点编号、测时、测值、模型、速率、时效、环境量、单点状态等，并对每项内容都给出了评价等级的具体划分方法或范围。各测点以不同的颜色显示，以区别测点的状态或异常程度；推理对象的推理结果列表以及异常测点的推理结果以及所使用的规则和推理链明细结果查询等，见图 2。

抽水蓄能电站水工建筑物安全综合分析推理系统一般按照数据库、模型库、知识库以及对推理机的

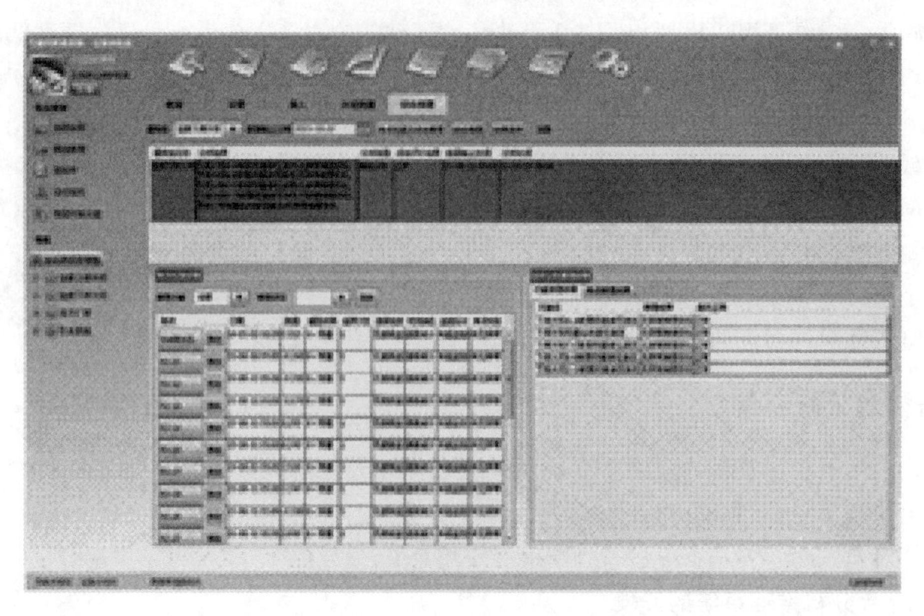

图2 智能系统综合分析结果查询

模式进行开发。数据库提供枢纽各建筑物不同监测项目的各类基础信息和监测数据。模型库提供枢纽各建筑物不同部位的各类统计模型分析模块，利用模型来判别测值的正常或异常性质。

4.3 知识库和方法库

知识库用于知识信息的存储，内容一般包括：①枢纽各类建筑物的设计监控指标；②专家知识规则。安全综合分析推理系统需要采用开放的架构设计，作为一个子系统接入已有的安全监测信息管理系统或数据分析系统，子系统所需监测数据（含测点信息、自动化数据、人工数据、水情数据），以接口方式从其他监测数据库中获取，同时其他系统也可以使用接口的形式查询、发布子系统的分析推理结果。

5 水工建筑物监测智能化系统特点

随着“大云物移智”技术的深入应用，水工建筑物安全监测智能化取得了跨越式发展，现阶段，安全监测智能化系统具有以下特点。

5.1 传感器智能化

智能仪器是自带微型计算机或者微型处理器的测量传感器，仪器自身具有数据存储、数据传输、逻辑运算判断及自动化操作等功能。随着人工智能技术和电池技术的迅猛发展，逐步具备自检、自校、自诊断功能、物理量直接展示、结果数字化输出、无线传输和人机交互等功能特性。

5.2 接口标准化

国内外多个监测仪器生产厂家的仪器设备，由于各家接口和系统不通用、需要专业安装调试队伍等问题严重阻碍了大坝安全监测自动化的推广，为此需要研究通用的通信协议、数据库接口、通信接口、传感器接口和电源接口标准，建立健全相应的技术规程规范，从而方便各个系统设备、模块之间的集成。

5.3 实时诊断

通过有线或无线网络可实现远程控制、参数设置、故障诊断等操作。如利用移动网络技术，只要在手机能上网的地方，通过3G/4G/5G即可以实现远程数据采集、系统维护、软件升级和维护、故障原因和修复方法以及测值成因分析等，同时通过短消息实现建筑物安全报警和故障提示，从而极大地方便安全自动监测系统的运行维护。

5.4 电站群信息系统集成

利用云计算技术集成流域乃至管理单位所属大坝群的信息系统，利用大数据技术收集整合电站群通过物联网技术连接传感器的相关数据，同时需要用到GIS技术、数据仓库、数据挖掘、远程通信等技术。通过建立电站群安全监测海量数据库，集中进行数据处理，利用数据挖掘技术从中发现新的规律，对充分利用数据资源，提高建筑物设计、施工和运行维护水平将起到十分重要的作用。安全监测数据采集、分析评价、远程操控等由云平台进行统一管理。逐步实现安全监测数据集中管理，全环节的数据共享利用、数据统一分析评价。

5.5 移动化运行管理

近年来移动互联网技术发展迅速，智能手机大量普及，移动基础设施逐步完善。移动互联网可以克服运行管理工作在空间、时间上的阻隔，满足现场突发性、不确定性的日常工作要求。例如水工建筑物安全巡视检查工作可以通过手机APP完成，通过GPS定位、拍照、摄像等手段，实现实时巡查情况的上报，能减轻巡查工作量，规范巡查路线和流程。

5.6 虚拟现实

虚拟现实技术是数字电站的必然要求，是与GIS、GPS和RS技术相配套的技术。近年来，虚拟现实技术又有了很大的发展，在水工建筑物安全监测自动化方面的应用可以包括：①动态模拟大坝变形、渗流、裂缝等的产生、发展和相互耦合过程，实现三维动态可视化；②利用增强现实模拟上下游溃坝、泄洪和其他荷载变化对建筑物安全的影响，进行淹没和损失评估；③利用分布式虚拟现实环境，在因特网环境下，充分利用各地人才和数据资源的优势，协同开发虚拟现实的建筑物健康诊断系统等。

6 结语

本文将智能化技术运用到电站建筑物监测管理系统，将电站模型和监测信息相结合，建立了电站建筑物信息模型和专家系统。针对抽水蓄能电站水工建筑物特点，以实时监测资料为基础，采用改进的统计数学模型并结合产生式专家系统综合分析评价方法对抽水蓄能电站水工建筑物安全性态进行快速评价。实现了电站模型漫游可视化，模型信息、监测信息实时查询、分析等功能，有效地对电站模型、监测等各项信息进行管理与共享，提高了电站的管理效率，为电站运行安全管理提供了有力的支持。

参考文献

[1] 何金平，李珍照，施玉群. 大坝结构实测性态综合评价方法研究 [J]. 水力发电学报，2001 (2)：36-43.

[2] 吴中如. 水工建筑物安全监控理论及其应用 [M]. 北京：高等教育出版社，2003.

[3] 郑付刚，游强强. 基于安全监测系统的大坝安全多层次模糊综合评判方法 [J]. 河海大学学报（自然科学版），2011，39 (4)：407-414.

构建电力企业安全双重预防机制的探索与实践

李来生　张富新

（国网新源控股有限公司检修分公司，北京市　100068）

【摘　要】本文围绕《中共中央国务院关于推进安全生产领域改革发展的意见》中关于构建风险分级管控和隐患排查治理双重预防的部署和要求，分析了电力企业生产安全事故发生的内在逻辑关系，结合笔者在安全管理工作的一些探索与实践，提出了自己的看法和建议，阐明了构建双重预防机制的目的、思路、存在的不足及主要措施，以期共同提高电力企业的安全生产水平。

【关键词】构建　电力企业　双重预防机制

1　双重预防机制的提出及目的

1.1　双重预防机制的提出

《关于推进安全生产领域改革发展的意见》明确提出要构建风险分级管控和隐患排查治理双重预防机制，防止风险演变和隐患升级失控，进而导致生产安全事故的发生。在各行业的生产过程中，都存在着这样那样的风险和隐患，如果将遏制重特大生产事故作为安全生产工作的“牛鼻子”，那么风险分级管控和隐患排查治理就是遏制生产事故的“牛钳”和“缰绳”！牵住了安全生产的“牛鼻子”，并将其作为安全生产领域改革发展的重点，这既符合安全生产规律，同时与电力企业安全生产的具体情况相契合。必须落实《中共中央国务院关于推进安全生产领域改革发展的意见》的要求，筑牢双重预防机制两道安全防火墙，以实现电力企业安全生产平稳健康可持续发展。

1.2　双重预防机制的目的

构建风险分级管控和隐患排查治理是有效遏制重特大事故的有力举措和关键途径，安全管理的基本理论指出生产安全事故的发生是由量变到质变的渐变和积累的过程。安全风险管控不当形成隐患，隐患未及时治理导致事故的发生，这是事故发生的内在规律，存在危险因素从危险状态失控至形成人员伤亡和财产损失的链条。构建风险分级管控与隐患排查治理双重预防机制目的就是要斩断危险从源头（即人的不安全行为、物的不安全状态、环境的不安全因素及管理缺陷）到事故的传递链条，使安全生产管理窗口前移，从隐患排查治理前移到安全风险管控，强化风险意识，分析事故发生的安全链条，抓住关键环节，采取预防措施，确保安全生产顺利开展。

2　当前双重预防机制在实施过程中存在的不足

笔者作为基层电力企业安全管理人员，经常与同行交流安全管理理念和经验。笔者认为现阶段有些单位还没有建立完善的双重预防机制，而有些单位在实施过程中也存在一些不足，究其原因主要存在以下问题。

2.1　安全生产意识还有待提高

安全生产工作事关企业和社会发展全局，而有些员工仍存在“安全管理凭经验，安全工作凭习惯”的思维，这是一线员工普遍存在的问题。而作为企业安全管理人员还应进一步提高对建设双重预防机制重要作用的认识，形成自上而下的双重预防机制建设要求，如果认识不清或安全意识不到位就会导致双重预防机制的构建达不到预期目的。

2.2　风险及隐患辨识人员能力不足

客观地说，风险辨识与隐患排查工作需要较强的综合能力和素质，而有的安全管理人员管理知识单一，知识结构不尽合理，现场经验不足，未形成系统风险意识，对特定场所、特定部位及特定设备存在的安全风险及隐患认识不充分，在风险辨识与隐患排查的时候可能会出现辨识错误、漏项或抓不住重点风险与隐患的情况。

2.3　风险辨识及隐患排查存在偏差

风险辨识及隐患排查涉及企业所有岗位、所有区域及所有环节，可能因为员工个体的技术、认知、能力等良莠不齐或辨识方法不科学，导致风险辨识与隐患排查不够全面。同时，在风险等级评估的过程中，风险评估人员对风险发生的可能性及严重程度的判断会因为个人预判断能力不同导致对风险的评估分级存在偏差。同样的风险，不同的评估对象对风险的评估等级会有不同，中国古代寓言《小马过河》中的故事中，同一条河流对于小马和松鼠而言，过河的风险等级是完全不同的。

2.4　采取的安全措施针对性不强

某些单位在风险预防过程中对风险的督查内容不全，核查深度不够，安全措施没有针对工作中存在的风险进行辨识，采取的安全措施往往比较笼统、单一，比如强调加强培训，加强管理之类的措施比较宽泛，而有的措施仅限于生产作业风险，没有将管理因素或其他因素考虑在内，针对性不强。

2.5　双重预防机制在构建的过程中融合度不高

双重预防机制建设的本质是统一的，有些单位没有将“双重预防机制”融入到企业生产经营全过程，没有落实到全员安全生产责任体系中，在风险分级管控落实上，存在被动现象。而有些单位存在着误区，把风险分级管控和隐患排查治理理解成两个系统，没有有效地进行体系融合，或者是生硬地把双重预防机制糅合在一起，没有起到双重预防机制的目的或达不到预期的效果。

3　如何构建安全生产双重预防机制

笔者认为要构建双重预防机制，发挥好风险分级管控与隐患排查治理两道防线的作用，应注意以下几点。

3.1　进一步提高政治站位重视安全生产工作

电力企业要进一步提高安全生产管理水平，首先要提高安全生产意识，总结和把握安全生产的客观规律。安全生产是一切发展的基础和前提条件，要提高政治站位，牢固树立安全红线意识和底线思维，以讲政治的高度抓安全生产工作，发展决不能以牺牲人的生命为代价，这必须做为一条不可逾越的红线！电力企业在实践中要进一步强化责任落实，履行企业的主体责任，按照“一岗双责、党政同责、齐抓共管、失职追责”的要求做到在其位，谋其政，尽其责，强力推进企业落实自己的主体责任，做到守土有责，守土负责，守土尽责。只有全体员工都有这样的安全意识，才能构建并运行好双重预防机制，掌握企业的安全生产主动权，打赢安全生产主动仗。

3.2　构建双重预防体系的思路

抓好安全风险管控和隐患排查治理最根本的是紧盯安全目标、牢牢守住安全“红线”；最重要的是落实安全生产责任制；最关键的是及时发现解决各类风险隐患；最要紧的是完善应急管理体系。风险分级管控和隐患排查治理双重预防机制以安全风险评价为基础，以隐患排查和治理为手段，将安全管理窗口前移，着重在预防机制上下功夫，要通过危害因素辨识，发现生产过程中存在的安全风险及危险因素，通过制定针对性的风险预防措施达到防控事故发生的目的。

3.3　构建双重预防体系的若干原则

一要坚持风险优先原则，以风险管控为主线，把风险评估和风险管控作为安全生产的第一道防线，切实解决“认不清、想不到”的突出问题；二要坚持系统性原则，从人、机、料、法、环五个方面，构建风险管控和隐患治理两道防线，努力把风险管控挺在隐患之前，把隐患挺在事故之前；三要坚持全员参与原则，将双重预防机制建设各项工作分解落实到各个工作岗位，确保责任明确及责任落实；四要坚持持续改进原则，按照 PDCA 管理方法，针对双重预防体系存在的不足，不断加以完善、改进。

3.4　强化对危险源、风险和隐患的理解与认识

对于安全管理人员来说，要构建双重预防机制必须对相关的概念有非常清晰的认识，否则工作就会无从下手和无处着力。

危险源在 GB/T 28001—2011《职业健康安全管理体系　要求》中的定义为可能导致人身伤害或健康损害的根源、状态、行为及其组合。按照危险源存在形态，危险源可以分为第一类危险源和第二类危险源。第一类危险源是指生产过程中存在的，可能发生意外释放的能量，包括生产过程中各类能量源、能量载体或危险物质，例如火工品、充满煤气的煤气罐等，它们失控可能导致爆炸和火灾等；第二类危险源是指导致能量或危险物质约束或限制措施破坏或失效的各种因素，比如人的不安全行为、物的不安全状态、不良的环境和管理因素等。第一类危险源决定了事故后果的严重程度，能量越多，事故后果就越严重；第二类危险源决定了发生事故可能性的大小，不安全因素越多，出现越频繁，发生事故的可能性越大，管理越规范，要求越严格，发生事故的可能性越小。

风险指不确定性对目标的影响，安全风险指特定事件危害发生的可能性及后果的组合，用公式 $R=f(F, C)$ 表示，式中 C(Consequences) 表示发生事故的严重程度，F(Feasibility) 表示事故发生的可能性或事故发生的频率。安全风险强调的是危害的不确定性，包括发生概率的不确定性，发生时间的不确定性，事故损失程度的不确定性等。风险是人们对因为各种原因导致事故发生的可能性及主观评价，是人们对风险辨识分析的结果，具有相对性，相同的风险对于不同的对象来说，具有不同的风险等级。对生产单位来说，可以把风险分为重大风险、较大风险和一般风险，对于基建单位来说，根据风险程度划分为一级风险、二级风险、三级风险、四级风险等级别。

隐患指违反安全生产、职业健康等相关法律法规及规章制度的规定，或者因其他因素在生产经营中存在可能导致事故发生或导致事故后果扩大的人的不安全行为、物的不安全状态、环境的不安全因素或管理缺陷。根据《安全生产事故隐患排查治理暂行规定》（国家安全监管总局令第 16 号），隐患可分为重大事故隐患、一般事故隐患，对于电力行业而言，隐患等级由高到低依次分为重大事故隐患、一般事故隐患及安全事件事故隐患，只有明确了这些基本概念才能更好地构建双重预防机制并取得良好效果。

3.5　成立双重预防机制建设领导组织机构

双重预防机制的构建是一个复杂的系统工程，需要全体员工的参与、支持和配合，必须成立双重预防机制建设领导组织机构，明确各部门的职责，在领导组织机构统一部署下开展制定详细的建设方案、培训人员、进行风险辨识和隐患排查、建立数据库、制定风险防控方案和指导书等各项工作（双重预防机制构建流程图如图 1 所示）。

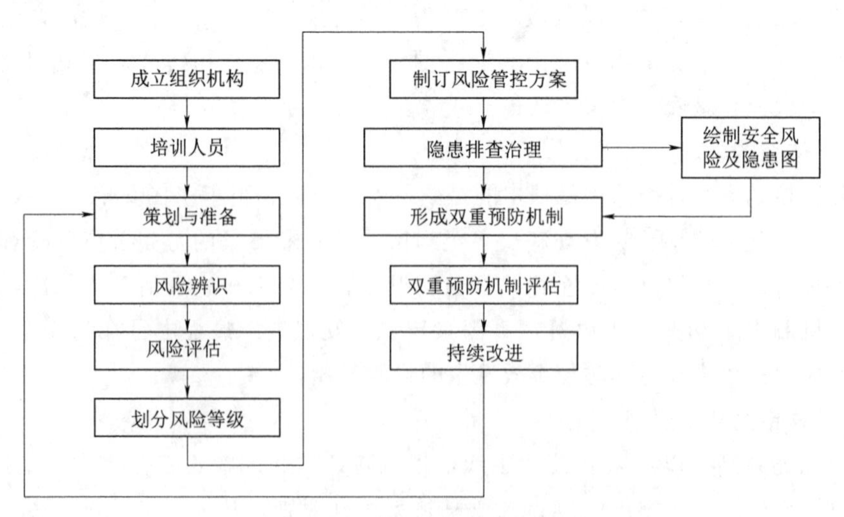

图 1　双重预防机制构建流程图

3.6　开展双重预防机制的宣贯工作

双重预防机制构建方案制定后，要进行全员的培训工作，真正使公司每位员工都清楚自己的职责和义务，找准自己在体系建设中的角色定位，让员工熟悉体系内容，清楚自己该干什么，何时干，标准是什么，谁负责实施，谁负责监督检查等内容，真正担负起在体系中的安全职责。

3.7 要统一风险和隐患的辨识标准

为避免风险分级管控和隐患排查治理出现偏差，同时避免同样的风险不同的人员辨识评估结果不同，基层单位要制定并完善相关规章制度及形成统一的评估标准。目前风险评估方法有定量风险评价法，如QRA法，有定性评价方法，如安全检查表法。目前，风险评估大多是根据风险评估公式 $D=LEC$ 评估，公式中 L(Likelihood) 表示发生事故的可能性；E(Exposure) 表示事故发生的频率；C(Consequence) 表示事故可能造成的后果。公式 $D=LEC$ 评估出来的风险等级相对客观，但笔者认为这个公式应进一步完善，应增加一个由于人的经验、能力等不同因素为代表修正值，用以修正不同的因素带来的主观评估偏差。比如现场经验欠缺的人员由于其认知水平有限，有些风险没有被辨识出来，这样根据公式 $D=LEC$ 辨识出的 D 值会偏低。而对于工作经验丰富的评估人员，其评估结果相当接近客观 D 值，这样经修正后的风险评估公式更具有科学性、准确性和全面性。

3.8 利用“互联网+”技术建立风险隐患数据库

要组织全员对本单位的风险点和隐患进行排查，利用“互联网+”技术形成风险及隐患台账，根据风险的辨识结果，设置风险点、风险描述、风险等级、风险管理措施等因素形成的风险数据库，便于对风险发生的可能性、发生事故后可能造成的后果进行分析，并针对风险分析结果采取针对性安全措施（见安全风险分析表1）。同时要对存在的各种类隐患进行全员全面全过程全方位的安全排查。各单位要梳理有关风险和隐患的相关规章制度及管理要求，结合各单位的实际管理情况，可细化重大隐患、一般隐患A类（人身伤亡）、一般隐患B类（设备损坏）、安全事件隐患A类（人身伤亡）、安全事件隐患B类（设备损坏）等级别，隐患数据库的建立可参照安全风险数据库（表1）建立。也可以结合公司实际情况划分为公司级管控、部门级管控及班组级管控的隐患，并针对不同的隐患确定相应的排查方法与频次。

表1 安全风险数据库

序号	业务板块	风险点		风险描述				风险等级				风险管理措施	风险管控责任岗位	风险管控责任人
		单元	子单元	危险源	危险源类型	可能造成的后果	后果类型	可能性	严重度	风险值	风险等级			
1														
2														

3.9 加强对风险及隐患的管控力度

采取针对性的措施对风险及隐患进行分级管控，对重大风险作业由公司层级直接管控风险和隐患排查治理，对其进行“四不两直”检查及到岗到位监督；对较大风险的作业，要由部门级进行安全管控制定作业指导书，履行作业方案的审批手续，同时由部门级安全管理人员到现场进行安全作业监督检查；而对一般风险作业则由班组进行作业面安全作业管控。

对重大隐患一般安全隐患也要采取针对性措施加以整治，一般来说，对于安全事件隐患要求隐患责任部门立即进行整改；对于一般事故隐患由单位负责人或有关人员组织制定隐患整改方案并加以实施；而对于重大事故隐患则由生产单位主要负责人组织制定隐患治理方案并组织实施，需要指出的是，重大事故隐患治理结束后如果是挂牌督办的重大事故隐患，则重大事故隐患治理后还需对此项隐患做销号处理。

4 结语

电力行业企业构建并实施安全生产分级管控和隐患排查治理双重预防机制，核心是树立全体员工的安全风险意识，实施的关键是全员全过程全方位的参与控制机制，目的是通过精准的有针对性的有效的风险管理，切断隐患产生向生产安全事故转化之间的链条，从根本上防范风险，化解及杜绝事故，实现关口前移，预防为主，落实企业的安全生产主体责任，履行企业全体员工的岗位全链条安全生产责任制，确保企业安全健康可持续发展。

安全教育培训“流水席”在江苏句容抽水蓄能电站的应用

王双安
（江苏句容抽水蓄能有限公司，江苏省镇江市　212000）

【摘　要】 农民工的安全教育培训一直是工程建设一项重要难题，本文介绍了江苏句容抽水蓄能电站安全教育培训流水席在农民工安全教育培训中的应用，包括农民工信息录入、三级安全教育培训、考试、进场、退场等各个环节的具体论述，以及过程中发现的问题与采取的措施，为抽水蓄能电站工程建设中的农民工安全教育培训提供借鉴和参考。

【关键词】 工程建设　农民工　安全教育培训

1　引言

现阶段，我国水电建设工程施工承包商自有人员绝大多数从事安全、技术等管理岗位，具体的施工主要采用由劳务分包和专业分包单位招收农民工作业的形式，而抽水蓄能电站工程建设由于工程量大、任务重，建设过程中需要大量农民工，一方面，根据《中华人民共和国安全生产法》等法律法规要求，用人单位需组织对施工作业人员进行安全教育培训；另一方面，受限于自身文化层次较低，绝大部分农民工存在安全观念薄弱、安全意识差、安全技能水平低等问题，给电站工程建设带来了一定隐患，也凸显了对农民工进行安全教育培训的必要性与重要性。结合相关法律法规要求及农民工自身特点，通过不断探索与多次实践讨论，江苏句容抽水蓄能电站（以下简称“句容电站”）创造性地提出了安全教育培训流水席制度，明确了农民工安全教育培训的职责分工、流程、培训内容、方法等，解决了长久以来困扰抽水蓄能电站工程建设的农民工安全教育培训不到位的问题。

2　农民工安全教育培训现状分析

农民工最大的特点就是“昨天”是农民，“今天”可能就是农民工，流动性较大，反映在工程建设中，就是农民工的进场时间不统一，既存在同一批次大量农民工进场，也存在分批次少量进场，其中后者往往是常态。由于流动性大，现阶段施工单位开展农民工安全教育培训时，往往采取“抓大放小”“聚少成多”的方法，对于一批次大量进场的农民工，施工项目部会立即安排人员进行安全教育培训，对于一批次少量进场的农民工，施工项目部为节省人工，会等待下几批农民工进场后再集中进行安全教育培训。在这个过程中，前一批次进场的农民工由于未及时进行安全教育培训，进场后有几天时间无法上岗作业，存在“窝工”情况，间接增加了施工单位用工成本。

另一方面，由于农民工流动性大，现阶段施工单位对施工过程中农民工的数量无法准确掌握，对农民工的日常安全教育培训及转岗后的安全教育培训无法有效开展，农民工每年再教育时间难以达到规定要求。特别是转岗后的农民工，不能及时对其开展转岗安全教育培训，其无法准确掌握新岗位操作技能及安全注意事项，为以后的施工作业埋下安全隐患。

3　安全教育培训“流水席”实施方法

3.1　“流水席”设置

句容电站安全教育培训“流水席”由施工项目部—作业队—班组三级组成，分别对应入场三级安全教育培训，每一层级负责的安全教育培训内容不同，采用的安全教育培训形式也不同。安全教育培训“流水席”的顺利实施，前提工作由两部分组成。一是硬件打造，施工项目部、作业队、班组分别在办公或生活营地设立专门的安全教育培训教室，配备电脑、投影仪等教学设备，保证安全教育培训硬件齐全。施工项目部统一建造安全体验馆，配有安全帽撞击、高空坠落、洞室逃生等体验项目及 VR 虚拟设备，通过实物体验，增强安全教育培训效果；二是软件配置，施工项目部、作业队、班组根据专业、工种、经验等不同，在内部人员中选拔兼职安全教育培训讲师，由施工项目部汇总成安全教育培训讲师名单，在项目部内部发文公布。兼职讲师不同专业、工种冗余配置，确保人员充裕，任何时候都保证有人员能及时投入安全教育培训。

目前句容电站已设置安全教育培训教室 2 间，包含 18 项体验项目的安全体验馆一座，各级专兼职安全教育培训讲师 60 余人，已成功开展各类安全教育培训百余次。

3.2　农民工信息采集

安全教育培训“流水席”能否有效实施的关键第一步是能否准确掌握农民工信息。句容电站建立了农民工信息电子台账，将农民工信息管理关口前移，下沉至施工单位。施工单位在农民工进场后，及时收集农民工个人信息，汇总成信息表，提交监理审核，监理审核通过后，有施工单位上传至电子信息台账，上传成功后，每一位农民工信息会自动生成一个二维码。二维码由施工单位张贴在农民工安全帽上，通过扫描二维码可以查询该农民工身份证、年龄、工种、所属分包单位、安全教育培训情况等信息。农民工退场时，由施工单位收集退场农民工资料，提交监理审核，监理审核通过后，由施工单位在电子信息台账上将退场农民工信息删除，其对应的二维码也随即失效。

句容电站将施工现场划成各施工责任区，每个责任区都有施工、监理、业主三方责任人，责任人每日作业前会进行安全日巡查，巡查的重要内容之一就是通过扫描二维码，将现场作业人员与农民工电子信息台账进行核对，保证现场作业人员与电子信息台账一一对应。

目前句容电站施工现场共有 6 个责任区，自工程开工以来，各施工单位共计进场 118 批农民工，每批农民工信息均及时采集上传至电子信息台账，并发放二维码。

3.3　“流水席”实施

“流水席”包含两方面含义。一是农民工如流水般不断进场。农民工进场前，由施工项目部负责收集农民工信息，经内部初审后报监理审核，监理审核通过后录入农民工电子信息台账，通知施工项目部组织农民工及时进场。保证农民工信息录入不延迟，进场不耽误。进场后，由监理核对农民工身份信息，确保信息准确，人员对应。二是安全教育培训如流水般持续开展。由于农民工进场不间断，施工项目部这一级别的安全教育培训也不间断。新进场的农民工信息录入，完成身体检查后，直接进入安全教育培训阶段。由项目部专兼职讲师进行授课，根据农民工工种分专业开展，保证农民工教育培训不耽误、针对性强。培训达到规定学习课时后，进行考试，合格后发放工作证，准许上岗作业。此外，根据农民工进场时间，项目部将农民工分为不同批次，并为每一批次农民工指派一位安全教育培训负责人，负责引导、监督、检查农民工安全教育培训工作，保证农民工安全教育培训良好效果。流程见图 1。

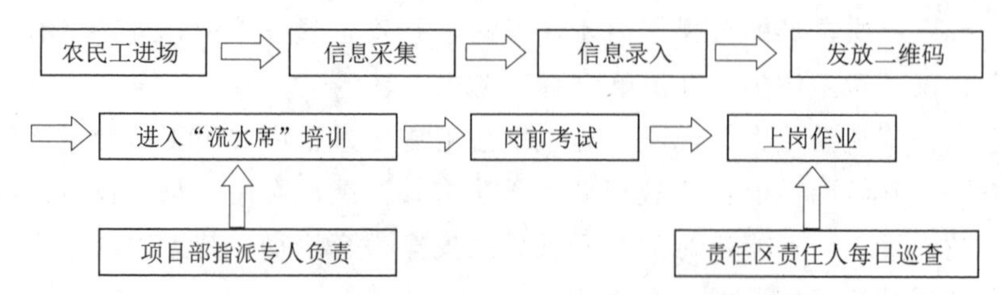

图 1　农民工安全教育培训“流水席”流程示意图

3.4　监督

在“流水席”实施过程中，监理及业主全程监督。一是在农民工进场过程中，监理全程把关，审核农民工进场信息，核对农民工身份资料，确保进场人员信息准确、资质合格，守住农民工进场关。业主适时监督、抽查。二是监理及业主人员通过授课、听课、旁站见证等不同方式不定期参与农民工安全教育培训过程，对农民工教育培训进行评估，保障教育培训效果。农民工安全教育培训达到规定时长后，由监理负责对其进行考试。三是监理及业主定期开展安全教育培训检查，查阅项目部、作业队、班组三级安全教育培训资料，发现问题及时督促整改。四是各施工责任区监理及业主责任人每日对作业面农民工进行现场抽查，扫描农民工工作证二维码，核对农民工信息，发现作业农民工信息有误、未进行安全教育培训或培训时长不足，立即停止其作业，进一步保证“流水席”实施效果。

4 安全教育培训“流水席”效果评估

安全教育培训“流水席”实施以来取得了如下效果：一是保证了安全教育培训的及时性，避免出现“窝工”现象。实施前，每批农民工进场后，普遍需要等待1～3d才能进行安全教育培训，造成农民工1～3d的“窝工”，以每位农民工一天200元的劳动报酬计，项目部普遍在每位民工身上需要多支出200～600元，实施后，农民工一进场立即就能参与安全教育培训，杜绝了“窝工”现象，降低了项目部用工成本。二是提升了农民工安全意识，农民工违章行为大幅减少。以下发的违章罚款通知为例，实施前，普遍每月下发8～9起，实施后，普遍每月下发3～4起，呈现大幅降低趋势。

5 结语

安全教育培训“流水席”自2017年以来在句容电站工程成功实施，实施效果表明，安全教育培训“流水席”具有实施方便、效果良好、过程可溯、人员受控等优点，显著提高安全教育培训工作效率，可以有效满足建筑工程，尤其是大型水电工程施工项目部农民工安全教育培训工作需求。

笔者建议，在实施过程中需要做好以下几点：

(1) 农民工信息采集。“流水席”顺利实施的前提在于准确采集农民工信息，建议按进场时间将农民工分批，信息采集与现场核对相结合，确保农民工信息采集及时准确。

(2) 培训讲师确定。培训讲师的确定要综合考虑专业、工种等条件，同时，因为讲师都是兼职，所以要冗余配置，避免出现讲师缺少，导致“流水席”中断的事件。

(3) 加强过程监督。由于“流水席”由项目部实施，因此实施过程中，监理及业主的监督就尤为重要，尤其是现场作业面负责人，要定期检查作业人员信息，确保人员培训及时到位。

十三陵抽水蓄能电站上水库变形监测控制网及复测成果分析

张 溪 翟 洁 张 毅

（国网新源控股有限公司北京十三陵蓄能电厂，北京市 102200）

【摘 要】本文首先阐述了十三陵抽水蓄能电站上水库变形监测控制网的布设情况，再对 2019 年度复测成果进行分析评价。十三陵抽水蓄能电站上水库变形监测控制网复测使用仪器为徕卡 TM50 电子全站仪，仪器委托国家光电测距仪检测中心进行检定并出具检定证书。上水库监测网观测频次为：基准网每年度观测 1 次，工作基点网每年度观测 2 次，二等水准高程控制网每年度观测 1 次，各项外业观测严格按照操作规程和相应规范要求进行，以确保原始观测数据的真实性和可靠性，观测资料记录信息清晰、完整，为正确、可靠、客观地分析监测网复测成果提供依据。

【关键词】十三陵抽水蓄能电站 上水库变形监测控制网 复测成果分析

1 引言

十三陵抽水蓄能电站位于北京市昌平区十三陵风景区，利用十三陵水库作为下池，在水库左岸蟒山上寺兴建上水库，输水系统和发电厂房洞室群建于蟒山山体内。电站枢纽由上水库、引水隧洞以及高压管道、地下厂房及变电室、尾水隧洞以及下池防渗、补水工程等组成。电站最大上下游水位差 481m，装机 4 台可逆式水轮发电机组，总容量 800MW。电站建成后接入京津唐电网，作为京津唐电网的主力调峰、调频和紧急事故备用电厂。上水库工程位于上寺沟沟头，采用开挖和筑坝相结合的方式兴建，主、副坝均为混凝土面板堆石坝，主坝坝高 75m，坝顶至下游坡脚最大填筑高差 118m。上水库正常蓄水位 566m，死水位 531m，总库容 445 万 m^3，有效库容 422 万 m^3。

2 上水库平面变形监测控制网

2.1 监测控制网布设基本情况

十三陵抽水蓄能电站上水库表面变形平面监测网按两级布设，共有网点 10 座。一级主网由 TN1～TN4 共 4 座网点组成大地四边形；二级工作基点网在一级主网基础上发展加密，布设工作基点 6 座，点名为 TB1～TB6，依工作基点位置分布及通视状况与主网点组成观测图形，网形如图 1 所示。

按上述观测图形，按边角全测量方式进行统计：测站数 10 个，水平方向 56 个，对向观测 56 条边。

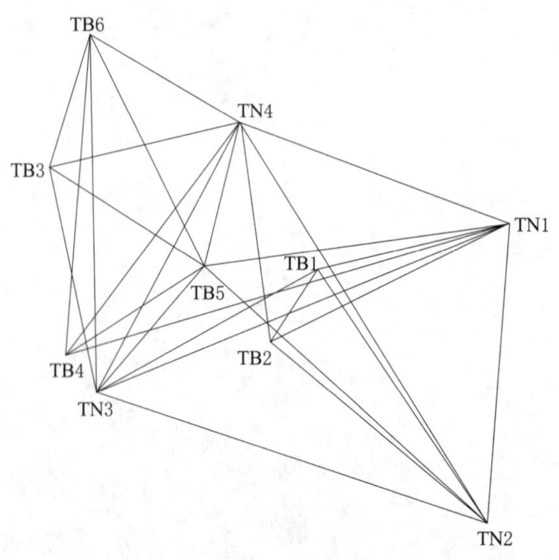

图 1 平面监测控制网示意图

2.2 观测方法及技术要求

基准网复测水平角采用方向观测法 12 个测回观测；天顶距观测为中丝法 12 个测回观测，照准目标为固定觇牌；距离观测 2 测回，每测回 4 次读数，照准目标为配套棱镜。并记录温度、气压及必要的测量信息。各项观测均独立进行，观测数据通过机载记录程序控制，观测时各项限差设置见表 1，其他辅助项目的测量及读数要求见表 2。

表1 各观测项目观测限差表

观测类型	限差项目	限差要求
水平方向	两次照准目标读数之差	3″
	半测回归零差	5″
	一测回2C较差	9″
	化归同一起始方向后，同方向各测回较差	5″
	三角形最大闭合差	2.5″
	按菲列罗公式计算的测角中误差	0.7″
天顶距	指标差互差	6″
	同一方向天顶距测回差	4″
距离	一测回读数较差	2mm
	同方向各测回距离互差	2.5mm

表2 其他辅助项目的观测要求

项目	读数要求	备注
仪器高	精确至0.1mm	测前、测后各量取1次读数，差值不大于0.3mm
棱镜高	精确至0.1mm	
温度	估读至±0.2℃	与距离观测同步进行
气压	估读至±50Pa	

2.3 平差计算

监测网平差计算采用北京院开发并通过鉴定《工程控制网内外业一体化》软件，其平差方法为间接观测平差，定权采用方差分量估计法迭代定权；该软件具有完善的数据处理功能，输出成果完整、内容齐全。通过该软件可对外业采集的观测数据进行数据预处理，并自动转换为平差数据文件，具有经典、秩亏和拟稳不同平差模型的计算功能，便于监测网的稳定性分析。

工作基点网复测的数据成果计算是以一级主网点TN1、TN2、TN3、TN4为已知点，进行三维经典平差，主网点成果采用本年度年中复测成果。

2.4 精度统计

依据监测网二级工作基点网复测的平差成果对观测值精度、最弱点点位精度进行统计，观测值精度见表3，最弱点点位精度见表4。

表3 工作基点网平差值精度统计

按平差值计算的方向值中误差	按平差值计算的天顶距中误差	按平差值计算的平均边长中误差
±0.75″	±0.70″	±2.97mm

表4 工作基点网最弱点点位误差

点名	最大误差椭圆			最弱点点位误差			
	a/mm	b/mm	c/mm	M_x/mm	M_y/mm	M_p/mm	M_z/mm
TB4	0.99	0.66	0.87	0.92	0.94	1.32	0.66

平差计算结果表明，本年度工作基点网第二次复测的最弱点点位中误差最大为±1.32mm，各网点均优于设计要求的最弱点平面点位中误差不大于±2.0mm精度指标。

3 上水库高程基准网

3.1 高程基准网基本情况

十三陵抽水蓄能电站高程基准网采用一次布网形式完成，共设置高程基准网点20座，其中：水准基点2座，点名为LB1、LB2；普通混凝土水准点3座，点名为BM1、BM2（已被破坏）、BM3；平面基准网点下部水准点10座，点名为平面点号前冠以字母BM；固定临时水准点6座，点名为L1、L2、Z1、Z2、Z4、L6。依据点位分布位置采用环线或支线形式组成水准观测路线，按Ⅱ等水准技术要求施测，通过测定水准基点LB1、LB2之间的高差，对水准基点的稳定性做出正确判定，当高差变化在限差要求范围以内时，两水准基点及相应高程均可作为高程基准网的起算点和起算高程，水准线路图如图2所示。

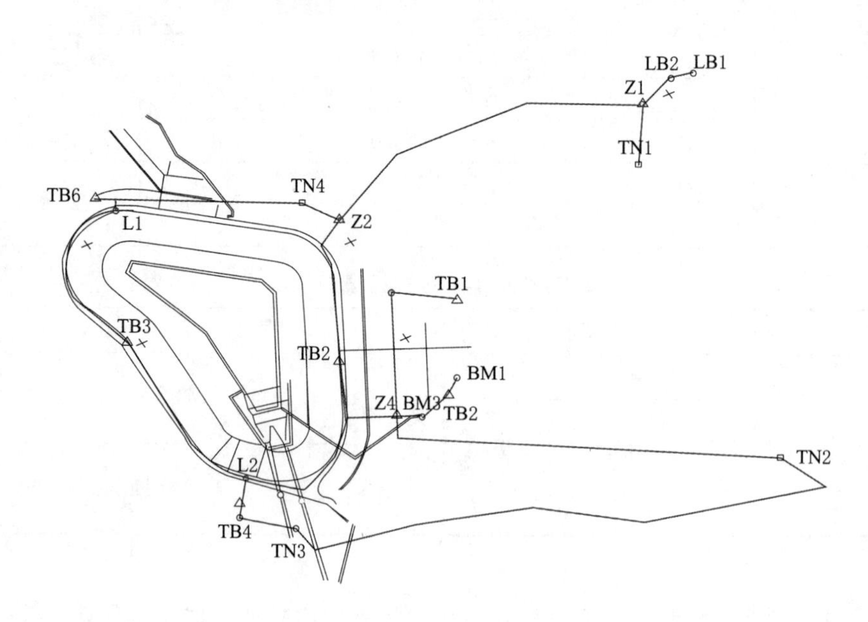

图2 上水库高程基准网水准线路图

3.2 观测方法及技术要求

数字水准仪作业期间应进行i角测定，当i角大于15.0″时应予以校正；观测时测站的视线长度、前后视距差、视线高度、重复测量次数等应按表5的规定执行，水准测段观测要求见表6。

表5 测站观测限差

观测等级	视线长度/m	前后视距差/m	测站前后视距差累积/m	视线高度/m	重复测量次数
二等	≥3，≤50	≤1.5	≤6.0	≤2.8，≥0.65	≥2次

表6 测段限差

等级	往返测高差不符值	附合路线闭合差	环闭合差	检测已测测段高差之差
二等	$4\sqrt{k}$	$4\sqrt{L}$	$4\sqrt{F}$	$6\sqrt{R}$

注 k—测段长度，km；
L—附合路线长度，km；
F—环线长度，km；
R—检测测段长度，km。

由往、返测段高差不符值计算的每千米水准测量的偶然中误差M_{Δ}应满足下式要求：

$$M_{\Delta}=\pm\sqrt{[\Delta\Delta/R]/(4\times n)}\leqslant\pm1.0\text{mm}$$

式中 Δ——测段往返测高差不符值，mm；

R——测段长度，km，当每千米单程测站数大于16站时，可以测站数计算高差不符值；

n——测段数。

高程基准网包括2条水准环线和3条水准支线，各平面基准网点盘面高程采用水准支线形式联测。水准测段数总计32个，测段最长距离1.50km、最短距离不足100m，线路水平距离总长度约7.2km；测段中观测测站数最多的为72站、最少的为2站。按测段统计的往、返测高差不符值见表7。

表 7　往、返测测段高差统计

测段号	起点点名	终点点名	水准路线长度/km	往测高差/m	返测高差/m	高差不符值限值/mm
1	LB2	LB1	0.10	2.92010	−2.92010	1.26
2	LB2	Z1	0.20	−9.93320	9.93425	1.79
3	Z1	Z2	0.47	29.57455	−29.57385	2.74
4	Z2	BMTN4	0.26	39.69910	−39.69905	2.04
5	BMTN4	BMTB6	0.36	−15.24170	15.24150	2.40
6	BMTB6	L1	0.07	−20.19500	20.19500	1.06
7	L1	BMTB3	0.32	−0.06270	0.06270	2.26
8	BMTB3	L2	0.33	−0.03310	0.03370	2.30
9	L2	BMTB5	0.39	0.23995	−0.23940	2.50
10	BMTB5	Z2	0.32	−4.40530	4.40465	2.26
11	BMTB5	L2	0.38	−0.23940	0.23995	2.47
12	L2	BMTB4	0.09	28.34165	−28.34095	1.20
13	BMTB4	BMTN3	0.11	21.16920	−21.16870	1.33
14	BMTN3	BMTN2	1.50	−63.15050	63.15260	4.90
15	BMTN2	Z4	0.81	−32.77965	32.77890	3.60
16	Z4	BM3	0.04	−17.85455	17.85435	0.80
17	BM3	BMTB2	0.16	−10.60270	10.60245	1.60
18	BMTB2	BM1	0.09	−2.14390	2.14390	1.20
19	BM1	BMTB1	0.28	6.24930	−6.24875	2.12
20	BMTB1	L6	0.22	24.34365	−24.34315	1.88
21	L6	BMTB5	0.21	46.66905	−46.66925	1.83
22	Z1	BMTN1	0.20	−5.64745	5.64735	1.79
23	BMTB1	TB1	0.01	1.16625	−1.16615	0.40
24	BMTB2	TB2	0.01	1.19360	−1.19350	0.40
25	BMTB3	TB3	0.04	1.36645	−1.36645	0.80
26	BMTB4	TB4	0.01	1.12275	−1.12270	0.40
27	BMTB5	TB5	0.04	1.46250	−1.46235	0.80
28	BMTB6	TB6	0.05	1.19185	−1.19180	0.89
29	BMTN1	TN1	0.01	1.17320	−1.17325	0.40
30	BMTN2	TN2	0.06	1.16730	−1.16735	0.98
31	BMTN3	TN3	0.01	1.15590	−1.15585	0.40

以测段距离和高差不符值计算的每千米水准测量的偶然中误差 $M_{\Delta}=\pm0.48$mm，满足国家Ⅱ等水准±1.0mm/km 的精度要求，说明高程基准网复测的外业观测成果质量优良。

3.3 平差计算

3.3.1 起算基准

首先检测水准基点 LB1～LB2 之间的高差，将复测高差与相邻期观测的高差进行比较，对比结果见表 8。

表 8　基准点间复测高差与往年高差对比表

检测测段	本次复测/m	相邻期高差/m	差值/mm	差值限差/mm
LB1～LB2	2.9201	2.9199	0.2	1.6

注　限差根据规范二等水准测量要求按 $6\sqrt{R}$ 计算，R 为测段长度，km。

说明水准基点 LB1、LB2 相对稳定，本次高程网复测的起算点为：LB2，起算高程：544.4356m。

3.3.2 水准网平差

高程基准网受上水库地形条件的限制，仅能形成 2 个水准环线及其他水准支线，多余观测条件一般，一方面不利于水准观测的精度评定；另一方面对水准观测成果的可靠性也会产生影响，尽管如此，为全面考量高程基准网的整体复测情况，仍按规范相关规定进行数据成果的计算处理，高程基准网平差采用北京院开发的《工程控制网内外业一体化》软件，以 LB2 为起算点，按各测段的往测高差、返测高差和测段距离组成平差数据文件，经严密平差计算的各项技术指标统计如下。

水准环线闭合差统计见表 9。

表 9　环闭合差统计表

环　线　名	环线长度/km	环线闭合差/mm	环闭合差限差/mm
Z2—…—L1—…—L2—…—Z2	2.1	1.08	5.79
BMTB5—…—TN2—…—BM1—…—BMTB5	4.1	0.4	8.09

注　限差根据规范二等水准测量要求按 $4\sqrt{F}$ 计算，F 为环线长度，km，高程基准网高程最弱点高程中误差为：±0.6603mm（TN2）。

从平差结果可以看出：高程基准网最弱点高程中误差满足设计要求≤±2.0mm 的精度，说明水准观测成果的精度良好。

4　复测成果对比分析

历年电站上水库表面变形基准网的数据处理采用三维平差方法进行各期平面、高程复测成果的计算，高程基准网的复测成果只作为重要的检核手段应用，为保持上水库测点表面变形监测成果数据的延续性，本期高程基准网复测仍延续原有工作思路，为此将复测的水准测量成果与各类相关数据进行比较，利用 BMTN1～BMTN4、BMTB1～BMTB6 复测高程和每一观测墩下部水准点与盘面复测高差，逐一推算出平面基准点 TN1～TN4 和工作基点 TB1～TB6 的高程，并与上年度水准观测成果进行对比，对比结果统计见表 10。

表 10　与往年高程基准网复测高程对比表

点名	2016 年复测水准高程/m	2017 年复测水准高程/m	2018 年复测水准高程/m	2019 年复测水准高程/m	与 2016 年成果差值/mm	与 2017 年成果差值/mm	与 2018 年成果差值/mm
BM1	491.2176	491.2217	491.2214	491.2198	−2.2	1.9	1.6
BM3	503.9647	503.9682	503.9670	503.9663	−1.6	1.9	0.7
TN1	530.0276	530.0279	530.0276	530.0277	−0.1	0.2	−0.1
TN2	555.766	555.7694	555.7664	555.7674	−1.4	2.0	−1.0
TN3	618.9073	618.9097	618.9066	618.9078	−0.5	1.9	−1.2
TN4	604.9271	604.9287	604.9264	604.9279	−0.8	0.8	−1.5
TB1	498.6329	498.6367	498.6361	498.6350	−2.1	1.7	1.1
TB2	494.5551	494.5591	494.5582	494.5572	−2.1	1.9	1.0
TB3	569.6444	569.6426	569.6399	569.6417	2.7	0.9	1.8
TB4	597.7045	597.7073	597.7049	597.7057	−1.2	1.6	−0.8
TB5	569.9596	569.9545	569.9469	569.9437	15.8	10.8	3.2
TB6	589.7245	589.7265	589.7240	589.7250	−0.5	1.5	−1.0

从表 11 本次水准复测与相邻期水准复测高程比较的结果可以看出：除 TB5 之外，近几年各点高程变化均在±2mm 以内，且无明显变化规律，多是由于观测误差影响；TB5 位于主坝中间，主坝存在持续沉降现象，水准观测结果与外部监测结果予以相互验证。

将水准平差计算的各网点高程和本次基准网主网、工作基点网复测三维平差的计算成果进行对比，统计结果见表11。

表11 与本次平面基准网复测三维计算的网点高程对比表

点名	本次复测水准高程/m	三维平差高程成果/m	差值/mm
TB1	498.6350	498.6388	1.2
TB2	494.5572	494.5553	1.9
TB3	569.6417	569.6412	0.5
TB4	597.7057	597.7060	−0.3
TB5	569.9437	569.9468	−3.1
TB6	589.7250	589.7251	−0.1

表11中所显示的两者高程之间的差值表明，除TB5为−3.1mm，其他点差值均在±2mm以内，这与采用的观测方法不同有一定关系，虽然两种方法间计算的各点高程存在不同，但是无差值特别大的点位出现，说明两种观测方式结果总体上能保持一致，从监测工程实际精度要求及监测资料的延续性方面考虑，在各网点基本稳定的情况下，高程成果采用水准成果作为最终成果，高程基准网复测三角高程成果仅作为重要的辅助检测手段，达到了检测目的，起到了检测效果。

表12 工作基点网第二次复测与年中三角高程成果对照表

点名	2019年11月坐标	2019年5月坐标	坐标分量差	差值限差
	H/m	H/m	ΔH/mm	δH/mm
TB1	498.6324	498.6388	6.4	±2.5
TB2	494.5523	494.5553	3.0	±2.5
TB3	569.6413	569.6412	−0.1	±2.4
TB4	597.7064	597.7060	−0.4	±3.2
TB5	569.9377	569.9468	9.1	±1.9
TB6	589.7248	589.7251	0.3	±2.5

注 下沉为正。

从表12平面对比结果可以看出，由两次观测精度按2倍中误差作为极限误差统计，TB2的X分量差值，TB5的Y分量差值超过限差范围。高程方面，由表12可知，TB5、TB1、TB2高程变化较大，高程变化值超出极限误差允许范围，说明该点存在沉降的可能。

5 复测成果分析及结论

十三陵电厂上水库变形监测控制网已延续多年观测，结合往年复测结果并参照工作基点所处位置，结合历史数据综合来看，TB1本次复测相邻期高程变化偏大，但与2018年同期比变化不明显；TB2位于右坝坡下的阴面，由于TB2位于右坝坡下的阴面，受外界条件影响，可能存在一定的位移变化；TB5位于环库防浪墙上。结合往年复测及监测结果表明，位于防浪墙上点TB5随着水库水位变化及季节更替存在周期变化现象明显，本次复测结果表明除呈周期变化规律外，总体上仍有下沉趋势。

2019年度复测其余各点则相对较为稳定。由于工作基点在整个变形监测过程中，只是起到过渡的作用，其点位变化所产生的影响，在日常监测的后期数据处理时可采取相应的处理方法予以消除。

参考文献

[1] 陈永奇. 变形观测数据处理［M］. 中国混凝土面板堆石坝20年. 北京：测绘出版社，2005：3-18.

OPC 协议在监控系统改造过程中的应用

王宗收　李　勇　李世昌　吴　妍　王晶晶
(张河湾蓄能发电有限责任公司，河北省石家庄市　050000)

【摘　要】张河湾抽水蓄能电站由于建厂时间较长，监控系统各种设备及自动化元件老化严重，备品备件购置困难，因此监控系统迫切需要进行改造升级。本次改造借助 OPC 协议，搭建新监控系统 PLC 与原监控系统 PLC 数据交互平台，实现了新老监控系统数据传输功能，满足新老监控系统 PLC 并列运行的要求，解决了监控改造过程中的关键问题。

【关键词】抽水蓄能　监控系统　OPC 协议

1　背景

张河湾抽水蓄能电站于 2003 年开始建设，2009 年机组全部投入运营，由于建厂时间较长，各种设备及自动化元件老化严重，尤其是电站监控系统迫切需要进行改造升级。该厂监控改造项目周期为 3 年，分为两个阶段，第一阶段为上位机改造，该阶段已完成，改造效果良好。第二阶段为下位机改造，目前已完成 1 号、2 号、3 号机组现地控制单元的改造及公用现地控制单元和上下库现地控制单元的改造升级。

在监控系统改造过程中，为了保证监控系统的正常运行，该厂借助 OPC 协议实现上下位机及机组间数据的传输。OPC 通信协议是针对现场控制系统的一个工业标准接口，是工业控制和生产自动化领域中使用的硬件和软件的标准接口。在控制领域中往往由分散的各子系统构成，并且各个子系统采用不同厂家的设备和方案，就需要各个子系统具备统一开放的接口。OPC 协议提供了不同供应商的设备和应用程序之间的接口标准，使其可以相互间进行数据交互。

2　OPC 协议试验测试

在本次监控系统改造过程中，上下位机的改造以及现地各个控制单元的改造是不能同步进行的，改造时要最大程度上减少影响其他机组的正常使用的时间，保证改造过程中新老监控系统可靠地并列运行。该厂改造前监控系统采用的核心控制器 PLC 是阿尔斯通 C8075 系列，新监控系统采用的是南瑞 MB80 系列 PLC。因此，为了解决新旧系统数据交互的难题，该厂拟采用 OPC 协议实现两种不同 PLC 之间的数据的传输，OPC 协议安全可靠，数据交互信息流如图 1 所示。

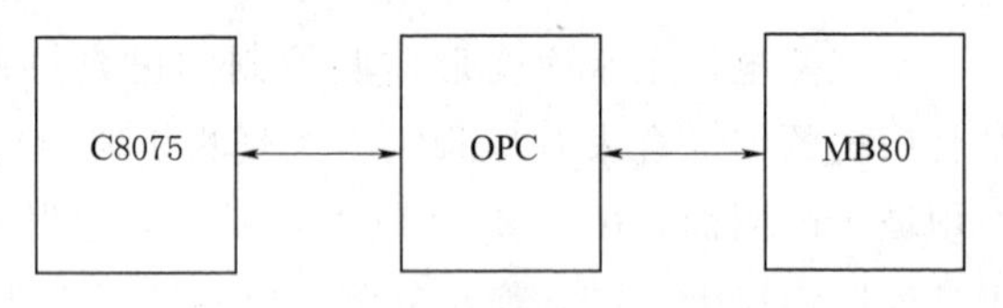

图 1　OPC 方式信息互取示意图

在将 OPC 协议引入监控系统改造前，首先需要搭建平台，测试 OPC 协议是否能够实现新老 PLC 之间的信息交互，读写速度及准确性是否能够满足水电厂控制要求。因此，在改造前期，首先对这种数据传输方式进行测试，硬件搭设是通过装有 MB80 系列 PLC 与装有 OPC 协议的网关机及服务器相连，再将该服务器与原监控系统系列 PLC 相连接。

具体测试过程如下：

在 OPC 软件中对阿尔斯通 PLC 和南瑞 MB80 PLC 需要通信的测点进行配置，配置信息方法如图 2 所示。

在 OPC 软件 OPC Advanced Tags 中配置需进行转发的变量，右击 Advanced Tags，选择 New Tag Group，创建需要转发的变量信息组，设置变量地址及数据类型，如图 3 所示。

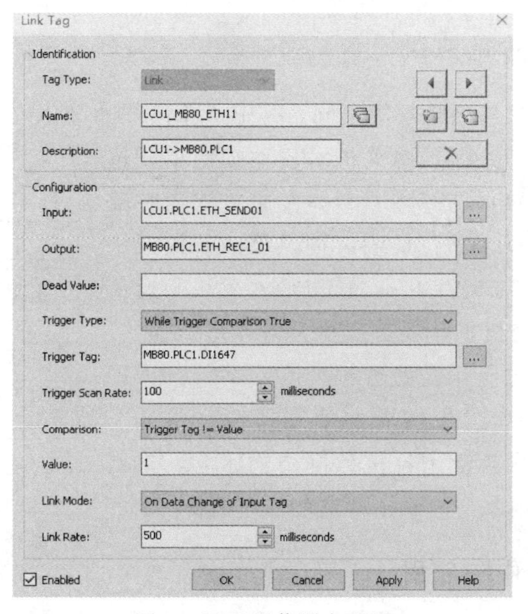

图 2　OPC 通信测点配置

ETH_AI01	405101	Short	100	无
ETH_AI02	405102	Short	100	无
ETH_AI03	405103	Short	100	无
ETH_DI01	405201	Short	100	无
ETH_DI02	405202	Short	100	无
ETH_DI03	405203	Short	100	无

图 3　OPC 转发变量配置

在 1 号机组监控系统工程师站中对需要测试的变量进行强制，判断 OPC 软件中是否可以可靠的收到测试数据并进行正确转发，变量强制如图 4 所示。

按照类似的方式，在南瑞 MB80 PLC 中对需要测试的变量进行强制，打开调试电脑中 MBPRO 软件，找到相应的变量进行强制，如图 5 所示。

通过在 OPC Quick Client 中检查试验数据，收发测值一致。MB80 与 C8075 系列 PLC 的通信上下行数据正常，并且数据传输速度正常，未出现数据拥堵等现象，未造成通信中断、调度通信及厂内通信的数据紊乱。可以采用这种方式进行不同类型的 PLC 信息交互。

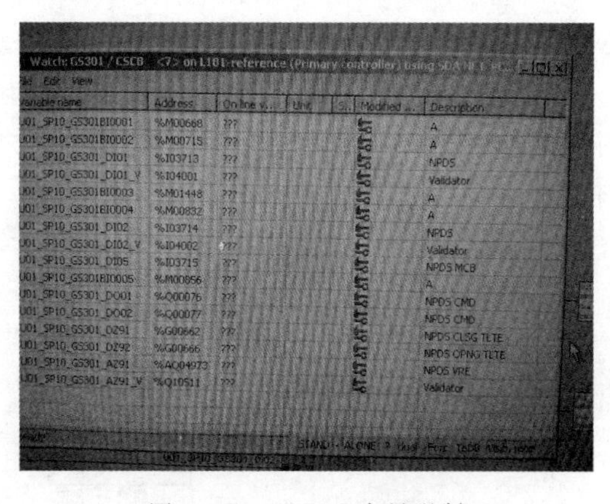

图 4　C8075 PLC 变量强制

河北张河湾抽水蓄能电站--测点索引

保存设置　恢复默认　自定义列　微软雅黑　14　搜索测点

温度量
开关量
SOE量
脉冲量
保护量
负荷曲线
开出量
控制量
PID调节
模出量
时间记录
对象
模件
驱动配置
高级运算
2号机组
3号机组
4号机组

描述	点号	双节点
1号机组SOE备用206(SOE206)	206	
1号机组SOE备用207(SOE207)	207	
1号机组SOE备用208(SOE208)	208	
1号机组SOE备用209(SOE209)	209	
1号机组SOE备用210(SOE210)	210	
1号机组SOE备用211(SOE211)	211	
1号机组SOE备用212(SOE212)	212	
1号机组SOE备用213(SOE213)	213	
1号机组SOE备用214(SOE214)	214	
1号机组SOE备用215(SOE215)	215	
1号机组SOE备用216(SOE216)	216	
1号机组SOE备用217(SOE217)	217	
1号机组SOE备用218(SOE218)	218	
1号机组SOE备用219(SOE219)	219	
1号机组SOE备用220(SOE220)	220	

图 5　MB80PLC 变量强制

3 OPC 协议在上位机改造中的应用

通过之前的测试，OPC 可以有效地解决不同系列 PLC 间数据传输问题，因此在本次上位机改造过程中，首先借助 OPC 通信服务器与 OPC 网关机对现地控制单元进行数据的采集，实现上下位机数据的传输。具体实施方式为在改造过程中首先引入接入交换机接入下位机旧环网，保证监控系统下位机旧环网依旧闭环，同时接入交换机通过 OPC 网关机与通信服务器连接至主交换机。主交换机上其他上位机设备以星型连接，从而实现了上位机改造过程中的上下位机数据交互问题，具体硬件搭接如图 6 所示。

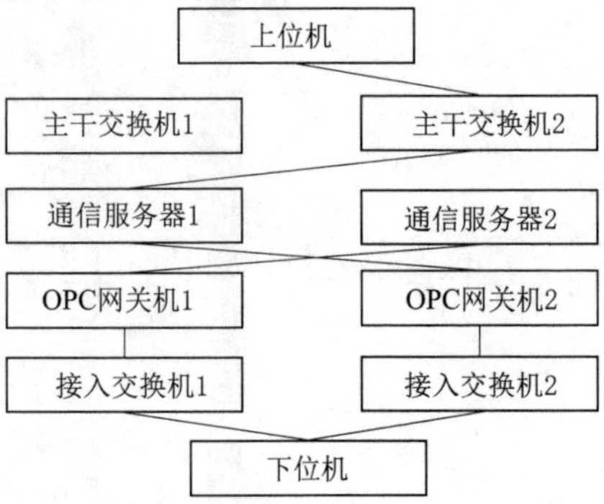

上位机改造后，通过试验发现上下位机数据传输正常，未出现数据拥堵及网络传输延时等现象，画面显示正常，通信良好。

图 6 监控系统上位机改造过程中网络结构示意图

4 OPC 协议在下位机改造中的应用

在监控系统上位机改造结束后，该厂开始逐步对下位机进行改造。在下位机改造过程中，由于改造机组的现地控制单元与其他未改造的现地控制单元存在数据交互，如背靠背启动过程中就需要不同机组间的数据交互。因此，不同系列 PLC 之间的数据传输问题依然存在。根据上位机改造的经验，在 1 号机组现地控制单元改造过程中仍可以借助 OPC 协议进行。改造后的 1 号机组通过下位机新环网直接接入改造后的主交换机上，然后借助上位机配置的 OPC 协议，与未改造的现地控制单元进行数据交互。从而实现新老 PLC 间的数据交互。

在监控环网结构上，保留监控系统旧环网，保证未改造的现地控制单元通过旧环网与上位机进行数据传输。同时利用备用光纤组建新环网，实现新旧环网的并列运行。改造后的 1 号机组现地控制单元直接挂至新环网交换机，同时从旧环网拆除，并利用备用光纤重新连接旧环网，保证旧环网的闭环。该种新旧环网的并列运行的方式保证了下位机的稳定运行，并且当改造其他现地控制单元时，方便了设备新环网的接入。

下位机改造的具体结构如图 7 所示。

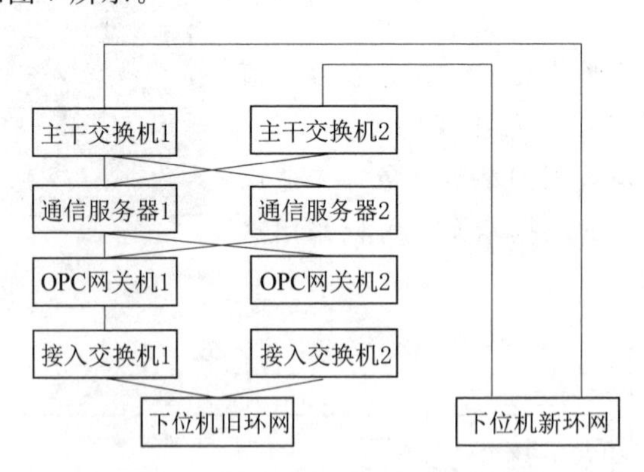

图 7 下位机改造网络结构示意图

下位机改造后，通过试验发现改造机组与其他未改造机组数据传输正常，改造机组与上位机数据传输正常，未出现数据拥堵及网络传输延时等现象，未造成其他通过 OPC 通信方式接入的未改造 LCU 通信中断，改造后效果良好。

目前该厂监控系统改造仍处于实施阶段，上位机监控改造已经完成，下位机中 1 号、2 号、3 号机组现地控制单元及公用设备现地控制单元和上下库现地控制单元已经改造完成，防水淹厂房系统也已接入到监控系统环中，目前该厂监控系统网络拓扑图如图 8 所示。

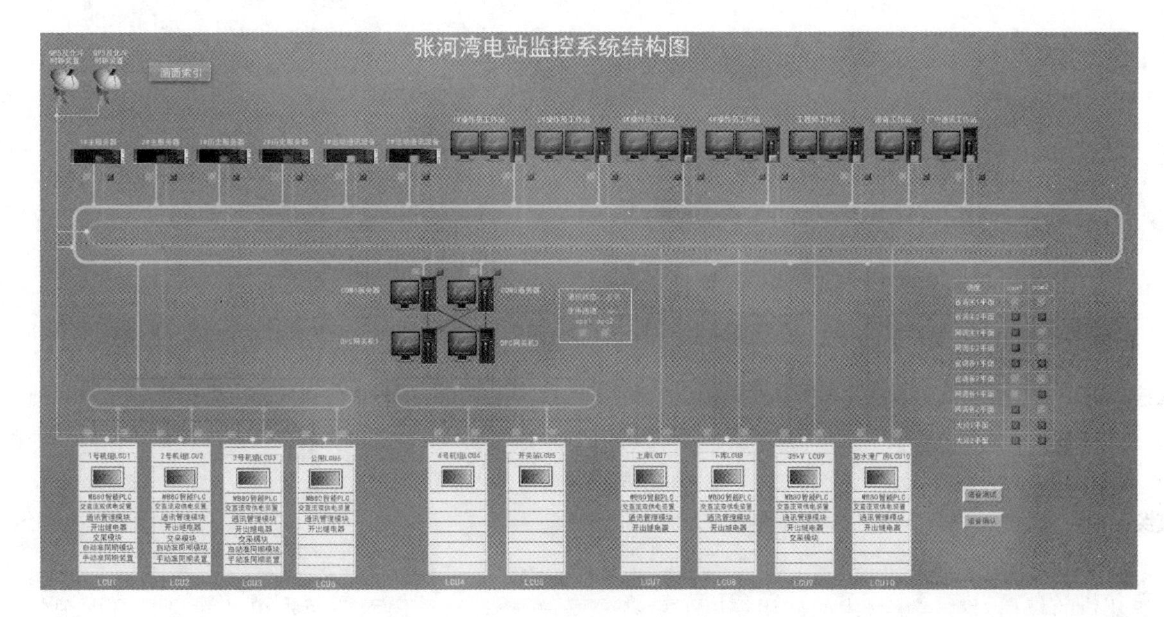

图 8　改造过程中监控系统网络拓扑图

5　结语

OPC 协议作为现场控制系统的一个工业标准接口，虽然在很多领域已经有了成熟的应用，但在水电厂监控系统改造项目中是首次使用。在张河湾监控系统改造期间，OPC 作为上下位机通信的桥梁，上下位机数据交互良好，机组间数据交互及与上位机间通信良好，监控系统稳定运行。采用以 OPC 的方式进行新老监控系统的信息交互，解决了不同系列 PLC 间通信的难题。在以后的监控系统改造及其他工业领域改造有着重要意义。通过 OPC 在监控系统改造过程中的应用，给其他解决此类问题提供了很好的解决范本。

参考文献

[1]　孙瑞琦. 基于 OPC 的工业以太网组态软件的接口设计与实现 [D]. 北京：华北电力大学，2014.

[2]　肖冬梅. NC2000 计算机监控系统在水电站的实际应用及探讨 [J]. 水电站自动化，2004，35 (1)：1-4.

[3]　王韬. 基于 OPC 协议的集中自动化控制系统 [J]. 电气与自动化，2016 (1)：212-214.

[4]　张烈平，李勤. OPC 数据存取的接口调用与软件实现 [J]. 计算机应用研究，2005 (1)：162-144.

[5]　周坤，肖仁军，等. 泰山抽水蓄能电站计算机监控系统设计 [J]. 山东电力技术，海洋学报，2008 (5)：70-72.

[6]　孔昭年，田忠禄，等. 大型骨干水电站水轮机控制设备实现国产化的建议 [J]. 水电自动化与大坝监测，2008，32 (1)：1-6.

数字化技术在丰宁抽水蓄能电站中的应用

焦利民　赵玉凯　丁世奇　孙保杰
（中国电建集团北京勘测设计研究院有限公司，北京市　100024）

【摘　要】 随着全国工程建设领域数字化技术的不断发展，数字化技术在工程建设领域的应用越加广泛。数字化技术在丰宁抽水蓄能电站工程建设中得到了规模性的应用和推广，进行了数字化电站工程管控系统和电子签章管理系统的建设。本文主要针对数字化技术在该电站中的应用进行介绍和分析。

【关键词】 数字化电站　可视化　电子签章管理系统

新基建的提出对数字化技术的应用提出了更高的要求[1-4]，结合国网公司提出的建设具有中国特色国际领先的能源互联网企业和国网新源公司提出的"两型两化"（数字化智能型电站、信息化智慧型企业）[5]顶层设计要求，建设智能型电站和智能电网数字化技术的应用是基础，丰宁抽水蓄能电站在工程建设过程中将工程建设管理与数字化技术融合应用，实现了电站管理的数字化。

1　数字化系统建设概况

丰宁抽水蓄能电站已完成数字化电站系统的基本建设和电子签章管理系统的建设，系统各功能模块的研发和更新完全根据该电站实际情况进行定制化研发和建设，并充分征求现场业主、设计、施工和监理等单位的意见，立足于达到系统易用、能用和好用，将项目管理与数字化技术紧密结合和深化，以达到提高工效和降低成本的目的。

2　数字化电站系统的建设和应用

数字化电站系统建设是以全生命周期理念为基础，以三维可视化模型为载体，以现有计算机新技术为手段，在统一的可视化平台上，集成并积累蓄能电站工程项目设计、建造等各阶段、全过程的相关信息，运用定制开发数据承载平台及分析管理工具，来实施电站工程管理工作。在数字化电站系统协同平台上进行施工进度管理、质量管理和档案管理，基于竣工模型融合项目信息完成抽蓄电站数字移交，形成可视化、虚实结合工程管控系统。

2.1　基础协同平台

基础协同平台是数字化电站系统的基础，需要提前规划整个系统的开发模式、整体架构、数据调用模式、数据接口模板等底层设计原则。同时整合标段管理、合同管理、人员组织管理、权限管理、系统管理等基础管理模块。将现场与该工程相关的关键信息嵌入到该系统平台中，便于现场参建各方在该平台中根据不同的角色权限进行信息的交互、协同和共享。

2.2　工程可视化

数字化电站系统采用中国电建集团北京勘测设计研究院自主研发的三维可视化引擎系统，本三维引擎系统主要为工程数字化项目提供可视化三维交互平台，通过完善且健壮的三维引擎架构，实现了大规模场景展示、海量数据处理、三维可视化渲染、大规模空间数据的建模存储、传输调度、分析计算以及高质量的可视化输出等功能。

本三维引擎采用满足工程数字化的具体要求而自主研发设计完成的三维底层接口，引擎以基于图形显卡硬件的开放接口——Direct3D 为三维图形可视化底层接口，并结合了 directX 渲染管线技术、Tessellation 镶嵌技术、CPU - GPU 混合编程技术和 Computer Shader 技术。

在该电站中的应用主要体现在以下几个方面：

（1）引擎平台系统通过加载该电站库区、枢纽等多种级别的模型，展现大范围地形场景，对枢纽甚至设备等模型集中区域进行集成管理，实现了海量模型的加载和显示。显示效果图如图1所示。

图1　丰宁抽水蓄能电站地上场景显示效果图

（2）在三维场景中，根据导入的施工进度计划，进行施工进度的模拟，直观地对工程建设的顺序进行全面的了解，如图2所示。

图2　施工进度计划施工模拟显示示意图

（3）对于施工过程中的进度滞后情况，能够查看详细的进度预警信息，并对进度预警信息做相关处理。

（4）实现单元质量验评信息与三维模型的关联，通过模型能够看到每个单元质量验评的验评结果以及相关信息，如图3所示。

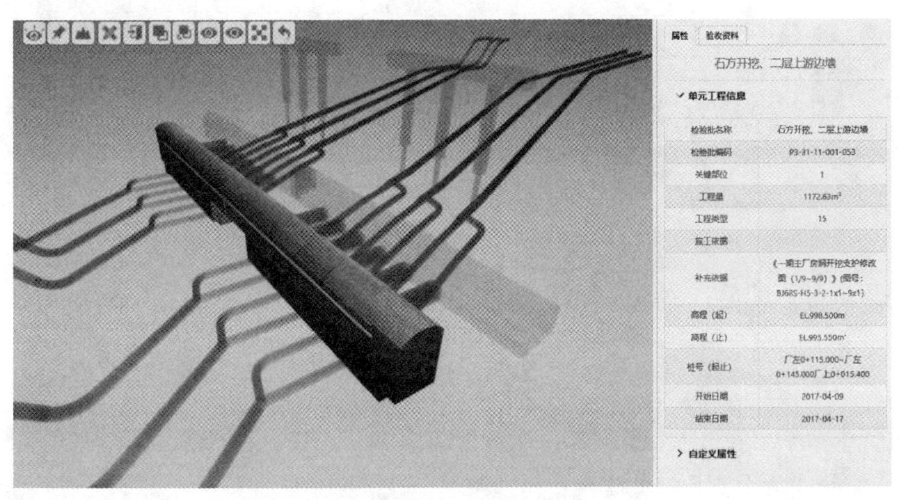

图3　质量信息与三维模型关联显示示意图

2.3 质量管控

质量管控是施工过程管控的重点，数字化质量管控系统融合质量管理思想，以单元工程模型为载体，以工序为基本管理单元，在可视化三维系统下，融合各专业系统数据，动态管理工程的质量全过程。在质量管控过程中，记录每一环节过程信息，质量管控全程可追溯。

2.4 进度管理

进度管理以工程现场的施工组织及进度计划为依据，实现施工进度感知及进度预警等功能，帮助现场把控总体及细部施工进程，保障工程如期进行。施工期进度控制包含以下内容：

（1）根据施工进度计划和BIM模型，进行可视化的进度模拟。

（2）根据实际填报的施工进度，结合BIM模型进行实际进度的可视化展示。

（3）根据计划进度和实际进度的差异，进行可视化的进度对比分析，并预测后续施工进展提供进度预警。

（4）对于施工过程中的关键节点进度进行分析，实现关键工期节点的进度管控。

2.5 档案管理

档案管理主要包括待整理文件、待整理案卷、已整理案卷和已归档等功能。实现“档案管理”与“质量验评”的对应链接关系，在生成单元文件时即可对应档案信息，实现档案管理前端管控。单元工程质量验评表单可以进行线上电子归档，实现办结归档，极大提高了现场工作人员归档的工作效率和数据的准备性。

2.6 图册管理与标准规范

按照不同的系统和层级将图册与标准规范进行划分，与现场施工相结合，便于大家在系统中进行图册和标准规范的在线搜索、查询和下载，辅助现场施工，促进工程管理，提高各方协调工作效率。

2.7 移动终端

移动终端可在施工现场进行单元工程质量验评数据的填报、审批、流转和查看，图册和标准规范的在线搜索、查询和下载，实时进度的填报以及相关进度信息和工程可视化场景的查看等相关应用。

3 电子签章管理系统的建设和应用

3.1 总体架构

电子签章系统总体结构如图4所示。

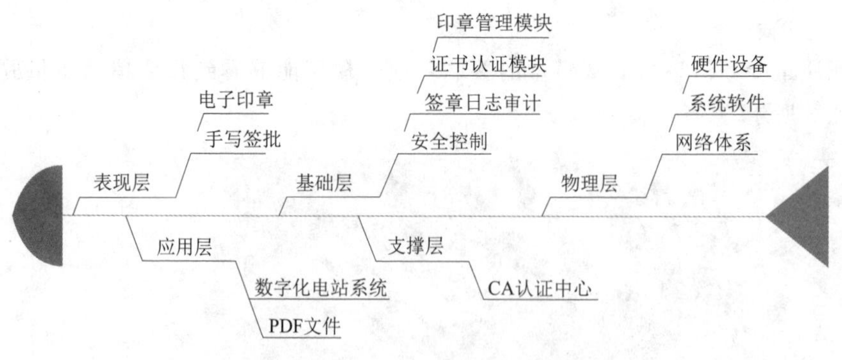

图4 电子签章管理系统总体架构示意图

表现层：电子签章系统的表现形式为电子印章和手写签批。

应用层：电子签章系统采用的是COM组件技术，主要应用在数字化电站系统，对PDF文件进行电子签章和签名。

基础层：电子签章系统的基本功能包括：印章管理模块、证书认证模块、签章日志审计和安全控制。

支撑层：CA认证中心负责证书的管理。

物理层：软硬件基础环境。

3.2 系统建设

电子签章系统是一整套电子签名解决方案，采用电子签名技术在电子文档和电子表单上实现电子印章。系统由印章管理平台、签章客户端、CA数字证书平台三个模块组成。

印章管理平台包括印章管理、印模管理、印章权限管理、盖章日志管理和文档打印管理。印章管理平台采用先进的支持跨平台的J2EE和Apache+PHP的技术架构。

签章客户端以ActiveX组件实体存在，提供丰富的开发接口与应用平台整合，支持包括C++、Java、VC、VB、C#、Delphi、ASP、.Net、PHP等各种开发语言。签章客户端支持Word、Excel、WPS、PDF、CAD、永中Office和AIP安全文档。

CA数字证书平台负责证书的颁发、校验、撤销，CRL的发布和管理。作为电子签章系统的支撑平台，数字证书为用户的唯一标识。

3.3 系统应用

电子签章管理系统实现了与数字化电站系统数据的无缝衔接，为数字化电站系统中的电子签名和签章进行第三方CA认证，基于电子签章认证技术的电子文件通过密码验证、签名验证、CA数字证书等技术手段确保项目文件防伪造、防篡改、防抵赖，满足合法合规性要求。

4 结语

数字化技术在水电行业作为一种新兴技术，在丰宁抽水蓄能电站中的应用改变了传统的现场工作模式，该技术的应用作为一种新的科学范式，极大提高了现场人员的工作效率和准确率，能够达到提高工效的目的。但是由于现场人员的层次不一，认知不同，理念不同，对新技术的应用深度也参差不齐，所以若能够让数字化技术在工程建设中能够更大规模的推广应用，为电站建设带来效益，在管理和技术两个层面还需要进一步深化和探索。

参考文献

[1] 刘艳红，黄雪涛，石博涵. 中国“新基建”：概念、现状与问题 [J]. 北京工业大学学报（社会科学版），2020，20 (6)：1-12.

[2] 黄鹏，李宏宽. 加快构建数字新基建开源生态体系 [J]. 中国国情国力，2020 (7)：7-9.

[3] 赵丽. 如何加快传统基础设施向“新基建”融合基础设施转变 [J]. 互联网天地，2020 (6)：24-27.

[4] 臧超，刘畅. 有效发挥数字化新基建作用 [N]. 学习时报，2020-07-01 (006).

[5] 李长健. 新源公司“两型两化”建设探析 [J]. 水电与抽水蓄能，2018，4 (5)：78-84.

浅析数字化应用对抽水蓄能电站档案管理的提升

马　宁

（中国电建集团北京勘测设计研究院有限公司，北京市　100024）

【摘　要】数字化档案管理可优化提升抽水蓄能电站档案管理的流程、提高增强抽水蓄能电站档案管理力度、降低节约抽水蓄能电站档案管理的成本。基于数字化管理的作用和意义，本文将针对数字化在抽水蓄能档案管理的流程、管理内容以及经济性开展分析，旨在为相关专业提供一定的借鉴意义。

【关键词】数字化　抽水蓄能电站　档案

1　引言

随着国民经济的不断发展以及电力体制的不断改革，我国抽水蓄能电站的投资规模不断提高。2014年底，我国抽水蓄能电站总装机规模容量已达 2114 万 kW，位居世界首位，国家发改委、国家能源局推进抽水蓄能电站总装机规模容量在 2020 年达到 4000 万 kW。数字化档案管理对抽水蓄能电站建设飞速发展起到了支撑作用，其重要意义在于数字化档案管理主要包括数字化存储管理、集成管理、归集管理、借阅管理和报表管理。

2　数字化在抽水蓄能电站档案管理的应用概述

2.1　数字化存储管理

抽水蓄能电站档案内容主要有图纸、报告、计算书、合同等，其中设计图纸数和量最多，是数字化管理的主要对象。传统的抽水蓄能电站档案图纸基于实践应用的需要，主要分为蓝图和硫酸纸图两种，图纸的制作工艺和工序较为复杂，费用较高，这就导致档案管理的总体成本较高。数字化管理首先要解决存储问题，保障图纸等重要档案及时、安全、便捷的完成存储。本案例选用的方案采用的网络存储 NAS（Network Attached Storage），将存储功能独立出来，主要的特点有以下几点：NAS 技术较为成熟，具有成套的技术方案和成熟产品，易于部署；NAS 体系具有灵活的权限方案，可以为不同的角色灵活、安全的分配存储权限；NAS 系统可以成为独立的体系，不会占用前端资源，且便于后期维护；NAS 软硬件体系高度模块化，具有广泛的软硬件环境支持，可实现模块更换升级等。

2.2　数字化集成管理

打通图纸档案的电子流转是数字化应用体系中重要的一环，本案例中，主要的环节有设计人员的设计环节、数字档案的传输环节、数字档案的存储环节。设计人员完成各类设计图纸的设计后，通过信息管理 MIS 系统（Management Information System）完成档案层级审核审批，然后将电子版档案提交传输至档案室，档案室完成登记备案后存储至 NAS 系统中。

2.3　数字化归集管理

完成数字化存储和集成后，接下来开展数字化档案材料的归集管理工作，主要内容有备份管理、保存标准、文件命名、质量管理等内容。在备份方面，因为抽水蓄能电站工程设计人员终身负责制，所以相关档案材料的备份工作非常重要，务必对档案材料开展备份，确保档案材料的安全性。

2.4　数字化借阅管理

数字化借阅是数字化档案管理重要的环节。数字档案借阅的主要问题有：借阅的权限问题和借阅的安全性问题。借阅的权限管理实现方式是通过 MIS 系统实现，由发起人发起借阅申请并提交给领导和档案室，各级领导及档案室开展审批，完成审批后向借阅人发送借阅权限和链接资源，借阅人使用 MIS 系统完成借阅。在安全性方面，借阅文件采用认证加密，对借阅者进行跟踪记录；对借阅档案进行加密，防止借阅人拷贝副本、防止借阅人修改。

2.5 数字化报表管理

数字化报表管理是抽水蓄能电站档案管理的又一个亮点。数字化档案管理系统可以及时完整的查询出所存储档案的信息，可以分专业、分年限、分电站开展档案信息查询，按照管理的要求分类显示，以辅助公司的各项管理及决策，满足公司的发展和管理需求。

3 基于数字化抽水蓄能电站档案管理的优势分析

3.1 档案归档率高，能满足复杂的管理要求

抽水蓄能电站涉及较多的专业，有水工、机电、建筑、施工、金属结构、勘探、移民等，所以相关档案种类繁多，对档案管理的要求非常高。随着我国抽水蓄能电站建设进入高峰期，以及业主方管理需求的提升、施工单位对图纸档案时效性需求的提升，以图纸为主要内容的档案数量、种类的增长都较为快速，如何适应这种管理现状是当前面对的主要问题。针对现状，中国电建集团北京勘测设计研究院有限公司设计的数字化档案管理系统能全面覆盖到抽水蓄能电站所涉及水工、机电、金属结构、施工、勘探等专业，可以将每个专业的设计图纸按照预定的管理要求开展归集、传输、存储等管理。数字化档案的时效性较长，采用 NAS 管理体系后，双机备份机制可以有效保障档案存储时间满足我国科技档案管理时效性的各项要求。

3.2 档案存储质量高

传统的抽水蓄能电站档案管理采用纸质档案管理，存在归档及时性低、图纸档案归档保存成本高、纸质档案存在损坏缺失等情况，以上问题需要加大人力资源等来保障管理，档案损坏缺失等问题会对宝贵的科技档案造成传承方面的问题。中国电建集团北京勘测设计研究院有限公司实施数字化档案管理系统后，以上问题均得到了有效的管理，档案数字化可以极大的提升图纸、报告等档案材料快速的归集、审批、存储和借阅。存储质量较高是数字化档案管理体系非常显著的一个特点，表现在以下几个方面：一是极大的节约的存储的成本，通过改变档案存储工作全程投入人力资源开展的现状后，现在的数字化档案存储工作可以在一个计算机专业相关人力资源投入的情况下，不仅能完成以往需要较多人员开展工作的现状，且有工作效率的提升和管理方面的创新，对档案存储工作的质量也有很大的提升。二是优化和提升了档案存储后借阅工作的有效开展，且能保障档案的质量和数量。以往纸质档案的借阅管理，由于档案的归还不及时、档案丢失等问题，会造成档案的缺失，而采用数字化档案管理后便解决了借阅的问题，充分保证了档案保存的完整性，极大地提升了档案存储质量。

3.3 档案管理能更好地服务现场工作

设计单位以设计图纸为核心产品服务于抽水蓄能电站的建设工作，所以图纸产品提交的及时性和完整性是衡量服务质量的标准。以往纸质版图纸涉及审核管理流程、打印制作的环节，所以时效性成为了服务提升的瓶颈。采用数字化档案管理系统后，档案管理的归集、存储、审核等流程得到了优化，及时性、完整性等指标提升较为突出，整体服务效果得到了有效的改善，为抽水蓄能电站勘探、设计、移民拆迁等相关工作提供了更加优质的服务，提升业主方的满意度。

4 结语

综上所述，基于数字化的档案管理符合国家发改委、能源局等电力能源建设的需求，能满足档案管理效率效益的提升，降低相关成本费用，对促进抽水蓄能电站建设具有一定的意义。同时，对于我们设计院的业务开展也有促进作用，可以极大的规范设计人员归档管理和节约管理，不断的提升设计院的档案管理能力；同时可以在档案室完成数字化档案数据库的建立的基础上为档案工作数字化大数据、云计

算等领域发展创造条件。

参考文献

[1] 林燕珍，李华. 抽水蓄能电站工程档案管理及档案数字化 [J]. 福建水力发电，2017 (1)：73-75.
[2] 甄雁翔. 抽水蓄能电站档案管理信息化建设思考 [J]. 中国管理信息化，2017，20 (1)：191.
[3] 谢翠香. 论高校档案馆数字化建设 [J]. 档案，2010 (1)：42-43.
[4] 李建巧. 数字化档案信息安全管理的几点体会 [J]. 科技与企业，2013 (21)：94.

金寨抽水蓄能电站监理安全管理纪实

吴建宏　侯延学

（中国水利水电建设工程咨询北京有限公司，北京市　100024）

【摘　要】 本文通过对安全生产责任事故调查报告研究，对目前安全管理的难点、重点原因进行分析，针对原因制定安全管理对策和措施。通过对安徽金寨抽水蓄能电站监理安全管理实施与实践，获取了比较理想的效果，可供类似工程参考。

【关键词】 事故教训　安全责任　措施

1　引言

2016年江西丰城发生“11·24”特别重大安全生产责任事故，笔者对事故调查报告引用依据涉及的法律法规、规章制度、规范性文件等做了一下统计，其中引用《中华人民共和国安全生产法》等法律3部，引用条款7条；引用《建设工程安全生产管理条例》等（法规）条例7部，引用条款12条；引用《电力安全生产监督管理办法》等部门规章21部，引用条款14条；引用《建设工程监理规范》等规程规范6部，引用条款6条；引用《监理合同》等施工文件3份。涉责单位15家，追究刑事责任31人（涉及建设单位、施工单位、设计单位、监理单位、政府主管与监督部门）。真正意义上进行了失职照单追责。

2　工程概况

金寨抽水蓄能电站位于安徽省金寨县张冲乡境内。电站主要由上水库、输水系统、地下厂房系统、地面开关站及下水库等建筑物组成。地下厂房内安装4台单机容量为300MW的混流可逆式水轮发电机组，总装机容量为1200MW。上下水库大坝为钢筋混凝土面板堆石坝，地下厂房采用尾部布置方案，输水系统采用二洞四机布置方式。本工程属大（1）型Ⅰ等工程。工期筹建期18个月，总工期77个月。呈现出施工时段跨度长，施工人员众多，构成复杂，安全素质偏低，人员进出场频繁等特点。

3　吸取事故教训，重点应对措施

江西丰城“11·24”认定事故调查存在的主要问题以及追责的原因分析：安全生产管理机制不健全，管理层安全生产意识薄弱，安全技术措施存在严重漏洞，施工现场管理混乱，关键工序管理失控。

3.1　安全管理对策

3.1.1　落实一岗双责

通过健全安全生产管理机构，完善管理制度，细化安全生产责任制，从制度上入手，严格检查与考核。落脚点放在如何引导全员落实“一岗双责”方面，要求其知岗知责，明确员工的行为规范，以实现安全生产的目的。

监理部从2017年年初开始策划，制定落实“一岗双责”相应的配套管理制度和考核办法，2017年3月发布《金寨监理部“一岗双责”实施方案（试行）》文件，成立“一岗双责”监督实施小组，并对实施方案（试行）及相关考核制度进行宣贯和培训。2017年6月底首次对“一岗双责”实施情况进行通报，对排查出的安全隐患及整改落实情况进行分析总结，进行实施效果评价，查找问题，提出改进意见。此后，“一岗双责”监督实施小组定期对现场“一岗双责”落实情况进行统计，每周进行安全知识培训，每季度对个人实施情况进行统计分析和评价，提出改进意见，年底进行综合考核评比。

以提高安全意识为目的，压实责任为切入点。通过三年的强制推广，目前，监理部“一岗双责”已达到全员落实。经对数据统计分析，监理人员对施工现场安全问题及隐患排查项及整改落实率成阶梯型上升，现场监理工程师安全管理责任的落实率有了明显提高，现场隐患排查出来的数量和质量以及整改落实率均有了大幅度提高，有效地降低了现场施工安全风险。也体现出监理人员安全意识有显著提升，呈现出了监理部全员将现场“一岗双责”履职逐渐变成习惯的方向发展的趋势。

3.1.2 施工固有风险的安全管控

监理部每年度组织施工单位对施工固有风险进行辨识，制定预控措施，并按季度进行动态管理。按照建设单位管理要求，分为一至五级，其中一级风险为最小施工风险，五级风险为最高施工风险。对于五级风险，要立即停止施工，采取变更施工方法、变更设计等方法将风险进行降级，对于三级及四级施工风险，制定专项安全技术措施，监理部及建设单位分别挂牌监督，落实各级管控人员到岗到位履职，确保工程高风险作业施工安全。对于一级和二级风险，由施工单位自行管控，监理单位进行监督检查。

3.2 安全教育对策

通过对全员的安全培训教育，树立全员安全责任意识、遵守法律法规意识、自我保护意识以及群体意识，提高全员安全事故发现、分析和防范能力等综合安全素质。

3.2.1 入场安全培训教育

对于监理部新入场及转岗人员，按照规范要求，严格落实安全培训教育，使新入场员工熟知工作岗位存在的安全风险及相对应的控制措施。重点对监理部“一岗双责”有关制度、履职要求、考核内容等方面进行履职培训教育，是员工熟知自身岗位安全职责。

3.2.2 专项安全培训教育

监理部每年度根据工程施工重点及难点，制订安全培训教育计划：一是对于施工过程中存在的危险点、危险源以及控制措施进行安全培训教育；二是对于施工风险较大的项目，如交通安全、施工用电、模板支撑体系、爆破作业等项目进行专项安全培训教育，提高员工安全知识储备，并将所学知识应用到现场当中。

通过上述安全培训内容，监理部全员基本都能熟知自身在工程监理过程中所履行的安全职责，并在安全管理能力方面逐步提升。

3.3 工程技术措施对策

3.3.1 落实危险性较大的分部分项工程安全管理技术措施

（1）根据《危险性较大的分部分项工程安全管理规定》《电力建设工程施工安全管理导则》等文件，首先监理部组织各施工单位进行年度施工风险辨识，形成危险性较大的分部分项工程清单，其次根据每个施工部位的施工工艺，在施工方案编制过程中，对危险性较大的分部分项工程级别进行判定。

（2）监理部根据工程危险性较大的分部分项工程清单编制《危险性较大的分部分项工程监理实施细则》，将细则报送建设单位进行审批。

（3）施工方案的编制及审批。监理部按照：“程序性审查、符合性审查、专业性审查、闭合性审查”四个步骤对专项方案进行审核，其中程序性审查主要审查编、审、批手续是否齐全有效，符合性审查主要审查是否符合工程建设强制性标准，专业性审查是对于超过一定规模危险性较大的分部分项工程应督促施工单位组织专家进行论证，并出具论证审查报告，闭合性审查主要是审查专项施工方案是否按照专家论证审查报告中的结论性意见进行修改完善，或是否对监理提出的意见进行修改完善。

（4）监理现场进行专项巡视检查，针对每个分部分项工程的施工特点，制定专项巡查记录表，监理工程师每班对施工现场进行巡视检查，主要风险制定了详细的控制措施，并进行了定人、定岗、定责。

3.3.2 提升工程施工本质安全系数，降低工程施工安全风险

对于工程施工风险较大的项目，监理部与施工方共同研讨，提升施工设备性能来降低施工安全风险。

（1）金寨工程斜井施工采用 TR3000 反井钻机施工，取缔了抽水蓄能电站斜井施工的爬罐施工作业的方法，降低了爬罐脱轨、堵井处理等安全风险。

（2）工程斜井载人系统均采用双轴矿用绞车，竖井采用矿用载人吊笼，取缔了普通卷扬系统，提高

了人员运输提升系统的安全稳定性。

（3）改造了传统的斜井开挖台车，使爆破渣料一次下井量达90%，在竖井扒渣过程中采用小反铲扒渣，减少了扒渣作业人员的数量，减小了人员在扒渣过程中的安全风险。

（4）工程模板支撑体系。在岩锚梁施工过程中，采用碗扣式脚手架，在后期进出水口、厂房、主变等部位施工过程中又提升为承插型盘扣式脚手架，承插型盘扣式脚手架拆速度是普通钢管扣件的8～10倍，是碗扣式脚手架的2～4倍，立杆连接是同轴心承插，节点在框架平面内，接头具有抗弯、抗剪、抗扭力学性能，结构稳定，承载力大，进一步提高了模板支撑体系的稳定性。

（5）边坡开挖采用小开挖、快支护方法，一次预裂爆破，分层（3～4m）出渣，跟进支护，取消了传统边坡开挖完成后搭设脚手架进行支护的方法，减小了高处坠落、脚手架坍塌等施工风险。

通过上述安全管理和技术对策，从根本上减小了施工过程中的安全风险，为工程施工安全提供了一定的保障作用，在技术措施方面，部分安全技术措施已申请专利并获得批准。

3.4 信息共享和反馈

3.4.1 安监一体化办公

监理部与建设单位安监部门每周召开“安监一体化办公会”，对每周管理过程中存在的问题，共同进行分析讨论，提出解决方案，对下周重点工作经讨论后由监理组织安排落实。该体制实施，通过互补，减少了现场安全管理盲点，实现了安全管理基本无死角。

3.4.2 “一岗双责”管理平台

监理部建立“一岗双责”QQ群，要求监理部全体人员将工作过程中发现的安全隐患及整改情况实时在群内发布。监理部安排专人进行统计和分析，对重要问题进行跟踪。一是及时掌握现场管理人员隐患排查及整改情况；二是用于数据统计，便于分析工程目前存在的主要问题，以制定下一阶段的安全管控重点及措施；三是便于掌握监理人员安全管理岗位职责落实情况以及安全管理相关知识掌握情况。

3.4.3 “班前会”发布群

监理部建立金寨工程“班前会”发布群，要求施工单位分班组实时发布班前会召开信息，监理部每日对施工单位所有班组班前会开展情况及交底内容进行检查，对于未召开班前会或班前会记录内容不全面的班组，及时提出整改要求，按规定进行考核。督促施工单位真正落实“同进同出”，使施工作业人员确实在班前了解工作内容、危险因素及控制措施。

4 结语

本文为金寨抽水蓄能电站工程监理部在实际工作中，对内部人员安全职责落实的方法，经过三年多的实践并不断完善，通过年度数据统计分析，各项数据都表明，监理部全员在履职过程中发现安全隐患以及跟踪闭合的意识，发现安全隐患的能力都显著提高。同时，工程监理过程中对施工单位监管方面所取得的经验，得到了国网新源基建安全质量反违章及隐患排查跟踪巡查组以及多位业内专家的认可。在本质安全管理中也取得了一定成果，如斜井台车改造、边坡小开挖快支护等相关方法已申请国家知识产权专利。上述监理安全工作实践，措施方法有效，与大家一起共享。